清华

开发者书库

深入理解微电子电路设计

模拟电子技术及应用

（原书第5版）

[美] 理查德·C.耶格（Richard C. Jaeger）
特拉维斯·N.布莱洛克（Travis N. Blalock） 著

宋廷强 译

清华大学出版社

北京

北京市版权局著作权合同登记号：01-2020-2890

Richard C. Jaeger，Travis N. Blalock

Microelectronic Circuit Design，5th Edition

ISBN：978-0-07-352960-8

Copyright © 2015 by McGraw-Hill Education.

图书在版编目（CIP）数据

深入理解微电子电路设计：模拟电子技术及应用：原书第 5 版/（美）理查德·C.耶格（Richard C. Jaeger），（美）特拉维斯·N.布莱洛克（Travis N. Blalock）著；宋廷强译.—北京：清华大学出版社，2021.11

（清华开发者书库）

书名原文：Microelectronic Circuit Design，5th Edition

ISBN 978-7-302-57967-0

Ⅰ.①深… Ⅱ.①理…②特…③宋… Ⅲ.①超大规模集成电路—电路设计②模拟电路—电子技术 Ⅳ.①TN470.2 ②TN710

中国版本图书馆 CIP 数据核字（2021）第 066131 号

责任编辑：赵佳霓
封面设计：李召霞
责任校对：李建庄
责任印制：朱雨萌

出版发行：清华大学出版社
　　网　　址：http://www.tup.com.cn，http://www.wqbook.com
　　地　　址：北京清华大学学研大厦 A 座　　　　　　　　　邮　　编：100084
　　社　总　机：010-62770175　　　　　　　　　　　　　　邮　　购：010-83470235
　　投稿与读者服务：010-62776969，c-service@tup.tsinghua.edu.cn
　　质量反馈：010-62772015，zhiliang@tup.tsinghua.edu.cn
　　课件下载：http://www.tup.com.cn，010-83470236
印　装　者：三河市天利华印刷装订有限公司
经　　销：全国新华书店
开　　本：203mm×260mm　　印　张：48.75　　　　　　　字　　数：1340 千字
版　　次：2021 年 11 月第 1 版　　　　　　　　　　　　　印　　次：2021 年 11 月第 1 次印刷
印　　数：1～3000
定　　价：179.00 元

产品编号：086856-01

译者序

TRANSLATOR's FOREWORD

随着集成电路工艺的不断发展,微电子电路性能及设计与分析方法都在发生变化。目前,集成电路制造工艺的特征尺寸越来越小,使得集成电路的集成度越来越高,其趋势正朝着小型化、低功耗、系统集成方向发展。本书系统论述了微电子电路的基本知识及其应用,涵盖固态电子学与器件、数字电路和模拟电路三部分知识体系。通过本书的学习,读者可以对现代电子设计的基本技术、模拟电路和数字电路,以及分立电路和集成电路进行全面了解。

本书是微电子电路设计领域的一部大作,其作者具有丰富的业界设计经验,经过连续 5 版的不断改进,已经成为微电子电路设计领域的权威教材及工具书。本书涉及范围广泛,将数字电路或者模拟电路部分单独拿出来都可以自成体系,用于单独学习。为了方便国内读者学习,翻译时拆分成 3 卷,分别是《深入理解微电子电路设计——电子元器件原理及应用(原书第 5 版)》《深入理解微电子电路设计——数字电子技术及应用(原书第 5 版)》和《深入理解微电子电路设计——模拟电子技术及应用(原书第 5 版)》。

本书全面讲述了微电子电路的基础知识及其应用技术,书中没有简单罗列各种元器件或者电路,而是关注于让读者理解元器件或电路背后的基本概念、设计方法和仿真验证手段,从全局上把握微电子电路的发展、现状及主要技术等内容。全书覆盖了固态电子学、半导体器件、数字电路及模拟电路领域的主要内容,可以使读者更好地理解和把握微电子电路的设计方法和设计理念。本书强调微电子电路的设计与分析,使其更适合用作高校电子信息、电气工程、计算机及工程技术类相关专业的教材,或用作工程技术设计人员的参考书。本书的最大特色在于:

- **覆盖面广** 本书涵盖了固态电子学、半导体器件、数字电路及模拟电路的几乎所有内容,深入浅出,原理与实践搭配得当,易学易懂。
- **方法性强** 本书从工程求解角度定义了一种 9 步骤问题求解方法。书中提供的大量设计实例都是采用该方法进行求解的。掌握该方法对于解决电子电路问题及工程问题都会受益匪浅。
- **注重实践** 本书注重理论与实践相结合,每章都提供了大量的设计实例及课后练习,并提供在线习题解答。
- **注重仿真** 本书全部采用计算机作为辅助工具,包括利用 MATLAB、电子表格或者利用高级语言来开发设计选项,许多电路设计提供了 SPICE 仿真模型,便于对所设计电路进行性能上的模拟验证,便于读者理解和掌握。

宋廷强负责翻译了第 1~3 章,孙媛媛负责翻译了第 4 和 5 章,刘亚林负责翻译了第 6 和 7 章,周艳负责翻译了第 8 和 9 章,张敏、宗达、刘童心、许玲、刘志远、卢梦瑶、郭金、崔枭、刘德虎、鲁雪丽、魏国政、庞仁江等参与了录入及校验工作。对于本书的出版首先要感谢清华大学出版社的老师们,是他们的努力促成了本书的顺利翻译与出版,同时也要感谢第 4 版译者。

在本书的翻译过程中,力求忠实于原著,但由于译者技术和翻译水平有限,书中难免存在疏漏之处,敬请读者批评指正。

译　者

2021 年 9 月于青岛

原书前言

本书全面讲解了现代电子电路设计中的基本技术。通过学习,读者可以对模拟电路、数字电路及分立元件与集成技术有深入的理解。尽管大多数读者可能不会从事集成电路设计相关工作,但对于集成电路结构的深入理解,有助于从系统设计的角度深刻认识,从而消除系统设计中的隐患,增强集成电路使用的可靠性。

数字电路是电路设计中的重要领域,但许多电子学入门书籍仅将这部分内容列为补充知识,本书对数字电路和模拟电路部分做了均衡的介绍。本书的创作完成得益于作者在精密数字设计领域多年丰富的工作经历及多年的教学总结。书中内容涉及范围广泛,读者可以根据需要选择适当的内容作为两个学期或者连续 3 个学期的电子学教材。

本版说明

本版继续对书中相关资料进行了更新,更利于读者学习和掌握。除了常规的资料更新外,书中强化了一些概念的讲解和改进。

第 2 章强化了速度饱和的概念。在场效应晶体管章节中增加了 Rabaey 和 Chandrakasan 的统一 MOS 模型的方式,在第 6~18 章的讨论、实例和新设问题中,多次给出速度限制对数字电路和模拟电路的影响分析。

第 7 章在 CMOS 逻辑电路设计中介绍了触发器和锁存器等基本逻辑电路。近年来,闪存技术发展迅速,第 8 章重点补充了与闪存相关的存储技术、主要电路及存在的问题等内容。当前,TTL 电路已经被逐步取代,因此在第 9 章中相应减少了对该电路的介绍,增加了对正射极耦合逻辑电平(PECL)电路的简短讨论,但网上仍可查到书中删除的电路介绍。

第 15 章新增了达林顿对的相关内容。第 16 章改进了偏移电压计算的方法,修正了带隙材料的基准。在第 17 章对 FET 栅极电阻的讨论则映射了在 BJT 中对基极电阻的讨论,同时增加了对互补射极跟随器频率响应的扩展讨论,也增加了与 FET 频率相关的电流增益影响的讨论,包括其对源极跟随器配置的输入和输出阻抗的影响。最后,更新了经典和普适的 Jones Mixer 讨论方法。第 18 章用实例讲解了新的偏移电压计算方法,同时增加了对 MOS 运算放大器补偿的讨论。

本版增加的主要内容还包括:

- 至少增加了 35% 的习题。
- 可以从 McGraw-Hill 获得最新的 PowerPoint。
- 具有流行的自适应学习工具 Connect、LearnSmart 及 SmartBook。

注:由于翻译时将本书拆分成 3 卷,第 1 卷《深入理解微电子电路设计——电子元器件原理及应用(原书第 5 版)》为原书第 1~5 章,第 2 卷《深入理解微电子电路设计——数字电子技术及应用(原书第 5 版)》为原书第 6~9 章,第 3 卷《深入理解微电子电路设计——模拟电子技术及应用(原书第 5 版)》为原书第 10~18 章。参考文献和扩展阅读影印自原书。

- 所有示例采用结构化的问题解决方法。
- 修订和扩展了流行的 Electronics-in-Action 功能，包括 IEEE 社团、SPICE 的历史发展、身体传感器网络、琼斯混音器、高级 CMOS 技术、闪存增长、低压差分信号（LVDS）和全差动放大器。

每章的开头都给出了与本章内容相关的电子学发展历史，能够加深读者对该技术发展进程的了解。重点的设计方法高亮显示以便让电路设计者重点记忆。万维网可被看作本书的扩展。

本书具有鲜明的特点，可以归纳如下：

- 所有实例均采用了结构性问题求解方法。
- 每章都提供了相关的电子应用案例。
- 每章开头都给出了与本章内容相关的电子学领域的重要发展历程。
- 重点强调设计要点，给出了大量的实际电路设计案例。
- 本书正文及设计实例中充分利用了 SPICE 仿真软件。
- 在 SPICE 中整合了器件模型。
- 书中给出了大量的练习、例子及设计实例。
- 增加了大量新的习题。
- 整合了网站素材。

书中首先介绍了数字电路的部分内容，便于非电子工程专业的学生学习，尤其是计算机工程或计算机科学专业的学生，他们往往只学习电子学系列课程中的第一门课程。

第 6 章和第 7 章对 NMOS 和 PMOS 逻辑设计进行了全面介绍。第 8 章介绍了存储器单元及其周边电路。第 9 章给出了有关双极型逻辑设计的介绍，包含对 ECL、CML 和 TTL 的讨论。由于 MOS 工艺的重要性，书中对双极型逻辑相关内容做了删减。本书没有涉及任何有关逻辑模块层次的设计，因为在数字设计课程中会对此进行全面介绍。

第 1～9 章仅仅关注的是晶体管的大信号特征，这样可以让读者在学会将电路拆分成不同模块（可能是不同结构）进行直流和交流小信号分析之前，对器件特性和电流-电压特性进行深入了解（小信号概念在第 13 章中正式给出）。

尽管本书涉及数字电路的篇幅比大多数书籍要多，但仍有超过 50％ 的篇幅介绍的是传统的模拟电路。从第 10 章开始介绍模拟电路内容。第 10 章介绍了放大器概念和经典的理想运算放大器电路。第 11 章对非理想运算放大器进行了详细讨论。第 12 章给出了大量运算放大器应用实例。第 13 章全面介绍了二极管、BJT 和 FET（场效应管）的小信号模型的研究方法，其中 BJT 和 FET 采用的是混合 π 模型和 π 模型。

第 14 章对单级放大器设计和多级交流耦合放大器进行了深入讨论，对耦合电容和旁路电容设计进行了介绍。第 15 章讨论了直流耦合多级放大器，并介绍了运算放大器的原型电路。第 16 章继续介绍集成电路设计中的重要结论，并研究了经典 741 运算放大器。

第 17 章研究了晶体管的高频模型，讨论了高频电路特性的分析，并详细介绍了用于估算低频和高频主极点的重要短路和开路时间常数技术。第 18 章给出了晶体管反馈放大器的实例，并探讨了它们的稳定性和补偿，同时还总结了关于高频 LC、负 g_m 和晶体振荡器的相关讨论结果。

设计

在工程师培训中设计仍然是一个较难的课题。本书定义了非常清晰的问题求解方法，利用该方法可以加深学生对于设计相关问题的理解能力。书中提供的设计实例有助于建立对设计流程的了解。

第6章直接切入与 NMOS 和 CMOS 逻辑门设计相关的问题。在整本书中都讨论了器件的影响和无源元件的容限问题。当前,由于电池供电的低功耗、低电压设计变得越来越重要,逻辑设计实例的电源电压关注更低的电源电压。同时,本书中一直贯穿着计算机技术的使用,包括利用 MATLAB、电子表格或者高级语言来开发设计选项。

在本书的模拟部分一直强调采用设计模拟决策的方法。在任何适合的情况下,都在标准混合 π 模型表示的基础上将放大器特性表达式进行了简化。例如,在绝大多数书中放大器的电压增益表达式只能写为 $|A_v| = g_m R_L$,而隐藏了电源电压作为基本设计变量这一事实。本书中对此表达式进行了改进,将双极型晶体管的电压增益近似为 $g_m R_L \approx 10 V_{CC}$,或将 FET 的电压增益为 $g_m R_L \approx V_{DD}$,明确地揭示了放大器设计与电源供电电压选择的关系,为共发射极放大器和共源极放大器的电压增益提供了一种简单的一阶设计估算方法。

第1章结尾处介绍了最差情况分析和蒙特卡洛分析技术。传统上在本科生课程中并不会包含这些内容,然而,在面临较多的元器件容限和差异情况下进行电路设计是电子电路设计中需要具备的一项重要技能。在本书给出的例子中对采用标准元器件和给定元器件容限的电路都利用该技术进行了讨论,在众多习题中也包含这一内容。

McGraw-Hill 超链接

本版的在线资源包括 McGraw-Hill Connect,这是一个基于网络的作业和测试平台,可以帮助学生更好地完成课程作业并掌握重要概念。通过超链接,教师可以轻松地在线提供作业、测验和测试,学生可以按照自己的进度和时间表练习重要技能。请向您的 McGraw-Hill 代表咨询更多详细信息。

McGraw-Hill SmartBook

SmartBook 由智能和自适应 LearnSmart 引擎提供支持,是目前第一个也是唯一的提供持续自适应阅读体验的平台。通过区分学生所知道的内容和他们最容易忘记的概念,SmartBook 为每个学生提供个性化内容。阅读不再是一种被动和线性的体验,而是一种引人入胜且充满活力的体验,学生更有可能掌握并保留重要的概念,为课堂做好准备。SmartBook 包含功能强大的报告,可识别学生需要学习的特定主题和学习目标。这些有价值的报告还可以让教师深入了解学生如何通过教材内容进行学习,并有助于掌握课堂趋势,从而集中宝贵的课堂时间为学生提供个性化的反馈及定制评估。

SmartBook 如何运作?每个 SmartBook 包含 4 个组件:预习、阅读、练习和复习。从每章的初步预习和关键目标学习开始,学生阅读材料,并根据他们对练习不断适应的反应,引导他们实践最需要的主题,继续阅读和练习。SmartBook 指导学生复习他们最有可能忘记的内容,以确保学生掌握概念,并记住重要的内容。

电子版教材

教师和学生都可以从 CourseSmart 购得此书。CourseSmart 是一个在线资源,学生可以从中购买完整的电子版在线教材,而花费几乎是传统教材的一半。购买电子教材可以让学生充分利用 CourseSmart 网络工具的优势进行学习,这些工具包括全文搜索、做笔记和高亮。

COSMOS

COSMOS 是完整的在线解决方案指导系统，教师可以从 McGraw-Hill 的 COSMOS 电子解决方案手册中获益。COSMOS 可为任课教师生成多项习题布置给学生，同时还可将教师自己设计的习题传输到软件中，更多信息请联系 McGraw-Hill 的销售代理。

计算机利用和 SPICE

本书全部采用计算机作为辅助工具，作者坚信这样做绝对比只采用 SPICE 电路分析软件要好。如今的计算机世界中，相比费力地将复杂的方程组简化成某种易于处理的分析形式，大家通常更愿意利用计算机来研究复杂设计问题。书中多处给出了利用计算机，采用电子表格、MATLAB 和（或）高级语言程序来建立迭代估算方程的实例。MATLAB 还可用于生成奈奎斯特图和伯德图，对于蒙特卡洛分析而言非常有用。

另外，书中通篇都有 SPICE 的使用，SPICE 仿真结果全都给出，在习题集中也包含了大量 SPICE 习题。只要有所帮助，在绝大多数实例中采用了 SPICE 分析。这一版本仍然强调了 SPICE 中直流分析、交流分析、瞬态分析及传输函数分析模式的区别与使用。在每种半导体器件的介绍之后都对其 SPICE 模型进行了讨论，每种模型都给出了典型的 SPICE 模型参数。使用 SPICE 可以轻松检查本书中的绝大多数问题，并建议学生能够自己寻找答案。

致谢

感谢对本书编写及筹备做出贡献的工作者。我们的学生在对原稿的润色上提供了极大的帮助，并尽力完成了原稿的多次修订。一直以来，我们的系领导（奥本大学的 J. D. Irwin 和 Mark Nelms，以及弗吉尼亚大学的 J. C. Lach），高度支持员工努力写出更高水平的教材。

感谢所有的审阅和审查人员：

David Borkholder，罗切斯特理工学院

Dimitri Donetski，布法罗大学

Barton Jay Greene，北卡罗来纳州立大学

Marian Kazimierczuk，莱特州立大学

Jih-Sheng Lai，弗吉尼亚理工学院和州立大学

Dennis Lovely，新不伦瑞克大学

Kenneth Noren，爱达荷大学

Marius Orlowski，弗吉尼亚理工大学

感谢 J. F. Pierce 和 T. J. Paulus 的课堂练习"电子应用"给我们带来的灵感。Blalock 教授多年前就跟随 Pierce 教授学习有关电子学内容，至今仍盛赞他们早已绝版的教材中所采用的诸多分析技术。

在 Jaeger 教授成为佛罗里达大学 Art Brodersen 教授的学生之后不久，他很幸运地获得了 Pederson 的书，从头到尾进行了仔细研究。

感谢罗马尼亚 Cluj-Napoca 技术大学的 Gabriel Chindris 帮助创建 NI Multisim 示例的模拟。

最后，感谢 McGraw-Hill 团队的支持，包括环球出版社的 Raghothaman Srinivasan，产品开发员 Vincent Bradshaw，市场经理 Nick McFadden，项目经理 Jane Mohr。

在本书的写作过程中,我们尽力将自身在模拟和数字设计领域的业界背景与多年的课堂经验融合在一起,希望能获得一定程度的成功。欢迎大家提出建议。

Richard C. Jaeger
奥本大学
Travis N. Blalock
弗吉尼亚大学

目 录
CONTENTS

第 1 章 模拟系统和理想运算放大器

CHAPTER 1

本章目标

本章学习模拟信号电路,并要求理解线性放大电路和具有理想运算放大器特性的电路:

- 电压增益、电流增益和功率增益。
- 用分贝方式表示增益。
- 输入电阻和输出电阻。
- 传输函数和伯德图。
- 低通放大器和高通放大器。
- 截止频率和带宽。
- 线性放大器的偏压。
- 放大器的失真。
- 用 SPICE 分析交流和传输性能。
- 理想差分放大器和运算放大器(OP)的行为及特性。
- 用于分析电路(包括理想运算放大器)的技术方法。
- 用于确定通用放大器电路增益、输入阻抗和输出阻抗的方法。
- 典型的运算放大器电路,包括反相、非反相和求和放大器,以及电压跟随器和积分器。
- 设计运算放大器电路时必须考虑的因素。

Lee DeForest 1906 年发明的真空三极管是电子学发展史上一件里程碑式的事件,因为这是第一种具有放大能力并在输入和输出间有效绝缘的器件[1-4]。今天,以固态电路形式出现的放大器在人们常用的电子产品中,甚至在数字产品中起到了关键作用,这些数字产品包括手机、磁盘驱动器、数字音频播放器、DVD 播放器和全球定位系统等。这些电子产品利用放大器将微弱的模拟信号放大至一定强度,使模拟信号可以可靠转换为数字信号。模拟电路技术也是这些产品模拟与数字部分接口的核心,通常以模拟数字转换器(Analog-To-Digital,A/D)和数字模拟转换器(Digital-To-Analog,D/A)的形式出现。每天,整个世界都被日益丰富的各种通信形式相连接。光纤系统、有线调制解调器、数字用户线和无线通信技术等,都依赖放大器产生并检测信号非常微弱的传输信息。

我们周围世界的大多数信息,如温度、湿度、压力、速度、光强、声音等是模拟信号,可以在一定连续的范围内任意取值,并且可以用图 1.1 中的模拟信号表示。在电子学中,这些信号可以用测量压力、温度或流速的传感器输出,也可以是话筒或立体声放大器的音频信号。这些信息通常用线性放大器来操控,这种放大器可以改变信号的幅度和/或相位,而不影响其频谱特性。

Lee DeForest 和真空三极管
（Bettmann/Corbis 授权）

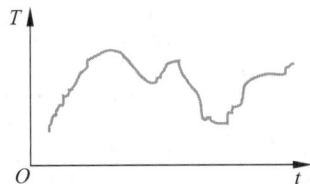

图 1.1　温度与时间的关系曲线，信号为连续模拟信号

　　今天，人们逐渐意识到了尽可能在数字领域进行信号处理的优越性，考虑到噪声和动态范围的影响，绝大多数 A/D 转换器的工作范围是 1～5V，而传感器、变送器、通信和其他许多应用中的信号通常远低于上述水平。例如，温度传感器的输出可能小于 1mV/℃，手机和卫星广播要求的灵敏度在微伏范围内。因此，需要利用放大器来增大这些信号的电压、电流和/或功率。同时，放大器还可用于限制（过滤）信号的频率成分。

　　本书是介绍以上这些应用中所需的放大器的设计过程。多数此类产品均采用混合信号设计，即同时需要模拟电路和数字电路，以及两者接口间 A/D 和 D/A 转换器的知识。

　　本章首先研究理想运算放大器的行为特性，它是模拟电路设计的基本模块。同时，本章还将介绍经典的运算放大器电路，此类放大器可实现缩放、反相、求和、积分、微分和滤波等功能。

1.1　模拟电子系统示例

　　本章将以图 1.2 所示的一个熟悉的电子系统——调频（FM）立体声接收器为例，来探讨模拟放大器的一些用途。图 1.2 所示是一个汽车调频接收器或家用音响系统的示意图，其接收天线的频率是甚高频（Very High Frequency，VHF[①]），无线电信号位于 88～108MHz 频段，至少包含两个立体声音乐频道[②]。在调频接收器中，这些信号的幅值可能只有 1μV，通常通过一根 50Ω 或 70Ω 的同轴电缆到达接收器。接收器的输出端是音频放大器，由它产生必要的电压和电流，向 8Ω、频率为 50～15000Hz 的扬声器传输 100W 的功率。

　　该接收器是一个复杂的模拟系统，可提供多种线性或非线性的模拟信号处理功能（参见表 1.1）。例如，射频（Radio Frequency，RF）和音频（Audio Frequency，AF）的信号幅值必须提高。从天线接收到的非常弱的信号到发送至扬声器的 100W 音频信号，都需要较大的总电压、电流和功率增益。接收器的输入端通常设计成与来自天线的同轴传输线的 75Ω 的阻抗相匹配。

_____

　　① 射频频谱通常分为以下几种频带：RF 或射频（0.5～50MHz）、VHF 或甚高频（50～150MHz）、UHF 或超高频（150～1000MHz）等。不过在今天，通用用 RF 来代指从 0.5MHz 到 10GHz 及更高频率的整个射频频谱（参见 1.6 节）。

　　② 卫星无线电接收器与射频频谱类似，但其输入频率范围是 1～5GHz。

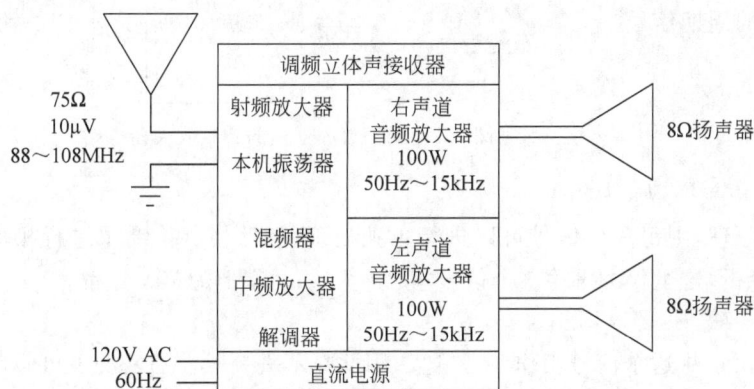

Stereo receiver
(美国)先锋电子有限公司版权所有

McGraw-Hill Education/Mark Dierker
摄影师，版权所有

图 1.2　调频立体声接收器

表 1.1　调频立体声接收器

线性电路功能	非线性电路功能
射频放大器	
音频放大器	直流电源(整流)
选频(调频)	频率转换(混频)
阻抗匹配(75Ω 输入)	检波/解调
调节音频响应	
本机振荡器	

　　通常情况下，某一时间段我们只想收听一个电台的节目，因此就必须从出现在天线上的多个信号中分析并选择出我们所期望的信号，因而接收器的输入端需要有高频信号的选频电路，同时还需要一个称为本机振荡器(Local Oscillator)的可调频率信号源来调整接收器。上面所提到的这些电子元器件都是基于线性放大器(Linear Amplifier)实现的。

　　在大多数接收器中，其接收的信号频率需要用一个称为混频(Mixing)的过程来变成一个更低的频率——中频(Intermediate Frequency，IF)[①]，而音频信息则通过一个叫解调(Demodulation)的过程逐步从射频载信号中分离出来。混频和解调是非线性模拟信号处理的两个基本手段，但是，这些非线性电路也是以线性放大器设计为基础的。最后，系统所需直流电压源是从非线性整流电路中得到的。

1.2　放大作用

　　线性放大器是极其重要的一类电路，本书主要就线性放大器的各种应用进行分析及设计。下面就以图 1.3 中调频接收器音频部分的电路作为实例介绍放大器的作用。在图 1.3 中，立体声放大器通道

　　[①]　通常，IF 频率为 11.7MHz、455kHz 和 262kHz。

的输入用戴维南等效源 v_i 和电阻 R_1 表示，输出端
的扬声器用一个 8Ω 电阻模拟。

基于傅里叶定理可知，一个复杂的周期信号 v_i
等于多个独立的正弦信号之和，即

$$v_i = \sum_{j=1}^{\infty} V_j \sin(\omega_j t + \phi_j) \qquad (1.1)$$

图 1.3　调频接收器中的音频放大器电路

式中，V_j 为第 j 个信号的幅值，ω_j 为角频率，ϕ_j 为相位。

如果放大器是线性的，应用叠加原理，则每一个信号可以进行单独处理，然后将所得结果进行相加
后就可获得完整的信号。为了简化分析，这里仅考虑第 i 个信号，其频率为 ω_i，幅值为 V_i，则有

$$v_i = V_i \sin\omega_i t \qquad (1.2)$$

在这个例子中，假设 $V_i = 1\text{mV}$；由于将这个信号当作参考输入，因此在不失一般性的情况下可假设
$\phi_i = 0$。

线性放大器输出的正弦波信号与输入信号频率相等，但幅值 V_o 和相位 θ 则为

$$v_o = V_o \sin(\omega_i t + \theta) \qquad (1.3)$$

放大器的输出功率为

$$P_o = \left(\frac{V_o}{\sqrt{2}}\right)^2 \frac{1}{R_L} \qquad (1.4)$$

式中，$V_o/\sqrt{2}$ 表示的是正弦电压信号的均方根值。一个放大器为了向 8Ω 的负载提供 100W 功率，其输
出电压的幅值为

$$V_o = \sqrt{2P_o R_L} = \sqrt{2 \times 100 \times 8} = 40(\text{V})$$

这个输出功率值所需的电流为

$$i_o = I_o \sin(\omega_i t + \theta) \qquad (1.5)$$

其幅值为

$$I_o = \frac{V_o}{R_L} = \frac{40\text{V}}{8\Omega} = 5\text{A}$$

注意，由于负载元件是一个电阻，故 i_o 和 v_o 具有相同的相位（$\theta = 0$）。

1.2.1　电压增益

对于正弦信号，放大器的电压增益（Voltage Gain）A_v 是根据输入和输出电压的相量表示（Phasor
Representation）来定义的，即用 $\sin\omega t = \text{Im}\left[\varepsilon^{j\omega t}\right]$ 来表示，v_i 的相量表示为 $v_i = V_i \angle 0°$，v_o 的相量表示为
$v_o = V_o \angle \theta$，$i_i = I_i \angle 0°$，$i_o = I_o \angle \theta$。而电压增益可用相量比表示为

$$A_v = \frac{v_o}{v_i} = \frac{V_o \angle \theta}{V_i \angle 0} = \frac{V_o}{V_i} \angle \theta \quad \text{或} \quad |A_v| = \frac{V_o}{V_i} \quad \text{和} \quad \angle A_v = \theta \qquad (1.6)$$

对于图 1.3 中的音频放大器，所需电压增益的幅值为

$$|A_v| = \frac{V_o}{V_i} = \frac{40\text{V}}{10^{-3}\text{V}} = 4 \times 10^4$$

同时，在后续几章中将研究的放大器组成模块，当频率处于放大器的"中频带"时，其相位要么是 $\theta = 0°$，
要么是 $\theta = 180°$（在 1.10.4 节中会对中频带进行定义）。

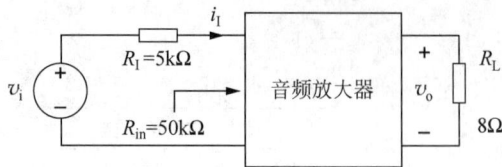

此外,要达到这一电压增益水平通常需要若干级放大器来完成。切记并要注意的是,增益的幅值是用信号的幅值来定义的,它是一个常量,而非时间的函数。本节后续内容中会详细介绍增益的幅值,而在1.10节中将分析放大器的相位。

1.2.2　电流增益

在音频放大器例子中,同时还需要大幅度提高电流水平,输入电流由放大器的源极电阻(Source Resistance)R_I 和输入电阻(Input Resistance)R_{in} 决定。如果将输入电流写为 $i_i = I_i \sin\omega_i t$,则电流的幅值为

$$I_i = \frac{V_i}{R_I + R_{in}} = \frac{10^{-3}\,V}{5k\Omega + 50k\Omega} = 1.82 \times 10^{-8}\,A \tag{1.7}$$

由于该电路为纯电阻电路,因此相位 $\Phi = 0°$。

电流增益(Current Gain)定义为相量 i_o 和 i_i 之比,即

$$A_i = \frac{i_o}{i_i} = \frac{I_o \angle \theta}{I_i \angle \theta} = \frac{I_o}{I_i} \angle \theta \tag{1.8}$$

整体电流增益的幅值等于输出和输入电流的幅值之比,即

$$|A_i| = \frac{I_o}{I_i} = \frac{5A}{1.82 \times 10^{-8}\,A} = 2.75 \times 10^8$$

要达到这一电流增益值同样也需要若干级放大器来实现。

1.2.3　功率增益

传送到放大器输入端的功率非常小,而传送至扬声器的功率却很大。所以,放大器同时还具有很大的功率增益。功率增益(Power Gain)A_P 定义为向负载传送的输出功率与信号源输入的功率 P_i 之比,即

$$A_P = \frac{P_o}{P_i} = \frac{\dfrac{V_o}{\sqrt{2}} \dfrac{I_o}{\sqrt{2}}}{\dfrac{V_i}{\sqrt{2}} \dfrac{I_i}{\sqrt{2}}} = \frac{V_o}{V_i} \frac{I_o}{I_i} = |A_v \| A_i| \tag{1.9}$$

要注意的是,在式(1.9)中,只要放大器的输入端和输出端的选择是一致的,电流和电压的均方根或峰值都可用来定义功率增益(对于 A_v 和 A_i 而言同样如此)。在前面所举的例子中,功率增益是一个非常大的数值,即

$$A_P = \frac{40V \times 5A}{10^{-3}\,V \times 1.82 \times 10^{-8}\,A} = 1.10 \times 10^{13}$$

练习:(a)证明 $|A_P| = |A_v \| A_i|$;(b)一放大器必须将20W功率传送到16Ω扬声器,其正弦输入信号源可用一个5mV电源与一个10kΩ电阻串联来代替。如果放大器的输入电阻为20kΩ,则该放大器的电压、电流和功率增益要求为多少?
答案:5060,9.49×10⁶,4.80×10¹⁰。

1.2.4 分贝

各种增益表达式通常涉及的数值都比较大,因此习惯上用分贝(decibel,dB)(Bel 的 1/10)来表示电压、电流和功率增益的值,即

$$A_{PdB} = 10\lg A_P, \quad A_{vdB} = 10\lg|A_v|, \quad A_{idB} = 20\lg|A_i| \tag{1.10}$$

分贝数是以 10 为底的算术功率比值的对数的 10 倍,分贝的加法和减法对应对数的乘法和除法。由于功率均与电压和电流的平方成正比,因此在 A_{vdB} 和 A_{idB} 的表达式中会出现因子 20。

表 1.2 中给出了部分增益值与分贝值之间的关系。从表中可看到,当电压或电流增益提高 10 倍时,对应 20dB 的变化,而功率增加 10 倍时,对应 10dB 的变化,即 2 倍变化对应电流或电压变化 6dB,或对应功率变化 3dB。在后续的章节中,不同增益通常可用算术值或分贝值来替代表示,因此必须熟悉并掌握式(1.10)和表 1.2 中的转换关系。

表 1.2　用分贝值表示增益

	增益	A_{vdB} 或 A_{idB}	A_{PdB}
	1000	60dB	30dB
	500	54dB	27dB
	300	50dB	25dB
	100	40dB	20dB
$A_{vdB} = 20\lg|A_v|$	20	26dB	13dB
$A_{idB} = 20\lg|A_i|$	10	20dB	10dB
$A_{PdB} = 10\lg A_P$	$\sqrt{10} = 3.16$	10dB	5dB
	2	6dB	3dB
	1	0dB	0dB
	0.5	−6dB	−3dB
	0.1	−20dB	−10dB

练习:用分贝值来表示 1.2.3 节练习中电压增益、电流增益和功率增益。
答案:74.1dB,140dB,107dB。
练习:用分贝值来表示图 1.3 中放大器的电压增益、电流增益和功率增益。
答案:92.0dB,169dB,130dB。

例 1.1　阻抗转换。

下面探讨放大器另外一个功能的实例。假设从某传感器(如计算机的话筒或数/模转换器的输出端)获得一个信号 $v_i = 0.1\sin 2000\pi t$,其戴维南等效源电阻 R_I 的值为 2kΩ,假设用一个 32Ω 的耳机来收听这一信号,耳机可用图 1.4 所示电路中的负载 R_L 来代替。但是由于 2kΩ 源电阻和 32Ω 负载电阻之间的阻抗失配很大,因此只有很小一部分的传感器电压会到达负载。

由于是一个电阻电路,因此输出电压也是一个与输入电压具有相同相位的正弦波,即 $v_o = V_o\sin 2000\pi t$ V,其幅值可根据分压公式(1.11)求出

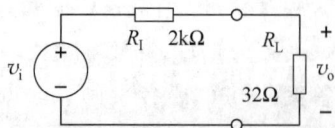

图 1.4　传感器直接与负载相连的电路模型

$$V_o = V_i \frac{R_L}{R_I + R_L} = 0.1V\left(\frac{32\Omega}{2032\Omega}\right) = 1.58mV \tag{1.11}$$

输出信号几乎减小为 1/100，因此可能根本就听不见输出信号，此时就可借助放大器来解决这一问题，如图 1.5 所示。本例采用二端口模型的放大器，该放大器由输入电阻 R_{in}、电压增益 A 和输出电阻 R_{out} 组成。

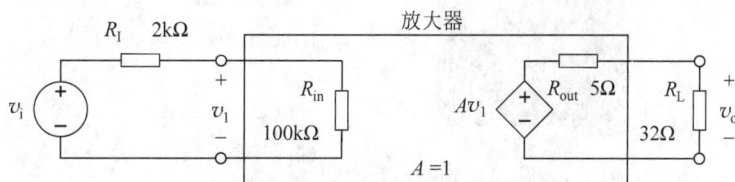

图 1.5 插入电阻电路中的放大器模型

假设（暂时随意假设）$R_{in}=100k\Omega$，$A=1(0dB)$ 且 $R_{out}=5\Omega$，利用分压公式重新计算输出电压为

$$V_o = Av_1 \frac{R_L}{R_{out} + R_L} \quad 和 \quad v_1 = V_i \frac{R_{in}}{R_I + R_{in}} \tag{1.12}$$

整合并计算这些表达式可得出

$$V_o = A_v\left(V_i \frac{R_{in}}{R_I + R_{in}}\right)\left(\frac{R_L}{R_{out} + R_L}\right) = 1(0.1V)\left(\frac{100k\Omega}{102k\Omega}\right)\left(\frac{32\Omega}{37\Omega}\right) = 84.8mV \tag{1.13}$$

实际的输出信号为 $v_o = 84.8\sin 2000\pi t\, mV$。现在我们已成功地将约 85% 的信号传递到负载（即耳机）上，但功率依然比较小，通过计算，该功率为

$$P_o = \frac{V_o^2}{2R_L} = \frac{(84.8mV)^2}{2 \cdot (32\Omega)} = 0.112mW \tag{1.14}$$

如果想继续提高耳机的功率，则需要继续增加放大器的电压增益。假设将放大器的内部增益增加了 26dB，则耳机的功率又是多少呢？

首先必须先将 A 从分贝值转换过来，并重新进行计算

$$A = 10^{\frac{26dB}{20dB}} = 20$$

$$V_o = 20(0.1V)\left(\frac{100k\Omega}{102k\Omega}\right)\left(\frac{32\Omega}{37\Omega}\right) = 1.709V \tag{1.15}$$

$$P_o = \frac{(1.70V)^2}{2(32\Omega)} = 45.2mW$$

现在耳机就可以接收到一个功率较大的音频信号了（可能接近耳机规格的限制）。

例 1.1 利用放大器来提供阻抗匹配功能，同时使传送至耳机的信号功率增大了。放大器也可"缓冲"来自低阻抗负载的信号源。这只是放大器诸多作用中的两种，其中最为常见的应用之一是调节信号的频率响应。在这种情况下，放大器电路可用作滤波器。

电 子 应 用

音乐播放器的特性

在日常生活中，个人音乐播放器中的耳机放大器就是一个典型的基本音频放大器，其基础音频带一般为 20Hz～20kHz，这是人耳能接收声音和能承受声音的下限值和上限值。

黑色苹果iPod
(McGraw-Hill/Jill Braaten
摄像师版权所有)

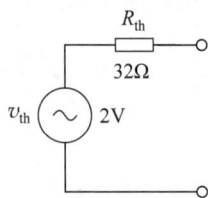

输出端戴维南等效电路

附图中苹果 iPod 的主要优点是其 MP3 播放器提供的高质量的音频输出，用戴维南等效电路之后输出可简化为 $v_{th}=2V, R_{th}=32\Omega$ 的输出端，每个听筒接收到的信号的传递功率约为 15mW，并与 32Ω 的电阻匹配，在 20Hz～20kHz 频率范围内，输出功率近似为常数。

1.3 放大器的二端口模型

例 1.1 中介绍了图 1.5 所示的二端口电路(Two-Port Network)。该网络是由 3 个元件组成的简单的放大器模型。通常将二端口电路简称为二端口(Two-Port)。该模型对在复杂系统中的放大器建模是非常有用的。我们可以采用相对简单的二端口电路来替代相对复杂的电路。因此，这个二端口电路有助于隐藏或规避电路的复杂性，从而简化对电路的整体分析与设计。但是，这种二端口模型也有一个局限性，即由于二端口电路是线性电路模型，因此只在小信号条件下才有效，小信号条件的相关理论将在第 4 章中进行讨论。

根据电路理论可知，二端口电路可以用二端口参数(Two-port Parameters)来表示，即 g 、h-、y-、z-、s-和 $abcd$-。注意，在这些二端口表示方法中，一般用(v_1,i_1)和(v_2,i_2)表示电路中两个端口的电压和电流信号分量。本书将重点介绍 g 参数的用法。

g 参数表示法是描述电压放大器的二端口电路表示较为常用的方式，即

$$i_1 = g_{11}v_1 + g_{12}i_2$$
$$v_2 = g_{21}v_1 + g_{22}i_2 \tag{1.16}$$

图 1.6(b)是上述公式的二端口电路表示。

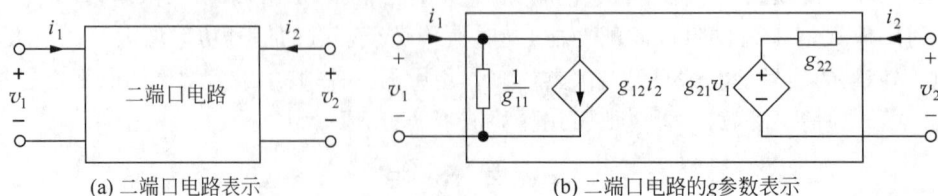

(a) 二端口电路表示

(b) 二端口电路的g参数表示

图　1.6

结合开路$(i=0)$和短路$(v=0)$的条件，应用如下参数定义，可确定一个给定电路的 g 参数为

$$g_{11} = \frac{i_1}{v_1}\bigg|_{i_2=0} \qquad \text{开路输入电导}$$

$$g_{12} = \frac{i_1}{i_2}\bigg|_{v_1=0} \qquad \text{反向短路电流增益}$$

$$g_{21} = \frac{v_2}{v_1}\bigg|_{i_2=0} \qquad \text{正向开路电压增益} \tag{1.17}$$

$$g_{22} = \frac{v_1}{i_2}\bigg|_{v_1=0} \qquad \text{输入短路时的输出电阻}$$

但是经典的 g 参数表示法不太直观,因此在例1.1中使用了更具描述性的表示法,该方法如式(1.18)和图1.7所示。

$$v_1 = i_1 R_{\text{in}}$$
$$v_2 = A v_1 + i_2 R_{\text{out}} \tag{1.18}$$

R_{in} 代表放大器的输入电阻,A 为不带外部负载时放大器的电压增益,R_{out} 为放大器的输出电阻。在一般情况下,放大器设计时要求正向增益(g_{21})要远大于反向增益(g_{12}),即 $g_{21} \gg g_{12}$,式(1.18)和图1.7给出了二端口的简化表达形式,其中反向增益 g_{12} 设为0。图1.8给出了常用于晶体管电路中的二端口电路形式,此等效电路使用了诺顿定理找到输出端口组件,并得出 $G_{\text{m}} = A_{v1}/R_{\text{out}}$。

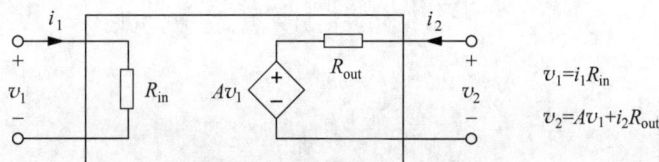

$$v_1 = i_1 R_{\text{in}}$$
$$v_2 = A v_1 + i_2 R_{\text{out}}$$

图1.7 简化的、更为直观的二端口电路,$g_{12} = 0$

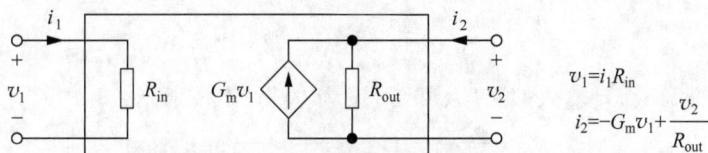

$$v_1 = i_1 R_{\text{in}}$$
$$i_2 = -G_{\text{m}} v_1 + \frac{v_2}{R_{\text{out}}}$$

图1.8 图1.7中电路的诺顿变换,其中 $G_{\text{m}} = \dfrac{A}{R_{\text{out}}}$

例1.2 g 参数的计算。

本例是为一个包含从属电流源的电路计算其 g 参数,由于双极型晶体管和场效应管模型都包含相关的电流源,因此这类电路经常出现在模拟电路分析和设计中。

问题:求出下图所示电路中的 g 参数,并将 g_{12} 与 g_{21} 进行比较。

解:

已知量:电路中各元件的值,利用式(1.17)计算 g 参数的大小。

未知量:4个 g 参数的值。

求解方法:应用每个 g 参数指定的边界条件,并利用电路分析计算4个参数的值。注意,每组边界条件适用于两个参数。

假设：无。

对 g_{11} 和 g_{21} 的分析参见 g 参数的定义式：

$$G_{\text{in}} = g_{11} = \frac{i_1}{v_1}\bigg|_{i_2=0} \quad \text{和} \quad A = g_{21} = \frac{v_2}{v_1}\bigg|_{i_2=0}$$

从上面两式可以看到，g_{11} 和 g_{21} 的边界条件是相同的，当在输入端施加电压 v_1，并且输出端为开路（即 i_2 为 0）时，电路如下图所示。

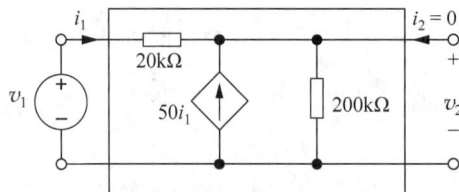

g_{11}：写出输入回路的方程，并在输出节点运用 KCL 可得

$$v_1 = (2 \times 10^4\,\Omega)i_1 + (i_1 + 50i_1)(200\text{k}\Omega)$$

$$G_{\text{in}} = \frac{i_1}{v_1} = \frac{1}{2 \times 10^4\,\Omega + 51(200\text{k}\Omega)} = \frac{1}{10.2\text{M}\Omega} = 9.79 \times 10^{-8}\,\text{S}$$

g_{21}：由于外部端口的电流 i_2 为 0，故电压 v_2 为

$$v_2 = (i_1 + 50i_1)(200\text{k}\Omega) = i_1(51)(200\text{k}\Omega)$$

利用 g_{11} 将 i_1 和 v_1 联系起来，可得

$$v_2 = (g_{11}v_1)(51)(200\text{k}\Omega)$$

$$A = \frac{v_2}{v_1} = g_{11}(51)(200\text{k}\Omega) = (9.79 \times 10^{-8}\,\text{S})(51)(200\text{k}\Omega) = 0.998$$

对 g_{12} 和 g_{22} 的分析：再次根据 g 参数定义，可发现 g_{12} 和 g_{22} 采用的是同样的边界条件。

$$g_{12} = \frac{i_1}{i_2}\bigg|_{v_1=0} \quad \text{和} \quad R_{\text{out}} = g_{22} = \frac{v_2}{i_2}\bigg|_{v_1=0}$$

在输出端施加电流源 i_2，且输入端短路（即 v_1 设为 0），如下图所示。

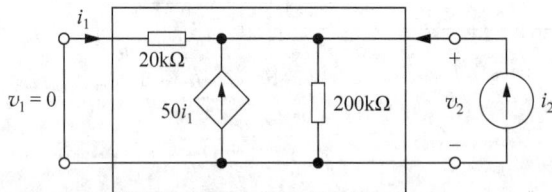

g_{22}：当 $v_1=0$ 时，该电路就简化成一个单节点电路，此时写出 v_2 的节点方程为

$$(i_2 + 50i_1) = \frac{v_2}{200\text{k}\Omega} + \frac{v_2}{20\text{k}\Omega}$$

但是，i_1 可直接用 v_2 表示成 $i_1 = -v_2/20\text{k}\Omega$。结合这两个方程可得出输入短路时的输出电阻 g_{22} 为

$$i_2 = \frac{v_2}{200\text{k}\Omega} + \frac{v_2}{20\text{k}\Omega} + 50\frac{v_2}{20\text{k}\Omega} \quad \text{且} \quad R_{\text{out}} = \frac{v_2}{i_2} = \frac{1}{\frac{1}{200\text{k}\Omega} + \frac{51}{20\text{k}\Omega}} = 391\Omega$$

g_{12}：利用之前的结果可得出反向短路电流增益 g_{12} 为

$$i_1 = -\frac{v_2}{20\text{k}\Omega} = -\frac{R_{\text{out}}i_2}{20\text{k}\Omega} \quad \text{且} \quad g_{12} = \frac{i_1}{i_2} = -\frac{391\Omega}{20\text{k}\Omega} = -0.0196$$

该电路最终的 g 参数方程为

$$i_1 = 9.79 \times 10^{-8} v_1 - 1.96 \times 10^{-2} i_2$$

$$v_2 = 0.998 v_1 + 3.91 \times 10^2 i_2$$

结果检查：下面用 SPICE 对上述结果进行校核。

讨论：注意 $R_{\text{in}} = 10.2\text{M}\Omega$，$R_{\text{out}} = 391\Omega$，这两个值与电路中任何一个电阻值都有很大差异。这是相关电流源作用的结果，并且在模拟晶体管电路的分析中也会出现这一重要的效应。可以看到，实际上 g_{12} 很小，且 $g_{12} \ll g_{21}$，因此简化后电路的数学模型和二端口模型如下图所示。

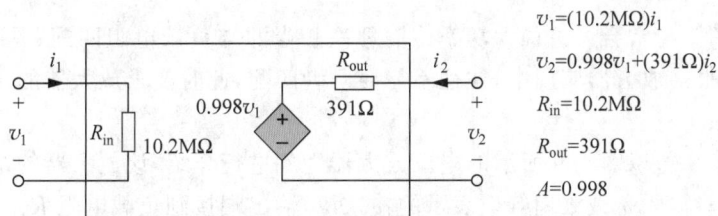

$v_1 = (10.2\text{M}\Omega)i_1$
$v_2 = 0.998v_1 + (391\Omega)i_2$
$R_{\text{in}} = 10.2\text{M}\Omega$
$R_{\text{out}} = 391\Omega$
$A = 0.998$

计算机辅助分析：利用 SPICE 传输函数（TF）的分析功能，可以很容易地找到二端口参数的数值。为了求出本例中电路的 g 参数，可在输入端施加电压源 V1 来驱动电路，并在输出端施加电流源 I2，如下图所示。如此选择是为了与 g 参数定义中的边界条件相对应。

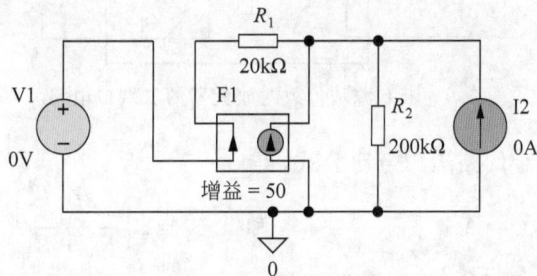

两个独立源都分配了零值，TF 分析计算变量如何随响应独立源的变化而变化，因此，将起始点设为零比较好，因为零值源直接满足计算 g 参数时所需的边界条件。

分析中采用了两次 TF 分析，一次用于求出 g_{11} 和 g_{21}，另一次用于求出 g_{12} 和 g_{22}。第一次分析要求计算从源 V1 到输出端电压的传输函数，SPICE 会计算出 3 个量：传输函数值、输入源节点的电阻及输出节点的电阻。SPICE 的结果：传输函数为 0.998，输入电阻为 10.2MΩ，输出电阻为 391Ω。参数 g_{21} 为开路电压增益，与手工计算结果一样，而 g_{11} 为输入电导，等于 10.2MΩ 的倒数，也与手工计算一致。

第二次分析需要求出从源 I2 到源 V1 电流的传输函数。SPICE 得出的结果：传输函数为 0.0196，输入电阻为 391Ω。在这种情况下，由于 V1 表示在输入端是短路，因此输出电阻（在 V1 处的）无法计算。需注意的是，参数 g_{12} 是 TF 值的负数，造成符号差异的原因是 SPICE 假定的被动符号约定，此时正向电流是向下流过源 V1 的。参数 g_{22} 为 I2 的电阻，值为 391Ω，这也是本次计算中的"输入电阻"。这个结果与手工计算结果高度一致。

练习：如果将例 1.2 电路中的 200kΩ 电阻替换成 50kΩ 电阻，独立源变为 $75i_1$，试求出新的 g 参数。

答案：2.62×10^{-7}S；0.995，-0.0131；262Ω。

练习：用 SPICE 验证前面练习中的计算结果。

设计提示

SPICE 的 TF 分析是一种直流分析形式，不能应用到包含电容和电感的电路中。

1.4 源和负载电阻的失配

在介绍电路理论时，经常会讨论最大功率传输理论。当源与负载电阻匹配（具有相等的值）时存在最大传输功率。但在很多放大器应用中，往往不需要两者匹配，此时要求放大器的输入端和输出端都要完全失配（Mismatched）。

为了理解失配的含义，以图 1.9 所示的电压放大器为例进行介绍，该放大器的结构与例 1.1 中放大器的结构相同。二端口输入是戴维南等效表示的输入源，输出端接到负载电阻 R_L 上。

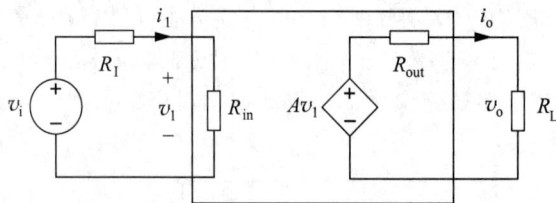

图 1.9 带有源和负载的放大器的二端口电路

为了求出电压增益，对每个回路运用分压公式，得

$$v_o = Av_1 \frac{R_L}{R_{out} + R_L} \quad \text{和} \quad v_1 = v_i \frac{R_{in}}{R_I + R_{in}} \tag{1.19}$$

结合这两个公式，可得电压增益 A_v 的幅值为

$$|A_v| = \frac{V_o}{V_i} = A \frac{R_{in}}{R_I + R_{in}} \frac{R_L}{R_{out} + R_L} \tag{1.20}$$

为了达到最大电压增益，电阻应该满足 $R_{in} \gg R_i$ 且 $R_{out} \ll R_L$。对于本例，有

$$|A_v| \approx A \tag{1.21}$$

上述两个公式描述了输入端口和输出端口完全失配的情况。当 $R_{in} = \infty$、$R_{out} = 0$ 时，理想电压放大器满足上述条件。

图 1.9 中放大器的电流增益幅值可表示为

$$|A_i| = \frac{I_o}{I_1} = \frac{\dfrac{V_o}{R_L}}{\dfrac{V_i}{R_I + R_{in}}} = \frac{V_o}{V_i} \frac{R_I + R_{in}}{R_L} \quad \text{或} \quad |A_i| = |A_v| \frac{R_I + R_{in}}{R_L} \tag{1.22}$$

练习：什么是理想电压放大器的电流增益？

答案：∞。

练习：用电压增益的形式写出图1.9中放大器的功率增益表达式。

答案：$A_P = A_v^2 \dfrac{R_I + R_{in}}{R_L}$。

练习：假设图1.3中音频放大器可以表达为 $R_{in} = 50k\Omega$，$R_{out} = 0.5\Omega$。若 $v_i = 0.001\sin2000\pi t$，为了使输出功率达到 100W，则开路增益 A 的值为多少？R_{out} 消耗的功率为多少？电流增益为多少？

答案：46800（93.4dB）；6.25W；2.75×10^8（169dB）。

练习：若输入端和输出端分别与源和负载相匹配（即 $R_{in} = 5k\Omega$，$R_{out} = 8\Omega$），重新计算上题中的相关数值（在这里应该明确为什么不能将 R_{out} 设计成与负载电阻相匹配的原因）。

答案：160000（104dB）；100W；5×10^7（153dB）。

电 子 应 用

笔记本电脑触摸板

图形用户界面的基本要素是指点设备，关于这一问题，在20世纪60年代后期，Douglas Engelbart 对图形计算机界面进行实验时就已经清晰地认识到了。为了给用户提供一种能够直接操作屏幕上对象的设备，Douglas Engelbart 于1968年发明了计算机鼠标，但直到1984年 Apple Macintosh 的问世，鼠标才进入计算机主流。集成电路的发展和便携式计算机的诞生，使得开发单机设备更为必要，人们对人机交互"连接"的需求更为强烈。早期采用追踪球，但它不能实现手指在 x-y 平面位移的直观反馈，同时追踪球容易积聚污垢和其他碎屑，会降低它的稳健性。

触摸屏诞生于20世纪80年代，但它需要弱阻抗的薄膜及昂贵的制造技术。在20世纪90年代，Synaptics Corporation 发明了电容感知触摸屏，其简图如下图所示。用一张薄的绝缘表面覆盖 x-y 电线网格，当手指在上面轻触时，下面电线网格上的电容立刻改变。测量电线与地之间的电容，就可以检测到物体的位置。如果依次对每根导线进行电容测量，则会产生电容与位置的分布，再根据图像的中心，便能够准确地指出手指在触摸屏上的位置。

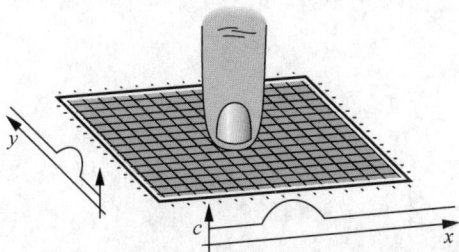

Sergio Azenha/Alamy版权所有

类似的测量方法有多种。电容可以是调谐电路的一部分，用以控制振荡器的频率。一种方法是用正弦电流驱动电容，并测量所得电压的峰值（Peak-to-Peak）。或者，与大多数触摸板的情况一样，将跃阶电压加载到导线上，产生的充电电流被积分，积分的大小与电容呈比例关系。集成电路技术再一次使该设备实用且廉价，但这种技术需要大量的导线才能获得足够的分辨率。如果采用分立元件实现，则开关、信号路由和信号处理将会非常多，且价格昂贵。单个混合信号 CMOS 集成电路集成了精密模拟电路和数字处理，旨在提供所有必要的功能，并提供易于集成到计算机中的数字接口；在现实世界的模拟信息与数字计算机之间搭建桥梁是模拟微电子技术中一个重要且长期的主题。

1.5　运算放大器简介

既然已经开发了放大器的一些应用，接下来就要研究称为运算放大器的元器件的特性及其应用。在后面的章节中，还将研究晶体管电路，该电路主要用于实现更复杂的电路，如运算放大器。

运算放大器（Operational Amplifier）是模拟电路设计的一个基本构件模块，执行特定的电子电路功能或运算，如比例、求和、积分等。

自 20 世纪 60 年代第一个双极型集成电路工艺产生之后，集成电路运算放大器迅速发展。尽管早期的集成电路放大器的设计在性能上相对于真空电子管设计和离散半导体实现优势较小，有点"娇贵"，但是它们在物理尺寸、成本及功耗上有较大优势。1965 年仙童半导体公司推出的 μA709 是第一批广泛使用的通用集成电路运算放大器之一。集成电路运算放大器发展迅速，仙童半导体公司在 20 世纪 60 年代末期推出的 μA741 是目前经典的运算放大器之一，其稳健性好，对于常规应用而言性能良好。这些运算放大器的内部电路设计采用了 20～50 个双极型晶体管，而后来的放大器绝大多数的性能有所提升。如今的运算放大器系列繁多，挑选起来令人眼花缭乱，如图 1.10 所示。

图 1.10　离散式运算放大器

本节将探讨运算放大器和运算放大器电路的特性，重点分析运算放大器在基本电路中的应用，包括反相和同相放大器、求和放大器、积分器和基本滤波器。第 2 章将讨论运算放大器的非线性特性产生的限制，包括有限增益、带宽、输入和输出电阻、共模增益、漂移电压、偏置电流及稳定性。第 3 章中列举了部分运算放大器的应用。

1.5.1　差分放大器

运算放大器是差分放大器的一种形式。差分放大器对两个输入信号之差产生响应（因此有时也称为差额放大器），是一类非常有用的电路。例如，在绝大多数电子反馈和控制系统中将它们用作误差放大器，实际上运算放大器本身就是性能非常高的差分放大器。因此，本节将从图 1.11 所示的基本差分放大器的特性开始，展开对运算放大器的研究。

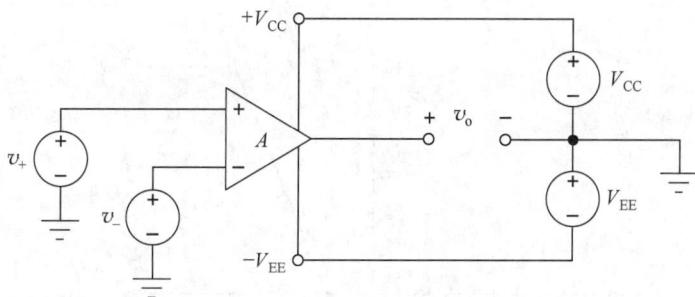

图 1.11　包含电源的差分放大器

放大器有两个输入端,分别与 v_+ 和 v_- 相连,还有一个输出端 v_o,所有端口都以两个电源电压 V_{CC} 和 V_{EE} 之间的公共端(地)为参考。在多数应用中,$V_{CC} \geqslant 0$,$-V_{EE} \leqslant 0$,电压经常是对称的,即 ±5V、±12V、±15V、±18V、±22V 等。这些电源的电压限制了输出电压的范围:$-V_{EE} \leqslant v_o \leqslant V_{CC}$。为简化起见,通常情况下,放大器会被画成如图 1.12(a)所示的不带电源形式,或如图 1.12(b)所示的接地形式。但必须记住,实际电路中一定存在电源和接地端。

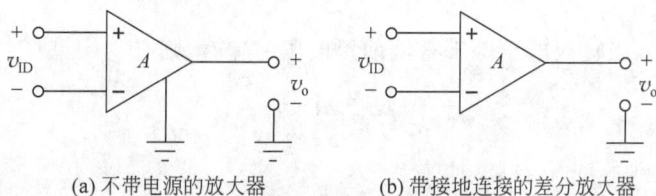

(a) 不带电源的放大器　　　　　(b) 带接地连接的差分放大器

图　1.12①

1.5.2　差分放大器的电压传输特性

由电源 V_{CC} 和 $-V_{EE}$ 偏置的差分放大器的电压传输特性或 VTC 如图 1.13 所示。VTC 曲线展示了总输出电压 v_o 与总差分输入电压 v_{ID} 之间的关系。在此例中,V_{CC} 和 $-V_{EE}$ 是对称的 10V 电源,因此输出电压 v_o 严格介于 $-10V$ 和 $+10V$ 之间。

由于电源的限制,从图 1.13 中可以看出,在特性曲线上输入与输出的关系只在有限区域内呈线性关系。采用在第 1 章中介绍的标准标示法,总输入电压 v_{ID} 为两个部分之和,即

$$v_{ID} = V_{ID} + v_{id} \tag{1.23}$$

其中,V_{ID} 代表 v_{ID} 的直流值,而 v_{id} 为输入电压的信号分量。同样,总输出电压用下式表示:

$$v_O = V_O + v_o \tag{1.24}$$

其中,V_O 代表输出电压的直流部分,v_o 为输出电压的信号分量。为了让放大器为信号 v_{id} 提供线性放大功能,总输入信号必须由 V_{ID} 偏置到特性曲线中间高斜率的区域。

1.5.3　电压增益

放大器的电压增益 A 用于描述输入信号的变化量与输出信号的变化量之间的关系,用放大器

---

① 译者注:原书图 1.12 中(a)和(b)的标注反了,运算放大器上有接地符号的应该是带接地连接的差分放大器。

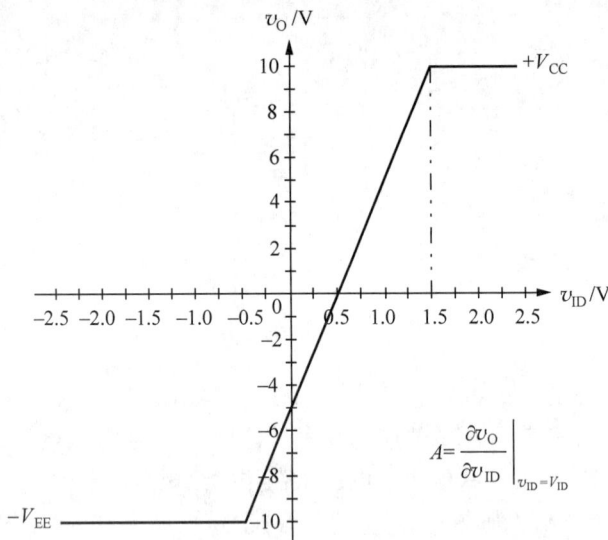

图 1.13　当 $V_{CC}=10V, -V_{EE}=-10V$,增益 $A=10(20dB)$时,差分放大器的电压传输特性（VTC）曲线

VTC 曲线的斜率来定义,当输入电压等于直流偏置电压 V_{ID} 时,则有

$$A = \frac{\partial v_O}{\partial v_{ID}}\bigg|_{v_{ID}=V_{ID}} \tag{1.25}$$

图 1.13 中 VTC 曲线的 $V_{ID}=1V$,则有

$$A = \frac{10-0}{1.5-0.5}\left(\frac{V}{V}\right)=10 \quad \text{或} \quad A_{vdB}=20\log(10)=20dB \tag{1.26}$$

注意,增益并不等于总输出电压与总输入电压之比。例如,当 $v_{ID}=1V$ 时,则有

$$\frac{v_O}{v_{ID}} = \frac{5}{1}=5 \neq A \tag{1.27}$$

图 1.13 所示的放大器的 VTC 曲线,其任意位置的斜率都大于或等于 0,所以放大器的输入和输出为同一相位,此类放大器为同相放大器（Noninverting Amplifier）。若斜率为负,则输入和输出信号的相位将相差 $180°$,这样的放大器称为反相放大器（Inverting Amplifier）。

偏移电压

图 1.13 所示的放大器是一输入偏移电压（Input Offset Voltage）V_{os},被定义为使输出等于 0V 的直流输入电压。在这种情况下,$V_{os}=0.5V$。偏移电压是运算放大器的非理想特性之一,这一问题会在第 2 章中进一步讨论。

信号放大器

图 1.14 所示为带有正弦输入和正弦输出信号的 VTC 的图形标示,其中 v_{ID1} 和 v_{O1} 为

$$v_{ID1}=1+0.25\sin2000\pi t\,V \quad \text{和} \quad v_{O1}=5+2.5\sin2000\pi t\,V \tag{1.28}$$

注意,为了使放大器表现为线性工作,其输入电压的范围是有限的。如式（1.28）和图 1.14 中的 1V 输入偏置,对应的最大输入电压信号幅值必须小于 0.5V,其对应的最大输出信号幅值为 5V。

如果交流输入信号超过 0.5V,则输出信号的顶端部分将会被截除。图 1.15 所示的就是图 1.14 中放大器 VTC 的 SPICE 仿真结果,对应的输入信号为式（1.28）中的输入信号及 $v_{ID2}=1+1.5\sin2000\pi t\,V$。当 v_{ID2} 的值超过 1.5V 时,输出保持在 10V 不变。当输入信号进一步增加时输出端始

终保持不变。在这一区域内,由于 VTC 曲线的斜率为 0,因此对应的电压增益也为 0。

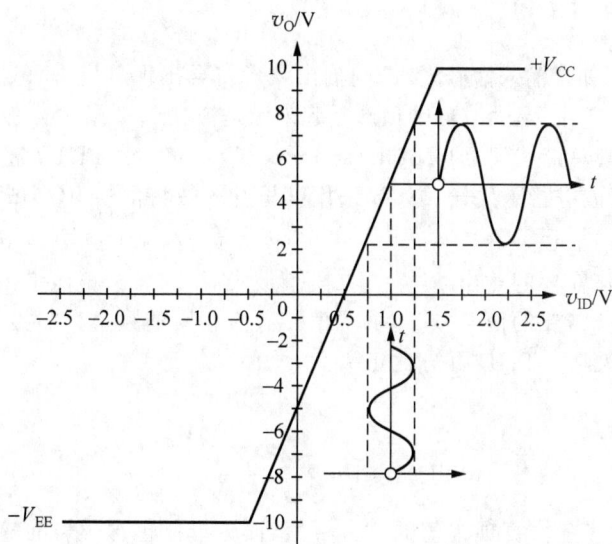

图 1.14 输入正弦信号时的电压传输特性(VTC)曲线

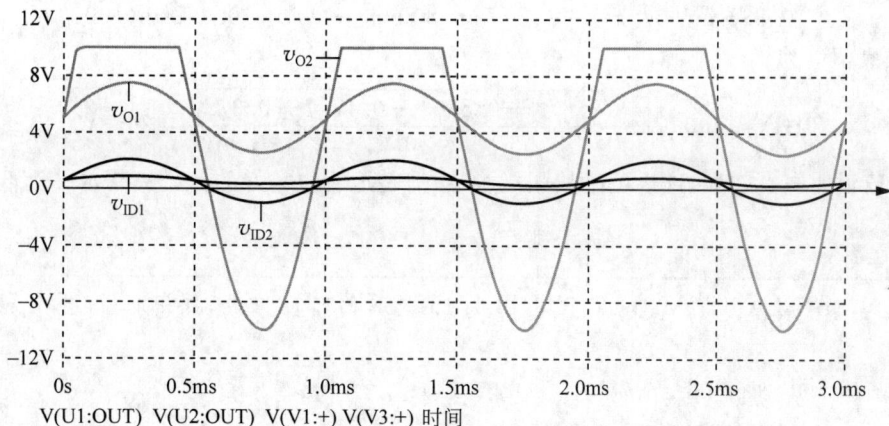

图 1.15 图 1.14 中放大器 VTC 曲线的 SPICE 仿真验证,其中两个输入信号为:$v_{ID1} = 1 + 0.25\sin2000\pi t$ V 和 $v_{ID2} = 1 + 1.5\sin2000\pi t$ V。对于输入 1,放大器以线性方式工作;对于输入 2,放大器执行的是非线性操作

练习:(a)如何选择输入偏置点,能使图 1.13 中的放大器有最大线性输入信号幅值?此时最大的输入和输出信号幅值为多少? (b)如果放大器的输入偏置为 $V_{ID} = -1.0$V,则电压增益为多少?

答案:0.5V,$|v_i| \leqslant 1.0$V;10V;0。

练习:当 $v_{ID}(t) = (0.25 + 0.75\sin1000\pi t)$V 时,写出图 1.13 中放大器的 $v_O(t)$ 的表达式,此时输出电压中的直流部分为多少?

答案:$(-2.5 + \sin1000\pi t)$V;-2.5V。

1.6　放大器的失真

在 1.5 节中已经说明，如果输入信号太大，则输出波形将会出现严重失真，因为输入信号的正值增益不同于负值的增益。图 1.15 中，最大波形的顶部看起来像是被"削平"了一样，波形中存在斜率不连续性。

这种信号中，失真由其总谐波失真（Total Harmonic Distortion，THD）量度，总谐波失真将信号中不需要的谐波与需要的谐波进行了比较。如果采用傅里叶级数将信号 $v(t)$ 展开，则有

$$v(t) = \underset{\text{直流}}{V_O} + \underset{\text{需要的输出}}{V_1 \sin(\omega_0 t + \varphi_1)} + \underset{\text{二阶谐波失真}}{V_2 \sin(2\omega_0 t + \varphi_2)} + \underset{\text{三阶谐波失真}}{V_3 \sin(3\omega_0 t + \varphi_3)} + \cdots \tag{1.29}$$

频率 ω_0 处的信号是所需要的信号，它与输入信号具有相同的频率。$2\omega_0$、$3\omega_0$ 等频率处的信号是二阶、三阶及更高阶的谐波失真。THD 百分比定义为

$$\text{THD} = 100\% \times \frac{\sqrt{\sum_{2}^{\infty} V_n^2}}{V_1} \tag{1.30}$$

该表达式的分子包含了各失真项幅值的均方根值，而分母仅包含所需的输出分量。通常，分子中只有前几项较为重要。例如，SPICE 的傅里叶分析得出图 1.15 中失真信号的表达式为

$$v(t) = 2.46 + 10.6\sin(2000\pi t) + 2.67\sin(4000\pi t + 90°) +$$
$$0.886\sin(6000\pi t) + 0.177\sin(8000\pi t + 90°) + 0.372\sin(10000\pi t)$$

其总的失真值约为

$$\text{THD} \approx 100\% \times \frac{\sqrt{2.67^2 + 0.886^2 + 0.177^2 + 0.372^2}}{10.6} = 26.8\%$$

该 THD 值说明失真较大，这也可以从图 1.15 中清楚地看出。好的信号失真水平远低于 1%，且不易察觉。

练习：用 MATLAB 或 Mathcad 画出图 1.15 失真的输出信号，并用 $v(t)$ 重新描述之后的图形。

答案：wt = 2000 * pi * linspace(0,0.002,1024);

　　　　v = min(10,(5+15 * sin(wt));

　　　　f = 2.46+10.6 * sin(wt)+2.67 * cos(2 * wt)+0.866 * sin(3 * wt)+0.177 * cos(4 * wt)+0.372 * sin(5 * wt);

　　　　plot(wt,v,wt,f)

（注意：两条曲线仅在其级数中的少数几项比较匹配。）

练习：用 MATLAB 求出 $v(t)$ 的傅里叶表达式。

答案：wt = 2000 * pi * linspace(0,0.001,512);

　　　　v = min(10,(5+15 * sin(wt));

　　　　s = fft(v)/512;

　　　　mag = sqrt(s. * conj(s))

　　　　mag(1:10)

（注意，MATLAB 的 fft 函数生成复杂的傅里叶级数的系数。）

1.7 差分放大器模型

为了对信号进行分析,差分放大器可以用其输入电阻 R_{id}、输出电阻 R_o 和控制电压源 Av_{id} 来表示,如图 1.16 所示。这是 1.2 节中介绍的二端口表示。

$$A = 电压增益(开路电压增益)$$

$$v_{id} = (v_+ - v_-) = 差分输入信号电压$$

$$R_{id} = 放大器的输入电阻$$

$$R_o = 放大器的输出电阻 \tag{1.31}$$

放大器输出的电压信号在相位上与 + 输入端电压一样,而与加在 − 输入端信号的相位相差 180°。所以 v_+ 和 v_- 端分别称为同相输入端(Noninverting Input)和反相输入端(Inverting Input)。

在典型应用中,放大器用具有戴维南等效电压 v_i 和电阻 R_I 的信号源驱动,且与负载电阻 R_L 相连,如图 1.17 所示。对于这种简单电路,其输入电压 v_{id} 和输出电压可用电路元件表示为

$$v_{id} = v_i \frac{R_{id}}{R_{id} + R_I} \quad 和 \quad v_o = Av_{id} \frac{R_L}{R_o + R_L} \tag{1.32}$$

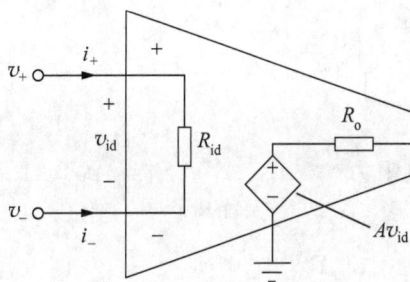

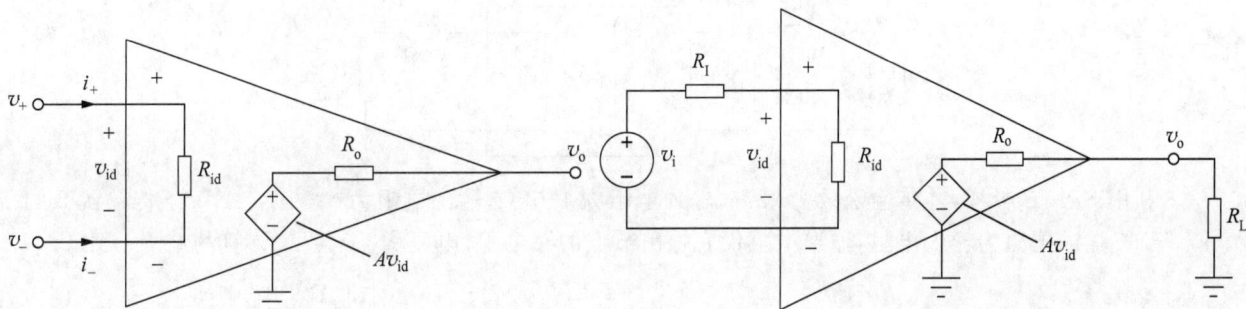

图 1.16 差分放大器 　　　图 1.17 连接信号源与负载的放大器

对于图 1.17 所示的放大器电路,结合式(1.32),可得当 R_I 和 R_L 取任意值时放大器整体电压增益为

$$A_v = \frac{v_o}{v_i} = A \frac{R_{id}}{R_I + R_{id}} \frac{R_L}{R_o + R_L} \tag{1.33}$$

运算放大器电路大多是直流耦合的放大器,实际上信号 v_o 和 v_i 可能包含直流分量,该分量表示输入与初始运算点(Q 点)的直流偏移值。运算放大器不仅对信号的交流成分有放大作用,也可对其直流成分进行放大。需要注意的是,式(1.33)中用于求取 A_v 所需的比值是由各信号的幅值及相位决定的,该比值不是一个随时间而变的变量,但是 $\omega = 0$ 是信号的有效频率。v_I, v_o, i_2 等用于表示信号的电压和电流,通常情况下是时间的函数,即 $v_i(t), v_o(t), i_2(t)$。但在对电压增益、电流增益、输入电阻、输出电阻等量进行代数计算时,都必须采用各个信号的向量表示,即 $\boldsymbol{v}_i, \boldsymbol{v}_o, \boldsymbol{i}_2$。信号 $v_i(t), v_o(t), i_2(t)$ 等可以由多个独立信号组合而成,其中的一个可能是离 Q 点很远的直流偏移值。

例 1.3 电压增益分析。

求出包含负载和源电阻影响的差分放大器增益。

问题:计算带有如下参数的放大器的电压增益:$A = 100, R_{id} = 100k\Omega, R_o = 100\Omega, R_I = 10k\Omega,$

$R_L = 1000\Omega$。结果用 dB 表示。

解：

已知量：$A = 100, R_{id} = 100k\Omega, R_o = 100\Omega, R_I = 10k\Omega, R_L = 1000\Omega$。

未知量：电压增益 A。

求解方法：根据式(1.33)的相关表达，并将结果转换成 dB 形式。

假设：无。

分析：利用式(1.33)

$$A_v = 100 \left(\frac{100k\Omega}{10k\Omega + 100k\Omega} \right) \cdot \left(\frac{1000\Omega}{100\Omega + 1000\Omega} \right) = 82.6$$

$$A_{vdB} = 20\lg |A_v| = 20\lg |82.6| = 38.3 dB$$

结果检查：根据公式求取的唯一未知量。

讨论：放大器的内部电压增益 $A = 100$，但实现的总增益仅为 82.6，因为信号源电压的一部分（约 9%）降落在了电阻 R_I 上，且一部分内部放大器电压（Av_{id}，也约为 9%）降落在了 R_o 上。

计算机辅助分析：SPICE 电路如下图所示，利用从 VI 到输出节点的传输函数来分析本例中放大器的特性。

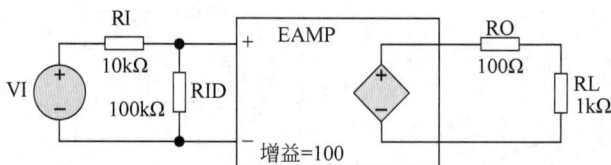

利用 SPICE 校核，其传输函数为 82.6，输入电阻为 110kΩ，输出电阻为 90.9Ω。A 等于传输函数的值，VI 终端的电阻为输入电阻，输出电阻代表输出节点的总电阻，电压增益与手工计算的结果一致。

1.8 理想差分放大器和运算放大器

理想差分放大器的输出只与其两个输入端的电压差 v_{id} 有关，与源和负载电阻无关。参考式(1.33)可得，当放大器的输入电阻为无穷大、输出电阻为 0Ω 时，可达到这一状态（如在 1.4 节中所述）。在这种情况下，式(1.33)可简化为

$$v_o = Av_{id} \quad 或 \quad A_v = \frac{v_o}{v_{id}} = A \tag{1.34}$$

该式实现了全差分放大器增益。A 称为放大器的开路电压增益(Open-circuit Voltage Gain)或开环增益(Open-Loop Gain)，表示器件可用的最大电压增益。

正如本章前面内容所述，在电压放大器应用中常常希望实现完全失配的电阻条件（$R_{id} \gg R_I, R_o \ll R_L$），从而获得式(1.34)中给出的最大电压增益。在失配情况下，总的放大器增益与源和负载电阻无关，此时可将多个放大器级联起来，而不用考虑级与级之间的相互影响。

如前所述，术语"运算放大器"源于将这类高性能放大器用于执行特定的电子电路函数或运算，如比例、求和、积分等。在这些应用中，运算放大器被看作一个理想的差分放大器，并有一个附加特征：无限电压增益。尽管无法实现理想运算放大器(Ideal Operational Amplifier)的功能，但该概念的运用可以有助于理解对于给定的模拟电路应具备怎样的基本性能，并可作为电路设计的模型。一旦理解了理想

放大器的特性及其在基本电路中的应用,就可省略多个理想假设,以便使设计者更了解这些假设对电路性能的影响。

理想运算放大器是图 1.16 所示的理想差分放大器的一个特例,其中 $R_{id}=\infty$,$R_o=0$,并且最重要的是电压增益 $A=\infty$。在分析包含理想运算放大器的电路时要用到两个假设,而无限增益可导出其中的第一个假设。由式(1.34)可得

$$v_{id}=\frac{v_o}{A} \quad 且 \quad \lim_{A\to\infty} v_{id}=0 \tag{1.35}$$

如果 A 为无穷大,则对于任意有限输出电压,输入电压 v_{id} 将为 0。我们称此条件为理想运算放大器电路分析中的假设 1。

输入电阻 R_{id} 为无限大时,使得两个输入电流 i_+ 和 i_- 均为 0,这是理想运算放大器电路分析中的假设 2。这两个结果,再结合基尔霍夫电压和电流定律,便构成了分析所有理想运算放大器电路的基础。

如前所述,分析包含理想运算放大器的电路时所需的两个基本假设为

1. 输入电压差为 0:$v_{id}=0$

2. 输出电流为 0:$i_+=0$,且 $i_-=0$ (1.36)

无限增益和无限输入电阻是假设 1 和假设 2 的突出特性。实际上,理想运算放大器还有很多隐含的特性,但很少对这些假设进行明确说明。它们是:

- 无限共模抑制
- 无限电源抑制
- 无限输出电压范围(不受 $-V_{EE} \leqslant v_O \leqslant V_{CC}$ 限制)
- 无限输出电流能力
- 无限开环带宽
- 无限压摆率
- 0 输出电阻
- 0 输入偏置电流和漂移电流
- 0 输入漂移电压

到目前为止,读者对上述术语可能还比较陌生,在第 2 章中将对其定义,并详细讨论。

练习:假设放大器工作时有 $v_o=10\text{V}$。当(a)$A=100$;(b)$A=10000$;(c)$A=120\text{dB}$ 时,输入电压 v_{id} 为多少?

答案:(a)100mV;(b)1.00mV;(c)10.0μV。

设计提示

在分析理想运算放大器电路时要用到的两个假设为:(1)运算放大器的差分输入电压为零,即 $v_{id}=0$;(2)运算放大器两个输入端的电流都为 0,即 $i_+=0$ 和 $i_-=0$。

1.9　含有理想运算放大器的电路分析

本节将介绍一系列经典的运算放大器电路,包括基本的反相和同相放大器;单位增益缓冲器或电压跟随器,求和放大器和差分放大器;低通滤波器;积分器;微分器。在对这些电路进行分析时,将同

时向读者展现结合了基尔霍夫电压和电流定律（分别用 KVL 和 KCL 表示）的理想放大器的两个假设的应用。这些典型运算放大器电路为构建更复杂的模拟电路系统奠定了基础。

1.9.1 反相放大器

将运算放大器的正输入端接地，将电阻 R_1 和 R_2 分别连接在反相输入端和信号源及放大器的输出节点之间，即可实现反相放大器电路，又称为反馈电路，如图 1.18 所示。我们期望能找到一组用于描述整个电路的二端口参数，这组参数包括开路电压增益 A_v、输入电阻 R_{in} 和输出电阻 R_{out}。

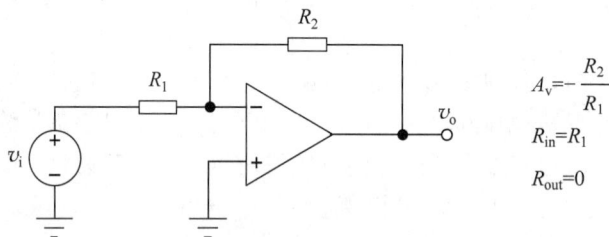

$$A_v = -\frac{R_2}{R_1}$$

$$R_{in} = R_1$$

$$R_{out} = 0$$

图 1.18　反相放大器电路

反相放大器电压增益

首先来确定电压增益。为了求出 A_v，首先要建立 v_i 和 v_o 之间的关系。建立图 1.19 所示的单回路的方程就可得到 v_i 和 v_o 之间的关系为

$$v_i - i_i R_1 - i_2 R_2 - v_o = 0 \tag{1.37}$$

在放大器的反相输入端运用 KCL 可获得 i_1 和 i_2 之间的关系为

$$i_1 = i_- + i_2 \quad \text{或} \quad i_1 = i_2 \tag{1.38}$$

由于假设 2 规定 i_- 必须为 0，于是式（1.37）变为

$$v_i - i_i R_1 - i_i R_2 - v_o = 0 \tag{1.39}$$

现在，电流 i_i 可以用 v_i 表示为

$$i_i = \frac{v_i - v_-}{R_1} \tag{1.40}$$

其中，v_- 为运算放大器反相输入端（负输入端）的电压。但是，假设 1 规定输入电压 v_{id} 必须为 0，又因为正向输入端接地，因此 v_- 必须为 0，即

$$v_{id} = v_+ - v_- = 0 \quad \text{但} \quad v_+ = 0 \quad \text{因此} \quad v_- = 0$$

由于 $v_- = 0$，$i_i = v_i / R_1$，则式（1.39）简化为

$$-v_i \frac{R_2}{R_1} - v_o = 0 \quad \text{或} \quad v_o = -v_i \frac{R_2}{R_1} \tag{1.41}$$

此时，电压增益为

$$A_v = \frac{v_o}{v_i} = \frac{R_2}{R_1} \tag{1.42}$$

分析式（1.42）可得，电压增益是负值，表明反相放大器的直流或者正弦输入和输出信号之间有一个 180°的相位偏移。另外，如果 $R_1 \geqslant R_2$（最常见的情况），则增益的幅值会大于或等于 1，但是当 $R_1 > R_2$ 时，它的值还会小于 1。图 1.18 中的反相放大器采用了负反馈，其中一部分输出信号通过电阻 R_2 被"反馈"到运算放大器的负输入端。采用负反馈是为了保证反馈放大器的稳定性，这一性能将在第 2 章

中详细讨论。

理解反相放大器的工作原理

在图 1.18 和图 1.19 所示的放大器电路中,运算放大器的反相输入端位于地电位,即为 0V,因此可将其当作虚地(Virtual Ground)。理想运算放大器会将输出调整到任何电压,以此来强制差分输入电压为 0。由于反相输入端为虚地,输入电压 v_i 直接施加在电阻 R_1 两端,从而建立了一个输入电流 v_i/R_1。运算放大器强制这一输入电流流过 R_2,得到电压降为 $v_i \cdot (R_2/R_1)$。因此有 $v_o = -v(R_2/R_1)$ 及 $A_v = -(R_2/R_1)$。

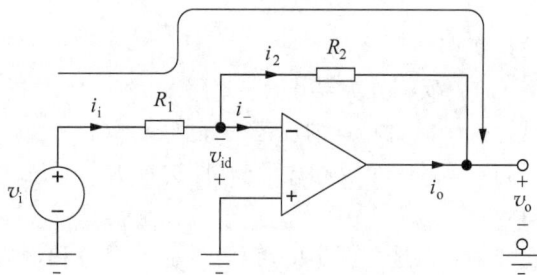

图 1.19 反相放大器电路

需要注意的是,尽管反相的输入为虚地,但它并没有直接与地相连(不存在一条直接到地的直流通路)。在分析时,将此输入端短路到地是一个常见错误,必须避免此类做法。

练习:若 $R_1 = 68\mathrm{k\Omega}$,$R_2 = 360\mathrm{k\Omega}$,$v_i = 0.5\mathrm{V}$,试求图 1.19 中放大器的 A_v、v_i、i_i 和 i_o。

答案:-5.29,$-2.65\mathrm{V}$,$7.35\mu\mathrm{A}$,$-7.35\mu\mathrm{A}$。

理想反相放大器的输入电阻和输出电阻

整个放大器的输入电阻可直接通过式(1.40)求出。因为 $v_- = 0$(虚地),故有

$$R_{in} = \frac{v_i}{i_i} = R_1 \tag{1.43}$$

输出电阻 R_{out} 是输出端的戴维南等效电阻,可通过在放大器电路的输出端施加一个测试电流源,并求出输出端电压而得到,如图 1.20 所示,此时电路中其他所有的独立电压和电流源都必须关闭,因此在图 1.20 中 v_i 被设置为 0。

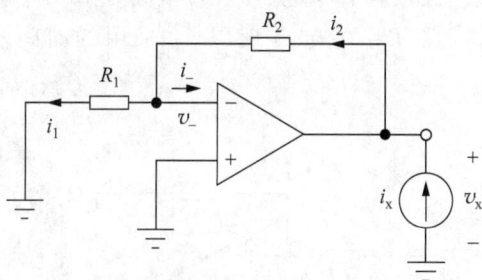

图 1.20 确定输出电阻所需的放大器
电流:$R_{out} = v_x / i_x$

$$R_{out} = 0 \tag{1.47}$$

整个放大器的输出电阻定义为

$$R_{out} = \frac{v_x}{i_x} \tag{1.44}$$

图 1.20 中单个回路的方程可表示为

$$v_x = i_2 R_2 + i_1 R_1 \tag{1.45}$$

根据运算放大器的假设 2 有 $i_- = 0$,此时有 $i_1 = i_2$,因此有

$$v_x = i_1(R_1 + R_2) \tag{1.46}$$

然而,根据运算放大器的假设 1 有 $v_- = 0$,故 i_1 必须为 0。因此,$v_x = 0$ 与 i_x 的值无关,因此有

设计提示

对于理想的反相放大器,闭环电压增益 A_v、输入电阻 R_{in} 和输出电阻 R_{out} 为

$$A_v = \frac{v_o}{v_i} = \frac{R_2}{R_1} \quad R_{in} = R_1 \quad R_{out} = 0$$

设计实例

例 1.4 反相放大器设计。

设计一个满足一系列规范的反相放大器。

问题： 设计一个反相放大器（即选择 R_1 和 R_2 的值），使得输入电阻为 20kΩ，增益为 40dB。

解：

已知量： 在这个例子中，我们给定了增益和输入电阻的值，并且放大器电路的结构已经确定：运算放大器反相放大器拓扑结构；电压增益=20dB；$R_{in}=20$kΩ。

未知量： 满足设计要求所需的 R_1 和 R_2 的值。

求解方法： 基于式(1.42)和式(1.43)可知，输入电阻受限于 R_1，电压增益由 R_2/R_1 确定。因此首先求出 R_1 的值，然后根据 R_1 的值求出 R_2 的值。

假设： 运算放大器为理想运算放大器，因此可应用式(1.42)和式(1.43)。

分析： 在计算之前必须先把增益从分贝转换过来，因此有

$$|A_v| = 10^{40dB/20dB} = 100 \quad 即 \quad A_v = -100$$

由于这是一个反相放大器，因此增益前面加负号。根据式(1.43)和式(1.42)有

$$R_1 = R_{in} = 20\text{k}\Omega \quad 且 \quad A_v = -\frac{R_2}{R_1} \rightarrow R_2 = 100R_1 = 2\text{M}\Omega$$

结果检查： 已求出全部所需的结果。

评估和讨论： 根据附录 A 中的数据，我们发现 20kΩ 和 2MΩ 是标准的 5% 电阻值，因此认为完成了设计。需注意的是，这个例子中有两个设计约束条件，且要选择两个电阻值。

计算机辅助分析： 在图(a)所示的 SPICE 电路中，利用了 VCVS E1 对运算放大器进行建模。在 SPICE 中，E1 的增益不能设为无穷大，因此为了更接近理想运算放大器，将 E1 赋值为 -10^9。需要注意的是，$R_2=2$MEG，而非 2M=0.002Ω。本例中，利用从源 VI 到输出节点的传输函数来分析、描述放大器的增益特征，利用瞬态分析可得出输出电压的值。VI 被定义成具有零电压偏移，幅值为 10mV，频率为 1000Hz（$V=0.01\sin 2000\pi t$）。瞬态分析从 $T=0$ 开始，在 $T=0.003$s 时终止，采用的时间步长为 1μs。

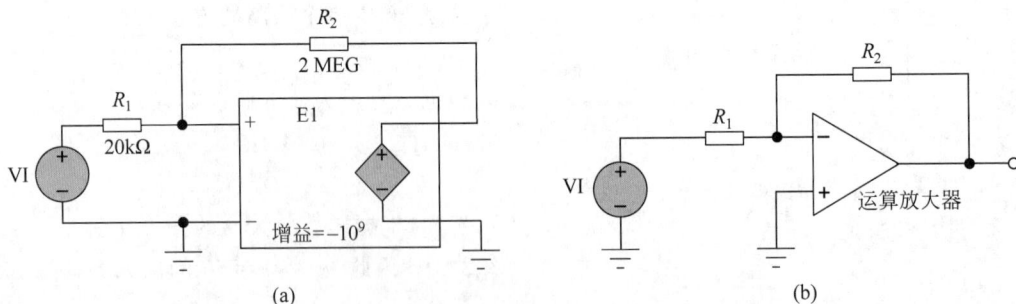

(a)　　　　　　　　(b)

SPICE 的结果为传输函数等于 -100，输入电阻为 20kΩ，输出电阻等于 0，从而验证了以上设计的正确性，输出信号与所期望值一致，为一个反相的 1V、1000Hz 的正弦波。需要注意的是，小输入信号实际上是存在的，但是，由于度量的原因很难在图上看到。

图(b)提供了另一种采用内置运算放大器模型构建的 SPICE 电路。在这个模型中，可以调整的参

数有电压增益和两个电源电压,其中电源电压的大小无须一致。下图给出了由运算放大器模拟得到的电压传输函数特征曲线。

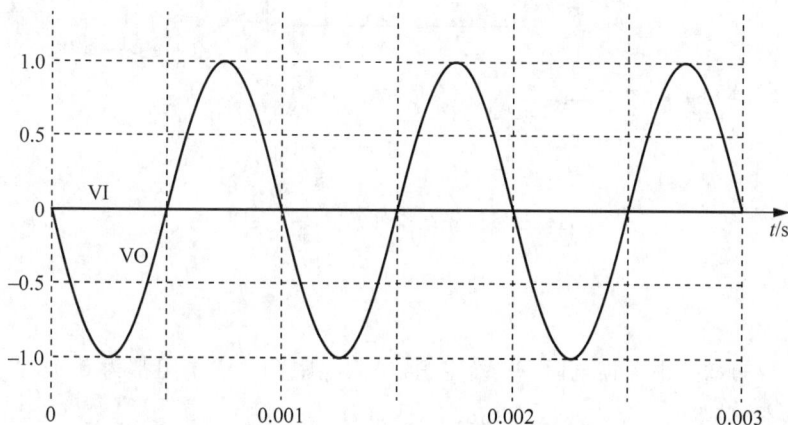

练习:如果 $V_I = 2V$,$R_1 = 4.7k\Omega$,且 $R_2 = 24k\Omega$,求出图 1.19 中 I_1,I_2,I_o 和 V_o 的值。为什么用符号 V_I 代替符号 v_i 呢?其他符号也是如此吗?

答案:$0.426mA$,$0.426mA$,$-0.426mA$,$-10.2V$;该问题中特指的是直流电的值。

1.9.2 互阻放大器——电流电压转换器

在反相放大器中,输入电压源通过电阻 R_1 将电流注入汇合节点。如图 1.21 所示,如果直接从电流源注入电流,就构成了一个互阻放大器,也称为电流-电压(I-V)转换器。这种电路广泛应用于光纤通信系统的接收器中。

根据反相放大器的原理,则有

$$i_2 = i_1 \quad i_2 = -\frac{v_o}{R_2} \quad A_{tr} = \frac{v_o}{i_i} = -R_2 \quad (1.48)$$

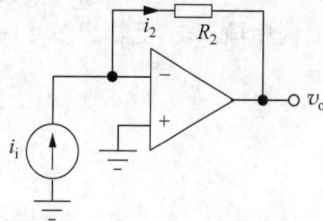

图 1.21 互阻放大器

增益 A_{tr} 是 v_o 与 i_i 的比值,单位为电阻的单位。由于反相输入端为虚地,因此输入电阻为 0,且在理想运算放大器的输出端其输出电阻为 0。

电 子 应 用

光纤接收器

在光纤通信接收器中,光电(O/E)信号转换器是其中一个很重要的电路模块,附图即为这种转换器的常见形式。当光纤中输出的光信号照射在发光二极管上,会产生光信号 i_{ph},在图中以一个电流源表示。这个光电流流过反馈电阻 R,会在输出端产生大小为 $v_o = i_{ph}R$ 的信号电压。电压 V_{BIAS} 可以为光电二极管提供反相偏置。在这种情况下,总的输出电压就为 $v_o = V_{BIAS} + i_{ph}R$。

由于放大器的输入是电流而输出是电压,增益 $A_{tr} = v_o/i_{ph}$ 具有电阻单位,放大器被称为跨阻抗或(更一般地)称为跨阻抗放大器(TIA)。电路中所示的运算放大器必须具有极宽的带宽和线性设计,这些要求在 OC-768 系统中非常重要,其中来自光纤的 40GHz 信号必须经过放大,而且不能有任何相位

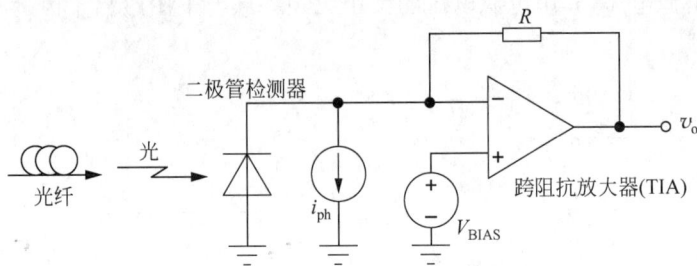

光数据传输系统中的光电转换接口

失真。

设计提示

理想互阻放大器的增益由反馈电阻 R_2 确定，且输入电阻和输出电阻都为 0，则

$$A_{tr} = -R_2 \quad R_{in} = 0 \quad R_{out} = 0$$

> **练习**：现希望用互阻放大器将一个 $25\mu A$ 的正弦电流转换成一个幅值为 5V 的电压，则此时 R_2 为多少？若 $i_i = 50\sin 2000\pi t\,\mu A$，则放大器的输出电压为多少？
>
> **答案**：$200k\Omega$；$v_o = -10\sin 2000\pi t\,V$。

1.9.3 同相放大器

利用图 1.22 所示的电路，运算放大器还可以用来构建同相放大器。输入信号施加在运算放大器的正向或同相输入端，且输出信号的一部分被反馈回负输入端（负反馈）。

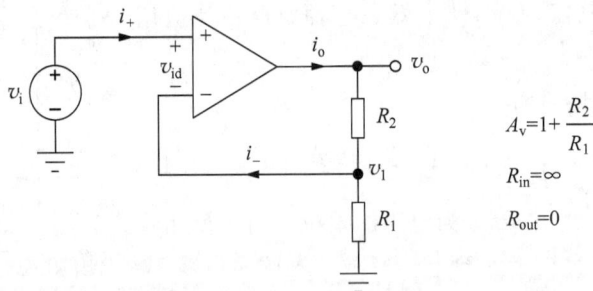

图 1.22 同相放大器结构

当对这一电路进行分析时，需要将 v_1 处的电压同时与输入电压 v_i 和输出电压 v_o 相关联，因为假设 2 表明输入电流 i_- 为 0，所以 v_1 可以通过由 R_1 和 R_2 构成的分压器与输出电压关联在一起，即

$$v_1 = v_o \frac{R_1}{R_1 + R_2} \tag{1.49}$$

写出包含 v_i、v_{id} 和 v_1 的回路方程，可得出 v_1 和 v_i 的关系式为

$$v_i - v_{id} = v_1 \tag{1.50}$$

然而，假设 1 要求 $v_{id} = 0$，所以有

$$v_i = v_1 \tag{1.51}$$

结合式(1.49)和式(1.51),可得到用 v_i 表示的 v_o 的表达式为

$$v_o = v_i \frac{R_1 + R_2}{R_1} \tag{1.52}$$

从而得出同相放大器的电压增益表达式为

$$A_v = \frac{v_o}{v_i} = \frac{R_1 + R_2}{R_1} = 1 + \frac{R_2}{R_1} \tag{1.53}$$

值得注意的是,增益为正值,且必须大于或等于 1,因为 R_1 和 R_2 的实际电阻值是正值。

同相放大器的工作原理

由于运算放大器输入端之间的电压必须为 0(根据假设 1),输入电压 v_i 直接跨越电阻 R_1,并建立了电流 v_i/R_1。电流向下流过 R_2,并在 R_2 上产生 v_i 的分压,即 $v_i(R_2/R_1)$。输出电压为 R_1 和 R_2 上的压降之和,并得 $v_o = v_i + v_i(R_2/R_1)$,$A_v = 1 + R_2/R_1$。

例 1.5 同相放大器分析。

用指定的反馈电路来确定同相放大器的特性。

问题:若 $R_1 = 3\text{k}\Omega$,$R_2 = 43\text{k}\Omega$,$v_i = 0.1\text{V}$,试求出图 1.22 所示放大器的电压增益 A_v,输出电压 v_o 和输出电流 i_o。

解:

已知量:同相放大器中 $R_1 = 3\text{k}\Omega$,$R_2 = 43\text{k}\Omega$,$v_i = 0.1\text{V}$。

未知量:电压增益 A_v,输出电压 v_o,输出电流 i_o。

求解方法:利用式(1.53)求出电压增益。利用增益计算出输出电压。利用输出电压和 KCL 求出 i_o。

假设:运算放大器是理想运算放大器。

分析:利用式(1.53),有

$$A_v = 1 + \frac{R_2}{R_1} = 1 + \frac{43\text{k}\Omega}{3\text{k}\Omega} = 15.3 \quad v_o = A_v \cdot v_i = 15.3 \times 0.1\text{V} = 1.53\text{V}$$

由于电流 $i_- = 0$,则有

$$i_o = \frac{v_o}{R_2 + R_1} = \frac{1.53\text{V}}{43\text{k}\Omega + 3\text{k}\Omega} = 33.3\mu\text{A}$$

结果检查:已经求出所需的答案,并用 SPICE 来检查计算结果。

计算机辅助分析:将工作点分析和传递函数分析结合在一起,用于研究同相放大器的特性。将运算放大器 E1 的增益设为 10^9,用以模拟理想运算放大器。传递函数分析的结果为传递函数 = 15.3,输入电阻 = $10^{20}\Omega$,输出电阻 = 0。直流输出电压为 1.53V,源 E1 中的电流为 $-33.33\mu\text{A}$,与手工计算的结果一致。注意,使用的 SPICE 版本中规定 10^{20} 即为无限大,且 E1 的电流为负值,这是因为 SPICE 使用被动符号约定,即假设正电流进入 E1 的正端子。

练习:在图 1.22 所示的放大器中,若 $R_1 = 2\text{k}\Omega$,$R_2 = 36\text{k}\Omega$,$v_i = -0.2\text{V}$,则放大器的电压增益 A_v、输出电压 v_o 和输出电流 i_o 各为多少?

答案:19.0;-3.80V;$-100\mu\text{V}$。

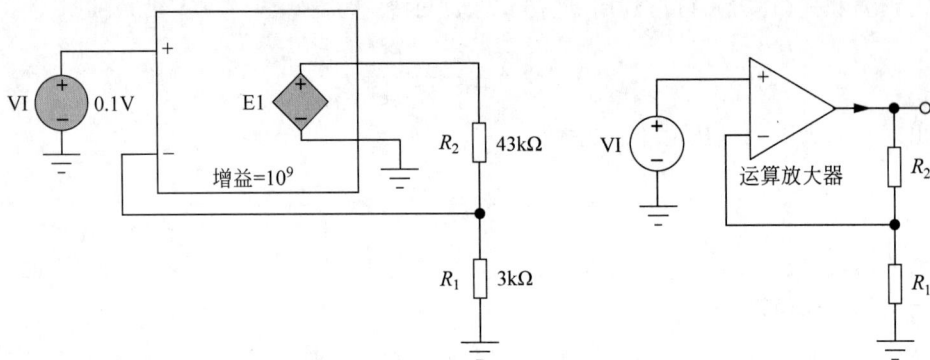

同相放大器的输入电阻和输出电阻

利用假设 2，令 $i_+ = 0$，则同相放大器的输入电阻为

$$R_{in} = \frac{v_i}{i_+} = \infty \tag{1.54}$$

为了求出输出电阻，需要在输出端施加测试电流，且将源 v_i 设为 0V。所得电路与图 1.20 所示电路相同。因此同相放大器的输出电阻也为 0，即

$$R_{out} = 0 \tag{1.55}$$

设计提示

对于理想的同相放大器，闭环电压增益 A_v、输入电阻 R_{in} 和输出电阻 R_{out} 分别为

$$A_v = 1 + \frac{R_2}{R_1} \quad R_{in} = \infty \quad R_{out} = 0$$

练习：画出用于确定同相放大器输出电阻的电路，并判断所画电路是否与图 1.20 所示电路相同。

练习：上题所示电路中，用分贝表示的电压增益及其输入电阻分别为多少？若 $v_i = 0.25\text{V}$，则 v_o 和 i_o 的值为多少？

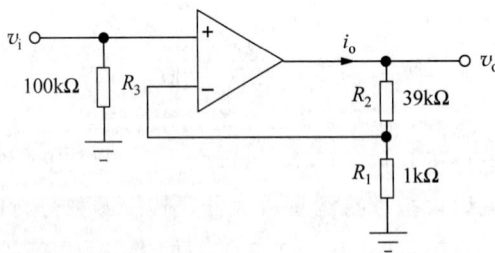

答案：32.0dB，100kΩ；10.0V，0，250mA。

练习：设计一个同相放大器（从附录 A 中选择 R_1 和 R_2 的值），使其增益为 54dB，且当 $v_o = 10\text{V}$ 时电流 $i_o \leqslant 0.1\text{mA}$。

答案：从附录中任意选择两组：（220Ω 和 110kΩ）或（200Ω 和 100kΩ）。

1.9.4 单位增益缓冲器

单位增益缓冲器又称为电压跟随器,是同相放大器的一种特殊情况,如图 1.23 所示,其中 R_1 的值为无穷大,R_2 的值为 0。将这些值代入式(1.53)可得 $A_v=1$。另外一种方法是写出图 1.23 中的单回路方程,该方程如下所示:

$$v_i - v_{id} = v_o \quad 或 \quad v_o = v_i \quad 并且 \quad A_v = 1 \tag{1.56}$$

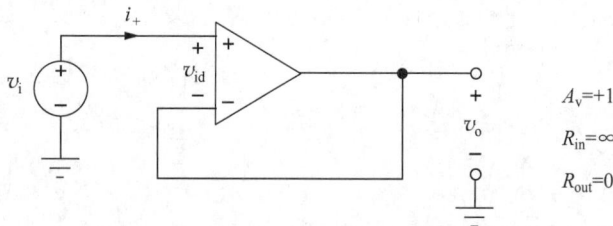

图 1.23 单位增益缓冲器(电压跟随器)

因为回路中的放大器为理想放大器,因此有 $v_{id}=0$。

根据假设 2 可得 $i_+=0$,因此电压跟随器的输入电阻值为无穷大。如果用电流源驱动输出并设置 $v_i=0$,运算放大器的输出电压将为 0,因此输出电阻也为 0。

这种放大器有什么用处呢?理想单位缓冲器可提供的单位增益为 1,其输入电阻为无穷大,且输出电阻为 0,因此在维持信号电平的同时可提供极好的阻抗转换功能。很多变换器都有较高的源阻抗,无法提供驱动负载所需的大电流。理想单位增益缓冲器不需要任何输入电流,仍然可在不损失信号电压的情况下,驱动任意所需的负载电阻,所以单位增益缓冲器大量用于多种传感器和数据采集器中。

这种电路通常还可用于其他更为复杂的电路构建模块中,一般用于将某一点的电压传输到另一点,而不用直接将这两点连接在一起,从而在加载第二点时,使第一点得到缓冲。

电压跟随器的工作原理

这个电路的工作原理非常简单,仅要求通过运算放大器输入端的电压必须为 0(根据假设 1),所以输出电压必定等于(跟随)输入电压。

理想反相放大器和同相放大器特性小结

表 1.3 将以上理想反相放大器和同相放大器的特性进行了对比。从表中可以看出,同相放大器的增益必须大于或等于 1,而反相放大器的增益幅值可以大于或小于单位值(或者是 1)。反相放大器的增益为负,说明输入电压和输出电压之间有 180° 的相位差。

表 1.3 理想反相放大器与同相放大器特性对比

	反相放大器	同相放大器
电压增益 A_v	$-\dfrac{R_2}{R_1}$	$1+\dfrac{R_2}{R_1}$
输入电阻 R_{in}	R_1	∞
输出电阻 R_{out}	0	0

这两种放大器的另一个主要差异在于输入电阻。同相放大器的 R_{in} 非常大,而反相放大器的 R_{in} 由于受到 R_1 的限制,其值相对较低。但两种理想放大器的输出电阻均为 0。

例 1.6 反相放大器与同相放大器电路特性的比较。

本例比较反相放大器与同相放大器的特性。

问题：分析下图中反相放大器和同相放大器电路的差异。假设每个放大器的增益均为 40dB。

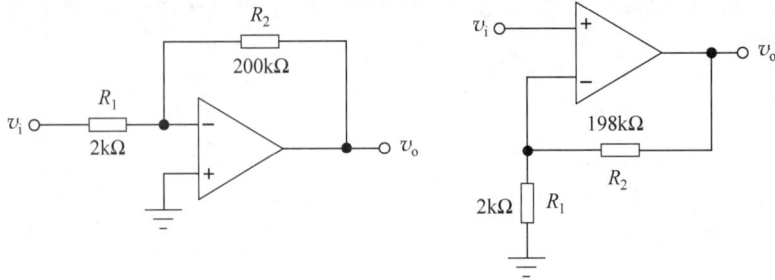

解：

已知量：反相放大器电路中的 $R_1 = 2\text{k}\Omega$，$R_2 = 200\text{k}\Omega$；同相放大器电路中的 $R_1 = 2\text{k}\Omega$，$R_2 = 198\text{k}\Omega$。

未知量：两个放大器电路的电压增益、输入电阻和输出电阻。

求解方法：用给定数据评估以上推导出的两种电路结构中相关数值的计算公式。

假设：运算放大器为理想放大器。

分析：

$$\text{反相放大器} \quad A_\text{v} = -\frac{200\text{k}\Omega}{2\text{k}\Omega} = -100 \quad \text{或} \quad 40\text{dB}$$

$$R_\text{in} = 2\text{k}\Omega \quad \text{和} \quad R_\text{out} = 0\Omega$$

$$\text{同相放大器} \quad A_\text{v} = 1 + \frac{198\text{k}\Omega}{2\text{k}\Omega} = 100 \quad \text{或} \quad 40\text{dB}$$

$$R_\text{in} = \infty \quad \text{和} \quad R_\text{out} = 0\Omega$$

结果检查：已得出所需结果，再次检查也说明了以上计算结果的正确性。

评估及讨论：表 1.4 中列出了两个放大器的特性。两个放大器除了增益的符号有区别之外，反相放大器的输入电阻仅为 $2\text{k}\Omega$，而同相放大器的输入电阻为无穷大。需要注意的是，同相放大器达到了理想运算放大器的目标，其 $R_\text{in} = \infty$，$R_\text{out} = 0\Omega$。

表 1.4 理想反相放大器与同相放大器特性的数值对比

	反相放大器	同相放大器
电压增益 A_v	−100(40dB)	100(40dB)
输入电阻 R_in	$2\text{k}\Omega$	∞
输出电阻 R_out	0	0

练习：在例 1.6 中，若放大器的 $R_1 = 1.5\text{k}\Omega$，$R_2 = 30\text{k}\Omega$，$v_\text{i} = 0.15\text{V}$，则放大器的电压增益 A_v、输入电阻 R_in、输出电压 v_o 和输入电流 i_o 为多少？

答案：$-20, 1.5\text{k}\Omega, -3.00\text{V}, -100\mu\text{A}; 21, \infty, 3.15\text{V}, 100\mu\text{A}$。

练习：用 SPICE 传输方程分析例 1.6 中的相关结果。

> **练习**：在同相放大器电路中加入一个电阻，使其输入电阻变为 $2k\Omega$。
>
> **答案**：将 1.9.3 节"设计提示"中的电路电阻 R_3 的值设为 $2k\Omega$。

1.9.5　求和放大器

如图 1.24 所示，运算放大器还可以用于组合信号。图中通过电阻 R_1 和 R_2，两个输入源 v_1 和 v_2 与放大器的反相输入端相连。因为负的放大器输入代表虚地，因此有

$$i_1 = \frac{v_1}{R_1} \quad i_2 = \frac{v_2}{R_2} \quad i_3 = -\frac{v_o}{R_3} \tag{1.57}$$

因为 $i_- = 0, i_3 = i_1 + i_2$，将式(1.57)代入这一表达式可得

$$v_o = -\left(\frac{R_3}{R_1}v_1 + \frac{R_3}{R_2}v_2\right) \tag{1.58}$$

输出电压对两个输入电压的分压值求和，并可通过选择 R_1 和 R_2 的值，独立地调整两个输入电压的比例因子。由于虚地设置在运算放大器的反相输入端，因此可独立地调整这两个输入电压。

由于电流 i_1 和 i_2 在输入节点进行"求和"操作，且必须通过反馈电阻 R_3，因此反相放大器的输入节点通常也称为"求和节"。尽管图 1.24 中的放大器只有两个输入端，但是通过添加电阻的方法可使多个输入连接至求和节。用这种方法可以构成一个简单的数/模转换器（详见下述的电子应用和习题 1.70）。

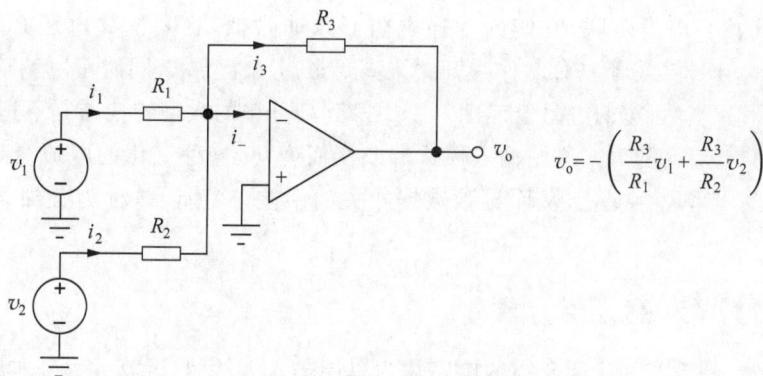

$$v_o = -\left(\frac{R_3}{R_1}v_1 + \frac{R_3}{R_2}v_2\right)$$

图 1.24　求和放大器

> **练习**：在图 1.24 中，若 $v_1 = 2\sin1000\pi t\,\text{V}, v_2 = 4\sin2000\pi t\,\text{V}, R_1 = 1k\Omega, R_2 = 2k\Omega, R_3 = 3k\Omega$，则求和放大器的输出电压 v_o 为多少？对应于 v_1 和 v_2 的输入电阻各为多少？运算放大器提供的电流为多少？
>
> **答案**：$(-6\sin1000\pi t - 6\sin2000\pi t)\text{V}$；$1k\Omega, 2k\Omega$；$(-2\sin1000\pi t - 2\sin2000\pi t)\text{mA}$。

电 子 应 用

数/模转换器（DAC）电路

加权电阻 DAC 是一种最简单的数/模转换器（DAC）电路，其原理就是基于求和放大器的概念，详

见 1.9.5 节。DAC 包含了二进制加权电阻电路、参考电压 V_{REF}，以及一组由 MOS 晶体管构成的单刀双掷开关。在二进制输入数据控制开关中，逻辑 1 表示开关连接到 V_{REF} 上，逻辑 0 表示开关接地。连续电阻的加权系数是 2，从而产生所需的二进制加权输出：

$$v_o = (b_1 2^{-1} + b_2 2^{-2} + \cdots + b_n 2^{-n}) V_{REF} \quad b_i \in \{1, 0\}$$

比特 b_1 有最高的权值，通常叫作最高有效比特（Most Significant Bit，MSB），比特 b_n 的权值最小，通常叫作最低有效比特（Least Significant Bit，LSB）。

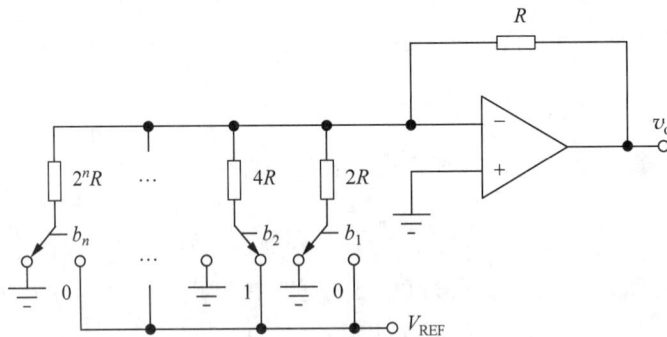

一个 n 比特的加权电阻 DAC

使用加权电阻方法构建 DAC 时需要注意几个问题，最主要的困难是需要在很宽的电阻值范围内保持精确的电阻比（如 12 比特 DAC 中的 4096/1）。当不能精确保证电阻比时，会出现线性和增益误差。此外，因为开关与电阻串联，它们的导通电阻必须非常低，且其偏移电压必须为 0。设计者可以用性能良好的 MOSFET（或者 JFET）作为开关来满足最后两个要求，同时可以调整 FET 的长宽比来抵消开关引入的电阻。当然，宽的电阻值范围对于中等到高分率的大型转换器是不适用的。也应注意，由参考电压处流入的电流会随着二进制输入模式的改变而变化，这种变化的电流会导致电压基准的戴维南等效源电阻的电压降发生变化，从而导致数据相关的误差，这些误差称为叠加误差（Superposition Errors）。

1.9.6　差分放大器

除了求和放大器，到现在为止所介绍的电路均为单端输入。然而，运算放大器本身还可用于差分放大器配置中，即放大两个输入信号之间的差异，如图 1.25 所示。首先将输出电压与 v_- 处的电压相关联：

$$v_o = v_- - i_2 R_2 = v_- - i_1 R_2 \tag{1.59}$$

由于 i_- 必须为 0，导致 $i_2 = i_1$，因此电流可以写成

$$i_1 = \frac{v_1 - v_-}{R_1} \tag{1.60}$$

结合式（1.59）和式（1.60）可得

$$v_o = v_- - \frac{R_2}{R_1}(v_1 - v_-) = \left(\frac{R_1 + R_2}{R_1}\right) v_- - \frac{R_2}{R_1} v_1 \tag{1.61}$$

由于运算放大器输入端之间的电压必须为 0，故有 $v_- = v_+$，电流 i_+ 也为 0，v_- 也可以用分压公式写为

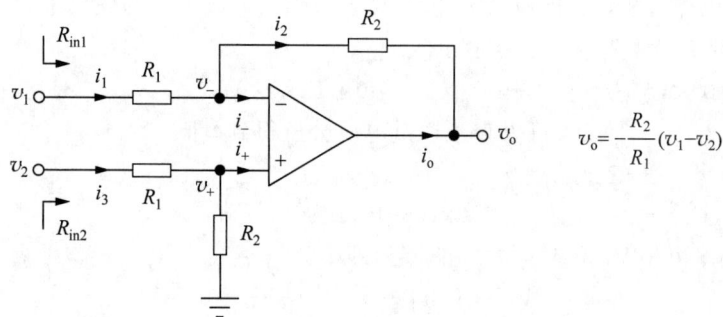

图 1.25 差分放大器电路

$$v_- = v_+ = \frac{R_2}{R_1 + R_2} v_2 \tag{1.62}$$

将式(1.62)代入式(1.61)后可得

$$v_o = \left(-\frac{R_2}{R_1}\right)(v_1 - v_2) \tag{1.63}$$

因此,图 1.25 所示的电路放大了 v_1 和 v_2 之间的差值,放大倍数由电阻 R_2 与 R_1 的比值决定。当 $R_2 = R_1$ 时,有

$$v_o = -(v_1 - v_2) \tag{1.64}$$

这一特殊电路通常称为差分减法器(Differential Subtractor)。

这种电路的输入电阻受到电阻 R_2 和 R_1 的限制。由于 i_+ 为 0,则代表源 v_2 的输入电阻 R_{in2} 就是 R_2 和 R_1 串联组合。当 $v_2 = 0$ 时,输入电阻 R_{in1} 等于 R_1,因为在这种条件下电路就简化成了反相放大器。然而,通常情况下,输入电流 i_1 是电压 v_1 和 v_2 的函数。

差分放大器电路的工作原理

分析差分放大器工作原理最简单的方法是采用叠加原理。如果输入 v_2 被设为 0,则电路表现为一个增益为 $-R_2/R_1$ 的反相放大器;如果 v_1 被设为 0,由于放大器输入端 R_1 和 R_2 的分压导致 v_2 电压的衰减,然后由增益为 $1 + R_2/R_1$ 的同相放大器放大,而总的输出则为两种情况单独起作用时输出的和。

当 $v_2 = 0$ 时,$v_{o1} = -\left(\frac{R_2}{R_1}\right)v_1$;当 $v_1 = 0$ 时,$v_{o2} = +\left(\frac{R_2}{R_1 + R_2}\right)\left(1 + \frac{R_2}{R_1}\right)v_2 = \frac{R_2}{R_1}v_2$

结合以上结论可得

$$v_o = v_{o1} + v_{o2} = -\frac{R_2}{R_1}(v_1 - v_2)$$

例 1.7 差分放大器分析。

本例希望为一个具有一组特定输入电压的单运算放大器差分放大器电路找到其电压值及电流值。

问题:求出图 1.25 中差分放大器的 V_o、V_+、V_-、I_1、I_2 及 I_o 的值,其中 $V_1 = 5\text{V}$,$V_2 = 3\text{V}$,$R_1 = 10\text{k}\Omega$,$R_2 = 100\text{k}\Omega$。

解:

已知量:输入电压、电阻值、电路的拓扑结构。

未知量:V_o、V_+、V_-、I_1、I_2 及 I_o。

求解方法：通过电路分析(KCL 和 KVL)，并结合理想运算放大器的假设来确定不同的电压和电流值，但是要求出电流的值必须先求出节点电压值。

假设：因为运算放大器是理想的，因此有 $I_+=0=I_-$，且 $V_+=V_-$。

电路分析：由于 $I_+=0$，故 V_+ 可以直接通过电压分压得到，即

$$V_+=V_2\frac{R_2}{R_1+R_2}=3\text{V}\ \frac{100\text{k}\Omega}{10\text{k}\Omega+100\text{k}\Omega}=2.73\text{V}\quad\text{和}\quad V_-=2.73\text{V}$$

利用基尔霍夫定律可将 V_o 和 V_1 关联在一起，即

$$V_1-I_1R_1-I_2R_2-V_o=0$$

已知 $I_-=0$，$I_2=I_1$，且已知 V_1、V_- 和 R_1 的值，故可求得 I_1 的值为

$$I_1=\frac{V_1-V_-}{R_1}=\frac{5\text{V}-2.73\text{V}}{10\text{k}\Omega}=227\mu\text{A}\quad\text{和}\quad I_2=227\mu\text{A}$$

于是输出电压的大小为

$$V_o=V_1-I_1R_1-I_2R_2=V_1-I_1(R_1+R_2)$$

$$V_o=5\text{V}-(227\mu\text{A})(110\text{k}\Omega)=-20.0\text{V}$$

运算放大器的输出电流为 $I_o=-I_2=-227\mu\text{A}$。

结果检查：已求得所需结果。电压和电流值看来都较为合理。这个电路为一个差分放大器，将其输入端电压的差值按照增益值 $-R_2/R_1=-10$ 进行放大。输出电压应为 $-10(5\text{V}-3\text{V})=-20\text{V}$。

计算机辅助分析：借助 SPICE 和下图所示的电路，可对手工计算结果进行检查。利用增益为 120dB 的运算放大器对理想运算放大器进行建模，工作点分析所得到的电压值与手工分析结果相吻合：$V_+=V_-=2.73\text{V}$，$V_o=-20\text{V}$，$I_1=227\mu\text{A}$，$I_o=-227\mu\text{A}$，$(I(\text{E1})=227\mu\text{A})$。

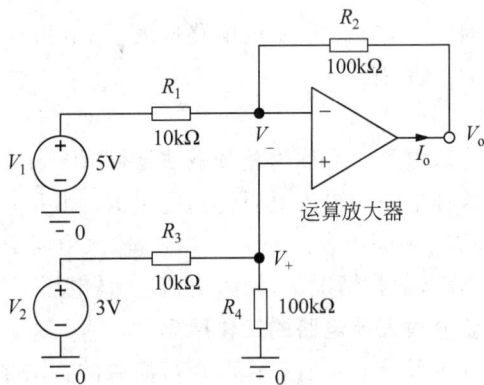

练习：在例 1.7 中，源 V_2 的正输入端的电流为多少？

答案：$27.3\mu\text{A}$。

练习：对于例 1.7 中的放大器，若 $V_1=3\text{V}$，$V_2=5\text{V}$，则其电压增益 A_v、输出电压 V_o、输出电流 I_o 和电压源 V_2 的电流值各为多少？

答案：-10；20.0V；$145\mu\text{A}$，$45.5\mu\text{A}$。

练习：对于图 1.25 中的放大器，若 $R_1=2\text{k}\Omega$，$R_2=36\text{k}\Omega$，$V_1=8\text{V}$，$V_2=8.25\text{V}$，则其电压增益 A_v、输出电压 V_o、输出电流 I_o 各为多少？

答案：-18.0；4.50V；$-92.0\mu\text{A}$。

1.10 反馈放大器的频率特性

到目前为止,在本书所介绍的运算放大器电路的实例中,反馈电路仅采用了电阻,但是其他无源器件甚至固态器件都可以成为反馈电路的一部分。普通带有无源反馈的反相放大器电路如图 1.26 所示,其中电阻 R_1 和 R_2 已被普通的阻抗 $Z_1(s)$ 和 $Z_2(s)$ 所代替,电阻成为频率的函数。(注意,电阻反馈只是图 1.26 中放大器的一种特殊情况。)

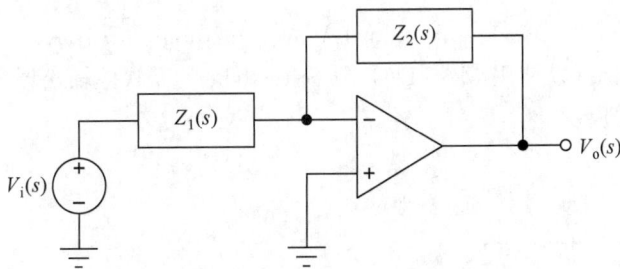

图 1.26 普通反相放大器电路结构

在频域上该放大器的增益可用其传输函数(Transfer Function)来表示,其中 $s=\sigma+j\omega$ 代表复数频率变量,则

$$A_v(s) = \frac{V_o(s)}{V_i(s)} \tag{1.65}$$

一般放大器的传输函数较为复杂,存在许多极点和零点,但其整体特性可以拆分成多个类型,包括低通、高通和带通放大器等。在接下来的几节中,将讲解低通和高通放大器的伯德图,其余类型的传输函数将在后续章节中讨论。

1.10.1 伯德图

在研究放大器特性时,通常会重点关注放大器传输函数的物理频率 ω,即 $s=j\omega$,这样传输函数就可借助幅值 $|A_v(j\omega)|$ 和相角 $\angle A_v(j\omega)$ 表示成极坐标形式,且幅值和相角都是频率的函数,即

$$A_v(j\omega) = |A_v(j\omega)| \angle A_v(j\omega) \tag{1.66}$$

因此,式(1.66)可拆分,并用一种称为伯德图的图形来表示。在伯德图中用分贝来表示传输函数的幅值,用度(或弧度)来表示相位,横坐标为频率的对数值。在 1.10.2 和 1.10.3 节中将对低通和高通放大器的伯德图进行讨论。

1.10.2 低通放大器

低通放大器放大信号的频率范围包括直流,是一类非常重要的电路。例如,绝大多数运算放大器是固有的低通放大器。最简单的低通放大器电路可用单极点[①]传输函数进行表示

$$A_v(s) = \frac{A_o\omega_H}{s+\omega_H} = \frac{A_o}{1+\dfrac{s}{\omega_H}} \tag{1.67}$$

---

① 普通低通放大器可能会有多个极点。单极点低通放大器可近似看成具有第 1 章中所介绍的理想低通放大器特性。

式中，A_o为低频增益，ω_H代表这一低频放大器的截止频率。下面首先分析幅值$A_v(s)$的特性，然后再分析相位响应。

幅值响应

将$s=j\omega$代入式(1.67)，可求出函数$A_v(j\omega)$的幅值为

$$|A_v(j\omega)|=\left|\frac{A_o\omega_H}{j\omega+\omega_H}\right|=\frac{|A_o\omega_H|}{\sqrt{\omega^2+\omega_H^2}} \tag{1.68}$$

在伯德图中幅值用分贝可表示为

$$|A_v(j\omega)|_{dB}=20\log|A_o\omega_H|-20\log\sqrt{\omega^2+\omega_H^2} \tag{1.69}$$

对于一组给定的数值，可以使用MATLAB或Spreadsheet等软件轻松评估和绘制式(1.69)所计算的值，所得结果如图1.27所示。

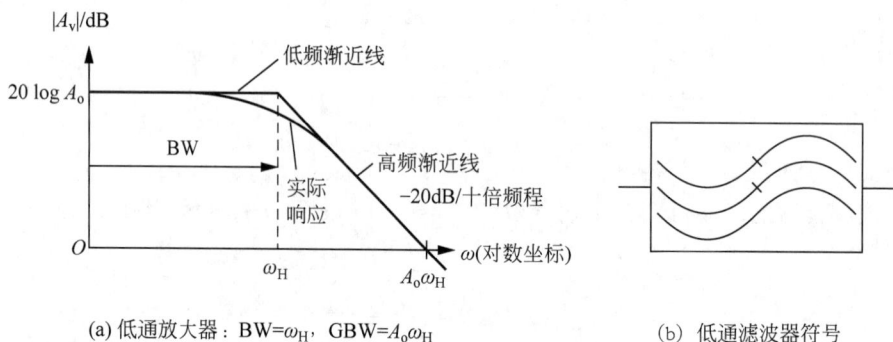

(a) 低通放大器：BW=ω_H，GBW=$A_o\omega_H$ (b) 低通滤波器符号

图 1.27

一般情况下，可根据图形在低频和高频下的渐近行为方便地绘制出图形。对于低频，$\omega\ll\omega_H$，幅度近似为常数，即

$$\left.\frac{A_v\omega_H}{\sqrt{\omega^2+\omega_H^2}}\right|_{\omega\ll\omega_H}\approx\frac{A_o\omega_H}{\sqrt{\omega_H^2}}=A_o \quad 或 \quad (20\log A_o)dB \tag{1.70}$$

当频率低于ω_H时，放大器的增益为恒定值，等于A_o，对应图1.27中的水平渐近线。频率低于ω_H的信号被增益A_o放大。事实上，该放大器的增益恒定至直流($\omega=0$)。

但是，当ω超过了ω_H时，放大器的增益开始下降(高频衰减)。当频率足够高，即$\omega\gg\omega_H$时，幅值近似为

$$\left.\frac{A_v\omega_H}{\sqrt{\omega^2+\omega_H^2}}\right|_{\omega\ll\omega_H}\approx\frac{A_o\omega_H}{\sqrt{\omega^2}}=\frac{A_o\omega_H}{\omega} \tag{1.71}$$

将式(1.70)转换成分贝值，可表示为

$$|A_v(j\omega)|_{dB}\approx\left(20\log A_o-20\log\frac{\omega}{\omega_H}\right)dB \tag{1.72}$$

当频率远高于ω_H时，随着频率的增加，传输函数以20dB/十倍频程的速度衰减，如图1.27中的高频渐近线所示。显然，ω_H在描述放大器特性时扮演了重要的角色，这一关键频率叫作放大器的上限截止频率(Upper-cutoff Frequency)。当$\omega=\omega_H$时，放大器的增益为

$$|A_v(j\omega_H)| = \frac{A_o\omega_H}{\sqrt{\omega_H^2 + \omega_H^2}} = \frac{A_o}{\sqrt{2}} \quad 或 \quad [(20\log A_o) - 3]\text{dB} \tag{1.73}$$

有时 ω_H 被称为放大器的上 3dB 频率(Upper-3dB Frequency)。因为放大器的输出功率与电压的平方成比例,当 $\omega = \omega_H$ 时减小 1/2,因此 ω_H 也被称为放大器的上半功率点(Upper Half-Power Point)。需注意的是,当式(1.70)和式(1.71)给出的两条渐近线表达式相等时,在 $\omega = \omega_H$ 处二者正好交叉。

带宽

当频率低于 ω 时,图 1.27 中放大器的增益几乎是相同的(变化值小于 3dB),这一放大器电路称为低通放大器(Low Pass Amplifier)。放大器的带宽(Bandwidth,BW)用放大率约为常数的频率范围来定义,单位是 rad/s 或 Hz。对于低通放大器,有

$$BW = \omega_H(\text{rad/s}) \quad 或 \quad BW = f_H = \frac{\omega_H}{2\pi}\text{Hz} \tag{1.74}$$

增益带宽积

增益带宽积(Gain-Bandwidth Product)是一个用于比较放大器品质的因数,对于低通放大器而言,它只是放大器低频增益与带宽的乘积,即

$$GBW = A_o\omega_H \tag{1.75}$$

对于单极点低通特性放大器,GBW 还可表示放大器的单位增益(Unity-gain)频率 ω_T,在此频率处增益的幅值为 1 或 0dB。当 $\omega \gg \omega_H$ 时,可用式(1.71)求出 ω_T 为

$$|A_v(j\omega_T)| = 1 \quad 或 \quad \frac{A_o\omega_H}{\omega_T} = 1 \quad 且 \quad \omega_T = A_o\omega_H \tag{1.76}$$

练习:求出用如下传输函数描述的低通放大器的低频增益、截止频率、带宽和增益带宽积。

$$A_v(s) = -\frac{2\pi \times 10^6}{(s + 5000\pi)}$$

答案:$-400, 2.5\text{kHz}, 2.5\text{kHz}, 1\text{MHz}$。

相位响应

在许多应用中,相位特性与频率的关系也很重要,它对反馈放大器的稳定性非常重要。再次将 $s = j\omega$ 代入式(1.66)中,可得到低通放大器的相位响应为

$$\angle A_v(j\omega) = \angle \frac{A_o}{1 + j\dfrac{\omega}{\omega_H}} = \angle A_o - \arctan\left(\frac{\omega}{\omega_H}\right) \tag{1.77}$$

若 A_o 为正,则 A_o 的相位角为 $0°$;若 A_o 为负,则相位角为 $180°$。

与传输函数中每个零极点相关联的、与频率相关的相位都包含正切函数的运算,如式(1.77)所示。表 1.5 中给出了几个重要的值,在图 1.28 中给出了完整的反正切函数图像。在临界频率 ω_C 指示的极点或零频率处,相位偏移的幅值为 $45°$。在比 ω_C 低十倍频程的频率处,相位为 $5.7°$;在比 ω_C 高十倍频程的频率处,相位为 $84.3°$。在离 ω_C 二十倍频程处,相位分别接近它的 $0°$ 和 $90°$ 渐近线。需要指出的是,相位响应还可用图 1.28 所示的 3 条直线来近似表示,近似的方式与幅值响应的渐近线类似。

表 1.5　反正切

ω	$\arctan\dfrac{\omega}{\omega_C}$
$0.01\omega_C$	$0.057°$
$0.1\omega_C$	$5.7°$
ω_C	$45°$
10	$84.3°$
$100\omega_C$	$89.4°$

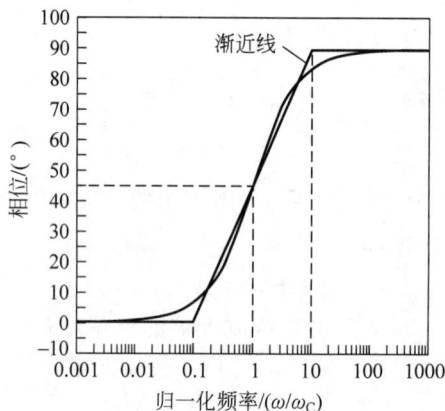

图 1.28　由单独反正切项＋$\arctan(\omega/\omega_C)$ 得出的相位归一化频率 (ω/ω_C) 关系曲线，图中还给出了近似直线

包含多个零极点的复杂传输函数的相位可简单地用反正切函数的相加和相减来得出。当然，用计算机或计算器更容易实现该计算。

例 1.8　*RC* 低通滤波器。

RC 低通电路是一种较为简单而又重要的无源电路，在接下来的章节中将会遇到。

问题：求出下图所示的低通电路的电压传输函数 $V_o(s)/V_i(s)$。

$$V_o(s) = V_i(s)\,\frac{\dfrac{R_2/sC}{R_2 + 1/sC}}{R_1 + \dfrac{R_2/sC}{R_2 + 1/sC}}$$

$$A_v(s) = \frac{V_o(s)}{V_i(s)} = \left(\frac{R_2}{R_1 + R_2}\right)\left(\frac{1}{1 + s/\omega_H}\right)$$

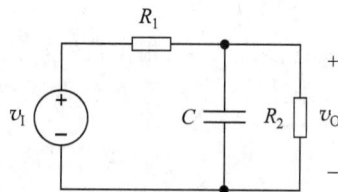

解：

已知量：图中给定的的电路。

未知量：电压传输函数 $V_o(s)/V_i(s)$。

解决方法：在频域（s 域）中运用分压公式求出传输函数，记住电容的阻抗为 $1/sC$。

假设：无。

分析：根据原理图直接运用分压公式可得出图中右边的等式，其中上限截止频率为

$$\omega_H = \frac{1}{(R_1 \parallel R_2)\,C}$$

结果检查：当 $s \ll \omega_H$ 时，通过电路的增益为 $R_2/(R_1+R_2)$，结果正确。

讨论：截止频率 ω_H 出现在电容电抗与电阻 R_1 和 R_2 并联值相等时所对应的频率处，$1/\omega_H C = R_1 \parallel R_2$。$R_1 \parallel R_2$ 代表的是出现在电容两端的戴维南等效电阻。当 $\omega \ll \omega_H$ 时，相对于电路中的电阻而言电容的阻抗可以忽略。

练习：在例 1.8 的低通电路中，若 $R_1=1\text{k}\Omega$，$R_2=100\text{k}\Omega$，且 $C=200\text{pF}$，则截止频率为多少？

答案：804kHz。

1.10.3 高通放大器

第二种基本单极点传输函数具有高通特性，它包含一个极点及一个位于原点的零点。最常见的实例是这一函数与低通函数结合共同构成带通放大器(Band-Pass Amplifier)。实际上，一个纯高通特性的电路是很难实现的，因为纯高通特性电路需要无限的带宽，但在某一有限频率范围内可以实现近似的高通特性。

单极点高通放大器(High-Pass Amplifier)的传输函数可以写成

$$A_v(s) = \frac{A_o s}{s + \omega_L} = \frac{A_o}{1 + \dfrac{\omega_L}{s}} \tag{1.78}$$

当 $s=j\omega$ 时，式(1.78)的幅值为

$$|A_v(j\omega)| = \left| \frac{A_o j\omega}{j\omega + \omega_L} \right| = \frac{A_o \omega}{\sqrt{\omega^2 + \omega_L^2}} = \frac{A_o}{\sqrt{1 + \left(\dfrac{\omega_L}{\omega}\right)^2}} \tag{1.79}$$

这个函数的幅频伯德图如图 1.29 所示。在本例中，当频率超过下限截止频率(Lower-Cutoff Frequency)ω_L 时，放大器的增益为常数；当频率足够高，即 $\omega \gg \omega_L$ 时，放大器的幅值近似为

$$\left. \frac{A_o \omega}{\sqrt{\omega^2 + \omega_L^2}} \right|_{\omega \gg \omega_L} \approx \frac{A_o \omega}{\sqrt{\omega^2}} = A_o \quad \text{或} \quad (20\log A_o)\text{dB} \tag{1.80}$$

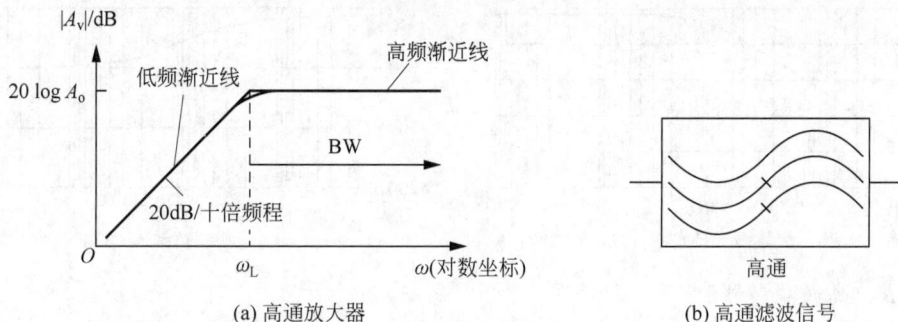

(a) 高通放大器　　　　(b) 高通滤波信号

图 1.29

当 ω 超过 ω_L 时，增益稳定在 A_o；当频率远低于 ω_L 时，有

$$\frac{A_o \omega}{\sqrt{\omega^2 + \omega_L^2}}\bigg|_{\omega \ll \omega_L} \approx \frac{A_o \omega}{\sqrt{\omega_L^2}} = \frac{A_o \omega}{\omega_L} \tag{1.81}$$

将式(1.81)转换成分贝值后得

$$|A_v(j\omega)| \approx (20\log A_o) + 20\log \frac{\omega}{\omega_L} \tag{1.82}$$

当频率远低于 ω_L 时,随着频率的增加,增益以 20dB/十倍频程的速度增大。在临界频率(Critical Frequency) $\omega = \omega_L$ 处,有

$$|A_v(j\omega_L)| = \frac{A_o \omega_L}{\sqrt{\omega_L^2 + \omega_L^2}} = \frac{A_o}{\sqrt{2}} \quad 或 \quad [(20\log A_o) - 3]\, dB \tag{1.83}$$

这一增益同样比中频带增益值低 3dB。除被称为下限截止频率之外, ω_L 还被称为下 3dB 频率(Lower-3dB Frequency)或下半功率点(Lower Half-Power Point)。

对所有大于 ω_L 的频率,高通放大器提供了几乎恒定的增益值,因而其带宽是无限的,即

$$BW = \infty - \omega_L = \infty \tag{1.84}$$

从式(1.78)计算出 $A_v(j\omega)$ 的相位,可得到高通滤波器的相频特性,其表达式为

$$\angle A_v(j\omega) = \angle \frac{A_o j\omega}{j\omega + \omega_L} = \angle A_o + 90° - \arctan\left(\frac{\omega}{\omega_L}\right) \tag{1.85}$$

这一相位表达式与低通放大器的相位表达式类似,只是这一表达式分子中的 s 项会产生 $90°$ 的相移。

练习:计算出传输函数如下的放大器的中频带增益、截止频率和带宽,传输函数为

$$A_v(s) = \frac{250s}{(s + 250\pi)}$$

答案:250；125Hz；∞。

练习:利用 MATLAB 绘制该传递函数的伯德图。

答案:w=logspace(1,5,100),bode([250 0],[1 250*pi],w)

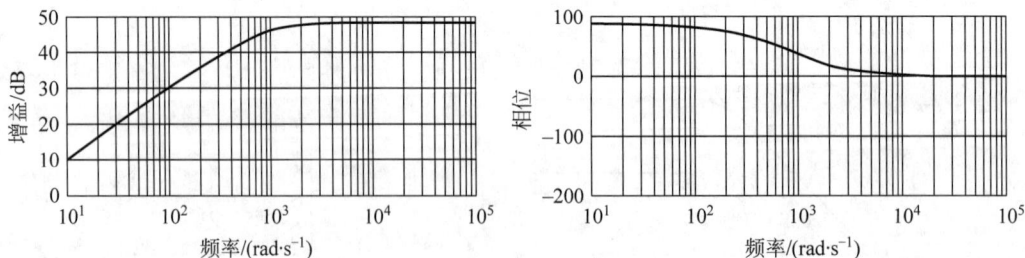

例 1.9 RC 高通滤波器。

在后续章节中,将介绍另一类重要的无源电路——RC 高通电路。

问题:求出下图所示的高通滤波器电路的电压传输函数 $V_o(s)/V_i(s)$。

$$V_o(s) = V_i(s) \frac{R_2}{R_1 + \dfrac{1}{sC} + R_2}$$

$$A_{\rm v}(s)=\frac{V_{\rm o}(s)}{V_{\rm i}(s)}=\left(\frac{R_2}{R_1+R_2}\right)\left(\frac{s}{s+\omega_{\rm L}}\right)$$

解：

已知量： 给定了如图所示的电路。

未知量： 电压传输函数 $V_{\rm o}(s)/V_{\rm i}(s)$。

求解方法： 通过在频域（s 域）中运用分压公式求出传输函数。已知电容的阻抗为 $1/sC$。

假设： 无。

分析： 直接运用分压公式可得出电路图旁边所附的等式，其中下限截止频率为

$$\omega_{\rm L}=\frac{1}{(R_1+R_2)C}$$

结果检查： 当 $\omega\gg\omega_{\rm L}$ 时，通过电路的增益为 $R_2/(R_1+R_2)$，结果正确。

讨论： 截止频率 $\omega_{\rm L}$ 出现在电容电抗与电阻 R_1 与 R_2 之和相等时所对应的频率处，而 R_1 与 R_2 之和表示电容两端的戴维南等效电阻 $1/\omega_{\rm L}C=R_1+R_2$。当 $\omega\gg\omega_{\rm L}$ 时，相对于电路中的电阻而言，电容的阻抗可以忽略不计。

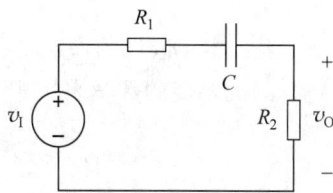

练习： 对于例 1.9 中的高通电路，若 $R_1=1{\rm k}\Omega$，$R_2=100{\rm k}\Omega$，$C=0.1\mu{\rm F}$，则其截止频率为多少？

答案： 15.8Hz。

1.10.4 带通放大器

许多放大器结合了低通和高通的特性，形成如图 1.30 所示的带通放大器。例如，音频放大器通常仅允许通过 20Hz～20kHz 频率范围内的信号。在这种情况下，其上限和下限截止频率 $f_{\rm L}$ 和 $f_{\rm H}$ 分别为 20Hz 和 20kHz，在 $\omega_{\rm L}$ 和 $\omega_{\rm H}$ 之间的恒定增益区域被称为中频带。

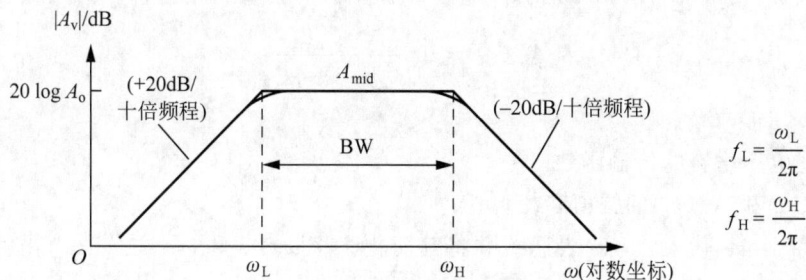

图 1.30 带通放大器

基本的带通放大器的传输函数可通过式(1.67)和式(1.68)中给出的低通和高通传输函数相乘来获得，即

$$A_{\rm v}(s)=\frac{A_{\rm o}s\omega_{\rm H}}{(s+\omega_{\rm L})(s+\omega_{\rm H})}=A_{\rm o}\,\frac{s}{(s+\omega_{\rm L})}\,\frac{1}{\left(\dfrac{s}{\omega_{\rm H}}+1\right)} \tag{1.86}$$

频率的中频带（Midband）范围被定义为 $\omega_{\rm L}\leqslant\omega\leqslant\omega_{\rm H}$，其中

$$|A_v(j\omega)| \approx A_o \tag{1.87}$$

式中，A_o 表示中频区域的增益，称为中频带增益（Midband Gain）$A_{mid} = A_o$。

$A_v(j\omega)$ 的幅值的数学表达式为

$$|A_v(j\omega)| = \left| \frac{A_o j\omega\omega_H}{(j\omega + \omega_L)(j\omega + \omega_H)} \right| = \frac{A_o \omega\omega_H}{\sqrt{(\omega^2 + \omega_L^2)(\omega^2 + \omega_H^2)}} \tag{1.88}$$

或

$$|A_v(j\omega)| = \frac{A_{mid}}{\sqrt{\left(1 + \frac{\omega_L^2}{\omega^2}\right)\left(1 + \frac{\omega^2}{\omega_H^2}\right)}} \quad \text{其中} \quad A_{mid} = A_o \tag{1.89}$$

式（1.89）写成了直接显示中频带增益的形式。

假设 $\omega_L \ll \omega_H$，则很容易证明：

$$|A_v(j\omega_L)| = |A_v(j\omega_{HJ})| = \frac{A_o}{\sqrt{2}} \quad \text{或} \quad [(20\log A_o) - 3] \text{ dB} \tag{1.90}$$

在两个临界频率处的增益都比中频带增益低 3dB。从 ω_L 到 ω_H（f_L 和 f_H）之间的增益值近似为常数（即差异低于 3dB），于是带通放大器的带宽为

$$\text{BW} = f_H - f_L = \frac{\omega_H - \omega_L}{2\pi} \tag{1.91}$$

从式（1.86）计算 $A_v(j\omega)$ 的相位

$$\angle A_v(j\omega) = \angle A_o + 90° - \arctan\left(\frac{\omega}{\omega_L}\right) - \arctan\left(\frac{\omega}{\omega_H}\right) \tag{1.92}$$

下面的练习将给出这一频率的响应的例子。

例 1.10 传输函数评估。

本例将练习如何进行复数计算。

问题：求出当 $\omega = 0$ 和 $\omega = 3\text{rad/s}$ 时如下电压传输函数的幅值和相位。

$$A_v(s) = 50 \frac{s^2 + 4}{s^2 + 2s + 2}$$

解：

已知量：描述电压增益的传输函数。

未知量：$A_v(j0)$ 和 $A_v(j3)$ 的幅值和相位。

求解方法：将 $s = j\omega$ 代入 $A_v(s)$ 表达式并将其简化。将 $\omega = 0$ 和 $\omega = 3$ 代入简化后的表达式，然后求出所得复数的幅值和相位。

假设：了解如何进行复数的算术运算。

分析：将 $s = j\omega$ 代入 $A_v(s)$，并重新整理可得

$$A_v(j\omega) = 50 \frac{4 - \omega^2}{(2 - \omega^2) + 2j\omega}$$

这一表达式的幅值和相位分别为

$$|A_v(j\omega)| = 50 \frac{|4 - \omega^2|}{\sqrt{(2 - \omega^2)^2 + 4\omega^2}} \quad \text{和} \quad \angle A_v(j\omega) = \angle(4 - \omega^2) - \arctan\left(\frac{2\omega}{2 - \omega^2}\right)$$

代入 $\omega = 0$，可得

$$|A_v(j0)| = \frac{200}{\sqrt{4}} = 100 \quad \text{或} \quad 40.0\text{dB}$$

$$\angle A_v(j0) = \angle(200) - \arctan(0) = 0°$$

代入 $\omega = 3$，可得

$$|A_v(j3)| = \frac{250}{\sqrt{49 + 36}} = 27.1 \quad \text{或} \quad 28.7\text{dB}$$

$$\angle A_v(j\omega) = \angle(250) - \arctan\left(\frac{-6}{7}\right) = 0° - (-40.6) = 40.6°$$

结果检查：利用 MATLAB 和计算器很容易对结果进行检查。用 MATLAB 检查如下：

h＝freqs([50 0 200],[1 2 2],[0 3]);

abs(h)

angle(h) * 180/pi

所得结果验证了前面的分析。

练习：当 $\omega = 1\text{rad/s}$ 和 $\omega = 5\text{rad/s}$ 时，求出例 1.10 中电压增益的幅值和相位。

答案：$36.5\text{dB}, -63.4°; 32.4\text{dB}, 23.5°$。

练习：当 $\omega = 0.95$、1.0 和 1.10 时，求出如下传输函数的幅值和相位。

$$A_v(s) = 20\frac{s^2 + 1}{s^2 + 0.1s + 1}$$

答案：$14.3, -44.3°; 0, -90°; 17.7, 27.6°$。

练习：用 MATLAB 绘制出如下传输函数 $A_v(s)$ 的伯德图：$A_v(s) = -\dfrac{2\pi \times 10^6}{(s + 5000\pi)}$

答案：w＝logspace(2,6,100)

bode(2 * pi * le6,[1 5000 * pi],w)

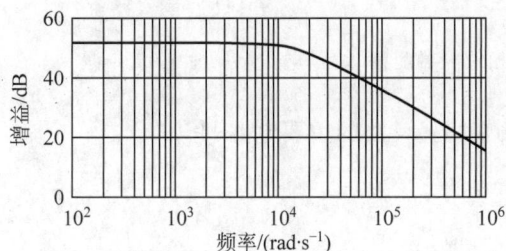

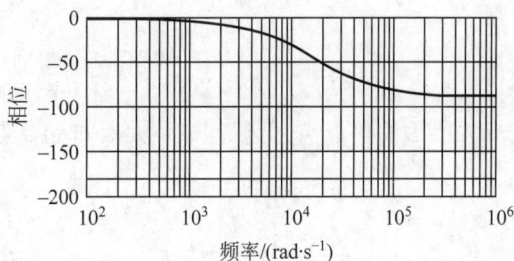

练习：求出传输函数如下的放大器的中频带增益、下限和上限截止频率。

$$A_v(s) = -\frac{2 \times 10^7 s}{(s + 100)(s + 50000)}$$

答案：$52\text{dB}; 15.9\text{Hz}; 7.96\text{kHz}; 7.94\text{kHz}$。

练习：写出上述传输函数的相位表达式，当 $\omega = 0, 100, 50000$ 和 ∞ 时其相位分别为多少？

答案：$\angle A_v(j\omega) = -90° - \arctan\left(\dfrac{\omega}{100}\right) - \arctan\left(\dfrac{\omega}{50000}\right); -90°; -135°; -225°; -270°$。

练习：利用 MATLAB 或其他计算机程序绘制上述传输函数的伯德图。

答案：w＝logspace(0,7,150)

bode([−2e7 0],[1 50 100 5e6],w)

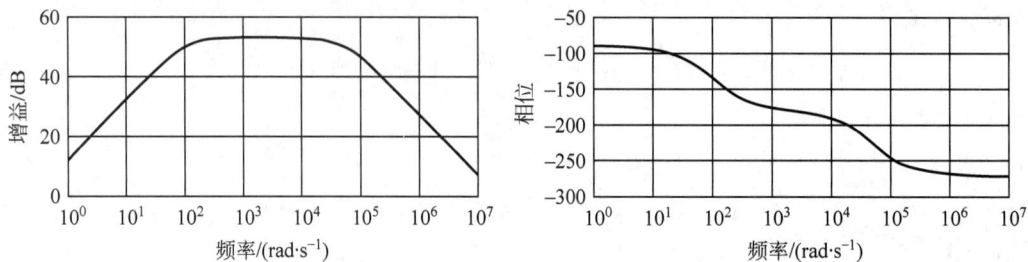

1.10.5　有源低通滤波器

现在回顾一下图 1.31 所示的普通反相放大器电路,图中采用了与电阻反馈电路相同的方式来获得放大器的增益。在式(1.41)中用 Z_1 代替 R_1,用 Z_2 代替 R_2,可得出传输函数 $A_v(s)$ 为

$$A_v(s) = \frac{V_o(s)}{V_i(s)} = -\frac{Z_2(s)}{Z_1(s)} \tag{1.93}$$

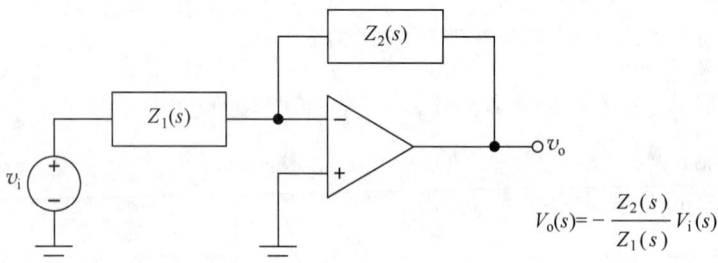

$$V_o(s) = -\frac{Z_2(s)}{Z_1(s)} V_i(s)$$

图 1.31　普通反相放大器配置

图 1.32 所示的单极点、低通滤波器是一种包含频率相关反馈的重要电路,其中

$$Z_1(s) = R_1$$

$$Z_2(s) = \frac{R_2 \dfrac{1}{sC}}{R_2 + \dfrac{1}{sC}} = \frac{R_2}{sCR_2 + 1} \tag{1.94}$$

将式(1.94)的结果代入式(1.93),可得低通滤波器的电压传输函数表达式为

$$A_v(s) = -\frac{R_2}{R_1} \frac{1}{(1 + sR_2C)} = -\frac{R_2}{R_1} \frac{1}{\left(1 + \dfrac{s}{\omega_H}\right)} \tag{1.95}$$

其中,$\omega_H = 2\pi f_H = \dfrac{1}{R_2C}$。

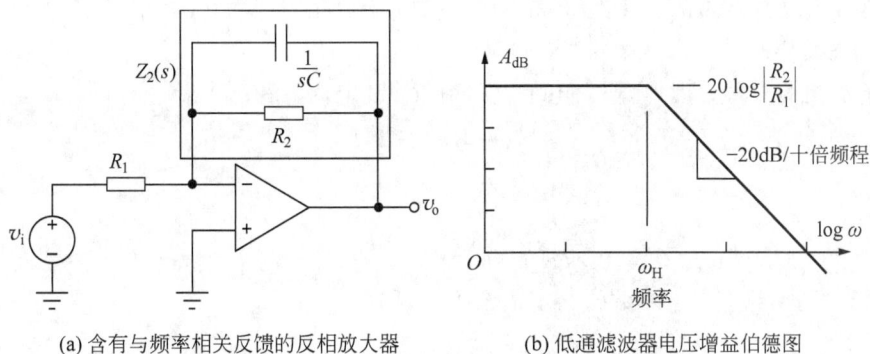

(a) 含有与频率相关反馈的反相放大器　　　(b) 低通滤波器电压增益伯德图

图 1.32

图 1.32(b)是式(1.95)中增益幅值渐近线的伯德图。传输函数表现出低通特性,带有单极点频率 ω_H,即低通滤波器的上限截止频率(-3dB 点)。当频率低于 ω_H 时,放大器表现为一个反相放大器,其增益为电阻 R_2 和 R_1 的比值;当频度高于 ω_H 时,放大器响应以 -20dB/十倍频程的速率下降。

从式(1.95)可看到,在这种低通滤波器中,其低频增益和截止频率可以独立设置。事实上,由于存在 3 个因素(R_1、R_2 和 C),输入电阻($R_{in}=R_1$)可能是第 3 个设计参数。由于反相输入端为 0V(虚地),因而有 $R_{in}=R_1$。采用诸如运算放大器或晶体管之类带有增益元件的滤波器通常被称为有源滤波器。

低通滤波器的工作原理

低通滤波器工作的方式与反相放大器类似。反相输入端的虚地导致输入电压 V_i 直接施加到电阻 R_1 上,建立一个输入电流 V_i/R_1(采用的是频域符号)。运算放大器迫使输入电流经过 Z_2,在 Z_2 上产生 $(V_i/R_1)Z_2$ 的电压降。由于虚地的存在,故有 $V_o=-(V_i/R_1)Z_2$,增益为 Z_2/R_1,如式(1.94)所示。

在低频(低于 ω_H)情况下,放大器可当作一个增益为 $-R_2/R_1$ 的反相放大器,因为此时电容的阻抗 $(1/\omega C)$ 远大于 R_2,可忽略不计。随着频率的提高,R_2 和 C 的并联阻抗幅值减小,增益减小。在高频时,电容 C 的阻抗变得很小,R_2 可忽略,随着$(1/\omega C)$的增加,增益以 20dB/十倍频程的速率下降。

设计实例

例 1.11 有源低通滤波器设计。

利用图 1.32(a)所示的单运算放大器电路设计一个单极点低通滤波器,用以满足一个给定的截止频率参数。

问题:设计一个有源低通滤波器(选择 R_1、R_2 和 C 的数值),其中 $f_H=2$kHz,$R_{in}=5$kΩ,$A_v=40$dB。

解:

已知量:带宽、增益和输入电阻的值($f_H=2$kHz,$R_{in}=5$kΩ,$A_v=40$dB),以及放大器电路结构。但在计算前必须将增益的分贝值转换成纯数字形式,即

$$|A_v|=10^{40\text{dB}/20\text{dB}}=100$$

未知量:R_1、R_2 和 C 的值。

求解方法:采用图 1.32(a)中的单极点低通滤波器,当给定 3 个设计参数后,可以确定其他 3 个未知参数的值,可利用 R_{in} 来确定 R_1,用 R_1 求出 R_2,用 R_2 求出 C。

假设：运算放大器是理想的。注意,给定的增益实际代表放大器的低频增益,且 100 或 −100 的增益都满足给定的增益要求。

分析：由于反相输入端为虚地,输入电阻直接由 R_1 设定,因而有

$$R_1 = R_{in} = 5k\Omega$$

并且有

$$|A_v| = \frac{R_2}{R_1} \rightarrow R_2 = 100R_1 = 500k\Omega$$

此时电容 C 的值可通过 f_H 参数的给定值来确定,即

$$C = \frac{1}{2\pi f_H R_2} = \frac{1}{2\pi(2kHz)(500k\Omega)} = 1.59 \times 10^{-10}F = 159pF$$

对照附录 A,可得 R_1 和 R_2 的值与 5.1kΩ 和 510kΩ 最接近。在大多数应用中,一个 5.1kΩ（由 R_1 设定）的输入电阻是合理的,因为它仅比 5kΩ 的设计参数大 2%。利用新的 R_2 的值重新计算电容 C 的值可得

$$C = \frac{1}{2\pi f_H R_2} = \frac{1}{2\pi(2kHz)(510k\Omega)} = 156pF$$

最接近的电容数值为 160pF,它会将 f_H 降低至 1.95kHz。第二个选择为 150pF,对应的 $f_H = 20.8kHz$。

最终设计：$R_1 = 5.1k\Omega$,$R_2 = 510k\Omega$,$C = 160pF$,所得到的带宽比给定的设计值略小。

结果检查：已获得 3 个所需的值。下面用 SPICE 分析并验证这一设计结果。

讨论：第 3 种方法的成本更高,即采用两个电容的并联组合,将 100pF 和 56pF 的电容并联。按同样的思路,R_1 和 R_2 也可用两个电阻串联得到（如 $R_1 = 4.7k\Omega$ + 300Ω）。更为可取的方法是采用价格更高的 1% 电阻,即 $R_1 = 4.99k\Omega$,$R_2 = 499k\Omega$。为了在这些方案中做出选择,需要对应用的细节进行详细了解。需要指出的是,若电阻和电容的容限为 5%、10% 或 20%,采用更精确的 R 和 C 时对性能提升的影响不大。

计算机辅助分析：用下面的等效电路,对低通滤波器电路进行一次交流分析。运算放大器的增益设为 10^6（120dB）。频率响应参数的起始频率为 10Hz,终止频率为 100kHz,每十倍频程取 10 个频率采样点。从仿真结果可看出,$A_v = 40dB$,$f_H = 1.95kHz$,与设计值一致。

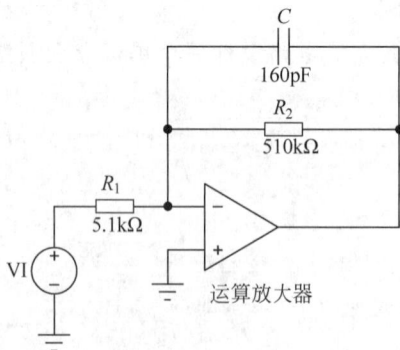

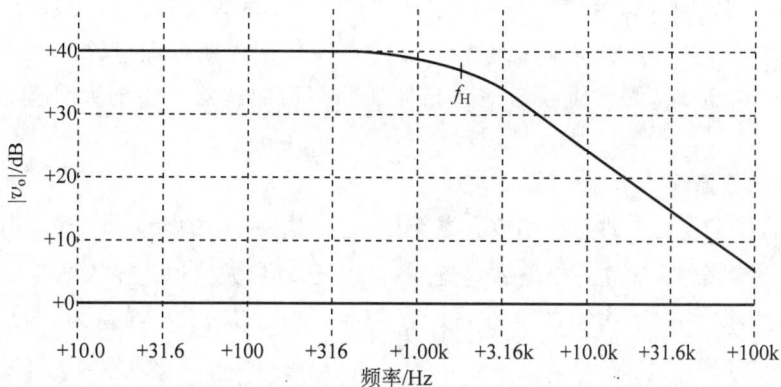

练习：设计一个有源低通滤波器（选择 R_1、R_2 和 C 的数值），其中 $f_H = 3\text{kHz}$，$R_{in} = 10\text{k}\Omega$，$A_v = 26\text{dB}$。

答案：计算值为 $10\text{k}\Omega$，$200\text{k}\Omega$，265pF；附录 A 中的值为 $10\text{k}\Omega$，$200\text{k}\Omega$，270pF。

1.10.6　有源高通滤波器

改变普通反相放大器中阻抗的形成，即可构建一个有源的高通滤波器，如图 1.33(a)所示。在此 Z_1 由电容 C 和电阻 R_1 的串联组合代替，Z_2 由电阻 R_2 代替。即

$$Z_1 = R_1 + \frac{1}{sC} = \frac{sCR_1 + 1}{sC} \quad \text{和} \quad Z_2 = R_2 \tag{1.96}$$

将式(1.96)代入式(1.93)，得到高通滤波器的电压传输函数为

$$A_v(s) = -\frac{Z_2}{Z_1} = -\frac{R_2}{R_1}\frac{sCR_1}{sCR_1 + 1} = -\frac{R_2}{R_1}\frac{s}{s + \omega_L} = \frac{A_o}{1 + \frac{\omega_L}{s}} \tag{1.97}$$

其中 $A_o = -\dfrac{R_2}{R_1}$，$\omega_L = 2\pi f_L = \dfrac{1}{R_1 C}$。

图 1.33(b)为式(1.97)中增益幅值的渐近伯德图，从图中可看出其传输函数呈高通特性，并具有单个极点，极点频率为 ω_L，为高通滤波器的下限截止频率。当频率高于 ω_L 时，放大器表现为一个反相放大器，其增益为电阻 R_2 和 R_1 的比值；当频率低于 ω_L 时，放大器以 20dB/十倍频程的速率衰减。

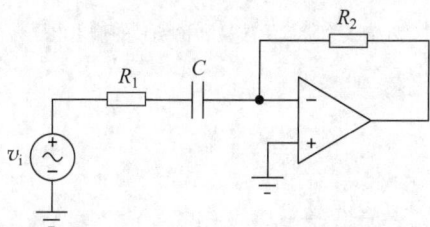

(a) 有源高通滤波器电路　　　(b) 高通滤波器的伯德图

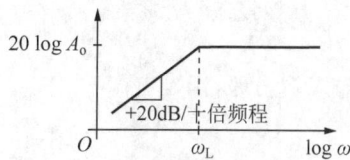

图　1.33

式（1.97）和图1.33（b）的传输函数是在一个带有无限带宽的理想放大器的基础上实现的。在现实中，一般采用一个有限带宽的真实运算放大器，在一定频率范围内模拟理想放大器。在第2章中，当考虑运算放大器的频率响应时，则将重新考虑包括低通和高通滤波器在内的大量基本构建模块的工作模式。

高通滤波器的工作原理

同样，高通滤波器工作的方式与反相放大器类似。反相输入端的虚地导致输入电压V_i直接施加到电阻R_1和C的串联组合上，建立一个输入电流V_i/Z_1。运算放大器迫使输入电流经过R_2，在R_2上产生$(V_i/Z_1)R_2$的电压降。由于虚地的存在，故有$v_o = -(V_i/Z_1)R_2$，增益为$-R_2/Z_1$，如式（1.97）所示。

在高频（低于ω_L）情况下，放大器可当作一个增益为$-R_2/R_1$的反相放大器，因为此时电容的阻抗$(1/\omega_C)$远大于R_1的值，可忽略不计。在低频时，电容C的阻抗变得很大，R_1可忽略不计，随着$(1/\omega_C)$的增加，增益以20dB/十倍频程的速率衰减。

> **练习**：设计一个有源高通滤波器（选择R_1、R_2和C的值），其中$f_H = 5\text{kHz}$，高频增益为20dB，且高频时的输入电阻为18kΩ。
>
> **答案**：计算值为18kΩ，180kΩ，1770pF；附录A中的值为18kΩ，180kΩ，1800pF。

1.10.7 积分器

积分器（Integrator）是另一个非常有用的构建模块，由具有频率相关反馈的运算放大器构成。在积分器电路中，反馈电阻R_2由电容C代替，如图1.34所示。这个电路为我们提供了一个分析时域中运算放大器电路的机会［频域分析参见习题1.112（a）］。

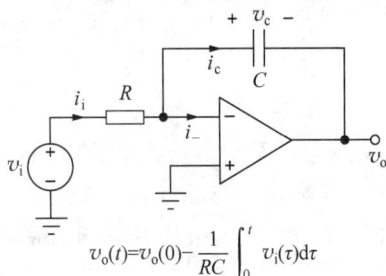

$$v_o(t) = v_o(0) - \frac{1}{RC}\int_0^t v_i(\tau)\mathrm{d}\tau$$

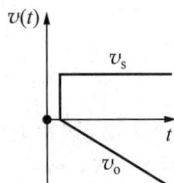

(a) 积分器电路   (b) 输入为阶跃函数且$v_c(0)=0$时的输出电压

图 1.34

由于反相输入端虚地，于是有

$$i_i = \frac{v_i}{R} \quad \text{及} \quad i_c = -C\frac{\mathrm{d}v_o}{\mathrm{d}t} \tag{1.98}$$

对于理想运算放大器有 $i_- = 0$，因此 i_c 必定等于 i_i。令式(1.98)中的两个表达式相等，且对两边进行积分，可得

$$\int \mathrm{d}v_o = \int -\frac{1}{RC}v_i\mathrm{d}\tau \quad \text{或} \quad v_o(t) = v_o(0) - \frac{1}{RC}\int_0^t v_i(\tau)\mathrm{d}\tau \tag{1.99}$$

式中，输出电压的初始值由 $t=0$ 时的电容电压决定，即 $v_o(0) = -V_c(0)$。因此这个电路在任意时刻的输出电压等于初始电容电压减去输入信号从积分时间开始计算的积分值，在本例中选择的积分开始时间是 $t=0$。

积分器的工作原理

运算放大器反相输入端的虚地使得输入电压 v_i 直接出现在电阻 R 上，从而建立了输入电流 v_i/R。当输入电流流经电容 C 时，电容上会累积与电流积分值数量相等的电荷，即 $Q_C = \frac{1}{C}\int i \cdot \mathrm{d}t$，整体比例因子变为 $-1/RC$。

练习：假设一个积分器的输入电压 $v_i(t)$ 是一个 $500\mathrm{Hz}$ 的方波，峰-峰值为 $10\mathrm{V}$ 和 $0\mathrm{V}$ 直流值。选择积分器的 R 值和 C 值，使得积分器的峰值输出电压为 $10\mathrm{V}$，且 $R_{in}=10\mathrm{k}\Omega$。

答案：$10\mathrm{k}\Omega$；$0.05\mu\mathrm{F}$。

电 子 应 用

双斜坡或双斜率模/数转换器（ADC）

双斜坡或双斜率转换器广泛应用于构成数据获取系统的 ADC 设备、数字万用表和其他精确系统。双斜坡转换器的核心部件是 1.10.7 节中讨论过的积分电路。如下图所示，在下述电路图中，转换周期包括两个分离的积分区间。

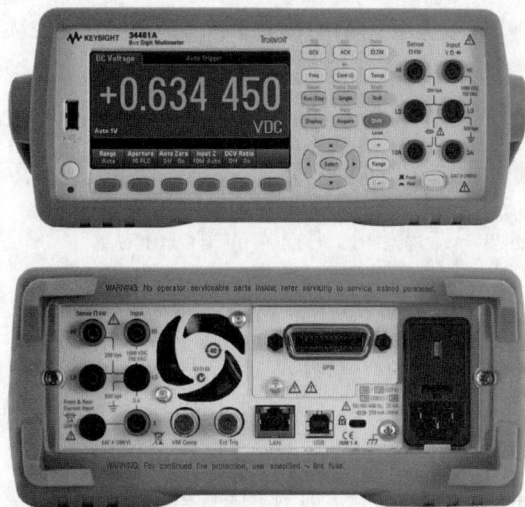

安捷伦数字万用表

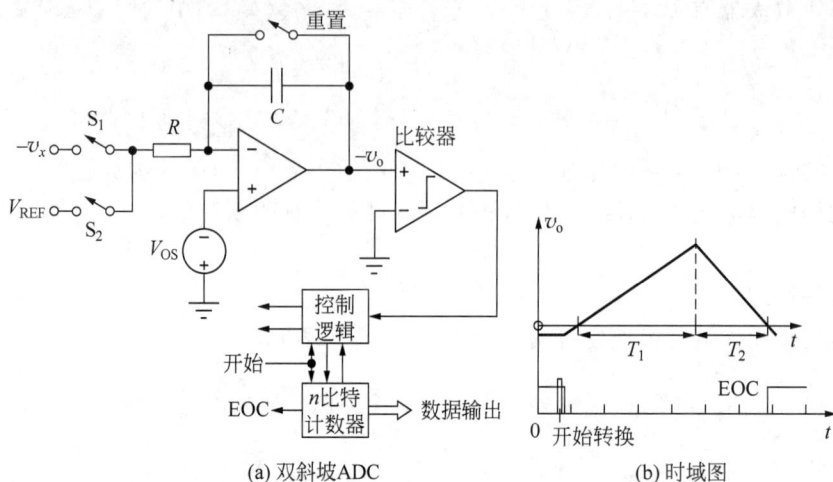

(a) 双斜坡ADC   (b) 时域图

首先，未知电压 v_x 在时间 T_1 内积分，然后将这个积分值与已知的参考电压 V_{REF} 进行比较，该参考电压是在可变长度的时间 T_2 内的积分值。

在转换的起始阶段，计数器复位，同时积分器复位到稍呈负压的状态。未知输入 v_x 通过开关 R_1 与积分器的输入端相连。未知电压在固定的时间段 $T_1 = 2^n T_C$ 内积分，当积分器的输出穿过零点时开始积分，其中 T_1 是时钟周期，在时间 T_1 的结束端，计数器溢出，导致 S_1 开启，并且参考输入电压 V_{REF} 通过开关 S_2 连接到积分器的输入端。然后积分器输入端的电压减小，直到它再次通过零点，且比较器改变状态，标志着转换的结束。在下降斜坡期间，计数器一起累计脉冲，计数器中的最终数据代表了未知电压 v_x 的大小。

电路迫使两个时间段内的积分值相等，即

$$\frac{1}{RC}\int_0^{T_1} v_x(t)\,\mathrm{d}t = \frac{1}{RC}\int_{T_1}^{T_1+T_2} V_{REF}\,\mathrm{d}t$$

因为未知电压 v_x 在 n 比特计数器溢出的时间内积分，因此 T_1 与 $2^n T_C$ 相等。时间段 T_2 与 NT_C 相等，其中 N 是计数器在第二阶段内的累计量。

根据积分的平均值理论，可以得到

$$\frac{1}{RC}\int_0^{T_1} v_x(t)\,\mathrm{d}t = \frac{\langle v_x \rangle}{RC}T_1 \quad \text{及} \quad \frac{1}{RC}\int_{T_1}^{T_1+T_2} V_{REF}(t)\,\mathrm{d}t = \frac{V_{REF}}{RC}T_2$$

由于 V_{REF} 是常数，令上述两个结果相等，则输入的平均值为

$$\frac{\langle v_x \rangle}{V_{REF}} = \frac{T_2}{T_1} = \frac{N}{2^n}$$

假设 RC 之积在整个转换周期内始终为常数，R 和 C 的绝对值并没有直接出现在 v_x 和 V_{FS} 的关系中，数字输出值代表了第一个积分阶段内 v_x 的平均值。因此，v_x 能在转换器的转换周期内变化而不会破坏输出值的有效性。

第一个积分阶段，转换时间 T_T 要求 2^n 个时钟周期，第二个积分阶段需要 N 个时钟周期，因此转换时间是可变的，由 $T_T = (2^n + N)T_c \leqslant 2^{n+1}T_c$ 给出，因为 N 的最大值是 2^n。

双斜坡广泛地应用于转换器中。虽然相比于其他形式的转换器其速度较慢，但双斜坡转换器的线性特性非常好。通过将其积分特性结合起来并进行精心设计，设计者能够获得分辨率超过 20 比特的精

确转换值,但是转换速率相对较慢。在近期的转换器和仪器中,最初的双斜坡转换器性能已经升级,包括用于自动偏移电压消除的额外积分阶段。这些器件一般称为四斜率或四相转换器。另一些转换器,

即三斜坡形式,使用粗略和精细的下降斜坡,极大地提高积分转换器的速度(在 n 比特转换器中,因数为 $2^{n/2}$)。

常模抑制

如前所述,双斜坡转化器的量化输出代表第一积分阶段期间输入的平均值。积分器被当作低通滤波器,其标准化传输函数如下图所示。正弦输入信号的频率是积分时间 T_1 的倒数的精确倍数,具有零值积分,且不出现在积分器的输出端。这个性质可用于许多数字万用表中,这些设备均配备了双斜坡转换器,且积分时间是功率线频率 50Hz 或 60Hz 周期的倍数。在几倍功率线频率处的噪声源会被这些积分 ADC 抵消。这个性质通常叫作常模抑制(Normal-Mode Rejection)。

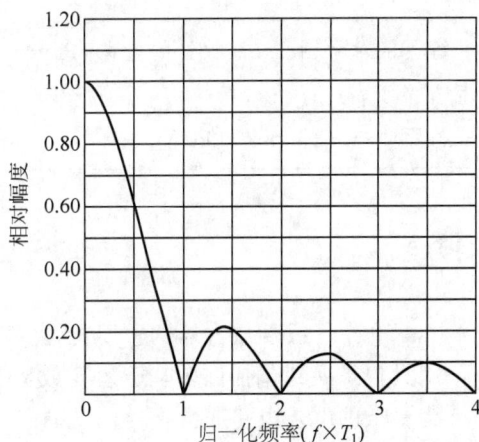

积分 ADC 的常模抑制

1.10.8 微分器

运算放大器电路还可提供微分运算,通过交换积分器中电阻和电容的位置,可得如图 1.35 所示的微分器(Differentiator)电路。相比积分器,微分器电路的应用要少一些,因为微分运算本来就是一种"噪声"运算,即该电路增强了输入信号的高频部分。对这一电路的分析与对积分器电路的分析类似。由于反相输入端虚地,于是有

$$i_i = C\frac{\mathrm{d}v_i}{\mathrm{d}t} \quad \text{和} \quad i_R = -\frac{v_o}{R} \tag{1.100}$$

由于 $i_- = 0$,因此电流 i_i 和 i_R 必须相等,则有

$$v_o = -RC\frac{\mathrm{d}v_i}{\mathrm{d}t} \tag{1.101}$$

输出电压是输入电压导数按比例缩放的结果。

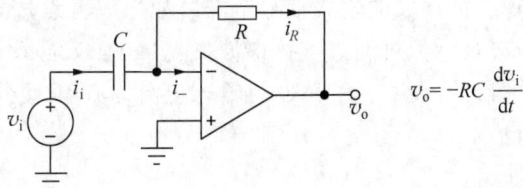

图 1.35 微分器电路

微分器电路的工作原理

运算放大器反相输入端的虚地使得输入电压直接出现在电容 C 上,从而建立一个与 v_i 的导数成比例的输入电流。该电流通过 R 流出,产生输出电压,该输出电压的值为输入电压导数值按比例缩放的结果。

从频域方面考虑，电容的电抗$(1/\omega_C)$随频率的增加而减小，所以输入电流和按比例缩放的输出电压都直接随频率增加，产生一个与微分器相对应的频率相关性。

练习：对于图 1.35 所示的电路，若 $R=20\text{k}\Omega$，$C=0.02\mu\text{F}$，$v_i=2.5\sin2000\pi t\text{ V}$，则电路的输出电压为多少？

答案：$-6.28\cos2000\pi t\text{ V}$。

小结

- 本章介绍了线性放大器的重要特性，探索了放大器的简化模型，随后引入了运算放大器，使电路工具包扩展到包括许多基于运算放大器的经典构建模块。运算放大器是实现基本放大器和更为复杂的电子电路非常重要的工具。本章对电压增益 A_v、电流增益 A_i、功率增益 A_P、输入电阻和输出电阻都进行了定义。增益用正弦信号的向量形式，或采用拉普拉斯变化得到的传输函数来表示，增益的幅值通常用对数分贝或者 dB 数值的形式表示。

- 用二端口电路可方便地对线性放大器进行建模。g 参数是用于描述放大器的重点参数。在绝大多数常用的放大器中，均忽略了 $1\sim2$ 参数（如 g_{12}）。这些电路在输入电阻 R_{in}、输出电阻 R_{out} 和开环电压增益 A 方面进行了重铸。理想的电压放大器有 $R_{\text{in}}=\infty$，$R_{\text{out}}=0$。

- 线性放大器可用于调整正弦信号的幅值和/或相位，并通常借助其频率响应来描述其特性。本章对低通和高通特性都进行了讨论。利用伯德图可方便地将放大器的特征表现出来，其中伯德图包括了传输函数的幅值（dB）和相位（度数）与对数频率刻度之间的关系。用 MATLAB 可以轻松地绘制伯德图。

- 在放大器中，用中频增益 A_{mid} 表示的是放大器的最大增益。在上限截止频率 f_H 和下限截止频率 f_L 处，电压增益分别等于 $A_{\text{mid}}/\sqrt{2}$，比中频增益值小 3dB$(20\log|A_{\text{mid}}|)$。放大器的带宽指从 f_L 到 f_H 的频段，定义为 $\text{BW}=f_H-f_L$。

- 设计用于定制信号频率响应的放大器电路通常称为滤波器，而基于运算放大器的滤波器通常称为有源滤波器。

- 放大器必须合理偏置，以确保它在其线性区内工作。放大器的偏置点，即 Q 点的选择会同时影响放大器的增益和实现线性放大的输入信号范围。如果偏置点选择不当，可能会使放大器工作在非线性区，导致信号失真。但可通过整体谐波失真（THD）的百分比来测量信号的线性度。

- 一般假设理想运算放大器的增益为无穷大，且输入电流为 0，因此分析包含理想运算放大器的电路常采用两个基本假设：

(1) 差分输入电压为 0，即 $v_{\text{ID}}=0$。

(2) 输入电流都为 0，即 $i_+=0$ 和 $i_-=0$。

- 运用假设 1 和假设 2，并结合基尔霍夫电压定律和电流定律，来分析基于运算放大器的电路模块的理想特性。在反相和同相放大器电路、电压跟随器、差分放大器和加法器中，常采用反馈系数为常数的电阻分压器，而在积分器、低通滤波器、高通滤波器和微分器中，常采用与频率相关的反馈电路。

- 无限增益和无限输入电阻两个明显特性是得到假设 1 和假设 2 的依据。不过，理想运算放大器

还有很多隐含的特性,但这些假设很少被清晰地描述出来。它们是:

无限共模抑制;

无限电源抑制;

无限输出电压范围;

无限输出电流能力;

无限开环带宽;

无限压摆率;

零输出电阻;

零输入偏置电流和漂移电流;

零输入漂移电。

这些限制条件将在接下来两章中进行详细解释。

- 单位增益带宽积(ω_T)是放大器一个重要的品质因素,是放大器中频增益和带宽的乘积。

关键词

Active Filters	有源滤波器
Audio Frequency(AF)	音频(AF)
Band-Pass Amplifier	带通放大器
Bandwidth	带宽(BW)
Bias	偏置
Bode Plot	伯德图
Closed-Loop Amplifier	闭环放大器
Closed-Loop Gain	闭环增益
Comparator	比较器
Critical Frequency	截止频率
Current Amplifier	电流放大器
Current Gain(A_i)	电流增益 A_i
Decibel(dB)	分贝(dB)
DC-Coupled Amplifier	直流耦合放大器
Difference Amplifier	差分放大器
Differential Amplifier	差分放大器
Differential-Mode Gain	差模增益
Differential-Mode Input Resistance	差模输入电阻
Differential-Mode Input Voltage	差模输入电压
Differentiator	微分器
Digital-to-Analog Converter(DAC or D/A Converter)	数/模转换器
Dual-ramp(dual slope) ADC	双斜坡(双斜率)模/数转换器
Feedback Amplifier	反馈放大器
Gain-Bandwidth Product	增益带宽积

g-Parameters	g 参数
High-Pass Amplifier	高通放大器
High-Pass Filter	高通滤波器
Ideal Operational Amplifier	理想运算放大器
Input Resistance(R_{in})	输入电阻(R_{in})
Integrator	积分器
Intermediate Frequency(IF)	中频(IF)
Inverted R-2R Ladder	反相 R-2R 梯形电路
Inverting Amplifier	反相放大器
Inverting Input	反相输入
Least Significant Bit(LSB)	最低有效位(LSB)
Inverting Amplifier	反相放大器
Linear Amplifier	线性放大器
Lower-Cutoff Frequency	下限截止频率
Lower Half-Power Point	下半功率点
Lower-3-dB Frequency	下 3dB 频率
Low-Pass Amplifier	低通放大器
Low-Pass Filter	低通滤波
Magnitude	幅度
Midband Gain	中频带增益
Most Significant Bit(MSB)	最高有效位(MSB)
Noninverting Amplifier	同相放大器
Noninverting Input	同相输入
Normal Mode Rejection	常模抑制
Open-Circuit Input Conductance	开路输入电导
Open-Circuit Input Resistance	开路输入电阻
Open-Circuit Termination	开路输入端
Open-Circuit Voltage Gain	开路电压增益
Open-Loop Gain	开环增益
Operational Amplifier	运算放大器
Output Resistance	输出电阻
Phase Angle	相位角
Phasor Representation	相量表示
Power Gain(A_P)	功率增益 A_P
R-2R Ladder	R-2R 梯形电路
Radio Frequency(RF)	射频(RF)
Short-Circuit Output Conductance	输入短路时的输出电导
Short-Circuit Output Resistance	输入短路时的输出电阻
Short-Circuit Termination	短路输出端

Single-Pole Frequency Response	单极点频率响应
Source Resistance(R_S)	电源内阻(R_S)
Summing Amplifier	求和放大器
Summing Junction	求和点
Total Harmonic Distortion	总谐波失真
Transfer Function	传输函数
Two-Port Model	二端口模型
Two-Port Network	二端口电路
Unity-Gain Buffer	单位增益缓冲器
Upper-Cutoff Frequency	上限截止频率
Upper Half-Power Point	上半功率点
Upper－3-dB Frequency	上 3dB 频率
Very High Frequency	甚高频
Virtual Ground	虚地
Voltage Amplifier	电压放大器
Voltage Follower	电压跟随器
Voltage Gain	电压增益
Weighted-Resistor DAC	权电阻数/模转换器

参考文献

1. T. Lewis，*Empire on the Air*：*The Men Who Made Radio*，Harper Collins：1991.

2. J. A. Hijiya，*Lee de Forest and the Fatherhood of Radio*，Lehigh University Press：1992.

3. T. H. Lee，"A Non Linear History of Radio，"Chapter 1 in *The Design of CMOS Radio-Frequency Integrated Circuits*，Cambridge University Press：1998.

4. National Geographic Society，*Those Inventive Americans*，(Editor and Publisher，1971). pp. 182-187(Lee de Forest by H. J. Lewis).

补充阅读

E. J. Kennedy，*Operational Amplifier Circuits—Theory and Applications*. Holt，Rinehart and Winston，New York，NY：1988.

Franco，Sergio，*Design with Operational Amplifiers and Analog Integrated Circuits*，Fourth Edition，McGraw-Hill，New York，NY：2014.

P. R. Gray，P. J. Hurst，S. H. Lewis，and R. G. Meyer，*Analysis and Design of Analog Integrated Circuits*，Fifth Edition，John Wiley and Sons，New York，NY：2009.

习题

§1.1 模拟电子系统示例

1.1 除了书中已给出的例子外，另外列出 15 个日常生活中可以用连续模拟信号表示的物理量。

§1.2 放大作用

1.2 将以下值转换成分贝值：(a)电压增益 120、-60、5000、-100000、0.90；(b)电流增益 600、3000、-10^6、200000、0.95；(c)功率增益 2×10^9、4×10^5、6×10^8、10^{10}。

1.3 用分贝值表示例 1.1 中的电压增益、电流增益和功率增益。

1.4 当 $A_v=20\log(A_v)$ 时，其电压增益为多少？

1.5 假设放大器的输入和输出电压分别为

$$v_i=1\sin(1000\pi t)+0.333\sin(3000\pi t)+0.200\sin(5000\pi t)\,\text{V}$$

且

$$v_o=2\sin\left(1000\pi t+\frac{\pi}{6}\right)+\sin\left(3000\pi t+\frac{\pi}{6}\right)+\sin\left(5000\pi t+\frac{\pi}{6}\right)\text{V}$$

(a)画出 $0\leqslant t\leqslant 4\text{ms}$ 时输入和输出电压的波形图；(b)v_i 中各个信号分量的幅值、频率和相位是多少？(c)v_o 中各个信号分量的幅值、频率和相位为多少？(d)在 3 个频率处的电压增益为多少？(e)这是一个线性放大器吗？

1.6 图 1.3 所示的放大器，若 $V_i=25\text{mV}$，要使输出功率为 25W，其电压、电流及功率增益各为多少？

1.7 图 1.3 所示的放大器，若 $V_I=10\text{mV}$，$R_I=2\text{k}\Omega$，且输出功率为 20mW，则放大器的电压增益、电流增益、功率增益各为多少？

1.8 利用 MATLAB 将 PC 机声卡的输出设为 1kHz 正弦波，幅值为 1V。用一台示波器及交流电压计监测其输出。(a)对于左声道，1kHz 时开路输出电压均方根值为 0.76V，当加载 1040Ω 的电阻后降至 0.740V，绘制出声卡左侧输出的戴维南等效电路(即 v_{th}，R_{th} 为多少)；(b)对于右声道，1kHz 时开路输出电压均方根值为 0.768V，当加载 0.430Ω 的负载时降至 0.721V，画出声卡右侧输出的戴维南等效电路；(c)测得的两个开路输出电压的幅值为多少？实际电压与用 MATLAB 定义的电压之间的百分比误差为多少？(d)实测你所用的便携式计算机声卡的戴维南等效输出电压和电阻的值。

1.9 假设计算机声道的每个输出声卡可用一个 1V 的交流电源与一个 32Ω 的电阻串联来表示。外部扬声器中放大器每条通道的输入电阻为 20kΩ，且必须将 10W 的功率传送到一个 8Ω 的扬声器上。则(a)求放大器的电压增益、电流增益和功率增益为多少？(b)这一放大器合理的直流电源电压应为多少？

1.10 在电池供电器件中，放大器需要向耳机中传送 50mW 的功率。耳机的阻抗可选为 8Ω、32Ω 或 1000Ω。计算出当要往具有上述阻抗的耳机中传送 50mW 功率时所需的电压和电流为多少？电池供电时，哪种阻抗值是最佳选择？

§1.3 放大器的二端口模型

1.11 计算图 P1.1 所示电路的 g 参数，并比较 g_{12} 和 g_{21}。

1.12 用 SPICE 传输函数分析功能求出图 P1.1 所示电路的 g 参数。

1.13 计算图 P1.2 所示电路的 g 参数，并比较 g_{12} 和 g_{21}。

1.14 计算图 P1.3 所示电路的 g 参数，并比较 g_{12} 和 g_{21}。

1.15 采用 SPICE 传输函数分析功能求出图 P1.3 所

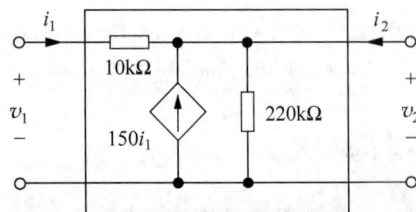

图 P1.1

示电路的 g 参数。

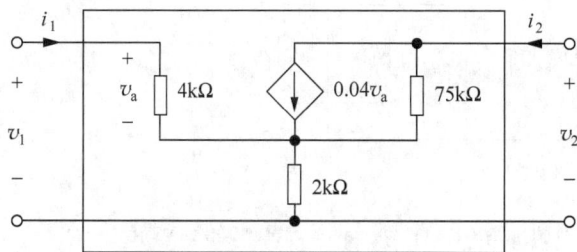

图 P1.2

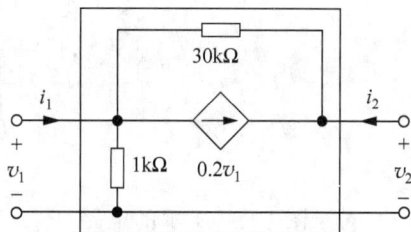

图 P1.3

§1.4 源和负载电阻的失配

1.16 在图 P1.4 所示电路中,放大器的二端口参数如下所示,且 $R_I = 2k\Omega$, $R_L = 16\Omega$。(a)求出这一放大器的电压增益 A_v、电流增益 A_i 和功率增益 A_p,并将结果转换为分贝值;(b)为了将 1W 功率传送到 16Ω 负载电阻上,所需正弦输入信号 v_i 的幅值 V_i 为多少?(c)当将 1W 功率传送到负载上时,放大器消耗的功率为多少?

图 P1.4

其中放大器的二端口参数为:

- 输入电阻 $R_{in} = 1M\Omega$。
- 输出电阻 $R_{out} = 0.5\Omega$。
- $A = 50dB$。
- $v_i = V_i \sin\omega t$。

1.17 假设图 P1.4 中放大器与源和负载电阻十分匹配,参数如下。则(a)为了将 1W 的功率传送到 16Ω 的负载电阻上,所需正弦输入信号 v_i 的幅值是多少?(b)当将 1W 功率传送到负载上时,放大器消耗的功率为多少?

其中放大器的二端口参数为:

- 输入电阻 $R_{in} = 1M\Omega$。
- 输出电阻 $R_{out} = 0.5\Omega$。
- $A = 50dB$。

1.18 在一个电池供电器件中,耳机放大器的输出电阻为 28Ω,且往耳机传送 0.1W 的信号。若耳机电阻为 24Ω,试计算向耳机传送 0.1W 功率时,非独立电压源(模型中为 A_v)所提供的电压和电流是多大?独立源提供的功率有多大?输出电阻上消耗的功率有多少?

1.19 若耳机电阻为 600Ω,重复习题 1.18 中的计算。

1.20 对于图 1.9 所示的电路,有 $R_I = 1k\Omega$, $R_L = 16\Omega$,且 $A = -2000$。若要使负载电阻 R_L 得到最大功率,则 R_{in} 和 R_{out} 应是多大?如果 v_i 为一个幅值为 10mV 的正弦波,则能传送到 R_L 上的最大功率为多少?这一放大器的增益为多少?

1.21 对于图 1.9 所示的电路,已知 $R_I = 1k\Omega$, $R_{in} = 20k\Omega$, $R_L = 2\Omega$, $R_{out} = 60\Omega$。如果放大器为反相放大器($\theta = 180°$),则提供 74dB 的电压增益,需要多大的 A 值?

1.22 图 P1.5 所示的电路为一个电流放大器的二端口电路。写出输入电流 i_i、输出电流 i_o 和电流增益 $A_i = I_o/I_i$ 的表达式。R_{in} 和 R_{out} 为多少时可以提供最大的电流增益幅值?

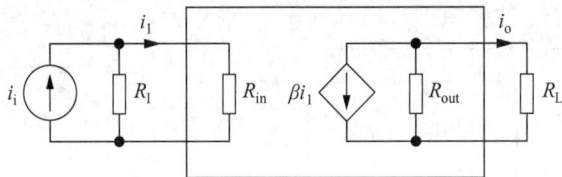

图　P1.5

1.23 对于图 P1.5 所示的电路，$R_I = 100\text{k}\Omega$，$R_L = 10\text{k}\Omega$，$\beta = 400$。若要使负载电阻 R_L 得到最大功率，则 R_{in} 和 R_{out} 需为多少？如果 i_i 为一个幅值为 $1\mu A$ 的正弦波，则能传送到 R_L 上的最大功率为多少？这一放大器的功率增益为多少？

1.24 对于图 P1.5 所示的电路，有 $R_I = 200\text{k}\Omega$，$R_{in} = 20\text{k}\Omega$，$R_{out} = 300\text{k}\Omega$，$R_L = 56\text{k}\Omega$。为提供 150 的电流增益，$\beta$ 值应为多少？

1.25 对于图 1.6 所示电路，试证明：

$$A_P \text{dB} = A_v \text{dB} - 10\log\left(\frac{R_L}{R_S + R_{in}}\right) \quad 和 \quad A_P \text{dB} = A_i \text{dB} - 10\log\left(\frac{R_L}{R_S + R_{in}}\right)$$

1.26 如图 P1.6 所示，两个放大器串联或级联而成。如果 $R_I = 1\text{k}\Omega$，$R_{in} = 5\text{k}\Omega$，$R_{out} = 500\Omega$，$R_L = 500\Omega$，$A = -120$。则整个放大器的电压增益、电流增益和功率增益为多少？

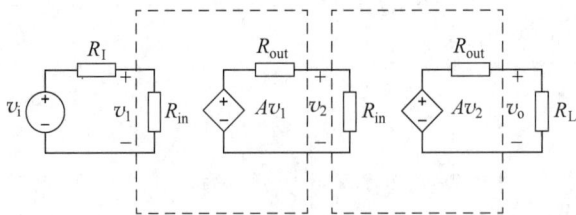

图　P1.6

§1.5　运算放大器简介

1.27 图 P1.7 黑匣子内部的电路中只包含了电阻和二极管。端口 V_o 与黑匣子内部电路中的某一点相连。则(a)V_o 的最大值最可能接近 0V、-9V、6V 还是 15V？为什么？(b)V_o 的最小值最可能接近 0V、-9V、6V 还是 15V？为什么？

1.28 (a)施加到图 P1.8 中放大器的输入电压为 $v_I = V_B + V_M \sin 1000t$。如果 $V_B = 0.6\text{V}$，则对于较小的 V_M 值，放大器的电压增益为多少？可以采用在 v_o 处仍可得到不失真正弦信号的最大 V_M 值为多少？(b)写出 $v_I(t)$ 和 $v_o(t)$ 的表达式。

1.29 当 V_B 分别为 0.5V 及 1.1V 时，重复习题 1.28 中的计算。

1.30 当 V_B 分别为 0.8V 及 0.2V 时，重复习题 1.28 中的计算。

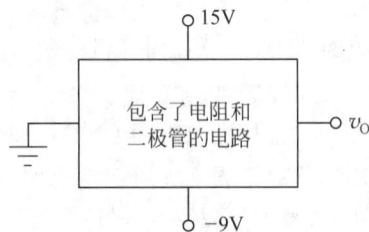

图　P1.7

1.31 施加到图 P1.8 中放大器的输入电压为 $v_I = (0.6 + 0.1\sin 1000t)\text{V}$。(a)写出输出电压的表达式；(b)画出输出电压两个周期的波形；(c)计算这一信号前 5 个频率的分量。可借助 MATLAB 或

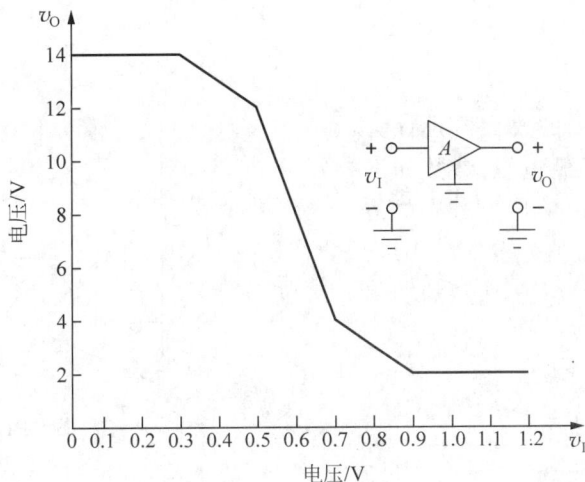

图 P1.8

其他计算机分析工具。

1.32 施加到图 P1.8 中放大器的输入电压为 $v_I = (0.5 + 0.1\sin 1000t)\text{V}$。(a)写出输出电压的表达式；(b)画出输出电压两个周期的波形；(c)计算这一信号前 5 个频率的分量。可借助 MATLAB 或其他计算机分析工具。

§1.6 放大器的失真

1.33 一个音频放大器的输入信号为 $v_I = (0.5 + 0.25\sin 1200\pi t)\text{V}$，输出为 $v_O = (2 + 4\sin 1200\pi t + 0.8\sin 2400\pi t + 0.4\sin 3600\pi t)\text{V}$。则这一放大器的电压增益为多少？信号出现了几阶谐波？输出信号的总谐波失真为多少？

1.34 音频放大器的输入信号为 1kHz 正弦波，幅值为 4mV，输出为 $v_O = (5\sin 2000\pi t + 0.5\sin 6000\pi t + 0.2\sin 10000\pi t)\text{V}$，则这一放大器的电压增益为多少？信号出现了几阶谐波？输出信号的总谐波失真为多少？

1.35 (a)用 MATALB 的 FFT 功能求出图 1.5(b)中 $v_{o2}(t)$ 的傅里叶级数表达式；(b)用 MATLAB 计算 $v_{o2}(t)$ 的傅里叶系数的积分表达式，求出 $v_{o2}(t)$ 的傅里叶级数中的前 3 项系数。

1.36 用 MATLAB 将声音信号的输出限制为单位值(1V)。所有超出这一限制的值都会被钳位(设为 1)。(a)用 MATLAB 绘制出如下波形：$y = \max(-1, \min(1, 1.5\sin(1400\pi t)))$；(b)用 MATLAB 求出波形 y 的总谐波失真；(c)用计算机的音频输出收听并比较如下信号：$y = 1\sin 1400\pi t$，$y = 1.5 * \sin 1400\pi t$ 和 $y = \max(-1, \min(1, 1.5\sin(1400\pi t)))$，描述一下你听到了什么？

1.37 假设放大器的 VTC 为 $v_o = 10\tanh(2v_I)\text{V}$。(a)画出这一 VTC 曲线；(b)如果 $v_I = 0.75\sin 2000\pi t\text{V}$，计算输出端前 3 个频率分量的失真。

§1.7 差分放大器模型

1.38 在图 P1.9 所示电路中，所连接的差分放大器的参数如下所示，且 $R_I = 5\text{k}\Omega$，$R_L = 600\Omega$。(a)求出这一放大器的电压增益 A_v、电流增益 A_i 和功率增益 A_P，并用分贝值将结果表示出来；(b)若要在 v_o 产生峰-峰值为 20V 的信号，则所需输入正弦信号的幅值为多少？

其中差分放大器的参数为：

- 输入电阻 $R_{id} = 1\text{M}\Omega$。

- 输出电阻 $R_o = 25\Omega$。
- $A = 60\text{dB}$。
- $v_i = V_I \sin\omega t$。

1.39 假设图 P1.9 中的放大器设计为匹配习题 1.38 中的源和负载电阻，参数如下所示。(a)若要在 v_o 产生峰-峰值为 15V 的信号，则所需输入信号 v_i 的幅值为多少？(b)当将 0.5W 传送到负载上时，放大器消耗的功率为多少？

其中差分放大器的参数为：

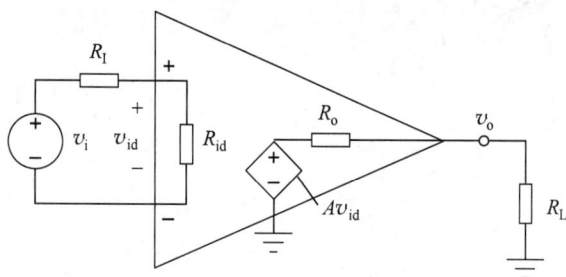

图　P1.9

- 输入电阻 $R_{id} = 5\text{k}\Omega$。
- 输出电阻 $R_o = 1\text{k}\Omega$。
- $A = 30\text{dB}$。

1.40 一个放大器的输出为正弦信号，向 50Ω 负载传送 100W 功率。如果要求放大器在它的输出电阻上消耗的功率不大于 2W，则要求输出电阻为多少？

1.41 放大器的输入由一个变换器提供，变换器可用一个 1mV 电压源与一个 $50\text{k}\Omega$ 电阻串联来表示。当 $v_{id} \geqslant 0.99\text{mV}$ 时，放大器的输入电阻为多少？

§1.8　理想差分放大器和运算放大器

1.42 假设一个差分放大器 $A = 120\text{dB}$，且它所工作电路的开路输出电压 $v_o = 15\text{V}$。则其输入电压为多少？若要使 $v_{id} \leqslant 1\mu\text{V}$，则电压增益必须为多大？如果 $R_{id} = 1\text{M}\Omega$，则输入电流 i_+ 为多大？

1.43 一个接近理想的运算放大器，其开路输出电压 $v_o = 10$，增益 $A = 106\text{dB}$。则其输入电压 v_{id} 为多少？若要使 $v_{id} \leqslant 1\mu\text{V}$，则其电压增益必须为多大？

§1.9　含有理想运算放大器的电路分析

反相放大器

1.44 (a)图 P1.10 所示的放大器，如果 $R_1 = 12\text{k}\Omega$，$R_2 = 120\text{k}\Omega$，则其电压增益、输入电阻和输出电阻为多少？(b)当 $R_1 = 160\text{k}\Omega$，$R_2 = 330\text{k}\Omega$ 时，重复上述计算。(c)当 $R_1 = 4.3\text{k}\Omega$，$R_2 = 270\text{k}\Omega$ 时，重复上述计算。

1.45 (a)图 P1.10 所示的放大器，如果 $R_1 = 4.7\text{k}\Omega$，$R_2 = 220\text{k}\Omega$，则其电压增益、输入电阻和输出电阻为多少？(b)当 $R_1 = 47\text{k}\Omega$，$R_2 = 2.2\text{M}\Omega$ 时，重复上述计算。

1.46 图 P1.10 所示的电路，如果 $R_1 = 750\Omega$，$R_2 = 9.1\text{k}\Omega$，且 $v_i(t) = (0.05\sin 4638t)\text{V}$，写出电压 $v_o(t)$ 的表达式以及电流 $i_i(t)$ 的表达式。

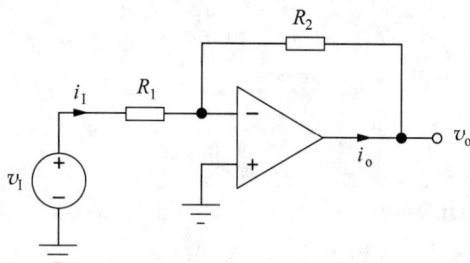

图　P1.10

1.47 图 P1.10 所示的放大器电路，$R_1 = 22\text{k}\Omega$，$R_2 = 220\text{k}\Omega$。(a)如果 $v_i = 0$，则输出电压为多少？(b)如果将直流信号 $V_I = 0.22\text{V}$ 施加给电路，则输出电压为多少？(c)如果将交流信号 $v_I = 0.5\sin 2500\pi t\,\text{V}$ 施加给电路，则输出电压为多少？(d)如果输入信号 $v_I = 0.22 - 0.15\sin 2500\pi t\,\text{V}$，则输出电压为多少？(e)问题(b)、(c)和(d)中的输入电流 i_I 为多少？(f)针对问题(b)、(c)和(d)中的输入信

号,运算放大器的输出电流 i_o 为多少?(g)针对问题(d)中的输入信号,运算放大器反相输入端的电压为多少?

1.48 图 P1.10 所示的放大器,$R_1=7.5\text{k}\Omega$,$R_2=150\text{k}\Omega$,且放大器工作在 $\pm12\text{V}$ 电源下。(a)如果 $v_I=-0.2+V_i\sin2000\pi t\,\text{V}$,试写出输出电压的表达式;(b)若要得到无失真输出,则最大的 V_i 值为多少?(c)如果 $v_I=0.6+V_i\sin2000\pi t\,\text{V}$,重复上述计算。

1.49 图 P1.10 所示的放大器,$R_1=8.2\text{k}\Omega$,$R_2=160\text{k}\Omega$,且放大器工作在 $\pm12\text{V}$ 电源下。(a)电路的电压增益 $A_v=v_o/v_i$ 为多少?(b)假设输入源 v_i 并不是理想的,而是带有 $1.5\text{k}\Omega$ 的源电阻,则电压增益 $A_v=v_o/v_i$ 为多少?

1.50 图 P1.10 所示的放大器,$R_1=10\text{k}\Omega$,$R_2=100\text{k}\Omega$,且放大器工作在 $\pm10\text{V}$ 电源下。(a)如果 $v_I=0.5+V_i\sin5000\pi t\,\text{V}$,试写出输出电压的表达式;(b)若要得到无失真输出,则最大的 V_i 值为多少?(c)如果 $v_I=-0.25+V_i\sin2000\pi t\,\text{V}$,重复上述计算。

1.51 习题 1.44(a)中放大器采用的是具有 10% 容限的电阻,则放大器的增益和输入电阻的正常值和最坏值各为多少?

1.52 (a)习题 1.45(a)中放大器采用的是具有 5% 容限的电阻,则放大器的增益和输入电阻的正常值和最坏值为多少?(b)对习题 1.44(b)重复上述计算;(c)对习题 1.44(c)重复上述计算。

1.53 设计一个具有 $15\text{k}\Omega$ 输入电阻和 28dB 增益的反相放大器。在附录 A 中容限值为 1% 的电阻表中进行选择。

1.54 设计一个具有 $2\text{k}\Omega$ 输入电阻和 40dB 增益的反相放大器。在附录 A 中容限值为 1% 的电阻表中进行选择。

1.55 设计一个具有 $100\text{k}\Omega$ 输入电阻和 13dB 增益的反相放大器。在附录 A 中容限值为 1% 的电阻表中进行选择。

1.56 求出图 P1.11 所示电路的电压增益、输入电阻和输出电阻。

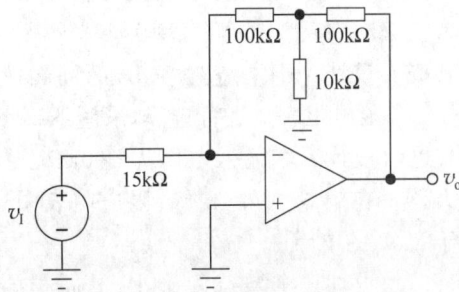

图 P1.11

互阻放大器——电流电压转换器

1.57 求出图 P1.12 中输出电压 v_o 的表达式。

1.58 利用 v_i 和 R_1 的诺顿转换,将图 1.18 中的反相放大器转换成图 P1.12 中的互阻放大器。i_{TH} 和 R_{TH} 的表达式是何种形式?写出增益 v_o/v_i 的表达式。

1.59 某转换器产生的电流范围为 $\pm2.5\mu\text{A}$,其源电阻为 $100\text{k}\Omega$。互阻放大器需要将电流转换为 $\pm5\text{V}$ 间的电压,则所需的 R 值为多大?

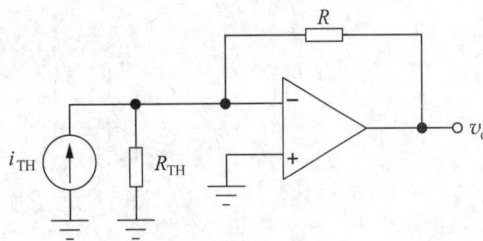

图 P1.12

同相放大器

1.60 对于图 P1.13 所示的放大器电路,如果 $R_1=8.2\text{k}\Omega$,$R_2=750\text{k}\Omega$,则放大器的电压增益、输入电阻和输出电阻为多少?用分贝表示电压增益的值。

1.61 对于图 P1.13 所示的放大器电路,如果 $R_1=910\Omega$,$R_2=8.2\text{k}\Omega$,且 $v_i(t)=(0.04\sin9125t)\,\text{V}$,写出电路输出电压 $v_o(t)$ 的表达式。

1.62 对于图 P1.13 所示的放大器电路,如果 $R_1=30\text{k}\Omega$,$R_2=120\text{k}\Omega$,则放大器的电压增益、输入

电阻和输出电阻为多少？(b)当 $R_1 = 18\text{k}\Omega$，$R_2 = 300\text{k}\Omega$ 时，重复上述计算；(c)当 $R_1 = 3.3\text{k}\Omega$，$R_2 = 390\text{k}\Omega$ 时，重复上述计算。

1.63 对于图 P1.13 所示的放大器电路，$R_1 = 22\text{k}\Omega$，$R_2 = 360\text{k}\Omega$。(a)如果 $v_I = 0$，则输出电压为多少？(b)如果将直流信号 $V_I = 0.33\text{V}$ 施加给电路，则输出电压为多少？(c)如果将交流信号 $v_i(t) = 0.18\sin 3250\pi t$ V 施加给电路，则输出电压为多少？(d)如果输入信号为 $v_I(t) = 0.33 - 0.18\sin 3250\pi t$ V，则输出电压为多少？(e)写出问题(b)、(c)和(d)中输入电流 i_I 的表达式；(f)对于问题(b)、(c)和(d)中的输入信号，写出运算放大器输出电流 i_o 的表达式；(g)对于问题(d)中的输入信号，运算放大器反相输出端的电压为多少？

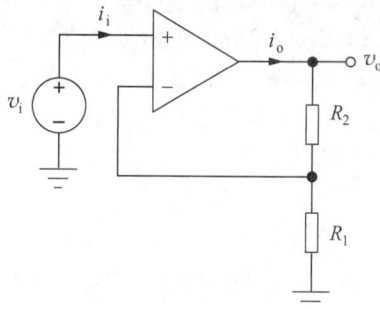

图 P1.13

1.64 (a)如果 $R_1 = 160\Omega$，$R_2 = 56\text{k}\Omega$，则图 P1.14 中放大器的增益、输入电阻和输出电阻为多少？用分贝表示增益；(b)如果电阻有 10% 的容限值，则可能出现的增益的最坏值为多少（最高值和最低值）？(c)相对于理想值而言，电压增益的正负容限值各为多少？(d)最大和最小电压增益值的比值为多少？(e)对这个电路进行 500 次蒙特卡洛分析，电路增益值在正常值 $\pm 5\%$ 范围内的百分率为多少？

1.65 设计一个增益为 23dB 的同相放大器。在附录 A 中 1% 容限电阻表中进行选择，采用不小于 2kΩ 的电阻。

1.66 设计一个输入电阻为 100kΩ、增益为 6dB 的同相放大器。在附录 A 中 1% 容限电阻表中进行选择，采用不小于 2kΩ 的电阻。

1.67 设计一个增益为 46dB 的同相放大器。在附录 A 中 1% 容限电阻表中进行选择，采用不小于 1kΩ 的电阻。

1.68 图 P1.15 所示电路的增益、输入电阻和输出电阻为多少？

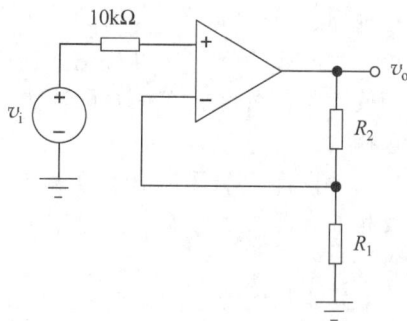

图 P1.14

求和放大器

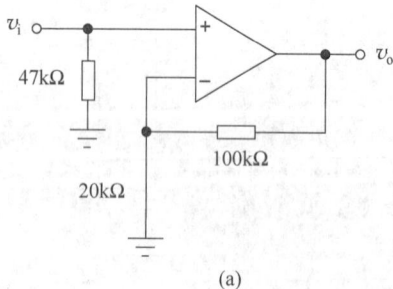

(a)

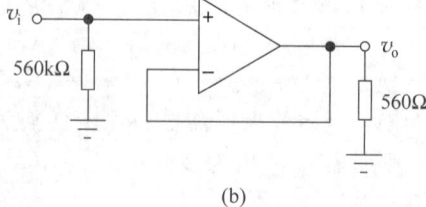

(b)

图 P1.15

1.69 图 P1.16 所示的电路，如果 $R_1 = 1\text{k}\Omega$，$R_2 = 2\text{k}\Omega$，$R_3 = 47\text{k}\Omega$，$v_2(t) = (0.01\sin 3770t)\text{V}$，且 $v_1(t) = (0.04\sin 10000t)\text{V}$，写出求和节点（$v_-$）处的电压表达式。

1.70 利用图 P1.17 所示的电路，可将求和放大器用作一个数控音量控制器。4 位二进制输入字（$b_1 b_2 b_3 b_4$）的每一位均用来控制开关的位置，如果 $b_i = 0$，则将电阻连接到 0V；如果 $b_i = 1$，则将电阻连

接到输入信号 v_1。(a)如果 $v_1 = 2\sin 4000\pi t \text{ V}$，则当输入数据为 0110 时，输出电压 v_O 为多少？(b)当输入数据变成了 1011，则此时新的输出电压 v_O 为多少？(c)制作一个表格，列出所有 16 种可能的输入组合所对应的输出电压。

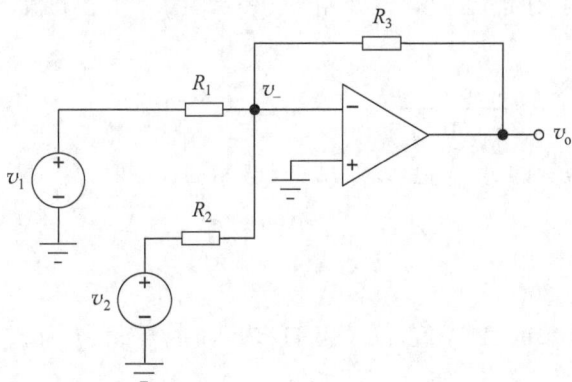

图　P1.16

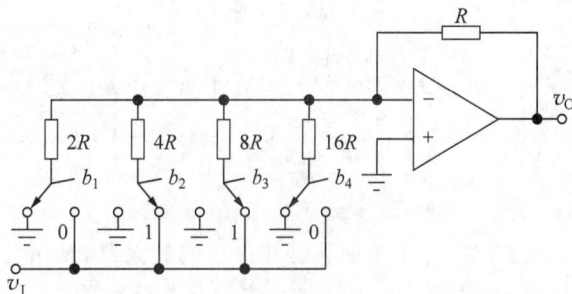

图　P1.17

1.71　图 P1.17 中的开关可以用 MOSFET 来实现，如图 P1.18 所示。如果晶体管的导通电阻值要低于电阻 $2R = 10\text{k}\Omega$ 的 1%，则晶体管的 W/L 值应为多少？假设当 $b_1 = 1$ 时，施加到 MOSFET 栅极上的电压为 5V；当 $b_1 = 0$ 时，施加到 MOSFET 栅极上的电压为 0V。对于 MOSFET，有 $V_{TN} = 1\text{V}$，$K_n' = 50\mu\text{A/V}^2$，$2\phi_F = 0.6\text{V}$，$\gamma = 0.5\sqrt{\text{V}}$。

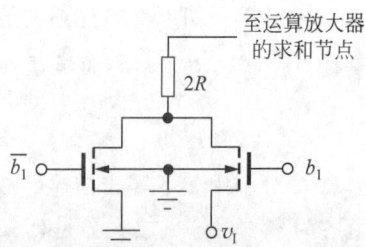

图　P1.18

差分放大器

1.72　(a)如果 $A_v = v_o/(v_1 - v_2)$，且 $R = 10\text{k}\Omega$，则图 P1.19 所示电路的增益为多少？(b)v_2 端的输入电阻为多少？(c)v_1 端的输入电阻为多少？(d)如果 $v_1 = 3\text{V}$，$v_2 = 1.5\cos 8300\pi t \text{ V}$，则输出电压为多少？(e)如果 $v_1 = (3 - 1.5\cos 8300\pi t)\text{V}$，$v_2 = 1.5\sin 8300\pi t \text{ V}$，则输出电压为多少？

1.73　(a)如果 $V_2 = 3.2\text{V}$，$V_1 = 3.1\text{V}$，$R = 100\text{k}\Omega$，则图 P1.19 所示的差分放大器中所有各节点电压是多少？(b)放大器的输出电流 I_O 为多少？(c)从 v_1 和 v_2 端进入电路的电流为多少？

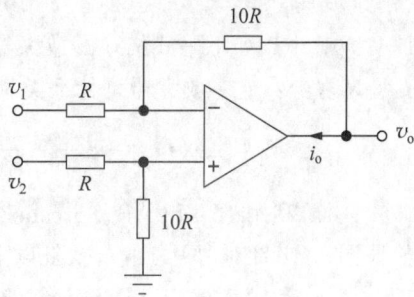

图　P1.19

1.74　如果 $v_2 = 2\sin 1000\pi t \text{ V}$，$v_1 = (2\sin 1000\pi t + 2\sin 2000\pi t)\text{V}$，$R = 15\text{k}\Omega$，求出图 P1.19 中差分放大器的 v_o、i_1 和 i_2。

§1.10　反馈放大器的频率特性

1.75　求出下列传输函数的极点和零点：

(a)

$$A_i(s) = -\frac{3 \times 10^9 s^2}{(s^2 + 51s + 50)(s^2 + 13000s + 3 \times 10^7)}$$

(b)

$$A_v(s) = -\frac{10^5(s^2 + 51s + 50)}{s^5 + 1000s^4 + 50000s^3 + 20000s^2 + 13000s + 3 \times 10^7}$$

1.76 对于用如下等式描述的放大器，其用分贝表示的 A_{mid} 值，以及用 Hz 表示的 f_H 值、f_L 值、BW 值各为多少？这一放大器是什么类型的放大器？

$$A_v(s) = \frac{2\pi \times 10^7 s}{(s + 20\pi)(s + 2\pi \times 10^4)}$$

1.77 对于用如下等式描述的放大器，其用分贝表示的 A_{mid} 值，以及用 Hz 表示的 f_H 值、f_L 值、BW 值各为多少？这一放大器是什么类型的放大器？

$$A_v(s) = \frac{2\pi \times 10^6}{s + 200\pi}$$

1.78 对于用如下等式描述的放大器，其用分贝表示的 A_{mid} 值，以及用 Hz 表示的 f_H 值、f_L 值、BW 值各为多少？这一放大器是什么类型的放大器？

$$A_v(s) = \frac{10^4 s}{s + 200\pi}$$

1.79 对于用如下等式描述的放大器，其用分贝表示的 A_{mid} 值，以及用 Hz 表示的 f_H 值、f_L 值、BW 值各为多少？这一放大器是什么类型的放大器？

$$A_v(s) = -\frac{5 \times 10^6 s}{s^2 + 10^5 s + 10^{14}}$$

1.80 对于用如下等式描述的放大器，其用分贝表示的 A_{mid} 值，以及用 Hz 表示的 f_H 值、f_L 值、BW 值各为多少？这一放大器是什么类型的放大器？

$$A_v(s) = -20\frac{s^2 + 10^{12}}{s^2 + 10^4 s + 10^{12}}$$

1.81 对于用如下等式描述的放大器，其用分贝表示的 A_{mid} 值，以及用 Hz 表示的 f_H 值、f_L 值、BW 值各为多少？这一放大器是什么类型的放大器？

$$A_v(s) = \frac{4\pi^2 \times 10^{14} s^2}{(s + 20\pi)(s + 50\pi)(s + 2\pi \times 10^5)(s + 2\pi \times 10^6)}$$

1.82 (a)利用 MATLAB、Spreadsheet 或者其他计算机程序生成习题 1.76 中传输函数的幅值和相位伯德图；(b)针对习题 1.77，重复以上步骤。

1.83 (a)利用 MATLAB、Spreadsheet 或者其他计算机程序生成习题 1.78 中传输函数的幅值和相位伯德图；(b)针对习题 1.79，重复以上步骤。

1.84 (a)利用 MATLAB、Spreadsheet 或者其他计算机程序生成习题 1.80 中传输函数的幅值和相位伯德图；(b)针对习题 1.81，重复以上步骤。

1.85 放大器的电压增益如习题 1.76 中的传输函数所述，且其输入为 $v_i = 0.002\sin\omega t$ V。写出在如下 3 个频率处该放大器的输出电压表达式：(a)5Hz；(b)500Hz；(c)50kHz。

1.86 放大器的电压增益如习题 1.78 中的传输函数所述，且其输入为 $v_i = 0.3\sin\omega t$ mV。写出在如下 3 个频率处该放大器的输出电压表达式：(a)1Hz；(b)50Hz；(c)5kHz。

1.87 放大器的电压增益如习题 1.77 中的传输函数所述，且其输入为 $v_i = 10\sin\omega t$ μV。写出在如下 3 个频率处该放大器的输出电压表达式：(a)2Hz；(b)2kHz；(c)200kHz。

1.88 放大器的电压增益如习题 1.79 中的传输函数所述，且其输入为 $v_i = 0.004\sin\omega t\,\text{V}$。写出在如下 3 个频率处该放大器的输出电压表达式：(a)1.59MHz；(b)1MHz；(c)5MHz。

1.89 放大器的电压增益如习题 1.80 中的传输函数所述，且其输入为 $v_i = 0.25\sin\omega t\,\text{V}$。写出在如下 3 个频率处该放大器的输出电压表达式：(a)159kHz；(b)50kHz；(c)200kHz。

1.90 放大器的电压增益如习题 1.81 中的传输函数所述，且其输入为 $v_i = 0.002\sin\omega t\,\text{V}$。写出在如下 3 个频率处该放大器的输出电压表达式：(a)5Hz；(b)500Hz；(c)50kHz。

1.91 (a)写出增益为 26dB、$f_H = 5\text{MHz}$ 的低通电压放大器的传输函数表达式；(b)如果放大器在 $f = 0$ 处的相位漂移为 $180°$，重复计算问题(a)。

1.92 (a)写出增益的 40dB、$f_L = 400\text{Hz}$、$f_H = 100\text{kHz}$ 的电压放大器的传输函数表达式。(b)如果放大器在 $f = 0$ 处的相位漂移为 $180°$，重新计算问题(a)。

1.93 当 $A_o = -2000$，$\omega_1 = 50000\pi$ 时，由下式描述的低通放大器的带宽是多少？

$$A_v(s) = A_o\left(\frac{\omega_1}{s + \omega_1}\right)^3$$

1.94 增益为 10dB 的低通放大器的输入如下所示：

$$v_S = [1\sin(1000\pi t) + 0.333\sin(3000\pi t) + 0.200\sin(5000\pi t)]\text{V}$$

(a)如果在 500Hz 处放大器的相位漂移为 $10°$，则当输出波形的形状与输入波形的形状相同时，另外两个频率处的相位漂移必须为多少？写出输出信号的表达式；(b)利用计算机绘制出输入和输出波形图，用以检验(a)中所得结果。

有源低通滤波器

1.95 如果 $R_1 = 10\text{k}\Omega$，$R_2 = 100\text{k}\Omega$，$C = 0.01\mu\text{F}$，求出例 1.8 中低通滤波器的中频带增益的分贝值及上限截止频率。

1.96 如果 $R_1 = 1\text{k}\Omega$，$R_2 = 1.5\text{k}\Omega$，$C = 0.02\mu\text{F}$，求出例 1.8 中低通滤波器的中频带增益的分贝值及上限截止频率。

1.97 (a)用例 1.8 中的电路设计一个低通滤波器，其中 $R_1 = 620\Omega$，要求在低频时提供的损失不超过 0.5dB，且截止频率为 20kHz；(b)在附录 A 中选用标准值。

1.98 (a)对于图 1.32 中的放大器，如果 $R_1 = 2\text{k}\Omega$，$R_2 = 10\text{k}\Omega$，$C = 0.001\mu\text{F}$，则放大器的低频电压增益（分贝值）和截止频率为多少？(b)如果 $R_1 = 3.3\text{k}\Omega$，$R_2 = 56\text{k}\Omega$，$C = 100\text{pF}$，则放大器的低频电压增益（分贝值）和截止频率又为多少？

1.99 (a)设计一个低通放大器（即选择 R_1、R_2 和 C 的值），要求其低频输入电阻为 10kΩ，中频增益为 20dB，带宽为 20kHz；(b)从附录 A 中选择元件的值。

1.100 对于用如下等式描述的放大器，其用分贝表示的 A_{mid} 值，以及用 Hz 表示的 f_H 值、f_L 值和 BW 值各为多少？这一放大器的类型是什么？

$$A_v(s) = \frac{2\pi \times 10^5}{s + 200\pi}$$

有源高通滤波器

1.101 如果 $R_1 = 10\text{k}\Omega$，$R_2 = 82\text{k}\Omega$，$C = 0.01\mu\text{F}$，求出例 1.9 中高通滤波器的中频带增益分贝值及上限截止频率。

1.102 如果 $R_1 = 8.2\text{k}\Omega$，$R_2 = 20\text{k}\Omega$，$C = 0.02\mu\text{F}$，求出例 1.9 中高通滤波器的中频带增益分贝值及上限截止频率。

1.103 (a)利用例1.9中的电路设计一个高通滤波器，当$R_1=390\Omega$时，其高频时提供的增益损失不超过0.5dB，且截止频率为20kHz；(b)从附录A中选用标准值。

1.104 (a)图1.33所示的放大器，如果$R_1=4.2k\Omega,R_2=20k\Omega,C=560pF$，则放大器的高频电压增益(分贝值)和截止频率为多少？(b)如果$R_1=2.7k\Omega,R_2=56k\Omega,C=0.002\mu F$，其放大器的高频电压增益(分贝值)和截止频率又为多少？

1.105 (a)设计一个高通放大器(即选择R_1、R_2和C的值)，要求其高频输入电阻为10kΩ，中频增益为20dB，带宽为1kHz；(b)从附录A中选择元件的值。

1.106 对于用如下等式描述的放大器，其分贝表示的A_{mid}值，以及用Hz表示的f_H值、f_L值和BW值各为多少？这一放大器的类型是什么？

$$A_v(s)=\frac{5\times10^3 s}{s+200\pi}$$

积分器

1.107 图1.34中积分器电路的输入电压为$v_i=0.1\sin2000\pi t$ V。如果$R=12k\Omega,C=0.005\mu F$，且$v_o(0)=0$，则输出电压为多少？

1.108 图1.34中积分器电路的输入电压是一个幅值为5V、宽度为1ms的矩形脉冲。(a)如果脉冲的开始时刻为$t=0,R=10k\Omega,C=0.1\mu F$，画出积分器输出的波形图。假设在$t\leqslant0$时$v_o=0$。(b)如果$v_o(0)=-2.5V$，重复上述计算。

1.109 (a)图1.34中积分器的电压传输函数$V_o(s)/V_i(s)$为多少？(b)图P1.20中电路的电压传输函数是什么？

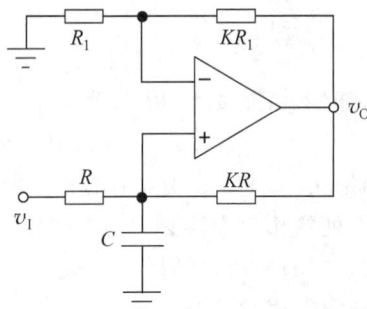

图 P1.20

微分器

1.110 图1.33中微分器电路的电压传输函数$T(s)=V_o(s)/V_i(s)$是什么？

1.111 对于图1.33中的微分器电路，如果$v_i=3\cos3000\pi t$ V，且$C=0.02\mu F,R=120k\Omega$，则微分器的输出电压为多少？

1.112 图P1.21中电路的传输函数$A_v(s)=V_o(s)/V_i(s)$是什么？画出这一传输函数的伯德图。

1.113 求出图P1.22中电路的电压增益、输入电阻和输出电阻。

1.114 (a)对于图P1.22中的电路，如果$-V_{EE}=-10V,R=20\Omega$，则输出电流I_O为多少？假设MOSFET饱和；(b)如果$V_{TN}=2.5V,K'_n=0.25A/V^2$，则要使MOSFET饱和的最小$V_{DD}$电压应为多少？(c)电阻$R$和FET的功耗额定值是多少？

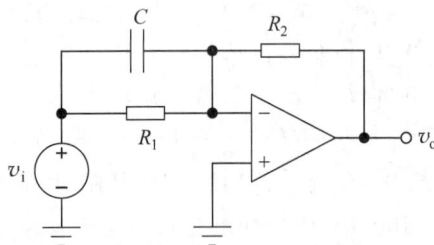

图 P1.21

1.115 (a)图P1.23所示的电路，如果$-V_{EE}=-15V,R=15\Omega$，则输出电流I_O为多少？假设BJT处于正向有源区，且$\beta_F=30$；(b)如果BJT的饱和电流为10^{-13}A，则运算放大器输出端的电压为多少？(c)使双极型晶体管工作在正向有源区的最小V_{CC}电压应为多少？(d)求出电阻R的功率消耗速率。如果$V_{CC}=15V$，则晶体管中消耗的功率为多少？

1.116 图P1.24中，放大器电压增益的传输函数是什么？

1.117 图 P1.25 中的低通滤波器，$R_1=10\text{k}\Omega$，$R_2=330\text{k}\Omega$，$C=100\text{pF}$。如果电阻的容限为 $\pm10\%$，电容的容限为 $+20\%/-50\%$，则该滤波器的低频增益和截止频率的正常值和最坏情况值各为多少？

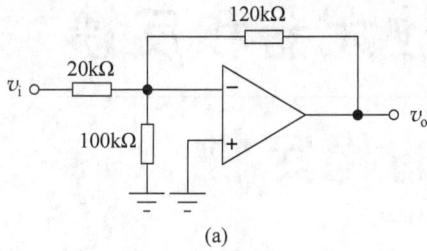

(a)

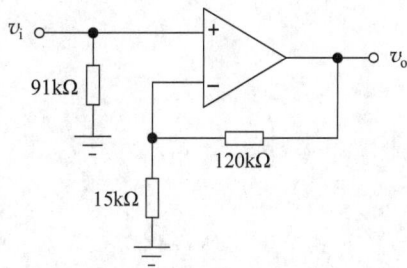

(b)

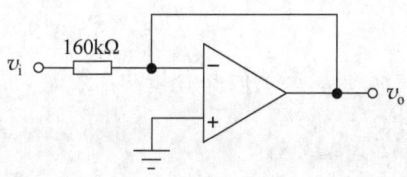

(c)

图　P1.22

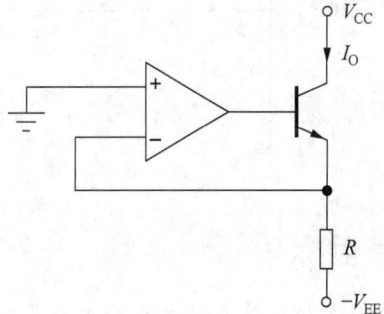

图　P1.23

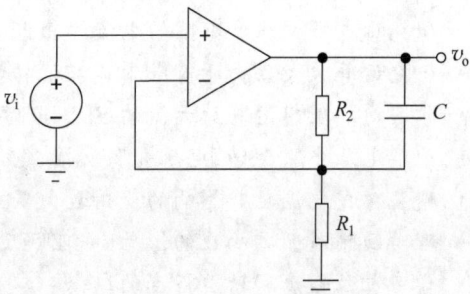

图　P1.24

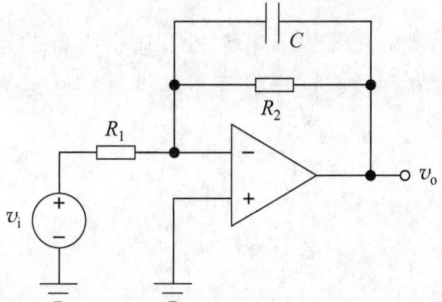

图　P1.25

第 2 章

非线性运算放大器和反馈放大器的稳定性

本章目标

- 研究非理想运算放大器的工作原理。
- 说明用于分析包含非理想运算放大器电路的主要技术。
- 研究共模抑制的成因及共模输入电阻的影响。
- 学习如何对直流误差进行建模,包括偏移电压、输入偏置电流和输入偏移电流。
- 研究由电源电压和有限的电流输出能力带来的限制。
- 研究运算放大器由于有限带宽和低转换速率对放大器建模的影响。
- 学习对非理想运算放大器的 SPICE 仿真。
- 理解电压串联反馈、电压并联反馈、电流串联反馈和电流并联反馈的拓扑结构及特征。
- 研究考虑电流负载影响的反馈放大器电路的分析方法。
- 理解反馈对频率响应的影响,并理解反馈放大器的稳定性。
- 学习相位裕度和增益裕度的概念。
- 学习根据奈奎斯特图和伯德图解释反馈放大器的稳定性。
- 学习使用 SPICE 的交流分析和传输函数分析方法来确定反馈放大器的特性。
- 研究利用 SPICE 仿真或测量确定闭环放大器回路增益的方法。

第 1 章主要研究了具有无限大增益、零输入电流和零输出阻抗的运算放大器所构成电路的主要特性。然而,在现实生活中运算放大器并没有这样的理想特性。实际运算放大器的工作会受到很多的限制,主要表现在:

- 开环增益有限。
- 有限的输入电阻。
- 输出电阻不为零。
- 电压偏移。
- 输入偏置和偏移电流。
- 有限的输出电压范围。
- 有限的电流驱动能力。
- 有限的共模抑制。
- 有限的电源抑制。
- 有限的带宽。

- 有限的转换速率。

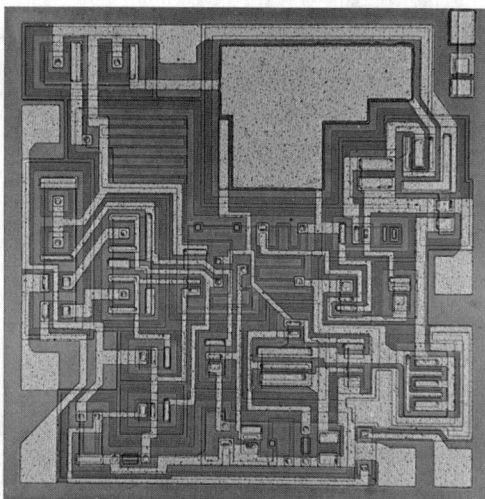

μA741 芯片版图（Fairchild 半导体版权所有）

在电路设计中有数百种已经产品化的集成电路运算放大器可供设计人员选择使用。要在种类如此繁多的产品中选择所需的运算放大器，唯有充分理解实际运算放大器的特性及其局限性。因此，本章详细探讨这些限制的影响，并给出采用非理想运算放大器电路的方法。一般来说，我们会对非理想运算放大器特性的每个因素进行单独研究，同时假设其他特征仍然是理想的。然后，将所有结论组合起来，以了解电路的一般行为。

为了能更好地理解非理想运算放大器对电路性能的影响，本章将首先回顾电子系统中经典的负反馈理论，这一理论最先是由贝尔电话公司的 Harold Black 提出的，他在 1928 年发明了反馈放大器，用以稳定电话中继器的增益[1~3]。如今，绝大多数电子系统会用到某种形式的反馈。本章将详细阐述反馈的概念，及其在电路系统设计中所发挥的重大作用。在将普通的电路重新设计为反馈放大器的过程中，可以获得许多常见电子电路设计的宝贵见解。

在第 1 章讨论理想运算放大器的电路设计时，已经给出了负反馈电路的一些优点。一般来说，使用负反馈可以在电路的增益和以下几方面的特性之间进行权衡。

- 增益稳定性：反馈可以降低增益对电路元器件参数变化的敏感度。
- 输入和输出阻抗：反馈可以增大或减小放大器的输入和输出电阻。
- 带宽：使用反馈可以拓宽放大器的带宽。
- 非线性失真：反馈可以减小非线性失真的影响。

反馈也可以为正反馈（Positive 或 Regeneration）。第 3 章将研究如何用正反馈设计正弦波振荡器电路（Oscillator Circuit）。放大器中通常不希望出现正反馈。反馈放大器中的过度相移可能造成正反馈，使得放大器振荡。所以，在放大器设计中，必须知道如何避免正反馈的发生。

2.1 经典反馈系统

反馈系统的经典框图如图 2.1 所示，该框图既可以表示一个简单的反馈放大器，也可以表示一个复杂的反馈控制系统。图中包含一个传输函数为 $A(s)$ 的开环放大器（Open-Loop Amplifier）、一个传输

函数为 $\beta(s)$ 的反馈电路(Feedback Network)及一个求和模块。图中的变量使用电压表示,但同样可以是电流或者其他物理量,如温度、速度、距离等。

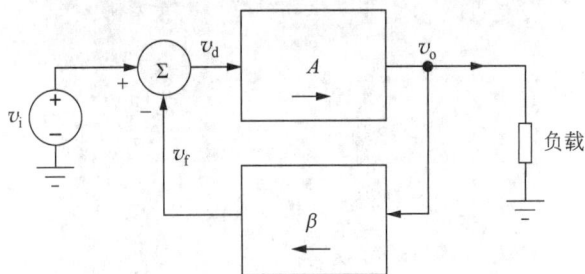

图 2.1 反馈系统的经典框图

2.1.1 闭环增益分析

在图 2.1 中,开环放大器 A 的输入信号由求和模块产生,求和模块计算输入信号 v_i 和反馈信号 v_f 的差值,即

$$v_d = v_i - v_f \tag{2.1}$$

放大器的输出等于开环放大器增益和放大器输入信号的乘积

$$v_o = A v_d \tag{2.2}$$

反馈到输入端的信号为

$$v_f = \beta v_o \tag{2.3}$$

联立式(2.1)～式(2.3),可以计算系统总的电压增益,得到反馈放大器闭环增益的经典表达式为

$$A_v = \frac{v_o}{v_i} = \frac{A}{1 + A\beta} = \frac{1}{\beta}\left(\frac{A\beta}{1 + A\beta}\right) = A_v^{\text{Ideal}}\left(\frac{T}{1 + T}\right) \tag{2.4}$$

其中,A_v 为闭环增益(Closed-Loop Gain),A 通常被称为开环增益(Open-Loop Gain),乘积 $T = A\beta$ 被定义为回路增益(Loop Gain)或回路传输(Loop Transmission),A_v^{Ideal} 代表理想运算放大器的理想增益(Ideal Gain)。

第 1 章中的线性放大器电路都假设电路正确地连接了负反馈。对于图 2.1 所示的框图,要实现负反馈需要满足 $T > 0$,当 $T < 0$ 时代表正反馈。第 3 章将研究采用正反馈的多谐振荡器电路,这些电路采用的是正反馈。我们将在本章和第 3 章分别对正反馈与负反馈的概念展开深入研究。

前面的推导过程中隐含了许多假设。假设各个模块之间可以相互连接而不会相互影响,如图 2.1 所示。也就是说,在放大器输出端连接反馈电路和负载并不会改变放大器的特性,同求和模块、反馈电路开环放大器输入信号的连接也是如此,不会改变放大器和反馈电路的特性。另外,默认情况下,信号只能正向通过放大器,并且只能反向流过反馈电路,如图 2.1 中的箭头所示。

图 2.1 所示的反馈系统实现的是具有高输入电阻、低输出电阻和反向电压增益基本为零的运算放大器,其中并未说明这些隐含假设。然而,绝大多数通用放大器和反馈电路不一定满足这些假设。在接下来的几节中,我们将探讨如何分析和设计不能满足这些假设的一般反馈系统。

2.1.2 增益误差

在高精度应用中,我们需要知道式(2.4)中的实际增益与理想值之间的偏差到底有多大,重要的是怎样通过设计来控制这一偏差的大小。增益误差(Gain Error，GE)被定义为理想增益与实际增益的差值：

$$\text{GE} = （理想增益）-（实际增益）= A_v^{\text{Ideal}} - A_v = A_v^{\text{Ideal}}\left(1 - \frac{T}{1+T}\right) = \frac{A_v^{\text{Ideal}}}{1+T} \tag{2.5}$$

这个误差常见的形式是表示为分数或百分数，分数增益误差(Fractional Gain Error，FGE)被定义为

$$\text{FGE} = \frac{（理想增益）-（实际增益）}{理想增益} = \frac{A_v^{\text{Ideal}} - A_v}{A_v^{\text{Ideal}}} = \frac{1}{1+T} \approx \frac{1}{T}, \quad T \gg 1 \tag{2.6}$$

当 $T \gg 1$ 时，FGE 的值将由回路增益的倒数决定。

设计提示

如果将 FGE 的最大值作为一个设计参数，则 FGE 的值与回路增益的下限值相对应。

2.2 含有非理想运算放大器的电路分析

为了简化电路分析，第 1 章中总是假设运算放大器的开环增益 T 为无限大。如果对式(2.4)中的 A 求极限，则 T 趋近无限大，有

$$\lim_{A \to \infty} A_v = \lim_{T \to \infty} A_v^{\text{Ideal}}\left(\frac{T}{1+T}\right) = A_v^{\text{Ideal}} \tag{2.7}$$

可以看出闭环电压增益等于理想增益（在这种情况下是反馈因子 β 的倒数），并且与运算放大器的特性无关。这种独立性是反馈放大器的设计目标之一。通过第 1 章的学习，我们知道用理想放大器构成的同相放大器的增益为 $A_v^{\text{Ideal}} = 1/\beta$。

在下面章节的学习中，我们将逐渐去掉各种理想假设，讨论有限开环增益、有限输入电阻和非零输出电阻对第 1 章中介绍过的同相和反相放大器整体特性的影响，看看如何通过改进设计接近理想目标。

2.2.1 有限开环增益

实际的运算放大器可以提供一个很大的增益，但该增益并不是无限大的。市面上能买到的运算放大器的开环增益最小可以是 80dB(10000)，也可以达到 120dB(1000000)。有限的开环增益使闭环增益、输入电阻和输出电阻的值与第 1 章中的理想放大器产生偏差。

同相放大器

针对图 2.2 所示的同相放大器的闭环增益的计算是第一个涉及非理想放大器的计算示例。在图 2.2 中，运算放大器的输出电压由下式给出

$$v_o = A v_{\text{id}} \quad 其中 \quad v_{\text{id}} = v_i - v_1 \tag{2.8}$$

根据理想运算放大器假设 2(参见式(1.36))，可得 $i_- = 0$，v_1 处的电压可由电阻 R_1 和 R_2 构成的分压电路得到

$$v_1 = \frac{R_1}{R_1 + R_2} v_o = \beta v_o \tag{2.9}$$

其中 $\beta = \dfrac{R_1}{R_1 + R_2}$，参数 β 称作反馈系数，代表输出电压从输出端反馈到输入端的那部分电压所占的比例。联立上面两式可以得到

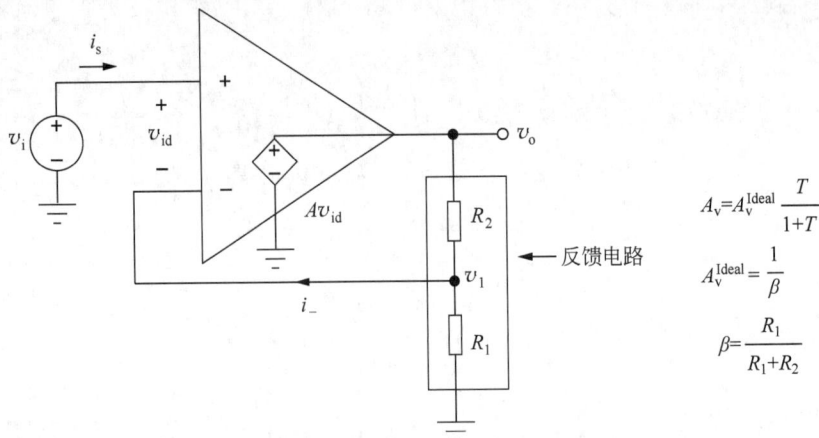

图 2.2　具有有限开环增益 A 的运算放大器

$$v_\mathrm{o} = A\,(v_\mathrm{i} - \beta v_\mathrm{o}) \tag{2.10}$$

求解 v_o，可以得到式(2.11)所示的经典反馈放大器的电压增益为

$$A_\mathrm{v} = \frac{v_\mathrm{o}}{v_\mathrm{i}} = \frac{A}{1+A\beta} = \frac{1}{\beta}\left(\frac{A\beta}{1+A\beta}\right) = A_\mathrm{v}^{\mathrm{Ideal}}\left(\frac{T}{1+T}\right) \tag{2.11}$$

乘积项 $A\beta$ 称为回路增益，在反馈放大器中起着很大的作用。当 $T \gg 1$ 时，A_v 接近之前得到的理想增益值

$$A_\mathrm{v}^{\mathrm{Ideal}} = \frac{1}{\beta} = 1 + \frac{R_2}{R_1} \tag{2.12}$$

运算放大器输入端的电压 v_id 为

$$v_\mathrm{id} = \frac{v_\mathrm{o}}{A} = \frac{1}{A}\left(\frac{A}{1+A\beta}v_\mathrm{i}\right) = \frac{v_\mathrm{i}}{1+T} \tag{2.13}$$

尽管 v_id 不再为 0，但它相对较大的回路增益 T 依然很小。因此当施加输入电压 v_i 时，只有一小部分出现在输入端。

反相放大器

计算图 2.3 所示的反相放大器闭环增益的方法与计算同相放大器闭环增益的方法类似，但得到的结果形式稍有不同。在本例中，输出电压为

$$v_\mathrm{o} = A v_\mathrm{id} = -A v_- \tag{2.14}$$

利用叠加法可得反相输入端的电压为

$$\text{当 } v_\mathrm{o} = 0 \text{ 时，有 } v_- = v_\mathrm{i}\frac{R_2}{R_1 + R_2} \qquad \text{当 } v_\mathrm{i} = 0 \text{ 时，有 } v_- = v_\mathrm{o}\frac{R_1}{R_1 + R_2} \tag{2.15}$$

结合上述结果可得

$$v_- = v_\mathrm{i}\frac{R_2}{R_1 + R_2} + v_\mathrm{o}\frac{R_1}{R_1 + R_2} \tag{2.16}$$

再经过一些代数运算，可得闭环增益为

$$A_\mathrm{v} = \frac{v_\mathrm{o}}{v_\mathrm{i}} = -\frac{R_2}{R_1}\left(\frac{A\beta}{1+A\beta}\right) = A_\mathrm{v}^{\mathrm{Ideal}}\left(\frac{T}{1+T}\right) \tag{2.17}$$

其中 $A_v^{\text{Ideal}} = -R_2/R_1$，$T = A\beta$ 且 $\beta = R_1/(R_1 + R_2)$。
首先要注意反馈系数 β 的表达式，它代表输出电压反馈
到输入端的那部分比重，与所求得的同相放大器的表达
式相同，也就是说与电路结构无关。此外，由于回路增
益接近无穷大，可发现理想增益的值与在第 1 章的计算
结果相同。

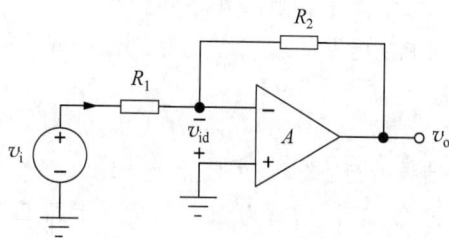

图 2.3　反相放大器电路

$$A_v^{\text{Ideal}} = \lim_{A \to \infty} A_v = \lim_{T \to \infty}\left(-\frac{R_2}{R_1}\right)\left(\frac{T}{1+T}\right) = -\frac{R_2}{R_1}$$

(2.18)

运算放大器输入端的剩余电压为

$$v_{\text{id}} = \frac{v_o}{A} = \frac{1}{A}\left(-\frac{R_2}{R_1}\frac{A\beta}{1+A\beta}v_i\right) = -\frac{R_2}{R_1}\frac{\beta}{1+A\beta}v_i \approx -\frac{R_2}{R_1}\frac{v_i}{A}$$

(2.19)

其中，近似值适用于环路增益 T 很大的时候，同样，只有极小部分的输入电压 v_i 分配到运算放大器的
输入端。

练习：假设 $A = 10^5$，$\beta = 1/100$，$v_i = 100\text{mV}$。计算同相放大器的 A_v^{Ideal}、T、A_v、v_o 和 v_{id}。

答案：$100, 99.9, 10.0\text{V}, 100\mu\text{V}$（$v_{\text{id}}$ 很小但不为 0）。

练习：针对反相放大器，重复上面练习中的计算。

答案：$-99, 1000, -98.9, -9.89\text{V}, -98.9\mu\text{V}$。

练习：在 25℃ 时，OP-27 运算放大器开环增益的标称值、最小值和最大值各是多少？

答案：电源电压为 15V 时：$1000000, 1800000$，没有最大值。

练习：当加载至少 2kΩ 的负载电阻时，OP-27 运算放大器在全温度范围内能确保的开环增益
为多少？

答案：当电源电压为 15V 时：600000。

例 2.1　增益误差分析。

本例将研究由有限增益运算放大器实现的同相放大器的增益和增益误差特性。

问题：一个同相放大器设计的增益为 $200（46\text{dB}）$，它由一个开环增益为 80dB 的运算放大器构成。
求这一同相放大器的理想增益、实际增益和增益误差为多少。增益误差用百分数表示。

解：

已知量：已知数据和给定信息为设计一个闭环增益为 46dB 的同相放大器。运算放大器的开环增
益为 $10000（80\text{dB}）$。

未知量：理想增益、实际增益和百分比增益误差的值。

求解方法：首先，需要弄清楚一些术语的含义。通常会按照理想情况设计运算放大器，使其达到预
想的理想增益，然后再计算实际情况与理想情况的偏差。因此，当说到运算放大器的增益为 200 时，设
定 $\beta = 1/200$。通常不会尝试调整 R_1 和 R_2 的值以试图补偿放大器的有限开环增益。原因之一是我们
并不知道增益 A 的确切值，通常只知道其下限值。同时，所采用的电阻有一定的容限，它们的确切值同
样是未知的。

假设：除了有限的开环增益外，运算放大器是理想的。

分析：电路的理想增益为200，因此 $\beta=1/200$ 且 $T=10^4/200=50$。实际的增益和 FGE 为

$$A_v=A_v^{\text{Ideal}}\frac{T}{1+T}=200\left(\frac{50}{51}\right)=196 \quad \text{和} \quad \text{FGE}=\frac{200-196}{200}=0.02 \text{ 或 } 2\%$$

结果检查：3个未知量已经求出。A_v^{Ideal} 比 A_v 的值略小，因此这看似是一个较为合理的结果。

讨论：实际增益为196，与理想增益200之间存在2%的误差。需注意的是，这个增益误差的表达式中没有包含电阻容限的影响，在实际电路中电阻的容限也会影响增益误差。如果要求增益的值更为精确，就必须采用高增益的运算放大器，或者采用电位器来代替电阻，这样就可手动调节增益。但还需注意的是增益会随着温度的升高而变化。

计算机辅助分析：例1.5中的电路可以用来检查本例的结果，设 $R_1=1\text{k}\Omega$，$R_2=199\text{k}\Omega$，增益 $E_1=10000$。由传输函数分析得到 $A_v=196$，与手工计算的结果相符。

练习：在一个同相放大器设计中有 $R_1=1\text{k}\Omega$，$R_2=39\text{k}\Omega$，运算放大器开环增益为80dB。则同相放大器的回路增益、闭环增益、理想增益和百分比增益误差为多少？

答案：250，39.8，40.0，0.4%。

练习：对反相放大器重复上面的计算。

答案：−38.8，−39，0.398%。

2.2.2 非零输出电阻

接下来研究非零输出电阻对同相与反相闭环放大器特性的影响。假设运算放大器的输出电阻 R_o 是非零，同时具有有限开环增益 A（正如我们将会看到的那样，一定还要假设增益有限；否则，就会得到与理想放大器相同的输入电阻）。

为了计算图2.4中两个运算放大器的（戴维南等效）输出电阻，每个输出端都由测试信号源驱动（电流源也可以），计算电流；电路中的其他独立源都应该断开。则此时输出电阻为

$$R_{\text{out}}=\frac{v_x}{i_x} \tag{2.20}$$

研究图2.4不难发现，对于计算输出电阻而言两个放大器电路是相同的。所以分析图2.5中的电路可以同时得到同相和反相放大器输出电阻 R_{out} 的表达式。

首先得到 i_x 和 i_o 的表达式为

$$i_x=i_o+i_2 \quad \text{和} \quad i_o=\frac{v_x-Av_{\text{id}}}{R_o} \tag{2.21}$$

依据下式可求出电流 i_2 为

$$v_x=i_2R_2+i_1R_1 \quad \text{或} \quad i_2=\frac{v_x}{R_1+R_2} \tag{2.22}$$

根据理解运算放大器假设2可知 $i_-=0$，有 $i_1=i_2$。输入电压 v_{id} 等于 $-v_1$，而 $i_-=0$，因此有

$$v_1=\frac{R_1}{R_1+R_2}v_x=\beta v_x \tag{2.23}$$

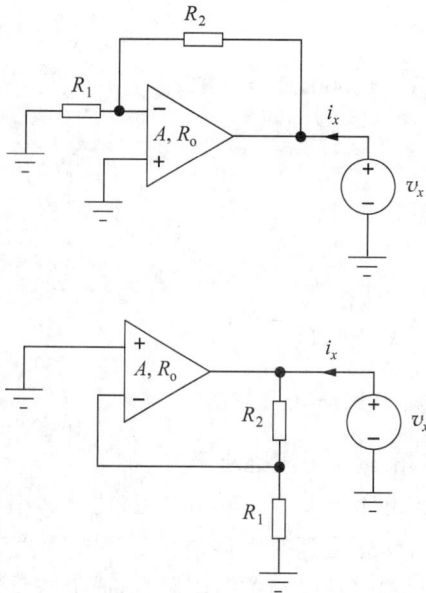

图 2.4　用于计算反相和同相放大器输出电阻的电路

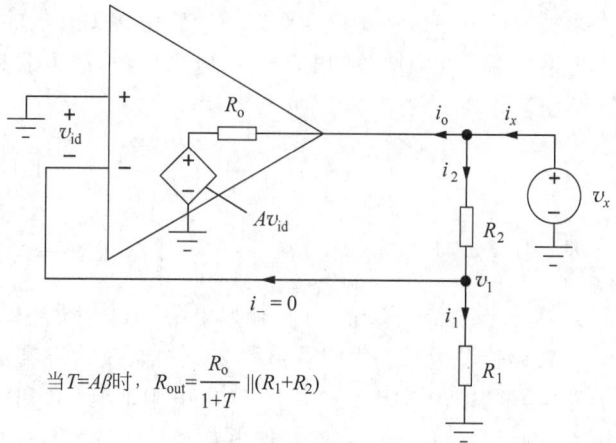

当 $T=A\beta$ 时，$R_{\text{out}}=\dfrac{R_{\text{o}}}{1+T}\|(R_1+R_2)$

图 2.5　表示出 A 和 R_{o} 的放大器电路

联立式(2.21)和式(2.23)，可得

$$\frac{1}{R_{\text{out}}}=\frac{i_x}{v_x}=\frac{1+A\beta}{R_{\text{o}}}+\frac{1}{R_1+R_2} \tag{2.24}$$

式(2.24)表示放大器的输出跨导，其值等于两个并联电阻的电导之和。因此输出电阻可以表示为

$$R_{\text{out}}=\frac{R_{\text{o}}}{1+T}\bigg\|(R_1+R_2) \tag{2.25}$$

式(2.25)中的输出电阻是 R_1 和 R_2 串联后再与电阻 $R_{\text{o}}/(1+A\beta)$ 并联，$R_{\text{o}}/(1+A\beta)$ 表示包含反馈效应时运算放大器的输出电阻。在绝大多数实际情况中，$R_{\text{o}}/(1+A\beta)$ 的值比 R_1+R_2 要小得多，因此式(2.25)的输出电阻表达式可以简化为

$$R_{\text{out}}\approx\frac{R_{\text{o}}}{1+A\beta}=\frac{R_{\text{o}}}{1+T} \tag{2.26}$$

例 2.2 通过实例证明了式(2.26)中电阻项的支配地位。

需指出的是，如果在式(2.25)或式(2.26)中假设 A 为无穷大，那么输出电阻将为 0。这就是要同时假设增益 A 有限和输出电阻 R_{o} 非零的原因。

> **练习**：OP-77E 运算放大器(参见 MCD 网页)的开环增益和输出电阻的标称值、最小值和最大值分别是多少？
> **答案**：12000000(142dB)；5000000(134dB)；没有最大值；60Ω，没有最小值或最大值。

例 2.2　运算放大器的输出电阻。

计算一个由有限增益和非零输出电阻的运算放大器实现的同相放大器的输出电阻数值。

问题：一个同相放大器有 $R_1=1\text{k}\Omega$，$R_2=39\text{k}\Omega$，由开环增益为 80dB 且输出电阻为 50Ω 的运算放

大器构成。求出这一同相放大器的输出电阻。

解：

已知量： 反相运算放大器电路有 $R_1 = 1\text{k}\Omega$，$R_2 = 39\text{k}\Omega$，$A = 10000$，$R_o = 50\Omega$。

未知量： 整体放大器的输出电阻。

求解方法： 利用已知量计算式(2.25)中相关参数的值。

假设： 除了有限增益和非零输出电阻，运算放大器是理想的。

分析： 计算式(2.25)

$$1 + T = 1 + A\frac{R_1}{R_1 + R_2} = 1 + 10^4\frac{1\text{k}\Omega}{1\text{k}\Omega + 39\Omega} = 251$$

$$\text{和} \quad R_{\text{out}} = \frac{50\Omega}{251}\left\|(40\text{k}\Omega) = 0.199\Omega \right\| 40\text{k}\Omega = 0.198\Omega$$

结果检查： 已经求出未知量输出电阻。正如所期望的那样，输出电阻远小于 R_o 的值。

结果评价和讨论： 我们看到图 2.4 中反馈的影响是降低闭环放大器的输出电阻，使其远小于运算放大器本身的输出电阻。实际上，输出电阻非常小，和实际的理想运算放大器很相近（$R_{\text{out}} = 0$）。这是输出端并联反馈的特性，其间反馈电路与输出端并联。并联反馈会使端口的电阻降低，而串联反馈会使电阻增大。本章后面的部分会对串联反馈和并联反馈进行更为细致的讨论。

计算机辅助分析： 同相放大器的输出电阻可以通过在例 1.5 中的电路上加输出电阻 RO 来仿真得到，如下图所示。运算放大器的增益设为 10000，从 V_1 到输出节点 V_o 的传输函数分析得到增益为 39.8，输出电阻为 0.199Ω。

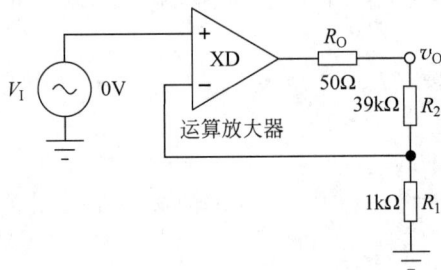

练习： 为了使例 2.2 中的输出电阻达到 0.1Ω，开环增益需为多少？

答案： 20000。

练习： 计算例 2.2 中电路的闭环增益，并证明仿真结果是正确的。

练习： 假设例 2.2 中的电阻都有 5% 的容限。则当开环增益为无穷大时，增益的最坏情况值（最大值和最小值）为多少？这两种情况下的增益误差各为多少？

答案： 44.1，36.2，4.20(10.5%)，-3.70(-9.3%)。

设计实例

例 2.3 开环增益设计。

本例计算满足特定输出电阻所需要的开环增益。

问题： 设计一个同相放大器，要求满足增益为 35dB，输出电阻小于 0.2Ω。唯一可用的运算放大器的输出电阻为 250Ω。则为了达到设计要求，开环增益的最小值应为多少？

解：

已知量： 同相放大器的理想增益为 35dB，闭环输出电阻为 0.2Ω。对于组成同相放大器的运算放大器有开环输出电阻为 250Ω。

未知量： 运算放大器的开环增益 A。

求解方法：利用式（2.26）可求出所需的运算放大器增益值，其中除了增益 A 未知，其他都是已知量。

假设：运算放大器除了不具备无限大的开环增益及非零输出电阻外，该运算放大器为理想运算放大器。

分析：闭环输出电阻为

$$R_{out} = \frac{R_o}{1 + A\beta} \leqslant 0.2\Omega$$

R_o 和 R_{out} 已知，β 由所要求的增益值确定，即

$$R_o = 250\Omega \quad R_{out} = 0.2\Omega \quad \beta = \frac{1}{|A_v|}$$

在用增益值计算之前，必须将其从分贝值转换过来

$$|A_v| = 10^{35dB/20dB} = 56.2 \quad \beta = \frac{1}{|A_v|} = \frac{1}{56.2}$$

现在开环增益的最小值可以由 R_{out} 的要求值确定，即

$$A \geqslant \frac{1}{\beta}\left(\frac{R_o}{R_{out}} - 1\right) = 56.2 \times \left(\frac{250}{0.2} - 1\right) = 7.03 \times 10^4$$

$$A_{dB} = 20\log(7.03 \times 10^4) = 96.9(dB)$$

结果检查：已求出所需的未知量。

讨论：通过网络搜索，我们发现运算放大器可以实现 100dB 的增益，所以设计所要求的值可以实现。

计算机辅助分析：如果修改例 2.2 中的电路参数并进行再次仿真，就能发现结果是否符合输出电阻的要求。采用 $R_1 = 10k\Omega$，$R_2 = 552k\Omega$，$R_o = 250\Omega$，运算放大器的增益设为 7.03E4，SPICE 传输函数分析得出 $A_v = 56.2$，$R_{out} = 0.200\Omega$。故意将 R_1 和 R_2 选得比较大，以便使其对输出电阻不造成太大影响。从电压增益的结果可以发现对 R_2/R_1 比值的选取是合理的。

练习：同相放大器闭环增益为 40dB，输出电阻小于 0.1Ω。运算放大器输出电阻为 200Ω，为达到设计要求，运算放大器的开环增益的最小值为多少？

答案：106dB。

2.2.3 有限输入电阻

下面将研究运算放大器的有限输入电阻对同相和反相放大器的开环输入电阻的影响。由此能发现这两种放大器的结果大有不同。

同相放大器的输入电阻

先研究图 2.6 所示的同相放大器电路，输入端施加测试源 v_x，并在运算放大器的输入端增加输入电阻 R_{id}，同时为了获得所期望的结果，必须假设增益 A 的具体值。为了求出 R_{in}，必须先计算电流 i_x，由下式给出

$$i_x = \frac{v_x - v_1}{R_{id}} \tag{2.27}$$

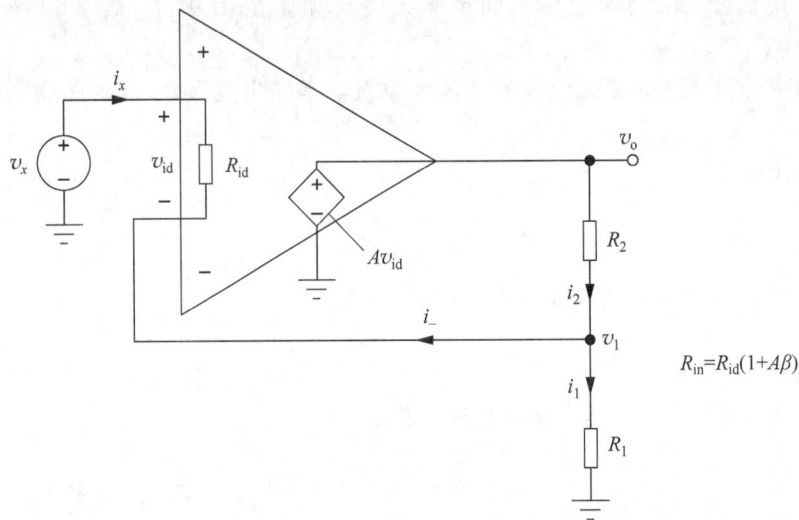

图 2.6　同相放大器的输出电阻

电压 v_1 等于

$$v_1 = i_1 R_1 = (i_2 - i_-) R_1 \approx i_2 R_1 \tag{2.28}$$

其中假设运算放大器的输入电流 i_- 相对 i_2 而言仍可以忽略不计，故而上式得以简化。稍后将检查这种假设的可行性。这一假设等价于 $i_2 \approx i_1$，因此电压 v_1 同样可表示为分压器分压的形式

$$v_1 \approx \frac{R_1}{R_1 + R_2} v_o = \beta (A v_{id}) = A\beta (v_x - v_1) \tag{2.29}$$

可求出用 v_x 表示的 v_1 的表达式为

$$v_1 = \frac{A\beta}{1 + A\beta} v_x \tag{2.30}$$

将结果代入式(2.27)，可得 R_{in} 的表达式为

$$i_x = \frac{v_x - \dfrac{A\beta}{1 + A\beta} v_x}{R_{id}} = \frac{v_x}{(1 + A\beta) R_{id}} \quad R_{in} = R_{id}(1 + A\beta) = R_{id}(1 + T) \tag{2.31}$$

需注意的是，从式(2.31)可知输入电阻可以很大——远远大于运算放大器本身的输入电阻。R_{id} 通常很大（$1\mathrm{M}\Omega \sim 1\mathrm{T}\Omega$），且经回路增益 T 放大，T 通常设计成远大于 1 的值。如果式(2.31)中的回路增益接近无限大，输入电阻也会接近其理想值无限大。尽管实际电路中 R_{in} 的实际值并不能达到无限大，但它的值可以相当大。出现这么大的电阻是因为电压 v_x 只有一小部分降在了 R_{id} 的两端。因此输入电流非常小，整体输入电阻变得非常大。

练习：AD745 运算放大器（参见 MCD 网页）的开环增益与输入电阻的标称值、最小值与最大值为多少？对 OP-27 运算放大器的输入电阻重复上述计算。

答案：132dB；120dB；没有最大值；$10^{10}\Omega$；没有最小值和最大值；6MΩ；1.3MΩ；没有最小值。

例 2.4 同相放大器的输入电阻。

计算一个同相反馈放大器的输入电阻的数值。

问题：图 2.6 所示的同相放大器由输入电阻为 2MΩ 和开环增益为 90dB 的运算放大器组成。如果 $R_1 = 20\text{k}\Omega, R_2 = 510\text{k}\Omega$，则放大器的输入电阻为多少？

解：

已知量：同相反馈放大器电路的反馈电阻为 $R_1 = 20\text{k}\Omega, R_2 = 510\text{k}\Omega$。运算放大器有 $R_{id} = 2\text{M}\Omega$，$A = 90\text{dB}$。

未知量：闭环放大器输入电阻 R_{in}。

求解方法：在本例中已给出了可直接计算式(2.31)所需的参数，包括 A、R_{id} 和两个反馈电阻的值。

假设：除了有限开环增益和有限输入电阻外，运算放大器是理想的。

分析：要计算式(2.31)，必须求出由反馈电阻决定的 β 值为

$$\beta = \frac{R_1}{R_1 + R_2} = \frac{20\text{k}\Omega}{20\text{k}\Omega + 510\text{k}\Omega} = \frac{1}{26.5}$$

同样在利用增益值进行计算之前，需要先将其从分贝值转换过来，有

$$R_{id} = 2\text{M}\Omega \quad \text{和} \quad A = 10^{90\text{dB}/20\text{dB}} \approx 31600$$

闭环输入电阻可以表示为

$$R_{in} = R_{id}(1 + A\beta) = 2\text{M}\Omega\left(1 + \frac{31600}{26.5}\right) = 2.39 \times 10^9 \Omega = 2.39\text{G}\Omega$$

结果检查：已求出唯一未知量。计算值与我们分析同相放大器时期望的值一样很大。

讨论：计算的同相放大器的输入电阻非常大(尽管不像理想放大器那样为无穷大)。实际上，由于计算出的 R_{in} 非常大，因此必须考虑其他限制输入电阻的因素。这些因素包括安装运算放大器所需印制电路板的表面漏电及运算放大器本身的共模输入电阻，这些因素将在 2.12.4 节中讨论。

计算机辅助分析：利用 SPICE 来检查我们的计算结果，在如下同相放大器电路模型(增益设为 31600)中添加一个 $R_{ID} = 2\text{M}\Omega$ 的电阻，进行传输函数分析。结果为 $A_v = 26.5, R_{in} = 2.39\text{G}\Omega$，与手工计算结果相符。

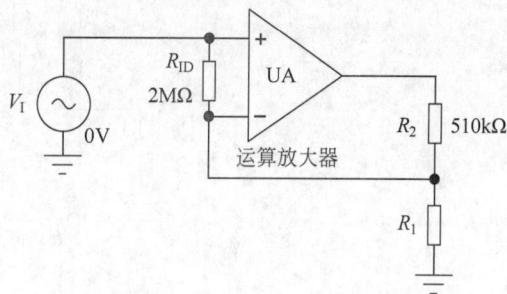

练习：假设一个同相放大器有 $R_{id} = 1\text{M}\Omega, R_1 = 10\text{k}\Omega, R_2 = 390\text{k}\Omega$，开环增益为 80dB。则整个放大器的输入电阻为多少？当直流输入电压 $V_I = 1\text{V}$ 时电流值 I_- 和 I_1 为多少？是 $I_- \ll I_1$ 吗？

答案：251MΩ；−3.98nA，99.5μA；从上面练习中的结果很容易发现电流大小等于 i_-，比流过 R_2 与 R_1 的电流小很多(参见习题 2.16)。因此，为得到式(2.28)和式(2.29)进行的简化假设是非常合理的。

反相放大器的输入电阻

反相放大器的输入电阻可以通过图 2.7(a)所示电路确定，可将其定义为

$$R_{\mathrm{in}} = \frac{v_x}{i_x} \tag{2.32}$$

测试源 v_x 可以表示为

$$v_x = i_x R_1 + v_- \quad \text{和} \quad R_{\mathrm{in}} = R_1 + \frac{v_-}{i_x} \tag{2.33}$$

总输入电阻 R_{in} 等于 R_1 加上从运算放大器反相端"看进去"的电阻,而这一电阻可用图 2.7(b)所示电路求得。图 2.7(b)所示电路的输入电流等于

$$i_1 = i_- + i_2 = \frac{v_1}{R_{\mathrm{id}}} + \frac{v_1 - v_o}{R_2} = \frac{v_1}{R_{\mathrm{id}}} + \frac{v_1 + Av_1}{R_2} \tag{2.34}$$

利用这个结果,可将输入跨导表示为

$$G_1 = \frac{i_1}{v_1} = \frac{1}{R_{\mathrm{id}}} + \frac{1+A}{R_2} \tag{2.35}$$

这表示的是两个跨导之和。因此从运算放大器反相输入端"看进去"的等效电阻是两个电阻的并联

$$R_{\mathrm{id}} \left\| \left(\frac{R_2}{1+A} \right) \right. \tag{2.36}$$

于是反相放大器的整体输入电阻变成

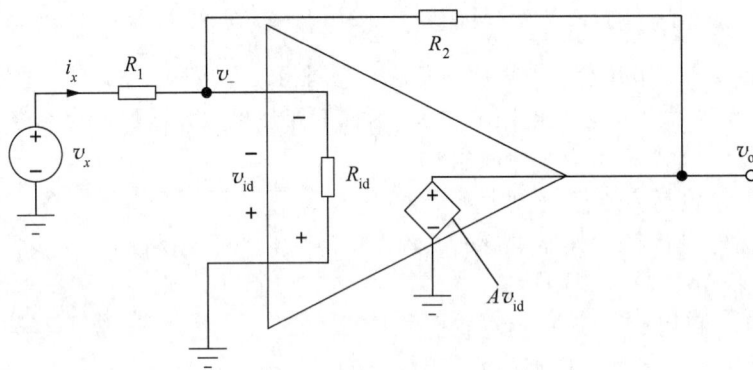

(a) 完整的放大器结构

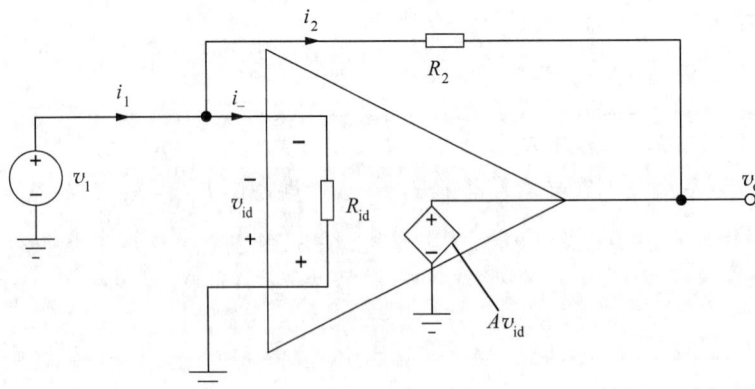

(b) 去除R_1后的电路结构

图 2.7　反相放大器输入电阻的计算

$$R_{\mathrm{in}} = R_1 + R_{\mathrm{id}} \left\| \left(\frac{R_2}{1+A} \right) \right. \tag{2.37}$$

正常情况下，R_{id} 会比较大，式(2.37)可近似为

$$R_{\mathrm{in}} \approx R_1 + \left(\frac{R_2}{1+A} \right) \tag{2.38}$$

当 A 值较大而 R_2 为常见值时，输入电阻接近理想值，即 $R_{\mathrm{in}} \approx R_1$。换句话说，输入电阻由与运算放大器输入端准虚地点相连的电阻 R_1 决定(记住，对于一个增益有限的放大器而言其 v_{id} 值不再是严格的 0)。

> **练习：** $R_1 = 1\mathrm{k\Omega}$，$R_2 = 100\mathrm{k\Omega}$，$R_{\mathrm{id}} = 1\mathrm{M\Omega}$，$A = 100\mathrm{dB}$，计算反相放大器的输入电阻 R_{id}。R_{in} 与其理想值的偏差为多少？
>
> **答案：** 1001Ω；比 1000Ω 超出 1Ω 或 0.1%。

2.2.4　非理想反相和同相放大器小结

表 2.1 是同相与反相放大器的闭环电压增益、输入电阻和输出电阻的简化表达式的总结。这些表达式在这类基本放大器电路的设计中最常用到。

运算放大器电路通常被设计成具有很大的回路增益 $T = A\beta$，因此表 2.1 中的简化表达式通常是可用的。除了精确度要求非常高的电路外，由于有限增益产生的增益误差是可忽略的，电阻容限在增益误差中起决定作用。大的回路增益 T 可确保输出电阻较小，尽管输出电阻确实依赖于 T。反相放大器的输入电阻近似等于 R_1，而同相放大器的输入电阻则比较大，不过是 T 的函数。

表 2.1　反相和同相放大器小结

$\beta = \dfrac{R_1}{R_1+R_2}$　$T = A\beta$	反相放大器	同相放大器
电压增益 A_v	$-\dfrac{R_2}{R_1}\left(\dfrac{T}{1+T}\right) \approx -\dfrac{R_2}{R_1}$	$\left(1+\dfrac{R_2}{R_1}\right)\left(\dfrac{T}{1+T}\right) \approx 1+\dfrac{R_2}{R_1}$
输入电阻 R_{in}	$R_1 + \left(R_{\mathrm{id}} \left\| \dfrac{R_2}{1+A}\right.\right) \approx R_1$	$R_{\mathrm{id}}(1+T)$
输出电阻 R_{out}	$\dfrac{R_o}{1+T}$	$\dfrac{R_o}{1+T}$
分数增益误差(FGE)	$\dfrac{1}{1+T}$	$\dfrac{1}{1+T}$

2.3　串联反馈和并联反馈电路

表 2.1 总结的反馈放大器特性可用所谓的串联反馈(Series Feedback)和并联反馈(Shunt Feedback)特性来描述。当在一个放大器端口采用反馈时，采用串联反馈通常可以增加阻抗值，而采用并联反馈则相反，会使端口的阻抗值降低。

1. 反馈放大器类型

串联反馈和并联这两种反馈类型的放大器在输入和输出上的组合可以得到 4 种反馈电路。这些电路如图 2.8 所示，其特性如表 2.2 所示。接下来的几节会对每种类型的反馈进行详细讨论。

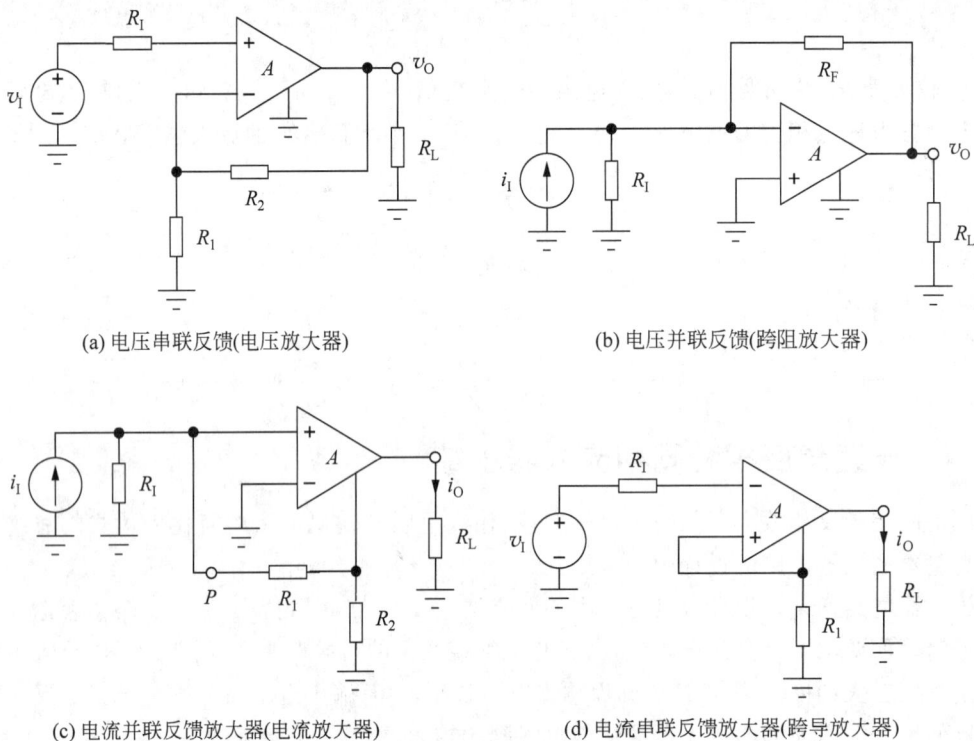

(a) 电压串联反馈(电压放大器)　　　　　　　　(b) 电压并联反馈(跨阻放大器)

(c) 电流并联反馈放大器(电流放大器)　　　　　(d) 电流串联反馈放大器(跨导放大器)

图 2.8　4 种反馈放大器类型

表 2.2　反馈放大器类型

反馈类型 输入-输出	放大器类型和增益定义
串联-并联（电压串联）	电压放大器：$A_v = \dfrac{v_o}{v_i}$
并联-并联（电压并联）	跨阻放大器：$A_{tr} = \dfrac{v_o}{i_i}$
并联-串联（电流并联）	电流放大器：$A_i = \dfrac{i_o}{i_i}$
串联-串联（电流串联）	跨导放大器：$A_{tc} = \dfrac{i_o}{v_i}$

2. 电压放大器——电压串联反馈

电压放大器应该具有高输入电阻来测量所需电压，具有低输出电阻来驱动外部负载。这些要求对应的是图 2.8(a)所示的电压串联反馈(Series-Shunt Feedback)电路。为了获得所期望的特性，放大器的输入端与反馈电路串联，输出端与反馈电路并联。

3. 跨阻放大器——电压并联反馈

跨阻放大器将输入电流转化为输出电压。因此跨阻放大器需要有较低的输入阻抗来汇集所需的电流，有较低的输出电阻来驱动外部负载。这些要求对应的是图 2.8(b)所示的电压并联反馈(Shunt-Shunt Feedback)电路。为了获得所期望的特性，放大器的输入端与反馈电路并联，输出端与反馈电路并联。

4. 电流放大器——电流并联反馈

电流放大器需要在输入端提供一个低阻电流沉，在输出端提供一个高阻电流源。这些要求对应的是图 2.8(c)所示的电流并联反馈(Shunt-Series Feedback)电路。放大器的输入端与反馈电路并联，输出端与反馈电路串联。

5. 跨导放大器——电流串联反馈

最后一类反馈类型是跨导放大器，它将输入电压转化为输出电流。因此跨阻放大器需要有高的输入电阻和高的输出电阻，对应图 2.8(d)所示的电流串联反馈(Series-Series Feedback)电路，其中放大器的输入端与输出端都与反馈电路串联。

2.4　反馈放大器计算的统一方法

我们已经发现了回路增益 T 对反馈放大器的整体增益、输入电阻和输出电阻的重要影响。稍后会发现 T 还决定了反馈放大器的稳定性。因为它十分重要，我们必须了解如何建立通用反馈放大器模型，并从电路中直接计算回路增益，不只在理论上，还要利用 SPICE 进行计算，并基于实际测量来实践。在本章后续章节还将采用一种计算反馈放大器增益和端电阻的统一方法。

1. 闭环增益分析

图 2.8 所示的 4 种类型反馈结构的闭环增益都可以用在 2.2 节中推导单个表达式

$$A_x = A_x^{\text{Ideal}} \left(\frac{T}{1+T} \right) \tag{2.39}$$

每个放大器的理想增益 A_x^{Ideal} 由各自的反馈电路决定，T 表示放大器的回路增益。在下面几节中，我们将计算包含 R_{id}、R_o、R_1、R_L 和反馈电路的负载效应的回路增益 T。这些负载效应在前面的分析中被我们忽略了，但它们在许多实际电路中有着较为重要的影响。

2. 利用 Blackman 理论计算电阻

贝尔实验室的 R. B. Blackman 是 20 世纪 30 年代和 20 世纪 40 年代第一批研究反馈放大器特性的小组成员之一，Blackman 理论为反馈电路阻抗的计算提供了一个统一方法。他的这一有用理论如式(2.40)所示，为我们提供给了另外一种计算反馈放大器的输入电阻和输出电阻的方法[4]。

$$R_X = R_X^{\text{D}} \frac{1+|T_{\text{SC}}|}{1+|T_{\text{OC}}|} \tag{2.40}$$

在这一等式中，R_X 是闭环反馈放大器一对节点(任意一对节点)上侧的电阻，R_X^{D} 是去除反馈后同一对节点侧的电阻，T_{SC} 是该节点短路时的回路增益，T_{OC} 是该端口开路时的回路增益。

为了应用 Blackman 理论，首先要选定所要求电阻的端口。例如，通常需要计算一个闭环反馈放大器的输入电阻或输出电阻，该电阻出现在运算放大器某端口与地之间。接下来，在运算放大器等效电路中选取一个受控源。用这个源将反馈回路断开，这一受控源同时还被用作计算回路增益 T_{SC} 和 T_{OC} 的参考源。电阻 R_X^{D} 代表受控源增益置零时所关心的端口处的驱动电阻。这个求解过程可以在下一节的几个例子中得到很好的诠释。

2.5 电压串联反馈放大器——电压放大器

为了更清晰地描述放大器与反馈电路 F 之间的串并联关系，重新绘制了同相放大器的电路图，如图 2.9 所示。运算放大器包含了输入电阻 R_{id} 和输出电阻 R_o。反馈电路包含电阻 R_1 和 R_2，其输入和输出端电压，即 v_{if} 和 v_{of} 如图中所定义。左侧施加的输入电压 v_i 等于运算放大器输入电压和反馈电路电压之和，即 $v_i = v_{id} + v_{if}$。由于运算放大器输入电压与反馈电路电压串联，因此放大器输入端采用的是串联反馈。

在输出端，我们看到反馈电路电压等于运算放大器的输出电压 $v_{of} = v_o$。因此在输出端运算放大器与反馈电路并联，故而在输出端是并联反馈，我们称这种整体电路结构为电压串联反馈放大器(Series-Shunt Feedback Amplifier)。正如之前在表 2.1 中所总结的，增益由反馈电路决定，我们期望通过输入端的串联反馈将整个放大器的输入电阻增加至超过运算放大器本身的输入电阻(R_{id})，而通过输出端的并联反馈将整个放大器的输出电阻降至低于运算放大器本身的输出电阻(R_o)。

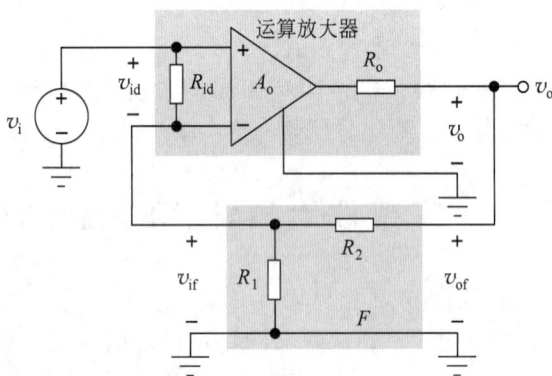

图 2.9 同相电压串联反馈放大器

2.5.1 闭环增益计算

为了求出电压串联反馈放大器的闭环增益，我们需要通过计算理想增益和回路增益的值来评估式(2.39)

$$A_v = A_v^{\text{Ideal}} \left(\frac{T}{1+T} \right) \tag{2.41}$$

其中，$A_v^{\text{Ideal}} = 1 + \dfrac{R_2}{R_1}$。从第 1 章我们已经知道反相放大器的理想增益为 $A_v^{\text{Ideal}} = 1 + (R_2/R_1)$。

回路增益 T 代表运算通过放大器并从反馈电路返回到运算放大器输入端的全部增益，我们将利用图 2.10 直接计算回路增益的值。为了求出 T，在电路中的任意点断开反馈，插入测试源，并计算回路增益。在运算放大器电路中，利用运算放大器模型中已存在的电源很方便。我们通过假设已知电源 $A_o v_{id}$ 中 v_{id} 的值断开反馈，例如 $v_{id} = 1\text{V}, A_o v_{id} = A_o(1)$，然后计算反馈到运算放大器输入端的 v_{id} 的大小。于是回路增益等于通过回路反馈到运算放大器输入端的电压之比的负数。负号代表采用的是负反馈。

现在对图 2.10 所示的电路进行分压可得到回路

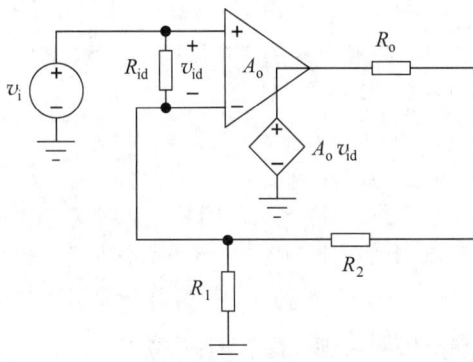

图 2.10 电压串联反馈放大器

增益 T(注意,同时还必须将 v_i 置零,使其断开),即

$$v_{id} = -A_o(1)\frac{(R_1 \parallel R_{id})}{(R_1 \parallel R_{id}) + R_2 + R_o} \tag{2.42}$$

且

$$T = -\frac{v_{id}}{1} = A_o \frac{R_1 \parallel R_{id}}{(R_1 \parallel R_{id}) + R_2 + R_o} \tag{2.43}$$

需指出的是,此时的回路增益包含了所有非理想电阻效应的影响。R_{id} 和反馈电阻 R_1 并联,R_o 和 R_2 串联。如果 $R_{id} \parallel R_1 \gg (R_o + R_2)$,那么 T 近似为 A_o,否则 $T < A$。

2.5.2　输入电阻计算

接下来可利用 Blackman 理论,通过式(2.40)来计算电压串联反馈放大器的输入电阻为

$$R_{in} = R_{in}^D \frac{1 + |T_{SC}|}{1 + |T_{OC}|} \tag{2.44}$$

R_{in} 是闭环反馈放大器任意输入端侧的电阻,R_{in}^D 是断开反馈时同一端侧的电阻,T_{SC} 为该端口短路时的回路增益,T_{OC} 为该端口开路时的回路增益。

在电压串联反馈电路中,输入电阻是同相输入端与地之间的电阻。设 $A_o = 0$,断开反馈回路,利用图 2.11 可求得 R_{in}^D,输入电阻可以直接表示为

$$R_{in}^D = R_{id} + [R_1 \parallel (R_2 + R_o)] \tag{2.45}$$

为求出 T_{SC},将原电路中的输入端短路,可发现这个电路与我们通过式(2.43)计算回路增益 T 所用的电路相同,因而有 $|T_{SC}| = T$。为求出 T_{OC},将输入端开路。此时没有电流流过 R_{id},电压 v_{id} 必为零,在图 2.10 中 $T_{OC} = 0$。输入电阻的最终表达式变为

$$R_{in} = R_{in}^D \frac{1 + |T_{SC}|}{1 + |T_{OC}|} = R_{in}^D \frac{1 + T}{1 + 0}$$
$$= [R_{id} + R_1 \parallel (R_2 + R_o)](1 + T) \tag{2.46}$$

将结果与表 2.1 中的值进行比较,此时的输入电阻包含了 R_1、R_2、R_o 及修正之后的 T 的影响。

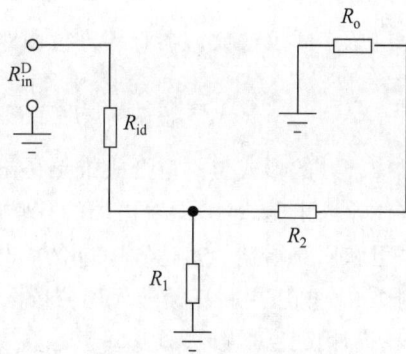

图 2.11　为获得 R_{in}^D 的电路

2.5.3　输出电阻计算

同样,利用 Blackman 理论可得

$$R_{out} = R_{out}^D \frac{1 + |T_{SC}|}{1 + |T_{OC}|} \tag{2.47}$$

注意,T_{OC} 和 T_{SC} 的值依赖于所选的端口,式(2.47)的结果很有可能与上节求出的结果不同!

输出电阻是放大器输出端与地之间的电阻。设 $A_o = 0$,断开反馈,利用图 2.12 计算 R_{out}^D。电阻可直接表示为

$$R_{out}^D = R_o \parallel (R_2 + R_1 \parallel R_{id}) \tag{2.48}$$

输出端 v_o 直接接地，令反馈回路短路，计算 T_{SC}，因此得 $T_{SC}=0$。令输出端开路，计算 T_{OC}。此时我们发现该电路与利用式(2.43)计算回路增益 T 所用的电路相同，故有 $|T_{OC}|=T$。输出电阻的最终表达式变为

$$R_{out}=R_{out}^D\frac{1+|T_{SC}|}{1+|T_{OC}|}=R_{out}^D\frac{1+0}{1+T}$$

$$=\frac{R_o\parallel(R_2+R_1\parallel R_{id})}{1+T} \qquad (2.49)$$

将其与表 2.1 中的结果进行比较，发现此时的输出电阻包含了 R_1、R_2、R_{id} 及修正之后的 T 的影响。需指出的是，此时的 T_{SC} 和 T_{OC} 与输入电阻计算时的值是相反的。

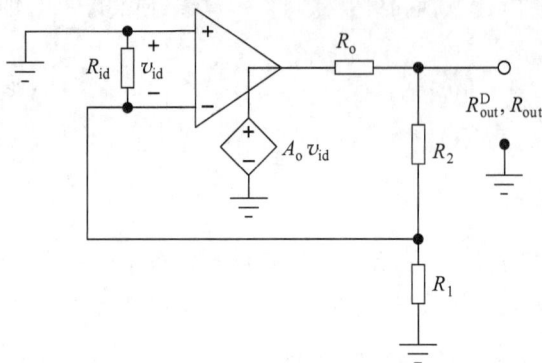

图 2.12 为获得 T 和 R_{out} 的电路

在本章开头分析有限增益、有限输入电阻和非零输出电阻对闭环放大器特性的影响时，在几种情况下均假设相对反馈电路中的电流而言，运算放大器的输入电流可以忽略，这相当于假设 R_{id} 远大于 R_1。然而，回路增益分析允许直接考虑 R_{id} 与 R_o 对反馈放大器增益的影响，而不用近似处理，并可以直接延伸到包含任意附加电阻的影响（参见例 2.5）。需注意的是，如果 $R_{id}\gg R_1$，且 $R_1+R_2\gg R_o$，则有 $T=A_o\beta$。

2.5.4 电压串联反馈放大器小结

对电压串联反馈放大器直接进行回路增益分析可得

$$A_v=\left(1+\frac{R_2}{R_1}\right)\frac{T}{1+T} \qquad R_{in}=R_{in}^D(1+T) \qquad R_{out}+\frac{R_{out}^D}{1+T} \qquad (2.50)$$

式(2.50)的形式与本章开头推导得出及表 2.2 中总结出的结果形式完全相同。输入端的串联反馈使得整体输入电阻增大，而输出端的并联反馈使得输出电阻减小。不过，现在所用的放大器输入电阻、输出电阻和回路增益的表达式中包含了电路中所有电阻的影响。例 2.5 将运用到这一理论。

例 2.5 电压串联反馈放大器分析。

本例利用回路增益法计算基于运算放大器实现的电压串联反馈放大器的闭环特性。分析方法延伸为包含源电阻。

问题：计算图 2.9 中电压串联反馈放大器的闭环电压增益、输入电阻和输出电阻。设运算放大器开环增益为 80dB，输入电阻为 25kΩ，输出电阻为 1kΩ。假设放大器由一个源电阻为 2kΩ 的信号电压驱动，反馈电路由电阻 $R_2=91$kΩ，$R_1=10$kΩ 构成。

解：

已知量：带源电阻的电压串联反馈放大器如图 2.13 所示。运算放大器有 $A_o=80$dB，$R_{id}=25$kΩ，$R_o=1$kΩ。

未知量：闭环增益 A_v、闭环输入电阻 R_{in} 和闭环输出电阻 R_{out}。

求解方法：先求出 A_v^{Ideal}、T、R_{in}^D 和 R_{out}^D，再利用本节推导的闭环反馈放大器公式计算未知量的值。

假设：除 A_o、R_{id} 和 R_o 外，运算放大器是理想的。

分析：加入 R_1 之后的放大器电路如图 2.13 所示。

放大器分析：利用图 2.13 可得

$$A_v^{Ideal} = 1 + \frac{R_2}{R_1} = 1 + \frac{91k\Omega}{10k\Omega} = 10.1$$

$$R_{in}^D = R_1 + R_{id} + R_1 \parallel (R_2 + R_o)$$

$$R_{in}^D = 2k\Omega + 25k\Omega + 10k\Omega \parallel (91k\Omega + 1k\Omega)$$

$$= 36.0k\Omega$$

$$R_{out}^D = R_o \parallel [R_2 + R_1 \parallel (R_{id} + R_1)]$$

$$R_{out}^D = 1k\Omega \parallel [91k\Omega + 10k\Omega \mid \mid (25k\Omega + 2k\Omega)]$$

$$= 990\Omega$$

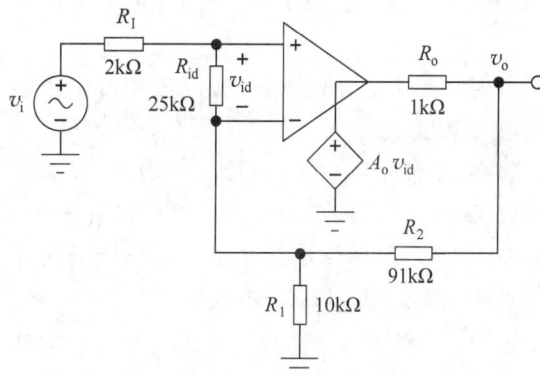

图 2.13 带源电阻的电压串联反馈放大器

求出回路增益最容易的方法就是对 R_o、R_1 和运算放大器输出源进行戴维南等效，由图 2.14 可得

$$v_{th} = A_o v_{id} \frac{R_1}{R_o + R_2 + R_1} = 10^4 v_{id} \frac{10k\Omega}{1k\Omega + 91k\Omega + 10k\Omega} = 980 v_{id}$$

$$R_{th} = R_1 \parallel (R_2 + R_o) = 10k\Omega \parallel (91k\Omega + 1k\Omega) = 9.02k\Omega$$

现在可假设 v_{th} 中 $v_{id} = 1$，解得运算放大器的输入电压 v_{id} 为

$$v_{id} = -v_{th} \frac{R_{id}}{R_{th} + R_{id} + R_1} = -980(1) \frac{25k\Omega}{9.02k\Omega + 25k\Omega + 2k\Omega} = -680$$

$$T = -\frac{v_{id}}{1} = 680$$

闭环运算放大器结果：

$$A_v = \left(1 + \frac{R_2}{R_1}\right) \frac{T}{1+T} = \left(1 + \frac{91k\Omega}{10k\Omega}\right) \frac{680}{1+680} = 10.1$$

$$R_{in} = R_{in}^D (1+T) = 36.0k\Omega(1+680) = 24.5M\Omega$$

$$R_{out} = \frac{R_{out}^D}{1+T} = \frac{990\Omega}{1+680} = 1.45\Omega$$

结果检查：已求得 3 个未知量。回路增益很高，因此我们预计闭环增益值接近 10.1。计算得出输入电阻的值比运算放大器本身的输入电阻要大得多，而输出电阻比运算放大器本身的输出电阻小很多。这与我们对电压串联反馈放大器的结论相同。

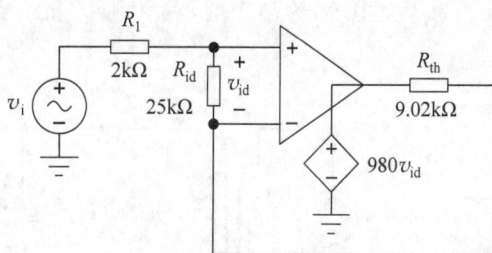

图 2.14 电压串联反馈放大器的戴维南等效电路

讨论：本次分析演示了一种包含非理想运算放大器特性及同相放大器反馈电路和电源(负载电阻)负载效应的直接分析方法。下面练习中有一个是研究在这一放大器中加上负载电阻之后的影响。需注意的是，本例中相对 R_1 和 R_1 而言较低的 R_{id} 值大大降低了回路增益。

计算机辅助分析：SPICE 电路照搬了图 2.13 所示的电路，在内置的运算放大器模型中增加了与输入端并联的 R_{id} 及与运算输出端串联的 R_o，增益设置为 10000。从 v_i 到输出电压的传输函数分析得到

$A_v = 10.09, R_{in} = 24.45 M\Omega, R_{out} = 1.453\Omega$。这一结果与手工计算的结果非常接近。

练习：去除 $2k\Omega$ 的源电阻，计算例 2.5 中电压串联反馈放大器的回路增益、闭环电压增益、输入电阻和输出电阻。

答案：$720, 10.1, 24.5 M\Omega, 1.57\Omega$。

练习：将一个 $5k\Omega$ 的负载电阻连接到运算放大器输出端，计算例 2.5 中电压串联反馈放大器的回路增益、闭环电压增益、输入电阻和输出电阻。

答案：$568, 10.1, 20.5 M\Omega, 1.45\Omega$；注意，输入电阻是负载电阻 R_L 的函数。

练习：如果忽略上例中的反馈电路、R_I 和 R_L 的负载效应，计算例 2.5 中电压串联反馈放大器的闭环电压增益、输入电阻和输出电阻。

答案：$10.1, 24.8 M\Omega, 1.01\Omega$。

讨论：需注意的是，由于回路增益很高，闭环增益的值基本不变，但 R_{in} 和 R_{out} 的值变化很大。反馈可使电压增益稳定，但并没有令输入电阻和输出电阻稳定。

练习：如果将图 2.14 中 $2k\Omega$ 的源电阻变为 $5k\Omega$，则 A_v、R_{in} 和 R_{out} 分别为多少？

答案：10.1；$15.7 M\Omega$；1.59Ω。

电 子 应 用

三端集成稳压器

一般情况下，很难从整流器电路中得到精确的输出电压，尤其是在负载电流不断变化的情况下。因此为了得到理想的输出电压，需要在电路中加入特殊绕制的变压器线圈，同时还需要在电路中增加大电容值的滤波电容，以减小输出纹波电压。当然还有更简便的方法，就是使用集成电路稳压器将输出电压设定在某一个值，同时消除电路中的纹波。集成电路稳压器的输出电压可以在很大范围内变动。

下图所示是一个带有三端 5V 调节器的整流器电路，图中利用高增益放大器作为反馈电路，减少输出端的纹波电压。集成稳压器(IC Voltage Regulator)具有很好的线性调节性和负载调节性，能够在输出电流改变很大的情况下保持输出电压的稳定。电容 C 为整流滤波电容，C_{B1} 和 C_{B2}（通常为 $0.001 \sim 0.01\mu F$）为旁路电容，为高频信号提供低阻抗通路，确保稳压器正常工作。

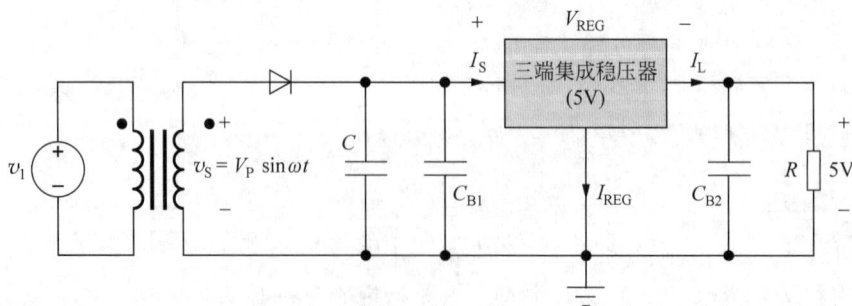

半波整流器和三端集成稳压器

稳压器可以将纹波电压减小到原来的 $1/1000 \sim 1/100$，甚至更小。增大整流器输入端的纹波电压，可以减小平均输入电压，从而将耗散功率减至最小。设计整流器时，必须保证调节器两端的电压差不能小于最小"输出电压降",一般为几伏特。IC 调节器的工作电流 I_{REG} 一般为几毫安,只占整流器总电流的很小一部分且 $I_{\text{S}}=I_{\text{L}}+I_{\text{REG}}$。

串联分流反馈放大器是三端集成稳压器的一个典型应用,如下图所示。运算放大器的输出电压等于参考电压:

$$V_{\text{O}}\left(\frac{R_1}{R_1+R_2}\right)=V_{\text{REF}} \quad \text{或} \quad V_{\text{O}}=V_{\text{REF}}\left(1+\frac{R_2}{R_1}\right)$$

晶体管 Q_1 称为旁路晶体管,其作用是增大调节器的输出电流,使之远大于单独使用运算放大器时的输出电流。

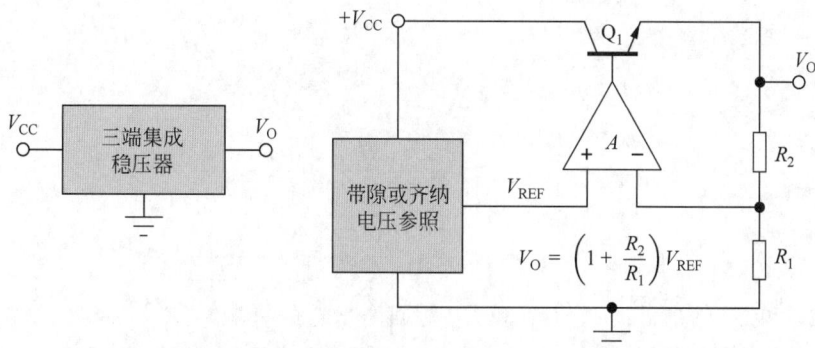

半波整流器和三端集成稳压器

2.6 电压并联反馈放大器——跨阻放大器

将第 1 章提及的跨阻放大器重新绘制成如图 2.15(a)所示的电压并联反馈放大器。在这个电路中,输入源由其诺顿等效电流源 i_{i} 和电阻 R_1 等效,电路中同样还包含了 R_{id} 和 R_{o},这样可以更好地评估它们对整体反馈放大器性能的影响。在输入端,反馈电路电压等于运算放大器的输入电压 $v_{\text{if}}=-v_{\text{id}}$。所以放大器输入端与反馈电路是并联连接,因此输入端为并联反馈。在输出端,$v_{\text{of}}=v_{\text{o}}$,因此输出端也是并联反馈,称这种反馈放大器为电压并联反馈放大器。在这种情况下,反馈的应用同时得到低输入电阻和低输出电阻,这正是跨阻放大器所要求的(即电流输入和电压输出)。

2.6.1 闭环增益分析

要计算电压并联反馈放大器的闭环增益,首先要确定增益表达式(2.51)中理想增益与回路增益的值,即

$$A_{\text{tr}}=A_{\text{tr}}^{\text{Ideal}}\left(\frac{T}{1+T}\right) \tag{2.51}$$

其中,$A_{\text{tr}}^{\text{Ideal}}=-R_{\text{F}}$。从第 1 章(参见 1.9.2 节)中已知跨阻放大器的理想增益等于 $A_{\text{tr}}^{\text{Ideal}}=-R_{\text{F}}$。

为了计算回路增益 T,设受控源 $v_{\text{id}}=1\text{V}$,使得图 2.15(b)中的反馈被断开,出现在运算放大器输入端的 v_{id} 的值可以被计算出来。需指出的是在计算中独立输入源 i_{i} 被置零(开路),于是 T 的表达式为 $T=-v_{\text{id}}/1\text{V}$,其中运算放大器输入端的 v_{id} 可利用分压公式很容易地计算出来

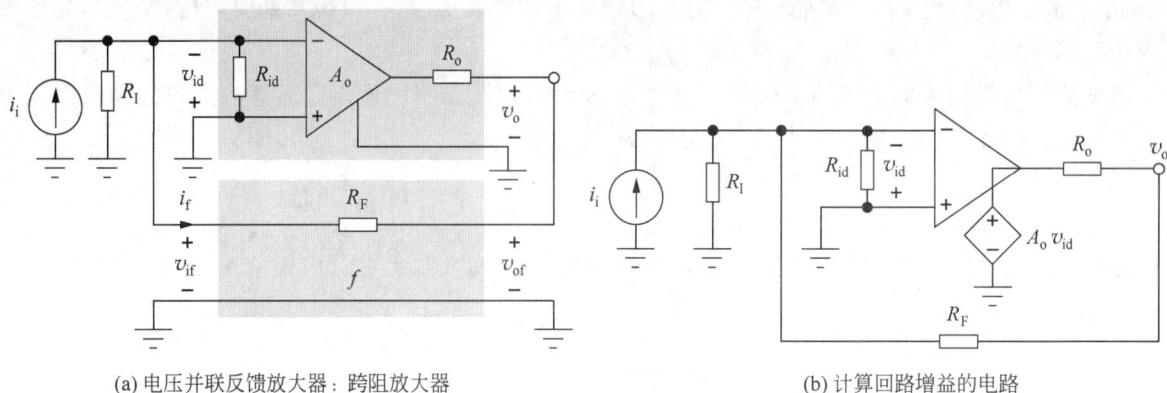

(a) 电压并联反馈放大器：跨阻放大器

(b) 计算回路增益的电路

图　2.15

$$v_{id} = -A_o(1V)\frac{R_{id} \parallel R_I}{R_o + R_F + (R_{id} \parallel R_I)}$$

$$T = -\frac{v_{id}}{1V} = A_o\frac{R_{id} \parallel R_I}{R_o + R_F + (R_{id} \parallel R_I)} \tag{2.52}$$

利用式(2.52)可以评估出 R_I、R_F、R_{id} 和 R_o 对回路增益的影响。如果等效输入电阻($R_I \parallel R_{id}$)比 $R_F + R_o$ 大得多，则回路增益接近 A_o。如果($R_I \parallel R_{id}$)并不是很大，那么 T 可以远小于运算放大器的回路增益。

2.6.2　输入电阻计算

通过式(2.40)，利用 Blackman 理论，可以求得电压并联反馈放大器的输入电阻为

$$R_{in} = R_{in}^D\frac{1+|T_{SC}|}{1+|T_{OC}|} \tag{2.53}$$

其中输入电阻为出现在运算放大器反相输入端和地之间的电阻。设 $A_o = 0$，断开反馈，可根据图 2.15(b)计算出 R_{in}^D。通过仔细观察可直接写出 R_{in}^D 的表达式为

$$R_{in}^D = R_I \parallel R_{id} \parallel (R_F + R_o) \tag{2.54}$$

为求出 T_{SC}，将输入端短路，于是反相输入端接地，促使 v_{id} 和 T_{SC} 为零。为求出 T_{OC}，将输入端开路，发现这和计算回路增益 T 的电路相同。因此 $|T_{OC}| = T$。输入电阻的最终表达式变为

$$R_{in} = R_{in}^D\frac{1+0}{1+T} = \frac{R_I \parallel R_{id} \parallel (R_F + R_o)}{1+T} \tag{2.55}$$

将这一结果与表 2.1 中的结果进行比较，此时输入电阻包含了 R_I、R_F 和 R_o，以及增益 T 修正值的影响。在理想情况下，T 接近于无穷大，R_{in} 接近为零。

2.6.3　输出电阻计算

利用 Blackman 理论求得输出电阻为

$$R_{out} = R_{out}^D\frac{1+|T_{SC}|}{1+|T_{OC}|} \tag{2.56}$$

输出电阻为出现在运算放大器输出端与地之间的电阻。设 $A_o = 0$，将图 2.15(b)中运算放大器的

反馈断开,可计算 $R_{\mathrm{out}}^{\mathrm{D}}$。$R_{\mathrm{out}}^{\mathrm{D}}$ 的表达式为

$$R_{\mathrm{out}}^{\mathrm{D}} = R_{\mathrm{o}} \parallel (R_{\mathrm{F}} + R_{\mathrm{I}} \parallel R_{\mathrm{id}}) \tag{2.57}$$

为求出 T_{SC},将输出端 v_{o} 接地,于是反馈回路短路,$T_{\mathrm{SC}} = 0$。为求出 T_{OC},将输出端开路,发现电路与计算回路增益 T 相同,所以 $|T_{\mathrm{OC}}| = T$。输出电阻的最终表达式为

$$R_{\mathrm{out}} = R_{\mathrm{out}}^{\mathrm{D}} \frac{1+0}{1+T} = \frac{R_{\mathrm{o}} \parallel (R_{\mathrm{F}} + R_{\mathrm{I}} \parallel R_{\mathrm{id}})}{1+T} \tag{2.58}$$

将这一结果与表 2.1 中的结果进行比较,此时的输出电阻包含了 R_1、R_{F} 和 R_{id} 以及增益 T 修正值的影响。如果 $(R_{\mathrm{F}} + R_{\mathrm{I}} \parallel R_{\mathrm{id}}) \gg R_{\mathrm{o}}$,则输出电阻接近 $R_{\mathrm{o}}/(1+T)$。当 T 无限大时,输出电阻 R_{out} 为零。

2.6.4 电压并联反馈放大器小结

直接对电压并联反馈放大器的回路增益进行分析,可得

$$A_{\mathrm{tr}} = (-R_{\mathrm{F}}) \frac{T}{1+T} \qquad R_{\mathrm{in}} = \frac{R_{\mathrm{in}}^{\mathrm{D}}}{1+T} \qquad R_{\mathrm{out}} = \frac{R_{\mathrm{out}}^{\mathrm{D}}}{1+T} \tag{2.59}$$

式(2.59)与本章开头推导并在表 2.2 中总结出的表达式完全相同。理想增益的值由反馈电阻 R_{F} 决定。输入端采用并联反馈使得输入电阻降低,而输出端采用并联反馈使得输出电阻降低。不过,此时的放大器输入电阻、输出电阻和回路增益的表达式中包含了电路中所有电阻的影响(参见例 2.6)。

练习:设 $A_{\mathrm{o}} = 0$,绘制计算 $R_{\mathrm{in}}^{\mathrm{D}}$ 和 R_{out} 的简化电路图,并验证式(2.54)和式(2.57)。

例 2.6 电压并联反馈放大器分析。

本例利用 Blackman 理论,通过求出回路增益来计算基于运算放大器实现的电压并联反馈放大器的闭环特性。

问题:计算图 2.15 中电压并联反馈放大器的闭环跨阻、输入电阻和输出电阻。设运算放大器的开环增益为 80dB,输入电阻为 25kΩ,输出电阻为 1kΩ。对电路进行分析,其中 $R_{\mathrm{I}} = 10\mathrm{k}\Omega$,$R_{\mathrm{F}} = 91\mathrm{k}\Omega$,输出端连接一个 5kΩ 的负载电阻。

解:

已知量:带源电阻和负载电阻的电压并联反馈放大器如图 2.16 所示。运算放大器有 $A_{\mathrm{o}} = 80\mathrm{dB}$,$R_{\mathrm{id}} = 25\mathrm{k}\Omega$,$R_{\mathrm{o}} = 1\mathrm{k}\Omega$,$R_{\mathrm{F}} = 91\mathrm{k}\Omega$,$R_{\mathrm{I}} = 10\mathrm{k}\Omega$,$R_{\mathrm{L}} = 5\mathrm{k}\Omega$。

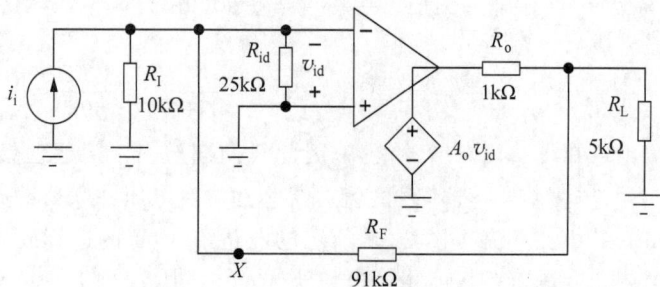

图 2.16 带负载电阻的电压并联反馈放大器

未知量:闭环增益 A_{tr}、闭环输入电阻 R_{in} 和闭环输出电阻 R_{out}。

求解方法：求出 $A_{\mathrm{tr}}^{\mathrm{Ideal}}$、$T$、$R_{\mathrm{in}}^{\mathrm{D}}$、$R_{\mathrm{out}}^{\mathrm{D}}$，再利用本节推导的闭环反馈放大器公式求出未知量。

假设：除 A_{o}、R_{id}、R_{o} 外，运算放大器是理想的。

分析：放大器的理想增益为 $-R_F$，所以有

$$A_{\mathrm{tr}}^{\mathrm{Ideal}} = -R_F = -91\mathrm{k}\Omega$$

我们必须修改之前的公式，使之包含负载电阻 R_L 的影响，即

$$R_{\mathrm{in}}^{\mathrm{D}} = R_I \parallel R_{\mathrm{id}} \parallel (R_F + R_L \parallel R_{\mathrm{o}}) = 10\mathrm{k}\Omega \parallel 25\mathrm{k}\Omega \parallel (91\mathrm{k}\Omega + 5\mathrm{k}\Omega \parallel 1\mathrm{k}\Omega) = 6.63\mathrm{k}\Omega$$

$$R_{\mathrm{out}}^{\mathrm{D}} = R_L \parallel R_{\mathrm{o}} \parallel (R_F + R_I \parallel R_{\mathrm{id}}) = 5\mathrm{k}\Omega \parallel 1\mathrm{k}\Omega \parallel (91\mathrm{k}\Omega + 10\mathrm{k}\Omega \parallel 25\mathrm{k}\Omega) = 826\Omega$$

求出回路增益最容易的方法就是首先对（X 点）R_F、R_{o}、R_L 和运算放大器输出源进行戴维南等效，如图 2.17 所示。

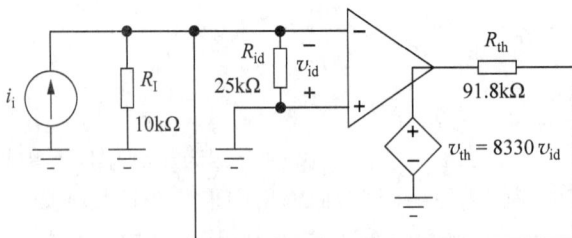

图 2.17　戴维南等效之后的电路

R_F 侧的戴维南等效电压和电阻为

$$v_{\mathrm{th}} = A_{\mathrm{o}} v_{\mathrm{id}} \frac{R_L}{R_{\mathrm{o}} + R_L} = 10^4 v_{\mathrm{id}} \frac{5\mathrm{k}\Omega}{1\mathrm{k}\Omega + 5\mathrm{k}\Omega} = 8330 v_{\mathrm{id}}$$

$$R_{\mathrm{th}} = R_F + R_{\mathrm{o}} \parallel R_L = 91\mathrm{k}\Omega + 1\mathrm{k}\Omega \parallel 5\mathrm{k}\Omega = 91.8\mathrm{k}\Omega$$

设 $A_{\mathrm{o}} v_{\mathrm{id}} = A_{\mathrm{o}}(1)$，并求出 v_{id}，可求出回路增益的值为

$$v_{\mathrm{id}} = -v_{\mathrm{th}} \frac{R_I \parallel R_{\mathrm{id}}}{R_{\mathrm{th}} + R_I \parallel R_{\mathrm{id}}} = -A_{\mathrm{o}}(1) \frac{R_L}{R_{\mathrm{o}} + R_L} \frac{R_I \parallel R_{\mathrm{id}}}{R_{\mathrm{th}} + R_I \parallel R_{\mathrm{id}}}$$

$$T = -\frac{V_{\mathrm{id}}}{1} = 10^4 \left(\frac{5\mathrm{k}\Omega}{5\mathrm{k}\Omega + 1\mathrm{k}\Omega} \right) \left(\frac{10\mathrm{k}\Omega \parallel 25\mathrm{k}\Omega}{91.8\mathrm{k}\Omega + 10\mathrm{k}\Omega \parallel 25\mathrm{k}\Omega} \right) = 602$$

闭环放大器结果：

$$A_{\mathrm{tr}} = A_{\mathrm{tr}}^{\mathrm{Ideal}} \frac{T}{1 + T} = -91\mathrm{k}\Omega \frac{602}{1 + 602} = -90.9\mathrm{k}\Omega$$

$$R_{\mathrm{in}} = \frac{R_{\mathrm{in}}^{\mathrm{D}}}{1 + T} = \frac{6.63\mathrm{k}\Omega}{603} = 11.0\Omega \qquad R_{\mathrm{out}} = \frac{R_{\mathrm{out}}^{\mathrm{D}}}{1 + T} = \frac{826\Omega}{603} = 1.37\Omega$$

结果检查：我们已求出未知量。回路增益很高，因此我们期望 A_{tr} 接近理想值 $-91\mathrm{k}\Omega$。计算出的输入电阻和输出电阻都远小于运算放大器本身的值。这些都与对电压并联反馈放大器的结论相符。

计算机辅助分析：SPICE 电路照搬了图 2.16 所示的电路，在内置的运算放大器模型中增加了与输入端并联的 R_{id} 及与运算输出端串联的 R_{o}，增益设置为 10000。从 i_{i} 到 R_L 两端电压的传输函数分析得到 $A_{\mathrm{tr}} = -90.85\mathrm{k}\Omega$，$R_{\mathrm{in}} = 11.00\Omega$，$R_{\mathrm{out}} = 1.372\Omega$。这一结果与手工计算的结果非常接近。

讨论：本例展示了如何直接计算包含非理想运算放大器特性的电压并联反馈放大器特性的方法，还包含了源电阻与负载电阻的负载效应。下面的第一个例子关注的就是忽略这些效应时出现的

误差。

需指出的是,典型的反相放大器可以转化为电压并联反馈放大器来进行分析。于是通过上面的结论可以很容易地求出原始反相放大器的电压增益、输入电阻和输出电阻。电压增益等于跨阻除以 R_I,得

$$A_v = \frac{v_o}{v_i} = \frac{v_o}{i_i}\frac{i_i}{v_i} = A_{tr} \cdot \frac{1}{R_I} = -\frac{90.9\text{k}\Omega}{10\text{k}\Omega} = -9.09$$

$$R_{in}^{inv} = R_I + \left(\frac{1}{R_{in}} - \frac{1}{R_I}\right)^{-1} = 10.0\text{k}\Omega \quad \text{并且} \quad R'_{out} = \left(\frac{1}{R_{out}} - \frac{1}{R_L}\right)^{-1} = 1.37\Omega$$

在对电压并联反馈放大器进行分析时,R_I 与运算放大器输入端并联,但在反相放大器中 R_I 与输入端串联。因此求解 R_{in}^{inv} 时需先将 R_I 从输入端并联结构中去除,然后再将其改为串联连接。类似地,R_L 的并联效应可直接从输出电阻中去除。

练习:忽略 R_{id} 和 R_L 的负载效应,计算跨阻放大器的回路增益、整体跨阻、输入电阻和输出电阻。

答案:$T = 980$,$A_{tr} = -90.9\text{k}\Omega$,$R_{in} = 9.20\Omega$,$R_{out} = 1.01\Omega$。

练习:忽略 $10\text{k}\Omega$ 的源电阻,求例 2.6 中电压串联反馈放大器的回路增益、闭环电压增益、输入电阻和输出电阻。

答案:2140,$-91.0\text{k}\Omega$,9.21Ω,0.646Ω。

电 子 应 用

光纤接收机

光纤接收机中一个重要的电路模块就是光电(O/E)信号转换器,下图给出了常见的构成方式。从光纤中输出的光信号照射在光电二极管上,然后产生光信号 i_{ph},在图中以一个电流源表示。这个光电流流过反馈电阻 R,并在输出端产生信号电压 $v_o = V_{BIAS} + i_{ph}R$。

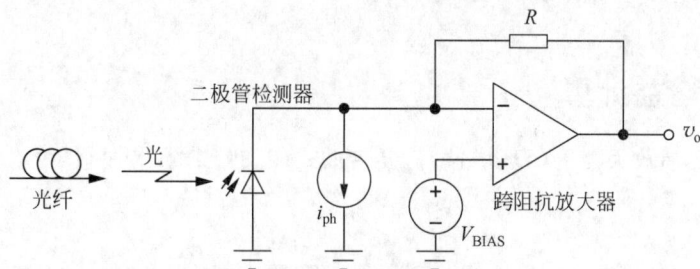

光数据传输系统中的光电转换接口

因为放大器输入的是电流,输出的是电压,所以增益 $A_{tr} = v_o/i_{ph}$ 有电阻的单位,而且这个放大器可以作为跨阻放大器或者(通常)作为跨阻抗放大器(TIA)。电路中表示的运算放大器必须有极宽的带宽和线性。这些要求在 OC-768 系统中非常重要,在这个系统中,从光纤出来的信号必须经过放大,而且不能有任何相位失真。

2.7　电流串联反馈放大器——跨导放大器

在很多电路中,我们通常会需要一种输出电流和输入电压成正比的高性能跨导放大器,即 $i_o = A_{tc}v_i$。为了能精准地测量输出电压,可采用串联反馈来获得高输入电阻;为了能在输出端模拟电流源,同样可采用串联反馈来获得高输出电阻。因此跨导放大器就是电流串联反馈放大器(Series-Series Feedback Amplifier),图 2.18 展示了一个由运算放大器实现的电流串联反馈放大器,图中画出了运算放大器电路本身的输入电阻 R_{id} 和输出电阻 R_o,展示了它的 4 个端口。

反馈电路只包含一个电阻 R,输入端和输出端电压 v_{if} 和 v_{of} 在图中都有定义。在左侧,所施加输入电压 v_i 等于运算放大器输入电压和反馈电路电压之和,即 $v_i = v_{id} + v_{if}$。由于运算放大器输入电压和反馈电路电压在输入端串联,所以在输入端为串联反馈(Series Feedback)。在输出端可看到,电压 v_o 等于运算放大器输出电压 v_{op} 和反馈电路电压 v_{of} 之和。在输入端和输出端放大器和反馈电路都是串联连接的,该结构即为电流串联反馈放大器。为了获得负反馈,负的输出端必须与运算放大器的同相输入端相连,如图 2.18 所示。源 v_o 表示串联反馈放大器输出端的位置及外部电路连接的点。如图 2.19所示,分析中假设 $v_o = 0$。

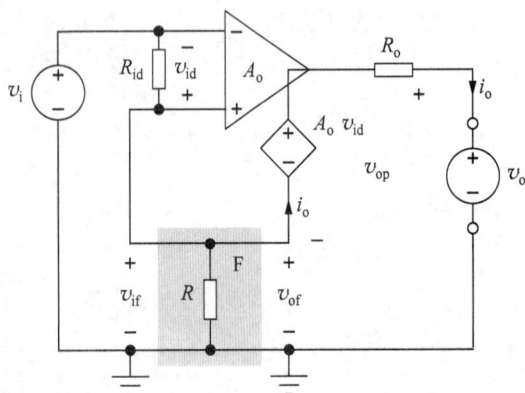

图 2.18　用四端口运算放大器实现的电流串联反馈放大器　　　　图 2.19　理想的串联反馈放大器

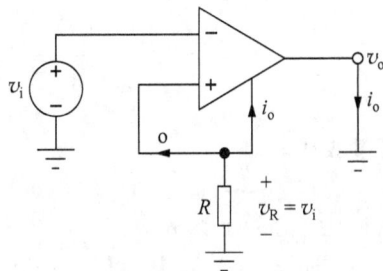

2.7.1　闭环增益计算

要求取电流串联反馈放大器的闭环增益,需要借助式(2.39)来求出理想增益 A_{tc}^{Ideal} 和回路增益 T,此时有

$$A_{tc} = A_{tc}^{Ideal}\left(\frac{T}{1+T}\right) \tag{2.60}$$

理想情况如图 2.19 所示。对于无穷大的增益,运算放大器输入电压为零,因此 v_i 直接降落在电阻 R 上。由于理想运算放大器的输入电流为零,所以输出电流 i_o 必须向上流过电阻 R。因此有 $i_o = -v_i/R$,且 $A_{tc}^{Ideal} = i_o/v_i = -1/R$。

需要注意的是,回路增益 T 代表流经运算放大器且从反馈回路返回到输入端的全部增益。在图 2.18 所示的运算放大器中,我们通过假设已知源 $A_o v_{id}$ 中的 v_{id} 来计算 T(如 $v_{id} = 1V$ 和 $A_o v_{id} = A_o(1)$),再计算运算放大器输入端的 v_{id}。于是回路增益等于反馈到运算放大器输入端电压的比值的相反数。

可以对电路运用分压公式求出回路增益 T(记住需将受控源 v_i 的值置零,使其断开),有

$$v_{id} = -A_o(1) \frac{(R_{id} \parallel R)}{(R_{id} \parallel R) + R_o} \quad 且 \quad T = A_o \frac{(R_{id} \parallel R)}{(R_{id} \parallel R) + R_o} \quad (2.61)$$

现在回路增益 T 包含了所有的运算放大器非理想参数。R_{id} 和反馈电阻 R 并联,同时 R_o 也会影响回路增益。

2.7.2 输入电阻计算

接下来我们通过式(2.40),利用 Blackman 理论来计算电流串联反馈放大器的输入电阻

$$R_{in} = R_{in}^D \frac{1 + \mid T_{SC} \mid}{1 + \mid T_{OC} \mid} \quad (2.62)$$

R_{in} 代表闭环反馈放大器同相输入端和地之间的电阻,R_{in}^D 代表断开反馈时相同节点侧的电阻,T_{SC} 代表输入端短路时的回路增益,T_{OC} 是输入端开路时的回路增益。

设 $A_o = 0$,将图 2.18 所示电路的反馈断开,可求出 R_{in}^D。于是输入电阻可以直接写为

$$R_{in}^D = R_{id} + R \parallel R_o \quad (2.63)$$

为求出 T_{SC},将输入端短路,我们发现电路与利用式(2.61)计算回路增益 T 所用的电路完全相同,因此 $\mid T_{SC} \mid = T$。为求出 T_{OC},将输入端开路,于是没有电流流过 R_{id},电压 v_{id} 必定为零,$T_{OC} = 0$。输入电阻的最终表达式变为

$$R_{in} = R_{in}^D \frac{1 + T}{1 + 0} = (R_{id} + R \parallel R_o)(1 + T) \quad (2.64)$$

我们看到输入电阻增加了 T 倍,它可以是一个非常大的值。

2.7.3 输出电阻计算

由 Blackman 理论得出

$$R_{out} = R_{out}^D \frac{1 + \mid T_{SC} \mid}{1 + \mid T_{OC} \mid} \quad (2.65)$$

输出电阻代表运算放大器输出端和地之间的电阻。利用图 2.18 所示的电路,设 $v_i = 0$,并令 $A_o = 0$ 以断开反馈环路,可求出 R_{out}^D。于是输出电阻可以表示为

$$R_{out}^D = R_o + R \parallel R_{id} \quad (2.66)$$

为求出 T_{SC},将输出端 v_o 直接接地,我们发现该电路和利用式(2.61)计算回路增益 T 所用的电路完全相同,因此 $\mid T_{SC} \mid = T$。为求出 T_{OC},将输出端开路,电路中没有电流流过。因此 $T_{OC} = 0$。输出电阻的最终表达式变为

$$R_{out} = R_{out}^D \frac{1 + T}{1 + 0} = (R_o + R \parallel R_{id})(1 + T) \quad (2.67)$$

输入电阻增加了 T 倍,可以是一个非常大的值。

2.7.4 电流串联反馈放大器小结

对电流串联反馈放大器特性进行分析可得到如下结果

$$A_{tc} = \left(-\frac{1}{R} \right) \frac{T}{1 + T} \quad R_{in} = R_{in}^D(1 + T) \quad R_{out} = R_{out}^D(1 + T) \quad (2.68)$$

跨导放大器有高输入电阻和高输出电阻，并且理想跨导等于反馈电阻 R 的倒数。

练习：假设 $A_o=0$，画出简化电路用于求出 R_{in}^D 和 R_{out}^D，并证明式(2.63)及式(2.66)。

答案：R_{in}^D 和 R_{out}^D。

例 2.7　电流串联反馈放大器分析。

本例利用回路增益法和 Blackman 理论计算基于运算放大器实现的电流串联反馈放大器闭环特性。分析中延伸到包含原电阻的情况。

问题：计算图 2.18 所示电流串联反馈放大器的闭环跨导、输入电阻和输出电阻，设运算放大器的开环增益为 80dB，输入电阻为 25kΩ，输出电阻为 1kΩ。假设驱动放大器的信号电压包含 10kΩ 的源电阻，反馈电路由电阻 $R_2=91\text{k}\Omega$ 和 $R_1=10\text{k}\Omega$ 构成。

解：

已知量：电流串联反馈放大器电路如图 2.20 所示，源电阻为 10kΩ，运算放大器有 $A_o=80\text{dB}$，$R_{id}=25\text{k}\Omega$，$R_o=1\text{k}\Omega$。

未知量：闭环跨导 A_{tc}、输入电阻 R_{in}、输出电阻 R_{out}。

求解方法：求出 A_{tc}^{Ideal}、T、R_{in}^D、R_{out}^D 的新表达式，然后利用本节推导的闭环反馈放大器公式计算出未知量的值。

假设：除 A_o、R_{id}、R_o、$v_0=0$ 外，运算放大器是理想的。

分析：带源电阻 R_I 的放大器电路如图 2.20 所示。

放大器分析：

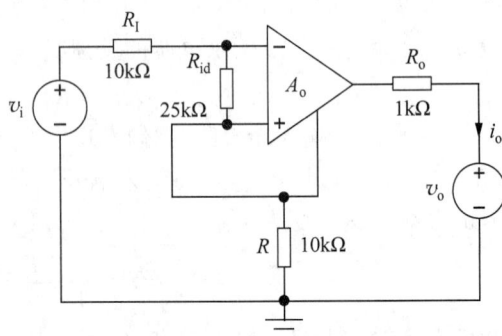

图 2.20　带源电阻的电流串联反馈放大器

$$A_{tc}^{Ideal}=-\frac{1}{R}=-\frac{1}{10\text{k}\Omega}=-10^{-4}\text{S}$$

$$R_{in}^D=R_I+R_{id}+R\parallel R_o=10\text{k}\Omega+25\text{k}\Omega+10\text{k}\Omega\parallel 1\text{k}\Omega=35.9\text{k}\Omega$$

$$R_{out}^D=R_o+R\parallel(R_{id}+R_I)=1\text{k}\Omega+10\text{k}\Omega\parallel(25\text{k}\Omega+10\text{k}\Omega)=8.79\text{k}\Omega$$

求解回路增益最容易的方法是首先令 $v_o=0$，对 R_o 和 R 及运算放大器输出源进行戴维南等效，得到如图 2.21 所示电路。

$$v_{th}=-A_o v_{id}\frac{R}{R+R_o}=-10^4 v_{id}\frac{10\text{k}\Omega}{10\text{k}\Omega+1\text{k}\Omega}=-9090v_{id}$$

$$R_{th}=R\parallel R_o=10\text{k}\Omega\parallel 1\text{k}\Omega=909\Omega$$

现在假设 v_{th} 中的 $v_{id}=1\text{V}$，求出运算放大器的输出电压 v_{id} 为

$$v_{id}=-v_{th}\frac{R_{id}}{R_{th}+R_{id}+R_I}=9090(1\text{V})\frac{25\text{k}\Omega}{0.909\text{k}\Omega+25\text{k}\Omega+10\text{k}\Omega}=6330\text{V}$$

$$T=6330$$

闭环放大器结果：

$$A_{tc}=-\frac{1}{R}\left(\frac{T}{1+T}\right)=-\frac{1}{10\text{k}\Omega}\left(\frac{6330}{1+6330}\right)=-0.1\text{mS}$$

$$R_{\text{in}} = R_{\text{in}}^{\text{D}}(1+T) = 35.9\text{k}\Omega(1+6330) = 227\text{M}\Omega$$

$$R_{\text{out}} = R_{\text{out}}^{\text{D}}(1+T) = 8.79\text{k}\Omega(1+6330) = 55.7\text{M}\Omega$$

结果检查：3 个未知量都已求出。回路增益很高，因此我们期望 A_{tc} 接近 -0.1mS。计算出的输入电阻远大于运算放大器本身的输入电阻，输出电阻也远大于运算放大器本身的输出电阻。这些都与我们对电流串联反馈放大器的期望相符。

计算机辅助分析：SPICE 电路照搬了图 2.20 所示的电路，在内置的运算放大器模型中增加了与输入端并联的 R_{id} 及与输出端串联的 R_{o}，增益设置为 10000。在电路中引入了零压源 v_{o} 便于利用 SPICE 的传输函数分析，所用的运算放大器模型假设内部受控源与参考节点（地）相连。幸运的是，我们可以随意选取电路的参考节点，在图 2.22 中地线从电阻 R 的下方转移到了电阻 R 的上方。从 VI 到 VO 中电流的传输函数分析可得到从 VI"看到的"跨导电阻和输入电阻及从 VO"看到的"输出电阻。SPICE 仿真结果为 $A_{\text{tc}} = -9.998\times10^{-5}\text{S}$、$R_{\text{in}} = 227.3\text{M}\Omega$、$R_{\text{out}} = 55.56\text{M}\Omega$，这些结果与手工计算的结果十分接近。

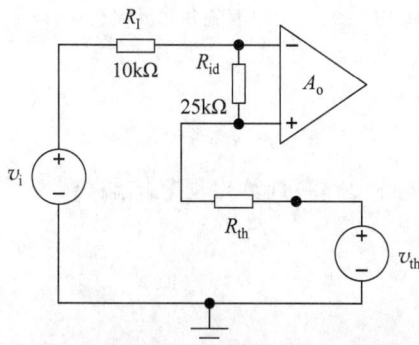

图 2.21　电流串联反馈放大器的戴维南等效电路　　　　图 2.22　具有新的参考地电位的仿真电路

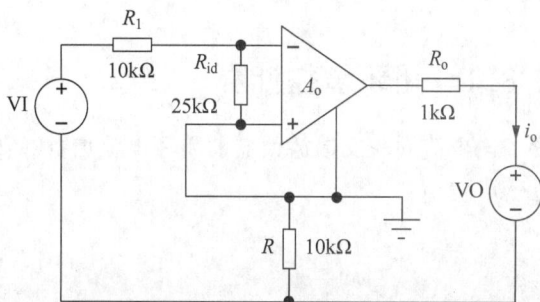

练习：忽略放大器电路中的 $10\text{k}\Omega$ 源电阻，计算例 2.7 中电流串联反馈放大器的回路增益、闭环跨导、输入电阻和输出电阻。

答案：8770，$-1.00\times10^{-4}\text{S}$，227M$\Omega$，71.4M$\Omega$。

2.8　电流并联反馈放大器——电流放大器

4 种反馈电路中的最后一种是利用电流并联反馈实现的电流放大器。在这种情况下，我们需要一个产生与输入电流成比例的输出电流，即 $i_{\text{o}} = A_{\text{o}}i_{\text{i}}$。由于需要在输入端感测输入电流，因此采用并联反馈来获得低输入电阻，输出应近似为电流源，因此在输出端同样采用串联反馈来产生高输出电阻。图 2.23 所示为基于运算放大器实现的电流并联反馈放大器电路，图中画出了运算放大器的输入电阻 R_{id} 和输出电阻 R_{o}。图中还包含了电压源 v_{o}，用以区分输出端，而在通常情况下输出端与外部负载相连。

反馈电路由电阻 R_1 和 R_2 构成，图 2.23 中对其输入端、输出端电压 v_{if} 和 v_{of} 进行了定义。在左侧，$v_{\text{id}} = v_{\text{if}}$，所以输出端为并联反馈。输出电压等于运算放大器输出电压与反馈电路电压之和，即 $v_{\text{o}} = v_{\text{op}} + v_{\text{of}}$，故输出端是串联反馈，因此称该电路为电流并联反馈放大器（Shunt-Series Feedback）。

为了实现负反馈，我们必须通过反馈电路将负输出端连接回运算放大器的同相输入端，如图 2.23 所示。源 v_o 表示串联反馈放大器输出端的位置及连接外部电路的点。分析假设 $v_o = 0$，如图 2.24 所示。

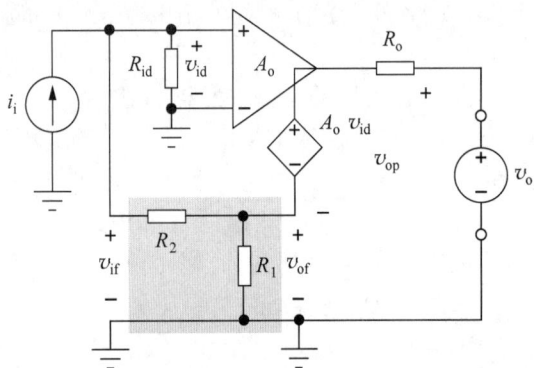

图 2.23　用四端口运算放大器实现的电流并联反馈放大器　　图 2.24　理想电流并联反馈放大器

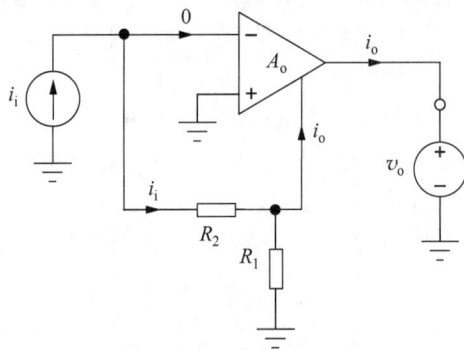

2.8.1　闭环增益计算

要求出电流并联反馈放大器的闭环电流增益 A_i，需要借助式（2.39）计算出理想增益 A_i^{Ideal} 和回路增益 T 为

$$A_i = A_i^{\text{Ideal}}\left(\frac{T}{1+T}\right) \tag{2.69}$$

理想情况如图 2.24 所示。运算放大器的输入电流为 0，输出电流 i_i 必须流经电阻 R_2。对于无限增益，运算放大器的输入电压必须为 0。

利用理想运算放大器的两个假设，我们可以通过写出包含 R_1 的回路方程来求出理想电流增益，此时有

$$i_i R_2 + (i_i - i_o)R_1 = 0 \qquad A_i^{\text{Ideal}} = \frac{i_o}{i_i} = 1 + \frac{R_2}{R_1} \tag{2.70}$$

为求出 T，假设源 $A_o v_{id}$ 中的电压 v_{id} 等于 1V（$A_o v_{id} = A_o(1)$），然后计算运算放大器输入端 v_{id} 的值。于是回路增益的值等于通过回路反馈到运算放大器输入端的电压之比的相反数。在这种情况下，对图 2.23 运用分压公式可以求出 T（记住，独立输入源 i_i 的值必须为零，使其关断）。计算中首先求出 R_1 上的电压 v_1，然后求出 v_{id}：

$$v_1 = -A_o(1)\frac{[R_1 \parallel (R_2 + R_{id})]}{R_1 \parallel (R_2 + R_{id}) + R_o} \qquad v_{id} = v_1\left(\frac{R_{id}}{R_2 + R_{id}}\right)$$

$$T = A_o\frac{[R_1 \parallel (R_2 + R_{id})]}{R_1 \parallel (R_2 + R_{id}) + R_o}\left(\frac{R_{id}}{R_2 + R_{id}}\right) \tag{2.71}$$

现在的回路增益表达式包含了非理想运算放大器参数 A_o、R_{id} 和 R_o。

2.8.2　输入电阻计算

接下来运用 Blackman 理论，通过式（2.40）计算电流并联反馈放大器的输入电阻

$$R_{in} = R_{in}^{D} \frac{1+|T_{SC}|}{1+|T_{OC}|} \tag{2.72}$$

式中,R_{in} 代表连接在闭环反馈放大器同相输入端与地之间的电阻,R_{in}^{D} 代表断开反馈回路时同一端侧的电阻,T_{SC} 为输出端短路时的回路增益,T_{OC} 为输入端开路时的回路增益。

在图 2.23 所示的电路中令 $A_o = 0$,断开反馈回路,可计算 R_{in}^{D}。于是输入电阻可直接写为

$$R_{in}^{D} = R_{id} \| (R_2 + R_1 \| R_o) \tag{2.73}$$

为求出 T_{SC},将同相输入端接地,v_{id} 被迫为零,于是 $T_{SC} = 0$。为求出 T_{OC},将输入端开路,我们发现此时的电路与式(2.71)中计算回路增益 T 所用的电路相同,因此 $|T_{OC}| = T$。输入电阻的最终表达式变为

$$R_{in} = R_{in}^{D} \frac{1+0}{1+T} = \frac{R_{id} \| (R_2 + R_1 \| R_o)}{1+T} \tag{2.74}$$

我们发现输入电阻减小为 $1/T$,它可以是一个比较小的值。

2.8.3　输出电阻计算

Blackman 理论认为

$$R_{out} = R_{out}^{D} \frac{1+|T_{SC}|}{1+|T_{OC}|} \tag{2.75}$$

输出电阻为运算放大器输入端与地之间的电阻,是电压源 v_o 的电阻。利用图 2.23 中所示可计算出 R_{out}^{D},在图中我们令 $i_i = 0$,同样设 $A_o = 0$ 断开反馈回路。于是输出电阻可直接表示为

$$R_{out}^{D} = R_o + R_1 \| (R_2 + R_{id}) \tag{2.76}$$

为求出 T_{SC},将输出端 v_o 直接接地,电路与式(2.71)中计算回路增益 T 所用电路完全相同,于是有 $|T_{SC}| = T$。为求出 T_{OC},将输出端开路,电路中没有电流通过,故 $T_{OC} = 0$。输出电阻的最终表达式为

$$R_{out} = R_{out}^{D} \frac{1+T}{1+0} = R_o + R_1 \| (R_2 + R_{id})(1+T) \tag{2.77}$$

输出电阻增大 T 倍,它可以是一个非常大的值。

2.8.4　电流并联反馈放大器小结

电流并联反馈放大器的特性可用式(2.78)进行描述,如下所示:

$$A_i = \left(1 + \frac{R_2}{R_1}\right) \frac{T}{1+T} \qquad R_{in} = \frac{R_{in}^{D}}{(1+T)} \qquad R_{out} = R_{out}^{D}(1+T) \tag{2.78}$$

电流放大器具有较小的输入电阻和较大的输出电阻,其理想电流增益为 $1 + R_2/R_1$。

> **练习**:假设 $A_o = 0$,画出简化电路用于求出 R_{in}^{D} 和 R_{out}^{D},并证明式(2.73)及式(2.76)。

例 2.8　电流并联反馈放大器分析。

本例利用回路增益法和 Blackman 理论计算基于运算放大器实现的电流并联反馈放大器的闭环特性,分析延伸至包含源电阻的情况。

问题：计算图 2.23 所示的电流并联反馈放大器的闭环电流增益、输入电阻和输出电阻。设运算放大器的开环增益为 80dB，输入电阻为 25kΩ，输出电阻为 1kΩ。假设驱动放大器的信号电流有 10kΩ 的源电阻，反馈电路由 $R_2 = 27kΩ$ 和 $R_1 = 3kΩ$ 组成。

解：

已知量：电流并联反馈放大器电路如图 2.25 所示，图中加入了 10kΩ 的源电阻。运算放大器有 $A_o = 80dB$，$R_{id} = 25kΩ$，$R_o = 1kΩ$。

未知量：闭环增益 A_i，闭环输入电阻 R_{in}，闭环输出电阻 R_{out}。

求解方法：找到包含 R_1 影响的 A_i^{Ideal}、T、R_{in}^D、R_{out}^D 的新表达式，然后利用本节推导的闭环反馈放大器公式计算出未知量的值。

假设：除 A_o、R_{id}、R_o 及 $v_o = 0$ 外，运算放大器是理想的。

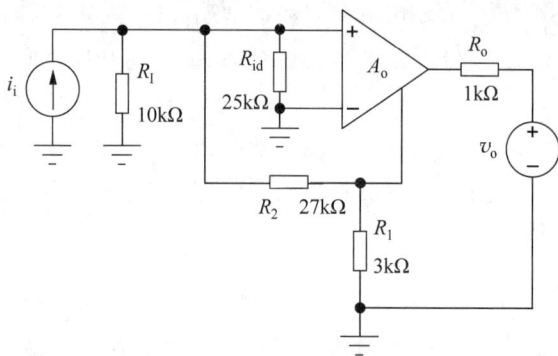

图 2.25 加入了源电阻的电流并联反馈放大器

分析：带源电阻 R_1 的放大器电路如图 2.25 所示。

放大器分析：在本电路中，R_1 直接与电阻 R_{id} 平行，因此，只需将 R_{id} 替换，我们就可直接应用上一节中的结果，为

$$R'_{id} = R_I \parallel R_{id} = 10kΩ \parallel 25kΩ = 7.14kΩ$$

$$A_i^{Ideal} = 1 + \frac{R_2}{R_1} = 1 + \frac{27kΩ}{3kΩ} = 10$$

$$R_{in}^D = R'_{id} \parallel (R_2 + R_1 \parallel R_o) = 7.14kΩ \parallel (27kΩ + 3kΩ \parallel 1kΩ) = 5.68kΩ$$

$$R_{out}^D = R_o + R_1 \parallel (R_2 + R'_{id}) = 1kΩ + 3kΩ \parallel (27kΩ + 7.14kΩ) = 3.76kΩ$$

修改式(2.71)可得到回路增益为

$$T = A_o \frac{[R_1 \parallel (R_2 + R'_{id})]}{R_1 \parallel (R_2 + R'_{id}) + R_o} \left(\frac{R'_{id}}{R_2 + R'_{id}} \right)$$

$$T = 10^4 \frac{3kΩ \parallel (27kΩ + 7.14kΩ)}{1kΩ + 3kΩ \parallel (27kΩ + 7.14kΩ)} \left(\frac{7.14kΩ}{27kΩ + 7.14kΩ} \right) = 1535$$

闭环放大器结果：

$$A_i = 10 \left(\frac{T}{1+T} \right) = 10 \left(\frac{1535}{1+1535} \right) = 9.99$$

$$R_{in} = \frac{R_{in}^D}{(1+T)} = \frac{5.68kΩ}{1536} = 3.70Ω$$

$$R_{out} = R_{out}^D (1+T) = 3.76kΩ(1536) = 5.78MΩ$$

结果检查：已经求出 3 个未知量。回路增益比较高，所以我们期望电流增益的值约为 10。计算出的输入电阻远小于运算放大器本身的输入电阻，而输出电阻同样远大于运算放大器本身的输出电阻。这些结果符合我们对电流并联反馈结构的期望。

计算机辅助分析：在图 2.26 所示的 SPICE 仿真所用电路中，在内置的运算放大器模型中增加了与输入端并联的 R_{id} 及与运算输出端串联的 R_o，增益设置为 10000。在电路中引入了零压源，以便于利用

SPICE 的传输函数分析。在仿真中同样一定要小心谨慎。三端口运算放大器模型假设其内部受控源与参考节点相连。幸运的是,我们可以随意选取电路的参考节点,在图 2.26 中地线从电阻 R_1 的下方转移到上方。从 II 到 VO 中的电流的传递函数分析产生总电流增益、II 两端的输入电阻和 VO 两端的输出电阻。SPICE 的结果为 $A_i = 9.994, R_{in} = 3.698\Omega, R_{out} = 5.773M\Omega$,这些结果与手工计算的结果相符。

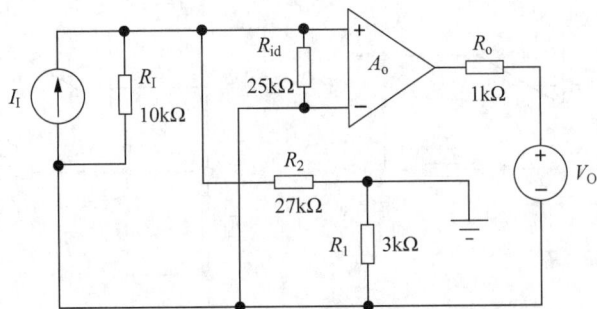

图 2.26 电流并联反馈放大器仿真电路

> **练习**:去除 $10k\Omega$ 的源电阻,计算例 2.8 中电流并联反馈放大器的回路增益、输入电阻和输出电阻。
>
> **答案**:$3555, 10.0, 3.71\Omega, 13.7M\Omega$。
>
> **练习**:对图 2.25 所示的电路进行仿真,并与图 2.26 所示的仿真结果进行比较。
>
> **练习**:对于例 2.8 中的电流并联反馈放大器,如果 R_1 和 R_2 的值都增大为原来的 10 倍,求放大器的回路增益、闭环电流增益、输入电阻和输出电阻。
>
> **答案**:$248.5, 9.96, 27.9\Omega, 7.01M\Omega$。

2.9 使用持续电压和电流注入法计算回路增益

在许多实际情况中,特别是在回路增益比较大的情况下,由于需要闭合回路来维持正确的直流工作点,因此不能断开反馈回路来测量回路增益。还有另外一个问题是电噪声,它可能会导致开环放大器进入饱和。类似的问题还会出现在用 SPICE 仿真高增益电路时,例如运算放大器,电路会对计算中出现的数值噪声进行放大,开环分析无法收敛到一个稳定的工作点。幸运的是,可以采用持续电压和电流注入的方法在不断开反馈回路的情况下计算回路增益。

分析图 2.27 所示的基本反馈放大器。为采用持续电压和电流注入法,在反馈回路中任选一点 P,往回路中插入电压源,如图 2.27(a) 所示。测量插入源两端的电压 v_1 和 v_2,可得出 T_v 为

$$T_v = -\frac{v_2}{v_1} \tag{2.79}$$

接着将电压源移走,在同一个 P 点插入电流源 i_x,电流 i_2 和 i_1 的比值 T_i 为

$$T_i = \frac{i_2}{i_1} \tag{2.80}$$

这两组测量结果得到的两个方程中都包含两个未知数：回路增益 T 和电阻比值 R_B/R_A。R_A 表示源 v_x 左侧的电阻，R_B 表示测试源右侧的电阻。

对于图 2.27(a) 所示电压注入的情况，有

$$v_1 = -iR_A = (v_x - Av_1)\frac{R_A}{R_A + R_B} \tag{2.81}$$

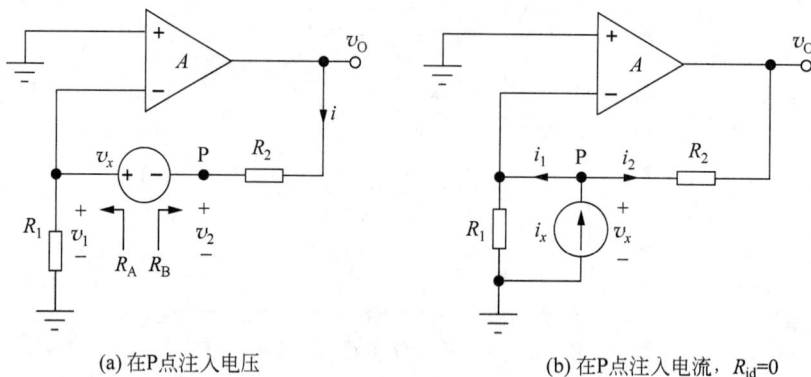

(a) 在P点注入电压　　　　　　　　　　(b) 在P点注入电流，$R_{id}=0$

图　2.27

求解 v_1 得到

$$v_1 = \frac{\beta}{1 + A\beta}v_x \tag{2.82}$$

其中 $\beta = \dfrac{R_A}{R_A + R_B}$。

经过代数运算，可求出 v_2 为

$$v_2 = v_1 - v_x = \frac{\beta - (1 + A\beta)}{1 + A\beta}v_x \tag{2.83}$$

而 T_v 等于

$$T_v = \frac{1 + A\beta - \beta}{\beta} \tag{2.84}$$

可看出乘积 $A\beta$ 为回路增益 T，利用 $1/\beta = 1 + R_B/R_A$，可写出 T_v 为

$$T_v = T\left(1 + \frac{R_B}{R_A}\right) + \frac{R_B}{R_A} \tag{2.85}$$

图 2.27(b) 所示的电流注入电路提供了第二个包含两个未知量的方程。注入电流 i_x 在电流发生器两端产生电压 v_x，可以用这一电压将电流 i_1 和 i_2 表示为

$$i_1 = \frac{v_x}{R_A} \qquad i_2 = \frac{v_x - (-Av_x)}{R_B} = v_x\frac{1 + A}{R_B} \tag{2.86}$$

将这两个表达式相比可得 T_i 为

$$T_i = \frac{i_2}{i_1} = \frac{\dfrac{1 + A}{R_B}}{\dfrac{1}{R_A}} = (1 + A)\frac{R_A}{R_B} = \frac{R_A}{R_B} + A\frac{R_A}{R_B} \tag{2.87}$$

将上式最后一项乘以 β，并再次利用 $1/\beta = 1 + R_B/R_A$，可得

$$T_i = \frac{R_A}{R_B} + A\beta \frac{R_A}{R_B} \frac{1}{\beta} = \frac{R_A}{R_B} + T\left(1 + \frac{R_A}{R_B}\right) \tag{2.88}$$

同时求解式(2.85)和式(2.88)可得出所要的结果为

$$T = \frac{T_v T_i - 1}{2 + T_v + T_i} \qquad \frac{R_B}{R_A} = \frac{1 + T_v}{1 + T_i} \tag{2.89}$$

利用这种方法，我们可同时求出回路增益 T 和 P 点的电阻(或阻抗)的比值。

虽然在图 2.27 所示电路中电阻比值由电阻 R_2 和 R_1 决定，但通常情况下电阻 R_B 和 R_A 实际分别是 P 点右侧及左侧通过计算而得到的等效电阻，而在 P 点回路是断开的。这一事实在例 2.9 的 SPICE 分析中诠释得更为清晰。

例 2.9　利用 SPICE 计算回路增益和电阻比值。

我们将通过 SPICE 利用持续电压和电流注入法来计算放大器的回路增益。

问题：利用在 P 点连续注入电压和电流的方法，计算例 2.5 中电流并联反馈放大器的回路增益 T 和电阻比值。

解：

已知量：例 2.5 已给出电流并联反馈电路及各元件值。在电阻 R_2 和 R_1 之间的 P 点连续注入电压和电流。

未知量：回路增益 T；电阻比值 R_B/R_A。

求解方法：在直流耦合的情况下，可在电路中插入电压为零的电源，并利用 SPICE 的传输函数功能求出电压 v_1 和 v_2 随 v_x 变化的敏感度，以及 i_1 和 i_2 随 i_x 变化的敏感度。

假设：从例 2.5 可知，$A_o = 80\text{dB}$，$R_{id} = 25\text{k}\Omega$，$R_o = 1\text{k}\Omega$。

分析：加入电源 VX1、VX2 及 IX 后，重新绘制的放大器电路图如下。3 个电源电压都为零的电源不影响 Q 点的计算。在电路中插入电源 VX2 是为了可利用 SPICE 来计算电流 i_2。

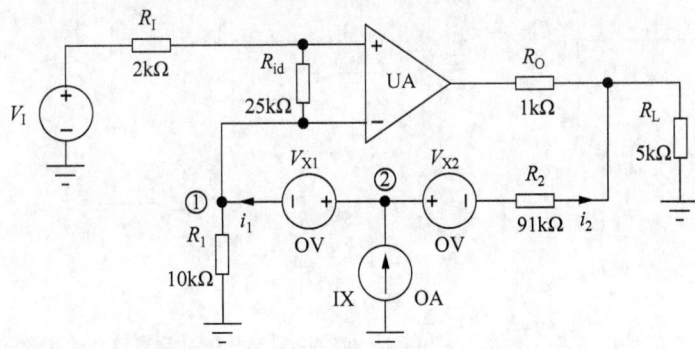

4 个 SPICE 传输函数分析结果为

$$\frac{v_2}{v_{x1}} = 0.9999 \qquad \frac{v_1}{v_{x1}} = -1.294 \times 10^{-4}$$

$$\frac{i_2}{i_x} = 0.9984 \qquad \frac{i_1}{i_x} = 1.628 \times 10^{-3}$$

利用这 4 个值计算出的回路增益和电阻比值为

$$T_v = -\frac{-0.9999}{1.294 \times 10^{-4}} = 7730 \quad T_i = \frac{0.9984}{1.628 \times 10^{-3}} = 613$$

$$T = \frac{T_v T_i - 1}{2 + T_v + T_i} = \frac{7730(613) - 1}{2 + 7730 + 613} = 568$$

$$\frac{R_B}{R_A} = \frac{1 + T_v}{1 + T_i} = \frac{1 + 7730}{1 + 613} = 12.6$$

结果检查：在例 2.5 中手工计算所得的回路增益 T 值为 568，与 SPICE 仿真得到的结果相符。与开环反馈回路相关的电阻 R_A 和 R_B 值与图 2.27 中的值相同。手工计算这些电阻值及其比值为

$$R_A = 10\text{k}\Omega \parallel (R_{id} + R_1) = 10\text{k}\Omega \parallel 27\text{k}\Omega = 7.30\text{k}\Omega$$

$$R_B = R_2 + (R_o \parallel R_L) = 91\text{k}\Omega + (1\text{k}\Omega + 5\text{k}\Omega) = 91.8\text{k}\Omega$$

$$\frac{R_B}{R_A} = 12.6$$

同样，可发现结果与 SPICE 仿真结果非常相近。

讨论：利用 SPICE 所得的值和手工计算的结果非常接近。利用传输函数分析的另一种可选方法是设 v_x 和 i_x 为 1V 和 1A 的交流源，且可进行两次交流分析。采用交流源的好处在于可以用频率函数的形式求出回路增益和电阻比值。为了确定反馈放大器的稳定性，必须了解交流源作为频率函数的回路增益。这一内容将在本章的后面部分进行详细讨论。

尽管在进行连续电压和电流注入法分析时采用的是理想源，但 Middlebrook 的分析[5]表明，即使计入 v_x 和 i_x 的源电阻，这种方法依然是有效的。另外，如果 P 点选在电路中 R_B 为 0 或 R_A 无穷大的位置处，那么等式就可以简化，仅通过一次测量就可求出 T。例如，如果点 P 选在 R_A 为无穷大的位置处，则式（2.85）就可简化为 $T = T_v$。在理想运算放大器电路中，这种点存在于运算放大器的输入端，如图 2.28(a) 所示。

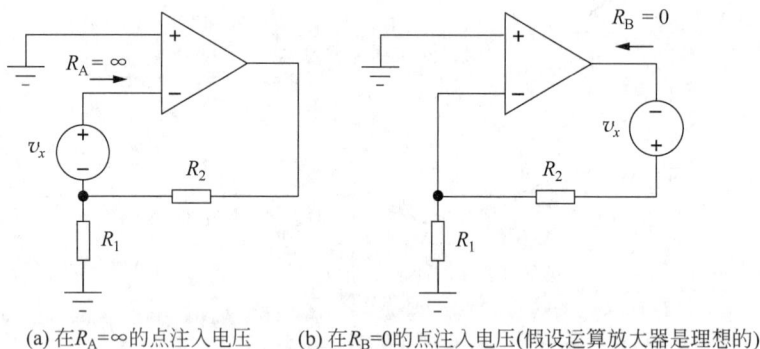

(a) 在 $R_A = \infty$ 的点注入电压　　　(b) 在 $R_B = 0$ 的点注入电压（假设运算放大器是理想的）

图　2.28

或者，如果 P 点存位于 $R_B = 0$ 的位置处，那么式（2.85）也可被简化为 $T = T_v$。在理想运算放大器中，这样的点存在于运算放大器的输出端，如图 2.28(b) 所示。对于电流注入情况可采用类似的一组简化。如果 P 点选在 $R_A = 0$ 或 $R_B = \infty$ 的位置处，则有 $T = T_I$。

在实际情况中，$R_B \gg R_A$ 或 $R_A \gg R_B$，足可采用简化表达式。一般情况下，这些条件可能并不能满足，或我们根本不清楚确切的阻抗值，那么采用常规方法是可行的。

2.10 利用反馈减小失真

实际的运算放大器并不具有如图 1.13 所示的分段线性电压传输函数。如实际的 VTC 曲线中会有多个 S 形,如图 2.29 所示,正如 1.5 节所讨论的那样,非线性特性会在运算放大器的输出端引入失真。幸运的是,可以利用反馈来减小放大器中的失真。

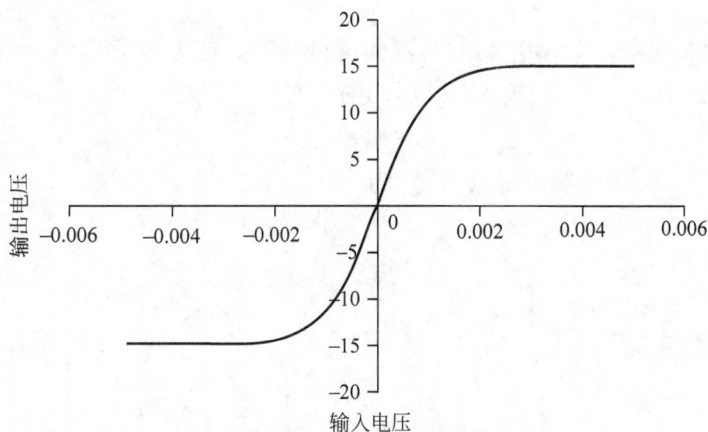

图 2.29　实际的电压传输特性曲线

分析图 2.30 中的同相放大器,其输入电压 $v_i = V_i \sin\omega_o t$。由于失真,运算放大器的输出中既有期望的频率 ω_o,同时还有不期望出现的不同于输入信号频率的信号[参见式(1.29)],即

$$v_o(t) = V_1 \sin(\omega_o t + \phi_1) + v_e(t) \tag{2.90}$$

其中,$v_e(t) = V_2 \sin(2\omega_o t + \phi_2) + V_3 \sin(3\omega_o t + \phi_3) + \cdots$

为了模拟这一特性,我们可以在电路中插入一个与运算放大器输出端串联的误差源 v_e,如图 2.30 所示。

现在计算同相放大器输出端的电压,可得

$$v_0 = A v_{id} + v_e \qquad v_{id} = v_i - \beta v_o \tag{2.91}$$

其中 $\beta = \dfrac{R_1}{R_1 + R_2}$。

$$v_o = \frac{A}{1 + A\beta} v_i + \frac{v_e}{1 + A\beta} \tag{2.92}$$

在第一项中我们看到,运算放大器的增益没有变化,与通过叠加法所预计的结果相符。但在第二项中可发现,失真被反馈降低为 $1/(1 + A\beta)$。实际

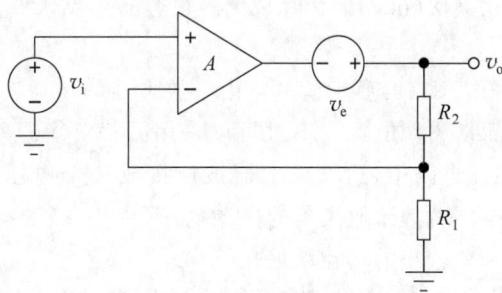

图 2.30　带失真源的同相放大器

上,理想情况下 $A = \infty$,运算放大器输入端的电压应为 0,失真应被完全消除。由于 v_i 中没有失真项,输出电压 v_o 中也不应该有失真,因为 βv_o 必须等于 v_i。而在实际中增益是有限的,失真被反馈降低为 $1/(1 + A\beta)$,这已经降低了很多。

2.11　直流误差源和输出摆幅限制

运算放大器内部电路所需偏置及这些电路中固态器件对之间的失配构成了一类重要的误差源。这些直流误差源包括输入失调电压 V_{OS}、输入偏置电流 I_{B1} 和 I_{B2} 及输出失调电流 I_{OS}。

2.11.1　输入失调电压

当图 2.31 中放大器的输入都为零时,放大器的输出并不真正为零,而为某个不为零的电压值。类似于在放大器输入端施加了一个小的直流电压,并被放大器放大[①]。等效直流输入失调电压（Input Offset Voltage）V_{OS} 被定义为

$$V_{OS} = \frac{V_O}{A}\bigg|_{v_+ = o = v_-} \tag{2.93}$$

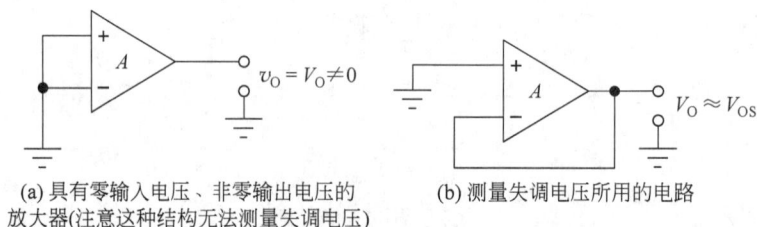

(a) 具有零输入电压、非零输出电压的
放大器(注意这种结构无法测量失调电压)

(b) 测量失调电压所用的电路

图　2.31

对运算放大器输出电压表达式进行修改,即加入 V_{OS} 项,可令输出电压包含这一失调电压的影响

$$v_O = A\left[v_{ID} + V_{OS}\right] \tag{2.94}$$

括号内的第一项代表所需的放大器差分输入信号,第二项代表损坏所需信号的失调电压误差。

不同运算放大器的失调电压各有不同,所以实际中 V_{OS} 的值为正还是为负是不确定的,只有失调电压处于最坏情况的幅值是确定的。大多数常用运算放大器的失调电压参数在 10mV 以内,V_{OS} 参数小于几毫伏（mV）的运算放大器很容易买到。$V_{OS} < 50\mu V$ 并具有内部微调功能的运算放大器价格会高一些。

图 2.31(a) 所示的电路由于放大器的增益较高,因此无法测量失调电压。不过可以采用图 2.31(b) 所示的电路,在此电路中,运算放大器被连接成一个电压跟随器,输出电压就等于放大器的失调电压（由于 $A \neq \infty$,所以会存在一个较小的增益误差）。

在例 2.10 中,失调电压的影响可按照图 2.32 所示来模拟,其中失调电压由一个与理想运算放大器输入串联的电源来表示。V_{OS} 像其他任何输入信号一样被放大,图 2.32 中放大器的直流输出电压为

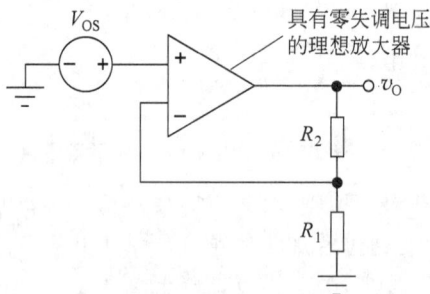

图 2.32　失调电压可以通过与放大器输入串联的电压源 V_{OS} 建模

[①]　该电压的增加主要由于运算放大器输入级晶体管的失配引起。

$$v_O = \left(1 + \frac{R_2}{R_1}\right)V_{OS} \tag{2.95}$$

练习：AD745 在 25℃ 条件下失调电压的正常值、最大值和最小值分别为多少？AD745 换成 OP77E 时各值又为多少？

答案：0.25mV，无最小值，1mV；$10\mu\text{V}$，无最小值，$25\mu\text{V}$。

例 2.10 失调电压分析。

本例计算运算放大器由于失调电压而产生的输出电压。

问题：假设图 2.32 所示的放大器有 $|V_{OS}| \leqslant 3\text{mV}$，$R_2 = 99\text{k}\Omega$，$R_1 = 1.2\text{k}\Omega$。试问放大器输出端的静态直流电压为多少？

解：

已知量：同相放大器电路中 $R_2 = 99\text{k}\Omega$，$R_1 = 1.2\text{k}\Omega$。放大器的等效输入电压 $|V_{OS}| \leqslant 3\text{mV}$。

未知量：放大器直流输出电压 V_O。

求解方法：利用已知量计算式(2.95)中的相关参数。

假设：除所特指的非零失调电压外，运算放大器是理想的。

分析：利用式(2.95)，求得输出电压为

$$|V_O| \leqslant \left(1 + \frac{99\text{k}\Omega}{1.2\text{k}\Omega}\right)(0.003\text{V}) = 0.25\text{V}$$

结果检查：唯一未知量已求出，且结果对于标准集成电路电源而言较为合理。

讨论：实际上我们并不清楚 V_{OS} 的正负符号，因为参数说明中只给出了上限值，因此只能确定如下关系：

$$-0.25\text{V} \leqslant V_O \leqslant 0.25\text{V}$$

练习：如果将同相运算放大器的增益设为50，失调电压为2mV，重复例2.10中的计算。

答案：$-100\text{mV} \leqslant V_O \leqslant 100\text{mV}$。

2.11.2 失调电压调节

加入一个电位计可以让我们将大部分集成运算放大器的失调电压(Offset Voltage)手动调节至零。商用运算放大器一般都有两个用于连接电位计的端口，如图 2.33 所示。电位计的第 3 个端口连接正的或负的电源电压。电位计的值取决于运算放大器的内部设计。

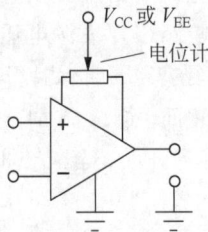

图 2.33 运算放大器的失调电压调节

2.11.3 输入偏置电流和输入失调电流

为了让构成运算放大器的晶体管正常工作，必须给放大器的每个输入端提供一个非零的直流偏置电流。对于采用双极型晶体管构成的放大器而言这些电流就是基极电流，而对于采用 MOSFET 或 JFET 构成的放大器而言这些电流就是栅极电流。尽管比较小，但偏置电流和失调电流都是额外的误差源。

偏置电流可以用两个分别与放大器同相输入端和反相输入端相连的电流源 I_{B1} 和 I_{B2} 来建模，如图 2.34 所示。I_{B1} 和 I_{B2} 的值相近，但不完全一样，电流的实际方向取决于运算放大器的内部电路细节（npn、pnp、NMOS、PMOS 等）。两个偏置电流之差称为失调电流（Offset Current），即

$$I_{OS} = I_{B1} - I_{B2} \tag{2.96}$$

运算放大器的失调电流定义通常表示成 I_{OS} 的幅值上限的形式，但对于某一给定运算放大器，I_{OS} 的实际正负符号未知。

在运算放大器电路中，输入偏置电流（Input Bias Current）会在输出端产生不希望出现的电压。例如图 2.35(a) 中的反相放大器，在这一电路中，直接将放大器的同相输入端与地相连而将 I_{B1} 短路，且不影响电路。然而，由于反相输入端为虚地，R_1 中的电流必须为零，促使电流 I_{B2} 由放大器输出端通过 R_2 提供。因此，直流输出电压等于

$$V_O = I_{B2} R_2 \tag{2.97}$$

图 2.34 具有由源建模的输入偏置电流的运算放大器 I_{B1} 和 I_{B2}

在运算放大器的同相输入端串联一个偏置电流补偿（Bias Current Compensation）电阻 R_B，如图 2.35(b) 所示，可以减小式(2.97)中的输出电压误差。采用叠加分析法，I_{B1} 单独作用时得到的输出电压为

$$V_O = -I_{B1} R_B \left(1 + \frac{R_2}{R_1}\right) \tag{2.98}$$

总的输出电压为式(2.97)和式(2.98)之和

$$V_O^T = I_{B2} R_2 - I_{B1} R_B \left(1 + \frac{R_2}{R_1}\right) \tag{2.99}$$

令 R_B 等于 R_1 和 R_2 的并联值，则输出电压误差的表达式可简化为

$$V_O^T = (I_{B2} - I_{B1}) R_2 = -I_{OS} R_2 \tag{2.100}$$

其中，$R_B = \dfrac{R_1 R_2}{R_1 + R_2}$。失调电流的值通常为单个失调电流的 $1/10 \sim 1/5$ 倍，因此采用偏置电流补偿技术可大大减小直流输出电压误差。

积分器电路出现失调电压和偏置电流相关问题的另一个例子如图 2.36 所示。在积分器电路中加入复位开关，在 $t < 0$ 时保持开关闭合。当开关闭合时，电路等效为电压跟随器，输出电压 v_o 等于失调电压 V_{OS}。然而，当 $t = 0$ 时开关断开，电路开始对其自身的失调电压和偏置电流积分。再次采用叠加法分析，很容易证明，当 $t \geqslant 0$ 时，参见习题 2.66，输出电压等于

$$v_O(t) = V_{OS} + \frac{V_{OS}}{RC} t + \frac{I_{B2}}{C} t \tag{2.101}$$

输出电压的曲线变成了具有固定斜率的斜线，其斜率由 V_{OS} 和 I_{B2} 确定。最终，正如第 1 章所讨论的那样，积分器的输出饱和在两个电源中的其中一个值上。如果积分器电路是在实验室中搭建而成的，没有复位开关，那么在通常情况下输出电压会稳定在一个接近其中一个电源电压的值上。

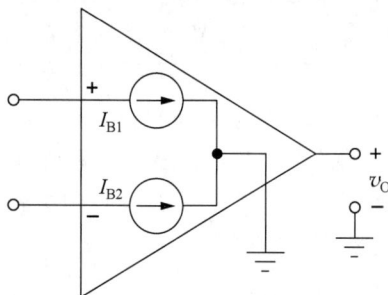

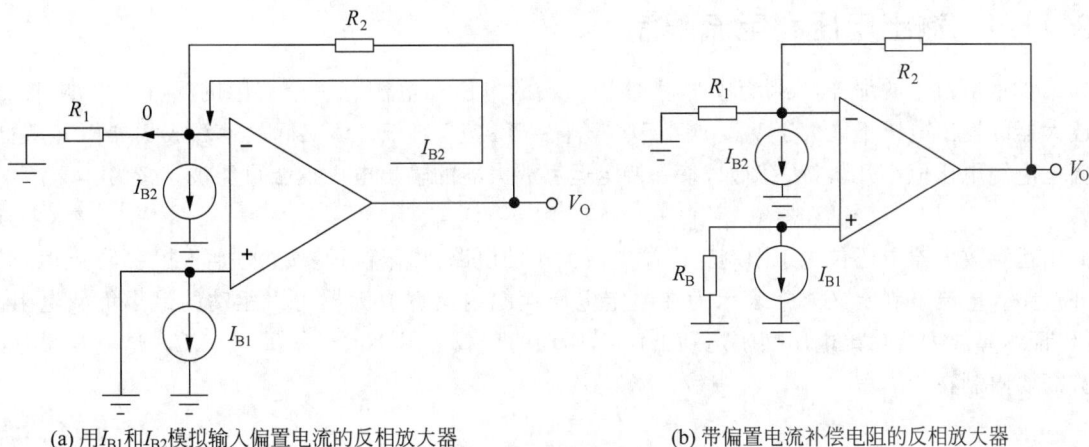

(a) 用I_{B1}和I_{B2}模拟输入偏置电流的反相放大器   (b) 带偏置电流补偿电阻的反相放大器

图 2.35

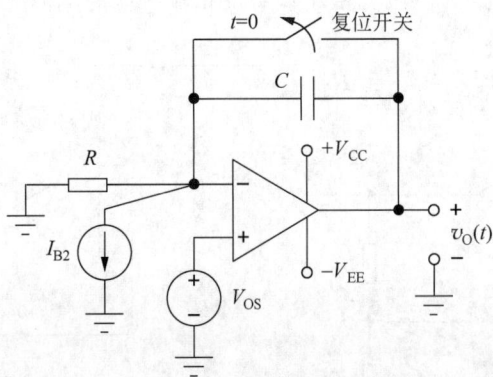

图 2.36 积分器电路中失调电压和偏置电流误差实例

练习：μA741C 运算放大器的输入偏置电流和失调电流的正常值、最大值和最小值分别为多少？AD745J 运算放大器的呢？

答案：80nA，无最小值，500nA；20nA，无最小值，200nA；150pA，无最小值，400pA；40pA，无最小值，150pA。

练习：设计一个电阻为 $R_1 = 1$kΩ，$R_2 = 39$kΩ 的反相放大器，为了进行偏置电流补偿，需在同相输入端上串联多大的电阻？

答案：975Ω；注意，1kΩ 电阻最接近 5％ 容限阻值。

练习：一个积分器有 $R = 10$kΩ，$C = 100$pF，$V_{OS} = 1.5$mV，$I_{B2} = 100$nA。那么开始供电后需要多长时间可令 v_O 达到饱和（达到 V_{CC} 或 V_{EE}）？

答案：$t = 6.0$ms。

2.11.4 输出电压和电流限制

如第 1 章所讨论的那样,实际运算放大器输出端的电压和电流有一个有限的摆幅。例如,图 2.37 所示放大器的输出电压不能大于 V_{CC} 或小于 $-V_{EE}$。事实上,对于许多实际的运算放大器而言,输出电压摆幅比电源电压值小几伏特。例如,某一特定运算放大器的输出电压摆幅可能被定义为

$$(-V_{EE} + 1V) \leqslant v_O \leqslant (V_{CC} - 2V) \tag{2.102}$$

商用运算放大器中还包含了限制输出端电流大小的电路,以限制运算放大器的功耗,防止运算放大器意外短路。电流限制定义通常表示为在给定电压摆幅内运算放大器可以驱动的最小负载电阻。例如,为保证运算放大器输出电压摆幅达到 $\pm 10V$,驱动的负载电阻要大于或等于 $5k\Omega$。这就是说总的输出电流需要限制在

$$|i_o| \leqslant \frac{10V}{5k\Omega} = 2mA \tag{2.103}$$

输出电流参数要求不仅影响到放大器可以驱动的负载电阻大小,还为反馈电阻 R_1 和 R_2 设定了下限值。图 2.38 中的总电流为 $i_O = i_L + i_F$,由于理想反相输入端的电流为零,于是有

$$i_O = \frac{v_O}{R_L} + \frac{v_O}{R_2 + R_1} = \frac{V_O}{R_{EQ}} \tag{2.104}$$

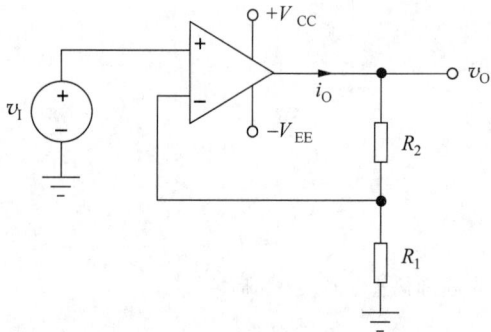

图 2.37 标示了电源电压的运算放大器   图 2.38 同相放大器中的输出电流限制

放大器输出不仅要为负载提供电流,还要为反馈回路提供电流。从式(2.104)可看到,同相放大器必须驱动的电阻等于负载电阻和串联组合电阻 R_1 和 R_2 的并联

$$R_{EQ} = R_L \parallel (R_1 + R_2) \tag{2.105}$$

对于图 2.39 中的反相放大器,由于放大器的反相输入端为虚地,因此 R_{EQ} 等于

$$R_{EQ} = R_L \parallel R_2 \tag{2.106}$$

在电路设计过程中,式(2.105)和式(2.106)所描述的输出电流限制可以帮助我们选取合适的反馈电阻大小。

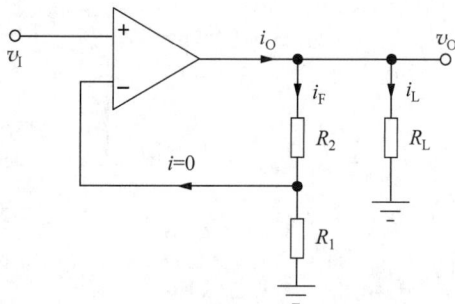

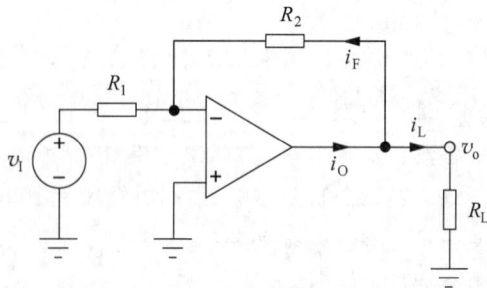

图 2.39 反相放大器中的输出电流限制

> **练习**：OP-27A 运算放大器的输出电流最大可靠值为多少？
> **答案**：12V/2kΩ＝6mA。

设计实例

例 2.11 存在输出电流限制的反相放大器设计。

本例研究考虑运算放大器电流输出能力限制的运算放大器电路设计。

问题：图 2.39 中的放大器设计成具有 20dB 增益，且必须在最小负载电阻为 5kΩ 时峰值输出电压至少为 10V。运算放大器输出电流参数要求输出电流必须小于 2.5mA。从附录 A 的 5％容限阻值表格中选取合适的 R_1 和 R_2 阻值。

解：

已知量：同相放大器电路结构，其参数为 $A_v = 20dB$，当 $R_L \geqslant 5kΩ$ 时，$|v_O| \leqslant 10V$。运算放大器的输出电流幅值不可超过 2.5mA。

未知量：反馈电阻 R_1 和 R_2 的值。从附录 A 的表格中选取实际阻值。

求解方法：运算放大器需同时为负载电阻和反馈回路提供电流。两者都需考虑。

假设：除了输出电流限制外，运算放大器是理想的。

分析：放大器的等效负载电阻必须大于 4kΩ，此时有

$$R_{EQ} \geqslant \frac{10V}{2.5mA} = 4kΩ \quad 或 \quad R_L \parallel R_2 \geqslant 4kΩ$$

由于 R_L 的最小值为 5kΩ，反馈电阻 R_2 必须满足 $R_2 \geqslant 20kΩ$，且由于增益为 20dB，所以 $R_2/R_1 = 10$。还应保证 R_2 有一定的安全裕度。例如，具有 5％容限的 27kΩ 电阻的最小值为 25.6kΩ，还算令人满意，22kΩ 电阻的最小值为 20.9kΩ，也能满足设计要求。R_1 和 R_2 还有很大的选择范围。几个可取的选取方法如下：

$$R_2 = 22kΩ, \quad R_1 = 2.2kΩ$$
$$R_2 = 27kΩ, \quad R_1 = 2.7kΩ$$
$$R_2 = 47kΩ, \quad R_1 = 4.7kΩ$$
$$R_2 = 100kΩ, \quad R_1 = 10kΩ$$

我们选取最后一组值：$R_1 = 10kΩ$，$R_2 = 100kΩ$，得到输入电阻为 10kΩ。

结果检查：增益为 $R_2/R_1 = 10$，正确。最大输出电流为

$$i_o \leqslant \frac{10V}{100kΩ} + \frac{10V}{5kΩ} = 2.1mA$$

该值小于 2.5mA（如果考虑 5％容限将为 2.2mA）。

讨论：需指出的是，输入电阻的设计要求在确定 R_1 的值时有一定作用。

计算机辅助分析：SPICE 利用下图所示的电路可以检查我们的设计。UA 的增益设为 10^6 以近似于理想放大器。V_I 设为 $-1V$，产生 10V 输出电压。工作点和传输函数分析得到 $V_O = 10V$，$I_O = 2.1mA$，$A_v = -10$，$R_{in} = 10kΩ$，都与我们的理论相符。

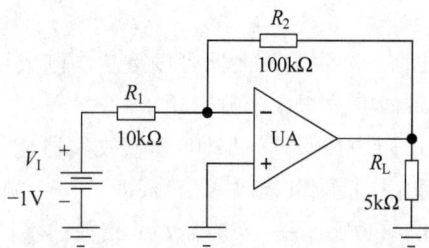

> 练习：AD745J 运算放大器的输出电流最大可靠值为多少？
>
> 答案：12V/2kΩ＝6mA。
>
> 练习：设计一个同相放大器，要求增益为 20dB，且必须在最小负载电阻为 5kΩ 时峰值输出电压至少为 20V。运算放大器输出电流参数要求输出电流必须小于 5mA。从附录 A 的 5％ 容限阻值表格中选取合适的 R_1 和 R_2 阻值。
>
> 答案：几个可能的选择：27kΩ 和 3kΩ；270kΩ 和 30kΩ；180kΩ 和 20kΩ。由于容限的影响不能选择 18kΩ 和 2kΩ。
>
> 练习：如果电阻容限为 10％，则例 2.11 的设计中最大输出电流为多少？
>
> 答案：2.33mA。

2.12 共模抑制比和输入电阻

2.12.1 有限共模抑制比

遗憾的是，图 2.40 所示实际放大器的输出电压还包含除输入电压的比例值（Av_{id}）之外的值。尤其是实际运算放大器还会对两个输入信号的共模部分有响应，这个共模部分称为共模输入电压（Common-Mode Input Voltage）v_{ic}，定义为

$$v_{ic} = \frac{v_1 + v_2}{2} \tag{2.107}$$

共模增益（Common-Mode Gain）A_{cm} 放大，得到总的输出电压表达式为

$$v_o = A(v_1 - v_2) + A_{cm}\left(\frac{v_1 + v_2}{2}\right) \quad 或 \quad v_o = Av_{id} + A_{cm}v_{ic} \tag{2.108}$$

其中，A（或 A_{dm}）为差模增益（Differential-Mode Gain）；A_{cm} 为共模增益；$v_{id} = (v_1 - v_2)$ 为差模输入电压；$v_{ic} = \left(\frac{v_1 + v_2}{2}\right)$ 为共模输入电压。

图 2.40 带输入 v_1 和 v_2 的运算放大器

联立后面两个方程，得到 v_1 和 v_2 关于 v_{ic} 和 v_{id} 的表达式为

$$v_1 = v_{ic} + \frac{v_{id}}{2} \quad 或 \quad v_2 = v_{ic} - \frac{v_{id}}{2} \tag{2.109}$$

图 2.40 中的放大器可以重新绘制成用 v_{ic} 和 v_{id} 表示的电路，如图 2.41 所示。该电路在后面的叠加原理研究分析中十分有用。

正如一直假设的那样，理想放大器应该只会放大差模输入电压（Differential-Mode Input Voltage）v_{id} 而完全抑制共模输入信号（即 $A_{cm} = 0$）。然而，实际运算放大器的共模增益 A_{cm} 不为零，式（2.108）通常会被改写成一个与系数 A 相关的不同形式：

$$v_o = A\left[v_{id} + \frac{A_{cm}v_{ic}}{A}\right] = A\left[v_{id} + \frac{v_{ic}}{\text{CMRR}}\right] \tag{2.110}$$

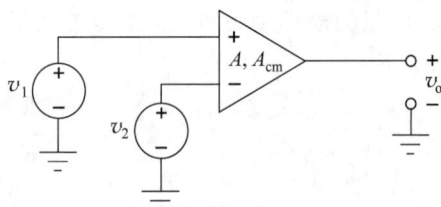

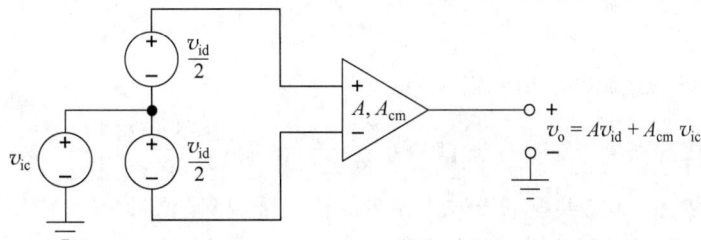

图 2.41 详细显示出共模和差模输入的运算放大器

在这个等式中,CMRR 为共模抑制比(Common-Mode Rejection Ratio),定义为 A 和 A_{cm} 之比

$$\text{CMRR} = \left| \frac{A}{A_{cm}} \right| \tag{2.111}$$

CMRR 经常表示为分贝值形式

$$\text{CMRR}_{dB} = 20\log \left| \frac{A}{A_{cm}} \right| \text{dB} \tag{2.112}$$

理想运算放大器有 $A_{cm}=0$,所以其 CMRR 为无穷大。实际运算放大器有 $A \gg A_{cm}$,CMRR 值的范围通常为

$$60\text{dB} \leqslant \text{CMRR}_{dB} \leqslant 120\text{dB}$$

60dB 是相对较差的共模抑制比,可以获得 120dB(或更高)的共模抑制比,但是较为困难。一般而言,事先 A_{cm} 的正负情况是未知的。此外,CMRR 的设计要求表示的是一个下限值。例 2.12 中展示了有限共模抑制可能导致的问题。

练习:OP27 运算放大器的 CMRR 的正常值、最小值和最大值分别为多少?针对 AD745 重复上述计算。

答案:126dB,114dB,无最大值;95dB,80dB,无最大值。

2.12.2 共模抑制比的重要性

共模信号的概念初看起来令人费解,但在实际中我们会经常遇见共模信号。在数字系统中,在总线或背板中的信号线之间,高频信号的电容耦合会导致在多根信号线上感应出同一个信号。多数高速计算机总线采用差分信号,目的是用具有良好 CMRR 的放大器来消除不希望出现的共模信号。

目前可能遇到的、最常见的共模信号就是在利用仪器进行测量的时候。图 2.42 所示的电路为尝试利用数字万用表(DMM)测量加载在 100Ω 电阻两端的电压。通过分压我们可以很容易地求出加载在 DMM 输入端的直流电压差(其差模输入 V_{DM})为

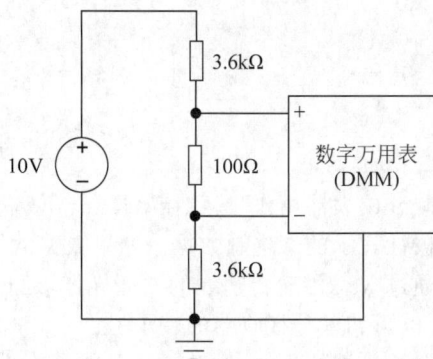

图 2.42 数字万用表应用中的共模输入

$$V_{DM} = V_+ - V_- = 10V\left(\frac{100\Omega}{7300\Omega}\right) = 0.137V$$

然而，DMM 还有一个直流共模信号输入为

$$V_{CM} = \frac{V_+ + V_-}{2} = \frac{1}{2}\left[10V\left(\frac{3700\Omega}{7300\Omega}\right) + 10V\left(\frac{3600\Omega}{7300\Omega}\right)\right] = 5.0V$$

因此 DMM 必须在有 5.0V 共模电压输入存在的情况下，精确测量出 0.137V 的差分输入，这需要数字万用表具有优良的共模抑制能力。如果希望在 0.137V 的输入信号测量中由共模输入产生的误差小于 0.1%，则需要满足

$$\frac{5.0}{CMRR} \leqslant 10^{-3} \times (0.137V) \quad \text{或} \quad CMRR \geqslant 3.65 \times 10^4$$

这表示 CMRR 要大于 90dB。

当在差分模式下采用示波器时也会出现类似的测量问题。在这种情况下，差模输入和共模输入中除了直流成分外可能还会有高频信号成分。遗憾的是，在高频下做到高共模抑制比较为困难。

电 子 应 用

低压差分信号（LVDS）

减少信号摆幅是提高逻辑系统速度或降低功耗的一种有效方法。此外，数字信号线之间的耦合是逻辑系统中噪声的主要来源。下面的电路描述了一种多点低压差分信号（LVDS）技术，该技术旨在帮助解决这些问题。

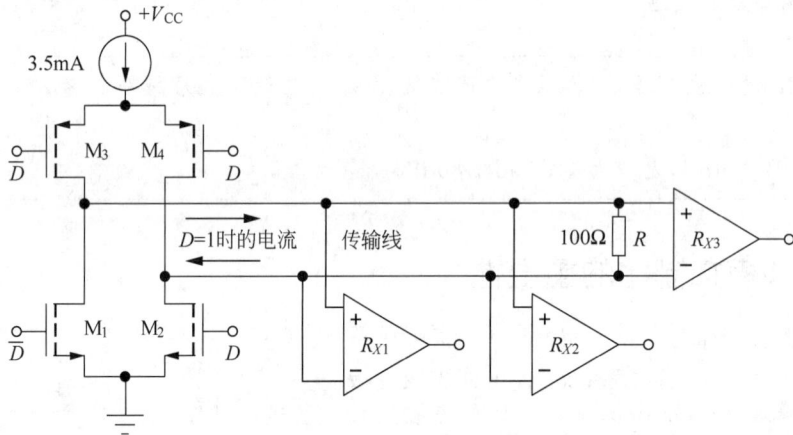

LVDS 多点逻辑电路采用差分放大器的差分和共模特性

差分放大器用作"接收器"（$R_{X1} - R_{X2} - R_{X3}$）以恢复由 MOS（或双极型）晶体管沿传输线驱动的电流的极性表示的二进制数据。如果数据信号 $D=1$，则晶体管 M_3 和 M_2 导通，M_1 和 M_4 截止。3.5mA 电流通过 M_3，沿着传输线的顶部导体，通过 100Ω 电阻发送，然后通过 M_2 下部传输线返回到地，并在 100Ω 电阻和差分接收器的端子上产生 350mV 信号。当 $D=0$ 时，电流方向通过 M_1 和 M_4 反转，并在接收器输入端产生 -350mV 信号。放大器的差模增益使 ±350mV 信号恢复到所需的逻辑电平。同时，放大器的共模反射能力用于消除传输线两个导体共有的噪声。

例 2.12 共模误差计算。

计算具有非理想增益和共模抑制比的差分放大器的误差。

问题：假设图 2.40 所示放大器的差模增益为 2500，CMRR 为 80dB。如果 $V_1 = 5.001\text{V}, V_2 = 4.999\text{V}$，则输出电压为多少？由于有限的 CMRR 产生的误差为多少？

解：

已知量：图 2.40 所示的放大器有 $A = 2500$，CMRR $= 80\text{dB}$，$V_1 = 5.001\text{V}, V_2 = 4.999\text{V}$。

未知量：输出电压 V_O；共模贡献的误差。

求解方法：利用已知量计算式(2.110)。

假设：除了有限增益和 CMRR 外，运算放大器是理想的。CMRR $= 80\text{dB}$ 意味着 CMRR $= \pm 10^4$。在本例中假设 CMRR $= 10^4$。

分析：差模和共模输入电压为

$$V_{ID} = 5.001\text{V} - 4.999\text{V} = 0.002\text{V}, \quad V_{IC} = \frac{5.001 + 4.999}{2}\text{V} = 5.000\text{V}$$

$$V_O = A\left(V_{ID} + \frac{V_{IC}}{\text{CMRR}}\right) = 2500 \times \left(0.002 + \frac{5.000}{10^4}\right)\text{V}$$

$$= 2500 \times (0.002 + 0.0005)\text{V} = 6.25\text{V}$$

由共模抑制比导致的误差是差模输入电压的 25%。

结果检查：我们已求出所需未知量。对于集成运算放大器通常所采用的电源电压而言输出电压是合理的。

评估和讨论：理想运算放大器只会对 v_{id} 进行放大，产生 5.00V 的输出电压。对于这一特殊情况，由于有限的共模抑制比产生的误差是差模输入电压的 25%。正如本例所示，共模抑制比在存在较大共模电压的情况下测量小电压差时很重要。在本例中需注意的是

$$A_{cm} = \frac{A}{\text{CMRR}} = \frac{2500}{10000} = 0.25 \quad \text{或} \quad -12\text{dB}$$

计算机辅助分析：建立一个模型来对本例进行仿真。运算放大器的输出可以重新写为

$$V_O = A_{dm}V_{ID} + \frac{A_{cm}}{2}V_1 + \frac{A_{cm}}{2}V_2 = 2500V_{ID} + 0.125V_1 + 0.125V_2$$

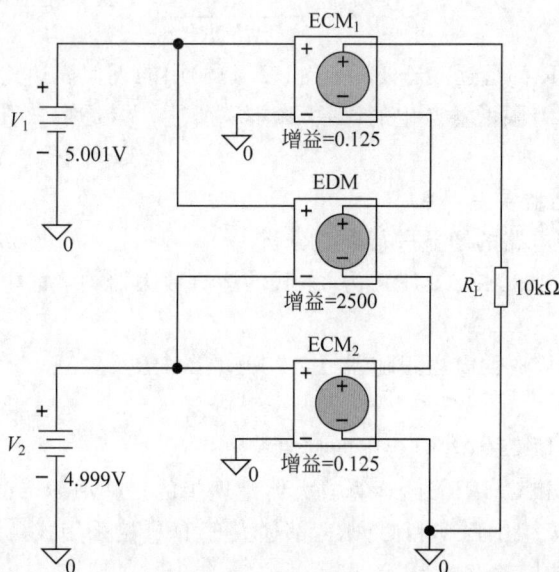

上图所示宏观电路采用了 3 个压控电压源。EDM 取决于电压差 V1-V2，ECM1 取决于电压 V1，ECM2 取决于电压 V2。工作点分析证实了我们手工分析的结果，得到 $v_o = 6.25\text{V}$。在输出端加入 RL 使得输出有了有效连接关系且不影响计算结果。

练习：例 2.12 中定义 CMRR＝80dB 实际表示的是 $-10^4 \leqslant \text{CMRR} \leqslant 10^4$，则输出电压可能出现的范围是多少？

答案：$3.75\text{V} \leqslant V_O \leqslant 6.25\text{V}$。

2.12.3 由 CMRR 产生的电压跟随器增益误差

有限 CMRR 在计算图 2.43 所示电压跟随器电路的增益误差中同样起着重要作用，对于这一电路有

$$v_{id} = v_i - v_o \qquad v_{ic} = \frac{v_i + v_o}{2}$$

利用式（2.108）可得

$$v_o = A \left[(v_i - v_o) + \frac{v_i + v_o}{2\text{CMRR}} \right] \qquad (2.113)$$

利用这一方程求出 v_o，可得

$$A_v = \frac{v_o}{v_i} = \frac{A \left[1 + \dfrac{1}{2\text{CMRR}} \right]}{1 + A \left[1 - \dfrac{1}{2\text{CMRR}} \right]} \qquad (2.114)$$

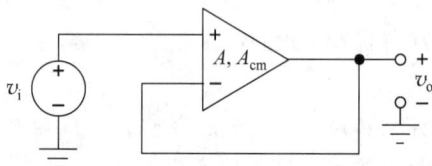

图 2.43　电压跟随器中的 CMRR 误差

理想电压跟随器的电压增益为 1，因此增益误差等于

$$\text{GE} = 1 - A_v = \frac{1 - \dfrac{A}{\text{CMRR}}}{1 + A \left[1 - \dfrac{1}{2\text{CMRR}} \right]} \approx \frac{1}{A} - \frac{1}{\text{CMRR}} \qquad (2.115)$$

一般情况下 A 和 CMRR 都远远大于 1，所以式（2.115）中的近似表达式通常是成立的。式（2.115）的第一项表示由运算放大器有限增益产生的误差，如本章所述。但是第二项表明 CMRR 在电压跟随器中可能会产生更严重的误差。

例 2.13　电压跟随器增益误差。

对单位增益运算放大器电路的增益进行误差分析。

问题：计算由开环增益为 80dB、CMRR 为 60dB 的运算放大器构成的电压跟随器的增益误差。

解：

已知量：由运算放大器构成的电压跟随器 $A = 80\text{dB}$，$\text{CMRR} = 60\text{dB}$。

未知量：增益误差。

求解方法：通过已知量估算式（2.114）中的相关参数。

假设：除有限开环增益和 CMRR 外，运算放大器是理想的。CMRR＝60dB 表示 CMRR＝±1000。在本例中假设 CMRR＝1000。由于 A 和 CMRR 都远大于 1，直接采用式（2.115）的近似形式。

分析：式（2.115）给出的增益误差为

$$GE \approx \frac{1}{10^4} - \frac{1}{10^3} = -9.00 \times 10^{-4} \quad \text{或} \quad -0.090\%$$

结果检查：已求出所需增益误差，不过符号为负，看起来似乎不太正常。我们最好对这一结果做出进一步解释。

讨论：在本次计算中，由有限 CMRR 产生的误差要比由有限增益产生的误差大 10 倍。正如上面所指出的，增益误差是负的，表示增益要大于 1。只考虑有限开环增益时总会得出 A_v 略小于 1。然而，在本例中有

$$A_v = \frac{A\left(1 + \frac{1}{2\text{CMRR}}\right)}{1 + A\left(1 - \frac{1}{2\text{CMRR}}\right)} = \frac{10^4 \times \left[1 + \frac{1}{2(1000)}\right]}{1 + 10^4 \times \left[1 - \frac{1}{2(1000)}\right]} = 1.001$$

计算机辅助分析：在下图中将上一个例子中的放大器模型重新连接成一个电压跟随器，其中 $V_1 = 0$。EDM、ECM_1 和 ECM_2 的增益分别设为 10000、5 和 5。SPICE 传输函数分析得出电压增益为 1.001。

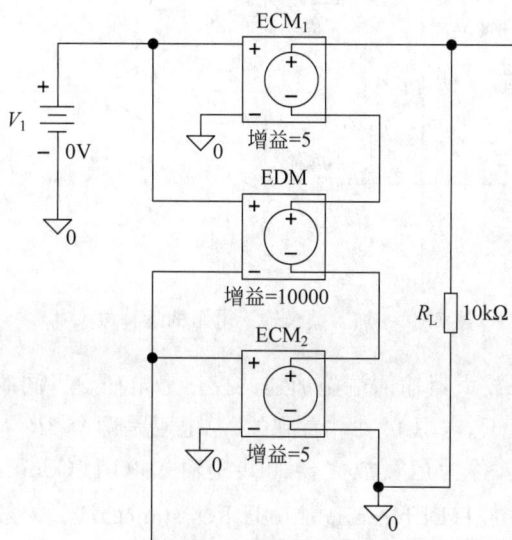

练习：在例 2.13 中，如果将 CMRR 提升至 80dB，则电压增益为多少？如果差模电压增益只有 60dB 呢？

答案：1.000；1.000。

如果我们想要进行精确放大或者测量，就一定要考虑由 CMRR 产生的误差。对 CMRR 的讨论通常关注的是放大器的直流特性。然而，在高频下 CMRR 会产生更大的问题。共模抑制比会随着频率的升高而迅速下降，通常随频率增加其斜率至少为 −20dB/十倍频程。CMRR 的这一衰减特性在频率低于 100Hz 时开始显现。因此，在 60Hz 或 120Hz 情况下的共模抑制比可能要比直流情况差很多。

练习：要设计增益误差小于 0.005％的电压跟随器。试确定开环增益和 CMRR 的最小值要求。

答案：有若干可选方案：$A = 92\text{dB}$，$\text{CMRR} = 92\text{dB}$；$A = 100\text{dB}$，$\text{CMRR} = 88\text{dB}$；$\text{CMRR} = 100\text{dB}$，$A = 88\text{dB}$。

2.12.4　共模输入电阻

截至目前,有关运算放大器输入电阻的讨论都局限于 R_{id},它实际是针对纯差模输入电压 v_{id} 的近似电阻。图 2.44 所示的电路中加入了两个阻值为 $2R_{\text{ic}}$ 的新电阻,用于模拟放大器的有限共模输入电阻。

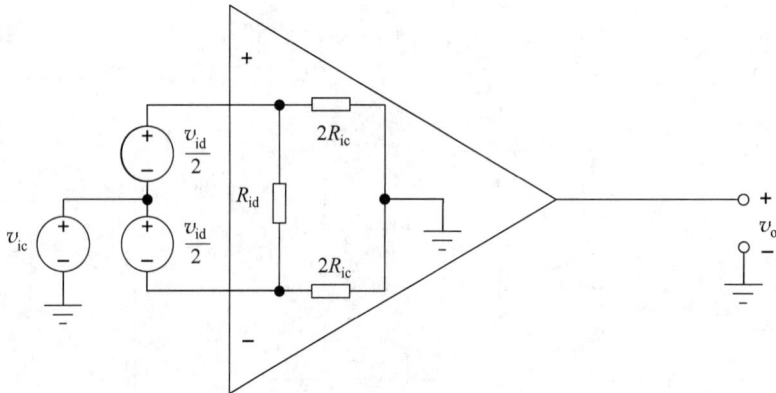

图 2.44　加入共模输入电阻的运算放大器

如图 2.45 所示,当在这一放大器输入端施加纯共模信号电压 v_{ic},同时 $v_{\text{id}} = 0$ 时,即使 R_{id} 短路,输入电流也不为零。在这种情况下,电源 v_{ic} 所"看到的"总电阻是两个 $2R_{\text{ic}}$ 电阻的并联,等于 R_{ic}。因此,R_{ic} 是共模信号源的等效电阻,称为运算放大器的共模输入电阻（Common-Mode Input Resistance）。R_{ic} 的值通常远大于差模输入电阻（Differential-Mode Resistance）R_{id},一般会超过 $10^9\ \Omega$（$1\text{G}\Omega$）。

从图 2.46 中我们看到,纯差模输入信号实际"看到的"输入电阻等于

$$R_{\text{in}} = R_{\text{id}} \parallel 4R_{\text{ic}} \tag{2.116}$$

不过正如之前所提,R_{ic} 通常要远大于 R_{id},差模输入电阻近似等于 R_{id}。

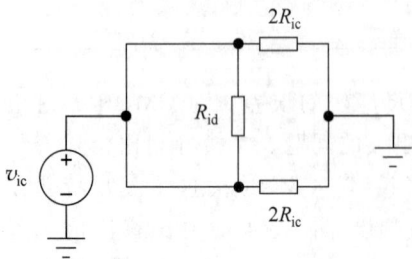

图 2.45　只有一个共模输入信号的运算放大器

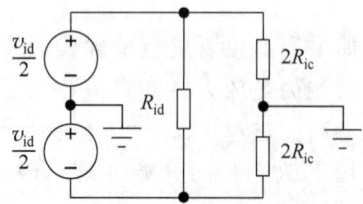

图 2.46　纯差模输入的运算放大器

2.12.5 CMRR 的另一种解释

如果将式(2.111)中的差模输入电压 v_{id} 设置为 0,则任何其他的输出电压都是由于两个等效输入误差电压产生,即

$$v_o = A\left(V_{OS} + \frac{v_{ic}}{CMRR}\right) = A(v_{OS}) \tag{2.117}$$

其中 $v_{OS} = V_{OS} + v_{os}$。我们可以将 CMRR 当作衡量存在共模电压时,总的漂移电压 v_{OS} 偏离其直流值 V_{OS} 的大小的参量。

$$CMRR = \frac{v_{OS}}{v_{ic}} \quad 或 \quad CMRR_{dB} = 20\log\left|\frac{v_{os}}{v_{ic}}\right|^{-1} \tag{2.118}$$

2.12.6 电源抑制比

与 CMRR 密切相关的一个参数是电源抑制比(Power Supply Rejection Ratio),或称为 PSRR。当由于长时间漂移或者电源中噪声的存在使电源电压发生改变时,等效输入失调电压会发生轻微变化。PSRR 用来衡量放大器对这些电源变化的抑制能力。

与 CMRR 类似,电源抑制比反映的是当电源电压变化时失调电压如何变化。

$$PSRR_+ = \frac{\Delta V_{OS}}{\Delta V_{CC}} \quad PSRR_- = \frac{\Delta V_{OS}}{\Delta V_{EE}} \tag{2.119}$$

单位一般为 $\frac{\mu V}{V}$。通常还将 PSRR 表示为分贝值,有 $PSRR_{dB} = 20\log|1/PSRR|$。

一般情况下,由于 V_{CC} 和 V_{EE} 的变化产生的 PSRR 不同,运算放大器的 PSRR 通常要求代表的是两个值中较差的那一个。PSRR 值与 CMRR 值类似,直流情况下其典型值为 60~120dB。需要指出的重要一点是,CMRR 值和 PSRR 值都随着频率的增加而迅速下降。

练习:运算放大器 OP77E 的 CMRR 和 PSRR 的正常值、最大值和最小值分别为多少?AD741C 的呢?

答案:123dB,120dB,无最大值;140dB,120dB,无最大值;90dB,76dB,无最大值;90dB,70dB,无最大值。

电 子 应 用

失调电压、偏置电流及 CMRR 的测量

利用下图中的 3 个电路可测量运算放大器的补偿电压和偏置电流。3 个电路的输出电压依次为

$$V_o = V_{OS}\left(\frac{A}{1+A}\right) \quad V_o = (V_{OS} - I_+ R_1)\left(\frac{A}{1+A}\right) \quad V_o = (V_{OS} - I_- R_2)\left(\frac{A}{1+A}\right)$$

第一个电路的直流输出电压近似等于补偿电压。在电路中增加电阻 R_1,由于输出电压的改变量近似等于 $\Delta V_o = -I_+ R_1$,从而得到偏置电流 I_+。在电路中增加电阻 R_2,由于输出电压的改变量近似等于 $\Delta V_o = +I_- R_2$,从而得到偏置电流 I_-。但是当输出电压和增益很小时,测量结果与实际存在偏差。

为了解决这些问题,我们在电路中增加放大器 A_2。在直流状态下,A_2 的开环增益增大了电路的总

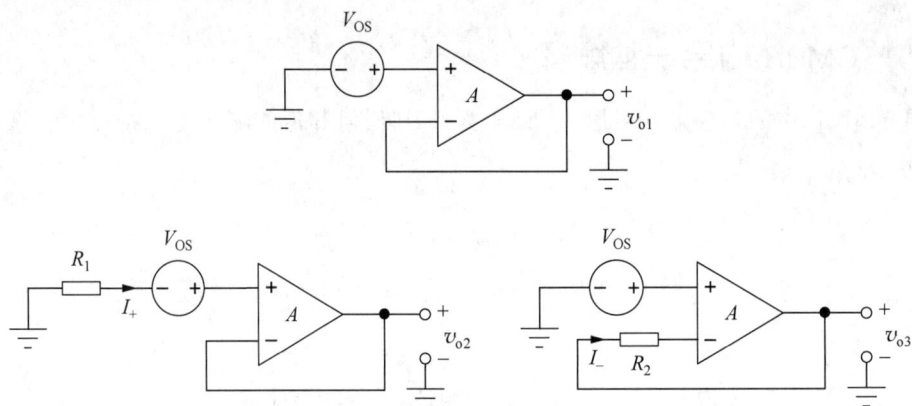

开环增益。调节 R_2 和 R_1 的电阻值,可以使反馈放大器获得较大的闭环增益。第二个放大器起到积分器的作用,保持反馈环路的稳定。在直流状态下,当器件的输出电压低于测试电压时,积分器使其输出为零,此电路的直流输出电压为 $V_o = V_{OS}(1 + R_2/R_1)$（假设 $I_+ = 0 = I_-$）,改变 R_2/R_1 的值,可以将输出电压增大到 V_{OS} 的 10～1000 倍,同时减小增益误差。电路中 R_3 提供偏置电流补偿,偏置电流也可以通过改变 R_1 和 R_3 的值得到。

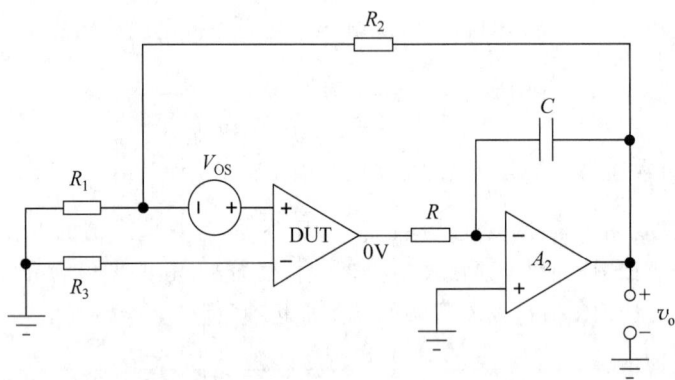

最后一个电路将该技术扩展到计算/测量 CMRR 上。电源 V_{CC} 和 V_{EE} 提供共模输入电压。在直流状态下,积分器使第一个运算放大器的输出等于共模电压 V_{CM},从而改变运算放大器内部电路的工作点;与共模输入电压相同,计入 CMRR 的作用,并假设 $T \gg 1$,电路的输出电压为

$$V_o \approx \left(V_{OS} + \frac{V_{CM}}{CMRR}\right)\left(1 + \frac{R_2}{R_1}\right) \qquad \frac{dV_o}{dV_{CM}} \approx \left(1 + \frac{R_2}{R_1}\right)\frac{1}{CMRR}$$

在积分器中加入电阻 R_X,以保持反馈环路的稳定。

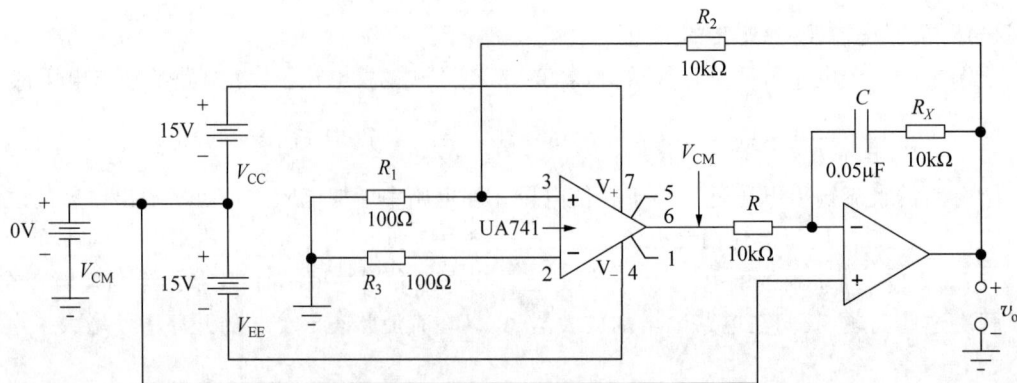

在 SPICE 中，CMRR 可以通过分析 V_{CM} 和输出电压 V_o 之间的转移方程得到。类似地，可以得到功率注入比为

$$\frac{dV_o}{dV_{CC}} \approx \left(1 + \frac{R_2}{R_1}\right)\frac{1}{PSRR_+} \qquad \frac{dV_o}{dV_{EE}} \approx \left(1 + \frac{R_2}{R_1}\right)\frac{1}{PSRR_-}$$

在 SPICE 中使用 μA741 宏模型，可以求得上图电路中的各值如下：$V_{OS} = 19.8\mu V$，$CMRR = 90.0dB$，$PSRR_+ = 96dB$，$PSRR_+ = 96dB$。

利用 SPICE 可以在实验室中很方便地使用该电路。一个得到共模输入电压的简便方法是将两个输入电压改变相同的量。例如，将 $\pm15V$ 各改变 5V 得到 20V 和 $-10V$。此方法示例参见模拟器件应用[①]。

2.13　运算放大器的频率响应和带宽

到目前为止我们都假设运算放大器具有理想的频率响应，即具有无穷大带宽。但是，运算放大器是由实际的电子器件构成，它们存在内部电容，且实际电路中的每个节点都有接地电容。这些电容会限制运算放大器的带宽。大多数运算放大器为低通放大器，在直流下有高增益，具有单极点频率响应（Single-Pole Frequency Response），如下所示：

$$A(s) = \frac{A_o \omega_B}{s + \omega_B} = \frac{\omega_T}{s + \omega_B} \tag{2.120}$$

其中，A_o 为直流开环增益，ω_B 为运算放大器的开环带宽，ω_T 称为单位增益频率（Unity-Gain Frequency），在这一频率处有 $|A(j\omega)| = 1(0dB)$。式（2.120）的幅值与频率的关系可以表示为

$$|A(j\omega)| = \frac{A_o \omega_B}{\sqrt{\omega^2 + \omega_B^2}} = \frac{A_o}{\sqrt{1 + \frac{\omega^2}{\omega_B^2}}} \tag{2.121}$$

图 2.47 为某实例的伯德图。当 $\omega \ll \omega_B$ 时，增益值稳定为直流值 A_o。放大器增益是 3dB，当其频率低于 A_o 时，放大器的开环带宽为 ω_B（或 $f_B = \omega_B/2\pi$）。在图 2.47 中，有 $A_o = 10000(80dB)$，且 $\omega_B = 1000rad/s(159Hz)$。

在高频处，即 $\omega \gg \omega_B$ 时，传输函数可以近似为

$$|A(j\omega)| \approx \frac{A_o \omega_B}{\omega} = \frac{\omega_T}{\omega} \tag{2.122}$$

利用式（2.122），我们发现在 $\omega = \omega_T$ 处，增益的幅值确实为单位 1。

图 2.47 中放大器的 $\omega_T = 10^7 rad/s$，或 $f_T = 1.59MHz$。

运算放大器的增益带宽积（Gain-Bandwidth Product，GBW）是用于比较放大器性能的另一个品质因数（通常 GBW 取大值），式（2.123）给出了 GBW 的定义

$$GBW = |A(j\omega)| \ \omega \approx \omega_T \tag{2.123}$$

式（2.123）表明，对于任何 $\omega \gg \omega_B$ 的频率，放大器增益的幅值与频率之积都为一个常数，其值等于增益频率 ω_T。正是基于这一原因，参数 ω_T（或 f_T）通常称为运算放大器的增益带宽积。式（2.123）得出的重要结论是，单极点放大器的一个特性可由式（2.120）中的传输函数描述。

例 2.14　运算放大器传输函数。

通过伯德图确定运算放大器的传输函数。

---

① Op Amp Common-Mode Rejection Ratio(CMRR)，Analog Devices Tutorial MT-042，参见 http://www.analog.com。

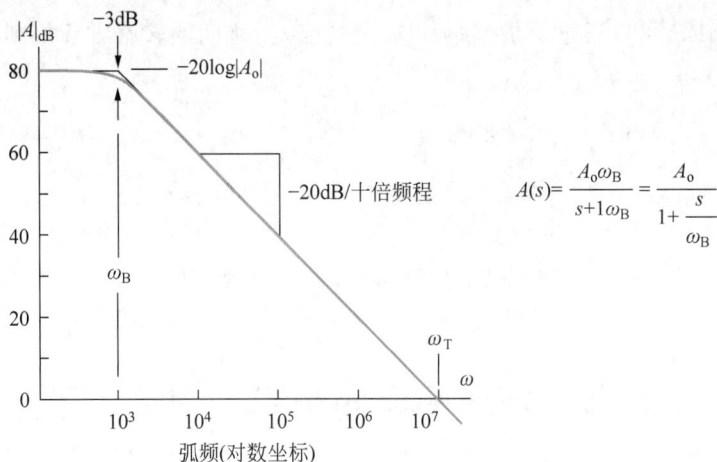

图 2.47 运算放大器的电压增益随频率的变化

问题：写出图 2.47 中放大器与频率相关的电压增益的传输函数。

解：

已知量：通过伯德图可发现，放大器与式(2.120)所描述模型一样具有单极点响应。

未知量：为了确定传输函数，我们需求出 A_o 和 ω_B。

解决方法：必须从伯德图中确定这些值，并把值在代入式(2.120)之前转换成适当的形式。

假设：放大器可通过单极点公式来建模。

分析：在低频时，增益逐步接近 80dB，必须将其从分贝值转化过来，即

$$A_o = 10^{80dB/20dB} = 10^4$$

截止频率 ω_B 也可按弧度形式从图中直接读出，$\omega_B = 10^3 \text{rad/s}$。将 A_o 和 ω_B 的值代入式(2.120)中，可得到所需的传递函数为

$$A_v(s) = \frac{A_o \omega_B}{s + \omega_B} = \frac{10^4(10^3)}{s + 10^3} = \frac{10^7}{s + 10^3} = \frac{10000}{1 + s/1000}$$

结果检查：已求出未知传输函数。观察分子值代表单位增益频率 ω_T 来检查结果的一致性。从图中可看出，$\omega_T = 10^7 \text{rad/s}$。

讨论：需指出的是，通常用 Hz 来表示频率，即 $A_o f_B = f_T$。

$$f_B = \frac{\omega_B}{2\pi} = 159 \text{Hz} \quad \text{且} \quad f_T = \frac{\omega_T}{2\pi} = 1.59 \text{MHz}$$

练习：一个运算放大器的直流增益为 100dB，单位增益频率为 5MHz，则其 f_B 为多少？写出该运算放大器增益的传输函数。

答案：50Hz，$A(s) = \dfrac{10^7 \pi}{s + 100\pi}$。

练习：AD745 运算放大器的开环增益和单位增益频率的正常值为多少？写出运算放大器增益的传输函数。

答案：200000；1MHz；$A_v(s) = \dfrac{A_o \omega_B}{s + \omega_B} = \dfrac{\omega_T}{s + \omega_B} = \dfrac{2\pi \times 10^6}{s + 10\pi}$。

2.13.1　同相放大器的频率响应

现在我们利用与频率相关的运算放大器增益表达式来研究同相和反相放大器的闭环频率响应,之前求出同相放大器的闭环增益为

$$A_v = \frac{A}{1+A\beta} \tag{2.124}$$

其中 $\beta = \dfrac{R_1}{R_1+R_2}$。实际上这一增益表达式的代数推导对 A 的函数形式没有任何限制。截至目前,假设 A 为常数,但可用式(2.120)所示的运算放大器电压增益表达式代替式(2.124)中的 A,以此来研究闭环反馈放大器的频率响应。此时有

$$A_v(s) = \frac{A(s)}{1+A(s)\beta} = \frac{\dfrac{A_o\omega_B}{s+\omega_B}}{1+\dfrac{A_o\omega_B}{s+\omega_B}\beta} = \frac{A_o\omega_B}{s+\omega_B(1+A_o\beta)} \tag{1.125}$$

除以 $(1+A_o\beta)\omega_B$,式(2.125)可以写为

$$A_v(s) = \frac{\dfrac{A_o}{1+A_o\beta}}{\dfrac{s}{(1+A_o\beta)\omega_B}+1} = \frac{A_v(0)}{\dfrac{s}{\omega_H}+1} \tag{2.126}$$

其中上限截止频率为

$$\omega_H = \omega_B(1+A_o\beta) = \omega_T\frac{(1+A_o\beta)}{A_o} = \frac{\omega_T}{A_v(0)} \tag{2.127}$$

闭环放大器也具有与式(2.120)相同形式的单极点响应,但是它的直流增益和带宽为

$$A_v(0) = \frac{A_o}{1+A_o\beta} \qquad \omega_H = \frac{\omega_T}{A_v(0)} \tag{2.128}$$

当 $A_o\beta \gg 1$ 时,式(2.127)可简化为

$$A_v(0) \approx \frac{1}{\beta}\omega_H \approx \beta\omega_T \tag{2.129}$$

注意,闭环放大器的增益带宽积为常数,即

$$A_v(0)\omega_H = \omega_T$$

从式(2.128)可看出,要增加 ω_H,必须减小增益,反之亦然。后续章节将会对此进行更为详细的研究。

如图 2.48 所示,回路增益 $A(s)\beta$ 也是一个频率的函数。在 $|A(j\omega)\beta| \gg 1$ 的频率处,式(2.124)降至 $1/\beta$,即之前推导出的低频时的常量。然而,在 $|A(j\omega)\beta| \ll 1$ 的频率处,式(2.124)变成了 $A_v \approx A(j\omega)$。在低频时,增益由反馈决定,但在高频时,增益必须随着放大器的增益变化。我们不能期望一个(负)反馈放大器会产生比开环运算放大器本身更高

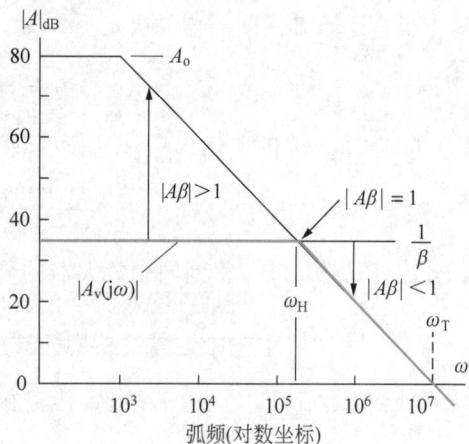

图 2.48　反馈运算放大器图解

的增益。

这些结果如图 2.48 所示,其中放大器有 $\frac{1}{\beta}=35\text{dB}$。回路增益 T 可以表示为

$$T=A\beta=\frac{A}{\left(\dfrac{1}{\beta}\right)}, \quad \text{用 dB 表示为} \quad |A\beta|_{\text{dB}}=|A|_{\text{dB}}-\left|\frac{1}{\beta}\right|_{\text{dB}} \tag{2.130}$$

在任何给定频率处,回路增益的幅值等于图 2.48 中 A_{dB} 和 $(1/\beta)_{\text{dB}}$ 之间的差值。上半功率频率 $\omega_{\text{H}}=\beta\omega_t$,对应的是 $1/\beta$ 与 $|A(\text{j}\omega)|$ 相交处的频率,此处有 $|A\beta|=1$(实际上 $A\beta\approx-\text{j}1=1\angle-90°$)。对于图 2.48 所示的情况,$\beta=0.0178(-35\text{dB})$,$\omega_{\text{H}}=0.0178\times10^7=1.78\times10^5\text{rad/s}$。

例 2.15 同相放大器的频率响应。

描述由具有有限增益和宽带的非理想放大器构成的同相放大器的频率响应特性。

问题:一个运算放大器的直流增益为 100dB,单位增益频率为 10MHz。(a)运算放大器的宽度为多少?(b)如果用这一运算放大器来构建闭环增益为 60dB 的同相放大器,则反馈放大器的带宽为多少?(c)写出运算放大器的传输函数表达式;(d)写出同相放大器的传输函数表达式。

解:

已知量:给定 $A_{\text{o}}=10^5(100\text{dB})$,$f_{\text{T}}=10^7\text{Hz}$,期望得到闭环增益 $A_{\text{v}}=1000(60\text{dB})$。

未知量:(a)运算放大器大器的带宽 f_{B};(b)闭环放大器的宽度 f_{H};(c)运算放大器的传输函数;(d)同相放大器的传输函数。

求解方法:使用描述同相放大器特性的式(2.124)～式(2.129)来计算。

假设:由于 A_{o} 和 f_{T} 值已给出,假设放大器可以用同一个单极点传输函数来描述。除了单极点频率响应外,运算放大器是理想的。

分析:(a)运算放大器的截止频率为 f_{B},其 -3dB 频率为

$$f_{\text{B}}=\frac{f_{\text{T}}}{A_{\text{o}}}=\frac{10^7\text{Hz}}{10^5}=100\text{Hz}$$

(b)利用式(2.127),可得同相放大器的宽度为

$$f_{\text{H}}=f_{\text{B}}(1+A_{\text{o}}\beta)=100\text{Hz}(1+10^5\cdot10^{-3})=10.1\text{kHz}$$

其中反馈系数 β 由闭环增益决定

$$\beta=\frac{1}{A_{\text{v}}(0)}=\frac{1}{1000}=10^{-3}$$

(c)将 A_{o} 和 ω_{B} 的值代入式(2.120),得到运算放大器的传输函数为

$$A_{\text{v}}(s)=\frac{A_{\text{o}}\omega_{\text{B}}}{s+\omega_{\text{B}}}=\frac{10^5(2\pi)(10^2)}{s+(2\pi)(10^2)}=\frac{2\pi\times10^7}{s+200\pi}$$

(d)计算式(2.125),得到同相放大器的传输函数为

$$A_{\text{v}}(s)=\frac{A_{\text{o}}\omega_{\text{B}}}{s+\omega_{\text{B}}(1+A_{\text{o}}\beta)}=\frac{10^5(2\pi)(10^2)}{s+(2\pi)(10^2)[1+10^5(10^{-3})]}=\frac{2\pi\times10^7}{s+2.02\pi\times10^4}$$

结果检查:我们已求得所需结果,传输函数的数值应为 $\omega_{\text{T}}=2\pi f_{\text{T}}$,正确。$A_{\text{v}}(0)=990$,也是正确的。

练习：一个运算放大器的直流增益为 90dB，单位增益频率为 5MHz。运算放大器的截止频率为多少？如果用这个运算放大器来构建闭环增益为 40dB 的同相放大器，则反馈放大器的宽度为多少？写出运算放大器的传输函数表达式。写出同相放大器的传输函数表达式。

答案：158Hz；50kHz；$A(s)=\dfrac{10^7\pi}{s+316\pi}$；$A_v(s)=\dfrac{10^7\pi}{s+10^5\pi}$。

练习：试证明在 $1/\beta$ 与 $|A(j\omega)|$ 相交处的频率为 $A\beta\approx-\mathrm{j}1$。

2.13.2 反相放大器的频率响应

采用类似同相放大器传输函数的求解方法可以求得反相放大器的传输函数，将运算放大器的增益表达式(2.120)代入反相放大器的闭环增益等式中，可得

$$A_v=\left(-\frac{R_2}{R_1}\right)\frac{A(s)\beta}{1+A(s)\beta} \tag{2.131}$$

其中，$\beta=\dfrac{R_1}{R_1+R_2}$。或

$$A_v(s)=\left(-\frac{R_2}{R_1}\right)\frac{\dfrac{A_o\omega_B}{s+\omega_B}\beta}{1+\dfrac{A_o\omega_B}{s+\omega_B}\beta}=\frac{\left(-\dfrac{R_2}{R_1}\right)\dfrac{A_o\beta}{1+A_o\beta}}{\dfrac{s}{\omega_B(1+A_o\beta)}+1}=\left(-\frac{R_2}{R_1}\right)\frac{A_o\beta\omega_B}{s+\omega_B(1+A_o\beta)}$$

当 $A_o\beta\gg1$ 时，这些等式可以简化为

$$A_v=\frac{\left(-\dfrac{R_2}{R_1}\right)\dfrac{A_o\beta}{(1+A_o\beta)}}{\dfrac{s}{\omega_H}+1}\approx\frac{\left(-\dfrac{R_2}{R_1}\right)}{\dfrac{s}{\omega_H}+1} \tag{2.132}$$

当 $A_o\beta\gg1$ 时，近似结果成立。这一表达式同样为单极点传输函数。

表 2.3 对同相和反相放大器的频率响应特性进行了总结，其中，表达式采用低频时的理想增益值进行了重新整理，两种放大器的表达式非常类似。但是对于给定的直流增益值，同相放大器的值略大于反相放大器的带宽，这是因为二者的 β 和 $A_v(0)$ 之间存在差异。这种差异只有在闭环增益较小的放大器中才较为明显。

表 2.3 反相和同相放大器的频率响应比较

$\beta=\dfrac{R_1}{R_1+R_2}$	同相放大器	反相放大器
直流增益	$A_v(0)=1+\dfrac{R_2}{R_1}$	$A_v(0)=-\dfrac{R_2}{R_1}$
反馈因子	$\beta=\dfrac{1}{A_v(0)}$	$\beta=\dfrac{1}{1+|A_v(0)|}$
带宽	$f_B=\beta f_T$	$f_B=\beta f_T$

续表

$\beta=\dfrac{R_1}{R_1+R_2}$	同相放大器	反相放大器
输入电阻	$R_{ic} \parallel R_{id}(1+A\beta)$	$R_1+\left(R_{id} \parallel \dfrac{R_2}{1+A}\right)$
输出电阻	$\dfrac{R_o}{1+A\beta}$	$\dfrac{R_o}{1+A\beta}$

例 2.16 反相放大器的频率响应。

描述反相放大器的频率响应特性，该放大器由具有有限增益和带宽的非理想运算放大器构成。

问题：一个运算放大器其直流增益为 200000，单位增益频率为 500kHz。(a)运算放大器的截止频率为多少？(b)如果用这个运算放大器来构建闭环增益为 40dB 的反相放大器，则反相放大器的带宽为多少？(c)写出运算放大器的传输函数表达式；(d)写出反相放大器的传输函数表达式。

解：

已知量：运算放大器的参数为 $A_o=2\times10^5$，$f_T=5\times10^5\,\text{Hz}$；对于反相放大器有 $A_v=-100(40\text{dB})$。

未知量：(a)运算放大器的截止频率；(b)反相放大器带宽；(c)运算放大器的传输函数；(d)反相放大器的传输函数。

求解方法：应用式(2.120)计算运算放大器的相关参数；应用式(2.131)和式(2.132)计算反相放大器特性。

假设：运算放大器有单极点频率响应特性，除此之外运算放大器是理想的。

分析：

(a) 运算放大器的截止频率为 f_B，其 -3dB 频率为

$$f_B=\frac{f_T}{A_o}=\frac{5\times10^5\,\text{Hz}}{2\times10^5}=2.5\,\text{Hz}$$

(b) 利用式(2.132)，可得反相放大器的带宽为

$$f_H=f_B(1+A_o\beta)=2.5\,\text{Hz}\left(1+\frac{2\times10^5}{101}\right)=4.95\,\text{kHz}$$

其中反馈系数 β 由所需的闭环增益决定(参见表 2.3)，即

$$\beta=\frac{1}{1+|A_v(0)|}=\frac{1}{101}$$

(c) 将 A_o 和 ω_B 的值代入式(2.120)，得到运算放大器的传输函数为

$$A_v(s)=\frac{A_o\omega_B}{s+\omega_B}=\frac{\omega_R}{s+\omega_B}=\frac{5\times10^5(2\pi)}{s+(2\pi)(2.5)}=\frac{10^6\pi}{s+5\pi}$$

(d) 计算式(2.131)得到反相放大器的传输函数为

$$A_v(s)=\left(-\frac{R_2}{R_1}\right)\frac{A_o\beta\omega_B}{s+\omega_B(1+A_o\beta)}$$

$$=(-100)\frac{(2\times10^5)\left(\dfrac{1}{101}\right)(2\pi)(2.5)}{s+(2\pi)(2.5)\left(1+\dfrac{2\times10^5}{101}\right)}$$

$$= -\frac{9.90 \times 10^5 \pi}{s + 9.91 \times 10^3 \pi}$$

结果检查：已求得所有未知量的值。同样可以通过计算直流增益和带宽来检查后一个传输函数：

$$A_v(0) = -\frac{9.90 \times 10^5 \pi}{9.91 \times 10^3 \pi} = -99.9 \quad \text{和} \quad f_H = \frac{9.91 \times 10^3 \pi}{2\pi} = 4.96 \text{kHz}$$

结果在允许的误差范围内。

练习：一个运算放大器的直流增益为 90dB，单位增益频率为 5MHz。运算放大器的截止频率为多少？如果用这个运算放大器来构建闭环增益为 50dB 的反相放大器，则反相放大器的带宽为多少？写出运算放大器的传输函数表达式。写出反相放大器的传输函数表达式。

答案：158Hz；15.8kHz；$A(s) = \dfrac{10^7 \pi}{s + 316\pi}$；$A(s) = \dfrac{10^7 \pi}{s + 3.16\pi \times 10^5}$。

练习：如果在电压跟随器电路中采用例 2.15 的放大器，则带宽为多少？如果在反相放大器中使用此放大器，且 $A_v = -1$，则带宽为多少？

答案：10MHz；5MHz。

2.13.3　利用反馈控制频率响应

在前面的章节中我们发现，利用反馈可以稳定增益，提高放大器的输入和输出电阻，同时还在低通放大器中利用反馈来降低增益以提高带宽。在本节中，我们将这种方法扩展到一般的反馈放大器中。

在本节中所有反馈放大器的闭环增益可以表示为

$$A_v = \frac{A}{1 + A\beta} \quad \text{或} \quad A_v(s) = \frac{A(s)}{1 + A(s)\beta(s)} \tag{2.133}$$

截至目前我们都采用了中频增益 A，并假设它为一个常数。不过，我们可将与频率相关的电压增益的表达式代入式(2.133)中来研究普通闭环反馈放大器的频率响应特性。

假设放大器 A 的截止频率为 ω_H 和 ω_L，中频增益为 A_o，如下式所述：

$$A(s) = \frac{A_o \omega_H s}{(s + \omega_L)(s + \omega_H)} \tag{2.134}$$

将式(2.134)代入式(2.133)并简化表达式可得

$$A_v(s) = \frac{\dfrac{A_o \omega_H s}{(s + \omega_L)(s + \omega_H)}}{1 + \dfrac{A_o \omega_H s}{(s + \omega_L)(s + \omega_H)}\beta} = \frac{A_o \omega_H s}{s^2 + [\omega_L + \omega_H(1 + A_o\beta)]s + \omega_L \omega_H} \tag{2.135}$$

假设 $\omega_H(1 + A_o\beta) \gg \omega_L$，通过主极点因式分解(参见 8.6.3 节)来估计反馈放大器的上限和下限截止频率及带宽分别为

$$\omega_L^F \approx \frac{\omega_L \omega_H}{\omega_L + \omega_H(1 + A_o\beta)} \approx \frac{\omega_L}{1 + A_o\beta}$$

$$\omega_H^F \approx \omega_L + \omega_H(1 + A_o\beta) \approx \omega_H(1 + A_o\beta)$$

$$\text{BW}_F = \omega_H^F - \omega_L^F \approx \omega_H(1 + A_o\beta) \tag{2.136}$$

反馈放大器的上限和下限截止频率及带宽都提高了$(1+A_o\beta)$倍,利用式(2.136),我们发现式(2.135)的传输函数可以近似表示为

$$A_v(s) \approx \frac{\dfrac{A_o}{(1+A_o\beta)}s}{\left[s + \dfrac{\omega_L}{(1+A_o\beta)}\right]\left[1 + \dfrac{s}{\omega_H(1+A_o\beta)}\right]} \tag{2.137}$$

正如所期望的那样,中频增益是稳定的,即

$$A_{mid} = \frac{A_o}{1+A_o\beta} \approx \frac{1}{\beta} \tag{2.138}$$

并且发现闭环放大器的增益带宽积仍然保持为常数,即

$$GBW = A_{mid} \times BW_F \approx \frac{A_o}{1+A_o\beta}\omega_H(1+A_o\beta) = A_o\omega_H \tag{2.139}$$

这些结果在图 2.49 中进行了图例说明,其中放大器的$1/\beta = 20\text{dB}$。开环增益有$A_o = 40\text{dB}$,$\omega_L = 100\text{rad/s}$,$\omega_H = 10000\text{rad/s}$,而闭环放大器有$A_v = 19.2\text{dB}$,$\omega_L = 9.1\text{rad/s}$,$\omega_H = 110000\text{rad/s}$。

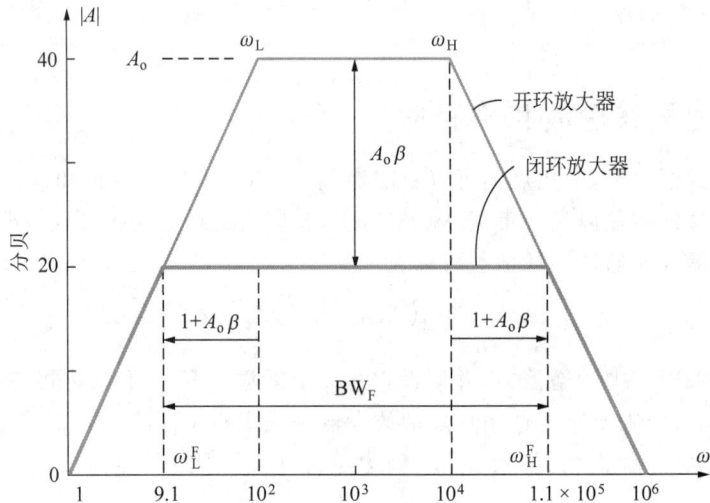

图 2.49 反馈放大器频率响应特征图解

练习：一个运算放大器的直流增益为 100dB,单位增益频率为 10MHz。则运算放大器本身的上限截止频率为多少？如果用这个放大器来构建一个闭环增益为 60dB 的同相放大器,则反馈放大器的带宽为多少？写出运算放大器的传输函数。写出同相放大器的传输函数。

答案：100Hz,10kHz;$A(s) = 2\pi \times 10^7/(s + 200\pi)$;$A(s) = 2\pi \times 10^7(s + 2\pi \times 10^4)$。

2.13.4 大信号限制——摆率和满功率带宽

截至目前,默认构成运算放大器的内部电路都能对输入信号的变化做出迅速响应。然而,放大器的内部节点存在接地电容,且只有有限大的电流给这些电容充电。所以,不同节点的电压变化速率会受到限制。放大器的这种限制称为摆率(Slew-Rate,SR)。摆率定义为放大器输出节点电压变化的最快速

率。尽管在有些特殊设计中可能会有更高的摆率值,但一般通用放大器摆率的典型值范围为

$$0.1\text{V}/\mu s \leqslant \text{SR} \leqslant 10\text{V}/\mu s$$

图2.50所示为一个受摆率限制的放大器输出电压信号图例。

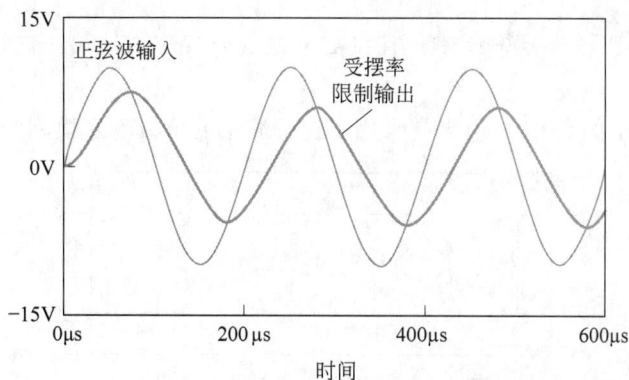

图2.50　受摆率限制的输出电压信号图例

对于给定的频率,摆率限制了无失真放大信号的最大幅值。例如一个正弦输出信号 $v_o = V_M \sin \omega t$。信号变化速率的最大值出现在零点,其值为

$$\left.\frac{\mathrm{d}v_o}{\mathrm{d}t}\right|_{\max} = V_M \omega \cos \omega t \,|_{\max} = V_M \omega \tag{2.140}$$

为了不产生信号失真,这一最大变化速率值必须低于摆率值,即

$$V_M \omega \leqslant \text{SR} \quad \text{或} \quad V_M \leqslant \frac{\text{SR}}{\omega} \tag{2.141}$$

满功率带宽(Full-Power Bandwidth)f_M 是能产生满摆幅信号的最高频率。将满摆幅信号的幅值记为 V_{FS},则可将满功率带宽写为

$$f_M \leqslant \frac{\text{SR}}{2\pi V_{FS}} \tag{2.142}$$

> **练习**:假设一个运算放大器的摆率为 $0.5\text{V}/\mu s$。要将频率为20kHz的正弦信号不失真地放大,则信号的最大幅值为多少?如果要求放大器传送一个最大幅值为10V的信号,则这一信号对应的满功率为多少?
> **答案**:3.98V;7.96kHz。

2.13.5　运算放大器频率响应的宏模型

一个实际的运算放大器内部电路可能包含20～100个双极型晶体管和/或场效应管。如果每个运算放大器都采用实际电路,则对包含多个运算放大器的复杂电路进行仿真会变得非常慢。人们已开发一种称为宏模型(Macro Models)的简化电路来对运算放大器的行为进行建模。本章中所采用的二端口模型就是宏的一种简单形式。本节将介绍一种可用于仿真并采用了运算放大器电路的频率响应的SPICE仿真模型。

为了模拟单极点的衰减,在原有的二端口模型中增加了一个辅助电路,该辅助电路由一个值为 v_1 的压控电压源与 R 和 C 串联而成,如图2.51所示。R 和 C 的乘积必须满足开环放大器的 -3dB 点要求,如在输入端施加一个电压源,则开路电压增益($R_L = \infty$)为

$$A_v(s) = \frac{V_o(s)}{V_1(s)} = \frac{A_o \omega_B}{s + \omega_B} \tag{2.143}$$

其中 $\omega_B = \dfrac{1}{RC}$。这一内部环路是一个用来模拟频率响应的"伪"电路；单独的 R 和 C 的值可任意选择。例如，$R = 1\Omega, C = 0.0159\text{F}$；$R = 1000\Omega, C = 15.9\mu\text{F}$；或 $R = 1\text{M}\Omega, C = 0.0159\mu\text{F}$；这些值都可用于模拟 10Hz 的截止频率。

在 2.14 节中，例 2.17 的 SPICE 仿真就采用了这种简单的单极点宏模型。

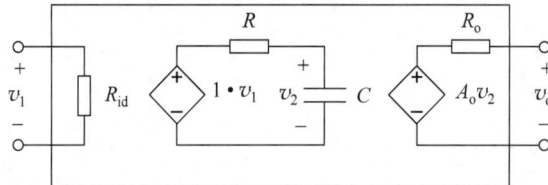

图 2.51 运算放大器简化宏模型

练习：利用图 2.51 建立一个 OP27 的宏模型。采用正常参数值数值。

答案：$R_{id} = 6\text{M}\Omega, R = 2000\Omega, C = 17.9\mu\text{F}, A_o = 1.8 \times 10^6, R_o = 70\Omega$。只要满足 $RC = (1/8.89\pi)s$，R 和 C 可各自取任意值。

2.13.6 运算放大器的 SPICE 宏模型

大多数 SPICE 版本包含了成熟的运算放大器宏模型，其中有多种通用运算放大器。这些宏模型中包含了本章所讨论过的所有非理想因素的限制，并含有很多可调参数，用以模拟运算放大器的特性。SPICE 中可能会包含图 2.52 所示的三端和五端运算放大器。表 2.4 给出了一组参数实例。除了本章之前所讨论的参数外，表 2.4 中还有模拟运算放大器频率响应中多个极点和一个零点的参数，描述输入电容的参数，以及设定输入晶体管为 npn 管或 pnp 管的参数。这一选择决定了输入偏置电流的方向，对于 n 型输入，偏置电流流入运算放大器的输入端；对于 p 型输入，偏置电流从运算放大器的输入端流出。

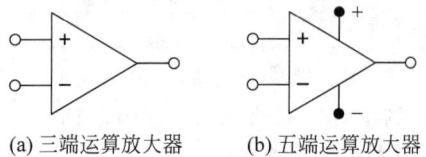

(a) 三端运算放大器 (b) 五端运算放大器

图 2.52 三端和五端运算放大器

表 2.4 典型运算放大器参数组

参　　数	典　型　值
差模增益（直流）	106dB
差模输入电阻	2MΩ
输入电容	1.5pF
共模抑制比	90dB
共模输入电阻	2GΩ
输出电阻	50Ω
输入失调电压	1mV
输入偏置电流	80nA

参　数	典　型　值
输入失调电流	20nA
正摆率	0.5V/μs
负摆率	0.5V/μs
最大输出源电流	25mA
最大输出吸收电流	25mA
输入类型(n 型或 p 型)	n 型
第一个极点频率	5Hz
零点频率	5MHz
第二个极点频率	2MHz
第三个极点频率	20MHz
第四个极点频率	100MHz
电源电压(三端模型)	15V

2.13.7　通用运算放大器实例

前面已经研究过理想和非理想运算放大器电路的理论,接下来进一步深入研究通用运算放大器的特性。这些放大器由同时包含双极型晶体管和 JFET 的集成电路工艺制作而成。

需指出的是,很多列出的参数是典型值加上限值或下限值。例如,在 $T=25℃$、电源电压为 ±15V 的情况下 AD745J 电压增益的典型值为 132dB,但是其最小值为 120dB,没有上限。失调电压典型值为 0.25mV,上限值为 1mV,但同时还有另外一种运算放大器 AD745K,其失调电压典型值为 0.1mV,上限值为 0.5mV。放大器的输入级中包含 JFET,所以在室温下输入偏置电流非常小,正常输入电阻非常大。

最小的共模抑制比(直流)为 80dB,参数 PSRR 和 CMRR 的值相同。在 ±15V 电源电压下,放大器可以处理共模范围为 $-10.7\sim13.3$V 的输入信号,在 2kΩ 负载电阻情况下放大器可保证的输出电压摆幅为 12V。

AD745J 的最小增益带宽积(单位增益频率 f_T)为 20MHz,摆率为 12.5V/μs。考虑放大器系列在不同电源电压和温度条件下很大范围内的性能,可得到海量的附加信息。

2.14　反馈放大器的稳定性

只要反馈电路中有放大器,就会存在稳定性问题。正是基于这一问题,之前我们都默认假设反馈为负反馈。然而,随着频率的增加,回路增益的行为发生变化,并且在一定的频率下反馈可能会变为正反馈。如果在这个频率下增益远大于或等于 1,那么系统将不再稳定,通常情况下会发生振荡。

反馈放大器的极点位置可以通过分析闭环传输函数得到

$$A_v(s)=\frac{A(s)}{1+A(s)\beta(s)}=\frac{A(s)}{1+T(s)} \tag{2.144}$$

极点出现在复频率 s 处,对应的分母变为零,即

$$1+T(s)=0 \quad 或 \quad T(s)=-1 \tag{2.145}$$

满足式(2.145)的特定 s 值就是 $A_v(s)$ 的极点。为得到稳定的放大器,极点必须位于 s 域的左半平面。现在利用奈奎斯特图和伯德图来讨论这两种放大器的稳定性。

2.14.1　奈奎斯特图

奈奎斯特图是定性研究反馈放大器极点位置的一种有效的图形方法。如图2.53所示，奈奎斯特图 s 域中的右半部分平面（RHP）映射至 $T(s)$ 平面中。s 平面中的每一个 s 值都对应 $T(s)$ 平面中的一个值。关键问题是在 RHP 中是否存在一个 s 值对应 $T(s)=-1$。然而，检查每一个可能的 s 值会花费相当长的时间。奈奎斯特图实现了对这一过程的简化，我们只需要在 $\mathrm{j}\omega$ 轴上画出对应于 s 值的 $T(s)$ 曲线，即

$$T(\mathrm{j}\omega)=A(\mathrm{j}\omega)\beta(\mathrm{j}\omega)$$
$$=\mid T(\mathrm{j}\omega)\mid \angle T(\mathrm{j}\omega) \tag{2.146}$$

上式代表的是左半平面（LHP）和右半平面（RHP）的分界线。通常，$T(\mathrm{j}\omega)$ 通过式（2.148）的极坐标式绘制而成。如果 -1 点被包含在这一边界之内，就一定存在 s 值满足 $T(s)=-1$，即在右半平面中存在极点，放大器不稳定[①]。然而，如果 -1 点在奈奎斯特曲线外面，那么闭环放大器的极点都位于左半平面，放大器稳定。

可喜的是，如今可借用 MATLAB 等计算机工具来快速地绘制出奈奎斯特图。这些工具可令我们免于陷入绘制图形的冗长工作中，从而专注于解释图形中的信息。现在来考虑基本一阶、二阶及三阶系统实例。

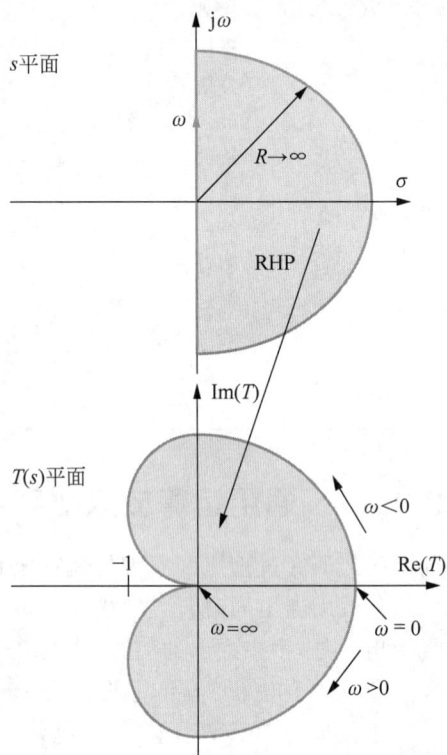

图2.53　实现 s 平面与 $T(s)$ 平面之间映射的奈奎斯特图

2.14.2　一阶系统

到目前为止，在我们所考虑的绝大多数反馈放大器中，β 是一个常数，$A(s)$ 是回路增益 $T(s)$ 中与频率相关的部分。然而重要的是 $T(s)$ 的总体特性。$T(s)$ 最简单的情况是回路增益如下式所示的基本低通放大器：

$$T(s)=\frac{A_{\mathrm{o}}\omega_{\mathrm{o}}}{s+\omega_{\mathrm{o}}}\beta=\frac{T_{\mathrm{o}}}{s+\omega_{\mathrm{o}}} \tag{2.147}$$

例如，式（2.147）可能对应的是一个带电阻负反馈的单极点运算放大器。下式所示的奈奎斯特图如图2.54所示。

$$T(\mathrm{j}\omega)=\frac{T_{\mathrm{o}}}{\mathrm{j}\omega+1} \tag{2.148}$$

在直流情况下，$T(0)=T_{\mathrm{o}}$，而当 $\omega\gg1$ 时有

$$T(\mathrm{j}\omega)\approx-\mathrm{j}\,\frac{T_{\mathrm{o}}}{\omega} \tag{2.149}$$

随着频率的增加，幅值单调衰减至零，相位逐步趋于 $-90°$。

---

① 想象一下，如果我们围绕着 s 平面"行走"，保持阴影区域在我们的右侧，那么当我们围绕着 $T(s)$ 平面"行走"时，相应的阴影区域也会在我们的右侧。

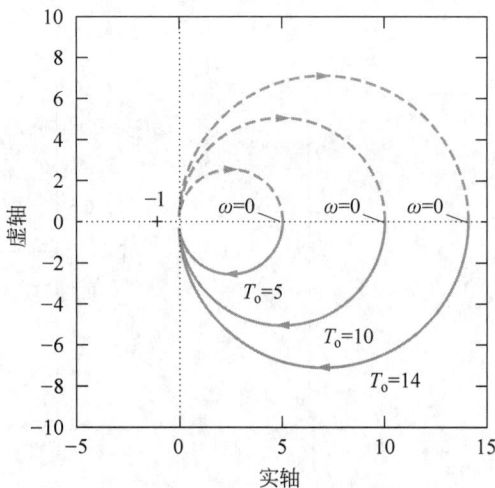

图 2.54　当 T_o 分别为 5、10 和 14 时，一阶 $T(s)$ 的奈奎斯特图［利用 MATLAB 很容易绘制奈奎斯特
图，本图由 3 条简单的 MATLAB 语句生成 Nyquist(14,[11])，Nyquist(10,[11])，Nyquist
(5,[11])］

从式(2.149)可以发现，反馈系数 β 的改变会按比例改变 $T_o = T(0)$ 的值。

$$T(0) = A_o \omega_o \beta \tag{2.150}$$

但改变 $T(0)$ 的值只会改变图 2.54 中圆的半径，正如图中 $T_o = 5$、10 和 14 时的圆形所示。图 2.54
中的曲线在任何时候都不可能包含 $T = -1$ 的点（即图 2.54 中符号"+"标示的点），无论 T_o 为何值，放
大器都是稳定的，这就是为什么通常对通用运算放大器内部进行补偿，使之具有单极点低通响应。对于
任意固定 β 值，单极点运算放大器都是稳定的。

2.14.3　二阶系统和相位裕度

一个二阶回路增益函数可表示为

$$T(s) = \frac{A_o}{\left(1 + \dfrac{s}{\omega_1}\right)\left(1 + \dfrac{s}{\omega_2}\right)} \beta = \frac{T_o}{\left(1 + \dfrac{s}{\omega_1}\right)\left(1 + \dfrac{s}{\omega_2}\right)} \tag{2.151}$$

例如在图 2.55 中有

$$T(s) = \frac{14}{(s+1)^2} \qquad T(j\omega) = \frac{14}{(j\omega + 1)^2} \tag{2.152}$$

在这种情况下 $T_o = 14$，但在高频处有

$$T(j\omega) \approx (-j)^2 \frac{14}{\omega^2} = -\frac{14}{\omega^2} \tag{2.153}$$

随着频率的增加，幅值从 14 单调下降至 0，相位逐步趋于 $-180°$。同样，理论上而言这一传输函数
不可能包含值为 -1 的点。然而，二阶系统可以无限趋近于这个点，如图 2.56 所示，奈奎斯特图在值为
-1 的点附近出现一个隆起部分。T_o 的值越大，曲线越接近 -1 点。图 2.56 中的曲线是在 T_o 仅为 14
时的情况，而一个运算放大器很容易具有 1000 或者更大的 T_o 值。

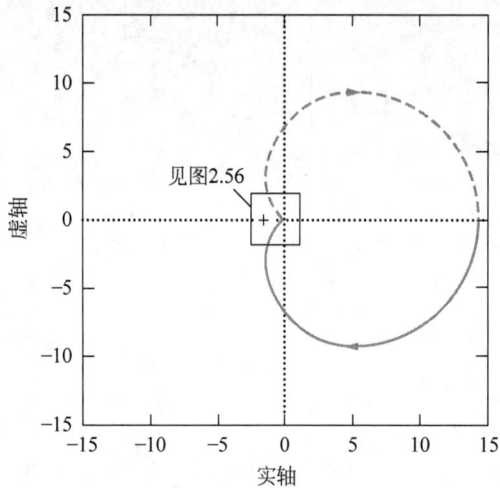

图 2.55　二阶 $T(s)$ 的奈奎斯特图［通过 MATLAB
命令 Nyquist(14,[121])生成］

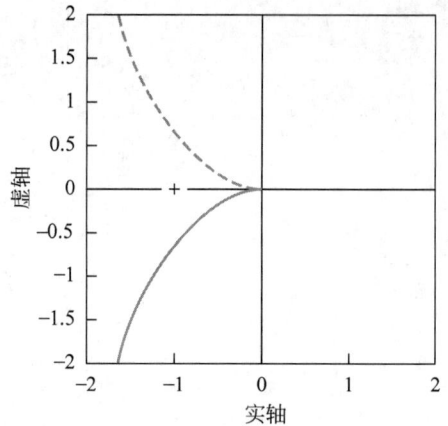

图 2.56　图 2.55 中 -1 点附近隆起部分的放大图；
二阶系统虽不会包含 -1 点，但这样做可
无限接近 -1 点

尽管在技术上可达到稳定，但二阶系统还可能存在零相位裕度，如图 2.57 所示。相位裕度 Φ_M 代表在系统变为不稳定之前允许相移（滞相）增加的最大值。Φ_M 定义为

$$\Phi_M = \angle T(j\omega_1) - (-180°) = 180° + \angle T(j\omega_1)$$

$$(2.154)$$

其中 $|T(j\omega_1)| = 1$。为求出 Φ_M，必须首先确定回路增益幅值为 1 时的频率 ω_1，对应的是图 2.57 中奈奎斯特图与单位圆的相交点，然后确定 T 在这一频率处的相移。这个角度与 -180° 之间的差值就是 Φ_M。

小的相位裕度会导致回路的频率响应中出现尖峰，并在阶跃响应中出现不希望见到的振荡。另外，任何由额外相移（如偏移模型中可能被忽略的极点）引起的奈奎斯特图旋转都可能会导致不稳定。

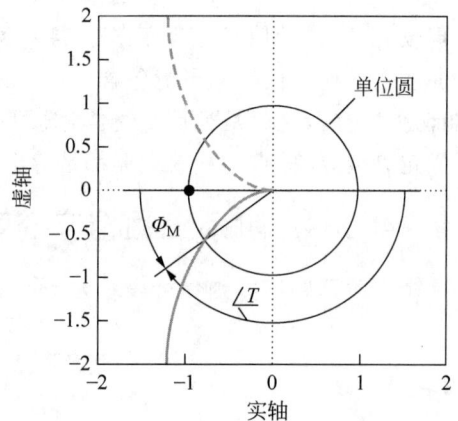

图 2.57　相位裕度 Φ_M 的定义

2.14.4　阶跃响应和相位裕度

引入相位裕度的概念不仅出于对稳定性的考虑，还因为它与反馈系统的时域响应及其过冲和建立时间直接相关。一个运算放大器的传输函数中如果包含初始低频极点 ω_B 和第二个高频极点 ω_2，则有

$$A(s) = \frac{A_o \omega_B}{(s + \omega_B)} \frac{\omega_2}{(s + \omega_2)} \tag{2.155}$$

如果假设 $\omega_2 \gg \omega_B$，则运算放大器的开环带宽接近 ω_B。由于反馈系数 β 与频率无关，故闭环响应可表示为

$$A_{CL} = \frac{A(s)}{1 + A(s)\beta} = \frac{A_o \omega_B \omega_2}{s^2 + s(\omega_B + \omega_2) + \omega_B \omega_2 (1 + A_o \beta)} = \frac{A_o}{1 + A_o \beta} \left(\frac{\omega_n^2}{s^2 + 2\zeta\omega_n s + \omega_n^2} \right) \tag{2.156}$$

$$\omega_n = \sqrt{\omega_B \omega_2 (1 + A_o \beta)} \qquad \zeta = \frac{1}{2} \frac{(\omega_B + \omega_2)}{\omega_B \omega_2 (1 + A_o \beta)} = \frac{(\omega_B + \omega_2)}{2 \omega_n^2}$$

其中引入了两个新的参数：ζ 称为阻尼系数，ω_n 为系统的极点频率。系统的固有频率为

$$P_{1,2} = -\zeta \omega_n \pm j \omega_n \sqrt{1 - \zeta^2} \tag{2.157}$$

根据阻尼系数 ζ 值的不同可将其分成 3 种情况进行考虑：

（ⅰ）过阻尼 $\zeta > 1$（有两个实数极点）：$p_{1,2} = -\omega_n (\zeta \pm \sqrt{\zeta^2 - 1})$

$$v_{od}(t) = V_F \left\{ 1 - \frac{1}{2\sqrt{\zeta^2 - 1}} \left[\frac{\varepsilon^{-\omega_n (\zeta - \sqrt{\zeta^2 - 1}) t}}{\zeta - \sqrt{\zeta^2 - 1}} - \frac{\varepsilon^{-\omega_n (\zeta + \sqrt{\zeta^2 - 1}) t}}{\zeta + \sqrt{\zeta^2 - 1}} \right] \right\} \quad \text{和} \quad V_F = \frac{A_o}{1 + A_o \beta} V_i \tag{2.158}$$

（ⅱ）临界阻尼 $\zeta = 1$（有两个相同极点）：$p_{1,2} = -\zeta \omega_n$

$$v_{cd}(t) = V_F \left[1 - (1 + t) \varepsilon^{-\zeta \omega_n t} \right] \tag{2.159}$$

（ⅲ）欠阻尼 $\zeta < 1$（有两个复数极点）：$p_{1,2} = -\omega_n \zeta \pm j \omega_n \sqrt{1 - \zeta^2}$

$$v_{ud}(t) = V_F \left[1 - \frac{1}{\sqrt{1 - \zeta^2}} \varepsilon^{-\zeta \omega_n t} \sin\left(\sqrt{1 - \zeta^2}\, \omega_n t + \phi\right) \right] \quad \phi = \arctan\left(\frac{\sqrt{1 - \zeta^2}}{\zeta}\right) \tag{2.160}$$

图 2.58(a)是阻尼系数 ζ 的函数的二阶系统[①]阶跃响应图，在图 2.58(b)中定义了过冲和建立时间。过冲衡量的是波形初始阶段超过最终值的大小，可用最终值的分数或百分比来定义。过冲的峰值出现在 t_p 时刻。在图 2.58(b)中阻尼系数 ζ 为 0.2，在 $t_p = (3.21/\omega_n)$ 处的过冲值为 52.7%。

$$分数过冲值 = \frac{峰值 - 终值}{终值} = \exp\left(\frac{\pi \zeta}{\sqrt{1 - \zeta^2}}\right)$$

$$t_p = \frac{\pi}{\omega_n \sqrt{1 - \zeta^2}} \tag{2.161}$$

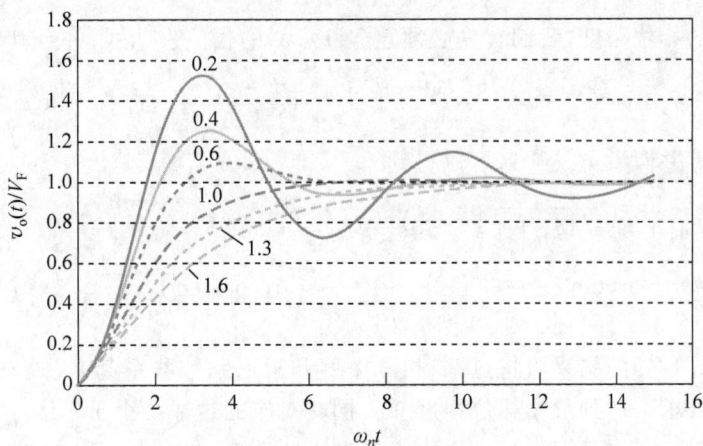

(a) 阻尼系数 ζ 的函数的二阶系统归一化阶跃响应

图　2.58

① 注意，在仿真时需要确保信号足够小，系统表现为线性，在系统响应中不会出现非线性摆率限制。

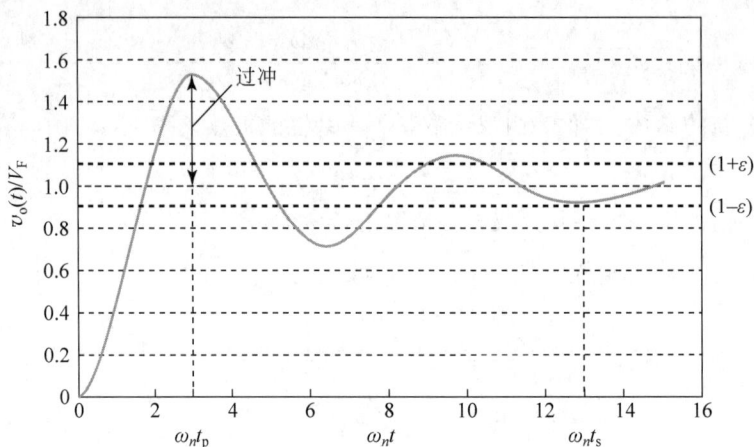

(b) 阻尼系数ζ=0.2、ζ=0.1时的过冲和建立时间

图2.58 （续）

波形降至终值的某一百分比范围内的时间为建立时间 t_s。在图 2.58(b) 中，虚线表示 10% 的误差线段（ε=0.1），建立时间 $t_s < 13/\omega_n$ 秒。

过阻尼响应（ζ>1）没有过冲，但达到给定的终值误差范围内所需建立时间最长。临界阻尼响应（ζ=1）无过冲，且建立时间最短，对应的是最平坦的巴特沃思响应（参见 3.3.1 节）。欠阻尼响应（ζ<1）可获得更短的建立时间，但由于阻尼系数的影响波形中存在过冲和振荡。

单位增益频率和相位裕度

系统的相位裕度可借助式（2.155）的传输函数来计算回路增益的单位增益频率而求得

$$T(s) = A(s)\beta = \frac{A_o\beta\omega_B\omega_2}{s^2 + s(\omega_B + \omega_2) + \omega_B\omega_2} = \left(\frac{A_o\beta}{1 + A_o\beta}\right)\frac{\omega_n^2}{s^2 + 2\zeta\omega_n s + \dfrac{\omega_n^2}{1 + A_o\beta}} \tag{2.162}$$

为求出回路增益的相位裕度，我们首先必须建立 $T(j\omega)$ 的幅值表达式，并令其等于 1，从而可得

$$|T(j\omega_T)| = 1 \quad \Rightarrow \quad \left(\frac{A_o\beta}{1 + A_o\beta}\right)^2\omega_n^4 = \left(\frac{\omega_n^2}{1 + A_o\beta} - \omega_T^2\right)^2 + 4\zeta\omega_n^2\omega_T^2 \tag{2.163}$$

经过大量代数运算并假设 $A_o\beta \gg 1$，可以得到

$$\omega_T = \omega_n\left(\sqrt{4\zeta^4 + 1} - 2\zeta^2\right)^{\frac{1}{2}}$$

$$\phi_M = \arctan\frac{2\zeta}{\left(\sqrt{4\zeta^4 + 1} - 2\zeta^2\right)^{\frac{1}{2}}} = \arccos\left(\sqrt{4\zeta^4 + 1} - 2\zeta^2\right) \tag{2.164}$$

式（2.161）和式（2.164）的结果可将过冲、相位裕度和阻尼系数联系起来。表 2.5 中给出了若干示例结果。常见的设计要求是达到最小相位裕度 60°，同时对应的过冲要小于 10%。

注意在仿真时，需要确保信号足够小，系统表现为线性系统，在响应中不会出现非线性摆率限制。

表 2.5 过冲与相位裕度和阻尼系数的关系

过 冲	相位裕度	阻尼系数
1	71	0.83
2	69	0.78

过　　冲	相 位 裕 度	阻 尼 系 数
3	67	0.75
5	65	0.69
7	62	0.65
10	59	0.59
20	48	0.46
30	39	0.36
50	24	0.22
70	13	0.11

设计提示

反馈系统设计的常见目标是达到最小相位裕度 $60°$,同时对应的过冲要小于 10%。

> **练习**：要得到不超过 1% 的过冲,需要多大的阻尼和相位裕度？相位裕度为 $45°$ 时过冲有多大？
>
> **答案**：$0.826, 70.9°$；23.4%。
>
> **练习**：如果我们希望图 2.58(b) 中的放大器在 $10\mu s$ 内稳定在 10% 以内,则 ω_n 应取多少？如果运算放大器有 $f_T = 1MHz$,且 $1/\beta = 10$,则 $f_2 = \omega_2/2\pi$ 的值为多少？
>
> **答案**：$\geqslant 1.3Mrad/s$；$\geqslant 428kHz$。

2.14.5　三阶系统和增益裕度

用下式描述的三阶系统很容易出现稳定性问题：

$$T(s) = \frac{A_o}{\left(1 + \dfrac{s}{\omega_1}\right)\left(1 + \dfrac{s}{\omega_2}\right)\left(1 + \dfrac{s}{\omega_3}\right)}\beta = \frac{T_o}{\left(1 + \dfrac{s}{\omega_1}\right)\left(1 + \dfrac{s}{\omega_2}\right)\left(1 + \dfrac{s}{\omega_3}\right)} \tag{2.165}$$

分析图 2.59 所示的情况,有

$$T(s) = \frac{14}{s^3 + s^2 + 3s + 2} \tag{2.166}$$

在这种情况下,$T(0) = 7$,在高频下有

$$T(j\omega) \approx (-j)^3 \frac{14}{\omega^3} = +j\frac{14}{\omega^3} \tag{2.167}$$

在高频下,极坐标图沿着虚轴的正方向趋近于 0,在很多情况下可包含临界 -1 点。图 2.59 所示的特殊情况表示一个不稳定闭环系统。

增益裕度(Gain Margin)是另外一个重要概念,定义为相移位 $180°$ 时频率所算得 $T(j\omega)$ 幅值的倒数

$$GM = \frac{1}{|T(j\omega_{180})|} \tag{2.168}$$

其中 $\angle T(j\omega_{180}) = -180°$。增益裕度一般用分贝值表示,$GM_{dB} = 20\log(GM)$。

式(2.168)的图形解释如图 2.60 所示。如果 $T(s)$ 幅值增大的倍数等于或超过增益裕度,那么闭环系统将变得不再稳定,因为此时的奈奎斯特图包含了 -1 点。

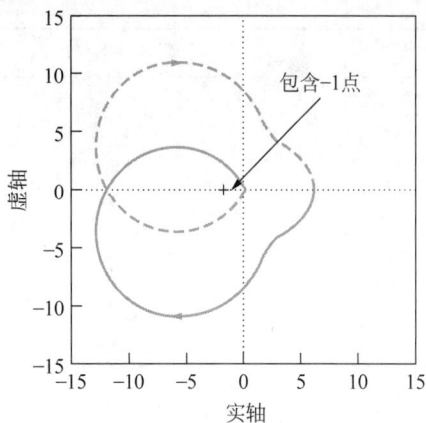

图 2.59 三阶 $T(s)$ 的奈奎斯特图[采用 MATLAB 命令 Nyquist(14,[1 1 3 2])]

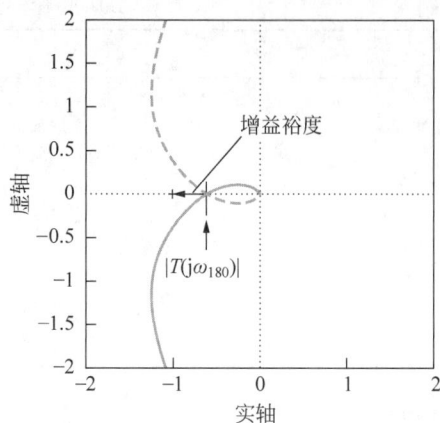

图 2.60 标示了增益裕度的三阶系统奈奎斯特图[采用 MATLAB 命令 Nyquist(5,[1331])]

练习：图 2.60 所示的系统，其 $T(s)$ 如下式所示，求出其增益裕度。

$$T(s) = \frac{5}{s^3 + 3s^2 + 3s + 1} = \frac{5}{(s+1)^3}$$

答案：4.08dB。

2.14.6 根据伯德图判断稳定性

相位裕度和增益裕度还可以通过回路增益的伯德图直接得到，如图 2.61 所示。此图描述的是三阶传输函数的 $A\beta$。

$$A\beta = \frac{2 \times 10^{19}}{(s+10^5)(s+10^6)(s+10^7)} = \frac{2 \times 10^{19}}{s^3 + 11.1 \times 10^6 s^2 + 11.1 \times 10^{12} s + 10^{18}}$$

确定相位裕度值首先要确定 $|A\beta| = 1$ 或 0dB 时的频率。对于图 2.61 所示的情况，这一频率大约为 $1.2 \times 10^6 \text{rad/s}$。在这一频率下，相移为 $-145°$，相位裕度 $\Phi_M = 180° - 145° = 35°$。在变为不稳定之前放大器还可以容忍 $35°$ 的相移。

增益裕度则通过确定放大器相移正好为 $180°$ 的频率来确定。在图 2.61 中，这一频率大约为 $3.2 \times 10^6 \text{rad/s}$，在这一频率下回路增益为 -17dB，于是增益裕度为 17dB。要使系统不稳定，则增益裕度必须增加 17dB。

利用如 MATLAB 之类的工具，可以很容易地绘制出放大器的伯德图，并利用它来确定使放大器具有稳定的闭环增益的范围。稳定性问题可通过合理分析幅值伯德图来确定。无须绘制回路增益 $|A\beta| = 1$ 本身的曲线，而只需要利用如下数学方法计算：

$$20\log|A\beta| = 20\log|A| - 20\log\left|\frac{1}{\beta}\right| \tag{2.169}$$

可以分别绘制开环增益 A 的赋值图和反馈系数 β 的倒数曲线图（记住 $A_v \approx 1/\beta$）。两条曲线相交的点就是 $|A\beta| = 1$ 的频率点，闭环放大器的相位裕度可以很容易地通过相频特性曲线得到。

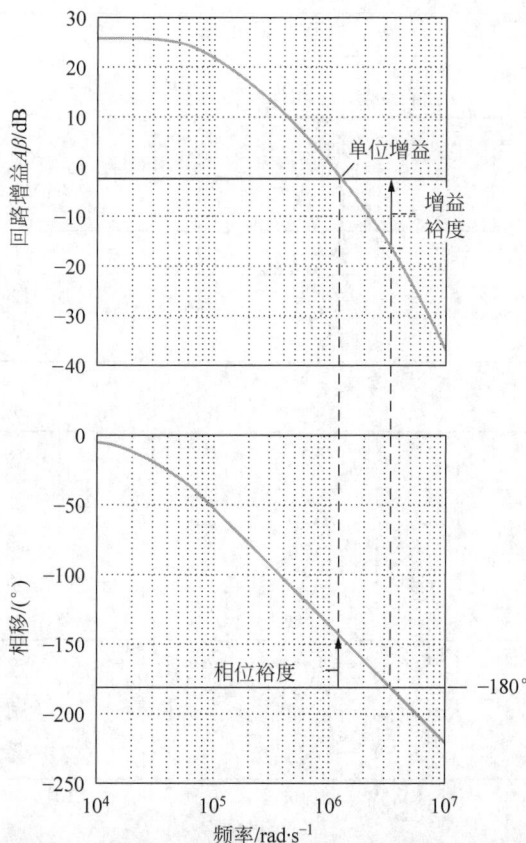

图 2.61 伯德图中的相位裕度和增益裕度

[图形由 MATLAB 命令生成：Bode(2E19,[1 11.1E6 11.1 E12 1E18])]

以图 2.62 的伯德图为例。在这种情况下有

$$A(s) = \frac{2 \times 10^{24}}{(s + 10^5)(s + 3 \times 10^6)(s + 10^8)} \tag{2.170}$$

图 2.62 中还给出了式(2.170)的渐近线。本例为简化起见,假设反馈与频率无关(如电阻分压器),因此 $1/\beta$ 为一条直线。

三阶闭环增益表达式已确定,第一种情况是最大闭环增益 $1/\beta = 80\text{dB}$,相位裕度接近 $85°$,不存在稳定性问题;第二种情况则是闭环增益为 50dB,相位裕度仅为 $15°$。尽管此时系统是稳定的,但当闭环增益为 50dB 时,放大器在其阶跃响应中出现了明显的过冲和"振荡"。最后,如欲利用这个放大器实现一个单位增益电压跟随器,那么放大器会变得不稳定(具有负的相位裕度)。我们发现当闭环增益约为 35dB 时,相位裕度为零。

相对稳定性还可以通过幅频特性曲线得到。如果 A 和 $1/\beta$ 曲线相交于 20dB/十倍频程区域,那么放大器是稳定的。然而,如果两条曲线在 40dB/十倍频程区域相交,闭环放大器就会有较差的相位裕度(最好情况)或不稳定(最差情况)。最后,如果两者相交于 60dB 甚至更高区域,则闭环系统就会变得不稳定。相交率同样还可应用于与频率相关的反馈中。

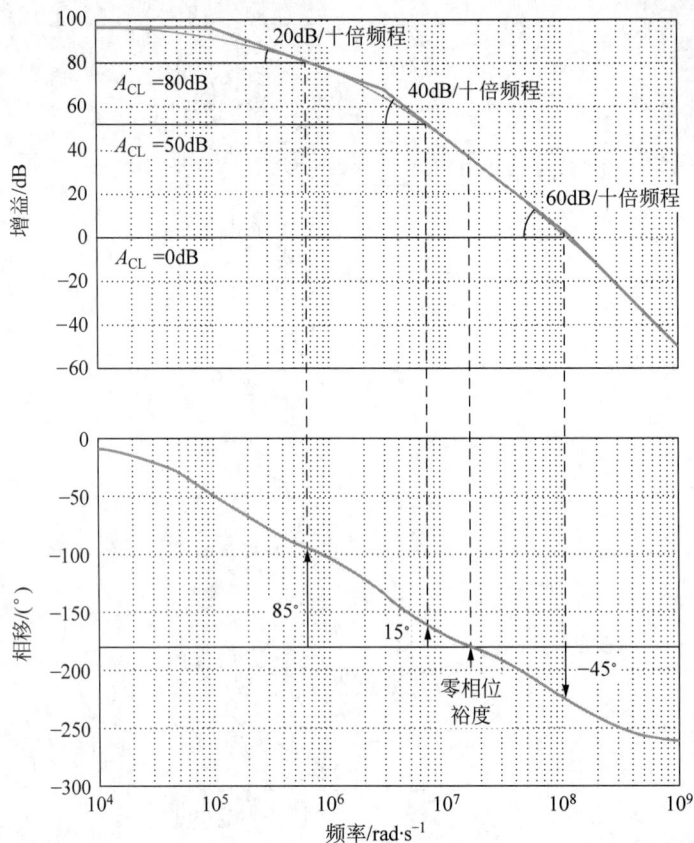

图 2.62　根据幅值伯德图确定稳定性。给出了 3 个闭环增益值情况：80dB、50dB 和 0dB。对应的相位裕度分别为 85°、15°（出现振荡和过冲）和 −45°（不稳定）

[图形通过 MATLAB 命令 Bode(2E24,[1 103.1E6 310.3E1230E18])生成]

例 2.17　相位裕度分析。

即使是运算放大器，当驱动大电容负载时仍会出现相位裕度问题。本例研究的是输出端接大负载电容的电压跟随器的相位裕度。

问题：求出驱动 $0.01\mu F$ 电容的电压跟随器的相位裕度。假设运算放大器的开环增益为 100dB，f_T 为 1MHz，输出电阻为 250Ω。

解：

已知量：加入了负载电容 C_L，输出电阻 R_o 的电压跟随器如下图所示。对于放大器有 $A_o = 100dB$，$f_T = 1MHz$，$C_L = 0.01\mu F$，$R_o = 250\Omega$。

未知量：闭环放大器的相位裕度。

求解方法：求出回路增益 T 的表达式，确定 $|T| = 1$ 时的频率，计算此频率的相位，并将其与 $180°$ 比较。

假设：除了 A_o、f_T 和 R_o 外运算放大器是理想的。

分析：对于运算放大器有

$$f_B = f_T / A_o = 10^6 / 10^5 = 10\,\text{Hz}$$

$$T(s) = A(s)\beta(s) = \frac{A_o}{1 + \dfrac{s}{\omega_B}} \cdot \frac{1}{1 + sR_oC_L} = \frac{10^5}{1 + \dfrac{s}{20\pi}} \cdot \frac{1}{1 + \dfrac{s}{4 \times 10^5}}$$

$$|T(j\omega)| = \frac{10^5}{\sqrt{1 + \left(\dfrac{\omega}{20\pi}\right)^2}\sqrt{1 + \left(\dfrac{\omega}{4 \times 10^5}\right)^2}} \qquad \angle T(j\omega) = -\arctan\left(\frac{\omega}{20\pi}\right) - \arctan\left(\frac{\omega}{4 \times 10^5}\right)$$

利用计算器或电子表格求解方程 $|T(j\omega)| = 1$，得到 $f = 248\text{kHz}(\omega = 1.57\text{Mrad/s})$，$\angle T = -166°$。因此相位裕度仅为 $180° - 166° = 34°$。

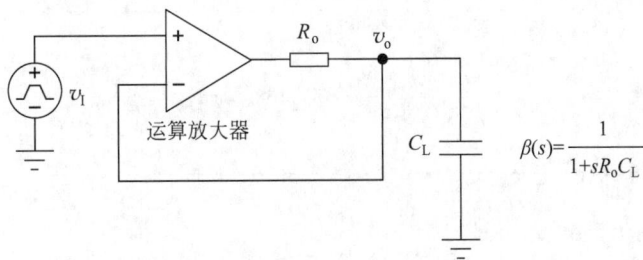

带有输出电阻和负载电容的电压跟随器

结果检查：我们已求出相位裕度仅为 $34°$。

讨论：将运算放大器的负载电容和输出电阻断开，系统中可增加第二个极点。因此整个反馈放大器变成一个二阶系统，尽管它不会振荡，但相位裕度很差，阶跃响应中将出现过冲和振荡。遗憾的是，实际的运算放大器还存在多余极点，会使相位裕度变得更差，从而增加振荡的可能性。我们还可以借助 SPICE 进一步探究这一问题。

计算机辅助分析：首先需要建立一个能够反映我们分析内容的仿真模型。下图给出的是一个采用了两个运算放大器的可能情况。第一个运算放大器是一个理想运算放大器，其增益为 100dB。加入 R_1 和 C_1 是为了模拟运算放大器在 10Hz 的极点，这一"伪网络"作为第一个运算放大器的输出缓冲接第二个运算放大器，第二个运算放大器的增益裕度设为 1。R_o 和 C_L 使得这一电路变得更为完整。小信号脉冲输入信号的幅值为 5mV，脉冲宽度为 $35\mu\text{s}$。周期为 $70\mu\text{s}$，上升时间和下降时间为 10ns，这样所需的仿真时间可以相对短一些。

在仿真波形中，我们看到了超过 10% 的过冲和振荡，输出大约需要 $30\mu\text{s}$ 的时间稳定至其最终值，如果同样的电路采用 $\mu\text{A}741$ 运算放大器来重新仿真，会发现实际情况比简化模型的结果更糟，这是因为 $\mu\text{A}471$ 在高频处还存在多余极点。

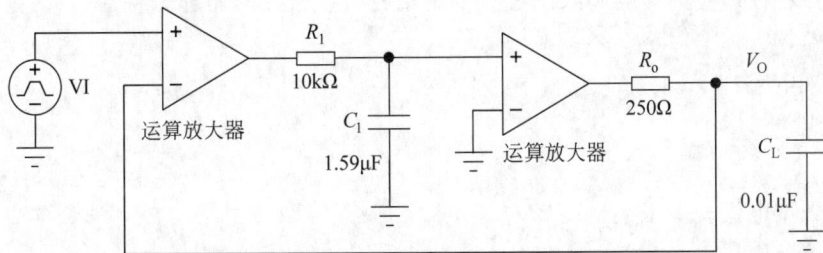

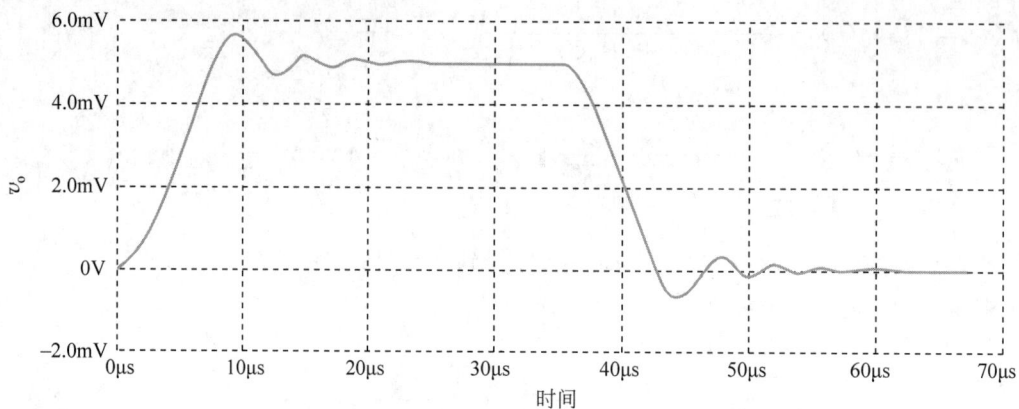

(a) 对应数学分析的电路模型的阶跃响应

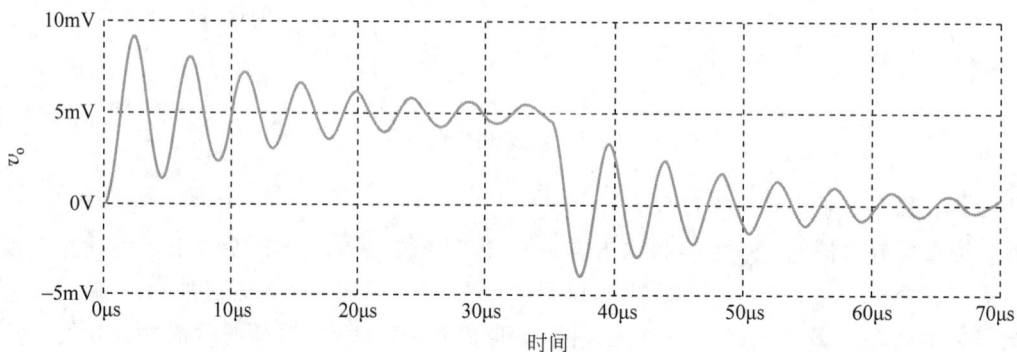

(b) 在原始电路的SPICE仿真中采用μA741运算放大器宏模型结果

练习：计算上面两幅仿真结果图中的过冲和相位裕度。

答案：$14\%, 54°$；$85\%, 6°$。

练习：如果将脉冲幅值改为 $1V$，重新进行仿真。解释所看到的仿真结果。

小结

第 1 章对理想运算放大器进行了介绍，第 2 章主要讨论去除理想运算放大器假设之后的情况，并对非理想运算放大器特性产生的影响和限制进行了定量分析。研究的非理想特性有：

有限开环增益；

有限差模输入电阻；

非零输出电阻；

失调电压；

输入偏置和失调电流；

有限输出电流范围；

有限输出电流能力；

有限共模抑制；

有限共模输入电阻；

有限电源电压抑制；

有限带宽；

有限摆率。

- 详细讨论了去除不同理想运算放大器假设后的影响。推导了闭环同相和反相放大器的增益、增益误差、输入电阻和输出电阻的表达式，发现回路增益 $T=A\beta$ 对于确定闭环放大器的这些参数起着重要的作用。

- 串联和并联反馈用于调节并稳定反馈放大器的特性。串联反馈使得反馈电路与放大器串联，且将串联端的总阻抗值增加至原来的 $1+T$ 倍。将反馈电路与放大器并联可得到并联反馈，且将并联端阻抗值降低为 $1/(1+T)$ 倍。

- 根据放大器输入和输出端所采用的反馈类型，可以将反馈放大器分为 4 类：

  电压放大器：利用电压串联反馈，获得高输入阻抗和低输出阻抗；

  电流放大器：利用电流并联反馈，获得低输入阻抗和高输出阻抗；

  跨阻放大器：利用电压并联反馈，获得低输入阻抗和低输出阻抗；

  跨导放大器：利用电流串联反馈，获得高输入阻抗和高输出阻抗。

- 回路增益 $T(s)$ 对反馈放大器特性起着重要的作用。对于理论计算，回路增益可通过在任一点断开反馈回路并直接计算通过回路反馈到该点的电压来求得。然而，在计算回路增益之前，回路两端必须有合理终端。

- 为求出运算放大器电路的回路增益 T，在运算放大器模型的受控源中设置 $v_{id}=1V$，使断开反馈回路较为方便（如 $A_o v_{id}=A_o(1)$），然后计算运算放大器输入端的电压 v_{id}。

- 当采用 SPICE 或进行实验测量时，通常无法断开反馈回路。连续电压和电流注入法是在不断开反馈回路的情况下求解回路增益的一种很好的办法。

- 只要放大器电路中采用了反馈，就需要考虑稳定性问题。在大多数情况下，需要采用负反馈。稳定性可以通过研究频率函数的反馈放大器的回路增益 $T(s)=A(s)\beta(s)$ 的特性来确定，稳定性标准可通过奈奎斯特图或伯德图来评估。

- 在奈奎斯特图中，稳定的条件是 $T(j\omega)$ 曲线不包含 $T=-1$ 的点。

- 在伯德图中，$A(j\omega)$ 和 $1/\beta(j\omega)$ 的幅值渐近线必须不能在超过 20dB/十倍频程的区域相交。

- 相位裕度和增益裕度可以通过奈奎斯特图或伯德图求得，是衡量稳定性的重要标准。

- 相位裕度确定了一个二阶反馈系统阶跃响应中的过冲大小。系统一般设计成具有至少 60°相位裕度。

- 直流误差源包括失调电压、偏置电流和失调电流，所有这些都限制了运算放大器电路的直流准确性，实际运算放大器还存在输出电压和电流摆幅的限制，以及有限的输出电压变化率，称为摆率。电路设计的选择受到这些因素的约束。

- 基本单极点运算放大器的频率响应可通过两个参数描述：开环增益 A_o 和增益带宽积 ω_T。对同相放大器的增益和带宽的分析直接反映了这些放大器中闭环增益和闭环带宽之间的权衡关系，增益带宽积恒定，为了增大带宽必须降低闭环增益，反之亦然。

- 在对包含运算放大器的电路进行仿真时经常会用到简化宏模型。宏模型可在 SPICE 中采用受控源来搭建，大多数 SPICE 库中包含大量商用运算放大器的综合宏模型。

关键词

Bandwidth(BW)	带宽
Bias	偏置
Bode Plot	伯德图
Closed-Loop Gain	闭环增益
Closed-Loop Input Resistance	闭环输入电阻
Closed-Loop Output Resistance	闭环输出电阻
Decibel(dB)	分贝
Feedback Amplifier Stability	反馈放大器的稳定性
Feedback Network	反馈电路
Gain-Bandwidth Product	增益带宽积
Gain Margin(GM)	增益裕度
Ideal Voltage Amplifier	理想电压放大器
Input Resistance(R_{in})	输入电阻(R_{in})
Inverting Amplifier	反相放大器
Loop Gain	环路增益
Low-Pass Amplifier	低通放大器
Midband Gain	中频带增益
-1 Point	-1 点
Negative Feedback	负反馈
Noninverting Amplifier	同相放大器
Nyquist Plot	奈奎斯特图
Open-Loop Amplifier	开环放大器
Open-Loop Gain	开环增益
Phase Margin	相位裕度
Series-Series Feedback	电流串联反馈(串联-串联反馈、电流电压反馈)
Series-Shunt Feedback	电压串联反馈(串联-并联反馈、电流电流反馈)
Short-Circuit Termination	短路端
Shunt-Series Feedback	电流并联反馈(并联-串联反馈、电压电压反馈)
Shunt Connection	并联连接
Shunt-Shunt Feedback	电压并联反馈(并联-并联反馈、电压电流反馈)
Stability	稳定性
Successive Voltage and Current Injection	连续电压电流结
Total Harmonic Distortion	总的谐波失真
Transfer Function	传输函数
Transconductance Amplifier	跨导放大器
Transresistance Amplifier	跨阻放大器

Two-Port Network	双端口电路
Upper cutoff Frequency	上截止频率
Voltage Amplifier	电压放大器

参考文献

1. H. S. Black，"Stabilized feed-buck amplifiers，"*Electrical Engineering*，vol. 53. pp. 114-120，January 1934.

2. Harold S. Black，"Inventing the negative feedback amplifier，"*IEEE Spectrum*，vol. 14. pp. 54-60，December 1977.（50th anniversary of Black's invention of negative feedback amplifier.）

3. J. E. Brittain. "Scanning the past：Harold S. Black and the negative feedback amplifier，"*Proceedings of the IEEE*. vol. 85，no. 8，pp. 1335-1336，August 1997.

4. R. B. Blackman，"Effect of feedback on impedance，"*Bell System Technical Journal*，vol. 22，no. 3，1943.

5. R. D. Middlebrook，"Measurement of loop gain in feedback systems，"*International Journal of Electronics*，vol. 38，no. 4，pp. 485-512，April 1975. Middlebrook credits a 1965 Hewlett-Packard Application Note as the original source of this technique.

6. R. C. Jaeger. S. W. Director，and A. J. Brodersen，"Computer-aided characterization of differential amplifiers，"*IEEE JSSC*，vol. SC-12，pp. 83-86，February 1977.

7. P. J. Hurst，"A comparison of two approaches to feedback circuit analysis，"*IEEE Trans，on Education*，vol. 35，pp. 253-261，August 1992.

8. F. Corsi，C. Marzocca，and G. Matarrese，"On impedance evaluation in feedback circuits，"*IEEE Trans. on Education*，vol. 45，no. 4，pp. 371-379，November 2002.

9. P. E. Allen and D. R. Holberg，*CMOS Analog Circuit Design*，2nd ed.，Oxford University Press，New York：2002.

习题

§2.1　经典反馈系统

2.1　图 2.1 所示的典型反馈系统有 $\beta=0.125$。当(a)$A=\infty$ 时；(b)$A=84$dB 时；(c)$A=20$ 时，回路增益 T、理想闭环增益 A_v^{Ideal}、实际闭环增益 A_v 和分数增益误差 FGE 分别为多少？

2.2　一个电压跟随器的闭环电压增益 A_v 可用式(2.4)来表示。(a)如果要求电压跟随器的增益误差小于 0.02%，则回路增益 T 的最小值为多少？(b)放大器的开环增益 A 要求为多大？

2.3　一个放大器的闭环电压增益为 A_v，利用式(2.4)来表示，当理想增益为 50dB 时，如果要求增益误差小于 0.2%，则回路增益 T 的最小值为多少？

2.4　(a)敏感度定义为 A_v，利用式(2.4)计算闭环增益 A_v 随着开环增益 A 的敏感度 $S_A^{A_v}=\dfrac{A}{A_v}\dfrac{\partial A_v}{\partial A}$ 的变化；(b)运算放大器的 $A=100$dB，$\beta=0.01$，利用上式估算开环增益变化 10% 时闭环增益变化的百分比。

§2.2　含有非理想运算放大器的电路分析

2.5　一个同相放大器电路中有 $R_1=12$kΩ 和 $R_2=150$kΩ，由一个开环增益为 86dB 的运算放大器组成。(a)计算该放大器的闭环增益、增益误差和分数增益误差；(b)如果 $R_1=1.2$kΩ，重复上述计算。

2.6　一个同相放大器电路中有 $R_1=6.2$kΩ 和 $R_2=47$kΩ，由一个开环增益为 94dB 的运算放大器组成。(a)计算该放大器的闭环增益、增益误差和分数增益误差；(b)如果开环增益变为100dB，重复上述计算。

2.7 (a)如果习题2.3中的运算放大器为一个同相放大器，则开环增益 A 的值应为多少？(b)如果为反相放大器，结果又如何？

2.8 图 P2.1(a)中的反馈放大器有 $R_1 = 1\text{k}\Omega$，$R_2 = 100\text{k}\Omega$，$R_1 = 0$ 和 $R_L = 10\text{k}\Omega$。(a)反馈系数 β 值为多少？(b)如果 $A = 86\text{dB}$，则回路增益 T 和闭环增益 A_v 为多少？(c)GE 和 FCE 的值呢？

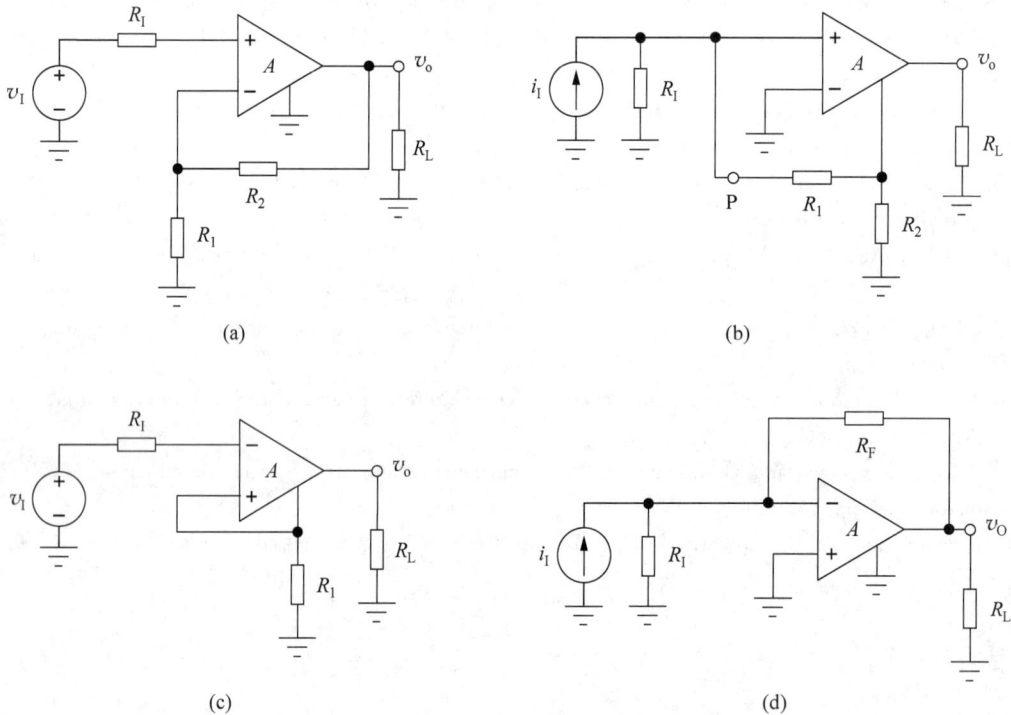

(a)　　　　　　　　　　(b)

(c)　　　　　　　　　　(d)

图 P2.1　对于每个运算放大器 A 有 $A_o = 4000$ $R_{id} = 20\text{k}\Omega$ $R_o = 1\text{k}\Omega$

2.9 一个反相放大器电路中有 $R_1 = 11\text{k}\Omega$ 和 $R_2 = 220\text{k}\Omega$，由一个开环增益为92dB的运算放大器组成。(a)计算该放大器的闭环增益、增益误差和分数增益误差；(b)如果 R_1 变为 $1.1\text{k}\Omega$，重复上述计算。

2.10 图2.3中的反相放大器由一个开环增益 $A = 80\text{dB}$ 的运算放大器组成，如果 $R_1 = 1\text{k}\Omega$，$R_2 = 100\text{k}\Omega$，则 β、T 和 A_v 各为多少？

2.11 一个反相放大器电路中有 $R_1 = 5.6\text{k}\Omega$ 和 $R_2 = 56\text{k}\Omega$，由一个开环增益为94dB的运算放大器组成。(a)计算该放大器的闭环增益、增益误差；(b)如果开环增益变为100dB，重复上述计算。

2.12 一个同相放大器的闭环增益为36dB。如果增益误差小于 0.2%，那么运算放大器的增益要求为多少？

2.13 一个反相放大器的闭环增益为46dB。如果增益误差小于 0.1%，那么运算放大器的增益要求为多少？

2.14 一个同相放大器中的电阻精度为 0.01%，且电阻 $R_2 = 99R_1$。如果运算放大器是理想的，那么电压增益的正常值和最坏情况值为多少？如果由于有限的运算放大器增益导致的增益误差小于

0.01%,那么运算放大器的开环增益要求为多少?

2.15 如果 $v_x = 0.1V, R_1 = 1k\Omega, R_2 = 47k\Omega, R_{id} = 1M\Omega, A = 10^5$,计算图2.6中放大器的 i_1、i_2、和 i_-。

2.16 利用测试电流源而不是测试电压源来重新推导图2.5中的输出电阻。

2.17 一个同相放大器电路中有 $R_1 = 5.6k\Omega, R_2 = 75k\Omega$,由一个开环增益为100dB、输入电阻为 $500k\Omega$ 和输出电阻为 300Ω 的运算放大器组成。(a)计算该放大器的闭环增益、输入电阻和输出电阻;(b)如果开环增益变为94dB,重复上述计算。

2.18 一个同相放大器电路中有 $R_1 = 15k\Omega, R_2 = 150k\Omega$,由一个开环增益为86dB、输入电阻为 $200k\Omega$ 和输出电阻为 200Ω 的运算放大器组成。(a)计算该放大器的闭环增益、输入电阻和输出电阻;(b)如果 R_1 变为 $1.2k\Omega$,重复上述计算。

2.19 一个反相放大器电路中有 $R_1 = 4.7k\Omega$ 和 $R_2 = 47k\Omega$,由一个开环增益为94dB、输入电阻为 $500k\Omega$ 和输出电阻为 200Ω 的运算放大器组成。(a)计算该放大器的闭环增益、输入电阻和输出电阻;(b)如果开环增益变为100dB,重复上述计算。

2.20 一个反相放大器电路中有 $R_1 = 2.4k\Omega$ 和 $R_2 = 47k\Omega$,由一个开环增益为100dB、输入电阻为 $300k\Omega$ 和输出电阻为 200Ω 的运算放大器组成。(a)计算该放大器的闭环增益、输入电阻和输出电阻;(b)如果开环增益 R_1 变为94dB,重复上述计算。

2.21 一个运算放大器有 $R_{id} = 500\Omega, R_o = 35\Omega$ 和 $A = 5 \times 10^4$。确定采用单级放大器能否达到下面的设计要求。(a)必须采用哪种结构(同相还是反相),为什么?(b)假设必须达到增益参数要求,证明其他参数中哪些可以满足,哪些不满足。

$$|A_v| = 200 \quad R_{in} \geqslant 2 \times 10^8 \Omega \quad R_{out} \leqslant 0.2\Omega$$

2.22 一个运算放大器有 $R_{id} = 1M\Omega, R_o = 100\Omega$ 和 $A = 1 \times 10^4$。采用由这一运算放大器构成的单级放大器能满足下面的设计要求吗?证明哪些参数可以达到,哪些参数不行?

$$|A_v| = 200 \quad R_{in} \geqslant 10^8 \Omega \quad R_{out} \leqslant 0.2\Omega$$

2.23 图P2.2所示的整体放大器电路是一个二端口电路。$R_1 = 6.8k\Omega, R_2 = 100k\Omega$。如果运算放大器有 $A = 7 \times 10^4$、$R_{id} = 1M\Omega, R_o = 250\Omega$,则其戴维南等效电路如何?诺顿等效电路呢?

2.24 图P2.3所示的电路为一个二端口电路。$R_1 = 360k\Omega, R_2 = 56k\Omega$。如果运算放大器有 $A = 2 \times 10^4$、$R_{id} = 250k\Omega, R_o = 250\Omega$,则戴维南等效电路如何?

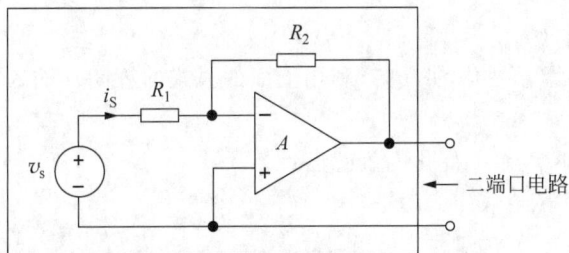

图 P2.2

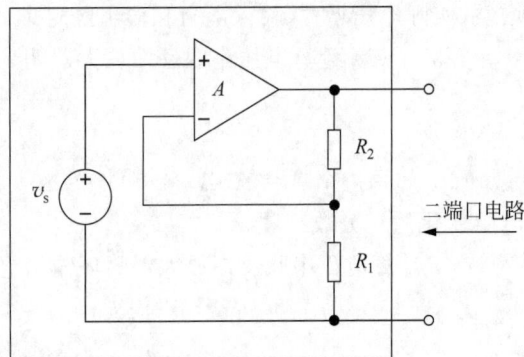

图 P2.3

2.25 一个反相放大器的闭环增益为 60dB。唯一可用的运算放大器的开环增益为 106dB,如果要求增益误差必须小于 1%,则反馈电阻的容限为多少? 假设所有电阻容限相同。

2.26 一个同相放大器的闭环增益为 54dB。唯一可用的运算放大器的开环增益为 40000。如果要求增益误差必须小于或等于 2%,则反馈电阻的容限为多少? 假设所有电阻容限相同。

§2.3 串联反馈和并联反馈电路、§2.4 反馈放大器计算的统一方法

2.27 说明为了实现下列目标应该采用哪种负反馈:(a)高输入电阻和高输出电阻;(b)低输入电阻和高输入电阻;(c)低输入电阻和低输出电阻;(d)高输入电阻和低输出电阻。

2.28 辨别图 P2.1 所示的 4 个电路中所采用的反馈类型。

2.29 对于图 P2.1 所示的 4 个电路,哪种可以提供高输入电阻? 哪种可提供相对较低的输入电阻?

2.30 对于图 P2.1 所示的 4 个电路,哪种可以提供高输出电阻? 哪种可提供相对较低的输出电阻?

2.31 一个放大器具有开环电压增益 100dB、$R_{id}=40\text{k}\Omega$,$R_o=1000\Omega$,将其运用在具有电阻反馈结构的电路中。(a)该反馈放大器所能达到的最大输入电阻为多少? (b)该反馈放大器所能达到的最小输入电阻为多少? (c)该反馈放大器所能达到的最大输出电阻为多少? (d)该反馈放大器所能达到的最小输出电阻为多少?

2.32 一个放大器具有开环电压增益 90dB、$R_{id}=50\text{k}\Omega$,$R_o=5000\Omega$。将其运用在具有电阻反馈结构的电路中。(a)该反馈放大器所能达到的最大电流增益为多少? (b)该反馈放大器所能达到的最大跨导为多少?

§2.5 电压串联反馈放大器——电压放大器

2.33 对于图 P2.1(a)所示的电路,假设 $R_I=1\text{k}\Omega$,$R_L=5.6\text{k}\Omega$,$R_1=4.3\text{k}\Omega$,$R_2=39\text{k}\Omega$。求出其闭环增益。

2.34 对于图 P2.1(a)所示的电路,假设 $R_I=1\text{k}\Omega$,$R_L=5\text{k}\Omega$,$R_1=5\text{k}\Omega$,$R_2=45\text{k}\Omega$。计算其电压增益、输入电阻、输出电阻。

2.35 一个由运算放大器构成的同相放大器有 $R_L=20\text{k}\Omega$,$R_1=15\text{k}\Omega$,$R_2=30\text{k}\Omega$。运算放大器的开环增益为 94dB,输入电阻为 30kΩ,输出电阻为 5kΩ。计算该反馈放大器的回路增益、理想电压增益、实际电压增益、输入电阻和输出电阻。

2.36 如果在例 2.5 中反馈放大器的输出端连接一个 4kΩ 的负载电阻,求其回路增益、理想电压增益、实际电压增益、输入电阻和输出电阻。

2.37 (a) 计算电压串联反馈放大器闭环输入电阻对开环增益 A 变化的敏感度;

$$S_A^{R_{in}} = \frac{A}{R_{in}}\frac{\partial R_{in}}{\partial A}$$

(b) 如果一个 $A=94\text{dB}$、$\beta=0.01$ 的放大器的开环增益变化为 10%,利用上面的公式估算闭环输入电阻变化的百分数;

(c) 计算电压串联反馈放大器闭环输出电阻对开环增益 A 变化的敏感度;

$$S_A^{R_{out}} = \frac{A}{R_{out}}\frac{\partial R_{out}}{\partial A}$$

(d) 如果一个 $A=100\text{dB}$、$\beta=0.01$ 的放大器的开环增益变化为 10%,利用上面的公式估算闭环输入电阻变化的百分数。

§2.6 电压并联反馈放大器——跨阻放大器

2.38 如果 $R_I=100\text{k}\Omega$，$R_L=15\text{k}\Omega$，$R_F=10\text{k}\Omega$，计算图 P2.1(d)中反馈放大器的回路增益、理想跨阻、实际跨阻、输入和输出电阻。

2.39 利用 SPICE 仿真习题 2.38 中的电路，并对仿真结果与手工计算结果进行比较。

2.40 如果 $R_I=100\text{k}\Omega$，$R_L=5\Omega$，$R_F=10\text{k}\Omega$，计算图 P2.1(d)中反馈放大器的回路增益、理想跨阻、实际跨阻、输入和输出电阻。

2.41 利用 SPICE 仿真习题 2.40 中的电路，并对仿真结果与手工计算结果进行比较。

2.42 一个由运算放大器构成的反相放大器有 $R_1=15\text{k}\Omega$，如果 $R_2=30\text{k}\Omega$，$R_L=20\text{k}\Omega$。运算放大器的开环增益为 92dB，输入电阻为 30kΩ，输出电阻为 5kΩ。计算该反馈放大器的回路增益、理想跨阻、实际跨阻、输入和输出电阻。

2.43 假设放大器增益 A_o 为有限值，求出图 1.32 所示低通滤波器的回路增益表达式。证明式(1.95)中的增益表达式还可以表示为 $A_v=A_v^{\text{Ideal}}\dfrac{T}{1+T}$。

2.44 图 1.34 中的积分器由增益 $A=86\text{dB}$ 的运算放大器组成。如果 $R=24\text{k}\Omega$，$C=0.01\mu\text{F}$，计算 $T(s)$ 和 $A_v(s)$ 的值。

2.45 图 1.35 中的微分器由增益 $A=80\text{dB}$ 的运算放大器组成。如果 $R=20\text{k}\Omega$，$C=0.01\mu\text{F}$，计算 $T(s)$ 和 $A_v(s)$。

2.46 假设放大器增益 A_o 为有限值，计算图 1.34 所示积分器的回路增益表达式。证明积分器的电压增益表达式还可以表示为 $A_v=A_v^{\text{Ideal}}\dfrac{T}{1+T}$。

2.47 假设放大器增益 A_o 为有限值，计算图 1.33 所示高通滤波器的回路增益表达式。证明高通滤波器的电压增益表达式还可以表示为 $A_v=A_v^{\text{Ideal}}\dfrac{T}{1+T}$。

§2.7 电流串联反馈放大器——跨导放大器

2.48 如果 $R_I=15\text{k}\Omega$，$R_L=5\text{k}\Omega$，$R_1=3\text{k}\Omega$，计算图 P2.1(c)中反馈放大器的回路增益、理想跨阻、实际跨阻、输入电阻和输出电阻。

2.49 利用 SPICE 仿真习题 2.48 中的电路，并对仿真结果与手工计算结果进行比较。

2.50 如果 $R_I=15\text{k}\Omega$，$R_L=20\text{k}\Omega$，$R_1=6\text{k}\Omega$，计算图 P2.1(c)中反馈放大器的回路增益、理想跨阻、实际跨阻、输入电阻和输出电阻。

2.51 利用 SPICE 仿真习题 2.45 中的电路，并对仿真结果与手工计算结果进行比较。

2.52 如果在图 2.18 所示的放大器的 v_o 位置加一个负载电阻 $R_L=4\text{k}\Omega$，计算例 2.7 中反馈放大器的回路增益、理想跨阻、实际跨阻、输入电阻和输出电阻。

§2.8 电流并联反馈放大器——电流放大器

2.53 如果 $R_I=100\text{k}\Omega$，$R_L=10\text{k}\Omega$，$R_1=20\text{k}\Omega$，$R_2=2\text{k}\Omega$，计算图 P2.1(b)所示反馈放大器的回路效益、理想电流增益、实际电流增益、输入电阻和输出电阻。

2.54 利用 SPICE 仿真习题 2.53 中的电路，并对仿真结果与手工结果进行比较。

2.55 如果 $R_I=150\text{k}\Omega$，$R_L=5\text{k}\Omega$，$R_1=10\text{k}\Omega$，$R_2=1\text{k}\Omega$，计算图 P2.1(b)所示反馈放大器的回路效益、理想电流增益、实际电流增益、输入电阻和输出电阻。

2.56 利用 SPICE 仿真习题 2.55 中的电路，并对仿真结果与手工结果进行比较。

§2.9 使用持续电压和电流注入法计算回路增益

2.57 在运算放大器的反相输入端采用连续电压和电流注入法，验证例 2.5 中回路增益的值。电阻的比值为多少？

2.58 在运算放大器的反馈电阻 R_F 右端采用连续电压和电流注入法，验证例 2.6 中回路增益的值。电阻的比值为多少？

2.59 在运算放大器的同相输入端采用连续电压和电流注入法，验证例 2.7 中回路增益的值。电阻的比值为多少？

2.60 在运算放大器的电阻 R_1 和电阻 R_2 之间采用连续电压和电流注入法，验证例 2.8 中回路增益的值。电阻的比值为多少？

§2.10 利用反馈减少失真

2.61 一个放大器的 VTC 可以表示为 $v_o = 15\tanh(1000v_i)\,\mathrm{V}$。利用 MATLAB 计算下列情况的总谐波失真：(a) $v_i = 0.001\sin2000\pi t\,\mathrm{V}$；(b) $v_i = 0.002\sin2000\pi t\,\mathrm{V}$。

2.62 图 2.30 所示运算放大器的 VTC 可以表示为 $v_o = 15\tanh(1000v_i)\,\mathrm{V}$，闭环增益设为 10。利用 MATLAB 计算下列情况的总谐波失真：（a）$v_i = 1\sin2000\pi t\,\mathrm{V}$；（b）闭环增益为 50，$v_i = 0.2\sin2000\pi t\,\mathrm{V}$。

§2.11 直流误差源和输出摆幅限制

2.63 如果 $v_{os} = 2\mathrm{mV}$，$I_{B1} = 100\mathrm{nA}$，$I_{B2} = 95\mathrm{nA}$，计算图 P2.4 中电路输出电压的最坏情况值，理想输出电压值为多少？电路的总误差为多少？R_1 有没有更优值？如果有，是多少？

2.64 如果 $v_{os} = 8\mathrm{mV}$，$I_{B1} = 250\mathrm{nA}$，$I_{B2} = 200\mathrm{nA}$，$R_2 = 510\mathrm{k\Omega}$，重复习题 2.63 中的计算。

2.65 图 P2.5 所示为一个运算放大器的电压传输特性。(a)计算该运算放大器的增益和失调电压值；(b)绘制放大器电压增益 A 与 v_{id} 的电压传输特性曲线。

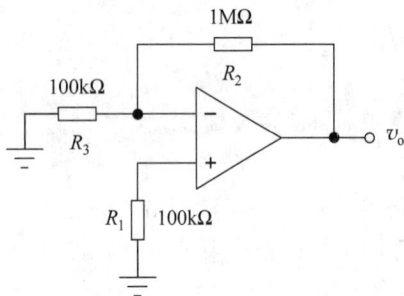

图　P2.4

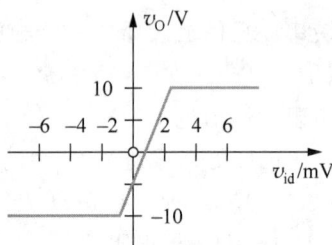

图　P2.5

2.66 利用叠加法推导式(2.101)中的结果。

2.67 图 P2.6 所示的运算放大器被设计为增益 46dB。为满足增益设计要求，并使偏置电流误差达到最小，则 R_1 和 R_2 应为多大？

2.68 图 P2.7 所示的运算放大器被设计成具有增益 10000，失调电压为 1mV，输入偏置电流为 100nA，则(a)理想运算放大器的输出电压为多少？(b)电压失调最差情况时的实际输出电压为多少？(c)实际输出电压相对理想输出电压的百分比误差为多少？

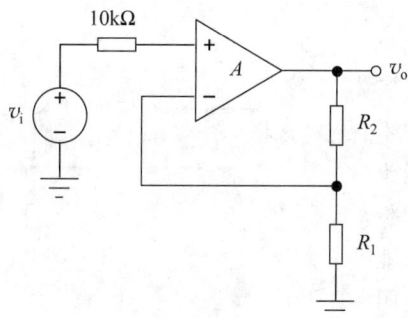

图 P2.6

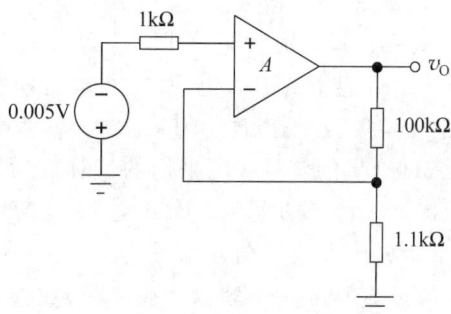

图 P2.7

电压和电流限制

2.69 图 P2.8 所示的运算放大器的输出电压摆幅等于电源电压。当直流输入电压 V_I 分别为(a) $-1V$ 和(b)$2V$ 时,放大器的 V_O 和 V_- 分别为多少?

2.70 绘制图 P2.8 中放大器的电压传输特性曲线。

2.71 用 $10k\Omega$ 电阻代替图 P2.8 中的 $6.8k\Omega$ 电阻。当直流输入电压 V_I 分别为(a)$0.5V$ 和(b)$1.2V$ 时,放大器的 V_O 和 V_- 分别为多少?

2.72 绘制习题 2.71 中放大器的电压传输特性曲线。

2.73 对于图 P2.9 所示的运算放大器,如果输出电压摆幅限制在电源电压范围内,则当直流输入电压为(a)$V_1=250mA$;(b)$V_1=500mA$ 时,电压 V_O 和 V_{ID} 分别为多少?

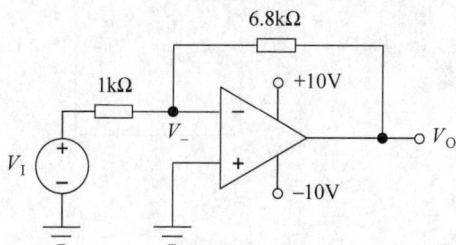

图 P2.8

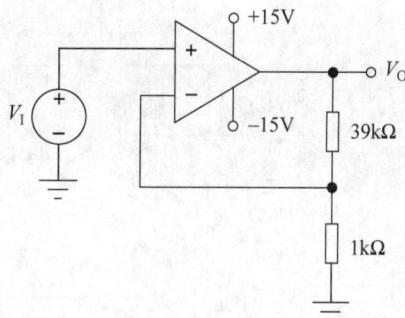

图 P2.9

2.74 绘制图 P2.9 中放大器的电压传输特性曲线。

2.75 如果用 910Ω 电阻取代习题 2.73 中的 $1k\Omega$ 电阻,重复习题 2.73 中的计算。

2.76 设计一个同相放大器,要求具有 $A_v=46dB$,且能传送一个 $\pm 10V$ 的信号至 $10k\Omega$ 的负载电阻。运算放大器只能提供 $1.5mA$ 的输出电流。设计中采用标准的 5% 电阻。则所设计同相放大器的增益为多少?

2.77 设计一个反相放大器,要求具有 $A_v=43dB$,且能传送一个 $\pm 15V$ 的信号至 $5k\Omega$ 的负载电阻。运算放大器只能提供 $4mA$ 的输出电流。设计中采用标准的 5% 电阻。则所设计同相放大器的增益为多少?

2.78 对于图 P2.10 所示的电路,如果运算放大器的最大输出电流为 $5mA$,晶体管的电流增益

$\beta_F \geqslant 60$，则电阻 R 的最小值为多少？

2.79　(a)利用运算放大器设计增益为 46dB 的单级反相放大器。要求用尽可能小的输入电阻，获得此处所提及的输出驱动能力。当外部负载电阻 $R_L \geqslant 5k\Omega$ 时，放大器必须能产生 $v_o = (10\sin1000t)$ V 的信号。所采用的运算放大器的输出能为 $4k\Omega$ 的负载提供 ± 10V 的电压。除此之外，运算放大器是理想的。(b)如果运算放大器的输入信号为 $v_i = V\sin1000t$，则所能接受的输入信号的最大幅值 V 为多少？(c)放大器的输入电阻为多少？

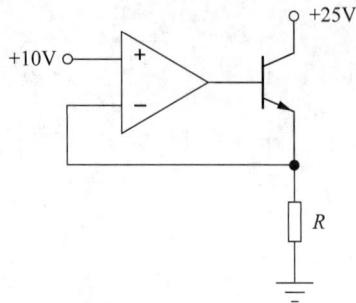

图　P2.10

§2.12　共模抑制比和输入电阻

2.80　图 P2.11 中差分放大器的电阻由于容限问题存在轻微的失配。(a)如果 $v_1 = 3$V，$v_2 = 3$V，则差模和共模输入电压分别为多少？(b)输出电压为多少？(c)如果电阻对匹配，则输出电压为多少？(d)CMRR 为多少？

2.81　图 P2.11 中差分放大器的电阻由于容限问题存在轻微的失配。(a)如果 $v_1 = 3.90$V，$v_2 = 4.10$V，则放大器的输出电压是多少？(b)如果电阻对匹配，则输出电压为多少？(c)在对$(v_1 - v_2)$进行放大时的误差为多少？

2.82　图 P2.11 所示放大器电路中的运算放大器是理想的，且 $v_1 = (10\sin120\pi t + 0.25\sin5000\pi t)$V，$v_2 = (10\sin120\pi t - 0.25\sin5000\pi t)$V。(a)这一放大器的差模和共振输入电压分别为多少？(b)这一放大器的差模和共模增益分别为多少？(c)放大器的共模抑制比为多少？(d)计算 v_o。

2.83　图 P2.12 中万用表具有共模抑制 86dB。则此表能分辨的电压范围为多少？

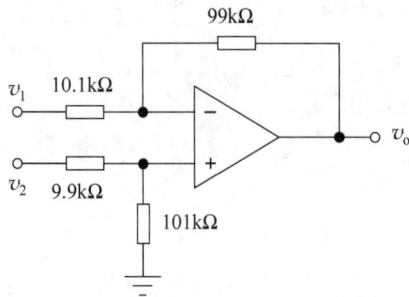

图　P2.11

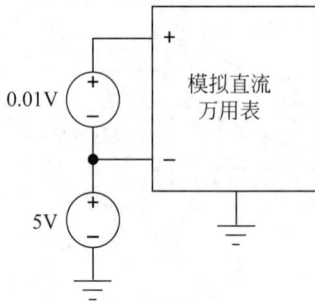

图　P2.12

2.84　(a)用电压表测量图 P2.13 中 $20k\Omega$ 电阻两端的电压$(V = V_1 - V_2)$的值为多少？V 的共模电压部分是多少？$V_{CM} = (V_1 + V_2)/2$，如果测量 V 的误差要小于 0.01%，则电压表的共模抑制比要求为多少？(b)如果用 100Ω 电阻取代 $10k\Omega$ 的电阻，重复上述计算。

2.85　图 P2.14 所示差分放大器的共模抑制比通常受到的限制是来自电阻对的失配，而不是放大器本身的 CMRR。假设电阻 R 的正常值为 $10k\Omega$，容限为 0.05%，则 CMRR 的最差情况值为多少？用分贝表示。

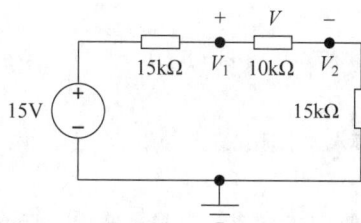

图 P2.13

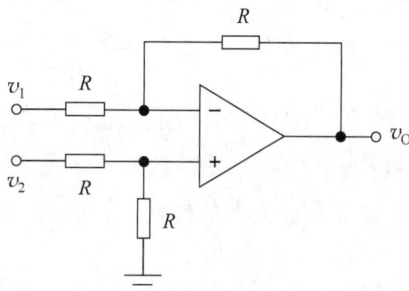

图 P2.14

2.86 图 P2.11 中放大器的共模和差模输入电阻分别为多少？

§2.13 运算放大器电路的频率响应和带宽

2.87 (a)一个单极点运算放大器的开环增益为 100dB,单位增益频率为 2MHz,则运算放大器开环带宽为多少？ (b)一个单极点运算放大器的开环增益为 100dB,带宽为 20Hz,则该运算放大器的单位增益频率为多少？ (c)一个单极点运算放大器的单位增益带宽积为 30MHz,带宽为 200Hz,则该运算放大器的开环增益为多少？

2.88 一个单极点运算放大器的开环增益为 92dB,单位增益频率为 1MHz,则该运算放大器的开环带宽为多少？ (a)将该运算放大器应用在理想增益为 32dB 的同相放大器中,则同相放大器的带宽为多少？ (b)对理想增益为 32dB 的反相放大器重复上述计算。

2.89 一个单极点运算放大器的开环增益为 100dB,单位增益频率为 5MHz,则运算放大器的开环带宽为多少？ (a)将该运算放大器应用于电压跟随器中,则放大器的带宽为多少？ (b)对单位增益的反相放大器重复上述计算。

2.90 如果 $f_\mathrm{T}=10\mathrm{MHz}$,重复习题 2.89 中的计算。

2.91 一个单极点运算放大器的开环增益为 94dB,单位增益频率为 4MHz,需要至少 20kHz 带宽的同相放大器。 (a)当满足频率响应的要求时,同相放大器的最大闭环增益为多少？ (b)当满足频率响应的要求时,反相放大器的最大闭环增益为多少？

2.92 一个单极点运算放大器的开环增益为 86dB,单位增益频率为 5MHz,则运算放大器的开环带宽为多少？ (a)将该运算放大器应用在理想增益为 3 的同相放大器中,则放大器的带宽为多少？ (b)对理想增益为 3 的反相放大器重复上述计算。

利用反馈控制频率响应

2.93 一个放大器的电压增益表示为

$$A(s) = \frac{2\pi \times 10^{10}\, s}{(s + 2000\pi)(s + 2\pi \times 10^6)}$$

(a)该放大器的中频带增益、上限截止频率和下限截止频率分别为多少？ (b)如果将该放大器应用在闭环增益为 100 的反馈放大器中,则闭环放大器的上限截止频率和下限截止频率分别为多少？ (c)对于闭环增益为 40 的反馈放大器,重复上述计算。

2.94 如果放大器的电压增益为

$$A(s) = \frac{2 \times 10^{14}\pi^2}{(s + 2\pi \times 10^3)(s + 2\pi \times 10^5)}$$

重复习题 2.93 中的计算。

2.95 如果放大器的增益电压为

$$A(s) = \frac{4\pi^2 \times 10^{18} s^2}{(s+200\pi)(s+2000\pi)(s+2\pi \times 10^6)(s+2\pi \times 10^7)}$$

重复习题 2.93 中的计算。

2.96 假设运算放大器的传输函数为式(2.120)，且具有输出电阻 R_o。试推导出反相或同相放大器的输入阻抗 $Z_{out}(s)$ 的表达式。

2.97 一个单极点运算放大器的开环增益为 86dB，单位增益频率为 5MHz，输出电阻为 250Ω，将该运算放大器应用在理想增益为 20 的反相放大器中。(a)求出放大器输出阻抗的表达式；(b)绘制出阻抗随频率变化的伯德图。

2.98 利用 SPICE 绘制习题 2.97 中放大器输出电阻的伯德图。

2.99 假设运算放大器的传输函数为式(2.120)，且具有输出电阻 R_{id}。试推导出同相放大器的输入阻抗 $Z_{in}(s)$ 的表达式。

2.100 一个单极点运算放大器的开环增益为 86dB，单位增益频率为 2.5MHz，输入电阻为 100kΩ，将该运算放大器应用在理想增益为 20 的同相放大器中。(a)求出放大器输入阻抗的表达式；(b)绘制输入阻抗随频率变化的伯德图。

2.101 利用 SPICE 绘制习题 2.100 中放大器输入电阻的伯德图。

2.102 一个单极点运算放大器的开环增益为 97dB，单位增益频率为 2MHz。假设 $R_1 = 5.1$kΩ，$R_2 = 51$kΩ，$C = 1600$pF，求出图 1.32 中低通滤波器的传输函数。绘制伯德图，比较理想和实际的传输特性。

2.103 一个单极点运算放大器的开环增益为 86dB，单位增益频率为 2MHz。假设 $R_1 = 5.1$kΩ，$R_2 = 100$kΩ，$C = 750$pF，求出图 1.32 中低通滤波器的传输函数。绘制伯德图，比较理想和实际的传输特性。

2.104 一个单极点运算放大器的开环增益为 86dB，单位增益频率为 1MHz。假设 $R_1 = 1.4$kΩ，$R_2 = 27$kΩ，$C = 150$pF，求出图 1.32 中低通滤波器的传输函数。绘制伯德图，比较理想和实际的传输特性。

2.105 一个单极点运算放大器的开环增益为 100dB，单位增益频率为 5MHz。假设 $R = 10$kΩ，$C = 0.05\mu$F，求出图 1.34 中积分器的传输函数。绘制伯德图，比较理想和实际的传输特性。

2.106 一个单极点运算放大器的开环增益为 94dB，单位增益频率为 1MHz。假设 $R_1 = 18$kΩ，$R_2 = 180$kΩ，$C = 1800$pF，求出图 1.33 中高通滤波器的传输函数。绘制伯德图，比较理想和实际的传输特性。

2.107 如果 $A = 50000$，$f_T = 1$MHz，则当反馈电阻分别为正常值和最差值时，图 P2.15 中放大器的增益和带宽分别为多少？

2.108 对 P2.15 所示的电路进行蒙特卡洛分析。(a)如果 $A = 50000$，$f_T = 1$MHz，则放大器的增益和带宽的 3σ 限制分别为多少？(b)如果 A 在 $[5\times10^4, 1.5\times10^5]$ 的区间内均匀分布，f_T 在 $[10^6, 3\times10^6]$ 的区间均匀分布，重复上述计算。

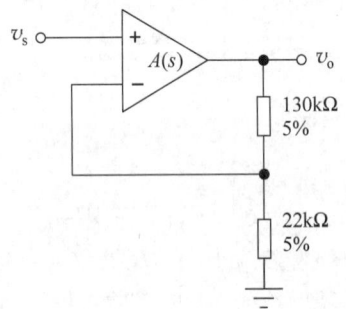

图 P2.15

大信号限制——摆率和满功率带宽

2.109 （a）一个音频放大器被设计成传输 20kHz 的 50V 峰峰正弦信号，则该放大器的摆率为多少？（b）当频率为 20Hz 时，重复上述计算。

2.110 一个放大器的摆率为 $10V/\mu s$。对于幅值为 18V 的信号，满功率带宽为多少？

2.111 一个放大器的输出波形如图 P2.16 所示。其摆率为多少？

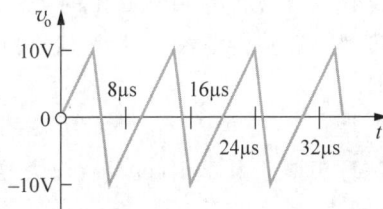

图 P2.16

运算放大器频率响应的宏模型

2.112 一个单极点运算放大器具有如下参数：$A_o = 80000, f_T = 5MHz, R_{id} = 250k\Omega, R_o = 50\Omega$。（a）绘制该运算放大器的宏模型电路；（b）如果该运算放大器还有 $R_{ic} = 500M\Omega$，绘制该运算放大器的宏模型电路。

2.113 绘制习题 2.112 中放大器的宏模型，要求包含如下必要元件：$R_{ic} = 100M\Omega, I_{B1} = 105nA, I_{B2} = 95nA, V_{OS} = 1mV$。

2.114 双极点运算放大器的传输函数为

$$A(s) = \frac{A_o \omega_1 \omega_2}{(s + \omega_1)(s + \omega_2)}$$

其中 $A_o = 80000, f_1 = 1kHz, f_2 = 100kHz, R_{id} = 400k\Omega, R_0 = 75\Omega$。为这一放大器创建宏模型（提示：考虑采用两个"伪"回路）。

通用运算放大器实例

2.115 对于图 2.51 所示的 AD745J 运算放大器的宏模型，各元件的值为多少？采用 $R = 1k\Omega$ 和正常定义值。

2.116 （a）求出 AD745 运算放大器如下参数的最差值（最小值或最大值，酌情考虑）：开环增益、CMRR、PSRR、$V_{OS}, I_{B1}, I_{B2}, I_{OS}, R_{ID}$、摆率、增益带宽积和电源电压；（b）对 LT1028 运算放大器重复上述计算。

§2.14 反馈放大器的稳定性

2.117 习题 2.93 中放大器的相位裕度和增益裕度为多少？

2.118 习题 2.94 中放大器的相位裕度和增益裕度为多少？

2.119 习题 2.95 中放大器的相位裕度和增益裕度为多少？

2.120 运算放大器的开环增益为 $A(s) = \dfrac{4 \times 10^{19} \pi^3}{(s + 2\pi \times 10^4)(s + 2\pi \times 10^5)^2}$。（a）如果采用电阻反馈，计算回路增益相移为 180° 时的频率；（b）闭环增益为多少时，放大器开始振荡？（c）闭环增益变大或变小时，放大器是否稳定？

2.121 运算放大器的开环增益为 $A(s) = \dfrac{4 \times 10^{13} \pi^2}{(s + 2\pi \times 10^3)(s + 2\pi \times 10^4)}$。（a）闭环增益为 4 时，该放大器是否稳定？（b）相位裕度为多少？

2.122 一个单极点运算放大器的开环增益为 106dB，单位增益频率为 1MHz。（a）利用该运算放大器构建理想增益为 26dB 的同相放大器。则放大器的相位裕度为多少？（b）如果理想增益为 46dB，重复上述计算。

2.123 (a)利用 SPICE 中的 741 运算放大器模型对习题 2.122(a)中的放大器进行仿真,并求出相位裕度,比较仿真值与手工计算值,讨论产生这些差异的原因；(b)对习题 2.122(b)中的放大器重复上述计算。

2.124 一个单极点运算放大器的开环增益为 95dB,单位增益频率为 2MHz。(a)利用该运算放大器构建理想增益为 20dB 的反相放大器。则放大器的相位裕度为多少？(b)如果理想增益为 46dB,重复上述计算。

2.125 (a)利用 SPICE 中的 741 运算放大器模型对习题 2.124(a)中的放大器进行仿真,并求出相位裕度。比较仿真值与手工计算值。讨论产生这些差异的原因；(b)对习题 2.124(b)中的放大器重复上述计算。

2.126 一个单极点运算放大器的开环增益为 94dB,单位增益频率为 10MHz。(a)利用该运算放大器构建电压跟随器,则带宽和相位裕度为多少？(b)如果反相放大器增益为 0dB,重复上述计算。

2.127 一个单极点运算放大器的开环增益为 86dB,单位增益频率为 4MHz。如果 $R_1=1.4\text{k}\Omega$, $R_2=27\text{k}\Omega,C=150\text{pF}$,计算图 1.32 中低通滤波器的传输函数。滤波器的相位裕度为多少？

2.128 一个单极点运算放大器的开环增益为 100dB,单位增益频率为 3MHz。如果 $R=10\text{k}\Omega$, $C=0.05\mu\text{F}$,计算图 1.34 中积分器的传输函数。积分器的相位裕度为多少？

2.129 一个单极点运算放大器的开环增益为 94dB,单位增益频率为 4MHz。如果 $R_1=18\text{k}\Omega$, $R_2=180\text{k}\Omega,C=1800\text{pF}$,计算图 1.33 中高通滤波器的传输函数。滤波器的相位裕度为多少？

2.130 放大器的电压增益为 $A(s)=\dfrac{2\times10^{14}\pi^2}{(s+2\pi\times10^3)(s+2\pi\times10^5)}$。(a)当闭环增益为 5 时,该放大器稳定吗？(b)相位裕度为多少？

2.131 (a)利用 MATLAB 绘制习题 2.130 中放大器在闭环增益为 5 时的伯德图。该放大器是否稳定,相位裕度为多少？(b)针对单位增益情况,重复上述计算。

2.132 求出由 $A_o=94\text{dB}、f_T=2\text{MHz}$ 的单极点运算放大器构成的积分器的回路增益。假设积分器的反馈元件为 $R=100\text{k}\Omega,C=001\mu\text{F}$。积分器的相位裕度为多少？

2.133 求出 $A_o=100\text{dB}、f_{p1}=1\text{kHz}、f_{p2}=100\text{kHz}$ 的双极点运算放大器构成的积分器的闭环增益。假设积分器的反馈元件为 $R=100\text{k}\Omega,C=0.01\mu\text{F}$。积分器的相位裕度为多少？

2.134 (a)如果 $R_1=1\text{k}\Omega,R_2=20\text{k}\Omega,C_c=0$,运算放大器的传输函数为 $A(s)=\dfrac{2\times10^{11}\pi^2}{(s+2\pi\times10^2)(s+2\pi\times10^4)}$,求出图 P2.17 中放大器的开环增益 $T(s)$ 的表达式；(b)利用 MATLAB 绘制 $T(s)$ 的伯德图。该电路的相位裕度为多少？(c)加入补偿电容 C_c 能使相位裕度达到 45° 吗？如果能,则补偿电容 C_c 为多少？

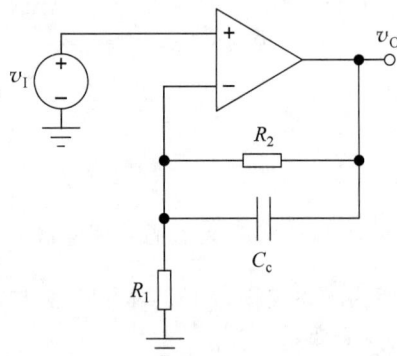

图 P2.17

2.135 (a)利用 MATLAB 绘制习题 2.120 中放大器的伯德图。求出相移达到 180° 时的频率；(b)闭环增益为多少时,放大器开始振荡？

2.136 针对习题 2.93 中的放大器,重复习题 2.135 的计算。

2.137 针对习题 2.94 中的放大器,重复习题 2.135 的计算。

2.138　针对习题 2.95 中的放大器,重复习题 2.135 的计算。

2.139　当闭环增益为 100 时,利用 MATLAB 绘制习题 2.134 中运算放大器的伯德图。放大器稳定吗? 其相位裕度是多少? 过冲为多少?

2.140　利用 MATLAB 绘制习题 2.132 中积分器的伯德图。积分器的相位裕度为多少?

2.141　利用 MATLAB 绘制习题 2.133 中积分器的伯德图。积分器的相位裕度为多少?

2.142　图 P2.18 的同相放大器有 $R_1=47\mathrm{k}\Omega, R_2=390\mathrm{k}\Omega, C_\mathrm{s}=45\mathrm{pF}$。如果放大器的电压增益可以表示为 $A(s)=\dfrac{10^7}{(s+50)}$,求出同相放大器的相位裕度和过冲。

2.143　应用 SPICE 画出图 1.32 所示的低通滤波器电路的伯德图,假设 $R_1=4.3\mathrm{k}\Omega, R_2=82\mathrm{k}\Omega,$ $C=200\mathrm{pF}$。假设运算放大器是非理想的,其开环增益 $A_\mathrm{o}=100\mathrm{dB}, f_\mathrm{T}=5\mathrm{MHz}$。

2.144　应用 SPICE 画出图 1.34 所示的积分电路的伯德图,假设 $R_1=10\mathrm{k}\Omega, C=470\mathrm{pF}$。假设运算放大器是非理想的,其开环增益 $A_\mathrm{o}=100\mathrm{dB}, f_\mathrm{T}=5\mathrm{MHz}$。

2.145　假设放大器的电压增益可用传输函数 C_L 表示,且输出电阻 $R_\mathrm{o}=500\Omega$。对于图 P2.19 所示的电压跟随器,如果放大器的相位裕度为 $60°$,则电压跟随器的输出端能连接的最大负载电容 C_L 为多少? 假设放大器电压增益可用以下传输函数来表示:

$$A(s)=\frac{10^7}{(s+50)}$$

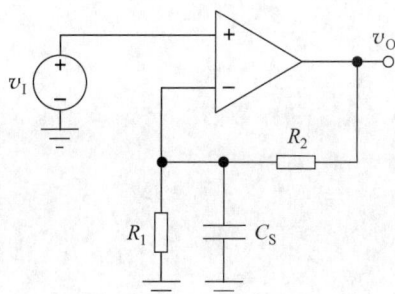

图　P2.18

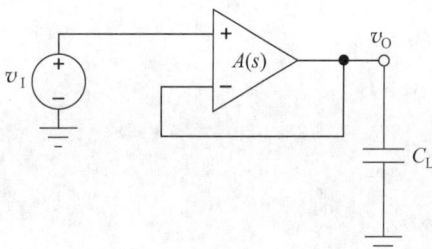

图　P2.19

2.146　假设例 2.5 中运算放大器的 f_T 为 1MHz,则放大器的相位裕度为多少?

2.417　假设例 2.6 中运算放大器的 f_T 为 3MHz,则放大器的相位裕度为多少?

2.148　假设例 2.7 中运算放大器的 f_T 为 0.5MHz,则放大器的相位裕度为多少?

2.149　假设例 2.8 中运算放大器的 f_T 为 2MHz,则放大器的相位裕度为多少?

2.150　分别计算过冲为(a)0.5%;(b)5%;(c)25%时的相位裕度和阻尼系数。

2.151　一个双极点运算放大器的开环增益为 100dB,极点分别在 500Hz 和 1MHz。绘制该运算放大器增益的伯德图。其单位增益频率为多少? (a)如果用该运算放大器建立一个电压跟随器,则其带宽、相位裕度和过冲分别为多少? (b)对增益为 0dB 的反相放大器,重复上述计算。

2.152　利用习题 2.151 中的运算放大器构建一个增益为 26dB 的同相放大器,则该放大器的相位裕度和过冲为多少?

2.153　利用习题 2.151 中的运算放大器构建一个反相放大器。(a)要获得 $45°$ 的相位裕度,需要多大的闭环增益? 过冲为多少? (b)要获得 $60°$ 的相位裕度,需要多大的闭环增益? 过冲为多少?

2.154 一个双极点运算放大器的开环增益为120dB,单位增益频率为15MHz,第一个极点频率为1.5MHz,则第二个极点频率为多少? (a)如果用该运算放大器构建一个增益为10的反相放大器,则其带宽和相位裕度分别为多少? (b)如果将该运算放大器应用在电压跟随器中,则过冲为多少?

2.155 (a)一个双极点运算放大器的开环增益为94dB,第一个极点在500Hz处,用该运算放大器构建一个增益为3的同相放大器,如果相位裕度为60°,则第二个极点的最小频率为多少? (b)对增益为3的反相放大器,重复上述计算。

2.156 一个双极点运算放大器的开环增益为100dB,第一个极点在100Hz处,用该运算放大器构建一个增益为5的同相放大器,如果要求阶跃响应的过冲小于5%,则第二个极点的最小频率为多少?

2.157 利用SPICE确认习题2.151的答案。

2.158 利用SPICE确认习题2.152的答案。

2.159 利用SPICE确认习题2.153的答案。

2.160 利用SPICE确认习题2.154的答案。

2.161 利用SPICE确认习题2.155的答案。

2.162 利用SPICE确认习题2.156的答案。

<table>
<tr><td>第 3 章
CHAPTER 3</td><td># 运算放大器应用</td></tr>
</table>

本章目标

本章主要围绕以下主题展开：

- 多级放大器的特性及其设计，包括增益、输入电阻、输出电阻等。
- 放大器级联的频率响应。
- 仪表放大器。
- 基于运算放大器的有源滤波器，包括低通、高通、带通及带阻电路。
- 滤波器的幅度和频率范围。
- 开关电容电路技术。
- 模/数转换器和数/模转换器原理。
- 模/数转换器和数/模转换器的基本结构。
- 振荡器的巴克豪森准则。
- 基于运算放大器的振荡器，包括文氏桥和相移电路。
- 振荡器的振幅稳定性。
- 精密半波和全波整流电路。
- 正反馈电路，包括施密特触发器和非稳态、单稳态多谐振荡器。
- 电压比较器。

本章将继续对运算放大器电路的学习，主要研究运算放大器的应用。通常来说，有时单级运算放大器不能满足实际中所遇到问题，需要多级运算放大器才能实现，本章将通过一些实例进行多级运算放大器的讨论，接下来介绍用 3 个运算放大器实现的仪表放大器。

滤波器是运算放大器非常重要的一项应用，本章将讨论基于运算放大器的有源滤波器，包括低通、高通和带通电路。另外，本章还将对开关电容技术进行简单介绍，在 CMOS 工艺中该技术广泛用于实现现代滤波器。

用数字信号处理来增强或替代传统模拟电路的应用日益增加。模拟信号与数字信号的接口需要用到模/数转换器和数/模转换器。本章将给出模/数和数/模转换器的特性曲线和几种基本的电路实例。

在前面的章节中，通常都是假设电路使用了负反馈，而在本章中，将会介绍用正反馈来实现的电路，包括用于产生信号的振荡器和多谐振荡器及利用非线性反馈来实现的精密整流电路。

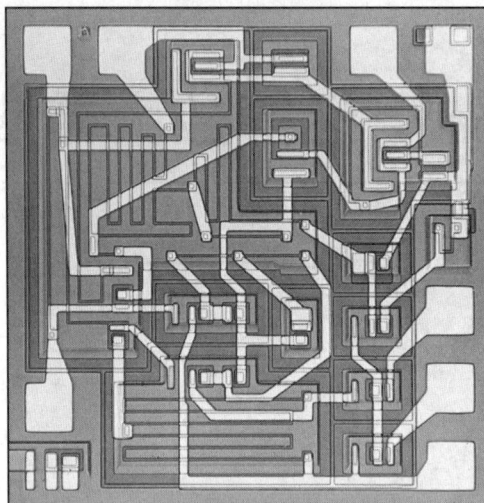

μA709 运算放大器芯片版图照片（仙童国际半导体公司版权所有）

3.1 级联放大器

通常，许多设计要求是无法用单个放大器来满足的。例如，我们无法用一个放大器同时满足增益、输入阻抗和输出阻抗的要求，或者无法同时达到增益和带宽的要求[①]。但是，这些设计要求常常可以通过将若干个放大器进行级联来满足，如图 3.1 所示为三级放大器级联。此时，前级放大器的输出与下一级放大器的输入相连。如果前级放大器的输出阻抗远小于下一级放大器的输入阻抗，即 $R_{outA} \ll R_{inB}$、$R_{outB} \ll R_{inC}$，那么这一级放大器电路的负载对另一个放大器的影响就可忽略，总的电压增益就是各级放大器的开路电压增益之积。为了全面认识这一原理，下面用放大器二端模型来描述这些放大器电路。

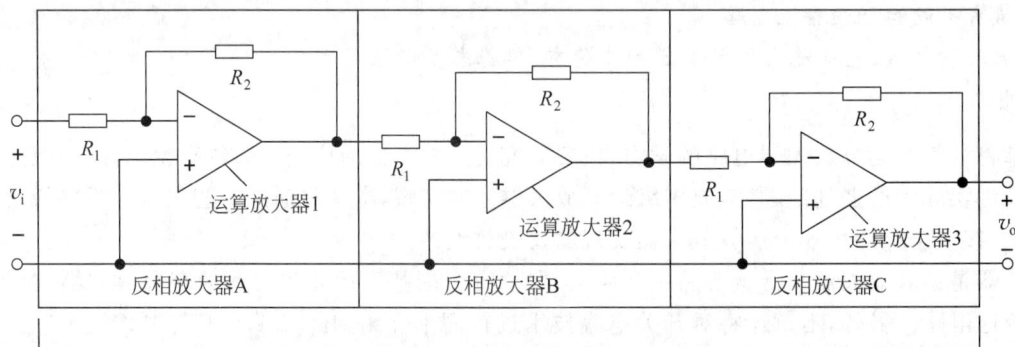

(a) 三级放大器级联电路

图 3.1

[①] 应用实例可以参见习题 2.21 和习题 2.22。

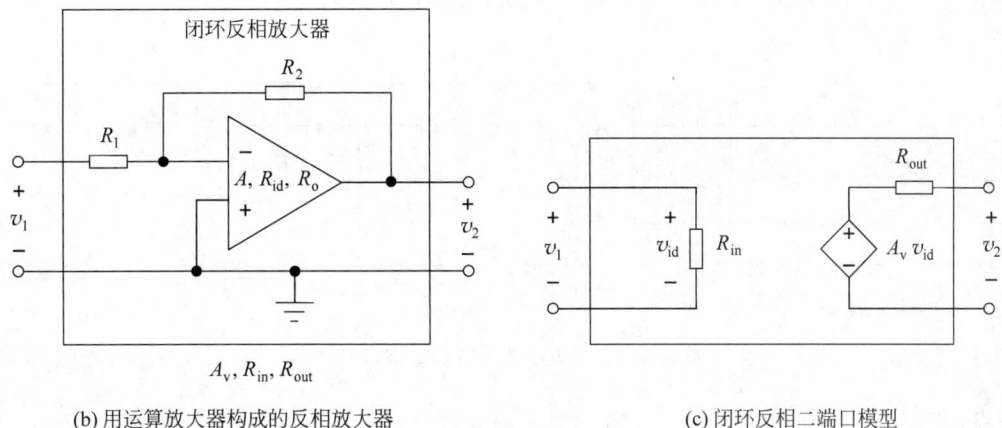

(b) 用运算放大器构成的反相放大器　　　　　(c) 闭环反相二端口模型

图 3.1 （续）

3.1.1　二端口表示

图 3.1 所示电路的每一级，我们用电压增益、输入电阻和输出电阻值描述的二端口模型表示一个"放大器"，如图 3.1(b) 和 (c) 所示。每一级放大器（A、B 和 C）都是由增益为 A、输入电阻为 R_{id} 及输出电阻为 R_o 的运算放大器来构建的。这几个变量通常称为运算放大器的开环参数：开环增益、开环输入阻抗和开环输出阻抗。这些参数将运算放大器描述成一个没有连接其他元件的二端口电路。

每一级放大器都由一个运算放大器和由电阻 R_1、R_2 构成的反馈电路构成，称为闭环放大器。对每一个闭环放大器及所构成的整个放大器，我们都采用 A_v、R_{in} 和 R_{out} 这 3 个参数。表 3.1 中对这些专有名词进行了总结。

表 3.1　反馈放大器的专有名词比较

	电压增益	输入电阻	输出电阻
开环放大器	A	R_{id}	R_o
闭环放大器	A_v	R_{in}	R_{out}
多级放大器	A_v	R_{in}	R_{out}

三级级联放大器的二端口模型

在图 3.2 中，将每个放大器都替换成了二端口模型。由左向右对放大器进行分析，可写出整个放大器的总增益表达式为

$$v_o = A_{vA} v_i \left(\frac{R_{inB}}{R_{outA} + R_{inB}} \right) A_{vB} \left(\frac{R_{inC}}{R_{outB} + R_{inC}} \right) A_{vC} \tag{3.1}$$

到目前为止，所讨论的电压放大器，其输出阻抗都比较小（理想情况下为零）。因此，正常情况下可以参考抗失配要求（参见 1.4 节），级联放大器的总增益等于三级放大器电路的开环增益的乘积：

$$A_v = \frac{v_o}{v_i} = A_{vA} \cdot A_{vB} \cdot A_{vC} \tag{3.2}$$

如果在输入端施加测试源 v_x，可以计算出输入电流为 i_x，这时候我们发现整个放大器的 R_{in} 完全由第一级放大器的输入阻抗决定。在本例中，可以求出 $R_{in} = v_x / i_x = R_{inA}$。类似地，如果将测试源 v_x

施加至输出端,然后计算电流 i_x ,此时会发现整个放大器的输出阻抗仅由最后一级放大器的输出阻抗决定,在本例中, $R_{out} = R_{outC}$ 。

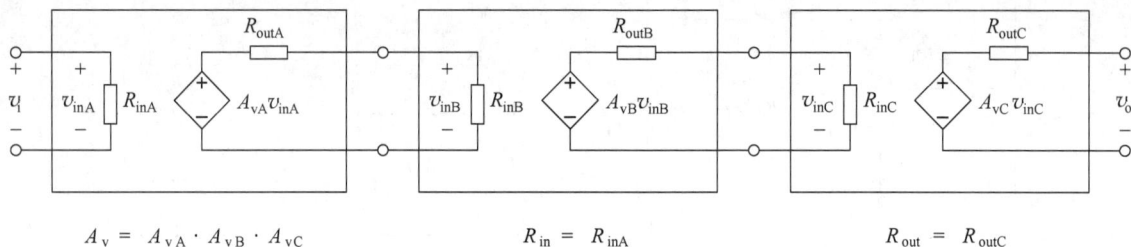

$$A_v = A_{vA} \cdot A_{vB} \cdot A_{vC} \qquad R_{in} = R_{inA} \qquad R_{out} = R_{outC}$$

图 3.2 三级级联放大器的二端口模型

设计提示

级联放大器的输入阻抗由第一级放大器的输入阻抗决定,而级联放大器的输出阻抗由最后一级放大器的输出阻抗决定。人们通常会存在误解,认为级联放大器的输入阻抗由所有各级放大器的输入阻抗组合而来,或者认为级联放大器的输出阻抗是所有各级放大器的输出电阻的函数。

练习:在图 3.1 中,已知放大器的电阻 $R_2 = 68\mathrm{k}\Omega$, $R_1 = 2.7\mathrm{k}\Omega$,那么图 3.2 所示放大器的等效电路中 A_{vA} 、 A_{vB} 、 A_{vC} 、 R_{inA} 和 R_{inC} 的值各为多少?

答案: -25.2 ; -25.2 ; -25.2 ; $2.7\mathrm{k}\Omega$; $2.7\mathrm{k}\Omega$ 。

练习:对于图 3.1(a)所示的三级放大器,如果 $R_2 = 68\mathrm{k}\Omega$, $R_1 = 27\mathrm{k}\Omega$,那么该三级放大器的增益、输入电阻和输出电阻各为多少?

答案: $(-25.2)^3 = -1.60 \times 10^4$; $2.7\mathrm{k}\Omega$; 0 。

练习:假设上一练习中放大器的 3 个输出电阻都为非零值,为了使增益减小的数值不超过 1%,则 R_{out} 可允许的最大值是多少?假设 3 个输出电阻的阻值都相等。

答案: 13.5Ω 。

3.1.2 放大器专有名词回顾

至此,我们已经分析了放大器的结构,下面来回顾一下曾经用到过的专有名词。放大器这一名词常常会引起一些概念上的混淆,因为电路中被称为放大器的部分通常必须根据所讨论的内容来决定。

举例来说,在图 3.1 中,整个放大器(三级放大器)由 3 个反相放大器(A、B、C)级联而成,而每一个反相放大器都由一个运算放大器组成(运算放大器 1、运算放大器 2 和运算放大器 3)。因此,在图 3.1 中我们至少能找出 7 个不同的"放大器":运算放大器 1、2、3;反相放大器 A、B、C,以及由 3 个反相放大器组合起来的三级放大器。但遗憾的是,很多时候所提及的放大器通常必须由所讨论的内容来推断它指的是什么。

例 3.1 级联放大器的计算。

本例描述了一个三级级联放大器的特性,并研究了电源供电限制带来的影响。

问题:在下面的电路中,运算放大器的供电电压为 $\pm 12\mathrm{V}$,其他与理想运算放大器相同。试求三级放大器的电压增益、输入电阻和输出电阻各是多少? (a)若输入电压 $v_I = 5\mathrm{mV}$,则电路中 10 个节点上的电压值各是多少？(b)如果输入电压 $v_I = 10\text{mV}$，那么 3 个运算放大器的输出电压各是多少？(c)假设输入电压 $v_I = V_i \sin 200\pi t$，那么在放大器的线性工作区，输入电压 V_i 的最大值是多少？

解：

已和量：下图给出了三级放大器的电路结构及各电阻阻值，除了电源供电为 $\pm 12\text{V}$ 以外，运算放大器其他情况与理想运算放大器相同。

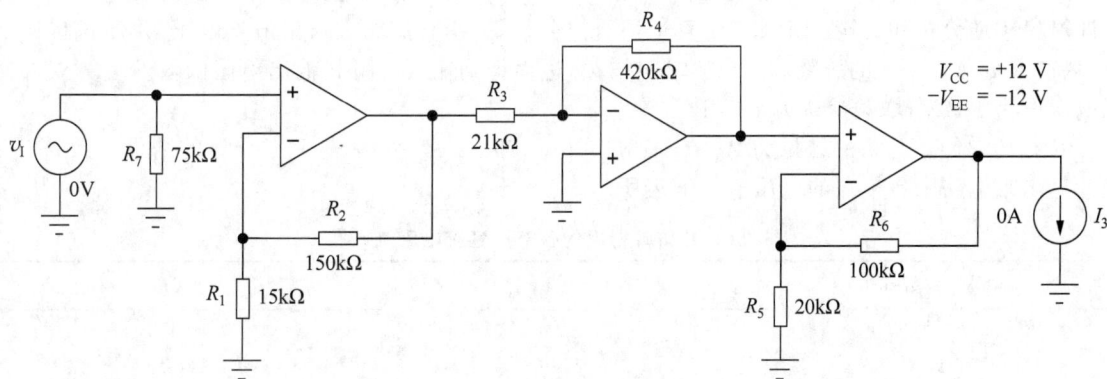

未知量：(a)三级放大器的电压增益、输入电阻和输出电阻；(b)当输入电压 $v_I = 5\text{mV}$ 时，电路中 10 个节点上的电压值；(c)当输入电压 $v_I = 10\text{mV}$ 时，电路中 10 个节点上的电压值；(d)在放大器的线性工作区，正弦输入电压的最大幅值。

求解方法：对各级放大器运用反相放大器和同相放大器公式。整体增益为各级增益的乘积，输入电阻为第一级放大器的输入电阻，输出电阻等于最后一级放大器的输出电阻。

假设：除电源供电为 $\pm 12\text{V}$ 外，运算放大器其他情况与理想运算放大器相同。R_{in} 和 R_{out} 之间的相互影响可以忽略。每个运算放大器都采用负反馈，并且都在线性区工作。

分析：三级放大器中 3 个独立的放大器分别是同相、反相和同相放大器。

(a) 利用表 1.3 中的表达式 $A_v = A_{v1} A_{v2} A_{v3}$

$$A_{v1} = 1 + \frac{R_2}{R_1} \quad A_{v2} = -\frac{R_4}{R_3} \quad A_{v1} = 1 + \frac{R_6}{R_5}$$

$$A_v = \left(1 + \frac{150\text{k}\Omega}{15\text{k}\Omega}\right)\left(-\frac{420\text{k}\Omega}{21\text{k}\Omega}\right)\left(1 + \frac{100\text{k}\Omega}{20\text{k}\Omega}\right) = -1320$$

从第一个运算放大器的同相输入端"看过去"的输入电阻为无穷大，但是该同相输入端并联了一个 $75\text{k}\Omega$ 的电阻。因此 $R_{in} = 75\text{k}\Omega \parallel \infty = 75\text{k}\Omega$。输出电阻等于第三个放大器的输出电阻，即 $R_{out} = R_{outC} = 0$。

(b) $v_I = 5.00\text{mV}, v_{OA} = 11v_I = 55.0\text{mV}, v_{OB} = -20v_{OA} = -1.10\text{V}, v_O = 6v_{OB} = -6.60\text{V}$。

由于运算放大器是理想运算放大器，因此每个运算放大器的输入电压必须为零：

$$v_{-A} = v_{+A} = +5.00\text{mV}, \quad v_{-B} = v_{+B} = 0\text{V}, \quad v_{-C} = v_{+C} = -6.60\text{V}$$

$$V_+ = 12\text{V}, \quad V_- = -12\text{V}, \quad V_{gnd} = 0\text{V}$$

(c) $v_I = 10.00\text{mV}, v_{OA} = 11v_I = 110\text{mV}, v_{OB} = -20v_{OA} = -2.2\text{V}, v_O = 6v_{OB} = -13.2\text{V} < -12\text{V} \rightarrow v_O = -12\text{V}$，因为输出电压不能超过电源电压的限制。前两个运算放大器都工作在线性区，因此这两个运算放大器的输入电压为零：$v_{-A} = v_{+A} = 100\text{mV} \mid v_{-B} = v_{+B} = 0\text{V}$。但是，第三个放大器的输出在 -12V 时处于饱和状态，其增益为零，反馈回路被"破坏"。其同相和反相输入不再相等。

$$v_{-C} = -12\text{V}\frac{20\text{k}\Omega}{20\text{k}\Omega + 100\text{k}\Omega} = -2\text{V} \quad V_+ = 12\text{V} \quad V_- = -12\text{V} \quad V_{gnd} = 0\text{V}$$

（d）输入电压 v_I 的值受供电电压的限制，不能使输出端电压超过电源供电电压。

$$|v_I| \leqslant \left|\frac{12\text{V}}{A_v}\right| = \frac{12}{1320} = 9.09\text{mV}$$

结果检查：所有未知量均已求出。R_{in} 为 75kΩ，R_{out} 非常小。对于 5mV 输入电压，预期的输出电压为 $v_o = -1320 \times (0.005\text{V}) = -6.6\text{V}$，检查通过。对于 10mV 输入电压，预期的输出电压 $v_o = -1320 \times (0.005\text{V}) = -13.2\text{V}$，低于负电源电压值。因此 $v_o = -12\text{V}$，此时输出电压超出了假设的线性工作范围。

计算机辅助分析和讨论：SPICE 仿真运用直流分析，采用直流输入求出节点电压，并通过传递函数分析，从输入 v_I 到 I_3 上的压降即 V(I3) 求出增益，进而得到输入电阻和输出电阻的值。运算放大器的电源电压设为 ±12V，增益默认为 120dB。

SPICE 传递函数分析的结果为 $A_v = -1320$，$R_{in} = 75\text{k}\Omega$，$R_{out} = 0$，与手工计算的结果一致。SPICE 仿真计算出来电路中各节点的电压值如下表所示。

SPICE 仿真得出的各节点直流电压值

输 入 参 数	5mV	10mV
v_I	5.000mV	10.00mV
v_{-A}	5.000mV	10.00mV
v_{OA}	55.00mV	110.0mV
v_{-B}	1.100μV	-2.200μV
v_{OB}	-1.100V	-2.200V
v_{-C}	-1.100V	-2.000V
v_{OC}	-6.600V	-12.00V
V_+	12.00V	12.00V
V_-	-12.00V	-12.00V
V_{gnd}	0.000V	0.000V

SPICE 仿真计算的节点电压与手工计算结果到小数点后 4 位基本一致，只有第二个放大器反相输入端的电压存在差异，SPICE 仿真结果为 $v_B = 1.100$μV。我们来分析一下造成结果不一致的原因。SPICE 中放大器的有限增益为 120dB，因此运算放大器的差分输入电压值并不为零。运算放大器的输入电压必须为非零值才会在输出端产生非零电压输出。因此每个运算放大器的 v_{ID} 值将变为

$$v_{IDA} = \frac{55\text{mV}}{10^6} = 55\text{nV} \quad v_{IDB} = \frac{-1.1\text{V}}{10^6} = -1.1\text{μV} \quad v_{IDC} = \frac{-6.6\text{V}}{10^6} = -6.6\text{μV}$$

运算放大器 B 反相输入端的电压为 v_{IDB} 的负值，这与 SPICE 分析一致。如果手工计算 v_{-A} 和 v_{-B}，四舍五入之后 v_{ID} 的影响基本消失：

$$v_{-A} = v_I - v_{IDA} = 5\text{mV} - 55\text{nV} = 55\text{mV}$$

$$v_{-C} = v_{OB} - v_{IDC} = -1.100\text{V} - (-6.6\text{μV}) = -1.100\text{V}$$

而对于 $v_i = 10\text{mV}$ 时的情况，除了 v_B 之外，其他节点电压与手工计算结果一致。需要注意的是，第三个运算放大器的差分输入电压并不为零，而是等于 $-2.2\text{V} - (-2\text{V}) = -0.200\text{V}$。运算放大器的输出达不到使 $v_{ID} = 0$ 所需的数值。

3.1.3 级联放大器的频率响应

如图 3.3 所示，当多个放大器级联时，总的传递函数可写为各级传递函数之积，有

$$A_v(s) = \frac{V_{oN}(s)}{V_I(s)} = \frac{V_{o1}}{V_I}\frac{V_{o2}}{V_{o1}}\cdots\frac{V_{oN}}{V_{o(N-1)}} = A_{v1}(s)A_{v2}(s)\cdots A_{vN}(s) \tag{3.3}$$

需要特别指出的是,该乘积表达式隐含了假设各级电路之间不存在相互作用,而这种情况只有在 $R_{out} = 0$ 或 $R_{in} = \infty$ 时才能达到(也就是说,不同放大器之间的相互连接绝对不会改变任何放大器的传递函数)。

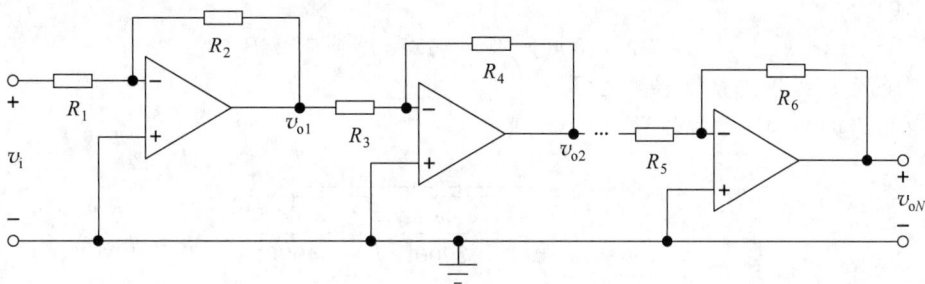

图 3.3 多级放大器级联

一般情况下,每级放大器的直流增益和带宽都不相同,则总的传递函数为(假设都为单极点放大器)

$$A_v(s) = \frac{A_{v1}(0)}{\left(1 + \dfrac{s}{\omega_{H1}}\right)} \frac{A_{v2}(0)}{\left(1 + \dfrac{s}{\omega_{H2}}\right)} \cdots \frac{A_{vN}(0)}{\left(1 + \dfrac{s}{\omega_{HN}}\right)} \tag{3.4}$$

在低频($s = 0$)时的增益为

$$A_v(0) = A_{v1}(0)A_{v2}(0) \cdots A_{vN}(0) \tag{3.5}$$

多级级联放大器的总带宽定义为电压增益减为低频值的 $1/\sqrt{2}$ 或 -3dB 时对应的频率。其数学表达式为

$$|A_v(j\omega_H)| = \frac{|A_{v1}(0)A_{v2}(0) \cdots A_{vN}(0)|}{\sqrt{2}} \tag{3.6}$$

一般情况下,根据式(3.6)手工计算 ω_H 是相当麻烦的,第8章将会介绍 ω_H 的近似估值技巧。借助计算机或者计算器,可以采用运算程序或迭代运算直接求出 ω_H。例 3.2 就是用式(3.6)进行直接代数运算来求出两级级联放大器情况下的增益和带宽。

例 3.2 两级级联放大器。

试计算两级级联放大器的增益和带宽。

问题:将两个传递函数分别为 $A_{v1}(s)$ 和 $A_{v2}(s)$ 的两个放大器进行级联。所构成的两级级联放大器的总直流增益和带宽是多少?

$$A_{v1} = \frac{500}{1 + \dfrac{s}{2000}} \quad \text{和} \quad A_{v2} = \frac{250}{1 + \dfrac{s}{4000}}$$

解:

已知量:两级级联的放大器、每级放大器的传递函数。

未知量:两级级联放大器的总增益 $A_v(0)$ 和带宽 f_H。

求解方法:级联放大器的传递函数为 $A_v = A_{v1} \times A_{v2}$,可以求出 $A_v(0)$。再根据带宽定义求出 f_H。

假设:放大器除了频率相关特性之外可以认为是理想的,且级联放大器之间不会相互作用,即总增益等于各传递函数之积。

分析:总的传递函数为

$$A_v(s) = \left(\frac{500}{1+\dfrac{s}{2000}}\right)\left(\frac{250}{1+\dfrac{s}{4000}}\right) = \frac{125000}{\left(1+\dfrac{s}{2000}\right)\left(1+\dfrac{s}{4000}\right)}$$

直流增益 $A_v(0)$ 为

$$A_v(0) = 500 \times 250 = 125000 \text{ 或 } 102\text{dB}$$

注意，$A_v(0)$ 为两个放大器的直流增益之积。

令 $s = j\omega$，可得频率响应的幅值为

$$|A_v(j\omega)| = \frac{1.25 \times 10^5}{\sqrt{1+\dfrac{\omega^2}{2000^2}}\sqrt{1+\dfrac{\omega^2}{4000^2}}}$$

根据 ω_H 的定义，可得

$$|A(j\omega_H)| = \frac{A_{mid}}{\sqrt{2}} = \frac{A_v(0)}{\sqrt{2}} = \frac{1.25 \times 10^5}{\sqrt{2}}$$

令上述两个等式的分母相等，并对两边求平方可得

$$\left(1+\frac{\omega_H^2}{2000^2}\right)\left(1+\frac{\omega_H^2}{4000^2}\right) = 2$$

将上式进行整理，可得 ω_H^2 的二次方程式为

$$(\omega_H^2)^2 + 2.00 \times 10^7 (\omega_H^2) - 6.40 \times 10^{13} = 0$$

利用二次方程求根公式或者计算器的求根计算可解得 ω_H^2 的值为

$$\omega_H^2 = 2.81 \times 10^6 \quad \text{或} \quad -4.56 \times 10^7$$

由于 ω_H 的值必须是实数，因此可得唯一解为

$$\omega_H = 1.68 \times 10^3 \quad \text{或} \quad f_H = 267\text{Hz}$$

结果检查：组合放大器的带宽应该小于两个单独放大器的带宽，两个放大器的带宽分别为

$$f_{H1} = \frac{2000}{2\pi} = 318\text{Hz} \quad \text{和} \quad f_{H2} = \frac{4000}{2\pi} = 637\text{Hz}$$

计算所得的组合放大器带宽确实小于两个单独放大器的带宽。

练习：两个放大器级联构成一个组合放大器，每一级放大器的传递函数如下所示。试计算该组合放大器的低频增益。在 f_H 时的增益为多少？f_H 是多少？

$$A_{v1}(s) = \frac{50}{1+\dfrac{s}{10000\pi}} \quad \text{和} \quad A_{v2}(s) = \frac{25}{1+\dfrac{s}{20000\pi}}$$

答案：1250；884；4190Hz。

练习：3个放大器级联构成一个组合放大器，每一级放大器的传递函数如下所示。试计算该组合放大器的低频增益。在 f_H 时的增益为多少？f_H 是多少？

$$A_{v1}(s) = \frac{-100}{1+\dfrac{s}{10000\pi}}, \quad A_{v2}(s) = \frac{66.7}{1+\dfrac{s}{15000\pi}}, \quad A_{v3}(s) = \frac{50}{1+\dfrac{s}{20000\pi}}$$

答案：-3.33×10^5；-2.36×10^5；3450Hz。

相同放大器的多级级联

有一种特殊的级联放大器,其结构由多个相同的放大器级联而成,则这种级联放大器的总带宽可以方便地求出。对于 N 级相同放大器的级联结构而言,有

$$A_v(s) = \left[\frac{A_{v1}(0)}{1+\dfrac{s}{\omega_{H1}}}\right]^N = \frac{[A_{v1}(0)]^N}{\left(1+\dfrac{s}{\omega_{H1}}\right)^N} \quad 和 \quad A_v(0) = [A_{v1}(0)]^N \tag{3.7}$$

其中,$A_{v1}(0)$ 和 ω_{H1} 为每一级放大器的闭环增益和带宽。

级联放大器的总带宽 ω_H 由下式确定:

$$|A_v(j\omega_H)| = \frac{[A_{v1}(0)]^N}{\left(\sqrt{1+\dfrac{\omega_H^2}{\omega_{H1}^2}}\right)^N} = \frac{[A_{v1}(0)]^N}{\sqrt{2}} \tag{3.8}$$

则,可以求得用 ω_{H1} 表达的级联放大器的带宽为

$$\omega_H = \omega_{H1}\sqrt{2^{1/N}-1} \quad 或 \quad f_H = f_{H1}\sqrt{2^{1/N}-1} \tag{3.9}$$

可看出级联放大器的带宽小于每个单独放大器的带宽。表 3.2 中给出了几个带宽缩减因子 (Bandwidth Shrinkage Factor)$\sqrt{2^{1/N}-1}$ 的值。

表 3.2 带宽缩减因子

N	$\sqrt{2^{1/N}-1}$
1	1
2	0.644
3	0.510
4	0.435
5	0.386
6	0.350
7	0.323

尽管大部分级联放大器并非每一级采用相同的放大器,但式(3.9)同样对多级放大器的设计具有指导意义,或者在某些时候,可以用它来估计更为复杂的放大器中某一部分的带宽(其他有用结果可参见习题 3.33 和习题 3.34)。

练习:3 个相同的放大器级联构成一个如图 3.23 所示的放大器电路。每级放大器都有 $A_v = -30$ 且 $f_H = 22.31\text{Hz}$,那么三级放大器总的增益和带宽为多少?

答案:-27000,17.0kHz。

设计实例

例 3.3 级联放大器设计。

在本例中,我们将运用电子表格辅助设计一个较为复杂的多级放大器。

问题:试设计一个放大器,需满足如下要求:$A_v \geqslant 100\text{dB}$,带宽 $f_H \geqslant 50\text{kHz}$,$R_{out} \leqslant 0.1\Omega$,$R_{in} \geqslant 20\text{k}\Omega$,并且 $A_v = 100\text{dB}$,$f_T = 1\text{MHz}$,$R_{id} = 1\text{G}\Omega$,$R_o = 50\Omega$。

解：

已知量： 运算放大器参数及总的放大器的设计要求。

未知量： 选择反相还是同相结构；每一级放大器的增益和带宽；反馈电阻的值。

求解方法： 由于 R_{in} 的值要求相对较低，因此可以用一个电阻来实现，反相和同相放大器都要考虑。由于仅用一个运算放大器无法同时满足 A_v、f_H 和 R_{out} 的设计要求，因此需要采用多级结构。例如，如果只用一个开环运算放大器来实现，虽然它可以提供 $100dB(10^5)$ 的增益，但是其带宽只能为 $f_1/10^5 = 10Hz$。因此，必须减少每一级的增益，以增加带宽（也就是说，需要牺牲增益来换取带宽）。

为简单起见，假设此放大器结构为 N 级相同放大器的级联。我们可以按照逻辑推理顺序来建立设计公式，选择一个设计变量，其余设计公式可以进一步求出。对于这种特殊设计方法，增益和带宽是最难满足的设计要求，而要求的输入电阻和输出电阻却很容易满足。因此，可以首先让设计尽量满足增益或者带宽的要求，然后再计算需要用多少级级联来满足其他的设计要求。

假设： 此设计需要用最少的级数来满足所有设计要求，这样做可以将成本降到最低。

分析： 在本例中，首先考虑多级放大器要满足的增益要求，然后通过反复迭代运算来计算满足带宽要求所需的级数。

为了满足增益的要求，设每一级放大器的增益为

$$A_v(0) = \sqrt[N]{10^5}$$

基于这一选择，可以用以下步骤来计算放大器的其他特征参数：

① 选择放大器级联级数 N；

② 计算每一级的增益 $A_v(0) = \sqrt[N]{10^5}$；

③ 利用步骤②中的结果求出 β；

④ 计算每一级的带宽 f_{H1}；

⑤ 用式(3.9)计算 N 级放大器的带宽；

⑥ 用 $A\beta$ 计算 R_{in} 和 R_{out}。

检查最终结果是否满足设计要求，如不满足，则返回第①步重新选择 N 值。

对于同相和反相放大器，所用的设计公式稍有不同，表3.3对此进行了总结。根据这些公式所得的设计结果如表3.4所示。

表 3.3　N 级级联的同相和反相放大器

$\beta = \dfrac{R_1}{R_1 + R_2}$	同相放大器	反相放大器
单级增益 $A_v(0) = \sqrt[N]{10^5}$	$A_v(0) = 1 + \dfrac{R_2}{R_1}$	$A_v(0) = -\dfrac{R_2}{R_1}$
反馈因子	$\beta = \dfrac{1}{A_v(0)}$	$\beta = \dfrac{1}{1 + \lvert A_v(0) \rvert}$
每一级的宽度	$f_{H1} = \dfrac{f_T \cdot}{1 + A_o\beta}{A_o}$	$f_{H1} = \dfrac{f_T}{1 + A_o\beta}{A_o}$

续表

$\beta = \dfrac{R_1}{R_1 + R_2}$	同相放大器	反相放大器
N 级放大器的宽度	$f_H = f_{H1} \sqrt{2^{1/N} - 1}$	$f_H = f_{H1} \sqrt{2^{1/N} - 1}$
输入电阻	$R_{id}(1 + A_o\beta)$	R_1
输出电阻	$\dfrac{R_o}{1 + A_o\beta}$	$\dfrac{R_o}{1 + A_o\beta}$

表 3.4 N 级相同运算放大器级联设计

			相同反相放大器的级联		
级数	$A_v(0)$第一级增益 $1/\beta$	f_{H1}单级 $\beta \times f_T$	f_H N 级	R_{in}	R_{out}
1	1.00E+05	1.00E+01	1.000E+01	2.00E+09	2.50E+01
2	3.16E+02	3.16E+03	2.035E+03	3.17E+11	1.58E−01
3	4.64E+01	2.15E+04	1.098E+04	2.16E+12	2.32E−02
4	1.78E+01	5.62E+04	2.446E+04	5.62E+12	8.89E−03
5	1.00E+01	1.00E+05	3.856E+04	1.00E+13	5.00E−03
6	**6.81E+00**	**1.47E+05**	**5.137E+04**	**1.47E+13**	**3.41E−03**
7	5.18E+00	1.93E+05	6.229E+04	1.93E+13	2.59E−03
8	4.22E+00	2.37E+05	7.134E+04	2.37E+13	2.11E−03
			相反反相放大器的级联		
级数	$A_v(0)$ $(1/\beta) - 1$	f_{H1} 单级	f_H N 级	R_{in}	R_{out}
1	1.00E+05	1.00E+01	1.00E+01	R_1	2.50E+01
2	3.16E+02	3.15E+03	2.03E+03	R_1	1.58E−01
3	4.64E+01	2.11E+04	1.08E+04	R_1	2.32E−02
4	1.78E+01	5.32E+04	2.32E+04	R_1	8.89E−03
5	1.00E+01	9.09E+04	3.51E+04	R_1	5.00E−03
6	6.81E+00	1.28E+05	4.48E+04	R_1	3.41E−03
7	**5.18E+00**	**1.62E+05**	**5.22E+04**	**R_1**	**2.59E−03**
8	4.22E+00	1.92E+05	5.77E+04	R_1	2.11E−03

从表 3.4 中我们发现,采用 6 级同相放大器级联可以满足所有的设计要求,而采用反相放大器需要 7 级级联才能满足设计要求。这主要是因为对于给定的闭环增益,反相放大器比同相放大器的带宽要略小一些。通常我们会偏向于更为经济的设计,因此在本例中选定 6 级同相放大器。需要注意的是,当 $N > 2$ 时,同相放大器和反相放大器都能满足 R_{out} 的设计要求。

要完成设计,还必须选定 R_1 和 R_2 的值。从表 3.4 中可以看出,每一级的增益必须至少为 6.81,这就要求 R_2/R_1 要达到 5.81,但很难找到两个容限为 5% 的电阻来达到 5.81 的精确比值,既然已经知道需要采用 6 级级联,还需要找到该比值的合适范围。表 3.5 用同样的电子表格列出了 6 级放大器增益在 6.81~7.01 范围内的相关数据。随着单级增益的增加,级联放大器总的带宽减小。从表 3.5 中可以看出，当电阻的比值在 5.81~5.99 时可以满足设计要求。

表 3.5　6 级相同同相放大器的级联

级数	$A_v(0)$ 每一级增益 $1/\beta$	N 级增益	f_{H1} 单级 $\beta \times f_T$	f_H N 级	R_{in}	R_{out}
6	6.81E+00	1.00E+05	1.47E+05	5.137E+04	1.47E+13	3.41E−03
6	6.83E+00	1.02E+05	1.46E+05	5.121E+04	1.46E+13	3.42E−03
6	6.85E+00	1.04E+05	1.46E+05	5.107E+04	1.46E+13	3.43E−03
6	6.87E+00	1.05E+05	1.45E+05	5.092E+04	1.46E+13	3.44E−03
6	6.89E+00	1.07E+05	1.45E+05	5.077E+04	1.45E+13	3.45E−03
6	6.91E+00	1.09E+05	1.45E+05	5.062E+04	1.45E+13	3.46E−03
6	6.93E+00	1.11E+05	1.44E+05	5.048E+04	1.44E+13	3.47E−03
6	6.95E+00	1.13E+05	1.44E+05	5.033E+04	1.44E+13	3.48E−03
6	6.97E+00	1.15E+05	1.43E+05	5.019E+04	1.43E+13	3.49E−03
6	6.99E+00	1.17E+05	1.43E+05	5.004E+04	1.43E+13	3.50E−03
6	7.01E+00	1.19E+05	1.43E+05	4.990E+04	1.43E+13	3.51E−03

在附录 C 中，可以找到很多符合电阻比值要求的容限为 5% 的电阻。当选择 $A_v(0) = 6.91$ 时，电阻比值靠近符合增益和带宽要求的增益值的中间位置，可以选用的两组电阻的阻值为

$$(\text{i})\quad R_1 = 22\text{k}\Omega, \quad R_2 = 130\text{k}\Omega$$

由此可得

$$1 + \frac{R_2}{R_1} = 6.91, \quad A(0) = 101\text{dB}, \quad f_H = 50.6\text{kHz}, \quad R_{out} = 3.46\text{m}\Omega$$

以及

$$(\text{ii})\quad R_1 = 5.6\text{k}\Omega, \quad R_2 = 33\text{k}\Omega$$

由此可得

$$1 + \frac{R_2}{R_1} = 6.89, \quad A(0) = 101\text{dB}, \quad f_H = 50.8\text{kHz}, \quad R_{out} = 3.45\text{m}\Omega$$

之所以选取这些电阻，主要是考虑反馈电阻不能构成运算放大器输出的负载。例如，如果选用这样两对电阻，$R_1 = 220\Omega$ 和 $R_2 = 1.3\text{k}\Omega$，或者 $R_1 = 56\Omega$ 和 $R_2 = 330\Omega$，尽管它们的比值符合要求，但对于最终设计而言并不是期望的选择。

结果检查：基于电子表格中所列结果，已经找到符合设计要求的设计。

讨论：本例探讨了一个十分复杂的多级放大器的设计。从经济角度考虑，要求放大器采用最少的级数。在本例中，运用了电子表格来研究设计的选择空间，经过计算，最终决定选用 6 级相同的同相放大器构成级联放大器。最后，在一系列符合条件的分立电阻阻值中选出了合适的反馈电阻来完成设计。

计算机辅助分析：鉴于本例的复杂程度，用 SPICE 来检验最终的设计结果显然是非常有用的，例 3.4 将完成这一工作。

设计容限的影响：

现在已经完成了例 3.3 的设计，下面来讨论设计中电阻容限的影响。本设计选择了具有 5% 容限的电阻，表 3.6 列出了电阻最坏情况下的计算结果，可得

$$A_v^{\text{nom}} = 1 + \frac{130\text{k}\Omega}{22\text{k}\Omega} = 6.91$$

$$A_v^{max} = 1 + \frac{130\text{k}\Omega(1.05)}{22\text{k}\Omega(0.95)} = 7.53$$

$$A_v^{min} = 1 + \frac{130\text{k}\Omega(0.95)}{22\text{k}\Omega(1.05)} = 6.35$$

表 3.6 6 个相同同相放大器的级联(最坏情况分析)

R 值	单级放大器增益	6 级放大器增益	f_{H1}	f_H	R_{in}	R_{out}
标称值	6.91E+00	1.09E+05	1.45E+05	5.065E+04	1.45E+13	3.45E−03
最大值	7.53E+00	1.82E+05	1.33E+05	**4.647E+04**	1.33E+13	3.77E−03
最小值	6.35E+00	**6.53E+04**	1.58E+05	5.514E+04	1.58E+13	3.17E−03

电阻采用标称值能够满足增益和带宽的设计要求,对增益而言还有 9% 的余量,但带宽的余量只有 1.3%。当电阻容限设为达到每级增益的最大值时,增益的要求很容易满足,但是带宽小于设计要求;反之,6 级放大器的增益又无法满足设计的要求。这一分析隐含说明了设计还存在一定问题。当然,假设所有放大器同时都达到最差的增益和带宽限制是一个极端的结论。不过,所设计的带宽确实没有超过设计要求太多。

对于实际的设计结果,蒙特卡洛分析更具有代表性。对 6 级放大器的 10000 个案例进行的分析表明,如果该电路采用容差为 5% 的电阻设计,则超过 30% 的放大器将无法满足增益或带宽的设计要求(这一计算的详细内容及确切结果将留给习题 3.33)。

设计实例

例 3.4 宏模型应用程序。

用 SPICE 的运算放大器宏模型来仿真一个多级放大器的频率响应。

问题:通过仿真来验证例 3.3 所设计的 6 级放大器的频率响应。

解:

已知量:例 3.3 中所设计的 6 级同相级联放大器,其中 $R_1 = 22\text{k}\Omega$,$R_2 = 130\text{k}\Omega$。运算放大器的规格参数为 $A_v = 100\text{dB}$,$f_H = 1\text{MHz}$,$R_{id} = 1\text{G}\Omega$,$R_o = 50\Omega$。

未知量:放大器频率响应的伯德图;$A_v(0)$ 和 f_H 的值。

求解方法:调用 SPICE 的运算放大器宏模型来仿真 6 级放大器的频率响应。利用 SPICE 子电路来简化电路分析。

假设:放大器为单极点放大器,采用对称的 15V 电源电压。

分析:用电路图编辑器将电路图画好之后,需要设置 SPICE 运算放大器宏模型的参数,满足设计参数要求的差模增益、输入电阻和输出电阻皆已给出。我们需要计算第一个极点的频率:$f_\beta = f_T/A_o = 10\text{Hz}$。

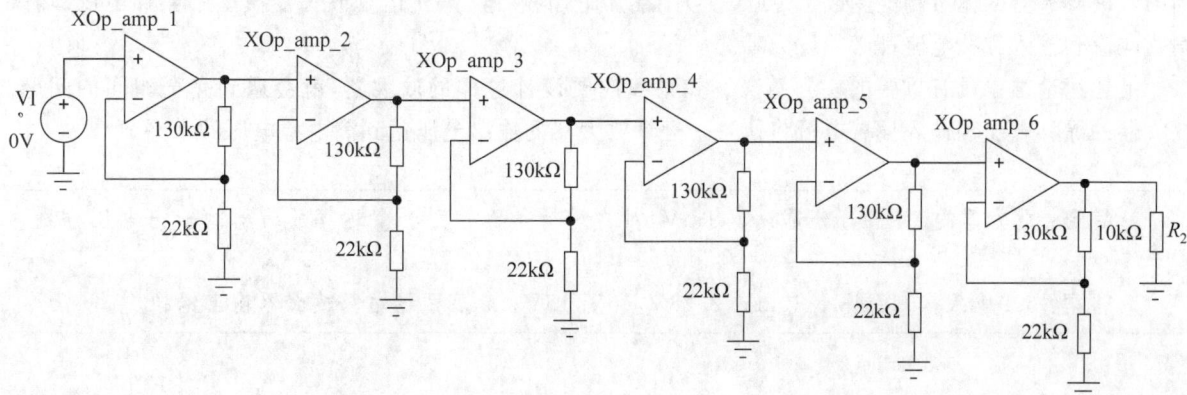

VI 为 1V 交流电源,直流分量为 0V。由于放大器是直流耦合的,因此从电源 VI 到输出节点进行传递函数分析将给出低频增益、输入电阻和输出电阻。使用 FSTART＝100Hz、FSTOP＝1MHz,以及每十倍频程取 10 个点的交流分析可生成用于求出带宽的伯德图。这一仿真所得结果为:增益为 100.7dB,R_{in}＝28.9TΩ,R_{out}＝3.52mΩ,带宽为 54.8kHz。

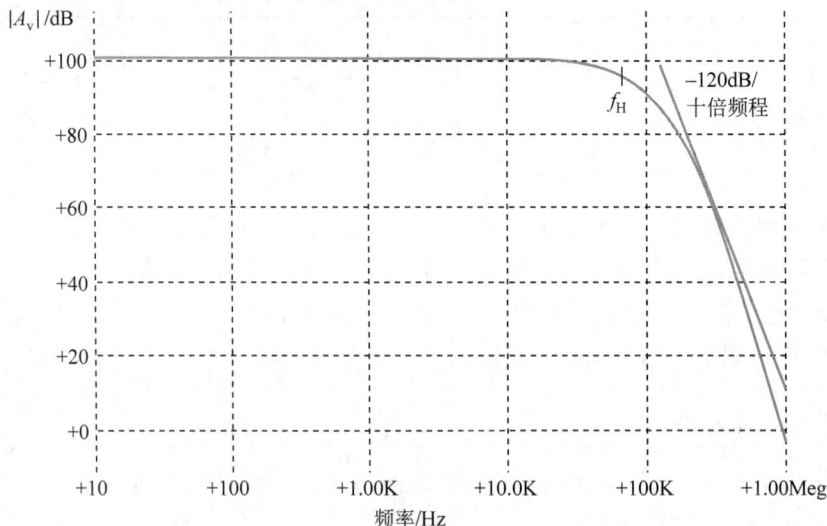

结果检查:从前面的分析中,我们发现了一些差异,增益和输出电阻与我们计算的结果一致,但带宽大于预期,输入电阻小了很多。看到这一结果,我们需要立即关注得到的仿真结果。实际上,对伯德图的仔细研究也表明,高频衰减率超过了我们期望的 6(20dB/十倍频程)＝120dB/十倍频程的斜率。

讨论:这些问题隐藏在宏模型中,在宏模型中未设定的参数都有其默认值。查看此处所用 SPICE 版本中的运算放大器模型就会发现,其默认值与表 2.4 所列出的数据相同:共模输入电阻为 2GΩ,第二个极点频率为 2MHz,漂移电压为 1mV,输入偏置电流等于 80nA,输入漂移电流等于 2nA 等。输入电阻不会超过 R_{ic} 所设定的值,带宽和衰减的增加实际都是由极点在 2MHz 处的第二个运算放大器引起的。如果将 R_{in} 改为 10^{15}Ω,并将高阶极点频率都设为 200MHz,SPICE 仿真出的输入电阻就会变成 28.9TΩ,带宽变为 50.4kHz,接近预想值。此外,高频衰减率为 120dB/十倍频程。

在本次仿真中还遇到另外一个问题。在最初的仿真试验时,会产生非常小的电压增益,查看工作点分析表时发现几个运算放大器的输出电压非常大。同样,这也是由默认参数设置引起的问题。该放大器具有非常高的总增益,在增益为 100000 的多级放大器的第一级放大器输入端输入 1mV 的漂移电压,到第六级放大器的输出端就变成了 100V。为了让仿真能够运行,在运算放大器模型中漂移电压、输入偏置电流和输入漂移电流都必须设为零。

上述讨论结果具有重要的实际意义。如果我们要设计这样的放大器,就会遇到完全相同的问题。放大器的漂移电压和输入偏置电流将使各个运算放大器的输出电压达到满电源电压的水平。

练习:放大器的 VI 直流分量设为 1mV,对其进行仿真。则各个运算放大器的输出电压分别为多少?

答案:6.91mV,47.7mV,330mV,2.28V,15V,15V;最后两级运算放大器输出饱和。

3.2 仪表放大器

我们经常需要放大两个信号的差异,但不能使用图3.3中的差分放大器,因为它的输入电阻太低。在这种情况下,可以将两个同相放大器与差分放大器组合在一起,形成图3.4所示的高性能复合仪表放大器(Instrumentation Amplifier)。

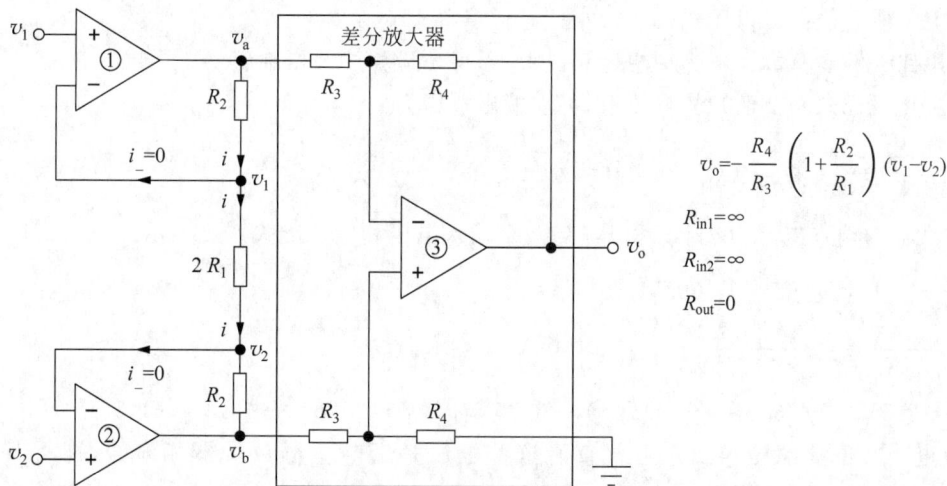

$$v_o = -\frac{R_4}{R_3}\left(1+\frac{R_2}{R_1}\right)(v_1-v_2)$$

$R_{in1}=\infty$

$R_{in2}=\infty$

$R_{out}=0$

图 3.4 仪表放大器电路

在这个电路中,运算放大器③和电阻R_3、R_4构成一个差分放大器。由式(1.63)可得输出电压v_o为

$$v_o = \left(-\frac{R_4}{R_3}\right)(v_a - v_b) \tag{3.10}$$

其中电压v_a和v_b为前两个放大器的输出。由于放大器①和放大器②的i_-输入流必须是零,因此电压v_a和v_b之间的关系式为

$$v_a - iR_2 - i(2R_1) - iR_2 = v_b \quad \text{或} \quad v_a - v_b = 2i(R_1 + R_2) \tag{3.11}$$

由于运算放大器①和运算放大器②的输入电压必须都为0,因此电压差(v_1-v_2)直接施加在电阻$2R_1$上,则有

$$i = \frac{v_1 - v_2}{2R_1} \tag{3.12}$$

联立式(3.10)、式(3.11)和式(3.12),得到仪表放大器输出电压的最终表达式为

$$v_o = -\frac{R_4}{R_3}\left(1+\frac{R_2}{R_1}\right)(v_1 - v_2) \tag{3.13}$$

理想仪表放大器对两个输入信号之差进行了放大,并且提供的增益等于同相放大器增益和差分放大器之积。两个输入源的输入电阻都为无穷大,由于两个运算放大器的输入电流都为0,因此差分放大器将输出电阻强制为零。

例 3.5 仪表放大器分析。

在本例中,将利用一组特定的直流输入电压来计算3个运算放大器的输出电压。

问题：对于图 3.4 所示的仪表放大器，已知 $V_1 = 2.5\text{V}, V_2 = 2.25\text{V}, R_1 = 15\text{k}\Omega, R_2 = 150\text{k}\Omega, R_3 = 15\text{k}\Omega, R_4 = 30\text{k}\Omega$，计算 V_o、V_A 和 V_B 的值。

解：

已知量：图 3.4 所示电路中的参数：$V_1 = 2.5\text{V}, V_2 = 2.25\text{V}, R_1 = 15\text{k}\Omega, R_2 = 150\text{k}\Omega, R_3 = 15\text{k}\Omega, R_4 = 30\text{k}\Omega$。

未知量：V_o、V_A 和 V_B 的值。

求解方法：所有值都可以用式(3.13)直接进行求解。

假设：电路中的运算放大器为理想运算放大器，每个运算放大器都满足 $I_+ = 0 = I_-$ 且 $V_+ = V_-$。

分析：利用式(3.13)及已知的直流值，可求输出电压为

$$V_o = -\frac{R_4}{R_3}\left(1 + \frac{R_2}{R_1}\right)(V_1 - V_2) = -\frac{30\text{k}\Omega}{15\text{k}\Omega}\left(1 + \frac{150\text{k}\Omega}{15\text{k}\Omega}\right)(2.5\text{V} - 2.25\text{V}) = -5.50\text{V}$$

由于运算放大器的输入电流为 0，V_A 和 V_B 与两个输入电压和电流的关系可表示为

$$V_A = V_1 + IR_2 \quad \text{和} \quad V_B = V_2 - IR_2$$

$$I = \frac{V_1 - V_2}{2R_1} = \frac{2.5\text{V} - 2.25\text{V}}{2(15\text{k}\Omega)} = 8.33\mu\text{A}$$

$$V_A = 2.5\text{V} + (8.33\mu\text{A})(150\text{k}\Omega) = +3.75\text{V}, \quad V_B = 2.25\text{V} - (8.33\mu\text{A})(150\text{k}\Omega) = 1\text{V}$$

结果检查：未知量都已求出。主要查看这些电压是否与差分放大器相符合，即将其输入放大 -2 倍。

$$V_o = -\frac{R_4}{R_3}(V_A - V_B) = -\frac{30\text{k}\Omega}{15\text{k}\Omega}(3.75 - 1.00)\text{V} = -5.50\text{V}$$

电 子 应 用

光电鼠标的 CMOS 导航芯片

安捷伦科技公司已经销售了超过 1 亿个光学导航鼠标传感器，是大多数光电鼠标的核心部件。然而，正如工程领域发生的诸多案例一样，导航技术最初其实是为了其他的应用。1993 年，由 Ross Allen 领导的 HP 实验室的一大群工程师们最初是想发明一个手提式的、由电池供电的文件扫描仪，可以根据手的动作进行翻页，并能复印文件。为了帮助实现这一愿景，HP 实验室的 Travis Blalock 和 Dick Baumgartner 设计了一种 CMOS 集成电路，可以将纸张进行光学扫描。该芯片在 HP 内部称作 Magellan，如下图所示。

与数码相机类似，其原型包含一个光接收器阵列，用于获取扫描表面的图像，该图像被照亮并定位在芯片下方，然后将图像从光接收器阵列传送到计算阵列。计算阵列包含一幅参照图像和一幅当前图像，将两幅图像进行交叉对比计算，交叉修正的结果用来计算参考图像和当前图像之间的物理移动。

Magellan 光学导航芯片包含 6000 多个运算放大器和采样保持电路，超过 2000 个光电晶体管放大器，每秒可采集 25000 幅图像。该芯片通过计算进行交叉修正可以达到每秒 15 亿次的运算速度。

技术成熟后，经过修正，原型被转移到产品部门并加以改进，变成了一个商用产品。在演进的过程中，人们认识到，光学导航技术同样可以作为光电鼠标的技术基础。导航芯片设计再次被修改，并成为安捷伦科技公司（Hewlett-Packard 公司的衍生公司）销售的光学导航模块的基础，并且被用作当今市场上大多数光电鼠标的基本构件。

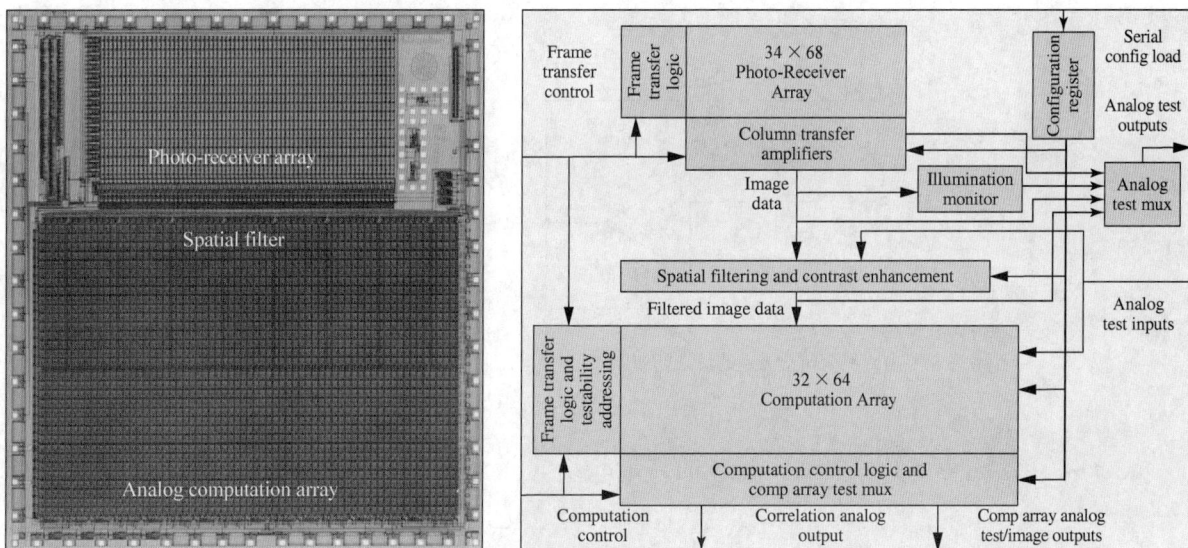

光学导航芯片图片及其程序框图

练习：在图 3.4 所示电路中，假设 v_1 和 v_2 为直流电压，其中 $V_1 = 5.001\text{V}, V_2 = 4.999\text{V}, R_1 = 1\text{k}\Omega, R_2 = 49\text{k}\Omega, R_3 = 10\text{k}\Omega, R_4 = 10\text{k}\Omega$。试写出 V_A 和 V_B 的表达式。V_o、V_A、V_B 和 I 的值各是多少？

答案：$V_A = V_1 + IR_2, V_B = V_2 - IR_2$；$-0.100\text{V}, 5.05\text{V}, 4.95\text{V}, 1.00\mu\text{A}$。

3.3 有源滤波器

滤波器有多种形式。实现滤波器最简单的方法是采用电阻、电容和电感等无源元件。然而，在集成电路中，电感很难制作，占用面积很大，并且只能制作电感值非常小的电感。随着低成本、高性能运算放大器的出现，人们发明了不用电感也能实现所需滤波功能的新电路。这些使用运算放大器的滤波器称为有源滤波器（Active Filter），本节将会讨论几个有源低通、高通和带通滤波器的示例。1.10.5 节和 1.10.6 节分别讨论了简单的有源低通滤波器和有源高通滤波器，但这些电路只是单极点电路。本节介绍的许多滤波器更高效，电路中每个运算放大器都有两个滤波极点。感兴趣的读者可以翻阅有关资料来进一步了解有源滤波器的设计。

3.3.1 低通滤波器

一个基本的双极点低通滤波器的结构如图 3.5 所示，由一个运算放大器、两个电阻和两个电容组成。在这个典型电路中，运算放大器充当电压跟随器，在较宽的频率范围内提供单位增益。当频率高于直流时，滤波器利用电容形成正反馈，以在无需电感的情况下实现多极点。

下面介绍描述该滤波器电压增益的传递函数。理想的运算放大器会使 $V_o(s) = V_2(s)$，因此电路中仅有两个独立节点。根据诺顿变换，可以写出 $V_1(s)$ 和 $V_2(s)$ 的节点方程为

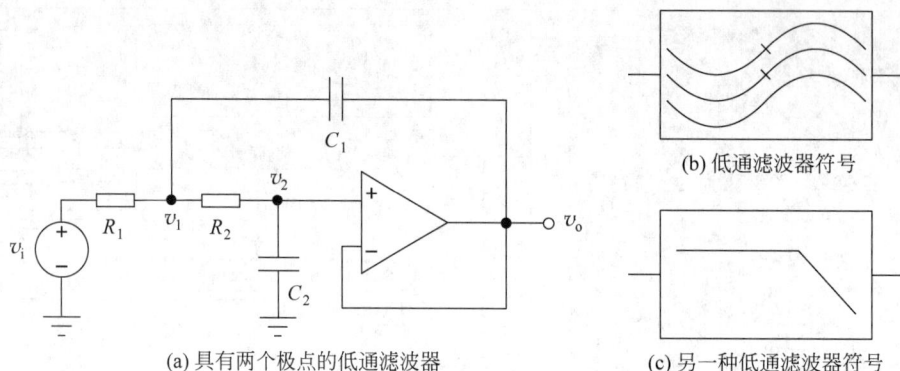

(a) 具有两个极点的低通滤波器

(b) 低通滤波器符号

(c) 另一种低通滤波器符号

图　3.5

$$
\begin{bmatrix} G_1 V_I(s) \\ 0 \end{bmatrix} = \begin{bmatrix} sC_1 + G_1 + G_2 & -(sC_1 + G_2) \\ -G_2 & sC_2 + G_2 \end{bmatrix} \begin{bmatrix} V_1(s) \\ V_2(s) \end{bmatrix} \tag{3.14}
$$

这一方程组的行列式为

$$
\Delta = s^2 C_1 C_2 + s C_2 (G_1 + G_2) + G_1 G_2 \tag{3.15}
$$

由于 $V_o(s) = V_2(s)$，对 $V_2(s)$ 求解可得

$$
V_o(s) = V_2(s) = \frac{G_1 G_2}{\Delta} V_I(s) \tag{3.16}
$$

重新整理该式，可写为

$$
A_{LP}(s) = \frac{V_o(s)}{V_I(s)} = \frac{\dfrac{1}{R_1 R_2 C_1 C_2}}{s^2 + s \dfrac{1}{C_1}\left(\dfrac{1}{R_1} + \dfrac{1}{R_2}\right) + \dfrac{1}{R_1 R_2 C_1 C_2}} \tag{3.17}
$$

式 (3.17) 通常会写成其标准形式

$$
A_{LP}(s) = \frac{\omega_o^2}{s^2 + s \dfrac{\omega_o}{Q} + \omega_o^2} \tag{3.18}
$$

其中

$$
\omega_o = \frac{1}{\sqrt{R_1 R_2 C_1 C_2}} \quad \text{和} \quad Q = \sqrt{\frac{C_1}{C_2}} \frac{\sqrt{R_1 R_2}}{R_1 + R_2} \tag{3.19}
$$

频率 ω_o 称为滤波器的截止频率。依据 ω_o 的严格定义，截止频率只有在 $Q = 1/\sqrt{2}$ 的时候其值才等于 ω_o。在低频情况下，当 $\omega \ll \omega_o$ 时，滤波器具有单位增益，但是当频率高于 ω_o 时，滤波器响应表现出双极点的滚降现象，衰减频率为 40dB/十倍频程。当 $\omega = \omega_o$ 时，滤波器的增益等于 Q。

图 3.6 显示了当 $\omega_o = 1$，Q 值分别为 0.25、$1/\sqrt{2}$、2 和 10 时低通滤波器的不同响应。当 $Q = 1/\sqrt{2}$ 时，巴特沃思滤波器（Butterworth Filter）的响应具有最大平坦性（Maximally Flat Magnitude），具有最大带宽，且无尖锋响应。当 Q 大于 $1/\sqrt{2}$ 时，滤波器会产生尖锋响应，而这种情况通常是我们不希望看到的；当 Q 低于 $1/\sqrt{2}$ 时，则根本体现不出滤波器带宽性能的最大优越性。由于电压跟随器必须提供准确的单位增益 1，因此应将 ω_o 设计成为运算放大器单位增益点频率 1/10 或 1/100 的频率。

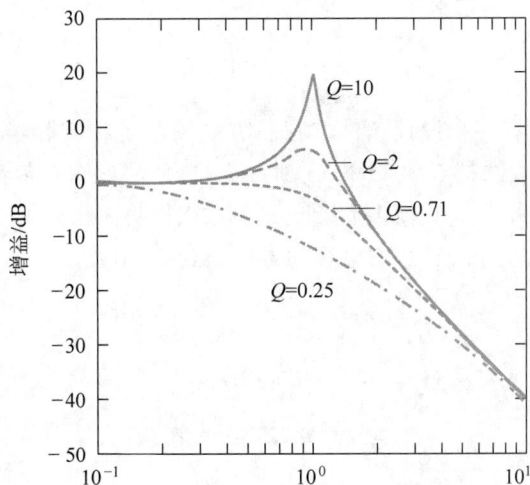

图 3.6 当 $\omega_{\text{o}} = 1$ 时 4 个 Q 值下低通滤波器的不同响应[①]

从实际角度出发,电阻阻值的选择范围要比电容的选择范围大,滤波器通常设计成 $C_1 = C_2 = C$,然后再选择 R_1 和 R_2 的值来调节 ω_{o} 和 Q。对于电容相等的设计,有

$$\omega_{\text{o}} = \frac{1}{C\sqrt{R_1 R_2}} \quad \text{和} \quad Q = \frac{\sqrt{R_1 R_2}}{R_1 + R_2} \tag{3.20}$$

在实际电路中,还需要考虑运算放大器的偏置电流。为了能够正常工作,有源滤波器电路必须能为运算放大器的偏置电流提供直流通路。在图 3.5 所示电路中,同相输入端的直流电流通过电阻 R_1 和 R_2 由直流参考电源来提供。反相输入端的直流电流则由运算放大器的输出端提供。

设计提示

为了让运算放大器能正常工作,其反馈电路必须能为输入偏置电流提供一条直流通路。

设计实例

例 3.6 低通滤波器设计。

试确定电容和电阻值,以满足双极点有源低通滤波器的截止频率设计要求。

问题:设计一个图 3.5 所示的低通滤波器,要求满足上限截止频率为 5kHz,且具有最大平坦性幅值响应。

解:

已知量:图 3.6 所示的二阶有源滤波器,具有最大平坦性幅值响应,上限截止频率 $f_{\text{H}} = 5\text{kHz}$。

未知量:R_1、R_2、C_1 和 C_2。

求解方法:如 3.3 节所述,式(3.18)所示的传递函数在 $Q = 1/\sqrt{2}$ 时可获得最大平坦性幅值响应。在本例中,我们也发现 $f_{\text{H}} = f_{\text{o}}$。不过,根据式(3.19),简单的电容相等的滤波器设计无法获得所需要的 Q 值,我们需要研究其他设计方法。

假设:运算放大器是理想的。

分析:根据式(3.19),可以选择 $C_1 = 2C_1 = 2C$ 及 $R_1 = R_2 = R$,这是一组比较有效的元件取值。基

[①] 示例中使用的 MATLAB 语句为:Bode(1,[1 0.1 1])。

于这些取值,有

$$R = \frac{1}{\sqrt{2}\,\omega_o C} \quad 和 \quad Q = \frac{1}{\sqrt{2}}$$

但是仍要选择两个值,并且只有一个设计条件。我们需要依据工程实际经验来判断到底选择什么样的设计。我们注意到,$1/\omega_o C$ 代表的是 C 在频率 ω_o 时的电抗,R 要比这个值小 30%。因此,可以通过选择 C(或 R)来设置滤波器的阻抗大小。如果阻抗太低,运算放大器将无法提供驱动反馈电路所需的电流。

当频率为 5Hz 时,电容值为 $0.01\mu F$ 的电容的电抗值为 $3.180k\Omega$。

$$\frac{1}{\omega_o C} = \frac{1}{10^4 \pi (10^{-8})} = 3180\Omega$$

该电容值比较常见,因此可以选择电阻

$$R = \frac{3180\Omega}{\sqrt{2}} = 2250\Omega$$

参考附录 A 中的精密电阻阻值,可以选择最相近的 2260Ω 的容限为 1% 的电阻。最终所完成设计的取值为

$$R_1 = R_2 = 2.26k\Omega, \quad C_1 = 0.02\mu F, \quad C_2 = 0.01\mu F$$

结果检查:利用所设计的值,可得 $f_o = 4980Hz, Q = 0.707$。

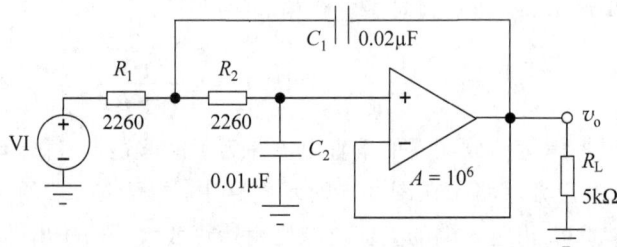

讨论与计算机辅助分析:利用上图所示电路对滤波器的频率响应进行仿真。运算放大器的增益设为 10^6。利用 VI 作为输入源进行交流分析,其中 FSTART = 10Hz,FSTOP = 10MHz,每十倍频程取 10 个仿真频率点。仿真结果显示,输出节点的增益为 0dB,$f_H = 5kHz$,与设计要求一致。下图给出的第二个仿真结果是 $\mu A741$ 运算放大器的频率响应。

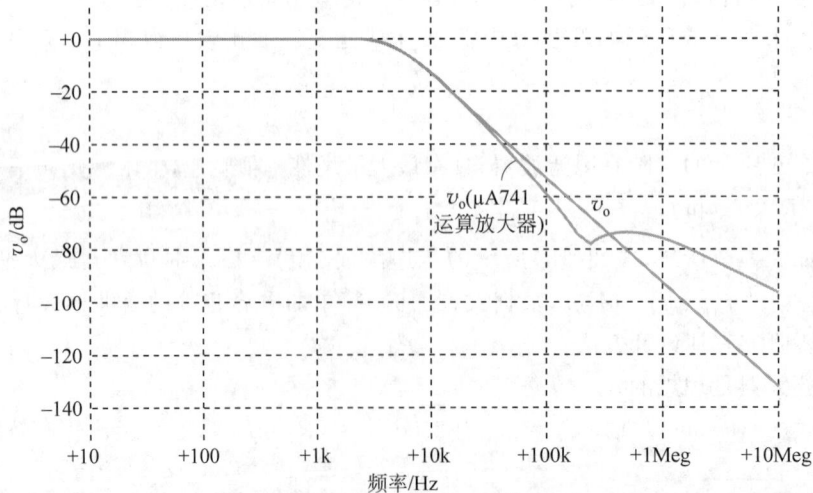

练习：上例中滤波器的 $A_v(0)$ 为多少？对于 $Q=1/\sqrt{2}$ 的最大平坦性幅值响应设计,试证明 $f_H=f_o$。

答案：1.00。

练习：重新设计例 3.6 中的滤波器,要求上限截止频率为 10kHz,具有最大平坦性幅值响应。保持滤波器的阻抗相同。

答案：$0.01\mu F, 0.005\mu F, 2260\Omega, 2260\Omega$。

练习：从式(3.18)开始,证明 $|A_{LP}(j\omega_o)|=Q$。

练习：通过调整 R_1 和 R_2 的值,将该滤波器的截止频率修改为 2kHz。Q 值保持不变。

答案：$R_1=R_2=5.62k\Omega$。

练习：用式(3.20)关于 Q 值的表达式,证明利用电容相同设计方法无法实现 $Q=1/\sqrt{2}$。当 $C_1=C_2$ 时,Q 的最大值为多少?

答案：0.5。

3.3.2 自带增益的高通滤波器

图 3.5 所示的电路结构,通过改变电阻和电容的位置,可得到一个高通滤波器,如图 3.7 所示。在许多应用中,人们喜欢采用中频自带增益的滤波器,低通滤波器中的电压跟随器被自带 K 增益的同相放大器所取代,如图 3.7 所示。增益 K 为滤波器的元器件设计提供了另一个自由度。需要注意的是,通过 R_2 和两个反馈电阻,运算放大器的两个输入偏置电流都存放在直流通路中。

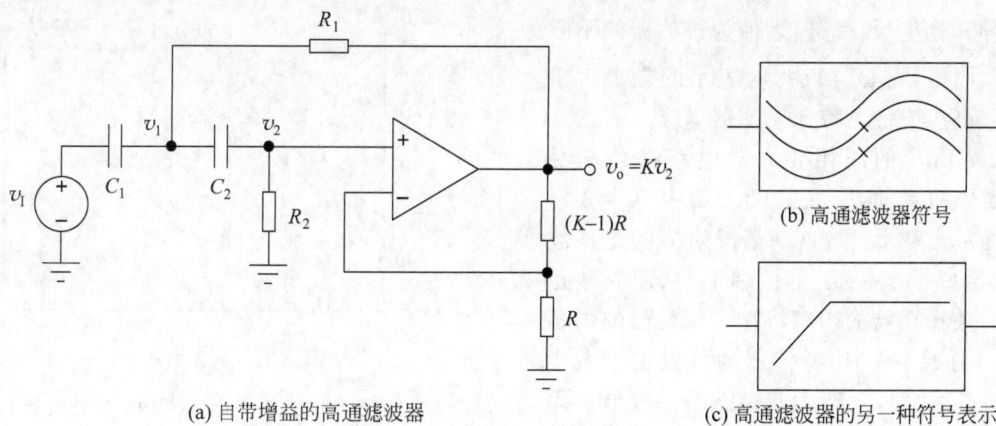

(a) 自带增益的高通滤波器

(b) 高通滤波器符号

(c) 高通滤波器的另一种符号表示

图 3.7

高通滤波器的设计分析事实上与低通滤波器的设计分析是一样的。由于 $v_o=Kv_2$,因此 v_1 和 v_2 是仅有的两个独立节点,由这两个节点方程可得系统方程组为

$$\begin{bmatrix} sC_1V_1(s) \\ 0 \end{bmatrix} = \begin{bmatrix} s(C_1+C_2)+G_1 & -(sC_2+KG_1) \\ -sC_2 & sC_2+G_2 \end{bmatrix} \begin{bmatrix} V_1(s) \\ V_2(s) \end{bmatrix} \tag{3.21}$$

具有行列式为

$$\Delta = s^2 C_1 C_2 + s(C_1 + C_2)G_2 + sC_2 G_1(1-K) + G_1 G_2 \tag{3.22}$$

输出电压为

$$V_o(s) = KV_2(s) = K \frac{s^2 C_1 C_2 V_1(s)}{\Delta} \tag{3.23}$$

结合式(3.22)和式(3.23)，可得滤波器传递函数的标准形式为

$$A_{HP}(s) = \frac{V_o(s)}{V_I(s)} = K \frac{s^2}{s^2 + s \dfrac{\omega_o}{Q} + \omega_o^2} \tag{3.24}$$

其中，

$$\omega_o = \frac{1}{\sqrt{R_1 R_2 C_1 C_2}} \quad \text{和} \quad Q = \left[\sqrt{\frac{R_1}{R_2}} \frac{C_1 + C_2}{\sqrt{C_1 C_2}} + (1-K)\sqrt{\frac{R_2 C_2}{R_1 C_1}} \right]^{-1} \tag{3.25}$$

当 $R_1 = R_2 = R$ 且 $C_1 = C_2 = C$ 时，可将式(3.24)和式(3.25)简化为

$$\begin{cases} A_{HP}(s) = K \dfrac{s^2}{s^2 + s\dfrac{3-K}{RC} + \dfrac{1}{R^2 C^2}} \\[3mm] \omega_o = \dfrac{1}{RC} \\[3mm] Q = \dfrac{1}{3-K} \end{cases} \tag{3.26}$$

对于这一设计选择，ω_o 和 Q 的值可以进行单独调节。

图 3.8 所示为 $\omega_o = 1$ 时 4 个 Q 值下高通滤波器的不同响应。频率 ω_o 近似为过滤器的下限截止频率，同样，当 $Q = 1/\sqrt{2}$ 时表示的是最大平坦性幅值响应，或称巴特沃思滤波器响应。

图 3.7 所示的同相放大器电路必须满足 $K \geqslant 1$。需要注意的是，在式(3.26)中 $K = 3$ 对应的 Q 值为无穷大。与这一情况对应的是滤波器的极点恰好落 $s = \mathrm{j}\omega_o$ 的虚轴上，从而导致正弦振荡(有关振荡器的内容将在本章后面的内容中讨论)。当 $K > 3$ 时，滤波器的极点位于右半平面；当 $K \geqslant 3$ 时，会产生非稳态的滤波器。因此 K 值的取值范围为 $1 \leqslant K < 3$。

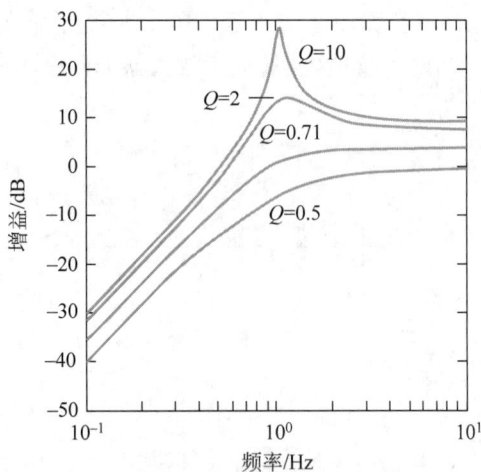

图 3.8 当 $\omega_o = 1$ 时，4 个 Q 值下的高通滤波器响应[①]

练习：对于式(3.26)所描述滤波器，当 $\omega = \omega_o$ 时，其增益为多少？

答案：$\dfrac{K}{3-K} \angle 90°$。

---

① 示例中采用的 MATLAB 语句为 Bode([(3-sqrt(2)) 0 0],[1 sqrt(2) 1])。

练习：对于图 3.7 所示的高通滤波器，其中各元件的设计参数为 $C_1 = 0.0047\mu F$，$C_2 = 0.001\mu F$，$R_1 = 10k\Omega$，$R_2 = 20k\Omega$，放大器增益为 2，计算滤波器的 f_H 和 Q。

答案：5.19kHz，0.828。

练习：试推导图 3.7 所示高通滤波器的 Q 值对闭环增益 K 的灵敏度的表达式。当 $Q = 1/\sqrt{2}$ 时，该灵敏度的值为多少？

答案：$S_K^Q = (3 - Q)$；1.12。

3.3.3 带通滤波器

结合前面两个滤波器的低通和高通特性便可实现带通波器（Bandpass Filter），如图 3.9 所示。在该电路中，运算放大器用作反相结构。由于运算放大器采用的是全开环增益，在理想情况下无限大，所以这一电路有时被称为"无限增益"滤波器。电阻 R_3 的增加可以提供额外的设计自由度，使得增益、中心频率和 Q 之间的相互影响降至最低。同样需要注意的是，运算放大器的两个输入偏置电流仍然存在直流通路。

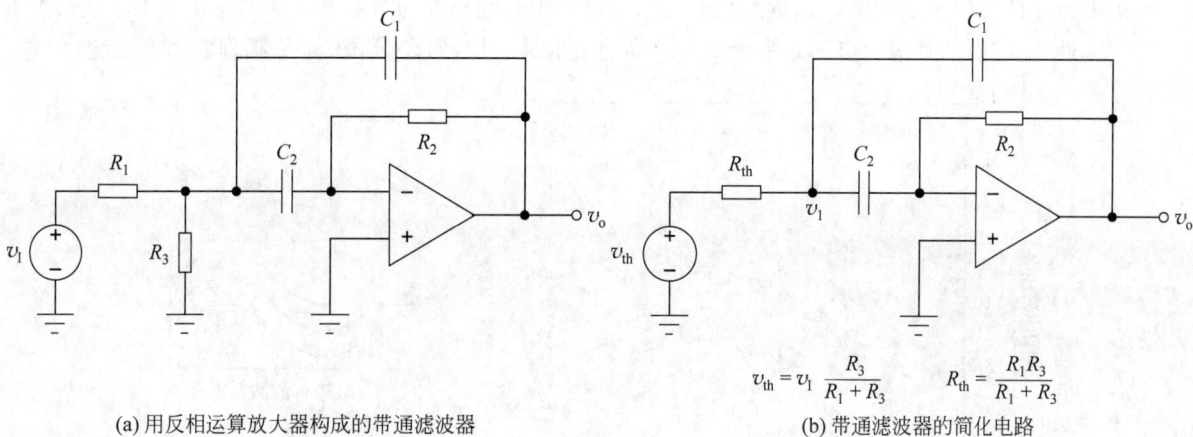

(a) 用反相运算放大器构成的带通滤波器

(b) 带通滤波器的简化电路

$$v_{th} = v_1 \frac{R_3}{R_1 + R_3} \qquad R_{th} = \frac{R_1 R_3}{R_1 + R_3}$$

图　3.9

将 $V_o(s)$ 直接与 $V_1(s)$ 相关联，可以将图 3.9(b) 所示电路的分析简化成单节点问题：

$$sC_2 V_1(s) = -\frac{V_o(s)}{R_2} \quad 或 \quad V_1(s) = -\frac{V_o(s)}{sC_2 R_2} \tag{3.27}$$

对节点 V_1 运用 KCL 定律，则有

$$G_{th} V_{th} = [s(C_1 + C_2) + G_{th}] V_1(s) - sC_1 V_o(s) \tag{3.28}$$

结合式(3.27)和式(3.28)可得

$$\frac{V_o(s)}{V_{th}(s)} = \frac{-\dfrac{s}{R_{th} C_1}}{s^2 + s \dfrac{1}{R_2}\left(\dfrac{1}{C_1} + \dfrac{1}{C_2}\right) + \dfrac{1}{R_{th} R_2 C_1 C_2}} \tag{3.29}$$

现在可以得到带通输出的表达式为

$$A_{\mathrm{BP}}(s) = -\frac{V_o(s)}{V_I(s)} = -\sqrt{\frac{R_3}{R_1+R_3}\frac{R_2C_2}{R_1C_1}}\frac{s\omega_o}{s^2+s\dfrac{\omega_o}{Q}+\omega_o^2} \tag{3.30}$$

其中

$$\omega_o = \frac{1}{\sqrt{R_{\mathrm{th}}R_2C_1C_2}} \quad 和 \quad Q = \sqrt{\frac{R_2}{R_{\mathrm{th}}}}\frac{\sqrt{C_1C_2}}{C_1+C_2} \tag{3.31}$$

如果将 C_1 设为等于 $C_2 = C$，则有

$$\omega_o = \frac{1}{C\sqrt{R_{\mathrm{th}}R_2}} \qquad Q = \frac{1}{2}\sqrt{\frac{R_2}{R_{\mathrm{th}}}} \qquad \mathrm{BW} = \frac{2}{R_2C}$$

$$\tag{3.32}$$

$$A_{\mathrm{BP}}(s) = -\left(\frac{2Q}{1+R_1/R_3}\right)\left(\frac{s\omega_o}{s^2+s\dfrac{\omega_o}{Q}+\omega_o^2}\right) \qquad A_{\mathrm{BP}}(\omega_o) = -\frac{1}{2}\left(\frac{R_2}{R_1}\right)$$

图 3.10 显示了在 $\omega_o=1$ 时 3 个 Q 值所对应的带通滤波器响应，其中 $\omega_o=1$，$C_1=C_2$，$R_3=\infty$。此时，频率 ω_o 表示带通滤波器的中心频率。在 ω_o 处响应达到峰值，中心频率处的增益等于 $2Q^2$。在远小于或远大于 ω_o 的频率处，滤波器的响应对应的是一个单极点高通或低通滤波器，以 20dB/十倍频程的速率变化。

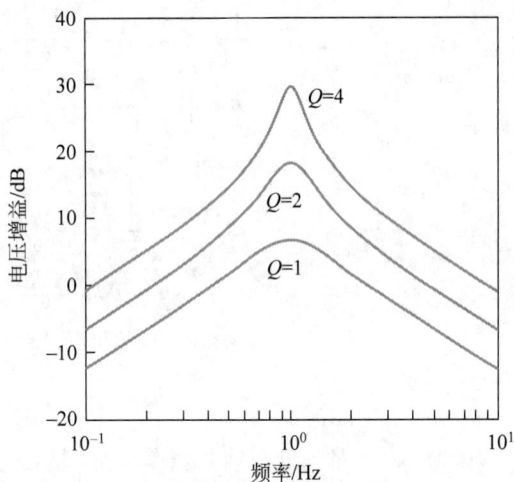

(a) 假定 Q 的3个值为 $C_1=C_2$，$R_3=\infty$，当 $\omega_o=1$ 时带通滤波器的响应[4]

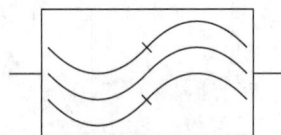

(b) 带通滤波器符号

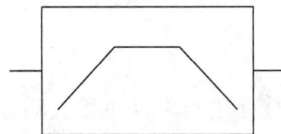

(c) 另一种可用的带通滤波器符号

图　3.10

练习： 图 3.9 所示的滤波器中各元件参数被设计为 $C_1=C_2=0.02\mu\mathrm{F}$，$R_1=2\mathrm{k}\Omega$，$R_3=2\mathrm{k}\Omega$，$R_2=82\mathrm{k}\Omega$。则该滤波器的 f_o 和 Q 值各是多少？

答案： $879\mathrm{Hz}$，4.5。

---

① 示例中可以利用 MATLAB 语句：Bode([4　0],[1.5　1])。

电 子 应 用

BFSK 接收装置中的带通滤波器

二进制频移键控是在通信类中研究的基本调制形式,表示一种通信类型,通常用于高频"短波"无线电波段中的无线电传输(3~30MHz)。传输数据的信号在两个紧密间隔的无线电频率(例如 18080000Hz 和 18080170Hz)之间来回移动。载有数据的信号被调制成两种频率,在下图所示的接收器中,其音频信号接收器收到的频率为 2125Hz 和 2295Hz(或其他一些相差 170Hz 的频率)。在模拟信号接收电路中,六极点滤波器用来区别这两个音频频率。每个滤波器都是由 3.3.3 节所介绍的三级级联和两极点带通滤波器组成的。两条滤波器输出端在经由 RC 电路组成的滤波器过滤后只剩下要选取的频率,而通过该频率提取的信息正好恢复了原始数据信息。

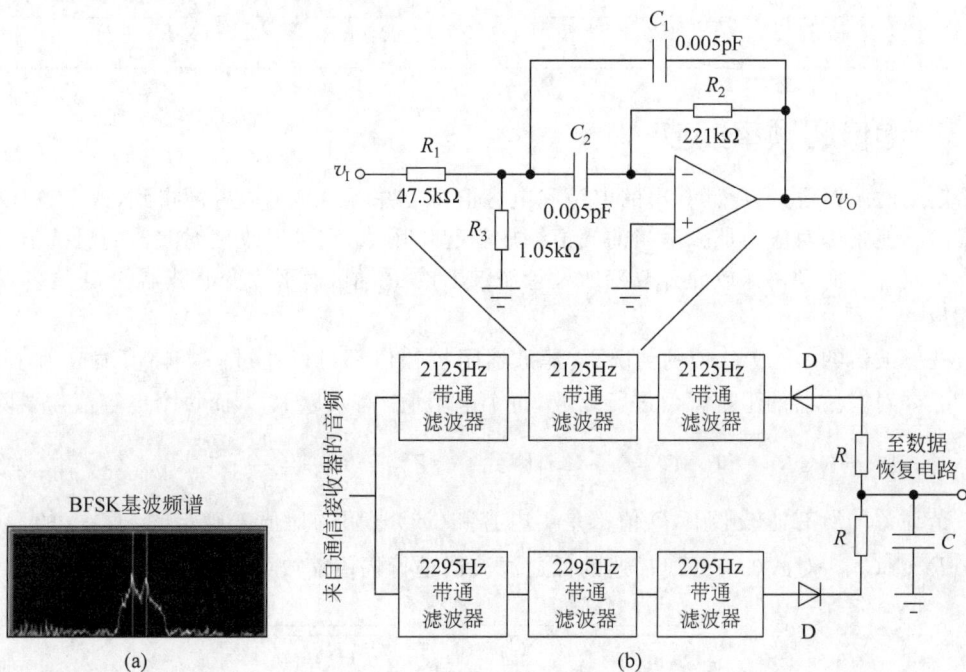

若从接收器得来的音频信号是首次通过 A/D 转换进行数字化,则可以考虑采用 DSP 将这些函数值轻松地数字化。

3.3.4 灵敏度

对于有源滤波器的设计,所关注的重点是 ω_0 和 Q 对无源器件取值及参数变化的灵敏度。设计参数 P 对电路参数 Z 变化的灵敏度在数学上被定义为

$$S_Z^P = \frac{\dfrac{\partial P}{P}}{\dfrac{\partial Z}{Z}} = \frac{Z}{P}\frac{\partial P}{\partial Z} \tag{3.33}$$

灵敏度 S 代表由给定的 Z 值的变化量百分比所引起的参数 P 的变化量百分比。例如,利用式(3.19)可将 ω_0 对 R 和 C 的值的灵敏度表示为

$$S_R^{\omega_o} = S_C^{\omega_o} = -\frac{1}{2} \tag{3.34}$$

也就是说 R 或 C 的值增加 2% 会让频率 ω_o 降低 1%。

练习：利用式(3.19)计算低通滤波器的 $S_{C_1}^Q$ 和 $S_{R_2}^Q$。

答案：0.5；0。

练习：利用式(3.26)计算高通滤波器的 $S_R^{\omega_o}$、$S_C^{\omega_o}$ 和 S_K^Q。

答案：1；1；$K/(3-K)$。

练习：利用式(3.32)计算带通滤波器的 $S_{R_1}^{\omega_o}$、$S_{R_2}^{\omega_o}$、$S_{R_3}^{\omega_o}$、$S_C^{\omega_o}$、$S_{R_1}^Q$、$S_{R_2}^Q$、$S_{R_3}^Q$、S_C^Q 和 S_C^{BW}。

答案：$-\dfrac{1}{2}\dfrac{R_3}{R_1+R_3}$；$-\dfrac{1}{2}$；$-\dfrac{1}{2}\dfrac{R_1}{R_1+R_3}$；$-1$；$-\dfrac{1}{2}\dfrac{R_3}{R_1+R_3}$；$\dfrac{1}{2}$；$-\dfrac{1}{2}\dfrac{R_1}{R_1+R_3}$；$0$；$-1$。

3.3.5 幅值和频率缩放

对于给定的滤波器设计，所计算出的电阻和电容值可能并不总是可以方便得到，或者这些值可能与可用的标准值不能紧密对应。那么适当的幅值缩放就起作用了，它可以改变滤波器的阻抗值，但不改变滤波器的频率响应。而频率缩放允许改变所设计滤波器的 ω_o 值，而不改变滤波器的 Q 值。

幅值缩放

在不改变滤波器的 ω_o 或 Q 值的情况下，滤波器阻抗幅值都可以通过一个幅值缩放因子 K_M 进行增加或减少。要对滤波器的阻抗幅值进行缩放，每个电阻值[1]需乘以 K_M，而每个电容值需要除以 K_M。

$$R' = K_M R \quad 和 \quad C' = \frac{C}{K_M} \quad ，因此 \quad |Z_C'| = \frac{1}{\omega C'} = \frac{K_M}{\omega C} = K_M|Z_C| \tag{3.35}$$

在 3.3 节讨论的所有滤波器中，Q 值都是由电容和（或）电阻的比值来确定的，而 ω_o 的表达式总是 $\omega_o = 1/\sqrt{R_1 R_2 C_1 C_2}$。对式(3.19)所描述的低通滤波器进行幅值缩放可得

$$\omega_o' = \frac{1}{\sqrt{K_M R_1 (K_M R_2) \dfrac{C_1}{K_M} \dfrac{C_2}{K_M}}} = \frac{1}{\sqrt{R_1 R_2 C_1 C_2}} = \omega_o$$

和

$$Q' = \sqrt{\frac{\dfrac{C_1}{K_M}}{\dfrac{C_2}{K_M}}} \frac{\sqrt{K_M R_1(K_M R_2)}}{K_M R_1 + K_M R_2} = \sqrt{\frac{C_1}{C_2}} \frac{\sqrt{R_1 R_2}}{R_1+R_2} = Q \tag{3.36}$$

因此，Q 和 ω_o 相对缩放因子 K_M 都是独立的。

练习：图 3.9 中滤波器被设计成 $R_1 = R_2 = 2.26\text{k}\Omega$，$R_3 = \infty$，$C_1 = 0.02\mu\text{F}$，$C_2 = 0.01\mu\text{F}$。则当缩放因子分别为(a)5 和(b)0.885 时，新的 C_1、C_2、R_1、R_2、f_o 和 Q 值各为多少？

---

[1] 在 RLC 滤波器中，每一个电感值也会增加 K_M 倍：$L' = K_M L$，因此 $|Z_L'| = K_M|Z_L|$。

答案：(a)$0.004\mu F, 0.002\mu F, 11.3k\Omega, 11.3k\Omega, 4980Hz, 0.471$；(b)$0.0226\mu F, 0.0113\mu F, 2.00k\Omega$,
$2.00k\Omega, 4980Hz, 0.471$。

频率缩放

滤波器的截止频率或中心频率可以通过缩放因子 K_F 进行缩放，且无须更改滤波器的 Q 值，此时
每个电容值除以因子 K_F，而电阻值则无须做任何改变。

$$R' = R \quad 和 \quad C' = \frac{C}{K_F}$$

下面还是以低通滤波器为例，则

$$\omega'_o = \frac{1}{\sqrt{R_1 R_2 \dfrac{C_1}{K_F} \dfrac{C_2}{K_F}}} = \frac{K_F}{\sqrt{R_1 R_2 C_1 C_2}} = K_F \omega_o$$

则有

$$Q' = \sqrt{\frac{\dfrac{C_1}{K_F}}{\dfrac{C_2}{K_F}}} \frac{\sqrt{R_1 R_2}}{R_1 + R_2} = \sqrt{\frac{C_1}{C_2}} \frac{\sqrt{R_1 R_2}}{R_1 + R_2} = Q \tag{3.37}$$

此时可以看到 ω_o 的值增加了 K_F 倍，而 Q 值不变。

练习： 图3.9所示滤波器被设计成 $C_1 = C_2 = 0.02\mu F, R_1 = 2k\Omega, R_3 = 2k\Omega, R_2 = 82k\Omega$，则 f_o
和 Q 值为多少？(b)当频率缩放因子为4时，新的 C_1、C_2、R_1、R_2、f_o 和 Q 值分别为多少？

答案： $880Hz, 4.5; 0.005\mu F, 0.005\mu F, 1k\Omega, 82k\Omega, 3.5kHz, 4.5$。

3.4 开关电容电路

电阻在集成电路中占据了很大一部分面积，特别是与MOS晶体管相比。采用电容和开关来替代
电阻，开关电容(SC)电路成为消除滤波器中所用电阻的一种简洁方式。滤波器就变成了3.3节中讨论
的连续时间滤波器的离散时间或采样数据的等价物，滤波器电阻就可以与高密度MOS集成电路工艺
兼容了。开关电容电路变得十分重要，并且已广泛应用于集成滤波器的设计。SC电路可构成低通滤波
器和用于信号处理及通信应用的CMOS集成电路，这类电路通常包括SC滤波器及SC模/数转换器和
数/模转换器。这些电路将在3.4节和3.5节中进行讨论。

3.4.1 开关电容积分器

SC电路的基本构建模块是图3.11中的开关电容积分器。连续时间积分器中的电阻 R 被替换为
电容 C_1 和MOSFET开关 S_1 和 S_2，如图3.11(b)所示，开关由图3.11(c)所示的两相非重叠时钟(Two-
Nonoverlapping Clock)驱动。假设开关用NMOS晶体管实现，当相位 ϕ_1 为高时，开关 S_1 接通，S_2 断
开；当相位 ϕ_2 为高时，开关 S_2 接通，S_1 断开。

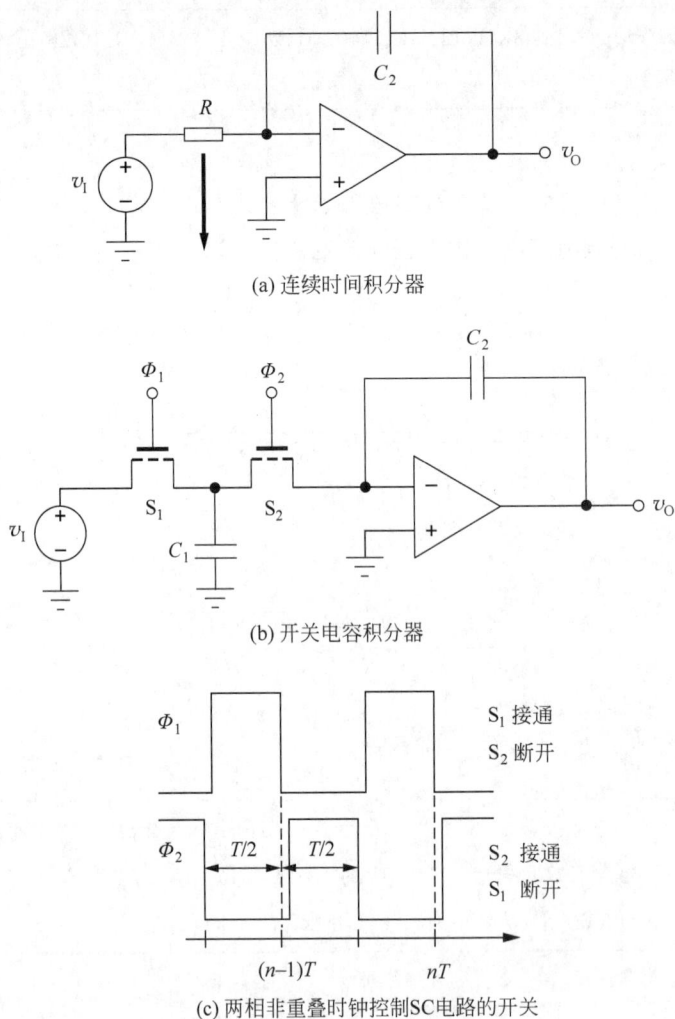

(a) 连续时间积分器

(b) 开关电容积分器

(c) 两相非重叠时钟控制SC电路的开关

图 3.11

图 3.12 给出了用于分析在两个独立时钟相位情况下积分器电路的(分段线性)等效电路。在阶段 1 中,电容 C_1 通过开关 S_1 充电达到电源电压 v_1 的值。同时,开关 S_2 断开,输出电压 v_O 存储在 C_2 上保持不变。阶段 2,由于运算放大器的输入端接虚地,电容 C_1 完全放电,阶段 1 存储在 C_1 中的电荷通过 C_1 的放电电流直接转移到了电容 C_2 上。

第 1 阶段存储在 C_1 上的电量为正(S_1 导通)

$$Q_1 = C_1 V_I \tag{3.38}$$

其中 $V_I = v_I[(N-1)T]$ 是在采样间隔结束时因开关断开存储在 C_1 上的电压。第 2 阶段 C_2 上存储电量的变化量为

$$\Delta Q_2 = -C_2 \Delta v_O \tag{3.39}$$

将两式相等可得

$$\Delta v_O = -\frac{C_1}{C_2} V_I \tag{3.40}$$

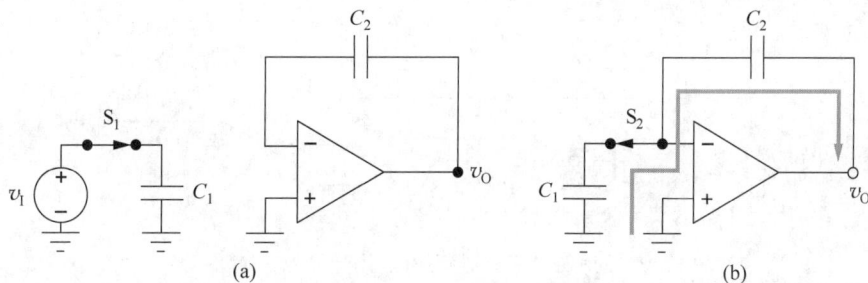

图 3.12 在(a)阶段 1 和(b)阶段 2 的等效电路

在第 n 个时钟周期结束时的输出电压可写为[1]

$$v_O[nT] = v_O[(n-1)T] - \frac{C_1}{C_2} v_1[(n-1)T] \tag{3.41}$$

在每一个时钟周期 T 之内,都有电量为 Q_1 的电荷被转移到电容 C_2 上存储,每一个分立步骤中的变化量都与输入电压呈比例变化,增益由电容 C_1 和 C_2 的比值决定。在第 1 阶段,输入电压被采样,输出保持为一个常数;在第 2 阶段,输出的变化量则反映了第 1 阶段采样的信息。

根据在一个时钟周期 T 的时间间隔内从源 v_1 流经电阻 R 的总电荷量 Q_I,可找到 SC 与连接积分器之间的一个等同之处。为简便起见,假设 v_1 为一个直流值,则有

$$Q_I = IT = \frac{V_I}{R} T \tag{3.42}$$

令该电量与 C_1 上存储的电量相等,可得

$$\frac{V_I}{R} T = C_1 V_I \quad \text{和} \quad R = \frac{T}{C_1} = \frac{1}{f_C C_1} \tag{3.43}$$

其中 f_C 为时钟频率,当电容 $C_1 = 1\text{pF}$,开关频率为 100kHz 时,等效电阻 $R = 10\text{M}\Omega$,这么大的电阻 R 在集成电路实现的连续时间积分器中是不太现实的。

> **练习**:图 3.11(b)所示的开关电容积分器,其 $V_I = 0.1\text{V}$,$C_1 = 2\text{pF}$,$C_2 = 0.5\text{pF}$,当 $V_O(0) = 0$ 时,在 $t = T$,$t = 5T$ 和 $t = 9T$ 时输出电压是为多少?
>
> **答案**:-0.4V;-2.0V;-3.6V。

3.4.2 同相开关电容积分器

开关电容电路还提供一些连续时间模式不容易获得的额外灵活性,例如,可以在不使用放大器的情况下反转信号的极性。在图 3.13 中,用 4 个开关和一个悬浮电容就可以实现一个同相积分器 (Noninverting Integrator)。

---

[1] 采用 z 传递方程,式(3.41)可以改写为 $V_O(z) = z^{-1} V_O(z) - \frac{C_1}{C_2} z^{-1} V_S(z)$,积分器的传递函数为 $T(z) = \frac{V_o(z)}{V_S(z)} = \frac{C_1}{C_2} \frac{z^{-1}}{1 - z^{-1}}$。

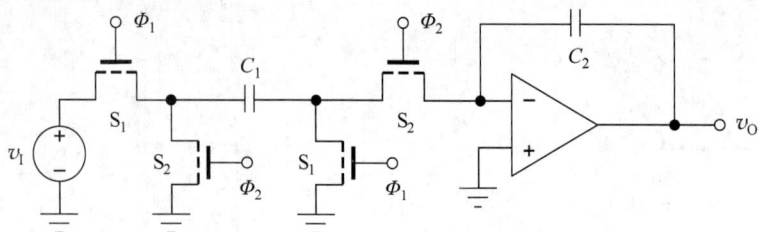

图 3.13 同相 SC 积分器（所有晶体管都为 NMOS 管）

图 3.14 给出了该电路在两个独立时钟相位下的等效电路。在阶段 1 中，开关 S_1 闭合，与 V_1 成正比的电荷存储到了 C_1 上，并且 v_O 保持恒定。在阶段 2 中，开关 S_2 闭合，一个大小为 C_1V_1 的电荷包从 C_2 上流出，而不像图 3.12 所示的电路那样将其充给 C_2。对于图 3.14 所示的电路，在一个开关周期结束时输出电压的变化量为

$$\Delta v_O = \frac{C_1}{C_2}V_I \tag{3.44}$$

图 3.12 中，MOSFET 管开关源-漏节点的电容在反相 SC 积分器电路中可能会引起一些不希望的误差。改变开关的相位可将图 3.14 所示的同相放大器转变为一个反相放大器，如图 3.15 所示。在图 3.16(a)所示的第 1 阶段，电源通过 C_1 连接到运算放大器的求和节点上，电量 C_1V_1 传递给 C_2，输出电压的变化由式(3.40)给出。在图 3.16(b)所示的第 2 阶段，电源断开，v_O 仍保持不变，电容 C_1 完全放电，为下一个周期做好准备。

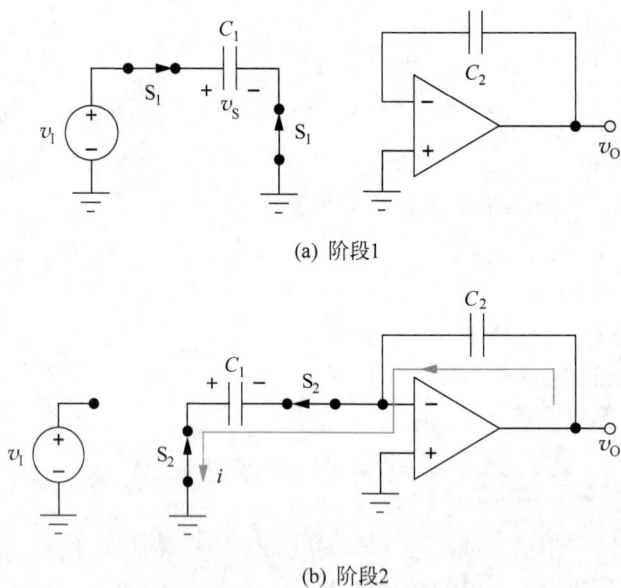

(a) 阶段1

(b) 阶段2

图 3.14 同相积分器等效电路

在第 1 阶段，节点 1 由电压源 v_1 驱动，而由于运算放大器的输入端虚地，节点 2 保持为 0。在第 2 阶段，电容 C_1 两端都被强制为 0。这样，在节点 1 和节点 2 上的任何杂散电容都不会在电荷转移过程中引入误差。对于同相积分器也可以进行类似设置。这两个电路统称为杂散电容不敏感电路(Stray-Insensitive Circuits)，在实际的 SC 电路实现上很受欢迎。

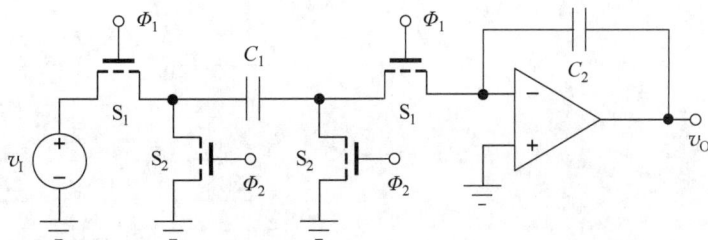

图 3.15 通过改变开关的控制时钟相位得到反相积分器

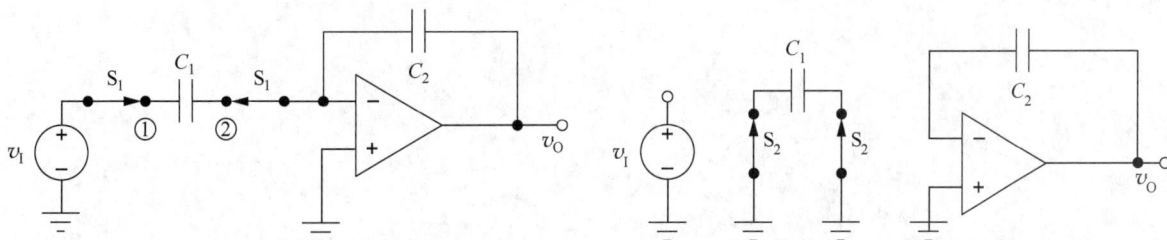

(a) 杂散电容不敏感反相积分器的第1阶段等效电路   (b) 杂散电容不敏感反相积分器的第2阶段等效电路

图 3.16

3.4.3 开关电容滤波器

开关电容电路技术已经发展到一个高度复杂的水平,广泛地在音频应用领域及模/数和数/模转换器设计中用作滤波器。例如,图 3.17 给出了用 SC 电路实现的图 3.9 所示的二阶带通滤波器。对于连续时间电路,其中心频率和 Q 值为

$$\omega_o = \frac{1}{\sqrt{R_{th}R_2C_1C_2}} \quad \text{和} \quad Q = \sqrt{\frac{R_2}{R_{th}}}\frac{\sqrt{C_1C_2}}{(C_1+C_2)} \tag{3.45}$$

而在 SC 电路中有

$$R_{th} = \frac{T}{C_3} \quad \text{和} \quad R_2 = \frac{T}{C_4} \tag{3.46}$$

其中 T 为时钟周期。将这些值代入式(3.45)中可得到开关电容滤波器的对应表达式为

$$\omega_o = \frac{1}{T}\sqrt{\frac{C_3C_4}{C_1C_2}} = f_C\sqrt{\frac{C_3C_4}{C_1C_2}} \quad \text{和} \quad Q = \sqrt{\frac{C_3}{C_4}}\frac{\sqrt{C_1C_2}}{(C_1+C_2)} \tag{3.47}$$

需要注意,只需改变时钟频率 f_C 就可以改变这一滤波器的中心频率,而 Q 值则不受频率约束,这一属性在要求滤波器可调节时非常有用。然而,由于开关电容滤波器是数据采样系统,输入信号受 $f \leqslant f_C/2$ 的采样定理限制。

练习:对于图 3.17 所示的滤波器设计,已知 $C_1=3\text{pF}$,$C_2=3\text{pF}$,$C_3=4\text{pF}$,$C_4=0.25\text{pF}$,时钟频率为 200kHz,那么该滤波器的中心频率、带宽和电压增益各是多少?
答案:10.6kHz;5.31kHz;-8.0。

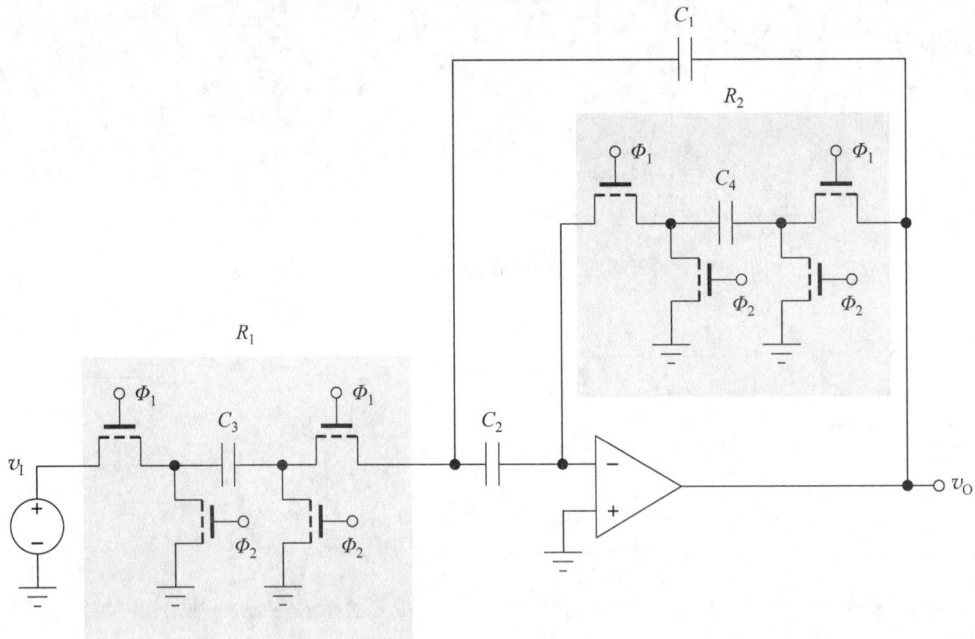

图 3.17　用开关电容电路实现图 3.9 所示的二阶带通滤波器

电 子 应 用

身体传感器网络

随着低压集成电路变得越来越普及,正面临解决更低功耗应用的机遇。现在,可以把极高功率的高精度模拟传感电路和更强大的数字计算能力结合起来。

身体传感器网络(BSN)是一个新型系统的例子,是由这些低功耗集成电路实现的。BSN 由能从身体收集、处理和传递生理信息的可穿戴和可植入身体的传感器组成。随着医疗保健成本的飙升,需要一种更有效、更低成本的医疗诊断、治疗和护理方法。BSN 可以通过不易引人注意的小型化设备,提供近乎连续的监测,为医疗保健提供前所未有的专业数据,减少对医生的探访需求。BSN 向用户反馈数据,可以更早地阐明用户潜在的健康问题,鼓励更健康的生活方式,并改善个人福祉。BSN 还有可能使用收集的数据来提供个人状况和需求的实时评估,这可能触发实时辅助机制,例如平衡辅助设备或可穿戴式除颤器。

BSN 是由一个或多个传感器节点组成的通信网络。通常,其中一个节点充当基站,它汇集来自身体其他分布式传感器节点的信息,并最终通过现有网络将其传送给其他利益相关者,如佩戴者的护理人员和医生。智能手机已经支持许多有用的与健康相关的应用,而下一代智能手机是作为 BSN 基站提供双重功能的首要选择。因此,基站与系统中的其他节点起不同的作用,并且在更大的尺寸、可用能量、更长距离的无线电及更多的存储器和计算能力方面具有更多的资源。传感器节点本身各自包含用于处理特定生理数据的一组传感器,用于计算的处理硬件,以及用于通信的无线电(一些 BSN 节点可以用在身体上通信的收发器替换无线电,用皮肤表面作为沟通渠道)。基于应用要求,感测数据可以无线传输或本地存储(通常在闪存中)以供稍后传输或下载。

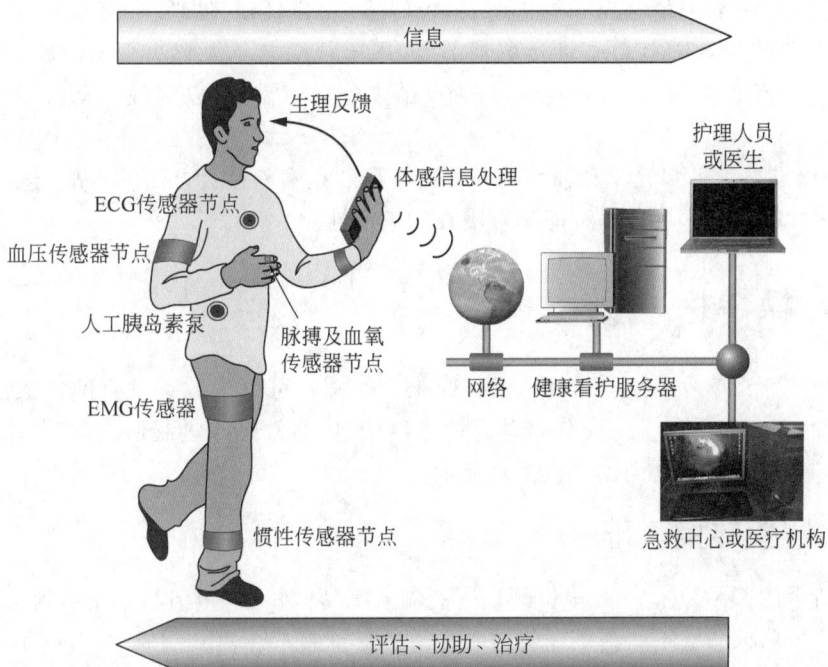

Globe：© Design Pics/Design Pics Eye Traveller RF；Laptop：© D. Hurst/Alamy RF；Monitor and CPU(Photo)；
© Denise McCullough；and Monitor and CPU(Line art)：© McGraw-Hill Education.

下图说明了身体传感器网络及其环境。传感器向诸如智能电话的汇聚节点提供数据。汇聚节点融合来自多个传感器的数据，向用户提供信息并与卫生保健提供者通信。智能手机的广泛采用使得这种传感器/网络集成比几年前更加实用。

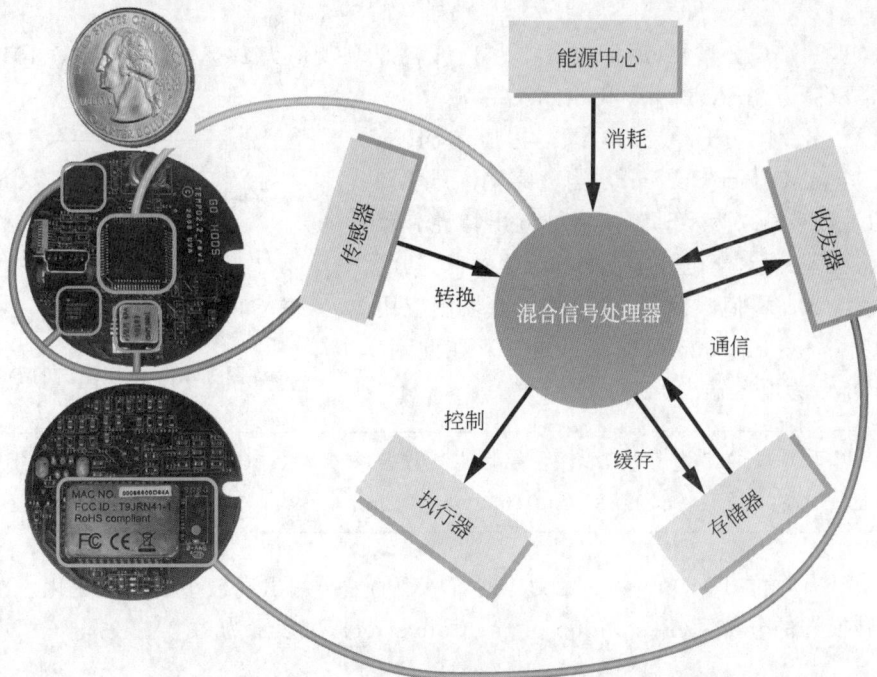

BSN 的节点如上图所示，它通常包括能源、模拟传感、A/D 转换、处理、存储和通信等设备。所示节点是弗吉尼亚大学开发的 TEMPO 惯性传感器节点，用于帮助老年人解决平衡问题，并通过人的步态动态提取生理数据。他们当前的工作包括显著降低节点的功率需求，以实现完全由环境中清除的功率驱动新类节点。

BSN 为医疗保健提供了多元化和强大的新方向。虽然技术和社会方面的挑战仍然存在，但在 BSN 开发方面的初步尝试表明，这项技术可能具有潜在的革命性。

3.5 数/模转换

数/模转换器又称为 D/A 转换器（D/A Converter，DAC），可以为数字世界的离散信号和模拟世界的连续信号之间提供一个接口。D/A 转换器接收数字信息，通常是二进制形式，将其作为输入，然后产生输出电压和电流，可以用于电子控制或信息显示。

3.5.1 数/模转换基础

在图 3.18 所示的 DAC 中，一个 n 位的二进制输入字（$b_1, b_2, \cdots, b_n$）与一个直流参考电压 V_{REF} 相结合来设置 D/A 转换器的输出。数字输入可看作一个二进制小数，其中二进制点位于字的左边。假设输出为电压，则 DAC 特性可以用下面的数学公式表示为

$$v_O = V_{FS}(b_1 2^{-1} + b_2 2^{-2} + \cdots + b_n 2^{-n}) + V_{OS} \qquad 当 b_i \in \{1, 0\} 时 \qquad (3.48)$$

DAC 的输出也可能为电流，其输出表达式为

$$i_O = I_{FS}(b_1 2^{-1} + b_2 2^{-2} + \cdots + b_n 2^{-n}) + I_{OS} \qquad 当 b_i \in \{1, 0\} 时 \qquad (3.49)$$

满量程电压（Full-Scale Voltage）V_{FS} 或满量程电流（Full-Scale Current）I_{FS} 与 DAC 内部参考电压 V_{REF} 之间的关系可表示为

$$V_{FS} = KV_{REF} \qquad 或 \qquad I_{FS} = GV_{RFF} \qquad (3.50)$$

其中 K 和 G 决定了 DAC 的增益，通常被设置为 1。V_{FS} 的典型值为 2.5V、5V、5.12V、10V 和 10.24V，而电流 I_{FS} 通常取值为 2mA、10mA 和 50mA。

V_{OS} 和 I_{OS} 分别为 DAC 的漂移电压（Offset Voltage）和漂移电流（Offset Current），当数字输入端为 0 时，它们表征的是数字输入为零时转换器的输出特性。漂移电流通常被调至零，而对于电流输出的 DAC 而言，其漂移电流需要谨慎设成非零值。例如，在一些工业控制应用中会采用 2～10mA 及 10～50mA 的漂移电流。在此，我们假设使用的 DAC 为电压输出。

图 3.18 电压输出的 DAC

练习：将以下 8 位的二进制小数转换为十进制数是多少？(a)0.01100001；(b)0.10001000。
答案：(a)0.37890625；(b)0.5312500。

当数字的最低有效位（LSB）b_n 从 0 变为 1 时，DAC 的输出端出现最小的电压变化。这一最小电压变化量又称为转换器的分辨率（Resolution of the Converter），可表示为

$$V_{LSB} = 2^{-n} V_{FS} \qquad (3.51)$$

而作为另一个极端位,即首位 b_1 被称为最高有效位,具有 V_{FS} 一半的权重。

例如,一个 12 位 DAC 的满量程电压为 10.24V,其最低有效位或分辨率为 2.500mV。不过,分辨率还可以用其他方式来表述。一个 12 位的 DAC 可以说有 12 位的分辨率,也可以说有满量程的 0.025%的分辨率,当然也可以说有 1/4096 的分辨率。DAC 的分辨率范围为 6~24 位。其中 8~12 位的分辨率最为常见,且较为经济。超过 12 位之后,DAC 变得越来越贵,而且要实现全面的精准度需投入更多的精力。

> **练习**:一个 12 位的 DAC 其参考电压 $V_{REF}=5.12V$。当二进制输入码为(101010101010)时其输出电压为多少? 其 V_{LSB} 为多少? 其 MSB 的大小为多少?
>
> **答案**:3.4125V,1.25mV,2.56V。

3.5.2　数/模转换器误差

图 3.19 和表 3.7 的第 1 栏和第 2 栏给出了一个理想 3 位 DAC 的数字输入码和其模拟输出电压间的关系。图 3.19 中的数据点列出了 8 种可能的输出电压,其范围为 0~0.875×V_{FS}。需要指出的是,理想输出电压值不可能等于 V_{FS} 的值。最大输出电压总要比 V_{FS} 小一个 LSB。在本例中,最大输出编码 111 对应满量程的 7/8 或 $0.875V_{FS}$。

表 3.7　DAC 的传输特性

二进制输入	理想 DAC 输出 ($\times V_{FS}$)	图 3.21 中的 DAC 输出($\times V_{FS}$)	步长大小/LSB	微分线性误差/LSB	积分线性误差/LSB
000	0.0000	0.0000			0.00
001	0.1250	0.1000	0.80	−0.20	−0.20
010	0.2500	0.2500	1.20	+0.20	0.00
011	0.3750	0.3125	0.50	−0.50	−0.50
100	0.5000	0.5625	2.00	1.00	0.50
101	0.6250	0.6250	0.50	−0.50	0.00
110	0.7500	0.8000	1.40	0.40	0.40
111	0.8750	0.8750	0.60	−0.40	0.00

图 3.19 中的理想 DAC 已经经过校正,因此其 $V_{OS}=0$,1LSB 正好为 $V_{FS}/8$。在图 3.19 中同时还显示了带有增益和漂移误差的 DAC 的输出。DAC 的增益误差(Gain Error)表示图 3.19 所示的理想 DAC 传递函数斜率的偏差,对于零二进制输入码而言,漂移电压就是 DAC 的输出。

尽管图 3.19 中两个 DAC 的输出都是直线,但是实际的 DAC 输出电压并非一定为直线。例如图 3.20 中的 DAC 存在电路失配,其输出电压不再是完美的直线。积分线性误差(Integral Linearity Error),通常又称为线性误差(Linearity Error),衡量的是实际的 DAC 输出电压和与 DAC 输出电压相拟合的直线之间的偏差量。这一误差通常用 LSB 的百分比或满量程电压的百分比来表示。

表 3.7 列出了图 3.20 中非线性 DAC 的线性误差。这一 DAC 在输入码为 001、011、100 和 111 时都存在线性误差。DAC 的总线性误差是指所产生误差的最大幅值。因此这个转换器的线性误差为 0.5LSB 或满量程电压的 6.25%。一个好的转换器其线性误差在 0.5LSB 以内。

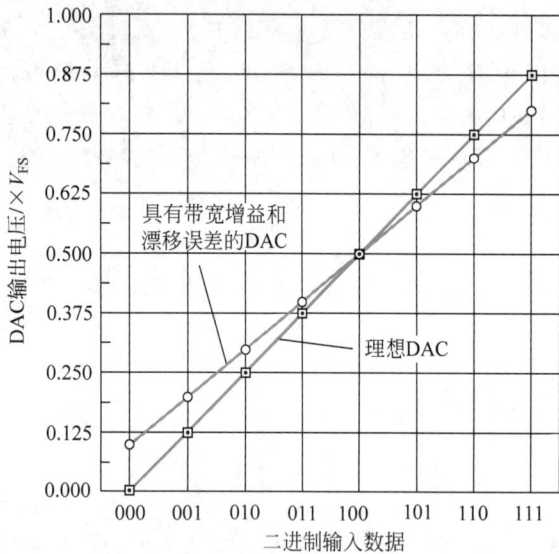

图 3.19 理想 DAC 和具有带宽增益和漂移
误差的 DAC 的传输特性

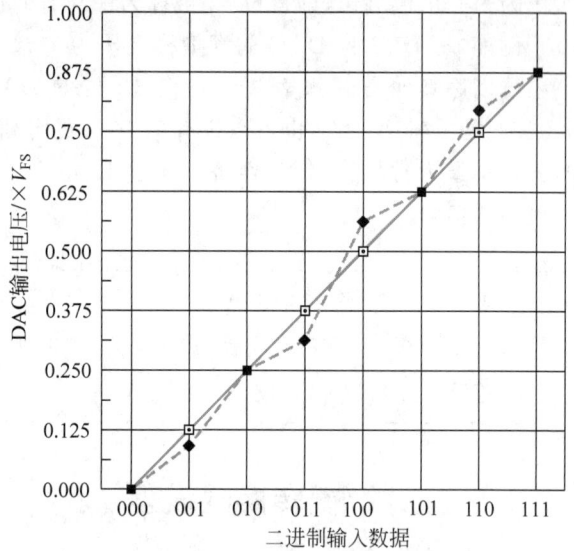

图 3.20 带线性误差的 DAC

与积分线性误差密切相关的转换器的另一个性能指标为微分线性误差（Differential Linearity Error）。二进制输入端改变 1 位，输出电压变化 1LSB。图 3.21 中 DAC 的每一步长大小及其微分线性误差都已在表 3.7 中列出。例如，当输入码由 000 变至 001 时，DAC 的输出变化了 0.8LSB。微分线性误差体现的是实际步长大小和 1LSB 之间的差距，对于给定二进制输入情况下的积分线性误差，它表示的是输入从 0 到给定输入所对应的所有微分线性误差之和（积分）。

在 DAC 的许多应用中还有一个比较重要的参数是单调性（Monotonicity）。随着 DAC 输入的增加，输出也应随之呈单调性增加。如果并非此种情况，我们就称 DAC 为非

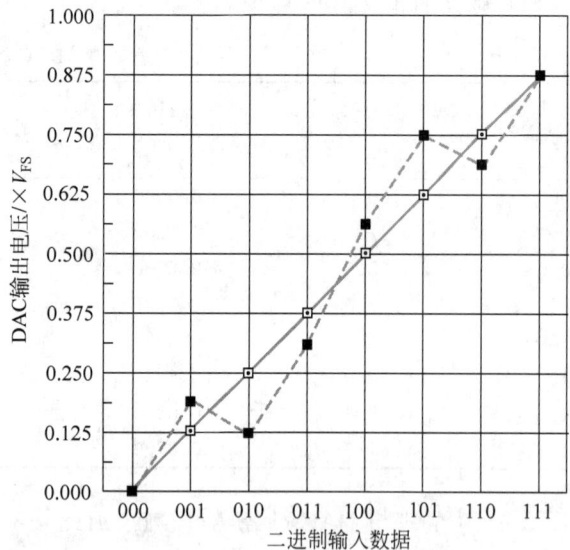

图 3.21 DAC 具有非单调输出

单调的。在图 3.21 的非单调 DAC 中，当输入码从 001 变化至 010 时，输出却从 $(3/16)V_{FS}$ 降至 $(1/8)V_{FS}$。当输入码从 101 变至 110 时，也会出现类似问题。在反馈系统中，这一情况会表现为一个并不需要的 180° 相位偏差，将负反馈变成正反馈，导致系统的不稳定。

在下面的练习中，我们会发现，这一转换器的微分线性误差为 15LSB，而其积分线性误差为 1LSB。严格的线性误差设计要求并不能完全保证有好的微分线性度。尽管一个转换器的微分线性误差可能会超过 1LSB，且仍保持单调性，但一个非单调的转换器其微分线性误差肯定会超过 1LSB。

练习：为图 3.21 中的 DAC 填满下表中缺少的步长、微分线性误差和积分线性误差。

二进制 输入数据	理想 DAC 输出 （$\times V_{FS}$）	实际 DAC 实例	步长大小/LSB	微分线性误差 /LSB	积分线性误差
000	0.0000	0.0000			0.00
001	0.1250	0.2000			
010	0.2500	0.1375			
011	0.3750	0.3125			
100	0.5000	0.5625			
101	0.6250	0.7500			
110	0.7500	0.6875			
111	0.8750	0.8750			0.00

答案：$1.5, -0.5, 1.5$；$2.0, 1.5, -0.5, 1.5$；$0.5, -1.5, 0.5, 1.0, 0.5, -1.5, 0.5$；$0.5, -1.0,$ $-0.5, 0.5, 1.0, -0.5, 0.0$。

练习：对于图 3.21 中的非理想转换器，当结束端点在 $0.100V_{FS}$ 和 $0.800V_{FS}$ 时，其漂移电压和步长各是多少？

答案：$0.100V_{FS}, 0.100V_{FS}$。

3.5.3　数/模转换电路

权电阻 DAC 电路是最简单的 DAC 电路之一，如图 3.22 所示，它用到了在第 1 章中提到过的加法放大器、参考电压 V_{REF} 和权电阻电路。二进制输入数据控制开关，逻辑 1 意味着开关连到参考电压 V_{REF}，而逻辑 0 则意味着开关接地。电阻依权重不同依次乘以 2 的倍数，于是得到所需的二进制权重构成的输出为

$$v_o = (b_1 2^{-1} + b_2 2^{-2} + \cdots + b_n 2^{-n}) V_{REF} \quad \text{当 } b_i \in \{1, 0\} \text{ 时} \tag{3.52}$$

当电阻比值不能完美保持时，便会出现差分和积分线性误差及增益误差。任何运算放大器的微分都会直接作用在转换器的 V_{OS} 上。

在使用加权电阻方法构建 DAC 电路时会遇到几个问题，主要的困难就是需要在大范围的情况下保持电阻比值的精确度（如对于 12 位的 DAC 从 4096 到 1）。此外，由于开关与电阻串联，其导通电阻必须非常小，同时还需要有零漂移电压。设计者可以用好的 MOSFET 或 JFET 作为开关来达到上述两项要求，同时场效应管的宽长比（W/L）可根据所在位的位置进行调节，以补偿开关的导通电阻影响。但是，对于中、高分辨率的大型转换器而言，大范围的电阻不适用。同时我们还要注意，从参考电压源上抽取的电流会随二进制输入码的变化而变化。而这一电流会引起参考电压源的戴维南等效源电阻上的压降发生变化，导致数据相关误差，有时又称为增加误差。

练习：设有一个类似图 3.24 所示结构的 8 位 DAC，其 MSB 电阻为 $1k\Omega$，则其他电阻值各是多大？

答案：$2k\Omega$；$4k\Omega$；$8k\Omega$；$16k\Omega$；$32k\Omega$；$64k\Omega$；$128k\Omega$；500Ω。

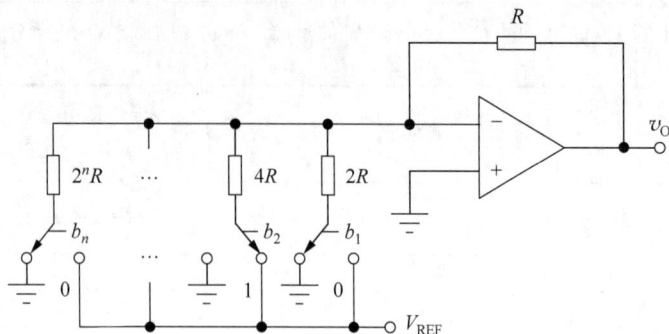

图 3.22 n 位权电阻 DAC

R-$2R$ 梯形电阻电路

图 3.23 所示的 R-$2R$ 梯形电阻电路避免了电阻值大范围变化的问题。由于只需要匹配两个电阻，即 R 和 $2R$，因此非常适合集成电路的实现。

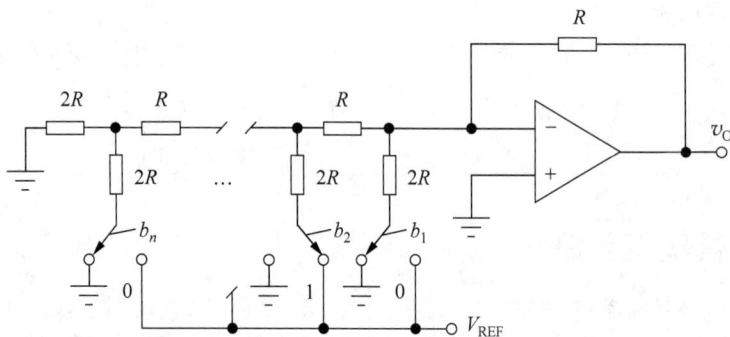

图 3.23 R-$2R$ 梯形电阻电路构成的 n 位权电阻 DAC

R 值的典型选值范围为 $2\sim10\mathrm{k}\Omega$，对梯形电阻电路图中从左到右的节点进行戴维南等效分析后，可以证明，从 MSB 的 LSB 的每一位对输出的贡献值依次减小为 1/2。与权电阻的 DAC 类型相比，这种电路要求开关具有较低导通电阻及零漂移电压，从参考电压源抽取的电流随输入数据的变化而变化。

> 练习：为了构建一个 8 位的 R-$2R$ 梯形电阻电路 DAC，若 $R_3=1\mathrm{k}\Omega$，电路中所需的总电阻是多少？对于 8 位的权电阻 DAC，若 $R=1\mathrm{k}\Omega$，电路中的总电阻又是多少？
> 答案：$26\mathrm{k}\Omega$；$511\mathrm{k}\Omega$。

倒置 R-$2R$ 梯形电阻电路

图 3.22 和图 3.23 中 DAC 电阻电路中的电流随输入数据变化而变化，这样会导致除了叠加误差之外还会产生线性误差，因此一些单调 DAC 采用图 3.24 所示的结构，称为倒置 R-$2R$ 梯形电阻电路（Inverted R-$2R$ Ladder）。在此电路中，电流和参考电压相对于数字输入是独立的，因为输入数据引起的梯形电路的电流被直接接地或接到电流/电压转换器的虚地输入端。由于运算放大器的两个输入端都处于地电位，梯形电路的电流与开关的位置无关。需要注意的是，倒置梯形电路输出端可提供互补电流 I 和 $\bar{I}$。

倒置 R-$2R$ 梯形电阻电路是一种较为流行的 DAC 结构，通常采用 CMOS 技术实现。开关仍然要求具有低导通电阻,以最小化转换器的误差。倒置 R-$2R$ 梯形电阻电路可以采用扩散、注入或薄膜电阻构成,电阻类型的选择同时取决于制造商的工艺技术和 D/A 转换器的分辨率要求。

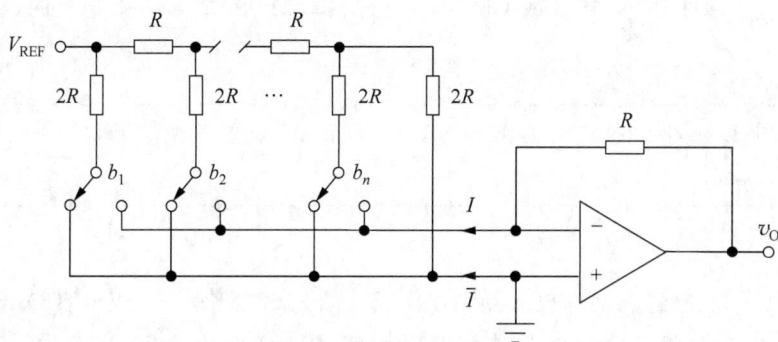

图 3.24 用倒置 R-$2R$ 梯形电阻电路构成的 D/A 转换器

固有单调 DAC

MOS 集成电路技术使得 DAC 的设计可以采用一些非常规方法。图 3.25 给出的 DAC 具有固有单调性输出。在参考电压和地之间,一长串电阻形成多输出的电压分配器。模拟开关的树形结构将所需的抽头与一个用作电压跟随器的运算放大器的输入端相连。控制逻辑控制相应开关进行闭合以解码输入的二进制数据。

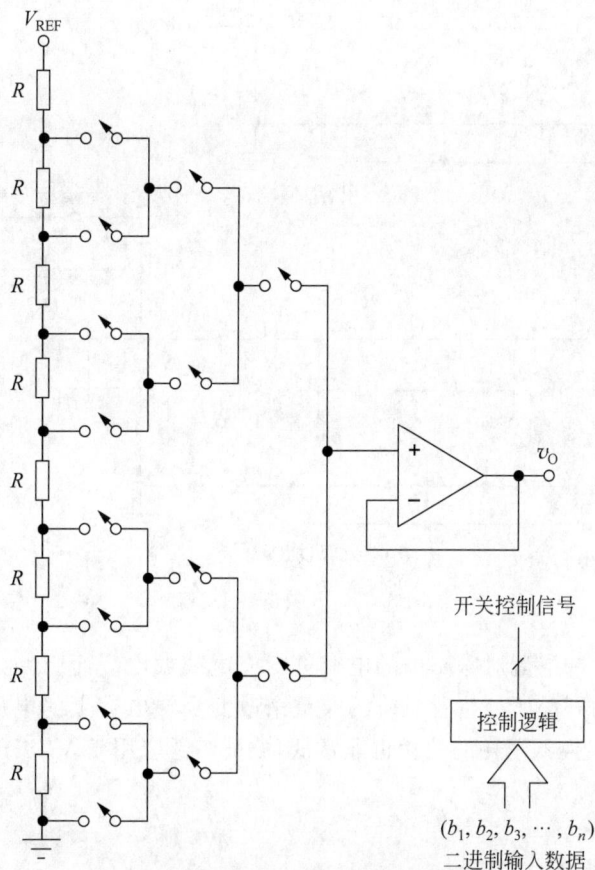

图 3.25 3 位固有单调 DAC

电阻电路的每个抽头都会产生大于或等于下级抽头的电压,随着数字输入的增加,输出电压也随之单调增加。一个 8 位的此类转换器需要 256 个等值电阻和 510 个开关,此外还要加上解码逻辑电路。这样的 DAC 可以采用 NMOS 或 CMOS 工艺制作,MOS 管开关和复杂的逻辑解码器都很容易实现。

练习：利用图 3.25 所示的技术实现一个 10 位的 DAC 需要多少电阻和开关?

答案：1024,2046。

开关电容 DAC

DAC 可以只由开关、电容和运算放大器制作而成。图 3.26(a) 为一个权电容 DAC,图 3.26(b) 为一个 C-2C 型 DAC。由于这些电路只由开关和电容构成,唯一的静态功耗来自运算放大器。不过,与CMOS 逻辑电路一样,在这些电路中会出现动态开关损耗。这些电路是之前介绍的权电阻电路和 R-2R 梯形电路技术的开关电容模拟电路。

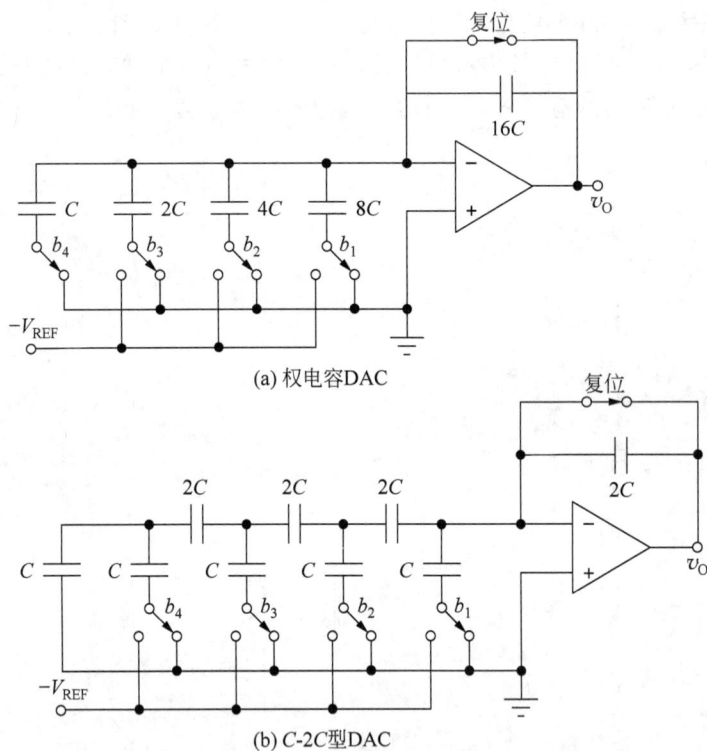

(a) 权电容DAC

(b) C-2C型DAC

图 3.26 开关电容 DAC

当开关转变状态时,脉冲电流对电路中的电容进行充电或放电。而脉冲电流由运算放大器输出端提供,通过状态发生转变的开关所处位置对应的权重来改变反馈电容上的电压。即使同一芯片还包括 CMOS 运算放大器,这类转换器消耗的功耗也非常低,故被广泛应用于 VLSI 系统中。

练习：(a)假设一个 8 位权电容，其最小单元电容值为 $C=1.0$pF。那么此 DAC 所需的总电容大小是多少？(b)相同条件下 C-2C 梯形电阻电路 DAC 所需电容是多少？(c)假设集成电路工艺模块的薄氧化层电容结构的电容密度为 5fF/μm^2。则这个 C-2C 梯形电阻电路 DAC 需要多大的芯片面积？

答案：511pF；31pF；6200μm^2。

3.6 模/数转换

模/数转换器又称为 A/D 转换器或 ADC，用来将模拟信号转换为数字信号。图 3.27 所示的 ADC 实现连续模拟信号的采集，采集输入电压为 v_X，然后将其转换成易于被计算机处理的 n 位二进制数。这个 n 位的二进制数是一个二进制小数，表示的是未知输入电压 v_X 与转换器满量程电压的比值：$V_{FS}=KV_{REF}$。

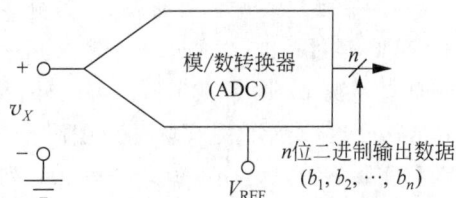

图 3.27 A/D 转换器框图

3.6.1 模/数转换基础

图 3.28(a)是一个理想 3 位 ADC 的输入和输出关系曲线。当输入从 0 增至满量程时，其输出编码从 000 逐阶增加至 111。随着输入电压的增加，输出编码存在误差，在开始时输出编码低于输入电压，但到最后会超过输入电压，这种误差称为量化误差，图 3.28(b)画出了其输入电压之间的关系曲线。

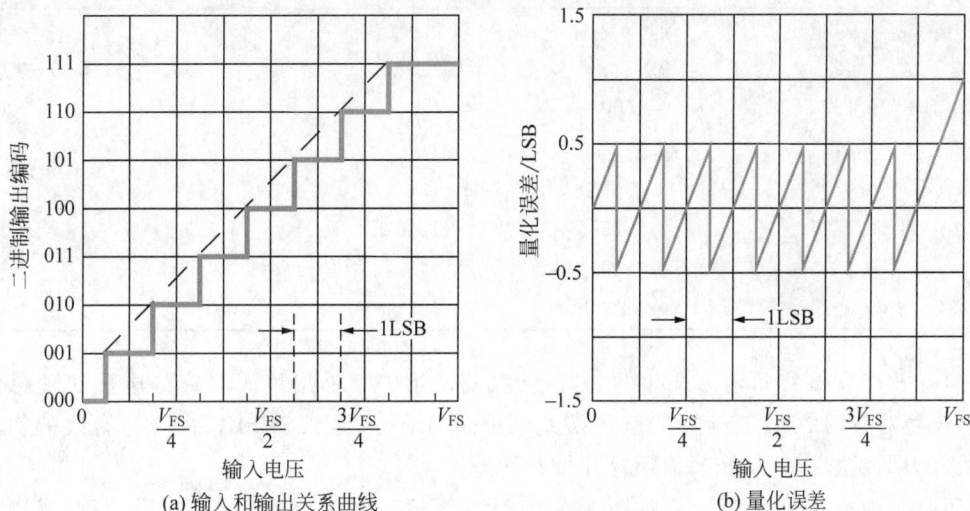

图 3.28 理想 3 位 ADC

(a) 输入和输出关系曲线 (b) 量化误差

对于给定的输出编码，我们只能确定输入电压 v_X 的值位于 1LSB 量化距离之内的某个位置。例如，若 3 位 ADC 的输出编码为 101，则输入电压可以为 $(9/16)V_{FS}$ 和 $(11/16)V_{FS}$ 之间的任意值，3 位 ADC 的 1LSB 的值为 $V_{FS}/8$ V。从数学的角度来看，理想 ADC 电路应该被设计成能够检测到二进制字

中的所有位,以使量化误差 v_X 的值最小,即未知输入电压 v_X 与最相近的量化电压取值尽量接近:

$$v_\varepsilon = |v_X - (b_1 2^{-1} + b_2 2^{-2} + \cdots + b_n 2^{-n}) V_{FS}| \tag{3.53}$$

> **练习**:一个8位的 ADC 其 $V_{REF} = 5V$。则当输入电压为 1.2V 时,其二进制的输出编码是什么? 其 1LSB 对应的电压是多少?
> **答案**:(00111101);19.5mV。

3.6.2 模/数转换器误差

如图 3.28(a) 中虚线所示,理想 ADC 的输出编码转换点都落在一条直线上,然而,实际的模/数转换器与数/模转换器一样都具有积分、微分线性误差。图 3.29 所示为一个非理想 ADC 的转换曲线。假定这一 ADC 经过校准,以便第一个和最后一个转换点都处于理想位置。

在理想情况下,除了 000 和 111 以外,每个输出编码的步长都具有相等的宽度,其值等于 ADC 的 1LSB。微分线性误差值是实际输出编码步长宽度和 1LSB 之间的差值,而积分线性误差衡量的是理想转换点和实际转换点之间的偏差。表 3.8 列出了图 3.29 所示 ADC 的输出编码步长大小、微分线性误差和积分线性误差。要指出的是,由于所需输出编码的要求,输出编码 000 和 111 对应的理想步长分别为 0.5LSB 和 1.5LSB。如同 DAC 一样,ADC 的积分线性误差等于每一个独立步长的微分线性误差之和。

表 3.8 ADC 的传输特性

二进制输出编码	理想 ADC 转换点 $(\times V_{FS})$	图 3.29 所示的 ADC $(\times V_{FS})$	步长大小/LSB	微分线性误差/LSB	积分线性误差/LSB
000	0.0000	0.0000	0.5	0	0
001	0.0625	0.0625	1.5	0.50	0.5
010	0.1875	0.2500	0.5	−0.50	0
011	0.3125	0.3125	1.0	0	0
100	0.4375	0.4375	1.0	0	0
101	0.5625	0.5625	1.50	0.50	0.5
110	0.6875	0.7500	0.5	−0.50	0
111	0.8125	0.8125	1.5	0	0

图 3.30 给出了含偏移和增益误差的 A/D 转换器。第一个输出编码对应的电压比理想值高出了 0.5LSB,意味着对应的 A/D 转换器的偏移误差(Offset Error)为 0.5LSB。由于拟合线的斜率并非为 $1LSB = V_{FS}/8$,因此这一 A/D 转换器还存在增益误差。

ADC 还有一种特有的新型误差,如图 3.30 所示。当输入跨越为 $0.875V_{FS}$ 时,ADC 输出编码直接从 101 转变到 111,输出编码 110 从来不会出现,因此我们称该 ADC 存在一个丢码(Missing Code)。当 A/D 转换器的微分线性误差小于 1LSB 时,在其输入、输出函数中不会出现丢码现象。ADC 也可以是非单调的(Nonmonotonic)。如果输出编码随着输入电压的增大而减小,这样的 A/D 转换器就具有非单调输入和输出关系。

所有这些与理想 A/D(D/A)转换器特性的偏差都是与温度相关的。因此,通常在产品说明书中会

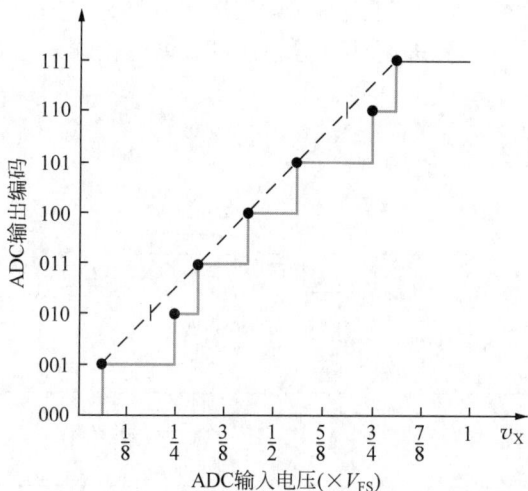

图 3.29 非理想 3 位 ADC 的输出编码转化曲线实例

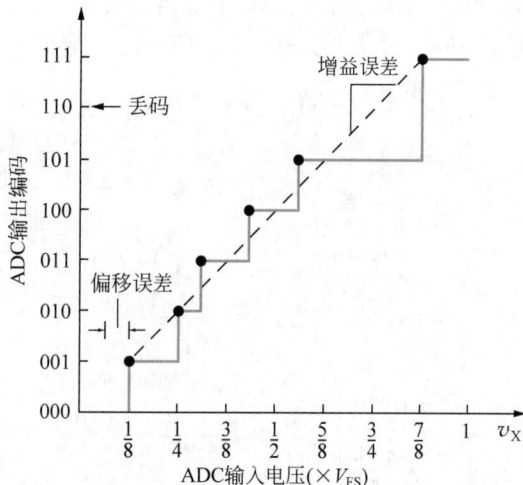

图 3.30 有丢码的 ADC

给出转换器的增益、偏移及线性度的温度系数。一个好的 A/D 转换器应具有小于 0.5LSB 线性度误差的单调性,并且在整个温度范围内都不会有丢码。

练习:在一个 6 位十进制的数字电压表中采用一个 A/D 转换器,则要求 ADC 有多少位?

答案:20 位。

练习:图 3.30 中最小和最大的输出编码步长宽度是多少?根据图中虚线,这一 ADC 的微分和积分线性误差又分别为多少?

答案:0,2.5LSB;1.5LSB,1LSB。

3.6.3 基本模/数转换技术

大部分模/数转换器的基本转换结构如图 3.31 所示,未知输入电压 v_X 与模拟比较器的一个输入端相连,而与时间相关的参考电压 V_{REF} 与模拟比较器的另一个输入端相连,如果输入电压 v_X 超过 V_{REF},则输出电压将为高,对应逻辑 1;如果输入电压小于 V_{REF},则输出电压为低,对应逻辑 0。

在进行 A/D 转换时,参考电压是不断变化的,直到未知输入被确定为转换器量化误差之内的一个值。在理想情况下,A/D 转换器的逻辑控制会选择一组二进制系数,使得未知输入电压与最终的量化值之间的差值小于或等于 0.5LSB。换言之,将按下式选取

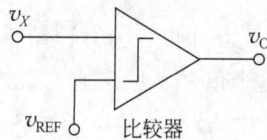

图 3.31 一个 A/D 转换器框架

$$\left| v_X - V_{FS} \sum_{i=1}^{n} b_i 2^{-i} \right| < \frac{V_{FS}}{2^{n+1}} \tag{3.54}$$

不同转换器之间基本的差异就在于设定的二进制系数 $\{b_i, i=1,\cdots,n\}$ 所采用的参考电压的变化策略不同。

计数转换器

产生比较电压最简单的方法之一就是采用数/模转换器。通过提供合适的数字输入码,一个 n 位的

DAC 可以产生任意 2^n 个离散输出。确定未知输入电压 v_X 的一种直接方式就是按顺序将其与每一个可能的 DAC 输出相比较。将 DAC 的数字输入与一个 n 位的二进制计数器相连可令其逐位与未知输入相比较，如图 3.32 所示。

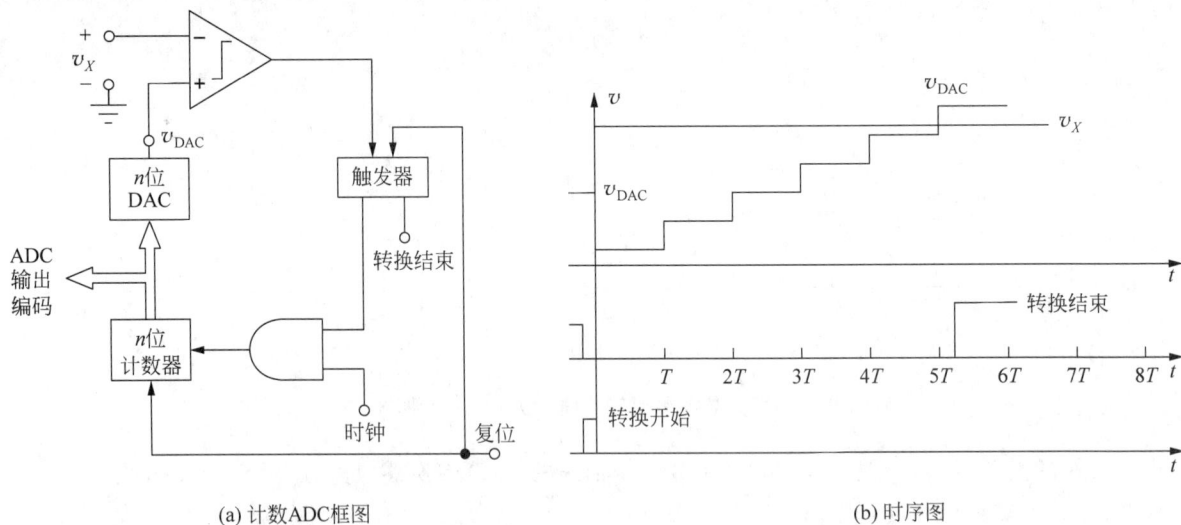

(a) 计数ADC框图　　　　　　　　　　　　　　　(b) 时序图

图　3.32

在 A/D 转换开始时，复位脉冲对触发器复位，将计数器的输出置 0。每一个后续时钟脉冲都会令计数器增量变化，在转换期间 DAC 的输出呈现梯形增长。当 DAC 输出超过未知输入电压时，比较器的输出则改变状态，触发器置位，以阻止后续脉冲继续送达计数器，比较器的输出状态改变比较过程结束。此时，二进制计数器的值就代表了输入信号的转换值。

这种转换器具有几个特性，首先，转换周期的长度是可变的，与未知输入电压 v_X 的值成比例。最大的转换时间（Conversion Time）T_T 发生在满量程输入信号之时，对应时间为 2^n 个时钟周期，转换时间可以表示为

$$T_T \leqslant \frac{2^n}{f_C} = 2^n T_C \tag{3.55}$$

其中 $f_C = 1/T_C$ 为时钟频率。其次，计数器的二进制值表示的是比未知输入电压大的 DAC 电压最小值，这个值并不一定非为最接近未知输入电压的 DAC 输出值，尽管这种情况是我们所期待的。类似地，图 3.32(b) 所示的例子在转换期间输入为一个常数。如果输入是变化的，则二进制的输出可以在比较器状态变化的瞬间更精确地表示输入信号的值。

计数 ADC 的优点在于它对硬件的要求较低，成本也较低，有一些价格不是太高的 ADC 也采用了这一技术。该类型转换器的主要缺点是对于给定输入的 D/A 转换器速度较低，表现为转换效率相对较低，一个 n 位的转换器其最长的转换过程需要 2^n 个时钟周期。

练习：对于一个计数 ADC，如果采用 12 位的 DAC 和 2MHz 的时钟频率，则其最大转换时间是多少？每秒内其最大可能转换次数是多少？

答案：2.05ms；488 次/秒。

逐次逼近式转换器

逐次逼近式转换器(Successive Approximation Converter)为比较器的参考输入采用了一种更为有效的变化方法,仅用 n 个时钟周期就可以完成一个 n 位数据的转换。图 3.33 给出了一个 3 位逐次逼近式转换器的原理图。在此电路中采用了一个"二进制搜索"来确定 v_X 的最佳近似值。在接收到初始信号之后,转换器的渐近电路将 DAC 的输出设为$(V_{FS}/2)-(V_{FS}/16)$,在等待电路稳定之后,检查比较器的输出(DAC 输出偏移$(-1/2LSB=-V_{FS}/16)$可产生图 3.30 所示的传递函数)。在下一个时钟脉冲到来之时,如果比较器输出为 1,DAC 的输出将增加 $V_{FS}/4$,之后比较器的输出将再次被检查,在下一个时钟到来之时又会引起 DAC 输出增加或减少 $V_{FS}/8$。然后对输出进行第三次检查,当 v_X 大于 DAC 的最后输出时最终的二进制输出编码保持不变;当 v_X 小于 DAC 的最后输出时,最终的二进制输出编码要减少 1LSB。对于一个 3 位的转换器,在第三个时钟周期结尾逻辑判断结束时,转换就可完成;对于一个 n 位的转换器,转换过程可在 n 个时钟周期内转换完成。

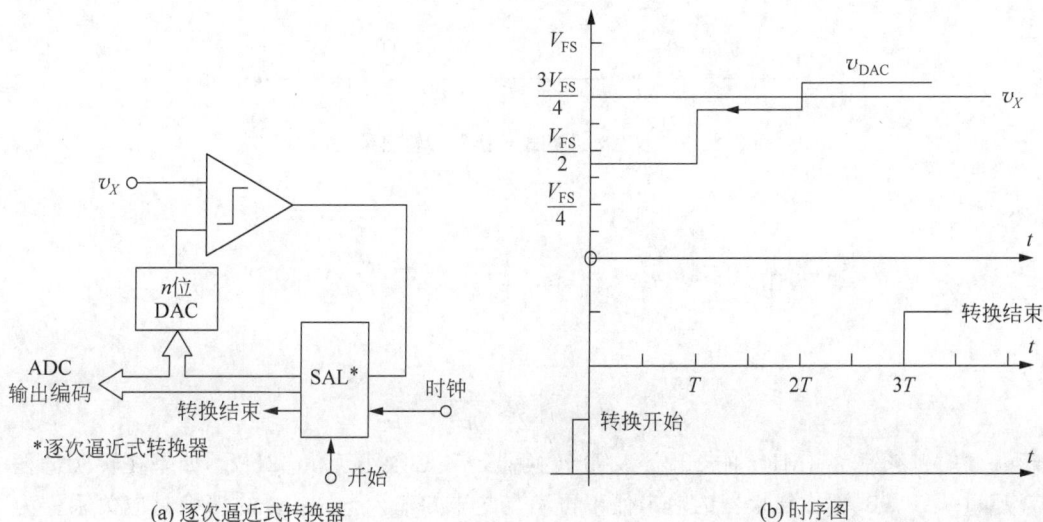

(a) 逐次逼近式转换器　　　　　　　　　　(b) 时序图

图　3.33

一个 3 位 DAC 可能的编码输出顺序及图 3.35 所示的渐近转换过程如图 3.34 所示,在转换开始时,DAC 的输入编码被设为 100。在第一个时钟周期结束时,DAC 的电压小于 v_X,因此 DAC 的输出编码增加至 110。在第二个时钟周期结束时,发现 DAC 的电压仍然太小,DAC 代码增加到 111。在第三时钟周期结束时,DAC 的电压过大,因此 DAC 输出减小,得到最终转换值 110。

采用逐次逼近式转换器可得到较快的转换速度,这一转换技术非常流行,应用于许多 8～16 位的转换器中,限制此类 ADC 速度的主要因素是 D/A 转换器的输出稳定在为 V_{FS} 的 1LSB 之内所需的时间,以及比较器发生细微变化时输入信号的响应时间。

练习:对于一个逐次逼近式转换器,如果采用一个 12 位的 DAC 和 2MHz 的时钟频率,则其转换时间是多少? 每秒内其最大可能转换次数为多少?

答案:$6.00\mu s$;167000 次/秒。

到目前为止,我们都假设在整个转换过程中输入保持为一个常数。当然缓慢变化的输入信号也是可以的，只要它在转换时间内（$T_F = n/f_C = nT_C$）变化的值不超过 $0.5\mathrm{LSB}(V_{FS}/2^{n+1})$ 即可，对于一个峰-峰值等于转换器的满量程电压的正弦输入信号，其频率必须满足式(3.56)。

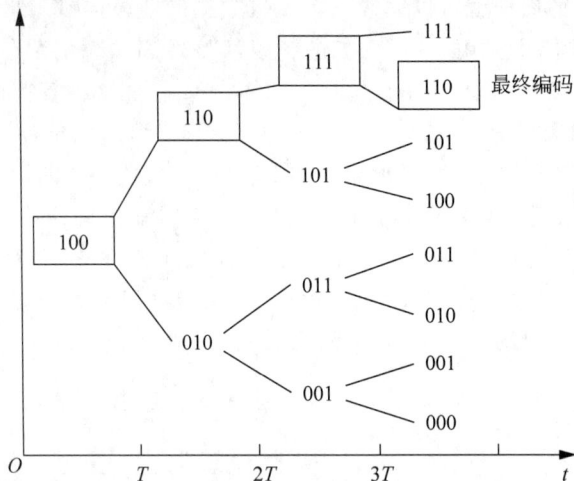

图 3.34 3 位逐次逼近式转换器的输出编码顺序

$$T_T\left\{\max\left[\frac{\mathrm{d}}{\mathrm{d}t}(V_{FS}\sin\omega_o t)\right]\right\} \leqslant \frac{V_{FS}}{2^{n+1}} \quad \text{或} \quad \frac{n}{f_C}(V_{FS}\omega_o) \leqslant \frac{V_{FS}}{2^{n+1}} \tag{3.56}$$

以及

$$f_O \leqslant \frac{f_C}{2^{n+2}n\pi}$$

对于一个时钟频率为 1MHz 的 12 位 A/D 转换器，f_O 必须小于 1.62Hz。如果在转换过程中输入的变化量超过 0.5LSB，那么转换器的输出便不再满足与未知输入电压 v_X 的精确对应关系。为了避免这一频率限制，通常会在逐次逼近式转换器的前端放置一个高速采样保持电路（Sample-and-Hold Circuit）[①]，它对信号的幅值进行采样，然后采样值将保持不变。

单斜率 ADC

在计数 ADC 中，D/A 转换器的离散输出可由一个连续变化的模拟参考信号来代替，如图 3.35 所示，参考电压从稍微低于 0 到 V_{FS} 之上呈线性变化，可以很好地用斜率表示，这类转换器称为单斜率 ADC（Single-Slope 或 Single-Ramp ADC）。参考信号转变为与未知电压相等，所需的时间长度与未知输入的值成比例。

转换过程之初有一个启动转换信号，它对二进制计数器进行复位，并从接近于零的负电压启动斜坡发生器（参见图 3.35(b)）。斜坡穿过零点位置，比较器 2 的输出变高，计数器对时钟脉冲计数。计数器中的值一直增加，直到斜坡的输出电压超过未知电压 v_X。此时，比较器 1 的输出变高，阻止后续时钟脉冲到达计数器，转换过程结束时计数器中的数字 N 与输入电压直接成正比，有

$$v_X = KNT_C \tag{3.57}$$

其中 K 为斜坡的斜率，单位为 V/s。如果斜坡的斜率设为 $K = V_{FS}/2^n T_C$，那么计数器中的数字直接代

---

① 参阅扩展阅读或本章最后的电子应用。

表 v_X/V_{FS} 的二进制分数：

$$\frac{v_X}{V_{FS}} = \frac{N}{2^n} \tag{3.58}$$

很明显单斜率 ADC 的转换时间 T_T 也是可变的，与未知电压 v_X 成比例。最大转换时间发生在 $v_X = V_{FS}$ 处，其中

$$T_T \leqslant 2^n T_C \tag{3.59}$$

而在计数斜坡转换器（Counter-Ramp Converter）中，计数器的输出则表示在转换结束信号出现时的 v_X 值。

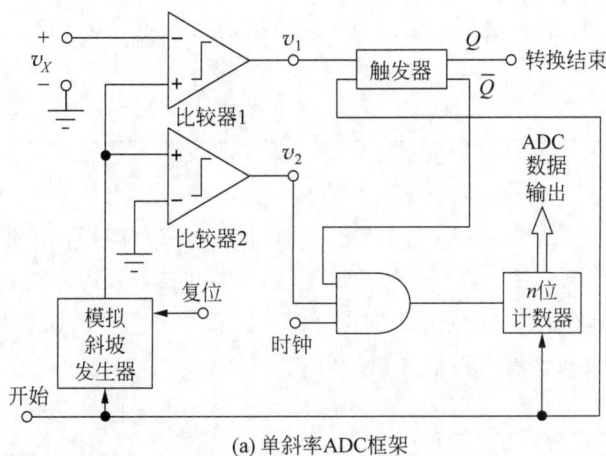

(a) 单斜率ADC框架

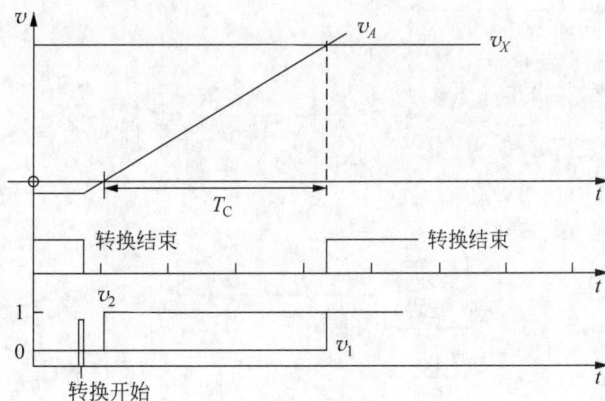

(b) 单斜率ADC时序图

图 3.35

单斜率电压通常由一个带有固定参考电压的积分器产生，如图 3.36 所示。当复位开关打开时，按固定斜率 V_R/RC 增加。

$$v_O(t) = -V_{OS} + \frac{1}{RC}\int_0^t V_R \, dt \tag{3.60}$$

斜坡斜率对 RC 乘积的依赖关系是单斜率 A/D 转换器的一个主要限制因素。斜率取决于 R 和 C 值，而 R 和 C 的值在温度变化和长时间的情况下很难保持固定的值。正是由于这个问题的存在，接下来要介绍的双斜率转换器会更受欢迎。

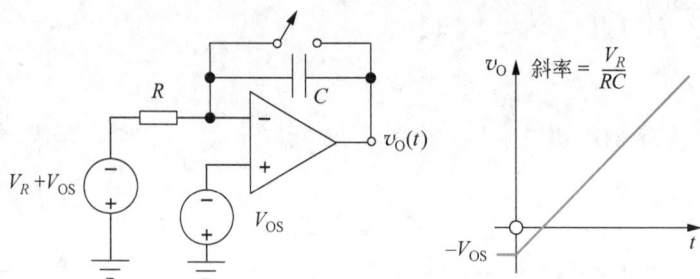

图 3.36　用恒定输入积分器设计的斜坡电压发生器

练习：一个 8 位单斜率 ADC，其 $V_S = 5.12\text{V}$，$V_R = 2.000\text{V}$，$f_C = 1\text{MHz}$，则 R_S 值是多少？

答案：0.1ms。

双斜率 ADC

双斜率 ADC（Dual-Ramp 或 Dual-Slope ADC）解决了单斜率 ADC 存在的问题，在高精度的数据获取和测试设备系统中常被用到。图 3.37 给出了此类转换器的工作原理。转换周期由两个独立的积分时间段组成。首先，在已知时间段 v_X 内对未知电压 T_1 进行积分，然后将此积分器的值与已知参考电压 V_{REF} 进行比较，在可变时间长度内对参考电压 T_2 进行积分。

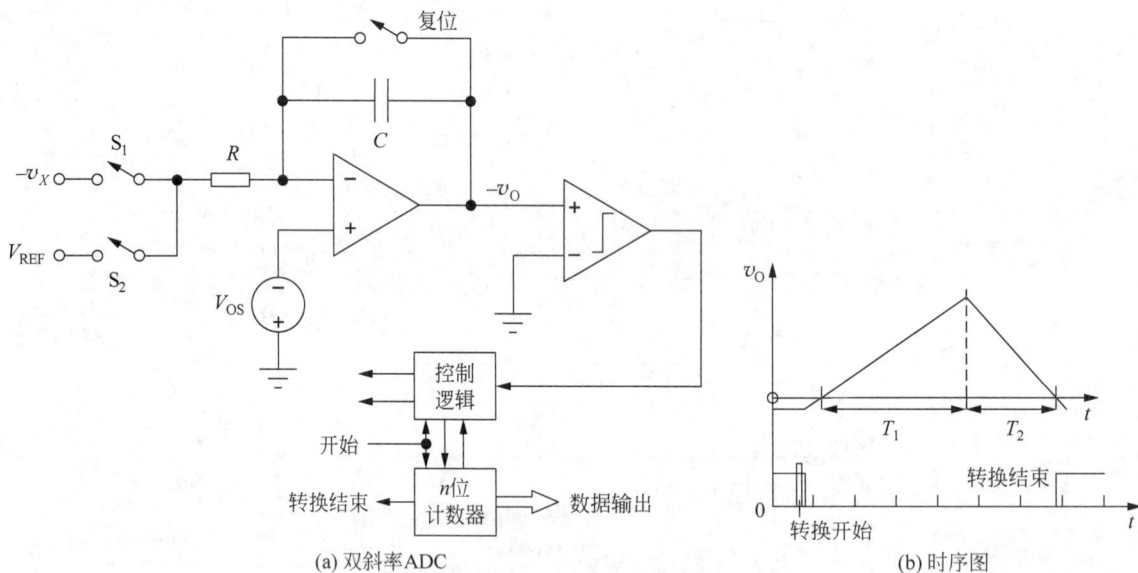

(a) 双斜率ADC　　　　　　(b) 时序图

图　3.37

在转换过程之初将计数器复位，积分器被重置为接近于 0 的负值。未知输入电压通过开关 S_1 与积分器相连。在时间段 $T_1 = 2^n T_C$ 内对未知电压 v_X 进行积分，时间从积分器的输出穿过零点算起。在时间 T_1 结束之时，计数器溢出，开关 S_1 断开，参考电压 V_{REF} 通过开关 S_2 与积分器输入相连，然后积分器的输出开始不断减小，直至其降回至低于零点为止，此时比较器改变状态，标志着转换过程结束。在下降的斜坡过程中计数器继续累计脉冲个数，计数器中的最后数值表示未加电压 v_X 的量化值。

电路操作强制两个时间段内的积分相等:

$$\frac{1}{RC}\int_0^{T_1} v_X(t)\,\mathrm{d}t = \frac{1}{RC}\int_{T_1}^{T_1+T_2} V_{\mathrm{REF}}\,\mathrm{d}t \tag{3.61}$$

时间段 T_1 设为 $2^n T_C$,因为对未知电压 v_X 的积分是在 n 位计数器溢出的整个时间段内进行的。时间等于 NT_C,其中 N 为电路工作的第二阶段内计数器的累加个数。

下面来回顾一下微积分的中值定理:

$$\frac{1}{RC}\int_0^{T_1} v_X(t)\,\mathrm{d}t = \frac{\langle v_X \rangle}{RC} T_1 \tag{3.62}$$

和

$$\frac{1}{RC}\int_{T_1}^{T_1+T_2} V_{\mathrm{REF}}(t)\,\mathrm{d}t = \frac{V_{\mathrm{REF}}}{RC} T_2 \tag{3.63}$$

因为 V_{REF} 是常数,将这两个结果代入式(3.61),可求出输入 v_X 的均值为

$$\frac{\langle v_X \rangle}{V_{\mathrm{REF}}} = \frac{T_2}{T_1} = \frac{N}{2^n} \tag{3.64}$$

假设在整个转换过程中 RC 乘积保持为常数,R 和 C 的绝对值不再与 v_X 和 V_{FC} 有直接关系,因此可以解决单斜率转换器的长期稳定问题。此外,在第一积分阶段,数字输出编码代表 v_X 的均值,因此 v_X 可以在此转换器的转换周期中发生变化而不破坏输出量化值的正确性。

转换时间 T_T 要求第一个积分时间段有 2^n 个时钟,第二个积分时间段有 N 个时钟。因此转换时间是可变的,且有

$$T_T = (2^n + N) T_C \leqslant 2^{n+1} T_C \tag{3.65}$$

因为 N 的最大值为 2^n。

练习:一个 16 位双斜率转换器,时钟频率为 1MHz,则其最大转换时间是多少? 其最大转换率是多少?

答案:0.131s;7.63 次/秒。

双斜率转换器是一种应用较为广泛的转换器。尽管它比逐次逼近式转换器的速度要慢很多,但具有更好的差分和积分线性度。精心设计后可以很好地整合其积分特性,可得到超过 20 位的分辨率,但是其转换速度相对较低。在许多转换器和仪表中,已经对基本的双斜率转换器的积分部分自动消除漂移电压。这一类器件常被称为四斜率转换器或四阶段转换器。另一类三斜坡转换器,采用良好的下斜坡来大幅提高积分转换器的速度(n 位转换器的系数为 $2^{n/2}$)。

常模抑制

如前文所述,双斜率转换器的量化输出表示的是第一个积分阶段输入的平均值,运用归一化的传递函数,积分器可构成一个低通滤波器,如图 3.38 所示。正弦输入信号的频率信号在积分时间 T_1 内互补,其积分值为零,不再出现在积分器的输出端。这一特性在许多数字万用表中被采用,并配有双斜率转换器,转换器的积分时间为 $50\sim60\mathrm{Hz}$ 工频周期的倍数。因为工频倍数的频率可以被积分 ADC 抑制,所以这一属性通常称为常模抑制。

并行(快闪)转换器

最快速的转换器必然是以增加硬件设备的复杂性为代价的,出于速度的考虑可以采用并行转换来

替换串行转换。由于并行转换内在的快速特性，有时也将并行转换器称作快闪转换器（Flash Converter）。图 3.39 展示了一个 3 位并行转换器，未知输入电压 v_X 同时与 7 个不同的参考电压相比较。逻辑电路可以直接将比较器的输出编码为 3 位二进制编码，用来表示输入电压的量化值。这种转换器的速度相当快，只受到比较器和逻辑电路时间的限制。另外，输出也会连续地反映出输入信号受到比较器和逻辑电路延时的影响。

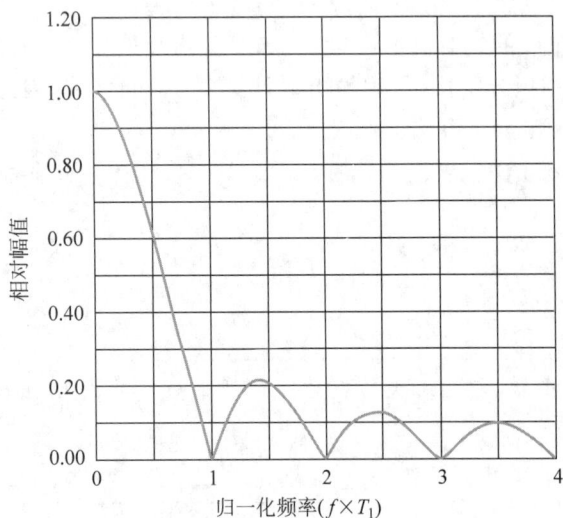

图 3.38 积分 ADC 的常模抑制

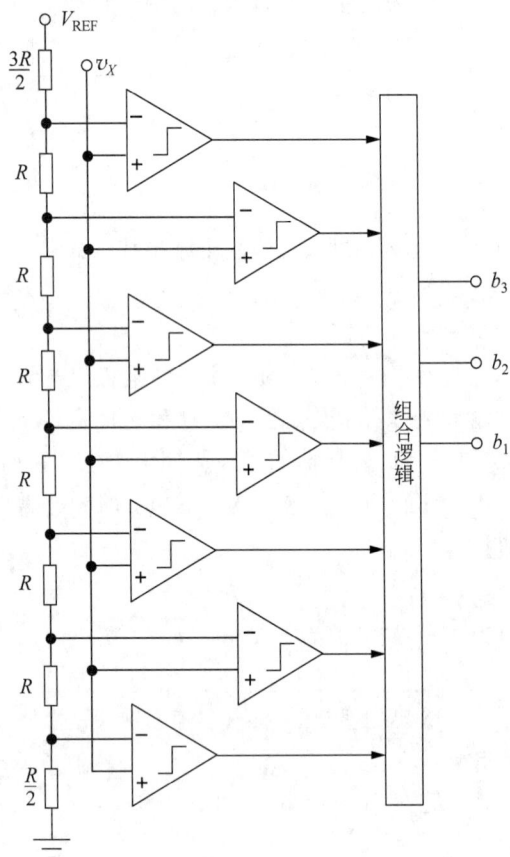

图 3.39 3 位并行 ADC

当我们对转换器的最大速度有要求时，通常采用并行 ADC，这种转换器可以处理 10 位的转换，因为一个 n 位的并行转换器需要 $2^n - 1$ 个比较器和参考电压。因此这类转换器的成本随 n 的增大而快速增长。不过，6 位、8 位或 10 位的并行转换器可以通过单片集成电路技术来实现，转换速率可高至 10^9 次/秒。

> **练习**：要实现一个 10 位并行 ADC，需要多少个电阻和比较器？
> **答案**：1024 个电阻；1023 个比较器。

Δ-ΣADC

Δ-ΣADC（Delta-Sigma Converter）已广泛应用于集成电路，因为其所需精密元件最少，且易于用开关电容实现，这使得该类型转换器成为数字信号处理应用的理想器件。Δ-ΣADC 可用于音频、高频信号处理和混合信号集成电路。

Δ-$\sum$ ADC 的基本框图如图 3.40(a)所示。积分器将未知电压 v_X 和 n 位 DAC 输出之间的差异进行累积,反馈回路迫使 DAC 输出电压的平均值与未知电压相等。与其他类型转换器不同的是,其内部 ADC 的积分器输出采样速度远高于奈奎斯特定律要求的最低采样速度(采样速率至少要为被采样信号最高频率的 2 倍)。Δ-$\sum$ ADC 的典型采样速率范围是奈奎斯特速率的 $16 \sim 512$ 倍,称为"过采样"转换器。因此,这种转换器会在其 Q 输出端产生一个高速的 n 位数据码流。此数据码流经过数字处理之后,以奈奎斯特速率产生一个更高分辨率($m > n$)的数据来表示 v_X。

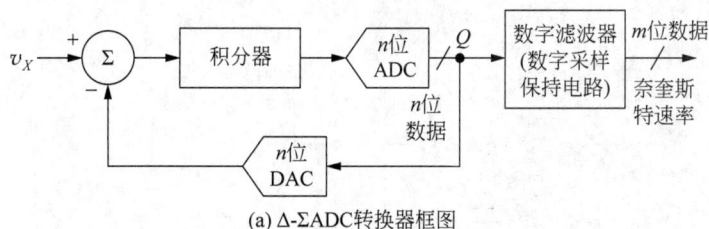

(a) Δ-ΣADC转换器框图

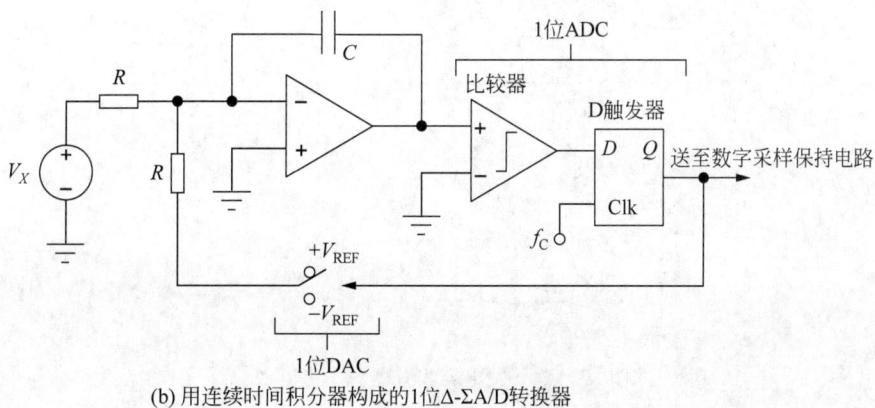

(b) 用连续时间积分器构成的1位Δ-ΣA/D转换器

图 3.40

我们可以参照图 3.40(b)所示的电路来更详细地了解 Δ-$\sum$ ADC 的工作原理。Δ-$\sum$ ADC 的基本形式采用了一个连续时间积分器和 1 位 ADC 及 1 位 DAC。未知直流电压 V_X 的积分值与 DAC 输出的平均值相比较,其中 DAC 的输出值在 V_{REF} 和 $-V_{REF}$ 之间变化。在每个时钟周期开始时,1 位 ADC 判断积分器的输出是大于零($Q = 1$)还是小于零($Q = 0$),DAC 输出将迫使积分器的输出归向零。例如,如果 V_X 为零,数字输出在 0 和 1 之间变化,每个状态占用 50% 的时间。对于其他 V_X 值,开关将花费 N 个时钟周期与 $-V_{REF}$ 连接,$M-N$ 个时钟周期与 V_{REF} 连接,观察区间 M 取决于所要求的分辨率。

利用反馈回路试图迫使积分器的输出至零这一事实,可以得到输出的定量表达式为

$$-V_X\left(\frac{MT_C}{RC}\right) - V_{REF}\left(\frac{NT_C}{RC}\right) + V_{REF}\left[\frac{(M-N)T_C}{RC}\right] = 0 \qquad (3.66)$$

或者

$$V_X = V_{REF}\left(\frac{M-2N}{M}\right) = V_{REF}\left(1 - 2\frac{N}{M}\right) \qquad (3.67)$$

比值 N/M 代表输出端二进制比特流的平均值。如果选择 $M = 2^m$,那么有

$$V_X = \left(\frac{V_{REF}}{2^m}\right)(2^m - 2N) \tag{3.68}$$

因此，可以看到 LSB 为 $V_{REF}/2^m$。有效分辨率取决于对平均输出长度的选取，用最简单的（尽管不一定是最优的）数字滤波来计算此处描述的平均值，并在奈奎斯特采样速率下将 1 位数据流转为 m 位数据对一个时变输入信号而言，转换操作相当复杂，但基本的思路都是一样的。

在图 3.41 中用 SC 积分器替代连续时间积分器，该电路可被直接转换成开关电容，在每次采样时间，与输入信号成比例的电荷被添加到积分器的输出，根据开关上加载的控制频率，每次采样都会加上或减去大小为 CV_{REF} 的电荷。

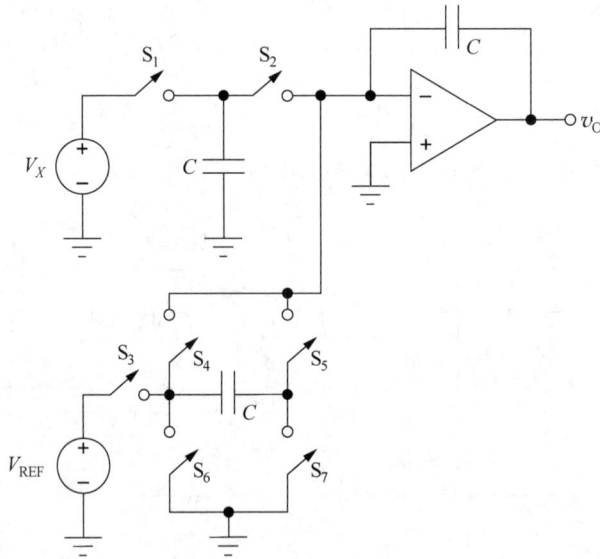

图 3.41　开关电容积分器和参考开关

Δ-Σ 转换器的优点之一是保持了 1 位 DAC 的固有线性度。因为它只有两个值，必定会是一条直线，尽管可能存在偏移。对于连续时间积分器，时钟抖动仍然会导致偏差。只要时钟间隔足够长，电荷转移过程能够完成，就会降低 SC 积分器受时钟抖动问题的困扰。SC 积分器还具有低功耗的优势。

电 子 应 用

采样保持电路

采样保持电路贯穿整个采样系统，是许多模/数转换的必要电路，它可以使 ADC 输入信号在转换时间内不失真。下面给出了几种基于采样保持电路的运算放大器[1]。

图(a)所示的基本型采样保持电路包括一个采样开关 S 和一个能够储存采样电压的电容 C，然而，这种简单的电路会因加载被采样的信号而产生误差。图(b)利用电压跟随器通过缓冲采样电容 C 的输入和输出来解决问题。图(c)和图(d)将电容 C 置入全局反馈环中，提高了电路的性能。图(d)中的集成电路大大增加了采样电容的有效值。假设 3 个采样保持电路中的运算放大器都是理想的，便会发现，

---

① K. R. Stafford, P. R. Gray, and R. A. Blanchard, "A complete monolithic sample-and-hold," *IEEE Journal of Solid-State Circuits*, vol. SC-9, no. 6, pp. 381-387, December 1974.

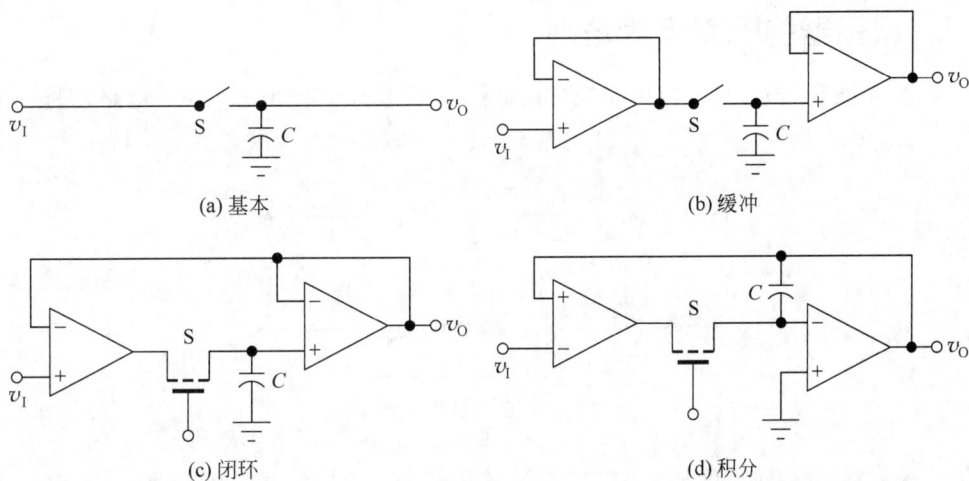

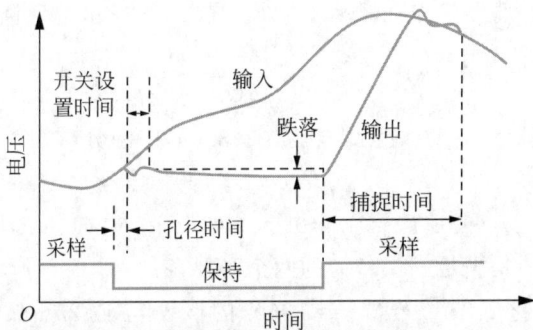

(a) 基本

(b) 缓冲

(c) 闭环

(d) 积分

(e) 波形

采样保持电路类型

电容电压和输出电压总等于输入电压 v_I。值得注意的是,2.2 节中讨论的开关电容利用了图(a)中部分基本采样电路。

图(e)列举了一些设计中采样保持电路的工作过程。孔径时间(Aperture Time)表示开关器件在采样和保持两种模式进行转换的时间。设置时间(Setting Time)是反馈电路从转换瞬间进行状态恢复所需要的时间。在保持模式下,由于开关漏电流及运算放大器偏置电流的影响电容存储的电荷缓慢变化,这个变化称作跌落(Droop)。最后,捕捉时间(Acquisition Time)是采样保持电路从保持模式向采样模式转换之后电路捕获输入电压所需的时间。

3.7 振荡器

振荡器(Oscillator)是用于信号发生器中一类重要的反馈电路。在本节中,我们将了解基于运算放大器的正弦振荡器,这也是正反馈的第一次应用。基于运算放大器的振荡器可用于产生信号,其频率最高可接近运算放大器 f_T 频率的一半。第 9 章将讨论晶体管 LC 振荡器,它利用电感和电容来产生信号,其频率只受每个器件的单位增益频率限制。已经证实运用场效应管和硅锗双极型晶体管构造的振荡器工作频率可高达 100GHz。

3.7.1 振荡器的巴克豪森准则

利用正反馈（或再生）描述振荡器的系统框图如图 3.42 所示。使用选频反馈电路,将振荡器设计成即使输入为零也能产生输出。

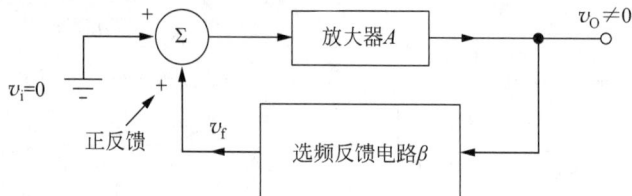

图 3.42 正反馈系统框图

对于正弦振荡器,我们希望闭环放大器的极点位于频率 ω_o 处,恰好落在 $j\omega$ 轴上。这些电路利用选频反馈电路的正反馈来确保振荡器工作在频率 ω_o 处。图 3.42 所示的反馈系统可以描述为

$$A_v(s) = \frac{A(s)}{1 - A(s)\beta(s)} = \frac{A(s)}{1 - T(s)} \tag{3.69}$$

其中,分母中的负号由正反馈所致。对于正弦振荡,式(3.69)中的分母在 $j\omega$ 轴上特殊频率 ω_o 处的频率必须为零,因此有

$$1 - T(j\omega_o) = 0 \quad 或 \quad T(j\omega_o) = 1 \tag{3.70}$$

振荡器的巴克豪森准则描述的是满足式(3.70)的两个必要条件

$$\begin{cases} 1. \ \angle T(j\omega_o) = 0° \ 或 \ 360° \ 的整数倍(或 \ 2n\pi \ 弧度) \\ 2. \ |T(j\omega_o)| = 1 \end{cases} \tag{3.71}$$

这两个标准表明,围绕反馈回路的相移必须为零,回路增益的幅值必须为单位 1。单位回路增益对应的是真正的正弦振荡。回路增益大于 1 时会使振荡失真而混乱。

3.7.2 节中我们研究的几个 RC 振荡器在频率低于几兆赫兹时很有用。而第 9 章介绍的 LC 和晶体振荡器可应用于更高频率的电路中。

3.7.2 带频率选择的 RC 电路振荡器

当频率低于兆赫兹时,可以用 RC 电路来提供所需的选频反馈。本节将介绍两种 RC 振荡器(RC Oscillator),即维恩电桥振荡器(Wien-Bridge Oscillator)和相移振荡器(Phase-Shift Oscillator),三级相移振荡器和正交振荡器(Quadrature Oscillator)将在习题 3.95 和 3.96 中介绍。

维恩电桥振荡器

图 3.43 所示的维恩电桥振荡器[①]利用两个 RC 电路构成选频反馈电路。在 P 点断开环路可以求出电桥电路的回路增益 $T(s)$,由于在运算放大器同相输入端代表开环电路,所以不会加载到反馈电路,因此 P 点是一个非常合适的位置。运算放大器被用作同相放大器,其增益为 $G = V_1(S)/V_I(S) = 1 + R_2/R_1$。

如图 3.44 所示,回路增益可以通过 $Z_1(s)$ 和 $Z_2(s)$ 的分压求出

---

① 该振荡器的一个型号已经生产,应用于 HP 公司。

$$V_o(s) = V_1(s) \frac{Z_2(s)}{Z_1(s) + Z_2(s)}$$

(3.72)

$$Z_1(s) = R + \frac{1}{sC} = \frac{sCR + 1}{sC} \quad \text{和} \quad Z_2(s) = R \parallel \frac{1}{sC} = \frac{R}{sCR + 1}$$

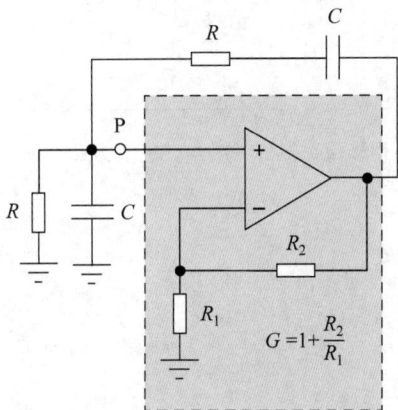

图 3.43 维恩电桥振荡器电路

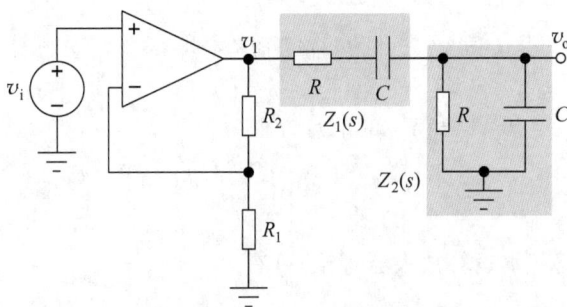

图 3.44 用于求出维恩电桥振荡器回路增益的电路

根据式(3.72)可得回路增益的传递函数为

$$V_o(s) = GV_I(s) \frac{sRC}{s^2 R^2 C^2 + 3sRC + 1}$$

(3.73)

$$T(s) = \frac{V_o(s)}{V_I(s)} = \frac{sRCG}{s^2 R^2 C^2 + 3sRC + 1}$$

令 $s = j\omega$，则有

$$T(j\omega) = \frac{j\omega RCG}{(1 - \omega^2 R^2 C^2) + 3j\omega RC}$$

(3.74)

应用第一条巴克豪森准则可以发现，如果 $(1 - \omega_o^2 R^2 C^2) = 0$，则相移为 0。在频率 $\omega_o = 1/RC$ 处，有

$$\angle T(j\omega_o) = 0° \quad \text{和} \quad |T(j\omega_o)| = \frac{G}{3}$$

(3.75)

当 $\omega = \omega_o$ 时，相移为 0。如果放大器增益 G 设置为 $G = 3$，则有 $|T(j\omega)| = 1$，就可以实现正弦振荡。

维恩电桥振荡器的频率范围可以达到几兆赫兹，其主要的局限性是放大器的特性。在信号发生器应用中，通常电容值进行 10 倍数值的切换以实现宽范围的振荡频率。电阻可以由电位器来代替，从而实现在一定范围内连续的频率调节。

相移振荡器

相移振荡器(Phase-Shift Oscillator)是 RC 振荡器的第二种形式，如图 3.45 所示。电路中采用了一个三段式 RC 电路实现了 180° 的相移，为相移反相放大器增加了 180° 的相移，因此总相移为 360°。

在实际应用中相移振荡器有多种实现方法。一种可行的方法是将部分相移函数与运算放大器增益模块组合起来，如图 3.46 所示。在 ×-×′ 点处断开反馈环路，根据 $V_o'(s)$ 计算出 $V_o(s)$，这样就可求得回路增益。

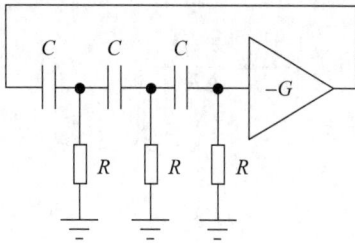

图 3.45 相移振荡器的基本概念

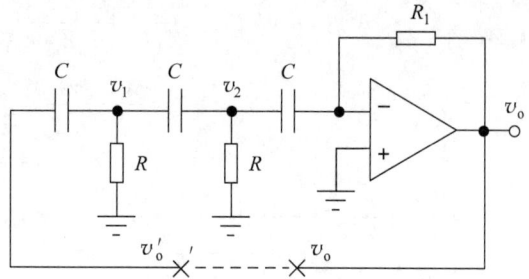

图 3.46 相移振荡器的一种可能实现方法

电压 V_1 和 V_2 的节点方程为

$$\begin{bmatrix} sCV_{\text{o}}'(s) \\ 0 \end{bmatrix} = \begin{bmatrix} (2sC+G) & -sC \\ -sC & (2sC+G) \end{bmatrix} \begin{bmatrix} V_1(s) \\ V_2(s) \end{bmatrix} \tag{3.76}$$

根据基本运算放大器理论,可有

$$\frac{V_{\text{o}}(s)}{V_2(s)} = -sCR_1 \tag{3.77}$$

联立式(3.76)和式(3.77),利用 $V_{\text{o}}'(s)$ 计算出 $V_{\text{o}}(s)$,则有

$$T(s) = \frac{V_{\text{o}}(s)}{V_{\text{o}}'(s)} = -\frac{s^3 C^3 R^2 R_1}{3s^2 R^2 C^2 + 4sRC + 1} \tag{3.78}$$

以及

$$T(\text{j}\omega) = -\frac{(\text{j}\omega)^3 C^3 R^2 R_1}{(1-3\omega^2 R^2 C^2) + \text{j}4\omega RC} = \frac{\text{j}\omega^3 C^3 R^2 R_1}{(1-3\omega^2 R^2 C^2) + \text{j}4\omega RC} \tag{3.79}$$

由式(3.79)可见,如果分母的实部为 0,那么 $T(\text{j}\omega)$ 的相移将为 0,于是有

$$1-3\omega_{\text{o}}^2 R^2 C^2 = 0 \quad \text{或} \quad \omega_{\text{o}} = \frac{1}{\sqrt{3}\,RC} \tag{3.80}$$

和

$$T(\text{j}\omega_{\text{o}}) = \frac{\omega_{\text{o}}^2 C^2 R R_1}{4} = \frac{1}{12}\frac{R_1}{R} \tag{3.81}$$

因此,当 $R_1 = 12R$ 时,满足第二个巴克豪森准则,即 $|T(\text{j}\omega_{\text{o}})| = 1$。

RC 振荡器的振幅稳定电路

振荡器的回路增益会随着电源电压、元件参数值及环境温度随时间的改变而改变。回路增益变得太小,不会产生所期望的振荡;回路增益变得太大,就会出现波形失真。因此,在振荡器电路中,采用某些形式的放大器稳定性或增益来自动控制回路增益,并很好地将极点控制在 jω 轴上。通常,电路设计为在第一次通电时,回路增益比振荡所需的最小值大。随着振荡器振幅的增长,增益控制电路将增益降低到维持振荡所需的最小值。

图 3.47~图 3.50 给出了两种可行的振幅稳定电路结构。在 HP 公司原始的维恩电桥振荡器中,电阻 R_1 被一个非线性元件灯泡取代,如图 3.47 所示。灯泡的电阻由灯丝温度决定。如果振幅太高,则电流太大并且灯的电阻增加,回路增益减小;如果振幅太低,灯泡冷却,电阻降低,回路增益增加。灯泡的热时间常数有效地将信号电流进行了平均处理,利用这一智能技术可使振荡器振幅保持稳定。

在图 3.48 所示的维恩电桥电路中,二极管 D_1、D_2 和电阻 $R_1 \sim R_4$ 构成一个振幅控制电路。出现正的输出信号时,随着 R_3 上的电压超过其开启电压,二极管 D_1 导通。当二极管导通时,电阻 R_4 与 R_3 并联,降低了回路增益的有效值。当输出信号为负时,二极管 D_2 以类似的方式工作。阻值的选择需满足下式

$$\frac{R_2 + R_3}{R_1} > 2 \quad 和 \quad \frac{R_2 + R_3 \parallel R_4}{R_1} < 2 \tag{3.82}$$

第一个比值应略大于 2,第二个比值应略小于 2。因此,当二极管截止时,运算放大器的增益略大于 3 以确保振荡的进行,但是当其中一个二极管导通时,回路增益将降至略小于 3 的值。

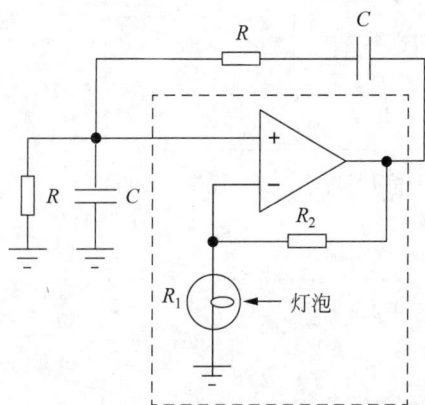

(a) 带振幅稳定的维恩电桥

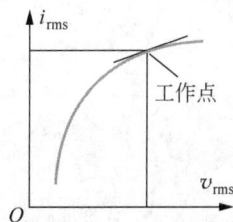

(b) 灯泡的 i-v 特性曲线

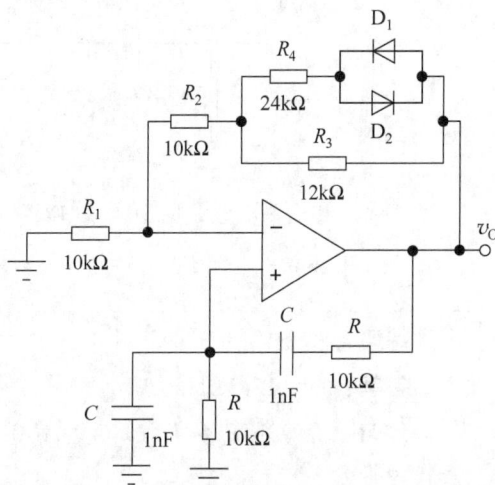

图 3.47

图 3.48 维恩电桥振荡器的二极管振幅稳定电路

根据图 3.49 所示电路可以估算出振荡器的振幅,其中假设二极管 D_1 的开启电压为 V_D。电流 i 可表示为

$$i = \frac{v_O - v_1}{R_3} + \frac{v_O - v_1 - V_D}{R_4} \tag{3.83}$$

根据式(3.75)和理想运算放大器的工作特性,我们知道在同相和反相输入端的电压都等于输出端电压的 1/3。因此有

$$v_1 = \frac{v_O}{3}\left(1 + \frac{R_2}{R_1}\right) \tag{3.84}$$

联立式(3.83)和式(3.84)可求出 v_O 为

$$v_O = \frac{3V_D}{\left(2 - \dfrac{R_2}{R_1}\right)\left(1 + \dfrac{R_4}{R_3}\right) - \dfrac{R_4}{R_1}}, \quad \frac{R_2}{R_1} < 2 \tag{3.85}$$

增益控制实际为一非线性电路,式(3.85)只是对实际输出值的估算。尽管如此,它确实为电路提供了很好的基础。

图 3.50 所示的相移振荡器采用了类似的振幅稳定电路。在这种情况下,可使用二极管导电来调节总反馈电阻 R_F 的有效值,由此来调整回路增益。

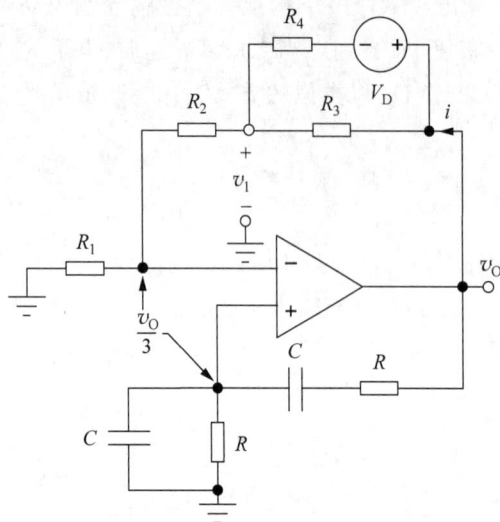

图 3.49　当二极管 D_1 导通时的等效电路

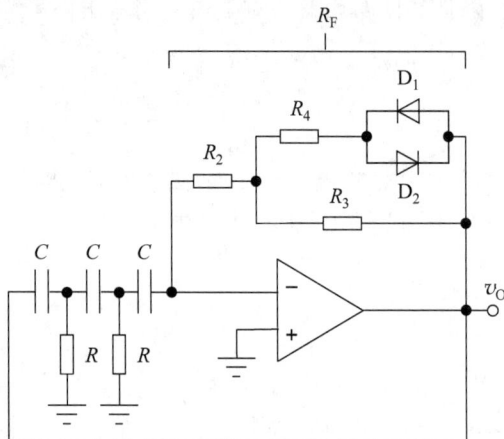

图 3.50　相移振荡器的二极管振幅稳定电路

练习：假设 $V_D=0.6V$，图 3.50 中维恩电桥振荡器的振幅和频率为多少？

答案：3V；15.9kHz。

练习：用 SPICE 仿真维恩电桥振荡器，确定其幅度和频率。运算放大器模型用增益为 10^5 的宏模型表示。

答案：3.33V；15.90kHz。

3.8　非线性电路的应用

到目前为止，我们主要考虑的是反馈电路中采用无源线性电路元器件的运算放大器电路。但实际上，很多有用的电路可以用非线性元器件来构成，例如在反馈电路中采用二极管和晶体管。本节就讨论几个这样的电路实例。

除振荡器外，在运算放大器电路部分我们只看到了负反馈电路，但是很多重要的非线性电路采用了正反馈电路。本节关注的就是此类重要电路，包括用运算放大器实现的整流器、非稳态和单稳态多端振荡器及施密特触发器电路。

3.8.1　精密半波整流器

图 3.51 所示的精密半波整流器由运算放大器和二极管构成。输出 v_O 为输入信号源 v_I 经过二极管整流之后得到的电压信号，在此不会有常规二极管整流电路中遇到的电压降导致的损失。运算放大器尽力将其输入端的电压强制为零。当 $v_I>0$ 时，$v_O=v_I$，$i>0$。由于电流 i_- 必须为零，因此二极管电流 i_D 等于 i，二极管 D 为正向偏置，通过二极管形成闭环反馈。然而，对于负的输出电压，电流 i 和 i_D 都将小于零，但负电流不能通过 D_1。因此，二极管截止（$i_D=0$）时，反馈环断开（无效），由于 $i=0$，则

$v_O = 0$。

精密半波整流器的电压传递如图 3.52 所示。当 $v_I \geqslant 0$ 时,$v_O = v_I$;而当 $v_I \leqslant 0$ 时,$v_O = 0$,整流是精确的。当 $v_I \geqslant 0$ 时,运算放大器调整其输出电压 v_1,使其恰好抵消二极管正向压降的值,即

$$v_1 = v_O + v_D = v_I + v_D \qquad (3.86)$$

即使输入电压很小,这一电路也可以提供精密的整流功能,有时又将其称为超级二极管(Super Diode)。这一电路的主要误差源自放大器的有限增益误差及放大器漂移电压导致的偏移误差,这些误差在第 2 章中进行了介绍。

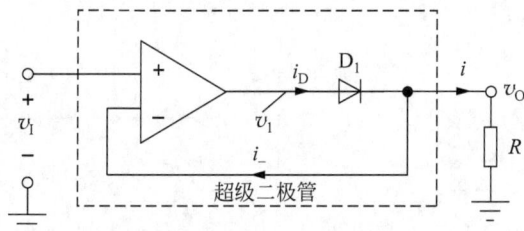

图 3.51 精密半波整流器电路(或超级二极管)   图 3.52 精密半波整流器的电压传输特性

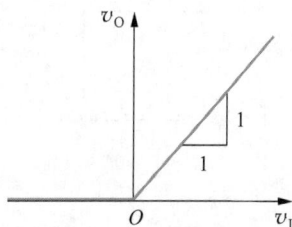

当该电路的输入电压为负时会遇到一个实际问题:尽管输出电压为零,如整流器所要求的那样,但是当运算放大器输入端的电压为负时,会使运算放大器的输出电压 v_1 在受到电源电压限制的情况下达到饱和。大多数现代运算放大器提供输入电压保护,不会被输入端的大电压损坏。但是,当输入电压的增幅大于几伏时,则可以破坏未受保护的运算放大器。通常,运算放大器的饱和输出不会对带保护电路的放大器造成损害,但是内部电路从饱和状态恢复是需要时间的,这就减缓了电路的响应速度。如果可能,应尽力防止运算放大器饱和。

练习:假设图 3.51 中二极管 D_1 的导通电压为 0.6V,运算放大器的电源电压为 ±10V。那么当 $v_I = 1V$ 时电路的电压 v_O 和 v_1 各是多少?当 $v_I = -1V$ 时呢?二极管的最小齐纳击穿电压为多少?

答案:+1V,+1.6V;0V,−10V;10V。

3.8.2 非饱和的精密整流电路

饱和问题可由图 3.53(a)所示的电路来解决,图中用一个反相放大器结构代替了同相放大器,增加了一个二极管 D_2,在整流器输出为零时保持反馈回路闭合。

对于图 3.53(b)所示正的输入电压,运算放大器输出电压 v_1 变为负值,二极管 D_2 正相偏置,二极管 D_2 上流过的电流为 i_1,并流入运算放大器的输出端。运算放大器反相输入端为虚地,R_2 的电流为零,输出电压保持为零,二极管 D_1 为反相偏置。

在图 3.53(c)中,当 $v_1 < 0$ 时,二极管 D_1 导通,并提供电流 i_1 和负载电流 i,D_2 截止。此时,电路可以看成一个反相放大器,其增益为 $-R_2/R_1$。因此,总的电压传输特性可表示为

$$v_O = \begin{cases} 0 & v_I \geqslant 0 \\ -\dfrac{R_2}{R_1} v_I & v_I \leqslant 0 \end{cases} \qquad (3.87)$$

特性曲线如图 3.53(d) 所示。运算放大器本身的输出为 v_1，当输入电压为正时其值在 0V 电压下有一个二极管的压降；当输入电压为负时其值为输出电压偏上一个二极管导通电压。无论输入为正还是负，反相输入都虚地，负反馈回路一直是有效的：当 $v_I < 0$ 时，D_1 和 R_2 形成负反馈回路；当 $v_I > 0$ 时，D_2 形成负反馈回路。

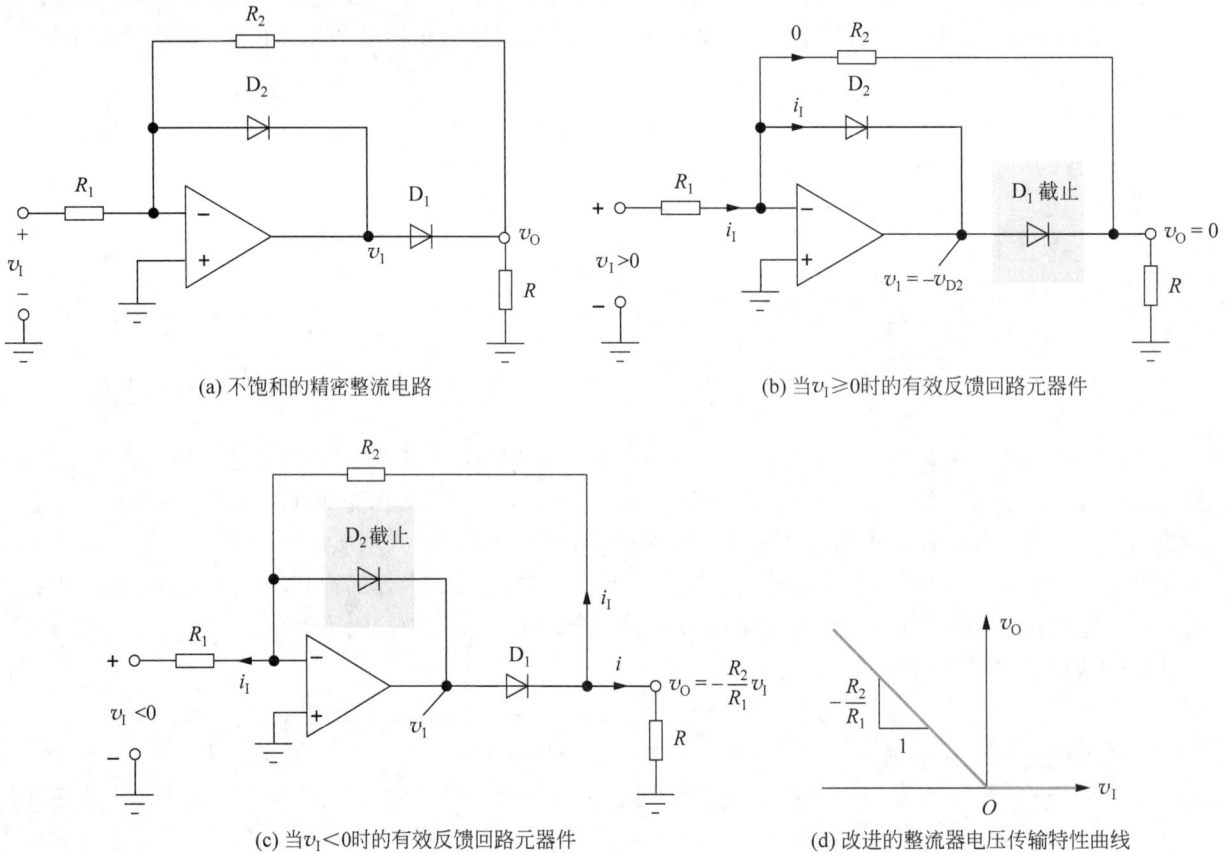

(a) 不饱和的精密整流电路

(b) 当 $v_I \geq 0$ 时的有效反馈回路元器件

(c) 当 $v_I < 0$ 时的有效反馈回路元器件

(d) 改进的整流器电压传输特性曲线

图　3.53

电 子 应 用

交流电压计

将半波整流电路与低通滤波器结合，可以得到基本的交流电压计电路，如下图所示。对于幅值为 V_M、频率为 ω_o 的正弦输入信号，输出电压 v_1 的正弦电压可以用傅里叶级数表示为

$$v_1(t) = -\left(\frac{R_2}{R_1}\right)\left(\frac{V_I}{\pi}\right)\left[1 + \frac{\pi}{2}\sin\omega_o t - \sum_{n=2}^{\infty}\frac{1+\cos n\pi}{(n^2-1)}\cos n\omega_o t\right]$$

如果设置低通滤波器的截止频率使 $\omega_C \ll \omega_o$，则输出电压 v_O 的主要成分为直流成分：

$$v_O = \frac{R_4}{R_3}\left[\frac{R_2}{R_1}\frac{V_I}{\pi}\right]$$

电压计的测量范围（量程因子）可以通过设置 4 个电阻的阻值进行调节。

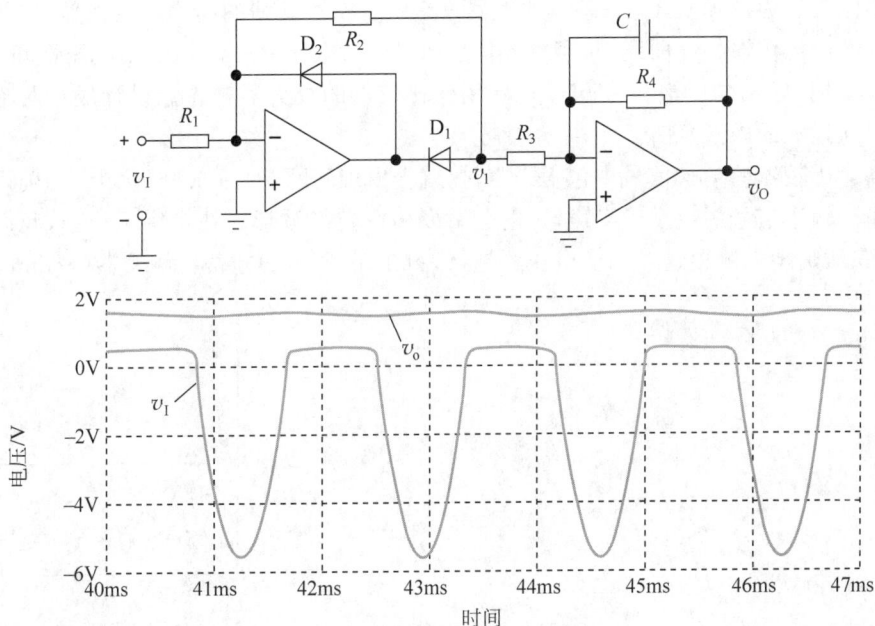

（上图）由半波整流器和低通滤波器组成的交流电压计电路；（下图）当 $R_2=R_1,R_4=R_3,f_C=1.59\mathrm{Hz},v_I=(-5\sin120\pi t)\mathrm{V}$ 时的半波整流器输出电压波形

练习： 图 3.53 所示电路中二极管 D_1 的开启电压为 0.6V，运算放大器的供电电压为 $\pm15\mathrm{V}$。若 $R_1=22\mathrm{k}\Omega$、$R_2=68\mathrm{k}\Omega$、$v_I=2\mathrm{V}$，则电路的电压 v_O 和 v_1 是多少？当 $v_I=-2\mathrm{V}$ 时又是多少？当电路正常工作时，输入电压的最低负电压是多少？假设两个二极管相同，那么二极管的最小齐纳击穿电压最大的负值输入电压是多少？假设两个二极管相同，那么二极管的最小齐纳击穿电压是多少？

答案： 0V，$-0.6\mathrm{V}$，6.18V，6.78V；$-4.66\mathrm{V}$；15V。

练习： 如果 $R_1=3.24\mathrm{k}\Omega$，$R_2=10.2\mathrm{k}\Omega$，$R_3=20\mathrm{k}\Omega$，$R_4=20\mathrm{k}\Omega$，$v_I=2\mathrm{V}$，那么交流电压计的直流输出电压是多少？

答案： 2.00V。

3.9 正反馈电路

到目前为止，我们接触的电路大部分采用的是负反馈：一个与输出信号成比例的电压或电流信号反馈至运算放大器的反相输入端。然而，正反馈也可用来实现很多有用的非线性功能，本章最后一节将介绍几种可能的反馈电路，包括比较器、施密特触发器和多谐振荡器电路。

3.9.1 比较器和施密特触发器

在电路设计中，常常会用到将一个电压与已知参考电压进行比较。在电学上，可用图 3.54 所示的比较电路来实现。我们希望当输入电压超过参考电压时，比较器的输出为逻辑 1；当输入电压低于参考电压时,比较器的输出为逻辑 0。这一基本比较器只是一个没有反馈的高增益放大器,如图 3.54 所示。在图 3.54 所示的电压传输特性曲线中,当输入信号超过参考电压 V_{REF} 时,输出电压饱和为 V_{CC};当输入信号小于 V_{REF} 时,输出电压饱和为 $-V_{EE}$[①]。用作比较器的放大器被特意设计成在两个极值电压处饱和,且不会引起过大的内部延时。

然而,当高速比较器的输入信号中包含噪声时,就会出现问题,如图 3.55 所示。当输入信号超越参考电压值时,由于输入信号中出现了噪声,可能会引发多个转换波形。在数字系统中,我们希望只产生一个转换波形来清晰地探测出这一阈值电压跨越点,图 3.56 所示的施密特触发器(Schmitt-Trigger)就解决了这一问题。

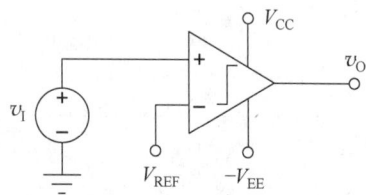

图 3.54 用无限增益放大器构成的比较器电路

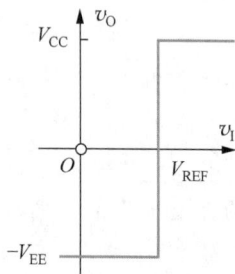

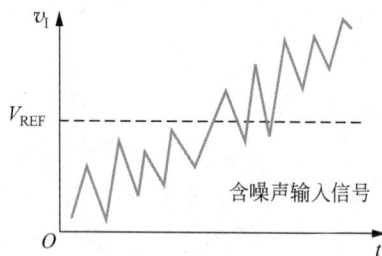

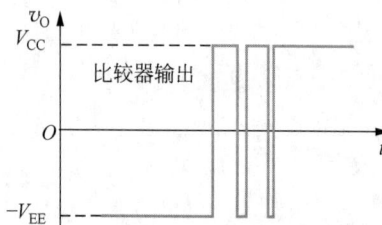

图 3.55 比较器对含噪声输入信号的响应

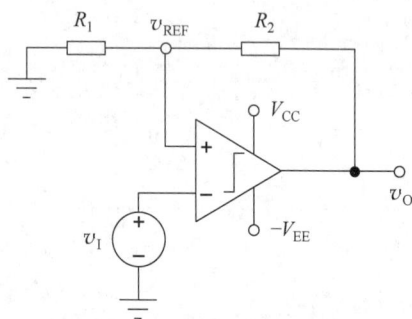

图 3.56 施密特触发器电路

施密特触发器采用了一个比较器,其中比较器的参考电压通过一个跨越输出端的分压器获得。输入信号接反相输入端,参考电压接同相输入端(正反馈)。对于正输出电压,$V_{REF} = \beta V_{CC}$,但是对负输出电压,$V_{REF} = -\beta V_{EE}$,其中 $\beta = R_1/(R_1 + R_2)$。因此,当输出状态转换时参考电压会改变。

考虑输入电压从小于 V_{REF} 开始逐步增加的情况,如图 3.57 所示。此时输出电压为 V_{CC},即 $V_{REF} = \beta V_{CC}$。当输入电压通过 V_{REF} 时,输出电压转换状态至 $-V_{EE}$,同时参考电压下降,从而强化比较器输入电压。为了让比较器在此改变状态,现在输入电压必须下降至小于 $V_{REF} = -\beta V_{EE}$ 的值,如图 3.58 所示。

现在来分析 v_I 从较高的值逐步下降的情况,其电压传输特性如图 3.58 所示。此时输出为 $-V_{EE}$,$V_{REF} = -\beta V_{EE}$。当输入电压通过 V_{REF} 时,输出电压转换状态至 V_{CC},同时参考电压上升,强化了比较器两端的输入电压。

---

① 本节假设输出电压可以达到供电电压。

结合图 3.57 和图 3.58 的电压传输特性,可得到施密特触发器的总电压传输特性,如图 3.59 所示。箭头标示了输入信号增加和减少的轨迹。施密特触发器的电压传输特性曲线显示了其迟滞效应(Hysteresis)。如果 V_n 的数值小于两个阈值电压之差的输入噪声,施密特触发器不会响应。

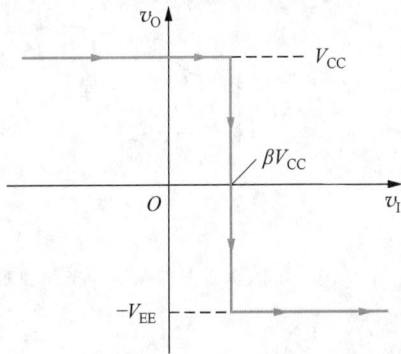

图 3.57 当 v_I 从低于 $V_{REF} = \beta V_{CC}$ 的值开始增加时施密特触发器的电压传输特性

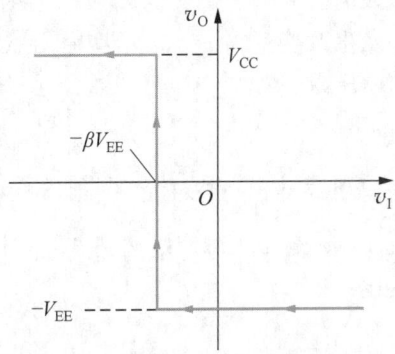

图 3.58 当 v_I 从高于 $V_{REF} = -\beta V_{EE}$ 的值开始减小时施密特触发器的电压传输特性

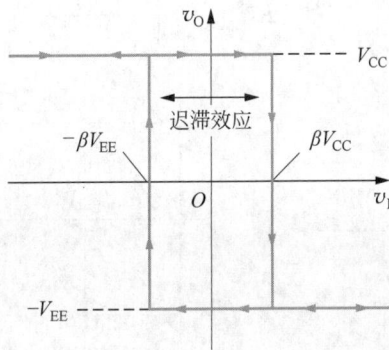

图 3.59 施密特触发器的完整电压传输特性

$$V_n < \beta [V_{CC} - (-V_{EE})] = \beta (V_{CC} + V_{EE}) \tag{3.88}$$

含正反馈的施密特触发器是一个带有两个稳定状态的电路实例,即双稳态电路或双稳态多稳态多谐振荡器。另一个双稳态电路实例是数字存储电路,通常又称为触发器。

练习: 若 $V_{CC} = 10V = -V_{EE}$,$R_1 = 1k\Omega$,$R_2 = 9.1k\Omega$,则图 3.56~图 3.61 所示的施密特触发器的转换阈值电压和迟滞效应的幅值是多少?

答案: 0.99V;−0.99V;1.98V。

3.9.2 非稳态多谐振荡器

另一类多谐振荡电路同时采用正反馈和负反馈,能够振荡产生矩形输出波形。图 3.60 所示的电路输出没有稳定状态,称为非稳态多谐振荡器(Astable Multivibrator)。

非稳态多谐振荡器的工作原理可根据图 3.61 所示的波形理解。输出电压在电压 V_{CC} 和 $-V_{EE}$ 之间进行周期性转换（振荡）。假设 $t=0$ 时输出恰好转变为 $v_O = V_{CC}$。运算放大器的反相输入端电压趋向于最终值 V_{CC} 进行指数充电，其充电时间常数 $\tau = RC$。然而，当比较器反相输入端的电压超过其同输入端上的电压时，输出的状态就要发生改变。在 $t=0$，并且输出状态发生改变时，电容上的电压为 $v_C = -\beta V_{EE}$。因此，电容电压的表达式可写为

$$v_C(t) = V_{CC} - (V_{CC} + \beta V_{EE}) \exp\left(-\frac{t}{RC}\right) \quad (3.89)$$

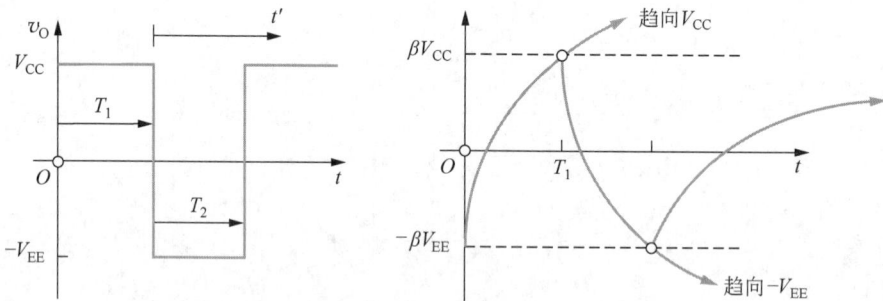

图 3.60 非稳态多谐振荡器中的运算放大器

而在 T_1 时刻，$v_C(t)$ 恰好达到 βV_{CC}，比较器的状态再次发生变化：

$$\beta V_{CC} = V_{CC} - (V_{CC} + \beta V_{EE}) \exp\left(-\frac{T_1}{RC}\right) \quad (3.90)$$

求解时间 T_1 可得

$$T_1 = RC \ln \frac{1 + \beta \left(\dfrac{V_{EE}}{V_{CC}}\right)}{1 - \beta} \quad (3.91)$$

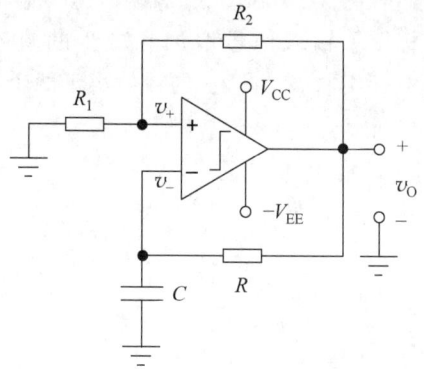

图 3.61 非稳态多谐振荡器的波形

在 T_2 时段内，输出值降低，电容电压从初始电压 βV_{CC} 向着终值 $-V_{EE}$ 放电。此时，电容电压可表示为

$$v_C(t') = -V_{EE} + (V_{EE} + \beta V_{CC}) \exp\left(-\frac{t'}{RC}\right) \quad (3.92)$$

其中在 T_2 时段的开始时刻 $t'=0$。当 $t'=T_2$ 时，$v_C = -\beta V_{EE}$，则有

$$-\beta V_{EE} = -V_{EE} + (V_{EE} + \beta V_{CC}) \exp\left(-\frac{T_2}{RC}\right) \quad (3.93)$$

则可以求出 T_2 为

$$T_2 = RC \ln \frac{1 + \beta \left(\dfrac{V_{CC}}{V_{EE}}\right)}{1 - \beta} \quad (3.94)$$

通常情况下电源电压为对称的两个值，即 $V_{CC} = V_{EE}$，非稳态多谐振荡器的输出为一个方波，其周期 T 为

$$T = T_1 + T_2 = 2RC \ln \frac{1 + \beta}{1 - \beta} \quad (3.95)$$

练习：对于图 3.62 所示的电路，若 $V_{CC}=5V, -V_{EE}=-5V, R_1=6.8k\Omega, R_2=6.8k\Omega, R=10k\Omega, C=0.001\mu F$，则其振荡频率为多少？

答案：45.5kHz。

3.9.3 单稳态多谐振荡器或单稳态电路

接下来介绍的第三种多谐振荡器只有一个稳定状态，用于在触发信号发出后产生一个具有已知持续时间的单脉冲。在稳定状态下电路保持不变，但是受到"触发"时会产生一个具有固定维持时间的瞬间单脉冲。一旦 T 时间过去，电路又回到稳定状态，等待下一个触发脉冲的到来。这种单稳态电路有时被称为单稳态多谐振荡器(Monostable Multivibrator)，有时又被称为单击器(Single Shot 或 One Shot)。

一个基于比较器的单稳态多谐振荡电路实例如图 3.62 所示。图 3.60 所示的非稳态多谐振荡器中增加了一个二极管 D_1，用于将触发信号 v_T 耦合到电路中，还增加了一个钳位二极管 D_2 来限制电容 C 的负电压值。

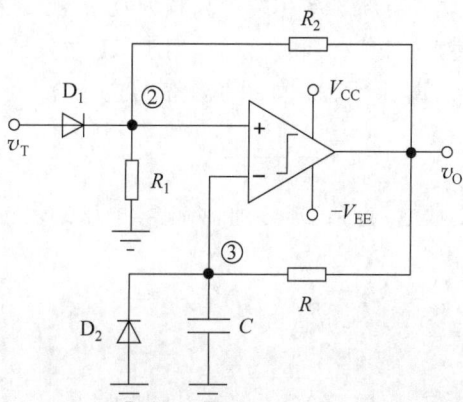

图 3.62 运算放大器单稳态多谐振荡器电路的示例

电 子 应 用

数控振荡器和数字合成

由于现代 D/A 转换器技术的飞速发展，传统模拟反馈振荡器正在被直接数字合成器(DDS)取代，该合成器利用数控振荡器(NCO)来合成正弦波形。NCO 可以提供非常小的频率步长和高速调谐。DDS 在数字域中构建信号的波形，借助低通滤波器由数模转换器生成模拟输出信号。

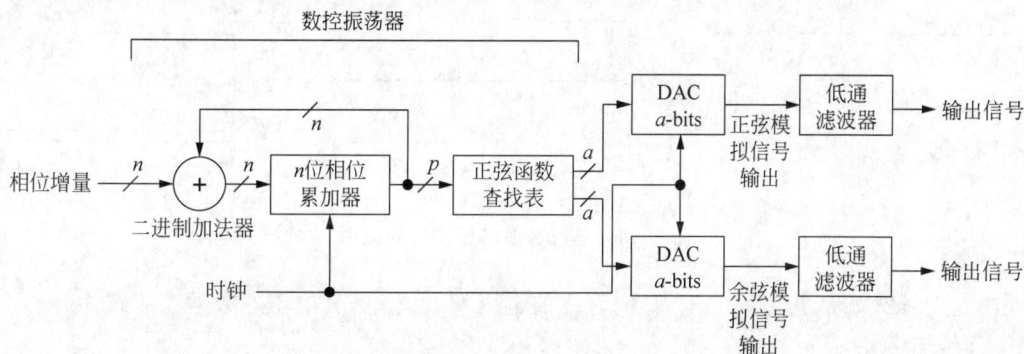

NCO 由 n 位相位累加器和 p 位正弦函数查找表组成，其中 $p \leqslant n$。为了产生正弦波，在每个时钟周期将 n 位相位增量添加到累加器。计数器的 2^n 计数范围对应 2π 弧度或输出正弦波的 1 个周期。如果计数器在每个时钟间隔递增 1，则输出波形的最大周期 $T_{\max}$（对应最小输出频率 $f_{\min}$）将为

$$T_{\max} = 2^n T_{\text{clk}} \quad \text{或} \quad f_{\min} = \frac{f_{\text{clk}}}{2^n}$$

其中 T_{clk} 是时钟周期，f_{clk} 是时钟频率。该最小输出频率表示 DDS 的频率分辨率。为了产生更高频率的信号，在每个时钟周期将更大的相位增量 N 添加到相位累加器，并且 $f_O = N f_{\min}$。例如，已知 $f_{\text{clk}} = 20\text{MHz}, n = 24$，则 $f_{\min} \approx 1.92\text{Hz}$。为了产生 10kHz 的正弦波，在每个时钟周期将相位增量 8839(10000/1.192) 添加到计数器。因为 f_{clk} 是 D/A 转换器的更新速率，根据奈奎斯特采样定理，可以产生的最高频率是时钟频率的一半（使用 $N = 2^{n/2}$）。

为了减小查找表的大小，仅使用相位累加器的高 p 位来寻址正弦函数查找表。利用 ROM 压缩技术来进一步减小 ROM 的大小。正弦函数查找表的输出是一个 a 位正弦波幅度的表示，其中 a 对应 DAC 的分辨率位数。信号相位和幅度的表示，如果受到 DAC 分辨率的限制会导致输出波形失真。低通滤波器有助于消除失真和与 DAC 更新速率相关的高频内容（f_{clk}）。有些 DDS 芯片提供两个 D/A 输出，产生具有非常精确 90° 相位关系的正弦波和余弦波，用于 RF 收发器中的同相(I)和正交(Q)信道。

当 $v_O = -V_{\text{EE}}$ 时，电路保持在静止状态。如果触发信号电压 v_T 小于节点 2 的电压，即

$$v_T < -\frac{R_1}{R_1 + R_2} V_{\text{EE}} = -\beta V_{\text{EE}} \tag{3.96}$$

二极管 D_1 截止。电容 C 通过 R 放电，直到 D_2 导通，将电容电压钳位在零值以下的二极管压降 V_D 处。此时，比较器的差分输入电压 v_{ID} 为

$$v_{\text{ID}} = -\beta V_{\text{EE}} - (-V_D) = -\beta V_{\text{EE}} + V_D \tag{3.97}$$

只要分压器的选值满足以下关系式

$$v_{\text{ID}} < 0 \quad \text{或} \quad \beta V_{\text{EE}} > V_D \quad \text{其中} \ \beta = \frac{R_1}{R_1 + R_2} \tag{3.98}$$

那么电路的输出就会有一个稳定态。

触发单稳态多谐振荡器

在触发输入端 v_T 施加一个正脉冲就可以触发单稳态多谐振荡，如图 3.63 所示。当触发脉冲大于电压 $-\beta V_{\text{EE}}$ 时，二极管 D_1 导通，将节点 2 的电压拉高，使其超过节点 3 的电压。此时，比较器的输出状态发生改变，同相输入端电压增至 βV_{CC}。于是二极管 D_1 截止，无论触发输入端有何改变，比较器均无反应。

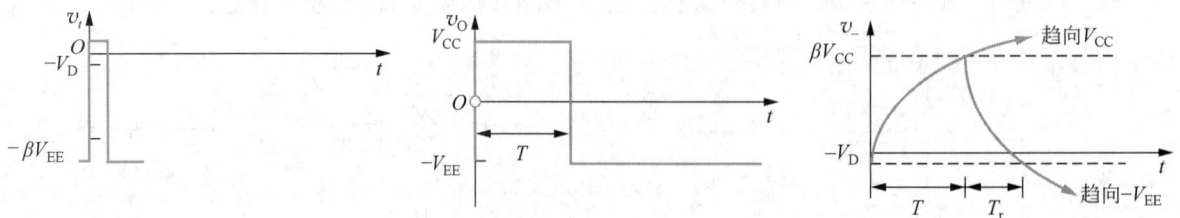

图 3.63 单稳态多谐振荡器的波形

现在电容电压开始从其初始值 $-V_D$ 向着终值电压 V_{CC} 充电，其电压的数学表达式为

$$v_C(t) = V_{CC} - (V_{CC} + V_D)\exp\left(-\frac{t}{RC}\right) \qquad (3.99)$$

其中时间原点($t=0$)对应触发脉冲的起点。然而,当电容电压达到 βV_{CC} 时,比较器状态在此改变。因此,脉冲宽度 T 可以由下式给出

$$\beta V_{CC} = V_{CC} - (V_{CC} + V_D)\exp\left(-\frac{T}{RC}\right) \quad \text{或} \quad T = RC\ln\frac{1 + \left(\dfrac{V_D}{V_{CC}}\right)}{1 - \beta} \qquad (3.100)$$

电路的输出为一个正向脉冲,脉冲的固定周期时间 T 由 R_1、R_2、R 和 C 的值决定。

电 子 应 用

信号发生器

模拟信号发生器

通常初级电子实验室的仪器会包含几种类型的低频函数发生器,它们可以产生方波、三角波、正弦波等波形,其频率最高可达数兆赫兹。近些年来,一些低成本的可视化函数发生器采用下图所示的单稳态多谐振荡器产生方波信号。多谐振荡器的频率由 R_3 或 C_3 决定。C_3 的变化范围通常在 10 倍左右,R_3 通常使用电位计来连续变化。单稳态多谐振荡器的输出端驱动运算放大器电路产生三角波。积分器的输出端可以通过一个低通滤波器或者分段线性整形电路产生低扭曲正弦波。

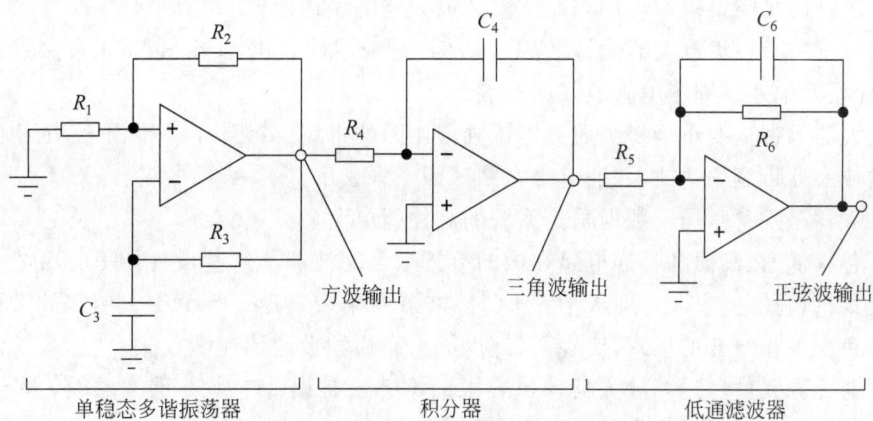

采用单稳态多谐振荡器、积分器及低通滤波器构成的简单函数发生器

为产生一个具有合适宽度的脉冲,在不同节点的电压重新回到它们的稳定值之前需要不断对电路进行触发。在输出电压返回到 $-V_{EE}$ 之后,电容从 βV_{CC} 向着终值电压 $-V_{EE}$ 充电,但是当二极管 D_2

开始导通之后便达到稳定状态。因此可用下式计算出恢复时间为

$$-V_D = -V_{EE} + (V_{EE} + \beta V_{CC}) \exp\left(-\frac{T_r}{RC}\right) \quad \text{和} \quad T_r = RC \ln \frac{1 + \beta\left(\dfrac{V_{CC}}{V_{EE}}\right)}{1 - \left(\dfrac{V_D}{V_{EE}}\right)} \tag{3.101}$$

练习：对于图 3.62 所示的单稳态多谐振荡电路，若 $V_{CC} = 5V = V_{EE}$，$R_1 = 22\mathrm{k}\Omega$，$R_2 = 18\mathrm{k}\Omega$，$R = 11\mathrm{k}\Omega$，$C = 0.002\mu\mathrm{F}$，则这一单稳态多谐振荡器电路的触发脉冲宽度是多少？触发脉冲之间的最小间隔是多少？

答案：$20.4\mu\mathrm{s}$；$33.4\mu\mathrm{s}$。

小结

第 3 章介绍了运算放大器的线性和非线性应用，下面将主要内容进行小结：

- 通常，只用一级放大器不能满足放大器系列设计的要求，需要将几级放大器级联起来以获得所需的结果。
- 级联放大器的二端口模型可用来简化整体放大器的表达形式。
- 书中给出了一个多级放大器设计的综合实例，并采用计算机 Spreadsheet 来探寻设计空时冗余度，在此设计中还研究了电阻容限的影响。
- 多级放大器的带宽要小于每级放大器单独使用时的带宽。推导了一个由 N 个相同放大器级联而成的放大器带宽表达式，并通过带宽缩减因子来表示。
- 仪表放大器是一种常用于数据采集系统的高性能电路。
- 介绍了包括低通、高通和带通电路在内的有源 RC 滤波器。这些设计用 RC 反馈电路和运算来替换庞大的电感，这些电感通常在 RLC 滤波器中用来确定音频范围。单级放大器有源滤波器采用正负反馈相结合的形式，实现了二阶低通、高通和带通传递函数。
- 滤波器对无源元件和运算放大器参数容限的敏感度是设计中需着重考虑的。多运算放大器相比单独运算放大器敏感度较低，设计也相对简易。
- 可通过幅度和频率的缩放来改变滤波器的阻抗水平和 ω_o，同时还不改变它的 Q 值。
- 在集成电路滤波器设计中，开关电容电路用一种电容和开关的组合来替换电阻。这些滤波器给出了连续 RC 滤波器的采样数据或离散时间的等价形式，可以与 MOS 集成电路工艺全面兼容，反相积分器和同相积分器都可用 SC 技术实现。
- 数/模转换器和模/数转换器又称为 DAC 和 ADC，为数字计算机和模拟信号世界之间搭建了桥梁。增益、偏移线性度和微分线性误差对两种类型的转换器而言都非常重要。
- 数/模转换器和模/数转换器的分辨率根据最低有效位（LSB）来测量。n 位转换器的 LSB 等于 $V_{FS}/2^n$，其中 V_{FS} 为转换器的满量程电压。转换器的最高有效位（MSB）等于 $V_{FS}/2$。
- 简单的 MOS DAC 可由权电阻、R-$2R$ 梯形电阻电路和倒置 R-$2R$ 梯形电阻电路及 MOS 晶体管开关构成。倒置 R-$2R$ 梯形电阻电路结构在梯形元器件中保持恒定电流。在 VLSI 中，基于权电容和 C-$2C$ 梯形电路形式的开关电容技术也广泛应用。

- 优质 DAC 具有单调输入输出特性。
- 基本的 ADC 电路是将一个未知输入电压与已知时变参考信号进行比较。在计数转换器和逐次逼近式转换器中,参考信号由数/模转换器提供。计数转换器按顺序将未知信号和数/模转换器的所有可能性进行比较,转换最多可能在 2^n 个时钟内完成。计数转换器较为简单,但是速度相对较慢,逐次逼近式转换器采用有效的二进制搜索算法来完成转换过程,仅需 n 个时钟周期,是一种十分流行的转换技术。
- 在单斜率和双斜率 ADC 中,参考电压是带有明确斜率的模拟信号,通常由带有恒定输入电压的积分器产生,单斜率转换器的数字输出受到积分时间常数绝对值的影响,双斜率转换器很大程度上削弱了这一问题,能够达到较高的微分和积分线性度,但速度上只能达到每秒几次的转换速率,双斜率转换器广泛用于高精度仪表系统中。对周期为积分时间整数倍的正弦信号的抑制,被称为常模抑制,它是积分转换器的重要特征之一。
- 速度最快的模/数转换技术是并行转换器或者叫作"快闪"转换器,这种技术可同时将未知电压和所有可能的量化值进行比较。转换速度仅受构成转换器的比较器和逻辑电路的速度限制。这种高速度要以提高硬件复杂性为代价。
- 优质 ADC 的线性和微分线性误差要小于 1/2LSB,并且没有丢码。
- 模/数转换器需要用到比较器电路,将一个未知输入电压与精确参考电压进行比较。比较器可以看作一个具有高增益、高速度且无反馈的运算放大器。
- 在被称为振荡器的电路中,反馈事实上为正或者是可再生的,这样在无输入信号的情况下仍能产生输出信号,振荡器的巴克豪森准则认为,在某一频率下,围绕反馈环路的相移必须是 360° 的整数倍,并且在这一频率下回路增益必须是 1。
- 振荡器用某种形式的选频反馈来决定振荡频率; RC 和 LC 电路及石英晶体都可用来设定振荡器的频率。
- 维恩电桥和相移振荡器是用 RC 电路来设置振荡器频率的实例。
- 对于真正的正弦振荡,振荡器的极点必须恰好落在 s 平面的 $j\omega$ 轴上。否则,将会出现失真。为了得到正弦振荡,通常需要采用一些振幅稳定电路。这种稳定电路可能直接来自电路中晶体管的固有非线性特性,或者来自额外的增益控制电路。
- 本章还介绍了运算放大器非线性电路的应用,包括几种精密整流电路。
- 多谐振荡器电路可用于产生不同形式的单脉冲。双稳态施密特触发器电路有两种稳定状态,常被用于处在噪声环境下的比较器中。单稳态多谐振荡器用于产生已知持续时间的单脉冲。非稳态多谐振荡器没有稳定状态,它持续振荡,可以产生方波输出。

关键词

Active Filters	有源滤波器
Amplitude Stabilization	振幅稳定性
Analog-to-Digital Converter(ADC or A/D converter)	模/数转换器
Astable Circuit	非稳态电路
Astable Multivibrator	非稳态多谐振荡器
Band-Pass Filter	带通滤波器

Barkhausen Criteria for Oscillation	振荡器的巴克豪森准则
Bistable Circuit	双稳态电路
Bistable Multivibrator	双稳态多谐振荡器
Butterworth Filter	巴特沃思滤波器
C-$2C$ Ladder DAC	C-$2C$ 梯形电路数/模转换器
Comparator	比较器
Conversion Time	转换时间
Counter-Ramp Converter	反斜坡转换器
Delta-Sigma ADC	模/数转换器
Differential Linearity Error	差分线性误差
Digital-to-Analog Converter(DAC or D/A converter)	数/模转换器
Differential Subtractor	差分减法器
Dual-Ramp(dual-slope)ADC	双斜坡（双斜率）模/数转换器
Flash Converter	快闪转换器
Frequency Scaling	频率范围
Full-Scale Current	满度电流
Full-Scale Voltage	满度电压
High-Pass Filter	高通滤波器
Hysteresis	迟滞效应
Integral Linearity Error	积分线性误差
Integrator	积分器
Inverted R-$2R$ Ladder	反相 R-$2R$ 梯形网络
Inverting Amplifier	反相放大器
Inverting Input	反相输入
Least Significant Bit(LSB)	最低有效位(LSB)
Linearity Error	线性误差
Loop Gain($A\beta$)	回路增益($A\beta$)
Loop Transmission(T)	传输回路(T)
Low-Pass Filter	低通滤波器
Magnitude Scaling	幅度范围
Maximally Flat Magnitude	最大平坦性
-1 Point	-1 点
Missing Code	遗漏码
Monostable Circuit	单稳态电路
Monostable Multivibrator	单稳态多谐振荡器
Monotonic Converter	单调转换器
Mast Significant Bit(MSB)	最大有效位(MSB)
Negative Feedback	负反馈
Noninverting Integrator	同相积分器

Nonmonotonic Converter	非单调转换器
Normal-Mode Rejection	常模抑制
Notch Filter	陷波滤波器
One Shot	单击器
Open-Circuit Voltage Gain	开路电压增益
Open-Loop Amplifier	开环放大器
Open-Loop Gain	开环增益
Operational Amplifier(op amp)	运算放大器
Oscillator Circuits	振荡器电路
Oscillator	振荡器
Phase-Shift Oscillator	相移振荡器
Positive Feedback	正反馈
Precision Half-Wave Rectifier	精确半坡整流器
Quantization Error	量化误差
R-$2R$ Ladder	R-$2R$ 梯形网络
RC Oscillator	RC 振荡器
Reference Current	基准电流
Reference Transistor	晶体管参考设计
Reference Voltage	参考电源
Regenerative Feedback	再生反馈
Resolution of the Converter	转换器的分辨率
Sample-and-Hold Circuit	采样保持电路
Schmidt Trigger	施密特触发器
Sensitivity	灵敏度
Single Shot	单击器
Single-Ramp(Single-Slope)ADC	单斜坡 ADC
Sinusoidal Oscillator	正弦振荡器
Stray-Insensitive Circuits	杂散电容不敏感电路
Successive Approximation Converter	逐次逼近式转换器
Superdiode	超级二极管
Superposition Errors	叠加误差
Switched-Capacitor Integrator	开关电容积分器
Switched-Capacitor Filters	开关电容滤波器
Switched-Capacitor(SC)Circuits	开关电容电路
Triggering	触发器
Two-Phase Nonoverlapping Clock	双相非重叠时钟
Two-Port Model	二端口模型
Weighted-Capacitor DAC	权电容数/模转换器
Weighted-Resistor DAC	权电阻数/模转换器

Wien-Bridge Oscillator   维恩桥振荡器

参考文献

1. Franco, Sergio, *Design with Operational Amplifiers and Analog Integrated Circuits*, Third Edition, McGraw-Hill, New York：2001.

2. Ghausi, M. S. and K. R. Laker. *Modern Filter Design—Active RC and Switched Capacitor*. Prentice-Hall, Englewood Cliffs, NJ：1981.

3. Gray, P. R. , P. J. Hurst, S. H. Lewis, and R. G. Meyer, *Analysis and Design of Analog Integrated Circuits*, Fourth Edition, John Wiley and Sons, New York：2001.

4. Huelsman, L. P. and P. E. Allen. *Introduction to Theory and Design of Active Filters*. McGraw-Hill, New York：1980.

5. Kennedy, E. J. *Operational Amplifier Circuits—Theory and Applications*. Holt, Rinehart and Winston, New York：1988.

习题

§3.1 级联放大器

3.1 在图 3.1 中给出了 7 种放大器结构，请再找出两种可能的结构。

3.2 一个放大器由两个运算放大器级联而成，如图 P3.1 所示。(a)将每一个放大器用二端口模型表示；(b)利用(a)中的电路模型求出整体二级放大器的二端口表示(A_v、R_{in}、R_{out})；(c)画出整个二级放大器的二端口模型电路图。

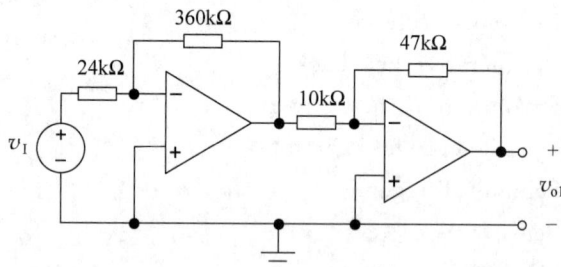

3.3 图 P3.2 所示的放大器由两个运算放大器级联而成。(a)将每一级放大器用二端口表示；(b)利用(a)中的电路模型求出三级放大器总的二端口表示(A_v、R_{in}、R_{out})；(c)画出整个三级放大器的二端口模型电路图。

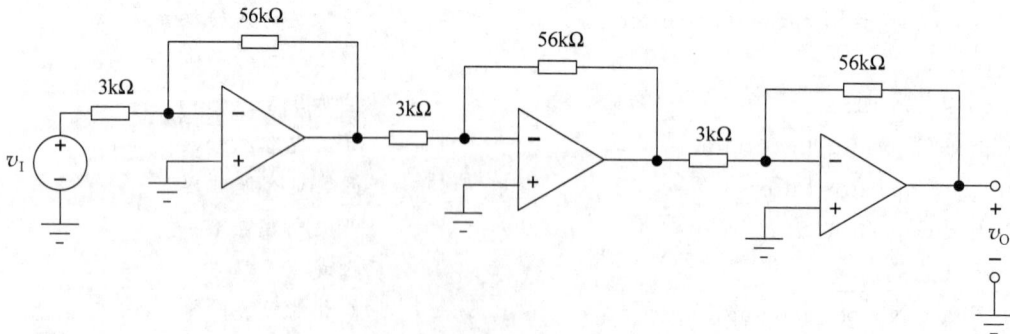

图   P3.1

图   P3.2

3.4 图 P3.1 所示的放大器由两个运算放大器级联而成。针对下述情况计算该放大器的电压增益、输入电阻和输出电阻。(a)如果两个运算放大器都为理想运算放大器;(b)如果两个运算放大器的开环增益为 10^5、输入电阻为 $500\text{k}\Omega$、输出电阻为 200Ω;(c)如果交换两级放大器的顺序,画出新的电路并重新解答(a)和(b)。

3.5 图 P3.3 所示的放大器由两个运算放大器级联而成,针对下述情况计算该放大器的电压增益、输入电阻和输出电阻。(a)如果两个运算放大器都为理想运算放大器;(b)如果两个运算放大器的开环增益为 86dB、输入电阻为 $250\text{k}\Omega$、输出电阻为 100Ω;(c)如果交换两级放大器的顺序,画出新的电路并重新解答(a)和(b)。

3.6 图 P3.4 所示的放大器由两个运算放大器级联而成,针对下述情况计算该放大器的电压增益、输入电阻和输出电阻。(a)如果两个运算放大器都为理想运算放大器;(b)如果两个运算放大器的开环增益为 106dB、输入电阻为 $300\text{k}\Omega$、输出电阻为 200Ω;(c)如果交换两级放大器的顺序,画出新的电路并重新解答(a)和(b)。

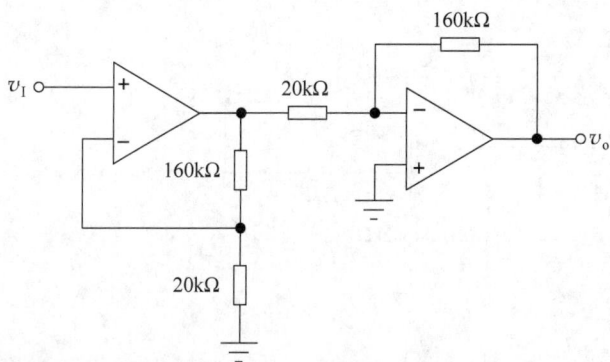

图 P3.3

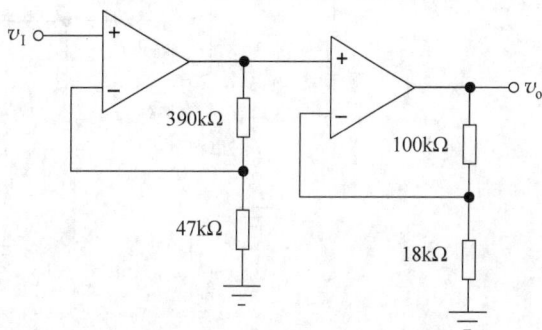

图 P3.4

3.7 图 P3.2 所示的放大器由两个运算放大器级联而成,针对下述情况计算该放大器的电压增益、输入电阻和输出电阻。(a)如果两个运算放大器都为理想运算放大器;(b)如果两个运算放大器的开环增益为 94dB、输入电阻为 $400\text{k}\Omega$、输出电阻为 250Ω。

3.8 假设图 P3.2 所示的两个运算放大器为理想运算放大器,电源电压为 ±12V。(a)如果输入电压为 1mV,那么电路中 8 个节点上的电压分别为多少?(b)如果输入电压为 3mV 呢?(c)如果输入电压为 2mV 且开环增益为 80dB 呢?

3.9 图 P3.5 所示的放大器由 3 个运算放大器级联而成,在下述两种情况下输入电阻和输出电阻为多少?(a)如果两个运算放大器为理想运算放大器;(b)如果两个运算放大器的开环增益为 94dB、输入电阻为 $400\text{k}\Omega$、输出电阻为 250Ω。

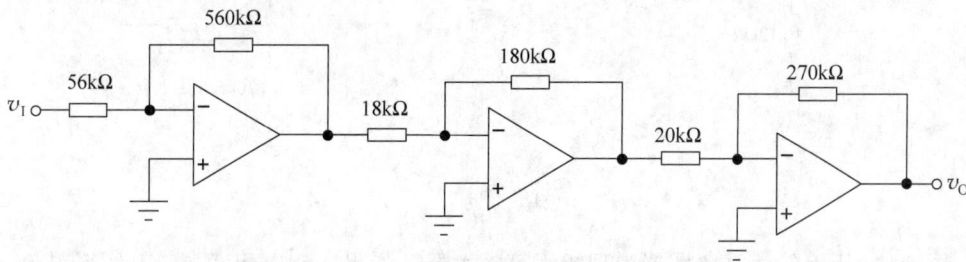

图 P3.5

3.10 假设图 P3.5 所示的 3 个运算放大器都为理想运算放大器，电源电压为 ±12V。(a)假设输入电压为 5mV，则电路中 8 个节点上的电压分别为多少？(b)如果输入电压为 10mV 呢？(c)如果输入电压为 10mV 且开环增益为 80dB 呢？

3.11 在图 P3.2 中，如果用 3.9kΩ 的电阻替换 3kΩ 的电阻，那么整个三级放大器的 A_v、R_{in}、R_{out} 分别为多少？

3.12 为了使整个三级放大器的增益为 40dB，需要将图 P3.2 中的 2kΩ 电阻替换为阻值为多少的电阻？新的 R_{in} 又为多少？

3.13 图 P3.5 所示的运算放大器为理想运算放大器。如果所有电阻都具有 5% 容限值，那么整个放大器的电压增益、输入电阻和输出电阻的标称值、最小值和最大值分别为多少？

3.14 图 P3.6 所示的运算放大器为理想运算放大器，则(a)整个放大器的电压增益、输入电阻和输出电阻为多少？(b)如果输入电压 $v_I = 1mV$，那么放大器电路中 8 个节点上的电压分别为多少？

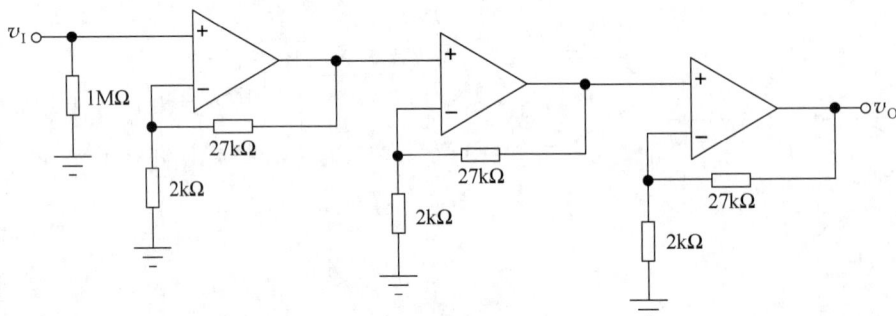

图 P3.6

3.15 如果将 2kΩ 电阻全都替换成 3kΩ 电阻，将 1MΩ 电阻替换成 470kΩ 电阻，重复习题 3.14。

3.16 图 P3.6 所示的运算放大器为理想运算放大器。如果所有电阻都具有 2% 容限值，那么整个放大器的电压增益、输入电阻和输出电阻的标称值、最小值和最大值分别为多少？

3.17 图 P3.7 所示的运算放大器为理想运算放大器。则(a)整个放大器的电压增益、输入电阻和输出电阻分别为多少？(b)如果输入电压 $v_I = 0.004V$，那么放大器电路中 8 个节点上的电压分别为多少？

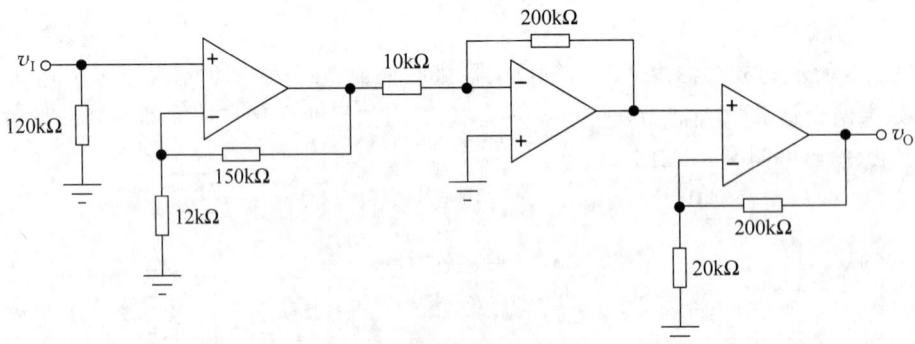

图 P3.7

3.18 图 P3.7 所示的运算放大器为理想运算放大器。如果所有电阻都具有 1% 容限值，那么整个放大器的电压增益、输入电阻和输出电阻的标称值、最小值和最大值分别为多少?

3.19 在图 P3.1 中,如果运算放大器的 $A_o = 86\text{dB}$、$f_T = 3\text{MHz}$,那么整个放大器中各级的增益和带宽各为多少?(a)此二级放大器的总增益和带宽为多少?(b)对图 P3.3 中放大器重复这一计算;(c)对图 P3.4 中放大器重复这一计算。

3.20 (a)在图 P3.2 中,如果运算放大器的 $A_o = 10^5$,$f_T = 3\text{MHz}$,那么整个放大器中各级的增益和带宽各为多少?(b)此三级放大器的总增益和带宽为多少?

3.21 在图 P3.6 中,如果运算放大器的 $A_o = 86\text{dB}$、$f_T = 5\text{MHz}$,那么整个放大器中各级的增益和带宽各为多少?此三级放大器的总增益和带宽为多少?

3.22 在图 P3.7 中,如果运算放大器的 $A_o = 80\text{dB}$、$f_T = 5\text{MHz}$,那么整个放大器中各级的增益和带宽各为多少?此三级放大器的总增益和带宽为多少?

3.23 图 P3.8 所示的运算放大器的各参数为 $A_o = 86\text{dB}$、$R_{id} = 250\text{k}\Omega$、$R_O = 200\Omega$、$f_T = 3\text{MHz}$,供电电压为 $\pm15\text{V}$。(a)整个放大器的电压增益、输入电阻、输出电阻和带宽各为多少?(b)假设每个运算放大器的漂移电压在运算放大器的正输入端为 10mV。如果输入电压 $v_I = 0\text{V}$,那么这一放大器电路中 10 个节点上的电压(3 位有效数字)各为多少?

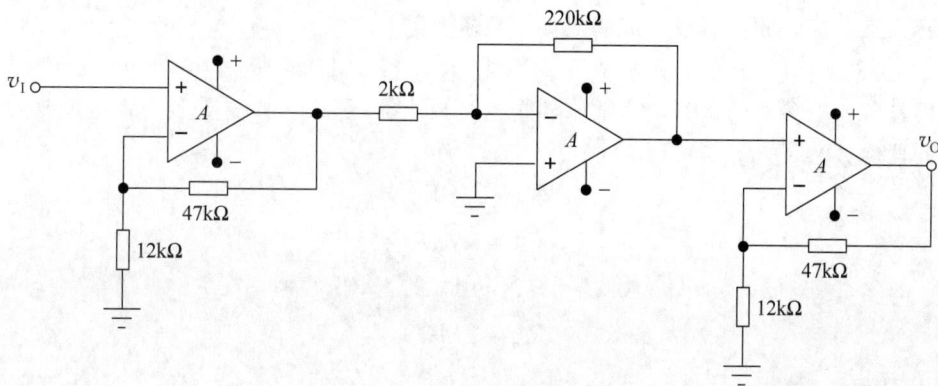

图 P3.8

3.24 在习题 3.23 中,如果所有电阻都具有 10% 容限值,那么整个放大器的电压增益、输入电阻和输出电阻的标称值、最小值和最大值各为多少?

3.25 某级联放大器设计成满足以下要求:$A_v = 5000$,$R_{in} \geqslant 10\text{M}\Omega$,$R_{out} \leqslant 0.1\Omega$。如果必须采用如下所示的运算放大器参数来实现这一放大器,那么一共需要多少级级联?由于带宽的要求,假设各级的增益都不超过 50。

运算放大器参数:$A_o = 85\text{dB}$

$$R_{id} = 1\text{M}\Omega$$

$$R_o = 100\Omega$$

$$R_{ic} \geqslant 1\text{G}\Omega$$

3.26 利用如下所示的运算放大器参数设计一个多级放大器,并满足以下要求:

$$A_v = 86\text{dB} \pm 1\text{dB} \quad R_{in} \geqslant 10\text{k}\Omega$$

$$R_{out} \leqslant 0.01\Omega \quad f_H \geqslant 75\text{kHz}$$

则放大器最少应采用多少级来满足设计要求(采用 Spreadsheet 或简单的计算机程序会有助于答案的求

解）。

运算放大器参数：

$$A_o = 10^5$$
$$R_{id} = 10^9 \Omega$$
$$R_o = 50\Omega$$
$$GBW = 1MHz$$

3.27 (a)设计习题 3.26 中的放大器，包括各级中反馈电阻的值；(b)如果运算放大器的 $f_T = 5MHz$，那么放大器的带宽是多少？

3.28 对表 3.6 中的正常 6 级级联放大器的频率响应进行仿真。利用图 2.51 所示的宏模型表示放大器。

3.29 采用 SPICE 中的 μA741 运算放大器模型对表 3.6 中 6 级级联放大器进行频率响应仿真。

3.30 利用 SPICE 中的蒙特卡洛分析对表 3.6 中 6 级级联放大器的工作原理进行 1000 次可能情况仿真。假设所有电阻和电容都具有 5% 容限值，且每个运算放大器的开环增益和带宽具有 50% 容限。均匀统计分布，那么所观察到的整个放大器的增益和带宽的最小值和最大值为多少？

3.31 已知某个级联放大器设计成满足如下要求：

$$A_v = 60dB \pm 1dB \quad R_{in} = 27k\Omega \quad R_{out} \leqslant 0.1\Omega \quad 带宽 = 20kHz$$

如果必须采用具备如下参数的运算放大器来实现这一放大器，那么一共需要多少级运算放大器级联？

运算放大器参数：

$$A_o = 85dB$$
$$f_T = 5MHz$$
$$R_o = 100\Omega$$
$$R_{id} = 1M\Omega$$
$$R_{ic} \geqslant 1G\Omega$$

3.32 设计习题 3.31 中的放大器，包括每一级中反馈电阻的值。

3.33 对 6 级联放大器实例进行蒙特卡洛分析，得到的结果如表 3.4 和表 3.5 所示，其中放大器增益和带宽不能满足要求。假设电阻的阻值在允许范围内均匀分布，且有 $A_v \geqslant 100dB$ 和 $f_H \geqslant 50kHz$。要保证不能同时符合两项设计要求的放大器比例低于 0.1%，则必须选用的容限值为多少？可用如下等式估算 N 个相隔很近的极点的半功率频率，其中 $\overline{f_{H1}}$ 为 N 个放大器的截止频率均值，f_{H1}^i 为第 i 级的截止频率。已知：

$$f_H = \overline{f_{H1}} \sqrt{2^{1/N} - 1}$$

其中，

$$\overline{f_{H1}} = \frac{1}{N} \sum_{i=1}^{N} f_{H1}^i$$

3.34 (a)试证明，要令一个由相同同相放大器级联而成且增益为 G 的放大器的带宽达到最优值，需要级联的 N 值为

$$N = \frac{\ln 2}{\ln \left[\dfrac{\ln G}{\ln G - \ln \sqrt{2}} \right]}$$

(b)计算例 3.3 中放大器的 N 值。

§3.2 仪表放大器

3.35 对于图 3.4 所示的仪表放大器,如果 $R_1 = 1.5\text{k}\Omega$, $R_2 = 75\text{k}\Omega$, $R_3 = 10\text{k}\Omega$ 及 $R_4 = 10\text{k}\Omega$,那么其电压增益为多少? 如果 $v_1 = (2 + 0.1\sin2000\pi t)\text{V}$, $V_2 = 2.1\text{V}$,则其输出电压为多少?

3.36 对于图 3.4 所示的仪表放大器,如果 $R_1 = 15\text{k}\Omega$, $R_2 = 75\text{k}\Omega$, $R_3 = 10\text{k}\Omega$ 及 $R_4 = 20\text{k}\Omega$,那么其电压增益为多少? 如果 $v_1 = (4 - 0.2\sin4000\pi t)\text{V}$, $v_2 = 3.5\text{V}$,则其输出电压为多少?

3.37 对于图 3.4 所示的仪表放大器,如果运算放大器参数为 $A = 8 \times 10^4$, $R_{id} = 1\text{M}\Omega$, $R_{ic} = 800\text{M}\Omega$ 及 $R_o = 100\Omega$,那么该仪表放大器的两个输入电阻 R_{in1}、R_{in2} 和输出电阻 R_{out} 的实际值各为多少? 假设 $R_1 = 2\text{k}\Omega$, $R_2 = 42\text{k}\Omega$ 及 $R_3 = R_4 = 10\text{k}\Omega$。

3.38 图 P3.9 所示的仪表放大器, $v_a = 5.02\text{V}$, $v_b = 4.98\text{V}$。试求出节点电压 v_1、v_2、v_3、v_4、v_5、v_6、v_o 及电流 i_1、i_2 和 i_3。该放大器的共模增益、差模增益及 CMRR 各为多少? 假设运算放大器为理想运算放大器。

3.39 图 P3.9 所示的仪表放大器,如果 $v_a = 3\text{V}$, $v_b = 3\text{V}$。试求出节点电压 v_1、v_2、v_3、v_4、v_5、v_6、v_o 及电流 i_1、i_2 和 i_3。

§3.3 有源滤波器

3.40 (a)利用图 3.5 所示电路重新设计例 3.6 中具有最大平坦性幅值响应的二阶低通滤波器,要求 $f_o = 25\text{kHz}$。假设 $C = 0.005\mu\text{F}$。滤波器的带宽为多少? (b)利用频率缩放技术将 f_o 改变至 50kHz。

3.41 (a)利用 MATLAB 或其他计算机工具绘制出习题 3.40 中滤波器的伯德图,假设运算放大器为理想运算放大器;(b)利用 SPICE 对习题 3.40 中滤波器的特性进行仿真,采用 μA741 运算放大器;(c)试讨论 SPICE 结果与理想响应曲线之间的不同之处。

3.42 试推导出图 3.5 中滤波器输入阻抗的表达式。

3.43 利用 MATLAB 或其他计算机工具绘制出图 3.5 中低通滤波器的输入阻抗与频率的关系曲线,其中 $R_1 = R_2 = 2.26\text{k}\Omega$, $C_1 = 0.02\mu\text{F}$, $C_2 = 0.01\mu\text{F}$。

3.44 (a)图 P3.10 中低通滤波器的传递函数为什么? (b)如果 $R_1 = R_2$ 且 $C_1 = C_2$,则该滤波器的 S_k 的 Q 次方为多少?

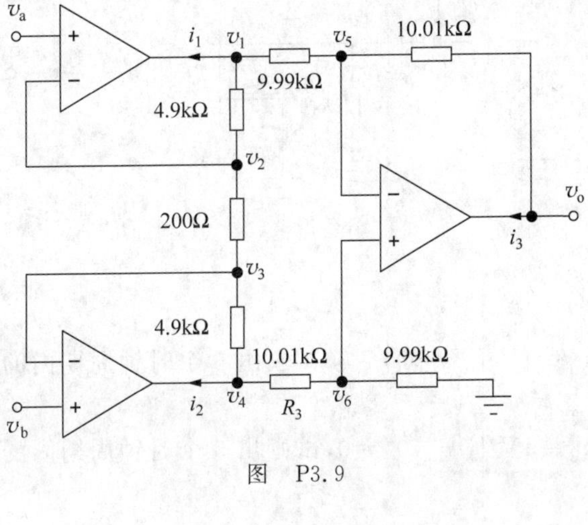

图 P3.9

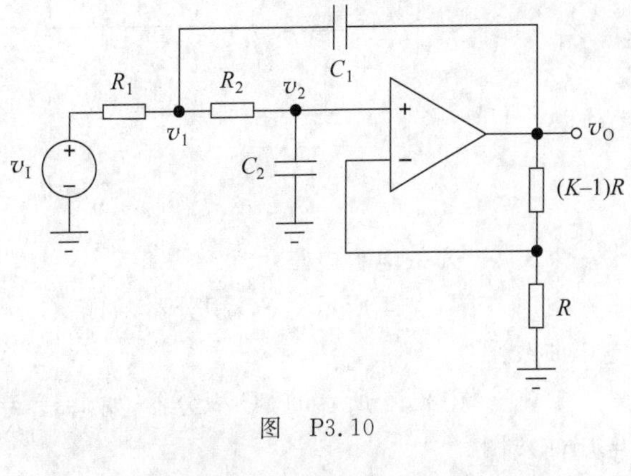

图 P3.10

3.45 图 3.7 中的高通滤波器的 $s_{R_1}^{\omega_o}$、$s_{C_1}^{\omega_o}$ 表达式各为什么？

3.46 如果 $C_1 = C_2$，则图 3.9 中带通滤波器的 $s_Q^{\omega_o}$ 为多少？如果 $f_o = 12\text{kHz}$ 且 $Q = 10$ 呢？

3.47 利用图 3.5 所示电路设计一个具有最平整幅值响应的二阶低通滤波器，要求带宽为 2kHz。

3.48 利用图 3.7 所示电路设计一个高通滤波器，要求下半功率频率为 24kHz 且 $Q = 1$。

3.49 (a)对于图 3.9 所示的带通滤波器，如果 $R_{th} = 1\text{k}\Omega$，$R_2 = 200\text{k}\Omega$，$C_1 = C_2 = 220\text{pF}$，试计算出其 f_o、Q 及带宽；(b)利用幅值缩放改变元器件的值，使得 $R_{th} = 3.3\text{k}\Omega$；(c)利用频率缩放，将(a)中滤波器的 f_o 翻倍。

3.50 (a)利用图 3.9 所示电路设计一个带通滤波器，要求中心频率为 600Hz 且 $Q = 5$，其中 $R_3 = \infty$，则此滤波器的带宽为多少？(b)利用频率缩放将 f_o 改变至 2.25kHz。

3.51 (a)利用 MATLAB 或其他计算机工具绘制出习题 3.49(a)中滤波器响应的伯德图，假设运用理想运算放大器；(b)利用 SPICE 对习题 3.49(a)中滤波器的特性进行仿真，采用 μA741 运算放大器。SPICE 仿真结果与理想响应曲线之间有何不同之处？

3.52 利用图 3.9 所示电路设计两个相同的带通滤波器，满足 $\omega_o = 1$ 且 $Q = 3$，$C_1 = C_2$，$R_3 = \infty$。如果将两个滤波器级联，那么所得整个滤波器的中心频率、Q 值和带宽为多少？试写出滤波器的传递函数表达式。

3.53 利用 MATLAB 或其他计算机工具绘制出习题 3.52 中两级滤波器的伯德图。

3.54 某两级滤波器的第一级由一个 $f_o = 5\text{kHz}$ 且 $Q = 5$ 的带通滤波器构成。第二级也是一个带通滤波器，只不过其 $f_o = 6\text{kHz}$ 且 $Q = 5$。如果滤波器采用图 3.9 所示的结构，并有 $C_1 = C_2$ 和 $R_3 = \infty$，那么所构成两级滤波器的中心频率、Q 和带宽各为多少？

3.55 利用 MATLAB 或其他计算机工具绘制出习题 3.54 中两级滤波器的伯德图。

3.56 试写出图 3.44 中滤波器回路增益的表达式。

3.57 试写出图 P3.11 中有源低通滤波器的回路增益表达式。

3.58 试写出图 P3.12 中有源高通滤波器的回路增益表达式。

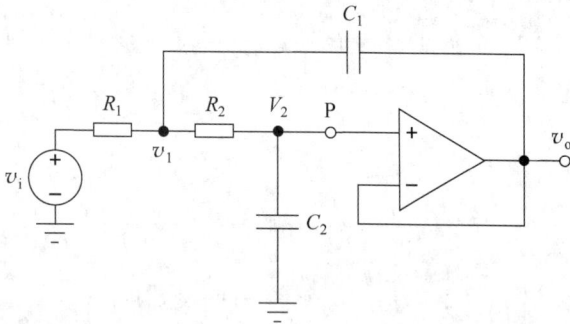

图 P3.11

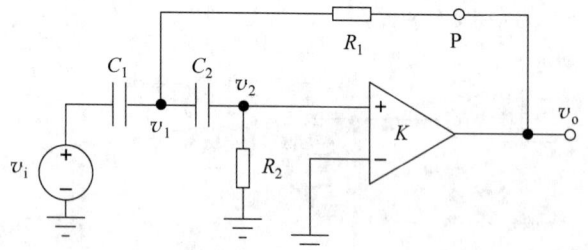

图 P3.12

§3.4 开关电容电路

3.59 图 3.14 所示的 SC 积分器，如果 $C_1 = 4C_2$，$v_I = 1\text{V}$ 且 $v_o(0) = 0$，试画出 5 个时钟周期内的电压曲线图。

3.60 图 3.15 所示的 SC 积分器，如果 $C_1 = 4C_2$、$v_I = 1\text{V}$ 且 $v_o(0) = 0$，试画出 5 个时钟周期内的电压曲线图。

3.61 (a)图 3.13 所示的 SC 积分器,如果 $C_1=4C_2$,为图 P3.13 所示信号,试画出 5 个时钟周期内的输出电压曲线;(b)对于图 3.15 所示的积分器重复步骤(a)。

3.62 (a)图 3.11 所示的 SC 积分器,如果 $C_1=1\text{pF}$,$C_2=0.2\text{pF}$,$v_1=1\text{V}$ 且每一个电容 C_1 每一个之间存在杂散电容 $C_S=0.1\text{pF}$,那么在一个时钟周期结束后积分器的输出电压为多少?(b)对图 3.15 所示的积分器重复步骤(a)。

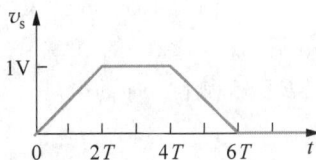

3.63 (a)对习题 3.62(a)中的积分器进行两个时钟周期的仿真,NMOS 晶体管的宽长比为 $W/L=2/1$,时钟频率为 100kHz,其上升时间和下降时间均为 $0.5\mu s$;(b)对习题 3.59(b)中电路重复步骤(a)。

图 P3.13

3.64 图 3.17 所示的开关电容带通滤波器,如果 $C_1=0.4\text{pF}$,$C_2=0.4\text{pF}$,$C_3=1\text{pF}$,$C_4=0.1\text{pF}$,且 $f_c=100\text{kHz}$,那么其中心频率和带宽为多少?

3.65 画出用开关电容电路实现图 3.5 所示低通滤波器的电路。

§3.5 数/模转换

3.66 画出一个 $V_{OS}=0.5\text{LSB}$ 且无增益误差的 DAC 的传输函数曲线,与图 3.19 类似。

3.67 (a)如果 $V_{REF}=2.56\text{V}$,输入的数据为 0110,那么图 P3.14 中 4 位 DAC 的输出电压为多少?(b)假设将输入数据改为 1001,那么新的输出电压为多少?(c)制作一个表格,列出所有 16 种可能输入情况下的输出电压值。

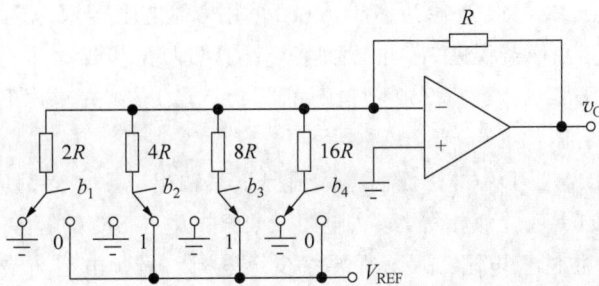

图 P3.14

3.68 假设图 P3.14 中运算放大器的漂移电压为 5mV,反馈电阻的值改为 $1.05R$,那么该 DAC 的偏移误差和增益误差为多少?

3.69 在下面的表格中,补充 DAC 的步长大小、差分线性误差和积分线性误差中缺失的内容。

二进制输入	DAC 输出电压	步长大小/LSB	微分线性误差/LSB	积分线性误差
000	0.0000			0.00
001	0.1000			
010	0.3000			
011	0.3500			
100	0.4750			
101	0.6300			
110	0.7250			
111	0.8750			0.00

3.70 图 P3.15 所示的 $R\text{-}2R$ 梯形戴维南等效电路，如果 $V_{REF}=2.5V$，求出 0001、0010、0100 和 1000 这 4 个输入所对应的输出电压。

3.71 图 P3.15 中的开关可用 MOSFET 来实现，如图 P3.16 所示。如果晶体管的导通电阻要求小于电阻 $2R=12k\Omega$ 的 1%，则晶体管的 W/L 值必须为多少？已知 $V_{REF}=3.0V$，假设当 $b_1=1$ 时 MOSFET 栅极上施加的电压为 5V。当 $b_1=0$ 时，MOS 管栅极上施加的电压为 0V。对于 MOSFET 管，有 $V_{TN}=1V$，$K_n'=50\mu A/V^2$，$2\phi_P=0.6V$，$\gamma=0.5V^{1/2}$。

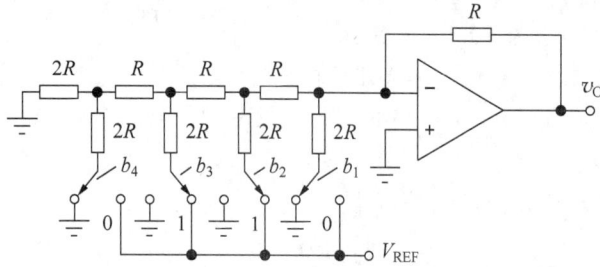

图 P3.15

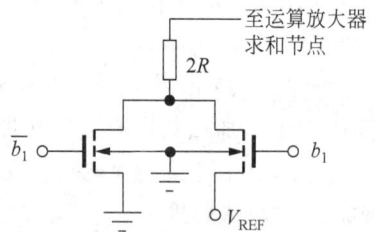

图 P3.16

3.72 采用标准 5% 电阻构建一个与图 3.67 类似的 3 位权电阻 DAC，其中 $R=1.2k\Omega$，$2R=2.4k\Omega$，$4R=4.8k\Omega$，$8R=9.1k\Omega$。(a)参照表 3.8 的方法，列表显示该转换器的正常输出值。在正常电阻值下，微分线性误差和积分线性误差各为多少？(b)采用 5% 电阻容限电阻，最差情况下的线性误差为多少？（注意，该转换器存在增益误差，因此必须重新计算"理想"步长大小，其值不是 0.125V）

3.73 对习题 3.67 中的 DAC 进行 200 种情况的蒙特卡洛分析，并求出 DAC 的最差情况微分线性误差，假设采用 5% 的电阻容限值。

3.74 对于一个 3 位权电阻 DAC，在任何输入情况下其输出电压误差都应小于 V_{REF} 的 5%。如果每个电阻对输出电压误差的贡献近似相等，那么电阻 R、$2R$、$4R$ 和 $8R$ 的容差各为多少？

3.75 要实现一个 11 位的权电阻 DAC，需要多少个电阻？最大电阻与最小电阻的比值为多少？

3.76 将图 P3.17 中 3 位 DAC 的 8 个二进制输入对应的输出电压以表格形式列出，并求出在 $V_{REF}=5V$，$R_{REF}=250\Omega$ 及 $R=1.2188k\Omega$ 的情况下微分线性误差和积分线性误差。

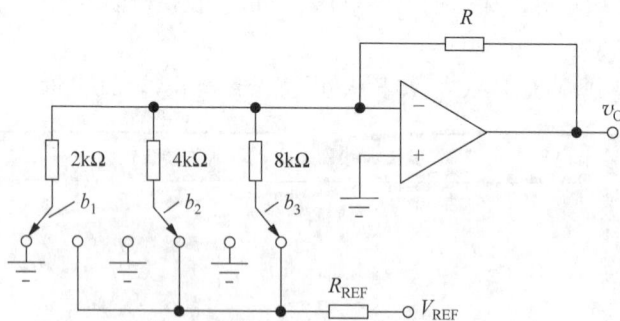

图 P3.17

3.77 假设图 P3.17 中 DAC 的每个开关具有导通电阻为 200Ω。(a)要获得零增益误差，R 的值应为多少？(b)如果 $V_{REF}=5V$，$R_{REF}=0\Omega$，求微分线性误差和积分线性误差；(c)如果 $R_{REF}=250\Omega$，重复步骤(c)。

3.78 对习题 3.76 中的 DAC 进行 200 种情况的蒙特卡洛分析,求出 DAC 的最差情况微分线性误差和积分线性误差,假设采用 10% 的电阻容限值。

3.79 (a)试推导出 n 位权电容 DAC 的总电容表达式;(b)推导 n 位 C-$2C$ 型 DAC 的总电容表达式。

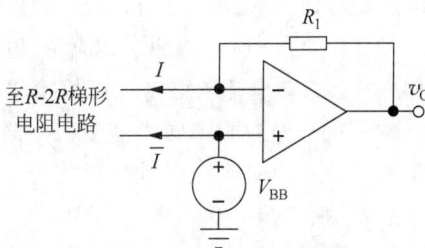

图 P3.18

3.80 对于图 3.26(b)所示的 C-$2C$ 型 DAC,当 b_3 开关从 0 转换至 1,然后又返回至 0 时,对其进行瞬态仿真,其中 $C=0.5\text{pF}$、$R_{\text{REF}}=5\text{V}$,用图 3.71 所示的 NMOS 晶体管为开关建模,且 $W/L=10/1$。

3.81 如图 P3.18 所示,已知由 $R=2.5\text{k}\Omega$、$V_{\text{BB}}=-2.5\text{V}$ 的 3 位 R-$2R$ 倒梯形电路已经连接到运算放大器的输入端。试画出完整 DAC 的电路图。如果 $R_1=5\text{k}\Omega$,请给出输出电压值与输入编码的对应关系表。

3.82 假设采用图 3.25 所示的固有单调电路来构建一个 10 位 DAC。(a)如果电阻材料的方块电阻(Sheet Resistance)为 $50\Omega/\text{square}$,且 $R=500\text{k}\Omega$,试估算整个电阻串(Resistor String)一共需要多少个方块?(b)如果电阻的最小宽度为 $2.5\mu\text{m}$,那么所需电阻串的长度为多少?

§3.6 模/数转换

3.83 $V_{\text{FS}}=5.12\text{V}$ 的 14 位 ADC 的输出编码为 10101110110010,其可能的输入电压范围是多少?

3.84 一个 20 位 ADC 的 $V_{\text{FS}}=2\text{V}$。(a)LSB 的值为多少?(b)输入电压 1.6305V 对应的 ADC 输出编码为多少?(c)输入电压 0.99703V 对应的 ADC 输出编码为多少?

3.85 试画出一个理想 3 位 ADC 的传递函数和量化误差曲线,要求图中没有图 3.28 所示的 0.5LSB 偏移(也就是说,第一个代码转换发生在 $D_r=V_{\text{FS}}/8$ 位置处)。为什么图 3.28 所示的设计要好一些呢?

3.86 一个 $V_{\text{FS}}=5\text{V}$、$f_c=1\text{MHz}$ 的 12 位计数转换器的输入电压为 $V_X=3.76\text{V}$。(a)对应的输出编码为多少? 如果 $f_c=1\text{MHz}$,对应 V_X 输入的转换时间 T_T 为多少? (b)当 $V_X=4.333\text{V}$ 时,重复上述计算。

3.87 一个 $V_{\text{FS}}=5.12\text{V}$ 的 10 位计数转换器采用的时钟频率为 1MHz,其输入电压 $v_X(t)=4\cos5000\pi t\,\text{V}$。对应的输出编码为多少? 这一输入电压对应的转换时间 T_T 为多少?

3.88 一个 $V_{\text{FS}}=3.3\text{V}$ 的 12 位逐次逼近式 ADC 设计成采用图 3.33 所示的电路实现,如果要求偏移误差小于 0.1LSB。那么比较器允许的最大漂移电压为多少? 对于一个 20 位的 ADC 重复上述计算。

3.89 一个 16 位逐次逼近式 ADC 设计成具有 50000 次/秒的转换速率,那么初始频率及终止频率各为多少? 如果要求转换时间延迟小于 0.1LSB,那么未知电压与参考电压转换状态的速度必须有多快?

3.90 图 P3.19 所示为一个集成转换器的斜坡发生器电路。(a)如果运算放大器的漂移电压为 10mV,且 $V=3\text{V}$,则该转换器的有效参考电压是多少?(b)该积分器用于单斜率转换器,积分时间为 $1/30\text{s}$,满量程电压为 5.12V,那么 RC 时间常数为多少? 如果 R 等于 $50\text{k}\Omega$,那么 C 的值为多少?

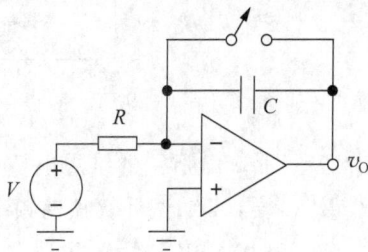

图 P3.19

3.91　用图 P3.19 所示的运算放大器构成的斜坡发生器中,运算放大器的开环增益 $A_o = 4 \times 10^4$。在 $T = 0$ 时给积分器的输入端施加一个 5V 阶跃函数。试写出时域内该积分器输出的表达式。如果在 200ms 的积分时间段结束之前,输出斜坡的误差小于 1mV,那么 RC 乘积的最小值为多少?

3.92　一个 20 位双斜率转换器的积分时间 T_1 等于 0.2s。如果这一时间的非确定性要求小于 0.1LSB,那么未知电压与参考电压切换状态的速度必须有多快?

3.93　试推导双斜率转换器中积分器的传递函数,并证明其函数形式 $|\sin x / x|$。

3.94　试写出一个 n 位快闪转换器实现所需的电阻个数和比较器个数计算公式。

§3.7　振荡器

3.95　试写出图 P3.20 中三级相移振荡器振荡频率的表达式。振荡所需的 R_2 / R_1 比是多少?

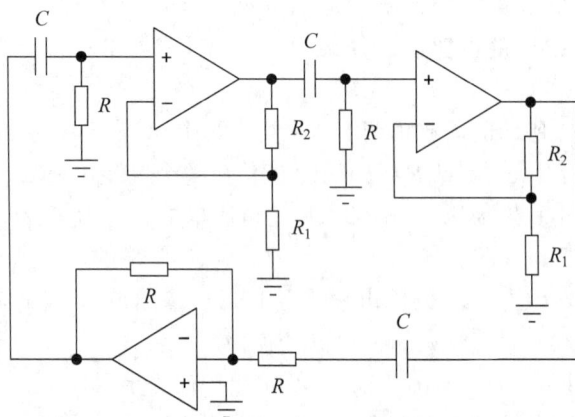

图　P3.20

3.96　图 P3.21 所示的电路称为正交振荡器,推导出振荡频率的表达式。正弦振荡所需的 R_F 的值是多少(用 R 来表示)?

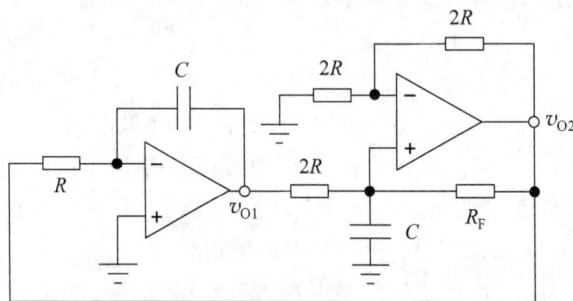

图　P3.21

3.97　图 3.48 所示的维恩电桥振荡器,如果 $R = 5.1\text{k}\Omega$, $C = 500\text{pF}$, $R_1 = 10\text{k}\Omega$, $R_2 = 14\text{k}\Omega$, $R_3 = 6.8\text{k}\Omega$ 及 $R_4 = 10\text{k}\Omega$,试计算振荡频率与振幅。

3.98　利用 SPICE 瞬态仿真求出习题 3.97 中振荡器的振荡频率和振幅。接地电容 C 的电压为 1V,此条件为启动仿真的初始条件。

3.99　图 3.50 所示的相移振荡器,如果 $R = 5\text{k}\Omega$, $C = 1000\text{pF}$, $R_2 = 47\text{k}\Omega$, $R_1 = 15\text{k}\Omega$ 及 $R_3 = 68\text{k}\Omega$,试计算出振荡频率与振幅。

3.100 利用 SPICE 瞬态仿真求出习题 3.99 中振荡器的振荡频率和振幅。在仿真初始与放大器输入端相连的电容的初始电压为 1V。

3.101 用 4 个相同的、如图 1.34 所示的积分器级联来形成一个振荡器。(a)画出电路图；(b)$R=10\text{k}\Omega$，$C=100\text{pF}$，运算放大器为理想运算放大器，那么振荡的频率为多少？(c)如果第一个积分器的输出为 $V_{o1}=1\angle 0°$，那么另外 3 个积分器输出电压的矢量表达式是什么？(d)在其中一个放大器中加入一个稳定电路，其输出电压设计为接近 2V。

3.102 如果运算放大器的开环增益为 100dB，且单位增益频率为 750kHz，重复习题 3.101。

§3.8 非线性电路的应用

3.103 对于图 P3.22 所示电路，画出图示三角输入波形对应的输出电压波形。其中 $T=1\text{ms}$。

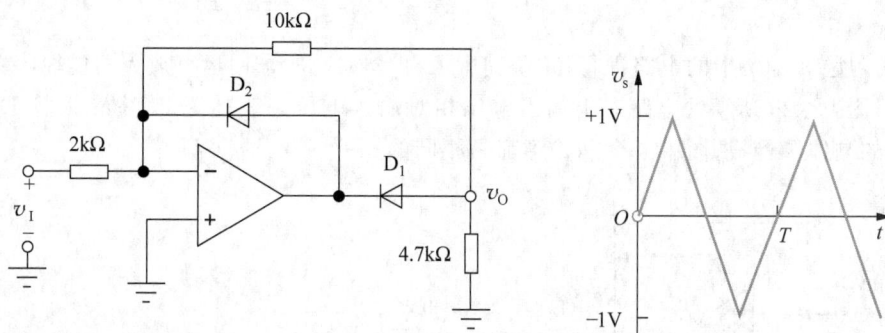

图 P3.22

3.104 图 P3.22 中的信号 v_I 被用于 3.8.2 节"电子应用"中所示电路的输入电压。如果 $R_1=2.7\text{k}\Omega$，$R_2=8.2\text{k}\Omega$，$R_3=10\text{k}\Omega$，$R_4=10\text{k}\Omega$，$C=0.22\mu\text{F}$ 及 $T=1\text{ms}$，那么 v_O 处电压波形的直流分量为多少？

3.105 3.8.2 节"电子应用"中所示的电路，如果输出电压中总交流分量的均方根值必须小于直流电压的 1%，那么低通滤波器的截止频率必须为多少？假设 $R_1=R_2$，且 $v_I=-5\sin 120\pi t$ V。

3.106 将图 P3.22 所示的三角输入波形施加到图 P3.23 所示的电路中。当 $R_3=R_2$ 时，试画出相应的输出波形。

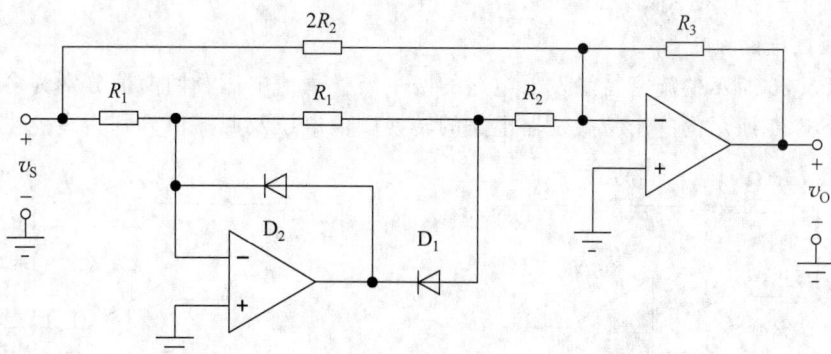

图 P3.23

3.107 将图 P3.22 所示的三角输入波形施加到图 P3.24 所示的电路中。试画出相应的输出波形。

3.108 对习题 3.106 中的电路进行仿真，其中 $R_1=10\text{k}\Omega$，$R_2=10\text{k}\Omega$，$R_3=10\text{k}\Omega$，$R_4=10\text{k}\Omega$，所采用运算放大器的 $A_o=100\text{dB}$。

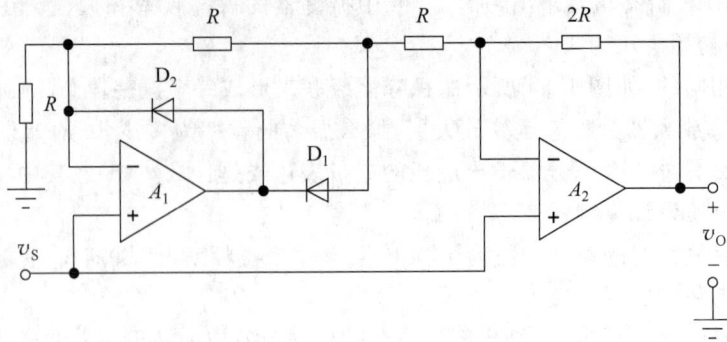

图　P3.24

3.109　对习题 3.107 中的电路进行仿真，其中 $R=10\text{k}\Omega$。所采用运算放大器的 $A_0=100\text{dB}$。

3.110　对图 P3.25 所示的电路写出输出电压相对输入电压的表达式，其中二极管 D 由一个以二极管方式连接的晶体管构成，图中 3 个晶体管都是相同的。

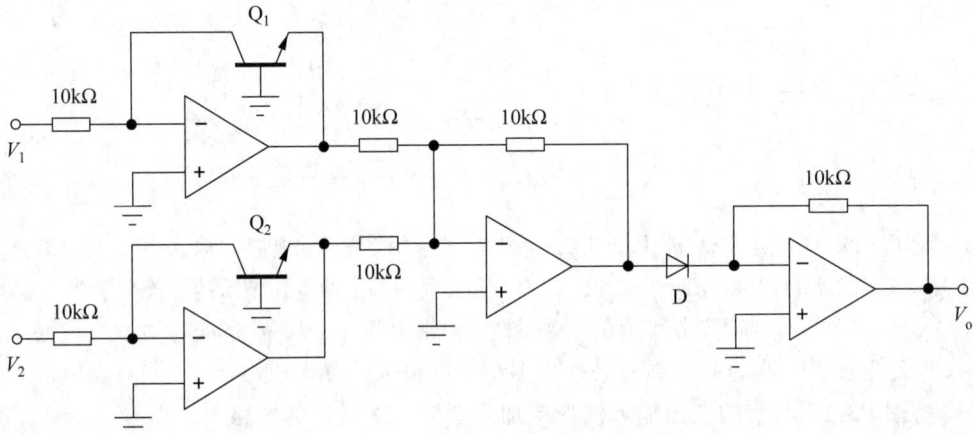

图　P3.25

§3.9　正反馈电路

3.111　图 P3.26 所示的施密特触发器电路的两个转换阈值电压及回滞值分别为多少？

3.112　图 P3.27 所示的施密特触发器电路的转换阈值电压及回滞值分别为多少？

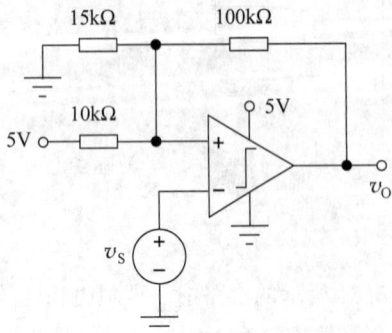

图　P3.26

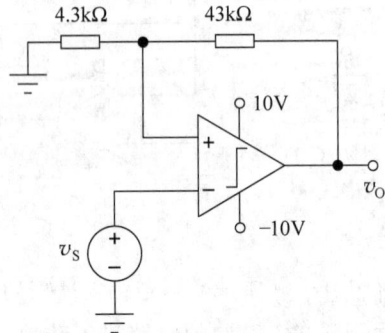

图　P3.27

3.113　图 P3.28 所示的施密特触发器电路的转换阈值电压及回滞值分别为多少？

3.114　采用图 P3.26 所示的电路结构设计一个施密特触发器,要求其转换阈值电压以 1V 为中心,回滞距离为 ±0.05V。

3.115　图 P3.29 所示的非稳态多谐振荡器的振荡频率为多少？

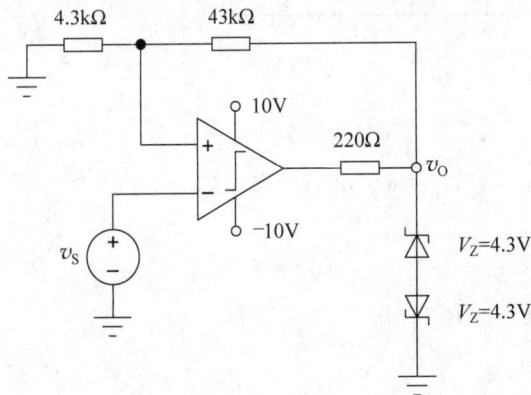

图　P3.28

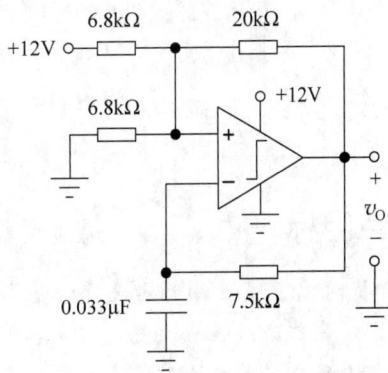

图　P3.29

3.116　试画出图 P3.30 所示的非稳态多谐振荡器的波形,其振荡频率为多少(要小心,想清楚了再计算)？

3.117　(a)设计一个振荡频率为 1kHz 的非稳态多谐振荡器。要求采用图 3.60 所示的电路,对称供电电压为 ±5V。假设运算放大器输出的总电流必须小于 1mA;(b)如果电阻具有 ±5% 的容差且电容具有 ±10% 的容差,那么振荡频率的最坏情况值是多少? (c)如果供电电压实际为 4.75V 和 −5.25V,那么电阻和电容正常取值情况下的振荡频率为多少?

3.118　247 页"电子应用"中的函数发生器设计成一个产生正弦波输出电压的电路,输出电压幅值为 5V,频率为 1kHz。所设计低通滤波器的低频增益为 −1,截止频率为 1.5kHz。那么在频率为 2kHz、3kHz 和 5kHz 时输出波形中不希望得到的频率信号的幅值为多少?

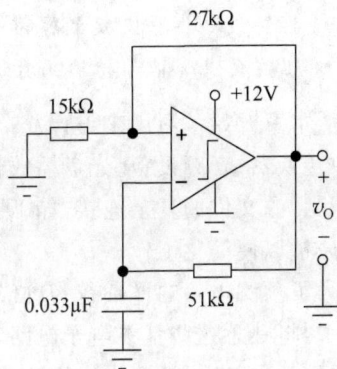

图　P3.30

3.119　在图 P3.30 所示电路中增加两个二极管,将其转变成与图 3.62 所示电路类似的单稳态多谐振荡器,供电电压改为 ±7.5V。那么这一单稳态电路的脉冲宽度和恢复时间为多少?

3.120　设计一个单稳态多谐振荡器,要求其脉冲宽度为 20μs,恢复时间为 5μs。采用图 3.62 所示电路,供电电压为 ±5V。

小信号建模与线性放大器

本章目标

本章将对以下线性放大器设计的基本知识做进一步理解：
- 晶体管作为线性放大器。
- 直流和交流等效电路。
- 用耦合和旁路电容、电感修正直流和交流等效电路。
- 小信号电压和电流概念。
- 共射极和共源极放大器的区别。
- 放大器特性，包括电压增益、输入电阻、输出电阻、线性信号范围。
- 共射极和共源极放大器的电压增益。
- 理解交流小信号传输函数和 SPICE 瞬态分析的应用和区别。

从本章开始学习用来设计复杂模拟单元和系统的基本放大电路，例如高性能运算放大器、数/模和模/数转换器、音频设备、光盘播放器、无线设备、移动电话等。通常对运算放大器电路的第一印象是晶体管和无源文件的复杂连接，如下图所示。本章开始探究和设计更多种类的电路，我们将学习用直流和交流分析以便简化工作。

为了预测电路的详细行为，必须创建数学模型描述电路，本章将进一步探讨这些模型。在接下来的几章中，将熟悉这些基本电子电路，这些电子电路是构建更复杂电子系统的工具。随着实践的深入，还将学习在更复杂的电路中应用这些基本单元，并用所掌握的电子电路知识去理解整个系统。

本章介绍单个晶体管放大器的基础知识，然后深入探讨共射极晶体管放大电路的工作原理，接下来分析采用 MOSFET 的共源极放大器。比较包含上述元器件的电路，推导不同放大器电压增益和输入电阻、输出电阻的数学表达式，并详细讨论各种电路的优缺点。

为了简化分析和设计过程，将电路分成两部分：一部分是直流等效电路，用于确定晶体管的 Q 点；另一部分是交流等效电路，用于分析电路的信号响应。作为这种方法的应用，我们将讨论如何使用电容和电感改变交流和直流电路的拓扑。

基于线性的交流分析需要应用小信号模型，它展示了电压和电流端点间的线性关系。本章将提出小信号的概念，并详细讨论二极管、双极型晶体管和场效应管的小信号模型。

本章包含共射极和共源极放大器的完整分析实例，同时探讨工作点和小信号特性区间的选择关系，例如 Q 点的设计和输出信号电压波动的关系等。

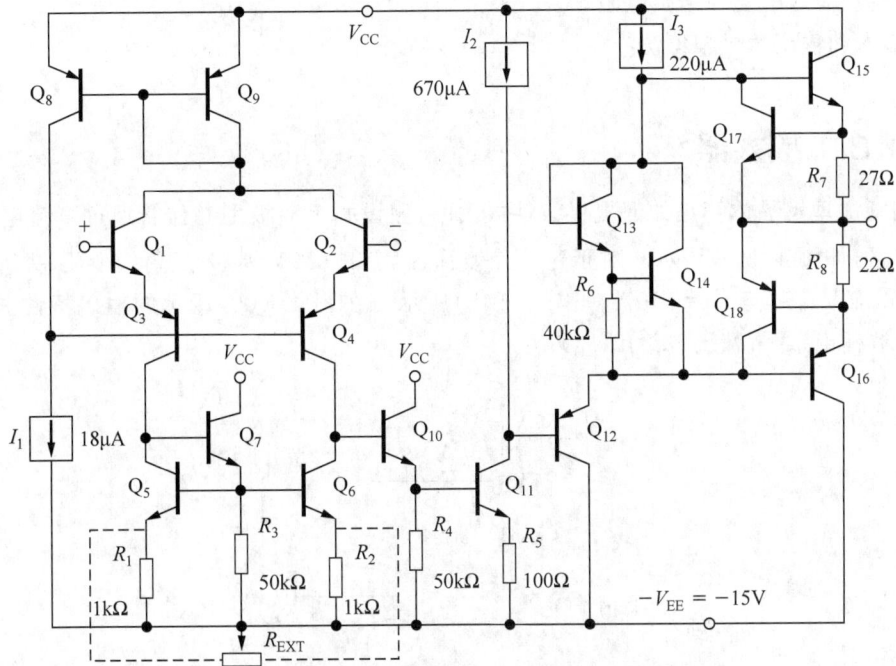

经典 μA741 运算放大器的简化电路图

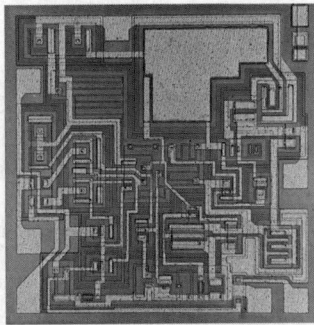

μA741 芯片版图，Fairchild 国际半导体公司版权所有

4.1　晶体管放大器

双极型晶体管在正向工作区偏置时是一个优秀的放大器；场效应管用作放大器时，应在饱和或夹断区域工作。为简单起见，可将处于正向有源区中工作的双极型晶体管和在饱和区域中的 FET 简单地称为在"有源区域"，它们可以用作线性放大器。在这些工作区域中，晶体管可以提供较高的电压、电流和功率增益。本章将着重分析电压增益、输入电阻和输出电阻的计算。在分析中，需要借助输入电阻和输出电阻的值来计算放大器的下限和上限截止频率。在后面的章节中将探讨电流和功率增益的计算。

为了将晶体管的工作点稳定在有源工作区，必须给晶体管提供合适的偏置。一旦建立起直流工作点，就可将晶体管用作放大器。静态工作点（Q 点）控制着放大器的许多其他特性，包括：

• 晶体管的小信号参数。

- 电压增益、输入电阻和输出电阻。
- 最大输入和输出信号幅值。
- 功耗。

4.1.1 BJT 放大器

为了更清晰地理解晶体管是如何提供线性放大的，假设一个双极型晶体管通过直流电压源 V_{BE} 偏置在有源工作区，如图 4.1(a)所示。对于这一晶体管，固定的 0.7V 基-发射极电压将 Q 点设为 $(I_C, V_{CE}) = (1.5\text{mA}, 5\text{V})$，对应 $I_B = 15\mu\text{A}$，如图 4.1(b)所示。在图 4.1(b)所示的输出特性曲线上，I_B 和 V_{BE} 都作为参数标出（通常情况只给出 I_B）。

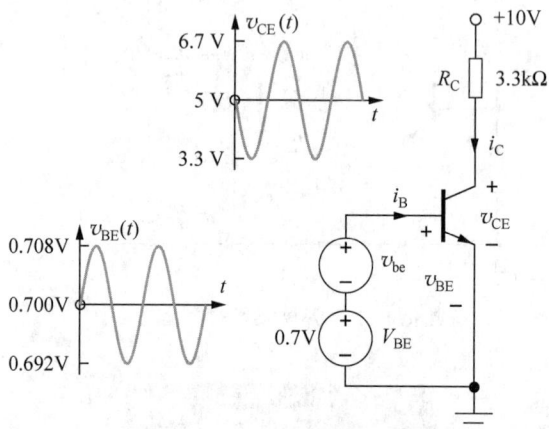

(a) 通过 V_{BE} 提供了偏置并在有源区工作的双极型晶体管，小正弦信号电压 v_{be} 和 V_{BE} 串联，在集电极产生一个相似但幅度更大的正弦波

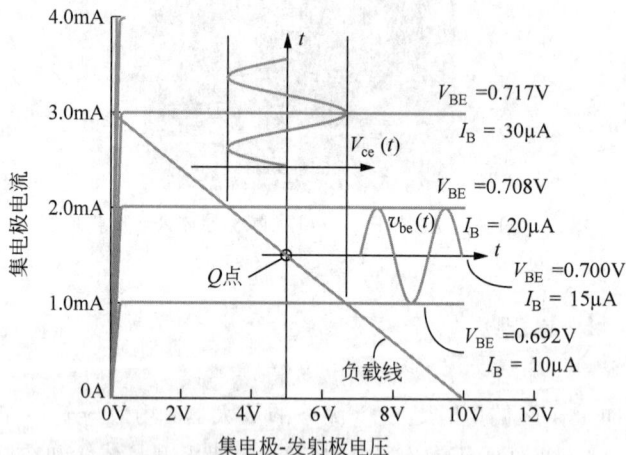

(b) 图4.1(a)所示电路的负载线、Q 点和信号

图 4.1

要提供放大功能，必须给电路注入一个信号，使晶体管的电压和电流随输入信号的变化而变化。在图 4.1 所示的电路中，在直流偏置电源 v_{be} 串联的信号源 V_{BE} 的作用下，基极-发射极电压被迫围绕 Q 点变化，因此总的基极-发射极电压变为

$$v_{BE} = V_{BE} + v_{be} \tag{4.1}$$

从图 4.1(b) 中可以看到，在基极-发射极电压的峰值改变为 8mV 时，导致基极电流变为 $5\mu A$，从而在集电极产生了 $500\mu A$ 的电流变化（$i_C = \beta_F i_b$）。

图 4.1 中双极型晶体管的集电极-发射极电压的表达式为

$$v_{CE} = 10 - i_C R_C = 10 - 3300 i_C \tag{4.2}$$

集电极电流的变化在负载电阻 R_C 和晶体管的集电极端产生时变电压。$500\mu A$ 的集电极电流的变化导致集电极-发射极上电压变化为 1.65V。

如果这些工作电流和工作电压的变化都足够小（"小信号"），那么集电极电流-发射极电压波形就不会失真地复制出输入信号。小信号操作与元器件密切相关，在后面介绍双极型晶体管的小信号模型时，会对双极型晶体管的小信号工作作出明确定义。

从图 4.1 中可以看出，基极输入电压产生微小改变时，会使集电极电压发生很大变化。电路的电压增益表达式用信号的频域形式（向量）可写为

$$A_v = \frac{v_{ce}}{v_{be}} = \frac{1.65\angle 180°}{0.008\angle 0°} = 206\angle 180° = -206 \tag{4.3}$$

集电极-发射极电压的幅值要比基极-发射极的信号幅度大 206 倍，这表示电压增益为 206。在图 4.1 中还需要注意的重要一点是，当输入信号增加时，输出信号电压减少，表明输入信号和输出信号之间存在 180° 的相位偏差，因此这个晶体管电路称为反相放大器，而这个 180° 的相位偏差在式（4.3）中通常用符号 $\angle 180°$ 来表示。由于图 4.1 中晶体管的发射极与地相连，这一电路称为共射极放大器（Common-Emitter Amplifier）。注意，式（4.2）表示的是这一晶体管的负载线。

练习：双极型晶体管的共射电流增益 β_F 定义为 $\beta_F = I_C / I_B$。(a) 图 4.1 中晶体管的值为多少？(b) 处于（正向）有源区的 BJT 直流集电极电流 $I_C = I_S \exp V_{BE}/V_T$，用已知的 Q 点数据求出图 4.1 中晶体管的饱和电流 I_S（令 $V_T = 0.025V$）；(c) v_{be}/i_b 的比值表示 BJT 的小信号输入电阻 R_{in}，图 4.1 中晶体管 R_{in} 的值为多少？(d) 在集电极信号电压的全范围内，BJT 能始终保持在有源区工作吗？为什么？(e) 用分贝表示电压增益。

答案：$\beta_F = 100$；$I_S = 1.04 \times 10^{-15}A$；$R_{in} = 1.6k\Omega$；是的，$v_{CE}^{MIN} > v_{BE}$：3.4V > 0.708V；46.3dB。

4.1.2 MOSFET 放大器

图 4.2 中用 MOSFET 的放大器电路类似于图 4.1 中用 BJT 的放大器电路。在图 4.2(a) 中，在与直流偏置电源 v_{ge} 串联的信号源 V_{GS} 的作用下，栅-源电压被迫围绕其 Q 点（$V_{GS} = 3.5V$）变化。此时的总栅-源电压为

$$v_{GS} = V_{GS} + v_{gs}$$

所得信号电压被叠加在图 4.2(b) 所示的 MOSFET 的输出特性曲线上。当 $V_{GS} = 3.5V$ 时，设置 Q 点（I_D, V_{DS}）为（1.56mA, 4.8V），V_{GS} 的 1V 峰-峰值变化会让 i_D 产生 1.25mA 的峰-峰值变化。

在此电路中，MOSFET 的漏-源电压表示为

$$v_{DS} = 10 - 3300 i_D \tag{4.4}$$

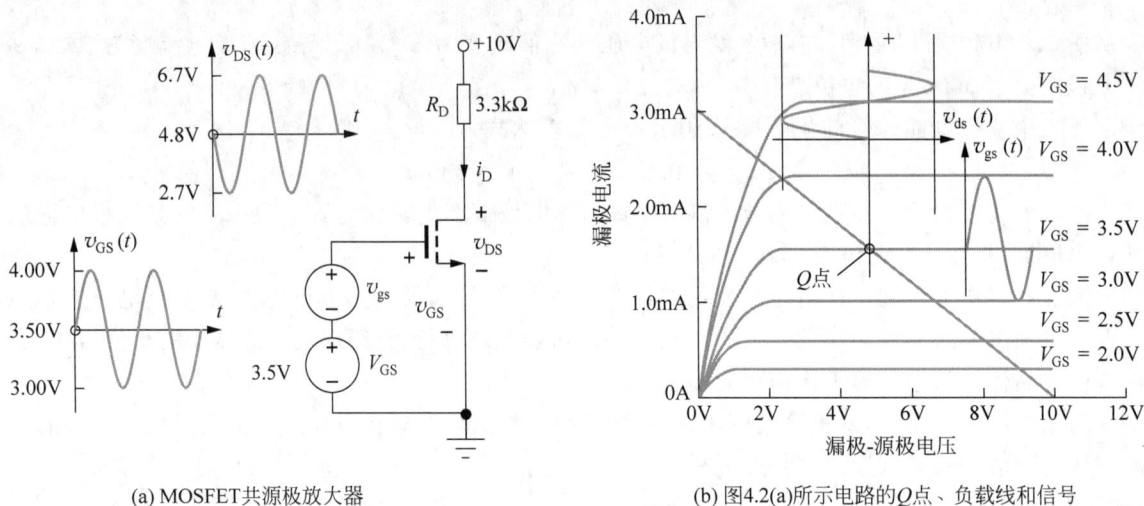

(a) MOSFET共源极放大器

(b) 图4.2(a)所示电路的Q点、负载线和信号

图　4.2

漏极电流的 1.25mA 峰-峰值变化引起 MOSFET 的漏-源电压产生了 4.13V 的变化。同样，若工作电流和电压的这些变化小到足以被看作"小信号"，则漏-源信号电压波形可以无失真地复制栅极输入信号。MOSFET 的小信号定义与 BJT 有所不同，在介绍 MOSFET 小信号模型时会介绍它的定义。

在图 4.2 所示电路中，栅极输入信号电压会引起漏极电压的大幅度变化，电路的电压增益为

$$A_v = \frac{v_{ds}}{v_{gs}} = \frac{4.13\angle 180^\circ}{1\angle 0^\circ} = 4.13\angle 180^\circ = -4.13 \tag{4.5}$$

在此电路中，晶体管的源端接地，这一电路称为共源极放大器。我们看到共源配置也形成了反相放大器，但其电压增益远小于在 Q 点工作的共发射极放大器。这是本章及后续章节将探讨的众多差异之一。

练习：(a)在全输出信号摆动期，图 4.2 所示的 MOSFET 是否能一直保持在有源工作区？(b)如果工作在有源区的 MOSFET 的直流漏极电流为 $I_D = (K_n/2)(V_{GS} - V_{TN})^2$，则图 4.2 中晶体管的参数 K_n 和阈值电压 V_{TN} 为多少？(c)用分贝表示放大器的电压增益。

答案：否，并不接近 V_{DS} 正电压峰值，对应的是 V_{DS} 的负峰值；$K_n = 5 \times 10^4 \ A/V^2$，$V_{TN} = 1V$；12.3dB。

4.2　耦合电容和旁路电容

在图 4.1 和图 4.2 中采用恒定的基极-发射极和栅-源电压偏置并不是建立双极型晶体管或场效应管 Q 点最可取的方法，因为工作点是与晶体管的参数密切相关的。

不过，为了将晶体管当作放大器使用，必须在电路中引入交流信号，但这些交流信号又不能影响偏

置电路建立的直流 Q 点。要在注入输入信号而又不影响 Q 点的情况下获取输出信号,一种方法是通过电容进行交流耦合(AC Coupling)。这些电容的取值应该满足如下条件:在考虑的频率范围内其抗阻可忽略,且同时,电容在直流时提供开路,以使 Q 点不受影响。当首次给放大电路供电时,瞬态电流会对电容充电,但最终的稳态工作点不会受到影响。

晶体管由图 4.3 所示的四电阻电路提供偏置,电容应用的示例如图 4.4 所示。输入信号 v_i 通过电容 C_1 耦合到晶体管的基极,集电极的信号通过 C_2 耦合到负载电阻 R_3。C_1 和 C_2 就是所谓的耦合电容(Coupling Capacitor),或称为直流阻挡电容(DC Blocking Capacitor)。

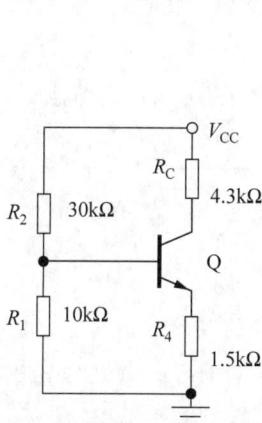

图 4.3　用四电阻电路构成偏置使
晶体管工作在有源区

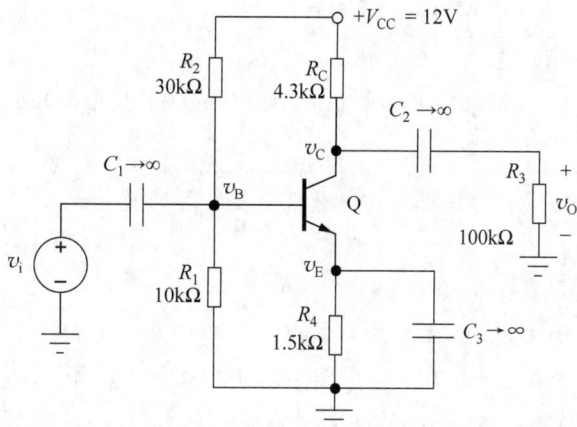

图 4.4　围绕四电阻偏置电路构成的共射极放大器。C_1 和 C_2 为
耦合电容,C_3 为旁路电容

现在,假设 C_1 和 C_2 的和非常大,则其电抗($1/\omega C$)在信号频率为 ω 时可忽略。这个假设在图 4.4 中意味着 $C \to \infty$。关于电容值更多的精确计算将留在第 5 章和第 8 章中讨论放大器的频率响应时再做介绍。

在图 4.4 中同时还展示了第三个电容 C_3 的应用,称为旁路电容(Bypass Capacitor)。在许多电路中,我们希望信号电流能绕过偏置电路中的元器件。电容 C_3 就为交流电流提供了一个低阻抗路径,从而使其绕开发射极电阻 R_4。因此在考虑交流信号时,可以将电阻 R_4 从电路中移除(为获得良好的 Q 点稳定性)。

这一电路性能的仿真结果如图 4.5 所示,通过电容 C_1,可将一个频率为 1kHz 的 5mV 正弦波信号耦合到晶体管 Q 的基极;这一信号在集电极产生一个正弦信号,其幅值约为 1.1V,以 Q 点(即 $V_C \approx 5.8\text{V}$)为中心变化。需要再次指出的是,输入信号和输出信号之间存在 $180°$ 的相位偏差。这些值表明放大器提供的电压增益为

$$A_v = \frac{v_c}{v_i} = \frac{1.1\angle 180°}{0.005\angle 0°} = 220\angle 180° = -220 \tag{4.6}$$

从图 4.5 我们可看到,当其 Q 点的值至少大于 2V 时,集电极节点的电压仍保持不变。旁路电容的超低阻抗阻止了进入发射极的所有信号电压,因此可将旁路电容称为在发射极端的“交流地”。换言之,正因为在发射极有零信号电压,因而在直流 Q 点的发射极电压保持为常数。

(a)

(b)

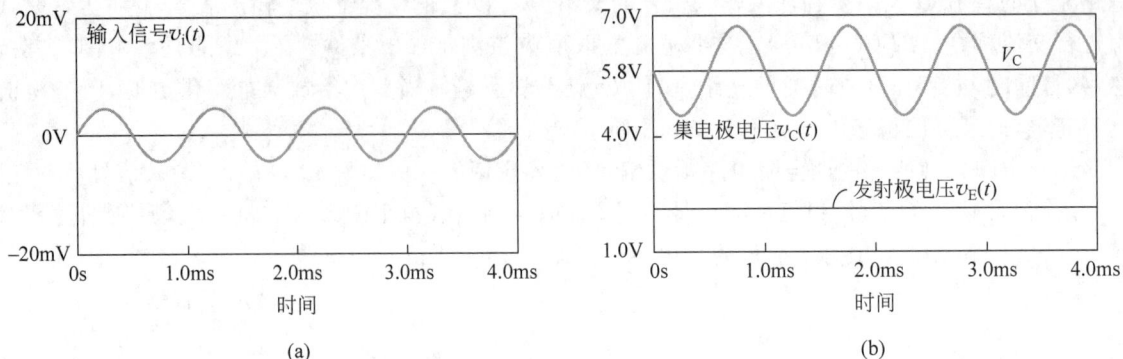

图 4.5　图 4.4 所示放大器的 v_S、v_C 和 v_E 的 SPICE 仿真结果，其中 $v_I = 0.005\sin 2000\pi t\,\mathrm{V}$

练习：计算图 4.3 中双极型晶体管的 Q 值。其中 $\beta_F = 100$，$V_{BE} = 0.7\mathrm{V}$，$V_A = \infty$。V_B 的值为多少？

答案：$(1.45\mathrm{mA}, 3.41\mathrm{V})$；$2.9\mathrm{V}$。

练习：写出基于图 4.5 所示波形的 $v_C(t)$、$v_E(t)$、$i_C(t)$ 及 $v_B(t)$ 的表达式。

答案：$v_C(t) = (5.8 - 1.1\sin 2000\pi t)\,\mathrm{V}$，$v_E(t) = 2.20\mathrm{V}$、$i_C(t) = -0.25\sin 2000\pi t\,\mathrm{mA}$，$v_B(t) = (2.90 + 0.005\sin 2000\pi t)\,\mathrm{V}$。

练习：设电容 $C_3 = 1500\mu\mathrm{F}$，则在频率为 1kHz 时其电抗为多少？

答案：0.318Ω。

4.3　用直流和交流等效电路进行电路分析

为了简化电路的分析和设计，可将放大器电路分为两部分，分别进行单独的直流和交流电路分析。直流等效电路（DC Equivalent Circuit）适用于稳态直流分析电路，用于找到电路的 Q 点。要构建直流等效电路，假设电容开路，电感短路。例如，图 4.3 为图 4.4 中放大器的直流等效电路。

一旦找 Q 点，就可以用交流等效电路（AC Equivalent Circuit）来确定电路对交流信号的响应。在构造交流等效电路的过程中，假设耦合和旁路电容的电抗在工作频率上可忽略不计（$|Z_C| = 1/\omega C = 0$），可将电容短路。同样地，假设电路中电感的电抗是极大的（$|Z_C| = \omega L \to \infty$），可将电感开路。由于与直流电压源相连的节点电压是不会改变的，在交流等效电路中这些点就代表接地端（即不会出现交流电压，$v_{ac} = 0$）。此外，即使直流电源两端的电压发生改变，流过的电流并不会改变（$i_{ac} = 0$），所以在交流等效电路中可将直流源做开路处理。

本节中建立的这些交流等效电路在 1.10.4 节定义的放大器中频带区域中是有效的，在这里，计算的参数值是中频带电压增益、中频带输入电阻的参数值、中频输出电阻等。在第 5 章及后续章节中，还将探讨上下截止频率在电路中怎样与电容和电感的值相关联。

首先通过直流分析找出 Q 点，然后通过交流分析确定放大器电路的特性。要确定 Q 点的值是因为它最终决定了放大器的交流特性。分析放大器电路的步骤如下：

直流分析

① 通过将电容开路、电感短路，找出电路的直流等效电路。

② 用适当的晶体管大信号模型表示直流等效电路，并找出 Q 点。

交流分析

③ 用短路代替电路中的电容，用开路代替电路中的电感，找出电路的中频交流等效电路。直流电压源由短路代替，直流电流源由交流等效电路中的开路电路代替。

④ 用其小信号模型替换晶体管（小信号模型取决于 Q 点）。

⑤ 用步骤④的小信号交流等效电路分析放大器的交流特性。

⑥ 如果有需要，结合步骤②和步骤⑤的结果，求出电路中总的电压和电流值。

由于我们通常最关心的是电路的交流行为，因此其实很少会用到综合直流和交流分析的最后一步。

例 4.1　构建一个 BJT 放大器的交流和直流等效电路。

之前提过多次，为了简化所要分析或设计的任务，通常会将一个电路分成直流和交流两部分。这一步很关键，因为如果没有建立正确的等效电路，则不会得出正确的分析结果。

问题：画出图 4.6(a)中共射极放大器的直流和交流等效电路（按照步骤①和步骤③）。电路的拓扑结构与图 4.4 相似，只有电阻 R_1 不同，它是信号源的戴维南等效电阻，并已添加到电路之中，可以形成新的工作点。

解：

已知量：图 4.6(a)给出了电路图及各元器件的值。

未知量：直流等效电路；交流等效电路。

求解方法：用开路代替图 4.6(a)中的电容即可得到直流等效电路。用短路代替电路中的所有电容和直流电压源，即可得到交流等效电路，注意尽可能将电路的电阻合并并简化。

假设：电容值足够大，因此在交流等效电路中可将其视为短路。

分析：

直流等效电路：将电路中的所有电容开路便得到直流等效电路。我们发现图 4.6(b)的直流等效电路与图 4.3 的四电阻偏置电路是相同的。开路电容 C_1 和 C_2 将 v_1、R_1 和 R_3 从电路中断开了。

交流等效电路：为建立交流等效电路，需要用短路来代替电容，同时将直流电压源变成图 4.6(c)所示的交流地。在交流等效电路中，电源内阻 R_1 直接与基极相连，外部负载电阻 R_3 直接与集电极节点相连。图 4.6(d)是将图 4.6(c)重新绘制后得到的电路。尽管这两幅图看起来并不相同，但其实它们是相同的电路。注意，R_E 被它的旁路电容 C_3 短路了，因此在图 4.6(d)中 R_E 被移除。由于电压源表示的是一个交流地，偏置电阻 R_1 和 R_2 并联在基极与地之间，而 R_C 和 R_3 在集电极上并联。不要忽视只有信号 v_i 包含在交流等效电路中的事实。

在图 4.6(e)中，R_1 和 R_2 并联为电阻 R_B，R_C 和 R_3 并联为 R_L，即

$$R_B = R_1 \parallel R_2 = 160\text{k}\Omega \parallel 300\text{k}\Omega = 104\text{k}\Omega \quad R_L = R_C \parallel R_3 = 22\text{k}\Omega \parallel 100\text{k}\Omega = 18.0\text{k}\Omega$$

结果检查：在本例中，最好的验证方法就是对所做的设计再次进行检查——所有一切都是正确的。

讨论：需要再次注意的是，针对直流和交流信号，如何利用电容的变化来得到相应的等效电路。在直流情况下，C_1 和 C_2 将电源和负载与直流偏置电路隔离。而在交流等效电路中，电容 C_3 使发射极直接接地，有效地将 R_E 从电路中移除了。

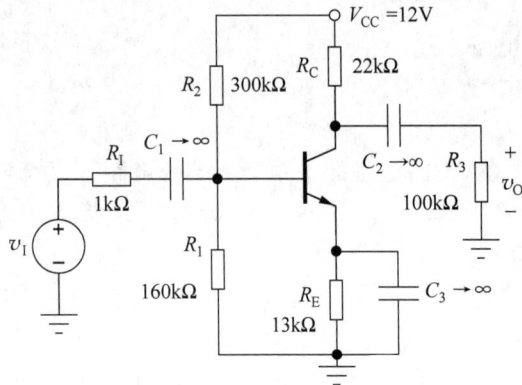

(a) 完整的交流耦合放大器电路

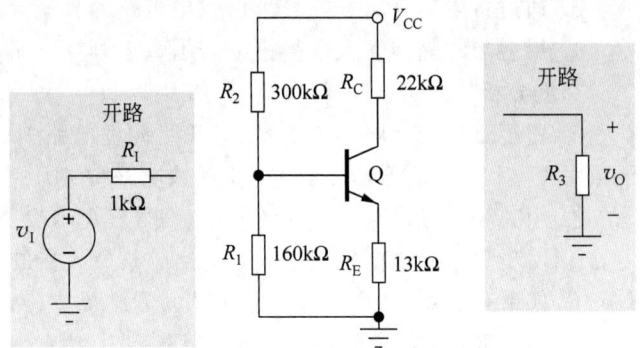

(b) 用于直流分析的简化等效电路

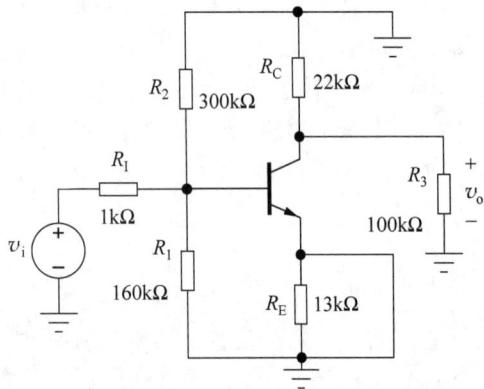

(c) 完成步骤③后得到的电路，此时的输入和输出为v_i和v_o

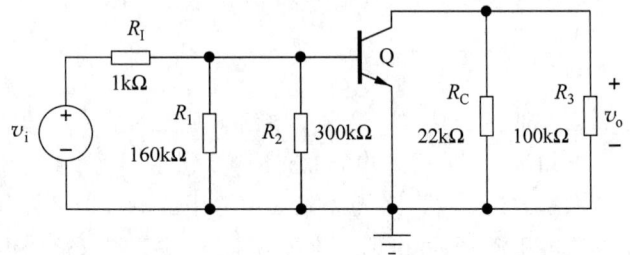

(d) 将图4.6(c)重画得到的电路

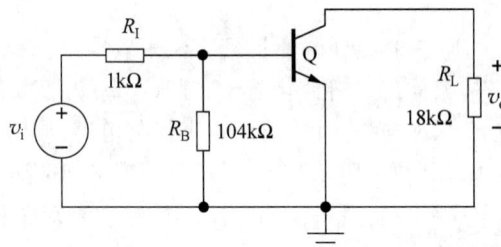

(e) 交流电路的进一步简化

图 4.6

练习：在图 4.6(e) 中，若 $R_1=20\text{k}\Omega$ 和 $R_2=62\text{k}\Omega$，$R_C=8.2\text{k}\Omega$，$R_E=2.7\text{k}\Omega$，则 R_B 和 R_L 的值为多少？

答案：$15.1\text{k}\Omega$；$7.58\text{k}\Omega$。

练习：当 C_3 移除后，请重画 4.6(b) 和 (e) 所示电路的直流等效电路和交流等效电路。

答案：(b) 中无变化；(e) 中电阻 R_E 出现在 BJT 发射极和地之间。

例 4.2 建立 MOSFET 放大器的直流和交流等效电路。

本例将建立一个完整放大器电路的直流和交流等效电路。在这一完整的放大器电路中使用了分离电源偏置技术,并包含一个电感。

问题:画出图 4.7(a)中共源极放大器的直流和交流等效电路(按照步骤①和步骤③)。

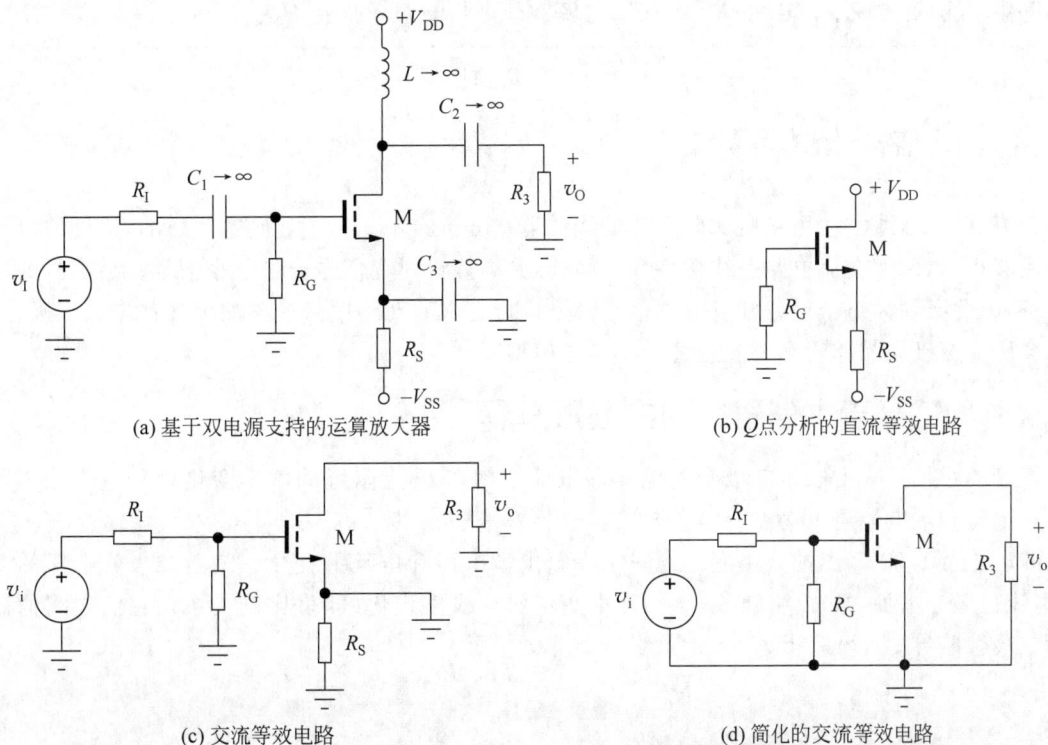

(a) 基于双电源支持的运算放大器

(b) Q点分析的直流等效电路

(c) 交流等效电路

(d) 简化的交流等效电路

图 4.7

解:

已知量:图 4.7(a)中给出了电路及相关各元器件的值。

未知量:直流等效电路;交流等效电路。

求解方法:在图 4.7(a)中用开路代替电容、用短路代替电感,即可获得直流等效电路。为得到交流等效电路,需将电容和直流电压源用短路代替,电感和电流源用开路代替。尽可能将电路中的电阻合并和简化。

分析:

直流等效电路:在直流等效电路中,用开路代替电容,用短路代替电感,直流等效电路如图 4.7(b)所示。同样,开路电容 C_1 和 C_2 将 v_I、R_I 和 R_3 从电路中断开,短路电感晶体管的漏极直接与 V_{DD} 相连。

交流等效电路:在交流等效电路中,用短路代替电容,用开路代替电感,便可得到如图 4.7(c)所示的交流等效电路。将图 4.7(c)简化得到交流电路的最终形式,如图 4.7(d)所示。在交流等效电路中只有信号源 v_i。

结果检查:在本例中,最好的验证方法就是对所做的设计再次进行检查——所有一切都是正确的。

讨论：在这种情况下，设计人员可利用电容和电感得到与拓扑结构截然不同的直流和交流等效电路。比较图 4.7(b)和图 4.7(d)。

> **练习**：移除 C_3 后，请重画 4.7(b)和(d)中电路的直流等效电路和交流等效电路。
> **答案**：(b)没有变化，(d)在 MOSFET 的源和地之间出现了电阻 R_S。

4.4 小信号模型简介

在交流分析中，通常使用发展比较完善的线性电路分析技术。为了达到这一目的，信号的电流和电压必须足够小，以确保交流电路呈线性特性。因此，必须假设时变信号分量是小信号。小信号的幅度取决于设备，因此必须为每个设备开发的小信号模型进行定义。对小信号模型的定义首先从二极管开始，接下来会研究双极型晶体管和场效应管的小信号模型。

4.4.1 二极管小信号行为的图形解释

二极管的小信号模型表示二极管的电压和电流之间在 Q 点附近的微小变化关系。图 4.8 所示二极管的端电压和端电流可写为 $v_D = V_D + v_d$ 和 $i_D = I_D + i_d$，其中 I_D 和 V_D 表示直流偏置点（Q 点）的值，v_d 和 i_d 表示偏离 Q 点的微小变化。图 4.9 给出了电压和电流的变化。随着二极管电压的微小增加，其电流也微小增加，且 i_d 将随着 v_d 的微小变化而呈线性变化（即呈比例关系），它们之间的比例常数称为二极管跨导 g_d，可表示为

$$i_d = g_d v_d \tag{4.7}$$

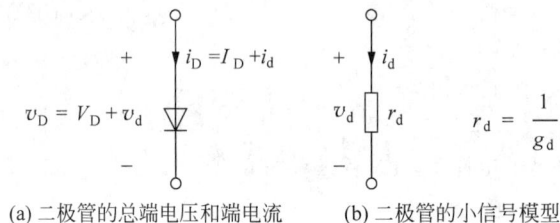

(a) 二极管的总端电压和端电流　　(b) 二极管的小信号模型

图 4.8

如图 4.9(a)所示，二极管跨导 g_d 实际上表示二极管特征曲线在 Q 点处的斜率，其数学表达式为

$$g_d = \frac{\partial i_D}{\partial v_D}\bigg|_{Q点} = \frac{\partial}{\partial v_D}\left\{I_S\left[\exp\left(\frac{v_D}{V_T}\right)-1\right]\right\}\bigg|_{Q点} = \frac{I_S}{V_T}\exp\left(\frac{V_D}{V_T}\right) = \frac{I_D + I_S}{V_T} \tag{4.8}$$

其中，运用了的数学模型。对于 $I_D \gg I_S$ 的正向偏置，二极管的跨导为

$$g_d \approx \frac{I_D}{V_T} \quad 或 \quad g_d \approx \frac{I_D}{0.025\text{V}} = 40 I_D \tag{4.9}$$

后者为在室温环境下的表达式。需要注意的是，当 $I_D = 0$ 时，跨导很小但不为零，二极管 g_d 的斜率在原点处不为零，如图 4.9(b)所示。

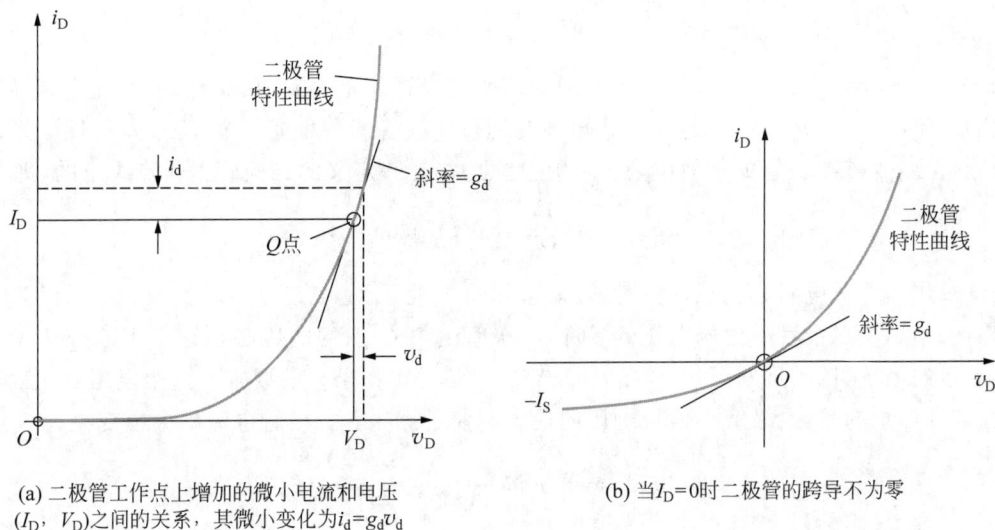

(a) 二极管工作点上增加的微小电流和电压
(I_D, V_D) 之间的关系，其微小变化为 $i_d = g_d v_d$

(b) 当 $I_D = 0$ 时二极管的跨导不为零

图 4.9

4.4.2 二极管的小信号建模

为了更全面地探索二极管的小信号特性，可采用二极管等式分析 v_d 和 i_d 究竟为多大时式(4.7)才不成立。根据二极管关系式，可直接得出直流量和交流量的关系为

$$i_D = I_S\left[\exp\left(\frac{v_D}{V_T}\right) - 1\right] \tag{4.10}$$

将 $v_D = V_D + v_d$ 和 $i_D = I_D + i_d$ 代入式(4.10)可得

$$I_D + i_d = I_S\left[\exp\left(\frac{V_D + v_d}{V_T}\right) - 1\right] = I_S\left[\exp\left(\frac{V_D}{V_T}\right)\exp\left(\frac{v_d}{V_T}\right) - 1\right] \tag{4.11}$$

将第二个指数项用麦克劳林级数公式展开，并将直流信号合并可得

$$I_D + i_d = I_S\left[\exp\left(\frac{V_D}{V_T}\right) - 1\right] + I_S\exp\left(\frac{V_D}{V_T}\right)\left[\frac{v_d}{V_T} + \frac{1}{2}\left(\frac{v_d}{V_T}\right)^2 + \frac{1}{6}\left(\frac{v_d}{V_T}\right)^3 + \cdots\right] \tag{4.12}$$

我们发现式(4.12)中右边的第一项就是二极管的直流电流 I_D，即

$$I_D = I_S\left[\exp\left(\frac{V_D}{V_T}\right) - 1\right] \qquad I_S\exp\left(\frac{V_D}{V_T}\right) = I_D + I_S \tag{4.13}$$

从等式两边都减去 I_D，可得到用 v_d 表示的 i_d 的表达式为

$$i_d = (I_D + I_S)\left[\frac{v_d}{V_T} + \frac{1}{2}\left(\frac{v_d}{V_T}\right)^2 + \frac{1}{6}\left(\frac{v_d}{V_T}\right)^3 + \cdots\right] \tag{4.14}$$

我们希望信号电流 i_d 为信号电压 v_d 的线性函数，因此只选用式(4.14)的前两项，可得到线性条件为

$$\frac{v_d}{V_T} \gg \frac{1}{2}\left(\frac{v_d}{V_T}\right)^2 \quad \text{或} \quad v_d \ll 2V_T = 0.05\text{V} \tag{4.15}$$

若满足式(4.15)中的条件，则可将式(4.14)写为

$$i_{d} = \frac{(I_{D} + I_{S})}{V_{T}} v_{d} \quad \text{或} \quad i_{d} = g_{d} v_{d} \quad i_{D} = I_{D} + g_{d} v_{d} \tag{4.16}$$

其中 g_{d} 是式(4.8)给出的二极管跨导。式(4.16)表明二极管的总电流为(Q 点的)直流电流 I_{D} 与一个微小变化的电流($i_{D} = g_{d} v_{d}$)的和,这一变化电流与通过二极管的微小变化电压 v_{d} 呈线性关系。

二极管跨导 g_{d} 或二极管的等效电阻 r_{d} 的值是由式(4.9)定义的二极管工作点决定的,即

$$g_{d} = \frac{I_{D} + I_{S}}{V_{T}} \approx \frac{I_{D}}{V_{T}} = 40 I_{D} \quad \text{和} \quad r_{d} = \frac{1}{g_{d}} \tag{4.17}$$

二极管及用其等效电阻 r_{d} 表示的小信号模型如图4.8所示。

式(4.15)给出了二极管小信号工作的条件,二极管偏离 Q 点的电压必须远小于 50mV。为保险起见,选择 10 倍的因子,以满足不等式 $v_{d} \leqslant 0.005\text{V}$ 的小信号工作条件的要求。这个电压变化确实很小。

然而,需要注意的是,二极管小信号电压的最大改变量意味着二极管电流的大幅变化为

$$i_{d} = g_{d} v_{d} = 0.005\text{V} \frac{I_{D}}{0.0025\text{V}} = 0.2 I_{D} \tag{4.18}$$

二极管电压的 5mV 变化会导致二极管电流 20% 的变化,这个比较大的变化结果是由二极管电压和电流之间的指数关系决定的。

设计提示

在室温下,二极管电流和电压的微小变化通过二极管的小信号跨导联系在一起,即

$$i_{d} = g_{d} v_{d}$$

其中,$g_{d} \approx \dfrac{I_{D}}{V_{T}} \approx 40 I_{D}$。

对于小信号操作,则有

$$|v_{d}| \leqslant 0.005\text{V} \qquad |i_{d}| \leqslant 0.20 I_{D}$$

练习:二极管的 $I_{S} = 1\text{fA}$,试分别计算当 $I_{D} = 0$、$50\mu\text{A}$、2mA、3A 时,二极管的电阻值 r_{d}。

答案:$25\text{T}\Omega$,500Ω,12.5Ω,$8.33\text{m}\Omega$。

练习:在室温下,$I_{D} = 1.5\text{mA}$,小信号电阻 r_{d} 的值为多少?当 $T = 100℃$ 时小信号电阻 r_{d} 的值又为多少?

答案:16.7Ω,21.4Ω。

4.5 双极型晶体管的小信号模型

目前已经了解了小信号模型的概念,接下来要探讨更为复杂的双极型晶体管(BJT)的小信号模型。BJT 是一种三端器件,它的小信号模型基于图 4.10 所示的二端口电路[①],其输入端变量为 v_{be} 及 i_{b},输出端变量为 v_{ce} 及 i_{c}。用这些变量表示的二端口模型可表示为

$$i_{b} = g_{\pi} v_{be} + g_{\mu} v_{ce}$$
$$i_{c} = g_{m} v_{be} + g_{o} v_{ce} \tag{4.19}$$

---

① 这些方程实际代表了 y 参数二端口电路。

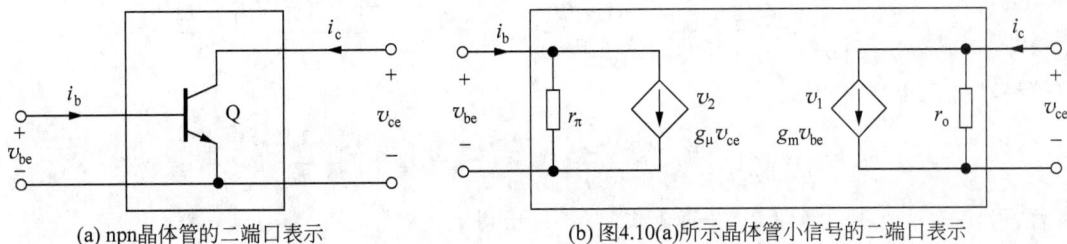

(a) npn晶体管的二端口表示　　　　(b) 图4.10(a)所示晶体管小信号的二端口表示

图　4.10

图 4.10 中的端口变量可当作总电压和电流的时变量，或当作偏离 Q 点的微小改变量，即

$$v_{BE} = V_{BE} + v_{be} \qquad v_{CE} = V_{CE} + v_{ce}$$
$$i_B = I_B + i_b \qquad i_C = I_C + i_c \tag{4.20}$$

或

$$v_{be} = \Delta v_{BE} = v_{BE} - V_{BE} \qquad v_{ce} = \Delta v_{CE} = v_{CE} - V_{CE}$$
$$i_b = \Delta i_B = i_B - I_B \qquad i_c = \Delta i_C = i_C - I_C$$

我们可将 y 参数用小信号电压和电流或用完整端口变量的导数来表示，如式(4.21)所示：

$$g_\pi = \left.\frac{i_b}{v_{be}}\right|_{v_{ce}=0} = \left.\frac{\partial i_B}{\partial v_{BE}}\right|_{Q点} \qquad g_\mu = \left.\frac{i_b}{v_{ce}}\right|_{v_{be}=0} = \left.\frac{\partial i_B}{\partial v_{CE}}\right|_{Q点}$$

$$g_m = \left.\frac{i_c}{v_{be}}\right|_{v_{ce}=0} = \left.\frac{\partial i_C}{\partial v_{BE}}\right|_{Q点} \qquad g_o = \left.\frac{i_c}{v_{ce}}\right|_{v_{be}=0} = \left.\frac{\partial i_C}{\partial v_{CE}}\right|_{Q点} \tag{4.21}$$

由于已经有了传输模型，它以端电压的形式描述了 BJT 的端电流，式(4.22)中将有源区的传输模型进行了重新描述，并用导数形式确定了晶体管的 y 参数为

$$i_C = I_S \left[\exp\left(\frac{v_{BE}}{V_T}\right) \right] \left[1 + \frac{v_{CE}}{V_A} \right]$$

$$i_B = \frac{i_C}{\beta_F} = \frac{I_S}{\beta_{FO}} \left[\exp\left(\frac{v_{BE}}{V_T}\right) \right] \tag{4.22}$$

$$\beta_F = \beta_{FO} \left[1 + \frac{v_{CE}}{V_A} \right]$$

求出式(4.22)的不同导数[1]，得到 BJT 的 y 参数为

$$g_\mu = \left.\frac{\partial i_B}{\partial v_{CE}}\right|_{Q点} = 0$$

$$g_m = \left.\frac{\partial i_C}{\partial v_{BE}}\right|_{Q点} = \frac{I_S}{V_T} \left[\exp\left(\frac{v_{BE}}{V_T}\right) \right] \left[1 + \frac{v_{CE}}{V_A} \right]_{Q点} = \frac{I_C}{V_T} \tag{4.23}$$

$$g_o = \left.\frac{\partial i_C}{\partial v_{CE}}\right|_{Q点} = \frac{I_S}{V_A} \left[\exp\left(\frac{V_{BE}}{V_T}\right) \right] = \frac{I_C}{V_A + V_{CE}}$$

g_π 要留到最后计算，因为它的计算要花费一些功夫，同时还需借助一些新的信息。BJT 的电流增益实际上取决于工作点，而在计算 g_π 所需的导数时应考虑这一依赖关系

---

[1]　也可以直接采用二极管分析的方法来求。

$$g_\pi = \left. \frac{\partial i_B}{\partial v_{BE}} \right|_{Q\text{点}} = \left[\frac{1}{\beta_F} \frac{\partial i_C}{\partial v_{BE}} - \frac{i_C}{\beta_F^2} \frac{\partial \beta_F}{\partial v_{BE}} \right]_{Q\text{点}} = \left[\frac{1}{\beta_F} \frac{\partial i_C}{\partial v_{BE}} - \frac{i_C}{\beta_F^2} \frac{\partial \beta_F}{\partial i_C} \frac{\partial i_C}{\partial v_{BE}} \right]_{Q\text{点}} \tag{4.24}$$

将第一项提取出来可得

$$g_\pi = \frac{1}{\beta_F} \frac{\partial i_C}{\partial v_{BE}} \left[1 - \frac{i_C}{\beta_F} \frac{\partial \beta_F}{\partial i_C} \right]_{Q\text{点}} = \frac{I_C}{\beta_F V_T} \left[1 - \left(\frac{i_C}{\beta_F} \frac{\partial \beta_F}{\partial i_C} \right)_{Q\text{点}} \right] \tag{4.25}$$

最后，可定义一个新的参数 β_o 来简化式(4.25)，可得

$$g_\pi = \frac{I_C}{\beta_o V_T}$$

$$\beta_o = \frac{\beta_F}{\left[1 - I_C \left(\frac{1}{\beta_F} \frac{\partial \beta_F}{\partial i_C} \right)_{Q\text{点}} \right]} \tag{4.26}$$

其中，β_o 表示 BJT 的小信号共发射极电流增益(Small-Signal Common-Emitter Current Gain)。4.5.3 节将对式(4.26)进行更为细致的讨论。

注意 g_μ 是零，并且没有出现在模型中，这个结果是由晶体管模型的假设导致的，假设 i_B 独立于 v_{CE}。这一假设适用于大多数双极型晶体管，但并非对所有的 BJT 都有效，并且可以在混合 π 电路的集电极和基极端子之间添加电阻 r_μ，用以模拟由于晶体管的集电极-发射极电压变化引起的基极电流的微小变化，因此以上假设就不成立了。电阻 r_μ 通常比 r_o 或 r_π 大得多，并且由 $r_\mu \geqslant \beta_o r_o$ 给出 r_μ 的下限。本章的其余小节中，将假设 r_μ 为零。如果需要，可以随时将其添加到模型中。

> **练习**：重新绘制图 4.11 中的混合 π 模型，电路中必须包括上面提到的电阻 r_μ。
> **答案**：将电阻 r_μ 连接在电阻 r_π 的顶部与电流源 $g_m V_{be}$ 的顶部之间。

4.5.1 混合 π 模型

混合 π 模型是双极型晶体管最常用的小信号模型。举个例子，如果翻阅 IEEE 期刊"固态电路"中模拟电路的最新成果，其中绝大多数电路是用混合 π 模型来分析的[①]。

图 4.11 给出了基本混合 π 小信号模型的标准表示形式，式(4.27)给出了模型参数的表达式。这些结果会在下面反复用到，因此需要大家记住。

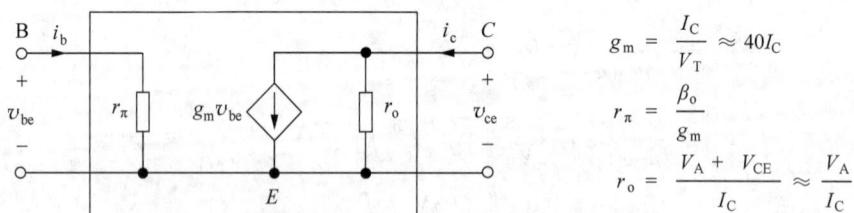

$$g_m = \frac{I_C}{V_T} \approx 40 I_C$$

$$r_\pi = \frac{\beta_o}{g_m}$$

$$r_o = \frac{V_A + V_{CE}}{I_C} \approx \frac{V_A}{I_C}$$

图 4.11 本征 BJT 的混合小信号模型

---

① 另一种可替换的模型称作 T 模型，参见习题 4.64。

$$跨导：g_m = \frac{I_C}{V_T} \approx 40 I_C$$

$$输入电阻：r_\pi = \frac{\beta_o V_T}{I_C} = \frac{\beta_o}{g_m} \tag{4.27}$$

$$输出电阻：r_o = \frac{1}{g_o} = \frac{V_A + V_{CE}}{I_C} \approx \frac{V_A}{I_C}$$

可以认为最重要的小信号参数就是跨导 g_m，它表示集电极电流随基极-发射极电压变化的关系，因此它描述的是器件的正向增益。在此我们再看双极型晶体管电压控制电流的器件特性，即 $i_C = g_m v_{be}$。室温下，$V_T \approx 0.025\text{V}$，跨导 $g_m \approx 40 I_C$。同时，一般情况下集电极-发射极电压 V_{CE} 要远小于厄利电压 V_A，因此可以将输出电阻表达式简化为 $r_o \approx V_A / I_C$。

当改变基极-发射极电压，并由此改变集电极电流时，必须同时改变基极电流，电阻 r_π 表征了 i_b 和 v_{be} 之间的变化关系。同样地，当集电极-发射极电压有微小改变时，集电极电流也要变化，电阻 r_o 表征了 i_C 和 v_{ce} 之间的变化关系。

图 4.11 中用这些参数表示的二端口说明了双极型晶体管的混合 π 小信号模型（Hybrid-Pi Small-Signal Model）的低频本征。第 8 章还会介绍在此模型中加入反映其频率特性的元器件。

从式（4.27）和图 4.11 可看出，小信号的参数值直接由 Q 点的选取决定。跨导 g_m 与双极型晶体管的集电极电流成正比，而输入电阻 r_π 和输出电阻 r_o 与集电极电流成反比。输出电阻与集电极-发射极电压只有比较弱的依赖关系（但通常 $V_{CE} \ll V_A$）。需要注意的是，这些参数与双极型晶体管的外形无关。例如，对给定的集电极电流来说，尺寸较小的高频晶体管或大功率元器件都具有相同的 g_m 值。

4.5.2 图解跨导

双极型晶体管的总集电极电流 i_C 和总基极-发射极电压 v_{BE} 之间的关系曲线如图 4.12 所示，该曲线与二极管的指数关系曲线类似。跨导 g_m 表示 i_C-v_{BE} 曲线上给定工作点（Q 点）位置上的斜率。对于比 Q 点电压略高 v_{be} 的电压 V_{BE}，对应的集电极电流要比工作点电流 I_C 略高 i_c。当满足小信号条件 $v_{be} \leqslant 5\text{mV}$ 时，这两个改变量呈线性关系，比例系数为跨导，即有 $i_c = g_m v_{be}$。

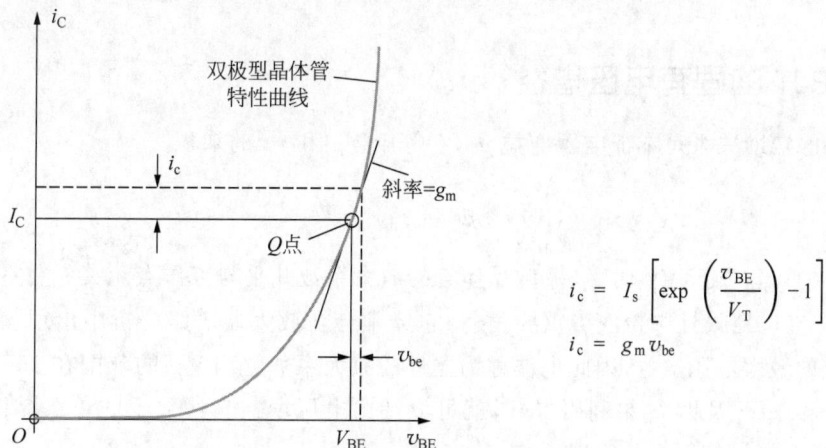

$$i_c = I_s \left[\exp \left(\frac{v_{BE}}{V_T} \right) - 1 \right]$$

$$i_c = g_m v_{be}$$

图 4.12 双极型晶体管的集电极电流和基极-发射极电压在工作点 (I_C, V_{CE}) 上增量之间的关系，对于较小的变化，有 $i_c = g_m v_{be}$

4.5.3 小信号电流增益

小信号参数间还存在另外两个重要的辅助关系。从式(4.27)中可以看到,参数 g_m 和 r_π 可以用小信号电流增益 β_o 联系起来,即

$$\beta_o = g_m r_\pi \tag{4.28}$$

正如之前所提到的那样,在实际晶体管中,其直流电流增益并不是常数,而是与工作电流有关的函数,如图 4.13 所示。从此图中可看到:

$$\frac{\partial \beta_F}{\partial i_C} \begin{cases} > 0, & i_C < I_M \\ < 0, & i_C > I_M \end{cases}$$

其中 I_M 表示 β_F 取最大值时的集电极电流。因此,小信号电流增益可定义为

$$\beta_o = \frac{\beta_F}{\left[1 - I_C \left(\frac{1}{\beta_F} \frac{\partial \beta_F}{\partial i_C}\right)_{Q点}\right]} \tag{4.29}$$

当 $i_C < I_M$ 时 $\beta_o > \beta_F$,当 $i_C > I_M$ 时 $\beta_o < \beta_F$。也就是说,当集电极电流 i_C 小于 I_M 时,交流电流增益 β_o 大于直流电流增益 β_F,而当集电极电流 i_C 大于 I_M 时,交流电流增益 β_o 小于直流电流增益 β_F。在实际中,由于 β_F 和 β_o 之间的差异较小,因此通常假设其值相等。

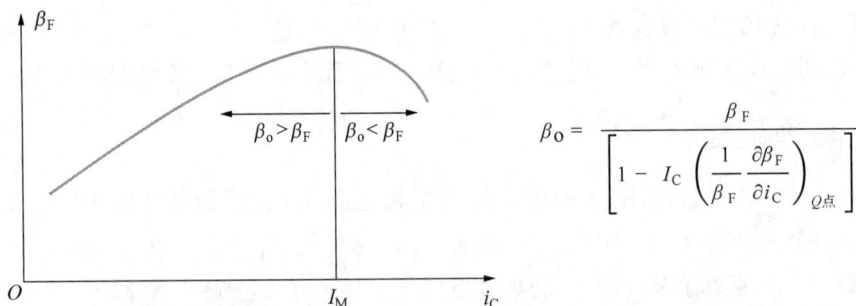

$$\beta_o = \frac{\beta_F}{\left[1 - I_C \left(\frac{1}{\beta_F} \frac{\partial \beta_F}{\partial i_C}\right)_{Q点}\right]}$$

图 4.13 双极型晶体管的直流电流增益与电流之间的关系曲线

4.5.4 BJT 的固有电压增益

第二个重要的辅助关系是本征电压增益 μ_f,它等于 g_m 和 r_o 的乘积

$$当 V_{CS} \ll V_A 时, \quad \mu_f = g_m r_o = \frac{V_A + V_{CE}}{V_T} \approx \frac{V_A}{V_T} \tag{4.30}$$

根据式(4.30),当 $V_{CS} \ll V_A$ 时,双极型晶体管的放大系数几乎与工作点无关。在室温下,$\mu_f \approx 40$。

放大系数 μ_f 在电路设计中扮演着重要角色,它经常会在放大器电路分析中出现。参数 μ_f 表示单个晶体管可提供的最大电压增益,因此也被称为器件的放大系数。当 V_A 的范围在 $25 \sim 100V$ 时,μ_f 的范围则在 $1000 \sim 4000$。因此,如果利用得好,就可设计出电压增益高达数千的单级晶体管放大器。在后续章节中,我们会探讨如何将其实现。

设计提示

记住,单级晶体管放大器的电压增益不能超过晶体管的本征电压增益 μ_f,对于双极型晶体管,其范

围则在 $1000 \sim 4000$。

$$\mu_{\mathrm{f}} = \frac{V_{\mathrm{A}} + V_{\mathrm{CE}}}{V_{\mathrm{T}}} \approx \frac{V_{\mathrm{A}}}{V_{\mathrm{T}}}$$

表 4.1 给出了对应不同工作点小信号参数的变化。改变工作点的集电极直流电流的值，g_{m}、r_{π} 和 r_{o} 会分别出现多种数量级的变化。要注意的是，当工作点变化时，μ_{f} 是不变的。在本章的后续部分将会看到，这是双极型晶体管和场效应管之间的一个显著区别。

表 4.1 双极型晶体管小信号参数与电流的关系：$\beta_{\mathrm{o}} = 100$，$V_{\mathrm{A}} = 75\mathrm{V}$，$V_{\mathrm{CE}} = 10\mathrm{V}$

i_{C}	g_{M}	r_{π}	r_{o}	μ_{f}
$1\mu\mathrm{A}$	$4 \times 10^{-5}\mathrm{S}$	$2.5\mathrm{M}\Omega$	$85\mathrm{M}\Omega$	3400
$10\mu\mathrm{A}$	$4 \times 10^{-4}\mathrm{S}$	$250\mathrm{k}\Omega$	$8.5\mathrm{M}\Omega$	3400
$100\mu\mathrm{A}$	$0.004\mathrm{S}$	$25.0\mathrm{k}\Omega$	$850\mathrm{k}\Omega$	3400
$1\mathrm{mA}$	$0.04\mathrm{S}$	$2.5\mathrm{k}\Omega$	$85\mathrm{k}\Omega$	3400
$10\mathrm{mA}$	$0.40\mathrm{S}$	250Ω	$8.5\mathrm{k}\Omega$	3400

重要的是，尽管是以图 4.10 所示的共发射极结构的晶体管为例进行分析，获得了双极型晶体管小信号模型，但是所得到的混合 π 模型实际上可用于任何电路结构的分析。这一点将会在第 5 章中进行明确阐述。

练习：已知一个 $\beta_{\mathrm{o}} = 75$，$V_{\mathrm{A}} = 60\mathrm{V}$ 的双极型晶体管工作在 Q 点（$50\mu\mathrm{A}$，$5\mathrm{V}$）处，试计算其 g_{m}、r_{π}、r_{o} 和 μ_{f} 的值。

答案：$2\mathrm{mS}$，$37.5\mathrm{k}\Omega$，$1.3\mathrm{M}\Omega$，2600。

练习：已知一个 $\beta_{\mathrm{o}} = 50$，$V_{\mathrm{A}} = 75\mathrm{V}$ 的双极型晶体管工作在 Q 点（$250\mu\mathrm{A}$，$15\mathrm{V}$）处，试计算其 g_{m}、r_{π}、r_{o} 和 μ_{f} 的值。

答案：$10\mathrm{mS}$，$5\mathrm{k}\Omega$，$360\mathrm{k}\Omega$，3600。

练习：对于图 4.1(b) 所示的晶体管，用画图分析找出 Q 点处的 β_{FO}、g_{m}、β_{o}、r_{o} 的值，并计算出 r_{π} 的值。

答案：100，$62.5\mathrm{mS}$，100，∞；$1.6\mathrm{k}\Omega$。

练习：假设我们想将 r_{μ} 添加到混合 π 模型中。如果 $r_{\mu} = \beta_{\mathrm{o}} r_{\mathrm{o}}$，则 r_{μ} 的值为多少时可以与表 4.1 中的 Q 值相对应？

答案：$8.5\mathrm{G}\Omega$，$850\mathrm{M}\Omega$，$85\mathrm{M}\Omega$，$8.5\mathrm{M}\Omega$，$850\mathrm{k}\Omega$。

4.5.5 小信号模型的等效形式

图 4.14 所示的小信号模型中包含电压控制的电流源 $g_{\mathrm{m}} v_{\mathrm{be}}$。在电路分析中，将其转换为受控的电流源是非常有效的做法。图 4.13 中的电压 v_{be} 可以改写成电流 i_{b} 的函数，即 $v_{\mathrm{be}} = i_{\mathrm{b}} r_{\pi}$，则压控电流源可改写成

$$g_{\mathrm{m}} v_{\mathrm{be}} = g_{\mathrm{m}} r_{\pi} i_{\mathrm{b}} = \beta_{\mathrm{o}} i_{\mathrm{b}} \tag{4.31}$$

式中 $\beta_{\mathrm{o}} = g_{\mathrm{m}} r_{\pi}$。

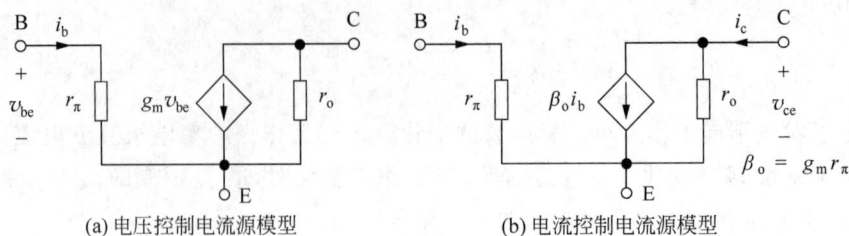

(a) 电压控制电流源模型   (b) 电流控制电流源模型

图 4.14   BJT 小信号模型的两种等效形式

图 4.14 给出了 BJT 小信号模型的两种等效形式。图 4.14(a)所示的模型用到了晶体管基础的电压控制电流源特性，这一特性在传输模型中有明确体现。而从图 4.14(b)所示的模型中可发现

$$i_C = \beta_o i_b + \frac{v_{ce}}{r_o} \approx \beta_o i_b \tag{4.32}$$

这一关系式展示了有源工作区的一个辅助关系式，即 $i_C \approx \beta_o i_b$。在最典型情况下，$v_{ce}/r_o \ll \beta_o i_b$。因此，当 BJT 工作在有源区时，基本关系式 $i_C = \beta_o i_b$ 在直流分析和交流分析中都有效。并且，有时候利用图 4.14(a)所示的模型进行电路分析会比较容易，而有时用图 4.14(b)所示的模型进行电路分析则更为容易。

4.5.6   简化的混合 π 模型

对电路的性能进行更为细致的研究时会发现，通常输出电阻 r_o 对电路性能的影响相对较小，尤其在电压增益方面尤为明显。为了简化电路分析，我们可以在模型中省略输出电阻，如图 4.15 所示。当电路增益远小于本征电压增益 μ_f 时，可做此简化。所以，在分析时可先省略 μ_f，然后再计算电压增益，并检查运算结果与电压增益远小于 μ_f 的假设是否相符。但是，在计算放大器的输出电阻时，r_o 的影响就会大得多，为了得到正确的结果，必须再把它放回到模型中。第 4 章和第 5 章将用具体的例子来说明这个问题。

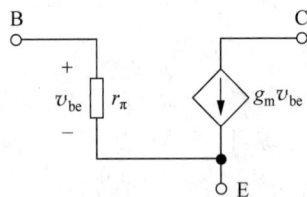

图 4.15   简化的混合 π 模型，电路中忽略了 r_o 的影响

设计提示

在计算电压增益 A_v 时，只要 $A_v \ll \mu_f$，输出电阻 r_o 就可以省略。

4.5.7   双极型晶体管的小信号的定义

在小信号工作条件下，希望电压与电流之间的变化呈线性关系。利用工作在有源区晶体管的总集电极电流的简化传输模型，可求出 BJT 在小信号下工作的约束条件为

$$i_C = I_S \left[\exp\left(\frac{v_{BE}}{V_T}\right) \right] = I_S \left[\exp\left(\frac{V_{BE} + v_{be}}{V_T}\right) \right] \tag{4.33}$$

将其改写为指数乘积的形式，为

$$i_C = I_C + i_c = \left[I_S \exp\left(\frac{V_{BE}}{V_T}\right) \right] \left[\exp\left(\frac{v_{be}}{V_T}\right) \right] = I_C \left[\exp\left(\frac{v_{be}}{V_T}\right) \right] \tag{4.34}$$

从中可得出集电极电流 I_C 的表达式为

$$I_C = I_S \exp\left(\frac{V_{BE}}{V_T}\right) \tag{4.35}$$

将式(4.34)中剩余的指数项用麦克劳林级数公式展开,可得

$$i_C = I_C\left[1 + \frac{v_{be}}{V_T} + \frac{1}{2}\left(\frac{v_{be}}{V_T}\right)^2 + \frac{1}{6}\left(\frac{v_{be}}{V_T}\right)^3 + \cdots\right] \tag{4.36}$$

已知 $i_c = i_C - I_C$,可得

$$i_c = I_C\left[\frac{v_{be}}{V_T} + \frac{1}{2}\left(\frac{v_{be}}{V_T}\right)^2 + \frac{1}{6}\left(\frac{v_{be}}{V_T}\right)^3 + \cdots\right] \tag{4.37}$$

由于线性要求规定 i_c 要与 v_{be} 呈比例关系,则有

$$\frac{1}{2}\left(\frac{v_{be}}{V_T}\right)^2 \ll \frac{v_{be}}{V_T} \quad 或 \quad v_{be} \ll 2V_T \tag{4.38}$$

其中忽略高阶项。

从式(4.38)可知,小信号的工作条件要求施加在基极-发射极间的信号电压远小于热电压的两倍,室温下为 50mV。在本书中,假设将这一值除以因子 10 才可满足式(4.38)的条件,则可定义 BJT 小信号的工作条件为

$$|v_{be}| \leqslant 0.005V \tag{4.39}$$

若满足式(4.39)的条件,则式(4.36)可以近似为

$$i_C \approx I_C\left[1 + \frac{v_{be}}{V_T}\right] = I_C + \frac{I_C}{V_T}v_{be} = I_C + g_m v_{be} \tag{4.40}$$

i_C 的变化量与 v_{BE} 的变化量直接成正比(即 $i_c = g_m v_{be}$),比例系数即为跨导 g_m。需指出的是,式(4.37)中 v_{be} 的二阶、三阶及更高阶的项就是 1.6 节中提到的产生谐波失真的源头。

根据式(4.39),基极-发射极间的信号不大于 5mV 时才可以被定义为小信号。这个信号确实很小,但是不能就此就推断出电路中其他点的信号也很小,回顾图 4.1 可看到,一个 16mV 的峰-峰值信号 v_{be} 可以在集电极产生一个 3.3V 的峰-峰值信号。这是好现象,因为我们经常需要用线性放大器来产生一个幅值很大的信号。

现在继续研究在小信号工作条件下,集电极电流 i_c 的变化。利用式(4.40)可得

$$\frac{i_c}{I_C} = \frac{g_m v_{be}}{I_C} = \frac{v_{be}}{V_T} \leqslant \frac{0.005}{0.025} = 0.2 \tag{4.41}$$

v_{BE} 5mV 的变化量会令 i_C 偏离其 Q 点值的 20%,同时由于 $\alpha_F \approx 1$,i_E 将产生 20% 的变化。一些设计者喜欢允许 $|v_{be}| \leqslant 10mV$,这样一来 i_C 在 Q 点将产生 40% 的偏离。无论是哪种情况,当信号电流 i_c 和 i_e 流过晶体管外部电阻时,都会在晶体管的集电极和/或发射极造成相对较大的电压变化。

上面介绍的严格的小信号限制条件在实践中常常被违反。设计者必须在大信号幅度和较高程度失真之间进行权衡。如果超出了小信号的限制,那么小信号分析就变成了近似结果。不过,手工计算分析仍是评估电路性能的一个有效方法,一般情况下手工计算可借助详细的瞬态仿真加以完善。

设计提示

双极型晶体管的小信号条件限制为

$$|v_{be}| \leqslant 0.005V \quad 和 \quad |i_c| \leqslant 0.2I_C$$

练习:图 4.1(a)和图 4.1(b)的信号幅度满足小信号工作的要求吗?

答案:不满足。$|v_{be}| = 8mV$ 超出了小信号的定义。

4.5.8 pnp 晶体管的小信号模型

pnp 晶体管的小信号模型与 npn 晶体管的小信号模型是相同的。初看起来这一事实会令绝大多数人感到很惊讶，因为二者直流电流的方向是完全相反的。图 4.16 所示的电路有助于更好地解释这个问题。

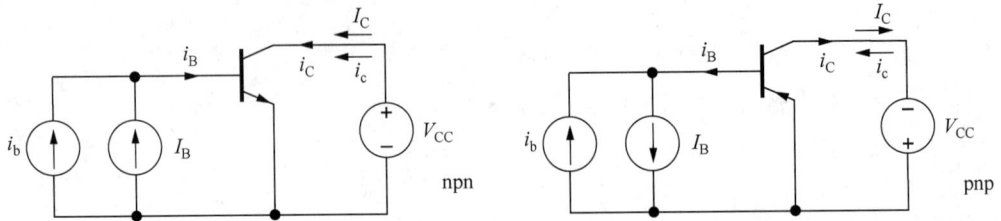

图 4.16　npn 晶体管和 pnp 晶体管的直流偏置和信号电流

在图 4.16 中，npn 晶体管和 pnp 晶体管都有一个直流电流源偏置 I_B，建立的 Q 点电流为 $I_C = \beta_F I_B$。两个晶体管中都有信号电流 i_b 流入基极。对于 npn 晶体管（当 $\beta_o = \beta_F$ 时），总的基极和集电极电流为

$$i_B = I_B + i_b \quad \text{和} \quad i_C = I_C + i_c = \beta_F I_B + \beta_F i_b \tag{4.42}$$

npn 晶体管基极电流的增加会导致流入集电极电流的增加。

对于 pnp 晶体管，则有

$$i_B = I_B - i_b \quad \text{和} \quad i_C = I_C - i_c = \beta_F I_B - \beta_F i_b \tag{4.43}$$

注入 pnp 晶体管基极的信号电流会引起总集电极电流减少，也等效于进入集电极的信号电流增加了。因此，对于 npn 晶体管和 pnp 晶体管，注入基极的信号电流使信号电流进入集电极，其小信号模型中电流控制源的极性相同，如图 4.17 所示。

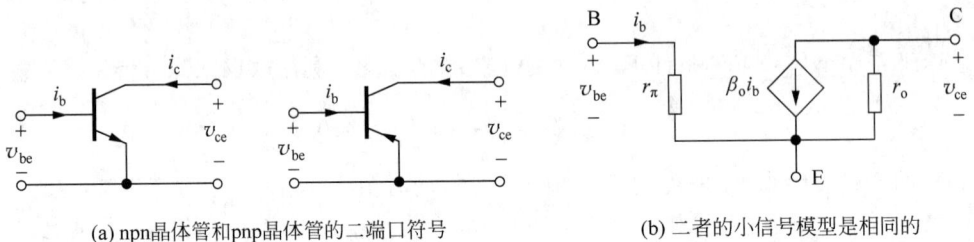

(a) npn晶体管和pnp晶体管的二端口符号　　(b) 二者的小信号模型是相同的

图　4.17

4.5.9　用 SPICE 进行交流分析和瞬态分析的对比

对于采用电子仿真工具的新手，很容易混淆 SPICE 中的交流分析法和瞬态分析法。交流分析反映的是用小信号模型进行手工计算的结果。在 SPICE 的交流分析中，晶体管自动被其小信号模型替换，然后进行线性电路分析。另外，SPICE 瞬态分析提供了类似于我们在构建电路时看到的时域表示，并使用示波器查看波形。SPICE 中的内置模型试图充分考虑设备的非线性行为。如果违反小信号的限制，将导致波形失真。

一旦电路换成了线性电路，所施加信号源的幅度将不再受小信号约束。在交流分析中，为简便起

见,通常会采用1V或1A。但是,这么大的一个信号在许多瞬态分析中会引起严重的失真。

4.6 共射极放大器

现在来分析图 4.18(a)所示的完整共射极放大器(Common-Emitter Amplifier)的小信号特性。前面已经建立了图 4.18(b)所示的交流等效电路(参见例 4.1),在该电路中,假设电容在信号频率上都具有零阻抗,直流电压源代表交流接地。为简便起见,假设已经找到了 Q 点,并且已知 I_C 和 V_{CE} 的值。在图 4.18(b)中,电阻 R_B 表示两个基极电阻 R_1 和 R_2 并联,即

$$R_B = R_1 \parallel R_2 \tag{4.44}$$

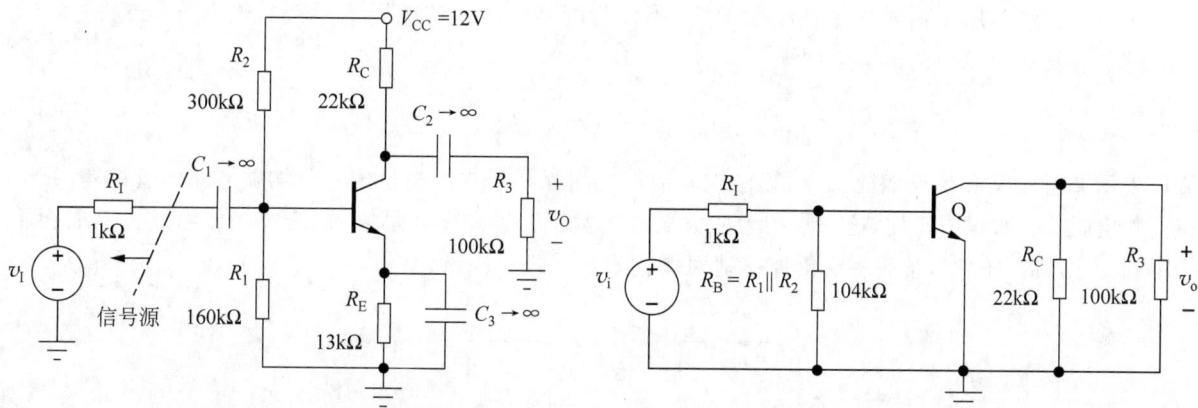

(a) 用双极型晶体管构成的共射极放大器电路

(b) (a)所示的共射极放大器的交流等效电路

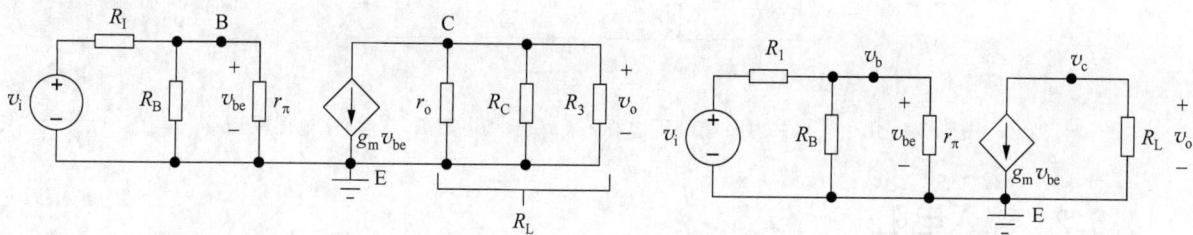

(c) 用其小信号模型替换BJT后得到的交流等效电路

(d) 用于共射极放大器交流分析的最终等效电路

图 4.18

电阻 R_E 被旁路电容 C_3 短路。

在推导出放大器电压增益的表达式之前,必须先将晶体管替换成其小信号模型,如图 4.18(c)所示。最终的简化形式如图 4.18(d)所示。其中 R_L 表示晶体管总的等效负载电阻,等于 r_o、R_C 和 R_3 的并联值,即

$$R_L = r_o \parallel R_C \parallel R_3 \tag{4.45}$$

在图 4.18(b)~(d)中,放大器之所以称为共射极放大器的原因是很明显的。发射极端代表了放大器的输入和输出的公共连接点,输入信号送入晶体管的基极,输出信号在集电极端出现,输入信号和输出信号都连接到(公共)发射极上。

4.6.1　端电压增益

现在准备从信号源 v_i 到加在电阻 R_3 上的输出电压，推导图 4.18 中放大器的全局电压增益表达式。这一电压增益可写为

$$A_v^{CE} = \frac{v_o}{v_i} = \left(\frac{v_o}{v_b}\right)\left(\frac{v_b}{v_i}\right) = A_{vt}^{CE}\left(\frac{v_b}{v_i}\right) \tag{4.46}$$

其中 $A_{vt}^{CE} = \left(\dfrac{v_o}{v_b}\right)$。$A_{vt}^{CE}$ 表示晶体管基极和集电极之间的电压增益，即端增益（Terminal Gain）。首先求出端增益及晶体管基极输入电阻的表达式，然后通过 v_b 和 v_i 的关系求出全局电压增益 A_{vt}^{CE}。

在图 4.19 中，用小信号模型代替了 BJT，晶体管的基极由测试电压 v_b 驱动，输出电压 v_o 由 $v_o = -g_m R_L v_b$ 及式(4.47)给出

$$A_{vt}^{CE} = \frac{v_o}{v_b} = -g_m R_L \tag{4.47}$$

负号表示共射极是一个反相放大器，其输入和输出之间存在 180° 的相位偏差。增益与晶体管的跨导 g_m 和负载电阻 R_L 的积成正比，这一乘积为放大器的增益设置了一个上限值，在研究晶体管放大器时会不断用到 g_m 与 R_L 的积，稍后将会更详尽地对增益表达式进行探讨。

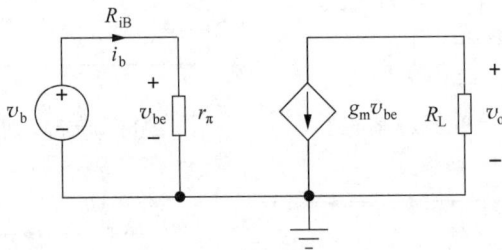

图 4.19　用于求出共射极端电压增益 A_{vt}^{CE} 和输入电阻 R_{iB} 的简化电路模型

4.6.2　输入电阻

图 4.19 中晶体管基极端侧的电阻 R_{iB} 就是 v_b 和 i_b 的比值

$$R_{iB} = \frac{v_b}{i_b} = r_\pi \tag{4.48}$$

晶体管基极端侧的输入电阻与 r_π 相等。

4.6.3　信号源电压增益

包含电源内阻 R_I 影响的全局电压增益 A_v^{CE} 可以借用输入电阻和端增益的表达式求出，图 4.18(d) 中 BJT 的基极电压 v_b 与 v_i 的关系为

$$v_b = v_i \frac{R_B \parallel R_{iB}}{R_I + (R_B \parallel R_{iB})} \tag{4.49}$$

结合式(4.46)、式(4.48)和式(4.50)，可得出共射极放大器的全局电压增益通用表达式为

$$A_v^{CE} = A_{vt}^{CE}\left(\frac{v_b}{v_i}\right) = -g_m R_L \left[\frac{R_B \| r_\pi}{R_I + (R_B \| r_\pi)}\right] \tag{4.50}$$

从上式可看出,全局电压增益等于端增益 A_{vt}^{CE} 与晶体管基极等效电阻和 R_I 构成分压比的乘积。由于分压系数的值必然小于 1,因此端增益 A_{vt}^{CE} 为电压增益设定了一个上限。

4.7 重要限制及模型简化

现在来研究共射极放大器的电压增益有什么限制。首先,假设电源内阻足够小,以使 $R_I \ll R_B \| R_{iB}$,因此有

$$A_v^{CE} \approx A_{vt}^{CE} = -g_m R_L = -g_m(r_o \| R_C \| R_3) \tag{4.51}$$

这种近似等同于总输入信号出现在晶体管的基极。式(4.51)意味着共射极放大器的端电压增益等于晶体管跨导 g_m 和负载电阻 R_L 之积,负号表示输出电压被"反相",或其输入和输出之间存在 $180°$ 的相位偏差。

式(4.51)给出了一个带有外部负载电阻的共射极放大器可以实现的增益上限。式(4.51)中的这种近似等效于总输入信号完全加载在 r_π 上,如图 4.20 所示。

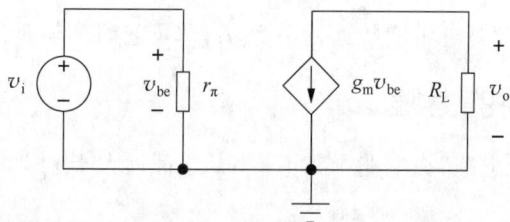

图 4.20 当 $R_E = 0$ 时,式(4.51)所描述的简化电路

4.7.1 共射极放大器的设计指导

在绝大多数放大器设计中,$r_o \gg R_C$,且尽量使 $R_3 \gg R_C$。在这种情况下,晶体管集电极的负载电阻近似等于 R_C,因此可将式(4.51)简化为

$$A_v^{CE} \approx A_{vt}^{CE} = -g_m R_C = -\frac{I_C R_C}{V_T} \tag{4.52}$$

$I_C R_C$ 的积表示加在集电极 R_C 上的直流电压。假设 $I_C R_C = \xi V_{CC}$,其中 $0 \leqslant \zeta \leqslant 1$。记住,$V_T$ 的倒数为 $40 V^{-1}$,式(4.52)可改写为

$$A_v^{CE} \approx -\frac{I_C R_C}{V_T} \approx -40\zeta V_{CC} \quad \text{其中,} 0 \leqslant \zeta \leqslant 1 \tag{4.53}$$

在常规设计中,通常将电源电压的 1/3 分配给集电极电阻。在这种情况下有 $\xi = 1/3$,$I_C R_C = V_{CC}/3$,式(4.53)变成 $A_v \approx -13 V_{CC}$。为了进一步解释这一近似结果,并得到一个易于记忆的数字,可利用这样一个表达式来估算电压增益的值

$$A_v^{CE} \approx -10 V_{CC} \tag{4.54}$$

其中,发射极交流接地。

式(4.54)是带阻性负载的共射极放大器设计的基本经验关系式,即放大器电压增益的幅值约为电

源电压的 10 倍[①]，这样在设计时只要已知电源电压的值，就可粗略预测出共射极放大器的电压增益。对于一个电源电压为 15V 的共射极放大器，可估算其电压增益为 -150dB 或 44dB；如果共射极放大器的电源电压为 10V，则可估算出其电压增益约为 -100dB 或 40dB。

设计提示

对于一个发射极为交流地的带阻性负载的共射极放大器，其电压增益的幅值约等于电源电压的 10 倍。

$$A_v^{CE} \approx -10V_{CC}$$

这一结果提供了一种快速检验详细计算结果有效性的方法。要记住的是，这个经验关系式并不精确，但是可以预测增益幅值的量级，通常误差控制在两倍以内。

r_o 和 R_C 的比较

通过乘以集电极电流 I_C 正式比较 r_o 和 R_C

$$I_C R_o = V_A + V_{CE} \approx V_A \quad 而 \quad I_C R_C \approx V_{CC}/3 \tag{4.55}$$

对于典型值，例如 $V_A = 75V$，$V_{CC} = 15V$，可看到 $I_C R_C \ll I_C r_o$，即 $R_C \ll r_o$。因此，同时还有

$$g_m R_C \ll g_m r_o \quad 或 \quad g_m R_C \ll \mu_f \tag{4.56}$$

从式(4.56)可以看出，只要电压增益远远小于 μ_f，即可忽略晶体管的输出电阻 r_o。

设计提示

在计算电压增益的时候，只要电压增益远远小于 μ_f，即可忽略晶体管的输出电阻 r_o。

4.7.2 共射极增益的上限

如果能设法找到这样一个电路，在电路中其 R_C 和 R_3 都远大于 r_o[②]，那么当 $R_C \| R_3$ 时，晶体管可能获得的最大增益为

$$A_v^{CE} \approx -g_m r_o = -\mu_f, \qquad R_C \| R_3 \gg r_o \tag{4.57}$$

这个增益接近晶体管的本征增益（$\mu_f \approx 40V$），通常可达数千。在第 7 章将探讨如何实现如此高的增益。

4.7.3 共射极放大器的小信号限制

对于小信号工作，加载在小信号模型中电阻 r_π 上的基极-发射极电压 v_{be} 的幅值必须小于 5mV（参见 4.5.7 节）。利用式(4.49)可将这一电压写成

$$v_i = v_{be}\left(\frac{R_I + R_B \| r_\pi}{R_B \| r_\pi}\right) \tag{4.58}$$

由于要求式(4.58)中的 $|v_{be}|$ 必须小于 5mV，因此有

$$|v_i| \leqslant 0.005\left(1 + \frac{R_I}{R_B \| r_\pi}\right)V \tag{4.59}$$

当 $R_B \| r_\pi \gg R_I$ 时，$v_i \leqslant 0.005\left(1 + \frac{R_I}{R_B \| r_\pi}\right)V \approx 0.005V$。

---

① 对于双电源供电，响应的估算为 $A_v = -10(V_{CC} + V_{EE})$。

② 例如，当 $R_3 = \infty$，R_C 由一个很大的电感值代替的时候。

例 4.3 共射极放大器的电压增益。

在本例中,需要求出双极型晶体管的小信号参数,并计算共射极放大器的电压增益。

问题:计算图 4.18 所示的共射极放大器的电压增益,其中晶体管的 $\beta_F=100$,$V_A=75V$,Q 点为 $(0.245mA,3.39V)$。则满足小信号假设的 v_i 的最大值为多少?比较根据共射极经验关系式估算出的电压增益和晶体管的本征增益(放大系数)的值。

解:

已知量:共射极放大器及其交流等效电路如图 4.18 所示,其中 $\beta_F=100$,$V_A=75V$;Q 点为 $(0.245mA,3.39V)$;$R_I=1k\Omega$,$R_1=160k\Omega$,$R_2=300k\Omega$,$R_C=22k\Omega$,$R_E=13k\Omega$,$R_3=100k\Omega$。

未知量:晶体管的小信号参数;电压增益 A_v^{CE};v_i 值的小信号条件限制;经验关系式估算结果;μ_f 的值。

求解方法:用 Q 点信息求出 r_π 的值。用计算出的量和已知量评估式(4.50)中描述的电压增益表达式。

假设:晶体管处于有源区,且 $\beta_o=\beta_F$。信号幅值足够低,可将其当作小信号处理。假设 r_o 可以忽略。$T=300K$。

分析:评估式(4.50),

$$A_v^{CE}=-g_m R_L\left[\frac{R_B\|R_{iB}}{R_I+(R_B\|R_{iB})}\right]\quad 且\quad R_B=R_1\|R_2,\quad R_{iB}=r_\pi$$

式中需要求出不同电阻的阻值及小信号模型参数的值。因此有

$$g_m=40I_C=40(0.245mA)=9.80mS$$

$$r_\pi=\frac{\beta_o V_T}{I_C}=\frac{100(0.025V)}{0.245mA}=10.2k\Omega$$

$$r_o=\frac{V_A+V_{CE}}{I_C}=\frac{75V+3.39V}{0.245mA}=320k\Omega$$

$$R_{iB}=r_\pi=10.2k\Omega$$

$$R_B=R_1\|R_2=104k\Omega$$

$$R_L=R_c\|R_3=18.0k\Omega$$

利用这些值可得

$$A_v^{CE}=-9.80mS(18k\Omega)\frac{104k\Omega\|10.2k\Omega}{1k\Omega+(104k\Omega\|10.2k\Omega)}=-159dB\quad 或\quad 44.0dB$$

发射极被旁路处理之后,可得 v_{be} 为

$$v_{be}=v_i\left[\frac{R_B\|R_{iB}}{R_I+(R_B\|R_{iB})}\right]=v_i\frac{R_B\|r_\pi}{R_I+(R_B\|r_\pi)}=v_i\frac{104k\Omega\|10.2k\Omega}{1k\Omega+(104k\Omega\|10.2k\Omega)}=0.903v_i$$

v_i 的小信号限制条件为

$$|v_i|\leqslant\frac{0.005V}{0.903}=5.53mV$$

经验关系式估算的结果和本征增益为

$$A_v^{CE}\approx-10(12)=-120\quad \mu_f=9.80mS(320k\Omega)=3140$$

结果检查:计算出的电压增益与经验关系式估算值接近,因此我们的计算看来是正确的。记住,经验关系式只是一个粗略的估算公式,并不精确。电压增益的值远小于晶体管的放大系数,因此可以忽略 r_o。

计算机辅助分析：用 SPICE 方法得到的 Q 点为 $(0.248\text{mA}, 3.3\text{V})$，与假设值一致。在 SPICE 仿真中已考虑了由 V_A 带来的小偏差，而在手工计算中并不考虑。在仿真计算时，从 10Hz～100kHz 进行了交流扫描，每十倍频程取 10 个仿真点，以找到电容表现为短路的频率范围，当频率超过 1kHz 时，电压增益稳定在 43.4dB。这一值比手工计算的值略低，这是因为手工计算中忽略了 r_o。采用一个 5mA、10kHz 的正弦波进行瞬态仿真，输出结果的线性度较高，但是正负幅值稍有差异，这就意味着输出有一定的波形失真。启用 SPICE 的傅里叶功能可得 THD＝3.6%。

讨论：在结束对共射极放大器实例的讨论之前，我们来探讨元器件参数容限值对电路性能的影响。在此假设 V_{CE} 和所有的电阻都有 5% 的容限值，且 β_F 有 25% 的容限值。为了简化起见，暂不考虑 V_{BE} 和 V_A 的容限。

下面表格中给出的是 500 种情况的蒙特卡洛分析结果。集电极电流的变化范围约为 ±15%。幸运的是，晶体管的最小集电极-基极电压为 ±1.11V，因此晶体管仍处于有源区。如果发现其处于饱和区，电路就需要重新设计。增益从 −125 变化到 −169。这一变化的绝大部分由 R_C、R_3、I_C 和 β_F 的变化决定。因此，如果班级中每一个人都打算在实验室中建立这样一个电路，估计每个人所建立电路的 Q 点和电压增益将会有很大的差异。

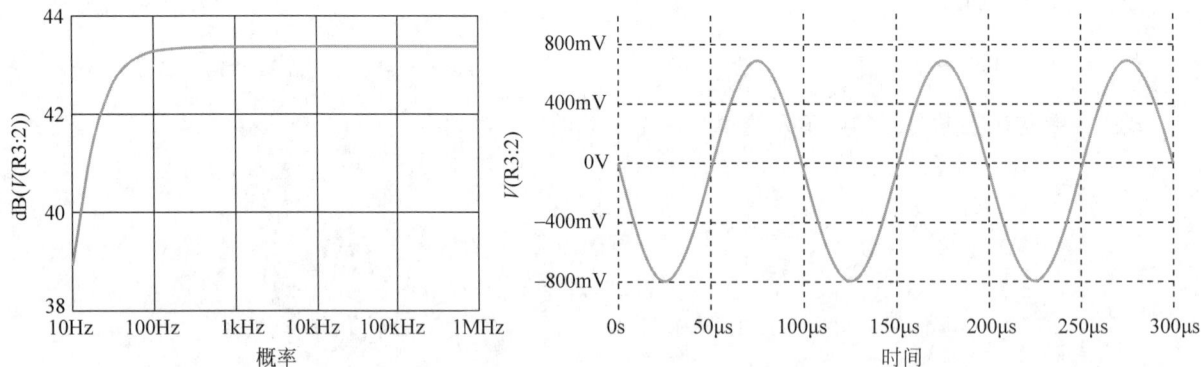

共射极放大器的 500 种情况蒙特卡洛分析结果

参　　数	正　常　值	最　大　值	最　小　值
$I_C/\mu\text{A}$	245	285	211
V_{CE}/V	3.40	4.36	2.52
V_{CB}/V	2.44	3.60	1.11
A_v^{CE}	−146	−169	−125
$r_\pi/\text{k}\Omega$	10.6	14.2	7.36

练习：例 4.3 中放大器的端增益 $A_{vt}(-g_m R_L)$ 为多少？放大器的实际电压增益只有 −159。大部分增益耗散在什么位置？

答案：−176；约 10% 的输入信号被源电阻 R_I 和放大器输入电阻的分压耗散了。

练习：(a)若 $\beta_F=125$，则原始电路的电压增益为多少？(b)假设 R_C、R_3 有 10% 的容限特性，则放大器电压增益的最小值为多少？(c)假设原始电路的 Q 点电流增加到 0.275mA，则新的 V_{CE} 和电压增益的值为多少？

答案:(a)−162;(b)−143,−175;(c)2.34V,−177。

练习:与图 4.18 相同的共射极放大器信号电源电压为 20V,发射极被电容 C_3 旁路掉。BJT 的 $\beta_F = 100$,$V_A = 50V$,工作点 $Q(100\mu A, 10V)$,放大器的 $R_1 = 5k\Omega$,$R_B = 150k\Omega$,$R_C = 100k\Omega$,$R_3 = \infty$。用经验关系式预测的电压增益为多少? 实际的电压增益为多少? 晶体管的 μ_f 值为多少?

答案:−200;−278;2400。

设计提示

记住,放大系数 μ_f 是单级晶体管放大器的电压增益上限。我们无法设计出电压增益超过 μ_f 的晶体管放大器。对于 BJT,有

$$\mu_f \approx 40 V_A$$

当 $25V \leqslant V_A \leqslant 100V$ 时,有 $1000 \leqslant \mu_f \leqslant 4000$。

练习:直接计算 Q 点的值来验证例 4.3 中所用偏置点的值。

练习:在 SPICE 中,对于 $I_C = 245\mu A$,饱和电流 I_S 的值必须为多少才能实现 $V_{BE} = 0.7V$? 假设默认温度为 27℃。

答案:0.422fA。

4.8 场效应管的小信号模型

现在分析场效应管的小信号模型,该模型在 4.9 节中将应用于共源极放大器上,共源极放大器就是用场效应管实现的共射极放大器。正如之前分析二极管和双极型晶体管那样,在分析场效应管时也需要一个能有效反映电压和电流微小变化的场效应管线性模型,以便利用已有的线性电路分析方法来分析电路的交流特性。首先将 MOSFET 视为三端器件;然后探讨 MOSFET 作为四端器件工作时所需的改变。

4.8.1 MOSFET 的小信号模型

MOSFET 的小信号模型是基于图 4.21 所示的二端口电路建立的,其输入端变量定义为 v_{gs} 和 i_g,输出端变量定义为 v_d 和 i_d,利用这些变量可将式(4.19)改写为

$$i_g = g_\pi v_{gs} + g_\mu v_{ds}$$
$$i_d = g_m v_{gs} + g_o v_{ds} \tag{4.60}$$

图 4.21(a)中的端口变量可被认为表示总电压和电流的时域变量,或总电压和电流的微小变化量,即

$$v_{GS} = V_{GS} + v_{gs} \qquad v_{DS} = V_{DS} + v_{ds}$$
$$i_G = I_G + i_g \qquad i_{DS} = I_D + i_d \tag{4.61}$$

式(4.61)中的参数可写成小信号变量或完全端口变量的导数形式,如式(4.62)所示。

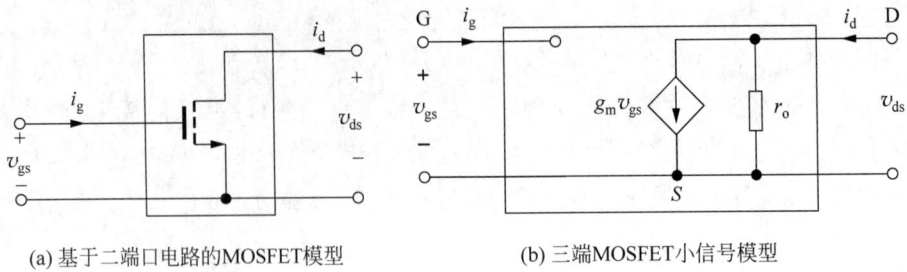

(a) 基于二端口电路的MOSFET模型　　　　(b) 三端MOSFET小信号模型

图　4.21

$$g_\pi = \frac{i_g}{v_{gs}}\Bigg|_{v_{ds}=0} = \frac{\partial i_G}{\partial v_{GS}}\Bigg|_{Q点} \qquad g_\mu = \frac{i_g}{v_{ds}}\Bigg|_{v_{gs}=0} = \frac{\partial i_G}{\partial v_{DS}}\Bigg|_{Q点}$$

$$g_m = \frac{i_d}{v_{gs}}\Bigg|_{v_{ds}=0} = \frac{\partial i_{DS}}{\partial v_{GS}}\Bigg|_{Q点} \qquad g_o = \frac{i_d}{v_{ds}}\Bigg|_{v_{gs}=0} = \frac{\partial i_{DS}}{\partial v_{DS}}\Bigg|_{Q点}$$

（4.62）

对有源区 MOS 晶体管漏极电流的大信号模型方程进行适当求导，可对这些参数进行评估，当 $v_{DS} \geqslant v_{GS} - V_{TN}$，且 $i_G = 0$ 时，将该大信号模型在式（4.64）中重新写一遍为

$$i_D = \frac{K_n}{2}(v_{GS} - V_{TN})^2(1 + \lambda v_{DS})$$

（4.63）

其中 $K_n = \mu_n C_{ox}(W/L)$。

$$g_\pi = \frac{\partial i_G}{\partial v_{GS}}\Bigg|_{v_{DS}} = 0 \quad 和 \quad g_\mu = \frac{\partial i_G}{\partial v_{DS}}\Bigg|_{v_{GS}} = 0$$

$$g_m = \frac{\partial i_{DS}}{\partial v_{GS}}\Bigg|_{Q点} = K_n(V_{GS} - V_{TN})(1 + \lambda V_{DS}) = \frac{2I_D}{V_{GS} - V_{TN}}$$

$$g_o = \frac{\partial i_{DS}}{\partial v_{DS}}\Bigg|_{Q点} = \lambda \frac{K_n}{2}(V_{GS} - V_{TN})^2 = \frac{\lambda I_D}{1 + \lambda V_{DS}} = \frac{I_D}{\frac{1}{\lambda} + V_{DS}}$$

（4.64）

由于 i_G 总为零，因此与 v_{GS} 和 v_{DS} 的变化无关，g_π 和 g_r 均为零。栅极通过栅氧化层与沟道绝缘，因此我们可合理地认为晶体管的输入电阻 $1/g_\pi$ 为无穷大。

对于双极型晶体管，g_m 被称为跨导（Transconductance），而 $1/g_o$ 表示晶体管的输出电阻（Output Resistance），即

$$跨导：g_m = \frac{I_D}{\dfrac{V_{GS} - V_{TN}}{2}}$$

$$输出电阻：r_o = \frac{1}{g_o} = \frac{\dfrac{1}{\lambda} + V_{DS}}{I_D} \approx \frac{1}{\lambda I_D}$$

（4.65）

根据式（4.64）和式（4.65），可导出 MOSFET 的小信号模型如图 4.21(b)所示，其中只包含受控电流源和输出电阻。

从式（4.65）中可看到，小信号参数的值直接取决于 Q 点的设计。MOSFET 的 g_m 和 r_o 表达式的形式就是 BJT 表达式的直接镜像。不过，在 MOSFET 的跨导表达式中，需要用内部栅极驱动电压的一半，即 $(V_{GS} - V_{TN})/2$ 来替代 BJT 表达式中的热电压 V_T，而在输出电阻表达式中需要用 $1/\lambda$ 来代替厄利电压。在 MOSFET 电路中，$V_{GS} - V_{TN}$ 的值通常为 1V 或更大些，而在室温下 $V_T = 0.025$V。因此，

对于已知的工作电流,MOSFET 的跨导要比 BJT 的跨导小得多。而 $1/\lambda$ 的值与 V_A 接近,因此对于给定工作点 $(I_D,V_{DS})=(I_C,V_{CE})$,二者的输出电阻则是相近的。在此,与 BJT 类似的是,漏源电压 V_{DS} 通常要远小于 $1/\lambda$,因此我们可将输出电阻的表达式简化为 $r_o \approx 1/\lambda I_D$。

跨导 g_m 与电流的实际关系并非如式(4.65)所示,因为 I_D 是 $V_{GS}-V_{TN}$ 的函数。将式(4.65)中跨导 g_m 的表达式重写为

$$g_m = K_n(V_{GS}-V_{TN})(1+\lambda V_{DS}) = \sqrt{2K_n I_D(1+\lambda V_{DS})}$$

$$g_m \approx K_n(V_{GS}-V_{TN}) \quad \text{或} \quad g_m \approx \sqrt{2K_n I_D} \tag{4.66}$$

其中简化表达式要求的条件为 $\lambda V_{DS} \ll 1$。在此我们看到了 MOSFET 和 BJT 另外两个重要的不同之处。MOSFET 的跨导与漏极电流的平方根成正比,而 BJT 的跨导则直接与集电极电流成正比。此外,MOSFET 的跨导与晶体管的几何尺寸相关,因为 $K_n \propto W/L$,而 BJT 的跨导与几何尺寸无关。同时还要指出的是,MOSFET 的电流增益为无穷大。因为在 MOSFET 中 $r_\pi = 1/g_\pi$ 为无穷大,同样地,电流增益 $\beta_o = g_\pi r_\pi$ 也为无穷大。

4.8.2 MOSFET 的本征电压增益

BJT 和 MOSFET 之间另一个重要的不同之处是本征电压增益 μ_f 随着工作点的变化而不同。利用 g_m 和 r_o 的表达式(4.65),可得到本征电压增益变为

$$\mu_f = g_m r_o = \frac{\dfrac{1}{\lambda}+V_{DS}}{\left(\dfrac{V_{GS}-V_{TN}}{2}\right)} \quad \mu_f \approx \frac{2}{\lambda(V_{GS}-V_{TN})} \approx \frac{1}{\lambda}\sqrt{\frac{2K_n}{I_D}} \tag{4.67}$$

上面的简化表达式对应条件为 $\lambda V_{DS} \ll 1$。

MOSFET 的 μ_f 随着工作电流的增加而减小。因此,MOSFET 的工作电流越大,其电压增益则越小。相反,BJT 的本征增益是与工作点无关的。这是二者最大的不同之处,尤其是在电路设计的时候。

表 4.2 给出了不同工作点条件下 MOSFET 小信号参数的不同取值。就像双极型晶体管的参数一样,对应不同的 Q 点,g_m 和 r_o 值的变化会相差多个数量级。通过比较表 4.1 和表 4.2 可以看出,在小电流情况下,MOSFET 的 g_m、r_o 和 μ_f 值与双极型晶体管的值相近。然而,随着漏极电流的增加,MOSFET 的 g_m 值增加的幅度比双极型晶体管慢,而其 μ_f 却显著下降。当电流大于几十微安时,MOSFET 的本征电压增益要明显小于 BJT 的本征增益。

表 4.2 当 $K_n=1\text{mA/V}^2$,$\lambda=0.0133\text{V}^{-1}$,$V_{DS}=10\text{V}$ 时,不同电流情况下 MOSFET 的小信号参数值

I_D	g_m	r_π	r_o	μ_f
$1\mu\text{A}$	$4.76\times10^{-5}\text{S}$	∞	$85.2\text{M}\Omega$	4060
$10\mu\text{A}$	$1.51\times10^{-4}\text{S}$	∞	$8.52\text{M}\Omega$	1280
$100\mu\text{A}$	$4.76\times10^{-4}\text{S}$	∞	$852\text{k}\Omega$	406
1mA	$1.51\times10^{-3}\text{S}$	∞	$85.2\text{k}\Omega$	128
10mA	$4.76\times10^{-3}\text{S}$	∞	$8.52\text{k}\Omega$	40

练习:(a)计算当 MOSFET 的 Q 点分别为 $(250\mu\text{A},5\text{V})$ 和 $(5\text{mA},10\text{V})$ 时,其 g_m、r_o 和 μ_f 的值分别为多少?其中 MOSFET 的参数如下:$K_n=1\text{mA/V}^2$,$\lambda=0.02\text{V}^{-1}$;(b)用图解法分析找出图 4.2(b)中 Q 点位置处晶体管的 g_m 和 r_o 值。

4.8.3　MOSFET 小信号工作的定义

MOSFET 的线性工作条件限制可以用有源区 MOSFET 的漏极电流简化来求出，即

$$当\ v_{DS} \geqslant v_{GS}-V_{TN}\ 时，\quad i_{D}=\frac{K_{n}}{2}(v_{GS}-V_{TN})^{2} \tag{4.68}$$

用 $v_{GS}=V_{GS}+v_{gs}$ 和 $i_{D}=I_{D}+i_{d}$ 将这一表达式展开，可得

$$I_{D}+i_{d}=\frac{K_{n}}{2}\left[(V_{GS}-V_{TN})^{2}+2v_{gs}(V_{GS}-V_{TN})+v_{gs}^{2}\right] \tag{4.69}$$

已知直流漏极电流等于 $I_{D}=(K_{n}/2)(V_{GS}-V_{TN})^{2}$，从式（4.69）的左右两边减去这一项，可得信号电流 i_{d} 的表达式为

$$i_{d}=\frac{K_{n}}{2}\left[2v_{gs}(V_{GS}-V_{TN})+v_{gs}^{2}\right] \tag{4.70}$$

为得到线性关系，i_{d} 必须直接与 v_{gs} 成比例，由此必须满足

$$v_{gs}^{2} \ll 2v_{gs}(V_{GS}-V_{TN}) \quad 或 \quad v_{gs} \ll 2(V_{GS}-V_{TN}) \tag{4.71}$$

不等式右边缩小 $1/10$，可得

$$v_{gs} \leqslant 0.2(V_{GS}-V_{TN}) \tag{4.72}$$

由于可以轻易地将 MOSFET 的偏置 $V_{GS}-V_{TN}$ 设置为几伏，因此我们看到 v_{gs} 的值可远大于双极型晶体管的 v_{be}。这是 MOSFET 与 BJT 之间另一个重大的不同之处，也是电路设计中需要注意的地方，尤其是在 RF 放大器的设计中更要注意。

接下来分析小信号工作时漏极电流的变化。用式（4.73）可得

$$\frac{i_{d}}{I_{D}}=\frac{g_{m}v_{gs}}{I_{D}}=\frac{0.2(V_{GS}-V_{TN})}{\dfrac{V_{GS}-V_{TN}}{2}} \leqslant 0.4 \tag{4.73}$$

v_{gs} 变化了 $0.2(V_{GS}-V_{TN})$，可导致漏极和源极电流偏离其 Q 点 40%。

练习：MOSFET 的 $K_{n}=2.0$mA/V^{2}，$\lambda=0$，在 Q 点（25mA，10V）工作，则符合小信号条件的 v_{gs} 的最大值为多少？若 BJT 的 Q 点相同，符合小信号条件的 v_{be} 的最大值为多少？
答案：1V；0.005V。

4.8.4　四端 MOSFET 中的体效应

如图 4.22(a)所示，当 MOSFET 的体端与源端不相连时，在其小信号模型中必须引入一个受控源。参考 4.2.10 节中 MOSFET 漏极电流的简化表达式，可得

$$i_{D}=\frac{K_{n}}{2}(v_{GS}-V_{TN})^{2} \quad 和 \quad V_{TN}=V_{TO}+\gamma\left(\sqrt{v_{SB}+2\phi_{F}}-\sqrt{2\phi_{F}}\right) \tag{4.74}$$

即漏极电流与阈值电压相关，而阈值电压又随 v_{SB} 的变化而变化，因此可定义一个背栅跨导，即

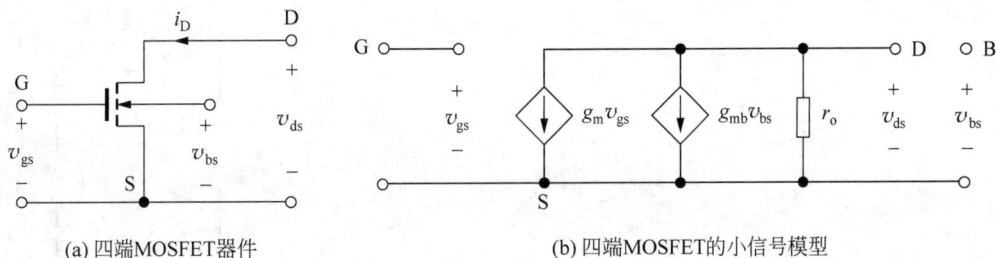

(a) 四端MOSFET器件　　　　　　　　(b) 四端MOSFET的小信号模型

图　4.22

$$g_{mb} = \frac{\partial i_D}{\partial v_{BS}}\bigg|_{Q点} = -\frac{\partial i_D}{\partial v_{SB}}\bigg|_{Q点} = -\left(\frac{\partial i_D}{\partial V_{TN}}\right)\left(\frac{\partial V_{TN}}{\partial v_{SB}}\right)\bigg|_{Q点} \qquad (4.75)$$

计算出括号中的导数项可得

$$\frac{\partial i_D}{\partial V_{TN}}\bigg|_{Q点} = -K_n(V_{GS} - V_{TN}) = -g_m \qquad \frac{\partial V_{TN}}{\partial v_{SB}}\bigg|_{Q点} = \frac{\gamma}{2\sqrt{V_{SB} + 2\phi_F}} = \eta \qquad (4.76)$$

其中 η 表示背栅跨导参数(Back-Gate Transconductance Parameter)。结合式(4.76)可得

$$g_{mb} = -(-g_m)\eta \quad 或 \quad g_{mb} = \eta g_m \qquad (4.77)$$

若 γ 和 V_{BS} 取典型值,则有 $0 \leqslant \eta \leqslant 1$。

另外还需要探讨从体端子到其他端子是否存在电导连接问题。不过,体端子表示体和沟道之间的反相偏置二极管。利用二极管的小信号模型,即式(4.15),可得

$$\frac{\partial i_B}{\partial v_{BS}}\bigg|_{Q点} = \frac{I_D + I_S}{V_T} \approx 0 \qquad (4.78)$$

因为对于反相偏置二极管有 $I_D \approx -I_S$,因此,小信号模型的体和源极或漏极之间并无电导存在。

图 4.22(b)中给出了四端 MOSFET 的小信号模型,其中利用第二个电压控制电流源来模拟背栅跨导 g_{mb}。

练习: 当 MOSFET 分别有 $V_{SB} = 0$,$V_{SB} = 3\text{V}$ 时,$\gamma = 0.75\text{V}^{0.5}$ 且 $2\phi_F = 0.6\text{V}$,计算 η 的值。

答案: 0.48,0.20。

4.8.5　PMOS 管的小信号模型

与 pnp 晶体管和 npn 晶体管的情况类似,PMOS 管和 NMOS 管的小信号模型是一样的。图 4.23 所示电路有助于深入理解这一结论。

在图 4.23 中,PMOS 和 NMOS 管都有一个直流偏置电压源 V_{GG},用于建立 Q 点电流 I_D。在这两种情况下,都有一个信号电压 v_{gg} 与 V_{GG} 串联,因此正的 v_{gg} 会使每个晶体管的栅源电压增加。对于 NMOS 管,总的栅源电压和漏电流分别为

$$v_{GS} = V_{GG} + v_{gg} \quad 和 \quad i_{DS} = I_D + i_d \qquad (4.79)$$

v_{gg} 的增加会使进入漏极的电流增加。对于 PMOS 管,则有

$$v_{SG} = V_{GG} - v_{gg} \quad 和 \quad i_D = I_D - i_d \qquad (4.80)$$

正的信号电压 v_{gg} 减小了 PMOS 管源极到栅极的电压,从而使流出漏极的总电流减少,而总电流

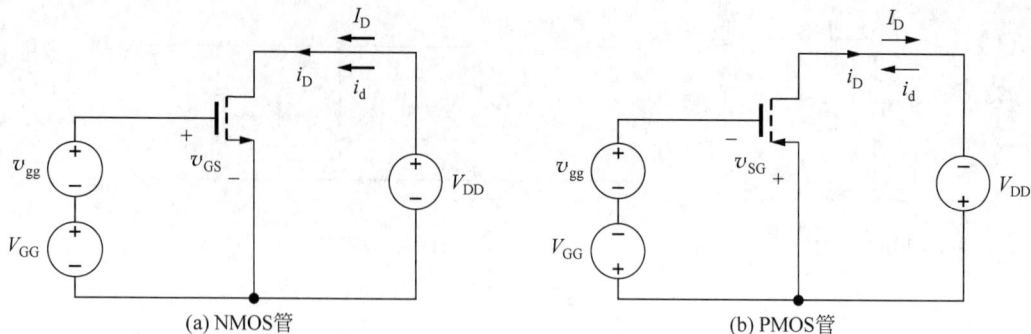

(a) NMOS管

(b) PMOS管

图 4.23　电流信号的直流偏置

的减少等效于流入漏极的信号电流增加了。

因此，对于 PMOS 和 NMOS 管而言，v_{GS} 的增加会使流入漏极的电流增加，因而其小信号模型中压控电流源的极性相同，如图 4.24 所示。

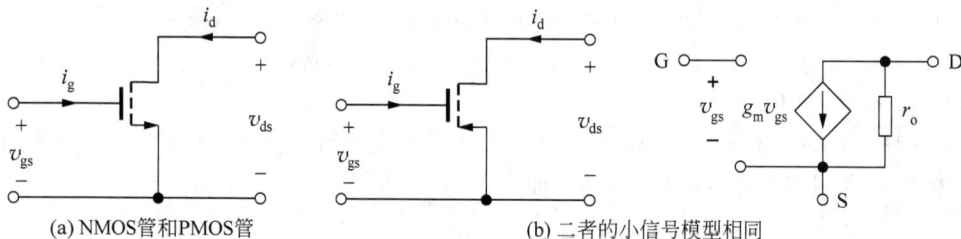

(a) NMOS管和PMOS管

(b) 二者的小信号模型相同

图　4.24

4.8.6　结型场效应管（JFET）的小信号模型

JFET 和 MOSFET 的漏极电流表达式实质上可以写成相同的形式（参见习题 4.147），因此这两者的小信号模型也有相同的形式。至于小信号分析，将 JFET 表示成如图 4.25 所示的二端口电路形式，小信号参数可以用《深入理解微电子电路设计——电子元器件原理及应用（原书第 5 版）》第 4 章中给出的工作在夹断区的 JFET 漏极电流的大信号模型得出，即

$$i_D = I_{DSS}\left[1 - \frac{v_{GS}}{V_P}\right]^2 [1 + \lambda v_{DS}], \quad v_{DS} \geqslant v_{GS} - V_P \tag{4.81}$$

总的栅极电流 i_G 表示栅极到沟道的二极管电流，可用栅源电压 v_{GS} 和饱和电流 I_{SG} 将其表示为

$$i_G = I_{SG}\left[\exp\left(\frac{v_{GS}}{V_T}\right) - 1\right] \tag{4.82}$$

再次用式（4.63）中的导数公式可得

$$g_\pi = \left.\frac{\partial i_G}{\partial v_{GS}}\right|_{Q\text{点}} = \frac{I_G + I_{SG}}{V_T} \qquad g_\mu = \left.\frac{\partial i_G}{\partial v_{DS}}\right|_{Q\text{点}} = 0$$

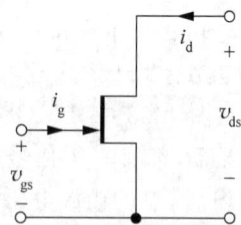

图 4.25　将 JFET 作为
二端口电路

$$g_m = \frac{\partial i_D}{\partial v_{GS}}\bigg|_{Q\text{点}} = 2\frac{I_{DSS}}{-V_P}\left[1 - \frac{V_{GS}}{V_P}\right][1 + \lambda V_{DS}] = \frac{I_D}{\dfrac{V_{GS} - V_P}{2}}$$

或者可写为

$$g_m = \frac{2}{|V_P|}\sqrt{I_{DSS}I_D(1 + \lambda V_{DS})} \approx \frac{2}{|V_P|}\sqrt{I_{DSS}I_D} \approx 2\frac{I_{DSS}}{V_P^2}[V_{GS} - V_P]$$

$$g_o = \frac{\partial i_D}{\partial v_{DS}}\bigg|_{Q\text{点}} = \lambda I_{DSS}\left[1 - \frac{V_{GS}}{V_P}\right]^2 = \frac{\lambda I_D}{1 + \lambda V_{DS}} = \frac{I_D}{\dfrac{1}{\lambda} + V_{DS}} \tag{4.83}$$

由于 JFET 通常在栅极结反相偏置的状态下工作,因此有

$$I_G = -I_{SG} \qquad r_\pi = \infty \tag{4.84}$$

因此,图 4.26 所示的 JFET 小信号模型与 MOSFET 的小信号模型是相同的,包括 g_m 和 r_o 的表达式相同,只是 MOSFET 的 V_{TN} 在 JFET 中换成了 V_P。

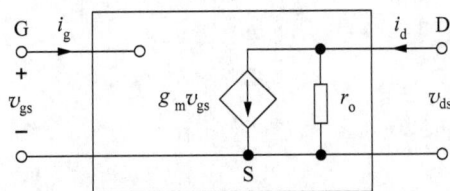

图 4.26　JFET 的小信号模型

正因为如此,JFET 的小信号定义及放大系数 μ_F 的表达式也与 MOSFET 类似,即

$$v_{gs} \leqslant 0.2(V_{GS} - V_P)$$

$$\mu_f = g_m r_o = 2\frac{\dfrac{1}{\lambda} + V_{DS}}{V_{GS} - V_P} \approx \frac{2}{\lambda|V_P|}\sqrt{\frac{I_{DSS}}{I_D}} \tag{4.85}$$

> **练习**:如果一个 JFET 工作在其 Q 点(2mA,5V),且 $I_{DSS} = 5\text{mA}$,$V_P = -2\text{V}$,$\lambda = 0.02\text{V}^{-1}$。试计算该晶体管的 g_m、r_o 和 μ_f 的值。其符合小信号条件的 v_{gs} 的最大值为多少
>
> **答案**:$3.32 \times 10^{-3}\text{S}$,$27.5\text{k}\Omega$,$91$;$0.253\text{V}$。

4.9　BJT 和 FET 小信号模型小结与对比

表 4.3 逐项比较了双极型晶体管和场效应管的小信号模型,目的是凸显两种器件的异同点。

表 4.3　BJT 和 FET 小信号参数的比较

参　数	双极型晶体管	MOSFET	结型场效应管
跨导 g_m	$\dfrac{I_C}{V_T}$	$\dfrac{2I_D}{V_{GS} - V_{TN}} \approx \sqrt{2K_n I_D}$	$\dfrac{2I_D}{V_{GS} - V_P} \approx \dfrac{2}{|V_P|}\sqrt{I_D I_{DSS}}$

参　　数	双极型晶体管	MOSFET	结型场效应管
输入电阻	$r_\pi = \dfrac{\beta_o}{g_m} = \dfrac{\beta_o V_T}{I_C}$	∞	∞
输出电阻 r_o	$\dfrac{V_A + V_{CE}}{I_C} \approx \dfrac{V_A}{I_C}$	$\dfrac{\frac{1}{\lambda} + V_{DS}}{I_D} \approx \dfrac{1}{\lambda I_D}$	$\dfrac{\frac{1}{\lambda} + V_{DS}}{I_D} \approx \dfrac{1}{\lambda I_D}$
本征电压增益 μ_f	$\dfrac{V_A + V_{CE}}{V_T} \approx \dfrac{V_A}{V_T}$	$\dfrac{2\left(\frac{1}{\lambda} + V_{DS}\right)}{V_{GS} - V_{TN}} \approx \dfrac{1}{\lambda}\sqrt{\dfrac{2K_n}{I_D}}$	$\dfrac{2\left(\frac{1}{\lambda} + V_{DS}\right)}{V_{CS} - V_P} \approx \dfrac{2}{\lambda|V_P|}\sqrt{\dfrac{I_{DSS}}{I_D}}$
小信号需求	$v_{be} \leqslant 0.005\text{V}$	$v_{gs} \leqslant 0.2(V_{GS} - V_{TN})$	$v_{gs} \leqslant 0.2(V_{GS} - V_P)$

所用直流电流-电压有源区表达式

BJT: $I_C = I_S\left[\exp\left(\dfrac{V_{BE}}{V_T}\right) - 1\right]\left[1 + \dfrac{V_{CE}}{V_A}\right]$ 　　　　$V_T = \dfrac{kT}{q}$

MOSFET: $I_D = \dfrac{K_n}{2}(V_{GS} - V_{TN})^2(1 + \lambda V_{DS})$ 　　　　$K_n = \mu_n C_{ox}\dfrac{W}{L}$

JFET: $I_D = I_{DSS}\left(1 - \dfrac{V_{GS}}{V_P}\right)^2(1 + \lambda V_{DS})$

　　　BJT 的跨导直接与工作电流成正比，而 FET 的跨导只随着电流的平方根变化，二者都可以表示成漏电流除以特征电压值：BJT 的特征电压为 V_T，而 MOSFET 的特征电压为 $(V_{GS} - V_{TN})/2$。

　　　双极型晶体管的输入电阻由 r_π 设定，与 Q 点电流成反比，即使电流处于 $1\sim10\text{mA}$ 时电阻也非常小。但 FET 的输入电阻却相当大，接近无穷。

　　　两种晶体管输出电阻的表达式几乎是一样的，只是 FET 中的参数 $1/\lambda$ 代替了 BJT 中的厄利电压 V_A，$1/\lambda$ 的值与 V_A 的值接近，因此在工作电流接近时，可预计两种器件的输出电阻是相近的。

　　　BJT 的本征电压增益基本与工作电流无关，在室温下其典型值能达到数千伏。与之相对，FET 的 μ_f 值与电流的平方根成反比，并且随 Q 点电流的增加而减小。当电流非常小时，FET 的 μ_f 值与 BJT 的值接近，但在正常工作条件下，该值远小于 BJT 的值，在大电流情况下甚至低于 1（参见习题 4.85）。

　　　小信号工作取决于 BJT 基极-发射极电压的大小，或取决于 FET 栅极-源极电压的大小。对于这两种器件而言，小信号工作的电压幅值显著不同。对于 BJT，该值必须小于 5mV，这个值确实很小，且与 Q 点无关。而 FET 的小信号工作要求为 $v_{gs} \leqslant 0.2(V_{GS} - V_{TN})$ 或 $v_{gs} \leqslant 0.2(V_{GS} - V_P)$，且与偏置点的值有关，可以设计成 1V 甚至更大的值。

　　　上述讨论强调了 BJT 和 FET 之间的异同点。理解表 4.3 中的内容对于模拟电路的设计非常重要。在后续章节研究单级和多级放大器的设计时，我们必须注意这些不同之处对设计造成的影响，并将这些异同点与我们的电路设计联系起来。

电 子 应 用

电子电路中的噪声

虽然本章介绍的晶体管线性信号电平限制看起来很低，但我们经常处理远低于 BJT 5mV 的 v_{be} 限制的信号电平，例如，手机天线发射的射频信号只有几微伏。高频通信接收器的信号电平通常小于 $0.1\mu V$。最小可检测信号通常设置为连接到天线的 RF 放大器中的噪声。这种放大器通常称为低噪声放大器或 LNA，其中噪声实际上来自构成电路的晶体管和电阻。

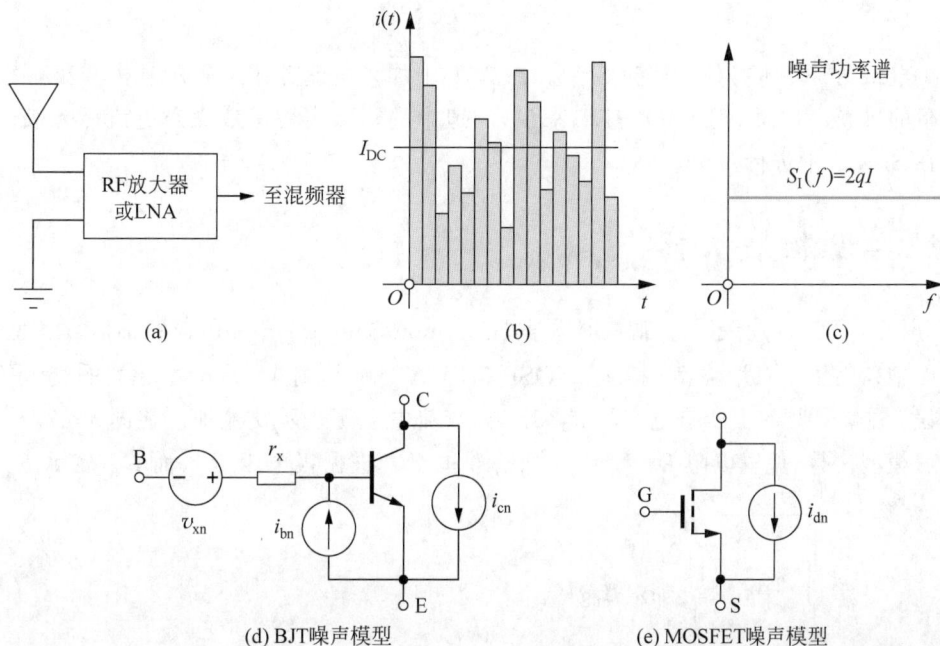

(a)　　　　　　　　　(b)　　　　　　　　　(c)

(d) BJT噪声模型　　　　　　　　(e) MOSFET噪声模型

我们通常认为计算得到的及直流伏特表测得的电压和电流为常数，但实际上，这些只是平均噪声信号。例如，本章中遇到的电流就是由大量单个电子引起的小电流脉冲组成的（例如 $1\mu A = 6.3\times 10^{12}$ 电子/秒）。电流在其直流值上下浮动，如上图所示，每一次小的波动都代表元器件中的一次噪声。如果能够用耳朵"聆听"到此电流，其声音就像雨落在屋顶上，大量的雨滴就形成了雨声的喧嚣。这种类型的噪声称为散粒噪声。

同时也可在电路中增加噪声电压和电流以模拟电子元器件中的噪声，噪声表示均值为零的随机信号，因此一般用有效值或均方根值表示。例如，双极型晶体管中的基极和集电极电流中都含有散粒噪声，该噪声可表示为

$$\overline{i_{cn}^2} = \overline{[i_C(t) - I_C]^2} = 2qI_CB \quad \text{和} \quad \overline{i_{bn}^2} = \overline{[i_B(t) - I_B]^2} = 2qI_BB$$

这些噪声称为"白噪声"源，其噪声功率谱与频率无关，噪声电流的均方根值与直流电流成正比，并取决于与测量相关的带宽 $B(\text{Hz})$。例如 $I_C = 1\text{mA}$，$B = 1\text{kHz}$ 时集电极散粒噪声的均方根值为

$$\sqrt{\overline{i_{cn}^2}} = \sqrt{2(1.6\times 10^{-19})(10^{-3})(10^3)} = 0.566\text{nA}$$

除了散粒噪声外，电子电路中的电阻和其他电阻元件由于其电子的热运动也会产生噪声，这种"热"噪声或"约翰逊"噪声由与电阻串联的噪声电压源表示，如上图中 BJT 的基极电阻所示（参见第 7 章）。噪声电压的均方根与电阻有关，可以表示为

$$\overline{v_{rn}^2} = 4kTRB$$

其中,k 为玻尔兹曼常数,T 为热力学温度,B 为带宽。对于工作在 300K、带宽为 1kHz 的 1kΩ 电阻,其噪声电压的均方根为

$$\sqrt{\overline{v_{rn}^2}} = \sqrt{4(1.38 \times 10^{-23})(300)(10^3)(10^3)} = 0.129\mu V$$

MOSFET 的沟道区实际上是一个压控电阻,可以用电流源（诺顿等效）来模拟通道的热噪声,其均方值为

$$\overline{i_{dn}^2} = \frac{8}{3}kTg_m B$$

最后两个电路图是基本晶体管噪声模型。在 BJT 中加入电流源用来表示基极和集电极的散粒噪声及基极电阻的热噪声。而对于 MOSFET 来说,沟道中的热噪声用等效噪声电流源来表示。这些噪声分析均可在 SPICE 中进行。

4.10 共源极放大器

接下来分析图 4.27(a)所示的共源极放大器（Common-Source Amplifier）的小信号模型,图中在四电阻偏置电路中采用了一个增强型 n 沟道 MOSFET($V_{TN}>0$)。图 4.27(b)中建立的交流等效电路采用了如下假设:在信号频率上所有电容具有零阻抗,直流电压源表示交流地。在图 4.27(c)中,晶体管已由其小信号模型代替,偏置电阻 R_1 和 R_2 并联,并被组合进栅极电阻 R_C,而 R_L 表示 R_D、R_3 和 r_o。

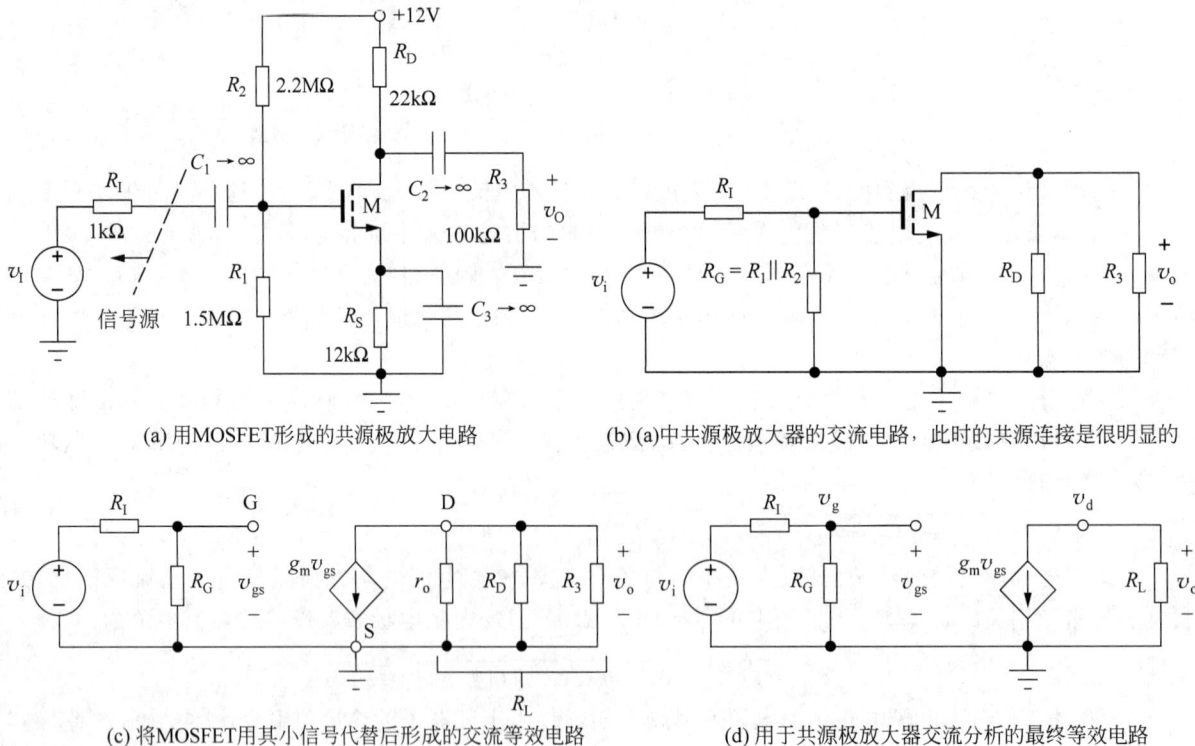

(a) 用MOSFET形成的共源极放大电路

(b) (a)中共源极放大器的交流电路, 此时的共源连接是很明显的

(c) 将MOSFET用其小信号代替后形成的交流等效电路

(d) 用于共源极放大器交流分析的最终等效电路

图 4.27

的并联值。在以后的分析中,假设电压增益远小于晶体管的本征电压增益,因此可忽略晶体管的输出电阻 r_o。为简化计算,假设已经求出 Q 点,并已知 I_D 和 V_{DS} 的值。

从图 4.27(b) 到 (d) 可以看出,此放大器的共源特性是很显著的。输入信号接入晶体管的栅极,输出信号连接至漏极,输入信号和输出信号都与源极(公用)相连。到此为止,MOSFET 和 BJT 的小信号模型几乎完全一样,只是在 MOSFET 中用开路代替了 r_π。需要在此指出的是,在交流电路模型中只有输入信号的信号分量。

我们的第一个目标是从输入 v_s 到输出 v_o 推导出图 4.27(a) 所示电路的电压增益 A_v^{CS}。与对 BJT 的分析方法一样,首先求出晶体管栅极和漏极之间的端电压增益 A_{vt}^{CS},然后用端增益表达式求出整个放大器的增益。

4.10.1 共源端电压增益

根据图 4.27(d) 所示的电路,端电压增益可定义为

$$A_{vt}^{CS} = \frac{v_d}{v_g} = \frac{v_o}{v_g} \tag{4.86}$$

其中 $v_o = -g_m v_{gs} R_L$,$A_{vt}^{CS} = -g_m R_L$。

4.10.2 共源极放大器的信号源电压增益

现在可求出从电源 v_i 到加载在 R_L 上的电压之间的整体增益,整体增益可以写为

$$A_v^{CS} = \frac{v_o}{v_i} = \left(\frac{v_o}{v_g}\right)\left(\frac{v_g}{v_i}\right) = A_{vt}^{CS}\left(\frac{v_g}{v_i}\right) \tag{4.87}$$

其中,$v_g = v_i \dfrac{R_G}{R_G + R_I}$。

v_g 通过由 R_G 和 R_I 组成的分压器与 v_i 联系起来。结合式(4.86)和式(4.87),可得共源极放大器电压增益的一般表达式为

$$A_v^{CS} = -g_m R_L \left(\frac{R_G}{R_G + R_I}\right) \tag{4.88}$$

现在来探讨当电阻 R_S 取零或较大的值时,使用模型简化来研究共源极放大器电压增益时的限制。首先假设信号源电阻 R_I 远小于 R_G,因此有

$$A_v^{CS} \approx A_{vt}^{CS} = -g_m R_L \approx -g_m(R_D \parallel R_3 \parallel r_o),当 R_I \ll R_G 时 \tag{4.89}$$

这一近似表达式说明了输入信号出现在晶体管的栅极端。

式(4.86)给出了一个带有负载电阻的共源极放大器所能获得增益的上限值。式(4.86)表明,共源极放大器的端电压增益等于晶体管跨导和负载电阻之积,负号表明输出电压被反相或与输入电压有一个 180° 的相位偏差。导致式(4.86)的值相当于全部输入信号的近似值横跨了整个 v_{gs},如图 4.28 所示。

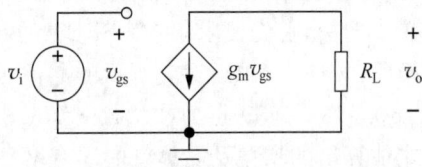

图 4.28 当 $R_G \gg R_I$、$R_S = 0$ 时得到的简化电路

4.10.3　共源极放大器的设计指导

当共源极放大器接阻性负载时，通常希望 $R_3 \gg R_D$，一般情况下，$r_o \gg R_D$。在这种情况下，晶体管集电极上的总负载电阻近似等于 R_D，因此式（4.89）可以化简为

$$A_v^{CS} \approx - g_m R_D = - \frac{I_D R_D}{\left(\dfrac{V_{GS} - V_{TN}}{2}\right)} \tag{4.90}$$

用式（4.64）中的表达式代替 g_m。

$I_D R_D$ 的积表示漏极电阻 R_D 上的直流电压降，这一电压通常在电源电压 V_{DD} 的 $1/4 \sim 3/4$ 取值。假设 $I_D R_D = V_{DD}/2$，且 $V_{GS} - V_{TN} = 1V$，则可以将式（4.90）改写为

$$A_v^{CS} \approx - \frac{V_{DD}}{V_{GS} - V_{TN}} \approx - V_{DD} \tag{4.91}$$

式（4.91）是设计阻性负载的共源极放大器的经验公式，其形式与式（4.51）给出的 BJT 的经验公式非常相似，增益的幅值近似等于电源电压除以 MOSFET 的内部栅极驱动电压 $V_{GS} - V_{TN}$ 值。对于一个电源电压为 12V、栅极电压为 1V 的共源极放大器，根据式（4.91），算出其电压增益为 -12。

需要指出的是，这一幅值的估算结果要比相同供电电压下 BJT 的增益小一个数量级。式（4.90）应该与 BJT 对应的表达式，即式（4.53）进行仔细比较。除非在特殊情况下，通常用于 MOSFET 的式（4.90）的分母项 $(V_{GS} - V_{TN})/2$ 要远大于 BJT 对应的 $V_T = 0.025V$，因此预计 MOSFET 的电压增益相应会低一些。

设计提示

电源内阻为零的阻性负载共源极放大器的电压增益的幅值近似等于电源电压，即当 $R_S = 0$ 时，有

$$A_v^{CS} \approx - V_{DD}$$

这一结果给出了快速检查详细计算结果有效性的简便方法。

4.10.4　共源极放大器的小信号限制

使用式（4.87），并假设 $R_G \gg R_I$，则有

$$v_i = v_{gs} \frac{R_1 + R_G}{R_G} \approx v_{gs} \quad \text{或} \quad v_i \leqslant 0.2(V_{GS} - V_{TN}) \tag{4.92}$$

允许的输入电压由偏置点的设计决定。

例 4.4　共源极放大器的电压增益。

在本例中，首先要求出 MOSFET 的小信号参数，然后计算共源放大器的电压增益。

问题：（a）计算图 4.27 所示的共源极放大器的电压增益，其中晶体管的 $K_n = 0.5mA/V^2$，$V_{TN} = 1V$，$\lambda = 0.0133/V$，Q 点为（0.241mA，3.81V）；（b）将（a）中的计算结果与用共源极放大器增益的经验关系式估算出的增益及晶体管的固有增益相比较；（c）满足小信号假设的 v_i 的最大值为多少？

解：

已知量：图 4.27 中给出了共源极放大器及其交流等效电路，其中 $K_n = 0.5mA/V^2$、$V_{TN} = 1V$，$\lambda = 0.0133/V$，Q 点为（0.241mA，3.81V）；且 $R_I = 1k\Omega$，$R_1 = 1.5M\Omega$，$R_2 = 2.2M\Omega$，$R_D = 22k\Omega$，$R_3 = 100k\Omega$，$R_S = 12k\Omega$。

未知量：晶体管的小信号参数；电压增益 A_v；小信号条件下 v_i 取值的限制；经验关系式；本征增

益的值。

求解方法：根据 Q 点信息求出 g_m 和 r_o 的值，用计算出的结果和已知量估算出式(4.88)中电压增益的表达式。

假设：晶体管工作在有源区，信号幅值低于 MOSFET 的小信号限制。晶体管的输出电阻 r_o 可忽略。

分析：(a) 计算不同电阻及小信号模型参数的值。

$$g_m = \sqrt{2K_n I_{DS}(1 + \lambda V_{DS})}$$

$$= \sqrt{2\left(5 \times 10^{-4} \frac{A}{V^2}\right)(0.241 \times 10^{-3}A)\left(1 + \frac{0.0133}{V}3.81V\right)} = 0.503\text{mS}$$

$$r_o = \frac{\frac{1}{\lambda} + V_{DS}}{I_D} = \frac{\left(\frac{1}{0.0133} + 3.81\right)V}{0.241 \times 10^{-3}A} = 328\text{k}\Omega$$

$$R_G = R_1 \parallel R_2 = 892\text{k}\Omega \quad R_L \approx R_D \parallel R_3 = 18.0\text{k}\Omega$$

$$A_v^{CS} = -g_m R_L \frac{R_G}{R_G + R_I} = -0.503\text{mS}(18.0\text{k}\Omega)\frac{892\text{k}\Omega}{892\text{k}\Omega + 1\text{k}\Omega} = -9.04 \quad \text{或} \quad 19.1\text{dB}$$

(b) 根据经验关系式求出电压增益为 $A_v = -12$，这一值比实际增益值略大。
对于这一增益的分析结果如下：
对于 Q 点有

$$V_{GS} - V_{TN} \approx \sqrt{\frac{2I_{DS}}{K_n}} = \sqrt{\frac{2 \times 0.241 \times 10^{-3}A}{5 \times 10^{-4}\frac{A}{V^2}}} = 0.982\text{V}$$

其简单的增益估算结果为

$$A_v^{CS} \approx -\frac{V_{DD}}{V_{GS} - V_{TN}} = -\frac{12V}{0.982V} = -12.2$$

这一结果与经验算法的估算结果类似。
MOSFET 的固有增益为

$$\mu_f = \frac{\frac{1}{\lambda} + V_{DS}}{\frac{V_{GS} - V_{TN}}{2}} = \frac{(75.2 + 3.71)V}{0.491} = 161$$

将电源旁路处理后，即所有输入信号相当于直接接到晶体管的栅极端，于是得到输入信号的小信号限制条件为

$$|v_{gs}| \leqslant 0.2(V_{GS} - V_{TN}) = 0.2(0.982V) = 0.196V \quad |v_{gs}| \leqslant 0.196V$$

结果检查：经验关系式估算的结果与实际增益的值相当吻合，电压增益远小于放大系数，因此可忽略 r_o。

讨论：经验关系式对这一放大器增益给出了合理的估算。尽管 MOSFET 的放大系数要远小于 BJT，但是阻性负载放大器电路的增益仍然不受放大系数 μ_f 的限制。

计算机辅助分析：SPICE 仿真得到 Q 点为 $(0.242\text{mA}, 3.77\text{V})$，与假设值一致。仿真中从 0.1Hz 到 100kHz 进行了交流扫描，每十倍频率范围取 10 个仿真点，用于求出电容表现为短路的频率的取值范围。从图中可看出，当频率超过 10Hz 时，电压增益稳定为一个常数 18.7dB。电压增益的值比计算结

果略低,这是因为计算中忽略了 r_o。瞬态仿真采用的是 0.15V、10kHz 的正弦波,输出波形表现出良好的线性特性,但要注意的是,输出波形的正负幅值并不完全相同,这就意味着有一定的波形失真。

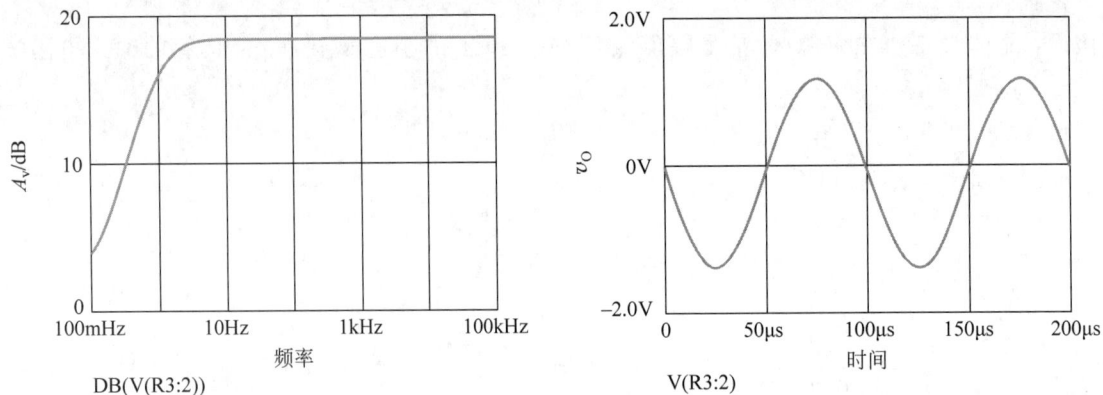

DB(V(R3:2))

V(R3:2)

练习: 计算出图 4.27 中晶体管的 Q 点。

练习: 当包含晶体管的输出电阻时,请画出例 4.4 中放大器的小信号交流等效电路。此时晶体管的总负载电阻为多少? 新的电压增益的值是多少?

答案: $R_L = r_o \parallel R_D \parallel R_3 = 328\text{k}\Omega \parallel 22\text{k}\Omega \parallel 100\text{k}\Omega = 17.1\text{k}\Omega$

$$A_v^{CS} = -0.503\text{mS}(17.1\text{k}\Omega)\frac{892\text{k}\Omega}{892\text{k}\Omega + 1\text{k}\Omega} = -8.59\text{dB 或 } 18.7\text{dB}$$

练习: 假设通过增加器件的 W/L 值,将晶体管的跨导参数提高到 $K_n = 2 \times 10^{-3}\text{A/V}^2$。若漏极电流保持不变,请算出例 4.4 中电路新的电压增益的估算值。W/L 值的增加率是多少?

答案: -24.4;4。

4.10.5 共射极和共源极放大器的输入电阻

通常 MOSFET 放大器的电压增益比 BJT 小得多,因此必然有其他原因必须用 MOSFET 放大器。其中一个原因之前就提到过:与 BJT 相比,MOSFET 的小信号要大得多。另一个重要的区别在于放大器输入阻抗的相对大小。本节将会讨论共射极放大器和共源极放大器的输入电阻。

如图 4.29(a) 和 (b) 所示,共射极放大器和共源极放大器的输入电阻 R_{in} 定义为放大器耦合电容 C_1 侧的总电阻。R_{in} 表示由 v_I 和 R_I 所构成的信号源"看到的"总电阻。

共射极放大器的输入电阻

首先计算共射极放大器的输入电阻。在图 4.30 中,BJT 被其小信号模型所代替,其输入电阻可写为

$$v_x = i_x(R_B \parallel r_\pi) \quad \text{和} \quad R_{\text{in}}^{CE} = \frac{v_x}{i_x} = R_B \parallel r_\pi = R_1 \parallel R_2 \parallel r_\pi \tag{4.93}$$

R_{in} 等于 r_π 和两个基本偏置电阻 R_1 和 R_2 的并联。

例 4.5 共射极放大器的输入电阻。

如图 4.29 所示,当 Q 点给定时,请计算放大器 R_{in} 的值。

问题: (a)求出图 4.29 和图 4.30 所示的共射极放大器的输入电阻。放大器的 Q 点为(0.245mA,

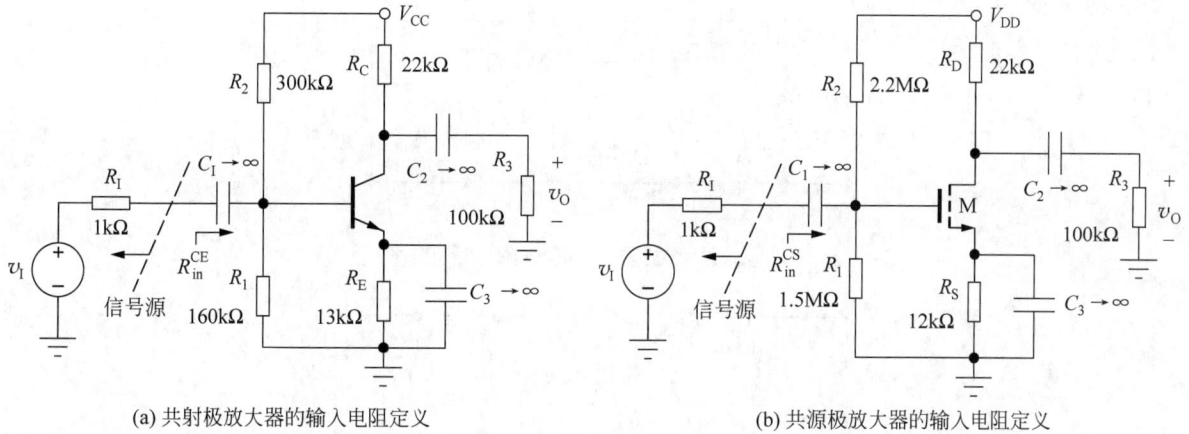

(a) 共射极放大器的输入电阻定义   (b) 共源极放大器的输入电阻定义

图 4.29

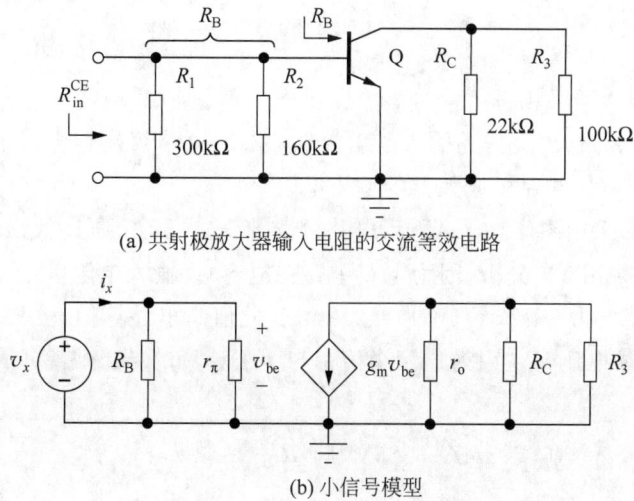

(a) 共射极放大器输入电阻的交流等效电路

(b) 小信号模型

图 4.30

3.39V)。

解:

已知量: 电路的小信号模型拓扑结构如图 4.31 所示,已知 Q 点为 $(0.245\text{mA}, 3.39\text{V})$。图 4.30 中元器件的参数为 $R_1 = 160\text{k}\Omega$,$R_2 = 300\text{k}\Omega$,$R_3 = 100\text{k}\Omega$。

未知量: 共射极放大器侧的输入电阻。

求解方法: 求出 r_π 的值,并用式(4.93)求出输入电阻。

假设: 电路满足小信号条件,且 $\beta_o = 100$,$V_T = 25\text{mV}$。

分析: R_B 和 r_π 的值分别为

$$R_B = R_1 \| R_2 = 160\text{k}\Omega \| 300\text{k}\Omega = 104\text{k}\Omega \quad \text{和} \quad r_\pi = \frac{\beta_o V_T}{I_C} = \frac{100(0.025)\text{V}}{0.245\text{mA}} = 10.2\text{k}\Omega$$

$$R_{in}^{CE} = R_B \| R_{iB} = R_B \| r_\pi = 104\text{k}\Omega \| 10.2\text{k}\Omega = 9.29\text{k}\Omega$$

结果检查: 输入电阻必须小于电阻 R_1、R_2 或 r_π 中任一电阻的值,因为它们都是并联关系。输入

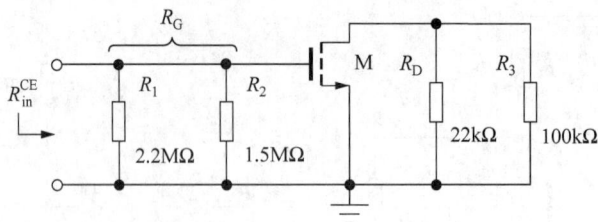

(a) 共源极放大器输入电阻的交流等效电路

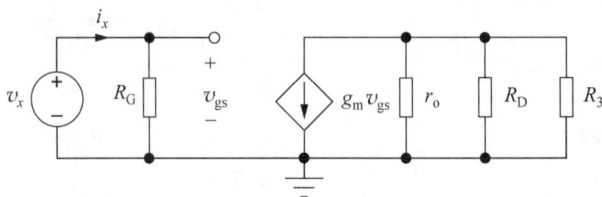

(b) 小信号模型

图 4.31

电阻的计算结果与这一观察结果相符。

讨论：随着发射极被旁路,放大器的输入电阻为 9.29kΩ,这个值是相当低的,其值由 r_π 的值决定。第 5 章将会继续探索如何增加共射极放大器的输入电阻。

计算机辅助分析：(a)采用图 4.30(a)所示电路的交流分析方法,通过找出电源 R_{in} 中的信号电源来确定 v_I(注意在此不能采用 TF 分析,因为电路中存在电容)。输入电阻等于基极电压除以经由 C_1 流入基极的电流。SPICE 输出为 VB(Q1)I(C1)＝9.80kΩ,此值高出计算值 5%,这一差异来自 SPICE 采用的交流电流增益 β_o 和端电压 V_T,因为这两个值都与手工计算的结果略有不同。

练习：当 Q 点的值变为(0.725mA,3.86V)时,R_{in}^{CE} 的值为多少?

答案：3.34kΩ。

共源极放大器的输入电阻

现在来比较一下共源极放大器的输入电阻与共射极放大器的输入电阻有何不同。在图 4.31 中,图 4.29 中的 MOSFET 已被其小信号模型所代替,这一电路与图 4.30 所示的电路相似,但此处取 $r_\pi \rightarrow \infty$。由于 MOSFET 的栅极本身意味着开路,因此电路的输入电阻仅受到 R_G 值的限制

$$v_x = i_x R_G \quad R_{in}^{CS} = R_G \tag{4.94}$$

图 4.29 所示的共源极放大器,$R_G = 2.2M\Omega \parallel 1.5M\Omega = 892k\Omega$,因此 $R_{in}^{CE} = 892k\Omega$。共源极放大器的输入电阻要比共栅极放大器的输入电阻大很多。

练习：对于图 4.29(b)所示的共源极放大器,若 $R_1 = 680k\Omega$,$R_2 = 1.0M\Omega$,则输入电阻为多少? 其 Q 点是否发生变化?

答案：405kΩ;无变化,Q 点仍相同,因为 $I_G = 0$,栅极上的直流电压没有变化。

4.10.6 共射极和共源极放大器的输出电阻

如图 4.32(a)和(b)所示,共射极放大器和共源极放大器的输出电阻定义为耦合电容 C_3 侧的放大器输出端的总等效电阻。图 4.33 中再次给出了输出电阻的定义,其中两个放大器被简化为其本身的交流电路。为了计算输出电阻,输入源 v_I 设为零。

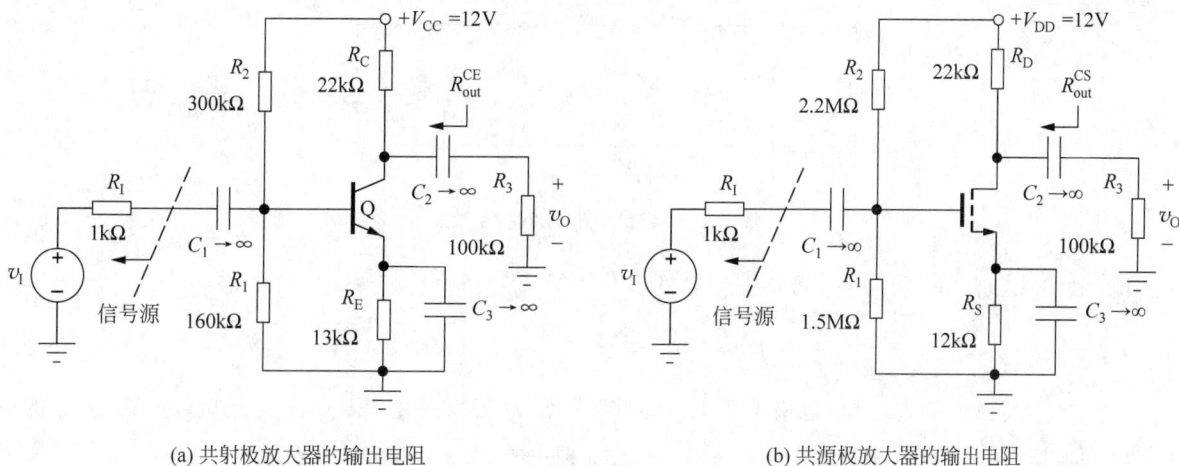

(a) 共射极放大器的输出电阻   (b) 共源极放大器的输出电阻

图 4.32

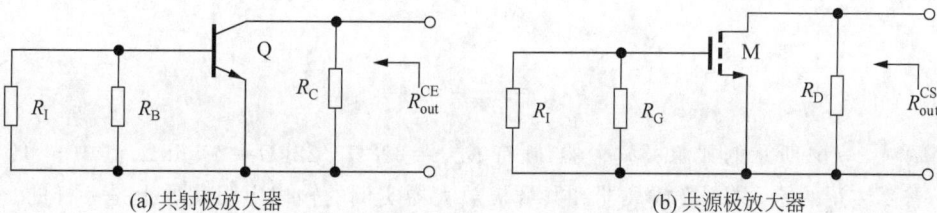

(a) 共射极放大器   (b) 共源极放大器

图 4.33 输出电阻的定义

共射极放大器的输出电阻

如图 4.34 所示,晶体管被其小信号模型所代替,测试电源连接到电路的输出端,用于计算输出电阻。对于图 4.34(a)中的 BJT,v_x 的电流等于

$$i_x = \frac{v_x}{R_C} + \frac{v_x}{r_o} + g_m v_{be} \tag{4.95}$$

然而,由于在基极节点并无激励,因此有

$$\frac{v_{be}}{R_I} + \frac{v_{be}}{R_B} + \frac{v_{be}}{r_\pi} = 0 \quad \text{和} \quad v_{be} = 0 \tag{4.96}$$

因此 $g_m v_{be} = 0$,且输出电阻等效于 R_C 和 r_o 并联的电阻值,即

$$R_{out}^{CE} = \frac{v_x}{i_x} = r_o \parallel R_C \tag{4.97}$$

对于图 4.29(a)所示的共射极放大器,则有 $R_{out}^{CE} = 320\Omega \parallel 22k\Omega = 20.6k\Omega$,其中 r_o 的值在例 4.3 中已求出。

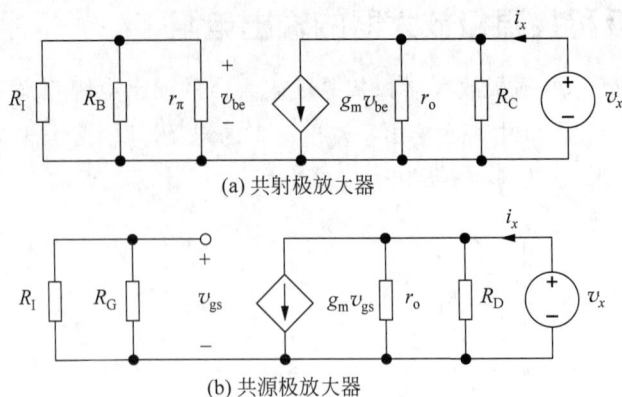

(a) 共射极放大器

(b) 共源极放大器

图 4.34　输出电阻的小信号模型

R_C 和 r_o 分别同时乘以 I_C，可比较二者的值分别为

$$I_C r_o = I_C \frac{V_A + V_{CE}}{I_C} \approx V_A \qquad I_C R_C \approx \frac{V_{CC}}{3} \tag{4.98}$$

正如之前所讨论的，流过集电极电阻 R_C 的电压通常为 $0.25 \sim 0.75 V_{CC}$，但明显的是，流过 r_o 的电压是厄利电压 V_A。因此，根据式(4.98)有 $r_o \gg R_C$；根据式(4.97)有 $R_{out}^{CE} \approx R_C$。

共源极放大器的输出电阻

分析图 4.34(b)所示的 MOSFET 也可采用相同的方法，电压 v_{gs} 为 0。R_{out} 等效于电阻 r_o 和 R_D 的并联值，即

$$R_{out}^{CS} = \frac{v_x}{i_x} = r_o \parallel R_D \tag{4.99}$$

对于如图 4.29(b)所示的共源极放大器，则有 $R_{out}^{CS} = 328\Omega \parallel 22k\Omega = 20.6k\Omega$，其中 r_o 的值在例 4.4 中已求出。需要注意的是，共射极放大器和共源极放大器实例的输出电阻实质上是一样的。

按照与 BJT 放大器相同的方式比较 MOSFET 的 r_o 和 R_D 的值可得

$$I_D r_o = I_D \frac{\frac{1}{\lambda} + V_{DS}}{I_D} \approx \frac{1}{\lambda} \qquad I_D R_D \approx \frac{V_{DD}}{2} \tag{4.100}$$

其中假设在漏极电阻 R_D 上的电压为 $V_{DD}/2$，流过 r_o 上的有效电压为 $1/\lambda$，由于 $1/\lambda$ 与厄利电压 V_A 接近，可认为 $r_o \gg R_D$，式(4.99)可以简化为 $R_{out}^{CS} \approx R_D$。由此可得，通过比较偏置点 $(I_C, V_{CE}) = (I_{DS}, V_{DE})$，共射极放大器和共源极放大器的输出电阻相近，都受电阻 R_C 和 R_D 的值的限制。

例 4.6　用 JFET 构成的共源极放大器。

本章的最后一个例子针对一个用 n 沟道 JFET 构成的共源极放大器，如图 4.35 所示。尽管不如 BJT 和 MOSFET 常用，但是 JFET 在连续或离散的模拟电路中确实扮演着重要角色。电容 C_1 和 C_2 用于耦合放大器的输入信号和输出信号，旁路电容 C_3 在 JFET 的源极提供交流地。JFET 本身是一个耗尽型器件，它只需 R_G、R_4 和 R_D 3 个电阻提供偏置。

问题：求出图 4.35 所示的共源极放大器的输入电阻、输出电阻和电压增益。

解：

已知量：图 4.35 中已给出电路拓扑结构和各元器件的值，图中晶体管参数为 $I_{DSS} = 1\text{mA}$、$V_P =$

$-1\text{V}、\lambda=0.02\text{V}^{-1}$。

未知量：Q 点(I_D,V_{DS})；小信号参数 R_{in}、R_{out} 和 A_v。

求解方法：为分析电路,先画出其直流等效电路求出 Q 点,然后再画出其交流等效电路,求出小信号模型参数,确定放大器的小信号特性。

假设：JFET 工作在夹断区,在直流偏置计算时 λ 可忽略;满足小信号工作条件。

Q 点分析：将图 4.35 中的电容开路可得到其直流等效电路,如图 4.36 所示。假设 JFET 工作在夹断区,JFET 漏极电流可以表示为(参见式(4.69))

$$I_D=I_{DSS}\left(1-\frac{V_{GS}}{V_P}\right)^2$$

其中在直流偏置计算时可忽略 λ。栅-源电压与漏极电流的关系可借助含有 V_{GS} 的回路方程来描述,即

$$I_G(10^6)+V_{GS}+I_S(2000)=0$$

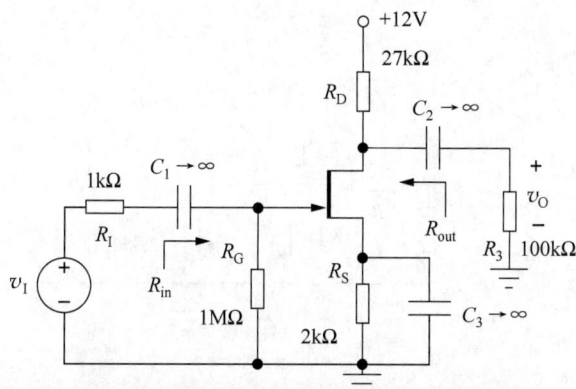

图 4.35　用 JEFT 构成的共源极放大器,其中
$I_{DSS}=1\text{mA}、V_P=-1\text{V}、\lambda=0.02\text{V}^{-1}$

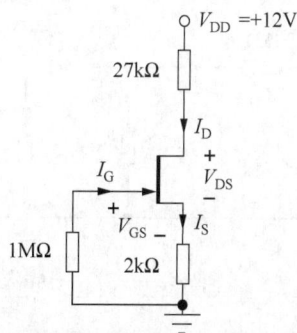

图 4.36　用于确定 JFET Q 点的电路

然而,栅极电流为零,则有 $I_S=I_D$,且 $V_{GS}=-2000I_D$。将这一结果及元器件参数代入漏极电流的表达式中,可得 V_{GS} 的二次方程为

$$V_{GS}=-(2\times10^3)(1\times10^{-3})\left[1-\frac{V_{GS}}{-1}\right]^2$$

将其整理成 V_{GS} 的表达式为

$$2V_{GS}^2+5V_{GS}+2=0$$

即 $V_{GS}=-0.5\text{V},-2\text{V}$。

V_{GS} 必为负值,但是要小于 n 沟道 JFET 的夹断电压,所以 -0.5V 是所需结果。相应的 I_D 值为

$$I_D=10^{-3}\text{A}\left(1-\frac{-0.5\text{V}}{-1\text{V}}\right)^2=0.25\text{mA}$$

V_{DS} 可通过 JFET 的负载方程求出

$$12=27000I_D+V_{DS}+2000I_S$$

将 $I_S=I_D=250\mu\text{A}$ 代入,可得到 Q 点为

$$(250\mu\text{A},4.75\text{V})$$

结果检查及讨论：与之前一样，首先确定工作区，以确保其工作在夹断区的假设正确。

$$V_{DS} > V_{GS} - V_P \qquad 4.75 > -0.50 - (-1) \qquad 4.75 > 0.5$$

在这一直流分析中忽略了沟道长度调制效应，因为我们想用最简单的模型得出合理的结果。对于这一问题，可发现 λV_{DS} 等于 $(0.02 V^{-1})(5V) = 0.1$。如果考虑 λV_{DS} 的影响，则所得结果最多相差 10%，但会大大增加直流分析的复杂程度，此外，Q 点值的任何差异都将小于电路和器件参数值中的总不确定度。

交流分析：在例 4.3 和例 4.4 中，交流分析都是从建立交流等效电路开始的。图 4.37(a)所示的电路用短路代替图 4.35 所示电路中的电容，用接地代替直流电压，交流等效电路如图 4.37(b)所示，该电路中移除了电阻 R_4，并将电阻 R_D 和 R_3 并联。我们将这一电路看作共源电路，因为电路的输入端和输出端都与 JFET 的源极相连。

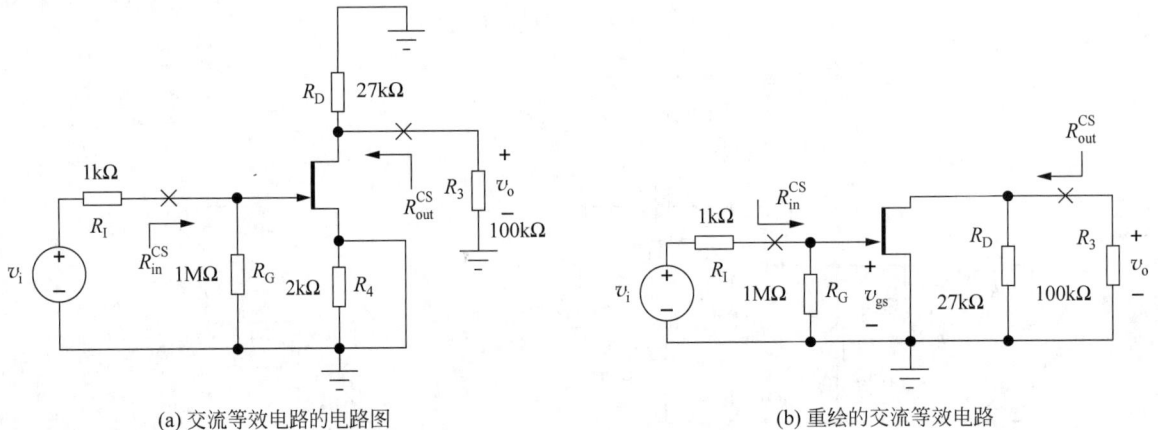

(a) 交流等效电路的电路图　　　　　　　　　　(b) 重绘的交流等效电路

图　4.37

小信号参数和电压增益：我们希望求出图 4.37 中放大器从 v_i 到 v_o 的电压增益。漏极的输出电压与栅极电压之间的关系可用式(4.89)中的端电压增益来描述，即 $v_o = -g_m R_L v_{gs}$，其中 R_L 是漏极的总负载电阻。R_L 等于 R_{out} 与外部负载电阻 R_3 的并联，即 $R_L = R_{out} \parallel R_3$。栅-源电压 v_{gs} 与 v_i 的关系可通过源电阻 R_I 和输入电阻 R_{in} 之间的分压来描述，结合这些结果可得出整体电压增益表达式为

$$A_v = \frac{v_o}{v_i} = -g_m (R_{out} \parallel R_3) \frac{R_{in}}{R_I + R_{in}} \tag{4.101}$$

在进行数学分析之前的最后一步就是求出电路的小信号模型参考。利用 Q 点的值，可得

$$g_m = \frac{2}{|V_P|} \sqrt{I_{DSS} I_{DS}(1 + V_{DS})} = \frac{2}{|-1V|} \sqrt{(0.001A)(0.00025A)\left(1 + \frac{0.02}{V} 4.75V\right)}$$

$$g_m = 1.05 \text{mS}$$

$$r_o = \frac{\frac{1}{\lambda} + V_{DS}}{I_{DS}} = \frac{(50 + 4.75)V}{0.25 \times 10^{-3} A} = 219 \text{k}\Omega$$

$$\mu_f = g_m r_o = 230$$

输入电阻：求解放大器的输入电阻就是计算放大器耦合电容 C_1 侧的总电阻。如图 4.35 和图 4.37 所示，图 4.38(a)所示为用于计算 R_{in} 的等效电路。在图 4.38(b)中，可看到输入电阻由栅极偏置电阻

R_G 设定,因为 JFET 本身的输入电阻是无限的,于是有

$$R_\text{in}^\text{CS} = R_G = 1\text{M}\Omega$$

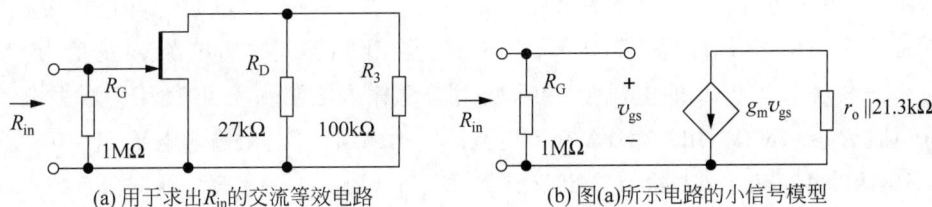

(a) 用于求出R_in的交流等效电路   (b) 图(a)所示电路的小信号模型

图 4.38

输出电阻:求解放大器的输出电阻就是计算放大器耦合电容 C_2 侧的总电阻。如图 4.35 和图 4.37 所示。图 4.39(a)所示为用于计算 R_out^CS 的等效电路。在图 4.39(b)中,电压 $v_\text{gs} = 0$,输出电阻等于 R_D 和 r_o 的并联,即

$$R_\text{out}^\text{CS} = R_D \parallel r_\text{o} = 27\text{k}\Omega \parallel 219\text{k}\Omega = 24\text{k}\Omega$$

电压增益:将这些值代入式(4.102),可求出电压增益为

$$A_\text{v} = \frac{v_\text{o}}{v_\text{i}} = -(1.05\text{mS})(24\text{k}\Omega \parallel 100\text{k}\Omega)\left(\frac{1\text{M}\Omega}{1\text{k}\Omega + 1\text{M}\Omega}\right) = -20.3$$

因此,这一共源 JFET 放大器为反相放大器,其电压增益为 -20.3dB 或 26.2dB。

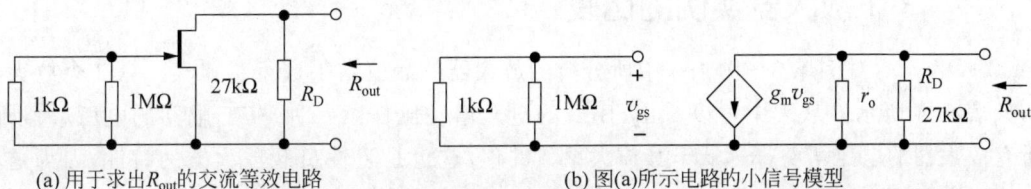

(a) 用于求出R_out的交流等效电路   (b) 图(a)所示电路的小信号模型

图 4.39

结果检查:我们已经找到了问题的答案。电压增益的经验估算值为 $A_\text{v} = -12$,因此手工计算出的增益值是合理的。分析图 4.37 所示的电路,立即就可发现输入电阻和输出电阻都相应不超出 $1\text{M}\Omega$ 和 $27\text{k}\Omega$,这也与手工计算的结果相符合。综上所述,JFET 放大器的参数为

$$A_\text{v} = -20.3 \quad R_\text{in}^\text{CS} = 1.00\text{M}\Omega \quad R_\text{out}^\text{CS} = 24.0\text{k}\Omega$$

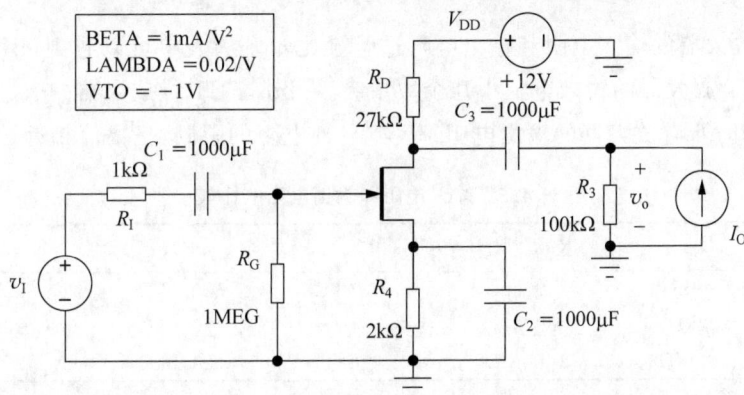

计算机埔助分析：在 SPICE 中必须正确定义 JFET 的参数。记住 BETA $= I_{DSS}/V_P^2 = 0.001\text{A}/\text{V}^2$。SPICE 的 Q 点为（257μA，5.05V）。在交流分析中，电容可以设为较大的值，这样在敏感频率点上其阻抗很小，在此用 1000μF 的电容。在第 5 章和第 8 章中，我们将进一步了解如何确定这些电容值的大小。交流分析（DEC，FSTART＝1kHz，FSTOP＝100kHz，3 点/十倍频程）中，电源 v_I 的值为 1V，$i_o＝0$，得到增益为 $A_v＝-20.4$。电源 v_I 的电流为 999nA，对应总输入电阻为 1.001MΩ。减去电源 1kΩ 的内阻，可得输入电阻 $R_{in}＝$1MΩ。用一个 1A 交流电流源驱动输出，且选用输入电压 $v_I＝0$，可求出在输出节点的总输出电阻为 19.3kΩ。去除与输出节点并联的 100kΩ 的电阻 R_4，则输出节点的电阻 $R_{out}＝$23.9kΩ。SPICE 仿真结果进一步验证了手工分析的结果。

练习：例 4.6 中描述的 JFET 放大器的放大系数为多少？A_v 的值与 μ_f 相比如何？

答案：230；$|A_v|$ 远小于 μ_f。

练习：在放大器中，符合 JEFT 小信号工作的 v_i 的最大值为多少？符合 JFET 小信号工作的 v_o 的最大值为多少？

答案：100mV；2.04V。

练习：利用 SPICE 验证直流分析和交流分析。当 $\lambda＝0$ 及 $\lambda＝0.02$V 时，比较工作点。

4.10.7 3 个放大器实例的比较

表 4.4 及表 4.5 对例 4.3～例 4.5 中所分析的放大器的数值结果进行了比较。令 3 个放大器的 Q 点相近，如表 4.4 所示。从表中可以看出，BJT 的电压增益比任意一种 FET 电路的电压增益都要高。不过，所有放大器的电压增益都远低于其放大系数的值，这也是阻性负载放大器的特性，因为这种放大器的增益受外部电阻的限制（也就是说，$r_o \gg R_C$ 或 R_D）。

表 4.4　3 种放大器电压增益的比较

放 大 器	Q 点	A_v	μ_f	经 验 估 值
BJT	（245μA，3.39V）	-159	3140	-120
MOSFET	（241μA，3.81V）	-9.04	161	-12
JFET	（250μA，4.75V）	-20.4	230	-12

表 4.5 对 3 个放大器的输入电阻和输出电阻进行了比较。从表中可以看到，BJT 放大器的输入电阻由 r_π 决定，比 FET 放大器的输入电阻小几个数量级。另外，FET 级放大器的 R_{in} 受到栅极偏压电阻 R_G 取值的限制。同时所有放大器的输出电阻都受到外部电阻的限制，且幅值相近。

表 4.5　输入电阻和输出电阻的比较

放大器	R_{in}	R_B 或 R_G	r_π	R_{out}	R_C 或 R_D	r_o
BJT	9.29kΩ	100kΩ	10.2kΩ	20.6kΩ	22kΩ	320kΩ
MOSFET	892kΩ	892kΩ	∞	20.6kΩ	22kΩ	328kΩ
JFET	1.00MΩ	1.00MΩ	∞	24.0kΩ	27kΩ	219kΩ

4.11 共射极和共源极放大器小结

基于本章的分析结果,表 4.6 比较了共射极和共源极放大器的交流小信号特性。二者电压增益表达式的符号形式是一致的,但是其值有很大的差异,因为对于给定的工作电流,BJT 的 g_m 通常要比 FET 的 g_m 大很多。共源极放大器的输入电阻仅受到 R_G 的限制,因此可达到一个较大的值,而 R_B 和 r_π 却将共射极放大器的输入电阻值限制在较小的值上。对于给定的工作点,共射极和共源极放大器的输出电阻相似,因为 R_{out} 是由集电极或漏极偏置电阻 R_C 或 R_D 决定的。

表 4.6　共射极和共源极放大器特性的比较结果

	共射极放大器	共源极放大器
端增益 A_{vt}	$-g_m R_L$	$-g_m R_L$
$g_m R_L$ 经验估值	$-10 V_{CC}$	$-V_{DD}$
电压增益 A_v	$A_v = \dfrac{v_o}{v_i} = -g_m (R_{out} \parallel R_3) \left(\dfrac{R_{in}}{R_I + R_{in}} \right)$	
输入电阻 R_{in}	$R_B \parallel r_\pi$	R_G
输出电阻 R_{out}	$R_C \parallel r_o \approx R_C$	$R_D \parallel r_o \approx R_D$
输入信号相位	$0.005\mathrm{V}$	$0.2(V_{GS} - V_{TN})$ 或 $0.2(V_{GS} - V_P)$

在所有这些放大器实例中,我们发现晶体管自身的输出阻抗并不会对不同计算结果产生太大的影响。下面的问题就很自然产生了:为了简化分析,为什么不将 r_o 忽略呢?答案是:只要会对计算结果产生影响,就不能忽略电阻 r_o。在分析时可采用如下规则:在计算电压增益时,如果结果为 $A_v \ll \mu_f$,则可忽略晶体管的输出电阻 r_o。但在戴维南等效电阻的计算中,r_o 作用巨大,因此不能忽略 r_o 的限制。在计算中如果忽略了 r_o,但计算得出的输入电阻和输出电阻近似于或远大于 r_o,则需要重新在电路中考虑 r_o 的影响,并进行计算。这一规则听起来可能令人费解,但在后续几章会发现,在某些电路中 r_o 是相当重要的。

设计提示

在计算电压增益时,只要增益值远小于晶体管的本征增益 μ_f,则晶体管的输出电阻就可以忽略。当计算时包含了输出电阻,通常情况下 V_{CE} 或 V_{DS} 的值是未知的,因而更易接受的方法是采用输出电阻的简化表达式,即

$$r_o = \frac{V_A}{I_C} \quad \text{或} \quad r_o = \frac{1}{\lambda I_D}$$

4.12 放大器功率和信号范围

从这些实例中我们已经看到 Q 点的选取会影响晶体管小信号参数的值,继而影响共源极放大器和共射极放大器的电压增益、输入电阻和输出电阻。对于 FET,Q 点的选取也决定了符合小信号工作点的 v_{gs} 的值。本节将讨论由 Q 点决定的另外两个参数。Q 点的选取决定了晶体管和整个电路的功耗情况,同时也决定了放大器输出的最大线性信号范围。

4.12.1　功耗

放大器的静态功耗可由之前所述的直流等效电路来确定。直流电源提供的功率由电阻和晶体管同时消耗掉。例如,对于图 4.40(a)所示的放大器,晶体管的功耗 P_D 是集电极-基极和发射极-基极两个结功耗的总和,其值为

$$P_D = V_{CB} I_C + V_{BE}(I_B + I_C) = (V_{CB} + V_{BE}) I_C + V_{BE} I_B \tag{4.102}$$

或 $P_D = V_{CE} I_C + V_{BE} I_B$,其中 $V_{CE} = V_{CB} + V_{BE}$。

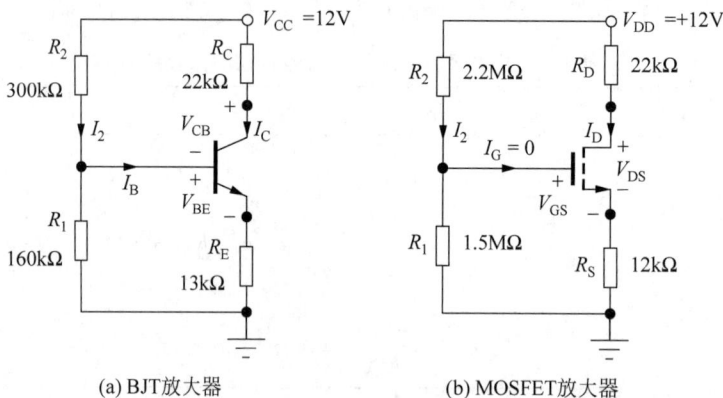

(a) BJT放大器　　　　(b) MOSFET放大器

图 4.40　图 4.18(a)及图 4.28(a)所示电路的直流等效电路

提供给放大器的总功率 P_S 由电源的电流决定,即

$$P_S = V_{CC}(I_C + I_2) \tag{4.103}$$

类似地,对于图 4.40(b)所示的 MOSFET,晶体管的功耗为

$$P_D = V_{DS} I_D + V_{GS} I_G = V_{DS} I_D \tag{4.104}$$

由于栅极电流为零,因此提供给放大器的总功率为

$$P_S = V_{DD}(I_D + I_2) \tag{4.105}$$

> **练习**:图 4.40(a)所示的双极型晶体管的功耗是多少? 假设 $\beta_F = 65$。提供给放大器的总功率为多少? 采用之前给出的 Q 点($245\mu A, 3.39V$)进行计算。
>
> **答案**:0.833mW; 3.26mW。
>
> **练习**:图 4.40(b)所示的 MOSFET 的功耗是多少? 提供给放大器的总功率是多少? 采用之前给出的 Q 点($241\mu A, 3.81V$)进行计算。
>
> **答案**:0.918mW; 2.93mW。

4.12.2　信号范围

接下来我们讨论 Q 点和放大器输出信号幅值范围之间的关系。试考虑图 4.41 所示的放大器,其中 $V_{CC} = 12V$,对应的波形如图 4.42 所示。工作点的集电极和发射极电压分别为 5.9V 和 2.1V,于是 Q 点的 $V_{CE} = 3.8V$。

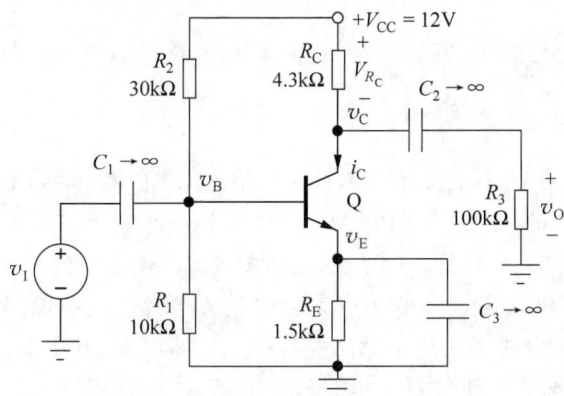

图 4.41　共射极放大器

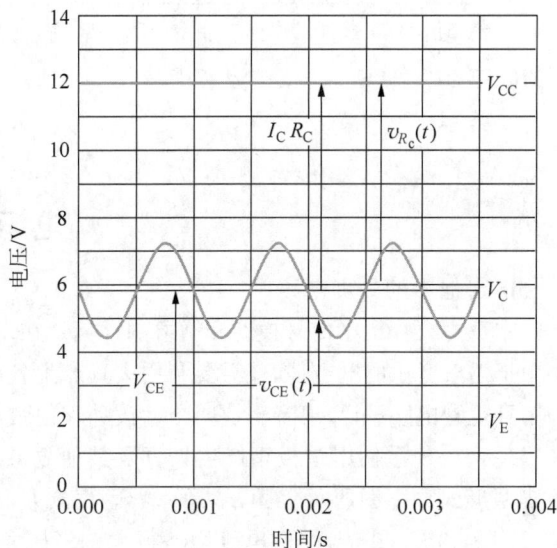

图 4.42　图 4.41 中放大器的波形

由于发射极的旁路电容令发射极电压保持不变,因此总的集电极-发射极电压可表示为

$$v_{CE} = V_{CE} - V_M \sin\omega t \tag{4.106}$$

其中 $V_M \sin\omega t$ 是在集电极产生的信号电压。双极型晶体管必须始终保持在有源区,因此要求集电极-发射极电压大于基极-发射极电压 V_{BE},即

$$v_{CE} \geqslant V_{BE} \quad \text{或} \quad v_{CE} \geqslant 0.7\text{V} \tag{4.107}$$

因此集电极信号的幅值必须满足

$$V_M \leqslant V_{CE} - V_{BE} \tag{4.108}$$

正电源电压给出了信号摆幅额外的限制条件。可写出加在电阻 R_C 两端的电压的表达式为

$$v_{R_c}(t) = I_C R_C + V_M \sin\omega t \geqslant 0 \tag{4.109}$$

在这一电路中,加载在电阻上的电压不能为负值,即晶体管集电极的电压 V_C 不能超过电源电压 V_{CC}。式(4.109)表明集电极上交流信号的幅值 V_M 必须小于 Q 点 R_C 上的电压降,即

$$V_M \leqslant I_C R_C \tag{4.110}$$

因此,集电极信号的摆幅受到式(4.108)及式(4.110)较小值的限制,即

$$V_M \leqslant \min\left[I_C R_C, (V_{CE} - V_{BE})\right] \tag{4.111}$$

场效应管电路也可以写出类似的表达式。MOSFET 必须始终处于夹断区,或者其 v_{DS} 必须一直保持大于 $v_{GS} - V_{TN}$,则有

$$v_{DS} = V_{DS} - V_M \sin\omega t \geqslant V_{GS} - V_{TN} \tag{4.112}$$

其中已经假设 $v_{DS} \ll V_{GS}$。直接与式(4.110)给出的 BJT 电路进行类比,FET 电路中的信号幅值也不能超过加在 R_D 上的直流电压降,即

$$V_M \leqslant I_D R_D \tag{4.113}$$

因此,对于 MOSFET 电路,V_M 必须满足

$$V_M \leqslant \min\left[I_D R_D, (V_{DS} - (V_{GS} - V_{TN}))\right]$$
$$= \min\left[I_D R_D, (V_{DS} - V_{DSAT})\right] \tag{4.114}$$

练习：(a)对于例 4.3 中的双极型晶体管放大器，其 V_M 值为多大？(b)对于例 4.4 中的 MOSFET 放大器，其值又为多少？

答案：2.69V；2.83V。

电 子 应 用

电吉他中的失真电路

本章主要介绍小信号模型和增益的计算。在现实应用中，有时需要人为产生小信号失真波形，例如主要用于摇滚音乐的电吉他，就需要利用失真产生各种各样的声音。早期的 Marshall 和 Fender 管道放大器采用真空管电路设计，声音轻快明晰。拨动吉他弦，放大器失真在管子中产生谐振，为吉他声增色不少。

现代吉他手使用踏板箱产生失真及其他效果，而不再采用过高的功率来产生过载声音。这些电路的典型形式如下图所示。图(a)是一个运算放大器电路，电路中采用一对二极管构成反馈电路，其中 R_2 是 R_1 的 50～200 倍，因此电路增益很大。当放大器两端的电压超过二极管导通电压时，二极管开始导通。由于二极管的阻抗远小于 R_2，因此电路增益随着二极管的导通开始减小，产生的"软"限幅波形，如图(d)所示。

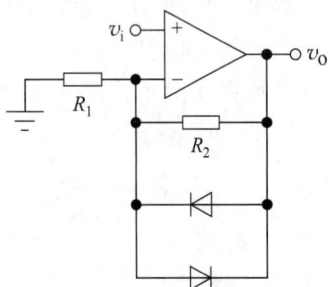

(a) 典型的"软"限幅电路

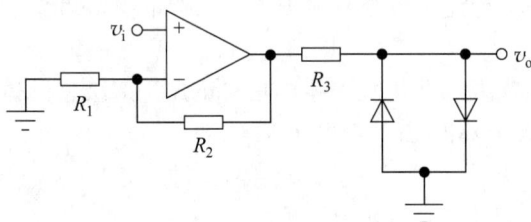

(b) "硬"限幅电路

(c) © Alan King/Alamy RF.

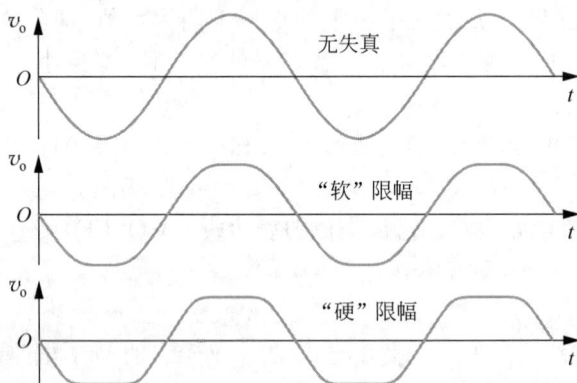

(d)

还有一类失真电路称为"硬"限幅电路，这时放大器具有很高的增益，电阻 R_3 一般为几千欧姆，当 v_o 超过了二极管的导通电压时，输出被钳位到二极管。在这种情况下，输出受限于 R_3，而 v_o 只产生很小的变化，因此产生"硬"限幅波形，如图(d)所示。一般而言，电路中也会进行频率整形。

根据傅里叶分析,除理想正弦波以外,任何周期波形都是由无数的谐波或正弦波与余弦波组成,每个谐波的频率都是基频的倍数。波形中的过渡越清晰,它包含的谐波含量就越多。"软"限幅电路产生的谐波幅度小于"硬"限幅电路。

还有一些声调由不同频率相互调制而成。在这些非线性限幅电路中,输入频率相互混杂,产生和频及差频,这是失真电路的附加声音效果。这些简单的电路有很多变化,可以产生各种各样的声效。吉他手必须在各种不同的失真和效果设备之间作出准确的选择,以创造出可最佳呈现其音乐创意的声音。

小结

第 4 章研究了用于设计更复杂的模拟元器件和系统的基本放大器电路,例如运算放大器、音频放大器和 RF 通信设备。本章首先介绍了如何将晶体管作为放大器,然后探讨了 BJT 共射极放大器和 FET 共源极放大器的工作原理,推导出了这些放大器的电压增益、输入电阻和输出电阻的表达式,还讨论了放大器的 Q 点设计和放大器小信号特性之间的关系。

- 当输入电阻值处于低、中水平时,BJT 共射极放大器可提供良好的电压增益。
- 相比之下,FET 共源极放大器的输入电阻非常高,但只能得到中等水平的电压增益。
- 在共射极和共源极放大器电路中,其输出电阻的大小往往由偏置电路中的电阻决定,在工作点接近时,二者的输出电阻大小相近。
- 可以采用两步法来简化放大器的分析和设计。将电路划分为两部分:一部分是用来求出晶体管 Q 点的直流等效电路;另一部分是用来分析信号响应的交流等效电路。设计工程师通常必须根据目标来权衡放大器的直流和交流特性设计,在电路中采用耦合电容、旁路电容和电感来改变电路的拓扑结构。
- 交流分析都是基于晶体管的线性小信号模型进行的。本章对二极管、双极型晶体管(混合 π 模型)、MOSFET 和 JFET 的小信号模型都进行了详细讨论。对前面章节中推导出的大信号模型方程进行求导计算,求出了与 Q 点相关的跨导 g_m、输出电阻 r_o 和输入电阻 r_π 的表达式。
- 二极管的小信号模型可简化为其电路中的电阻值,由 $r_d = V_T / I_D$ 给出。
- 表 4.3 中有关三端器件的结果非常重要。表中所述的模型结构相似。BJT 的跨导直接与电流成比例关系,而 FET 的跨导只与电流的平方根呈比例关系。电阻 r_π 和 r_o 与 Q 点的电流呈反比关系。在 FET 中电阻 r_π 为无限大,因此在其小信号模型中并不会出现。我们发现每个器件对,如 npn 型及 pnp 型 BJT,n 沟道及 p 沟道 FET,它们都有同样的小信号模型。
- BJT 的小信号电流增益定义为 $\beta_o = g_m r_\pi$,它的值通常和大信号模型的电流增益 β_F 不同,FET 的小信号电流增益在低频时表现为无限大。
- 晶体管的本征电压增益,也称为晶体管的放大系数,被定义为 $\mu_f = g_m r_o$,表示在共射极和共源极放大器中晶体管所能获得的最大增益。本章推导出了 BJT 和 FET 的本征电压增益表达式。对于 BJT 而言,参数 μ_f 与 Q 点无关;但对于 FET 而言,放大系数会随着工作电流的增大而减少。对于普通的工作点而言,BJT 的 μ_f 可高达数千,而 FET 只有几十到几百。
- 小信号的定义与元器件特性相关。为了满足小信号要求,经过二极管的信号电压 v_d 的摆幅必须小于 5mV。类似地,BJT 的基极-发射极信号电压 v_{be} 也必须小于 5mV 才能满足小信号的要求。但是,FET 可以无失真地对更大的信号进行放大。对于 MOSFET,其小信号的限制条件为 $v_{gs} \leqslant 0.2(V_{GS} - V_{TN})$,可在 100mV 到超过 1V 的范围内变化。对于 JFET,则有 $v_{gs} \leqslant 0.2(V_{GS} - V_P)$。
- 详细分析了共射极和共源极放大器。表 4.6 也是一个非常重要的表格,表中总结了这些放大器的整体特性。表 4.6 中的经验估算公式可以让我们快速估算共射极和共源极放大器的电压增益。

- 本章最后讨论了放大器工作点的设计、功耗和输出信号摆幅之间的关系。放大器的输出信号摆幅受限于以下两个因素中的较小值：一个是晶体管 Q 点的集电极-基极或漏极-栅极的电压值；另一个是 Q 点的集电极偏置电阻 R_C，或漏极偏置电阻 R_D 上的压降。
- 在 SPICE 中，了解交流分析和瞬态分析之间的差别是非常重要的。交流分析假设电路是线性的，采用晶体管和二极管的小信号模型。由于电路是线性的，因此信号源的幅值可以选取任意合适的值，通常会选择 1V 和 1A。相比之下，瞬态仿真利用了晶体管的全大信号非线性模型。如果想在瞬态仿真中获得线性行为，则所有信号都必须满足小信号的约束。

关键词

AC Coupling	交流耦合
AC Equivalent Circuit	交流等效电路
Amplification Factor	放大系数
Back-Gate Transconductance	背栅跨导
Back-Gate Transconductance Parameter	背栅跨导参数
Bypass Capacitor	旁路电容
Common-Emitter(C-E)Amplifier	共射极放大器
Common-Source(C-S)Amplifier	共源极放大器
Coupling Capacitor	耦合电容
DC Blocking	直流阻断
DC Equivalent Circuit	直流等效电路
Diode Conductance	二极管电导
Diode Resistance	二极管电阻
Hybrid-Pi Small-Signal Model	混合 π 小信号模型
Input Resistance	输入电阻
Intrinsic Voltage Gain μ_f	本征电压增益 μ_f
Output Resistance r_o	输出电阻 r_o
Signal Source Voltage Gain	信号源电压增益
Small Signal	小信号
Small-Signal Conductance	小信号电导
Small-Signal Current Gain	小信号电流增益
Small-Signal Models	小信号模型
Terminal Voltage Gain	端电压增益
Transconductance g_m	跨导 g_m

习题

本章习题大量用到了图 P4.1～图 P4.10 所示的电路。如无特殊说明，假设图中所有电容和电感都为无限大，且 $V_{BE}=0.7V$，$\beta_F=\beta_o$。

§4.1 晶体管放大器

4.1 (a)假设图 4.1 中双极型放大器的 $v_{be}(t)=0.005\sin2000\pi t\,\text{V}$。试写出 $v_{BE}(t)$、$v_{ce}(t)$ 和 $v_{CE}(t)$ 的表达式；(b)对应在有源区工作的 I_C 的最大值为多少？

4.2 (a)假设图 4.2 中 MOSFET 放大器的 $v_{gs}(t)=0.25\sin2000\pi t\,\text{V}$。试写出 $v_{GS}(t)$、$v_{ds}(t)$ 和 $v_{DS}(t)$ 的表达式；(b)对应在有源区工作的 I_C 的最大值为多少？

§4.2 耦合电容和旁路电容

4.3 (a)图 P4.1 中电 C_1、C_2 和 C_3 的作用是什么？(b)C_3 上极板上信号电压的幅值为多少？

4.4 若图 P4.1 中的 C_3 连接在晶体管的发射极和地之间，重复计算习题 4.3。

4.5 (a)图 P4.2 中电容 C_1、C_2 和 C_3 的作用是什么？(b)M_1 源极上信号电压的幅值为多少？

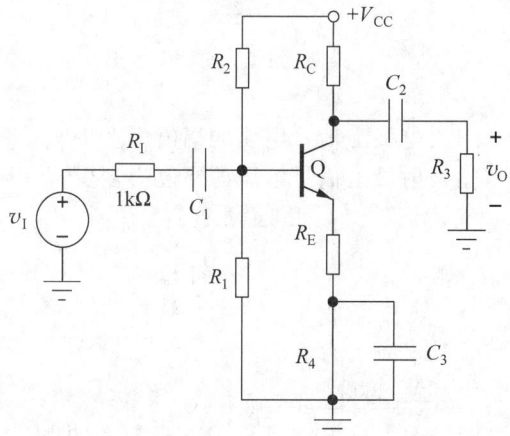

图 P4.1

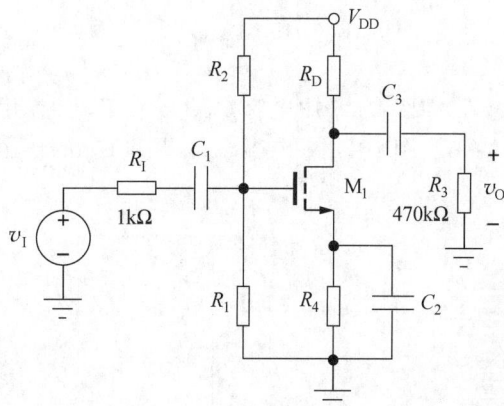

图 P4.2

4.6 (a)图 P4.3 中电容 C_1、C_2 和 C_3 的作用是什么？(b)Q_1 基极上信号电压的幅值为多少？

4.7 (a)图 P4.4 中电容 C_1、C_2 和 C_3 的作用是什么？(b)Q_1 发射极上信号电压的幅值为多少？

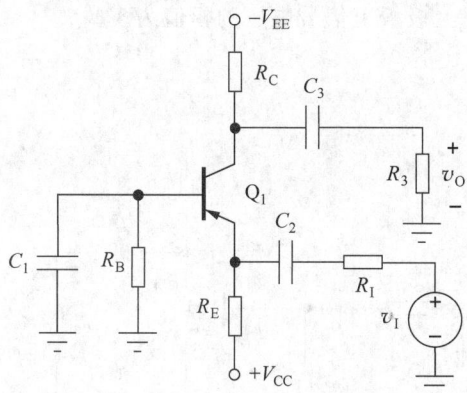

图 P4.3

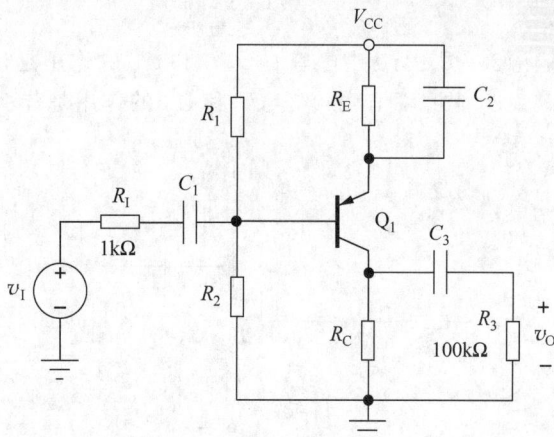

图 P4.4

4.8 (a)图 P4.5 中电容 C_1、C_2 和 C_3 的作用是什么？(b)M_1 源极上信号电压的幅值为多少？

4.9 图 P4.6 中电容 C_1 和 C_2 的作用是什么？

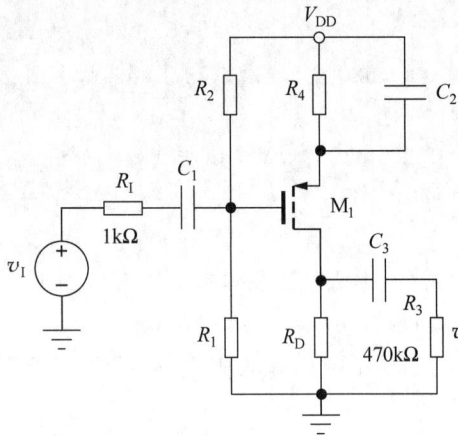

图 P4.5

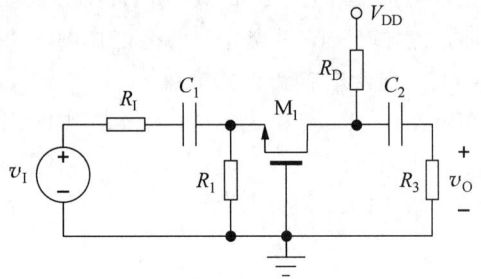

图 P4.6

4.10 图 P4.7 中电容 C_1、C_2 和 C_3 的作用是什么？Q_1 集电极上信号电压的幅值为多少？

4.11 图 P4.8 中电容 C_1、C_2 和 C_3 的作用是什么？Q_1 发射极上信号电压的幅值为多少？

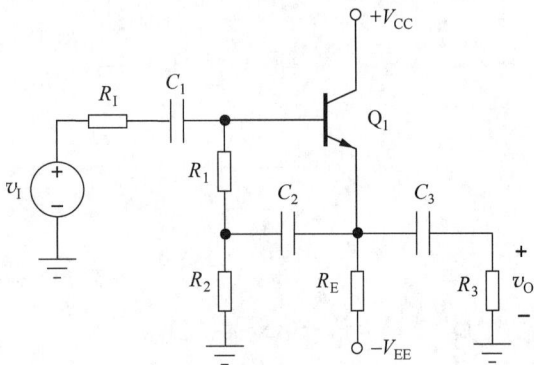

图 P4.7

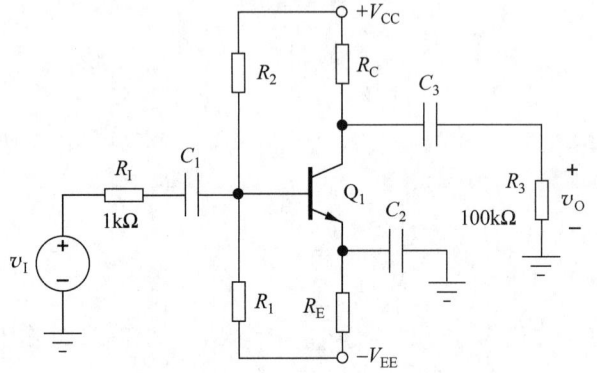

图 P4.8

4.12 图 P4.9 中电容 C_1、C_2 和 C_3 的作用是什么？C_2 上极板上信号电压的幅值为多少？

4.13 图 P4.10 中电容 C_1 和 C_2 的作用是什么？

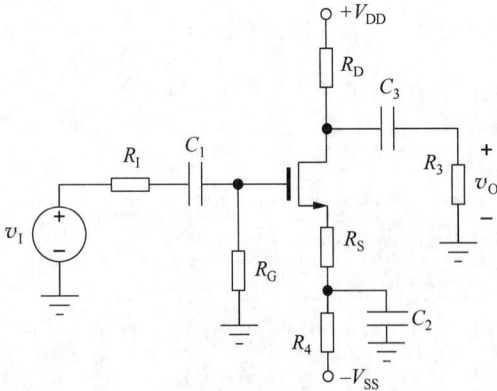

图 P4.9

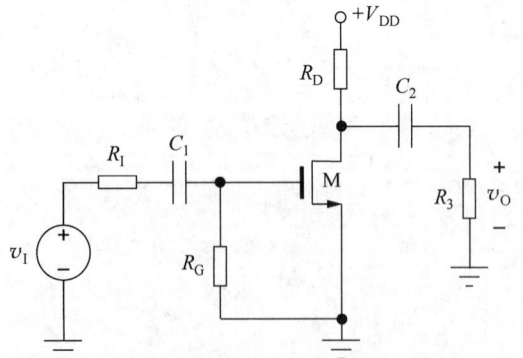

图 P4.10

4.14 术语"直流源代表交流地"在文中出现了多次,请你用自己的话解释一下这个概念。

§4.3 用直流和交流等效电路进行电路分析

BJT Q 点

4.15 画出图 P4.8 所示放大器的直流等效电路,并求出其 Q 点。假设 $\beta_F = 75, V_{CC} = 10V$, $-V_{EE} = -10V, R_I = 1k\Omega, R_1 = 5k\Omega, R_2 = 10k\Omega, R_3 = 24k\Omega, R_E = 3k\Omega, R_C = 6k\Omega$。

4.16 用 SPICE 求出习题 4.15 所示电路的 Q 点,并将结果与习题 4.15 中手工计算的结果相比较。

4.17 画出图 P4.1 所示放大器的直流等效电路,并求出其 Q 点。假设 $\beta_F = 90, V_{CC} = 16V, R_I = 2k\Omega, R_1 = 360k\Omega, R_2 = 750k\Omega, R_C = 270k\Omega, R_E = 7.5k\Omega, R_4 = 240k\Omega, R_3 = 910k\Omega$。

4.18 (a)用 SPICE 求出习题 4.17 中电路的 Q 点。假设 $V_A = \infty, I_S = 5fA$;(b)当 $V_A = 80V$, $I_S = 5fA$ 时,重复(a)中的计算。

4.19 画出图 P4.3 所示放大器的直流等效电路,并求出其 Q 点。假设 $\beta_F = 65, V_{CC} = 5V, -V_{EE} = -5V, R_I = 0.47k\Omega, R_B = 3k\Omega, R_C = 36k\Omega, R_E = 75k\Omega, R_3 = 120k\Omega$。

4.20 用 SPICE 求出习题 4.19 中电路的 Q 点。将结果与习题 4.19 中手工计算的结果相比较。

4.21 画出图 P4.4 所示放大器的直流等效电路,并求出其 Q 点。假设 $\beta_F = 135, V_{CC} = 10V, R_1 = 36k\Omega, R_2 = 110k\Omega, R_C = 13k\Omega, R_E = 3.9k\Omega$。

4.22 用 SPICE 求出习题 4.21 中电路的 Q 点。将结果与习题 4.21 中手工计算的结果相比较。

4.23 画出图 P4.7 所示放大器的直流等效电路,并求出其 Q 点。假设 $\beta_F = 100, V_{CC} = 9V, -V_{EE} = -9V, R_I = 1k\Omega, R_1 = 43k\Omega, R_2 = 43k\Omega, R_3 = 24k\Omega, R_E = 82k\Omega$。

4.24 用 SPICE 求出习题 4.23 中电路的 Q 点。将结果与习题 4.23 中手工计算的结果相比较。

FET Q 点

4.25 画出图 P4.7 所示放大器的直流等效电路,并求出其 Q 点。假设 $K_n = 250\mu A/V^2, V_{TN} = 1V, V_{DD} = 16V, R_I = 1k\Omega, R_1 = 390k\Omega, R_2 = 1M\Omega, R_D = 82k\Omega, R_4 = 27k\Omega$。

4.26 用 SPICE 求出习题 4.25 中电路的 Q 点。将结果与习题 4.25 中手工计算的结果相比较。

4.27 画出图 P4.6 所示放大器的直流等效电路,并求出其 Q 点。假设 $K_n = 500\mu A/V^2, V_{TN} = -2V, V_{DD} = 18V, R_I = 2k\Omega, R_1 = 6.2k\Omega, R_D = 7.5k\Omega, R_3 = 51k\Omega$。

4.28 用 SPICE 求出习题 4.27 中电路的 Q 点。将结果与习题 4.27 中手工计算的结果相比较。

4.29 画出 P4.5 所示放大器的直流等效电路,并求出其 Q 点。假设 $K_p = 400\mu A/V^2, V_{TP} = -1V, V_{DD} = 15V, R_1 = 2M\Omega, R_2 = 2M\Omega, R_D = 24k\Omega, R_4 = 22k\Omega$。

4.30 用 SPICE 求出习题 4.29 中电路的 Q 点。将结果与习题 4.29 中手工计算的结果相比较。

4.31 画出图 P4.8 所示放大器的直流等效电路,并求出其 Q 点。假设 $K_n = 400\mu A/V^2, V_{TN} = -5V, V_{DD} = 16V, R_G = 10M\Omega, R_D = 5.6k\Omega, R_I = 10k\Omega, R_1 = 2k\Omega, R_S = 1.5k\Omega, R_4 = 1.5k\Omega, R_3 = 36k\Omega$,且 $V_{SS} = 0$。

4.32 用 SPICE 求出习题 4.31 中电路的 Q 点。将结果与习题 4.31 中手工计算的结果相比较。

4.33 画出图 P4.10 所示放大器的直流等效电路,并求出其 Q 点。假设 $V_{DD} = 17.5V, K_n = 225\mu A/V^2, V_{TN} = -3V, R_G = 2.2M\Omega, R_D = 8.2k\Omega, R_I = 10k\Omega, R_3 = 220k\Omega$。

4.34 用 SPICE 求出习题 4.33 中电路的 Q 点。将结果与习题 4.33 中手工计算的结果相比较。

交流等效电路

4.35 (a)画出图 P4.1 所示电路的交流等效电路(请采用晶体管符号)。假设所有电容都无穷大;

(b)将晶体管用其小信号模型替代,重新绘制交流等效电路;(c)判定电路中每个电容的作用(旁路或耦合)。

4.36　(a)对于图P4.3所示电路重复习题4.35中的工作;(b)对于图P4.4所示电路重复习题4.35中的工作。

4.37　(a)对于图P4.7所示电路重复习题4.35中的工作;(b)对于图P4.10所示电路重复习题4.35中的工作。

4.38　(a)对于图P4.2所示电路重复习题4.35中的工作;(b)对于图P4.6所示电路重复习题4.35中的工作。

4.39　(a)对于图P4.5所示电路重复习题4.35中的工作;(b)对于图P4.8所示电路重复习题4.35中的工作。

4.40　描述图P4.1所示电路中每个电阻的作用。

4.41　描述图P4.3所示电路中每个电阻的作用。

4.42　描述图P4.4所示电路中每个电阻的作用。

4.43　描述图P4.2所示电路中每个电阻的作用。

4.44　描述图P4.10所示电路中每个电阻的作用。

§4.4　小信号模型简介

4.45　(a)一个$V_D=0.6V$的二极管,如果$I_S=8fA$,计算其r_d;(b)若$V_D=0$,则r_d又为多少?(c)当电压为多少时r_d会超过$10^{12}\Omega$。

4.46　一个直流工作电流为2mA的二极管工作在温度为(a)75K;(b)100K;(c)200K;(d)300K;(e)400K时,对应的小信号二极管电阻r_d分别为多少?

4.47　(a)当$v_d=5mV$和$-5mV$时,比较$[\exp(v_d/V_T)-1]$和v_d/V_T的值。线性近似和指数表达式之间的误差有多大?(b)当$v_d=\pm10mV$时重复(a)中的计算。

§4.5　双极型晶体管的小信号模型

4.48　(a)要得到40mS的跨导,双极型晶体管的集电极电流为多少? (b)当跨导为$200\mu S$时重复(a)中的计算;(c)当跨导为$40\mu S$时重复(a)中的计算。

4.49　对于一个$\beta_o=75$的双极型晶体管,Q点电流为多大时可得$r_\pi=10k\Omega$? 当$V_A=100V$时,g_m和r_o近似为多少?

4.50　当$\beta_o=125,V_A=75V$时,要求$r_\pi=1.5M\Omega$,重复习题4.49中的计算。

4.51　当$\beta_o=125$时,要求$r_\pi=220k\Omega$,重复习题4.49中的计算。

4.52　对于一个$\beta_o=85$的双极型晶体管,Q点电流为多大时可得$r_\pi=1M\Omega$? 当$V_A=100V$时,g_m和r_o的值各为多少?

4.53　下表中列出了一个双极型晶体管的小信号参数。β_F和V_A的值为多少? 如果$V_{CE}=10V$,将下表填充完整。

双极型晶体管的小信号参数

$I_C(A)$	$g_m(S)$	$r_\pi(\Omega)$	$r_o(\Omega)$	μ_f
0.001			50000	
	0.15	600		
		480000		

4.54 (a)当 $v_{be}=5\text{mV}$ 和 -5mV 时,比较 $[\exp(v_{be}/V_T)-1]$ 和 v_{be}/V_T 的值,其线性近似和指数表达式之间的误差有多大？(b)当 $v_{be}=\pm7.5\text{mV}$ 时重复(a)中的计算；(c)当 $v_{be}=\pm2.5\text{mV}$ 时重复(a)中的计算。

4.55 图 P4.11 所示为一个双极型晶体管的输出特性曲线。(a)当 $I_B=4\mu\text{A}$、$V_{CE}=10\text{V}$ 时,β_F 和 β_o 的值为多少？(b)当 $I_B=8\mu\text{A}$、$V_{CE}=10\text{V}$ 时,β_F 和 β_o 的值为多少？

4.56 (a)假设一个 BJT 工作时其总集电极电流为

$$i_C(t)=0.001\exp\left(\frac{v_{be}(t)}{V_T}\right)\text{A}$$

且 $v_{be}(t)=V_M\sin2000\pi t$、$V_M=5\text{mV}$。那么直流集电极电流为多少？利用 MATLAB 画出集电极电流曲线。利用 MATLAB 的 FFT 功能求出 1000Hz 时 i_c 的幅值为多少？在 2000Hz 时呢？3000Hz 呢？(b)当 $V_M=50\text{mV}$ 时重复(a)中的计算。

4.57 (a)根据习题 4.15 中给出的元器件值,利用 SPICE 求出图 P4.8 中电路的 Q 点。根据 SPICE 求出的 Q 点值计算出晶体管 Q_1 的小信号参数的值。将这些计算值与 SPICE 的模拟值进行比较,并讨论造成差异的原因；(b)对图 P4.4 所示的电路图重复(a)中的计算,其中元器件值参见习题 4.21。

4.58 图 P4.12 所示的"T模型"是历史上曾经出现过的另一种小信号模型,在某些场合很有用。试证明,如果发射极电阻 $r_e=r_\pi(\beta_o+1)=\alpha_o/g_m=V_T/I_E$,那么这一模型与混合 π 模型等效(提示：假设 $\beta_F=\beta_o$,计算出两种模型的短路输入导纳 y_{11})。

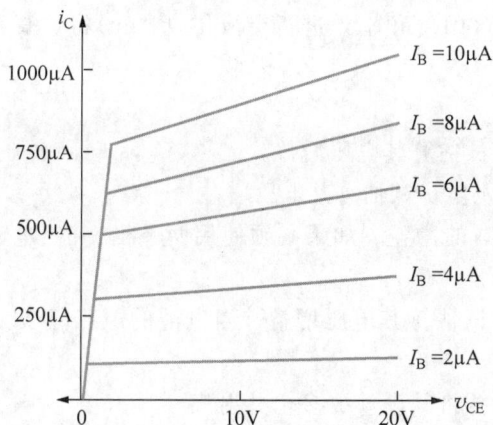

图 P4.11

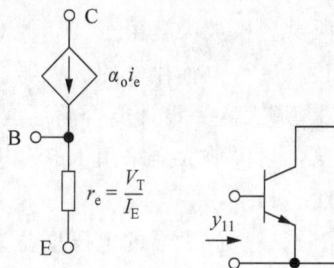

图 P4.12

§4.6 共射极放大器

4.59 图 P4.13 为一个放大器的交流等效电路。假设电容为无穷大,$R_I=750\Omega$,$R_B=100\text{k}\Omega$,$R_C=62\text{k}\Omega$,$R_3=100\text{k}\Omega$。如果 BJT 的 Q 点为 $(40\mu\text{A},10\text{V})$,计算放大器的电压增益和输入电阻。假设 $\beta_o=100$,$V_A=75\text{V}$。

4.60 如果 β_o 的范围是 $50\sim100$,习题 4.59 中放大器电压增益最差值是多少？假定 Q 点不变。

4.61 图 P4.13 为一个放大器的交流等效电路。假设电容为无穷大,$R_I=50\Omega$,$R_B=4.7\text{k}\Omega$,$R_C=4.7\text{k}\Omega$,$R_3=10\text{k}\Omega$。如果 BJT 的 Q 点为 $(2\text{mA},7.5\text{V})$,计算放大器的电压增益。假设 $\beta_o=75$,$V_A=50\text{V}$。

4.62　放大器的交流等效电路如图 P4.14 所示。假设电容为无穷大，$R_I=10k\Omega$，$R_B=5M\Omega$，$R_C=2M\Omega$，$R_3=3.3M\Omega$。如果 BJT 的 Q 点为（$1\mu A$，$1.5V$），计算放大器的电压增益。假设 $\beta_o=40$，$V_A=50V$。

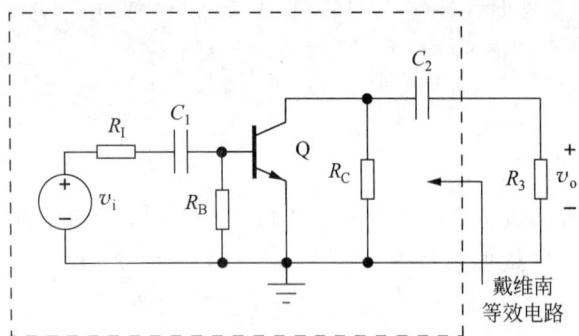
图　P4.13

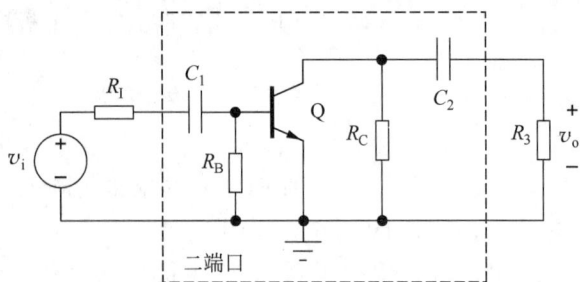
图　P4.14

4.63　(a)如果 I_C 增加至 $10\mu A$，R_C、R_B 和 R_3 的值都减小为原来的 1/10，重复习题 4.62 中的计算；(b)如果 I_C 增加至 $100\mu A$，R_C、R_B 和 R_3 的值都减小为原来的 1/100，重复习题 4.62 中的计算。

4.64　利用仿真法计算图 4.18 所示的 BJT 共射极放大器，并将结果与例 4.3 中的计算结果相比较。所有电容均为 $100\mu F$，在 $1000Hz$ 频率处进行交流仿真。

4.65　(a)用 SPICE 对习题 4.21 中放大器的直流和交流特性进行仿真。Q 点为多少？其小信号电压增益的值为多少？所有电容均为 $100\mu F$，在 $1000Hz$ 频率处进行交流仿真；(b)将仿真结果与手工计算结果进行比较。

§4.7　重要限制及模型简化

4.66　某共射极放大器由一个 9V 电源供电，试估算其电压增益。

4.67　某共射极放大器由 ±12V 的对称电源供电。试估算其电压增益。

4.68　设计一个电池供电的放大器，以提供 50 的增益。如果必须使用两节 ±1.5V 电池对这个单级放大器供电，那么这一设计能否满足这个目标。

4.69　某共射极放大器采用 1.5V 电池供电，试估算其电压增益。当电池的电压降至 1V 时，其电压增益为多少？

4.70　要求一个放大器的电压增益为 35000，并将其设计成多个共射极放大器的级联，放大器由单个 7.5V 电源供电。试估算满足这一增益所需的放大器的最小级数为多少。

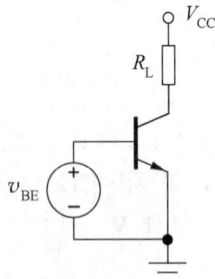
图　P4.15

4.71　图 P4.15 所示的共射极放大器，要求其在 $1k\Omega$ 的负载电阻 R_L 上产生一个峰-峰值为 5V 的正弦信号。(a)满足晶体管小信号工作要求的集电极电流 I_C 的最小值为多少？(b)供电电压 V_{CC} 的最小值为多少？

4.72　图 P4.15 所示共射极放大器的电压增益为 46dB，在小信号工作时，集电极输出电压的最大幅值为多少？

4.73　一个共射极放大器的增益为 53dB，在其输出端产生峰-峰值为 15V 的电流信号。这一放大器是工作在小信号范围吗？如果该放大器的输入信号为一个正弦波，输出信号会失真吗？为什么会或为什么不会？

4.74 图 P4.8 所示共射极放大器的电压增益为多少？$\beta_F=135$，$V_{CC}=V_{EE}=10\text{V}$，$R_1=20\text{k}\Omega$，$R_2=62\text{k}\Omega$，$R_C=13\text{k}\Omega$，$R_E=3.9\text{k}\Omega$。

4.75 如果 $V_{CC}=20\text{V}$，则图 P4.4 所示放大器的电压增益是多少？利用习题 4.74 中的电阻值。

4.76 将图 P4.15 中的电阻 R_1 用电感 L 替代。当 $\omega L \gg r_o$ 时，电路的电压增益为多少？

§4.8 场效应管的小信号模型

4.77 某 MOSFET 的小信号参数如下表所示，其 K_n 和 λ 的值为多少？如果 $V_{DS}=5\text{V}$，$V_{TN}=0.75\text{V}$，请将下表补充完整。

MOSFET 的小信号参数

I_{DS}	g_m/S	r_o/Ω	μ_f	小信号限制 V_{gs}/V
0.8mA		50000		
50μA	0.0002			
10mA				

4.78 某 MOSFET 在 $V_{GS}-V_{TN}=0.5\text{V}$ 时满足 $g_m=5\text{mS}$。如果 $K_n'=75\mu\text{A}/\text{V}^2$，那么 W/L 的值应为多少？

4.79 如果一个 MOSFET 的 $K_n'=50\mu\text{A}/\text{V}^2$，$\lambda=0.02/\text{V}$，工作时漏极电流为 $250\mu\text{A}$，为使 $\mu_f=200$，则其 W/L 应为多少？$V_{GS}-V_{TN}$ 为多少？

4.80 一个 n 沟道 MOSFET 的 $K_n=300\mu\text{A}/\text{V}^2$，$V_{TN}=1\text{V}$，$\lambda=0.025\text{V}^{-1}$。那么当该 MOSFET 的漏极电流为多少就不存在任何电压增益（即 $\mu_F\leqslant 1$）？

4.81 当 $v_{gs}=0.2(V_{GS}-V_{TN})$ 时，比较 $[1+v_{gs}/(V_{GS}-V_{TN})]^2-1$ 与 $[2v_{gs}/(V_{GS}-V_{TN})]$ 的值。线性近似和二次表达式之间的误差为多少？当 $v_{gs}=0.4(V_{GS}-V_{TN})$ 时重复上述工作。

4.82 利用 SPICE 求出习题 4.25 中电路的 Q 点。根据 SPICE 求出的 Q 点的值计算晶体管 M_1 的小信号参数的值，将这些计算值与 SPICE 仿真值进行比较，并讨论造成差异的原因。

4.83 针对习题 4.29 中的电路重复习题 4.82 中的计算。

4.84 在一个共源极放大器中，如果晶体管的 $\lambda=0.02\text{V}^{-1}$，电源电压为 15V，试估算达到 $R_{out}^{CS}=100\text{k}\Omega$ 时其 Q 点的近似值应为多少？

4.85 在一个共源极放大器中，如果晶体管的 $K_n=500\mu\text{A}/\text{V}^2$，$V_{TN}=1\text{V}$，$\lambda=0.02\text{V}^{-1}$，电源电压为 12V，试估算达到 $R_{in}=2\text{M}\Omega$ 时其 Q 点的近似值应为多少？

4.86 图 P4.16 给出了一个放大器的元器件特性曲线和电路图，电路中包含了一种称为三极真空管的"新型"电子器件。(a)写出该电路的负载线方程；(b)假设 $i_G=0$，则其 Q 点(I_P,V_{PK}) 为多少？(c)根据下面的定义，求出 g_m、r_o 和 μ_f 的值；(d)电路的电压增益为多少？

$$g_m=\frac{\Delta i_P}{\Delta v_{GK}}\bigg|_{Q\text{点}} \qquad r_o=\left(\frac{\Delta i_P}{\Delta v_{PK}}\bigg|_{Q\text{点}}\right)^{-1} \qquad \mu_f=g_m r_o$$

§4.9 BJT 与 FET 小信号模型小结与对比

4.87 一个电路的偏置电流为 5mA，得到的输入电阻至少为 $1\text{M}\Omega$。这个电路该选用 BJT 还是 FET？为什么？

4.88 一个电路要求所选用晶体管的跨导为 0.5S。有一个 $\beta_F=60$ 的双极型晶体管及一个 $K_n=25\text{mA}/\text{V}^2$ 的 MOSFET 可供选择。选择哪个晶体管更为合适？为什么？

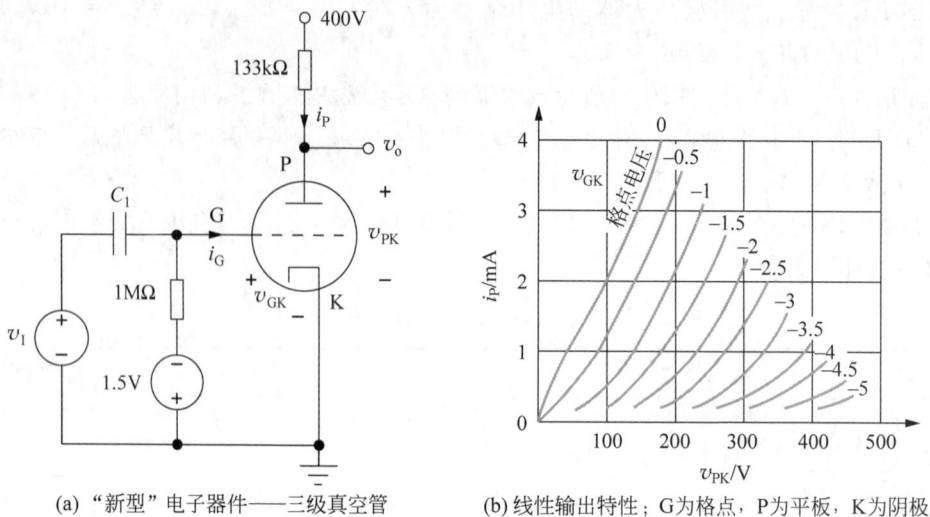

(a) "新型"电子器件——三级真空管   (b) 线性输出特性；G为格点，P为平板，K为阴极

图　P4.16

4.89　某 BJT 的 $V_A = 60V$，而一个 MOSFET 的 $K_n = 25mA/V^2$，$\lambda = 0.017V^{-1}$。如果 $V_{DS} = V_{CE} = 10V$，那么在什么电流情况下 MOSFET 的本征增益与 BJT 的本征增益相等？此时 BJT 的 μ_f 为多少？

4.90　某 BJT 的 $V_A = 50V$，而 MOSFET 的 $\lambda = 0.02V^{-1}$，$V_{GS} - V_{TN} = 0.5V$。这两个晶体管的本征增益各为多少？如果两个晶体管的工作电流都为 $200\mu A$，那么其各自的跨导为多少？

4.91　一个放大器电路需要其输入电阻为 50Ω，那么这个电路该选用 BJT 还是 MOSFET？请讨论。

4.92　(a)我们需要将一个 $0.25V$ 的信号放大 26dB。该选用 BJT 还是 FET？请讨论；(b)RF 放大器通常必须对微伏信号进行放大，同时这些信号中还包含大量幅值超过 100mV 甚至更高的其他干扰信号。对于这一应用而言，FET 放大器和 BJT 放大器哪个最合适？为什么？

§4.10　共源极放大器

4.93　一个共源极放大器的电源电压为 15V，$V_{GS} - V_{TN} = 1V$。试估算其电压增益。

4.94　一个共源极放大器增益为 16dB，在其输出端有一个峰-峰值为 15V 的交流信号。放大器是工作在小信号区域吗？试讨论。

4.95　一个共源极放大器由单个电压为 18V 的电源供电。MOSFET 的 $K_n = 1mA/V^2$。求电路的电压增益达到 30 时，其 Q 点电流为多少？

4.96　一个共源极放大器由单个电压为 9V 的电源供电。如果要求放大器的增益至少为 25，那么其 $V_{GS} - V_{TN}$ 的最大值应为多少？

4.97　某 MOSFET 共源极放大器必须对一个峰值为 0.2V 的正弦交流信号进行放大。这个晶体管的 $V_{GS} - V_{TN}$ 最小值应为多少？如果要求电压增益为 33dB，那么电源电压的最小值应为多少？

4.98　一个 MOSFET 共源极放大器必须对一个峰值为 0.4V 的正弦交流信号进行放大。这个晶体管的 $V_{GS} - V_{TN}$ 最小值应为多少？如果要求电压增益为 26dB，那么电源电压的最小值应为多少？

4.99　要求某一放大器的电压增益为 1000，且需要若干共源极放大器级联而成，采用 12V 的单电源供电。试估算要获得这一增益所需放大器级数的最小值。

4.100 图 P4.17 所示放大器的电压增益为多少? 假设 $K_n = 0.45 \text{mA/V}^2$, $V_{TN} = 1\text{V}$, $\lambda = 0.0133 \text{V}^{-1}$。

4.101 图 P4.18 给出了一个放大器的交流等效电路。假设其电容值为无穷大,$R_I = 100\text{k}\Omega$, $R_G = 6.8\text{M}\Omega$, $R_D = 50\text{k}\Omega$, $R_3 = 120\text{k}\Omega$。如果 MOSFET 的 Q 点为 $(100\mu\text{A}, 5\text{V})$,试计算放大器的电压增益。假设 $K_n = 450\mu\text{A/V}^2$, $\lambda = 0.02 \text{V}^{-1}$。

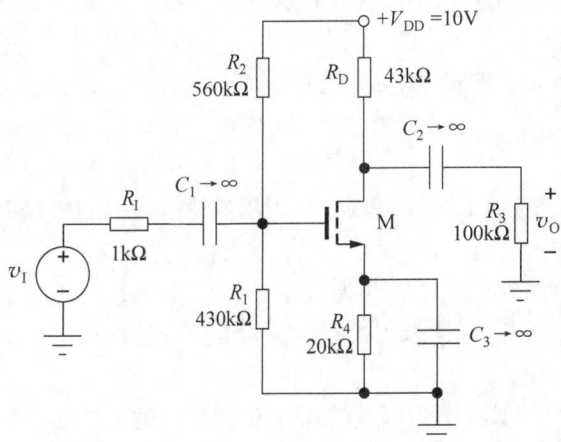

图 P4.17

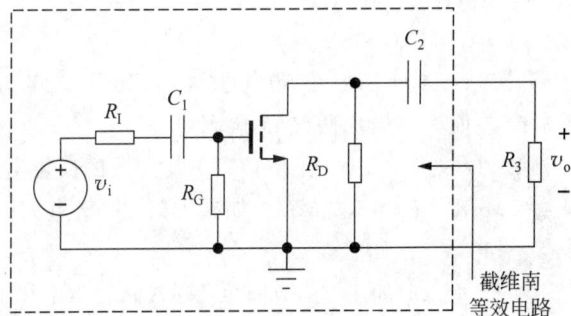

图 P4.18

4.102 对于习题 4.101 中的放大器,如果 K_n 的取值范围是 $300 \sim 700\mu\text{A/V}^2$,那么该放大器最小的电压增益是多少? 假设 Q 点固定。

4.103 图 P4.18 所示为一个放大器的交流等效电路。假设电容为无穷大,如果 $R_I = 100\text{k}\Omega$, $R_G = 10\text{M}\Omega$, $R_D = 560\text{k}\Omega$, $R_3 = 1.5\text{M}\Omega$。当 MOSFET 的 Q 点为 $(10\mu\text{A}, 5\text{V})$ 时,试计算放大器的电压增益。假设 $K_n = 100\mu\text{A/V}^2$, $\lambda = 0.02 \text{V}^{-1}$。

4.104 图 P4.19 给出了某一放大器的交流等效电路。假设电容为无穷大,且 $R_I = 10\text{k}\Omega$, $R_G = 1\text{M}\Omega$, $R_D = 3.9\text{k}\Omega$, $R_3 = 33\text{k}\Omega$。如果 MOSFET 的 Q 点为 $(2\text{mA}, 7.5\text{V})$,试计算放大器的电压增益。假设 $K_n = 1\text{mA/V}^2$, $\lambda = 0.015\text{V}^{-1}$。

4.105 用 SPICE 对习题 4.25 中放大器的直流和交流特性进行仿真。其 Q 点为

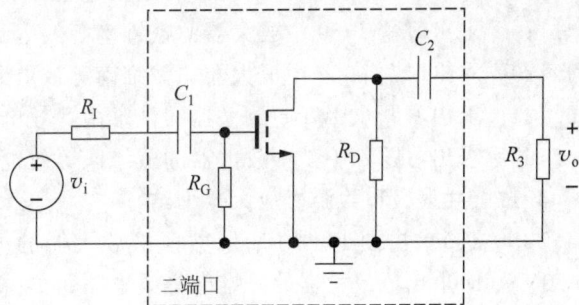

图 P4.19

多少? 放大器的小信号电压增益、输入电阻和输出电阻各为多少? 所有电容均为 $100\mu\text{F}$,在频率 1000Hz 处进行交流分析。

4.106 用 SPICE 对习题 4.29 中放大器的直流和交流特性进行仿真。其 Q 点为多少? 放大器的小信号电压增益、输入电阻和输出电阻各为多少? 所有电容均为 $100\mu\text{F}$,在频率 1000Hz 处进行交流分析。

4.107 用 SPICE 对习题 4.31 中放大器的直流和交流特性进行仿真。其 Q 点为多少放大器的小信号信号增益、输入电阻和输出电阻各为多少? 所有电容均为 $100\mu\text{F}$,在频率 1000Hz 处进行交流

分析。

4.108　用 SPICE 对习题 4.33 中放大器的直流和交流特性进行仿真。其 Q 点为多少？放大器的小信号增益、输入电阻和输出电阻各为多少？所有电容均为 $100\mu F$，在频率 $1000Hz$ 处进行交流分析。

共射极和共源极放大器的输入电阻和输出电阻

4.109　图 P4.13 所示为一个放大器的交流等效电路。假设电容为无穷大，$R_I = 750\Omega$，$R_B = 100k\Omega$，$R_C = 100k\Omega$，$R_3 = 100k\Omega$。如果 BJT 的 Q 点为 $(75\mu A, 10V)$，试计算该放大器的输入电阻和输出电阻。假设 $\beta_o = 100$，$V_A = 75V$。

4.110　图 P4.13 所示为一个放大器的交流等效电路。假设电容为无穷大，$R_I = 50\Omega$，$R_B = 4.7k\Omega$，$R_C = 4.3k\Omega$，$R_3 = 10k\Omega$。如果 BJT 的 Q 点为 $(2.0mA, 7.5V)$，试计算放大器的输入电阻和输出电阻。假设 $\beta_o = 75$，$V_A = 50V$。

4.111　对于习题 4.59 中放大器，如果 β_o 的取值范围在 $60 \sim 100$，则该放大器的输入电阻和输出电阻的最差值为多少？假设 Q 点固定。

4.112　图 P4.14 给出了某一放大器的交流等效电路。假设电容为无穷大，$R_I = 10k\Omega$，$R_B = 5M\Omega$，$R_C = 1.5M\Omega$，$R_3 = 3.3M\Omega$。如果 BJT 的 Q 点为 $(2\mu A, 2V)$，试计算放大器的输入电阻和输出电阻。假设 $\beta_o = 40$，$V_A = 50V$。

4.113　(a)如果 I_C 增加至 $10\mu A$，R_C、R_B 和 R_3 的值都减小为原来的 $1/5$，请重复习题 4.112 中的相关计算；(b)如果 I_C 增加至 $100\mu A$，R_C、R_B 和 R_3 的都减小为原来的 $1/50$，重复习题 4.112 中的相关计算。

4.114　习题 4.100 中放大器的输入电阻和输出电阻为多少？

4.115　计算习题 4.101 中放大器的输入电阻和输出电阻。

4.116　对于习题 4.101 中的放大器，如果 K_n 的取值范围是 $300 \sim 700\mu A/V^2$，那么该放大器的输入电阻和输出电阻的最差值为多少？假设 Q 点固定。

4.117　计算习题 4.103 中放大器的输入电阻和输出电阻。

4.118　计算习题 4.104 中放大器的输入电阻和输出电阻。

4.119　求出习题 4.59 中放大器的戴维南等效电路。

4.120　求出习题 4.61 中放大器的戴维南等效电路。

4.121　求出习题 4.103 中放大器的戴维南等效电路。

4.122　求出习题 4.101 中放大器的戴维南等效电路。

§4.11　共射极和共源极放大器小结

4.123　(a)求出图 P4.20 所示共射极放大器的电压增益、输入电阻和输出电阻。假设 $\beta_F = 65$，$V_A = 50V$；(b)求出该放大器的戴维南等效电路；(c)求出该放大器的诺顿等效电路。

4.124　对图 P4.20 所示 BJT 共射极放大器的工作原理进行仿真，并将仿真结果与习题 4.123 中的手工计算结果进行比较。所有电容值为 $100\mu F$，在频率 $1000Hz$ 处进行交流分析。

4.125　图 P4.21 所示放大器由图 P4.20 所示 BJT 放大器电流减小约 $1/10$ 后所得。则放大器的增益、输入电阻和输出电阻为多少？将其结果与图 P4.20 所示中放大器相比较，探讨造成二者增益之差的原因。

4.126　对图 P4.21 所示 BJT 共射极放大器的工作原理进行仿真，并将仿真结果与习题 4.125 中的手工计算结果进行比较。所有电容为 $100\mu F$，在频率 $1000Hz$ 处进行交流分析。

4.127　对图 13.32(b)中 MOSFET 共源极放大器的工作原理进行 SPICE 仿真，并将仿真结果与计算结果进行比较。所有电容为 $100\mu F$，在频率 $1000Hz$ 处进行交流分析。

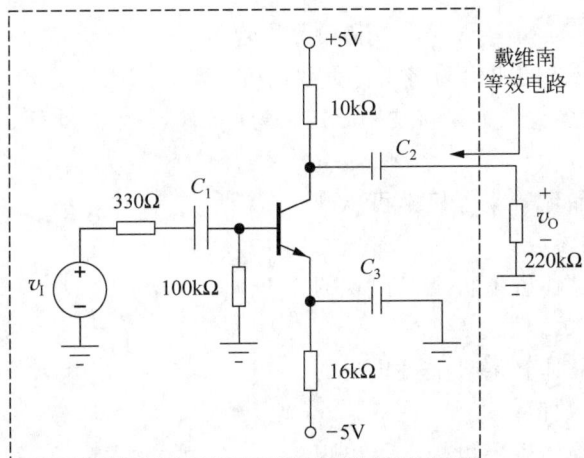

图 P4.20

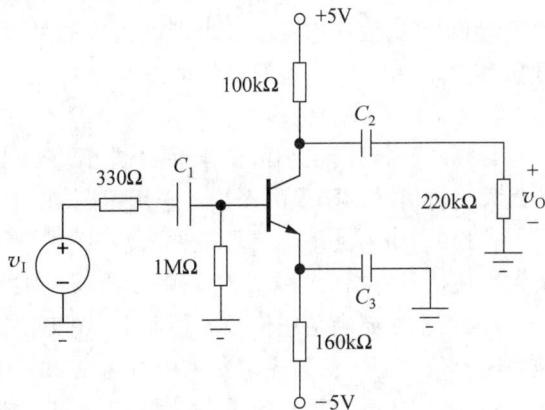

图 P4.21

4.128 用 SPICE 对习题 4.100 中放大器的电压增益、输入电阻和输出电阻进行仿真。所有电容为 $100\mu F$，在频率 1000Hz 处进行交流分析。

§4.12 放大器功率和信号范围

4.129 如果 $\beta_F = 75$，计算图 4.40(a) 中各元器件的直流功耗，并将计算结果与电源提供的总功率相比较。

4.130 计算图 4.40(b) 中各元器件的直流功耗，并将计算结果与电源提供的总功率相比较。

4.131 计算习题 4.15 中各元器件的直流功耗，并将计算结果与电源提供的总功率相比较。

4.132 对习题 4.19 中的电路重复习题 4.131 中的相关计算。

4.133 对习题 4.25 中的电路重复习题 4.131 中的相关计算。

4.134 对习题 4.29 中的电路重复习题 4.131 中的相关计算。

4.135 对习题 4.31 中的电路重复习题 4.131 中的相关计算。

4.136 图 P4.22 所示为一个常见的晶体管偏置点。为满足小信号假设，在晶体管集电极可获得的信号的最大幅值为多少（用 V_{CC} 表示）？

4.137 图 P4.23 中 MOSFET 的 $K_n = 500\mu A/V^2$，$V_{TN} = -1.25V$。如果 $R_D = 15k\Omega$，那么要满足小信号工作条件时，漏极上信号电压可能的最大值为多少 V_{DD} 的最小值为多少

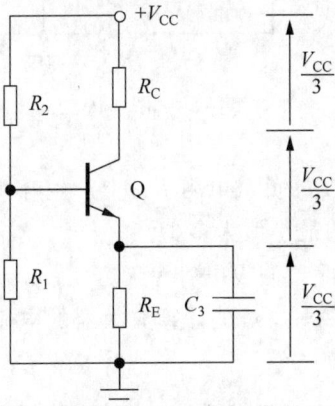

图 P4.22

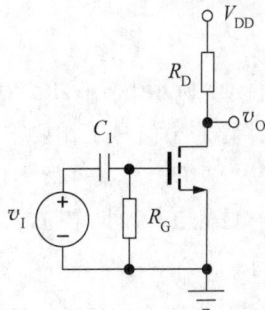

图 P4.23

4.138 图 P4.24 所示简单共射极放大器的偏置为 $V_{CE}=V_{CC}/2$。假设晶体管当 $V_{CESAT}=0V$ 时可达到饱和，且线性工作。在输出可能出现的最大正弦波的幅值为多少？负载电阻 R_L 上消耗的交流信号功率 P_{AC} 为多少？电源提供的总直流功耗 P_S 为多少？如果将功率 ε 定义为 ε＝$100\% \times P_{AC}/P_S$，那么放大器的功率 ε 为多少？

4.139 如要满足小信号条件限制，图 P4.4 中晶体管集电极上可出现的最大交流信号的幅值为多少？采用习题 4.21 中的参数。

4.140 如要满足小信号条件限制，图 P4.2 中晶体管漏极上可出现的最大交流信号的幅值为多少？采用习题 4.25 中的参数。

4.141 如要满足小信号条件限制，图 P4.5 中晶体管漏极上可出现的最大交流信号的幅值为多少？采用习题 4.29 中的参数值。

4.142 如要满足小信号条件限制，图 P4.8 中晶体管集电极上可出现的最大交流信号的幅值为多少？采用习题 4.15 中的参数值。

4.143 如要满足小信号条件限制，图 P4.10 中晶体管漏极上可出现的最大交流信号的幅值为多少？采用习题 4.33 中的参数值。

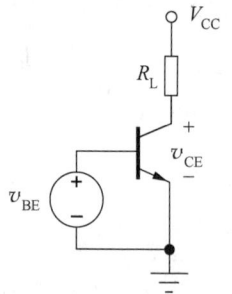

图 P4.24

4.144 在图 P4.11 所示的输出特征曲线中画出图 4.1 中电路的负载线，其中 $V_{CC}=20V$，$R_C=20k\Omega$。找出 $I_B=2\mu A$ 时 Q 点的位置。根据输出特征曲线估算出最大输出电压摆幅。当 $I_B=5\mu A$ 时重复上述计算。

JFET 问题

4.145 描述图 P4.25 中电容 C_1、C_2 和 C_3 的作用。J_1 源极的信号电压幅值为多少？

4.146 图 P4.26 中电容 C_1、C_2 的作用是什么？

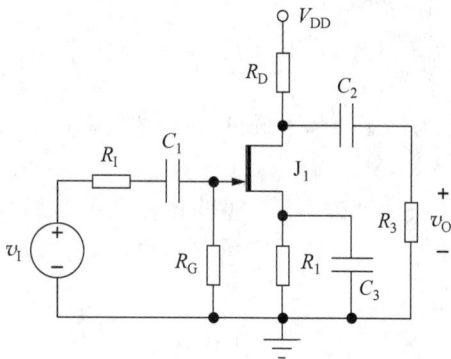

图 P4.25

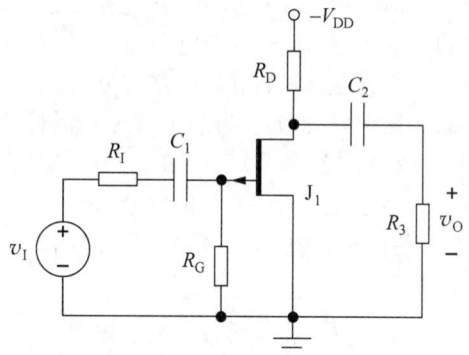

图 P4.26

4.147 图 P4.27 所示的 JFET 放大器必须在 $18k\Omega$ 的负载电阻 R_D 上产生峰-峰值为 10V 的正弦信号。为满足晶体管的小信号工作要求，漏极电流 I_D 的最小值为多少？

4.148 图 P4.28 给出了某一放大器的交流等效电路。假设电容为无穷大，$R_I=10k\Omega$，$R_G=1M\Omega$，$R_D=7.5k\Omega$，$R_3=120k\Omega$。如果 JFET 的 Q 点为 (1.2mA，9V)，试计算放大器的电压增益、输入电阻和输出电阻。假设 $I_{DSS}=1mA$，$V_P=-3V$，$\lambda=0.015V^{-1}$。

4.149 试证明，如果 $V_P=V_{TN}$，$K_n=2I_{DSS}/V_P^2$，则 JFET 的漏极电压表达式与 MOSFET 的漏极电流表达式完全一样。

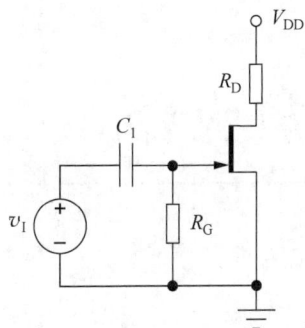

图 P4.27

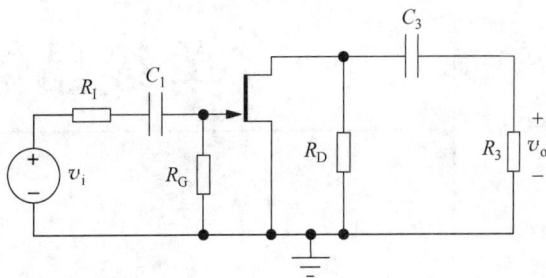

图 P4.28

谐波失真

4.150 (a)施加在双极型晶体管的基极-发射极端上的信号电压由 $v_{be}=V_M\sin5000\pi t$ 给出,集电极电流为1mA。如果 $V_M=5mV$,基于式(4.37),试计算 BJT 集电极电流中的总谐波失真;(b)当 $V_M=10mV$ 时,重复上述计算;(c)当 $V_M=2.5mV$ 时,重复上述计算。

4.151 (a)施加在 MOSFET 的栅极-源极端上的信号电压由 $v_{gs}=V_M\sin5000\pi t$ 给出,且 $V_{GS}-V_{TN}=0.75V$。如果 $V_M=150mV$,基于式(4.70),试计算 MOSFET 漏极电流中的总谐波失真;(b)当 $V_M=300mV$ 时,重复上述计算;(c)当 $V_M=75mV$ 时,重复上述计算。

4.152 (a)对例4.3中的放大器输入信号进行瞬态仿真,该信号的幅值为10mV,频率为10kHz。绘制出该放大器输入信号和输出信号曲线。输出信号中的总谐波失真是多少?(b)当信号幅值变为15mV 时重复上述计算。

4.153 (a)对例4.4中的放大器输入信号进行瞬态仿真,该信号的幅值为150mV,频率为10kHz。绘制出该放大器输入信号和输出信号曲线。输出信号中的总谐波失真是多少?(b)当信号幅值变为300mV 时重复上述计算。

第 5 章

CHAPTER 5

单级晶体管放大器

本章目标

第 5 章将深入探讨三类单级放大器的小信号特性,并阐述为什么某些晶体管端口更适合用作信号输入,而有些适合用于信号输出,并将放大器归纳为三大类。

- 反相放大器(共射极和共源极结构)提供了具有 $180°$ 相位差的高电压增益。
- 跟随器(共集电极和共漏极结构)提供了类似于运算放大器电压跟随器的单位增益。
- 非反相放大器(共基极和共栅极结构)提供了无相位差的高电压增益。

对于每一类放大器,讨论其设计相关的细节:

- 电压增益和输入电压范围。
- 电流增益。
- 输入电阻和输出电阻。
- 耦合电容及旁路电容设计,低截止频率。

所得结论成为放大器的设计工具包,并将这些工具包用于一些设计实例中。

本章将继续加深对 SPICE 仿真的理解和 SPICE 结果的解释,同时要初步理解以下知识点的不同之处:

SPICE 交流(小信号)、瞬态(大信号)及传输函数分析模式。

第 4 章介绍了共射极和共源极放大器,将输入信号送至双极型晶体管和场效应管的基极和栅极端,相应的输出信号从集电极和漏极输出。但是,双极型和场效应管都是三端器件,本章将探讨可作为信号输入和输出的其他端口的应用。区别三类常用放大器的结构,在每种应用中需要将不同端点作为公共端或参考端。当采用双极型晶体管时,这些结构称为共射极、共集电极和共基极放大器;对于采用场效应管的放大器,相应的名称为共源极、共漏极和共栅极放大器。每种类型的放大器都有各自不同的特性指标,包括电压增益、输入电阻、输出电阻和电流增益。

本章将加深对共射极和共源极放大器特性的讨论,例如,第 5 章首先探讨了反相放大器,然后深入探讨了跟随器和非反相放大器,重点关注独立放大器中对固态器件的限制;介绍适用于各种放大器的表达式,并详细讨论了其异同点,目的是加深读者对电路设计过程的理解。本书中将晶体管级的结论用于分析和设计更为复杂的单级和多级放大器。本章中还将研究放大器在低频时的频率响应,并推导用于选择耦合电容和旁路电容的设计方程。

共射极电路 共源极电路

共集电极电路 共漏极电路

共基极电路 共栅极电路

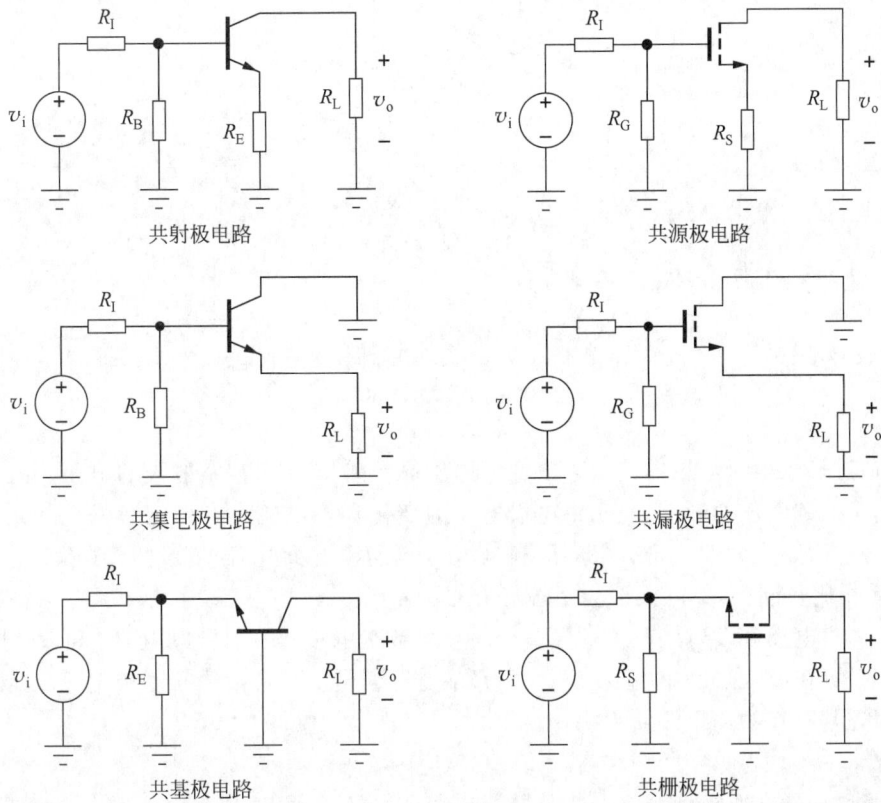

大篇幅地讨论单级放大器主要因为它是模拟电路设计的核心,这些单级放大器是模拟电路设计者们设计放大器的重要组成部分,掌握这些元器件的原理是设计更复杂的放大器必不可少的条件。

5.1 放大器类型

在第 4 章中,信号从晶体管的基极或者栅极输入,从集电极或者漏极端输出。然而,晶体管的 3 个不同端都可用于输入信号的放大:双极型晶体管的基极、发射极和集电极;场效应管的栅极、源极和漏极。后续会介绍,实际上只有基极和发射极,或栅极和源极可以用于信号的输入;而集电极和发射极,或漏极和源极通常用于信号的输出。本章介绍的各类放大器结构的实例均采用图 5.1 所示的四电阻偏置电路。耦合电容和旁路电容用于改变信号的注入和抽取点,并改变放大器的交流特性。

5.1.1 双极型晶体管的信号注入和抽取

对于图 5.1(a)所示的双极型晶体管,大信号传输模型为合理定位输入信号提供了保证。在双极型晶体管的正向放大区有

$$i_C = I_S\left[\exp\left(\frac{v_{BE}}{V_T}\right)\right] \qquad i_B = \frac{i_C}{\beta_F} = \frac{I_S}{\beta_{FO}}\left[\exp\left(\frac{v_{BE}}{V_T}\right)\right] \qquad i_E = \frac{I_S}{\alpha_F}\left[\exp\left(\frac{v_{BE}}{V_T}\right)\right] \tag{5.1}$$

为了使 i_C、i_E 和 i_B 产生明显变化,需要改变指数项中的基极-发射极电压 v_{BE}。因为

$$v_{BE} = v_B - v_E \tag{5.2}$$

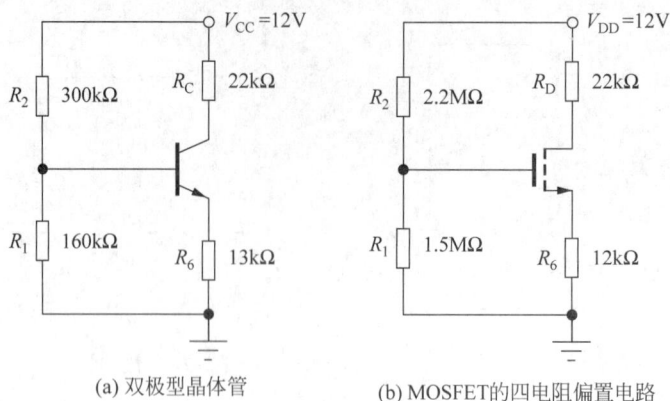

(a) 双极型晶体管   (b) MOSFET的四电阻偏置电路

图　5.1

因此可以通过输入信号电压的注入来改变电路中晶体管基极或者发射极的电压。需指出的是,在式(5.1)中忽略了厄利电压的影响,表明集电极电压的变化对端电流没有任何影响。因此,集电极不是一个合适的信号注入点。即使对于有限的厄利电压,电流随集电极电压的变化也很小,尤其是和电流与 v_{BE} 的指数关系相比。同样,集电极不会用作信号的注入点。

在图 5.1 中,集电极和发射极电流的显著变化会导致集电极和发射极电阻 R_C 和 R_6 上通过很大的电压信号。因此,可在放大器的集电极或者发射极端进行信号的传递。由于基极电流 i_B 比 i_C 或 i_E 小 $1/\beta_F$,因此基极通常不作为输出端使用。

设计提示

输入信号可以加载在双极型晶体管的基极端或者发射极端,而输出信号可从集电极或者发射极获得。集电极不会用作信号的输入端,而基极不会用作信号的输出端。

5.1.2　场效应管的信号注入和抽取

对图 5.1(b)中的场效应管可进行类似的讨论,基于 n 沟道 MOSFET 的漏极电流在夹断区的表达式为

$$i_S = i_D = \frac{K_n}{2}(v_{GS} - V_{TN})^2 \quad \text{和} \quad i_G = 0 \tag{5.3}$$

为了使 i_D 和 i_S 产生明显变化,需要改变栅-源电压 v_{GS}。因为 v_{GS} 可表示为

$$v_{GS} = v_G - v_S \tag{5.4}$$

因此输入信号电压可改变场效应管栅极或者源极的电压。由于改变漏极电压对于端口电流仅有很小的影响(对于 $\lambda \neq 0$),因此漏极端不适合于信号的注入。与双极型晶体管类似,漏极或者源极电流的明显变化会导致图 5.1(b)中的电阻 R_D 和 R_6 上有很大的电压信号通过。然而,由于栅极电流为零,因此栅极不能用作输出端口。

综上所述,在图 5.1 中晶体管的基极/发射极或者栅极/源极注入信号才能进行有效信号放大;而输出信号可从集电极/发射极或者漏极/源极得到。我们不会将信号注入集电极或者漏极端,也不会从基极或者栅极端抽取信号。因此,根据这些限制可将放大器分为三大类,即在第 4 章中讨论过的共射极/共源极电路、共基极/共栅极电路和共集电极/共漏极电路。

这些放大器是根据其交流等效电路的结构进行分类的,在接下来的几节中会对每种放大器进行详细讨论。如前所述,电路实例中都采用图 5.1 所示的四电阻偏置电路,为不同的放大器建立 Q 点。耦合电容和旁路电容用于改变交流等效电路。我们将发现不同放大器的交流特性有显著的区别。

练习：确定图 5.1 中晶体管的 Q 点，并计算双极型晶体管和 MOSFET 的小信号模型参数。取 $\beta_F = 100$, $V_A = 50\text{V}$, $K_n = 500\mu\text{A/V}^2$, $V_{TN} = 1\text{V}$, $\lambda = 0.02\text{V}^{-1}$。$\mu_f$ 的值为多少？MOSFET 中 $V_{GS} - V_{TN}$ 的值为多少

答案：

	I_C/I_D	V_{CE}/V_{DS}	$V_{GS}-V_{TN}$	g_m	r_π	r_o	μ_f
BJT	$245\mu\text{A}$	3.39V	$\cdots$	9.80mS	$10.2\text{k}\Omega$	$218\text{k}\Omega$	2140
FET	$241\mu\text{A}$	3.81V	0.982V	0.491mS	∞	$223\text{k}\Omega$	110

设计提示

场效应管的栅极或源极可以作为信号的输入端，而输出信号可以从漏极或源极获得。漏极端不会用作信号的输入，而栅极端不会用作信号的输出。

5.1.3 共射极和共源极放大器

图 5.2 所示电路为第 4 章讨论的共射极和共源极放大器的常见电路。在这些电路中，图 5.1 中的电阻 R_6 被分为两部分，只有电阻 R_4 被电容 C_2 旁路掉了。不令晶体管的发射极或者源极电阻全部旁路，可让设计者灵活地设定放大器的电压增益、输入电阻和输出电阻。在图 5.2(a) 所示的共射极放大器电路中，信号从双极型晶体管的基极输入而从集电极输出。发射极是输入和输出之间的公共端。在图 5.2(b) 所示的共源极放大器电路中，信号从 MOSFET 的栅极输入而从漏极输出；源极是输入和输出之间的公共端。

这些放大器的简化交流等效电路如图 5.2(c) 和图 5.2(d) 所示，从图中可看出，这些电路拓扑图是一样的。在发射极或者源极与地之间连接的电阻 R_E 和 R_S 表示原来偏置电阻 R_6 没有被旁路的部分。在交流等效电路中出现的 R_E 和 R_S 为设计者提供了额外的自由度，并且允许以增益为代价换取输入电阻、输出电阻和输入信号范围的增加。分析表明，共射极和共源极放大器电路能提供中、高值的电压增益、电流增益、输入电阻和输出电阻。

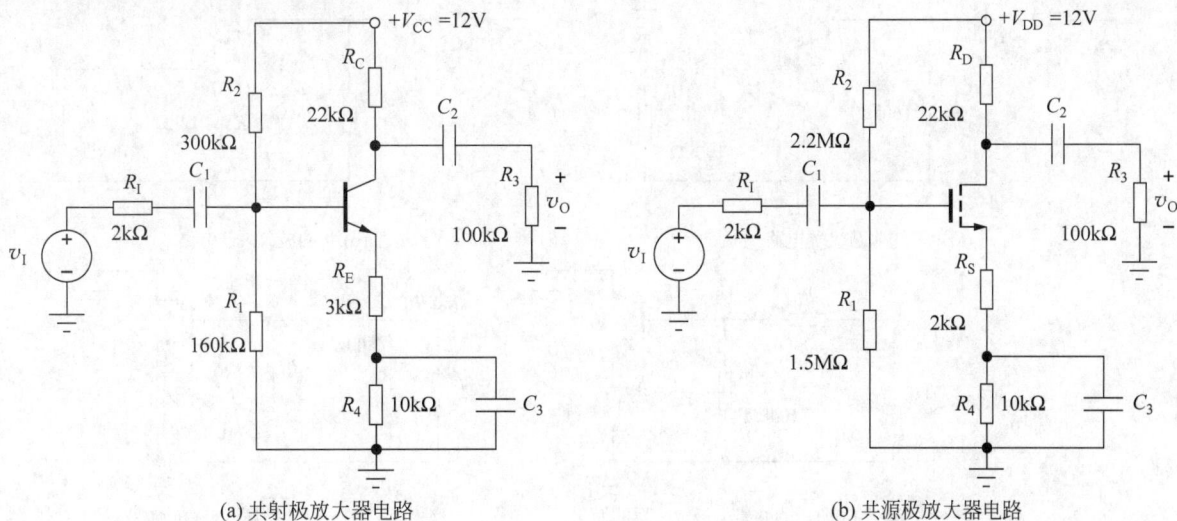

(a) 共射极放大器电路   (b) 共源极放大器电路

图 5.2

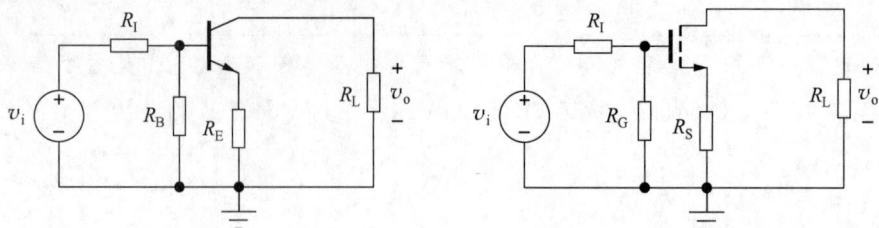

(c) 图(a)所示的共射极放大器的简化交流
等效电路($R_B=R_1\|R_2,R_2=R_C\|R_3$)

(d) 图(b)所示的共源极放大器的简化交流
等效电路($R_G=R_1\|R_2,R_L=R_O\|R_3$)

图 5.2 （续）

> **练习**：构建图 5.2 中共射极和共源极放大器的交流等效电路，并证明交流模型是正确的。R_B 或 R_G、R_E 或 R_S 和 R_L 的值各为多少？
>
> **答案**：104kΩ,3kΩ,18kΩ；892kΩ,2kΩ,18kΩ。

5.1.4 共集电极和共漏极放大器

共集电极和共漏极放大器电路如图 5.3 所示。信号从基极[参见图 5.3(a)]或者栅极[参见图 5.3(b)]输入，从晶体管的发射极或者源极输出。集电极和漏极由于电容 C_2 的作用直接旁路到地，并成为输入和输出的公共端。同样，我们发现图 5.3(c)和(d)所示的交流等效电路的结构相同；唯一的不同是电阻和晶体管的参数值。分析表明共集电极和共漏极放大器可提供接近于 1 的电压增益、高输入阻抗和低输出阻抗。另外，在没有超过小信号范围的限制下，共集电极和共漏极放大器的输入信号可以很大。这类放大器通常被称为射极跟随器或者源极跟随器，是第 1 章中学习的运算放大器电压跟随器的单级晶体管等效电路。

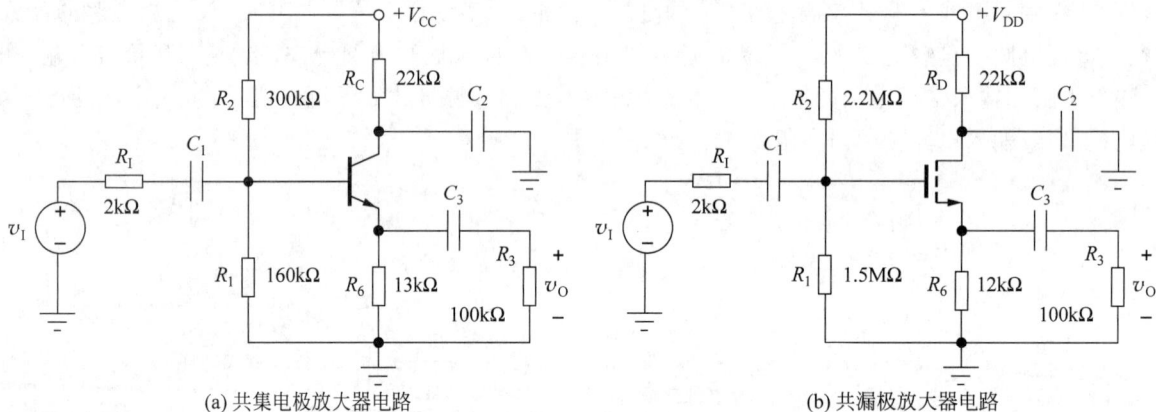

(a) 共集电极放大器电路

(b) 共漏极放大器电路

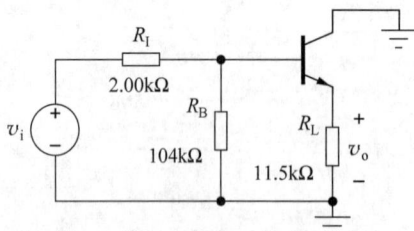

(c) 图(a)所示的共集电极放大器的简化
交流等效电路($R_B=R_1\|R_2, R_L=R_6\|R_3$)

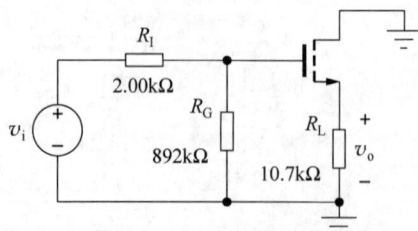

(d) 图(b)所示的共漏极放大器的简化
交流等效电路($R_G=R_1\|R_2, R_L=R_6\|R_3$)

图 5.3

练习：构建图 5.3 所示的共集电极和共漏极放大器的交流等效电路，并证明交流模型是正确的。验证 R_B、R_G 和 R_L 的值。

电路简化

从设计的经济角度考虑，肯定不希望包含不需要的元器件，事实上，图 5.3 中的电路可以简化。电容 C_2 在共集电极和共漏极放大器中的作用是为晶体管的集电极或漏极提供一个交流地，我们并不想在这些端口产生信号电压，因此没有必要在电路中保留 R_C 和 R_D。可以简单地将集电极和漏极分别接到 V_{CC} 和 V_{DD} 来实现理想的交流地，这样就可以从电路中省略 R_C、R_D 和 C_2，如图 5.4 所示。

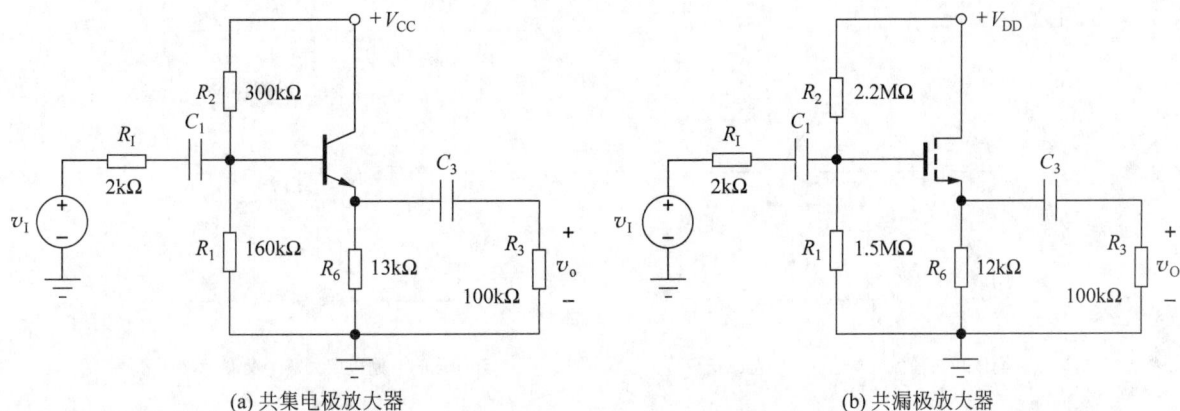

(a) 共集电极放大器　　　　　　　　　　(b) 共漏极放大器

图 5.4　去除 C_2、R_C 和 R_D 后的跟随器简化电路

5.1.5　共基极和共栅极放大器

第三类放大器包括共基极和共栅级电路，如图 5.5 所示。交流信号从晶体管的发射极或源极输入，从晶体管的集电极或漏极输出。基极和栅极通过电容 C_2 旁路到信号地，它们也是输入和输出的公共端。最终得到图 5.5(c) 和 (d) 所示的交流等效电路同样具有相同结构。分析表明共基极和共栅极放大器提供的电压增益和输出电阻与共射极和共源极放大器相近，但是它们的输入电阻要小得多。

在接下来几节的分析中包括了图 5.2(c)、图 5.2(d) 和图 5.3(c)、图 5.3(d) 及图 5.5(c)、(d) 中的简化交流等效电路。为了进行分析，电路已经简化成如此的"标准放大器原型"。用这些电路可向我们展示各个元器件会如何影响不同电路拓扑结构的性能，然后可用这些简化电路的分析结果来分析和设计完整的放大器。

图 5.2～图 5.5 所示的电路只包含双极型晶体管和 MOSFET。结型场效应管（JFET）的小信号模型与三端 MOSFET 的小信号模型是相同的，并且 MOSFET 放大器的结果也能够直接应用至 JFFT 放大器中。在许多电路中，JFET 可取代 MOSFET。

练习：构建图 5.5 中共基极和共栅极放大器的交流等效电路，并证明交流模型是正确的。R_1、R_6 和 R_L 的值为多少？

答案：$2k\Omega$，$13k\Omega$，$18k\Omega$；$2k\Omega$，$12k\Omega$，$18k\Omega$。

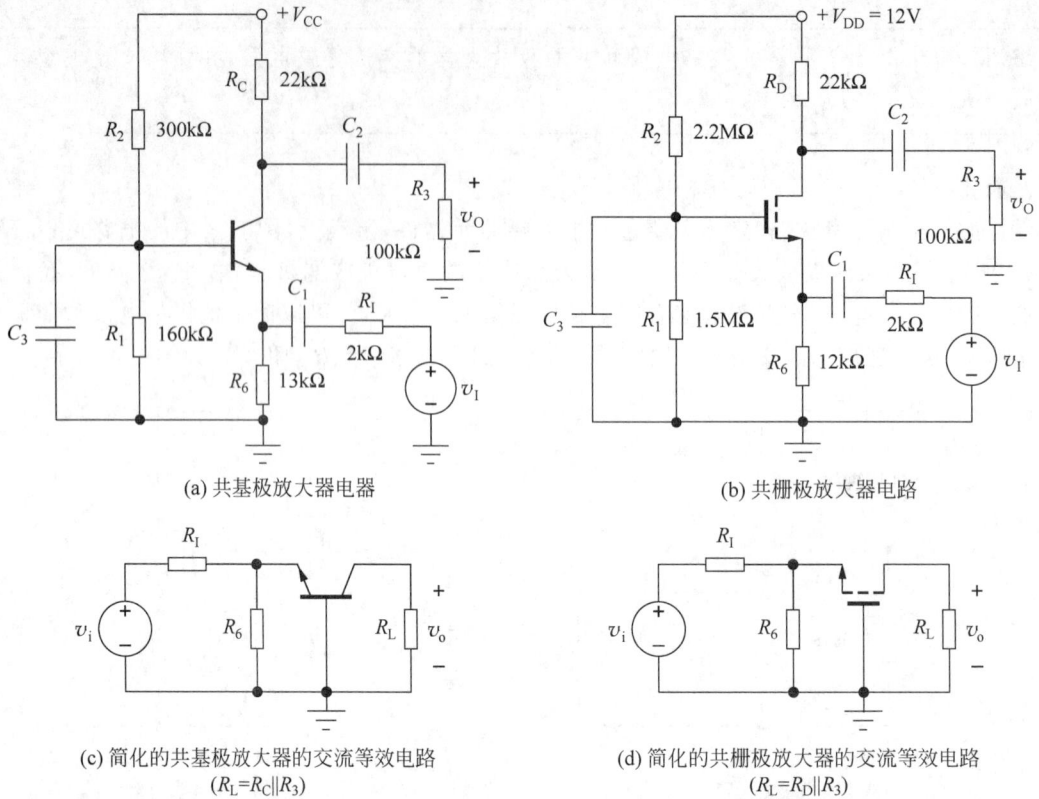

(a) 共基极放大器电器

(b) 共栅极放大器电路

(c) 简化的共基极放大器的交流等效电路
$(R_L = R_C \| R_3)$

(d) 简化的共栅极放大器的交流等效电路
$(R_L = R_D \| R_3)$

图　5.5

5.1.6　小信号模型回顾

双极型晶体管和 MOSFET 的小信号模型如图 5.6 所示，从小信号模型参数到 Q 点的相关公式总结在表 5.1 中。

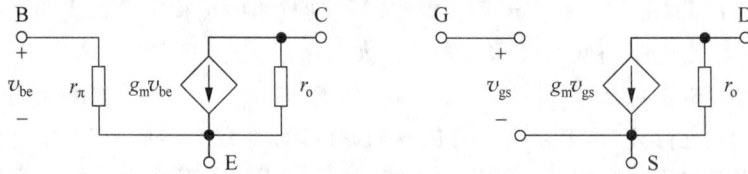

图 5.6　双极型晶体管和 MOSFET 的小信号模型

表 5.1　小信号晶体管模型

小信号参数	双极型晶体管	MOSFET
g_m	$\dfrac{I_C}{V_T} \approx 40 I_C$	$\dfrac{2 I_D}{V_{GS} - V_{TN}} \approx \sqrt{2 K_n I_D}$
r_π	$\dfrac{\beta_o}{g_m}$	∞
r_o	$\dfrac{V_A + V_{CE}}{I_C} \approx \dfrac{V_A}{I_C}$	$\dfrac{(1/\lambda) + V_{DS}}{I_D} \approx \dfrac{1}{\lambda I_D}$

续表

小信号参数	双极型晶体管	MOSFET
β_{o}	$g_{\mathrm{m}} r_{\pi}$	∞
$\mu_{\mathrm{f}} = g_{\mathrm{m}} r_{\mathrm{o}}$	$\dfrac{V_{\mathrm{A}} + V_{\mathrm{CE}}}{V_{\mathrm{T}}} \approx 40 V_{\mathrm{A}}$	$\dfrac{2}{\lambda(V_{\mathrm{GS}} - V_{\mathrm{TN}})} \approx \dfrac{1}{\lambda}\sqrt{\dfrac{2K_{\mathrm{n}}}{I_{\mathrm{D}}}}$

除了双极型晶体管多出了有限值 r_{π} 外,这些电路的拓扑结构非常相似。基于这些相似点,可从双极型晶体管开始着手分析,因为它有更加普遍的小信号模型。令 r_{π} 和 β_{o} 无穷大,可以从双极型晶体管表达式得到场效应管的表达式。在随后的章节中,每个单级晶体管放大器的电压增益、输入电阻、输出电阻和电流增益的表达式都可以根据图 5.6 中的小信号模型得到。

5.2 反相放大器：共射极和共源极电路

本节从第 4 章中介绍过的共射极和共源极放大器开始对不同放大器进行比较分析。添加了电阻 R_{E} 和 R_{S} 的交流等效电路如图 5.2 所示。在此我们同样注意到两者的拓扑结构是相同的,电路中晶体管参数的不同导致了性能的差异。如上所述,首先分析共射极放大器,然后将简化的共射极放大器的结果应用到共源极放大器。

5.2.1 共射极放大器

接下来分析图 5.7(a)所示的完整共射极放大器的小信号特性。假设电容在信号频率下的阻抗都为零,同时直流电压源为交流地,得到交流等效电路如图 5.7(b)所示。

为简化起见,假设 Q 点已经求出,且 I_{C} 和 V_{CE} 的值已知。在图 5.7(b)中,R_{B} 为两个偏置电阻 R_1 和 R_2 的并联

$$R_{\mathrm{B}} = R_1 \parallel R_2 \tag{5.5}$$

R_4 被电容 C_3 旁路掉了。

在获得放大器的电压增益表达式之前,晶体管必须由其小信号模型替代,如图 5.7(c)所示。最终的简化模型如图 5.7(d)所示,其中电阻 R_{L} 代表晶体管的总等效负载电阻,为 R_{C} 和 R_3 的并联,即

$$R_{\mathrm{L}} = R_{\mathrm{C}} \parallel R_3 \tag{5.6}$$

需指出的是,正如在 4.7 节和 4.11 节[①]中所讨论的,图 5.7(d)所示的最终电路忽略了晶体管的输出电阻 r_{o}。

在图 5.7(b)～图 5.7(d)中,放大器被称为共射极放大器的原因非常明显。电路的发射极为放大器输入和输出之间的公共连接端。信号从晶体管的基极输入,从集电极输出,输入信号和输出信号均以(公共)发射极(通过 R_{E})为参考。

端电压增益

现在推导从信号源 v_{i} 到输出端经过电阻 R_3($R_{\mathrm{L}} = R_3 \parallel R_{\mathrm{C}}$)两端电压的放大器总体增益。总体增益可以写为

---

① 假设电压增益远小于 μ_{f}。

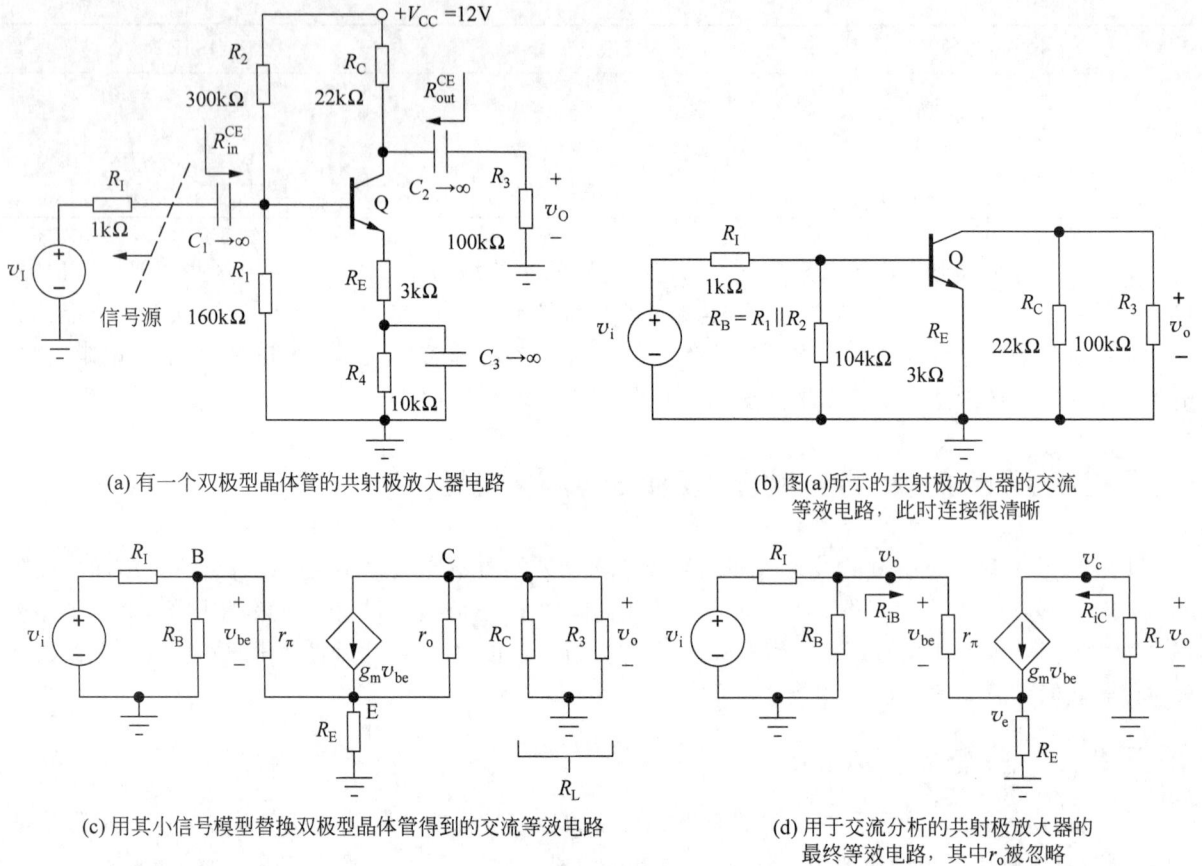

(a) 有一个双极型晶体管的共射极放大器电路

(b) 图(a)所示的共射极放大器的交流
等效电路，此时连接很清晰

(c) 用其小信号模型替换双极型晶体管得到的交流等效电路

(d) 用于交流分析的共射极放大器的
最终等效电路，其中r_o被忽略

图 5.7

$$A_v^{CE} = \frac{v_o}{v_i} = \left(\frac{v_c}{v_b}\right)\left(\frac{v_b}{v_i}\right) = A_{vt}^{CE}\left(\frac{v_b}{v_i}\right), \quad \text{其中} \quad A_{vt}^{CE} = \left(\frac{v_c}{v_b}\right) \tag{5.7}$$

A_{vt}^{CE} 为晶体管基极和集电极之间的电压增益，即端增益。首先求出端增益 A_{vt}^{CE} 及晶体管基极输入电阻的表达式，然后将 v_b 与 v_i 联系起来得到总体电压增益。

在图 5.8 中，双极型晶体管由其小信号模型代替，晶体管的基极由测试源 v_b 驱动。注意，小信号模型已变成电流控制形式，与之前的讨论一样，r_o 被忽略。集电极电压 v_c 由下式得到

$$v_c = -\beta_o i_b R_L \tag{5.8}$$

写出回路①的回路方程，可将 i_b 与基极电压 v_b 联系起来，即

$$v_b = i_b r_\pi + (i_b + \beta_o i_b)R_E = i_b[r_\pi + (\beta_o + 1)R_E] \tag{5.9}$$

求出 i_b 并且将其结果代入式(5.8)中可得

$$A_{vt}^{CE} = \frac{v_c}{v_b} = -\frac{\beta_o R_L}{r_\pi + (\beta_o + 1)R_E} \approx -\frac{g_m R_L}{1 + g_m R_E} \tag{5.10}$$

其中的约等号通过假设 $\beta_o \gg 1$，且利用 $\beta_o = g_m r_\pi$ 成立。

负号表明共射极放大器是一个反相放大器，输入和输出之间有 180°的相位差。增益与跨导 g_m 和负载电阻 R_L 的乘积成正比。这个乘积设置了放大器增益的最大值，在学习晶体管放大器时，我们会多次遇到 $g_m R_L$ 这个乘积项。稍后会对增益表达式[参见式(5.10)]进行更为详细的讨论。

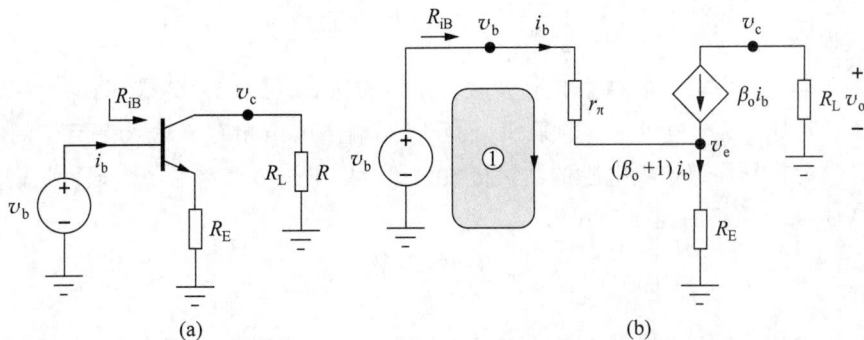

图 5.8 计算共射极端电压增益 A_{vt}^{CE} 和输入电阻 R_{iB} 的简化电路和小信号模型

输入电阻

在图 5.8 中,基极端侧的电阻 R_{iB} 的值可以很容易地通过对式(5.9)进行重新整理得到,该输入电阻就是 v_b 和 i_b 的比值,即

$$R_{iB} = \frac{v_b}{i_b} = r_\pi + (\beta_o + 1)R_E \approx r_\pi (1 + g_m R_E) \tag{5.11}$$

其中,最后的约等号同样通过假设 $\beta_o \gg 1$,且利用 $\beta_o = g_m r_\pi$ 成立。晶体管基极侧的输入电阻等于 r_π 加上 R_E 反馈到基极的电阻。R_E 的有效值将电流增益增加了 $\beta_o + 1$ 倍。

共射放大器的总输入电阻 R_{in}^{CE} 定义为图 5.7(a)中放大器耦合电容 C_1 侧的电阻,等于 R_{iB} 和基极偏置电阻 R_B 的并联

$$R_{in}^{CE} = R_B \parallel R_{iB} \tag{5.12}$$

信号源电压增益

现在利用输入电阻和端电压增益的表达式可以求出考虑源电阻 R_1 影响的放大器的总体电压增益 A_v^{CE}。图 5.7(d)中双极型晶体管基极电压 v_b 与 v_i 的关系为

$$v_b = v_i \frac{R_B \parallel R_{iB}}{R_1 + (R_B \parallel R_{iB})} \tag{5.13}$$

结合式(5.7)、式(5.10)和式(5.13),得到共射极放大器的总体电压增益通用表达式为

$$A_v^{CE} = A_{vt}^{CE} \left(\frac{v_b}{v_i} \right) = -\left(\frac{g_m R_L}{1 + g_m R_E} \right) \left[\frac{R_B \parallel R_{iB}}{R_1 + (R_B \parallel R_{iB})} \right] \tag{5.14}$$

从这个表达式中可看到总体电压增益等于端电压增益 A_{vt}^{CE} 与 R_1 和晶体管基极等效电阻之间电压比的乘积。端电压增益 A_{vt}^{CE} 为电压增益设置了一个上限,因为电压比小于 1。

重要限制和模型的简化

现在利用大发射极电阻和零发射极电阻模型来简化并探讨共射极放大器的电压增益。首先,假设源电阻足够小,$R_1 \ll R_B \parallel R_{iB}$,因此有

$$A_v^{CE} \approx A_{vt}^{CE} = -\frac{g_m R_L}{1 + g_m R_E}, \quad R_1 \ll R_B \parallel R_{iB} \tag{5.15}$$

这个近似值表明整个输入信号都出现在晶体管的基极上。

发射极上的零电阻

为了获得尽可能大的增益,需要令式(5.15)的分母尽可能小,这一目的可通过设置 $R_E = 0$ 来达到。

此时增益为

$$A_v^{CE} \approx -g_m R_L = -g_m(R_C \| R_3) \tag{5.16}$$

这正是我们在第4章中求出的基本共射极放大器的表达式。式(5.16)表明，共射极放大器的端电压增益等于晶体管跨导 g_m 与电阻 R_L 的乘积，负号表明输出电压相对于输入是反相的或者有180°的相位差。式(5.16)为带有外部负载电阻的共射极放大器设定了一个增益上限。记得我们已在第4章中推导过一个估算 $g_m R_L$ 乘积的经验公式为

$$g_m R_L \approx 10 V_{CC} \tag{5.17}$$

设计提示

发射极电阻为零的电阻负载共射极放大器的电压增益幅值约等于电源电压的10倍。

$$当 R_E = 0 \text{ 时}, \quad A_v^{CE} \approx 10 V_{CC}$$

这一结果给出了快速检查更为详尽的计算结果正确性的绝佳方法。记住，经验公式的估算结果并不精确，但可估算出增益幅值的数量级，通常为 10^2 以内。

大发射极电阻

由于非零发射极电阻 R_E 的出现，使得放大器增益小于式(5.16)所给的增益值，当 $g_m R_E$ 的乘积远大于1时，可得到另一个非常有用的简化表达式

$$当 g_m R_E \gg 1 \text{ 时}, \quad A_{vt}^{CE} = -\frac{g_m R_L}{1 + g_m R_E} \approx -\frac{R_L}{R_E} \tag{5.18}$$

此时的增益由负载电阻 R_L 和发射极电阻 R_E 的比值决定，这一结论非常有用，因为此时的增益与晶体管的特性无关，不同晶体管的特性可能会相差很大。式(5.18)中的结果与基于运算放大器的反相放大器电路得到的结果十分相似，这个结果是由电阻 R_E 的反馈作用得到的。

欲得到式(5.18)中的简化结果，需要使 $g_m R_E \gg 1$。我们可将这一乘积与电阻 R_E 上的直流偏置电压联系起来，即

$$g_m R_E = \frac{I_C R_E}{V_T} = \alpha_F \frac{I_E R_E}{V_T} \approx \frac{I_E R_E}{V_T}, \quad 且满足 I_E R_E \gg V_T 的条件 \tag{5.19}$$

其中，$I_E R_E$ 代表发射极电阻 R_E 两端的直流电压，此电压的值必须远大于25mV，如为0.25V，这是一个非常容易达到的值。

理解通用共射极放大器的工作原理

参照图5.8和式(5.9)，通过探讨发射极输出的信号电压来进一步分析共射极放大器的工作原理，即

$$v_e = (\beta_o + 1) i_b R_E = \frac{(\beta_o + 1) R_E}{r_\pi + (\beta_o + 1) R_E} v_b \approx \frac{g_m R_E}{1 + g_m R_E} v_b \approx v_b \tag{5.20}$$

当 $g_m R_E$ 较大时，晶体管基极的电压 v_b 被直接传送到了发射极，建立一个发射极电流为 v_b / R_E。基本上所有的发射极电流都必须由集电极提供，因此得到的电压增益等于 R_L 和 R_E 的比值，即

$$i_e \approx \frac{v_b}{R_E} \quad v_o = i_c R_L = -\alpha_o i_e R_L \approx -i_e R_L \quad A_{vt}^{CE} = \frac{v_o}{v_b} \approx -\frac{R_L}{R_E} \tag{5.21}$$

这种从基极到发射极的单位信号电压传递原理不太深奥，基极和发射极之间可通过一个正偏二极管直接相连，二极管的电压基本稳定在0.7V，因此发射极信号电压应该与基极信号电压大致相同。基极和发射极间的电压传递就形成了发射极跟随器工作的基础，在5.3节中将会对此进行详细讨论。

设计提示

普通共射极放大器的增益约为负载电阻和发射极电阻的比值。

$$当\ g_mR_E \gg 1\ 时，\quad A_{vt}^{CE} = -\frac{g_mR_L}{1+g_mR_E} \approx -\frac{R_L}{R_E}$$

共射极放大器的小信号限制

在电路中增加电阻 R_E 的另一个重要好处就是增加了基极输入信号 v_B 的允许范围。对于小信号工作，基极-发射极电压 v_{be} 的大小在小信号模型中由电阻 r_π 的两端电压表示，必须小于 5mV（可回顾 4.5.7 节）。这个电压能够通过在式(5.9)中采用输入电流 i_B 得到

$$v_{be} = i_b r_\pi = v_b \frac{r_\pi}{r_\pi + (\beta_o+1)R_E} \approx \frac{v_b}{1+g_mR_E} \tag{5.22}$$

近似值要求满足 $\beta_o \gg 1$。当要求式(5.22)中的 $|v_{be}|$ 小于 5mV 时可得

$$|v_b| \leqslant 0.005(1+g_mR_E)\text{V} \tag{5.23}$$

如果 $g_mR_E \gg 1$，则 v_b 可大大超出 5mV 的限制。

设计提示

在共射极放大器中采用发射极电阻可大大增加放大器的输入信号范围。

双极型晶体管集电极端的电阻

借助图 5.9 所示的等效电路可求得晶体管集电极端口侧的电阻 R_{iC}，可将电路的输入源 v_i 设为零，测试源 v_x 施加至晶体管的集电极。基极的戴维南等效电阻为 $R_{th} = R_B \parallel R_I$。

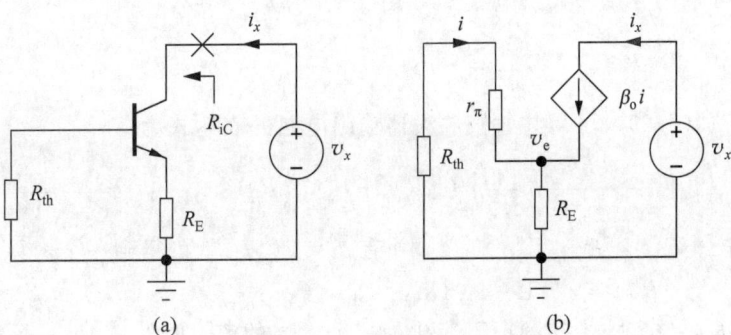

图 5.9 用于计算晶体管集电极电阻的电路

R_{iC} 等于 v_x 和 i_x 的比值，其中 i_x 代表流经独立源 v_x 的电流大小。为求出 i，可写出 v_e 的表达式为

$$v_e = (\beta_o+1)iR_E \qquad i_x = \beta_o i \tag{5.24}$$

另外，电流 i 也可以直接用 v_e 表示为

$$i = -\frac{v_e}{R_{th}+r_\pi} \tag{5.25}$$

结合式(5.24)和式(5.25)可得

$$v_e\left[1 + \frac{(\beta_o+1)R_E}{r_\pi+R_{th}}\right] = 0 \quad 即 \quad v_e = 0 \tag{5.26}$$

因为 $v_e=0$，式(5.25)要求 i 也等于零。因此，$i_x=0$，电路的输出电阻为无穷大。

表面上看，这个结果可以接受。然而，禁止的小红旗该升起来了，因为我们一定会对无穷大（或为

零)的电阻产生疑问。当利用图 5.9(b)所示的简化电路模型,并忽略 r_o 的大小后,最终会导致一个不合理的结果。

为提升分析质量,可转向具有更高复杂度的下一级模型,如图 5.10 所示。在此分析中,电路由测试电流 i_x 驱动,为了得到 R_{out} 的值,必须首先确定电压 v_x 的值。[①]

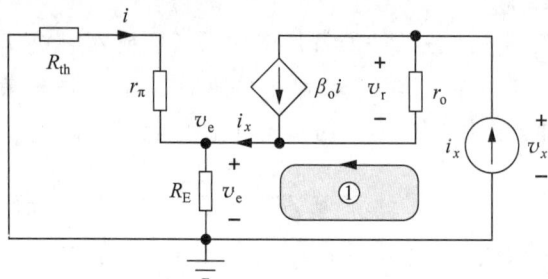

图 5.10 包含 r_o 的集电极电阻

将回路①上的各个电压相加,并在输出节点运用 KCL 可得

$$v_x = v_r + v_e = (i_x - \beta_o i)r_o + v_e \tag{5.27}$$

电流 i_x 被迫流过 $R_{th}+r_\pi$ 和 R_E 的并联组合,因此 v_e 可表示为

$$v_e = i_x [(R_{th} + r_\pi) \| R_E] = i_x \frac{(R_{th} + r_\pi)R_E}{R_{th} + r_\pi + R_E} \tag{5.28}$$

在发射极节点,可采用分流法找到电流 i,并用 i_x 表示为

$$i = -i_x \frac{R_E}{R_{th} + r_\pi + R_E} \tag{5.29}$$

结合式(5.27)~式(5.29),可得共射极放大器输出电阻的表达式为

$$R_{iC} = r_o \left(1 + \frac{\beta_o R_E}{R_{th} + r_\pi + R_E}\right) + (R_{th} + r_\pi) \| R_E \approx r_o \left(1 + \frac{\beta_o R_E}{R_{th} + r_\pi + R_E}\right) \tag{5.30}$$

如果此时假设 $(r_\pi + R_E) \gg R_{th}$,且 $r_o \gg R_E$,并有 $\beta_o = g_m r_\pi$,就可得到一个容易记忆的近似结果,为

$$R_{iC} \approx r_o [1 + g_m (R_E \| r_\pi)] = r_o + \mu_f (R_E \| r_\pi) \tag{5.31}$$

检查后发现,当 $R_E = 0$ 时,式(5.31)可简化为一个适当的值,即 $R_{out} = r_o$。这样的结果表明,我们的建模水平足以产生有意义的结果。

式(5.31)告诉我们,共射极放大器的输出电阻等于晶体管自身的输出电阻 r_o 加上等效电阻 $(R_E \| r_\pi)$,再乘以晶体管的放大倍数。当 $g_m(R_E \| r_\pi) \gg 1$ 时,$R_{out} \gg r_o$,则可将集电极端的电阻值设计成远大于晶体管自身输出电阻的值。

双极型晶体管的重要限制

双极型晶体管的有限电流增益设定了一个 R_{iC} 能够达到的上限值。参考图 5.10 可发现,当忽略 R_{th} 时,r_π 与 R_E 并联。如果令式(5.31)中的 $R \to \infty$,可发现输出电阻的最大值为 $R_{iC} \approx \mu_f r_\pi = \beta_o r_o$。

设计提示

当双极型晶体管的发射极存在未放旁路的电阻 R_E 时,其集电极电阻的一个快速估算公式为

---

① 作者运用了"简单"方法推导出后面的一系列等式,这种方法并不常见。我们也可以通过将 R_{th} 和 r_x 组合把图 5.10 所示电路看作二节点问题。

$$R_{\mathrm{iC}} \approx r_{\mathrm{o}}[1 + g_{\mathrm{m}}(r_{\pi} \parallel R_{\mathrm{E}})] \approx \mu_{\mathrm{f}}(r_{\pi} \parallel R_{\mathrm{E}}) < \beta_{\mathrm{o}} r_{\mathrm{o}}$$

因此需要知道 R_{iC} 不能超过 $\beta_{\mathrm{o}} r_{\mathrm{o}}$。

整体共射极放大器的输出电阻

整体共射极放大器的输出电阻定义为在图 5.7(a) 输出耦合电容 C_2 侧的电阻。因此等于集电极电阻 R_{C} 与晶体管本身集电极端侧电阻 R_{iC} 的并联，如图 5.7(c) 中所定义的一样，即

$$R_{\mathrm{out}}^{\mathrm{CE}} = R_{\mathrm{C}} \parallel R_{\mathrm{iC}} = R_{\mathrm{C}} \parallel r_{\mathrm{o}}\left(1 + \frac{\beta_{\mathrm{o}} R_{\mathrm{E}}}{R_{\mathrm{th}} + r_{\pi} + R_{\mathrm{E}}}\right) \tag{5.32}$$

共射极放大器的端电流增益

端电流增益 A_{it} 定义为传送给电阻 R_{L} 的电流与提供给基极端电流的比值。对于图 5.11 所示的共射极放大器，R_{L} 中的电流等于 i 被放大了 β_{o} 倍，得到电流增益等于 $-\beta_{\mathrm{o}}$。

$$A_{\mathrm{it}}^{\mathrm{CE}} = -\beta_{\mathrm{o}} \tag{5.33}$$

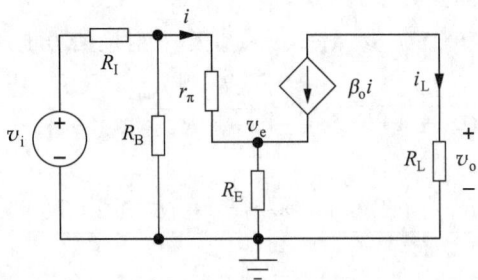

图 5.11　用于计算共射极放大器电流增益的电路

例 5.1　共射极放大器的电压增益。

在本例中，首先求出双极型晶体管的小信号参数，然后计算共射极放大器的电压增益。

问题：计算图 5.7 所示共射极放大器的电压增益、输入电阻和输出电阻，其中晶体管参数为 $\beta_{\mathrm{F}} = 100$，$V_{\mathrm{A}} = 75\mathrm{V}$，$\lambda = 0.0133\mathrm{V}^{-1}$，$Q$ 点为 $(0.245\mathrm{mA}, 3.39\mathrm{V})$。求满足小信号假设的 v_{i} 的最大值？

解：

已知数据：图 5.7 所示的共射极放大器及其交流等效电路，电路中的相关参数为 $\beta_{\mathrm{F}} = 100$，$V_{\mathrm{A}} = 75\mathrm{V}$，$\lambda = 0.0133\mathrm{V}^{-1}$，$Q$ 点为 $(0.245\mathrm{mA}, 3.39\mathrm{V})$，$R_1 = 1\mathrm{k}\Omega$，$R_1 = 160\mathrm{k}\Omega$，$R_2 = 300\mathrm{k}\Omega$，$R_{\mathrm{C}} = 22\mathrm{k}\Omega$，$R_{\mathrm{E}} = 3\mathrm{k}\Omega$，$R_4 = 10\mathrm{k}\Omega$，$R_3 = 100\mathrm{k}\Omega$。

未知量：晶体管的小信号参数，电压增益 A_{v}，$R_{\mathrm{in}}^{\mathrm{CE}}$，$R_{\mathrm{out}}^{\mathrm{CE}}$，$v_{\mathrm{i}}$ 值的小信号限制值。

求解方法：利用 Q 点的信息求出 g_{m}、r_{π} 和 r_{o}。用计算出的值和已给的值求出式 (5.14) 中的电压增益表达式及 $R_{\mathrm{in}}^{\mathrm{CE}}$、$R_{\mathrm{out}}^{\mathrm{CE}}$ 的表达式。

假设：晶体管处于放大区，且 $\beta_{\mathrm{o}} = \beta_{\mathrm{F}}$。信号幅值足够小可以认为是小信号。假设 r_{o} 可以忽略。

分析：利用式 (5.14) 计算相关未知量，得

$$A_{\mathrm{v}}^{\mathrm{CE}} = -\left(\frac{g_{\mathrm{m}} R_{\mathrm{L}}}{1 + g_{\mathrm{m}} R_{\mathrm{E}}}\right)\left[\frac{R_{\mathrm{B}} \parallel R_{\mathrm{iB}}}{R_1 + (R_{\mathrm{B}} \parallel R_{\mathrm{iB}})}\right]$$

其中，$R_{\mathrm{B}} = R_1 \parallel R_2$，$R_{\mathrm{iB}} = r_{\pi} + (\beta_{\mathrm{o}} + 1) R_{\mathrm{E}}$。

式中需要已知每个电阻的值和小信号模型参数值。因此有

$$g_{\mathrm{m}} = 40 I_{\mathrm{C}} = 40(0.245\mathrm{mA}) = 9.80\mathrm{mS} \qquad r_{\pi} = \frac{\beta_{\mathrm{o}} V_{\mathrm{T}}}{I_{\mathrm{C}}} = \frac{100(0.025\mathrm{V})}{0.245\mathrm{mA}} = 10.2\mathrm{k}\Omega$$

$$r_{\text{o}} = \frac{V_{\text{A}} + V_{\text{CE}}}{I_{\text{C}}} = \frac{75\text{V} + 3.39\text{V}}{0.245\text{mA}} = 320\text{k}\Omega \qquad R_{\text{iB}} = r_{\pi} + (\beta_{\text{o}} + 1)R_{\text{E}} = 313\text{k}\Omega$$

$$R_{\text{B}} = R_1 \parallel R_2 = 104\text{k}\Omega \qquad R_{\text{L}} = R_{\text{C}} \parallel R_3 = 18.0\text{k}\Omega$$

利用这些值可得

$$A_{\text{v}}^{\text{CE}} = -\left(\frac{9.08\text{mS}(18.0\text{k}\Omega)}{1 + 9.80\text{mS}(3.0\text{k}\Omega)}\right)\left[\frac{104\text{k}\Omega \parallel 313\text{k}\Omega}{1\text{k}\Omega + (104\text{k}\Omega \parallel 313\text{k}\Omega)}\right] = -5.80(0.987) = -5.72$$

因此,图 5.7 中共射极放大器提供的小信号电压增益为 $A_{\text{v}} = -5.72$ 或者 15.1dB。而共射极放大器的输入电阻和输出电阻为

$$R_{\text{in}}^{\text{CE}} = R_{\text{B}} \parallel R_{\text{iB}} = 104\text{k}\Omega \parallel 313\text{k}\Omega = 78.1\text{k}\Omega \qquad \text{和} \qquad R_{\text{out}}^{\text{CE}} = R_{\text{C}} \parallel R_{\text{iC}}$$

$$R_{\text{iC}} = R_{\text{C}} \parallel r_{\text{o}}\left(1 + \frac{\beta_{\text{o}} R_{\text{E}}}{R_{\text{th}} + r_{\pi} + R_{\text{E}}}\right) = 320\text{k}\Omega\left[1 + \frac{100(3\text{k}\Omega)}{0.99\text{k}\Omega + 10.2\text{k}\Omega + 3\text{k}\Omega}\right] = 7.09\text{M}\Omega$$

$$R_{\text{out}}^{\text{CE}} = 22\text{k}\Omega \parallel 7.09\text{M}\Omega = 21.9\text{k}\Omega$$

小信号条件要求 $|v_{\text{be}}| \leqslant 0.005\text{V}$。参照图 5.7,基极-发射极信号电压与 v_{i} 的关系为

$$v_{\text{be}} = v_{\text{b}} \frac{r_{\pi}}{r_{\pi} + (\beta_{\text{o}} + 1)R_{\text{E}}} = v_{\text{i}}\left[\frac{R_{\text{B}} \parallel R_{\text{iB}}}{R_{\text{I}} + R_{\text{B}} \parallel R_{\text{iB}}}\right]\left[\frac{r_{\pi}}{r_{\pi} + (\beta_{\text{o}} + 1)R_{\text{E}}}\right]$$

因此有

$$|v_{\text{i}}| \leqslant (0.005\text{V})\left[\frac{R_{\text{I}} + (R_{\text{B}} \parallel R_{\text{iB}})}{R_{\text{B}} \parallel R_{\text{iB}}}\right]\left[\frac{r_{\pi} + (\beta_{\text{o}} + 1)R_{\text{E}}}{r_{\pi}}\right]$$

$$|v_{\text{i}}| \leqslant (0.005\text{V})\left[\frac{1\text{k}\Omega + (104\text{k}\Omega \parallel 313\text{k}\Omega)}{104\text{k}\Omega \parallel 313\text{k}\Omega}\right]\left[\frac{10.2\text{k}\Omega + 101(3\text{k}\Omega)}{10.2\text{k}\Omega}\right] = 0.155\text{V}$$

结果检查：已求得所需结果。放大系数为 $\mu_{\text{f}} = g_{\text{m}} r_{\text{o}} = (9.8\text{mS})(320\text{k}\Omega) = 3140$。单级晶体管放大器电压增益的幅值不可能超过这个值。利用式(5.18)中的结果,可以估计出增益为 $A_{\text{v}}^{\text{CE}} = -R_{\text{L}}/R_{\text{E}} = (9.8\text{mS})(320\text{k}\Omega)3\text{k}\Omega = -6$。以上设计结果都满足条件要求。

利用近似式可快速地检查 R_{iC} 的计算结果,有

$$R_{\text{iC}} \approx \mu_{\text{f}} R_{\text{E}} = (g_{\text{m}} r_{\text{o}})R_{\text{E}} = (9.80\text{mS})(320\text{k}\Omega)(3\text{k}\Omega) = 9.41\text{M}\Omega, \qquad \text{且 } 7.09\text{M}\Omega < 9.41\text{M}\Omega$$

R_{iC} 的估计值略高,因为 R_{th} 和 r_{π} 的值相对 R_{E} 而言不能忽略。

讨论：需注意的是,电压增益 $A_{\text{v}} = -5.72$ 的值要远小于本征电压增益值 $\mu_{\text{f}} = 3140$,因此在计算中忽略 r_{o} 是有效的。同时还需注意的是,r_{o} 的值要远大于与放大器集电极端相连接的负载电阻 18kΩ,这也与在电压增益计算中忽略 r_{o} 是相符的。由于 R_{E} 的存在,输入信号允许的最大值增加到 0.155V。

我们做了很多工作来证明输出电阻实际上等于 R_{C}。最终可看到 R_{iC} 的值比 $\beta_{\text{o}} r_{\text{o}}$ 的限制值小 25%,即 32MΩ。

计算机辅助分析：利用下面的 SPICE 电路来结束对手工分析结果的检查,在 SPICE 电路中需将晶体管的参数设置成与手工分析时一致,以达到相似的 Q 点：BF=100,V_{AF}=75V 和 I_{S}=1fA。可采用交流分析来求出电压增益,从 1000Hz～100kHz 进行扫描,每十倍频程取 5 个频率采样点。为了确保所处的区域可以忽略电容的影响,我们对若干个十倍频程范围进行了仿真。电容必须设置成较大的值,例如 100μF,这样在仿真频率下才有很小的阻抗。

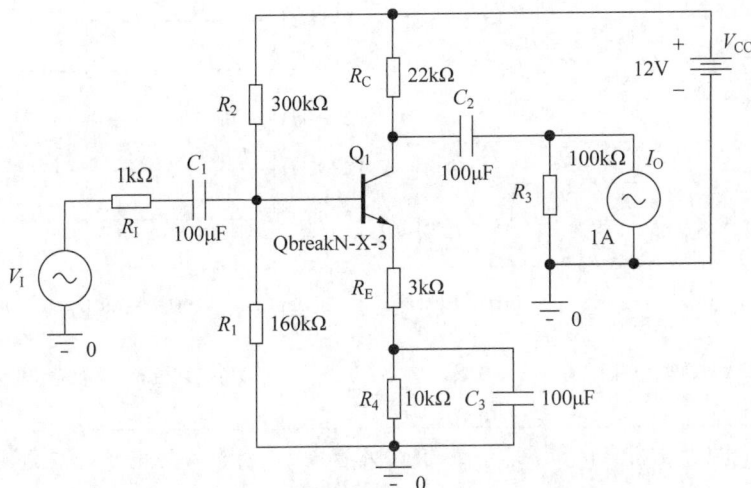

V_{I} 为输入源,同时含有一个用于小信号分析(交流扫描)的交流值($1\angle 0°$)和一个用于瞬态分析的正弦波成分$[0.15\sin(20000\pi t)]$。为了求得输出电阻,将交流电流源 I_{O}($1\angle 0°$)施加在输出端。注意,在给定的时间内只有 V_{I} 或 I_{O} 具有非零值。

SPICE 结果为 Q 点为$(0.248\text{mA}, 3.30\text{V})$,$A_{\text{v}} = -5.76$。注意,另一种可用来检查计算结果的方法是采用 SPICE 对图 5.7(d)所示的小信号交流等效电路进行交流分析。

仿真结果图给出了输入电压为 0.15V 时进行 TSTOP$=0.3$MS 的瞬态分析,放大器输出的时域响应。从图中可看到放大信号良好的线性,其增益为-5.7。

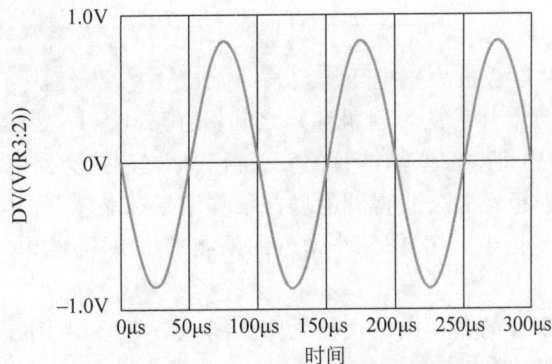

共射极放大器的输入电阻(频率相关)等于基极节点处的电压除以通过耦合电容 C_1 流入节点的电流,$R_{\text{in}}^{\text{CE}} = \text{V}(\text{Q1:b})/\text{I}(\text{C1})$,随着频率的增加,旁路电容 C_3 开始起效,输入电阻变小。当频率大于 10Hz 时,SPICE 的输出结果维持在 $77.8\text{k}\Omega$ 不变,这与手工计算的结果一致。

同样,共射极放大器的输出电阻等于在集电极端的电压除以通过耦合电容 C_2 流入节点的电流,$R_{\text{out}}^{\text{CE}} = \text{V}(\text{Q1:c})/\text{I}(\text{C2})$。当频率超过 10Hz 时,电容 C_3 开始起效,SPICE 的输出结果维持在 $21.93\text{k}\Omega$ 不变,与手工计算的结果一致。

晶体管自身集电极侧的电阻为 $R_{\text{iC}} = \text{VC}(\text{Q1})/\text{IC}(\text{Q1}) = 6.89\text{M}\Omega$,与手工计算结果有微小差异,这是由于用 SPICE 计算出的 Q 点和小信号参数有所不同造成的。

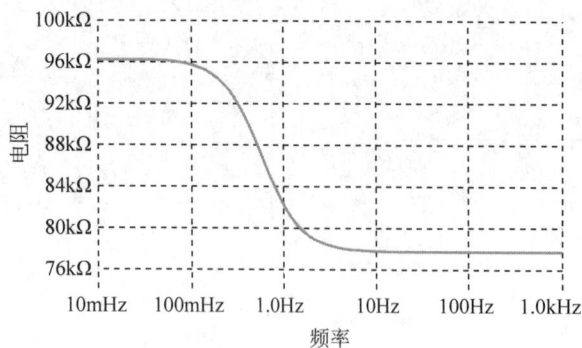

(a) 共射极放大器的输入电阻与频率关系曲线

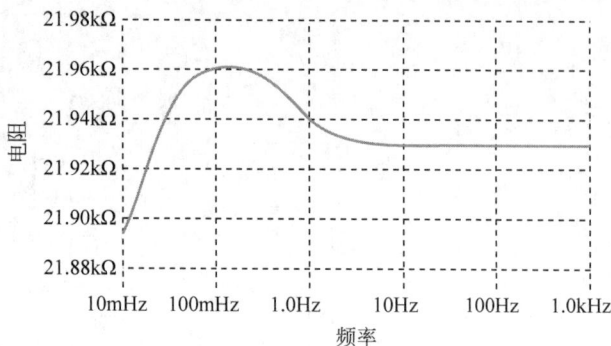

(b) 共射极放大器的输出电阻与频率关系曲线

> **练习**：(a)假设电阻 R_C、R_E 和 R_3 均具有 10% 容限，则放大器的电压增益最差情况值为多少？(b)如果 $\beta_o = 125$，则初始电路的电压增益为多少？(c)假设初始电路中的 Q 点电流增加至 0.275mA，则新的 V_{CE} 值及电压增益值为多少？
>
> **答案**：(a)-4.75，-6.99；(b)-5.74；(c)2.34V，-5.76。
>
> **练习**：对于例 5.1 中的共射极放大器，若将 R_E 改成 $2\text{k}\Omega$，则 R_{out} 的值为多少？假设 Q 点不变。将所得结果与新的 $\mu_f R_E$ 值进行比较。
>
> **答案**：$21.9\text{k}\Omega \ll 6.28\text{M}\Omega$。
>
> **练习**：试证明，将式(5.31)中的 R_E 取极限 $R_E \to \infty$，可得共射极放大器的最大输出电阻为 $R_{\text{out}} \approx (\beta_o + 1) r_o$。

例 5.2 发射极旁路的共射极放大器电压增益。

计算在例 5.1 中将双极型晶体管的发射极和地之间接旁路电容 C_3 后放大器的电压增益值。

问题：(a)计算在例 5.1 中将双极型晶体管的发射极和地之间接旁路电容 C_3 后放大器的电压增益值；(b)将(a)中的结果与共射极经验公式得到的增益估算结果和晶体管的放大倍数进行比较；(c)求出新的放大器输入电阻和输出电阻值；(d)依照小信号的限制求得 v_i 的值。

解：

已知量：发射极端旁路到地的共射极放大器电路如图 5.7 所示，由例 5.1 可知，Q 点为(0.245mA，3.39V)，$g_m = 9.80\text{mS}$，$r_\pi = 10.2\text{k}\Omega$，$r_o = 320\text{k}\Omega$。

未知量：实际电压增益，经验公式估计，晶体管的放大倍数，$R_{\text{in}}^{\text{CE}}$，$R_{\text{out}}^{\text{CE}}$。

求解方法：(a)当 $R_E = 0$ 时，估计 A_v^{CE} 的表达式（参见下面的交流等效电路）；(b)用 $A_v^{\text{CE}} \approx 10 V_{\text{CC}}$ 估算电压增益的值；计算 $\mu_f = g_m r_o A_v^{\text{CE}} \approx -10 V_{\text{CC}}$。

假设：双极型晶体管工作在放大区，信号幅值满足小信号条件，可忽略晶体管的输出电阻 r_o。

分析：

(a)因发射极端旁路到地，故 $R_E = 0$，则有

$$R_{iB} = r_\pi + (\beta_o + 1) R_E = r_\pi \quad R_B = R_1 \parallel R_2$$

$$A_v^{\text{CE}} = -\left(\frac{g_m R_L}{1 + g_m R_E} \right) \left[\frac{R_B \parallel R_{iB}}{R_I + R_B \parallel R_{iB}} \right] = -g_m R_L \frac{R_B \parallel r_\pi}{R_I + (R_B \parallel r_\pi)}$$

$$A_v^{CE} = -9.8\text{mS}(18\text{k}\Omega) \frac{104\text{k}\Omega \parallel 10.2\text{k}\Omega}{1\text{k}\Omega + (104\text{k}\Omega \parallel 10.2\text{k}\Omega)} = -159 \quad \text{或} \quad 44.0\text{dB}$$

(b) $A_v^{CE} \approx -10(12) = -120, \mu_f = 9.8\text{mS}(320\text{k}\Omega) = 3140$。

(c) 推导出共射极放大器的输入电阻和输出电阻的表达式及结果为

$$R_{in}^{CE} = R_B \parallel R_{iB} = 104\text{k}\Omega \parallel 10.2\text{k}\Omega = 9.29\text{k}\Omega$$

$$R_{out}^{CE} = R_C \parallel R_{iC} = R_C \parallel r_o \approx R_C = 22\text{k}\Omega$$

(d) 由于发射极被旁路,v_{be} 的值可由下式求出,即

$$v_{be} = v_i \left[\frac{R_B \parallel R_{iB}}{R_1 + (R_B \parallel R_{iB})} \right] = v_i \frac{R_B \parallel r_\pi}{R_1 + (R_B \parallel r_\pi)} = v_i \frac{104\text{k}\Omega \parallel 10.2\text{k}\Omega}{1\text{k}\Omega + (104\text{k}\Omega \parallel 10.2\text{k}\Omega)} = 0.903v_i$$

而 v_i 的小信号限制为

$$|v_i| \leqslant \frac{0.005\text{V}}{0.903} = 5.53\text{mV}$$

结果检查: 计算出的电压增益和经验公式的估计结果近似,因此手工计算应该是正确的。记住,经验公式只是一个粗略的估算,它并不精确。增益值远小于放大系数,因此可忽略 r_o。

计算机辅助分析: 用例4.3中的电路,在发射极与地之间接旁路电容 C_3 进行 SPICE 仿真。仿真得到 Q 点为$(0.248\text{mA}, 3.30\text{V})$,与假设值一致。SPICE 仿真中考虑了 V_A,由此引起仿真与手工计算的结果有微小差异。为求出将电容当作短路处理的区域的相关参数,从 $10\text{Hz}\sim100\text{kHz}$ 进行交流扫描,每十倍频程取 10 个频率采样点,可看到当频率超过 1kHz 时增益保持为 43.4dB 不变。电压增益的值略微低于手工计算结果,因为在手动计算中忽略了 r_o。用 5mV,10kHz 的正弦波进行瞬态仿真。输出结果展现了很好的线性度,但是正负幅值略有不同,表明存在一定程度的波形失真。启动 SPICE 的傅里叶分析得到 THD 为 3.9%。

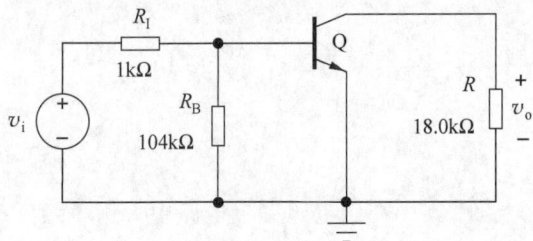

R_E=0时的交流等效电路

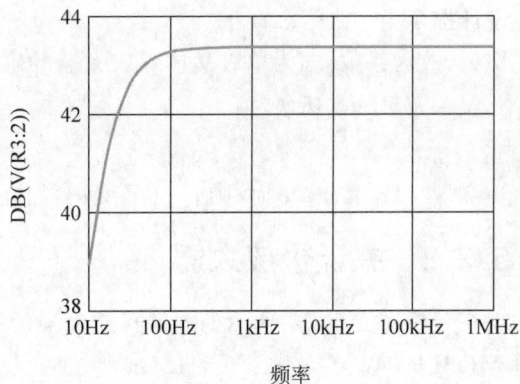

共射极放大器的输入电阻(频率相关)等于基极节点的电压除以通过电容 C_1 流入节点的电流,$R_{in}^{CE} = V(Q1:b)/I(C1)$。当频率高于 10Hz 时,SPICE 的输入电阻结果维持在 $9.8\text{k}\Omega$,这与手动计算的结果相吻合。类似地,输出电阻由 $R_{out}^{CE} = V(Q1:c)/I(C2)$ 给出,当频率高于 1kHz 时维持在 $20.6\text{k}\Omega$。仿真结果与手工计算结果的差异在于 SPICE 中 Q 点、温度 T 和电流增益的取值不同。

5.2.2 共射极放大器实例的比较

例 5.1 和例 5.2 的结果如表 5.2 所示。发射极电阻的加入使得电压增益明显减小,而增益减小换

来的是较高的输入电阻和信号处理能力。输出电阻均由集电极电阻 R_C 决定，因此二者情况大致相同。

表 5.2 共射极放大器比较（SPICE 仿真结果）

	发射极旁路($R_E=0$)	$R_E=3\text{k}\Omega$
A_v^{CE}	-159	-5.70
$R_{in}^{CE}/\text{k}\Omega$	9.29	77.8
$R_{out}^{CE}/\text{k}\Omega$	20.6	21.9
v_i^{max}/mV,(THD)	5.53(3.9%)	155(0.15%)

> **练习**：(a)对于例 5.1 中的放大器，如果 R_E 变为 1kΩ，则放大器的电压增益 A_v 为多少假设 Q 点不变；(b)若要使放大器的 Q 点保持不变，则电阻 R_4 的值应为多少？
>
> **答案**：$-16,12\text{k}\Omega$。
>
> **练习**：为了在 $v_{BE}=0.7\text{V}$ 时得到 $I_C=245\mu\text{A}$，则 SPICE 仿真计算中，饱和电流 I_S 应为多少？假设初始温度为 27℃。
>
> **答案**：0.425fA。
>
> **练习**：一个共射极放大器的电路与图 5.7 所示电路相似，它由单个 20V 电源供电，其发射极端接旁路电容 C_3。双极型晶体管的参数为 $\beta_F=100$ 和 $V_A=50\text{V}$，Q 点为($100\mu\text{A}$,10V)。放大器的参数为 $R_1=5\text{k}\Omega$, $R_B=150\text{k}\Omega$, $R_C=100\text{k}\Omega$, $R_3=\infty$。用经验公式估算出来的电压增益为多少？实际的电压增益为多少？晶体管的 μ_f 值为多少？
>
> **答案**：-200；-278；2400。

设计提示

切记，放大系数 μ_f 为单级晶体管放大器的电压增益设置了上限。我们无法获得比 μ_f 更大的电压增益。对于双极型晶体管，有

$$\mu_f \approx 40V_A$$

当 $25\text{V}\leqslant V_A\leqslant100\text{V}$ 时，则有 $1000\leqslant\mu_f\leqslant4000$。

5.2.3 共源极放大器

现在分析图 5.12(a)所示的共源极放大器的小信号特性，其中在四电阻偏置电路中采用了增强型 n 沟道 MOSFET($V_{TN}>0$)。图 5.12(b)所示的交流等效电路是通过假设所有电容的阻抗在信号频率下均为零及直流电压为交流地得到的。栅极电阻 R_G 为偏置电阻 R_1 和 R_2 的并联，R_L 为 R_D 和 R_3 的并联。在图 5.12(c)中，晶体管由其小信号模型代替。在后面的分析中，我们将假设电压增益远小于晶体管的本征电压增益，因此将忽略输出电阻 r_o。为简化起见，假设 Q 点和 I_D 及 V_{DS} 的值已知。

如图 5.12(b)~(d)所示，放大器的共源特性很清晰。输入信号加在晶体管的栅极，输出信号从漏极得到，输入信号和输出信号均参考(共)源端。需要指出的是，MOSFET 和双极型晶体管的小信号模型在这步骤当中基本一致，只是在 MOSFET 中 r_π 被开路电路取代。

我们的首要目标是得到图 5.12(a)中电路从源电压 v_i 到输出电压 v_o 的电压增益 A_v^{cs} 的表达式。与双极型晶体管情况一样，首先求出晶体管栅极和漏极之间的端电压增益 A_{vt}^{cs}，然后用端电压增益的表

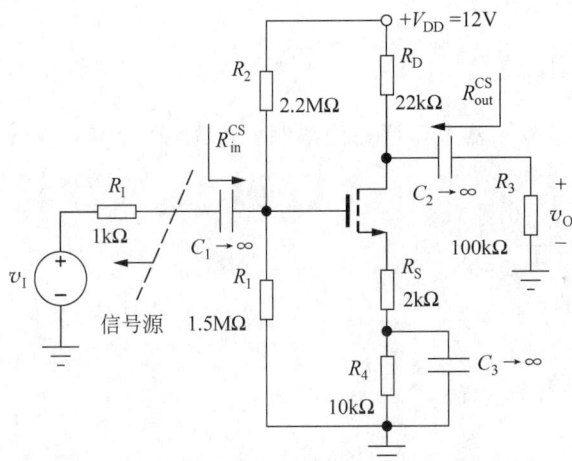

(a) 由MOSFET构成的共源极放大器电路

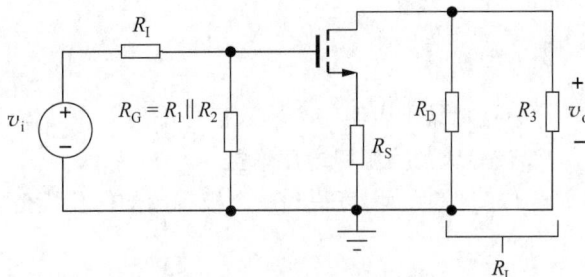

(b) 图(a)所示的共源极放大器的交流等效电路，此时的共源极连接很明显

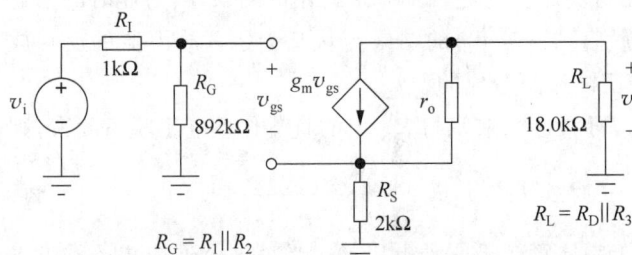

(c) 将MOSFET用其小信号模型替代后得到的交流等效电路

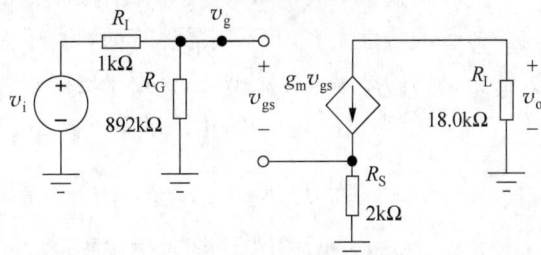

(d) 用于共源极放大器交流分析的最终等效电路，其中r_o被忽略

图 5.12

达式来求得放大器的整体电压增益。

共源极端电压增益

如图 5.12(d)所示，端电压增益的定义为

$$A_{vt}^{CS} = \frac{v_d}{v_g} = \frac{v_o}{v_g} \quad 其中 \quad v_o = -g_m v_{gs} R_L \tag{5.34}$$

通过在 FET 栅极运用 KVL(基尔霍夫电压定律)可得 v_{gs} 和 v_g 的关系式为

$$v_g = v_{gs} + g_m v_{gs} R_S \quad 或 \quad v_{gs} = \frac{v_s}{1 + g_m R_S} \tag{5.35}$$

结合式(5.34)和式(5.35)可得端电压增益的表达式为

$$A_{vt}^{CS} = -\frac{g_m R_L}{1 + g_m R_S} \tag{5.36}$$

共源极放大器的信号源电压增益

现在可求出从源电压 v_i 到 R_L 的总电压增益。总电压增益可写为

$$A_v^{CS} = \frac{v_o}{v_i} = \left(\frac{v_o}{v_g}\right)\left(\frac{v_g}{v_i}\right) = A_{vt}^{CS}\left(\frac{v_g}{v_i}\right) \quad 其中, \quad v_g = v_i \frac{R_G}{R_G + R_I} \tag{5.37}$$

式中 v_g 通过 R_G 和 R_I 对 v_i 分压与 v_i 相关联。结合式(5.36)和式(5.37)得到共源极放大器的一般表

达式为

$$A_v^{CS} = -\frac{g_m R_L}{1 + g_m R_S}\left(\frac{R_G}{R_G + R_I}\right) \tag{5.38}$$

利用零值和大电阻 R_S 进行模型简化，并探讨共源极放大器电压增益的限制。首先，假设信号源电阻 $R_I \ll R_G$，因此有

$$A_v^{CS} \approx A_{vt}^{CS} = -\frac{g_m R_L}{1 + g_m R_S} \tag{5.39}$$

这个近似结果表明整个输入信号都出现在晶体管的栅极。

R_S 值较大的共源极电压增益

当 R_S 足够大时，可得到一个极有用的简化模型，并导致 $g_m R_S \gg 1$，有

$$A_{vt}^{CS} = -\frac{g_m R_L}{1 + g_m R_S} \approx -\frac{R_L}{R_S} \tag{5.40}$$

此时增益由负载电阻 R_L 和源极电阻 R_S 的比值决定。这是一个非常有用的结果，因为此时的增益与晶体管的特性无关，而不同晶体管的特性千差万别。式(5.40)的结果与从基于运算放大器的反相放大器中得到的结果十分相似，这是由于电阻 R_S 的反馈作用造成的。

为了达到式(5.40)中简化结果需要 $g_m R_S \gg 1$，可将这个乘积与 R_S 上的直流偏置电压联系起来，则

$$g_m R_S = \frac{2}{(V_{GS} - V_{TN})} I_D R_S, \quad \text{且要求} \quad I_D R_S \gg \frac{V_{GS} - V_{TN}}{2} \tag{5.41}$$

$I_D R_S$ 为源极电阻 R_S 上的直流压降，必须大于晶体管栅极驱动电压的一半。这个不等式条件可以达到，但不像 BJT 那么容易。

理解通用共源极放大器的工作原理

参照图 5.12 和式(5.34)及式(5.35)，分析 FET 源极端的信号电压来进一步深入探讨共源极放大器的工作原理，当 $g_m R_S$ 较大时，有

$$v_s = g_m v_{gs} R_S = \frac{g_m R_S}{1 + g_m R_S} v_g \approx v_g \tag{5.42}$$

晶体管的栅极电压 v_g 直接传送到源极，建立起一个大小为 v_g/R_S 的电流。所有源极电流均由漏极提供，由此得到了等于 R_L 和 R_S 之比的端电压增益为

$$i_s \approx \frac{v_g}{R_S} \quad v_o = -i_d R_L = -i_s R_L \quad \text{和} \quad A_{vt}^{CS} = \frac{v_o}{v_g} \approx -\frac{R_L}{R_S} \tag{5.43}$$

从栅极到源极的单位信号电压传输不难理解。由于栅-源电压近似为一个常数 V_{GS}[①]，因此源极信号电压应近似等于栅极信号电压。栅极和源极之间的这种电压传递构成了将要在 5.3 节讨论的源极跟随器工作的基础。

设计提示

通用共源极放大器的增益近似等于负载电阻和发射极电阻之比，当 $g_m R_S \gg 1$ 时有

$$A_{vt}^{CS} = -\frac{g_m R_L}{1 + g_m R_S} \approx -\frac{R_L}{R_S}$$

[①] 对于小信号操作来说，$v_{GS} = V_{GS} + v_{gs}$，且有 $v_{gs} \ll V_{GS}$。

5.2.4　共源极放大器的小信号范围

式(5.35)为小信号条件下晶体管栅源信号的一般关系,即对于小信号操作必须小于 $0.2(V_{GS} - V_{TN})$,因此有

$$|v_g| = |v_{gs}|(1 + g_m R_S) < 0.2(V_{GS} - V_{TN})(1 + g_m R_S) \tag{5.44}$$

源极端电阻的出现可大大提高共源极放大器的信号处理能力。

设计提示

在共源极放大器中采用源端电阻可大大增加放大器输入信号的范围。

$$v_g \leqslant 0.2(V_{GS} - V_{TN})(1 + g_m R_S)$$

源极电阻为零

为了获得尽可能大的增益,需要令式(5.39)中的分母尽可能小,可以通过将 R_S 设置为零来达到这一目的,即 $R_S = 0$,此时的增益为

$$A_v^{CS} \approx -g_m R_L = -g_m(R_D \parallel R_3) \tag{5.45}$$

式(5.45)给出了一个带有外部负载电阻的共源放大器可以实现的增益上限。式(5.45)表明共源极放大器的端电压增益等于晶体管跨导 g_m 与负载电阻 R_L 的乘积,负号意味着输入电压是反相的,或者相比输入电压有 $180°$ 的相移。式(5.45)中的近似条件表明总的输入信号都出现在 v_{gs} 上,如图 5.13 所示。

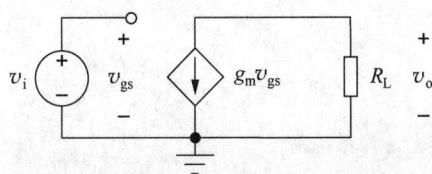

图 5.13　$R_C \gg R_1$ 且 $R_S = 0$ 时的简化电路

共源输入电阻

从图 5.12(d)所示电路的栅极端向里看会发现一个开路电路,所以 $R_{iG} \to \infty$,也可通过对共射极输入电阻 r_π 取极限来得到 R_{iG},即 r_π 取趋于无穷大,用 R_S 替换 R_E($\beta_o = g_m r_\pi$)

$$R_{iG} = \lim_{r_\pi \to \infty} R_{iB} = \lim_{r_\pi \to \infty} [r_\pi + (\beta_o + 1)R_S] \to \infty \tag{5.46}$$

共源极放大器总输入电阻 R_{in}^{CS} 被定义为从耦合电容 C_1 向电路侧的电阻,即

$$R_{in}^{CS} = R_G \parallel R_{iG} = R_G \parallel \infty = R_G \tag{5.47}$$

共源极输出电阻

求解晶体管漏极侧电阻 R_{iD} 最简单的方法是对共源极输出电阻取极限,r_π 取趋于无穷大,用 R_S 替换 R_E,即

$$R_{iD} = \lim_{r_\pi \to \infty} R_{iC} = \lim_{r_\pi \to \infty} \left[r_o \left(1 + \frac{\beta_o R_S}{R_{th} + r_\pi + R_S} \right) \right] = r_o(1 + g_m R_S) = r_o + \mu_f R_S \tag{5.48}$$

共源极放大器的总输出电阻 R_{out}^{CS} 是耦合电容 C_2 电路侧的电阻,即

$$R_{out}^{CS} = R_D \parallel R_{iD} = R_D \parallel r_o(1 + g_m R_S) \approx R_D \tag{5.49}$$

输出电阻近似等于漏极电阻 R_D，因为 $r_o \gg R_D$。

设计提示

当 r_π 和 β_o 取极限接近于无穷大时，描述共源极放大器性能的等式与描述共射极放大器性能的等式相同。

例 5.3 共源极放大器的电压增益。

本例首先要找到 MOSFET 的小信号参数，并计算共源极放大器的电压增益。

问题：(a)计算图 5.12 中共源极放大器的电压增益、输入电阻和输出电阻，其中晶体管的参数如下：$K_n = 0.5 \text{mA/V}^2$，$V_{TN} = 1\text{V}$，$\lambda = 0.0133 \text{V}^{-1}$，$Q$ 点为 $(0.241\text{mA}, 3.81\text{V})$。在不违反小信号假设条件下最大的 v_i 值为多少？(b)如果在晶体管的源极和地之间连接旁路电容 C_3，重复(a)中的计算。

解：

已知量：共源极放大器及其交流等效电路如图 5.12 所示，电路中晶体管的参数如下：$K_n = 0.5\text{mA/V}^2$，$V_{TN} = 1\text{V}$，$\lambda = 0.0133\text{V}^{-1}$，$Q$ 点为 $(0.241\text{mA}, 3.81\text{V})$。$R_I = 1\text{k}\Omega$，$R_1 = 1.5\text{M}\Omega$，$R_2 = 2.2\text{M}\Omega$，$R_D = 22\text{k}\Omega$，$R_3 = 100\text{k}\Omega$，$R_S = 2\text{k}\Omega$。

未知量：晶体管的小信号参数；电压增益 A_v；输入电阻 R_{in}^{CS}；输出电阻 R_{out}^{CS}；小信号条件下 v_i 的极限值。

求解方法：利用 Q 点信息求出 g_m 和 r_o。用计算出的结果和已给数据来估算电压增益和输入电阻及输出电阻的表达式。

假设：晶体管工作在放大区，信号幅值低于 MOSFET 的小信号限制。

分析：需要估算式(5.38)的值，即

$$A_v^{CS} = -\frac{g_m R_L}{1 + g_m R_S}\left(\frac{R_G}{R_G + R_I}\right)$$

计算各类电阻的值和小信号模型参数，表述如下

$$g_m = \sqrt{2K_n I_{DS}(1 + \lambda V_{DS})}$$

$$= \sqrt{2\left(5 \times 10^{-4} \frac{\text{A}}{\text{V}^2}\right)(0.241 \times 10^{-3}\text{A})\left(1 + \frac{0.0133}{\text{V}}3.81\text{V}\right)} = 0.503\text{mS}$$

$$r_o = \frac{\frac{1}{\lambda} + V_{DS}}{I_D} = \frac{\left(\frac{1}{0.0133} + 3.81\right)\text{V}}{0.241 \times 10^{-3}\text{A}} = 328\text{k}\Omega$$

$$R_G = R_1 \parallel R_2 = 892\text{k}\Omega \qquad R_L = R_D \parallel R_3 = 18\text{k}\Omega$$

$$g_m R_L = 9.05 \quad g_m R_S = 1.01 \quad A_v^{CS} = -\frac{9.05}{1 + 1.01}\left(\frac{892\text{k}\Omega}{892\text{k}\Omega + 1\text{k}\Omega}\right) = -4.5$$

因此图 5.13 中共源极放大器提供的小信号电压增益为 $A_v = -4.5$ 或者 13.1dB。

基于式(4.82)，有

$$|v_i| \leqslant 0.2(V_{GS} - V_{TN})(1 + g_m R_S) = 0.2 \times (0.982\text{V}) \times (2.01) = 0.395\text{V}$$

因此，在小信号条件下输入信号幅值不能超过 0.4V。

共源极放大器的总输入电阻 R_{in}^{CS} 由栅极偏置电阻 R_G 决定：

$$R_{in}^{CS} = R_G = 892\text{k}\Omega$$

共源极放大器的总输出电阻 R_{out}^{CS} 近似等于漏极偏置电阻 R_D，即

$$R_{\text{out}}^{\text{CS}} = R_D \| r_o(1 + g_m R_S) = 22\text{k}\Omega \| 328\text{k}\Omega[1 + (0.503\text{mS})(2\text{k}\Omega)] = 21.3\text{k}\Omega$$

(b)当源极直接被旁路时,结果变为

$$A_v^{\text{CS}} = -g_m R_L \left(\frac{R_G}{R_I + R_G} \right) = -9.04 \qquad |v_i| \leqslant 0.2(V_{\text{GS}} - V_{\text{TN}}) = 0.2 \times (0.982\text{V}) = 0.186\text{V}$$

$$R_{\text{in}}^{\text{CS}} = R_G = 892\text{k}\Omega \qquad R_{\text{out}}^{\text{CS}} = R_D \| r_o = 22\text{k}\Omega \| 328\text{k}\Omega = 20.6\text{k}\Omega$$

结果检查: 已求得全部所需要的值。放大器的放大系数为 $\mu_f = g_m r_o = 165$。而计算出的电压增益远小于 $\mu_f = 165$,因此将 r_o 忽略是合理的。由于 R_S 为非零值,估算出的增益值为 $-R_L/R_S = -18\text{k}\Omega/2\text{k}\Omega = -9$。计算所得的增益要小于这一估算值,因为 $g_m R_S$ 的乘积并非远大于1。对于放大区假设的检查: $V_{\text{GS}} - V_{\text{TN}} = 0.982\text{V}, V_{\text{DS}} = 3.81\text{V}$ 是合理的。

讨论: 注意,共源极放大器被设计成与图5.7所示的共射极放大器具有几乎相同的 Q 点,所选择的 R_S 是为了得到相同的增益。

计算机辅助分析: (a)SPICE的工作点分析(KP$=0.5\text{mA/V}^2$,VTO$=1\text{V}$,LAMBDA$=0.0133\text{/V}$)得到 Q 点为(0.242mA,3.77V)。与手工计算有微小差异是非零的 λ 值导致的。交流分析得到小信号增益为 -4.39。下图给出了SPICE在10kHz时的瞬态仿真结果,其中TSTART$=0$,TSTOP$=0.2$MS和TSTEP$=0.1$US为标准曲线中给出的值。左图所示的是从 $0.1\sim100$Hz的交流扫描结果,输入信号幅值为1V,用来识别电容有效短路区域(中频带)。从左图可看出,当频率大于10Hz时增益保持在 -4.39 不变。右图所示的是当输入端施加一个0.4V、10kHz的正弦波后的瞬态仿真结果。虽然这一输入信号幅值正处于小信号限制的临界值上,但我们并没有在波形图上观察到明显的失真。SPICE给出的总谐波失真为2.2%。

共源极放大器的输入电阻(与频率相关)等于栅极节点上的电压除以通过耦合电容 C_1 流进节点的电流,$R_{\text{in}}^{\text{CE}} = V(\text{M1:g})/I(\text{C1})$。当频率高于10Hz时,SPICE得到的输入电阻保持892kΩ不变,与手工计算结果一致。类似地,输出电阻的定义为 $R_{\text{out}}^{\text{CS}} = V(\text{M1:d})/I(\text{C2})$,当频率大于10Hz时,SPICE得到的输出电阻保持为21.3kΩ不变。二者之间的差异是由于SPICE结果在 Q 点、温度 T 和电流增益的差异造成的。

(b)当晶体管的源极端被旁路时,SPICE得到的结果如下: $A_v^{\text{CS}} = -8.61, R_{\text{in}}^{\text{CE}} = 892\text{k}\Omega, R_{\text{out}}^{\text{CS}} = 20.6\text{k}\Omega$,总谐波失真为3.8%。

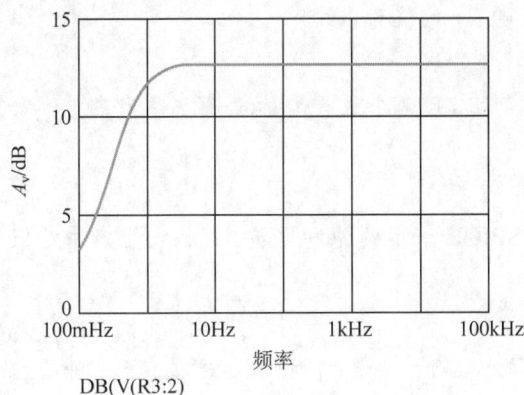

DB(V(R3:2))

1V交流输入信号的频率响应(扫描得出)

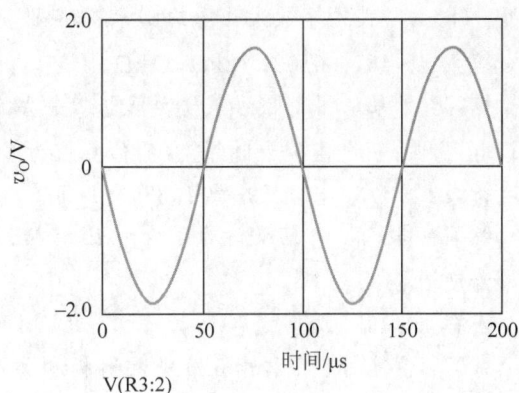

V(R3:2)

$v_i = 0.4\sin(2000\pi t)$V时的瞬态响应

练习：计算图 5.12 中晶体管的 Q 点。

练习：将例 5.3 中的电压增益转换为分贝值。

答案：13.1dB。

5.2.5 共射极和共源极放大器特性

表 5.3 总结了在第 5 章中得到的共射极和共源极放大器的相关结果。在共射极放大器电路中，电阻 R_E 为放大器增加了反馈，使得电压增益减小了 $1/(1+g_m R_E)$，但同时将晶体管的输入电阻、输出电阻和共射极放大器输入信号范围增加了同样倍数。电阻 R_S 对共源极放大器的电压增益、输出电阻和输入信号范围具有同样的作用。由于 FET 的栅极端电阻已经为无穷大，因此共源极放大器的总输入电阻并不受 R_S 的影响。

表 5.3 共射极/共源极放大器设计小结

	共射极放大器	共源极放大器
端电压增益	$A_{vt}^{CE} = \dfrac{v_o}{v_b} = -\dfrac{g_m R_L}{1+g_m R_E}$	$A_{vt}^{CS} = \dfrac{v_o}{v_g} = -\dfrac{g_m R_L}{1+g_m R_S}$
信号源电压增益	$A_v^{CE} = \dfrac{v_o}{v_i} = A_{vt}^{CE} \dfrac{R_B \parallel R_{iB}}{R_I + R_B \parallel R_{iB}}$	$A_v^{CS} = \dfrac{v_o}{v_i} = A_{vt}^{CS} \dfrac{R_G}{R_I + R_G}$
$g_m R_L$ 的经验估算公式	$10(V_{CC}+V_{EE})$	$(V_{DD}+V_{SS})$
输入端电阻	$R_{iB} = r_\pi (1+g_m R_E)$	$R_{iG} \to \infty$
输出端电阻	$R_{iC} = r_o (1+g_m R_E)$	$R_{iD} = r_o (1+g_m R_S)$
放大器输入电阻	$R_{in}^{CE} = R_B \parallel R_{iB}$	$R_{in}^{CS} = R_G$
放大器输出电阻	$R_{out}^{CE} = R_C \parallel R_{iC}$	$R_{out}^{CS} = R_D \parallel R_{iD}$
输入信号范围	$0.005(1+g_m R_E)\,V$	$0.2(V_{GS}-V_{TN})(1+g_m R_S)$
端电流增益	β_o	∞

练习：(a)如果 R_E 和 R_S 均变为 $1k\Omega$，则图 5.2 中两个放大器的电压增益为多少？假设 Q 点不变；(b)为了使两个放大器中的 Q 点保持不变，需要 R_4 的值为多少？

答案：$-16, -6.02$；$12k\Omega, 11k\Omega$。

练习：如果从图 5.2 两个放大器电路中去除电容 C_3，则两个放大器的电压增益为多少？当发射极电阻和源极电阻较大时，增益的估算值为多少？

答案：$-1.36, -1.29$；$-1.38, -1.50$。

练习：当 $V_{BE}=0.7V$ 时为了得到 $I_C=245\mu A$，SPICE 采用的饱和电流 I_S 必须为多少？假设初始温度为 27℃。

答案：0.43fA。

练习：估算例 5.1 和例 5.3 中共射极和共源极放大器的 $-g_m R_L$ 和 R_L/R 的值，并将所得幅值与实例中的准确计算结果进行比较（$R=R_E$ 或 R_S）。

答案：$-176, -6$；$-8.84, -9$；$5.65 < 6.00$；$4.46 < 8.84$。

5.2.6 共射极/共源极放大器小结

表5.4列出了两个特定放大器实例的数值结果。共射极放大器和共源极放大器有相似的电压增益。共射极放大器的增益更接近R_L/R_E的极限值-6，因为双极型晶体管的$g_m R_E = 29.4$，但是对于MOSFET来说$g_m R_E$只有0.982。共源极放大器可提供较高的输入电阻，但是由于$\mu_f R_E$项的存在，双极型晶体管放大器同样有很大的输入电阻。共射极和共源极放大器的输出电阻相同。输入信号的幅值在$R_S=0$或者$R_E=0$的情况下有所增加，同样双极型晶体管放大器的输入信号增加的幅度更大。

表 5.4 共射极/共源极放大器比较

	共射极放大器	共源极放大器
电压增益	-5.70	-4.39
输入电阻/kΩ	77.8	892
输出电阻/kΩ	21.9	21.3
输入信号范围/mV	155	395

5.2.7 通用共射极/共源极晶体管的等效晶体管表示

事实上，表5.1中的等式为我们提供了一种将电阻R"吸收"进晶体管的方法，这么做通常可简化电路分析，或者帮助我们洞察一种未曾见过的电路的工作原理。图5.14描述了这种方法的处理过程，其中初始晶体管Q和电阻R最终被一个新的等效晶体管Q'代替。新晶体管的小信号参数如下式所示。

$$g'_m = \frac{g_m}{1+g_m R} \qquad r'_\pi = r_\pi(1+g_m R) \qquad r'_o = r_o(1+g_m R) \tag{5.50}$$

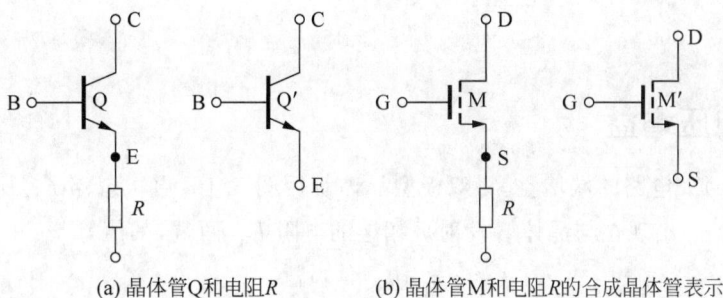

(a) 晶体管Q和电阻R　　(b) 晶体管M和电阻R的合成晶体管表示

图 5.14

从图5.14中可看到减小跨导与增加输入电阻及输出电阻之间的权衡关系。然而还有一个重要的内容，电流增益和晶体管的放大系数保持不变(我们无法超越晶体管自身的限制)，即

$$\beta'_o = g'_m r'_\pi = \beta_o \quad 和 \quad \mu'_f = g'_m r'_o = \mu_f \tag{5.51}$$

对于场效应管可得到类似结果，只是其电流增益和输入电阻均为无穷大。

5.3 跟随器电路：共集电极和共漏极放大器

本节讨论第二类放大器，即共集电极和共漏极放大器。图5.15给出了二者的交流等效电路。我们看到跟随器电路可提供很高的输入电阻和很低的输出电阻，且得到的增益接近1。首先分析的是双极型晶体管电路，然后将 MOSFET 电路看作 $r_\pi \to \infty$ 的特殊情况。

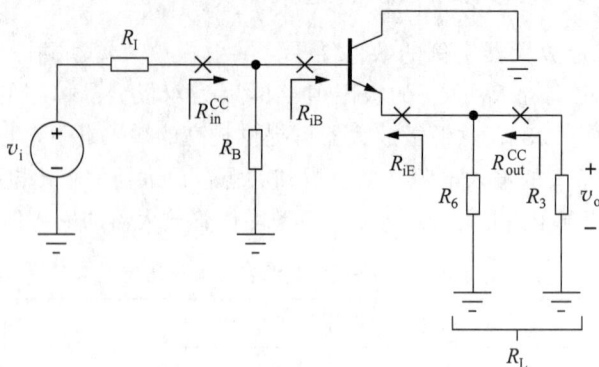

(a) 共集电极放大器的交流等效电路

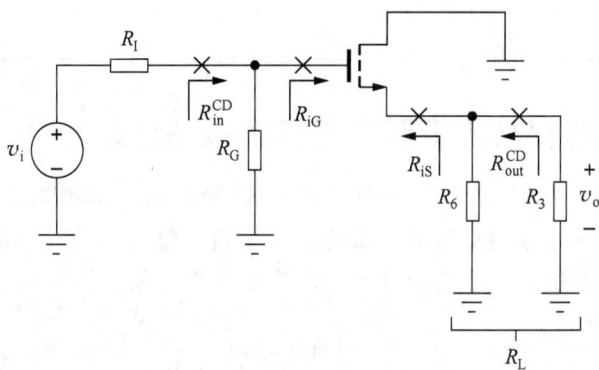

(b) 共漏极放大器的交流等效电路

图　5.15

5.3.1　端电压增益

为求出图 5.15(a) 中电路的端增益，将双极型晶体管用图 5.16（再次忽略 r_o）所示的小信号模型代替。此时的输出电压 v_o 出现在与晶体管发射极相连的电阻 R_L 两端，其值等于

$$v_o = (\beta_o + 1) i_b R_L \tag{5.52}$$

其中 $R_L = R_3 \parallel R_6$，输入电流与所施加电压 v_b 的关系为

$$v_b = i_b r_\pi + (\beta_o + 1) i_b R_L = i_b [r_\pi + (\beta_o + 1) R_L] \tag{5.53}$$

结合式 (5.52) 和式 (5.53) 得到共集电极放大器的端增益表达式为

$$A_{vt}^{CC} = \frac{v_e}{v_b} = \frac{(\beta_o + 1) R_L}{r_\pi + (\beta_o + 1) R_L} \approx \frac{g_m R_L}{1 + g_m R_L} \tag{5.54}$$

其中当 β_o 较大时近似值有效。

令式 (5.54) 中的 r_π 和 β_o 趋于无穷大，得到与图 5.15(b) 中 FET 跟随器相对应的端增益为

$$A_{vt}^{CD} = \frac{v_o}{v_g} = \frac{g_m R_L}{1 + g_m R_L} \tag{5.55}$$

在大多数共集电极和共漏极设计中均有 $g_m R_L \gg 1$，式 (5.54) 和式 (5.55) 可简化为

$$A_{vt}^{CC} \approx A_{vt}^{CD} \approx 1 \tag{5.56}$$

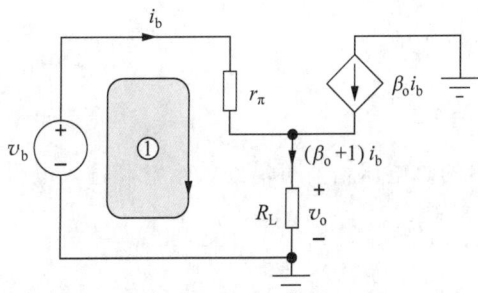

图 5.16 共集电极放大器的小信号模型，$R_L = R_3 \parallel R_6$

共集电极和共漏极放大器均有一个接近于 1 的增益，这意味着输出电压跟随输入电压变化，因此共集电极和共漏极放大器经常被分别称为射极跟随器和源极跟随器。在大多数情况下，双极型晶体管比场效管能更好地满足 $g_m R_L \gg 1$ 的条件，双极型晶体管的增益要比场效管的增益更接近于 1。然而，在这两种情况下电压增益的值通常会落到这样一个范围之内：

$$0.7 \leqslant A_{vt} \leqslant 1 \tag{5.57}$$

显然，A_{vt} 要远小于放大系数 μ_f，因此在图 5.16 所示模型中忽略 r_o 是合理的。然而需指出的是，r_o 与 R_L 是并联关系，在等式中将 R_L 用 $R_L \parallel r_o$ 代替就可考虑 r_o 的影响。

理解跟随器工作原理

在跟随器电路中输入和输出之间单位信号的传递应该不难理解。我们知道 BJT 的基极和发射极之间通过一个两端电压为常数 0.7V 的正偏二极管连接。因此发射极信号电压应该与基极电压近似相等（记住 $v_{BE} = V_{BE} + v_{be}$，但是 $v_{be} \ll V_{BE}$）。FET 跟随器的工作类似。栅-源电压近似为常数，因此在晶体管源极的信号电压与提供给栅极的信号电压基本相同。在这种情况下，$v_{GS} = V_{GS} + v_{gs}$，但是 $v_{gs} \ll V_{GS}$。因此任意一种跟随器的输出都是其输入的镜像，只是在两个信号之间存在一个直流偏差。

设计提示

单级晶体管电压跟随器的端增益由下式给出，即

$$A_{vt}^{CC} \approx A_{vt}^{CD} = \frac{g_m R_L}{1 + g_m R_L}$$

通常有 $0.7 < A_{vt}^{CD} < A_{vt}^{CC} < 1$。

5.3.2 输入电阻

BJT 基极端的输入电阻等于式 (5.53) 中括号里的最后一项，即

$$R_{iB} = \frac{v_b}{i_b} = r_\pi + (\beta_o + 1) R_L \approx r_\pi (1 + g_m R_L) \quad \text{和} \quad R_{iG} = \infty \tag{5.58}$$

对于 MOSFET 而言就是令 r_π 趋于无穷大。射极跟随器的输入电阻加上了一个被放大的 R_L，可以是一个非常大的值。当然，源跟随器的输入电阻也非常大。

图 5.15(a) 所示共集电极放大器的总输入电阻 R_{in}^{CC} 等于偏置电阻和双极型晶体管基极等效电阻的并联，即

$$R_{in}^{CC} = R_B \parallel R_{iB} = R_B \parallel r_\pi (1 + g_m R_L) \tag{5.59}$$

其中，$R_L = R_6 \parallel R_3$。图 5.15(b) 所示共漏极放大器的总输入电阻 R_{in}^{CD} 等于偏置电阻和 FET 的栅极等

效电阻的并联,即

$$R_{\text{in}}^{\text{CD}} = R_{\text{G}} \parallel R_{\text{iG}} = R_{\text{G}} \parallel \infty = R_{\text{G}} \tag{5.60}$$

5.3.3 信号源电压增益

图 5.15 中从电源 v_i 到输出的总电压增益可借助端增益和输入电阻表达式求得,即

$$A_v^{\text{CC}} = \frac{v_o}{v_i} = \left(\frac{v_o}{v_b}\right)\left(\frac{v_b}{v_i}\right) = A_{vt}^{\text{CC}}\left(\frac{v_b}{v_i}\right)$$

图 5.15 中双极型晶体管的基极电压 v_B 与 v_i 的关系为

$$v_b = v_i \frac{R_B \parallel R_{\text{iB}}}{R_I + (R_B \parallel R_{\text{iB}})}$$

其中 $R_B = R_1 \parallel R_2$。将上述表达式结合可得

$$A_v^{\text{CC}} = A_{vt}^{\text{CC}}\left[\frac{R_B \parallel R_{\text{iB}}}{R_I + (R_B \parallel R_{\text{iB}})}\right] \tag{5.61}$$

对于输入电阻为无穷大的共源极情况,式(5.61)可简化为

$$A_v^{\text{CD}} = A_{vt}^{\text{CD}}\left(\frac{R_G}{R_I + R_G}\right) \tag{5.62}$$

5.3.4 跟随器信号范围

由于射极跟随器和源极跟随器电路的增益接近于 1,实际只有很少一部分输入信号通过基极-发射极端或者栅极-源极端。因此,这些电路可采用相对较大的输入信号,而不用考虑它们各自的小信号限制。

对于双极型晶体管的小信号工作条件,小信号模型中通过 r_π 两端的电压必须小于 5mV。v_{be} 的表达式可以通过与推导式(5.53)相同的方法得到,即

$$v_{\text{be}} = i_b r_\pi = v_b \frac{r_\pi}{r_\pi + (\beta_o + 1)R_L} \tag{5.63}$$

当 β_o 较大时,要求电压 v_{be} 的幅值小于 5mV,因此有

$$|v_b| \leqslant 0.005(1 + g_m R_L)\text{V} \tag{5.64}$$

通常情况下,$g_m R_L \gg 1$,v_b 的幅值可以远超 5mV 的限制。

对于 FET 的情况,令 $r_\pi \rightarrow \infty$,相对应的表达式变为

$$|v_{\text{gs}}| = \frac{|v_g|}{1 + g_m R_L} \leqslant 0.2(V_{\text{GS}} - V_{\text{TN}}) \tag{5.65}$$

及

$$|v_g| \leqslant 0.2(V_{\text{GS}} - V_{\text{TN}})(1 + g_m R_L) \tag{5.66}$$

其中也增加了允许范围。

设计提示

一个与晶体管源极或者发射极串联的非旁路电阻 R 可令放大器的信号处理能力提升大约 $1 + g_m R$ 倍。

练习：对于图 5.3 所示的放大器,如果晶体管的电流为 0.25mA 且 $V_{GS}-V_{TN}=1V$,则小信号工作条件下 v_i 的最大值为多少?

答案：0.592V；1.27V。

5.3.5 跟随器的输出电阻

从发射极向电路"看过去"得到的电阻可根据图 5.17 所示的电路计算而得,其中测试源 v_x 直接施加在发射极端。在发射极节点处运用 KCL,可得

$$i_x = -i - \beta_o i = \frac{v_x}{r_\pi + R_{th}} - \beta_o \left(-\frac{v_x}{r_\pi + R_{th}}\right) \tag{5.67}$$

当 $\beta_o \gg 1$ 时,合并同类项并重新整理可得

$$R_{iE} = \frac{r_\pi + R_{th}}{\beta_o + 1} \approx \frac{1}{g_m} + \frac{R_{th}}{\beta_o} \tag{5.68}$$

由于 FET 的电流增益为无限大,于是有

$$R_{is} = \frac{1}{g_m} \tag{5.69}$$

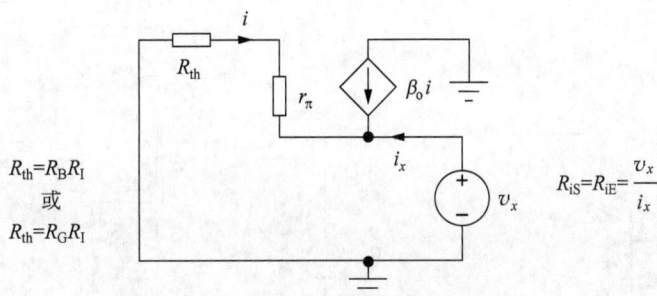

图 5.17 共集电极/共漏极电路输出电阻的计算

通过式(5.68)和式(5.69)可看到,晶体管的输出电阻主要由晶体管跨导的倒数决定。这是一个需要牢记的、非常重要的结果。对于双极型晶体管而言,还需增加另外一项,但是这一项的值通常很小,除非 R_{th} 非常大。共集电极和共漏极电路输出电阻的值可以非常低。例如,如果电流为 5mA,双极型晶体管的 g_m 值为 $40 \times 0.005 = 0.2S$,而 $1/g_m$ 只有 5Ω。

利用上面的结果,图 5.9 所示跟随器电路的总输出电阻同样主要由晶体管的跨导决定,有

$$R_{out}^{CC} = R_6 \parallel R_{iE} \approx \frac{1}{g_m} \quad \text{和} \quad R_{out}^{CD} = R_6 \parallel R_{iS} \approx \frac{1}{g_m} \tag{5.70}$$

这个值可能非常小。

练习：重新画出包含 r_o 的共集电极放大器小信号等效电路,推导 R_{iE} 的新表达式,并简化结果。

答案：由于 $r_o \gg 1/g_m$,因此有 $R_{iE} = r_o \left\| \left(\frac{1}{g_m} + \frac{R_{th}}{\beta_o}\right) \approx \frac{1}{g_m}\right.$。

设计提示

从晶体管的发射极或源极"看过去"得到的等效电阻的近似值为 $1/g_m$。

向双极型晶体管的发射极注入电流,可进一步解释式(5.68)中的两项内容,如图 5.18 所示。用输入电阻乘以 i 得到必须在发射极上产生的电压为

$$v_e = \frac{\alpha_o i}{g_m} + \frac{i}{\beta_o + 1} R_{th} \tag{5.71}$$

电流($\alpha_o i$)从集电极端流出,必须由发射极-基极电压 $v_{eb} = \alpha_o i/g_m$ 支持,见式(5.71)中的第一项;基极电流 $i_b = -i/(\beta_o + 1)$ 在电阻 R_{th} 两端产生了一个压降,见式(5.71)中的第二项。在 FET 情况下,由于 $i_g = 0$,只有第一项存在。

练习：用图 5.17 中的测试电流源 i_x 驱动发射极节点,并验证式(5.68)中的输出电阻结果。

5.3.6　电流增益

端电流增益 A_{it} 为传递给负载元器件的电流与戴维南源提供的电流的比值。在图 5.19 中,电流 i 加上它放大后的值 $\beta_o i$ 被合并入负载电阻 R_L,得到的电流增益等于 $\beta_o + 1$。对于 FET 而言,r_π 为无穷大,i 为 0,故电流增益为无穷大。因此,对于共集电极/共漏极放大器,有

$$A_{it}^{CC} = \frac{i_1}{i} = \beta + 1 \quad \text{和} \quad A_{it}^{CD} = \infty \tag{5.72}$$

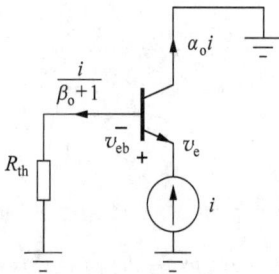

图 5.18　用于解释式(5.71)的电路　　图 5.19　计算共集电极/共漏极端电流增益的电路

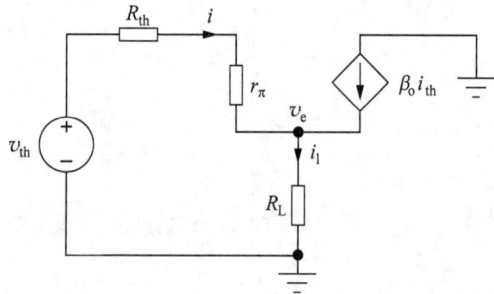

5.3.7　共集电极/共漏极放大器小结

表 5.5 总结了图 5.20 所示的共集电极放大器和共漏极放大器推导得到的结果。与之前一样,表格中 FET 的结果可以用双极型晶体管的结果通过令 r_π 和 $\beta_o \to \infty$ 来得到。共集电极和共漏极放大器特性相似之处很明显,两种放大器提供的增益都接近于 1,具有较高的输入电阻和较低的输出电阻。二者之间差异的存在是由于双极型晶体管中 r_π 和 β_o 的值是有限的。FET 能更容易获得超高的输入电阻值,因为从栅极端"看过去"得到的电阻是无穷大的,而共集电极放大器可以更容易获得超低的输出电阻值,因为对于给定的工作电流它的跨导更高。两种放大器均可以用于处理较大的输入信号值。FET 的本征电流增益为无穷大,但是双极型晶体管的电流增益受到其有限 β_o 的限制。

表 5.5 共集电极放大器和共漏极放大器的设计小结

	共集电极放大器	共漏极放大器
端电压增益	$A_{vt}^{CC}=\dfrac{v_o}{v_1}=+\dfrac{g_m R_L}{1+g_m R_L}\approx 1$	$A_{vt}^{CD}=\dfrac{v_o}{v_1}=\dfrac{g_m R_L}{1+g_m R_L}\approx 1$
信号源电压增益	$A_v^{CC}=\dfrac{v_o}{v_i}=A_{vt}^{CC}\dfrac{R_B\parallel R_{iB}}{R_1+R_B\parallel R_{iB}}$	$A_v^{CD}=\dfrac{v_o}{v_i}=A_{vt}^{CD}\dfrac{R_G}{R_1+R_G}$
$g_m R_L$ 的经验估算公式	$10(V_{CC}+V_{EE})$	$(V_{DD}+V_{SS})$
输入端电阻	$R_{iB}=r_\pi(1+g_m R_L)$	$R_{iG}=\infty$
输出端电阻	$R_{iE}\approx\dfrac{1}{g_m}+\dfrac{R_{th}}{\beta_o}$	$R_{iS}=\dfrac{1}{g_m}$
输入信号范围	$0.005(1+g_m R_L)\,V$	$0.2(V_{GS}-V_{TN})(1+g_m R_L)$
端电流增益	β_o+1	∞

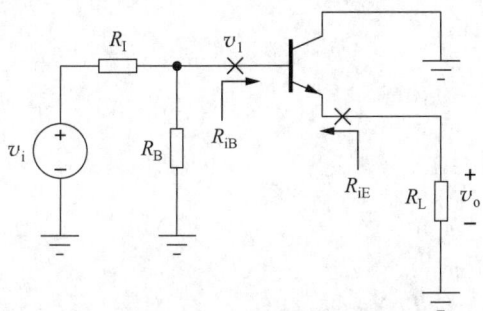

(a) 配合表5.5使用的共集电极放大器　　　　　(b) 配合表5.5使用的共漏极放大器

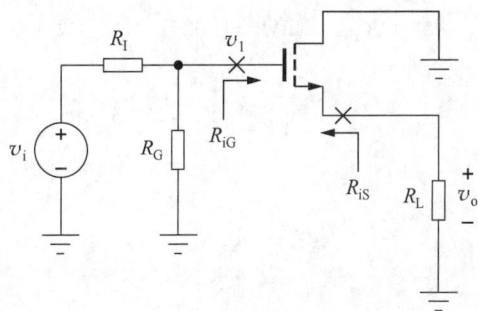

图　5.20

例 5.4　跟随器计算。

用本节推导得到的表达式来计算图 5.4 中的共漏极放大器和共集电极放大器的特性。

问题：利用 5.3 节中的结果及例 5.1 和例 5.3 中共集电极和共漏极放大器的总增益 A_v、输入电阻、输出电阻和信号处理能力。

解：

已知量：在下图中重新画出了带有元器件值的等效电路，从之前的例子中得到 Q 点和小信号的值列于下面的表格中。

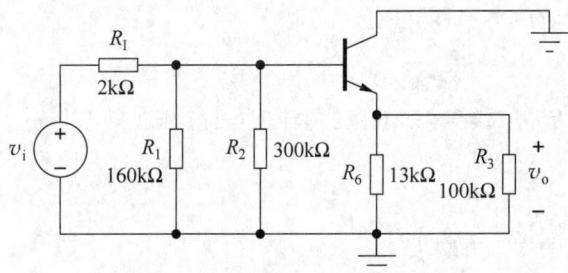

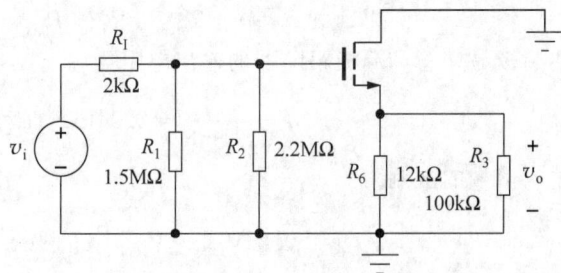

图 5.4 中的共集电极放大器　　　　　　　图 5.4 中的共漏极放大器

	I_C 或 I_D	V_{CE} 或 V_{DS}	$V_{GS}-V_{TN}$	g_m	r_π	r_o	μ_f
BJT	$245\mu A$	3.64V	—	9.80mS	10.2kΩ	219kΩ	2150
FET	$241\mu A$	3.81V	0.982V	0.491mS	∞	223kΩ	110

未知量：电压增益、输入电阻和输出电阻、共集电极/共漏极放大器的最大输入信号值。

求解方法：将两个电路中的元器件值代入表 5.5 所示的结果中。

假设：采用上表中列出的参数值。

分析：对于共集电极放大器，其负载电阻 $R_L=R_6 \parallel R_3=11.5\text{k}\Omega$，偏置电阻 $R_B=R_1 \parallel R_2=104\text{k}\Omega$。电阻值、端增益和输入信号值为

$$R_{iB} \approx r_\pi(1+g_m R_L)=10.2\text{k}\Omega[1+9.80\text{mS}(11.5\text{k}\Omega)]=1.16\text{M}\Omega$$

$$R_{in}^{CC}=R_B \parallel R_{iB}=104\text{k}\Omega \parallel 1.16\text{M}\Omega=95.4\text{k}\Omega$$

$$A_{vt}^{CC} \approx \frac{g_m R_L}{1+g_m R_L}=\frac{9.80\text{mS}(11.5\text{k}\Omega)}{1+9.80\text{mS}(11.5\text{k}\Omega)}=0.991$$

$$R_{th}=2\text{k}\Omega \parallel 160\text{k}\Omega \parallel 300\text{k}\Omega=0.781\text{k}\Omega$$

$$R_{iE} \approx \frac{1}{g_m}+\frac{R_{th}}{\beta_o}=\frac{1}{9.80\text{mS}}+\frac{781\Omega}{100}=110\Omega$$

$$R_{out}^{CC} \approx R_6 \parallel R_{iE}=13\text{k}\Omega \parallel 110\Omega=109\Omega$$

$$|v_i| \leqslant 0.005\text{V}(1+g_m R_L)\left(\frac{R_I+R_{in}^{CC}}{R_{in}^{CC}}\right)$$

$$|v_i| \leqslant 0.005\text{V}[1+9.80\text{mS}(11.5\text{k}\Omega)]\frac{2\text{k}\Omega+95.4\text{k}\Omega}{95.4\text{k}\Omega}=0.580\text{V}$$

利用式（5.61）可求出总增益为

$$A_v^{CC}=A_{vt}^{CC}\left[\frac{R_{in}^{CC}}{R_I+R_{in}^{CC}}\right]=0.991\left[\frac{95.4\text{k}\Omega}{2.00\text{k}\Omega+95.4\text{k}\Omega}\right]=0.971$$

对于共漏极放大器，其负载电阻 $R_L=R_6 \parallel R_3=10.7\text{k}\Omega$，$R_G=R_1 \parallel R_2=892\text{k}\Omega$，则有

$$A_{vt}^{CD}=\frac{g_m R_L}{1+g_m R_L}=\frac{0.491\text{mS}(10.7\text{k}\Omega)}{1+0.491\text{mS}(10.7\text{k}\Omega)}=0.84$$

$$A_v^{CD}=A_{vt}^{CD}\left(\frac{R_G}{R_I+R_G}\right)=0.84\left(\frac{892\text{k}\Omega}{2\text{k}\Omega+892\text{k}\Omega}\right)=0.838$$

共漏极放大器的总输入电阻为

$$R_{in}^{CD}=R_G \parallel R_{iG}=892\text{k}\Omega \parallel \infty=892\text{k}\Omega$$

共漏极晶体管和源极跟随器的输出电阻为

$$R_{iS} \approx \frac{1}{g_m}=\frac{1}{0.491\text{mS}}=2.04\text{k}\Omega \quad R_{out}^{CD}=R_6 \parallel R_{iS}=12\text{k}\Omega \parallel 2.04\text{k}\Omega=1.74\text{k}\Omega$$

输入信号的限制为

$$|v_i| \leqslant 0.2(V_{GS}-V_{TN})(1+g_m R_L)\left(\frac{R_I+R_{in}^{CD}}{R_{in}^{CD}}\right)$$

$$|v_i| \leqslant 0.2(0.982\text{V})[1+0.491\text{mS}(10.7\text{k}\Omega)]\frac{2\text{k}\Omega+892\text{k}\Omega}{892\text{k}\Omega}=1.23\text{V}$$

结果检查：两种放大器的电压增益均近似为1，与电压跟随器所期望的值相符。二者的结果都处于式(5.57)所定义的范围之内。

讨论：共集电极放大器的增益更加接近于1，因为其 $g_m R_L$ 值要远大于共漏极放大器的 $g_m R_L$ 值。因此共集电极放大器的增益通常要比共漏极放大器的增益更加接近于1。

计算机辅助分析：采用SPICE，将 v_I 作为输入电压，v_O 作为输出电压，对电路先进行工作点分析，然后进行交流分析，用以检查电压增益的值。将所有电容设为较大的值，例如 $100\mu F$，在中频带范围内对频率进行扫描（如 FSTART=1Hz 和 FSTOP=100kHz，每十倍频程取 10 个频率采样点）。对两个电路进行分析得到共集电极放大器的增益为 0.971，共漏极放大器的增益为 0.843。两个结果均与手工计算的结果相吻合。在仿真中考虑了晶体管输出电阻 r_o（VAF=50V 或者 LAMBDA=0.02V^{-1}），结果表明它对最终结果的影响很小。

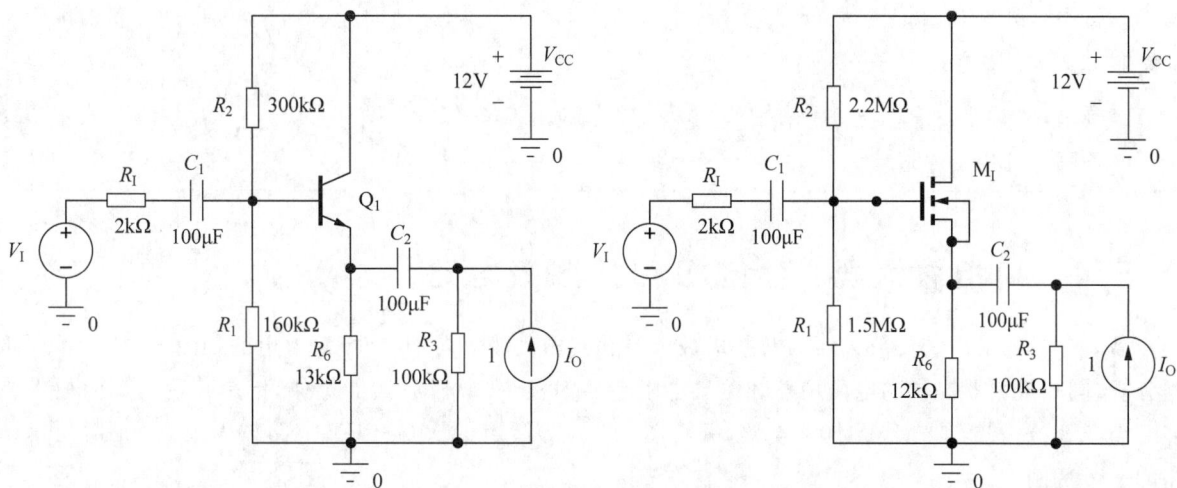

求出共集电极电路的输入电阻为 $R_{iB}=VB(Q1)/IB(Q1)$，$R_{in}^{CC}=VB(Q1)/I(C1)$，而共漏极电路的输入电阻为 $R_{iG}=VG(M1)/IG(M1)$，$R_{in}^{CD}=VG(M1)/I(C1)$，输出电阻为 $R_{iE}=VE(Q1)/IE(Q1)$，$R_{out}^{CC}=VE(Q1)/I(C2)$，$R_{iS}=VS(M1)/IS(Q1)$，$R_{out}^{CD}=VS(M1)/I(C2)$，结果如表 5.6 所示。

表 5.6 跟随器比较（SPICE 结果）

	共集电极放大器	共漏极放大器
A_v^{CC}, A_v^{CD}	0.971	0.843
R_{iB}, R_{iG}	1.25MΩ	∞
R_{in}^{CC}, R_{in}^{CD}	96.3kΩ	892kΩ
R_{iE}, R_{iS}	119Ω	1.90kΩ
$R_{out}^{CC}, R_{out}^{CD}$	119Ω	1.64kΩ
v_i^{max}, (THD)	580mV(0.033%)	1.23mV(0.73%)

共漏极放大器的输入电阻要远大于共集电极放大器的输入电阻，因为 FET 中缺少基极电流，允许 R_1 和 R_2 采用更大的电阻值。相反地，共集电极放大器的输出电阻要远小于共漏极放大器的输出电阻，因为在给定工作电流的情况下，双极型晶体管的跨导要远大于 FET 的跨导。由于晶体管发射极和源极上电阻的存在，两种放大器的输入信号能力和抗谐波失真能力都有大幅提升。所有仿真结果都与

手工计算的结果相吻合。

练习：为使共漏极放大器获得与例 5.4 中共集电极放大器同样的增益值，共漏极放大器的 R_L 值必须为多大？

答案：73.1kΩ。

练习：如果将图 5.4 中两个放大器的 R_3 移除（即 $R_3 \to \infty$），则二者的电压增益分别为多少？

答案：0.971，0.853。

练习：重新绘出图 5.16 所示电路包含 r_o 后的电路，并证明通过改变 R_L 的值可以很容易地在分析中考虑 r_o 的影响。

答案：图 5.16 中的电阻 r_o 直接与 R_L 并联，因此在所有的等式中只需简单地用一个新的负载电阻替换 R_L 即可：$R'_L = R_L \parallel r_o$。

练习：比较例 5.4 中共集电极和共漏极放大器的 $g_m R_L$ 值。

答案：113≫5.25。

5.4 同相放大器：共基极和共栅极电路

需要分析的最后一类放大器为共基极放大器和共栅极放大器，其交流等效电路如图 5.21 所示。根据分析，同相放大器提供的电压增益和输出电阻与共射极/共源极放大器类似，但是其输入电阻要低得多。与 5.3 节一样，首先分析 BJT 电路，并将图 5.21(b) 所示的 MOSFET 电路作为图 5.21(a) 所示电路的一个特例。

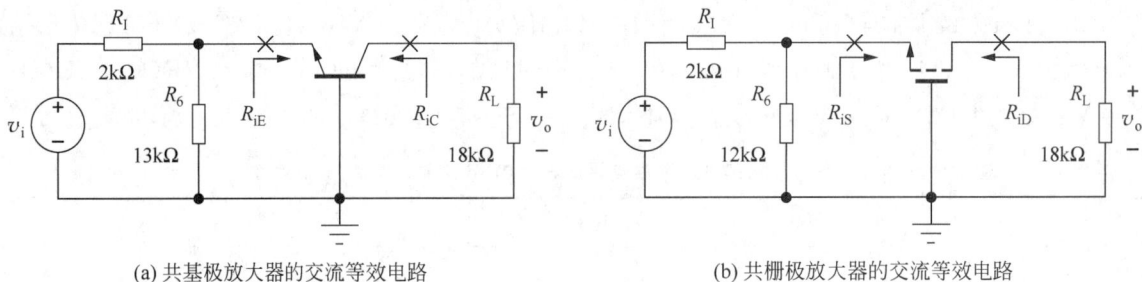

(a) 共基极放大器的交流等效电路   (b) 共栅极放大器的交流等效电路

图 5.21

5.4.1 端电压增益和输入电阻

图 5.22(a) 中双极型晶体管由其小信号模型代替。因为放大器有一个电阻负载，忽略 r_o 后得到的简化电路模型如图 5.22(b) 所示。另外，v_{be} 和非独立电流源 $g_m v_{be}$ 的极性都已翻转。

对于共基极电路，输出电压 v_o 出现在集电板电阻 R_L 的两端，并等于

$$v_o = g_m v_{eb} R_L = g_m R_L v_e \tag{5.73}$$

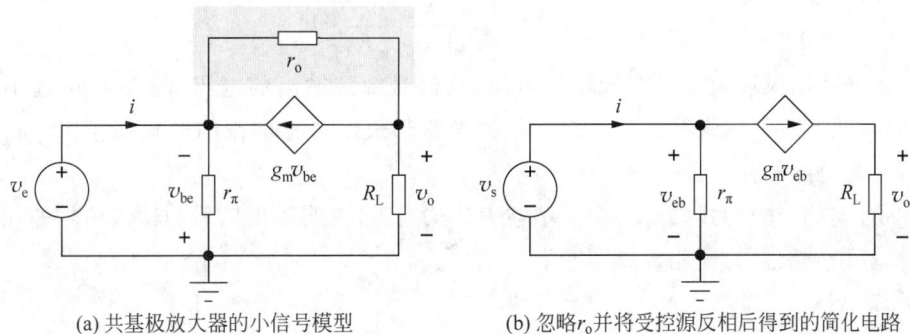

(a) 共基极放大器的小信号模型　　(b) 忽略r_o并将受控源反相后得到的简化电路

图　5.22

共基极晶体管的端增益为

$$A_{vt}^{CB} = \frac{v_o}{v_e} = g_m R_L \tag{5.74}$$

这一结果与共射极放大器相同,只是符号相反。发射极端的输入电流 i 和输入电阻由下式给出

$$i = \frac{v_e}{r_\pi} + g_m v_e \quad 和 \quad R_{iE} = \frac{v_e}{i} = \frac{r_\pi}{\beta_o + 1} \approx \frac{1}{g_m} \tag{5.75}$$

其中假设 $\beta_o \gg 1$。

共栅极放大器($r_\pi \to \infty$)的相应表达式为

$$A_{vt}^{CG} = \frac{v_o}{v_e} = g_m R_L \quad 和 \quad R_{iS} = \frac{1}{g_m} \tag{5.76}$$

理解共基极和共栅极放大器的工作原理

当把输入信号 v_i 施加到共基极放大器的发射极或者共栅极放大器的源极时,有一个电流流入晶体管,电流大小由晶体管的输入电阻 $R_{in} = 1/g_m$ 设定。这个电流从晶体管的集电极或者漏极流出,并通过负载电阻产生输出电压 v_o。端电压增益等于负载电阻与输入电阻的比值

$$i_{in} = \frac{v_i}{R_{in}} = g_m v_i \quad v_o = \alpha_o i_{in} R_L \approx i_{in} R_L \quad 和 \quad A_{vt}^{CB,CG} = \frac{v_o}{v_i} = g_m R_L \tag{5.77}$$

然而,输入电阻和与信号源相关的电阻之间的分压通常会使信号源增益远小于同相放大器的端增益。

5.4.2　信号源电压增益

现在图 5.21 中放大器的总增益可表示为

$$A_v^{CB} = \frac{v_o}{v_i} = \left(\frac{v_o}{v_e}\right)\left(\frac{v_e}{v_i}\right) = A_{vt}^{CB}\left[\frac{R_6 \parallel R_{iE}}{R_I + (R_6 \parallel R_{iE})}\right] \tag{5.78}$$

将 $R_{iE} = 1/g_m$ 代入后得到

$$A_v^{CB} = \frac{g_m R_L}{1 + g_m(R_{th})}\left(\frac{R_6}{R_I + R_6}\right) \quad A_v^{CG} = \frac{g_m R_L}{1 + g_m(R_{th})}\left(\frac{R_6}{R_I + R_6}\right) \tag{5.79}$$

其中 $R_{th} = R_6 \parallel R_I$。如果假设 $R_6 \gg R_I$,则式(5.79)中增益的表达式变为

$$A_v^{CB,CG} \approx \frac{g_m R_L}{1 + g_m R_I} \tag{5.80}$$

因为共基极和共栅极放大器具有低输入电阻，从信号源到输出的电压增益 A_v 可远小于端增益的值。需指出的是，式(5.80)的最终表达式与反相放大器和跟随器总增益的形式很相似。稍后我们将对这一结果进行更为全面的探讨。

需注意的是，式(5.76)和式(5.78)中的增益表达式为正，表明输出信号与输入信号的相位相同。因此，共基极和共栅极放大器为同相放大器。

设计提示

同相放大器的端电压增益为

$$A_{vt}^{CB} = A_{vt}^{CG} \approx g_m R_L$$

设计提示

当 $g_m R_{th} \gg 1$ 及 $R_{th} = R_6 \parallel R_I$ 时，同相放大器总增益的估算公式为

$$A_{vt}^{CB} = A_{vt}^{CG} \approx \frac{g_m R_L}{1 + g_m R_{th}} \approx \frac{R_L}{R_{th}}$$

设计提示

晶体管发射极或源极侧的等效电阻近似为 $R = 1/g_m$。

重要限制

对于共射极/共源极放大器，有两个特别重要的限制条件(参见习题5.45)。

上限出现在 $g_m R_I \ll 1$ 的情况下，此时式(5.80)可简化为

$$A_v^{CB} \approx g_m R_L \quad A_v^{CG} \approx g_m R_L \tag{5.81}$$

式(5.81)代表共基极/共栅极放大器增益的上限，与共射极/共源极放大器增益的上限相同。

然而，如果 $g_m R_{th} \gg 1$，则式(5.81)可简化为

$$A_v^{CB} = A_v^{CG} \approx \frac{R_L}{R_{th}} \tag{5.82}$$

对于这种情况，共基极和共栅极放大器的增益均接近负载电阻的值与戴维南源电阻 $R_{th} = R_6 \parallel R_I$ 的比值，并且与晶体管参数无关。对于电阻负载，式(5.82)中的限制要远小于放大系数 μ_f，因此忽略 r_o 是合理的。

5.4.3 输入信号范围

当 $R_6 \gg R_I$ 时，图5.21(a)中 v_{eb} 和 v_i 的关系为

$$v_{eb} = v_i \frac{R_6 \parallel R_{iE}}{R_I + (R_6 \parallel R_{iE})} = \frac{v_i}{1 + g_m(R_I \parallel R_6)}\left(\frac{R_6}{R_I + R_6}\right) \quad \text{和} \quad v_i \approx v_{eb}(1 + g_m R_I) \tag{5.83}$$

小信号的限制要求

$$|v_i| \leqslant 0.005(1 + g_m R_I) \text{ V} \tag{5.84}$$

对于FET，用 v_{sg} 替换 v_{eb} 可得到 $v_i = v_{sg}(1 + g_m R_I)$ 和

$$|v_i| \leqslant 0.2(V_{GS} - V_{TN})(1 + g_m R_I) \tag{5.85}$$

R_I 和 g_m 的相对大小将会决定信号处理的界限。

> **练习**：根据式(5.84)和式(5.85)计算图 5.21 中共基极和共栅极放大器 v_i 的最大值。
>
> **答案**：103mV；389mV。

5.4.4 集电极和漏极端的电阻

共基极/共集电极晶体管输出端的电阻可通过图 5.23 所示电路计算得到,其中测试源 v_x 施加在集电极端。所需的电阻基极接地并且发射极中的电阻 R_{th} 为集电极侧的电阻,如果将电路重新绘制成图 5.23(b)所示的结构,可发现它与图 5.9 所示的共射极放大器电路相同。在图 5.23(c)中将其再次列出,只不过基极的等效电阻 R_{th}^{CE} 为零,且电阻 R_E 被重新标注为 R_{th}。

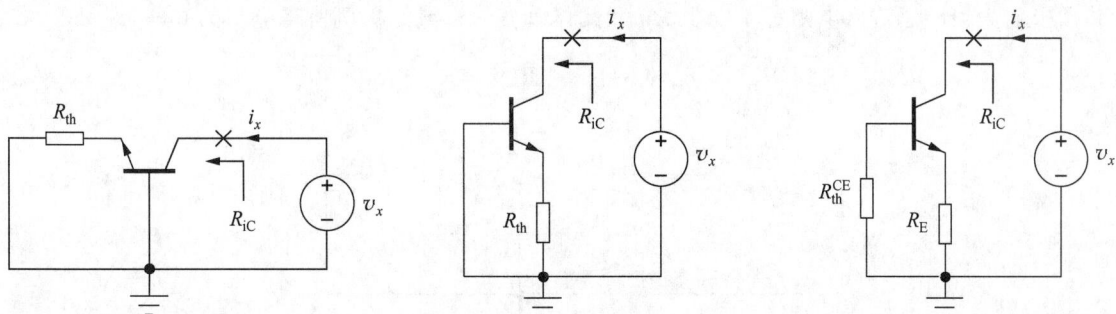

(a) 用于计算共源极输出电阻的电路　　(b) 将图(a)所示电路重新绘制后的图　　(c) 用于共射极分析的电路(参见图5.9)

图 5-23

因此,共基极元器件的输出端电阻可利用共射极放大器的结果,即式(5.30)求得,无须进行详尽的计算,只需代入 $R_{th}^{CE} = 0$,并用 R_{th} 替换 R_g。

$$R_{iC} = r_o \left(1 + \frac{\beta_o R_E}{R_{th}^{CE} + r_\pi + R_E} \right) = r_o \left(1 + \frac{\beta_o R_{th}}{r_\pi + R_{th}} \right) \tag{5.86}$$

利用 $\beta_o = g_m r_\pi$ 可得

$$R_{iC} \approx r_o [1 + g_m (R_{th} \| r_\pi)] \quad \text{和} \quad R_{iD} = r_o (1 + g_m R_{th}) \tag{5.87}$$

设计提示

对于在发射极或源极有非旁路电阻的反相或者同相放大器的输出电阻的快速估算公式为

$$R_o \approx r_o [1 + g_m (R \| r_\pi)] \approx \mu_f (R \| r_\pi)$$

> **练习**：计算共基极和共栅极放大器的输出电阻。
>
> **答案**：3.93MΩ；410kΩ。

5.4.5 电流增益

端电流增益 A_{it} 为通过负载电阻的电流与提供给发射极端电流的比值。如果电流 i_e 注入图 5.24 中共基极放大器的发射极，电流 $i_1 = \alpha_o i_e$ 从集电极流出，则共基极电流增益就是 α_o。

对于 FET，α_o 恰好为 1，因此可得

$$A_{it}^{CB} = \frac{i_1}{i_e} = \alpha_o \approx 1 \qquad A_{it}^{CG} = 1 \qquad (5.88)$$

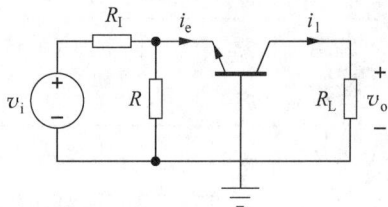

图 5.24 共基极电流增益

5.4.6 同相放大器的总体输入电阻和输出电阻

总输入电阻和输出电阻，即共基极和共栅极放大器的 R_{in}^{CB}、R_{in}^{CG}、R_{out}^{CB}、R_{out}^{CG} 被定义为图 5.5 中的输入电容 C_1 和输出电容 C_2 耦合电容侧的电阻，重新绘制在图 5.25 所示的中频带交流模型中。共基极或者共栅极放大器的总输入电阻等于电阻 R_6 和晶体管发射极或源极侧所得电阻的并联，即

$$R_{in}^{CB} = R_6 \parallel R_{iE} \approx R_6 \parallel \frac{1}{g_m} \qquad R_{in}^{CG} = R_6 \parallel R_{iS} = R_6 \parallel \frac{1}{g_m} \qquad (5.89)$$

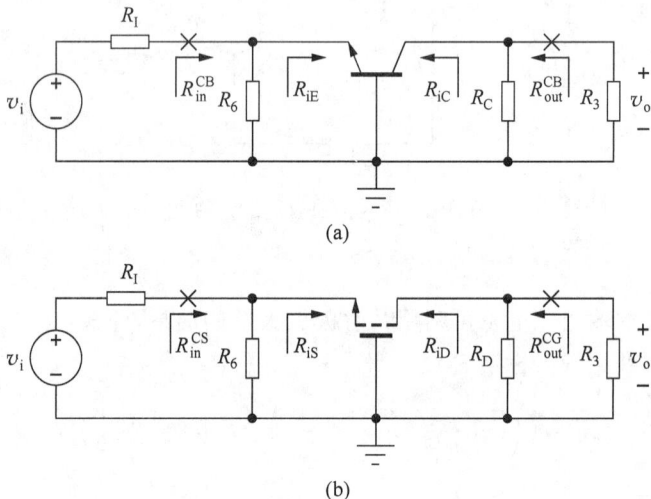

(a)

(b)

图 5.25 共基极和共栅极放大器的中频带交流等效电路

类似地，共基极或者共栅极放大器的总输出电阻等于电阻 R_C 或 R_D 和晶体管的集电极或者漏极侧所得电阻的并联，即

$$R_{out}^{CB} = R_C \parallel R_{iC} = R_C \parallel r_o [1 + g_m (R_6 \parallel R_I \parallel r_\pi)]$$

$$R_{out}^{CD} = R_D \parallel R_{iD} = R_D \parallel r_o [1 + g_m (R_6 \parallel R_1)] \qquad (5.90)$$

例 5.5 同相放大器特征。

本例对共基极和共栅极放大器的特征进行比较。

问题：计算图 5.5 中的共基极和共栅极放大器的信号源电压增益、输入电阻、输出电阻和信号处理能力。

解：

已知量： 附有元器件值的等效电路如下图所示。附表中列出了 Q 点和小信号值。

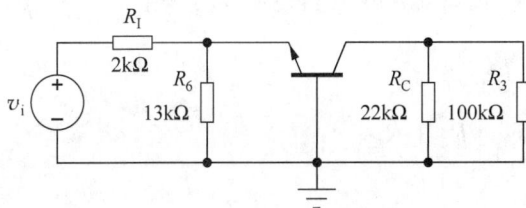

图 5.5 中的共基极放大器   图 5.5 中的共栅极放大器

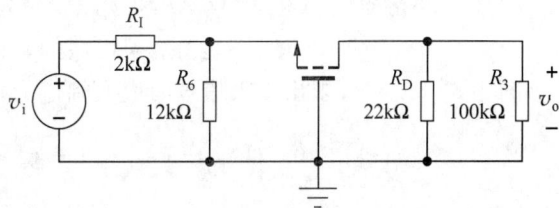

	I_C 或 I_D	V_{CE} 或 V_{DS}	$V_{GS}-V_{TN}$	g_m	r_π	r_o	μ_f
BJT	245μA	3.64V	—	9.8mS	10.2kΩ	219kΩ	2150
FET	241μA	3.81V	0.982V	0.491mS	∞	223kΩ	110

未知量： 共基极和共栅极放大器的电压增益，输入电阻、输出电阻和最大输入信号幅值。

求解方法： 验证 R_L 的值，并将两个电路中的元器件值代入 5.4.1～5.4.6 节相应的等式中去。

假设： 采用上面列表中的参数值。

分析： 对于共基极放大器，有 $R_I=2\text{k}\Omega$，$R_6=13\text{k}\Omega$，$R_L=R_3\parallel R_C=18.0\text{k}\Omega$。端输入电阻和增益为

$$R_{iE}\approx\frac{1}{g_m}=\frac{1}{9.8\text{mS}}=102\Omega\quad\text{和}\quad A_{vt}^{CB}=g_mR_L=9.8\text{mS}(18.0\text{k}\Omega)=176$$

总电压增益为

$$A_v^{CB}=\frac{A_{vt}}{1+g_m(R_6\parallel R_I)}\left(\frac{R_6}{R_I+R_6}\right)=\frac{176}{1+9.8\text{mS}(1.73\text{k}\Omega)}\left(\frac{13\text{k}\Omega}{2\text{k}\Omega+13\text{k}\Omega}\right)=8.48$$

利用式(5.89)可求出共基极放大器的输入电阻为

$$R_{in}^{CB}=R_6\parallel R_{iE}=13\text{k}\Omega\parallel102\Omega=101\Omega$$

利用式(5.90)可求得共基极放大器的输出电阻为

$$R_{iC}=r_o[1+g_m(R_6\parallel R_I\parallel r_\pi)]=219\text{k}\Omega[1+9.8\text{mS}(13\text{k}\Omega\parallel2\text{k}\Omega\parallel10.2\text{k}\Omega)]=3.40\text{M}\Omega$$

$$R_{out}^{CB}=R_C\parallel R_{iC}=22\text{k}\Omega\parallel3.4\text{M}\Omega=21.9\text{k}\Omega$$

利用式(5.84)可求出输入信号的最大幅值为

$$|v_i|\leqslant0.005\text{V}[1+g_m(R_6\parallel R_I)]\frac{R_I+R_6}{R_6}$$

$$|v_i|=0.005\text{V}[1+9.8\text{mS}(13\text{k}\Omega\parallel2\text{k}\Omega)]\frac{2\text{k}\Omega+13\text{k}\Omega}{13\text{k}\Omega}=104\text{mV}$$

对于共栅极放大器有 $R_I=2\text{k}\Omega$，$R_6=12\text{k}\Omega$，$R_L=R_3\parallel R_C=18\text{k}\Omega$，因此有

$$R_{iS}=\frac{1}{g_m}=\frac{1}{0.491\text{mS}}=2.04\text{k}\Omega$$

$$A_{vt}^{CG}=g_mR_L=0.491\text{mS}(18.0\text{k}\Omega)=8.84$$

$$A_v^{CG}=\frac{A_{vt}^{CG}}{1+g_m(R_6\parallel R_I)}\left(\frac{R_6}{R_I+R_6}\right)=\frac{8.84}{1+0.491\text{mS}(1.71\text{k}\Omega)}\left(\frac{12\text{k}\Omega}{2\text{k}\Omega+12\text{k}\Omega}\right)=4.11$$

利用式(5.89)可求出共栅极放大器的输入电阻为

$$R_{in}^{CG} = R_6 \parallel R_{iS} = 12k\Omega \parallel 2.04k\Omega = 1.74k\Omega$$

利用式(5.90)可求出共栅极放大器的输出电阻为

$$R_{iD} = r_o [1 + g_m (R_6 \parallel R_I)] = 223k\Omega [1 + 0.491mS(12k\Omega \parallel 2k\Omega)] = 411k\Omega$$

$$R_{out}^{CG} = R_D \parallel R_{iD} = 22k\Omega \parallel 411k\Omega = 20.9k\Omega$$

利用式(5.84)可求出输入信号的最大幅值为

$$|v_i| \leqslant 0.2(V_{GS} - V_{TN}) [1 + g_m (R_6 \parallel R_I)] \frac{R_I + R_6}{R_6}$$

$$|v_i| = 0.2(0.982)[1 + 0.491mS(12k\Omega \parallel 2k\Omega)] \frac{2k\Omega + 12k\Omega}{12k\Omega} = 422mV$$

结果检查：两种放大器所得的结果类似,并没有超出如下设计估算值

$$A_v^{CB,CG} \approx \frac{R_L}{R_I} = \frac{18k\Omega}{2k\Omega} = 9$$

讨论：需指出的是,由于晶体管的输入电阻相对源电阻较低,导致信号损失较大,共基极放大器的总增益值要远小于其端增益的值。

$$A_v^{CB} = A_{vt}^{CB} \left(\frac{R_6 \parallel R_{iE}}{R_I + R_6 \parallel R_{iE}} \right) = 176 \left(\frac{13k\Omega \parallel 102\Omega}{2k\Omega + 13k\Omega \parallel 102\Omega} \right) = 176(0.0482) = 8.48$$

而对于共栅极放大器,损失系数比较小,即

$$A_v^{CG} = A_{vt}^{CG} \left(\frac{R_6 \parallel R_{iS}}{R_I + R_6 \parallel R_{iS}} \right) = 8.84 \left(\frac{12k\Omega \parallel 2.04k\Omega}{2.00k\Omega + 12k\Omega \parallel 2.04k\Omega} \right) = 8.84(0.466) = 4.12$$

同样可看到,共栅极放大器的总增益值与简单估算值之间的差别要大于共基极放大器,因为 FET 跨导及 $g_m R_{th}$ 乘积项的值更低。二者的增益都小于 μ_f 的值,因此在图 5.22 中忽略 r_o 是合理的。

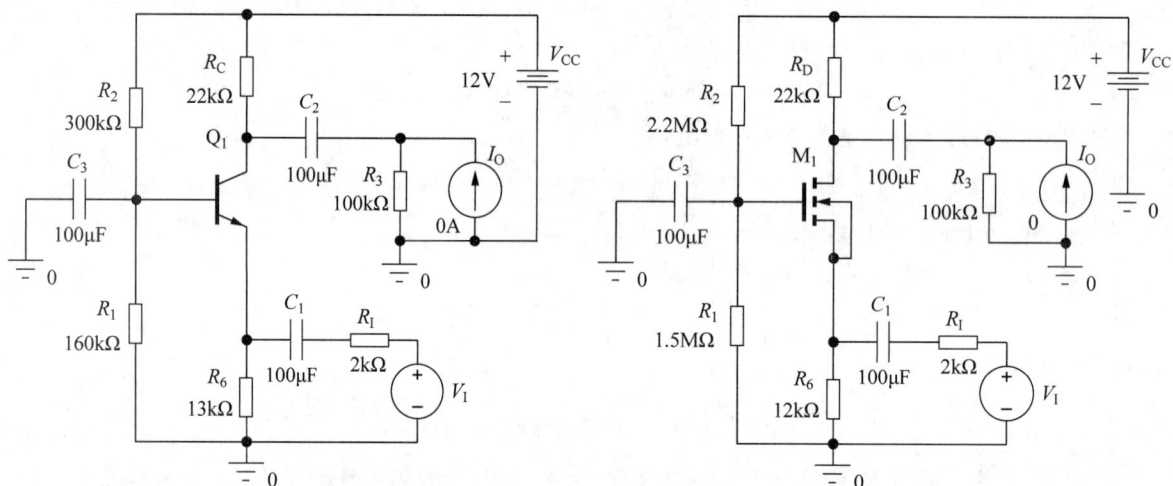

计算机辅助分析：利用 SPICE 工作点分析来检查非反相放大器的特性,然后进行交流分析,其中将 v_I 作为输入电压, v_o 作为输出电压。将所有电容设置成较大的值,例如 $100\mu F$,对频率进行扫描以得到中频带区域（如 FSTART=1Hz,FSTOP=100kHz,每十倍频程取 10 个频率采样点）。对两个电路进行分析得到共基极放大器的增益为 8.38,共栅极放大器的增益为 4.05。这些值与手工计算的结果十分接近。在仿真中考虑了晶体管的输出电阻 r_o（VAF=50V 或 LAMBDA=$0.02V^{-1}$）,但它造成的影响可以忽略。

共基极电路的输入电阻为 $R_{iE}=VE(Q1)/IE(Q1)$，$R_{in}^{CB}=VE(Q1)/I(C1)$，而共栅极电路的对应值为 $R_{iS}=VE(M1)/IS(M1)$，$R_{in}^{CG}=VS(M1)/I(C1)$。类似地，两种电路的输出电阻为 $R_{iC}=VC(Q1)/IC(Q1)$，$R_{out}^{CB}=VC(Q1)/I(C2)$，$R_{iD}=VD(M1)/ID(M1)$，$R_{out}^{CG}=VD(M1)/I(C2)$。这些结果列于表 5.7 中。

表 5.7 同相放大器比较（SPICE 结果）

	共基极放大器	共栅极放大器
A_v^{CB}，A_v^{CG}	$+8.38$	$+4.05$
R_{iE}，R_{iS}	112Ω	$2.08k\Omega$
R_{in}^{CB}，R_{in}^{CG}	111Ω	$1.77k\Omega$
R_{iC}，R_{iD}	$3.26M\Omega$	$416k\Omega$
R_{out}^{CB}，R_{out}^{CG}	$21.9k\Omega$	$20.9k\Omega$
v_i^{max}，(THD)	$104mV(0.27\%)$	$422mV(2.1\%)$

共基极放大器的输入电阻要远小于共栅极放大器的输入电阻，因为在给定的工作电流下，双极型晶体管的跨导要远大于 FET 的跨导。$R_{iC}\gg R_{iD}$ 也是因为双极晶体管的跨导较大，但是二者的总输出电阻相同，因为输出电阻由 R_C 和 R_D 控制。由于晶体管发射极电阻和源极电阻的存在，两种放大器的输入信号能力和抗谐波失真能力都大大提升。这些值均与手工计算的结果相符。

> **练习**：证明式(5.78)可简化成式(5.79)。
> **练习**：这两种放大器的开路电压增益($R_3\to\infty$)各为多少
> **答案**：10.4；5.04。
> **练习**：将例 5.5 中计算出的共基极和共栅极放大器的增益与式(5.81)和式(5.82)中的两个极限值进行比较。
> **答案**：$8.98<10.4\ll176$；$4.11<8.48<10.5$。

5.4.7 共基极/共栅极放大器小结

表 5.8 中总结了图 5.26 中共基极和共栅极放大器推导所得结果，图 5.4 所示的特定放大器的数值汇集在表 5.7 中，这些结果说明共基极放大器和共栅极放大器各种特性之间的对称性，其电压增益和电流增益非常类似，二者之间的数值差异是由于 BJT 和 FET 在类似工作点下的参数值差造成的。

表 5.8 共基极/共栅极放大器小结

	共基极放大器	共栅极放大器
端电压增益 $A_{vt}=\dfrac{v_o}{v_1}$	$+g_m R_L$	$+g_m R_L$
信号源电压增益 $A_v=\dfrac{v_o}{v_i}$ $R_{th}=(R_I\parallel R_6)$	$\dfrac{g_m R_L}{1+g_m R_{th}}\left(\dfrac{R_6}{R_1+R_6}\right)$	$\dfrac{g_m R_L}{1+g_m R_{th}}\left(\dfrac{R_6}{R_1+R_6}\right)$
输入端电阻	$\dfrac{1}{g_m}$	$\dfrac{1}{g_m}$
输出端电阻	$r_o(1+g_m R_{th})=r_o+\mu_f R_{th}$	$r_o(1+g_m R_{th})=r_o+\mu_f R_{th}$

续表

	共基极放大器	共栅极放大器
输入信号范围	$0.005(1+g_m R_{th})$	$0.2(V_{GS}-V_{TN})(1+g_m R_{th})$
端电流增益	$\alpha_o \approx 1$	1

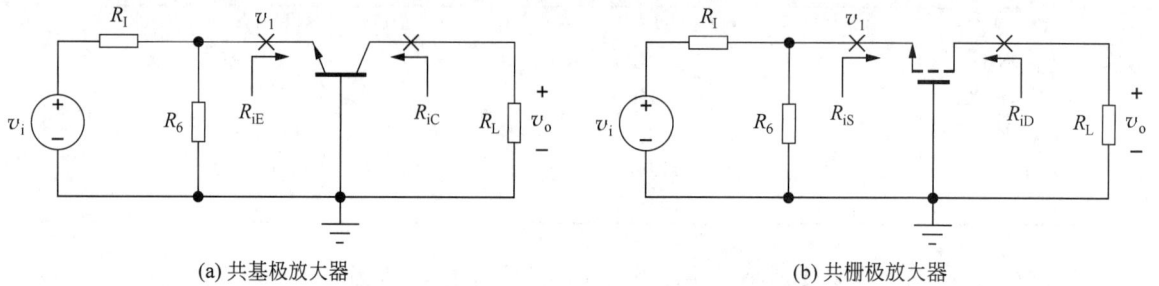

(a) 共基极放大器　　　　　　　　　　(b) 共栅极放大器

图 5.26　总结表 5.8 所示结果所用的电路

　　两种放大器都能提供较大的电压增益,低输入电阻和高输出电阻。BJT 具有更大的放大系数,有助于其获得高输出电阻；在给定的工作电流下,BJT 的跨导更高,因此共基极放大器更容易达到超低输入电阻。FET 放大器本身可处理更大的信号。

5.5　放大器原型回顾和比较

　　5.1 节~5.4 节比较了 3 种类型的双极型晶体管和场效应管电路：共射极/共源极,共集电极/共漏极和共基极/共栅极放大器。本节将回顾这些结果,并对这 3 种双极型晶体管和 FET 放大器的结构进行比较。

5.5.1　双极型晶体管放大器

　　表 5.9 总结了图 5.27 所示的 3 种双极型晶体管放大器的分析结果,表 5.10 给出了近似结果。

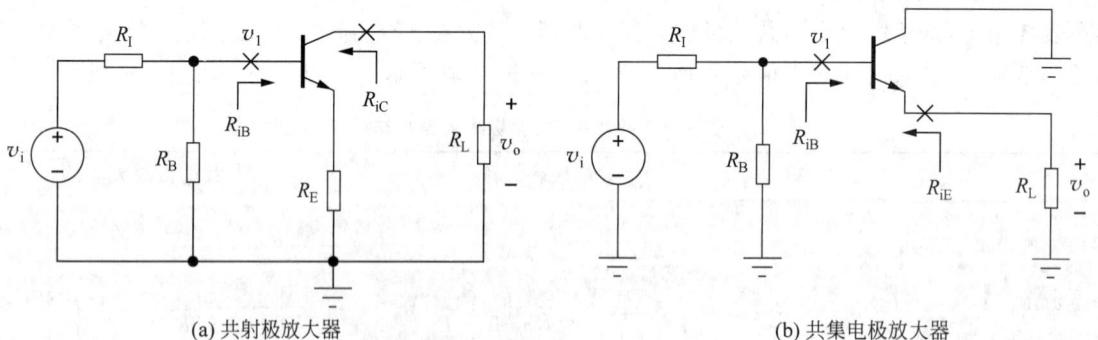

(a) 共射极放大器　　　　　　　　　　(b) 共集电极放大器

图 5.27　3 种 BJT 放大器的结构

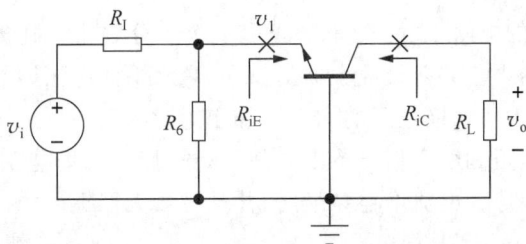

(c) 共基极放大器

图 5.27 （续）

回顾表 5.9 中的内容可得到一个非常有趣且重要的发现。如果假设源电阻上的电压损失很小,则 3 种放大器的小信号增益恰好具有相同的形式,即

$$|A_v| \approx \frac{g_m R_L}{1 + g_m R} \approx \frac{R_L}{\frac{1}{g_m} + R} \tag{5.91}$$

表 5.9　单级晶体管双极型放大器

	共射极放大器	共集电极放大器	共基极放大器
端电压增益 $A_{vt} = \dfrac{v_o}{v_1}$	$\approx -\dfrac{g_m R_L}{1 + g_m R_E}$	$\approx \dfrac{g_m R_L}{1 + g_m R_L} \approx 1$	$g_m R_L$
信号源电压增益 $A_v = \dfrac{v_o}{v_i}$	$-\dfrac{g_m R_L}{1 + g_m R_E}\left[\dfrac{R_B \parallel R_{iB}}{R_I + (R_B \parallel R_{iB})}\right]$	$\dfrac{g_m R_L}{1 + g_m R_L}\left[\dfrac{R_B \parallel R_{iB}}{R_I + (R_B \parallel R_{iB})}\right] \approx 1$	$\dfrac{g_m R_L}{1 + g_m (R_I \parallel R_6)}\left(\dfrac{R_6}{R_I + R_6}\right)$
输入端电阻	$r_\pi + (\beta_o + 1) R_E \approx r_\pi (1 + g_m R_E)$	$r_\pi + (\beta_o + 1) R_L \approx r_\pi (1 + g_m R_L)$	$\dfrac{\alpha_o}{g_m} \approx \dfrac{1}{g_m}$
输出端电阻	$r_o (1 + g_m R_E)$	$\dfrac{\alpha_o}{g_m} + \dfrac{R_{th}}{\beta_o + 1}$	$r_o [1 + g_m (R_I \parallel R_6)]$
输入信号范围	$\approx 0.005(1 + g_m R_E)$	$\approx 0.005(1 + g_m R_L)$	$\approx 0.005 [1 + g_m (R_I \parallel R_6)]$
端电流增益	$-\beta_o$	$\beta_o + 1$	$\alpha_o \approx 1$

其中 R 为晶体管发射极的外部电阻(分别为 R_E、R_L 或者 $R_I \parallel R_6$)。我们实际上只需要记住一个公式便能很好地估算出放大器的增益。

此外,输入信号范围也存在同样的对称性:

$$|v_{be}| \leqslant 0.005(1 + g_m R)\,\text{V} \tag{5.92}$$

注意,共射极和共集电极放大器的输入电阻,共基极放大器的输入电阻和共集电极放大器的输出电阻,以及共射极和共基极放大器的输出电阻的表达式十分相似。仔细回顾图 5.27 所示的 3 种放大器的拓扑结构,以全面理解导致这些对称性发生的原因。

式(5.91)中的第 2 项值需进行进一步讨论。所有 3 种双极型晶体管放大器的端增益大小都可表示为集电极总体电阻 R_L 与发射极回路的总电阻 R_{EQ} 之比。R_{EQ} 为外部电阻,即 R_E、R_L 或 $R_I \parallel R_6$ 与从晶体管本身发射极"看过去"的电阻 $1/g_m$ 之和。这是一个十分重要的概念化结果。

表 5.10 为简化的比较结果。共射极放大器提供中、高水平的电压增益，中等值的输入电阻、输出电阻和电流增益。共射极电路中发射极电阻的加入增加了电路设计的灵活性，并允许设计者在减小电压增益和提高输入电阻、输出电阻和输入信号范围之间进行权衡。共集电极放大器提供较小的电压增益、高输入电阻、低输出电阻和中等的电流增益。最后，共基极放大器提供中、高水平的电压增益、低输入电阻、高输出电阻和低电流增益。

表 5.10　简化的单级晶体管双极型放大器特性

	共射极放大器($R_E=0$)	带发射极电阻 R_E 的共射极放大器	共集电极放大器	共基极放大器
端电压增益 $A_{vt}=\dfrac{v_o}{v_1}$	$-g_m R_L \approx -10 V_{CC}$ （高）	$-\dfrac{R_L}{R_E}$ （中）	1 （低）	$g_m R_L \approx 10 V_{CC}$ （高）
输入端电阻	r_π（中）	$\beta_o R_E$（高）	$\beta_o R_L$（高）	$1/g_m$（低）
输出端电阻	r_o（中）	$\mu_f R_E$（高）	$1/g_m$（低）	$\mu_f(R_1 \parallel R_4)$（高）
电流增益	$-\beta_o$（中）	β_o（中）	β_o+1（中）	1（低）

5.5.2　FET 放大器

类似地，表 5.11 和表 5.12 是对图 5.28 所示 3 种 FET 放大器的总结。3 种放大器的信号源电压增益和信号范围可近似表示为

$$|A_v| \approx \frac{g_m R_L}{1+g_m R} = \frac{R_L}{\dfrac{1}{g_m}+R} \tag{5.93}$$

和

$$|v_{gs}| \leqslant 0.2(V_{GS}-V_{TN})(1+g_m R)\text{ V} \tag{5.94}$$

其中，R 为晶体管的源极电阻（分别为 R_5、R_L 或 $R_1 \parallel R_6$）。注意共源极放大器和共栅极放大器输出电阻之间的对称性。同时，共栅极放大器的输入电阻和共漏极放大器的输出电阻也是相同的。仔细回顾图 5.28 所示 3 种放大器的拓扑结构，以全面理解导致这些对称性发生的原因。共源极电路中电阻 R_S 的加入允许设计者可在减小电压增益和增加输出电阻及输入信号范围之间进行权衡。

表 5.11　单级场效应管放大器

	共源极放大器	共漏极放大器	共栅极放大器
端电压增益 $A_{vt}=\dfrac{v_o}{v_1}$	$-\dfrac{g_m R_L}{1+g_m R_S}$	$\dfrac{g_m R_L}{1+g_m R_L} \approx 1$	$g_m R_L$
信号源电压增益 $A_v=\dfrac{v_o}{v_i}$	$-\dfrac{g_m R_L}{1+g_m R_S}\left(\dfrac{R_G}{R_1+R_G}\right)$	$\dfrac{g_m R_L}{1+g_m R_L}\left(\dfrac{R_G}{R_1+R_G}\right) \approx 1$	$\dfrac{g_m R_L}{1+g_m(R_1 \parallel R_6)}\left(\dfrac{R_6}{R_1+R_6}\right)$

续表

	共源极放大器	共漏极放大器	共栅极放大器
输入端电阻	∞	∞	$1/g_m$
输出端电阻	$r_o(1+g_m R_S)$	$1/g_m$	$r_o[1+g_m(R_I \parallel R_6)]$
输入信号范围	$0.2(V_{GS}-V_{TN})(1+g_m R_S)$	$0.2(V_{GS}-V_{TN})(1+g_m R_L)$	$0.2(V_{GS}-V_{TN})[1+g_m(R_I \parallel R_6)]$
端电流增益	∞	∞	$+1$

表 5.12 单级场效应管放大器的简化特性

	共源极放大器$(R_S=0)$	带源极电阻 R_S 的共源极放大器	共漏极放大器	共栅极放大器
端电压增益	$-g_m R_L \approx -V_{DD}$	$-\dfrac{R_L}{R_S}$	1	$g_m R_L \approx V_{DD}$
$A_{vt}=\dfrac{v_o}{v_i}$	（中）	（中）	（低）	（中）
输入端电阻	∞（高）	∞（高）	∞（高）	$1/g_m$（低）
输出端电阻	r_o（中）	$\mu_f R_S$（高）	$1/g_m$（低）	$\mu_f(R_I \parallel R_6)$（高）
电流增益	∞（高）	∞（高）	∞（高）	1（低）

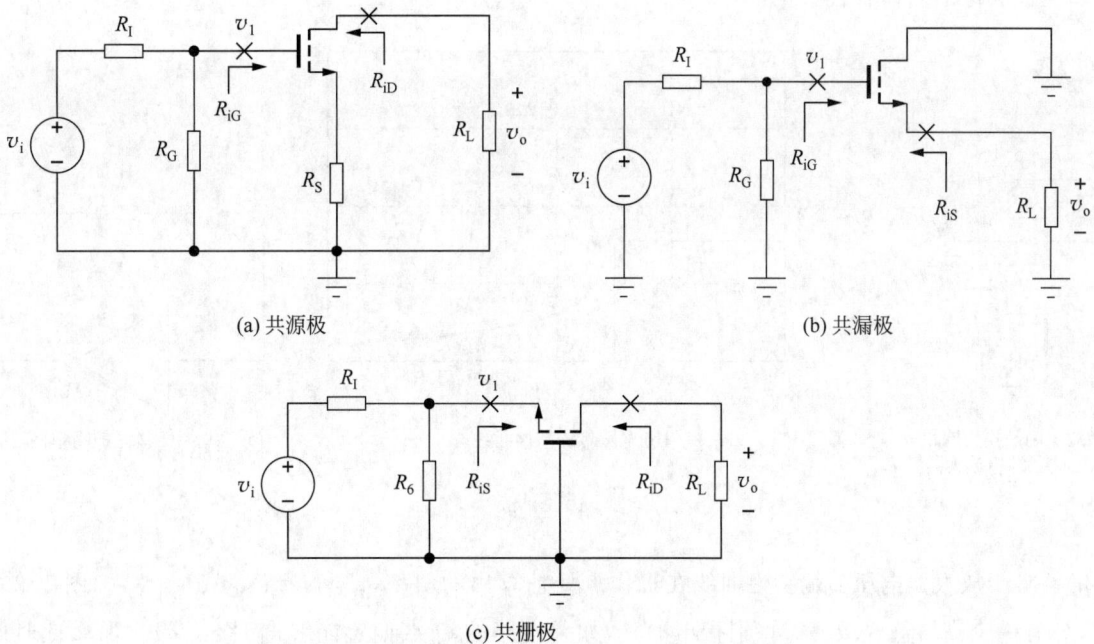

(a) 共源极

(b) 共漏极

(c) 共栅极

图 5.28 3 种场效管放大器的结构

与 BJT 放大器类似,3 种 FET 放大器端增益的幅值可以表示为漏极总电阻 R_L 和源极回路总电阻 R_{SQ} 的比值。R_{SQ} 为外部电阻 R_x,即 R_S、R_L 或 $R_I \parallel R_6$ 与从晶体管自身的源极"看过去"得到的电阻 $1/g_m$ 之和。因此,通过合适的注释,单级 BJT 和 FET 放大器增益的表达式可认为是一样的。

表 5.12 是对 FET 放大器的相对比较。共源极放大器提供中等的电压增益和输出电阻,但可提供高输入电阻和电流增益。共漏极放大器提供低电压增益和输出电阻及高输入电阻和电流增益。最后,共栅极放大器提供中等的电压增益,高输出电阻及低输入电阻和电流增益。表 5.9～表 5.12 在放大器设计的初期是非常有用的,因为为了满足设计要求,工程师必须选择放大器的基本结构。

设计提示

单级放大器的总增益幅值可近似表示为

$$| A_v | \approx \frac{g_m R_L}{1 + g_m R} = \frac{R_L}{\dfrac{1}{g_m} + R}$$

其中,R 为晶体管发射极或者源极回路的外部电阻。

到目前为止,我们已拥有了可用于解决电路设计问题的所有放大器结构的工具箱。在例 5.6 中,将说明如何运用所掌握的知识在不同的放大器结构间进行设计选择。

5.6 采用 MOS 反相器的共源极放大器

在集成电路中采用负载电阻会带来问题,因为相对于 MOS 晶体管的尺寸而言,电阻会占据相当大的面积。然而,设计中可采用一个晶体管来取代图 5.29 所示共源极放大器的负载电阻,其中 R_L 由一个工作在饱和区的晶体管代替[①]。

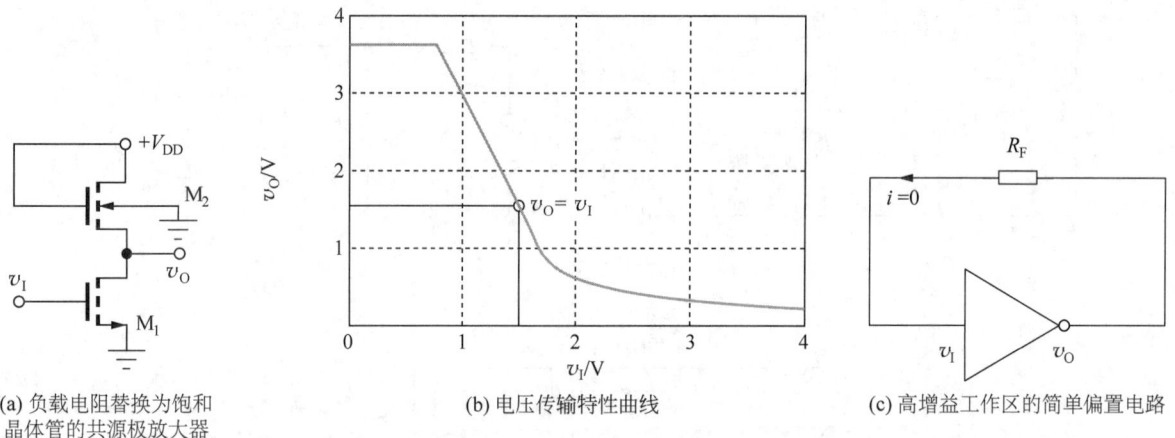

(a) 负载电阻替换为饱和 (b) 电压传输特性曲线 (c) 高增益工作区的简单偏置电路
晶体管的共源极放大器

图 5.29

增益等于放大器电压传输特性曲线在工作点处估算出的斜率,即 $A_v = dv_O/dv_I \big|_{Q点}$。图 5.29(b) 中 VTC 有一个高增益区域。需特别指出的是,如果电路的 Q 点偏置能够得到 $v_O = v_I$,那么此时的反相器就是一个高增益放大器。

————————————————————

① 由于连接关系进入饱和状态。

实际上利用负反馈可以很容易地将 MOS 反相器偏置到高增益区域,如图 5.29(c)所示[1]。由于没有直流电流流进 v_I,因此 v_I 和 v_O 必定相等,且电路工作在高增益区。

5.6.1　电压增益估算

现在利用已经学习过的单级晶体管放大器特性来估算图 5.29(a)所示电路的增益。M_1 被连接成共源晶体管形式,因此其增益为 $A_v = -g_{m1} R_L$,其中 R_L 为与 M_1 漏极连接的总负载电阻。负载电阻为 M_1 的输出电阻 r_{o1} 与 M_2 源极侧电阻 R_{iS2} 的并联,且 $R_{iS2} = 1/g_{m2}$,即

$$R_L = r_{o1} \parallel R_{iS2} = r_{o1} \parallel \frac{1}{g_{m2}} \approx \frac{1}{g_{m2}} \tag{5.95}$$

由于晶体管工作的漏极电流必须相同,我们期望 $r_{o1} \gg 1/g_{m2}$,于是电压增益变为

$$A_v^{CS} \approx -\frac{g_{m1}}{g_{m2}} = -\frac{\sqrt{2K_{n1}I_D}}{\sqrt{2K_{n2}I_D}} = -\sqrt{\frac{(W/L)_1}{(W/L)_2}} \tag{5.96}$$

带有饱和负载元器件的放大器的增益等于输入晶体管和负载晶体管宽长比(W/L)的平方根。设计者通过选择晶体管的尺寸来控制增益的大小,而与其他晶体管参数无关。遗憾的是,即使中等增益都需要 W/L 值有很大差异。例如,20dB 增益就需要 $(W/L)_1 = 100(W/L)_2$。

5.6.2　详细分析

现在我们对共源极放大器进行详细探讨,主要目的是考虑简化分析中忽略的效应。图 5.30 所示电路包含偏置电阻 R_F、耦合电容 C_1 和 C_2,以及外部负载电阻 R_3,小信号模型中包含晶体管 M_2 的背栅跨导(参见 4.8.4 节)。写出输出节点的节点方程可求得图 5.30 中放大器增益的表达式为

$$G_F(v_o - v_i) + g_{m1}v_i + v_o(g_{o1} + g_{o2} + G_F + G_3) - g_{m2}v_{gs2} - g_{mb2}v_{bs2} = 0 \tag{5.97}$$

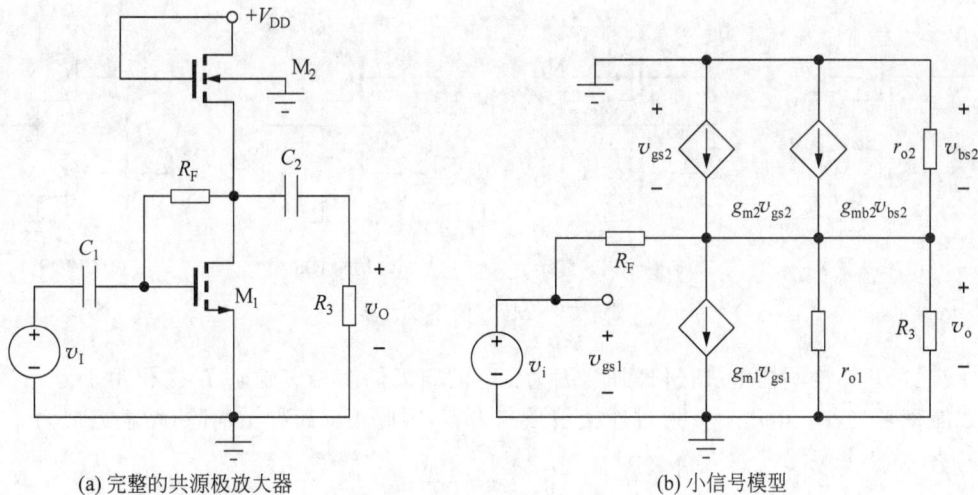

(a) 完整的共源极放大器　　　　　　　　　　　(b) 小信号模型

图　5.30

合并同类项,发现 v_{gs2} 和 v_{bs2} 均等于 $-v$,求解得到电压增益为

---

[1]　在第 6 章,将会看到怎样消除 R_F。

$$A_v^{CS} = \frac{v_o}{v_i} = -\frac{(g_{m1} - G_F)}{g_{m2}(1+\eta) + g_{o1} + g_{o2} + G_F + G_3} \tag{5.98}$$

其中 $g_{mb2} = \eta g_{m2}$。这一表达式可写成一个被大家更为认可的形式，即

$$A_v^{CS} \approx -g_{m1} R_L \tag{5.99}$$

其中，$R_L = R_3 \| R_F \| r_{o1} \| r_{o2} \| \dfrac{1}{g_{m2}(1+\eta)}$ 为输出节点的总等效电阻。我们应经知道 r_{o1} 和 r_{o2} 远大于 $1/g_{m2}$，且 R_F 通常被设计成远大于 R_3 的值。在大多数情况下，R_3 也将远大于 $1/g_{m2}$，因此增益可简化为

$$A_v^{CS} \approx -\frac{g_{m1}}{g_{m2}(1+\eta)} = \frac{1}{1+\eta}\sqrt{\frac{(W/L)_1}{(W/L)_2}} \tag{5.100}$$

除了由于背栅跨导引起的增益减小之外，式(5.100)和式(5.96)相同，有效负载电阻同样受到负载晶体管相对较大的电导的限制。

> **练习**：如果要达到 26dB 的增益，M_1 管的 W/L 值应为多少？其中 $\eta = 0.2$，$(W/L)_2 = 4/1$。
> **答案**：2290/1。

5.6.3 其他可选负载

为了提高电路的增益，需要从负载电阻的表达式，即式(5.99)中去除 g_{m2}。在对逻辑门的学习中我们了解了大量可用于负载元器件的晶体管结构，如图 5.31 所示。NMOS 管可用作线性负载和耗尽模式负载，而 PMOS 管可构成伪 NMOS 管和 CMOS 反相器。这些电路中的任何一个都可以替代图 5.30 中的饱和负载反相器。

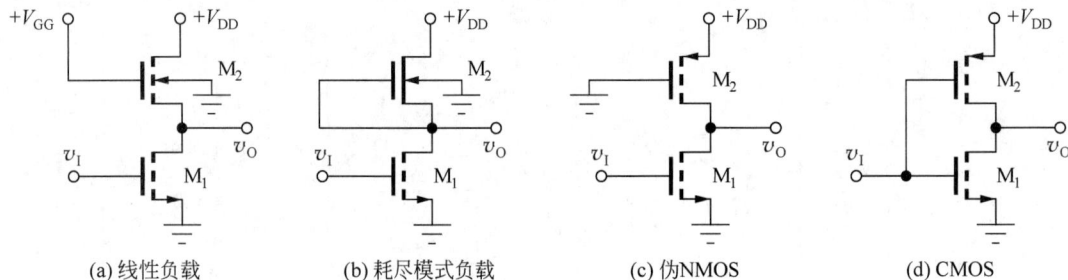

图 5.31 MOS 反相放大器

不过，线性负载结构不能解决任何问题，因为 M_2 的栅极仍然为交流地，R_{iS2} 仍由 $1/g_{m2}$ 决定，但耗尽模式负载能带来改进。电压 v_{GS} 通过连接被强制为零，因此正向跨导被消除，增益近似为

$$A_v^{CS} \approx -\frac{g_{m1}}{\eta g_{m2}} \tag{5.101}$$

其中增益会提高至 $(1+\eta)/\eta$ 倍。当 $\eta = 0.2$ 时，增益增大为原来的 6 倍。在分立电路中，v_{BS} 也可以设置为零，背栅跨导同样可以消除。对于这种情况，增益变为

$$A_v^{CS} \approx -g_{m1} R_L = -g_{m1}(R_3 \| R_F \| r_{o1} \| r_{o2}) \approx -g_{m1} R_3 \tag{5.102}$$

由于希望 r_{o1} 和 r_{o2} 远大于 R_3，因此也可将 R_F 设计成远大于 R_3 的值。这种结构要比原始的共源极电路的增益更大，因为外部负载电阻 R_3 通常要大于漏极电阻 R_D。

图 5.31(c)和(d)所示电路采用了 PMOS 管,并要求采用 CMOS 工艺。对于伪 NMOS 反相器,晶体管 M_1 的负载电阻与式(5.102)中所给电阻相同,增益也相同。在图 5.32 所示的 CMOS 反相器中,晶体管按照并联方式连接:栅极连接在一起,漏极连接在一起,源极均为交流地电位。输入同时施加在两个栅极端,因此增益表达式变为

$$A_v^{CS} \approx -(g_{m1}+g_{m2})R_L = -g_{m1}(R_3\|R_F\|r_{o1}\|r_{o2})$$

$$\approx -(g_{m1}+g_{m2})R_3 \qquad (5.103)$$

对于对称反相器设计 $K_p = K_n$,增益可提高至原来的两倍。

需指出的是,如果采用对称 CMOS 反相器,除去 R_3,并使 R_F 取大值,则增益近似为

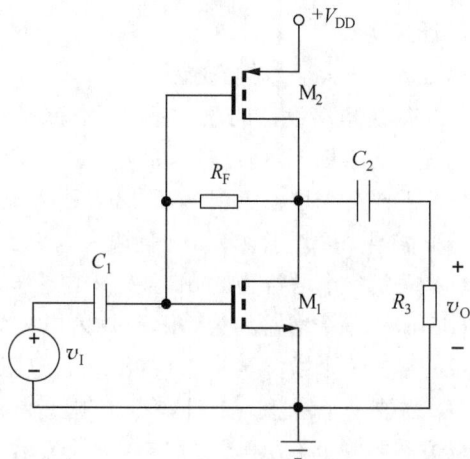

图 5.32 采用 CMOS 反相器的共源极放大器

$$A_v^{CS} \approx -(g_{m1}+g_{m2})(r_{o1}\|r_{o2}) = -2g_{m1}\frac{r_{o1}}{2} \approx -\mu_f \qquad (5.104)$$

我们已经找到了增益等于晶体管放大系数的电路,再也得不到比这更好的电路了。在后面几章中将采用类似技术来设计高性能放大器电路。

5.6.4 输入电阻和输出电阻

借助图 5.33 所示电路可求得放大器的输入电阻。求出用 v_x 表示的 i_x 表达式,并可算出 R_{in} 为

$$i_x = \frac{v_x - v_e}{R_F} = \frac{v_x - (-A_v v_x)}{R_F} = v_x\left(\frac{1+A_v}{R_F}\right) \text{ 和 } R_{in} = \frac{v_x}{i_x} = \frac{R_F}{1+A_v}$$

$$(5.105)$$

对于高增益,输入电阻近似等于反馈电阻除以放大器增益。

如果将图 5.30(b)中的输入源 v_i 设置为零,我们立即会发现输出电阻变为

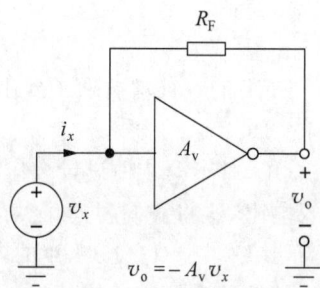

$$v_o = -A_v v_x$$

图 5.33 决定输入电阻的电路

$$R_{out} = R_F\|r_{o1}\|r_{o2}\|\frac{1}{g_{m2}(1+\eta)} \quad \text{或} \quad R_{out} = R_F\|r_{o1}\|r_{o2}$$

$$(5.106)$$

这些均取决于放大器的结构。

练习:求出图 5.30 中放大器的 Q 点,其中 $R_F = 1\text{M}\Omega$,$K_n' = 100\mu\text{A/V}^2$,$V_{TN} = 1\text{V}$,$\lambda = 0.02$,$\eta = 0$,$(W/L)_1 = 8/1$,$(W/L)_2 = 2/1$,$V_{DD} = 5\text{V}$。

答案:$V_o = 2.01\text{V}$,$I_o = 421\mu\text{A}$。

练习:求出图 5.32 中放大器的 Q 点,其中 $R_F = 560\text{k}\Omega$,$K_n' = 100\mu\text{A/V}^2$,$K_p' = 40\mu\text{A/V}^2$,$V_{TN} = 0.7\text{V}$,$V_{TP} = 0.7\text{V}$,$\lambda = 0.02$,$\eta = 0$,$(W/L)_1 = 20/1$,$(W/L)_2 = 50/1$,$V_{DD} = 3.3\text{V}$。

答案:$V_o = 1.65\text{V}$,$I_o = 932\mu\text{A}$。

设计实例

例 5.6 放大器结构选择。

为了解决电路设计问题，首先必须确定所需采用的电路拓扑结构。在此将给出很多实例。

问题：对于以下每种应用，最好应选择什么样的放大器结构？

（a）需要一个增益近似为 80dB 且输入电阻为 $100\text{k}\Omega$ 的单级晶体管放大器。

（b）需要一个增益为 52dB 且输入电阻为 $250\text{k}\Omega$ 的单级晶体管放大器。

（c）需要一个增益为 30dB 且输入电阻至少为 $5\text{M}\Omega$ 的单级晶体管放大器。

（d）需要一个增益约为 0dB 且输入电阻为 $20\text{M}\Omega$、负载电阻为 $10\text{k}\Omega$ 的单级晶体管放大器。

（e）需要一个增益至少为 0.98，输入电阻至少为 $250\text{k}\Omega$ 且负载电阻为 $5\text{k}\Omega$ 的跟随器。

（f）需要一个增益为 10 且输入电阻为 $2\text{k}\Omega$ 的单级晶体管放大器。

（g）需要一个输出电阻为 25Ω 的放大器。

解：

已知量：每种应用都提供了最少的信息量，通常只有一个电压增益和电阻设计要求。

未知量：电路拓扑结构。

求解方法：运用对不同结构放大器的电压增益、输入电阻和输出电阻的估算公式来进行选择。

假设：电流增益、厄利电压、供电电压等的典型值将根据所需进行假设，$\beta_o = 100$，$0.25\text{V} \leqslant V_{GS} - V_{TN} \leqslant 1\text{V}$，$V_T \leqslant 0.025\text{V}$，$V_A \leqslant 80\text{V}$，$1/\lambda \leqslant 80\text{V}$。

分析：（a）所需的电压增益为 $A_v = 10^{80/20} = 10000$。这一电压增益值甚至超出了 BJT 的最佳本征电压增益值：

$$A_v \leqslant \mu_f = 40V_A = 40(80) = 3200$$

FET 的本征增益通常要小得多，情况更差。因此，采用单级晶体管放大器无法满足如此大的增益需求。

（b）对于第 2 种设计要求，有 $R_{in} = 250\text{k}\Omega$，$A_v = 10^{52/20} \approx 400$，要求同时满足高增益和相对较大的输入电阻，这将我们引向了共射极放大器。对于共射极放大器，$A_v = 10V_{CC} \rightarrow V_{CC} = 40\text{V}$，该值比较大。然而，$10V_{CC}$ 是对电压增益的一个保守估算，通常要低 $1/3 \sim 1/2$，因而用相对较小的电源电压，例如 20V 就能达到相应的增益值。为了达到输入电阻要求，需要 r_π 超过 $250\text{k}\Omega$。

$$r_\pi = \frac{\beta_o V_T}{I_C} \geqslant 250\text{k}\Omega \rightarrow I_C \leqslant \frac{100(0.025\text{V})}{2.5 \times 10^5 \Omega} = 10\mu\text{A}$$

这个值比较小，但还能接受。用 FET 来实现增益要求的难度要大得多。例如，采用很小的栅极驱动电压，则有

$$A_v = \frac{V_{DD}}{V_{GS} - V_{TN}} \approx \frac{V_{DD}}{0.25\text{V}} \rightarrow V_{DD} = 100\text{V}$$

对于绝大多数固态设计电路而言该值超出了合理的范围。需指出的是，增益的符号并没有详细的规定，因此基于有限的设计要求，无论是正还是负增益都可以。然而，同相放大器（共基极或者共栅极放大器）的输入电阻较低。

（c）在这一应用中，要求 $R_{in} \geqslant 5\text{M}\Omega$ 且 $A_v = 10^{30/20} \approx 31.6$——这是一个大输入电阻、中等增益值。这些要求采用共源极放大器可以很容易满足

$$A_v = \frac{V_{DD}}{V_{GS} - V_{TN}} = \frac{15\text{V}}{0.5\text{V}} = 30$$

输入电阻通过栅极偏置电阻(图 5.2 中的 R_1 和 R_2)的选择进行设置,可以用标准电阻实现 5MΩ 的输入电阻。

由于增益为中等大小,因此用带有发射极电阻的共射极放大器就可实现所需的高输入电阻,尽管基极偏置电阻可能会成为一个限制因素。例如,输入电阻和电压增益的要求可近似通过如下情况来满足

$$R_{in} \approx \beta_o R_E \geqslant 5M\Omega \rightarrow R_E \geqslant \frac{5M\Omega}{100} = 50k\Omega \quad \text{和} \quad |A_v| = \frac{R_L}{R_E} \rightarrow R_L = 1.5M\Omega$$

(d) 0dB 增益对应一个跟随器。一方面,对于射极跟随器,$R_{in} \approx \beta_o R_E \approx 100(10k\Omega) = 1M\Omega$,因此 BJT 无法满足输入电阻的要求;另一方面,源极跟随器可提供一个近似为 1 的增益,且容易满足所需的输入电阻要求。

(e) 采用源极跟随器或射极跟随器都可满足增益为 0.98 和输入电阻为 250kΩ 的设计要求。对于 MOSFET,则有

$$A_v = \frac{g_m R_L}{1 + g_m R_L} = 0.98$$

且要求 $g_m R_L = \frac{2I_D R_L}{V_{GS} - V_{TN}} = 49$。

当 $V_{GS} - V_{TN} = 0.5V$ 时,可用 $I_D R_L = 12.3V$ 来满足这一要求。

对于双极型晶体管可以采用更低的电源电压来满足增益要求,且同时可满足输入电阻的设计要求 $R_{in} \approx \beta_o R_E \approx 100(5k\Omega) = 500k\Omega$,因此有

$$g_m R_L = \frac{I_C R_L}{V_T} = 49 \rightarrow I_C R_L = 49(0.025V) = 1.23V$$

(f) 通过选择合适的工作点,可以用共基极放大器或者共栅极放大器来实现一个增益为 10 和输入电阻为 2kΩ 的同相放大器。用 MOSFET 或者双极型晶体管都可以轻松地实现值为 10 的增益:$A_v = V_{DD}/(V_{GS} - V_{TN})$ 或 $A_v = 10V_{CC}$,以及 $R_{in} \approx 1/g_m = 2k\Omega$ 的设计要求。

(g) 25Ω 是一个很小的输出电阻。跟随器是提供小输出电阻的唯一选择。对于跟随器而言,$R_{out} = 1/g_m$,因此需要 $g_m = 40mS$。

对于双极型晶体管,有 $I_C = g_m V_T = 40mS(25mV) = 1mA$

对于 MOSFET,有

$$I_D = \frac{g_m(V_{GS} - V_{TN})}{2} = \frac{40mS(0.5V)}{2} = 10mA$$

$$K_n = \frac{g_m^2}{2I_D} = \frac{(40mS)^2}{2(10mA)} = 0.08 \frac{A}{V^2} \quad \text{和}$$

$$\frac{W}{L} = \frac{K_n}{K_n'} = \frac{80mA/V^2}{50\mu A/V^2} = \frac{1600}{1}$$

两种器件均能满足 25Ω 的要求,不过双极型晶体管所需的电流更小。另外,MOSFET 需要很大的 W/L 值。

讨论:这里所展现的工作代表初步尝试,这些工作并不能保证完全满足所有的设计指标。在初步完成某一完整的设计后,后续可能会修改电路的选择,或者在更为复杂的放大器结构中采用多个晶体管。

练习：假设例5.6中(b)的BJT放大器将采用与图P5.1(f)所示电路类似的电路设计而成（见第433页），并用对称的15V电源供电。试选择一个集电极电流。

答案：$5\mu A$（不考虑R_B的影响时为$10\mu A$）。

练习：对于例5.6中(f)的输入电阻设计要求，若采用BJT来实现，试估算出所需的集电极电流。

答案：$12.5\mu A$。

5.7　耦合电容和旁路电容设计

到目前为止，我们一直假设耦合电容和旁路电容的阻抗可以忽略不计，专注于理解单级晶体管构建模块在其中频带工作时的特性。然而，由于电容阻抗随着频率降低而增加，在低频下耦合电容和旁路电容通常会降低放大器的增益。本节将探索如何选取这些电容的值来确保中频带假设是合理的。三类放大器都会逐一进行分析。所采用的技术与将要在第8章中详细学习的短路时间常数（SCTC）方法相关。在这种方法中，每个电容都是通过将其他电容用短路$C \rightarrow \infty$替换来单独考虑的。

5.7.1　共射极和共源极放大器

首先选择图5.2中共射极和共源极放大器的电容值。此时，假设C_3的值仍为无穷大，因此将R_E和R_S的底部短路接地，如图5.34(a)和图5.34(b)所示。

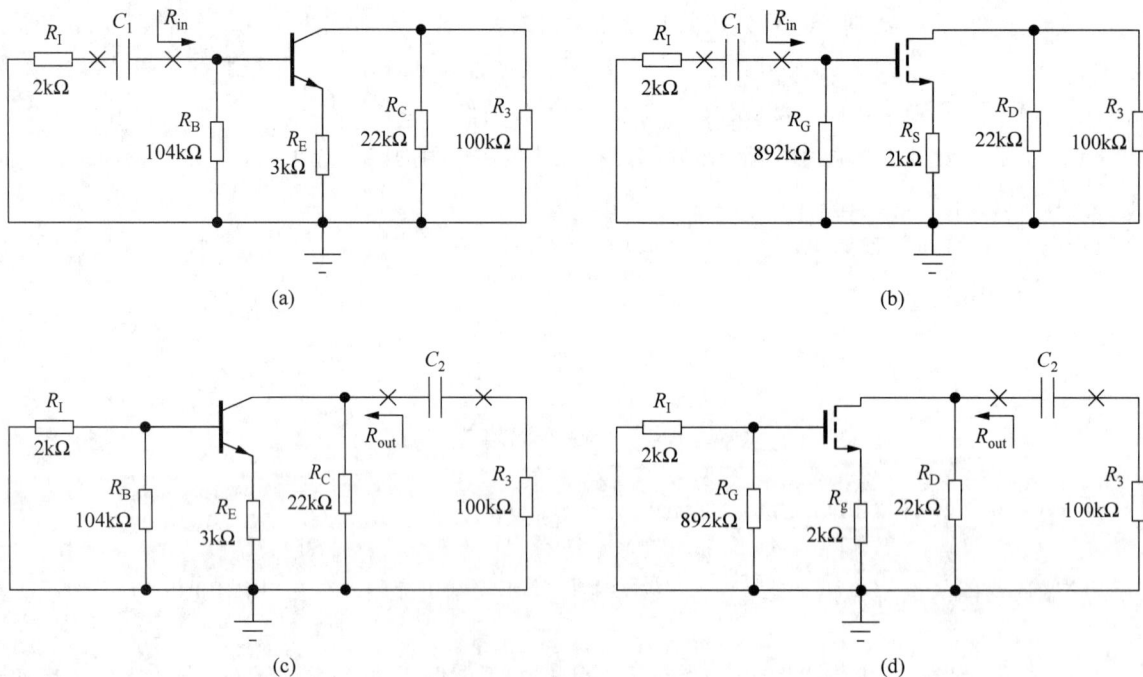

图5.34　共射极和共源极放大器中的耦合电容

耦合电容 C_1 和 C_2

首先考虑 C_1。为了使 C_1 被忽略，需要使电容的阻抗幅值（容性电抗）远小于出现在其端口处的等效电阻。参照图 5.34 可发现从电容 C_1 向左侧"看过去"（$v_i = 0$）得到的电阻为 R_I，向右侧"看过去"得到的电阻为 R_{in}。因此，对于 C_1 的设计要求为

$$\frac{1}{\omega C_1} \ll (R_I + R_{in}) \quad \text{或} \quad C_1 \gg \frac{1}{\omega (R_I + R_{in})} \tag{5.107}$$

频率 ω 的值为给定应用中所要求中频带工作的最低频率。

对于共射极放大器，偏置电阻 R_B 与晶体管的输入电阻并联，因此 $R_{in} = R_B \| R_{iB}$。对于共源极放大器，偏置电阻 R_C 与晶体管的输入电阻一起进行分流，故有 $R_{in} = R_G \| R_{iG} = R_G$。

对 C_2 采用类似分析。我们要求电容的阻抗要远小于出现在其端口处的等效电阻的值。参照图 5.34(b)，电容 C_2 左侧的电阻为 R_{out}。向右侧"看过去"得到的电阻为 R_3。因此，C_2 必须满足

$$\frac{1}{\omega C_2} \ll (R_{out} + R_3) \quad \text{或} \quad C_2 \gg \frac{1}{\omega (R_{out} + R_3)} \tag{5.108}$$

对于共射极放大器，集电极电阻 R_C 与晶体管的输出电阻并联，因此有 $R_{out} = R_C \| R_{iC}$。对于共源极放大器，漏极电阻 R_D 与晶体管的输出电阻一起进行分流，故有 $R_{out} = R_D \| R_{iD}$。

电 子 应 用

再次分析 CMOS 图像传感器电路

《深入理解微电子电路设计——电子元器件原理及应用（原书第 5 版）》第 4 章中首次提到电子学发展时，我们介绍了 CMOS 图像传感电路。芯片包含 130 万像素，1280×1024 个图像阵列。通常光电二极管像素单元中会包含一个光电二极管传感电路。下面运用晶体管放大器的知识，再来学习传感器的电路。

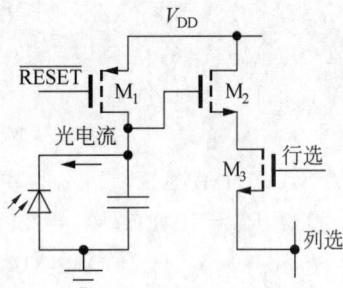

DALSA 800 万像素 CMOS 图像传感器[①]典型的二极管像素结构

M_1 是复位开关，施加 $\overline{RESET}$ 信号后，电容充电到 V_{DD}。去掉复位信号，光电二极管在光照作用下产生光电流，给电容充电。光照结束时，电容的电压由光照强度决定。晶体管 M_2 是源跟随器，在光电二极管节点起到缓冲作用。源跟随器将二极管节点的信号电压转化成输出电压，损耗几乎为零。M_2 的直流输入阻抗为无穷大，因此不会干扰光电二极管的输出电压。这样，M_2 的源极电压就可以通过 M_3 转移到输出列。源跟随器以较低的输出阻抗驱动输出列电容。开关 M_3 选择合适的 W/L 值，可以保证其不会过多地减小整个电路的输出电阻。

---

① 图中的芯片是 DALSA CMOS 图像传感器，由 Dalso 公司授权引用。

旁路电容 C_3

C_3 所对应的公式稍有不同。图 5.35 所示电路假设可忽略电容 C_1 和 C_2 的阻抗。在图 5.35(a)中，C_3 两端的等效电阻等于 R_4 与往上向晶体管发射极"看过去"得到的电阻之和 $R_E + 1/g_m$ 的并联[①]。因此，对于共射极和共源极放大器，C_3 必须满足

$$C_3 \gg \frac{1}{\omega \left[R_4 \middle\| \left(R_E + \frac{1}{g_m} \right) \right]} \quad \text{或} \quad C_3 \gg \frac{1}{\omega \left[R_4 \middle\| \left(R_S + \frac{1}{g_m} \right) \right]} \tag{5.109}$$

为了满足式(5.107)～式(5.109)的不等关系，设置电容值约为式中计算值的 10 倍。

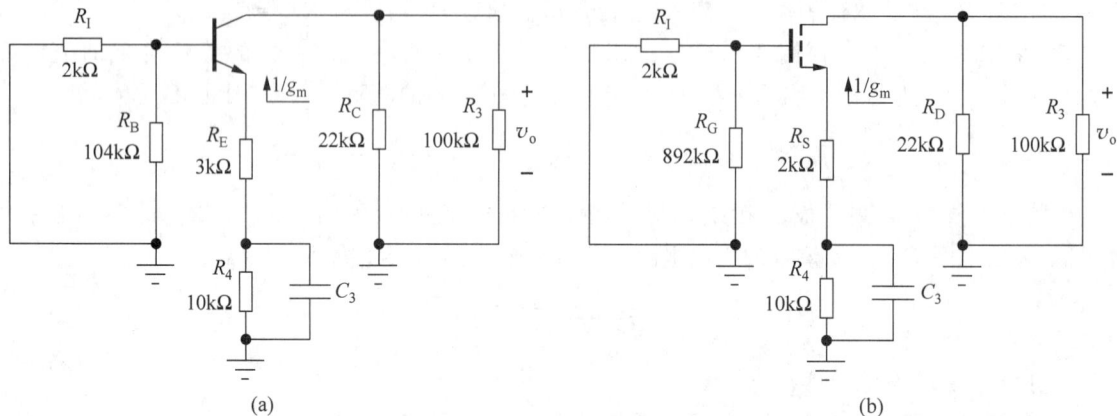

图 5.35 共射极和共源极放大器的旁路电容

设计实例

例 5.7 对共射极和共源极放大器的电容进行设计。

本例选择了图 5.2、图 5.34 和图 5.35 中两种反相放大器中的 3 个电容值。

问题：选择图 5.2 中放大器的耦合电容和旁路电容的电容值，使电容在 1kHz 的频率下被忽略（1kHz 代表音频范围内的任意频率选择）。

解：

已知量：频率 $f = 1000\text{Hz}$；图 5.2 所示的共射极放大器及表 5.3 所示的相关参数为 $R_{iB} = 310\text{k}\Omega$，$R_{iC} = 4.55\text{M}\Omega$，$R_I = 2\text{k}\Omega$，$R_B = 104\text{k}\Omega$，$R_C = 22\text{k}\Omega$，$R_E = 3\text{k}\Omega$，$R_4 = 10\text{k}\Omega$，$R_3 = 100\text{k}\Omega$；对于表 5.4 所示的共源极放大器，有 $R_{iG} \to \infty$，$R_{iD} = 442\text{k}\Omega$，$R_I = 2\text{k}\Omega$，$R_G = 892\text{k}\Omega$，$R_D = 22\text{k}\Omega$，$R_S = 2\text{k}\Omega$，$R_4 = 10\text{k}\Omega$，$R_3 = 100\text{k}\Omega$。

未知量：共射极和共源极放大器的电容 C_1、C_2 和 C_3 的值。

求解方法：将已知量代入式(5.107)～式(5.109)中。从附录 A 中选择最相近的值。

假设：满足小信号工作条件，$V_T = 25\text{mV}$。

分析：对于共射极放大器，有

---

① 对于双极型晶体管，忽略了 $R_{th}/(\beta_o + 1)$ 项。因为这一附加项会增加等效电阻的值，因此忽略该项使得式(5.109)计算结果偏于保守。

$$R_{in} = R_B \parallel R_{iB} = 104\text{k}\Omega \parallel 310\text{k}\Omega = 77.9\text{k}\Omega$$

$$R_{out} = R_C \parallel R_{iC} = 22\text{k}\Omega \parallel 4.55\text{M}\Omega = 21.9\text{k}\Omega$$

$$C_1 \gg \frac{1}{\omega(R_I + R_{in})} = \frac{1}{2000\pi(2\text{k}\Omega + 77.9\text{k}\Omega)} = 1.99\text{nF} \rightarrow C_1 = 0.02\mu\text{F}(20\text{nF})^{①}$$

$$C_2 \gg \frac{1}{\omega(R_{out} + R_3)} = \frac{1}{2000\pi(21.9\text{k}\Omega + 100\text{k}\Omega)} = 1.31\text{nF} \rightarrow C_2 = 0.015\mu\text{F}(15\text{nF})$$

$$C_3 \gg \frac{1}{\omega\left[R_4 \parallel \left(R_E + \dfrac{1}{g_m}\right)\right]} = \frac{1}{2000\pi\left[10\text{k}\Omega \parallel \left(3\text{k}\Omega + \dfrac{1}{9.8\text{mS}}\right)\right]} = 67.2\text{nF} \rightarrow C_3 = 0.68\mu\text{F}$$

对于共源极放大器，$R_{in} = R_G$，因为晶体管栅极的输入电阻为无穷大，$R_{out} = R_D \parallel R_{iD}$，且有

$$C_1 \gg \frac{1}{\omega(R_I + R_{in})} = \frac{1}{2000\pi(2\text{k}\Omega + 892\text{k}\Omega)} = 178\text{pF} \rightarrow C_1 = 1800\text{pF}$$

$$C_2 \gg \frac{1}{\omega(R_{out} + R_3)} = \frac{1}{2000\pi(21.9\text{k}\Omega + 100\text{k}\Omega)} = 1.31\text{nF} \rightarrow C_2 = 0.015\mu\text{F} \quad (15\text{nF})$$

$$C_3 \gg \frac{1}{\omega\left[R_4 \parallel \left(R_S + \dfrac{1}{g_m}\right)\right]} = \frac{1}{2000\pi\left[10\text{k}\Omega \parallel \left(2\text{k}\Omega + \dfrac{1}{0.491\text{mS}}\right)\right]} = 55.3\text{nF} \rightarrow C_3 = 0.56\mu\text{F}$$

结果检查：对计算结果再次进行检查表明结果是正确的。仿真是一种检查分析结果很好的方法。

讨论：我们已经选择了在1kHz频率下电抗可被忽略的电容值，并且期望放大器的下限截止频率要低于此频率。在本例中频率是随意选择的，具体取决于实际应用中的最小频率。

计算机辅助设计：下图给出了包含本例中所设计电容的共射极放大器的SPICE仿真结果。中频带增益为15dB，下限截止频率为195Hz。注意图中低频处幅频特征曲线上的40dB/十倍频程斜率表示有两个极点。

斜率表明在直流情况下有两个零点与电容C_1和C_2有关。信号在直流情况下无法通过任何一个电容，因此频率响应曲线在原点处出现了两个零点。我们以拥有3个大约在100Hz(1kHz/10)的低频零点的放大器结束，带宽减小使得最终得到的下限截止频率f_L增加到了195Hz。

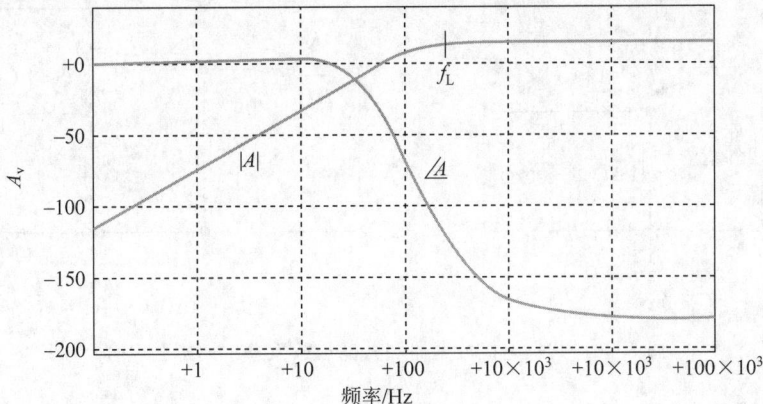

共射极放大器的频率响应曲线

---

① 采用 $C_1 = 10(1.99\text{nF})$ 来满足该不等式。

练习：如果频率为 $250\mathrm{Hz}$，且 R_1 和 R_3 的值分别变为 $1\mathrm{k}\Omega$ 和 $82\mathrm{k}\Omega$，重新估算例 5.7 中两个放大器的电容值。

答案：$8.05\mathrm{nF}\rightarrow0.082\mu\mathrm{F}$，$0.269\mu\mathrm{F}\rightarrow2.7\mu\mathrm{F}$，$6.13\mathrm{nF}\rightarrow0.068\mu\mathrm{F}$；$713\mathrm{pF}\rightarrow8200\mathrm{pF}$，$6.40\mathrm{nF}\rightarrow0.068\mu\mathrm{F}$，$0.221\mu\mathrm{F}\rightarrow2.2\mu\mathrm{F}$。

练习：用 SPICE 仿真共源极放大器的频率响应，并求出中频带增益和下限截止频率。

答案：$12.8\mathrm{dB}$；$185\mathrm{Hz}$。

5.7.2 共集电极和共漏极放大器

图 5.4 所示的共集电极和共漏极放大器中只有两个耦合电容。为了能够忽略 C_1，电容的阻抗必须远小于出现在其端口处的等效电阻。参考图 5.36，可发现 C_1 左侧的电阻为 R_I，C_1 右侧的电阻为 R_{in}。因此，C_1 的设计要求与式(5.107)相同，即

$$\frac{1}{\omega C_1}\ll(R_I+R_{\mathrm{in}})\quad\text{或}\quad C_1\gg\frac{1}{\omega(R_I+R_{\mathrm{in}})}\tag{5.110}$$

一定注意式(5.110)中输入电阻和输出电阻的值与式(5.107)中的阻值有所不同。对于共集电极放大器，偏置电阻 R_B 与晶体管的输入电阻并联，因此 $R_{\mathrm{in}}=R_B\parallel R_{\mathrm{iB}}$。对于共漏极放大器，栅极偏置电阻 R_G 与晶体管的输入电阻并联，故有 $R_{\mathrm{in}}=R_G\parallel R_{\mathrm{iG}}$。

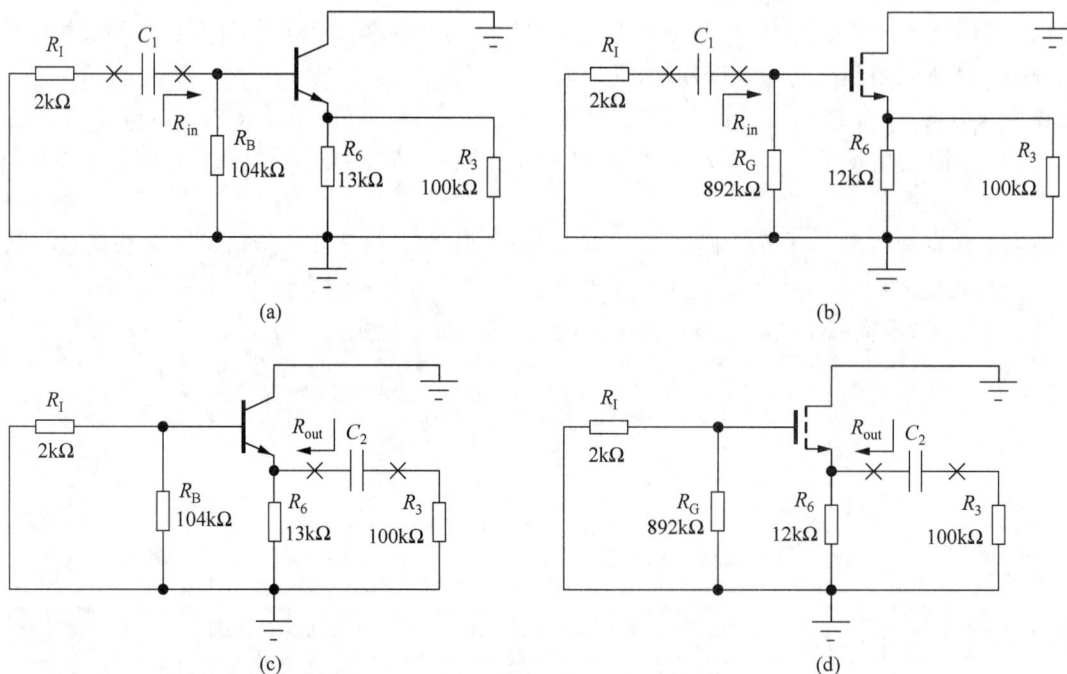

图 5.36　共集电极放大器和共漏极放大器中的耦合电容

对于 C_2，电容 C_2 左侧的电阻为 R_{out}，C_2 右侧的电阻为 R_3，因此，C_2 的设计要求满足

$$\frac{1}{\omega C_2}\ll(R_{\mathrm{out}}+R_3)\quad\text{或}\quad C_2\gg\frac{1}{\omega(R_{\mathrm{out}}+R_3)}\tag{5.111}$$

其中 $R_{\mathrm{out}}=R_6\parallel R_{\mathrm{iE}}$，因为电阻 R_6 与晶体管的输出电阻并联。需再次指出的是，式(5.111)中的 R_{out}

值与式(5.108)中的 R_{out} 值不同。

设计实例

例5.8　共集电极和共漏极放大器中的电容设计。

本例将为图5.4和图5.36中的跟随器选择电容值。

问题：为图5.4和图5.36中的放大器选择耦合电容及旁路电容的值，使电容在2kHz频率下可被忽略。

解：

已知量：频率 $f = 2000\text{Hz}$；图5.4中的共集电极放大器和表5.5中相关参数为 $R_{iB} = 1.17\text{M}\Omega$，$R_{iC} = 0.121\text{k}\Omega$，$R_6 = 13\text{k}\Omega$，$R_1 = 2\text{k}\Omega$，$R_B = 104\text{k}\Omega$，$R_3 = 100\text{k}\Omega$；对于共漏极放大器，有 $R_{iG} = \infty$，$R_{iS} = 2.04\text{k}\Omega$，$R_6 = 12\text{k}\Omega$，$R_1 = 2\text{k}\Omega$，$R_G = 892\text{k}\Omega$ 和 $R_3 = 100\text{k}\Omega$。

未知量：共集电极和共漏电极放大器的电容 C_1 和 C_3 的值。

求解方法：将已知数据代入式(5.110)式(5.111)中。从附录A中选择最为接近的电容值。

假设：满足小信号工作条件。

分析：对于共集电极放大器，有

$$R_{in} = R_B \| R_{iB} = 104\text{k}\Omega \| 1.17\text{M}\Omega = 95.5\text{k}\Omega$$

$$C_1 \gg \frac{1}{\omega(R_1 + R_{in})} = \frac{1}{4000\pi(2\text{k}\Omega + 95.5\text{k}\Omega)} = 816\text{pF} \rightarrow C_1 = 8200\text{pF}^{①}$$

$$R_{out} = R_6 \| R_{iC} = 13\text{k}\Omega \| 121\Omega = 120\Omega$$

$$C_2 \gg \frac{1}{\omega(R_{out} + R_3)} = \frac{1}{4000\pi(120\Omega + 100\text{k}\Omega)} = 795\text{pF} \rightarrow C_2 = 8200\text{pF}$$

对于共漏极放大器，有

$$R_{in} = R_G \| R_{iG} = 892\text{k}\Omega \| \infty = 892\text{k}\Omega$$

$$C_1 \gg \frac{1}{\omega(R_1 + R_{in})} = \frac{1}{4000\pi(2\text{k}\Omega + 892\text{k}\Omega)} = 89\text{pF} \rightarrow C_1 = 1000\text{pF}$$

$$R_{out} = R_6 \| R_{iS} = 12\text{k}\Omega \| 2.04\text{k}\Omega = 1.74\text{k}\Omega$$

$$C_2 \gg \frac{1}{\omega(R_{out} + R_3)} = \frac{1}{4000\pi(1.74\text{k}\Omega + 100\text{k}\Omega)} = 782\text{pF} \rightarrow C_2 = 8200\text{pF}$$

结果检查：对计算进行再次检查表明结果是正确的。在此，仿真是一种检查分析结果很好的方法。

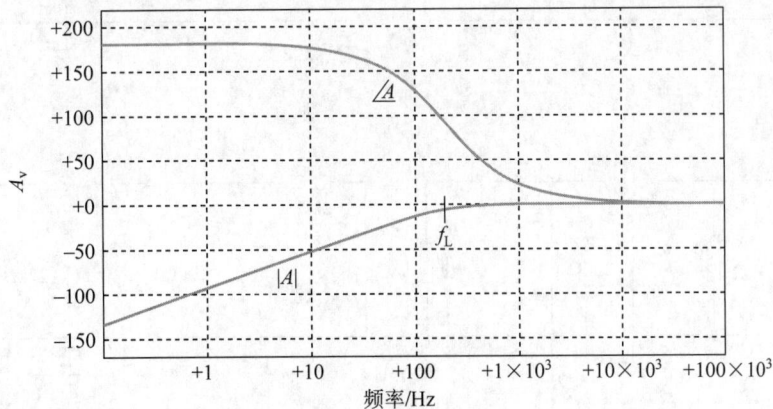

射极跟随器的频率响应曲线

----

① 采用 $C_1 = 10(816\text{pF})$ 来满足该不等式。

讨论：我们已选好在 2kHz 频率处可以忽略其阻抗的各个电容值，并期望放大器的下限截止频率要低于此频率。本例中频率的选择是任意的，取决于应用中的最低频率。

计算机辅助设计：上图给出的是采用所设计电容的共射极放大器的 SPICE 仿真结果。中频带增益为 $-0.262\text{dB}(0.970)$，下限截止频率为 310Hz。注意图中低频处的辐频特性曲线上 40dB/十倍频程斜率表示有两个极点。与例 5.7 一样，直流信号无法通过电容 C_1 或 C_3，放大器的传输函数在原点处有两个零点。

练习：如果频率为 250Hz，且 R_1 和 R_3 的值变为 1kΩ 和 82kΩ，重新估算例 5.8 中两个放大器的电容值。

答案：$6.79\text{nF} \rightarrow 0.068\mu\text{F}$，$8.16\text{nF} \rightarrow 0.082\mu\text{F}$；$713\text{pF} \rightarrow 8200\text{pF}$，$7.98\text{nF} \rightarrow 0.082\mu\text{F}$。

练习：用 SPICE 仿真共漏极放大器的频率响应，并求出中频带增益和下限截止频率。

答案：-1.54dB；293Hz。

5.7.3 共基极和共栅极放大器

对于共基极和共栅极放大器，假设 C_3 的值为无穷大，因此将图 5.5 中晶体管的基极和栅极短接到地，并将电路重新绘制成如图 5.37 所示。为了忽略 C_1，电容的阻抗幅值必须远小于出现在其端口处的等效电阻。参考图 5.37，电容左侧的电阻为 R_I，右侧的电阻为 R_{in}。因此，C_1 的设计与式（5.107）描述的一样，即

$$\frac{1}{\omega C_1} \ll (R_I + R_{\text{in}}) \quad \text{或} \quad C_1 \gg \frac{1}{\omega(R_I + R_{\text{in}})} \tag{5.112}$$

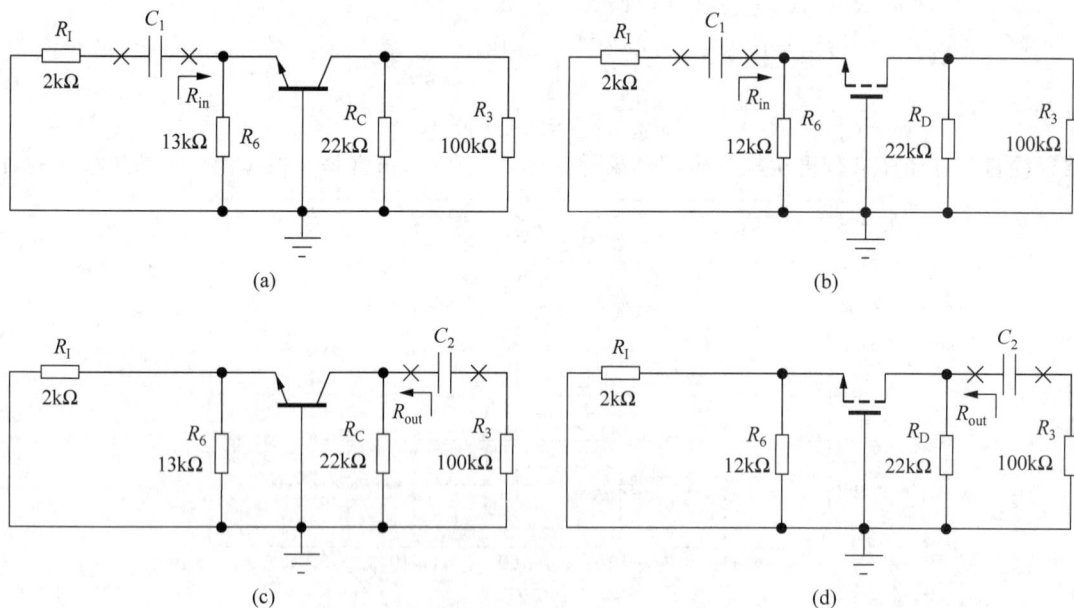

图 5.37 共基极和共栅极放大器的耦合电容

对于这两种放大器,电阻 R_6 与晶体管的输入电阻并联,因此有 $R_{in} = R_B \parallel R_{iE}$ 或 $R_{in} = R_G \parallel R_{iS}$。

对于 C_2,电容 C_2 左侧的电阻为 R_{out},右侧的电阻为 R_3。因此,对于 C_2 的设计要求有

$$\frac{1}{\omega C_2} \ll (R_{out} + R_3) \quad \text{或} \quad C_2 \gg \frac{1}{\omega(R_{out} + R_3)} \tag{5.113}$$

对于放大器而言,电阻 R_C 或者 R_D 与晶体管的输出电阻并联,因此有 $R_{out} = R_C \parallel R_{iC}$ 或 $R_{out} = R_D \parallel R_{iD}$。

为了成为一个有效的旁路电容,C_3 的电抗必须远小于图 5.5 中晶体管基极或者栅极的等效电阻,图中其他电容值假设为无穷大,如图 5.38 所示。在基极和栅极节点处的电阻分别为

$$R_{eq}^{CB} = R_1 \parallel R_2 \parallel [r_\pi + (\beta_o + 1)(R_6 \parallel R_I)] \quad \text{和} \quad R_{eq}^{CG} = R_1 \parallel R_2 \tag{5.114}$$

对应 C_3 的值必须满足

$$C_3 \gg \frac{1}{\omega R_{eq}^{CB,CG}}$$

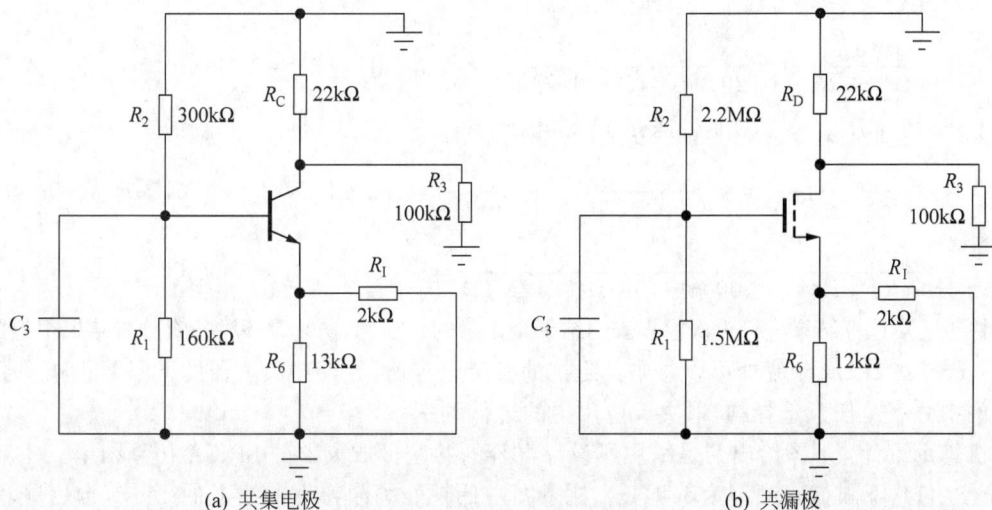

(a) 共集电极　　　　　　　(b) 共漏极

图 5.38　放大器中的旁路电容

设计实例

例 5.9　共基极和共栅极放大器的电容设计。

本例为图 5.5 和图 5.37 中的同相放大器选择电容值。

问题:为图 5.5 和图 5.37 中的放大器选择耦合电容和旁路电容的值,使电容在 1kHz 时可被忽略。

解:

已知量:频率 $f = 1000\text{Hz}$;图 5.5 中的共基极放大器和表 5.6 中的相关参数为 $R_{iE} = 102\Omega$,$R_{iC} = 3.4\text{M}\Omega$,$R_I = 2\text{k}\Omega$,$R_1 = 160\text{k}\Omega$,$R_2 = 300\text{k}\Omega$,$R_C = 22\text{k}\Omega$,$R_6 = 13\text{k}\Omega$;对于共栅极放大器,有 $R_{iS} = 2.04\text{k}\Omega$,$R_{iD} = 411\text{M}\Omega$,$R_I = 2\text{k}\Omega$,$R_1 = 1.5\text{M}\Omega$,$R_2 = 2.2\text{M}\Omega$,$R_6 = 12\text{k}\Omega$,$R_D = 22\text{k}\Omega$。

未知量:电容 C_1、C_2 和 C_3 的值。

求解方法:将已知数据代入式(5.112)~式(5.114)中。从附录 A 中选择最为接近的电容值。

假设:满足小信号工作条件。

分析:对于共基极放大器,有

$$R_{in} = R_6 \parallel R_{iE} = 13\text{k}\Omega \parallel 102\Omega = 100\Omega$$

$$C_1 \gg \frac{1}{\omega(R_I + R_{in})} = \frac{1}{2000\pi(2\text{k}\Omega + 100\Omega)} = 75.8\text{nF} \rightarrow C_1 = 0.82\mu\text{F}^{①}$$

$$R_{out} = R_C \parallel R_{iC} = 22\text{k}\Omega \parallel 3.40\text{M}\Omega = 21.9\text{k}\Omega$$

$$C_2 \gg \frac{1}{\omega(R_{out} + R_3)} = \frac{1}{2000\pi(21.9\text{k}\Omega + 100\text{k}\Omega)} = 1.31\text{nF} \rightarrow C_2 = 0.015\mu\text{F} \quad (15\text{nF})$$

$$C_3 \gg \frac{1}{\omega(R_1 \parallel R_2 \parallel [r_\pi + (\beta_o + 1)(R_6 \parallel R_I)])}$$

$$= \frac{1}{2000\pi(160\text{k}\Omega \parallel 300\text{k}\Omega \parallel [10.2\text{k}\Omega + (101)(13\text{k}\Omega \parallel 2\text{k}\Omega)])}$$

$$= 2.38\text{nF} \rightarrow C_3 = 0.027\mu\text{F}$$

对于共栅极放大器,有

$$R_{in} = R_6 \parallel R_{iS} = 12\text{k}\Omega \parallel 2.04\Omega = 1.74\text{k}\Omega$$

$$C_1 \gg \frac{1}{\omega(R_I + R_{in})} = \frac{1}{2000\pi(2\text{k}\Omega + 1.74\text{k}\Omega)} = 42.6\text{nF} \rightarrow C_1 = 0.42\mu\text{F}$$

$$R_{out} = R_6 \parallel R_{iD} = 22\text{k}\Omega \parallel 411\text{k}\Omega = 20.9\text{k}\Omega$$

$$C_2 \gg \frac{1}{\omega(R_{out} + R_3)} = \frac{1}{2000\pi(20.9\text{k}\Omega + 100\text{k}\Omega)} = 1.31\text{nF} \rightarrow C_2 = 0.015\mu\text{F} \quad (15\text{nF})$$

$$C_3 \gg \frac{1}{\omega(R_1 \parallel R_2)} = \frac{1}{2000\pi(1.5\text{M}\Omega \parallel 2.2\text{M}\Omega)} = 178\text{pF} \rightarrow C_3 = 1800\text{pF}$$

结果检查：对计算结果进行再次检查表明结果是正确的。在此,仿真是一种检查分析结果很好的方法。

讨论：选择在1kHz频率处可以忽略其阻抗的各个电容值,并期望放大器的下限截止频率要低于此频率。本例中频率是任意选择的,取决于应用中的最低频率。

计算机辅助设计：下图给出的是采用所设计电容的共基极放大器的SPICE仿真结果。中频带增益为18.5dB(8.41),下限截止频率为174Hz。注意图中低频处幅频特性曲线上的40dB/十倍频程斜率表示有两个极点。同样,直流信号无法通过电容C_1或C_2,放大器的传输函数在原点处有两个零点。

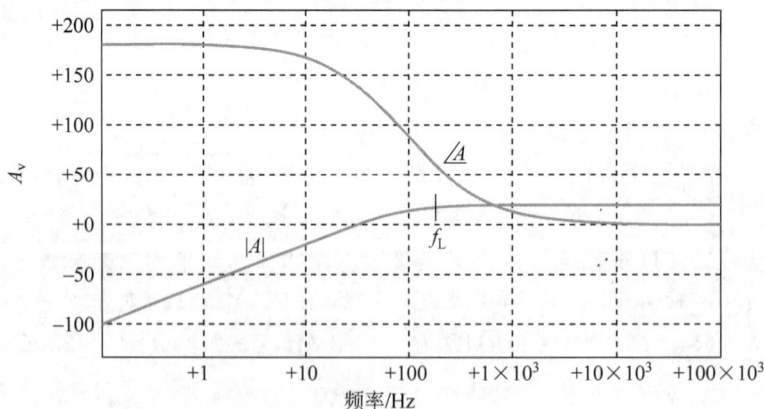

共基极放大器的频率响应曲线

---

① $C_1 = 10(75.8\text{nF})$ 用于满足该不等式。

练习：如果频率为 250Hz，且 R_1 和 R_3 的值分别变为 $1\text{k}\Omega$ 和 $82\text{k}\Omega$，重新估算例 5.9 中两个放大器的电容值。

答案：$0.579\mu\text{F}\rightarrow6.8\mu\text{F}$，$6.13\text{nF}\rightarrow0.068\mu\text{F}$，$12.2\text{nF}\rightarrow0.12\mu\text{F}$；$0.232\mu\text{F}\rightarrow2.2\mu\text{F}$，$6.19\text{nF}\rightarrow0.068\mu\text{F}$，$714\text{pF}\rightarrow8200\text{pF}$。

练习：用 SPICE 仿真共栅极放大器的频率响应曲线，并求出中频带增益和下限截止频率。

答案：12.2dB，156Hz。

5.7.4 设置下限截止频率 f_L

在之前的章节中，我们已经设计了耦合电容和旁路电容，使放大器在中频带的某一特定频率下对电路的影响可以忽略。还有另一种选择电容的方法是将放大器的下限截止频率设置成我们所希望的值。参考 1.10.3 节中的高通滤波器分析，可发现与电容相关的极点频率就是电容阻抗等于电容两端所呈现电阻时所对应的频率。

多极点和带宽缩减

在已考虑过的电路中都有多个极点，且在频率较低时出现带宽缩减，与表 3.2 所示的高频情况相似。在低频 ω_o 处有 n 个相同极点的传输函数可以写为

$$T(s)=A_{\text{mid}}\frac{s^n}{(s+\omega_o)^n} \tag{5.115}$$

$$|T(j\omega)|=A_{\text{mid}}\frac{\omega^n}{\left(\sqrt{\omega^2+\omega_o^2}\right)^n} \tag{5.116}$$

$$|T(j\omega_L)|=\frac{A_{\text{mid}}}{\sqrt{2}}\rightarrow\omega_L=\frac{\omega_o}{\sqrt{2^{1/n}-1}}\quad\text{或}\quad f_L=\frac{f_o}{\sqrt{2^{1/n}-1}} \tag{5.117}$$

式(5.117)中分母的因子要小于 1，因此下限截止频率要高于对应的单个极点频率。表 5.13 给出了不同 n 值下 ω_o 和 ω_L 的关系。

在例 5.7、例 5.8 和例 5.9 中，我们已经将每种放大器中 3 个极点的位置设定在各自中频带的 1/10 频率处。对于这 3 个相同的极点，有 $f_L=1.96f_o$。在例 5.7 中，3 个极点被放置在频率近似为 100Hz 的位置(1000Hz/10)，基于表 5.13 中的数据将会得到 196Hz 的截止频率。仿真结果得到 $f_L=195\text{Hz}$。在例 5.9 中，极点也设置在大约 100Hz 位置处，得到的截止频率为 196Hz。仿真得到的 f_L 值略小一些，为 174Hz。

表 5.13 低频时的带宽缩减

n	f_L/f_o
1	1
2	1.55
3	1.96
4	2.30
5	2.59

例 5.8 的情况稍有不同，电容 C_3 从电路中去除后，共集电极和共漏极放大器在低频处有两个极点。

在这个例子中,两个极点位于 200Hz 位置处,得到的截止频率为 310Hz,仿真结果与 $f_L = 310$Hz 时吻合。

用主极点设置 f_L

通常,用只与一个电容相关的极点来设定下限截止频率 f_L 较为容易且更受欢迎,一般不用多个极点相互设置 f_L 的值。在这种情况下,我们用其中的一个电容来设定 f_L,然后选择其他电容的值,使它们的极点频率远低于 f_L。这种方法称为主极点设计。在例 5.7、例 5.8 和例 5.9 中可发现,与电路中源极或发射极部分相关的电容一般是最大的(图 5.35 中的 C_3,以及图 5.36 中和图 5.37 中的 C_1),因为晶体管的发射极或源极端呈现出低电阻。通常用这些电容来设置 f_L,然后将其他电容的值增大 10 倍,将与之相关的极点位置推到较低的频率上。

对于例 5.7 中的共射极放大器,可选择 $C_3 = 0.067\mu$F,而 $C_1 = 0.02\mu$F 及 $C_2 = 0.015\mu$F 来设置 $f_L = 1000$Hz。对于图 5.36(b)中的共漏极放大器,用 $C_2 = 780$pF 及 1000pF 将下限截止频率设为 2000Hz。最后,对于例 5.9 中的共基极放大器,选择 $C_1 = 0.082\mu$F,$C_2 = 0.027\mu$F 和 $C_3 = 0.015\mu$F,将截止频率设置在大约 1000Hz 频率处。

练习：采用 SPICE 求出上一段中所提及 3 种设计的 f_L 值。

答案：共射极：960Hz；共漏极：2.04kHz；共基极：960Hz。

练习：(a)对于例 5.7 中的共源极放大器,要将 f_L 设置为 1kHz 所需的电容 C_3 的值为多少? (b)对于例 5.8 中的共集电极放大器,要将 f_L 设置为 2kHz 所需的电容 C_2 的值为多少? (c)对于例 5.9 中的共集电极放大器,要将 f_L 设置为 1kHz 所需的电容 C_1 的值为多少?

答案：(a)0.056μF；(b)820pF；(c)0.042μF。

5.8　放大器设计实例

现在我们已经成为单级晶体管放大器特性方面的"专家",并可利用这些知识来处理一些放大器的设计问题。需要强调的是,对于设计而言没有"食谱"的存在。每个设计都是一个新的、富有创造力的经历,每个设计都有其自身独特的约束,也许有多种方法来实现想要的结果。此处列出的实例对设计方法作了进一步阐述,同时也强调了设计者对于放大器 Q 点和小信号特性选择之间的相互联系。

设计实例

例 5.10　跟随器设计。

本例将设计能够满足系列设计规范的射极跟随器。

问题：设计一个放大器,其中频带输入电阻至少为 20MΩ,且当驱动一个至少为 3kΩ 的外部负载时,增益至少为 0.95。当频率高于 50Hz 时,任何出现的电容都不应影响电路的性能。

解：

已知量：$A_v \geqslant 0.95$,$R_{in} \geqslant 20$MΩ,$R_{out} \ll 3$kΩ。

未知量：必须选择电路的拓扑结构、Q 点,以及所有电路元器件的值。晶体管的参数未知。

求解方法：增益大约为 1,因此需要一个较高的输入电阻和相对较小的负载电阻来满足放大器具有低的输出电阻。这 3 种设计均要考虑电压跟随器,并需要在射极跟随器和源极跟随器之间进行选择,然后选择电路元器件值来满足设计要求。

假设：晶体管工作在放大区；满足小信号工作条件，$V_T = 25\text{mV}$。

分析：回顾表 5.10 和表 5.12，共漏极放大器原型的输入电阻为无穷大，而共集电极放大器的输入电阻限制在 R_L。对于 3kΩ 的负载电阻，电流增益需超过 6600 才能满足输入电阻的要求。这一电流增益超过了正常双极型晶体管的范围，因此可排除共集电极放大器(不过，一定要注意习题 6.2.3 中的达林顿电路)。

图 5.39 所示为一个基本的源跟随器电路。在这个放大器中，可看到 R_{in} 仅由 R_G 的值确定，因此可选择 $R_G = 22\text{M}\Omega$，以满足设计要求。22MΩ 的电阻值可确保在考虑电阻容限时仍能满足设计要求。

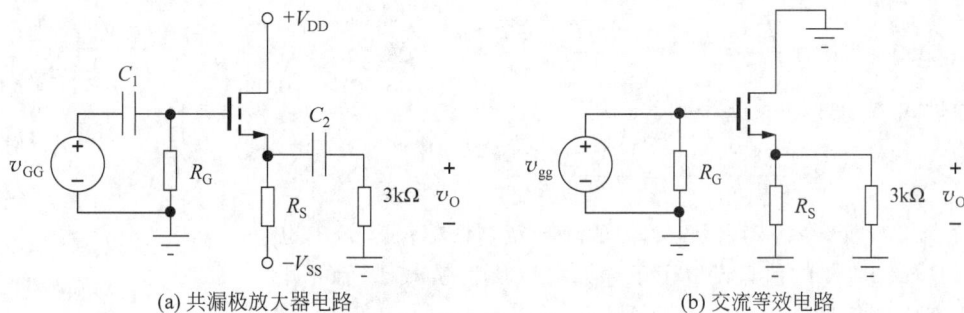

(a) 共漏极放大器电路　　　　(b) 交流等效电路

图　5.39

源电阻 R_S 和电源电压的选择与电压增益的设计要求相关，即

$$\frac{g_m R_L}{1 + g_m R_L} \geqslant 0.95 \quad 或 \quad g_m R_L \geqslant 19 \quad R_L = R_S \parallel 3\text{k}\Omega \tag{5.118}$$

根据 $g_m \approx \sqrt{2K_n I_D}$，乘积项 $g_m R_L$ 可以与漏极电流和器件参数 K_n 联系起来，根据式(5.118)可得

$$\sqrt{2K_n I_D}\,R_L \geqslant 19 \quad 或 \quad \sqrt{K_n I_D} \geqslant \frac{19}{\sqrt{2}\,R_L} \tag{5.119}$$

在图 5.39(b) 中，等效负载电阻 $R_L = R_S \parallel 3\text{k}\Omega \leqslant 3\text{k}\Omega$。在设计之中经常会出现这种情况，一个不等式中，如式(5.119)，包含了多个未知量，此时就需要进行设计选择。选择 $R_L \geqslant 1.5\text{k}\Omega$(即 $R_S \geqslant 3\text{k}\Omega$)，将这一值代入式(5.119)中可得

$$\sqrt{K_n I_D} \geqslant \frac{19/\sqrt{2}}{1.5\text{k}\Omega} = 8.96\text{mA} \tag{5.120}$$

式(5.120)表明 K_n 和 I_D 的几何平均数至少为 9mA。

现在可以试着去选择 FET 电流和 Q 点电流。式(5.120)中包含了两个未知量，必须再一次进行设计选择。表 5.14 给出了一些可能满足式(5.121)的组合，同时还包括了它们对 $V_{GS} - V_{TN}$ 和负电源电压 V_{SS} 的影响，因为基于对图 5.40(记住 $I_G = 0$)中直流等效电路的分析为

$$I_D = \frac{K_n}{2}(V_{GS} - V_{TN})^2 \tag{5.121}$$

$$V_{SS} = I_D R_S + V_{GS} \tag{5.122}$$

当 $K_n = 20\text{mA/V}^2$ 时，选择 $I_D = 5\text{mA}$ 看似合理，尽管对于某些应用而言电源电压可能过大。

表 5.14　式(5.120)的几种可能方案

I_D/mA	K_n/(mA·V^{-2})	$(V_{GS}-V_{TN})$/V	V_{SS}/V
3	10	0.78	$9.8+V_{TN}$
5	10	1	$16+V_{TN}$
8	10	1.27	$25.3+V_{TN}$
5	20	0.71	$16.7+V_{TN}$

假设已经查了器件目录，且找到一个 $V_{TN}=1.5V$ 和 $K_n=20mA/V^2$ 的 MOSFET，利用式(5.121)估算 FET 的值，得

$$V_{GS}=V_{TN}+\sqrt{\frac{2I_D}{K_n}}=1.5+\sqrt{\frac{2(0.005)}{0.02}}=2.21V \quad (5.123)$$

现在通过式(5.123)可最终得到 R_S 为

$$R_S=\frac{V_{SS}-V_{GS}}{I_D}=\frac{V_{SS}-2.21}{0.005} \quad (5.124)$$

V_{GS} 和 I_D 的值已经确定，但 V_{SS} 的值还未定，且式(5.124)中也有两个未知量（表5.14的值只设置了下限），可以从表5.15所示的几组可能的方案中进行设计选择。在之前的讨论及设计中，假设 $R_S \geqslant$ 3kΩ，所以最合适的一个选择是令 $V_{SS}=20V$，$R_S=3.56kΩ$。

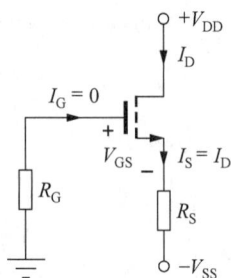

图 5.40　共漏极放大器的直流等效电路

表 5.15　式(5.96)的几种可能方案

V_{SS}/V	R_S/kΩ
10	1.56
15	2.56
20	3.56
25	4.56

最后要确定 V_{DD} 的值，V_{DD} 的值必须足够大，以保证 MOSFET 在任何信号条件下都工作在放大区，即

$$v_{DS} \geqslant v_{CS}-V_{TN} \quad (5.125)$$

$$v_{DS}=v_D-v_S=V_{DD}+V_{CS}-v_S \quad (5.126)$$

因为 $v_S=V_S+v_s$ 及 $V_S=-V_{GS}$，结合式(5.125)和式(5.126)可得

$$V_{DD}+V_{GS}-v_S \geqslant V_{GS}-V_{TN} \quad 或 \quad V_{DD} \geqslant v_{gg}-V_{TN}=v_{gg}-1.5V \quad (5.127)$$

满足小信号工作的源极信号的最大幅值为

$$|v_{gg}| \leqslant 0.2(V_{GS}-V_{TN})(1+g_mR_L)\frac{g_mR_L}{1+g_mR_L} \leqslant 0.2(0.71)(19)=2.7V \quad (5.128)$$

因此，如果选择 V_{DD} 至少为 1.2V，则在所有满足小信号标准的信号下 MOSFET 仍能处于饱和区。

本设计的最后一步是选择合适的耦合电容的值。我们希望在频率大于或等于 50Hz 时，电容的阻抗相对于从电容两端测得的电路阻抗而言可以忽略。从 C_1 向左"看过去"得到的阻抗为零，向右"看过去"得到的阻抗为 R_{in}^{CD}，其值为 22MΩ。因此有

$$\frac{1}{2\pi(50Hz)C_1} \ll 22MΩ \quad 或 \quad C_1 \gg 145pF$$

对于 C_2，源极方向的输出阻抗为

$$R_{\text{out}} = R_{\text{S}} \left\| \frac{1}{g_{\text{m}}} = 3.6\text{k}\Omega \right\| \frac{1}{\sqrt{2K_n I_D}} = 3.6\text{k}\Omega \left\| \frac{1}{\sqrt{2(20\text{mS})(5\text{mA})}} = 69.4\Omega \right.$$

而源极右端的电阻为 3kΩ。因此有

$$\frac{1}{2\pi(50\text{Hz})C_2} \ll 3.069\text{k}\Omega \quad \text{或} \quad C_2 \gg 1.04\mu\text{F}$$

选择 $C_2 = 1500\text{pF}$，$C_2 = 10\mu\text{F}$，二者都是标准值，超出最小值大约 10 倍。

最终的设计如图 5.41 所示，其中电阻选用的是最接近容限为 5% 的电阻值，电源选择的是常用的 5V 电源。

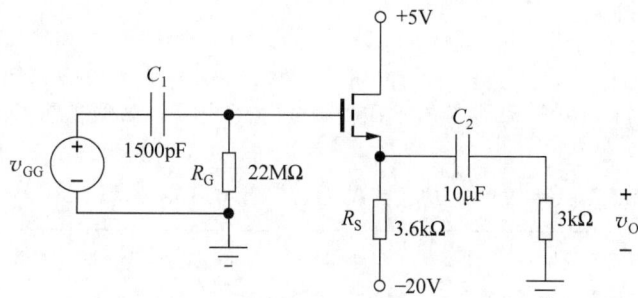

图 5.41　完整的源跟随器设计

结果检查：为了检验设计结果，应该对电路进行分析，求出实际的 Q 点、输入阻抗、电压和电压增益。这些分析留作练习。还有另一种检查方法就是采用 SPICE 对上述分析进行验证。

讨论：在本例中，我们发现任何一个相对较为明确的问题都需要通过大量努力进行设计来满足要求，且设计需要一个相对较大的 V_{SS}。这是大多数实际设计所面临的状况。即使不是全部，至少大部分实际问题也有许多约束条件，需要我们作出选择。

计算机辅助分析：用 SPICE 对电路进行仿真得到的结果如下：Q 点（4.94mA，7.20V），$A_v = -0.369\text{dB}$，$f_L = 7.8\text{Hz}$。两个极点都位于 5Hz 处，预计的 f_L 值仍然为 7.8Hz。

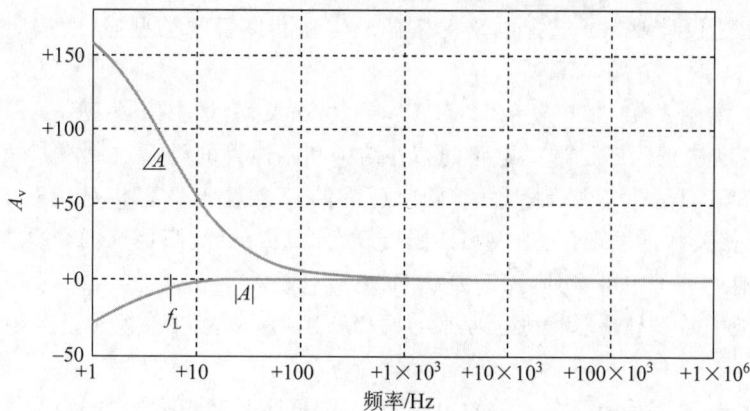

源极跟随器的频域响应曲线

练习： 求出图 5.41 中电路的实际 Q 点、输入电阻和电压增益（$K_n=20\text{mA/V}^2$, $V_{TN}=1.5\text{V}$）

答案： （4.94mA，7.2V）；22MΩ；0.959。

练习： 求出图 5.41 中放大器的输出阻抗。满足小信号限制的最大 v_{gg} 值为多少？

答案： 69.1Ω；3.38V。

练习： 假设图 5.41 中电路所选择的 MOSFET 也有 $\lambda=0.015\text{V}$。则 r_o 和新的电压增益值各为多少（用例 5.10 中的直流工作点 Q）？忽略输出电阻是否合理呢？

答案： 15.0kΩ，0.954；可以，r_o 对电路几乎没有影响。

练习： 一种 MOS 工艺有 $K'_n=50\mu\text{A/V}^2$。那么对于例 5.10 中的 NMOS 管，其 W/L 值应为多大？

答案： 400/1。

练习： (a)为图 5.41 中源极跟随器的中频区域创建一个戴维南等效电路；(b)利用此电路模型计算 3kΩ 放大器的电压增益。

答案： (a)$R_{\text{in}}=22\text{MΩ}$, $A=0.981$, $R_{\text{out}}=69.4\text{Ω}$；(b)0.959。

设计实例

例 5.11 共基极放大器设计。

本例的设计要求相对例 5.10 而言更具有不确定性。为了更好地满足所给出的要求，共基极放大器将会是最合适的选择。

问题： 设计一个与 75Ω 源电阻（如同轴传输线）匹配的放大器，且提供 34dB 的电压增益，射频频率高于 500kHz 时电路的电容可忽略不计。

解：

已知量： 放大器输入电阻为 75Ω；电压增益为 50（34dB）；频率为 500kHz 时电容可忽略；源电阻为 75Ω。

未知量： 放大器的拓扑结构；Q 点；电路元器件值；晶体管参数。

求解方法： 用上述设计要求来选择电路的拓扑结构和晶体管的类型，然后按照数值要求确定电路元器件的值。

假设： 晶体管工作在放大区；$V_{EB}=0.7\text{V}$；$V_T=0.25\text{mV}$，满足小信号工作条件。

分析： 第 1 个要解决的问题是选择电路的拓扑结构和晶体管的类型。从本章及之前章节的众多例子中发现，$A_v=50$（34dB）是一个中等增益值，同时所需的 75Ω 输入电阻相对较低。通过比较表 5.9～表 5.12 中放大器的相关数据发现，共基极和共栅极放大器最有可能满足这两个要求：适合的电压增益及低输入阻抗。从前述例子中可看到，BJT 要比 FET 更容易获得 50 倍的增益，尤其是匹配输入电阻的设计要将放大器的端增益设计要求增大至原来的两倍。因此，共基极放大器是最容易满足设计要求的选择。

为简化，采用图 5.42 所示的双电源偏置电路，只需要两个偏置电阻。另外，为了获得一些分析采用了 pnp 器件电路的经验，我们任意选择了一个 pnp 晶体管。碰巧发现有一个 $\beta_F=80$, $V_A=50\text{V}$ 的 pnp 晶体管（如 2N3906）。

下一步，选择电压源 V_{CC} 和 V_{EE}。从第 4 章得到的经验公式 $A_v=10(V_{CC}+V_{EE})$ 可知，匹配的输入

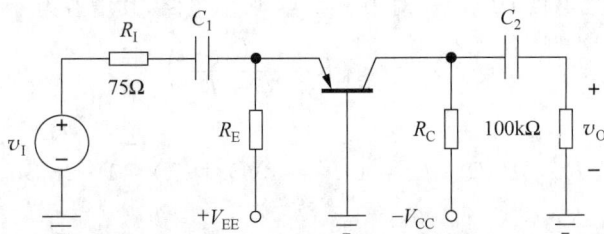

图 5.42 共基极电路的拓扑结果

电阻情况导致了信号源 v_i 和基极-射极结之间两倍电压的损失。因此,要得到值为 50 的增益,估计需要提供总共 10V 的电源电压。采用对称电压供给,得到 $V_{CC} = V_{EE} = 5V$。

图 5.43 和图 5.44 给出了图 5.42 中放大器所需的直流和交流等效电路图。现在可以根据输入电阻的要求确定电阻 R_E 和晶体管的 Q 点。从图 5.44 中发现,放大器的输入电阻等于电阻 R_E 和晶体管发射极输入电阻的并联。从表 5.8 可知 $R_{iE} = 1/g_m$,得

$$R_{in} = R_E \parallel R_{iE} = R_E \parallel \frac{1}{g_m} \qquad (5.129)$$

将式(5.129)展开,并将 g_m 的表达式代入可得

$$R_{in} = \frac{\frac{1}{g_m} R_E}{\frac{1}{g_m} + R_E} = \frac{R_E}{1 + g_m R_E} = \frac{R_E}{1 + 40 I_C R_E} \qquad (5.130)$$

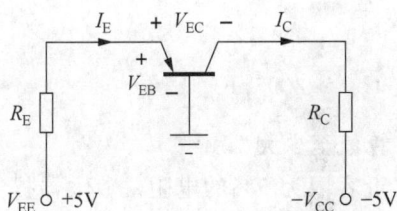

图 5.43 共基极放大器的直流等效电路

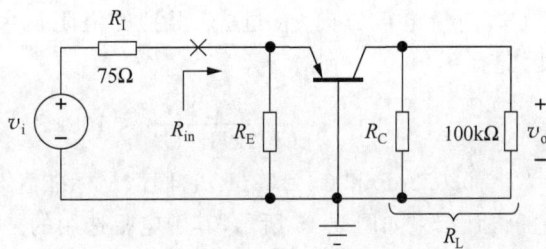

图 5.44 共基极放大器的交流等效电路

由于 $I_E \approx I_C$,因此式(5.130)中的乘积项 $I_C R_E$ 代表通过电阻 R_E 的直流电压。在此可再次看到小信号输入电阻值和电流 Q 点之间的直接耦合。根据图 5.43 所示的直流等效电路并假设 $v_{eb} = 0.7V$ 可得

$$I_C R_E \approx I_E R_E = V_{EE} - V_{BE} = 5V - 0.7V = 4.3V \qquad (5.131)$$

将式(5.130)和式(5.131)与输入电阻的设计要求相结合,可得

$$75 = \frac{R_E}{1 + 40(4.3)} \qquad R_E = 13k\Omega \qquad (5.132)$$

现在可用式(5.132)得到 I_C 为

$$I_C \approx I_E = \frac{4.3V}{13k\Omega} = 331\mu A \qquad (5.133)$$

需要指出的是,一旦电路的 V_{EE} 确定后,R_E 和 I_C 的值就间接确定了。

设计的下一步是选择集电极的电阻。对于图 5.44 所示电路,其增益为

$$A_v^{CB} = g_m R_L \left(\frac{R_{in}}{R_I + R_{in}} \right) \tag{5.134}$$

对于该电路则有

$$R_{in} = 75\Omega \quad g_m = 40I_C = 40(331\mu A) = 13.2mS$$

$$R_L = R_C \parallel 100k\Omega \tag{5.135}$$

求出式(5.134)中的 R_L 得到

$$50 = (13.2mS)R_L \left(\frac{75}{75+75} \right) \quad 和 \quad R_L = 7.58k\Omega \tag{5.136}$$

由于 $R_L = R_C \parallel 100k\Omega$,故 $R_C = 8.2k\Omega$。

下一步是通过计算 V_{EC} 验证晶体管的 Q 点。利用图 5.43 所示电路,有

$$V_{EB} = V_{EC} + I_C R_C - 5 \tag{5.137}$$

求出 V_{EC} 得

$$V_{EC} = 5 + V_{EB} - I_C R_C = 5 + 0.7 - (331\mu A)(8.20k\Omega) = 2.99V \tag{5.138}$$

V_{EC} 为正且大于 0.7V,因此 pnp 晶体管工作在放大区,与所要求的结果一样。

设计的最后一步是选择耦合电容的值。我们希望电容的阻抗在 500kHz 或更高的频率下相对于出现在两端的电阻而言可以忽略。从 C_1 向左侧"看过去"得到的电阻为 75Ω,而向右侧"看过去"得到的电阻为 R_{in},也为 75Ω。因此有

$$\frac{1}{2\pi(500kHz)C_1} \ll 150\Omega \quad 或 \quad C_1 \gg 2.12nF$$

对于 C_2,向集电极方向"看过去"得到的电阻最大为 8.2kΩ,而向右侧"看过去"得到的电阻为 100kΩ。因此有

$$\frac{1}{2\pi(500kHz)C_2} \ll 108k\Omega \quad 或 \quad C_2 \gg 2.95pF$$

选择 $C_1 = 0.022\mu F$ 和 $C_2 = 33pF$,它们都是标准值,比计算值至少大 10 倍。

完整的设计结果如图 5.45 所示,其中电阻选用的是最接近容限为 5% 的电阻。放大器提供了约为 50 的增益和 75Ω 的输入阻抗。

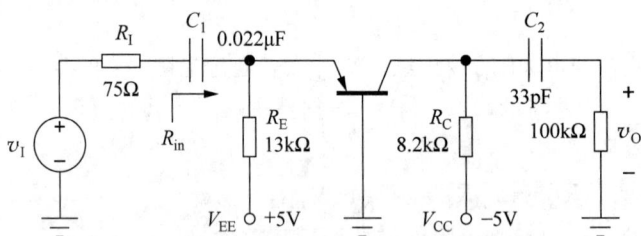

图 5.45　$R_{in} = 75\Omega$ 和 $A_v = 50$ 的放大器最终设计结果

这个放大器的一个严重局限就是它的信号处理能力,其基极－发射极结之间只允许 5mV 的电压,限制了输入信号的范围。

$$v_{eb} = v_i \frac{R_{in}}{R_I + R_{in}} = v_i \frac{75\Omega}{75\Omega + 75\Omega} = \frac{v_i}{2} \tag{5.139}$$

因此,为了保证小信号工作,输入信号 v_i 的幅值必须不超过 10mV。

结果检查:在此,检查设计方案一个非常好的方法就是利用 SPICE 对电路进行仿真,得到 Q 点值为 $(323\mu A, 3.09V)$。频率响应的结果如下图所示。

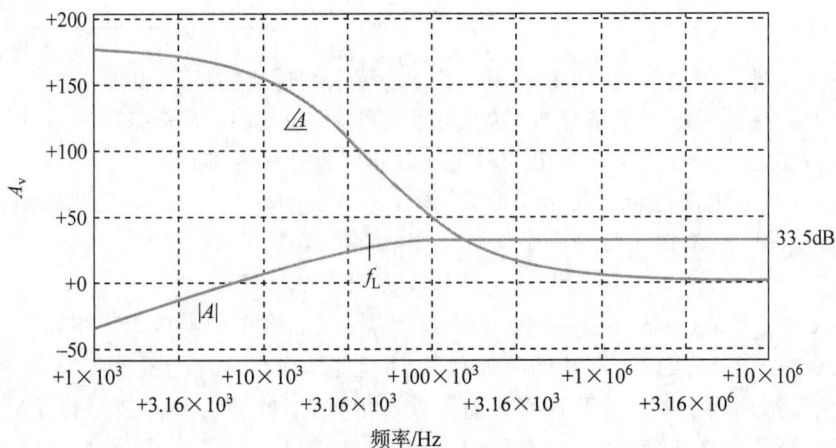

共基极放大器的频率响应曲线

讨论:在这个设计中,很幸运的是,我们记得由于输入端电阻匹配而造成式(5.139)中两倍的电压损失。否则,初始选择的电源电压可能就不足以满足增益的要求,要进行第 2 轮设计。这一放大器的信号处理能力弱。如果用 FET 替代双极型晶体管,得到的输入信号范围将会大得多。

计算机辅助设计:用 v_I 作为输入进行 SPICE 仿真产生的频率结果如上图所示。仿真的参数为 FSTART=1000Hz,FSTOP=10Hz,每十倍频率程取 10 个频率采样点。中频带电压增益为 33.5dB,$f_L = 72$kHz。

练习:图 5.45 中放大器的实际输入电阻和增益的值分别为多少?

答案:$75.1\Omega, 50.4$。

练习:图 5.45 中放大器输出端产生的最大正弦信号电压为多少?为满足小信号工作条件,最大的输出信号电压为多少?

答案:$2.90V - V_{EB} \approx 2.29V, 0.5V$。

练习:假设 V_{EE} 和 V_{CC} 均变为 7.5V。则在满足相同设计要求下新的 I_C、V_{EC}、R_E 和 R_C 的值分别为多少?

答案:$332\mu A, 5.52V, 20.5k\Omega, 8.06k\Omega$。

练习:估计图 5.45 所示电路的低位截止频率。

答案:77.5kHz。

练习:假设图 5.45 所示电路的电阻和电源都有 5% 的容限。那么在最坏情况下 BJT 仍然工作在放大区吗?若容限为 10%,重复上面的问题。讨论电流增益 β_F 或 V_A 的值是否会对设计造成重大影响。

答案:是;是;不会,除非它们变得非常小。

> **练习**：(a)为图 5.45 所示共基极放大器的中频带创建一个戴维南等效电路；(b)用此电路模型计算放大器的负载电阻为 $100k\Omega$ 时的电压增益。
>
> **答案**：(a)$v_{th} = 54.1v_i$，$R_{th} = 8200\Omega$；(b)49.8。

在进入下一个设计实例之前，我们对共基极设计进行了统计上的评估，以确定这种设计用于放大器量产的可能性。在此采用了电子表格分析，尽管可以用任何一种高级语言编写简单计算机程序或是在一些电路仿真软件中运用蒙特卡洛选项更为轻松地对同一组方程组进行求解。

为了对图 5.45 所示电路进行蒙特卡洛分析，给 V_{CC}、V_{EE}、R_C、R_E 和 β_F 随机赋值；然后用这些值来确定 I_C、V_{EC}、R_{in} 和 A_v 的值。将每一个参数写成如下形式：

$$P = P_{nom}(1 + 2\varepsilon(RAND() - 0.5)) \tag{5.140}$$

其中 P_{nom} 为参数的正常值；ε 为参数容限；$RAND()$ 为电子表格中的随机数产生器。

对于图 5.45 中的设计，假设电阻和电源都有 5% 的容限，而电流增益有 $\pm 25\%$ 的容限。如例 5.13 中所提及，每个变量都调用了一个分开计算的随机数产生器，因此随机数的值是相互独立的，这一点很重要。然后利用元器件的随机值来描述 Q 点、R_{in} 和 A_v。式(5.141)按计算的逻辑顺序列出了蒙特卡洛分析的表达，有

$$
\begin{cases}
1. \ V_{CC} = 5(1 + 0.1(RAND() - 0.5)) \\[4pt]
2. \ V_{EE} = 5(1 + 0.1(RAND() - 0.5)) \\[4pt]
3. \ R_E = 13000(1 + 0.1(RAND() - 0.5)) \\[4pt]
4. \ R_C = 8200(1 + 0.1(RAND() - 0.5)) \\[4pt]
5. \ \beta_F = 80(1 + 0.5(RAND() - 0.5)) \\[4pt]
6. \ I_C = \dfrac{V_{EE} - 0.7}{R_E} \\[10pt]
7. \ V_{EC} = 0.7 + V_{CC} - I_C R_C \\[4pt]
8. \ g_m = 40 I_C \\[4pt]
9. \ R_{in} = R_E \left\| \dfrac{\alpha_o}{g_m} \right. \\[10pt]
10. \ A_v = g_m R_L \dfrac{R_{in}}{R_I + R_{in}} \quad \text{其中} \quad R_L = R_C \| 100k\Omega
\end{cases}
\tag{5.141}
$$

表 5.16 是分析 1000 个样本的结果。晶体管总是工作在放大区。$331\mu A$ 的平均集电极电流与最终电路所选的标准 5% 容限电阻的正常值非常接近。R_{in} 和 A_v 的平均值分别为 74.3Ω 和 49.9，它们与设计值也十分接近。3σ 限制对应的值与正常设计要求的偏差仅仅略大于 10%，即使最坏情况的 R_{in} 观测样本也能在所设计放大器匹配的传输线上产生合理的 SWR(驻波比)值。总之，这种设计能很好地满足设计要求，可以大量生产。

表 5.16 共基极放大器设计的蒙特卡洛分析

样本	$V_{CC}(1)$	$V_{EE}(2)$	$R_E(3)$	$R_C(4)$	$\beta_F(5)$	$I_C(6)$	$V_{EC}(7)$	$g_m(8)$	$R_{in}(9)$	$A_v(10)$
1	4.932	5.090	13602	8461	96.02	3.23E−04	2.902	1.29E−02	76.2	50.8
2	4.951	5.209	12844	8208	93.01	3.51E−04	2.769	1.40E−02	70.1	51.4

续表

样本	$V_{CC}(1)$	$V_{EE}(2)$	$R_E(3)$	$R_C(4)$	$\beta_F(5)$	$I_C(6)$	$V_{EC}(7)$	$g_m(8)$	$R_{in}(9)$	$A_v(10)$
3	4.844	4.759	13418	8440	98.33	3.03E−04	2.990	1.21E−02	81.3	49.0
4	4.787	5.162	13193	8294	72.82	3.38E−04	2.682	1.35E−02	72.5	50.9
5	5.073	5.181	12358	8542	79.30	3.63E−04	2.676	1.45E−02	67.7	54.2
⋮										
996	4.863	5.058	12453	8134	68.56	3.50E−04	2.716	1.40E−02	70.0	50.8
997	5.157	5.016	12945	8225	98.03	3.33E−04	3.115	1.33E−02	73.8	50.3
998	4.932	5.183	12458	8211	78.17	3.60E−04	2.677	1.44E−02	68.2	52.0
999	5.034	4.940	13444	7969	76.71	3.15E−04	3.221	1.26E−02	77.8	47.4
1000	5.119	5.002	12948	7892	95.25	3.32E−04	3.196	1.33E−02	74.0	48.3
平均值	5.006	4.997	12992	8205	79.95	3.31E−04	2.990	1.32E−02	74.29	49.88
标准偏差	0.143	0.146	381	239	11.27	1.44E−05	0.199	5.75E−04	3.22	1.74
最小值	4.750	4.751	12351	7792	60.04	2.97E−04	2.409	1.19E−02	66.85	45.36
最大值	5.248	5.250	13650	8609	99.98	3.67E−04	3.613	1.47E−02	82.54	54.63

设计实例

例 5.12 共源极放大器设计。

现在试着用共射极或共源极放大器来满足例 5.11 的设计要求。

问题：设计一个与 75Ω 源电阻(如同轴传输线)匹配的放大器,且提供 34dB 的电压增益。设计在 500Hz 的 RF 频率时对电路的影响可忽略的电容。

解：

已知量：放大器输入电阻为 75Ω；电压增益为 $50(34$dB$)$；放大器的频率超过 500kHz；源电阻为 75Ω。

未知量：放大器的拓扑结构；Q 点；电路元器件的值；晶体管参数。

求解方法：用上述设计要求来选择电路的拓扑结构和晶体管的类型,然后按照数值要求确定电路中各元器件的值。虽然共射极和共源极放大器的输入电阻通常被认为处于中、高值范围内,但可以通过减小电路中电阻的大小来限制输入电阻的值。例如,考虑图 5.46 所示的共源极放大器。如果栅极偏置电阻 R_G 减至 75Ω,则放大器的输入电阻也会变为 75Ω(这种设计技术有时被称为阻抗压制)。设计中也可以先用 BJT,但最终选择的是 MOSFET[①],因为它可提供更高的信号处理能力和简单的偏置电路设计。

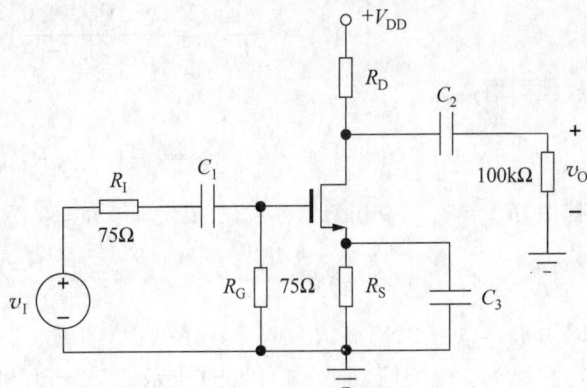

图 5.46 共源极放大器

---

① 在这里如果使用 JFET 也可能是不错的选择。

假设：晶体管工作在放大区，且满足小信号工作条件。

分析：如果 R_S 被旁路，则放大器能提供满增益 $-g_m R_L$，但是输入匹配会导致输入信号两倍的损失。

$$v_{gs} = v_i \frac{R_G}{R_I + R_G} = v_i \frac{75\Omega}{75\Omega + 75\Omega} = \frac{v_i}{2} \tag{5.142}$$

因此，放大器原型必须能提供 100 的增益，以确保整个放大器获得 50 的增益（例 5.11 中所设计的共基极放大器也是这种情况）。回顾表 5.11，可发现共源极放大器的电压增益设计要满足：

$$A_v = \frac{V_{DD}}{V_{GS} - V_{TN}} \tag{5.143}$$

在此又得到有两个变量的约束方程。表 5.17 给出了一些可能的设计选项，设计中选择 20V/0.2V 这一项。

因为 $V_{GS} - V_{TN}$ 必须足够小以保证获得高增益，因此为了得到合理的 I_D 电流值，必须选择一个具有大的 K_n 或 K_p 值的 MOSFET。假设已经找到一个 $K_n = 10mS/V$，$V_{TN} = -2V$ 的 n 沟道耗尽型 MOSFET。根据这些参数，MOSFET 的漏极电流为

$$I_D = \frac{K_n}{2} (V_{GS} - V_{TN})^2 = \frac{0.01mS/V}{2} (0.2V)^2 = 0.200mA \tag{5.144}$$

表 5.17　当 $A_v = 100$ 时的可能设计选项

V_{DD}/V	$V_{GS} - V_{TN}/V$
20	0.2
25	0.25
30	0.3

参考图 5.47(a) 所示的直流等效电路，现在可以计算出 R_S 的值。因为 FET 的栅极电流为 0，因此通过 R_S 的电压等于 $-V_{GS}$，即

$$R_S = \frac{-V_{CS}}{I_D} = \frac{-(V_{TN} + 0.2V)}{0.2mA} = \frac{1.8V}{0.2mA} = 9k\Omega \tag{5.145}$$

放大器增益为

$$A_v = \frac{v_{gs}}{v_i} (-g_m R_L) = -\frac{g_m R_L}{2} \tag{5.146}$$

其中，$R_L = R_D \| 100k\Omega$。令式(5.87)等于 50，求得 R_L 为

$$R_L = \frac{2A_v}{g_m} = \frac{A_v (V_{GS} - V_{TN})}{I_D} = \frac{50(0.2V)}{0.2mA} = 50k\Omega \tag{5.147}$$

因为 $R_L = 50k\Omega$，因此 R_D 必须为 $100k\Omega$。

现在遇到一个问题，如图 5.47(b) 所示。$R_D = 100k\Omega$ 中流过的漏电流为 0.2mA，使电源产生了 20V 的压降。因此，必须增加电源电压。由于工作在放大区，$V_{DS} \geq V_{GS} - V_{TN}$，其中

$$V_{DS} = V_{DD} - I_D R_D - I_D R_S \tag{5.148}$$

因此有

$$V_{DD} - 20 - 1.8 \geq (-1.8) - (-2) \quad 或 \quad V_{DD} \geq 22V \tag{5.149}$$

该值足以确保晶体管工作在夹断区。选择 $V_{DD} = 25V$ 为漏极上额外的信号电压摆幅提供额外的设计余量和空间。

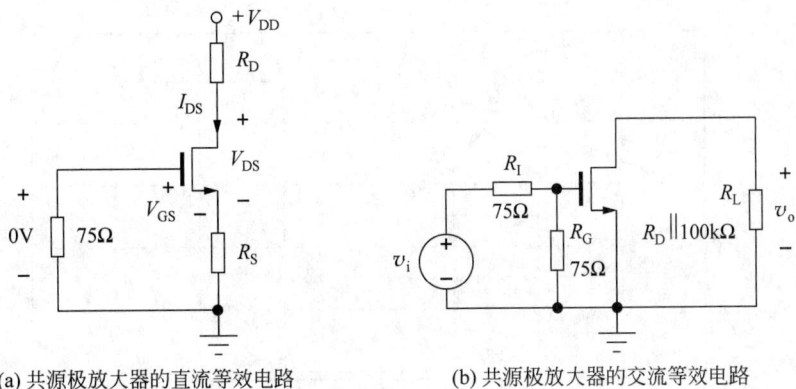

(a) 共源极放大器的直流等效电路   (b) 共源极放大器的交流等效电路

图　5.47

设计的最后一步是选择耦合电容的值。我们希望当频率处于 500kHz 或更高时，电容的阻抗相对于出现在其两端的电阻可以忽略。C_1 左侧的电阻为 75Ω，右侧的电阻也为 75Ω。因此有

$$\frac{1}{2\pi(500\text{kHz})C_1} \ll 150\Omega \quad 或 \quad C_1 \gg 2.12\text{nF}$$

对于 C_3，其源极方向的电阻为 $9.1\text{k}\Omega$，并与晶体管源极方向的电阻 $1/g_m$ 并联，有

$$R_{eq} = 9.1\text{k}\Omega \left\| \frac{1}{g_m} = 9.1\text{k}\Omega \right\| \frac{1}{2\text{mS}} = 474\Omega$$

因此

$$\frac{1}{2\pi(500\text{kHz})C_3} \ll 474\Omega \quad 或 \quad C_3 \gg 644\text{pF}$$

对于 C_2，漏极方向的电阻为 $100\text{k}\Omega$，其右侧的电阻也为 $100\text{k}\Omega$，因此有

$$\frac{1}{2\pi(500\text{kHz})C_2} \ll 200\text{k}\Omega \quad 或 \quad C_2 \gg 1.59\text{pF}$$

选择 $C_1 = 0.022\mu\text{F}$，$C_3 = 0.0068\mu\text{F}$，$C_2 = 20\text{pF}$，这些值均为标准值，且为计算值 10 倍左右，最终所得放大器设计电路如图 5.48 所示，在此同样选用标准 5% 容限的电阻值。

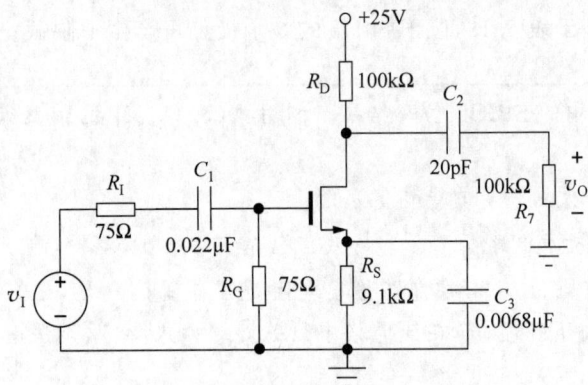

图 5.48　共源极放大器的最终设计

结果检查：在此，检查设计方案一个非常好的方法就是利用 SPICE 对电路进行仿真，其产生的 Q 点$(198\mu\text{A}, 3.41\text{V})$的增益为 33.9dB，且 $f_L = 91.5\text{kHz}$，频率响应如下图所示。

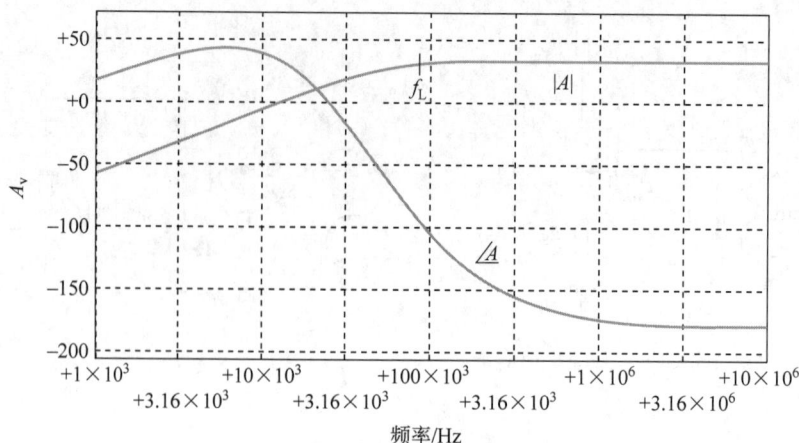

共源极放大器的频率响应曲线

讨论：例 5.11 和例 5.12 中的设计表明，当设计条件给定时，能够满足设计要求的设计方案通常有多个，不同方案之间有较大差异，选择某种方案而不选择其他方案的原因有很多。例如，某一标准可能是采用系统其他元器件中已有的电源电压，则系统的总功耗可能是一个需要考虑的重要因素。共基极设计的功率约为 3.3mW，并使用两个电源，而共源极设计使用单个 25V 电源，其功率为 5mW。事实上，在设计中采用 FET 会较为困难，在设计中既需要采用较大的电源电压，又需要 FET 在接近截止区域状态工作。同时满足 $K_n = 10\text{mA/V}^2$，$V_P = -2\text{V}$ 的 FET 是比较困难的。

另一个需要考虑的重要因素就是放大器的成本。FET 放大器的核心部分需要 3 个电阻：R_D、R_C 和 R_S；旁路电容 C_3 及场效应管。共基极放大器的核心部分需要电阻 R_E、R_C 及 BJT。附加元器件的成本及将它们安装到印制电路板上的费用（通常比放大器本身的费用还要高），这些经济方面的因素可能会导致设计从共源极放大器转向共基极放大器。不过，在某些应用中，场效应管放大器的最大输入信号能力，即 $|v_i| = 2 \times 0.2(V_{GS} - V_P) = 0.08\text{V}$，可能会显得最为重要。显然，最终的决定取决于许多因素。

计算机辅助分析：如前所述，用 v_I 作为输入的 SPICE 仿真产生的频率响应结果如上图所示，仿真参数为 FSTART = 100Hz，FSTOP = 10MHz，每十倍频程取 10 个频率采样点。中频带电压增益为 33.9dB，$f_L = 91.5\text{kHz}$。基于表 5.13，位于 50Hz 的 3 个极点可产生下限截止频率 $f_L = 98.0\text{kHz}$。

练习：验证例 5.12 中的 SPICE 仿真结果。利用式（5.117）中的带宽缩减因子，预计会产生多大带宽？

答案：89Hz（用 3 个极点频率的平均值）。

练习：假设图 5.48 所示电路所选择的场效应管有 $\lambda = 0.015\text{V}^{-1}$，则 r_o 和新的电压增益为多少（采用设计实例中的 Q 点值）？考虑忽略输出电阻是否合理？

答案：333kΩ，43.5；不合理，r_o 在此电路中很关键。如果忽略，无法用此场效应管得到所需的增益值。

练习：（a）从表 5.17 中选用 25V/0.25V 来重新设计电路。采用相同的 FET 器件的参数；（b）用 SPICE 验证所设计的电路。

答案：5.6kΩ，68kΩ，$V_{DD} = 25\text{V}$，0.022μF，8200μF，20pF。

　　练习：(a)为图 5.148 所示共源极放大器的中频带区域创建一个戴维南等效电路；(b)用此电路模型计算放大器的负载电阻为 100kΩ 时的电压增益。

　　答案：(a)$v_{\text{th}}=100v_{\text{i}}$，$R_{\text{th}}=100\text{k}\Omega$；(b)50。

5.9　多级交流耦合放大器

　　在大多数情况下，单级晶体管放大器无法满足给定放大器设计的所有要求。所需的电压增益通常会超出单个晶体管的放大系数，或者所要求的电压增益、输入电阻和输出电阻无法同时满足。例如，考虑到一个性能较好的通用运算放大器，其设计要求输入电阻超过 1MΩ，电压增益达到 100000，输出电阻低于几百欧姆。很明显，根据本章对放大器的分析，单级晶体管放大器无法同时满足这些要求。此时必须将多个放大器级联，构成一个新的放大器来满足所有的设计要求。

5.9.1　三级交流耦合放大器

　　本节将研究图 5.49 所示的三级交流耦合放大器。信号通过耦合电容 C_1、C_2、C_5 和 C_6 在级与级之间耦合，同时这些电容还可提供级与级之间的直流阻断，从而允许对任何一级放大器的偏置电路进行单独设计。

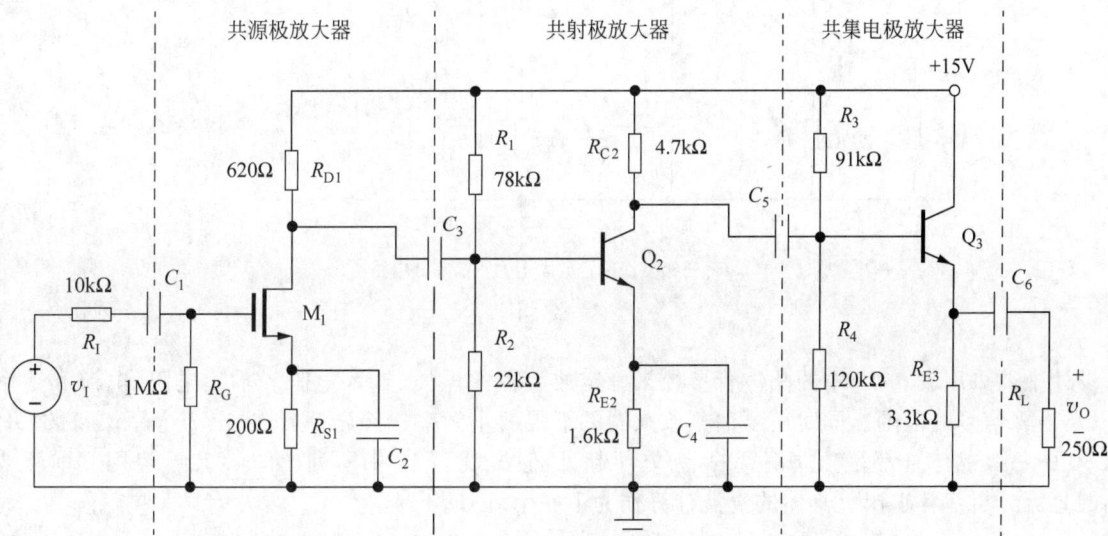

图 5.49　三级交流耦合放大器

　　不同级的功能可以在图 5.50(a)所示放大器的中频带交流等效电路中得到更好的体现，图中所有的电容均被短路替代。MOSFET 的 M_1 被连接成共源极放大器，提供高输入电阻和中等的电压增益。处于共射极连接的双极型晶体管 Q_2 构成了第 2 级放大器电路，提供高电压增益。Q_3 被连接成射极跟随器，提供低输出电阻，为高增益级 Q_2 提供缓冲，连接相对较低的负载阻抗(250Ω)。在图 5.50(a)中，基极偏置电阻替换为 $R_{\text{B2}}=R_1 \parallel R_2$ 及 $R_{\text{B3}}=R_3 \parallel R_4$。

　　在图 5.49 所示的放大器中，整个放大器的输入和输出是通过电容 C_1 和 C_6 交流耦合的，旁路电容 C_2 和 C_4 用于从两个反相放大器得到最大的电压增益。级间的耦合电容 C_3 和 C_5 在放大器之间传递交流信号，阻断直流信号的传递。因此单个晶体管的 Q 点并不受相互连接的各级的影响。所有电容移除后放大器的直流等效电路如图 5.50(b)所示。3 个独立的晶体管放大器的划分在此图中变得很明显。

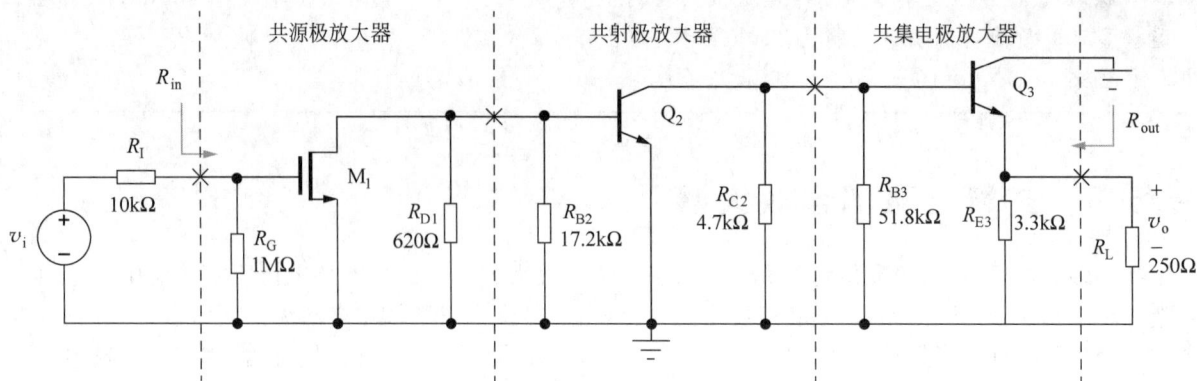

(a) 用于交流分析的等效电路

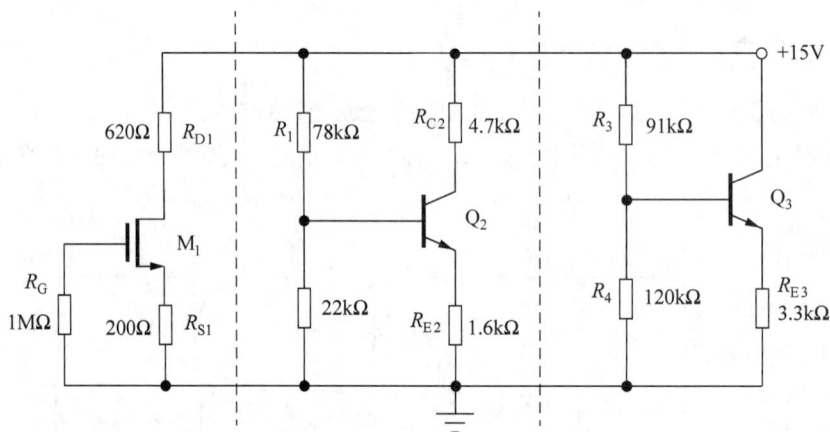

(b) 三级交流耦合放大器的直流等效电路

图   5.50

设计中欲采用表 5.18 中的晶体管参数来确定放大器的电压、输入电阻和输出电阻、电流和功率增益，以及输入信号的范围。同时还要估算放大器的下限截止频率。首先，必须求出 3 个晶体管的 Q 点。图 5.50 中每级晶体管都是独立偏置的，为方便起见，假设表 5.19 中所列出的 Q 点已经用之前章节中得到的直流分析步骤求出。具体的直流计算作为下一个练习。

表 5.18   图 5.49～图 5.54 中晶体管的参数

M_1	$K_n = 10\text{mA/V}^2, V_{TN} = -2\text{V}, \lambda = 0.02\text{V}^{-1}$
Q_2	$\beta_F = 150, V_A = 80\text{V}, V_{BE} = 0.7\text{V}$
Q_3	$\beta_F = 80, V_A = 60\text{V}, V_{BE} = 0.7\text{V}$

表 5.19   图 5.50 中晶体管的 Q 点及小信号参数值

	Q 点值	小信号参数
M_1	(5.00mA, 10.9V)	$g_{m1} = 10.0\text{mS}, r_{o1} = 12.2\text{k}\Omega$
Q_2	(1.57mA, 5.09V)	$g_{m2} = 62.8\text{mS}, r_{o2} = 2.39\text{k}\Omega, r_{o2} = 54.2\text{k}\Omega$
Q_3	(1.99mA, 8.36V)	$g_{m3} = 79.6\text{mS}, r_{o3} = 1.00\text{k}\Omega, r_{o3} = 34.4\text{k}\Omega$

练习：验证表 5.19 中的 Q 点值和小信号参数。

练习：为什么一个单级晶体管放大器无法满足本章引言中提到的运算放大器的设计要求？

答案：单级晶体管无法满足输入电阻、输出电阻，以及电压信号的扩大。

5.9.2 电压增益

三级放大器实例的交流等效电路及其简化形式如图 5.51 所示，其中 3 组并联电阻已合并为如下数值：$R_{I1}=620\Omega \parallel 17.2\text{k}\Omega=598\Omega$，$R_{I2}=4.7\text{k}\Omega \parallel 51.8\text{k}\Omega=4.31\text{k}\Omega$，$R_{L3}=3.3\text{k}\Omega \parallel 250\Omega=232\Omega$。整个放大器的电压增益可以表示为

$$A_{v}=\frac{v_{o}}{v_{i}}=\left(\frac{v_{o}}{v_{3}}\right)\left(\frac{v_{3}}{v_{2}}\right)\left(\frac{v_{2}}{v_{1}}\right)\left(\frac{v_{1}}{v_{s}}\right)=A_{vt1}A_{vt2}A_{vt3}\left(\frac{v_{1}}{v_{i}}\right) \tag{5.150}$$

其中

$$\frac{v_{1}}{v_{i}}=\frac{R_{in}}{R_{I}+R_{in}}=\frac{R_{G}}{R_{I}+R_{G}} \tag{5.151}$$

现在我们应该能更清楚地意识到为什么要在本章开始时推导端增益的表达式。总体电压增益是由各级放大器端增益的乘积决定的，同时还与源电阻上造成的信号电压损失有关。

运用从第 4 章和本章中获得的有关单级晶体管放大器的知识，来确定这 3 个电压增益的表达式。第 1 级是共源极放大器，其端增益为

$$A_{vt1}=\frac{v_{2}}{v_{1}}=-g_{m1}R_{L1} \tag{5.152}$$

其中，R_{L1} 代表与 M_1 漏极相连接的总负载电阻[①]。从图 5.51(a)所示的交流等效电路和(b)所示的小信号模型中，可得 R_{L1} 等于 R_{I1} 和 R_{iB2} 的并联组合，即 Q_2 基极端的输入电阻。由于 Q_2 为发射极电阻为零的共射极放大器，有 $R_{iB2}=r_{\pi}$，故有

$$R_{L1}=598\Omega \parallel r_{\pi2}=598\Omega \parallel 2390\Omega=478\Omega \tag{5.153}$$

则第 1 级放大器的增益为

$$A_{vt1}=\frac{v_{2}}{v_{1}}=-0.01\text{S} \times 478\Omega=-4.78 \tag{5.154}$$

第 2 级放大器的端增益为共射极放大器的端增益，即

$$A_{vt2}=\frac{v_{3}}{v_{2}}=-g_{m2}R_{L2} \tag{5.155}$$

R_{L2} 表示与 Q_2 的集电极相连接的全部负载电阻。在图 5.51 中，R_{L2} 等于 R_{I2} 和 R_{iB3} 的并联，其中 R_{iB3} 是 Q_3 的输入电阻，Q_3 是射极跟随器，其阻值为 $R_{iB3}=r_{\pi3}(1+g_{m3}R_{L3})$，因此 R_{L2} 等于

$$R_{L2}=R_{I2} \parallel [r_{\pi3}+(\beta_{o3}+1)R_{L3}]=4310\Omega \parallel 1000\Omega[1+79.6\text{mS}(232\Omega)]=3.53\text{k}\Omega \tag{5.156}$$

第 2 级放大器的增益为

$$A_{vt2}=-62.8\text{mS} \times 3.53\text{k}\Omega=-222 \tag{5.157}$$

最后，射极跟随器的端增益为

---

① 因为每个放大器都有外部负载电阻，因此忽略了输出电阻 r_{o1}、r_{o2} 和 r_{o3}，我们期望放大器每一级都有 $|A_v| \ll \mu_f$。

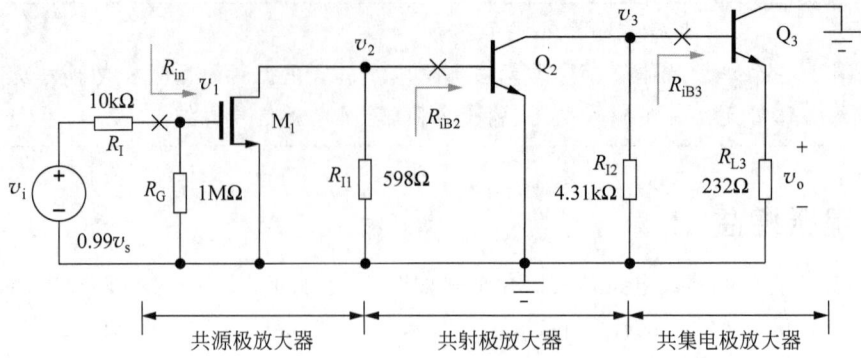

(a) 三级放大器的简化交流等效电路

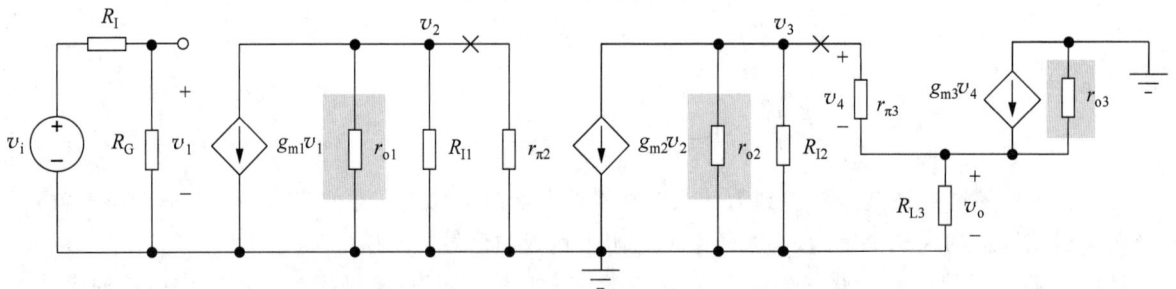

(b) 三级放大器的小信号等效电路。电阻r_{o1}、r_{o2}和r_{o3}在计算中被忽略

图 5.51

$$A_{vt3} = \frac{v_o}{v_3} = \frac{g_{m3}R_{L3}}{1 + g_{m3}R_{L3}} = \frac{(79.6\text{mS})(232\Omega)}{1 + 79.6\text{mS}(232)\Omega} = 0.95 \tag{5.158}$$

在完成式(5.150)的电压增益计算之前，必须求出输入阻抗R_{in}，以估算式(5.151)中v_1/v_i的比值。

5.9.3 输入电阻

这种放大器的输入阻抗可以参考图 5.50～图 5.52 来确定。因为图 5.52 中的i_g为零，由电源v_x所呈现的电阻为$R_{in} = R_G = 1\text{M}\Omega$。可知这一结果不受$M_1$的源极或漏极有关电路的影响。

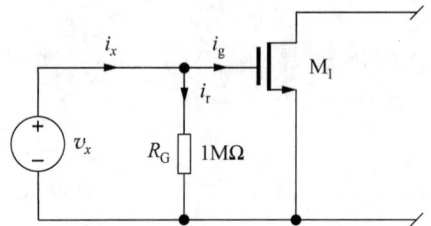

图 5.52 三级放大器的输入电阻

5.9.4 信号源的电压增益

将电压增益和电阻的值代入式(5.150)和式(5.151)中，可得整个放大器的电压增益为

$$A_v = A_{vt1}A_{vt2}A_{vt3}\frac{R_{in}^{CS}}{R_I + R_{in}^{CS}} = (0.95)(-222)(-4.78)\left(\frac{1\text{M}\Omega}{10\text{k}\Omega + 1\text{M}\Omega}\right) = 998 \tag{5.159}$$

此时可发现三级放大器电路实现了一个电压增益约为 60dB，输入电阻为 1MΩ 的同相放大器。因为有高输入阻抗，在源电阻上只有很小一部分(1%)输入信号损失。

练习：考虑 r_{o1}、r_{o2} 和 r_{o3} 的影响,重新计算 A_v 的值。

答案：903(59.1dB)。

练习：如果 M_1 有 $V_{GS} - V_{TN} = 1V$,试用简单的设计估算公式估算图 5.49 中放大器的增益,导致结果不一致的原因是什么?

答案：$(-15)(-150)(1) = 2250$;R_{D1} 上只有 3V 的压降,然而估算公式假设有 $V_{DD}/2 = 7.5V$ 的压降,考虑这一差异,得到 $(2250)(3/7.5) = 900$。

练习：如果级间电阻 R_{I1} 和 R_{I2} 可去除(令阻值区域无穷大),则 A_v 的值为多少? 在这种情况下需要考虑 r_{o1}、r_{o2} 和 r_{o3} 的影响吗

答案：28200;r_{o2} 需要考虑。

5.9.5 输出电阻

放大器输出阻抗 R_{out} 的定义为从耦合电容 C_6 位置往放大器内部“看过去”得到的电阻,如图 5.49 和图 5.50 所示。为了得到 R_{out},在放大器的输出端加上测试电压 v_x,如图 5.53 所示,我们发现整个放大器的输出电阻由射极跟随器的输出电阻和 3300Ω 电阻并联得到。将这一数学关系写出可得

$$i_x = i_r + i_e = \frac{v_x}{3300} + \frac{v_x}{R_{iE3}} \tag{5.160}$$

运用表 5.4 中的结果,发现总输出电阻为

$$R_{out} = \frac{v_x}{i_x} = 3300 \parallel R_{iE3} \approx 3300 \parallel \left(\frac{1}{g_{m3}} + \frac{R_{th3}}{\beta_{o3}} \right) \tag{5.161}$$

其中必须求得第 3 级放大器的戴维南等效源电阻 R_{th3}。

R_{th3} 可借助图 5.54 求得。将第 3 级的 Q_3 去除,把测试电压 v_x 施加在 v_3 节点。从测试电压 v_x 得到的电流 i_x 等于

$$i_x = \frac{v_x}{R_{I2}} + i_2 = \frac{v_x}{R_{I2}} + \frac{v_x}{R_{iC}} \quad 或 \quad R_{th3} = \frac{v_x}{i_x} = R_{I2} \parallel R_{iC} = R_{I2} \parallel r_{o2} \tag{5.162}$$

R_{th3} 等效于级间电阻 R_{I2} 与 Q_2 集电极电阻的并联组合,Q_2 的集电极电阻正好等于 r_{o2},即

$$R_{th3} = 4310\Omega \parallel 54200\Omega = 3990\Omega$$

利用估算式(5.161)求出放大器整体的输出电阻为

$$R_{out} = 3300\Omega \parallel \left(\frac{1}{0.0796S} + \frac{3990\Omega}{80} \right) = 62.4\Omega \tag{5.163}$$

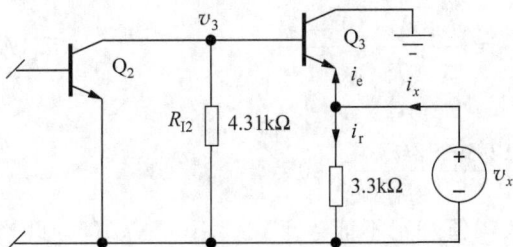

图 5.53 三级放大器的输出电阻

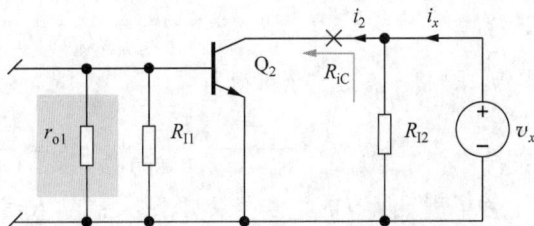

图 5.54 第 3 级放大器的戴维南等效电阻

5.9.6　电流和功率增益

在图 5.50 所示电路中,从电源 v_i 传递给放大器的输入电流为

$$i_i = \frac{v_i}{R_1 + R_{in}} = \frac{v_i}{10^4 + 10^6} = 9.9 \times 10^{-7} v_i \tag{5.164}$$

而从放大器传递给负载的电流为

$$i_o = \frac{v_o}{250} = \frac{A_v v_i}{250} = \frac{998 v_i}{250} = 3.99 v_i \tag{5.165}$$

将式(5.164)和式(5.165)合并,得到电流增益为

$$A_i = \frac{i_o}{i_i} = \frac{3.99 v_i}{9.9 \times 10^{-7} v_i} = 4.03 \times 10^6 \ (132\text{dB}) \tag{5.166}$$

将式(5.150)和式(5.166)与第 1 章中的功率增益表达式结合,可得放大器的总功率增益为

$$A_P = \frac{P_o}{P_s} = \left| \frac{v_o}{v_i} \frac{i_o}{i_i} \right| = |A_v A_i| = 998 \times 4.03 \times 10^6 = 4.02 \times 10^9 \quad (96.0\text{dB}) \tag{5.167}$$

由于共源极的输入电阻很大,只需要很小的输入电流便能得到很大的输出电流。因此,其电流增益很大。另外,放大器的电压增益也很大,将大的电压增益和大的电流增益相结合便会产生非常大的功率增益。

5.9.7　输入信号范围

放大器特性分析的最后一步是确定放大器能施加的最大输入信号。在多级放大器中,放大器链中的任意一级都不能违背小信号假设。图 5.50 和图 5.51 所示放大器的第 1 级很容易检查。电压源 v_1 直接施加在 MOSFET 的栅-源端上,为了满足小信号限制,$v_1 (= 0.99 v_i)$ 必须满足

$$|v_i| \leqslant 0.2(V_{GS1} - V_{TN}) \quad \text{或} \quad |v_i| \leqslant \frac{0.2(-1+2)}{0.99} = 0.202\text{V} \tag{5.168}$$

第 1 级将输入信号限制在 202mV 以内。

为了满足小信号要求,Q_2 的基极-发射极电压也必须小于 5mV。在此放大器中,$v_{be2} = v_2$,因此有

$$|v_2| = |A_{vt1} v_1| \leqslant 5\text{mV}, \quad |v_1| \leqslant \frac{5\text{mV}}{A_{vt1}} = \frac{0.005}{4.78} = 1.05\text{mV} \tag{5.169}$$

$$|v_i| \leqslant \frac{1.05\text{mV}}{0.99} = 1.06\text{mV}$$

在此设计中,如果输入信号超过 1.06mV,则 Q_2 就会违背小信号要求。

最后,将式(5.64)用于射极跟随器的输出级($R_{th} = 0$),则有

$$v_{be3} \approx \frac{v_3}{1 + g_{m3} R_{L3}} = \frac{A_{vt1} A_{vt2} v_1}{1 + g_{m3} R_{L3}} = \frac{A_{vt1} A_{vt2} (0.99 v_s)}{1 + g_{m3} R_{L3}} \tag{5.170}$$

要求 $|v_{be3}| \leqslant 5\text{mV}$,可得

$$|v_i| \leqslant \frac{1 + g_{m3} R_{L3}}{A_{vt1} A_{vt2} (0.99)} 0.005 = \frac{1 + 0.0796\text{S}(232\Omega)}{(-4.78)(-222)(0.99)} 0.005\text{V} = 92.7 \mu\text{V} \tag{5.171}$$

为了满足所有的小信号限制,放大器输入信号的最大幅值一定不能大于式(5.168)、式(5.169)及式(5.171)三者结果中的最小值,因此有

$$|v_i| \leqslant \min(202\text{mV}, 1.06\text{mV}, 92.7 \mu\text{V}) = 92.7 \mu\text{V} \tag{5.172}$$

在此设计中,输出级的线性度限制了输入信号的幅值应小于 $93\mu V$。需指出的是,满足小信号限制的最大输出电压仅为

$$|v_o| \leqslant A_v(92.7\mu V) = 998(92.7\mu V) = 92.5mV \tag{5.173}$$

例 5.13　三级放大器仿真。

用 SPICE 仿真对三级放大器的手工分析进行验证。

问题：用 SPICE 求出图 5.49 中放大器的中频带电压增益、输入电阻和输出电阻。用交流分析和瞬态分析来验证增益。

解：

已知量：原始放大器的电路如图 5.49 所示,晶体管的参数在表 5.18 中列出。

未知量：A_v、R_{in} 和 R_{out}。

求解方法：用 SPICE 分析绘制出频率响应曲线,并找到中频带区域,然后选择一个中频带频率,利用交流分析求出电压增益、输入电阻和输出电阻。假设电容的数值很大。用瞬态仿真验证增益。

假设：耦合电容和旁路电容都随意设为 $22\mu F$。将双极型晶体管参数 TF＝0.5NS,CJC＝2PF 加载到 BJT 的模型中,使频率响应曲线在高频处出现下降。在第 8 章中将对这些参数进行详细讨论。

分析：在 SPICE 中用原理图编辑器创建电路,如下图所示。

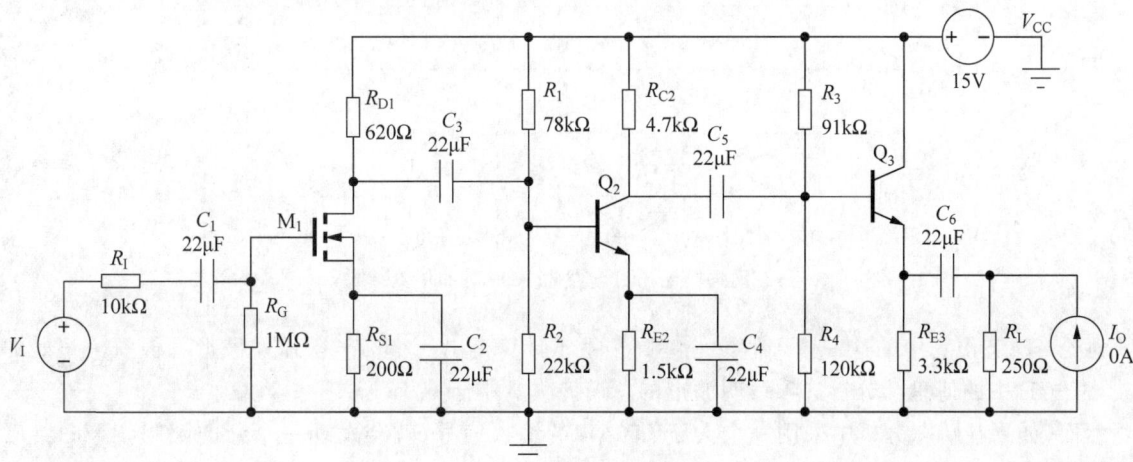

MOSFET 参数为 KP＝0.01S/V,VTO＝−2V,LAMBDA＝0.02/V。BJT 中 Q_2 的参数为 BF＝150,VAF＝80V,TF＝0.5NS,CJC＝2PF。Q_3 的参数为 BF＝80,VAF＝60V,TF＝0.5NS,CJC＝2PF。如前所述,在电路中加载了 TF 和 CJC 后,频率响应曲线在高频处出现下降,在第 8 章会对此现象进行进一步讨论。电压源 V_I 用于电压增益和输入阻抗的交流分析。电流源 I_O 是一个交流源,用于输出阻抗。

首先,设定 $V_I = 1\angle 0°V$,$I_O = 0\angle 0°A$。为了找到中频带,从 $10Hz \sim 10MHz$ 进行交流扫描,每十倍频程提取 20 个频率采样点。得到的频率响应结果如下图所示。

中频带区域约从 $500Hz$ 延伸到 $500kHz$。选择 $20kHz$ 作为中频带频率代表,求出增益为 60.1dB($A_v = 1010$),V_I 中的电流为 $-990nA$,相位为 0°,负号是根据 SPICE 中的正负号规则而定——流入独立源正极的电流为正。在 V_I 处呈现的输入电阻为 $1V/990nA = 1.01M\Omega$。去掉 $10k\Omega$ 源电阻,得到放大器的输入电阻为 $1M\Omega$。增益和输入电阻值都与手工计算的结果一致。

设定 $V_I = 1\angle 0°V$,$I_O = 0\angle 0°A$,并求出输出电压可得出输出电阻的值,结果为 $R = 45.6\Omega$。除去与其相并联的 250Ω 电阻的影响,得到输出电阻为 $R_{out} = 55.7\Omega$。该结果与手工计算结果的稍许差异是由

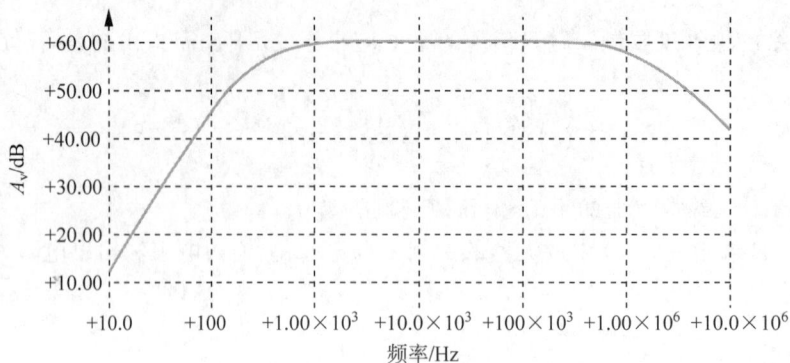

SPICE 中使用的电流增益数值导致的：$\beta_o = BF(1+VCB/VA) = 80(1+7.6V/60V) = 90.1$。

结果检查：对增益的第 2 次检查，可在 $f=20kHz$ 频率下进行瞬态仿真，现在我们知道这是一个中频带频率。图中给出了在 $100\mu V$ 输入幅值下的输出结果，起始时间为 0，终止时间为 $100\mu s$，时间步长为 $0.01\mu s$。对应 1000 增益值，输出电压的幅值约为 100mV。

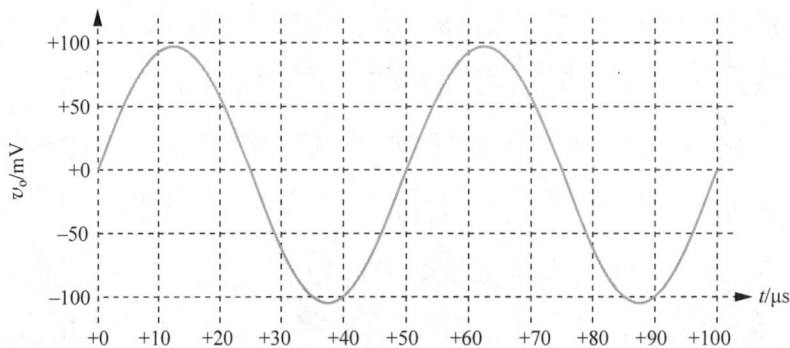

具有无失真输出且增益为 1000 时的仿真结果

讨论：瞬态仿真中的这一输入值恰好略高于手工计算得出的小信号限制。波形看似一个很好的正弦波，SPICE 中的傅里叶分析选项表明波形的总谐波失真小于 0.15%。

然而，如果在瞬态分析中采用一个大于 $650\mu V$ 的输入信号，就会发现一个新的限制。下图给出了这样一个问题实例。因为三极管 Q_3 的偏置电流仅为 2mA，射极跟随器所能产生的最大输出信号大约为 $2mA \times 250\Omega$，即 0.5V。在达到这一值之前，输出信号已经开始表现出很大的失真。在此图中，输入 v_I 的幅值为 $750\mu V$。输出波形的底部被钳位，总谐波失真增加到 8.2%。这个输出波形并不理想。

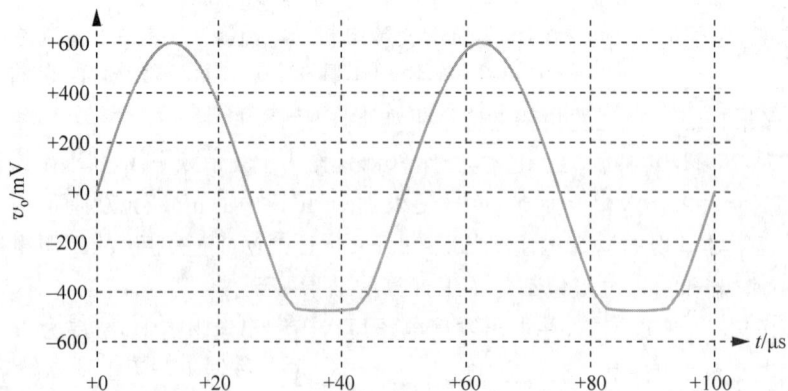

幅值超过放大器输出电压能力时的失真输出结果

表5.20 对图5.49 所示三级放大器的特性进行了总结。放大器提供了一个约为60dB 的同相电压增益、高输入电阻和低输出电阻。电流和功率增益都非常大。为了满足晶体管的小信号限制,输入信号必须保持低于 $92.7\mu V$。

表 5.20 三级放大器小结

	手工分析结果	SPICE 结果
电压增益	998	1010
输入电压范围/μV	92.7	—
输入电阻/$M\Omega$	1	1
输出电阻/Ω	60.5	55.7
电流增益	4.03×10^6	—
功率增益	4.02×10^9	—

练习:当电流增益为 90.1 时,重新估算式(5.163)中的值。

答案:55.3Ω。

练习:如果 VI 的幅值增加到:(a)$400\mu V$;(b)$600\mu V$;(c)1mV,分别求出输出波形、电压增益和总谐波失真。

答案:(a)类似于正弦波,$A_v=826$,THD$=0.28\%$;(b)类似于正弦波,$A_v=790$,THD$=2.4\%$;(c)波形的底部被钳位,$A_v=760$,THD$=18.3\%$。需指出的是,总电压增益随着信号幅值的增加而下降。

练习:(a)如果将 I_{D1} 减小到 1mA,R_{D1} 增加到 $3k\Omega$,则为了保持 V_D 不变,放大器的电压增益将为多少?(b)将 FET 的跨导 g_m 减小为 $1/\sqrt{5}$ 倍。为什么增益却没有增加 $\sqrt{5}$ 倍?

答案:1150;虽然 R_{D1} 增加了 5 倍,但 M_1 漏极的总负载电阻并没有增加。

5.9.8 估算多级放大器的截止频率下限

第8章将会对此问题进行更为详细的讨论,包含多个耦合电容和旁路电容的放大器的下限截止频率可用下式估算:

$$\omega_L \approx \sum_{i=1}^{n}\frac{1}{R_{iS}C_i} \tag{5.174}$$

式中 R_{iS} 表示将其他电容短路后,第 i 个电容两端的电阻。而 $R_{iS}C_i$ 的乘积项表示与电容 C_i 相关的短路时间常数。现在可用这一方法来估算例 5.13 中三级放大器的截止频率下限。

$$C_1: R_{1S}=R_I+R_G=1.01M\Omega$$

$$C_2: R_{2S}=R_{S1} \| R_{iS1}=R_{S1} \| \frac{1}{g_{m1}}=200\Omega \| \frac{1}{0.01S}=66.7\Omega$$

$$C_3: R_{3S}=R_{D1}+R_{I1} \| R_{iB2}=R_{D1}+R_{I1} \| r_{\pi2}=620\Omega+17.2k\Omega \| 2.39k\Omega=2.72k\Omega$$

$$C_4: R_{4S}=R_{E2} \| R_{iE2}=R_{E2} \left\| \frac{r_{\pi2}+R_{th2}}{\beta_{o2}+1}=1.5k\Omega \right\| \frac{2.39k\Omega+(17.2k\Omega \| 620\Omega)}{151}=19.2\Omega$$

$$C_5: R_{3S} = R_{C2} + R_{12} \parallel R_{iB3} = R_{C2} + R_{12} \parallel r_{\pi3}(1 + g_{m3}R_{L3})$$

$$= 4.7\text{k}\Omega + 51.8\text{k}\Omega \parallel 1.0\text{k}\Omega[1 + 0.0796\text{S}(232\Omega)] = 18.9\text{k}\Omega$$

$$C_6: R_{4S} = R_L + R_{E3} \parallel R_{iE3} = R_L + R_{E3} \parallel \frac{r_{\pi3} + R_{th3}}{\beta_{o3}+1} = 250\Omega + 3.3\text{k}\Omega \parallel \frac{1\text{k}\Omega + (51.8\text{k}\Omega \parallel 4.7\text{k}\Omega)}{81}$$

$$= 315\Omega$$

$$f_L \approx \frac{1}{2\pi}\left[\frac{1}{1.01\text{M}\Omega(22\mu F)} + \frac{1}{66.7\Omega(22\mu F)} + \frac{1}{2.72\text{k}\Omega(22\mu F)} + \right.$$

$$\left. \frac{1}{19.2\Omega(22\mu F)} + \frac{1}{18.9\text{k}\Omega(22\mu F)} + \frac{1}{315\Omega(22\mu F)}\right]$$

$$f_L \approx 511\text{Hz}$$

使用短路时间常数方法获得的 $f_L = 511\text{Hz}$ 估计值与例 5.13 中 SPICE 仿真结果非常吻合。

电 子 应 用

双线圈电吉他拾音器

电吉他拾音器是将吉他钢丝弦的振动转化为电信号的装置，其功能是通过材料和磁场之间非常有趣的相互作用来实现的。下图给出了基本拾音器工作的示意图。磁铁引起了钢丝弦的磁化（磁畴排列）。当弦振动时，产生运动的磁场，由法拉第定律可知，运动的磁场会在弦下方的线圈中产生电流，然后来自线圈的信号被放大并传送到放大系统的剩余部分。线圈通常由极细的导线组成，有几百甚至上千匝。对于磁铁，导线的材料和线圈匝数的选择导致了频域响应和敏感性的一系列折中。吉他手经常把吉他放在话筒旁，利用声音反馈来产生持续音。声音能耦合进吉他，引起吉他弦的振动，通过放大器产生更大的信号。这并不同于我们经常从简陋的扩音器中听到的那些不希望听见的反馈，专业吉他手能用声音反馈来产生优美的连续音。

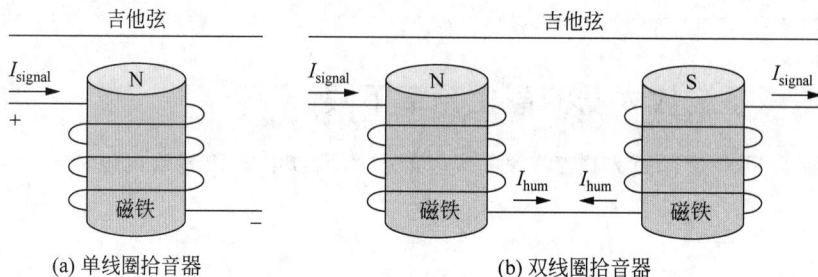

(a) 单线圈拾音器　　　　　(b) 双线圈拾音器

单线圈拾音器工作时对外部磁场十分敏感。特别是当 60Hz 的电信号通过大部分结构时会使单线圈中相同频率的磁场增强。结果，其他频率的信号能使吉他拾音器线圈产生所希望的弦振动信号，而 60Hz 的信号一般会引起嗡嗡的噪声。

为了消除这些噪声，有学者通过分析得到两个重要的发现：第一，弦振动信号的极性同时是弦的磁极性及线圈相对于弦取向的函数；第二，不希望出现的噪声信号的极性只是线圈相对于产生噪声的内磁场取向的函数。

正是基于以上两点发现，从而发明了上述双线圈拾音器。将第 2 个拾音器线圈和第 1 个线圈串联。在第 2 个线圈中将磁铁的极性翻转，导致了线圈上方区域的线磁场反向。此外，第 2 个线圈相对弦的取向也发生了翻转,结果构成了两个线圈中的弦振动信号为极性相同且可累加的系统,而噪声信号只与线圈的取向有关,与两个线圈中的信号反相,从而使噪声被抵消。

双线圈拾音器是一个非常出色的传感器设计实例。了解期望信号和噪声信号的独特特点可帮助设计者设计出一个只保留感兴趣的信号的传感器。抑制传感器中的噪声信号一般在检测和放大之后的后处理阶段进行。

小结

本章对由单级晶体管实现的放大器特性进行了深入研究。

- 对于 BJT 的 3 个可用端口,只有基极和发射极能用作信号输入端,而集电极和发射极可用作输出端。对于 FET,源极和栅极可用作信号输入端,而漏极和源极可用作输出端。集电极或漏极不会用作输入端,而基极或栅极不会用作输出端。

- 放大器分为基本的三大类:反相放大器——共射极和共源极放大器;跟随器——共集电极和共漏极(也称为射极跟随器或源极跟随器);同相放大器——共基极和共栅极放大器。

- 采用晶体管的小信号模型对三类放大器进行了详细分析,这些分析得到了电压增益、电流增益、输入电阻、输出电阻和输入信号范围的表达式,在一系列重要表格中对这些结果进行了总结:

  表 5.3:共射极/共源极放大器小结

  表 5.5:共集电极/共漏极放大器小结

  表 5.8:共基极/共栅极放大器小结

  表 5.9:单级晶体管双极型放大器小结

  表 5.11:单级场效应管放大器小结

  这些表格中总结的结论构成了模拟电路设计人员的基本工具包。全面掌握这些结论是设计人员进行更为复杂模拟电路设计的先决条件。

- 反相放大器(共射极和共源极放大器)可提供高电压和电流增益,同时还有高输入电阻和输出电阻。如果在晶体管的发射极或源极包含一个电阻,则电压增益会下降,但是可以与各个晶体管特性保持相对应的关系。增益下降可以增加输入电阻、输出电阻和输入信号范围。由于具有更高跨导,BJT 相比 FET 更容易获得高电压增益,而 FET 无穷大的输入电阻令其在获得高输入放大器方面占有优势。通常 FET 相比 BJT 具有更大的输入信号范围。

- 在 MOS 工艺中,可用一个晶体管来替代共源极放大器中的漏极偏置电阻,使电路变得更为紧凑,并且适合集成电路设计。

- 射极跟随器和源极跟随器(共集电极和共漏极放大器)可提供近似为 1 的电压增益,并具有高输入电阻及低输出电阻。跟随器可提供中等的电流增益,获得最高的输入信号范围。这些共集电极和共漏极放大器是第 1 章中介绍的电压跟随运算放大器电路的单级晶体管等效电路。

- 同相放大器(共基极和共栅级放大器)提供的电压增益信号范围和输出电阻与反相放大器非常类似,它们可提供相对较低的输入电阻,电流增益小于 1。

- 所有类型的放大器都可提供至少中等的电压或电流(或二者都有)增益,因此如果设计合适,它们可提供较大的功率增益。

- 表 5.21 给出了这 3 类放大器的比较结果。

表 5.21　单级晶体管放大器的比较

	反相放大器 （共射极和共源极放大器）	跟随器 （共集电极和共漏极放大器）	同相放大器 （共基极和共栅极放大器）
电压增益	中等	低（约为1）	中等
输入电阻	中高	高	低
输出电阻	中高	低	高
输入电压范围	中低	高	中低
电流增益	中等	中等	低（约为1）

- 给出了 3 种分别利用反相放大器、同相放大器及跟随器电路的放大器实例，同时给出了一个利用蒙特卡洛分析来评估元器件容限对电路性能影响的实例。
- 将电容电阻值设置成比电容两端的戴维南电阻小得多的值，可以选择耦合电容和旁边电容的值，电阻值在放大器频响中频带区域的最低频率处进行计算。当电容电阻值等于电容两端等效电阻值时的频率可决定截止频率下限 f_L。在本章所研究的放大器中，有两个或 3 个极点相互设定截止频率下限 f_L 的值，带宽缩减技术可将放大器的截止频率上推至超过每个电容单独作用时所设定的截止频率值。

关键词

Body Effect	体效应
Common-Base(C-B)Amplifier	共基极放大器
Common-Collector(C-C)Amplifier	共集电极放大器
Common-Drain (C-D)Amplifier	共漏极放大器
Common-Emitter (C-E)Amplifier	共射极放大器
Common-Gate(C-G)Amplifier	共栅极放大器
Common-Source(C-S)Amplifier	共源极放大器
Current Gain	电流增益
Emitter Follower	射极跟随器
Input Resistance	输入电阻
Output Resistance	输出电阻
Power Gain	功率增益
Signal Range	信号范围
Source Follower	源极跟随器
Swamping	陷入
Terminal Current Gain	端电流增益
Terminal Voltage Gain	端电压增益
Voltage Gain	电压增益

扩展阅读

1. P. R. Gray, P. J. Hurst, S. H. Lewis. and R. G. Meyer, *Analysis and Design of Analog Integrated Circuits*, 4th ed. John Wiley and Sons, New York：2001.

2. A. S. Sedra and K. C. Smith, *Microelectronic Circuits*, 5th ed. Oxford University Press, New York：2004.

3. M. N. Horenstein, *Microelectronic Circuits and Devices*, 2nd ed. Prentice-Hall, Englewood Cliffs, NJ：1995.

4. C. J. Savant, M. S. Roden, and G. L. Carpenter, *Electronic Design—Circuits and Systems*, 2nd ed., Benjamin/Cummings. Redwood City. CA：1990.

习题

若无其他说明,假设所有电容和电感都为无穷大。

§5.1 放大器类型

5.1 画出图 P5.1(a)～(q)所示放大器的交流等效电路图,并对其进行分类(即共源极、共栅极、共漏极、共射极、共基极和共集电极放大器或没用的放大器)。

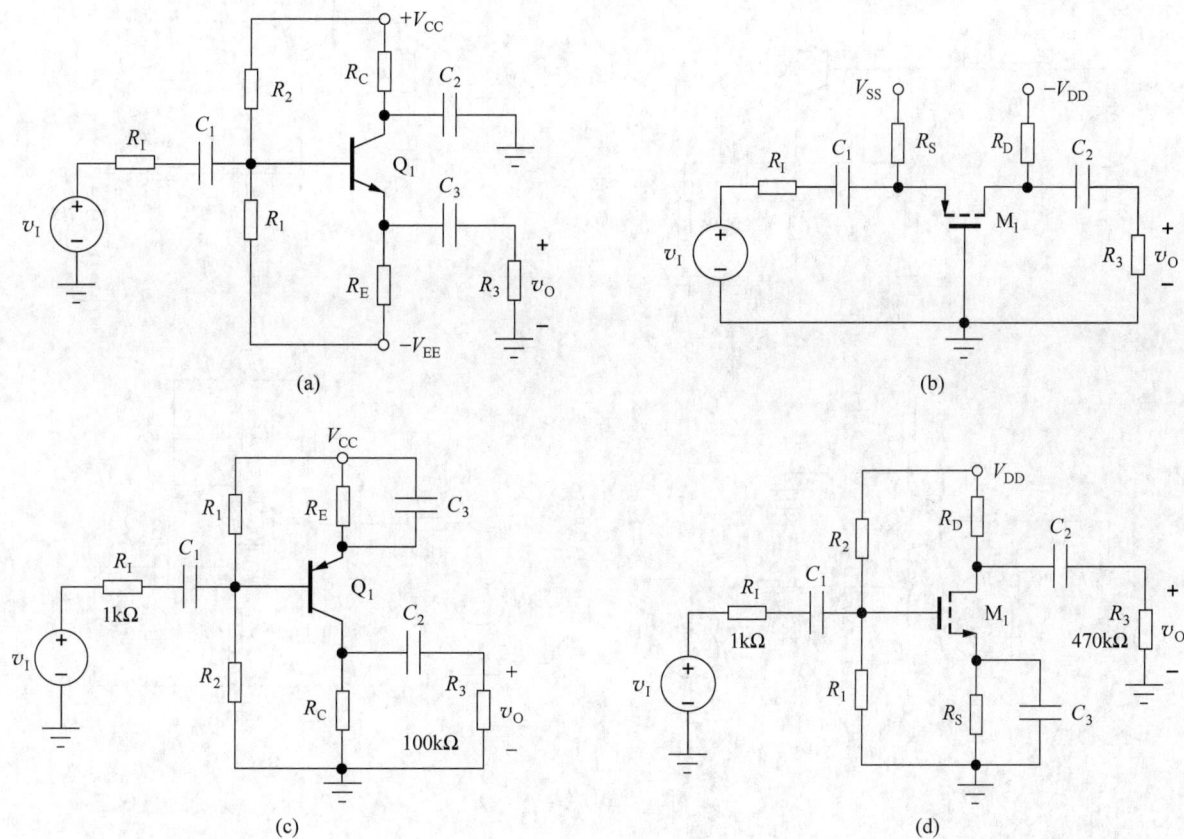

图 P5.1

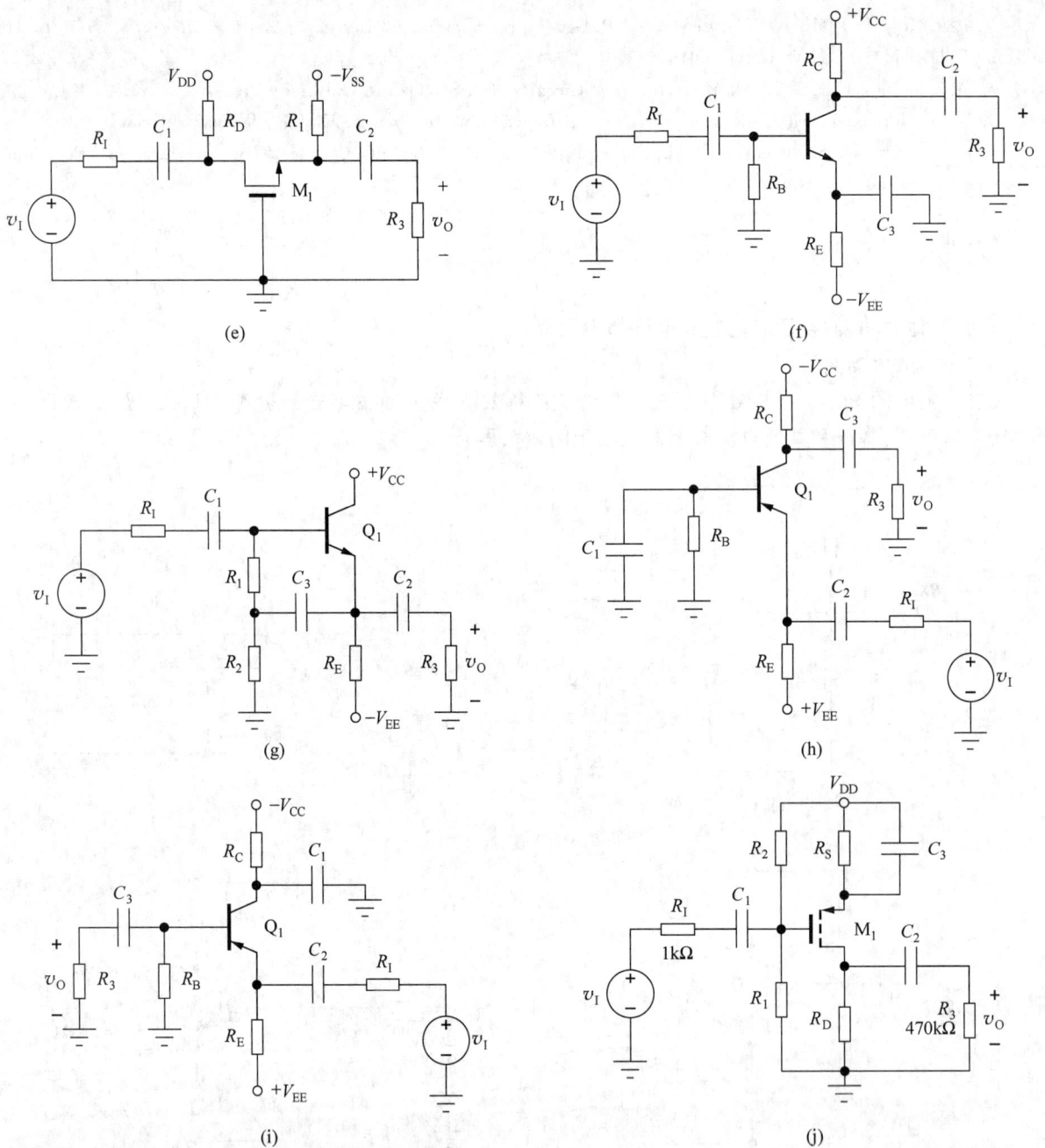

(e)

(f)

(g)

(h)

(i)

(j)

图 P5.1 （续）

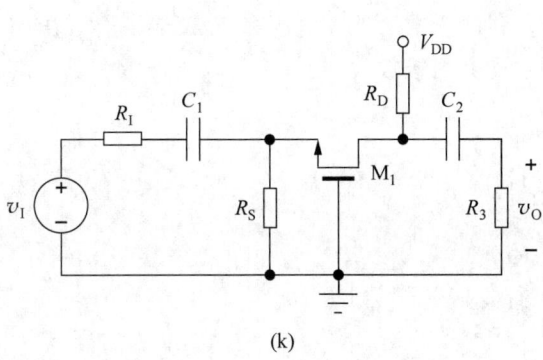

(k)

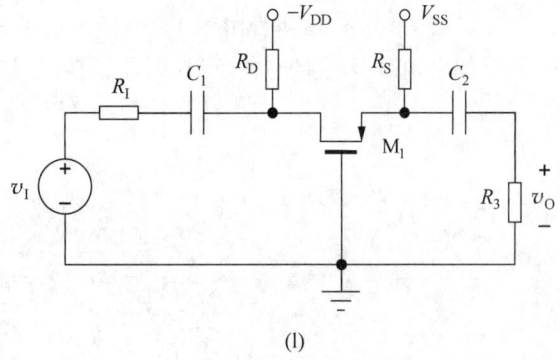

(l)

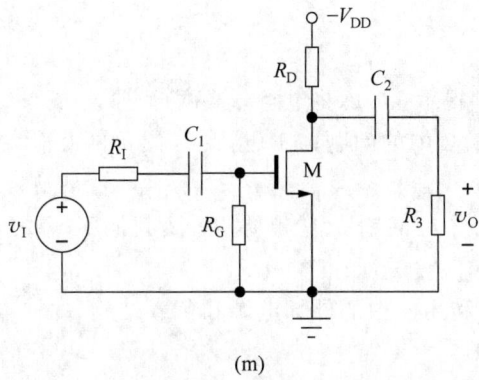

(m)

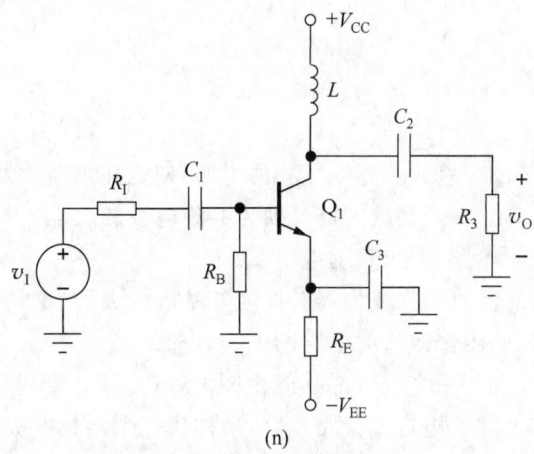

(n)

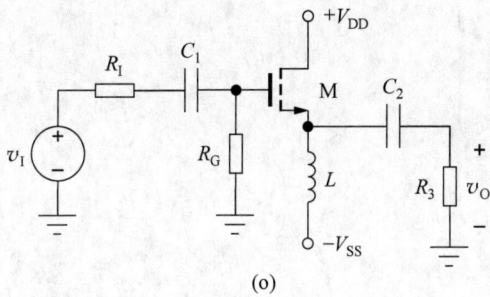

(o)

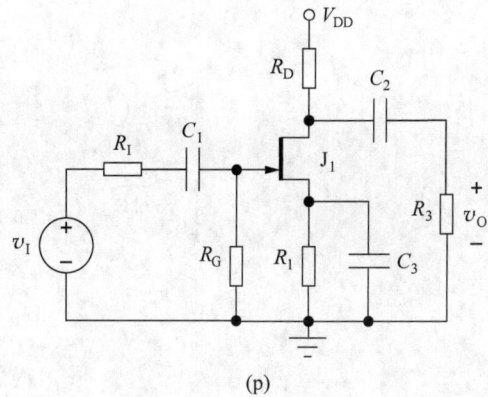

(p)

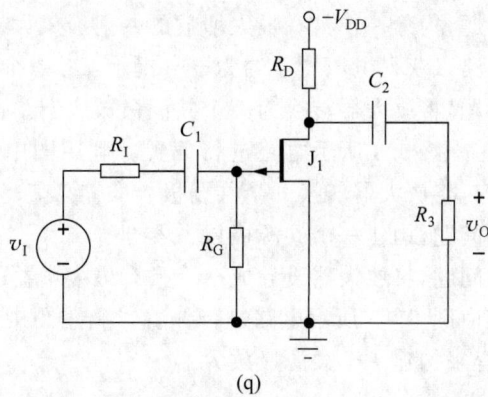

(q)

图 P5.1 （续）

5.2 一个 npn 晶体管由图 P5.2 所示电路进行偏置。利用图中的外部电源和负载结构,并在电路中加上耦合电容及旁路电容,将放大器转换成具有最大增益的共射极放大器。

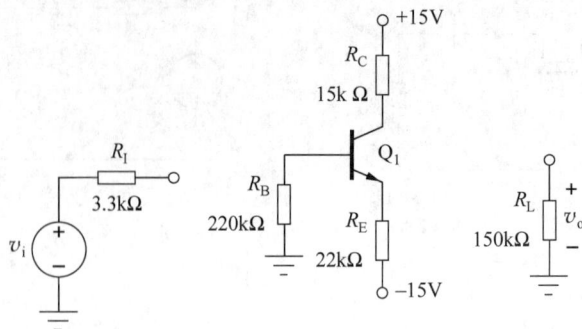

图 P5.2

5.3 修改习题 5.2 中的电路,使电压增益大约为−10(提示:考虑将电阻分成两部分)。

5.4 (a)将放大器转换为共集电极放大器,重复习题 5.2 中的问题;(b)删除不需要的元器件,重新设计电路,画出新的电路图。

5.5 (a)将放大器转换为共基极放大器,重复习题 5.2 中的问题;(b)删除 R_B 及其他不需要的元器件,画出修改后的电路图。

5.6 一个 pnp 晶体管由图 P5.3 所示电路进行偏置。利用图中的外部电源和负载结构,并在电路中加上耦合电容及旁路电容,来构建一个共集电极放大器。

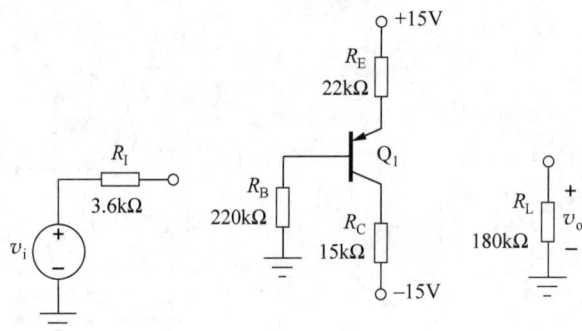

图 P5.3

5.7 重复习题 5.6 中的问题,构建一个具有最大增益的共射极放大器。

5.8 重构习题 5.7 中的电路以获得电压增益约为−5(提示:考虑将电阻分成两部分)。

5.9 重复习题 5.7 中的问题,将放大器转换为一个共漏极放大器。

5.10 一个 PMOS 晶体管由图 P5.4 所示电路进行偏置。利用图中的外部电源和负载结构,并在电路中加上耦合电容及旁路电容,将放大器转换一个共栅极放大器。

5.11 重复习题 5.10 中的问题,构建一个共源极放大器。

5.12 重复习题 5.10 中的问题,将放大器设计成一个具有最大增益的共漏极放大器。

5.13 一个 NMOS 晶体管由图 P5.5 所示电路进行偏置。利用图中的外部电源和负载结构,并在电路中加上耦合电容及旁路电容来构建一个共源极放大器。

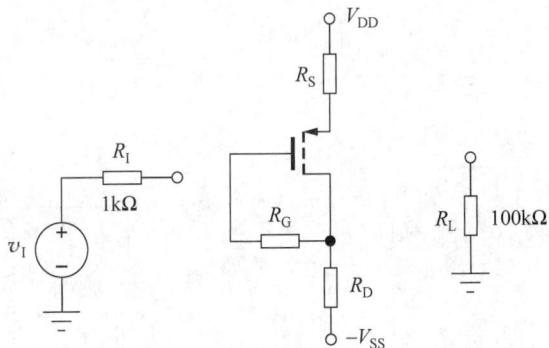

图 P5.4

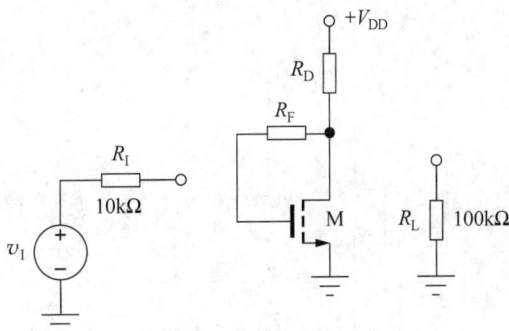

图 P5.5

5.14 重复习题 5.13 中的问题,构建一个共漏极放大器。

5.15 重复习题 5.13 中的问题,构建一个共栅极放大器。

§5.2 反相放大器:共射极和共源极电路

5.16 (a)图 P5.6 所示的共射极放大器,如果 $g_m = 22\text{mS}, \beta_o = 75, r_o = 100\text{k}\Omega, R_I = 500\Omega, R_B = 15\text{k}\Omega, R_L = 12\text{k}\Omega, R_E = 250\Omega$,则其 $A_v, R_{in}, R_{out}, A_i = i_o/i_i$ 分别为多少? v_i 最小取值范围为多少? (b)如果 R_E 的值变为 500Ω,则 A_v, R_{in}, R_{out} 和 A_i 的值分别变为多少?

5.17 (a)对于图 P5.7 所示的共源极放大器,如果 $R_G = 2\text{M}\Omega, R_I = 75\text{k}\Omega, R_L = 3\text{k}\Omega, R_S = 330\Omega$,则其 $A_v, R_{in}, R_{out}, A_i = i_o/i_i$ 分别为多少?假设 $g_m = 6\text{mS}, r_o = 10\text{k}\Omega$; (b)如果 R_S 被一个电容旁路,则此时 $A_v, R_{in}, R_{out}, A_i$ 的值各是多少?

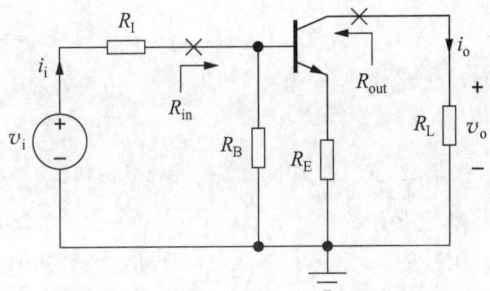

图 P5.6

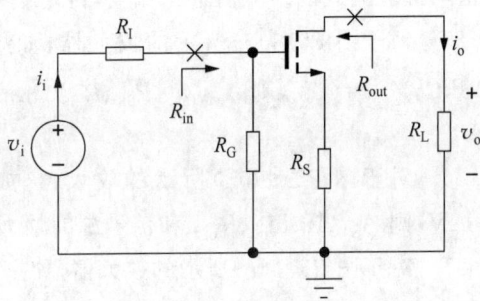

图 P5.7

5.18 (a)估算图 P5.8 所示反相放大器的电压增益;(b)在电路何处设置一个旁路电容,能使增益减小为 -10? (c)在电路何处设置旁路电容能使增益减小为 -20? (d)在何处设置旁路电容能获得最大增益? (e)估算此增益值。

5.19 在图 P5.9 所示的等效电路中,当 R_E 及 R_L 分别为多少时,能使 $A_{vt} = -15, R_{in} = 250\text{k}\Omega$? 假设 $\beta_o = 75$。

5.20 图 P5.9 所示电路,假设 $R_E = 0$。要使 $A_{vt} = 16\text{dB}, R_{in} = 250\text{k}\Omega$,则 R_L 和 I_C 应为多少?假设 $\beta_o = 95$。

5.21 用诺顿分析法重新推导图 P5.10 所示共源极电路的输出电阻,并按表 5.1 所示格式表示。

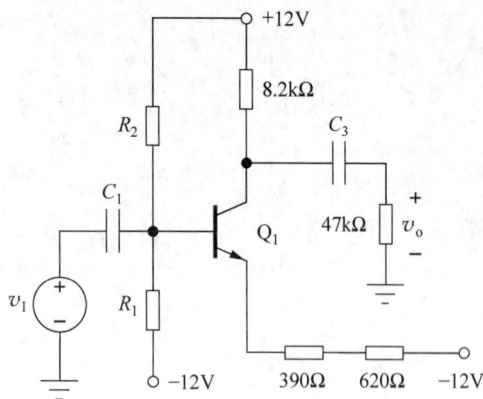

图 P5.8

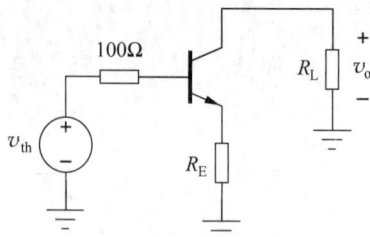

图 P5.9

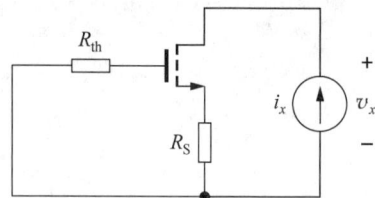

图 P5.10

5.22 对于图 P5.1(f)所示的放大器，如果 $R_I=500\Omega$，$R_E=120k\Omega$，$R_B=1M\Omega$，$R_3=500k\Omega$，$R_C=56k\Omega$，$V_{CC}=15V$，$-V_{EE}=-15V$，则 A_v、A_i、R_{in}、R_{out} 和信号源的最大幅值各为多少？取 $\beta_F=100$。

5.23 对于图 P5.1(c)所示的放大器，如果 $R_1=20k\Omega$，$R_2=62k\Omega$，$R_E=3.9k\Omega$，$R_C=10k\Omega$，$V_{CC}=12V$，则 A_v、A_i、R_{in}、R_{out} 和信号源的最大幅值各为多少？取 $\beta_F=75$。将 A_v 的值与经验公式的估算值进行比较，讨论导致二者差异的原因。

5.24 对于图 P5.1(d)所示的放大器，如果 $R_1=500k\Omega$，$R_2=1.4M\Omega$，$R_S=33k\Omega$，$R_D=82k\Omega$，$V_{DD}=16V$，则 A_v、A_i、R_{in}、R_{out} 和信号源的最大幅值各为多少？取 $K_n=250\mu A/V^2$，$V_{TP}=1.2V$。将 A_v 的值与经验公式的估算值进行比较，讨论导致二者差异的原因。

5.25 对于图 P5.1(j)所示的放大器，如果 $R_1=2.2M\Omega$，$R_2=2.2M\Omega$，$R_I=22k\Omega$，$R_S=22k\Omega$，$R_D=18k\Omega$，$V_{DD}=20V$，则 A_v、A_i、R_{in}、R_{out} 和信号源的最大幅值各为多少？取 $K_p=400\mu A/V^2$，$V_{TP}=-1.5V$。

5.26 对于图 P5.1(m)所示的放大器，如果 $R_1=5k\Omega$，$R_G=10M\Omega$，$R_3=36k\Omega$，$R_D=1.8k\Omega$，$V_{DD}=12V$，则 A_v、A_i、R_{in}、R_{out} 和信号源的最大幅值各为多少？取 $K_n=0.4mS/V$，$V_{TN}=-3.5V$。

5.27 对于图 P5.1(n)所示的放大器，如果 $R_I=250\Omega$，$R_B=20k\Omega$，$R_3=1M\Omega$，$R_E=4.7k\Omega$，$V_{CC}=12V$，$V_{EE}=12V$，则 A_v、A_i、R_{in}、R_{out} 和信号源的最大幅值各为多少？取 $\beta_F=80$，$V_A=100V$。

5.28 对于图中 P5.1(p)所示的放大器，如果 $R_I=5k\Omega$，$R_1=1k\Omega$，$R_G=10M\Omega$，$R_3=36k\Omega$，$R_D=1.8k\Omega$，$V_{DD}=18V$，则 A_v、A_i、R_{in}、R_{out} 和信号源的最大幅值各为多少？$I_{DSS}=10mA$，$V_P=-5V$。

§5.3 跟随器电路：共集电极和共漏极放大器

5.29 对于图 P5.11 所示的共集电极放大器，如果 $R_1=10k\Omega$，$R_B=56k\Omega$，$R_L=1.2k\Omega$，$\beta_o=80$，$g_m=0.5S$，则 A_v、R_{in}、R_{out} 和 A_i 各为多少（$A_i=i_o/i_i$）？

5.30 如图 P5.12 所示的共漏极放大器，如果 $R_G=2M\Omega$，$R_1=100k\Omega$，$R_L=3k\Omega$，$g_m=8mS$，则 A_v、R_{in}、R_{out} 和 A_i 各为多少（$A_i=i_o/i_i$）？

5.31 图 P5.1(a)所示的放大器，如果 $R_I=500\Omega$，$R_1=100k\Omega$，$R_2=100k\Omega$，$R_3=24k\Omega$，$R_E=4.3k\Omega$，$R_C=2k\Omega$，$V_{CC}=V_{EE}=12.5V$，则 A_v、R_{in}、R_{out} 和最大输入信号幅值各为多少？取 $\beta_F=130$，$V_A=50V$。

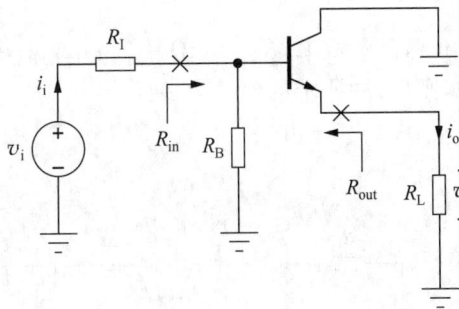

图 P5.11

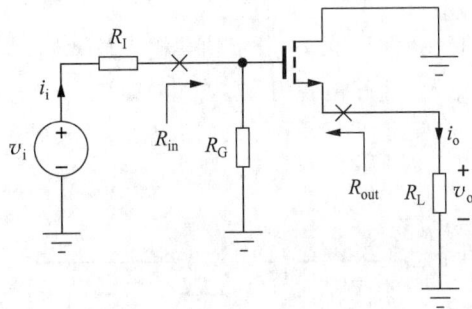

图 P5.12

5.32 图 P5.1(o)所示的放大器,如果 $R_1 = 10\text{k}\Omega$,$R_G = 1\text{M}\Omega$,$R_3 = 100\text{k}\Omega$,$V_{DD} = V_{SS} = 5\text{V}$,则 A_v、R_{in}、R_{out} 和最大输入信号幅值各为多少?取 $K_n = 500\mu\text{A}/\text{V}^2$,$V_{TN} = 1.75\text{V}$,$\lambda = 0.02\text{V}^{-1}$。

5.33 图 P5.1(g)所示的放大器,如果 $R_1 = 500\Omega$,$R_1 = 470\text{k}\Omega$,$R_2 = 470\text{k}\Omega$,$R_3 = 500\text{k}\Omega$,$R_E = 430\text{k}\Omega$,$V_{CC} = V_{EE} = 10\text{V}$,则 A_v、R_{in}、R_{out} 和最大输入信号幅值各为多少?取 $\beta_F = 100$,$V_A = 60\text{V}$。

5.34 图 P5.13 中的栅极电阻 R_G 在源极跟随器的作用下起到了"自举"的作用。(a)假设 FET 有 $g_m = 3.54\text{mS}$,且 r_o 可以被忽略,画出小信号模型,并求出放大器的 A_v、R_{in}、R_{out} 的值;(b)如果 A_v 恰好为 1,则 R_{in} 的值应为多少?

5.35 利用图 5.3(a)中发射极电阻 R_E 上的直流电压,改写表 5.4 中共集电极放大器的信号范围公式。假设 $R_3 = \infty$。

5.36 假设 R_G 使 FET 等效于一个 $r_\pi = R_G$ 的双极型晶体管,利用 BJT 的公式重做习题 5.34(a)。

5.37 共集电极放大器的输入信号为一个峰-峰值为 10V 的三角波信号。(a)对于共集电极放大器,满足小信号条件所需的最小增益值为多少?(b)为了满足(a)中的条件,发射极电阻两端所需的最小直流电压为多少?

5.38 设计图 P5.14 所示射极跟随器的电路,使其当 $v_o = 2.5\sin2000\pi t\ \text{V}$ 时能满足小信号工作条件。假设 $C_1 = C_2 = \infty$,$\beta_F = 60$。

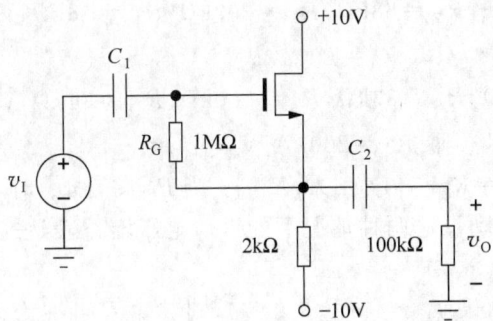

图 P5.13

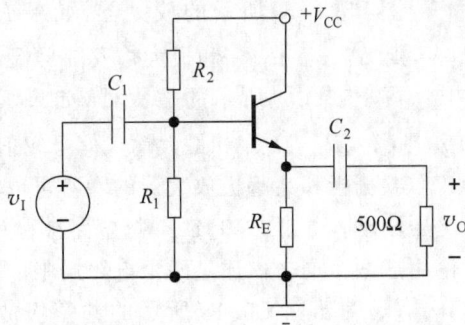

图 P5.14

§5.4 同相放大器:共基极和共栅极电路

5.39 对于图 P5.15 所示的共集电极放大器,当 $I_C = 35\mu\text{A}$,$\beta_o = 100$,$V_A = 60\text{V}$,$R_1 = 50\Omega$,$R_4 = 100\text{k}\Omega$,$R_L = 200\text{k}\Omega$ 时,A_v、R_{in}、R_{out} 及 A_i 的值各为多少?(b)如果 R_1 的值变为 $2.2\text{k}\Omega$,则(a)中所求

的值变为多少（$A_i = i_o/i_i$）？

5.40 对图 P5.16 所示的共栅极放大器，当 $g_m = 0.6\text{mS}, R_I = 50\Omega, R_4 = 3\text{k}\Omega, R_L = 82\text{k}\Omega, A_v$ 时、R_{in}、R_{out} 及 A_i 的值各为多少？(b)如果 R_I 的值变为 5kΩ，则(a)中所求的值变为多少（$A_i = i_o/i_i$）？该电路中 u_i 值有何小信号限制？

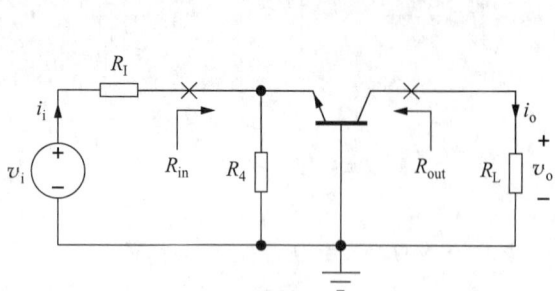

图 P5.15

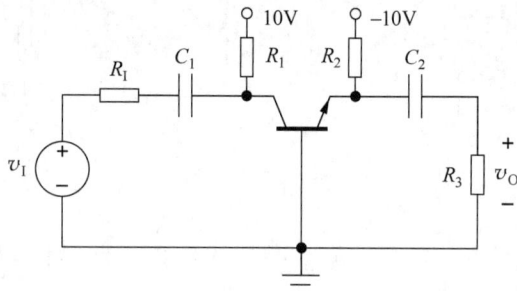

图 P5.16

5.41 估算图 P5.17 所示放大器的电压增益。解释你的答案。

5.42 图 P5.1(h)所示的放大器，如果 $R_I = 500\Omega, R_B = 100\text{k}\Omega, R_3 = 100\text{k}\Omega, R_E = 82\text{k}\Omega, R_C = 39\text{k}\Omega, V_{EE} = V_{CC} = 15\text{V}$，则 A_v、R_{in}、R_{out} 和最大输入信号幅值各为多少？取 $\beta_F = 75, V_A = 50\text{V}$。

5.43 图 P5.1(h)所示的放大器，$R_I = 5\text{k}\Omega, R_B = 1\text{M}\Omega, R_3 = 1\text{M}\Omega, R_E = 820\text{k}\Omega, R_C = 390\text{k}\Omega, V_{EE} = V_{CC} = 10\text{V}$，则 A_v、R_{in}、R_{out} 和最大输入信号幅值各为多少？取 $\beta_F = 65, V_A = 50\text{V}$。

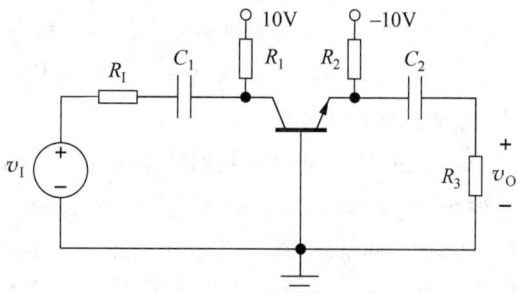

图 P5.17

5.44 图 P5.1(k)所示的放大器，如果 $R_I = 1\text{k}\Omega, R_S = 3.9\text{k}\Omega, R_3 = 51\text{k}\Omega, R_D = 20\text{k}\Omega, V_{DD} = 15\text{V}$，则 A_v、R_{in}、R_{out} 和最大输入信号幅值各为多少？取 $K_n = 500\mu\text{A/V}^2, V_{TN} = -2\text{V}$。

5.45 图 P5.1(b)所示的放大器，如果 $R_I = 250\Omega, R_S = 68\text{k}\Omega, R_3 = 200\text{k}\Omega, R_D = 43\text{k}\Omega, V_{DD} = V_{SS} = 16\text{V}$，则 A_v、R_{in}、R_{out} 和最大输入信号幅值各为多少？取 $K_p = 200\mu\text{A/V}^2, V_{TP} = -1\text{V}$。

5.46 图 P5.1(b)所示的放大器，如果 $R_I = 500\Omega, R_S = 33\text{k}\Omega, R_3 = 100\text{k}\Omega, R_D = 24\text{k}\Omega, V_{DD} = V_{SS} = 9\text{V}$，则 A_v、R_{in}、R_{out} 和最大输入信号幅值各为多少？取 $K_p = 200\mu\text{A/V}^2, V_{TP} = -1\text{V}$。

5.47 共栅极和共基极放大器的增益可以写为 $A_v = R_L/[(1/g_m) + R_{th}]$。当 $R_{th} \ll 1/g_m$ 时，电路被称为电压驱动；当 $R_{th} \gg 1/g_m$ 时，电路被称为电流驱动。这两种情况下的近似电压增益表达式是什么？讨论用这两个词来描述这两个电路局限的原因。

5.48 (a)对于图 P5.18 所示的共基极放大器，如果 $I_C = 1\text{mA}, \beta_F = 75$，则其输入阻抗为多少？(b)当 $I_C = 100\mu\text{A}, \beta_F = 125$ 时，重复(a)中的计算。

5.49 (a)对于图 P5.19 所示的共栅极放大器，如果 $I_D = 1\text{mA}, K_p = 1.25\text{mA/V}^2, V_{TP} = 2\text{V}$，则其输入电压的值为多少？(b)当 $I_D = 3\text{mA}, V_{TP} = 2.5\text{V}$ 时，重复(a)中的计算。

5.50 (a)如果 $R_E = 330\text{k}\Omega, V_A = 50\text{V}, \beta_F = 100, V_{EE} = 15\text{V}$，则图 P5.20 中晶体管集电极侧的电阻值为多少？(b)为了保证 Q_1 工作在正向放大区，V_{CC} 的最小值应为多少？(c)如果 $R_E = 33\text{k}\Omega$，重复计

算(a)和(b)中的问题。

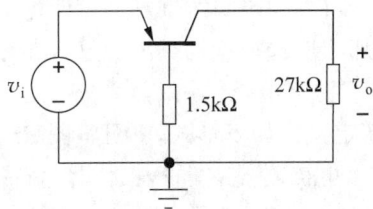

图　P5.18

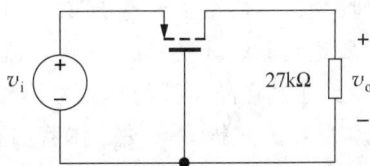

图　P5.19

5.51　若 $I_E = 40\mu A$，$\beta_o = 100$，$V_A = 60V$，$V_{CC} = 10V$，则图 P5.21 中晶体管集电极端侧的电阻值为多少(提示：在此电路中必须考虑 r_o，否则 $R_{out} = \infty$)?

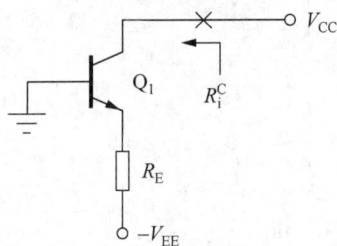

图　P5.20

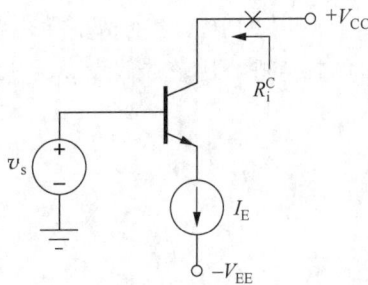

图　P5.21

§5.5　放大器原型回顾和比较

5.52　一个单级晶体管放大器要求有 43dB 的增益和 500Ω 的输入电阻,那么应选择哪种类型的放大器结构最适合? 阐述你的理由。

5.53　一个单级晶体管放大器要求有 46dB 的增益和 $0.25m\Omega$ 的输入电阻,那么应选择哪种类型的放大器结构最适合? 阐述你的理由。

5.54　一个单级晶体管放大器要求有 56dB 的增益和 $50k\Omega$ 的输入电阻,那么应选择哪种类型的放大器结构最适合? 阐述你的理由。

5.55　一个单级晶体管放大器要求有约 20dB 的增益和 $5k\Omega$ 的输入电阻,那么应选择哪种类型的放大器结构最适合? 阐述你的理由。

5.56　一个单级晶体管放大器要求有约 23dB 的增益和 $10M\Omega$ 的输入电阻,那么应选择哪种类型的放大器结构最适合? 阐述你的理由。

5.57　一个单级晶体管放大器要求有约 0dB 的增益和 $20M\Omega$ 的输入电阻,负载电阻为 $20k\Omega$,那么应选择哪种类型的放大器结构最适合? 阐述你的理由。

5.58　一个单级晶体管放大器要求有约 66dB 的增益和 $250k\Omega$ 的输入电阻,那么应选择哪种类型的放大器结构最适合? 阐述你的理由。

5.59　一个单级晶体管放大器要求有 −100dB 的增益和 5Ω 的输入电阻,那么应选择哪种类型的放大器结构最适合? 阐述你的理由。

5.60　一个跟随器要求至少有 0.97dB 的增益和 $250k\Omega$ 的输入电阻,负载电阻为 $5k\Omega$,那么应选择哪种类型的放大器结构最适合? 阐述你的理由。

5.61 一个共集电极放大器被一个具有 250Ω 源电阻的电源驱动。(a)如果晶体管的 $\beta_o = 150$，$V_A = 50V$，$I_C = 10mA$，估算放大器的最小输出电阻；(b)当 $I_C = |m|$ 时，重复上述计算。

5.62 一个反相放大器至少要有 1GΩ 的输出电阻，那么应选择哪种类型的放大器结构最合适？阐述理由并估算需要达到此设计要求的 Q 点电流和发射极或源极电阻。

5.63 试证明，通过将晶体管的小信号模型参数重新定义为如下形式，则可将图 P5.22 中的发射极电阻 R_E 嵌入晶体管中。试推导新的晶体管共射极小信号电流增益 β_o 的表达式。新晶体管的放大器系数 μ_F' 的表达式是何种形式？

$$g_m' \approx \frac{g_m}{1 + g_m R_E} \quad r_\pi' \approx r_\pi (1 + g_m R_E)$$

$$r_o' \approx r_o (1 + g_m R_E)$$

5.64 当输入电压分别为 5mV、10mV 和 15mV 的 1kHz 正弦信号时，对图 P5.23 所示的共射极放大器进行瞬态仿真。利用 SPICE 中的傅里叶法来分析输出波形。将 2kHz 和 3kHz 下谐波的幅值与所需要的 1kHz 信号的幅值进行比较。假设 $\beta_F = 100$，$V_A = 70V$。

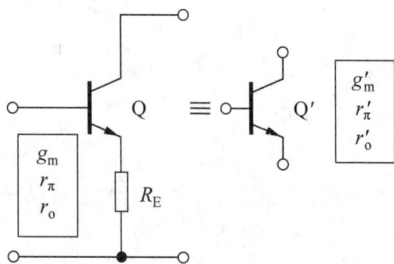

图 P5.22

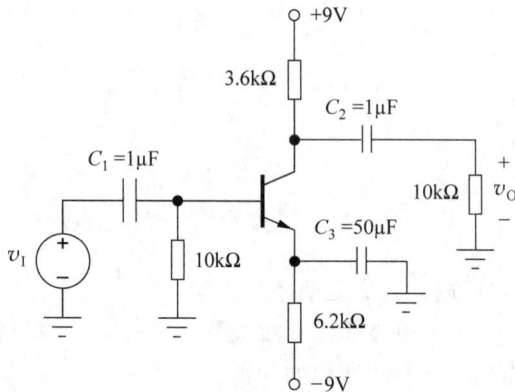

图 P5.23

5.65 在图 5.24 所示电路中，$I_B = 10\mu A$。用 SPICE 分析确定两个电路的输出电阻，将电压 V_{CC} 从 10V 到 20V 进行扫描。取 $\beta_F = 60$，$V_A = 20V$。用 SPICE 所得小信号参数值与手工计算的结果进行比较。

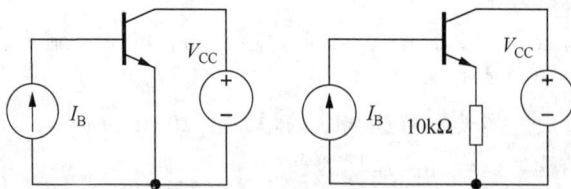

图 P5.24

5.66 (a)求图 P5.25 所示放大器的戴维南等效电路；(b)如果 $R_I = 270\Omega$，$\beta_o = 100$，$g_m = 5mS$，$r_o = 250k\Omega$，求 v_{th} 和 R_{th} 的值。

5.67 如果 $R_I = 5k\Omega$，$R_L = 12k\Omega$，$\beta_o = 100$，$g_m = 4mS$，求图 P5.26 所示放大器的戴维南等效电路。

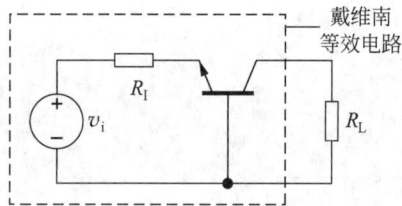

图 P5.25

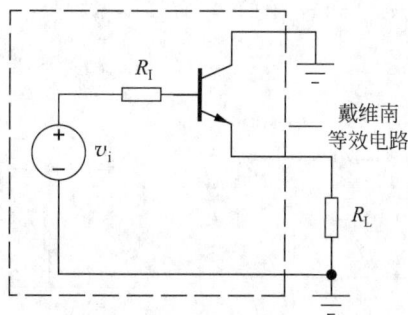

图 P5.26

5.68 (a)求图 P5.27 所示放大器的戴维南等效电路；(b)如果 $R_I = 100\text{k}\Omega$, $R_S = 20\text{k}\Omega$, $g_m = 500\mu\text{S}$, $r_o = 250\text{k}\Omega$, 求 v_{th} 和 R_{th} 的值。

假设习题 5.67～习题 5.72 中的二端口模型为
$$i_1 = G_\pi v_1 + G_r v_2$$
$$i_2 = G_m v_1 + G_o v_2$$

5.69 (a)将一个射极跟随器绘制成图 P5.28 所示的二端口电路。用小信号模型参数计算此放大器的 G_m 和 G_r, 并比较这两个结果；(b)如果 $R_B = 150\text{k}\Omega$, $R_E = 2.4\text{k}\Omega$, $\beta_o = 125$, $g_m = 8\text{mS}$, $r_o = 250\text{k}\Omega$, 则 G_m 和 G_r 的值各为多少？

5.70 (a)将一个源极跟随器绘制成图 P5.29 所示的二端口电路。用小信号模型参数计算此放大器的 G_m 和 G_r, 并比较这两个结果；(b)如果 $R_G = 1\text{M}\Omega$, $R_D = 50\text{k}\Omega$, $g_m = 500\mu\text{S}$, $r_o = 450\text{k}\Omega$, 则 G_m 和 G_r 的值各为多少？

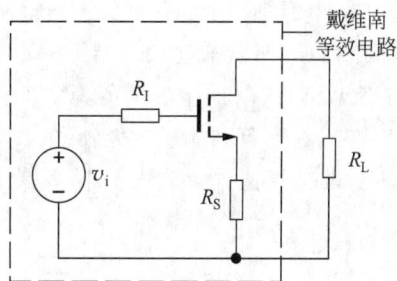

图 P5.27

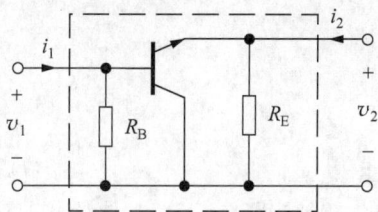

图 P5.28

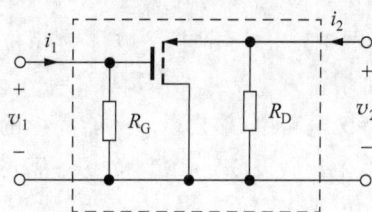

图 P5.29

5.71 (a)将一个共栅极放大器绘制成图 P5.30 所示的二端口电路。用小信号模拟参数计算此放大器的 G_m 和 G_r, 并比较这两个结果；(b)如果 $R_S = 18\text{k}\Omega$, $R_D = 100\text{k}\Omega$, $g_m = 500\mu\text{S}$, $r_o = 500\text{k}\Omega$, 则 G_m 和 G_r 的值各为多少？

5.72 (a)将一个共基极放大器绘制成图 P5.31 所示的二端口电路。用小信号模拟参数计算此放大器的 G_m 和 G_r, 并比较这两个结果；(b)如果 $R_C = 18\text{k}\Omega$, $R_E = 3.6\text{k}\Omega$, $\beta_o = 100$, $g_m = 3\text{mS}$, $r_o = 750\text{k}\Omega$, 则 G_m 和 G_r 的值各为多少？

5.73 (a)将一个共射极放大器绘制成图 P5.32 所示的二端口电路。用小信号模拟参数计算此放大器的 G_m 和 G_r, 并比较这两个结果；(b)如果 $R_G = 1.5\text{M}\Omega$, $R_S = 12\text{k}\Omega$, $R_D = 130\text{k}\Omega$, $g_m = 800\mu\text{S}$,

$r_o = 390\text{k}\Omega$, 则 G_m 和 G_r 的值各为多少？

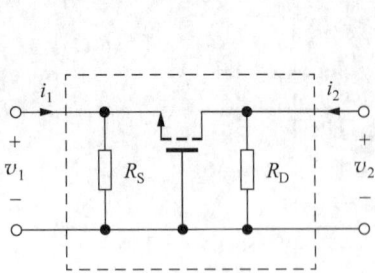

图 P5.30

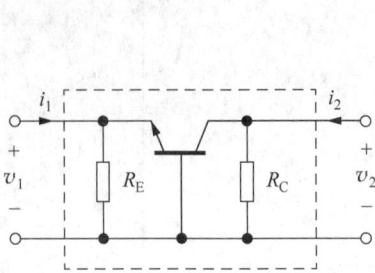

图 P5.31

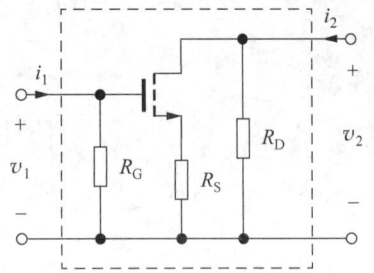

图 P5.32

5.74 (a)将一个共射极放大器绘制成图 P5.33 所示的二端口电路。用小信号模拟参数计算此放大器的 G_m 和 G_r, 并比较这两个结果；(b)如果 $R_B = 180\text{k}\Omega$, $R_E = 13\text{k}\Omega$, $R_C = 130\text{k}\Omega$, $\beta_o = 100$, $g_m = 2.5\text{mS}$, $r_o = 1\text{M}\Omega$, 则 G_m 和 G_r 的值各为多少？

5.75 在计算共栅极放大器和共基极放大器的输入电阻时忽略 r_o 的影响。(a)对图 P5.34 中输入电阻 R_{in} 的估算值进行改进；(b)如果 $R_L = r_o$, 则电阻 R_{in} 的值为多少？

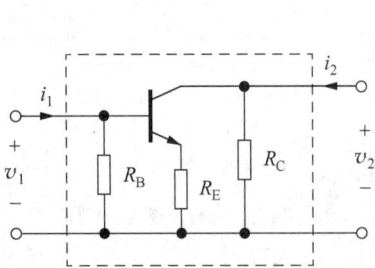

图 P5.33

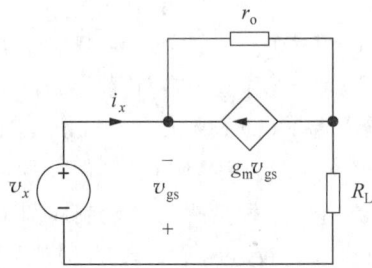

图 P5.34

5.76 (a)图 P5.35 所示电路被称为相位转换器。计算两个增益 $A_{v1} = v_{o1}/v_i$ 及 $A_{v2} = v_{o2}/v_i$ 的值。在这个特殊电路中，输出端 v_{o1} 能产生的最大交流信号是多少？假设 $\beta_F = 100$；(b)v_i 满足小信号限制的最大值是多少？

5.77 (a)如果 $R_I = 600\Omega$, $R_1 = 100\text{k}\Omega$, $R_2 = 100\text{k}\Omega$, $R_3 = 24\text{k}\Omega$, $R_E = 4.7\text{k}\Omega$, $R_C = 2\text{k}\Omega$, $V_{CC} = V_{EE} = 15\text{V}$, 计算图 P5.1(a)所示放大器的 A_v、R_{in}、R_{out} 的值。取 $\beta_F = 125$, $V_A = 50\text{V}$; (b)用 SPICE 验证手工计算的结果。假设 $f = 10\text{kHz}$, $C_1 = 10\mu\text{F}$, $C_2 = 10\mu\text{F}$, $C_3 = 47\mu\text{F}$。

5.78 (a)如果 $R_I = 500\Omega$, $R_S = 33\text{k}\Omega$, $R_3 = 100\text{k}\Omega$, $R_D = 24\text{k}\Omega$, $V_{DD} = V_{SS} = 10\text{V}$, 计算图 P5.1(b)所示放大器的 A_v、R_{in}、R_{out} 的值。取 $K_p = 250\mu\text{A/V}^2$, $V_{TP} = -1\text{V}$, $\lambda = 0.02\text{V}^{-1}$; (b)用 SPICE 验证手工计算的结果。假设 $f = 50\text{kHz}$, $C_1 = 10\mu\text{F}$, $C_2 = 47\mu\text{F}$。

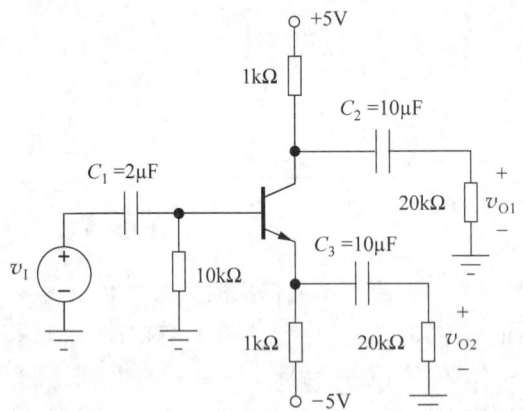

图 P5.35

5.79　(a)如果 $R_1=20\mathrm{k}\Omega,R_2=62\mathrm{k}\Omega,R_E=6.8\mathrm{k}\Omega,R_C=16\mathrm{k}\Omega,V_{CC}=12\mathrm{V}$,计算图 P5.1(c)所示放大器的 A_v、R_{in}、R_{out} 的值。取 $\beta_F=75,V_A=60\mathrm{V}$；(b)用 SPICE 验证手工计算的结果。假设 $f=50\mathrm{kHz},C_1=2.2\mu\mathrm{F},C_2=10\mu\mathrm{F},C_3=47\mu\mathrm{F}$。

5.80　(a)如果 $R_1=500\mathrm{k}\Omega,R_2=1.4\mathrm{M}\Omega,R_S=27\mathrm{k}\Omega,R_D=75\mathrm{k}\Omega,V_{DD}=18\mathrm{V}$,计算图 P5.1(d)所示放大器的 A_v、R_{in}、R_{out} 的值。取 $K_n=500\mu\mathrm{A/V}^2,V_{TN}=1\mathrm{V}$ 和 $\lambda=0.02\mathrm{V}^{-1}$；(b)用 SPICE 验证手工计算的结果。假设 $f=5\mathrm{kHz},C_1=2.2\mu\mathrm{F},C_2=10\mu\mathrm{F},C_3=47\mu\mathrm{F}$。

5.81　(a)如果 $R_I=500\Omega,R_E=68\mathrm{k}\Omega,R_3=500\mathrm{k}\Omega,R_B=1\mathrm{M}\Omega,R_C=39\mathrm{k}\Omega,V_{EE}=-10\mathrm{V},V_{CC}=10\mathrm{V}$。计算图 P5.1(f)所示放大器的 A_v、R_{in}、R_{out} 的值。取 $\beta_F=80,V_A=75\mathrm{V}$；(b)用 SPICE 验证手工计算的结果。假设 $f=4\mathrm{kHz},C_1=C_2=2.2\mu\mathrm{F},C_3=47\mu\mathrm{F}$。

5.82　(a)如果 $R_I=500\Omega,R_B=100\mathrm{k}\Omega,R_3=100\mathrm{k}\Omega,R_E=82\mathrm{k}\Omega,R_C=39\mathrm{k}\Omega,V_{EE}=V_{CC}=12\mathrm{V}$,计算图 P5.1(h)所示放大器的 A_v、R_{in}、R_{out} 的值。取 $\beta_F=50,V_A=50\mathrm{V}$；(b)用 SPICE 验证手工计算的结果。假设 $f=12\mathrm{kHz},C_1=4.7\mu\mathrm{F},C_2=47\mu\mathrm{F},C_3=10\mu\mathrm{F}$。

5.83　(a) $R_1=2.2\mathrm{M}\Omega,R_2=2.2\mathrm{M}\Omega,R_S=110\mathrm{k}\Omega,R_D=90\mathrm{k}\Omega,V_{DD}=18\mathrm{V}$,计算图 P5.1(j)所示放大器的 A_v、R_{in}、R_{out} 的值。取 $K_p=400\mu\mathrm{A/V}^2,\lambda=0.02\mathrm{V}^{-1},V_{TP}=-1\mathrm{V}$；(b)用 SPICE 验证手工计算的结果。假设 $f=7500\mathrm{kHz},C_1=2.2\mu\mathrm{F},C_2=10\mu\mathrm{F},C_3=47\mu\mathrm{F}$。

5.84　(a) $R_I=1\mathrm{k}\Omega,R_3=10\mathrm{k}\Omega,R_S=51\mathrm{k}\Omega,R_D=20\mathrm{k}\Omega,V_{DD}=15\mathrm{V}$,计算图 P5.1(k)所示放大器的 A_v、R_{in}、R_{out} 的值。取 $K_n=500\mu\mathrm{A/V}^2,V_{TN}=-2\mathrm{V},\lambda=0.02\mathrm{V}^{-1}$。(b)用 SPICE 验证手工计算的结果。假设 $f=20\mathrm{kHz},C_1=47\mu\mathrm{F},C_2=2.2\mu\mathrm{F}$。

5.85　(a) $R_I=5\mathrm{k}\Omega,R_G=5\mathrm{M}\Omega,R_3=36\mathrm{k}\Omega,R_D=1.8\mathrm{k}\Omega,V_{DD}=16\mathrm{V}$,计算图 P5.1(m)所示放大器的 A_v、R_{in}、R_{out} 的值。取 $K_n=400\mu\mathrm{A/V}^2,V_{TN}=-5\mathrm{V},\lambda=0.02\mathrm{V}^{-1}$；(b)用 SPICE 验证手工计算的结果。假设 $f=300\mathrm{Hz},C_1=2.2\mu\mathrm{F},C_2=10\mu\mathrm{F}$。

5.86　(a) $R_I=250\Omega,R_B=330\mathrm{k}\Omega,R_3=1\mathrm{M}\Omega,R_E=7.8\mathrm{k}\Omega,V_{CC}=10\mathrm{V}$,计算图 P5.1(n)所示放大器的 A_v、R_{in}、R_{out} 的值。取 $\beta_F=80,V_A=100\mathrm{V}$；(b)用 SPICE 验证手工计算的结果。假设 $f=500\mathrm{Hz}$,$C_1=4.7\mu\mathrm{F},C_2=1\mu\mathrm{F},C_3=100\mu\mathrm{F},L=1\mathrm{H}$。

5.87　(a) $R_I=10\mathrm{k}\Omega,R_G=2\mathrm{M}\Omega,R_3=100\mathrm{k}\Omega,V_{DD}=V_{SS}=6\mathrm{V}$,计算图 P5.1(o)所示放大器的 A_v、R_{in}、R_{out} 的值。取 $K_n=400\mu\mathrm{A/V}^2,V_{TN}=1\mathrm{V},\lambda=0.02\mathrm{V}^{-1}$；(b)用 SPICE 验证手工计算的结果。假设 $f=1\mathrm{MHz},C_1=2.2\mu\mathrm{F},C_2=4.7\mu\mathrm{F},L=100\mathrm{mH}$。

5.88　(a) $R_I=10\mathrm{k}\Omega,R_1=10\mathrm{k}\Omega,R_G=500\mathrm{k}\Omega,R_3=500\mathrm{k}\Omega,R_D=17\mathrm{k}\Omega,V_{DD}=9\mathrm{V}$,计算图 P5.1(p)所示放大器的 A_v、R_{in}、R_{out} 的值。取 $I_{DSS}=1\mathrm{mA},V_P=-3\mathrm{V}$；(b)用 SPICE 验证手工计算的结果。假设 $f=10\mathrm{kHz},C_1=10\mu\mathrm{F},C_2=10\mu\mathrm{F},C_3=47\mu\mathrm{F}$。

§5.6　采用 MOS 反相器的共源极放大器

5.89　$R_F=750\mathrm{k}\Omega,R_3=100\mathrm{k}\Omega,K_n=100\mu\mathrm{A/V}^2,V_{TN}=1\mathrm{V},\lambda=0.02\mathrm{V}^{-1},(W/L)_1=10/1,(W/L)_2=2/1,V_{DD}=5\mathrm{V}$,计算图 P5.36 所示放大器的 Q 点、电压增益、输入电阻和输出电阻。

5.90　$R_F=750\mathrm{k}\Omega,R_3=100\mathrm{k}\Omega,K_n'=100\mu\mathrm{A/V}^2,K_p'=40\mu\mathrm{A/V}^2,V_{TN}=1\mathrm{V},V_{TP}=-1\mathrm{V},\lambda=0.02\mathrm{V}^{-1},(W/L)_1=40/1,(W/L)_2=100/1,V_{DD}=5\mathrm{V}$,计算图 P5.37 所示放大器的 Q 点、电压增益、输入电阻和输出电阻。

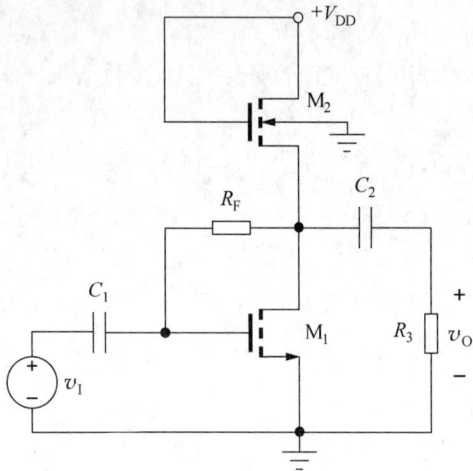

图 P5.36

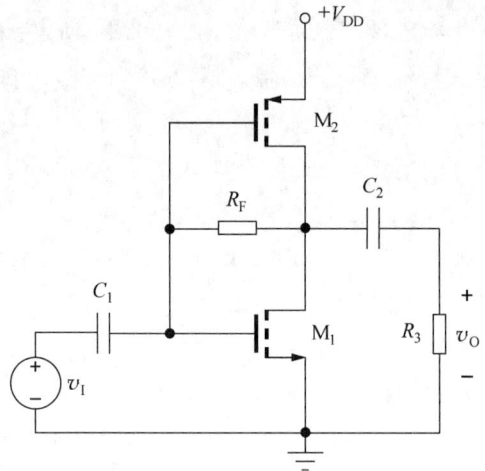

图 P5.37

5.91 如图 P5.38 所示，图中 $R_1 = 240\text{k}\Omega$，$R_2 = 750\text{k}\Omega$，$R_3 = 100\text{k}\Omega$，$K'_n = 100\mu\text{A/V}^2$，$V_{TN} = 1\text{V}$，$\lambda = 0.02\text{V}^{-1}$，$(W/L)_1 = 5/1$，$(W/L)_2 = 5/1$，$V_{DD} = 9\text{V}$，计算图中放大器的 Q 点、电压增益、输出电阻和输入电阻。

5.92 重新设计习题 5.91 中 M_2 的 W/L 值，使电压增益为 0.75。

5.93 图 5.31 所示的 4 个放大器用于图 5.33 所示的电路中，4 个电路中每个电路的输出电阻表达式是什么？

§5.7 耦合电容和旁路电容设计

5.94 （a）图 P5.1(d)中放大器的电路参数为 $R_1 = 500\text{k}\Omega$，$R_2 = 1.4\text{M}\Omega$，$R_S = 27\text{k}\Omega$，$R_D = 75\text{k}\Omega$，$V_{DD} = 15\text{V}$。当 $K'_n = 100\mu\text{A/V}^2$，$V_{TN} = 1\text{V}$，$\lambda = 0.02\text{V}^{-1}$ 时，选择合适的 C_1、C_2 和 C_3 的值，使它们在 100Hz 频率下可被忽略；（b）假设 C_1 和 C_2 不变，选择 C_3 的值使下限截止频率为 4kHz。

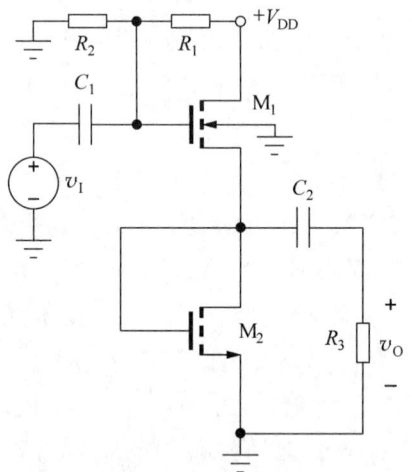

图 P5.38

5.95 （a）图 P5.1(c)中放大器的电路参数为 $R_1 = 20\text{k}\Omega$，$R_2 = 62\text{k}\Omega$，$R_C = 8.2\text{k}\Omega$，$R_E = 3.9\text{k}\Omega$，$V_{CC} = 12\text{V}$。取 $\beta_F = 75$，$V_A = 60\text{V}$。选择合适的 C_1、C_2 和 C_3 的值，使它们在 400Hz 频率下可不被忽略；（b）假设 C_1 和 C_2 不变，选择 C_3 的值使下限截止频率为 1000Hz。

5.96 （a）选择图 P5.39 中 C_1、C_2 的值，当频率为 500kHz 时，它们对电路的影响可以忽略不计；（b）频率为 100Hz 时重复上述计算。

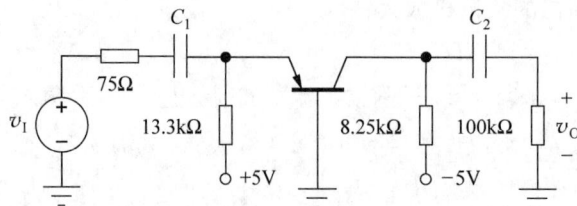

图 P5.39

5.97　图 P5.35 所示电路,如果电路中每个电容对电路的影响都可忽略不计,此时的频率为多少?

5.98　图 P5.1(a)中放大器的电路参数为 $R_I=500\Omega,R_1=51\text{k}\Omega,R_2=100\text{k}\Omega,R_3=24\text{k}\Omega,R_E=4.7\text{k}\Omega,R_C=0,V_{CC}=V_{EE}=15\text{V}$,选择合适的 C_1、C_2 和 C_3 的值,使它们在 20Hz 频率下可被忽略。取 $\beta_F=100,V_A=50\text{V}$。

5.99　图 P5.1(k)中放大器的电路参数为 $R_I=1\text{k}\Omega,R_S=3.9\text{k}\Omega,R_3=100\text{k}\Omega,R_D=20\text{k}\Omega,V_{DD}=15\text{V}$,选择合适的 C_1 和 C_3 的值,使它们在 1000Hz 频率下可被忽略,取 $K_n=500\mu\text{A/V}^2,V_{TN}=-2\text{V},\lambda=0.02\text{V}^{-1}$。

5.100　(a)采用主极点方法将例 5.7 中的共源极放大器的截止频率设定为 2000Hz,基于例中的数值选择合适的 C_1、C_2 和 C_3 的值;(b)用 SPICE 验证设计。

5.101　采用主极点方法将例 5.8 中的共集电极放大器的截止频率设定为 1000Hz,基于例中的数值选择合适的 C_1 和 C_2 的值。

5.102　采用主极点方法将例 5.9 中的共栅极放大器的截止频率设定为 2000Hz,并基于例 5.9 中的数值选择合适的 C_1、C_2 和 C_3 的值,然后用 SPICE 验证设计。

§5.8　放大器设计实例

5.103　采用一个 $K_n=30\text{mA/V}^2,V_{TN}=2.5\text{V}$ 的 MOSFET,重新设计例 5.6 中的源极跟随器。假设 $V_{GS}-V_{TN}=0.5\text{V}$。

5.104　当 $R_I=50\Omega$ 时,再次设计例 5.11 中的电路,使其输入阻抗达到 50Ω。

5.105　在例 5.11 的设计中选用了一个共基极放大器来匹配 75Ω 的输入电阻。采用一个共射极放大器($R_E=0$)或许也能匹配这一输入阻抗,那么对于一个 $\beta_o=100$ 的双极性晶体管而言,为满足 $R_{in}=75\Omega$ 所需的集电极电流为多少?

5.106　重新设计图 5.45 中共基极放大器的偏置电路,使其能在单独的 10V 电源下工作。

5.107　重新设计图 5.45 中共基极放大器的偏置电路,使其能在对称的 9V 电源下工作,并能达到相同的设计要求。

5.108　工作在 27℃ 的共基极放大器的 $1/g_m$ 为 50Ω,那么工作在 −40℃ 和 50℃ 时 $1/g_m$ 的值为多少?

5.109　(a)如果所有的电阻和电源均有 5% 的容限,计算图 5.45 中共基极放大器在最坏情况下的增益值;(b)将计算结果与表 5.46 中的蒙特卡洛结果进行比较。

5.110　如果所有的电阻和电源均有 5% 容限,用 SPICE 对图 5.45 中共基极放大器进行 100 种情况的蒙特卡洛分析。假设电流增益 β_F 和 V_A 各自均匀分布在[60,100]和[50,70],则电压增益的平均值和 3σ 限制值各为多少? 将 3σ 值与习题 5.109 的结果及表 5.16 中的蒙特卡洛结果进行比较。取 $C_1=47\mu\text{F},C_2=4.7\mu\text{F},f=10\text{kHz}$。

5.111　一个共栅极放大器需要 10Ω 的输入电阻。现有两个 n 沟道 MOSFET,其中一个 $K_n=5\text{mA/V}^2$,另一个 $K_n=500\text{mA/V}^2$。二者均可提供所需的 R_{in} 值,哪个更合适? 为什么?(提示:求出每个晶体管所需的 Q 点电流)

5.112　图 P5.39 所示的共基极放大器采用最接近的 1% 容限电阻实现例 5.11 中的电路。(a)如果电源电压有 ±2% 的容限,则最坏情况下增益和输入电阻为多少? (b)用计算机程序或 Spreadsheet 表格进行 1000 种情况的蒙特卡洛分析,求出增益电阻的平均值和 3σ 限制值,并将这些结果与(a)中的最坏情况估算结果进行比较。

5.113 用 SPICE 对图 P5.39 所示的电路进行 1000 种情况的蒙特卡洛分析,假设所有电阻均有 $\pm 1\%$ 的容限,电源电压有正负 2% 的容限。求出在 10kHz 频率下增益和输入电阻的平均值及 3σ 限制值。假设电流增益 β_F 和 V_A 均分布在 [60,100] 和 [50,70]。取 $C_1 = 100\mu F$, $C_2 = 1\mu F$, $f = 10kHz$。

5.114 假设漏掉了在例 5.11 中共基极放大器输入端的两倍信号损失的因数,并选择 $V_{CC} = V_{EE} = 2.5V$,重新进行设计,看看这样的电源供电是否能满足设计要求。

5.115 (a)用电子表格或其他计算工具对图 5.41 的设计进行蒙特卡洛分析。电阻和电源有 5% 容限。V_{TN} 均匀地分布于 [1V,2V],K_n 均匀地分布于 $[10mA/V^2, 30mA/V^2]$;(b)在 10kHz 频率下,用 SPICE 中的蒙特卡洛选项进行相同的分析,令 $C_1 = 4.7\mu F$, $C_2 = 68\mu F$,比较两结果。

以下习题中除非有特殊说明,否则取 $\beta_F = 100$, $V_A = 70V$, $K_p = K_n = 1mA/V^2$, $V_{TN} = -V_{TP} = 1V$, $\lambda = 0.02V^{-1}$。

§5.9 多级交流耦合放大器

5.116 如果将旁边电容 C_2 和 C_4 从电路中移除,则图 5.49 中放大器的电压增益、输入电阻与输出电阻分别是多少?

5.117 图 P5.40 为在 5.9 节中讨论过的三级放大器的"改进型"电路。求此放大器增益和输入信号范围。放大器的性能真的改进了吗?

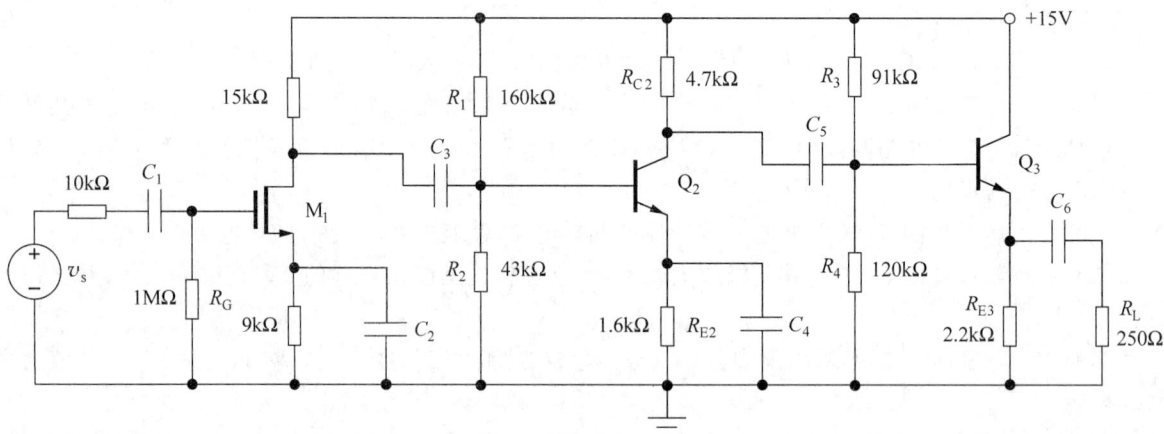

图 P5.40

5.118 用 SPICE 在 2kHz 频率下对图 P5.40 所示的放大器进行仿真,确定放大器的电压增益、输入电阻和输出电阻。假设所有电容的值均为 $22\mu F$。

5.119 如果将电容 C_2 和 C_4 从电路中移除,求图 P5.40 所示放大器的中频电压增益与输入电阻。

5.120 如果将电容 C_2 和 C_4 从电路中移除,用 SPICE 确定图 P5.40 所示放大器的增益。假设所有电容的值均为 $22\mu F$。

5.121 图 P5.41 所示电路为在 5.9 节中讨论过的另一种"改进型"电路。求此放大器的增益和输入信号范围。放大器的性能有改进吗?

5.122 如果将电容 C_2 和 C_4 从电路中移除,则图 P5.41 所示放大器的增益为多少?

5.123 用 SPICE 在 3kHz 频率下对图 P5.41 所示放大器进行仿真,计算放大器的电压增益、输入电阻和输出电阻。假设所有电容的值均为 $22\mu F$。对习题 5.119 重复上述分析。

5.124 图 P5.42 所示放大器的中频电压增益、输入电阻和输出电阻为多少?

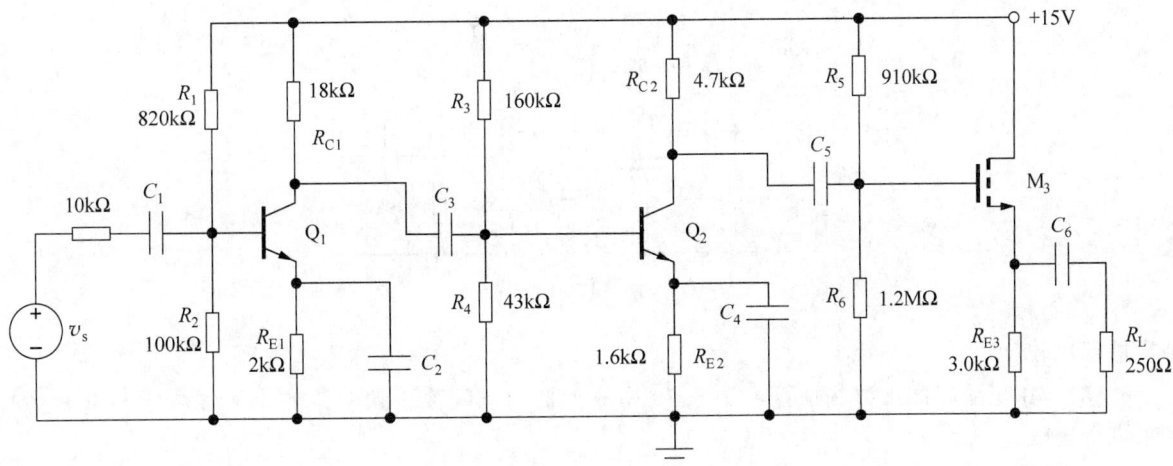

图 P5.41

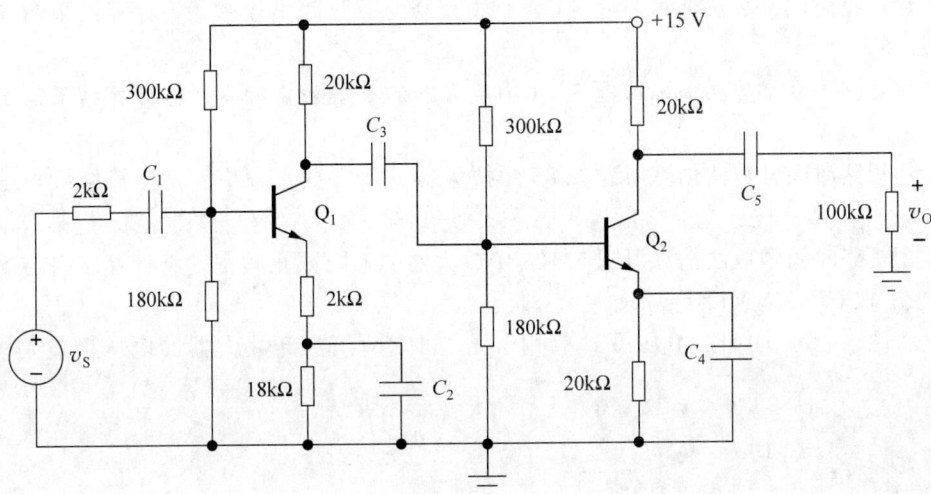

图 P5.42

5.125 如果将图 P5.42 中的旁路电容移除,则图中放大器的电压增益、输入电阻和输出电阻的值为多少?

5.126 在 5kHz 频率下,利用 SPICE 对图 P5.42 所示的放大器进行仿真,确定放大器的电压增益、输入电阻和输出电阻。假设所有电容的值均为 $10\mu F$。

5.127 如果电容 C_2 接于 Q_1 的发射极和地之间,则图 P5.42 所示放大器的中频电压增益、输入电阻和输出电阻的值为多少?

5.128 如果 $K_n = 50mA/V^2$,$V_{TN} = -2V$,则图 P5.43 所示放大器的中频电压增益、输入和输出电阻的值为多少?

较低的截止频率估计

5.129 用短路时间常数法估算习题 5.77 中放大器的下限截止频率。将计算结果与 SPICE 仿真结果进行比较。

5.130 用短路时间常数法估算习题 5.78 中放大器的下限截止频率。将计算结果与 SPICE 仿真

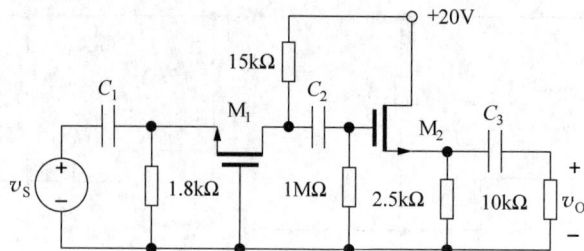

图　P5.43

结果进行比较。

5.131　用短路时间常数法估算习题 5.79 中放大器的下限截止频率。将计算结果与 SPICE 仿真结果进行比较。

5.132　用短路时间常数法估算习题 5.80 中放大器的下限截止频率。将计算结果与 SPICE 仿真结果进行比较。

5.133　用短路时间常数法估算习题 5.82 中放大器的下限截止频率。将计算结果与 SPICE 仿真结果进行比较。

5.134　用短路时间常数法估算习题 5.84 中放大器的下限截止频率。将计算结果与 SPICE 仿真结果进行比较。

5.135　用短路时间常数法估算习题 5.85 中放大器的下限截止频率。将计算结果与 SPICE 仿真结果进行比较。

5.136　用短路时间常数法估算习题 5.128 中放大器的下限截止频率。将计算结果与 SPICE 仿真结果进行比较。取 $C_1 = C_2 = C_3 = 1\mu F$。

5.137　将图 5.30(a)中的 MOS 晶体管用 npn 晶体管代替，新放大器的电压增益是多少？假设 $g_m R_F \gg 1$。

差分放大器和运算放大器设计

本章目标

本章将学习直流耦合放大器的工作原理,包括一些互连放大级,以及放大器的一些新概念。综上所述,我们要达到如下目标:

- 理解直流耦合多级放大器的分析和设计。
- 研究差分放大器的直流和交流特性。
- 理解基本三级运算放大电路。
- 研究 A 类、B 类和 AB 类输出态的设计。
- 讨论电子电流源的特性和设计。
- 学习分析元器件中的效应和对称放大器电路中的元器件不匹配。

多数情况下,单级晶体管放大器不能满足所给定参数的设定要求,所需电压增益经常会超过单晶体管放大器的放大系数,或者不能同时满足电压增益、输入电阻和输出电阻的组合要求。例如,一个好的通用运算放大器通常输入电阻超过 1MΩ,电压增益为 100000,输出电阻小于 500Ω。从第 4 章和第 5 章的放大器研究中可以清楚地知道,单独使用单级晶体管放大器不能同时满足这些指标,必须级联许多级以便创建能够满足所有这些要求的放大器。

第 6 章继续学习可实现更高性能的单晶体管放大器。第 5 章讨论的耦合放大器消除了构成放大器不同级之间的直流相互作用,因此简化了偏置电路的设计。另外,在第 2 章和第 3 章中,多数运算放大器提供对直流信号的放大。为了实现这类放大器,必须消除直流放大器中阻碍直流信号的耦合电容,给出了能够满足直流放大器需求的直接耦合和直流耦合放大器的概念。在直流耦合实例中,一级工作点依赖于其他各级的 Q 点,使得直流设计更加复杂。

对称双管差分放大器是一种更为重要的直流耦合放大器。差分放大器不但是一种重要的运算放大器电路,而且也是许多模拟集成电路的基本模块。本章研究 BJT 和 FET 差分放大器晶体管级的实现,探究放大器的差模、共模增益、共模抑制比、差模与共模输入电阻及输出电阻和晶体管参数之间的关系。

此后,将第二增益级和输出级加入差分放大器,创建基本运算放大器模型。同时介绍 A 类、B 类及 AB 类放大器的定义,通过加入 B 类和 AB 类输出级进一步改善基本运算放大器设计。在音频应用中,这些输出级常用于变压器耦合。

模拟电路的偏置一般由电流源提供。理想的电流源可以不依靠电源电压提供固定的电流输出,并具有无限大的输出电阻。电子电流源不能提供无限大的输出电阻,但可达到非常高的阻值。为实现高输入电阻,本章将对多种基本电流电路进行介绍和比较。许多电流源用于单级放大器,这是源于第 4 章和第 5 章的结果。

电路配置被添加到我们的电路设计工具箱。在达林顿电路中，两个直流耦合的 npn 或 pnp 晶体管为单个 npn 或 pnp 器件创造了更高的电流增益复合替换。

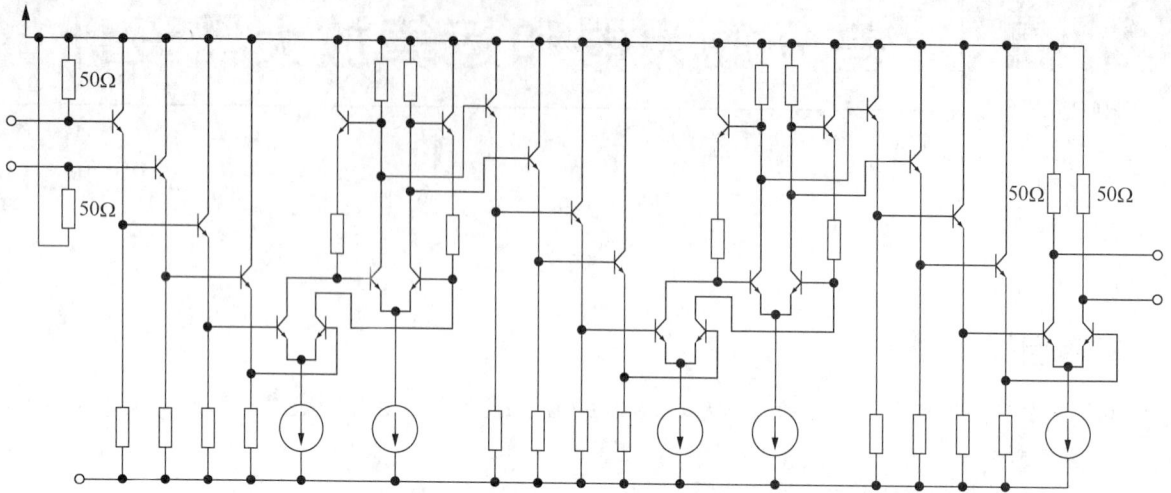

双极型工艺的多级直流耦合放大器原理图[①]

6.1 差分放大器

第 5 章中讨论过的耦合电容限制了放大器的低频响应和作为直流放大器应用。对于提供直流增益的放大器，必须去除与信号路径串联的电容（如图 5.49 中的 C_1、C_3、C_5 和 C_6）。这类放大器称为直流耦合放大器（DC-Coupled Amplifier）或者直接耦合放大器（Direct-Coupled Amplifier）。用直流耦合设计也能避免使用在交流耦合放大器中用来偏置各级放大电路的额外偏置电阻，可以获得成本更低的放大器。

直流耦合差分放大器是用于模拟设计的基本构建模块"工具包"最重要的补充之一。在绝大多数模拟集成电路中能看到差分放大器的身影。这种电路形成了运算放大器，同时也是绝大多数直流耦合模拟电路的核心。虽然差分放大器包含两个以对称方式放置的晶体管，但通常还是被看作单级放大器。我们的分析将表明，其特性与共射极放大器或共源极放大器的特性类似。

6.1.1 双极型和 MOS 差分放大器

双极型差分放大器和 MOS 差分放大器如图 6.1 所示。每一种电路均有两个输入端 v_1 和 v_2，差模输出电压（Differential-Mode Voltage）v_{OD} 定义为两个晶体管集电极或漏极的电压之差。对地的参考输出也可以选择集电极或漏极（V_{C1}、V_{C2}、V_{D1} 或 V_{D2}）与地之间的参考输出。

放大器的对称性可提供良好的直流和交流特性。我们将会发现，对于差分输入信号而言，差分放大器可以表现为反相放大器，也可以表现为同相放大器，但是会抑制两个输入端的共模信号。不过，只有当电路完全对称时，才可获得理想的差分放大器性能，最好的情况是采用集成电路工艺，这样晶体管特性可以做到近乎一致的匹配，只有在相同参数和特性值都相等时才能称两个晶体管相匹配，即两个晶体

---

① Y. Baeyens et al. inP D-HBT IC's for 40Gb/s and higher bit rate lightwave transceivers, IEEE J. Solid-State Circuits, vol. 37, No. 9, September 2002, pp. 1152-1159, IEEE, 2002。

管的参数(I_S,β_{FO},V_A)或(K_n,V_{TN},λ)、Q 点和温度都相同。

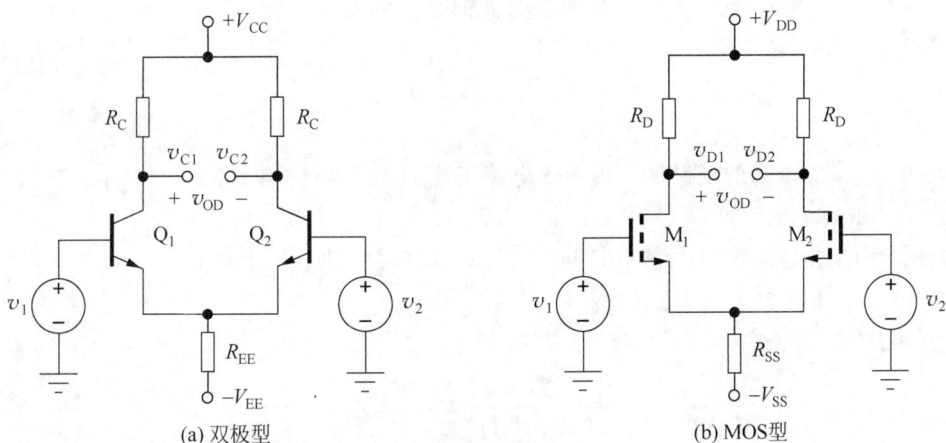

(a) 双极型   (b) MOS型

图 6.1 差分放大器

6.1.2 双极型差分放大器的直流分析

本节首先通过找到晶体管的工作点来分析差分放大器。双极型差分放大器中晶体管的静态工作点可以通过同时将两个输入信号电压设为零来求出,如图 6.2 所示。在此电路中,两个基极均接地,两个发射极连接在一端。因此 $V_{BE1}=V_{BE2}=V_{BE}$,如果假设双极型晶体管 Q_1 和 Q_2 匹配,那么两个晶体管的端电流相同,即 $I_{C1}=I_{C2}=I_C$,$I_{E1}=I_{E2}=I_E$,并且 $I_{B1}=I_{B2}=I_B$,电路结构的对称同样会使 $V_{C1}=V_{C2}=V_C$。

发射极电流可以通过从 Q_1 的基极开始写出回路方程来求出

$$V_{BE} + 2I_E R_{EE} - V_{EE} = 0 \quad \text{和} \quad I_C = \alpha_F I_E = \alpha_F \frac{V_{EE} - V_{BE}}{2R_{EE}} \tag{6.1}$$

其中,$I_B = I_C / \beta_F$,两个集电极处的电压等于

$$V_{C1} = V_{C2} = V_{CC} - I_C R_C \tag{6.2}$$

并且有 $V_{CE1} = V_{CE2} = V_{CC} + V_{BE} - I_C R_C$。对于对称放大器,直流输出电压为 0:

$$V_{OD} = V_{C1} - V_{C2} = 0\text{V} \tag{6.3}$$

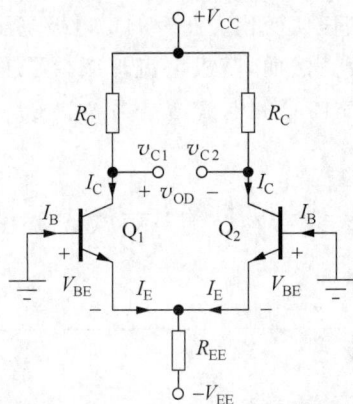

$$I_C = \alpha_F \frac{V_{EE} - V_{BE}}{2R_{EE}} \approx \frac{V_{EE} - V_{BE}}{2R_{EE}}$$

$$V_{CE} = V_{CC} + V_{BE} - I_C R_C$$

图 6.2 双极型差分放大器的直流分析电路

例 6.1 差分放大器的 Q 点分析。

本例要确定一个由双极型晶体管构成的发射极耦合对的 Q 点。

问题：若 $V_{CC} = V_{EE} = 15V$，$R_{EE} = 75k\Omega$，$R_C = 75k\Omega$，$\beta_F = 100$，求图 6.1(a) 中差分放大器的 Q 点及 V_C、I_B 的值。

解：

已知量：图 6.1(a) 所示的电路图；用于供电路工作的 15V 对称电源；$R_C = R_{EE} = 75k\Omega$；$\beta_f = 100$。

未知量：Q_1 和 Q_2 的 I_C、V_{CE}、V_C 及 I_B。

求解方法：用电路中的元器件值并按照式 (6.1)～式 (6.3) 的分析求解。

假设：晶体管工作在放大区，且 $V_{BE} = 0.7V$；$V_A = \infty$。

分析：利用式 (6.1) 和式 (6.2) 可得

$$I_E = \frac{V_{EE} - V_{BE}}{2R_{EE}} = \frac{(15 - 0.7)V}{2(75 \times 10^3 \Omega)} = 95.3\mu A$$

$$I_C = \alpha_F I_E = \frac{100}{101} I_E = 94.4\mu A \quad I_B = \frac{I_C}{\beta_F} = \frac{94.4\mu A}{100} = 0.944\mu A$$

$$V_C = 15 - I_C R_C = 15V - (9.44 \times 10^{-5} A)(7.5 \times 10^4 \Omega) = 7.92V$$

$$V_{CE} = V_C - V_E = 7.92V - (-0.7V) = 8.62V$$

由于电路对称，差分放大器中两个晶体管都偏置在 Q 点 $(94.4\mu A, 8.62V)$，$I_B = 0.944\mu A$ 和 $V_C = 7.92V$。

结果检查：对结果进行再次检查表明计算是正确的。需指出的是，R_C 和 R_{EE} 是相等的，R_C 两端的压降应为 R_{EE} 两端压降的一半。我们的计算结果与之相符，另外，$V_{CE} > V_{BE}$，所以假设电路工作在正向放大区是正确的。

讨论：需注意的是，当 $V_{EE} \gg V_{BE}$ 时，I_E 近似等于

$$I_E \approx \frac{V_{EE}}{2R_{EE}} = \frac{15V}{150k\Omega} = 100\mu A$$

相比更为准确的计算结果，这一估算结果仅有 6% 的误差。

计算机辅助分析：取 $BF = 100$，$IS = 5 \times 10^{-16}$，用 SPICE 进行分析得到 Q 点为 $(94.6\mu A, 8.57V)$ 和 $V_{BE} = 0.672V$。集电极电压和基极电流的值分别为 7.91V 和 $0.946\mu A$。所有的值都与手工计算的结果一致。我们还可用 SPICE 来分析非零厄利电压对差分放大器 Q 点的影响。第 2 次仿真取 $V_{AF} = 50V$ 得到 Q 点值为 $(94.7\mu A, 8.56V)$。Q 点值几乎看不到任何变化。此时的集电极电压和基极电流分别为 7.9V 和 $0.818\mu A$。因为集电极电流不变，V_C 也不变。然而，基极电流却减少了 14%。我们一定会感到奇怪为什么会发生这种情况。记得在传输模型中晶体管的电流增益为 $\beta_F = \beta_{FO}(1 + V_{CE}/V_A)$，并且在 SPICE 中采用的电流增益表达式有稍许差异，即

$$\beta_F = \beta_{FO}\left(1 + \frac{V_{CB}}{V_A}\right) = \beta_{FO}\left(1 + \frac{V_{CE} - V_{BE}}{V_A}\right) = 100\left(1 + \frac{7.90}{50}\right) = 116$$

这正是相差 14% 的原因。

练习：如果 β_F 为 60 而不是 100，则 Q 点的值为多少？

答案：$(93.7\mu A, 8.67V)$。

> **练习**：如果晶体管的饱和电流为 0.5fA，则晶体管的实际 I_C 和 V_{BE} 值为多少？如果 $V_T=$ 25.9mV，$V_{BE}=0.7$V，I_S 的值为多少？
>
> **答案**：在 $V_T=25$mA 时 $V_{BE}=0.649$V；94.7μA；17.4fA。
>
> **练习**：画出用晶体管实现的图 6.1(a)中差分放大器电路图。
>
> **答案**：参见图 P6.4。

设计提示

当 $R_C=R_{EE}$ 时，穿过集电极电阻的电压约为穿过 R_{EE} 电阻的一半，因为 R_{EE} 中的电流被分割成两半。

6.1.3　双极型差分放大器的传输特性

差分放大器在信号范围和失真方面相对于单个双极型晶体管而言具有一定的优势。电流开关为差分放大器一个简单的数字应用，差分放大器的大信号传输特性为（其中 $\alpha_F I_{EE}=2I_C$）

$$i_{C1}-i_{C2}=2I_C\tanh\left(\frac{v_{BE1}-v_{BE2}}{2V_T}\right)=2I_C\tanh\left(\frac{v_{id}}{2V_T}\right)$$

$$G_m=\frac{\mathrm{d}(i_{C1}-i_{C2})}{\mathrm{d}v_{id}}=\frac{I_C}{V_T}\mathrm{sech}^2\left(\frac{v_{id}}{2V_T}\right)=g_m\mathrm{sech}^2\left(\frac{v_{id}}{2V_T}\right) \tag{6.4}$$

对于对称差分放大器，则有 $V_{BE1}=V_{BE}+V_{id}/2$，$V_{BE2}=V_{BE}-V_{id}/2$。

将上述双曲线正切展开成麦克劳林级数可得

$$I_{C1}-I_{C2}=2I_C\left[\left(\frac{v_{id}}{2V_T}\right)-\frac{1}{3}\left(\frac{v_{id}}{2V_T}\right)^3+\frac{2}{15}\left(\frac{v_{id}}{2V_T}\right)^5-\frac{17}{315}\left(\frac{v_{id}}{2V_T}\right)^7+\cdots\right] \tag{6.5}$$

首先，可以看到两个集电极电流之差消除了式(6.5)中的偶数项失真；其次，对于小信号工作，我们希望线性项占主要地位。将三阶项设为线性项的 1/10 需要 $v_{id}\leqslant 2V_T\sqrt{3}$ 或者 $v_{id}\leqslant 27$mA。从表面看，由于输入信号由差分对中的两个晶体管平均分享，预计增大系数可达到 2(到 10mA)。不过偶次失真项的消除大大增加了差分对的信号处理能力。传输函数的这一线性区域扩展可以在图 6.3 所示的式(6.4)的曲线中明显看出。

差分对的跨导(G_m)由式(6.4)定义，作为传输特性的派生参数，跨导与归一化输入电压的关系曲线也在图 6.3 中给出。当 $i_{C1}=i_{C2}$ 时差分对达到平衡，G_m 达到峰值，等于晶体管的 g_m，而当 $|v_{id}|>$ $6V_T$(150mV)时 G_m 几乎为零。

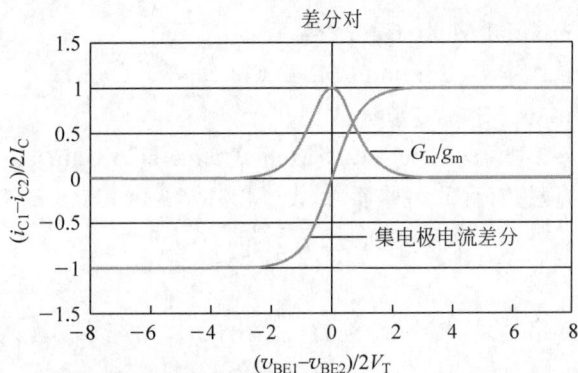

图 6.3　双极型差分对的大信号传输特性和跨导

6.1.4 双极型差分放大器的交流分析

现在我们已经得到了 Q 点的信息，接着可利用小信号分析来得到差分放大器的电压增益、输入电阻和输出电阻。差分放大器的交流分析可以通过信号源 v_1 和 v_2 表示成等效的差模输入信号（v_{id}）和共模（v_{ic}）输入信号这两个成分来简化，如图 6.4 所示，定义如下：

$$v_{id} = v_1 - v_2 \quad \text{和} \quad v_{ic} = \frac{v_1 + v_2}{2} \tag{6.6}$$

输入电压也可以用 v_{ic} 和 v_{id} 来表示：

$$v_1 = v_{ic} + \frac{v_{id}}{2} \quad \text{和} \quad v_2 = v_{ic} - \frac{v_{id}}{2} \tag{6.7}$$

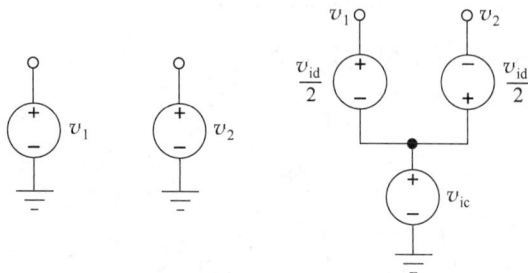

图 6.4 差模（v_{id}）与共模（v_{ic}）输入电压的区别

差模输入信号为输入信号 v_1 和 v_2 之差，而共模输入信号为同时加载在两个输入端的信号，电路分析可以通过差模输入电压和共模输入信号的叠加进行。这项技术最早在第 2 章中学习运算放大器时采用过。

差模输出电压（Differential-Mode Output Voltage）和共模输出电压（Common-Mode Output Voltage），即 v_{od} 和 v_{oc}，其定义方法类似：

$$v_{od} = v_{c1} - v_{c2} \quad \text{和} \quad v_{oc} = \frac{v_{c1} + v_{c2}}{2} \tag{6.8}$$

对于通用放大器，电压 v_{od} 和 v_{oc} 同时为 v_{id} 和 v_{ic} 的函数，可以写成

$$\begin{bmatrix} v_{od} \\ v_{oc} \end{bmatrix} = \begin{bmatrix} A_{dd} & A_{cd} \\ A_{dc} & A_{cc} \end{bmatrix} = \begin{bmatrix} v_{id} \\ v_{ic} \end{bmatrix} \tag{6.9}$$

其中 4 个增益的定义如下：

A_{dd}——差模增益（Differential-Mode Gain）

A_{cd}——共模（至差模）转换增益（Common-Mode Conversion Gain）

A_{cc}——共模增益（Common-Mode Gain）

A_{dc}——差模（至共模）转换增益（Differential-Mode Conversion Gain）

对于具有匹配晶体管的理想对称放大器而言，A_{cd} 和 A_{dc} 为零，式（6.9）变为

$$\begin{bmatrix} v_{od} \\ v_{oc} \end{bmatrix} = \begin{bmatrix} A_{dd} & 0 \\ 0 & A_{cc} \end{bmatrix} \begin{bmatrix} v_{id} \\ v_{ic} \end{bmatrix} \tag{6.10}$$

在这种情况下，差模输入信号只产生一个纯差模输出信号，而纯共模输入信号只产生一个共模输出信号。

然而,当由于晶体管或者其他电路不匹配导致差分放大器不完全对称时,A_{dc} 或者 A_{cd} 不再为零。在接下来的讨论中,除非有其他特殊声明,否则晶体管都是相同的。

练习:对一个差分放大器进行测量得到如下数值:

当 $v_1 = 1.01V$, $v_2 = 0.99V$ 时, $v_{od} = 2.2V$, $v_{oc} = 1.002V$。

当 $v_1 = 4.995V$, $v_2 = 5.005V$ 时, $v_{od} = 0V$, $v_{oc} = 5.001V$。

求两种情况下 v_{id} 和 v_{ic} 的值各位多少?放大器的 A_{dd}、A_{cd}、A_{dc} 和 A_{cc} 的值各为多少?

答案:$0.02V$, $1V$; $-0.01V$, $5V$; 100, 0.2, 0.1, 1。

现在对差分放大器的小信号特性进行全面分析。我们需要求出放大器的电压增益 A_{dd}、A_{cc} 和输入电阻、输出电阻。首先采用直接节点分析方法分析放大器的特征。这些结果将在之后的工作中得到一种适用于对称电路的简化分析方法,称为半电路分析(Half Circuit Analysis)。

6.1.5 差模增益及输入电阻和输出电阻

为图 6.5 所示的差分放大器提供纯差模输入信号,并将两个晶体管用其小信号模型代替。如图 6.6 所示,我们想求出差模输入和单端输入情况下的增益及输入电阻和输出电阻。由于晶体管有电阻负载,所以在计算中可以忽略输出电阻。

将图 6.6 中发射节点的各项电流相加,则有

$$g_\pi v_3 + g_m v_3 + g_m v_4 + g_m v_4 = G_{EE} v_e \quad \text{或}$$

$$(g_m + g_\pi)(v_3 + v_4) = G_{EE} v_e \quad (6.11)$$

将电阻 r_π 和 R_{EE} 用它们的等效电导 g_π 和 G_{EE} 代替,可将上述等式简化。基极发射电压为

图 6.5 具有差模输入信号的差模放大器

$$v_3 = \frac{v_{id}}{2} - v_e \qquad v_4 = -\frac{v_{id}}{2} - v_e \qquad (6.12)$$

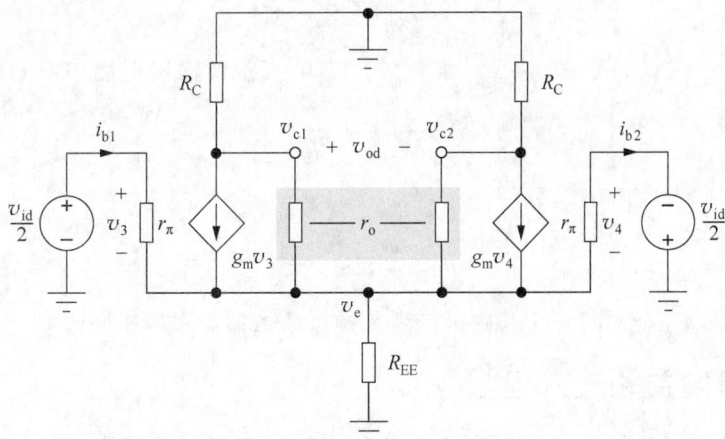

图 6.6 差模输入的小信号模型。计算中忽略了输出电阻

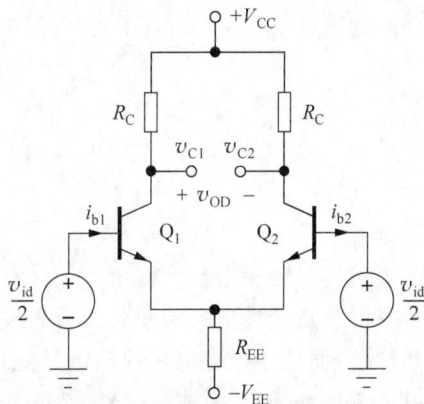

将两式相加得到 $v_3 + v_4 = -2v_e$。结合式(6.12)和式(6.11)得

$$v_e(G_{EE} + 2g_\pi + 2g_m) = 0 \tag{6.13}$$

其中，要求 $v_e = 0$。

对于纯差模输入电压，在发射节点的电压恒等于零。这是一个非常重要的结论。发射极节点使差分放大器可以像共射极放大器(或者共源极放大器)一样工作。

设计提示

对称差分放大器的发射极节点对于差模输入信号而言是一个虚地(Virtual Ground)。

由于发射极节点的电压为零，故式(6.12)可写为

$$v_3 = \frac{v_{id}}{2} \qquad v_4 = -\frac{v_{id}}{2} \tag{6.14}$$

输出信号电压为

$$v_{c1} = -g_m R_C \frac{v_{id}}{2} \qquad v_{c2} = +g_m R_C \frac{v_{id}}{2} \qquad v_{od} = -g_m R_C v_{id} \tag{6.15}$$

平衡输出(Balanced Output) $v_{cd} = v_{c1} - v_{c2}$ 的模差增益 A_{dd} 为

$$A_{dd} = \frac{v_{od}}{v_{id}} \bigg|_{v_{ic}=0} = -g_m R_C \tag{6.16}$$

如果任选 v_{c1} 或者 v_{c2} 单独用于输出，称为单端(或参考地)输出(Single-End Output)，于是有

$$A_{dd1} = \frac{v_{c1}}{v_{id}} \bigg|_{v_{ic}=0} = -\frac{g_m R_C}{2} \qquad \text{或} \qquad A_{dd2} = \frac{v_{c2}}{v_{id}} \bigg|_{v_{ic}=0} = \frac{g_m R_C}{2} \tag{6.17}$$

具体取决于选择哪一个作为输出。

发射极节点的虚地条件使放大器表现为一个单级共射极放大器，平衡差分输出提供共射极放大器的全部增益，而任一个集电极的输出只能提供共射极放大器一半的增益。

由于 $v_{c2} = -v_{c1}$，由式(6.8)定义的共模输出电压为零，因此 A_{dc} 也为零，正如(6.10)中所假设的。

差模输入电阻

差模输入电阻(Differential-Mode Input Resistance) R_{id} 表示的是两个晶体管基极之间出现的纯差模输入电压所见到的小信号电阻。R_{id} 定义为

$$R_{id} = \frac{v_{id}}{i_{b1}} = 2r_\pi \qquad \text{其中，} \quad i_{b1} = \frac{v_{id}/2}{r_\pi} \tag{6.18}$$

如果图6.6中 v_{id} 被设为0，则 $g_m v_3$ 和 $g_m v_4$ 都为0，差模输出电阻(Differential-Mode Output Resistance) R_{od} 等于

$$R_{od} = 2(R_C \parallel r_o) \approx 2R_C \tag{6.19}$$

因为节点为虚地。对于单端输出有

$$R_{out} \approx R_C \tag{6.20}$$

设计提示

对于差模输入信号，差分对与一个共射极或者共源极放大器的表现相同。

6.1.6 共模增益和输入电阻

现在开始评估差分放大器的共模特性，并探索放大器如何抑制共模信号，这是一个非常有用的特性。为图6.7中的差分放大器提供纯共模输入信号，对于这种情况，放大器两侧是完全对称的，因此，两

个基极电流、发射极电流、集电极电流及集电极电压必须相等。以这一特征作为基础,可以通过写出包含任何一个基极-发射极结的回路方程求出输出电压。

对于图 6.8 中的小信号模型,有

$$v_{ic} = i_b r_\pi + v_e = i_b \left[r_\pi + 2(\beta_o + 1) R_{EE} \right] \quad 和 \quad i_b = \frac{v_{ic}}{r_\pi + 2(\beta_o + 1) R_{EE}} \tag{6.21}$$

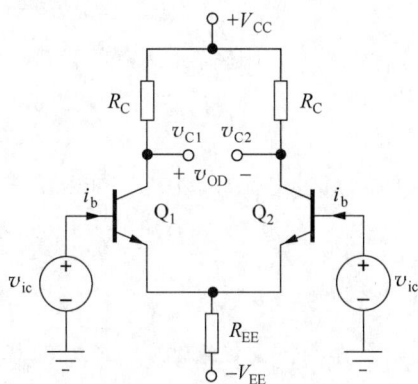

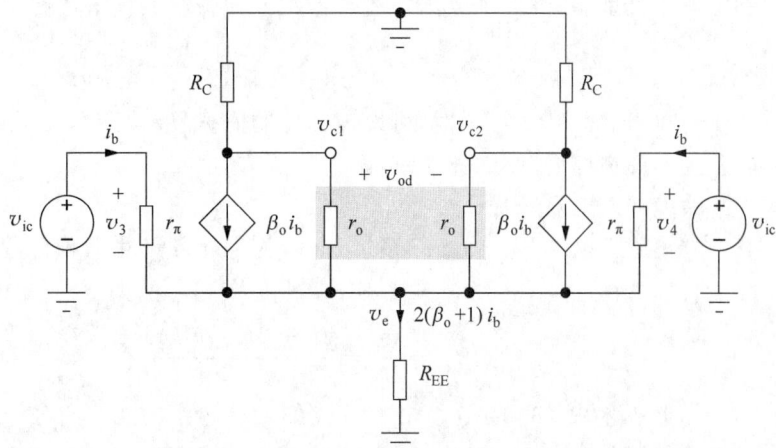

图 6.7　带有纯共模输入信号的差分放大器　　图 6.8　共模输入的小信号模型。计算中输出电阻可忽略。
注意小信号模型的电流控制形式

发射极的电压为

$$v_e = 2(\beta_o + 1) i_b R_{EE} = \frac{2(\beta_o + 1) R_{EE}}{r_\pi + 2(\beta_o + 1) R_{EE}} v_{ic} \approx v_{ic} \tag{6.22}$$

可看到式(6.22)与发射极电阻为 $2R_{EE}$ 的射极跟随器的增益表达式一样,因此发射极节点电压与共模输入信号近似相等(需要指出的是,电路已改成电流控制形式的小信号模型)。

集电极的输出电压为

$$v_{c1} = v_{c2} = -\beta_o i_B R_C = -\frac{\beta_o R_C}{r_\pi + 2(\beta_o + 1) R_{EE}} v_{ic} \tag{6.23}$$

共模输入电压 v_{oc} 由式(6.8)定义,对大的 β_o 值,共模增益 A_{cc} 则由下式给出

$$A_{cc} = \frac{v_{oc}}{v_{ic}} \bigg|_{v_{id}=0} = -\frac{\beta_o R_C}{r_\pi + 2(\beta_o + 1) R_{EE}} \approx -\frac{R_C}{2R_{EE}} \tag{6.24}$$

式(6.24)与发射极电阻为 $2R_{EE}$、集电极负载电阻为 R_C 的反相放大器的增益一样。将式(6.24)中的分子和分母同时乘以电流 I_C,式(6.24)可以重新写为

$$A_{cc} = -\frac{I_C R_C}{2 I_C R_{EE}} \approx -\frac{\frac{V_{CC}}{2}}{2 I_E R_{EE}} = \frac{V_{CC}}{2(V_{EE} - V_{BE})} \approx \frac{V_{CC}}{2 V_{EE}} \tag{6.25}$$

其中,假设 $\alpha_F = \alpha_o$,$I_C R_C = V_{CC}/2$。在式(6.25)中可以看到,共模增益 A_{CC} 由两个电源电压的比值决定,对于对称电源电压,有 $A_{CC} = 0.5$。需指出的是,式(6.25)仅适用于 R_{EE} 偏置的差分放大器,稍后我们将用电流源代替 R_{EE} 来改进这一结果。

由于两个集电极上的电压相等,故差分输出电压为零:$v_{od} = v_{c1} = v_{c2} = 0$。因此,差分输出的共模

转换增益也为零，正如式(6.10)所假设的，有

$$A_{cd} = \frac{v_{od}}{v_{ic}}\bigg|_{v_{id}=0} = 0 \tag{6.26}$$

式(6.24)中的结果表明，当 R_{EE} 趋近于无穷大时，共模输出电压和 A_{cc} 趋于零。这是一个令人生疑的结果，事实上这是忽略了图 6.8 中电路输出电阻的直接结果。如果考虑 r_o，则会在集电极端出现一个由双极型晶体管有限电流增益导致的小电流。共模增益更为精准的表达式为

$$A_{cc} \approx R_C\left(\frac{1}{\beta_o r_o} - \frac{1}{2R_{EE}}\right) \tag{6.27}$$

现在当 R_{EE} 为无限大时，可发现 A_{cc} 的值被限制在 $R_C/\beta_o r_o \approx V_{CC}/2\beta_o V_A$。还需要注意的是符号的差异允许在理论上出现相互抵消。

共模输入电阻

共模输入电阻(Common-Mode Input Resistance)由共模源提供的总信号电流 $2i_b$ 决定，可以用式(6.21)来计算，即

$$R_{ic} = \frac{v_{ic}}{2i_b} = \frac{r_\pi + 2(\beta_o+1)R_{EE}}{2} = \frac{r_\pi}{2} + (\beta_o+1)R_{EE} \tag{6.28}$$

如上所述，式(6.21)、式(6.22)、式(6.23)和式(6.28)的分子可以看作与发射极电阻为 $2R_{EE}$ 的共射极放大器所对应的公式相同。随后会对这一发现进行详细讨论。

设计提示

具有共模输入的差分对特性与具有大发射极(源极)电阻的共射极(电源地)放大器的特性相似。

6.1.7　共模抑制比

如第 2 章中定义，共模抑制比(Common-Mode Rejection Ratio, CMMR)指一个放大器放大所需的差模输入信号，并抑制不希望出现的共模输入信号的能力。对于式(2.110)所描述的通用放大器，其 CMRR 由式(2.111)定义为

$$CMRR = \left|\frac{A_{dm}}{A_{cm}}\right| \tag{6.29}$$

其中 A_{dm} 和 A_{cm} 分别为总的差模增益和共模增益[1]。

对于差分放大器，CMRR 取决于设计者所选择的输出电压。对于差分输出 V_{cd}，平衡放大器的共模增益为零，CMRR 为无穷大。然而，如果选择任一个集电极作为输出，则利用式(6.8)和式(6.10)可得

$$v_{c1} = v_{oc} + \frac{v_{od}}{2} = A_{cc}v_{ic} + \frac{A_{dd}}{2}v_{id} \qquad v_{c2} = v_{oc} - \frac{v_{od}}{2} = A_{cc}v_{ic} - \frac{A_{dd}}{2}v_{id} \tag{6.30}$$

基于式(6.29)、式(6.17)和式(6.27)，CMRR 可由下式给出

$$CMMR = \left|\frac{A_{dm}}{A_{cm}}\right| = \left|\frac{\frac{A_{dd}}{2}}{A_{cc}}\right| = \left|\frac{\frac{g_m R_c}{2}}{R_c\left(\frac{1}{\beta_o r_o} - \frac{1}{2R_{EE}}\right)}\right| = \left|\frac{1}{2\left(\frac{1}{\beta_o \mu_f} - \frac{1}{2g_m R_{EE}}\right)}\right| \tag{6.3^1}$$

对于无限大的 R_{EE}，CMRR $\approx \beta_o \mu_f/2$，受到晶体管 $\beta_o \mu_f$ 乘积的限制。另外，如果包含 R_{EE} 的项占主

---

[1] A_{dm} 和 A_{cm} 分别表示诸如运算放大器等通用放大器的差模增益和共模增益，其中 A_{dd}、A_{cc}、A_{dc} 和 A_{cd} 表示差分放大器级本身的特性。

要支配地位,便可发现一个普遍引用的结果,即

$$\text{CMRR} \approx g_{\mathrm{m}} R_{\mathrm{EE}} \tag{6.32}$$

以集电极电流的方式表示 g_{m},可进一步对式(6.32)进行探讨:

$$\text{CMRR} = 40 I_{\mathrm{C}} R_{\mathrm{EE}} = 20(2 I_{\mathrm{E}} R_{\mathrm{EE}}) = 20(V_{\mathrm{EE}} - V_{\mathrm{BE}}) \approx 20 V_{\mathrm{EE}} \tag{6.33}$$

对于由电阻 R_{EE} 偏置的差模放大器,CMRR 受到了负电源电压 V_{EE} 的限制。同时还可以看到,差模增益是由正电源电压决定的,也就是说,基于第 4 章得到的设计指导公式 $I_{\mathrm{C}} R_{\mathrm{C}} = V_{\mathrm{CC}}/2$ 有 $A_{\mathrm{dd}} = -20 V_{\mathrm{CC}}$。

练习:假设用差分输出和 v_{c2} 输出,分别估算差分放大器的差模增益、共模增益和 CMRR。其中 V_{EE} 和 V_{CC} 都为 15V。

答案:$-300,0$,无穷大;$150,-0.5,49.5$dB(比较差的 CMRR)。

失配的影响

尽管对于差分输出的理想差分放大器而言 CMRR 为无穷大,但由于晶体管不匹配,实际中的放大器却不是完全对称的,两个转换增益不为零。在这种情况下,许多误差都与式(6.32)中的结果成正比,有

$$\text{CMRR} \propto g_{\mathrm{m}} R_{\mathrm{EE}} \left(\frac{\Delta g}{g} \right) \tag{6.34}$$

其中 $\Delta g/g = 2(g_1 - g_2)/(g_1 + g_2)$,因子体现了差分放大器两侧小信号设备参数之间的微小失配(Mismatch)(参见习题 6.21 和习题 6.23)。因此,将 $g_{\mathrm{m}} R_{\mathrm{EE}}$ 最大化也就相当于提高差分输出的差分放大器的性能。

6.1.8　差模和共模的半电路分析

我们注意到差分放大器的表现很像单级晶体管的共射极放大器。二者之间的相似性可进一步通过半电路分析来实现,利用差分放大器的对称性,将电路拆分为差模半电路,可以简化差分放大器电路的分析。

在构建半电路时,首先将差分放大器画成完全对称的形式,如图 6.9 所示。为了实现全对称,电源电压已经被分成两个相等的并联电源,R_{EE} 被分为两个相等的并联电阻,每一个电阻的值为 $2R_{\mathrm{EE}}$。关于图 6.9需要认识到的重要一点是,这些改动并没有改变电路中的任何电压和电流。

一旦将电路画成对称的形式,就可利用两个基本的规则来构建电路,一个用于差模信号分析,另一个用于共模信号分析。

设计提示:半电路的构建规则

差模信号:在对称线上的点代表虚地,交流分析

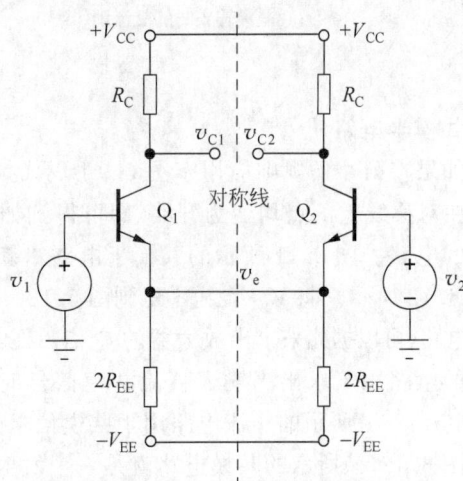

图 6.9　差模放大器强调对称性的电路

中可认为接地（例如：对于差模信号有 $v_e = 0$）。

共模信号：在对称线上的点可以用开路来代替（这些连线处没有电流流过）。

差模半电路

针对差模信号，将第 1 条规则应用于图 6.9 所示的电路，得到图 6.10(a) 所示的电路。两条电源线和发射节点均成为交流池（当然，在任何情况下电源线都可视为交流接地）。将电路简化得到图 6.10(b) 所示的两个差模半电路，每个电路均代表一个共射极放大器级。如式(6.15)及式(6.20)所示，电路中的差模行为可通过直接分析半电路得到，即

$$v_{c1} = -g_m R_C \frac{v_{id}}{2} \quad v_{c2} = g_m R_C \frac{v_{id}}{2} \quad v_o = v_{c1} - v_{c2} = -g_m R_C v_{id} = -A_{dd} v_{id} \tag{6.35}$$

其中

$$R_{id} = \frac{v_{id}}{i_b} = 2r_\pi \quad \text{和} \quad R_{od} = 2(R_C \parallel r_o) \tag{6.36}$$

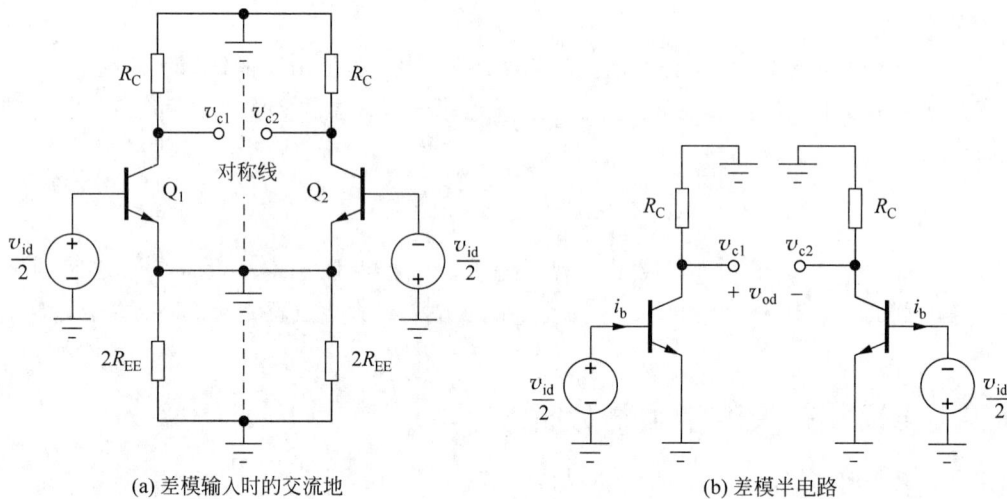

(a) 差模输入时的交流地   (b) 差模半电路

图　6.10

共模半电路

如果将第 2 条规则应用于图 6.9 所示的电路，则所有在对称线上的点均变为开路，即可得到如图 6.11 所示的电路。图 6.11 所示的共模半电路重新绘制后如图 6.12 所示。将 V_{IC} 设为零得到图 6.12(a) 所示的直流电路，可以据此来求出放大器的 Q 点。图 6.12(b) 所示的电路用于求出当输入直流共模信号时的工作点，图 6.12(c) 所示的交流电路用于共模信号分析。

图 6.12(c) 所示的共模电路就是一个发射极电阻为 $2R_{EE}$ 的共射极放大器，第 5 章对其进行了大量的研究。此外，利用从第 5 章中分析得到的结果可直接写出式(6.24)和式(6.28)。

我们发现利用差模和共模电路能极大简化对对

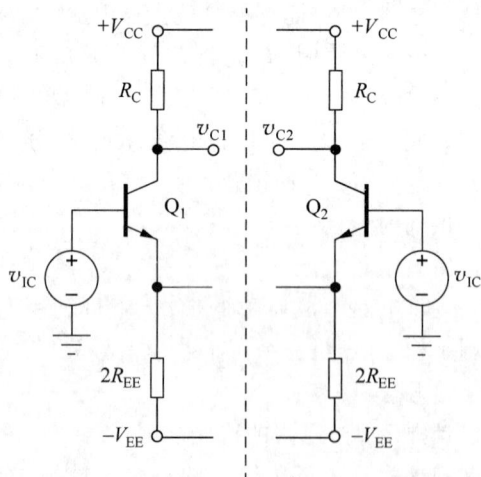

图 6.11　共模半电路的构建

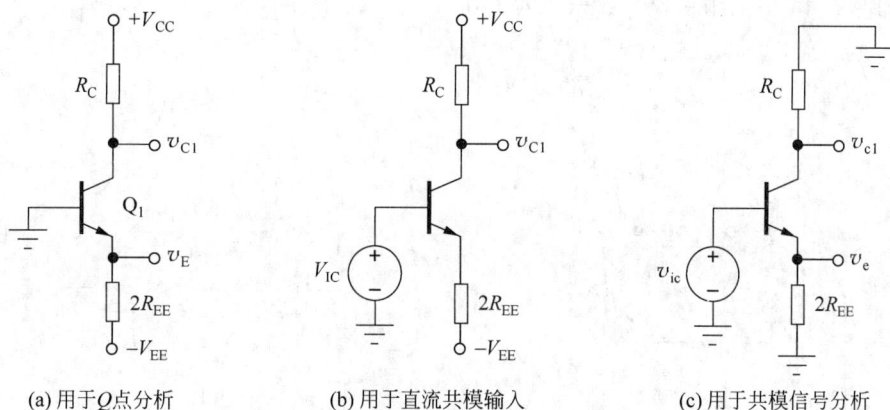

(a) 用于Q点分析　　　　(b) 用于直流共模输入　　　　(c) 用于共模信号分析

图 6.12　共模半电路

称电路的分析。稍后将利用半电路来分析从图 6.1 开始的 MOS 差分放大器。

共模输入电压范围

共模输入电压范围是差分放大器设计中另一个需要考虑的因素。图 6.12(b)中直流共模输入电压 V_{IC} 的上限设定是为了满足 Q_1 保持工作在正向放大区。Q_1 的集电极-基极电压表达式为

$$V_{CB} = V_{CC} - I_C R_C - V_{IC} \geqslant 0 \quad \text{或} \quad V_{IC} \leqslant V_{CC} - I_C R_C \tag{6.37}$$

其中

$$I_C = \alpha_F \frac{V_{IC} - V_{BE} + V_{EE}}{2R_{EE}} \tag{6.38}$$

联立上面两个方程求解得到 V_{IC} 为

$$V_{IC} \leqslant V_{CC} \frac{1 - \alpha_F \dfrac{R_C}{2R_{EE}} \dfrac{(V_{EE} - V_{BE})}{V_{CC}}}{1 + \alpha_F \dfrac{R_C}{2R_{EE}}} \tag{6.39}$$

对称电路的电源,当 $V_{EE} \gg V_{BE}$,且 $R_C = R_{EE}$ 时,根据式(6.39)有 $V_{IC} \leqslant V_{CC}/3$。

从式(6.38)可看出,I_C 随着 V_{IC} 的变化而变化。V_{IC} 的上限是由式(6.39)和 V_{IC} 变化所允许的 Q 点电流的漂移范围决定的。当 V_{IC} 减少时,集电极电流减小,因为 $I_C \approx (V_{IC} - V_{BE} + V_{EE})/2R_{EE}$,$V_{IC}$ 的下限是由可接受的偏置电流的减少决定的,这一下限可能具有对称性,即 $-V_{CC}/3 \leqslant V_{IC} \leqslant V_{CC}/3$。

练习:如果 $V_{CC} = V_{EE} = 15V$,且 $R_C = R_{EE}$,求图 6.7 所示差分放大器正共模输入电压的范围。

答案:$\approx 5.30V$。

6.1.9　电流源的偏置

从式(6.1)和式(6.2)可看出,差分放大器的 Q 点与负电源电压的值直接相关,而从式(6.31)可看出,R_{EE} 限制着 CMRR 的值。为了除去这些限制,绝大多数差分放大器采用电子电流源偏置,这样既可以稳定放大器的工作点,又能增加 R_{EE} 的有效值。图 6.13 同时给出了采用电子电流偏置的 BJT 和 MOS 差分放大器。在这些电路中,电流源代替了电阻 R_{EE} 或者 R_{SS}。

图 6.13 和图 6.14 中的矩形符号表示具有有限输出电阻的电流源,特性曲线如图 6.15 所示,电子电流源的 Q 点电流等于 I_{EE},其输出电阻等于 R_{SS}。

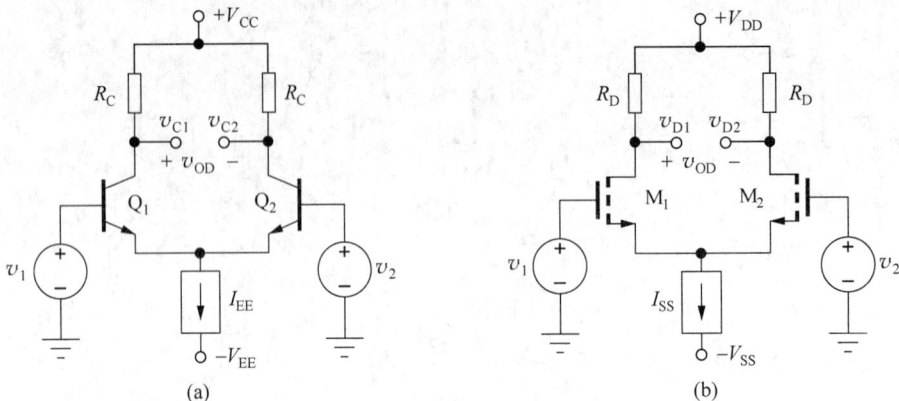

图 6.13 采用电子电流源偏置的差分放大器

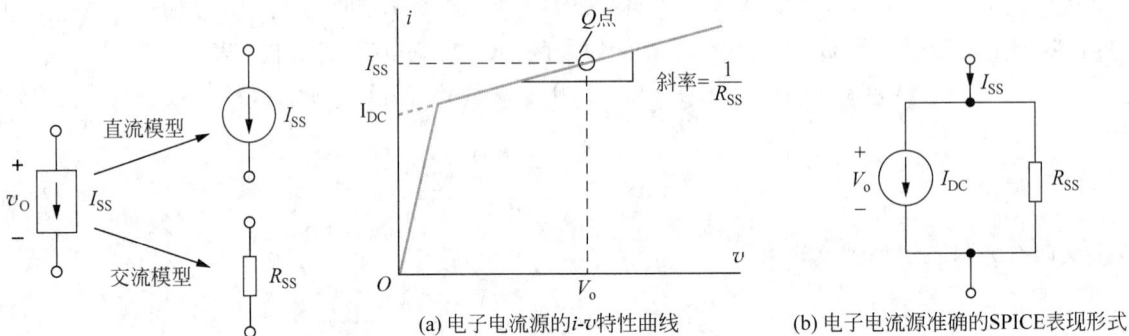

图 6.14 电子电流源及其模型

图 6.15

(a) 电子电流源的 i-v 特性曲线

(b) 电子电流源准确的SPICE表现形式

在手工分析中主要采用直流等效电路,用一个电流值为 I_{SS} 的直流电流源代替电子电流源。在交流分析中,用输出电阻 R_{SS} 代替电源的方式来构建交流等效电路。替换时所用的符号如图 6.14 所示。

设计提示

差分放大器的高共模抑制需要偏置电流 I_{SS} 有一个很大的输出电阻 R_{SS}。

6.1.10 在 SPICE 中为电子电流源建模

在 SPICE 中对电子电流源进行准确建模有些不同,因为程序必须创造自己的直流和交流等效电路。为了使 SPICE 能准确计算出整个电路的直流和交流特性,在电路中必须包含直流电源及其输出电阻 R_{SS}。在图 6.15(b) 所示的整个电路中,在电阻 R_{SS} 中存在一个直流电流,在 SPICE 电路中电流源的值必须被设为图 6.15 所示的 I_{DC} 的值。I_{DC} 表示电压 $V_o = 0$ 时等效电路中的电流值,可以表示为

$$I_{DC} = I_{SS} - \frac{V_o}{R_{SS}} \tag{6.40}$$

用于 SPICE 的等效电路如图 6.15(b) 所示。当 R_{SS} 很大时,I_{DC} 大约等于 I_{SS}。

> **练习**：假设一个电子电流源的电流 $I_{SS}=100\mu A$，输出电阻 $R_{SS}=750k\Omega$（这些值是工作在这一电流下单级晶体管电流源的典型值）。如果 $V_o=15V$，则 I_{DC} 的值为多少？
>
> **答案**：$80\mu A$。

6.1.11 MOSFET 差分放大器的直流分析

MOSFET 可提供非常高的输入电阻，常用于由 CMOS 和 BiFET[①] 工艺实现的差分放大器电路中，除了具有高输入电阻外，FET 输入级的运算放大器通常比具有双极输入级的运算放大器具有更高的摆率。

由 MOSFET 实现的差分放大器电路如图 6.13(b) 所示。在此将首次使用 MOSFET 差分放大器作为半电路放大器。采用半电路进行直流分析时，将放大器重新绘制成图 6.16(a) 所示的对称结构，如果将对称线上的连接点用开路代替，并将两个输入电压设为零，便得到图 6.16(b) 所示的电路，该电路为用于直流分析的半电路。

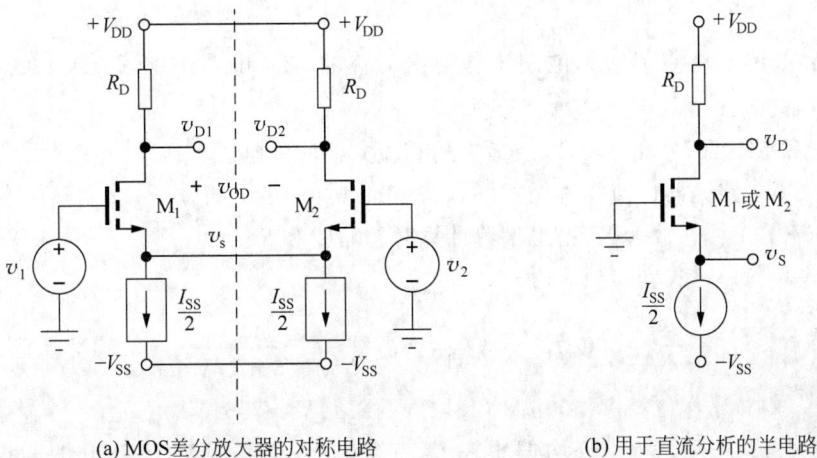

(a) MOS差分放大器的对称电路   (b) 用于直流分析的半电路

图 6.16

从直流半电路可立刻看出 NMOS 晶体管的源极电流必须等于偏置电流 I_{SS} 的一半，即

$$I_S = \frac{I_{SS}}{2} \tag{6.41}$$

MOSFET 的栅源电压可直接由晶体管的漏极电流表达式确定，即

$$I_D = \frac{K_n}{2}(V_{GS}-V_{TN})^2 \quad \text{或} \quad V_{GS}=V_{TN}+\sqrt{\frac{2I_D}{K_n}}=V_{TN}+\sqrt{\frac{I_{SS}}{K_n}} \tag{6.42}$$

此处需要注意：$V_S=-V_{GS}$，则两个 MOSFET 漏极电压分别为

$$V_{D1}=V_{D2}=V_{DD}-I_D R_D \qquad V_O=0 \tag{6.43}$$

因此，漏极电压为

$$V_{DS}=V_{DD}-I_D R_D+V_{GS} \tag{6.44}$$

---

① BiFET 工艺既包含 JFET，也包含双极型晶体管。

采用统一的 MOSFET 模型进行分析

将平方律模型中的 $V_{GS} - V_{TN}$ 替换为 $V_{MIN} = \min\{(V_{GS} - V_{TN}), V_{DS}, V_{SAT}\}$。当内栅驱动的值为 $V_{GS} - V_{TN}$ 并且 V_{DS} 超过 V_{SAT} 时，漏电流和跨导变为

$$i_D = K_n \left(v_{GS} - V_{TN} - \frac{V_{SAT}}{2} \right) V_{SAT} \qquad g_m = K_n V_{SAT} \tag{6.45}$$

对于给定的漏电流水平，为了支持电流，V_{GS} 的值将发生变化，为

$$V_{GS} = V_{TN} + \frac{V_{SAT}}{2} + \frac{I_D}{K_n V_{SAT}} \tag{6.46}$$

漏极和漏源电压的表达式保持不变。

例 6.2 MOSFET 差分放大器分析。

本例给出了 MOSFET 差分放大器的直流 Q 点分析。

问题：（a）如果 $V_{DD} = V_{SS} = 12V$，$I_{SS} = 1mA$，$R_{SS} = 100k\Omega$，$R_D = 13k\Omega$，$K_n = 500\mu A/V^2$，$\lambda = 0.0133V^{-1}$，$V_{TN} = 0.7V$，求出图 6.13(b) 所示差分放大器中各 MOSFET 的 Q 点。M_1 保持在放大区时 V_{IC} 的最大值为多少？（b）令 $V_{SAT} = 1V$ 重新分析。

解：

已知量： 电路如图 6.13(b) 所示，电路工作时由对称的 12V 电源供电，$I_{SS} = 1000\mu A$，$R_D = 13k\Omega$，$V_{TN} = 0.7V$，$K_n = 500\mu A/V^2$。

未知量： M_1 和 M_2 的 I_D 和 V_{DS}，以及最大的直流共模输入电压 V_{IC}。

求解方法： 采用电路元器件值并遵循式(6.41)～式(6.44)的分析。

假设： MOSFET 工作在放大区，手工偏置计算时忽略 λ 和 R_{SS}。

分析： 利用式(6.41)～式(6.44)，可得

$$I_D = \frac{I_{SS}}{2} = 500\mu A \qquad V_{GS} = 0.7 + \sqrt{\frac{1mA}{0.5mA/V^2}} = 2.11V$$

$$V_{DS} = 12V - (500\mu A)(13k\Omega) + 2.11V = 7.61V$$

因此，差分放大器中两个晶体管均偏置在 Q 点 $(100\mu A, 7V)$。MOSFET 的漏极和源极电压为 $V_D = 5.5V$ 和 $V_S = -2.11V$。

为维持 M_1 处于沟道夹断区，对于非零的 V_{IC} 要满足

$$V_{GD} = V_{IC} - (V_{DD} - I_D R_D) \leqslant V_{TN}$$

$$V_{IC} \leqslant V_{DD} - I_D R_D + V_{TN} = 6.2V$$

结果检查： 检查 M_1 是否处于沟道夹断区，$V_{GS} - V_{TN} = 1.41V$，$V_{DS} \geqslant 1.41$，M_1 处于沟道夹断区。

讨论： 注意，漏电流的值由电流源确定，不受元器件特性的影响。这一点接下来将用 SPICE 进行验证。

计算机辅助分析： 在 SPICE 分析中，很容易将 λ 和 R_{SS} 考虑进来，分析其对晶体管 Q 点的影响。用式(6.40)和已经计算出的 $V_{GS} = 1.2V$，SPICE 所用的直流电流源的值为 $200\mu A - 21.6\mu A = 178.4\mu A$，我们需要在 SPICE 元器件模型中设置 $KP = 0.005A/V^2$，$VTO = 1V$，$LAMBDA = 0.0133V^{-1}$。根据这些参数，用 SPICE 工作点分析得出的 Q 点 $(100\mu A, 6.99V)$ 与我们手工计算的值几乎一样。由于漏极电流被电流源锁定，考虑 λ 之后会造成栅源电压值出现微小调整：$V_{GS} = 1.198V$。

（b）从以上分析可知，$V_{GS} - V_{TN}$ 和 V_{DS} 均大于 $V_{SAT} = 1V$。因此对于 $I_D = 500\mu A$，有

$$V_{GS} = V_{TN} + \frac{V_{SAT}}{2} + \frac{I_D}{K_n V_{SAT}} = 0.7V + \frac{1V}{2} + \frac{500\mu A}{(500\mu A/V^2)(1V)} = 2.2V$$

$$V_{DS} = 12V - 6.5V + 2.2V = 7.7V$$

V_{IC} 没有变化。

练习：画出图 6.13(b) 中 NMOS 差分放大器的 PMOS 视图。

答案：参见习题 P6.40 和习题 P6.42 的图。

练习：用一个四端器件替换例 6.2 中的 MOSFET，其中四端器件的衬底 $V_{SS} = -12V$，求晶体管的新 Q 点值，假设 $V_{TO} = 1V$，$\gamma = 0.75\sqrt{V}$，$2\varnothing_F = 0.6V$，新的 V_{TN} 值为多少？

答案：$(100\mu A, 8.75V)$；$2.75V$。

6.1.12 差模输入信号

图 6.16 所示差分放大器的差模和共模半电路如图 6.17 所示。在差模半电路中，MOSFET 的源极代表虚地。在共模电路中，电子电流源由其两倍的小信号输出电阻 R_{SS} 代替，用以表示电流源的有限输出电阻。

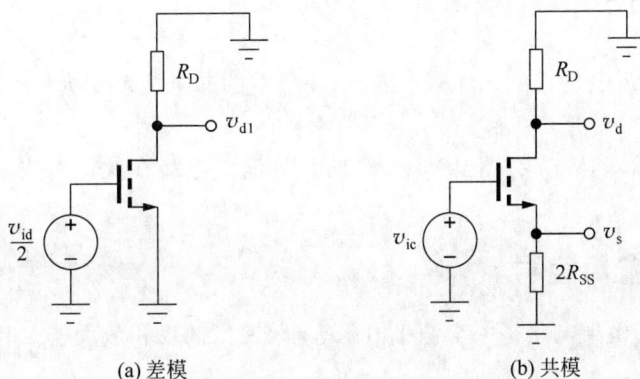

(a) 差模 (b) 共模

图 6.17 半电路

差模半电路表现为一个共源极放大器，其输出电压由下式给出

$$v_{d1} = -g_m(R_D \parallel r_o)\frac{v_{id}}{2} \qquad v_{d2} = g_m(R_D \parallel r_o)\frac{v_{id}}{2} \qquad v_{od} = -g_m(R_D \parallel r_o)v_{id} \qquad (6.47)$$

当 $r_o \gg R_D$ 时，差模增益为

$$A_{dd} = \frac{v_{od}}{v_{id}}\bigg|_{v_{ic}=0} = -g_m(R_D \parallel r_o) \approx -g_m R_D \quad \text{当 } r_o \gg R_D \text{ 时} \qquad (6.48)$$

而采用任何一个漏极与地之间的单端输出所提供的增益为 A_{dd} 的一半，即

$$A_{dd1} = \frac{v_{d1}}{v_{id}}\bigg|_{v_{ic}=0} \approx -\frac{g_m R_D}{2} = \frac{A_{dd}}{2} \qquad A_{dd2} = \frac{v_{d2}}{v_{id}}\bigg|_{v_{ic}=0} \approx \frac{g_m R_D}{2} = -\frac{A_{dd}}{2} \qquad (6.49)$$

差模输入电阻和输出电阻分别为无穷大和 $2R_D$，即

$$R_{id} = \infty \quad \text{和} \quad R_{od} = 2(R_D \parallel r_o) \qquad (6.50)$$

源节点的虚地同样使放大器表现为一个单级反相放大器。差分输出可以提供共源极放大器的全部增益，而在漏极采用单端输出可使增益减半。

练习：采用与图 6.8 相似的分析方法，直接从完整的小信号模型中推导出 MOS 差分放大器差模电压增益的表达式。

6.1.13　MOS 差分放大器的小信号传输特性

与单个晶体管相比，MOS 差分放大器还可提供更好的线性输入信号和失真特性。可以用 MOSFET 的漏极电流表达式来表示这些优点，即

$$i_{D1} - i_{D2} = \frac{K_n}{2} \left[(v_{GS1} - V_{TN})^2 - (v_{GS2} - V_{TN})^2 \right] \tag{6.51}$$

对于具有纯差模输入的对称差分放大器有 $v_{GS1} = V_{GS} + v_{id}/2$，$v_{GS2} = V_{GS} - v_{id}/2$，且有

$$i_{D1} - i_{D2} = K_n (V_{GS} - V_{TN}) v_{id} = g_m v_{id} \tag{6.52}$$

二阶的失真乘积项被抵消了，输出电流表达式完全没有失真，通常我们会质疑这个如此完美的结果。在现实中，MOSFET 并不是完美地满足平方律的器件，会存在一些失真，同时由于晶体管输出阻抗对电压的依赖关系也会引入一些失真。

速度饱和影响

当速度饱和时，漏电流表达式由式（6.47）表示，差分对的漏电流差变为

$$i_{D1} - i_{D2} = K_n V_{SAT} v_{id} = g_m v_{id} \tag{6.53}$$

速度饱和使漏极电流表达式线性化，MOS 对的差分输出电流在此没有失真。注意，跨导 g_m 的表达式发生了变化[参见式（6.47）]。

6.1.14　共模输入信号

图 6.17(b) 所示的共模半电路是一个源极电阻等于 $2R_{SS}$ 的反相放大器。利用第 5 章中的结果有

$$v_{d1} = v_{d2} = -\frac{g_m R_D}{1 + 2g_m R_{SS}} v_{ic} \tag{6.54}$$

源极上的信号电压为

$$v_s = \frac{2g_m R_{SS}}{1 + 2g_m R_{SS}} v_{ic} \approx v_{ic} \tag{6.55}$$

由于两个漏极上的电压相等，故差分输出电压为零，即

$$v_{od} = v_{d1} - v_{d2} = 0 \tag{6.56}$$

因此，差分输出的共模转换增益为零

$$A_{cd} = \frac{v_{od}}{v_{ic}} = 0 \tag{6.57}$$

共模增益由下式给出

$$A_{cc} = \frac{v_{oc}}{v_{ic}} = -\frac{g_m R_D}{1 + 2g_m R_{SS}} \approx -\frac{R_D}{2R_{SS}} \tag{6.58}$$

共模输入源直接与 MOSFET 的栅极相连。因此输入电流为零,并有

$$R_{ic} = \infty \tag{6.59}$$

共模抑制比(CMRR)

对于纯共模输入信号,平衡 MOS 放大器的输出电压为零,CMRR 为无穷大。然而,如果任选一个漏极作为单端输出,则有

$$CMRR = \left| \frac{\dfrac{A_{dd}}{2}}{A_{cc}} \right| = \left| \frac{-\dfrac{g_m R_D}{2}}{-\dfrac{R_D}{2R_{SS}}} \right| = g_m R_{SS} \tag{6.60}$$

为获得高 CMRR,同样需要有非常大的 R_{SS} 值。在图 6.17 中,R_{SS} 为图 6.13 中电流源的输出电阻,R_{SS} 的值要远大于图 6.1 中用于偏置放大器的电阻 R_{EE} 的值。由于这个原因,也为了 Q 点的稳定,绝大多数差分放大器采用电流源偏置,如图 6.13 所示。

然而,为了将 MOS 放大器分析与双极型晶体管放大器分析进行更为直接的对比,假设 MOS 放大器由下式所述的电阻提供偏置:

$$R_{SS} = \frac{V_{SS} - V_{GS}}{I_{SS}} \tag{6.61}$$

与式(6.33)的处理方法一样,可将式(6.60)重新写成以电路电压表示的形式,即

$$CMRR = \frac{2I_D R_{SS}}{V_{GS} - V_{TN}} = \frac{I_{SS} R_{SS}}{V_{GS} - V_{TN}} = \frac{(V_{SS} - V_{GS})}{V_{GS} - V_{TN}} \tag{6.62}$$

利用例子中的数值,可得

$$CMRR = \frac{(V_{SS} - V_{GS})}{V_{GS} - V_{TN}} = \frac{(12 - 1.2)}{0.20} = 54 \tag{6.63}$$

只有微不足道的 35dB,该值比 BJT 放大器所得的结果还要低 10dB。因为 BJT 和 FET 电路的 CMRR 值都比较低,因此在所有差分放大器中通常采用具有更高有效电阻值 R_{SS} 或 R_{EE} 的电流源[①]。

6.1.15 差分对模型

在对差分放大器电路进行交流分析时,经常用图 6.18 所示的差分对二端口小信号模型来简化,模型可以直接用差分对来代替,或者在电路简化时提供概念性的辅助。两个电流源代表由差分对的两个晶体管产生的信号电流。电阻 R_{oc} 为在每个集电极或者漏极,即 D_1 和 D_2 测得的共模输出电阻,R_{od} 为两个集电极或者漏极之间的差分输出电阻(对于对称的差模电路,节点 x 为虚地)。对于图 6.13 中的差分对,每个元器件参数的近似表达式为

$$i_{dm} = g_m v_{dm} \quad i_{cm} = \frac{g_m}{1 + 2g_m R_{EE}} v_{cm} \approx \frac{v_{cm}}{2R_{EE}} \tag{6.64}$$

$$R_{od} = 2r_o \qquad R_{oc} \approx 2\mu_f R_{EE}$$

对于 FET,上面的表达式中用 R_{SS} 代替 R_{EE},在后续章节中将采用该二端口模型。

[①] 通过本章内容,我们知道电阻在 IC 芯片中所占的面积要远远大于晶体管所占的面积。

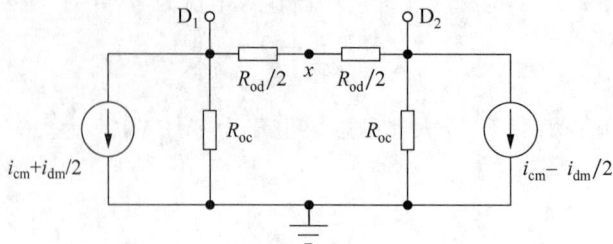

图 6.18 差分对的二端口模型

练习：用输出电阻为 1MΩ 的 75μA 电流源对图 6.13(a) 所示的双极型差分放大器进行偏置。如果晶体管的厄利电压为 60V，试估算其 R_{od}、R_{oc}、i_{dm} 和 i_{cm} 的值。

答案：3.2MΩ；4.8GΩ；$1.50 \times 10^{-3} V_{dm}$；$5.0 \times 10^{-7} V_{cm}$。

电 子 应 用

应用于光通信中的限幅放大器

限幅放大器(Limiting Amplifier, LA)是另一种在光纤通信链路接收端的重要电子模块。跨阻放大器能将限幅放大器的低电平输出电压(如 10mV)提高到一个能驱动时钟和数据恢复电路的电平(如 250mV)。

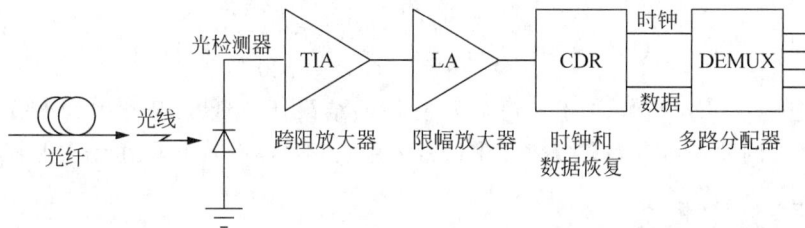

光纤接收器框图

一个典型的限幅放大器由带宽多级直流耦合放大器组成，类似于电路图中的放大器。跨阻放大器的输入信号经过两级发射跟随器(2EF)的缓冲和电平升高，之后利用一个跨导放大器(TAS)将电压转变为电流，然后驱动跨阻放大器(TIS)将电流转变回电压。这种 TAS-TIS 级联是由 Cherry 和 Hooper[4] 发明的，代表了一种具有很大带宽放大器，是一个很重要的技术。输出由两极发射跟随器进行电平变换，并用第 2 个 Cherry-and-Hooper 级进行放大。第 3 对发射极跟随器驱动一个负载电阻与传输电阻为 50Ω 相匹配的差分放大器。注意 50Ω 的匹配也可用于限幅放大器的输入端。

我们发现差分对普遍用于 TAS 和 TIS 级中的限幅放大器及输出端的增益级。因为这些光到电的接口电路通常推进了现代科技水平的进步，只有 npn 晶体管用于此设计。npn 晶体管固有的速度要比 pnp 晶体管的速度快，因为电子的运动速度比空穴的运动速度快。

1. H-M. Rein, Multi-gigabit-per-second silicon bipolar IC's for future optical-fiber transmission systems, *IEEE J. Solid-State Circuits*, vol. 23, no. 3, pp. 664-675, June 1988.

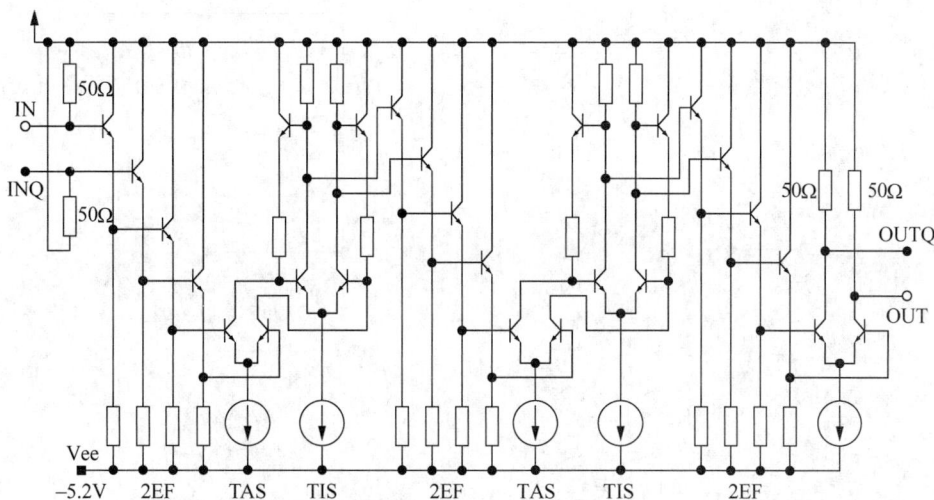

双极型技术中典型的限幅放大器策略。（注意这是一个直流耦合放大器）

2. R. Reimann and H-M. Rein, Bipolar high-gain limiting amplifier IC for optical-fiber receivers operating up to 4 Gbits/s, *IEEE J. Solid-State Circuits*, vol. 22, no. 4, pp. 504-510, August 1987.

3. Y. Baeyens et al., InP D-HBT IC's for 40Gb/s and higher bit rate lightwave transceivers, *IEEE J. Solid-State Circuits*, vol. 37, no. 9, pp. 1152-1159, September 2002.

4. E. M. Cherry and D. E. Hooper, The design of wide-band transistor feedback amplifiers, *Proc. Institute of Electrical Engineers*, vol. 110, pp. 375-389, February 1963.

例 6.3 差分放大器设计。

设计一个符合所给要求的差分放大器。

问题：设计一个差分放大器，要求 $A_{dd}=40\text{dB}$，$R_{id} \geqslant 250\text{k}\Omega$，共模输入范围至少为 $\pm 5\text{V}$。确定一个在单端输出时得到 CMRR 至少为 80dB 的电流源，可用 MOSFET 的参数为 $K'_n = 50\mu\text{A}/\text{V}^2$，$\lambda = 0.0133\text{V}^{-1}$，$V_{TN}=1\text{V}$；可用 BJT 的参数为 $I_S=0.5\text{fA}$，$\beta_F=100$，$V_A=75\text{V}$。

解：

已知量：在图 6.13 所示的差分放大器拓扑电路图中：$A_{dd}=40\text{dB}$，$R_{id} \geqslant 250\text{k}\Omega$，单端 CMRR $\geqslant$ 80dB，$|V_{IC}| \geqslant 5\text{V}$。

未知量：电源电压，Q 点值，R_C，偏置源电流及其输出电阻，晶体管的选择，最大的直流共模输入电压 V_{IC}。

求解方法：采用例 6.1 中的理论；基于 A_{dm} 和 R_{id} 选择晶体管类型和工作电流；根据 A_{dm}、V_{IC} 和小信号范围选择电源电压；选择合适的电流源输出电阻以达到所需的 CMRR。

假设：晶体管工作在放大区；电源电压对称，$\beta_o = \beta_F$，$|v_{id}| \leqslant 30\text{mV}$。

分析：40dB 增益对应的 $A_{dd}=100$。要用一个电阻负载放大器达到此增益，表明需选择 BJT。由于 $A_{dd}=g_m R_C = 40 I_C R_C$，电阻 R_C 上 2.5V 的压降能达到 100 的增益值[①]。对于双极差分放大器，输入电阻 $R_{id}=2r_\pi$，因此 $r_\pi = 125\text{k}\Omega$。电流增益为 100，因此要求

---

① 需要记住，根据我们对于 FET 的经验，要使 $g_m R_D \approx V_{DD}$ 需要有非常大的 V_{DD}。

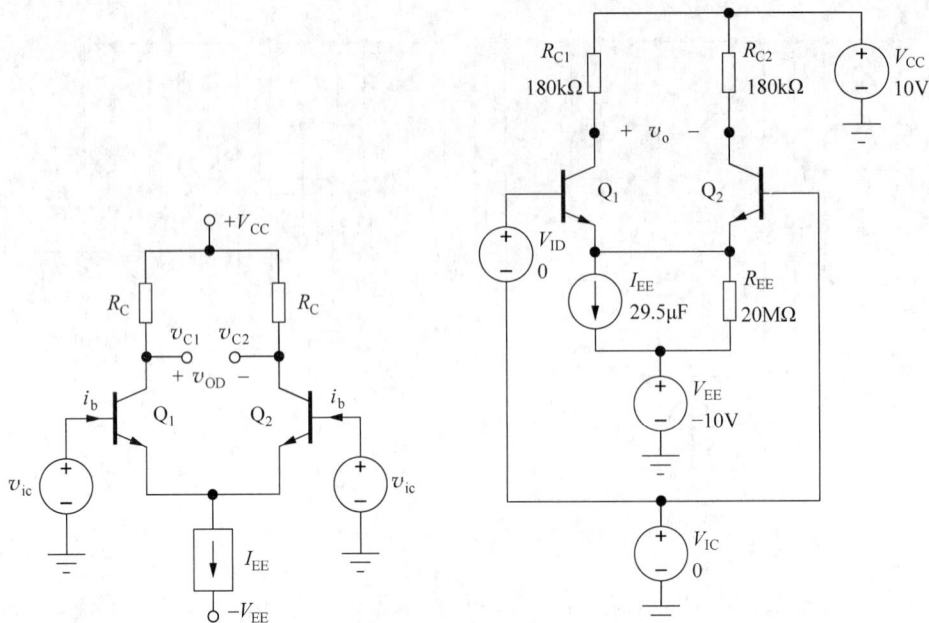

$$I_C \leqslant \frac{\beta_o V_T}{r_\pi} = \frac{100(0.025V)}{125k\Omega} = 20\mu A$$

选择 $I_C = 15\mu A$ 的电流来提供一部分安全裕度。因此，$R_C = 2.5V/15\mu A = 167k\Omega$。从附录 A 中的 5% 容限表格选择 $R_{IC} = 180k\Omega$ 作为最接近的值（更大的值还能帮助补偿在增益计算中对 r_o 的忽略）。

为满足 $V_{IC} = 5V$ 的要求，因此无论何时 BJT 的集电极电压都至少为 5V。虽然信号值未知，但是已知若要达到差分对的线性区，需满足 $|v_{id}| \leqslant 30mV$。因此，差分输出电压的交流成分将不大于 $100 \times 0.03V = 3V$，每个集电极上将会出现这个电压值的一半。因此通过 R_C 直流与交流信号的和将不超过 4V（2.5V 直流值加 1.5V 交流值），正电源电压必须满足

$$V_{CC} \geqslant V_{IC} + 4V = 5V + 4V = 9V$$

选择 $V_{CC} = 10V$ 可提供 1V 的设计余量。对于对称电源，有 $-V_{EE} = -10V$。

要达到 80dB 的单端 CMRR 需满足

$$R_{EE} \geqslant \frac{CMRR}{g_m} = \frac{10^4}{(40/V)(15\mu A)} = 16.7M\Omega$$

$I_{EE} = 30\mu A$ 和 $R_{EE} \geqslant 20M\Omega$ 的电流源可提供一定的设计余量。

结果检查：用设计值，可得 $A_{dd} = 40(15\mu A)(180k\Omega) = 108$，$CMRR = 40(15\mu A)(20M\Omega) = 12000(81.6dB)$，$R_{id} = 2(2.5V/15\mu A) = 333k\Omega$。偏置电压 $V_{IC} = 6V$。因此放大器设计应该能满足设计要求，接下来还要利用 SPICE 进行进一步验证。

计算机辅助分析：SPICE 所用原理图如上一页电路图所示。零值的差模和共模源 VID 和 VIC 用于传输函数的仿真。求出从 VID 到两个集电极之间输出电压 v_o 的传输函数，可以得到 A_{dd}、R_{id} 和 R_{od} 的值。求出 VIC 到任意集电极节点的传输函数可以得到 A_{ee} 和 R_{ic} 的值。在 SPICE 分析中，可以轻松地将厄利电压（设 VAF = 75V）和 R_{EE} 考虑进来，以观察它们对晶体管 Q 点的影响。采用式（6.40）及 $V_{BE} = (0.025V)\ln(15\mu A/0.5fA) \approx 0.6V$，SPICE 中直流电流源的值将为 $30\mu A - 0.5\mu A = 29.5\mu A$。

根据这些值和 $R_{EE}=20M\Omega$，从 SPICE 工作点分析得到的 Q 点与手工计算得到的值基本相同，为 $(14.9\mu A,7.33V)$。利用两次传输函数分析得到 $A_{dd}=100$，$R_{id}=382k\Omega$，$R_{od}=349k\Omega$，$A_{cc}=0.00416$，求出 CMRR$=100/0.00416=24000$ 或 87.6dB。

下图给出了右侧集电极输出电压的瞬态仿真结果，当频率为 1kHz，$V_{IC}=5V$ 时，v_{id} 为一个频率为 1kHz 的 30mV 输入正弦波，$V_{IC}=5V$。TSTART$=0$，TSTOP$=0.002$s，TSTEP$=0.001$ms$(1\mu s)$。正如所设计的，我们得到了一个幅值为 1.5V 的 1kHz 无失真正弦波，偏置的 Q 点电压为 7.3V。

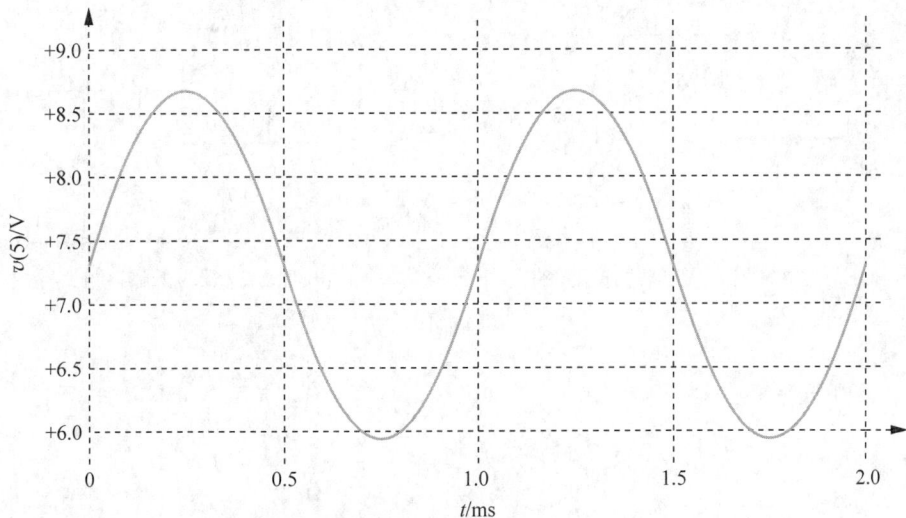

6.2 基本运算放大器的演进

差分放大器一个极为重要的应用就是作为运算放大器的输入级。差分放大器提供了所需的差分输入和共模抑制能力，在输出端能得到一个参考地信号。然而，通常运算放大器需要的电压增益比单级差分放大器所获得的电压增益要高很多，且多数运算放大器其增益通常至少有两级。此处为三级，附加了一级输出级的运算放大器提供较低的输出电阻和较高的输出电流。

6.2.1 运算放大器的两级原型

为了获得更高的增益，将一个 pnp 共射极放大器 Q_3，与由 Q_1 和 Q_2 组成的差分放大器的输出形成一个简单的两级运算放大器，如图 6.19(a) 所示。电流源 I_1 提供偏置。注意 Q_2 和 Q_3 之间的直流耦合，同时还要注意，考虑到 Q_3 的反相作用，输入 v_1 和 v_2 的位置进行了对调。

直流分析

运算放大器的直流等效电路如图 6.19(b) 所示，将用它来求出 3 个晶体管的 Q 点。Q_1 和 Q_2 的发射电流都等于偏置 I_1 电流的一半，即 $I_{E1}=I_{E2}=I_1/2$。Q_1 的集电极电压等于

$$V_{C1}=V_{CC}-I_{C1}R_C=V_{CC}-\alpha_{F1}\frac{I_1}{2}R_C \tag{6.65}$$

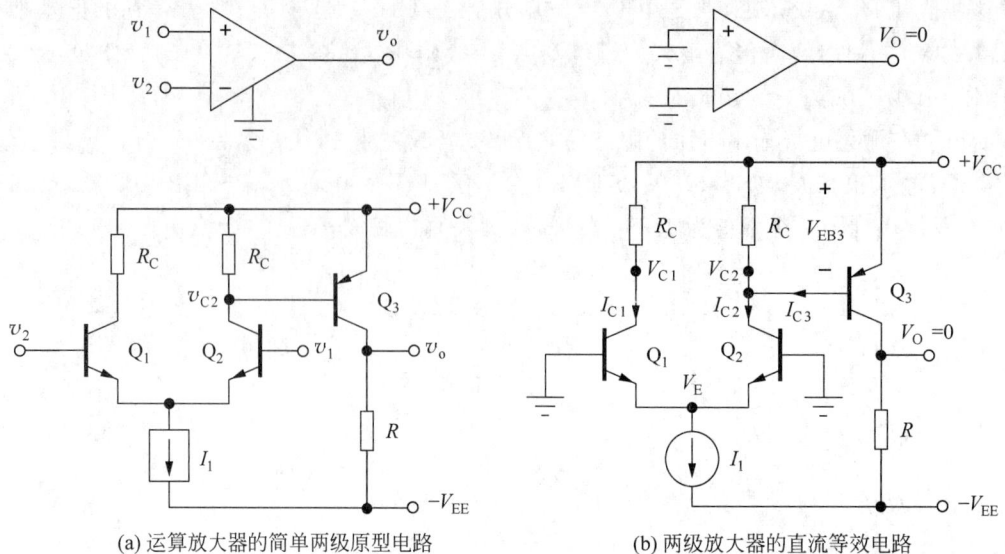

(a) 运算放大器的简单两级原型电路   (b) 两级放大器的直流等效电路

图 6.19

Q_2 的集电极电压等于

$$V_{C2} = V_{CC} - (I_{C2} - I_{B3})R_C = V_{CC} - \left(\alpha_{F2}\frac{I_1}{2} - I_{B3}\right)R_C \tag{6.66}$$

如果 Q_3 的基极电流可被忽略，则式(6.65)及式(6.66)变为

$$V_{C1} \approx V_{C2} \approx V_{CC} - \frac{I_1 R_C}{2} \tag{6.67}$$

且由于 $V_E = -V_{BE}$，于是有

$$V_{CE1} \approx V_{CE2} \approx V_{CC} - \frac{I_1 R_C}{2} + V_{BE} \tag{6.68}$$

在这个特殊电路中需要注意的一点是，R_C 上的压降被限制为等于 Q_3 的发射极-基极电压 V_{EB3}，约为 0.7V。

此电路可以表示成一个运算放大器，这样便可求出 Q_3 的集电极电流值，因为图 6.19 中两个输入都为零，因此 V_O 也应该为零。当电路用于第 1～3 章中介绍过的任何负反馈电路中时都存在这种情况。

由于 $V_O = 0$，故 I_{C3} 必须满足

$$I_{C3} = \frac{V_{EE}}{R} \quad 和 \quad V_{EC3} = V_{CC} \tag{6.69}$$

由于 BJT 模型的关系，V_{EB3} 和 I_{C3} 通过传输模型紧密相关，因此有

$$V_{EB3} = V_T \ln\left(1 + \frac{I_{C3}}{I_{S3}}\right) \tag{6.70}$$

其中 I_{S3} 为 Q_3 的饱和电流。为了使放大器的失调电压为零，R_C 的值必须基于式(6.66)和式(6.68)谨慎选择，即

$$R_{\rm C} = \frac{V_{\rm T}}{\left(\alpha_{\rm F2}\dfrac{I_1}{2} - \dfrac{I_{\rm C3}}{\beta_{\rm F3}}\right)}\ln\left(I + \frac{I_{\rm C3}}{I_{\rm S3}}\right) \tag{6.71}$$

否则,为了迫使输出电压为零,需要在运算放大器的输入端施加一个小的输入电压(失调电压)。

练习:如果 $V_{\rm CC}=V_{\rm EE}=15{\rm V}$,$I_1=150\mu{\rm A}$,$R_{\rm C}=15{\rm k}\Omega$,$\beta_{\rm F}=100$,求出图 6.19 中放大器各晶体管的 Q 点。如果输出电压为零,则 $I_{\rm S3}$ 的值为多少?

答案:$(74.3\mu{\rm A},14.9{\rm V})$,$(74.3\mu{\rm A},15{\rm V})$,$(750\mu{\rm A},15{\rm V})$;$1.87\times10^{-15}{\rm A}$。

直流偏置灵敏度

如果不采用任何形式的反馈来稳定晶体管 Q_3 的工作点,图 6.9 所示的电路无法工作于开环状态,因为 Q_3 的集电极电流与其发射极-基极电压呈指数关系。如果企图建立该电路,或者是在 SPICE 中用默认的值进行仿真,会发现输出结果将会饱和在电源电压上,因为我们近似取 $V_{\rm EB}=0.7{\rm V}$。将一个电阻与 Q_3 的发射极串联会降低灵敏度,但会造成一定的电压增益损失。

练习:对图 6.19 所示的电路进行仿真,其中 $V_{\rm CC}=V_{\rm EE}=15{\rm V}$,$I_1=150\mu{\rm A}$,$R_{\rm C}=10{\rm k}\Omega$,$R=20{\rm k}\Omega$,采用 SPICE 中的默认晶体管参数。电路中各晶体管的 Q 点和输出电压 $v_{\rm o}$ 分别是多少?

答案:$(74.4\mu{\rm A},14.9{\rm V})$,$(74.4\mu{\rm A},14.9{\rm V})$,$(164\mu{\rm A},26.7{\rm V})$,$-11.7{\rm V}$——并非完全饱和在负电源电压上(具体结果将取决于所使用 SPICE 版本中默认参数)。可以将 Q_1 的基极与输出相连来解决这一问题。重新做一次仿真。

交流分析

两级运算放大器的交流等效电路图如图 6.20 所示,其中偏置源 I_1 由其等效交流电阻 R_1 代替。运算放大器的差模特性分析可借助图 6.21 所示的简化等效电路确定,这一电路是基于输入的差模半电路来的。

非常重要的是,图 6.20 所示的两级放大器不再是一个对称电路。因此,从理论上来说半电路分析不再适用。但当 Q_2 工作在线性放大区(或 FET 工作在饱和区)时,其集电极(或 FET 的漏极)上的电压变动并不会大幅度地改变晶体管中的电流。因此,差分对的发射极仍可近似为虚地。可以想象在左侧复制一个与 Q_3 和 R 完全对称的放大器,其中所添加晶体管的基极与 Q_1 的集电极相连。事实上,同时具有差分输入和差分输出的特殊运算放大器就是采用这种方式构建而成的。因此,继续用半电路来表示差分放大器是很有用的工程近似。

对应图 6.21 的小信号电路如图 6.22 所示。在本分析中忽略了输出电阻 $r_{\rm o2}$ 和 $r_{\rm o3}$,因为它们与外部电阻 $R_{\rm C}$ 和 R 并联。根据图 6.22,两级运算放大器的总体差模增益 $A_{\rm dm}$ 可以表示为

$$A_{\rm dm} = \frac{v_{\rm o}}{v_{\rm id}} = \frac{v_{\rm c2}}{v_{\rm id}}\frac{v_{\rm o}}{v_{\rm c2}} = A_{\rm vt1}A_{\rm vt2} \tag{6.72}$$

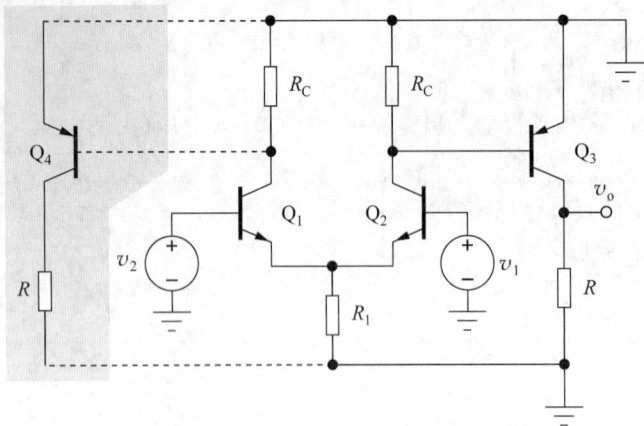

图 6.20　两级运算放大器的交流等效电路　　　　图 6.21　用差模半电路简化的电路模型

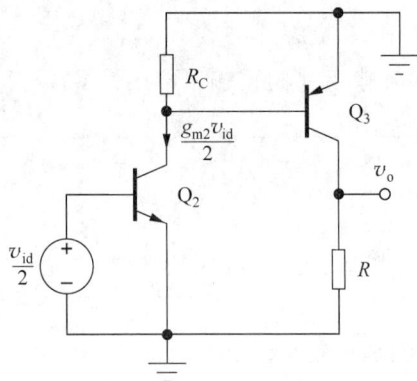

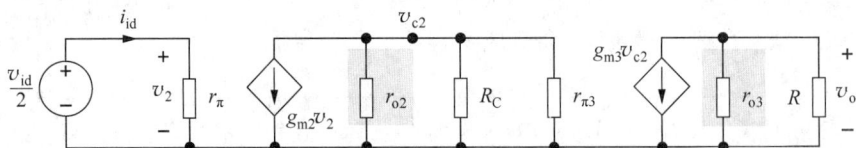

图 6.22　图 6.21 所示电路的小信号模型

端增益 A_{vt1} 和 A_{vt2} 可分析图 6.22 所示电路得到。

第 1 级为一个差分放大器，其输出从反相端取得

$$A_{vt1} = \frac{v_{c2}}{v_{id}} = -\frac{g_{m2}}{2} R_{L1} = -\frac{g_{m2}}{2} \frac{R_C r_{\pi 3}}{R_C + r_{\pi 3}} \tag{6.73}$$

其中负载电阻 R_{L1} 等于与第 2 级输入电阻 $r_{\pi 3}$ 并联的集电极电阻 R_C。

第 2 级为电阻负载共射放大器，其增益为

$$A_{vt2} = \frac{v_o}{v_{C2}} = -g_{m3} R \tag{6.74}$$

将式(6.72)与式(6.74)结合得到两级放大器的总体电压增益为

$$A_{dm} = A_{vt1} A_{vt2} = \left(-\frac{g_{m2}}{2} \frac{R_C r_{\pi 3}}{R_C + r_{\pi 3}} \right)(-g_{m3} R) = \frac{g_{m2} R_C}{2} \frac{\beta_{o3} R}{R_C + r_{\pi 3}} \tag{6.75}$$

式(6.75)中包含了很多参数，很难去注释。然而，一些巧妙的想法和操作可将这一表达式简化成包含一些基本参数的设计。将式(6.75)中的分子和分母同时乘以 g_{m3}，并将跨导展开成用集电极电流表示的形式，得到

$$A_{dm} = \frac{1}{2} \frac{(40 I_{C2} R_C) \beta_{o3} (40 I_{C3} R)}{40 \dfrac{I_{C3}}{I_{C2}} I_{C2} R_C + \beta_{o3}} \tag{6.76}$$

正如在直流分析中所指出的，如果忽略 Q_3 的基极电流，则有 $I_{C2} R_C = V_{BE3} \approx 0.7\text{V}$，$I_{C3} R = V_{EE}$，将这些结果代入式(6.76)，可得

$$A_{\rm dm} = \frac{1}{2} \frac{(28)\beta_{\rm o3}(40V_{\rm EE})}{28\left(\dfrac{I_{\rm C3}}{I_{\rm C2}}\right) + \beta_{\rm o3}} = \frac{560V_{\rm EE}}{1 + \dfrac{28}{\beta_{\rm o3}}\left(\dfrac{I_{\rm C3}}{I_{\rm C2}}\right)} \tag{6.77}$$

在式(6.77)的最后结果中,将 $A_{\rm dm}$ 化简为最简形式。一旦选择了电源电压 $V_{\rm EE}$ 和晶体管 Q_3,唯一剩下的参数就是第1级和第2级电路的集电极电流之比。$I_{\rm C2}$ 和 I_1 的上限通常由可允许的放大器输入端的偏置电流 $I_{\rm B2}$ 设定,而它的最小值由驱动与输出端连接的全部负载阻抗所需的电流决定,通常,$I_{\rm C3}$ 要比 $I_{\rm C1}$ 大几倍。

图 6.23 为根据式(6.77)绘制的曲线,该曲线给出了放大器增益变化与集电极电流比值之间的相互关系。从图中可看出,当 $I_{\rm C3}/I_{\rm C2}$ 约大于5时,增益开始快速下降。在设计基本的两级运算放大器时,这个图形非常有用,可以用来帮助选择工作点。

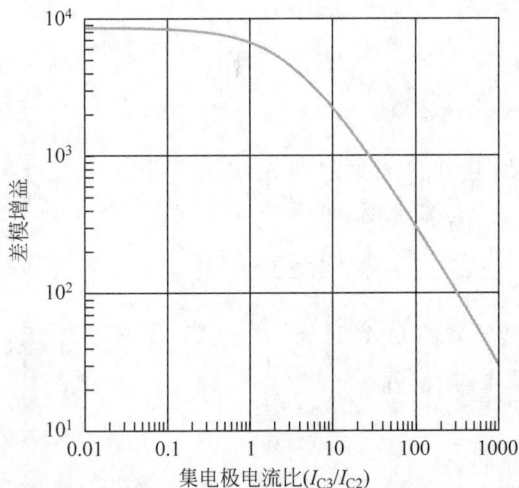

图 6.23 当 $V_{\rm EE}=15{\rm V}$ 和 $\beta_{\rm o3}=100$ 时,差模增益与集电极电流之比的关系曲线

输入电阻与输出电阻

根据图 6.21 和图 6.22 所示放大器的交流模型,简单运算放大器的差模输入电阻等于差分放大器的输入电阻,为

$$R_{\rm id} = \frac{v_{\rm id}}{i_{\rm id}} = 2r_{\pi 2} = 2r_{\pi 1} \quad R_{\rm out} = R \parallel r_{\rm o3} \approx R \tag{6.78}$$

练习:当 $V_{\rm CC}=V_{\rm EE}=15{\rm V}$,$\beta_{\rm o1}=50$,$\beta_{\rm o3}=100$ 时,求式(6.74)所描绘放大器的最大增益。如果放大器的输入偏置电流不能超过 $1\mu{\rm A}$,且 $I_{\rm C3}=500\mu{\rm A}$,则放大器的最大电压增益为多少?当 $I_{\rm C3}=5{\rm mA}$ 时重复上述计算。

答案:8400;2210;290。

练习:计算前面的练习中两个放大器设计的输入电阻和输出电阻。

答案:50kΩ,30kΩ;50kΩ,3kΩ。

练习:如果 $V_{\rm CC}=V_{\rm EE}=1.5{\rm V}$,则式(6.74)所描绘放大器的最大增益为多少?

答案:840。

在继续之前,需要了解如何从两级运算放大器中去掉耦合旁路电容。差分放大器发射极的虚地使输入级能够达到完全的反相放大器增益,而无须发射极旁路电容。采用 pnp 晶体管使第 1 级和第 2 级之间可以直接耦合,并允许 pnp 晶体管的发射极与一个交流地点相接。另外,pnp 晶体管可提供将输出电压拉回电平转换功能。因此,电路中完全不需要任何旁路电容或者耦合电容,当 $v_1 = v_2 = 0$ 时, $v_o = 0$。

CMRR

两级运算放大器的共模增益和 CMRR 可由共模输入的交流等效电路确定,如图 6.24 所示,在此采用了半电路来表示差分输入级。如果将图 6.21 与图 6.24 进行比较,可以发现除了 Q_2 的发射极之外两个电路完全一样。因此二者输出电压的唯一不同之处是由于集电流 i_{c2} 的差异造成的。在图 6.24 中,i_{c2} 为发射极电阻为 $2R_1$ 的共射极放大器的集电极电流:

$$i_{c2} = \frac{\beta_{o2} v_{ic}}{r_{\pi 2} + 2(\beta_{o2} + 1) R_1} \approx \frac{g_{m2} v_{ic}}{1 + 2g_{m2} R_1} \quad (6.79)$$

而图 6.21 中的 i_{c2} 为

$$i_{c2} = \frac{g_{m2}}{2} v_{id} \quad (6.80)$$

因此,放大运算器的共模增益 A_{cm} 可通过将式(6.75)中的 $g_{m2}/2$ 替换为 $g_{m2}/(1+2g_{m2}R_1)$ 来求得,即

$$A_{cm} = \frac{g_{m2} R_C}{1 + 2g_{m2} R_1} \frac{\beta_{o3} R}{R_C + r_{\pi 3}} = \frac{2A_{dm}}{1 + 2g_{m2} R_1} \quad (6.81)$$

根据式(6.81),简单运算放大运算器的 CMRR 为

$$\text{CMRR} = \left| \frac{A_{dm}}{A_{cm}} \right| = \frac{1 + 2g_{m2} R_1}{2} \approx g_{m2} R_1 \quad (6.82)$$

与单独差分输入级的 CMRR 相同。

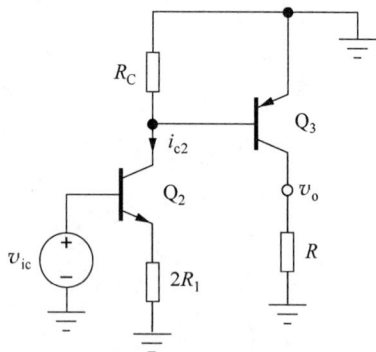

图 6.24　共模输入的交流等效电路

练习：如果 $I_1 = 100\mu\text{A}$,$R_1 = 750\text{k}\Omega$,则图 6.19 所示放大器的 CMRR 为多少?

答案：63.5dB。

6.2.2　提高运算放大器的电压增益

从之前的一系列练习中可发现,原型运算放大器与常规的真正运算放大器相比,具有相对较低的总电压增益和更高的输出电阻。本节探讨如何采用一个附加电流源来改善电压增益,6.2.3 节将讲解如何增加一个射极跟随器来降低输出电阻。

图 6.23 表明,放大器总增益随着第 2 级静态电流的增加而迅速下降。在练习中,当 $I_{C3} = 5\text{mA}$ 时,总增益非常低。改善电压增益的一个方法是用另一个电流源来代替电阻 R,如图 6.25 所示,修改后的交流模型如图 6.25(b)所示。除了 R 被电流源 I_2 的输出电阻代替外,小信号模型与图 6.22 完全一样。此时 Q_3 上的负载电阻为电流源的输出电阻 R_2,而电流源与 Q_2 自身输出电阻并联。在 6.7 节中,我们将发现通过忽略 R_3,有可能设计出一个 $R_2 \gg r_{o3}$ 的电流源,且总体放大器的差模增益表达式变为

$$A_{dm} = A_{vt1} A_{vt2} = \left(-\frac{g_{m2}}{2} \frac{R_C r_{\pi 3}}{R_C + r_{\pi 3}} \right) (-g_{m3} r_{o3}) \quad (6.83)$$

利用推导式(6.77)的相同步骤,可将式(6.81)简化为

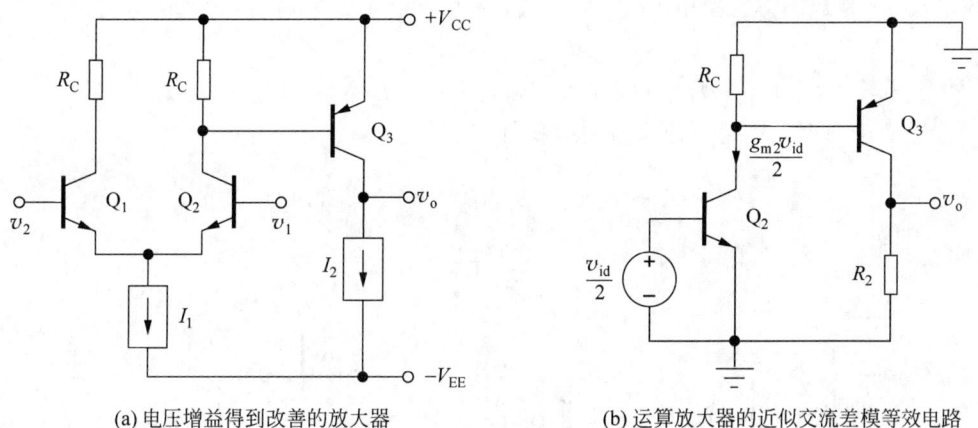

(a) 电压增益得到改善的放大器　　　　(b) 运算放大器的近似交流差模等效电路

图　6.25

$$A_{dm} = \frac{14\mu_{f3}}{1 + \frac{28}{\beta_{o3}}\left(\frac{I_{C3}}{I_{C2}}\right)} \approx \frac{560V_{A3}}{1 + \frac{28}{\beta_{o3}}\left(\frac{I_{C3}}{I_{C2}}\right)} \tag{6.84}$$

除了电源电压 V_{EE} 由 Q_3 的厄利电压代替之外,此表达式与式(6.77)很相似。当集电极电流的值比较低时,这一简单的两级放大器可获得很高的电压增益,接近 $560V_{A3}$。同时还要注意的是,此时放大器的增益不再直接取决于 V_{CC} 和 V_{EE} 的选择。

虽然加入电流源可提高电压增益,但同时也降低了输出电阻。现在放大器的输出电阻由电流源 I_2 和晶体管 Q_3 的特性决定,即

$$R_{out} = R_2 \| r_{o3} \approx r_{o3} \tag{6.85}$$

由于有相对较高的输出电阻,此放大器更接近于一个带电流输出 $(A_{tC} = i_o/v_{id})$ 的跨导放大器,而非真正具有低输出电阻的电压放大器。

练习:从式(6.83)开始来证明式(6.84)的正确性。

练习:假设 $V_{CC} = 15V, V_{EE} = 15V, V_{A3} = 75V, \beta_{o1} = 50, \beta_{o3} = 100$,计算式(6.83)描述的放大器最可能的增益。如果放大器的输入偏置电流增益不超过 $1\mu A$,当 $I_{C3} = 500\mu A$ 时,电压增益为多少? 当 $I_{C3} = 5mA$ 时,重复上述计算。

答案:42000;11000;1450。

练习:上面练习中两个放大器设计的输入电阻和输出电阻各为多少?

答案:50kΩ;180kΩ;50kΩ;18kΩ。

6.2.3　达林顿对

由式(6.84)的分子可知,Q_3 的厄利电压对放大器电压增益起决定作用。然而,Q_3 的电流增益也是分母的一个重要部分。图 6.26 中 npn 和 pnp 晶体管对的达林顿连接为提高 BJT 的有效电流增益提供了一种重要的技术。达林顿对(Darlington Pairs)可用于替换单 BJT,同时可获得更高的电流增益。

任何一个电路都可以作为双端口电路进行分析,Q_2 的发射极作为公共端。例如,npn 型复合晶体

管的集电极电流 I_C 是双晶体管集电流的总和。Q_2 的基极电流成为 Q_1 的发射极电流,因此 I_C 可以表示为

$$I_C = I_{C1} + I_{C2} = \beta_{F1} I_B + \beta_{F2} I_{E1} = \beta_{F1} I_B + \beta_{F2}(\beta_{F1} + 1) I_B \tag{6.86}$$

电流增益近似于两个晶体管电流增益的乘积,即

$$\beta_F = \frac{I_C}{I_B} = \beta_{F1} + \beta_{F2}(\beta_{F1} + 1) \approx \beta_{F1}\beta_{F2} \tag{6.87}$$

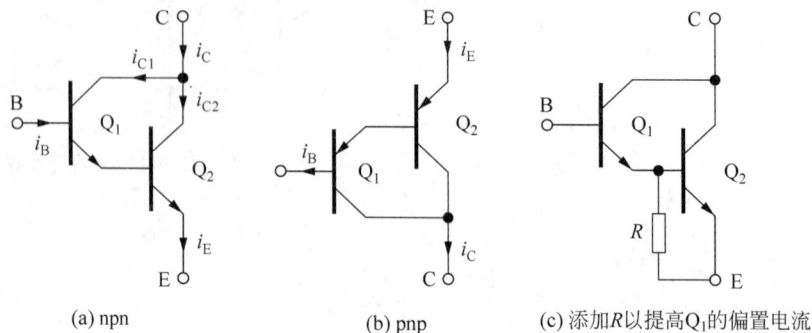

(a) npn   (b) pnp   (c) 添加R以提高Q_1的偏置电流

图 6.26 达林顿对

利用我们对共射极晶体管电路的知识,很容易找到基极端 R_{iB} 的输入电阻,它等于 Q_1 的电阻 $r_{\pi 1}$ 加上 Q_1 发射极电阻 $r_{\pi 2}$ 的放大值。由于 $I_{C1} \approx I_{C2}/\beta_{F2}$,因此可进行如下简化:

$$R_{iB} = r_{\pi 1} + (\beta_{o1} + 1) r_{\pi 2} \approx 2\beta_{o1} r_{\pi 2} \quad \text{和} \quad R_{iC} \approx r_{o2} \parallel 2\frac{r_{o1}}{\beta_{o2}} \approx \frac{2}{3} r_{o2} \tag{6.88}$$

集电极的电阻主要由 r_{o2} 控制,由于 Q_1 的存在稍微降低了该电阻的值。这个计算留给习题 6.65。

然而,这种电路技术也会出现问题。由于 Q_1 的电流比 Q_2 的电流小 $1/150 \sim 1/50$,所以它的电流增益可能比 Q_2 小得多,而且总的电流增益可能小于 β_{F2}^2,正如人们所期望的一样。此外,Q_1 处的低电流可导致达林顿电路瞬态响应出现问题。如图 6.26(c) 所示,为了增加 Q_1 的偏置电流,通常在 Q_2 的基极和发射极之间添加电阻。

6.2.4 减小输出电阻

如前所述的两级运算放大器原型更像一个具有高输出电阻的电压放大器,而不是一个具有低输出电阻的电压放大器,因此需要在放大器电路中加入第 3 级,以维持放大器的电压增益,同时提供较低的输出电阻。这听起来像是描述一个跟随器电路——具有单位电压增益、高输入电阻和低输出电阻。

图 6.27 所示的放大器原型电路中加入了一个射极跟随器。在这种情况下,共集电极放大器由第 3 个电流源 I_3 偏置,在放大器的输出端连接了一个外部负载电阻。其交流等效电路如图 6.27(b) 所示,其中假设 I_2 和 I_3 的输出电阻非常大,在分析中可忽略不计。根据交流等效电路图,三级运算放大器的总增益可表示为

$$A_{dm} = \frac{v_2}{v_{id}} \frac{v_3}{v_2} \frac{v_o}{v_3} = A_{vt1} A_{vt2} A_{vt3} \tag{6.89}$$

第 1 级增益等于差分输入对的增益(忽略 r_{o2}):

$$A_{vt1} = -\frac{g_{m2}}{2}(R_C \parallel r_{\pi 3}) \tag{6.90}$$

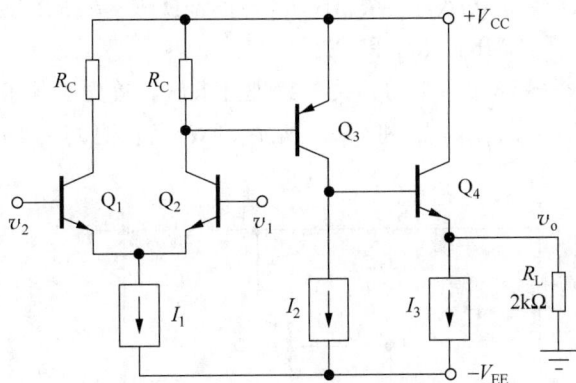

(a) 加入共集电极Q₄的放大器

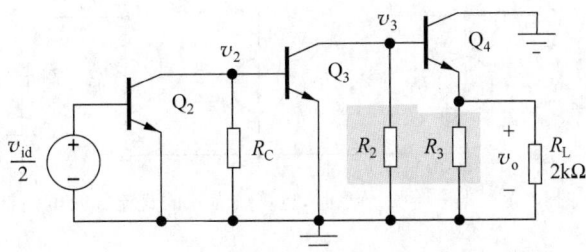

(b) 三级运算放大器的简化交流等效电路

图 6.27

第 2 级是一个共射极放大器,其值为负载电阻 Q_3 的输出电阻与射极跟随器 Q_4 的输入电阻的并联组合,即

$$A_{vt2} = -g_{m3}(r_{o3} \parallel R_{iB4}) \tag{6.91}$$

其中,$R_{iB4} = r_{\pi4}(1 + g_{m4}R_L)$。最后,射极跟随器 Q_4 的增益为(忽略 r_{o4})

$$A_{vt3} = \frac{g_{m4}R_L}{1 + g_{m4}R_L} \approx 1 \tag{6.92}$$

输入电阻由差分对决定,现在放大器的输出电阻由 Q_4 发射极一侧的电阻决定,即

$$R_{id} = 2r_{\pi2} \quad \text{和} \quad R_{out} = \frac{1}{g_{m4}} + \frac{R_{th4}}{\beta_{o4} + 1} \tag{6.93}$$

这种情况下,在 Q_4 的基极有一个相对较大的戴维南等效源电阻,$R_{th4} \approx r_{o3}$,总输出电阻为

$$R_{out} \approx \frac{1}{g_{m4}} + \frac{r_{o3}}{\beta_{o4}} = \frac{1}{g_{m4}}\left[1 + \frac{\mu_{f3}}{\beta_{o4}} \frac{I_{C4}}{I_{C3}}\right] \tag{6.94}$$

例 6.4 三级双极型运算放大器分析。

现在我们来确定一个用双极型晶体管实现的、具有特定要求的三级运算放大器的特性。

问题: 如果 $V_{CC} = 15\text{V}$,$V_{EE} = 15\text{V}$,$V_{A3} = 75\text{V}$,$\beta_{o1} = \beta_{o2} = \beta_{o3} = \beta_{o4} = 100$,$I_1 = 100\mu\text{A}$,$I_2 = 500\mu\text{A}$,$I_3 = 5\text{mA}$,$R_1 = 750\text{k}\Omega$,$R_L = 2\text{k}\Omega$,求出图 6.27 所示放大器的差模电压增益、CMRR、输入电阻和输出电阻。假设 $R_2 = R_3 = \infty$。

解:

已知量: 图 6.27 所示的三级运算放大器原型电路有 $V_{CC} = 15\text{V}$,$V_{EE} = 15\text{V}$,$V_{A3} = 75\text{V}$,$\beta_{o1} = \beta_{o2} = $

$\beta_{o3} = \beta_{o4} = 100, I_1 = 100\mu A, I_2 = 500\mu A, I_3 = 5mA, R_1 = 750k\Omega, R_L = 2k\Omega$，假设 $R_2 = R_3 = \infty$。

未知量：Q 点值，R_C，A_{dm}，CMRR，R_{id} 和 R_{out}。

求解方法：对式（6.89）～式（6.94）中的相关参数进行求值。首先必须求出 Q 点，然后用它来计算小信号参数，包括 g_{m2}、$r_{\pi2}$、$r_{\pi3}$、g_{m3}、r_{o3} 和 $r_{\pi4}$。所需的 Q 点信息可从图 6.28 中得到，其中 $v_1 = v_2 = 0$。

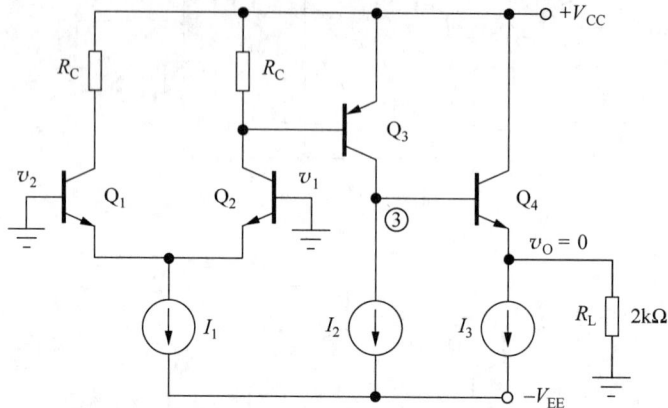

图 6.28 当 $v_1 = v_2 = 0$ 时，运算放大器的直流等效电路

假设：将 v_1 和 v_2 设为零便可以求得 Q 点的值，同时假设在这一输入电压下输出电压 v_o 也为零。所有的晶体管均工作于放大区，其中 V_{BE} 或 V_{EB} 等于 0.7V。

分析：输入级的发射极电流为偏置电流源 I_1 的一半，且有

$$g_{m2} = 40I_{C2} = 40(\alpha_{F2}I_{E2}) = 40(0.99 \times 50\mu A) = 1.98mS$$

第 2 级的集电极必须提供电流 I_2 和 Q_4 的偏置电流，即

$$I_{C3} = I_2 + I_{B4} = I_2 + \frac{I_{E4}}{\beta_{F4} + 1}$$

当输出电压为零时，电阻 R_L 上的电流为零，Q_4 的发射极电流等于 I_3 的源极电流。因此有

$$I_{C3} = I_2 + I_{B4} = I_2 + \frac{I_3}{\beta_{F4} + 1} = 5 \times 10^{-4}A + \frac{5 \times 10^{-3}A}{101} = 550\mu A\text{[①]}$$

$$g_{m3} = 40I_{C3} = \frac{40}{V}(5.5 \times 10^{-4}A) = 2.2 \times 10^{-2}S$$

$$r_{\pi3} = \frac{\beta_{o3}}{g_{m3}} = \frac{100}{2.20 \times 10^{-2}S} = 4.55k\Omega$$

为求出 Q_3 的输出电阻，需要知道 V_{EC3} 的值。经设计后，当输入电压为零时，放大器的直流输出电压也将为 0，因此，节点③上的电压比零伏电压高一个基极-发射极的电压降，或者为 0.7V，$V_{EC3} = 15V - 0.7V = 14.3V$。$Q_3$ 的输出电阻为

$$r_{o3} = \frac{V_{A3} + V_{EC3}}{I_{C3}} = \frac{(75 + 14.3)V}{5.5 \times 10^{-4}A} = 162k\Omega$$

---

① 注意，I_{B4} 成为 I_{C3} 的主要部分。

由于 $I_{E4}=I_3$，故有

$$I_{C4}=\alpha_{F4}I_{E4}=0.99\times5\text{mA}=4.95\text{mA}$$

$$g_{m4}=40I_{C4}=198\text{mS}$$

$$r_{\pi4}=\frac{\beta_{o4}V_T}{I_{C4}}=\frac{100\times0.025\text{V}}{4.95\times10^{-3}\text{A}}=505\Omega$$

最后，所需的 R_C 的值为

$$R_C=\frac{V_{EB3}}{I_{C2}-I_{B_3}}=\frac{V_{EB3}}{I_{C2}-\dfrac{I_{C3}}{\beta_{F3}}}=\frac{0.7\text{V}}{\left(49.5-\dfrac{550}{100}\right)\times10^{-6}\text{A}}=15.9\text{k}\Omega$$

现在可算出放大器的小信号特征参数为

$$A_{vt1}=-\frac{g_{m2}(R_C\parallel r_{\pi3})}{2}=-\frac{1.98\text{mS}(15.9\text{k}\Omega\parallel4.55\text{k}\Omega)}{2}=-3.5$$

$$A_{vt2}=-g_{m3}\left[r_{o3}\parallel r_{\pi4}+\beta_{o4}R_L\right]=-22\text{mS}(162\text{k}\Omega\parallel203\text{k}\Omega)=-1980$$

$$A_{vt3}=\frac{g_{m4}R_L}{r_{\pi4}(1+g_{m4}R_L)}=\frac{0.198\text{S}(2\text{k}\Omega)}{1+0.198\text{S}(2\text{k}\Omega)}=0.998\approx1$$

$$A_{dm}=A_{vt1}A_{vt2}A_{vt3}=6920$$

$$R_{id}=2r_{\pi2}=2\frac{\beta_{o2}}{g_{m2}}=2\frac{100}{(40/\text{V})(49.5\mu\text{A})}=101\text{k}\Omega$$

$$R_{out}\approx\frac{1}{g_{m4}}+\frac{r_{o3}}{\beta_{o4}}=\frac{1}{(40/\text{V})(4.95\text{mA})}+\frac{162\text{k}\Omega}{100}=1.62\text{k}\Omega$$

$$\text{CMRR}=g_{m2}R_1=(40/\text{V})(49.5\mu\text{A})(750\text{k}\Omega)=1490\ \text{或}\ 63.5\text{dB}$$

结果检查：我们可用第 4 章的经验公式来估算电压增益的值。第 1 级产生的增益应近似为 $(1/2)\times$ $40\times$电阻电压或 $20\times0.7=14$。第 2 级产生的增益应近似为 $\mu_f=40\times75=3000$，二者的乘积为 42000，经过详细计算得到的值约为这个值的 1/6。能解释出现这一偏差的原因吗？由于 $r_{\pi3}<R_C$，我们发现在第 1 级的增益只有 3.5；由于 R_L 的反射负载与 r_{o3} 的数量级一样，第 2 级增益约为 2000。这两个简化导致了较低的总增益，此时射极跟随器产生的增益为 1，与所预计的一致。

讨论：此放大器用一个简单电路获得了较好的运算放大器特性，$A_v=6920$，$R_{id}=101\text{k}\Omega$，$R_{out}=1.62\text{k}\Omega$。需要注意的是，通过电流源 I_2 加载并由射极跟随器从 R_L 缓冲的第 2 级电路实现的增益占 Q_3 放大系数很大一部分。然而，即使有了射极跟随器，反射负载阻抗 $\beta_{o4}R_L$ 也与 r_{o3} 的值相近，总电压增益降低了近 1/2。同时还要注意，输出电阻由呈现在 Q_4 基极处的 r_{o3} 决定，而并不是由 g_{m4} 的倒数决定。上述这两个因素给出了一个提高放大器性能的方法，那就是用 npn 达林顿级来替换 Q_4（参见 7.2.3 节）。

计算机辅助分析：因为放大器是直流耦合的，从输入源到输出节点的传输函数分析会自动给出电压增益、输入电阻和输出电阻。为了使输出接近为零（正常的工作点），必须在确定放大器的失调电压后，将其作为放大器的直流输入。首先，可以将放大器连接成一个输入接地的电压跟随器来实现（见下图）。对于这一放大器，SPICE 仿真得到 $V_{OS}=0.437\text{mV}$。注意，在电流源 I_1 的输出电阻 R_1 上的电流大约为 $20\mu\text{A}$。因此，需要确保 $I_1=80\mu\text{A}$，以保证 Q_1 和 Q_2 的偏置电流都约为 $50\mu\text{A}$。

然后，在去除反馈连接的情况下将偏移电压施加到放大器输入端，并且从源 V_{OS} 到输出进行传递函数分析(参见下图(b))，计算得到的值为 $A_\text{dm}=8280$，$R_\text{id}=105\text{k}\Omega$，$R_\text{out}=960\Omega$。这些值都与手工计算的结果存在差异。绝大部分的差异可归因于更高的温度，故而在仿真中所采用的 V_T 值较高(温度默认为27℃，$V_T=25.9\text{mV}$)。用 SPICE 计算出的 R_out 包含了 R_L，从 SPICE 结果中去除2kΩ 电阻，可得到 $R_\text{out}=[(1/960)-(1/2000)]^{-1}\text{k}\Omega=1.85\text{k}\Omega$，这个结果与我们的手工计算值更为接近。

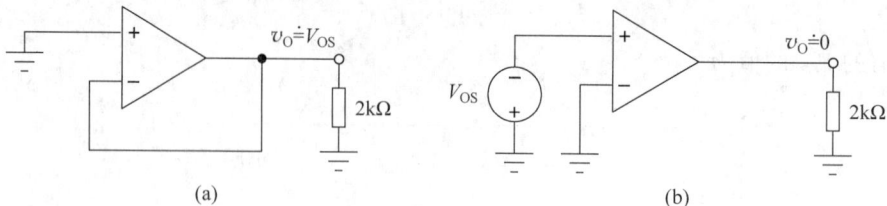

(a)   (b)

练习：假设在图 6.26 所示放大器中电流源的输出电阻 R_2 和 R_3 的值分别为 150kΩ 和 15kΩ。(a)重新计算增益、输入电阻和输出电阻的值；(b)将计算结果与 SPICE 仿真结果相比较；(c)例 6.4 中放大器的功耗为多少？

答案：4320，101kΩ，776Ω；4480，105kΩ，774Ω；168mW。

练习：假设所有晶体管的电流增益 β_F 均为 150，而不是 100。重新计算图 6.26 中放大器的增益、输入电阻、输出电阻和 CMRR。

答案：11000；152kΩ；1.12kΩ；63.4dB。

练习：假设图 6.27 所示放大器中 Q_3 的厄利电压为 50V 而不是 75V。重新计算放大器的增益、输入电阻和输出电阻。

答案：5700；101kΩ；1.16kΩ；63.5dB。

练习：将例 6.4 中的运算放大器作为电压跟随器工作。则其闭环增益、输入电阻和输出电阻各为多少？

答案：0.99986，699MΩ，0.233Ω。

6.2.5　CMOS 运算放大器原型

利用类似的电路设计理念设计出了图 6.29(a)所示的基本 CMOS 运算放大器原型。该原型包含一个由 NMOS 晶体管 M_1 和 M_2 构成的差分放大器，其后跟着一个 PMOS 共源极放大器 M_3 和 NMOS 源极随器 M_4。再次采用直流电源来为差分输入级和源极跟随器级提供偏置，并作为 M_3 的一个负载。参考图 6.29(b)所示的交流等效电路，发现差模增益由三级端增益的乘积决定：

$$A_\text{dm}=A_\text{vt1}A_\text{vt2}A_\text{vt3}=\left(-\frac{g_\text{m2}}{2}R_\text{D}\right)\left[-g_\text{m3}(r_\text{o3}\parallel R_2)\right]\left[\frac{g_\text{m4}(R_3\parallel R_\text{L})}{1+g_\text{m4}(R_3\parallel R_\text{L})}\right] \tag{6.95}$$

$$\approx \mu_\text{f3}\left(\frac{g_\text{m2}}{2}R_\text{D}\right)\left(\frac{g_\text{m4}R_\text{L}}{1+g_\text{m4}R_\text{L}}\right) \tag{6.96}$$

其中，假设 $R_3\gg R_1$ 和 $R_2\gg r_\text{o3}$。

式(6.95)相对简单，可以用单级放大器公式搭建而成，因为每个 FET 的输入电阻都为无穷大，且每一级的增益并不会由于下一级的存在而发生改变。总的差模增益近似等于第 1 级的电压增益和第 2 级放大系数的乘积。

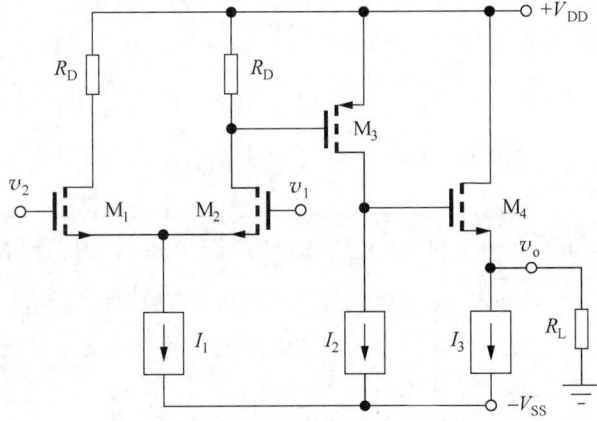

(a) CMOS运算放大器原型电路

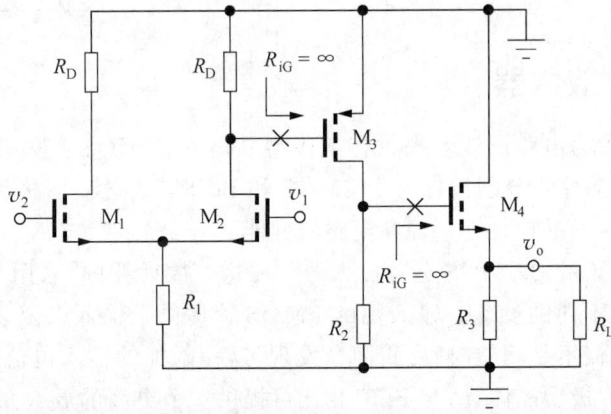

(b) CMOS放大器的交流等效电路，其中忽略了电流源I_2和I_3的输出电阻

图　6.29

将 g_{m2} 展开，乘积项 $I_{D2}R_D$ 为 R_D 两端的压降，必须等于 V_{GS3}，假设源极跟随器的增益接近于 1，可得

$$A_{dm} \approx A_{v1}A_{v2}(1) = \mu_{f3}\left(\frac{V_{SG3}}{V_{GS2}-V_{TN2}}\right) \tag{6.97}$$

虽然式(6.97)是一个简单表达式，但我们通常更倾向于将增益用不同的偏置电流来表示，将 μ_{f3}、V_{GS2} 和 V_{GS3} 展开得到

$$A_{dm} = \frac{1}{\lambda_3}\sqrt{\frac{K_{n2}}{I_{D2}}\frac{K_{p3}}{I_{D3}}}\left[\sqrt{\frac{2I_{D3}}{K_{p3}}}-V_{TP3}\right] \tag{6.98}$$

由于 Q 点依赖于 μ_f，因此式(6.98)比对应的双极型放大器表达式(6.84)而言具有更大的自由度。在集成电路中更是如此，例如通过改变不同晶体管的 W/L 值可以轻易改变 K_n 和 K_p 的值。然而，从式(6.98)中可明显地看到，放大器的两个增益级都有在低电流下工作的优势，为 M_3 选择一个具有较小 λ 值的晶体管也是十分重要的。

值得注意的是，由于 MOS 管的栅极电流为零，输入偏置电流对 I_{D1} 并没有什么限制，而在双极型放大器中输入偏置电流的确为 I_{C1} 设置了一个实实在在的上限。运算放大器的输入电阻和输出电阻由 M_1、M_2 和 M_4 决定。根据单级放大器的知识可知

$$R_{id} = \infty \quad R_{out} = \frac{1}{g_{m4}} \bigg\| R_3 \quad CMRR = g_{m2}R_1 \tag{6.99}$$

CMRR 同样由差分输入级决定，其中 R_1 为电流源 I_1 的输出电阻。

练习：对于图 6.29（a）所示的 CMOS 放大器，有 $\lambda_3 = 0.01V$，$K_{n1} = K_{n4} = 5mA/V^2$，$K_{p3} = 2.5\mu A/V^2$，$I_1 = 200\mu A$，$I_2 = 500\mu A$，$I_3 = 5mA$，$R_1 = 375k\Omega$，$V_{TP3} = -1V$。如果 $R_L = 2k\Omega$，则源极跟随器的实际增益为多少？放大器的电压增益、CMRR、输入电阻和输出电阻各为多少？

答案：0.934；$2410,51.5dB,\infty,141\Omega$。

练习：如果 $V_{DD} = V_{SS} = 12V$，该运算放大器的静态功耗为多少？

答案：$137mW$。

6.2.6 BiCMOS 放大器

有很多集成电路工艺可为电路设计者提供将双极型晶体管和 MOS 晶体管结合，或将双极晶体管和 JFET 结合的工艺，这些晶体管分别被称为 BiCMOS 和 BiFET 工艺。双极型晶体管和 FET 的结合使设计者可以采用两种器件的最佳特性来提高电路的性能。

图 6.30 所示为一个简单的 BiCMOS 运算放大器。在这一放大器中，采用了一个 PMOS 管差分对作为输入级，以展示另一种不同的设计。输入端的 PMOS 管提供了输入电阻，能够由相对较高的输入电流提供偏置，因为输入电流不是问题（稍后我们会发现，这一附加的输入电流可改善放大器的摆率）。第 2 级增益级采用了一个双极型晶体管，与 FET 相比可提供一个更高的放大系数。发射极电阻 R_E 增加了 R_{D2} 两端的电压，从而可增加第 1 级的电压增益，同时并不减小 Q_1 的放大系数（参见 5.2.7 节）。为了保持一个合理的输出电阻，并使第 2 级的增益达到最大化，跟随器级采用了另一个 FET。

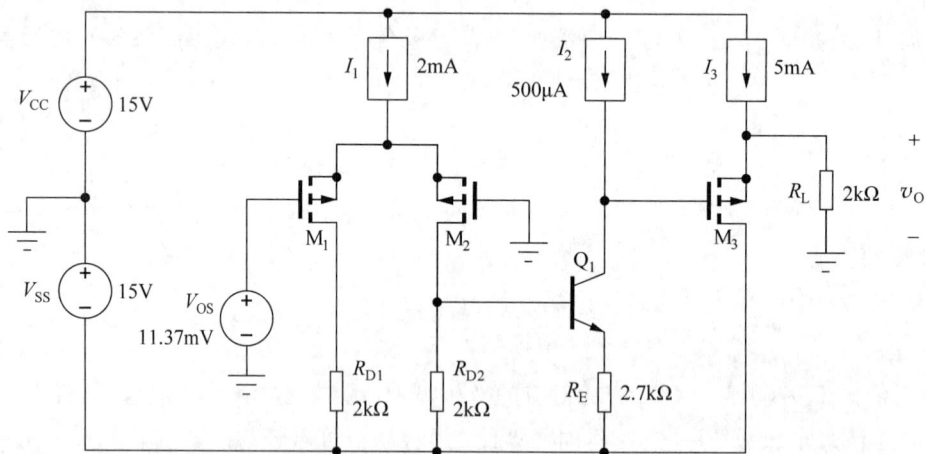

图 6.30 基本的 BiCMOS 运算放大器

对于图 6.30 所示的电路,SPICE 仿真采用 $VTO=-1V, KP=25mA/V^2, VAF=75V, BF=100$。首先采用与例 6.5 中相同的方法对失调电压进行 SPICE 仿真,求得的值为 $-11.37mV$,然后将该值施加到开环放大器的输入端。从 V_{OS} 到输出的传输函数分析可以得到:输入电阻为无限大,电压增益为 13200,输出电阻为 61.4Ω。

6.2.7 全晶体管实现电路

在 NMOS 和 CMOS 工艺中,只要有可能,通常会希望去除所有的电阻,这时就可以采用 5.6 节中介绍的技术来实现。例如,可以用连接成饱和工作态的 NMOS 或者 PMOS 管来替换图 6.29 中的漏极电阻。由于晶体管两端的电压要为 M_3 提供工作偏置电压,因此采用 PMOS 管更为合理,如图 6.31(a)所示,因为这样器件可以相互匹配。M_3 的源极-栅极电压由 M_{L2} 的源极-漏极电压决定,即 $V_{SG3}=V_{SGL2}$。

"二极管连接"的 FET 的等效小信号电阻近似为 $R_{eq}=1/g_m$,因此输入级的差模增益变为 $A_{dd}=-g_{m2}/g_{mL2}$。输入级电压增益的表达式与第 5 章中给出的表达式略有不同,这是因为输入晶体管和负载晶体管并不是同一类型,此时有

$$A_{dd}=-\frac{g_{m2}}{g_{mL2}}=-\frac{\sqrt{2K_nI_{D2}}}{\sqrt{2K_pI_{DL2}}}=-\sqrt{\frac{K'_n}{K'_p}}\sqrt{\frac{(W/L)_2}{(W/L)_{L2}}} \tag{6.100}$$

NMOS 和 PMOS 管跨导参数之间的差异改善了这种情况下的增益。注意,图 6.31(a)中所有 PMOS 晶体管的源极均与电源电压相连。在 P 阱工艺中 NMOS 晶体管均位于独立的 P 阱中,以消除体效应。

在图 6.31(b)所示的 BiCMOS 放大器中采用类似技术替换了 R_{D1} 和 R_{D2}。在此采用 NMOS 管,这样它们的源极可以与负电源电压相连接,如果采用 N 阱工艺,PMOS 管可以置于相互隔离的 P 阱中。电阻 R_L 的值相对较小,可能无法用晶体管代替。在第 7 章中我们将会找到一种更好的方法来配置图 6.31 中两个放大器的负载晶体管 M_{L1} 和 M_{L2}。

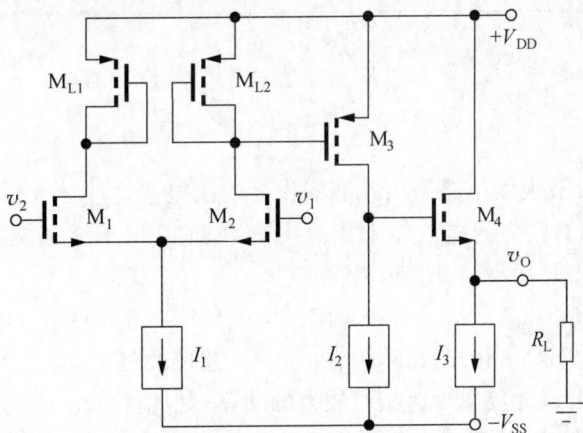

(a) 将图6.29中CMOS放大器漏极电阻用饱和PMOS管替换之后得到的电路

图 6.31

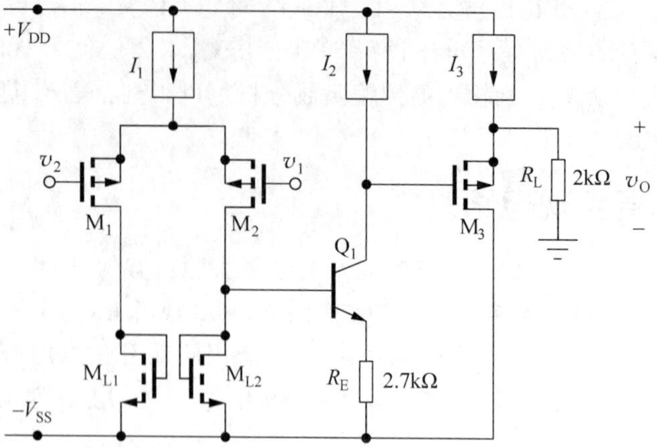

(b) 将图6.30中CMOS放大器漏极电阻用饱和NMOS管替换之后得到的电路

图6.31 （续）

练习：写出图6.31(a)所示放大器增益上限的表达式。

答案：$A_{dm} = \dfrac{1}{2} \dfrac{g_{m2}}{g_{mL2}} \mu_{f3} \dfrac{g_{m4} R_L}{1 + g_{m4} R_L} \leqslant \dfrac{1}{2} \dfrac{g_{m2}}{g_{mL2}} \mu_{f3}$。

练习：图6.31(a)所示放大器的输入级需要 $A_{dd} = 10$，$(W/L)_{L2} = 4/1$。那么现在所需要的 $(W/L)_{L2}$ 值为多少？

答案：$160/1$。

练习：写出图6.31(b)中输入级的电压增益表达式，忽略 Q_1 的负载电阻。

答案：$A_{dd} = -\sqrt{\dfrac{K'_p}{K'_n}} \sqrt{\dfrac{(W/L)_2}{(W/L)_{L2}}}$。

6.3 输出级

6.2 节讨论的基础运算放大器电路采用跟随器作为输出级。这些放大器的最后一级均设计成能提供低输出电阻，同时又有相对较高的电流驱动能力。然而，正是由于这一需要，6.2 节讨论的放大器的输出级所消耗的功率大约占总功率的 2/3 或者更多。

跟随器是 A 类放大器(Class-A Amplifier)，定义为晶体管在全部 360°的信号波形中均导通的电路。我们称 A 类放大器的导通角(Conduct Angle)$\theta_C = 360°$。遗憾的是，A 类放大器的最大效率仅为 25%。因为输出级需要经常给放大器的负载传递相对较大的功率，如此低的效率可能会导致放大器的高功耗。本节将分析 A 类放大器的效率，然后引入 B 类推挽输出级(Class-B Push-Pull Output Stage)的概念。B 类推挽输出级采用两个晶体管，每个晶体管仅在信号波形的一半或者 180°($\theta_C = 180°$)导通，比 A 类放大器的效率高得多。也可将 A 类和 B 类放大器结合起来构成第三类放大器，即 AB 类放大器(Class-AB Amplifier)，这是绝大多数运算放大器的输出级。

6.3.1 源极跟随器——A 类输出级

我们在第 5 章中详细地分析了源极跟随器电路的小信号特性,发现它可提供高输入电阻、低输出电阻和近似为 1 的电压增益。本节将关注图 6.32 所示的源极跟随器电路。

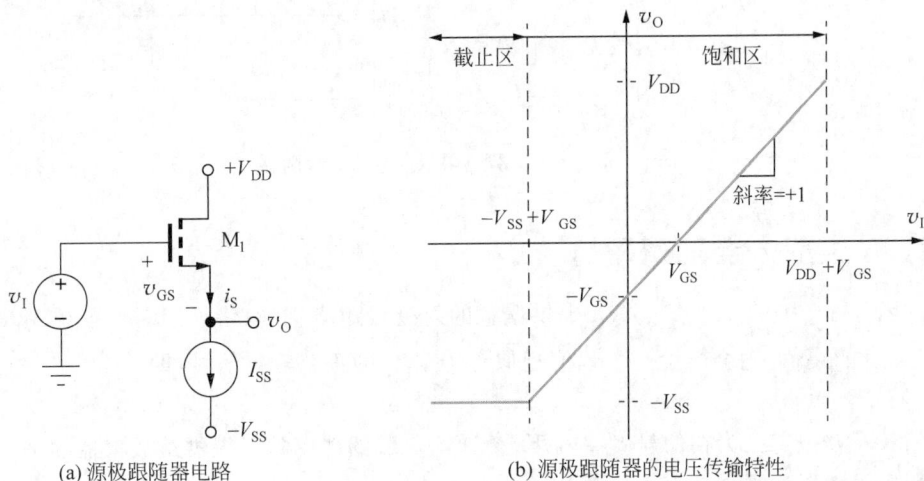

(a) 源极跟随器电路　　　　　　(b) 源极跟随器的电压传输特性

图　6.32

当 $v_I \leqslant V_{DD} + v_{TN}$ 时,M_1 将工作在饱和区(一定要确认)。电流源强制输出一个数值为常数的电流 I_{SS}。利用基尔霍夫电压定律,可得 $v_O = v_I - v_{GS}$。因为电流为常数,因此 v_{GS} 也是常数,故有

$$v_O = v_I - V_{GS} = v_I - \left(V_{TN} + \sqrt{\frac{2I_{SS}}{K_n}} \right) \tag{6.101}$$

输入电压和输出电压之间的差值是固定的。因此,从大信号角度(也可以从小信号角度)来看,预计源极跟随器提供的增益近似为 1。

源极跟随器的电压传输特性如图 6.32(b)所示。源端的输出电压以 +1 的斜率跟随输入电压,电压偏差固定等于 V_{GS}。当输入为正时,M_1 仍然处于饱和区,直到 $v_I = V_{DD} + V_{TN}$。此时得到最大输出电压为 $v_o = V_{DD}$。需要指出的是,想要达到这一输出电压,输入电压必须超过 V_{DD}。

最小输出电压由电源流的特性决定。一个理想的电源流会持续工作,即使 $v_o < -V_{SS}$ 也是如此。但绝大多数电子电流源要求 $v_o \geqslant V_{SS}$,因此,可能的最小输入电压为 $v_I = -V_{SS} + V_{CS}$。

接外部负载电阻的源极跟随器

当输出端连接一个负载电阻 R_L 时,如图 6.33 所示,输出电压范围有了一个新的约束。M_1 的总源电流等于

$$i_S = I_{SS} + \frac{v_O}{R_L} \tag{6.102}$$

该值必须大于 0。在这个电路中,电流无法流回 MOS 管,因此当 M_1 截止时会出现最小的输出电压。此时,$i_S = 0$,$v_{MIN} = -I_{SS}R_L$。当输出电压降至比 v_{MIN} 高一个阈值电压时,M_1 截止:$v_I = -I_{SS}R_L + V_{TN}$。

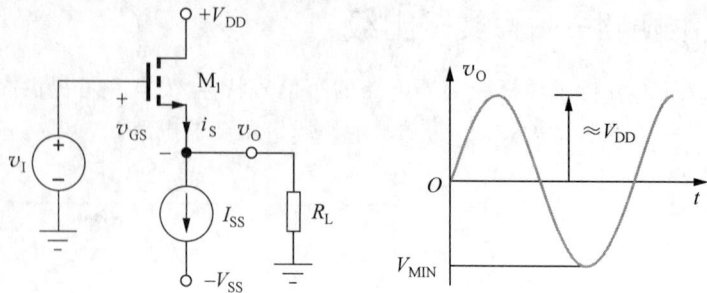

图 6.33 外接负载电阻 R_L 的源极跟随器

6.3.2 A 类放大器的效率

现在考虑图 6.33 中由 $I_{SS}=V_{SS}/R_L$ 提供偏置的射极跟随器,该电路采用对称电源 $V_{DD}=V_{SS}$。假设 V_{GS} 远小于 v_I 的幅值,则会产生一个幅值近似等于 V_{DD} 的正弦输出信号,即

$$v_O \approx V_{DD}\sin\omega t \tag{6.103}$$

放大器的效率 ξ 被定义为在信号频率 ω 下,传递给负载的功率除以提供给放大器的平均功率。

提供给源极跟随器的平均功率 P_{av} 等于

$$P_{av} = \frac{1}{T}\int_0^T \left[I_{SS}(V_{DD}+V_{SS}) + \left(\frac{V_{DD}\sin\omega t}{R_L}\right)V_{DD} \right] dt$$

$$= I_{SS}(V_{DD}+V_{SS}) = 2I_{SS}V_{DD} \tag{6.104}$$

其中 T 为正弦波的周期。式(6.104)括号里的第 1 项为直流电流源产生的功耗;第 2 项为晶体管的交流漏电流产生的功耗。最后一步简化是假设有对称的电源电压。正弦波电流的平均值为零,因此正弦电流并不会为式(6.104)中的积分项作出贡献。

因为输出电压为正弦波形,所以在信号频率下传递给负载的功率为

$$P_{ac} = \frac{\left(\dfrac{V_{DD}}{\sqrt{2}}\right)^2}{R_L} = \frac{V_{DD}^2}{2R_L} \tag{6.105}$$

结合式(6.104)和式(6.105)可得

$$\zeta = \frac{P_{ac}}{P_{av}} = \frac{\dfrac{V_{DD}^2}{2R_L}}{2I_{SS}V_{DD}} = \frac{1}{4} \quad \text{或} \quad 25\% \tag{6.106}$$

因为 $I_{SS}R_L=V_{SS}=V_{DD}$,因此对于正弦信号而言,跟随器作为 A 类放大器工作,其效率最高能达到 25%(参见习题 6.116)。式(6.106)表明,造成效率较低的原因是 Q 点电流 I_{SS} 持续不断地在两个电源之间流动。

6.3.3 B 类推挽输出级

B 类放大器通过将晶体管的 Q 点电流定为零来提高效率,并消除静态功耗。图 6.34 所示是由 CMOS 晶体管构成的互补

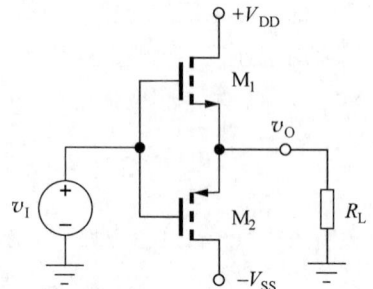

图 6.34 互补 MOS B 类放大器

推挽(B类)输出级(Complementary Push-Pull Output Stage),复合输出级的电压和电流波形如图 6.35 所示。当输入信号为正时,NMOS 管 M_1 作为源极跟随器工作,而当输入信号为负时,PMOS 管 M_2 作为源极跟随器工作。

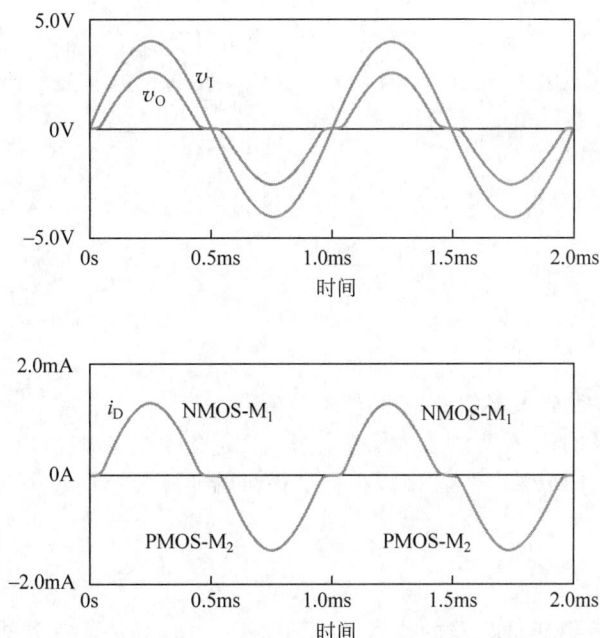

图 6.35 B 类放大器中的交流失真和漏极电流

例如,分析图 6.35 中的正弦输入,当输入电压为正时,M_1 导通,为负载提供电流,输出电压跟随输入电压在正值一侧摆动;当输入电压变为负时,M_2 导通,从负载吸入电流,输出电压跟随输入电压在负值一侧摆动。

每个晶体管基本在信号波形的 180° 范围内导通电流,如图 6.35 所示。因为在图 6.35 中 n 沟道和 p 沟道晶体管的栅源电压相等,因此在同一时刻,两个晶体管中只有一个晶体管能够导通。同样,当 $v_O = 0$ 时 Q 点电压为 0,效率很高。

然而,虽然效率很高,在 B 类放大器中却会出现失真问题,因为 V_{GS} 必须超过阈值电压 V_{TN} 才能使 M_1 导通,而 V_{GS2} 必须低于 V_{TP} 才能使 M_2 导通。因此在 B 类推挽放大器的传输特性中出现了一个"死区",如图 6.36 所示。在死区内两个晶体管都不导通:

$$V_{TP} \leqslant V_{GS} \leqslant V_{TN} (\text{图 } 6.36 \text{ 中} -1V \leqslant V_{GS} \leqslant 1V) \tag{6.107}$$

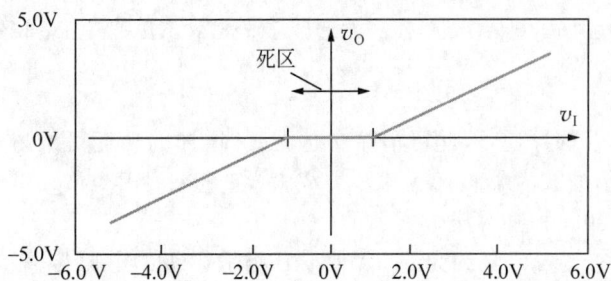

图 6.36 互补 B 类放大器中电压传输特性的 SPICE 仿真结果

死区(Dead Zone)也称为交越区(Cross-Over Region),造成了输出波形的失真,如图 6.35 中的仿真结果所示。当正弦输入波形穿过零点时,输出电压波形开始失真。图 6.35 所示的波形失真称为交越失真(Cross-Over Distortion)。

B 类放大器效率

两个晶体管的电流仿真结果如图 6.35 所示。如果忽略交越失真,则每个晶体管中的电流近似为半波整流的正弦波,其幅值近似为 V_{DD}/R_L。假设 $V_{DD}=V_{SS}$,从每个电源上消耗的平均功率为

$$P_{av} = \frac{1}{T}\int_0^{T/2} V_{DD}\frac{V_{DD}}{R_L}\sin\frac{2\pi}{T}t\,\mathrm{d}t = \frac{V_{DD}^2}{\pi R_L} \tag{6.108}$$

传递给负载的总交流功率由式(6.105)给出,B 类输出级的效率 ξ 为

$$\zeta = \frac{\dfrac{V_{DD}^2}{2R_L}}{2\,\dfrac{V_{DD}^2}{\pi R_L}} = \frac{\pi}{4} \approx 0.785 \tag{6.109}$$

通过消除静态偏置电流,B 类放大器的效率可达 78.5%。

在第 1～3 章中介绍过的闭环反馈放大器应用中,交越失真的影响可通过回路增益 $A\beta$ 减少。不过,消除交越失真一个更好的方法是使输出级在一个很小的非零静态电流下工作,这种放大器称为 AB 类放大器。

6.3.4 AB 类放大器

AB 类放大器可以保持 B 类放大器的优点,并且还能通过将晶体管偏置进入导通状态来最小化交越失真,不过导通的静态电流相对较低。基本电路如图 6.37 所示。偏置电压 V_{GG} 用于在两个输出晶体管中建立一个小的静态电流。所选择的电流要远小于传递给负载的交流电流的峰值。在图 6.37 中,偏置源被分成两个对称的部分,因此当 $v_I=0$ 时,$v_O=0$。

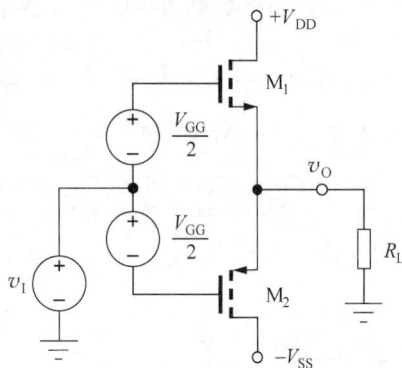

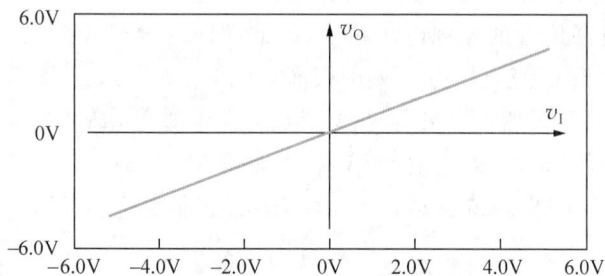

(a) 用于AB类放大器的互补输出级偏置   (b) 当$I_D\approx 60\mu A$时AB类放大器电压输出特性的SPICE仿真结果

图 6.37

当 $v_I=0$ 时所有晶体管都导通,因此可消除交越失真,增加的功耗可维持在足够低的水平,效率不会下降太多。图 6.37 所示的放大器被归为 AB 类放大器(Class-AB Amplifier),每个晶体管的导通区间要大于 B 类放大器的 180°,小于 A 类放大器的 360°。

图 6.37(b)给出了静态偏置电流约为 $60\mu A$ 时 AB 类输出级的电压传输特性仿真结果。即使采用这么小的静态偏置电流,也消除了失真的交越区域。

一种用于产生所需偏置电压的方法如图 6.38(a)所示,与图 6.29 中 CMOS 运算放大器所用方法一致。偏置电流 I_G 产生了输出级电阻 R_G 所需的偏置电压,如果假设 MOSFET 的 $K_p = K_n$,且 $V_{TN} = -V_{TP}$,同时 $v_O = 0$,那么偏置电压会被两个晶体管的栅源端对等分开。两个晶体管的漏极电流为

$$I_D = \frac{K_n}{2}\left(\frac{V_{GG}}{2} - V_{TN}\right)^2 \tag{6.110}$$

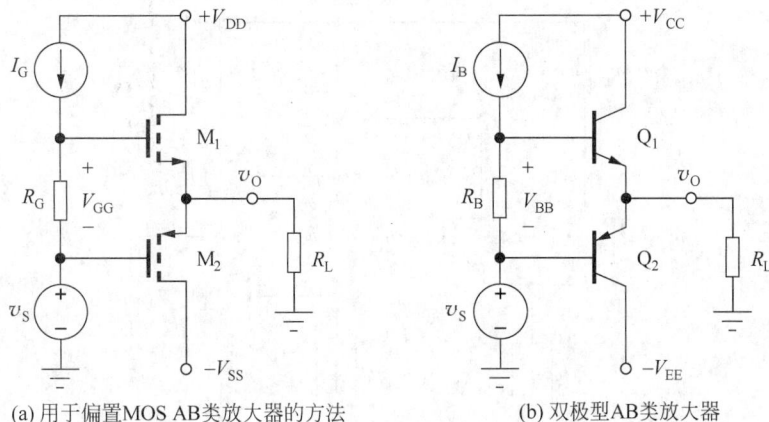

(a) 用于偏置MOS AB类放大器的方法   (b) 双极型AB类放大器

图 6.38

用双极型晶体管实现的 AB 类推挽输出级电路中包含了互补的 npn 和 pnp 晶体管,如图 6.38(b)所示。双极电路的工作原理与 MOS 电路的工作原理是相同的,晶体管 Q_1 和 Q_2 分别在输出信号正向或者负向偏移时作为射极跟随器工作。电流源 I_B 提供电阻 R_B 两端的偏置电压 V_{BB},而这一偏置电压被两个 BJT 的基极-发射极结分享。

对于 AB 类操作,电压 V_{BB} 设计为 $2V_{BE} \approx 1.1\text{V}$,两个晶体管都在一个非常小的集电极电流下工作。如果假设两个晶体管的饱和电流相等,则偏置电压 V_{BB} 被两个晶体管的基极-发射极结对等分开,两个集电极电流为

$$I_C = I_S \exp\left(\frac{I_B R_B}{2V_T}\right) \tag{6.111}$$

每个晶体管都偏置在一个较低的导通状态,以消除交越失真。

AB 类放大器一种简化的小信号模型为单跟随器晶体管的电流增益等于 Q_1 和 Q_2 的平均增益,或跨导参数等于 M_1 和 M_2 跨导的平均值。

B 类双极型推挽输出级电路可通过将 V_{BB} 设为零来获得。这种情况,在约为 $2V_{BB}$ 的输入电压范围内,输出级会表现出交越失真(参见习题 18.6)。

练习: 如果 $K_n = K_p = 25\text{mA/V}^2$,$V_{TN} = 1\text{V}$,$V_{TP} = -1\text{V}$,$I_G = 500\mu\text{A}$,$R_G = 4.4\text{k}\Omega$,试求出当 $v_o = 0$ 时,图 6.38(a)中晶体管的偏置电流。

答案: $125\mu\text{A}$。

练习: 如果 $I_S = 10\text{fA}$,$I_B = 500\mu\text{A}$,$R_B = 2.4\text{k}\Omega$,求出当 $v_o = 0$ 时,图 6.38(b)中晶体管的偏置电流。

答案: $265\mu\text{A}$。

6.3.5 运算放大器的 AB 类输出级

在图 6.39(a)和(b)中,CMOS 双极型运算放大器原型中的跟随器已由互补 AB 类输出级代替；原来用于为晶体管提供高负载电阻的晶体管 Q_3 和 M_4 的电流源 I_2,还可用来为 AB 类放大器提供所需的直流偏置电压,信号电源分别由晶体管 M_3 或者 Q_3 提供。这两种放大器总体的静态功耗都明显减少。

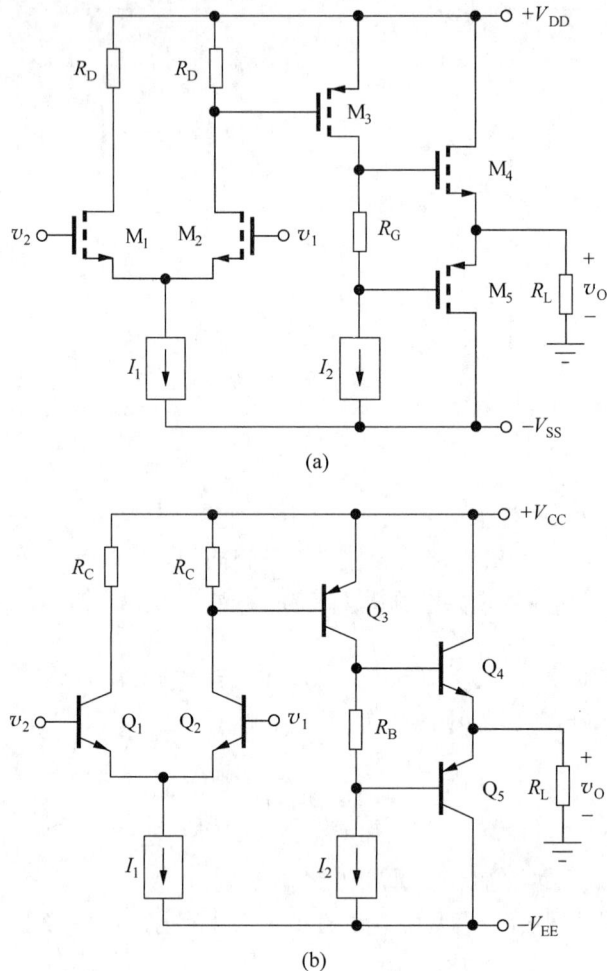

图 6.39　在图(a)CMOS 和图(b)双极型运算放大器中加入 AB 类输出级

6.3.6 短路保护

如果跟随器电路的输出端突然对地短路,则由于高电流和高功耗的影响会损坏双极型晶体管,或直接破坏双极型晶体管的基极-发射极结而将双极型晶体管损坏。为了使运算放大器具有足够的"鲁棒性",通常会在输出极添加短路保护电路。

在图 6.40 中,增加了射极跟随器 Q_1 来保护晶体管 Q_2。在正常工作条件下,电阻 R 两端的电压小于 0.7V,晶体管 Q_2 截止,Q_1 作为正常的跟随器工作。然而,如果发射极电流 I_{E1} 超出了如下值

$$I_{E1} = \frac{V_{BE2}}{R} = \frac{0.7\text{V}}{R} \qquad (6.112)$$

则晶体管 Q_2 导通,并将 R_1 中增加的任何电流通过 Q_2 的集电极分流,使这些电流离开 Q_1 的基极。因此,输出电流被限制在近似于式(6.112)中的值。例如,$R = 25\Omega$ 将输出电流的最大值限制在 28mA。然而,由于 R 直接与输出端串联,跟随器的输出电阻增加了一个 R 值。

图 6.41(a)给出了包含短路保护电路(Short-Circuit Protection)的互补输出级电路。pnp 晶体管 Q_4 用于限制 Q_3 的基极电流,作用与 Q_2 和 Q_1 一样。在 FET 输出极中可以加入类似的电流限制电路(Current-Limiting Circuit),如图 6.41(b)所示。在此,晶体管 M_2 截走了为 M_1 驱动栅极所需的电流。输出电流被限制在

$$I_{S1} \approx \frac{V_{GS2}}{R} = \frac{V_{TN2} + \sqrt{\dfrac{2I_G}{K_{n2}}}}{R} \qquad (6.113)$$

晶体管 M_4 为 M_3 提供类似保护。

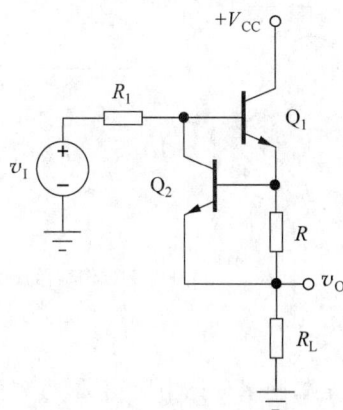

图 6.40 射极跟随器的短路保护

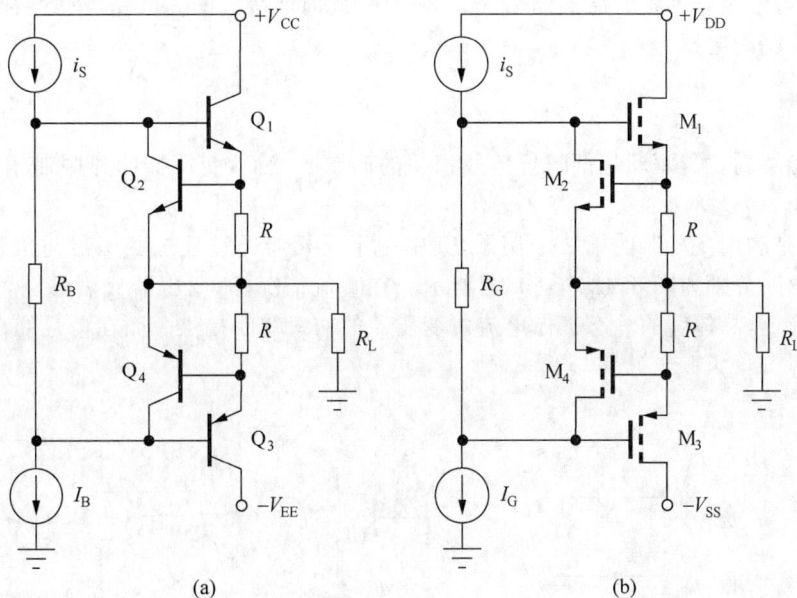

图 6.41 互补输出级的短路保护(在 Q 点 $i_s = I_B$ 或者 I_G)

6.3.7 变压器耦合

为低阻抗负载设计功率传送的放大器是很困难的。例如,扬声器的阻抗通常只有 8Ω 或 16Ω。为了在这种情况下获得较好的电压增益和效率,放大器的输出电阻要非常低。有一种方法就是采用一个反馈放大器来获得较低的输出电阻。如第 3 章所述,解决这一问题的另一种方法是采用变压器耦合。

在图 6.42 中,跟随器通过一个匝数比为 $n:1$ 的理想变压器与负载电阻 R_2 耦合。在这个电路中,

需要用耦合电容 C 来隔离通过变压器初级线圈的直流通路(参见习题 6.115 中提供的另一种方法)。

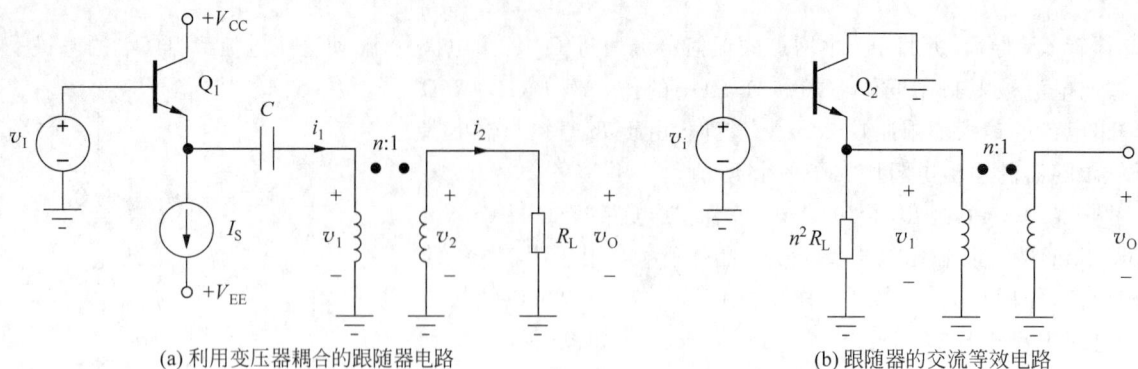

(a) 利用变压器耦合的跟随器电路   (b) 跟随器的交流等效电路

图　6.42

正如网络理论中所定义,理想变压器的终端电压和电流的相互关系为

$$v_1 = nv_2 \quad i_2 = ni_1 \quad \frac{v_1}{i_1} = n^2 \frac{v_2}{i_2} \quad \text{或} \quad Z_1 = n^2 Z_L \tag{6.114}$$

变压器提供了系数为 n^2 的阻抗变换。根据这些等式,变压器和负载电阻可由图 6.42(b)所示的交流等效电路表示,电阻被移到了变压器的初级线圈一侧,此时次级线圈为开路。晶体管必须驱动的等效电阻和变压器输出端的电压为

$$R_{EQ} = n^2 R_L \quad \text{和} \quad v_o = \frac{v_1}{n} \tag{6.115}$$

变压器耦合能够弱化与驱动超低阻抗负载相关的问题。然而,变压器明显限制了电路在直流以外其他频率上的工作。

图 6.43 所示是利用变压器的第 2 个例子,其中一个反相器通过理想变压器与负载电阻 R_L 耦合。直流和交流等效电路分别如图 6.43(b)和(c)所示。在直流情况下,变压器代表短路,全部的直流电源电压都落在晶体管上,晶体管的静态工作电流由变压器的初级线圈提供。而在信号的频率下,呈现给晶体管的负载电阻等于 $n^2 R_L$。

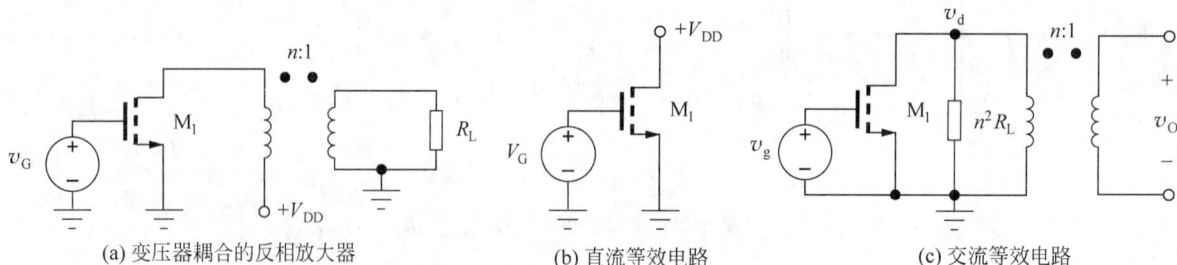

(a) 变压器耦合的反相放大器   (b) 直流等效电路   (c) 交流等效电路

图　6.43

图 6.42 所示电路的仿真结果如图 6.44 所示,此时 $R_L = 8\Omega, V_{DD} = 10V, n = 10$。这个电路与绝大多数已经学过的电路有所不同。MOSFET 漏极的静态电压等于全电源电压 V_{DD}。变压器电感的存在允许信号电压可围绕 V_{DD} 上下对称摆动,漏极峰峰的振幅可接近 $2V_{DD}$。

图 6.45 所示为最后一个电路实例,图中给出了一个变压器耦合 B 类输出级。因为 Q_1 和 Q_2 中的静态工作电流为零,发射极可以与变压器的初级线圈直接相连。

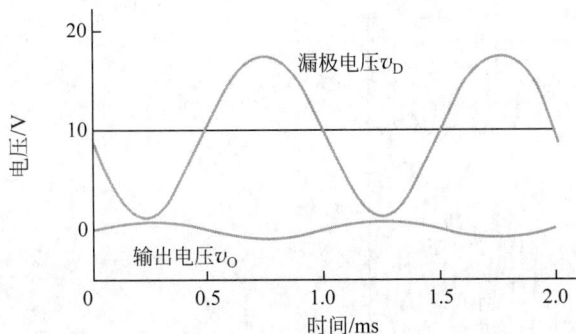

图 6.44　当 $n=10$，$V_{DD}=10V$ 时变压器耦合反相
放大器的仿真结果

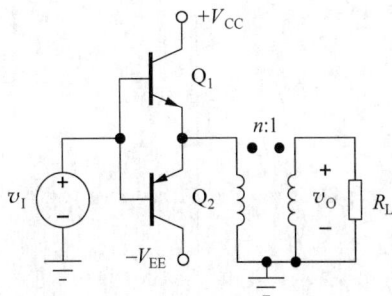

图 6.45　变压器耦合的 B 类输出级

练习：如果 $V_{TN}=1V$，$K_n=50mA/V^2$，$V_G=2V$，$V_{DD}=10V$，$R_L=8\Omega$，$n=10$，请求出图 6.43 所示电路的小信号电压增益：$A_{v1}=\dfrac{v_d}{v_g}$，$A_{vo}=\dfrac{v_o}{v_g}$。满足小信号限制条件下，电路中 v_g、v_d、v_o 的最大值为多少？

答案：-40，-4；$0.2V$，$8V$，$0.8V$。

电 子 应 用

D 类音频放大器

之前在本书中提到，A 类、B 类和 AB 类放大器的效率都小于 80%。为了达到更高的效率，许多便携式、极低功耗电子学应用的开关放大器被开发出来，其中一种就是在本节提到的 D 类音频放大器，其输出是一个脉宽调制（Pulse-Width Modulated，PWM）信号，该信号能够在正负电源电压之间快速变化，可以用 CMOS 晶体管作为开关来实现高效率，类似于 CMOS 反相器的方法，其目标是在一定时间内只有一个晶体管开启。

基本的 PWM 信号能通过将音频输入信号与锯齿波参考信号进行比较来产生。参考样本波形可发现，当音频输入超过参考波形时，PWM 输出变到高电平 V_{DD}，而当参考输入信号超过模拟输入时，输出变为低电平 $-V_{SS}$。在波形图中，锯齿波参考输出工作在正弦输入频率的 10 倍处，对于一个带宽从 $20Hz\sim20kHz$ 的音频输入信号，参考频率的范围可从 $250kHz$ 到或甚至超过 $1MHz$。当反馈给扬声器时，PWM 信号通过一个低通滤波器以去除不需要的高频部分。

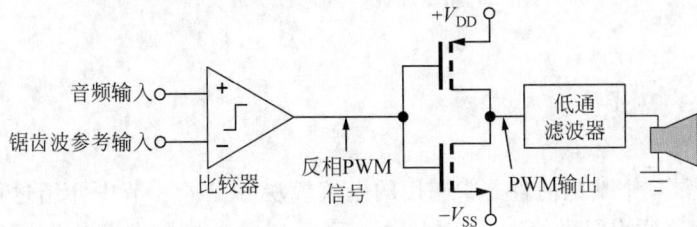

(a)

D 类音频放大器的理论实现

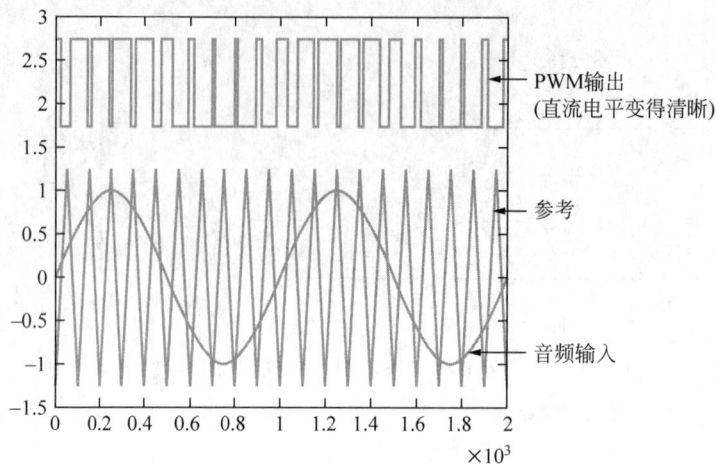

(b)

PWM 的波形图

在给定的输入电压下为了达到更高的功率水平，负载经常用一个互补的"H"桥以差分方式驱动。在下图显示的 COMS 图中，当输入电压为高电平时，输出电压 v_o 等于 $V_{DD}+V_{SS}$；当输入电压为低电平时，输出电压 v_o 等于 $-(V_{DD}+V_{SS})$。因此，负载上总的信号摆幅（Total Signal Swing）为电源跨度的 2 倍，可传递给负载的功率为不采用"H"桥时的 4 倍，采用"H"桥的 D 类放大器如下图所示，其中扬声器由 CMOS 中"H"桥的输出经低通滤波之后的信号进行驱动。

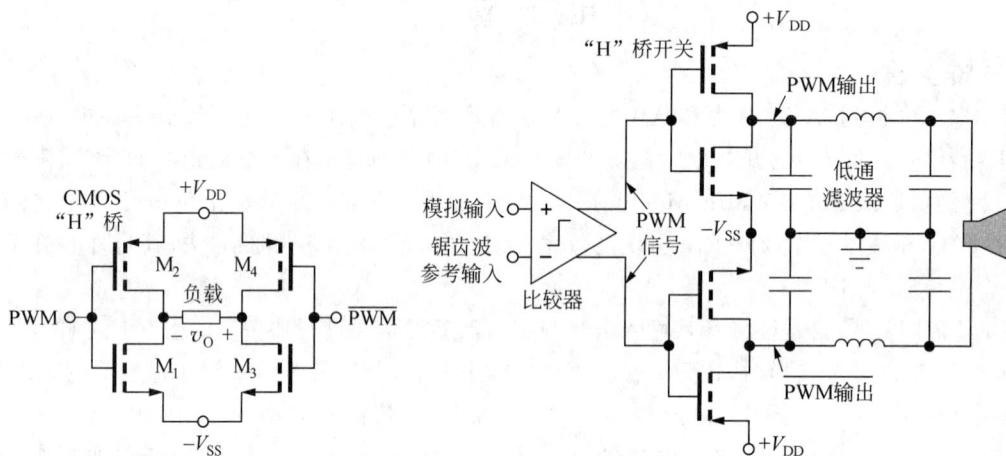

(c)

用"H"桥驱动扬声器的 D 类放大器

6.4 电子电流源

显然，直流电流源是一个基础的且非常有用的电流模块。在 6.3 节中介绍过可用多个电流源来为 BJT 和 MOS 运算放大器原型提供偏置，同时还能提高它们的性能。本节首先探讨用于实现理想电流源的基本电子电路，然后通过研究适用于集成电路设计的专用技术对电流源设计进行更深入的探讨。

在图 6.46 中,将理想电流源的 i-v 特性和图 6.47 中电阻和晶体管电流源的 i-v 特性进行比较。通过理想电流源的电流 I_O 不受源两端电压的影响,理想电流源的输出电阻为无穷大,正如电流源的 i-v 特性曲线所反映的零斜率一样。

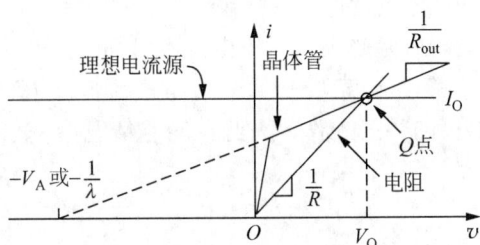

图 6.46　基本电子电流源的 i-v 特性

对于理想源,源两端的电压可以为正或负,电流仍然保持不变。然而,电子电流源(Electronic Current Source)必须用电阻和晶体管实现,它们的工作通常只限制在总体 i-v 空间的一个象限中。另外,电子电流源的输出电阻是有限的,正如其 i-v 特性曲线的非零斜率所反映的那样。我们发现对于相同的 Q 点,晶体管的输出电阻要远大于电阻的输出电阻。

在正常使用中,图 6.47 中的电路元器件实际上会从电路的其他部分吸入电流,一些作者更倾向于称这些元器件为电流沉(Current Sink)。本书用通用术语电流源(Current Source)来统称沉(Sink)和源(Source)。

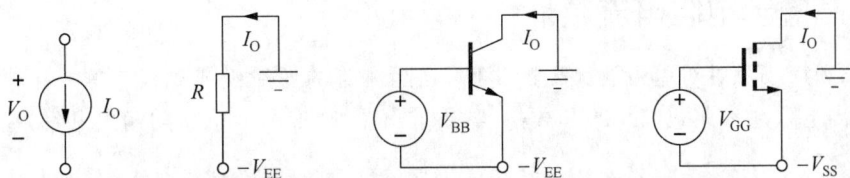

图 6.47　理想电流源;电阻电流源;BJT 电流源;MOS 电流源

6.4.1　单级晶体管电流源

图 6.47 给出了电子电流源的最简单形式。在许多电路中(如差分放大器)经常用一个电阻来建立一个偏置电流,但是对理想电流源它是最粗略的近似。采用单个晶体管实现的电流源通常只在一个象限内工作,因为为了维持高阻抗工作,晶体管必须偏置在正向放大区或沟道夹断区。然而,晶体管源可以实现很高的输出电阻。

为简化起见,图 6.47 中的晶体管通过源 V_{BB} 和 V_{CC} 偏置导通。在这些电路中,假设集电极-发射极和漏极-源极电压足够大,以确保每个元器件均工作在正向放大区或者沟道夹断区(Pinch Off Region)(有源),根据不同元器件而定。

6.4.2　电路源的品质因数

图 6.47 中的电阻 R 用作电流源对比的参照。电阻提供的输出电流和输出电阻的值为

$$I_O = \frac{V_{EE}}{R} \quad 和 \quad R_{out} = R \tag{6.116}$$

直流电流 I_O 和输出电阻 R_{out} 的乘积为电流两端的有效电压 V_{CS}，并将其作为品质因数（Figure Of Merit，FOM），用于比较不同的电流源：

$$V_{CS} = I_O R_{out} \tag{6.117}$$

对于一个给定的 Q 点电流，V_{CS} 表示为了达到与给定电流源相同的输出电阻时在电阻两端所需的等效电压。V_{CS} 的值越大，源的输出电阻越高。对于电阻本身而言，V_{CS} 等于电源电压 V_{CE}。

如果为图 6.47 中各个源画出其交流模型，则每个晶体管的基极、发射极、栅极和源极都将接地，每个晶体管都认为以共源极或共射极的方式工作。因此在所有情况中输出电阻都将等于 r_o，这些源的品质因数为

$$\text{BJT：} \quad V_{CS} = I_O R_{out} = I_C r_o = I_C \frac{V_A + V_{CE}}{I_C} = V_A + V_{CE} \approx V_A$$

$$\text{FET：} \quad V_{CS} = I_O R_{out} = I_D r_o = I_D \frac{\dfrac{1}{\lambda} + V_{DS}}{I_D} = \frac{1}{\lambda} + V_{DS} \approx \frac{1}{\lambda} \tag{6.118}$$

共射极/共源极晶体管电流源的 V_{CS} 近似等于厄利电压 V_A，或等于 $1/\lambda$，并预计这两个值至少为电源电压的几倍。因此，任意单级晶体管源提供的输出电阻都大于电阻源所提供的输出电阻。

练习：画出图 6.47 所示的两个晶体管源的小信号模型，并证明 $R_{out} = r_o$。

6.4.3 高输出电阻电流源

根据第 4 章和第 5 章中对单级放大器的讲解，在晶体管的发射极或源极串联一个电阻，如图 6.48 所示，会增加输出电阻。参照式（5.32）和式（5.49），求出图 6.48 所示电路的输出电阻为

$$\text{BJT：} \quad R_{out} = r_o \left[1 + \frac{\beta_o R_E}{R_1 \parallel R_2 + r_\pi + R_E} \right] \leqslant (\beta_o + 1) r_o \tag{6.119}$$

$$\text{FET：} \quad R_{out} = r_o (1 + g_m R_S) \approx \mu_f R_S \tag{6.120}$$

品质因数为

$$\text{BJT：} \quad V_{CS} \approx \beta_o (V_A + V_{CE}) \approx \beta_o V_A \qquad \text{FET：} \quad V_{CS} \approx \mu_f \frac{V_{SS}}{3} \tag{6.121}$$

其中，已假设 $I_S R_S \approx V_{SS}/3$。基于这些参数，预计图 6.48 所示电流源的输出电阻可达到非常高的值，尤其在低电流的情况下。表 6.1 对典型元器件参数值情况下不同电流源的 V_{CS} 进行了对比。

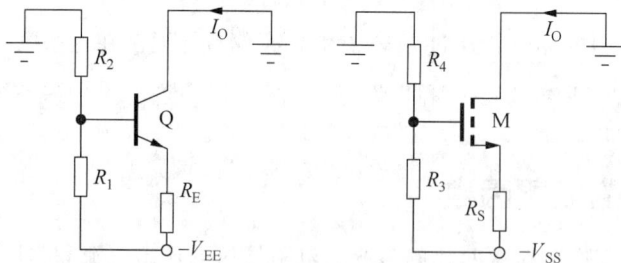

图 6.48　高输出电阻电流源

表 6.1 基本电流源对比,已知:$\beta_o = 100$, $V_A = \dfrac{1}{\lambda} = 50\text{V}$, $\mu_{FET} = 100$

源的类型	R_{out}	V_{CS}	典型值
电阻	R	V_{EE}	15V
单晶体管	r_o	V_A 或 $\dfrac{1}{\lambda}$	50～100V
带发射极电阻 R_E 的 BJT	$\beta_o r_o$	$\approx \beta_o V_A$	5000V
带源电阻 R_S 的 FET($V_{SS} = 15\text{V}$)	$\mu_f R_S$	$\approx \mu_f \dfrac{V_{SS}}{3}$	500V 或更大

设计提示

由于 $\beta_o V_A$ 的乘积在模拟电路设计中非常重要,因此该乘积经常在双极型晶体管中当作基本品质因数。

6.4.4 电流源设计实例

本节提供了几个采用图 6.49 所示三电阻偏置电路的电流源设计实例。利用计算机借助 Spreadsheet 进行辅助设计。在下面的设计中给出了电流要达到的要求。

设计要求

利用图 6.49 所示的电路设计一个电流源,用独立的 -1.5V 电源实现 $200\mu\text{A}$ 的额定输出电流和超过 $10\text{M}\Omega$ 的输出电阻。电流源还必须满足以下额外约束条件:

- 在满足输出电阻要求的同时,输出电压范围应尽可能大。
- 电流源所用的总电流应该小于 $250\mu\text{A}$。
- 可用双极型晶体管的(β_o, V_A)值为$(80, 100\text{V})$或 $(150, 75\text{V})$。可用 FET 的 $\lambda = 0.01\text{V}^{-1}$;$K_n$ 可以根据需要进行选择。

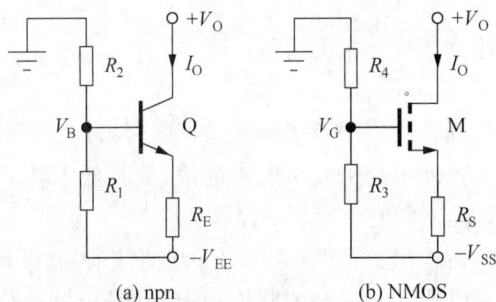

图 6.49 电流源电路

在实际应用中,图 6.49 所示电流源的集电极和漏极要接到整个电路中的其他某个点,并在图中标示成电压 V_O。为了让电流源提供高输出电阻,双极型晶体管必须维持在放大区,集电极-基极结反偏 $V_O \geqslant V_B$,或 FET 必须维持在沟道夹断区($V_O \geqslant V_G - V_{TN}$)。

设计中还要求输出电压的范围足够大。因此,设计目标是要达到 $I_O = 200\mu\text{A}$,$R_{out} \geqslant 10\text{M}\Omega$,同时 V_B 或者 V_G 的电压要足够小。设计中对范围内的若干设计进行了探讨,在 V_B 或 V_G 上能采用多低的电压,同时还能满足 I_o 和 R_{out} 的设计要求。借助计算机是研究该设计最简单的方法。

设计实例

例 6.5 双极型晶体管电流源的设计。

本例用双极型晶体管和三电阻偏置电路设计一个满足一系列要求的电流源。例 6.6 还将探索 NMOS 电流源的设计。

问题:用图 6.49(a)所示的电路设计一个电流源,用单独的 -15V 电源实现 $200\mu\text{A}$ 的额定输出电流和超过 $10\text{M}\Omega$ 的输出电阻。电流源还必须满足以下额外约束条件:

- 在满足输出电阻要求的同时,输出电压范围应尽可能大。

- 电流源所用的总电流应该小于 $250\mu A$。
- 可用双极型晶体管的 (β_o, V_A) 值为 $(80, 100V)$ 或 $(150, 75V)$。

解：

已知量： 图 6.49(a) 所示的电流源电路；$I_O = 200\mu A$；$V_{EE} = 15V$；$I_{EE} < 250\mu A$；$R_{out} > 10M\Omega$；V_B 尽可能小；可用双极型晶体管的 (β_o, V_A) 值为 $(80, 100V)$ 或 $(150, 75V)$。

未知量： 电阻 R_1、R_2 和 R_E 的值。

求解方法： 建立分析所用的方程；采用计算机程序或者电子表格，寻找满足要求的一系列偏置条件；从附录 A 的 1% 容限电阻表格中选择最相近的电阻值。

假设： 满足放大区和小信号工作条件；$V_{BE} = 0.7V$；$V_T = 0.025V$；选择 $V_O = 0V$ 作为输出电压的代表值。

分析： 从电流源输出电阻的表达式开始对双极型晶体管电流源进行设计。因为要采用计算机来进行辅助设计，因此采用最完整的输出电阻表达式：

$$R_{out} = r_o \left[1 + \frac{\beta_o R_E}{R_E + r_\pi + R_1 \parallel R_2} \right] \leq \beta_o r_o \qquad (6.122)$$

该电流源的品质因数为

$$V_{CS} = I_o R_{out} \leq \beta_o V_A \qquad (6.123)$$

要达到设计要求需满足：

$$\beta_o V_A = I_o R_{out} \geq (200\mu A)(10M\Omega) = 2000V \qquad (6.124)$$

尽管给定的两个晶体管都能轻松地达到极限值，满足式 (6.124) 的要求，但是式 (6.122) 的分母会在很大程度上降低输出电阻的值，使其低于 $\beta_o r_o$ 的极限值。故选择具有高 $\beta_o V_A$ 乘积值的晶体管更为明智，即选择 $(150, 75V)$ 的晶体管。

在作出上述选择后，可导出直流 Q 点设计与电流源输出电阻之间的关系式。在图 6.50 中用一个参考电压为 $-V_{EE}$ 的戴维南电路转换，可简化三电阻偏置电路，

其中，当 $R_{BB} = \dfrac{R_1 R_2}{R_1 + R_2}$ 时，有

$$V_{BB} = 15 \frac{R_1}{R_1 + R_2} = 15 \frac{R_{BB}}{R_2} \qquad (6.125)$$

Q 点可用下列等式计算：

$$I_B = \frac{V_{BB} - V_{BE}}{R_{BB} + (\beta_F + 1) R_E} \quad I_O = I_C = \beta_F I_B$$

$$V_{CE} = V_O + V_{EE} - (V_{BB} - I_B R_{BB} - V_{BE}) \qquad (6.126)$$

图 6.50　电流源的等效电路

计算式 (6.122) 所需的小信号参数可用常规公式得到，即

$$r_o = \frac{V_A + V_{CE}}{I_C} \quad r_\pi = \frac{\beta_o V_T}{I_C} \qquad (6.127)$$

从式 (6.122) 可看出，为实现输出电阻的最大化，$R_{BB} = R_1 \parallel R_2$ 应该尽量小。根据设计要求，整个电流源所用的电流不能超过 $250\mu A$。由于输出电流为 $200\mu A$，因此可用于基极偏置电路的最大电流为 $50\mu A$，偏置电路电流应该为晶体管基极电流的 $5 \sim 10$ 倍，对于电流增益为 150 的晶体管其最大电流为 $1.33\mu A$。因此，$20\mu A$ 的偏置电路电流已经足够了。不过在这种情况下，我们应通过选择 $40\mu A$ 的偏置电路电流来增加工作电流，以获得更高的输出电阻。因此，R_1 和 R_2 的和为（忽略基极电流）

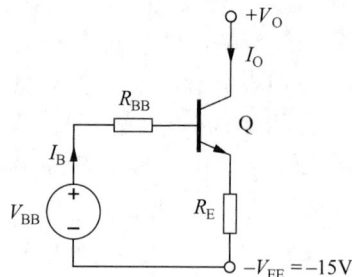

$$R_1 + R_2 \approx \frac{15\text{V}}{40\mu\text{A}} = 375\text{k}\Omega \tag{6.128}$$

式(6.122)~式(6.128)提供了利用计算机研究该设计的必要信息。将这些等式按照计算顺序重新列出,如式(6.129)所示,其中 V_{BB} 被选为主要设计变量。

一旦确定了 V_{BB},就可以计算出 R_1 和 R_2 的值,然后确定 R_E 的值和 Q 点的值,计算小信号参数值,并根据式(6.119)计算输出电阻的值。

$$I_B = \frac{I_o}{\beta_F}$$

$$R_1 = (R_1 + R_2)\frac{V_{BB}}{15} = 375\text{k}\Omega\left(\frac{V_{BB}}{15}\right)$$

$$R_2 = (R_1 + R_2) - R_1 = 375\text{k}\Omega - R_1$$

$$R_{BB} = R_1 \parallel R_2$$

$$R_E = \alpha_F\left[\frac{V_{BB} - V_{BE} - I_B R_{BB}}{I_o}\right]$$

$$V_{CE} = V_{EE} - (V_{BB} - I_B R_{BB} - V_{BE})$$

$$r_o = \frac{V_A + V_{CE}}{I_o} \qquad r_\pi = \frac{\beta_o V_T}{I_o}$$

$$R_{out} = r_o\left[1 + \frac{\beta_o R_E}{R_{BB} + r_\pi + R_E}\right] \tag{6.129}$$

表6.2给出了在一定 V_{BB} 范围内,借助 Spreadsheet 得到的上述等式的计算结果。输出电阻超过 $10\text{M}\Omega$ 并留有安全余量的 V_{BB} 的最小值为 4.5V,如表中加粗部分所示。注意,利用该方法得到的输出电阻的值为

$$R_{out} = 432\text{k}\Omega\left[1 + \frac{150(18.4\text{k}\Omega)}{(78.8 + 18.8 + 18.4)\text{k}\Omega}\right] = 10.7\text{M}\Omega \tag{6.130}$$

表 6.2 电流源设计的电子表格结果

V_{BB}	R_1	R_2	R_{BB}	R_E	r_o	R_{out}
1.0	2.50E+04	3.50E+05	2.33E+04	1.34E+03	4.49E+05	2.52E+06
2.0	5.00E+04	3.25E+05	4.33E+04	6.17E+03	4.44E+05	6.46E+06
3.0	7.50E+04	3.00E+05	6.00E+04	1.10E+04	4.39E+05	8.52E+06
3.5	8.75E+04	2.88E+05	6.71E+04	1.35E+04	4.36E+05	9.31E+06
4.0	1.00E+05	2.75E+05	7.33E+04	1.59E+04	4.34E+05	1.00E+07
4.5	**1.13E+05**	**2.63E+05**	**7.88E+04**	**1.84E+04**	**4.32E+05**	**1.07E+07**
5.0	1.25E+05	2.50E+05	8.33E+04	2.08E+04	4.29E+05	1.13E+07
5.5	1.38E+05	2.38E+05	8.71E+04	2.33E+04	4.27E+05	1.20E+07
6.0	1.50E+05	2.25E+05	9.00E+04	2.57E+04	4.24E+05	1.26E+07

检查结果:对图6.51(a)所示电路采用1%容限电阻进行分析得到: $I_O = 203\mu\text{A}$, $R_{out} = 10.4\text{M}\Omega$,电源电流为 $244\mu\text{A}$。

讨论:对于此设计,式(6.130)中的分母使输出电阻下降为 $1/6.3$,小于极限值 $\beta_o r_o$。因此明智的

做法是选择 $\beta_0 V_A$ 乘积最大的晶体管。如图 6.51 所示，最终设计采用附录 A 中 1％ 容限电阻表格中阻值接近的电阻。

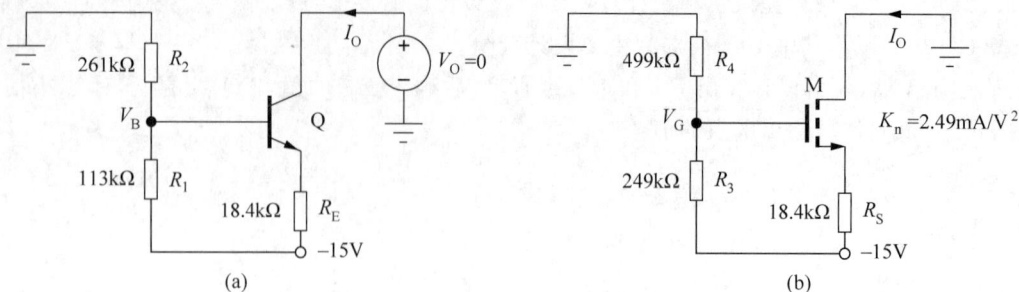

图 6.51 $I_o = 200\mu A, R_{out} \geq 10M\Omega$ 的最终电流源设计

计算机辅助分析：现在采用 SPICE 来检查手工设计的结果，其中 BF＝150，VAF＝75V，IS＝0.5fA（IS 的选择是为了在得到 $200\mu A$ 的集电极电流时，$V_{BE} \approx 0.7V$）。在所示电路中添加了零值电流源 V_O 来直接测量输出电流 I_O，并提供可用于利用 SPICE 传输函数分析来求出 R_{out} 的电流源。仿真得到的结果为 $R_{out} = 11.4M\Omega$，$I_O = 205\mu A$，$I_{EE} = 245\mu A$，满足所有的设计要求。采用蒙特卡洛分析来研究设计容限的影响也是一个非常好的方法。

练习：如果基极被电容旁路连接到地，则双极电流源的输出电阻为多少？

答案：$32.5M\Omega$。

练习：用最接近 5％ 容限电阻值来实现电流源。此时最佳电阻值为多少？在此电路中使用功耗为 $\frac{1}{4}$ W 的电阻是否够用？基于这些 5％ 容限电阻值，所设计电流源的实际输出电流和输出电阻为多少？

答案：$110k\Omega$，$270k\Omega$，$18k\Omega$；够用；$195\mu A$，$10.9M\Omega$。

练习：采用 $20\mu A$ 的偏置电路电流重新对例 6.5 中的电流源进行设计。新的 V_{BB}、R_1、R_2、R_E 和 R_{out} 的值为多少？

答案：9V；$450k\Omega$；$300k\Omega$；$40.0k\Omega$；$10.7M\Omega$。

设计实例

例 6.6 MOSFET 电流源设计。

本例利用 MOSFET 设计一个电流源，同样必须满足例 6.5 中的设计要求。

问题：用图 6.51(b) 所示的电路设计一个电流源，用单独的 $-15V$ 电源实现 $200\mu A$ 的额定输出电流及超过 $10M\Omega$ 的输出电阻。电流源还必须满足以下附加的约束条件：

- 在满足输出电阻要求的同时，输出电压范围应尽可能大。
- 电流源所用的总电流应该小于 $250\mu A$。
- 可用的 FET 其 $\lambda = 0.01V^{-1}$，K_n 可根据需要进行选择。

解：

已知量：图 6.52 所示的电流源电路；$I_O = 200\mu A$，$V_{SS} = 15V$，$I_{SS} < 250\mu A$，$R_{out} > 10M\Omega$，V_{GG} 尽可

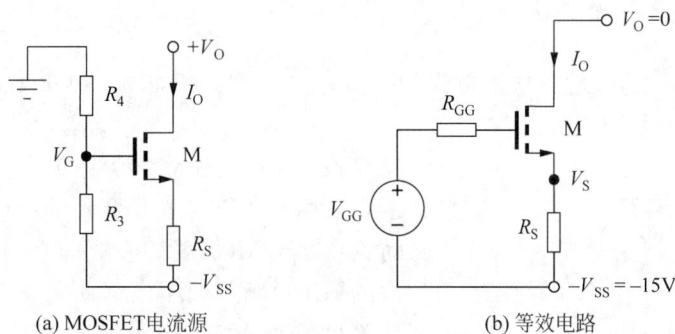

(a) MOSFET电流源　　　　　　　(b) 等效电路

图　6.52

能小；可用 MOSFET 的 $\lambda = 0.01\text{V}^{-1}$，$K_n$ 可根据需要进行选择。

未知量：电阻 R_3、R_4、R_5。

求解方法：根据之前的双极型晶体管实例，采用 $R_S = R_E$，$V_S = V_E$，这样可以很容易地对两种设计进行比较。求出满足输出电阻要求的放大系数及 K_n 的值。求出 V_{GS} 和 V_{GG}，并从附录 A 的 1% 容限电阻表中选择 R_3、R_4 的值。

假设：有源区和小信号工作条件；$V_{TN} = 1\text{V}$，选择 $V_O = 0\text{V}$ 作为输出电压的代表值。

分析：从写出晶体管的输出电阻表达式着手开始 MOSFET 电流源的设计。由于 MOSFET 的电流增益有限，电流源输出电阻的表达式比双极型电流源的增益表达式简单得多，为

$$R_{\text{out}} = r_o(1 + g_m R_S) \approx \mu_f R_S$$

如果所选择的 R_S 和 V_S 的值与双极型电流源所选择的相应值一样，分别为 $18\text{k}\Omega$ 和 -11.4V，则 MOSFET 的放大系数必须为

$$\mu_f \geqslant \frac{10\text{M}\Omega}{18\text{k}\Omega} = 556 \gg 1$$

MOSFET 的放大系数为

$$\mu_f = \frac{1}{\lambda}\sqrt{\frac{2K_n}{I_D}}(1 + \lambda V_{DS})$$

求解 K_n 得到

$$K_n = \frac{I_D}{2}\left(\frac{\lambda\mu_f}{1 + \lambda V_{DS}}\right)^2 = 100\mu\text{A}\left(\frac{\dfrac{0.01}{\text{V}}(556)}{1 + \dfrac{0.01}{\text{V}}(11.5\text{V})}\right)^2 = 2.49\,\frac{\text{mA}}{\text{V}^2}$$

利用分立元器件或集成电路都可以获得此 K_n 值。

在图 6.52 中，所需的栅极电压 V_{GG} 为

$$V_{GG} = I_D R_S + V_{GS} = 3.6 + V_{TN} + \sqrt{\frac{2I_D}{K_n}}$$

$$= 3.6\text{V} + 1\text{V} + \sqrt{\frac{2(0.2\text{mA})}{\dfrac{2.49\text{mA}}{\text{V}^2}}} = 5\text{V}$$

如果偏置电阻中的电流限制为漏极电流的 10%，则有

$$R_3 + R_4 = \frac{15\text{V}}{20\mu\text{A}} = 750\text{k}\Omega \qquad R_3 = \frac{5.00\text{V}}{15\text{V}} 750\text{k}\Omega = 250\text{k}\Omega$$

在附录 A 中选择最为接近 1% 容限电阻的阻值为 $R_3 = 249\text{k}\Omega, R_4 = 499\text{k}\Omega, R_S = 18.2\text{k}\Omega$。最终的设计如下图所示。

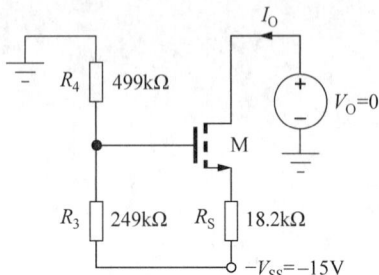

结果检查：对上述数学运算再次检查表明，计算是正确的。现在可用 SPICE 来验证我们的设计，所得结果如下所述。

讨论：对于 MOS 源，可采用较大的栅极偏置电阻，因为电流源的输出电阻与 R_{GG} 无关。

计算机辅助分析：现在用 SPICE 来检查手工计算的结果，其中 VTO $=1$V，KP $=2.49$mA/V^2，LAMBDA $=0.01$V^{-1}。在左图所示的电路中，添加了零值电流源 V_O 来直接测量输出电流 I_O，同时还为用 SPICE 传输函数分析求出 R_{out} 提供了电源。采用 1% 容限电阻得到的结果为 $R_{out} = 11.3\text{M}\Omega$，且 $I_O = 198\mu\text{A}$，$I_{SS} = 219\mu\text{A}$，满足所有的设计要求。在此采用蒙特卡洛分析研究容限对于设计的影响也是一个不错的做法。同时，还可采用更为复杂的 SPICE 模型来对设计进行再次检查。

练习：在上图中 MOSFET M 仍保持饱和的最小漏极电压为多少？

答案：-9.96V。

练习：对于例 6.6 中的 FET，如果 $K'_n = 25\mu\text{A/V}^2$，则所需的 W/L 值应为多少？

答案：99.6/1。

练习：对于图 6.51(a) 中的 BJT，如果仍需保持工作在正向放大区，则其最小的集电极电压是多少？

答案：-10.8V。

练习：计划用最接近的 5% 容限电阻来实现 MOS 电流源。最佳的电阻值为多少？在此电路中使用功耗为 1/4W 的电阻是否够用？基于这些 5% 容限电阻值，所设计电流源的实际输出电流和输出电阻为多少？

答案：510kΩ，240kΩ，18kΩ；是；189μA，10.3MΩ。

电 子 应 用

医疗中的超声波成像技术

医用超声波影像系统（Medical Ultrasound Imaging System）被广泛应用于临床诊断过程中，如检测肿瘤、心脏功能及胎儿发育。超声系统通过向人体发送 1～20MHz 的声波脉冲，然后接收回波来工作。因为不同的人体组织对于声波的能量吸收不相等，从而通过回波的变化可以确定组织的类型及特征。为了探测人体不同特定位置的组织性质，相控阵技术被应用于脉冲的传输和接收。例如下图给出了一个简化的接收过程。传感器元器件与聚焦点的距离不同，回波的返回时间也随之变化，返回脉冲也有时间差别。当加入适当的延迟后，回波便可进行求和，随机噪声将被抵消。但是我们感兴趣的有用信号将被加强，通过改变发送传感器元器件的脉冲时间，整个传输过程将得以实现。

下图进一步阐述了超声系统。由于传感器或者人体所造成的失真，所接收到的超声信号会非常小，通常是微伏级。所以,前端模拟放大器必须是一个噪声非常低的多级放大器。总的增益约为100dB。因为增益很大,所以放大器必须是交流耦合或者有偏移校正形式。例如,如果放大器的输入有5mV的偏移,100dB的增益将产生被限幅的输出。另外,超声前置放大器(Ultrasound Preamplifier)需要时间增益控制(Time Gain Control)。当超声信号在人体内传播时,信号会急剧衰弱,并且传播距离越远,信号越弱。在接收超声波所需的几微秒内,电路将在60~80dB范围内不断改变放大器的增益来补偿信号。

在前置放大器之后,信号在采样后进行数字化转换。在一个典型的128信道、40MSample/s的10位模/数转换器(ADC)中,总的数据速率可以达到6.4GB/s。这样大的数据流量需要通过几个定制的专用集成电路(ASIC)进行处理。这些定制的专用集成电路执行实时延迟、求和运算及修正许多这里未提及的不理想状态。

正如所展示的那样,现代医疗系统给很多原创电路设计提供了机会。随着医疗知识的进步,对于新知识的准确应用,生理学上反映测量的精确性显得越来越重要。

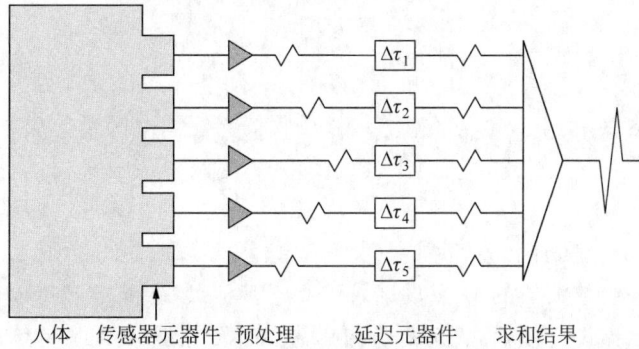

(a) 超声接收调控示意图

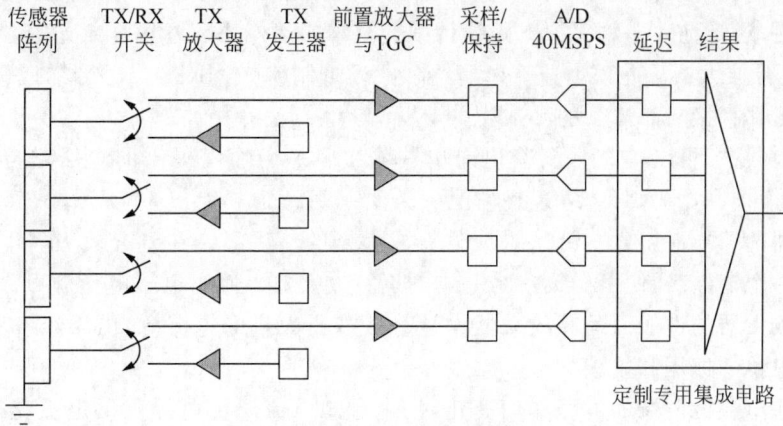

(b) 典型商业超声系统传输/接收电路

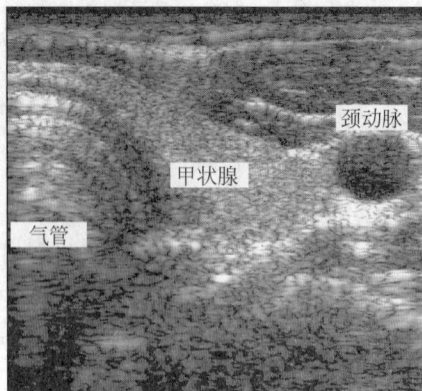

(c) 气管、甲状腺和颈动脉的超声图像（超声
图像由弗吉尼亚大学William F.Walker提供）

小结

大多数情况下，在第 4 章和第 5 章中讨论的单级放大器无法同时满足应用中的所有要求（如高压增益、高输入电阻和低输出电阻）。因此，我们必须通过多种方式将单级放大器结合起来组成多级放大器，以获得更高的整体性能。

- 在多级放大器中，交流耦合和直流耦合（又称直接耦合）方式都会用到，这取决于实际的应用。交流耦合允许每一级放大器的 Q 点设计可独立于其他级，旁路电容可以用来消除放大器交流等效电路中的偏置元器件。然而，直流耦合可以去除部分电路元器件，包括耦合电容和偏置电阻，代表的是一种更加经济的电路设计方法。此外，直接耦合可得到一个低通放大器，能提供较高的直流增益，在大多数运算放大器设计中会用到直流耦合。

- 最重要的直流耦合放大器是对称双晶体管差分放大器。差分放大器不仅是运算放大器设计中的关键电路，还是绝大多数模拟电路设计中的基本构建模块。本章详细研究了双极差分放大器和 MOS 差分放大器。差模增益、共模增益、共模抑制比（CMRR）、放大器的差模、共模输入电阻和输出电阻都直接与晶体管的参数相关，从而与 Q 点设计相关。

- 在差分放大器中，可以具有平衡输出或单端输出。平衡输出提供的电压增益是单端输出的两倍，且其共模抑制比要高许多（理想情况下为无穷大）。

- 差分放大器的重要应用之一就是构成运算放大器的输入级。在差分放大器电路中加入第 2 级增益级和一个输出级，便可构成一个基本的运算放大器。使用电子电流源可大大提高差分放大器和运算放大器的性能。运算放大器设计一般需要大量的电流源，出于经济考虑，这些多级电流源通常由单一偏压产生。

- 无论施加在电流源两端的电压如何变化，一个理想电流源可以提供恒定不变的输出电流，也就是说，电流源具有无穷大的输出电阻。尽管电子电流源无法达到无穷大的输出电阻，但是可以达到非常高的输出电阻值，多种基本电子电流源电路和技术可以用来实现高输出电阻。

- 对于一个电流源来说，电流源电流与输出电阻的乘积 V_{CS} 是一个可以用来进行电流源评价的品质因素。利用一个双极型晶体管可以建立一个单管电流源，其 V_{CS} 值可以接近 BJT $\beta_o V_A$ 的乘积值；品质很高的双极型晶体管，该乘积可以达到 10000V。对于 FET，V_{CS} 可达到 $\mu_f V_{SS}$ 乘积值的很大部分,其中 V_{SS} 为电源电压。利用 FET 电流电源可以达到超过 1000V 的值。

- 在 SPICE 中可以用一个直流电流源和一个阻值等于电流输出电阻的电阻并联,来对电子电流源进行建模。为了达到最高的精确度,要对电流源的值进行调整,以满足输出电阻上流过的任何电流值。

- 两个 npn 或 pnp 晶体管的达林顿连接,为单个 npn 或 pnp 器件创造了更高的电流增益。

- 根据导通角定义了 A 类、B 类和 AB 类放大器:A 类为 360°,B 类为 180°,AB 类为 180°～360°。对于正弦信号而言,A 类放大器的效率不会超过 25%,B 类放大器的效率上限为 78.5%。不过,B 类放大器因受到传输特性死区的影响而导致交越失真。

- AB 类放大器以较小的静态功耗增加和效率损耗消除了交越失真。选择合适的静态工作点,AB 类放大器的效率可接近 B 类放大器的效率。用 AB 类输出级代替 A 类跟随输出级,可以大大改善基本运算电路的设计。在运算放大器中经常采用 AB 类输出级,且通常带有短路保护电路。

- 放大器还可以采用变压器耦合。变压器的阻抗转换特性可以用来简化需要驱动低负载电阻的电路设计,如扬声器、耳机等。

- 集成电路(IC)工艺可以实现大量几乎相同的晶体管。尽管这些器件的绝对参数容限相对较差,但实际特性偏差可控制在 1% 以内。大量密切匹配的器件可以实现基于器件相似特征进行工作的特殊电路技术。匹配电路设计技术的使用贯穿了整个模拟电路设计,可以用非常少的晶体管实现高性能电路。

关键词

AC-coupled Amplifier	交流耦合放大器
Balanced Output	平衡输出
Cascode Amplifier	Cascode 放大器
Cascode Current Source	Cascode 电流源
Class-A,Class-B and Class-AB Amplifiers	A 类、B 类和 AB 类放大器
Class-B Push-Pull Output Stage	B 类推挽输出级
Common-Mode Conversion Gain	共模转换增益
Common-Mode Gain	共模增益
Common-Mode Half-Circuit	共模半电路
Common-Code Input Resistance	差模输入电阻
Common-Mode Input Voltage Range	差模输入电压范围
Common-Code Rejection Ratio(CMRR)	共模抑制比(CMRR)
Complementary Push-Pull Output Stage	互补推挽输出级
Conduction Angle	导通角
Cross-Over Distortion	交越失真
Cross-Over Region	交越区
Current-Limiting Circuit	限流电路
Current Sink	电流沉
Darlington Circuit	达林顿电路

DC-Coupled(Direct-Coupled)Amplifiers	直流耦合放大器
Dead Zone	死区
Differential Amplifier	差分放大器
Differential-Mode Conversion Gain	差模转换增益
Differential-Mode Gain	差模增益
Differential-Mode Half-Circuit	差模半电路
Differential-Mode Input Resistance	差模输入电阻
Differential-Mode Output Resistance	差模输出电阻
Differential-Mode Output Voltage	差模输出电压
Electronic Current Source	电子电流源
Figure of Merit(FOM)	品质因数(FOM)
Half-Circuit Analysis	半电路分析
Ideal Current Source	理想电流源
Level Shift	电平移位
Short-Circuit Protection	短路保护
Single-Ended Output	单端输出
Transformer Coupling	变压器耦合
Virtual Ground	虚地
Voltage Reference	参考电压

参考文献

1. R. D. Thornton, et. al. , *Multistage Transistor Circuits* , SEEC Volume 5, Wiley, New York：1965.

2. P. R. Gray, P. J. Hurst. S. H. Lewis, and R. G. Meyer, *Analysis and Design of Analog Integrated Circuits* , 4th ed. , John Wiley and Sons, New York：2001.

扩展阅读

R. C. Jaeger, A high output resistance current source, *IEEE JSSC* , vol. SC-9, pp. 192-194, August 1974.

R. C. Jaeger, Common-mode rejection limitations of differential amplifiers, *IEEE JSSC* , vol. SC-11, pp. 411-417. June 1976.

R. C. Jaeger, and G. A. Hellwarth. On the performance of the differential cascode amplifier, *IEEE JSSC* , vol. SC-8, pp. 169-174, April 1973.

习题

除非有特殊说明，否则以下习题都采用如下参数：$\beta_F = 100$，$V_A = 70V$，$K_p = K_n = 1mA/V^2$，$V_{TN} = -V_{TP} = 1$，$\lambda = 0.02V^{-1}$。

§6.1 差分放大器

BJT 放大器

6.1 (a)如果 $V_{CC} = 12V$，$V_{EE} = 12V$，$R_{EE} = 270k\Omega$，$R_C = 330k\Omega$，$\beta_F = 100$，则图 P6.1 所示放大器

中各晶体管的静态工作点是多少？(b)此放大器的差模增益、差模输入电阻和输出电阻为多少？(c)单端输出的共模增益、共模抑制比和共模输入电阻是多少？

6.2 (a)如果 $V_{CC}=1.5V$，$V_{EE}=1.5V$，$\beta_F=60$，$R_{EE}=75k\Omega$，$R_C=100k\Omega$，则图 P6.1 所示放大器中各晶体管的静态工作点是多少？(b)此放大器的差模增益、共模增益、共模抑制比及差模、共模输入电阻和输出电阻分别为多少？

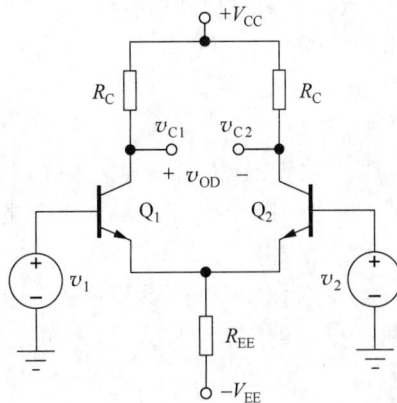

图 P6.1

6.3 (a)用 SPICE 在 1kHz 时对图 P6.1 所示的差分放大器进行仿真，确定其差模增益、共模增益、共模抑制比及差模、共模输入电阻的值；(b)以频率为 1kHz、振幅为 25mV 的正弦波为输入信号源，用 SPICE 瞬态分析画出输出信号波形，利用 SPICE 的失真分析功能求输出的谐波失真。

6.4 (a)如果 $V_{CC}=15V$，$V_{EE}=15V$，$R_{EE}=100k\Omega$，$R_C=100k\Omega$，$\beta_F=100$，则图 P6.1 所示放大器中各晶体管的静态工作点是什么？(b)此放大器的差模增益、共模增益、共模抑制比及差模、共模输入电阻和输出电阻分别为多少？

6.5 (a)如果 $V_{CC}=18V$，$V_{EE}=18V$，$R_{EE}=270k\Omega$，$R_C=240k\Omega$，$v_1=5V$，$v_2=5V$，则利用共模增益求出图 P6.1 所示放大器的电压 v_{C1}、v_{C2} 和 v_{OD} 的值；(b)直接施加电压 V_{IC}，求出电路的静态工作点，并重新计算 v_{C1} 和 v_{C2} 的值。将该结果与(a)中所得结果进行比较。两者间不一致的原因是什么？

6.6 利用图 P6.1 所示的拓扑结构，取 $V_{CC}=V_{EE}=9V$，$\beta_F=120$，设计一个差分放大器，使其差模增益为 58dB，$R_{id}=100k\Omega$(在进一步进行更深设计之前，一定要利用第 4 章的经验关系式来检查设计的可行性)。

6.7 利用图 P6.1 所示的拓扑结构，取 $V_{CC}=V_{EE}=12V$，$\beta_F=100$，设计一个差分放大器，使其差模增益为 46dB，$R_{id}=1M\Omega$(在进一步进行更深设计之前，一定要利用第 4 章的经验关系式来检查设计的可行性)。

6.8 (a)如果 $V_{CC}=15V$，$V_{EE}=15V$，$I_{EE}=400\mu A$，$\beta_F=100$，$R_{EE}=270k\Omega$，$R_C=47k\Omega$，$V_A=\infty$，则图 P6.2 所示放大器中各晶体管的静态工作点是多少？(b)此放大器的差模增益、共模增益、共模制比及差模、共模输入电阻和输出电阻分别为多少？(c)如果 $V_A=50V$，重做(b)中的计算。

6.9 (a)用 SPICE 在 1kHz、$V_A=60V$ 时，对习题 6.8 中的放大器进行仿真，确定其差模增益、共模增益、共模抑制比及差模、共模输入电阻的值；(b)以频率为 1kHz，幅度为 25mV 的正弦波为输出信号源，用 SPICE 瞬态分析画出输出信号波形，利用 SPICE 的失真分析功能求出输出的谐波失真。

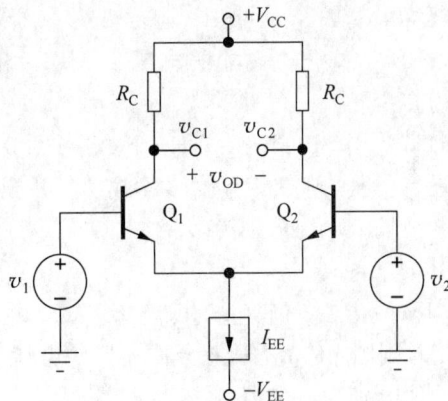

图 P6.2

6.10 如果 $V_{CC}=12V$，$V_{EE}=12V$，$\beta_F=75$，$I_{EE}=300\mu A$，$R_{EE}=270k\Omega$，$R_C=47k\Omega$，$v_1=1.995V$，$v_2=2.005V$，则利用共模增益求出图 P6.2 所示差分放大器的电压 v_{C1}、v_{C2} 和 v_{OD} 的值。该放大器的共模输入范

围是多少?

6.11 如果 $\beta_o = 150$,则图 P6.2 所示的电路要达到 $R_{id} = 4M\Omega$,电流 I_{EE} 要达到多大? 输出电阻 R_{EE} 为多少时,共模抑制比 CMRR=100dB?

6.12 对于图 P6.3 所示的放大器,有 $V_{CC} = 7.5V$, $V_{EE} = 7.5V$, $\beta_F = 100$, $I_{EE} = 20\mu A$, $R_C = 180k\Omega$。(a)当 $v_i = 0V$ 及 $v_i = 2mV$ 时,放大器的输出电压 v_o 和 V_O 分别为多少? (b)v_i 的最大值为多少?

6.13 对于图 P6.3 所示的放大器,有 $V_{CC} = 12V$, $V_{EE} = 12V$, $\beta_F = 120$, $I_{EE} = 200\mu A$, $R_C = 100k\Omega$。(a)当 $v_i = 0V$ 和 $v_i = 1mV$ 时,放大器的输出电压 v_o 和 V_O 分别为多少? (b)v_i 的最大值为多少?

6.14 用 SPICE 在 1kHz, $V_A = 60V$ 时,对习题 6.13 中的放大器进行仿真,确定其差模增益、共模增益、共模抑制比及差模、共模输入电阻的值;(b)以 1kHz、25mV 的正弦波为输入信号源,用 SPICE 瞬态分析画出输出信号波形,利用 SPICE 的失真分析功能求输出的谐波失真。

6.15 (a)对于图 P6.4 所示放大器,如果 $V_{CC} = 9V$, $V_{EE} = 9V$, $\beta_F = 150$, $R_{EE} = 150k\Omega$, $R_C = 200k\Omega$,则放大器中各晶体管的静态工作点是多少? (b)此放大器的差模增益、共模增益、共模抑制比和差模、共模输入电阻为多少?

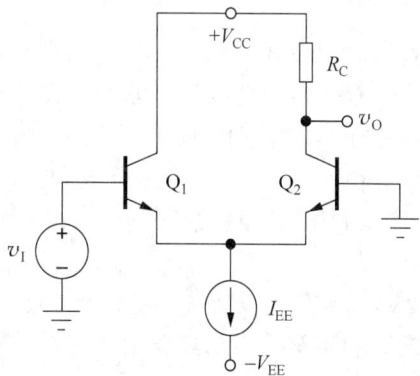

图 P6.3

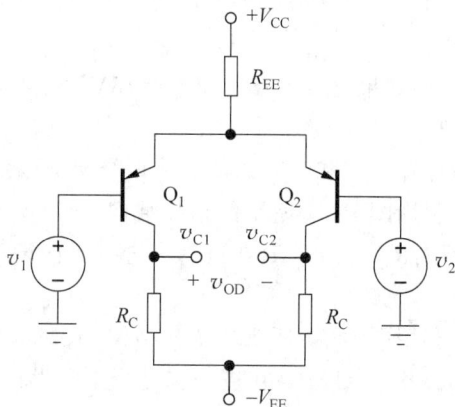

图 P6.4

6.16 如果 $V_{CC} = 12V$, $V_{EE} = 12V$, $\beta_F = 100$, $R_{EE} = 430k\Omega$, $R_C = 560k\Omega$, $v_1 = 1V$, $v_2 = 0.99V$,则图 P6.4 所示差分放大器的电压 v_{C1}、v_{C2} 和 v_{OD} 的值分别为多少?

6.17 用 SPICE 在 5kHz 下,对习题 6.15 中的放大器进行仿真,则差模增益、共模增益、共模抑制比、差模和共模输入电阻分别为多少?

6.18 如果 $V_{CC} = 18V$, $V_{EE} = 18V$, $\beta_F = 120$, $I_{EE} = 1mA$, $R_{EE} = 500k\Omega$, $R_C = 15k\Omega$, $v_1 = 0.01V$, $v_2 = 0V$,则图 P6.5 所示差分放大器的电压 v_{C1}、v_{C2} 和 v_{OD} 的值分别为多少?

6.19 用 SPICE 在 5kHz 下,对习题 6.18 中的放

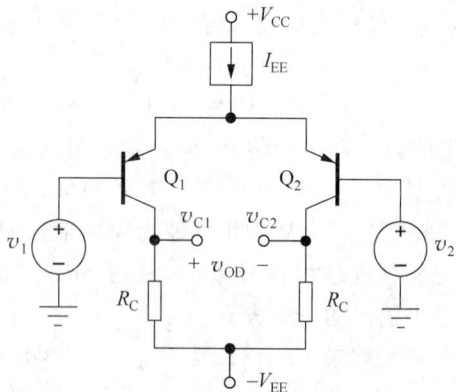

图 P6.5

大器进行仿真,确定差模增益、共模增益和共模抑制比。

6.20　(a)如果 $V_{CC}=3V$, $V_{EE}=3V$, $\beta_F=80$, $I_{EE}=10\mu A$, $R_{EE}=5M\Omega$, $R_C=390k\Omega$, 则图 P6.5 所示差分放大器中各晶体管的静态工作点是多少?(b)差模增益、共模增益、CMRR、差模和共模输入电阻、共模输入范围分别是多少?

6.21　图 P6.6 所示差分放大器具有不匹配的集电极电阻值。如果输出为差分输出电阻,且有 $R=100k\Omega$, $\Delta R/R=0.01$, $V_{CC}=V_{EE}=15V$, $R_{EE}=100k\Omega$, $\beta_F=100$, 则此差分放大器的 A_{dd}、A_{cd} 和共模抑制比分别为多少?

6.22　用 SPICE 在 $100Hz$ 下,对习题 6.21 中的放大器进行仿真,确定差模增益、共模增益和共模抑制比的值。

6.23　图 P6.7 所示差分放大器的晶体管有不匹配的跨导。如果输出为差分输出电压 v_{OD}, 且有 $R=100k\Omega$, $g_m=3mS$, $\Delta g_m/g_m=0.01$, $V_{CC}=V_{EE}=15V$, $R_{EE}=100k\Omega$, 则此差分放大器的 A_{dd}、A_{cd} 和共模抑制比分别为多少?

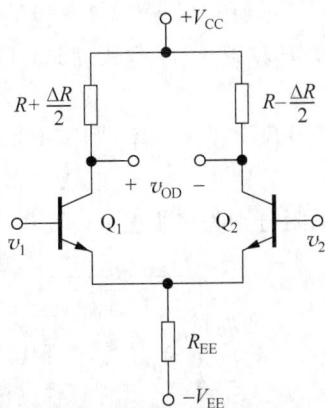

图　P6.6

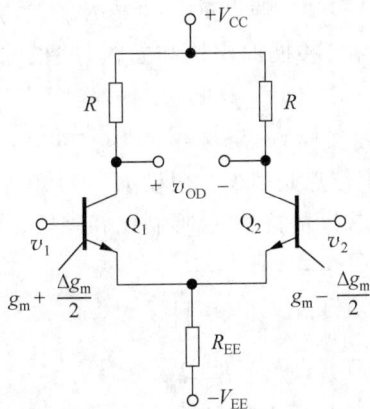

图　P6.7

FET 差分放大器

6.24　(a)如果 $V_{DD}=12V$, $V_{SS}=12V$, $R_{SS}=15k\Omega$, $R_D=22k\Omega$, 则图 P6.8 所示放大器中各晶体管的静态工作点是多少? 假设 $K_n=400\mu A/V^2$, $V_{TN}=0.8V$;(b)此放大器的差模增益、共模增益、共模抑制比和差模、共模输入电阻为多少?

6.25　(a)如果 $V_{DD}=5V$, $V_{SS}=5V$, $R_{SS}=2.4k\Omega$, $R_D=2.4k\Omega$, 则图 P6.8 所示放大器中各晶体管的静态工作点是多少? 假设 $K_n=400\mu A/V^2$, $V_{TN}=0.7V$;(b)此放大器的差模增益、共模增益、共模抑制比及差模、共模输入电阻为多少?

6.26　使用统一模型,假设 $V_{SAT}=1V$, 重复习题 6.24 的计算。

6.27　使用统一模型,假设 $V_{SAT}=1V$, 重复习题 6.25 的计算。

6.28　(a)用 SPICE 在 $1kHz$ 时,习题 6.25 中的

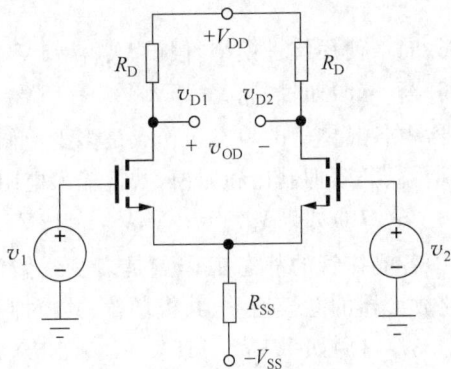

图　P6.8

放大器进行仿真,确定差模增益、共模增益、共模抑制比和差模、共模输入电阻的值；(b)以 1kHz、250mV 的正弦波为输入信号,用 SPICE 瞬态分析画出输出信号波形,利用 SPICE 的失真分析功能求出输出的谐波失真。

6.29 利用图 P6.8 所示的电路,设计一个差分放大器,使其差分输出电阻为 $10k\Omega$,且 $A_{dm} = 20dB$。取 $V_{DD} = V_{SS} = 5V$。假设 $K_n = 25mA/V^2$,$V_{TN} = 1V$。

6.30 (a)如果 $V_{DD} = 12V$,$V_{SS} = 12V$,$R_{SS} = 62k\Omega$,$R_D = 62k\Omega$,则图 P6.9 所示放大器中各晶体管的静态工作点是多少? 假设 $K_n = 400\mu A/V^2$,$\gamma = 0.75V^{0.5}$,$2\phi_F = 0.6V$,$V_{TO} = 1V$；(b)放大器的差增益、共模增益、共模抑制比和差模、共模输入电阻分别是多少? (c)当 $\gamma = 0$ 时,静态工作点是多少?

6.31 (a)利用 SPICE 在 1kHz 时,对习题 6.30 中的放大器进行仿真,确定差模增益、共模增益、共模抑制比和差模、共模输入电阻的值；(b)以 1kHz、250mV 的正弦波为信号源,用 SPICE 瞬态分析画出输出信号波形,利用 SPICE 的失真分析功能求出输出的谐波失真。

6.32 (a)如果 $V_{DD} = 15V$,$V_{SS} = 15V$,$R_{SS} = 220k\Omega$,$R_D = 330k\Omega$,则图 P6.9 所示放大器中各晶体管的静态工作点是多少? 假设 $K_n = 400\mu A/V^2$,$\gamma = 0.75V^{0.5}$,$2\phi_F = 0.6V$,$V_{TO} = 1V$；(b)此放大器的差模增益、共模增益、共模抑制比和差模、共模输入电阻分别为多少? (c)当 $\gamma = 0$ 时,静态工作点是多少?

6.33 (a)$V_{DD} = 12V$,$V_{SS} = 12V$,$I_{SS} = 1.5mA$,$R_{SS} = 33k\Omega$,$R_D = 15k\Omega$,则图 P6.10 所示放大器中各晶体管的静态工作点是多少? 假设 $K_n = 400\mu A/V^2$,$\gamma = 0.75V^{0.5}$,$2\phi_F = 0.6V$,$V_{TO} = 1V$；(b)此放大器的差模增益、共模增益、共模抑制比和差模、共模输入电阻分别为多少?

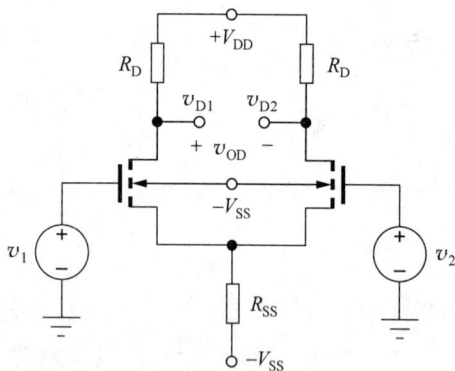

图 P6.9

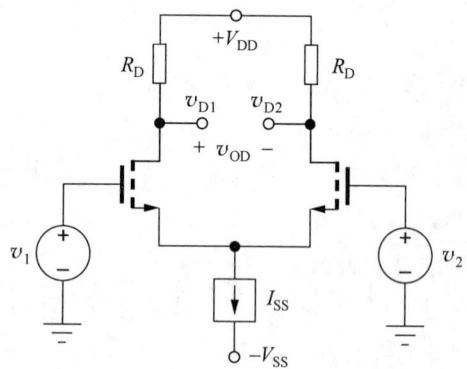

图 P6.10

6.34 使用统一模型,假设 $V_{SAT} = 1V$,重复习题 6.33 的计算。

6.35 (a)如果 $V_{DD} = 15V$,$V_{SS} = 15V$,$I_{SS} = 40\mu A$,$R_{SS} = 1.25M\Omega$,$R_D = 300k\Omega$,则图 P6.10 所示放大器中各晶体管的静态工作点是多少? 假设 $K_n = 400\mu A/V^2$,$V_{TN} = 1V$；(b)此放大器的差模增益、共模增益、共模抑制比和差模、共模输入电阻为多少?

6.36 (a)如果 $V_{DD} = 12V$,$V_{SS} = 12V$,$I_{SS} = 300\mu A$,$R_{SS} = 160k\Omega$,$R_D = 75k\Omega$,则图 P6.11 所示放大器中各晶体管的静态工作点是多少? 假设 $K_n = 400\mu A/V^2$,$\gamma = 0.75V^{0.5}$,$2\phi_F = 0.6V$,$V_{TO} = 1V$；(b)此放大器的差模增益、共模增益、共模抑制比和差模、共模输入电阻分别为多少?

6.37 (a)如果 $V_{DD} = 18V$,$V_{SS} = 18V$,$I_{SS} = 40\mu A$,$R_{SS} = 1.25M\Omega$,$R_D = 300k\Omega$,则图 P6.11 所示放大器中各晶体的静态工作点是多少? 假设 $K_n = 400\mu A/V^2$,$\gamma = 0.75V^{0.5}$,$2\phi_F = 0.6V$,$V_{TO} = 1V$；

(b)此放大器的差模增益、共模增益、共模抑制比和差模、共模输入电阻分别为多少

6.38 利用图 P6.11 所示的电路,设计一个差分放大器,使其差模增益为 30dB。取 $V_{DD}=V_{SS}=7.5V$。电路具有最大可能的共模输入范围。假设 $V_{TN}=1V$,$K_n=5mA/V^2$。

6.39 使用图 P6.11 所示的电路重复习题 6.38 的计算,其中 $\gamma=0.75V^{0.5}$,$2\phi_F=0.6V$。

6.40 (a)如果 $V_{DD}=16V$,$V_{SS}=16V$,$R_{SS}=56k\Omega$,$R_D=91k\Omega$,则图 P6.12 所示放大器中各晶体管的静态工作点是多少? 假设 $K_p=200\mu A/V^2$,$V_{TP}=-1V$;(b)此放大器的差模增益、共模增益、共模抑制比和差模、共模输入电阻分别为多少?

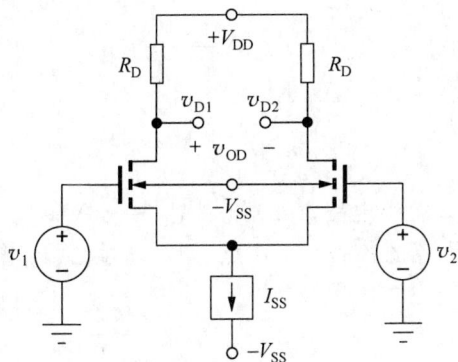

图 P6.11

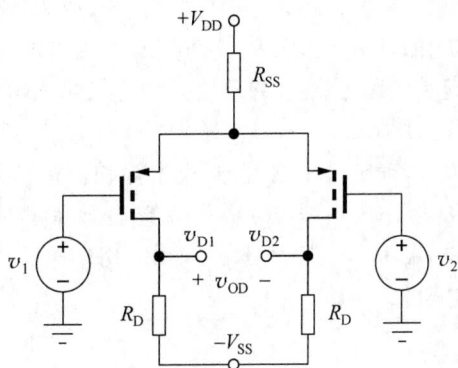

图 P6.12

6.41 用 SPICE 在 3kHz 时,对习题 6.40 中的放大器进行仿真,确定差模增益、共模增益、共模抑制比和差模、共模输入电阻的值。

6.42 (a)如果 $V_{DD}=9V$,$V_{SS}=9V$,$I_{SS}=40\mu A$,$R_{SS}=1.25M\Omega$,$R_D=300k\Omega$,则图 P6.13 所示放大器中各晶体的静态工作点是多少? 假设 $K_p=200\mu A/V^2$,$\gamma=0.6V^{0.5}$,$2\phi_F=0.6V$,$V_{TO}=1V$;(b)此放大器的差模增益、共模增益、共模抑制比和差模、共模输入电阻分别为多少?

6.43 图 6.14 所示的放大器,有 $V_{DD}=12V$,$V_{SS}=12V$,$I_{SS}=20\mu A$,$R_D=820k\Omega$。假设 $K_p=1mA/V^2$,$V_{TP}=1V$。(a)当 $v_1=0$ 及 $v_1=20mV$ 时,放大器的输出电压 v_o 为多少?(b)v_i 的最大值为多少?

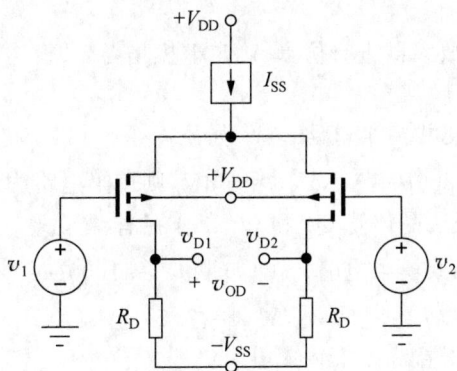

图 P6.13

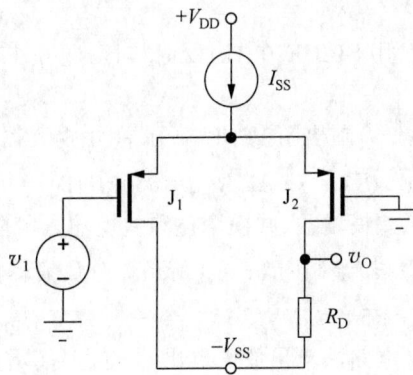

图 P6.14

6.44 图 P6.15 所示的放大器，有 $V_{DD}=12V$，$V_{SS}=12V$，$I_{SS}=20\mu A$，$R_D=820k\Omega$。假设 $I_{DSS}=1mA$，$V_P=2V$。(a)当 $v_1=0$ 及 $v_1=20mV$ 时，放大器的输出电压 v_O 为多少？(b)v_s 的最大值为多少？

6.45 利用 n 沟道 JFET，重新绘制习题 6.44 中的差分放大器。

半电路分析

6.46 (a)画出图 P6.16 所示差分放大器的差模及共模半电路；(b)如果 $\beta_o=150$，$V_{CC}=22V$，$V_{EE}=22V$，$R_{EE}=200k\Omega$，$R_1=2k\Omega$，$R_C=200k\Omega$。用半电路法求出放大器的 Q 点、差模增益、共模增益和差模输入电阻。

6.47 用 SPICE 在 1kHz 时，对习题 6.46 中的放大器进行仿真，确定差模增益、共模增益和差模输入电阻。

6.48 (a)画出图 P6.17 所示差分放大器的差模及共模半电路；(b)如果 $V_{CC}=16V$，$V_{EE}=16V$，$I_{EE}=100\mu A$，$R_{EE}=600k\Omega$，$\beta_o=100$，用半电路法求出放大器的各静态工作点、差模增益、共模增益和差模输入电阻。

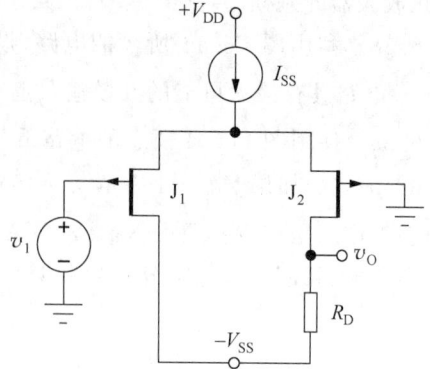

图 P6.15

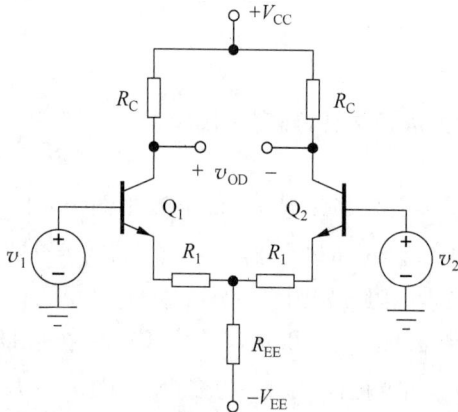

图 P6.16

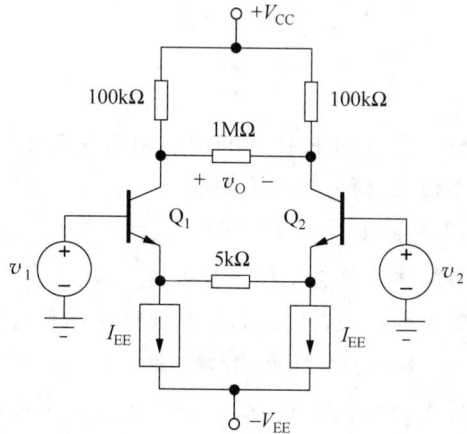

图 P6.17

6.49 用 SPICE 在 1kHz 时，对习题 6.17 所示的放大器进行仿真，确定差模增益、共模增益和差模输入电阻。

6.50 (a)画出图 P6.18 所示差分放大器的差模及共模半电路；(b)如果 $V_{CC}=18V$，$V_{EE}=18V$，$I_{EE}=100\mu A$，$R_D=75k\Omega$，$R_{EE}=600k\Omega$，$\beta_o=100$，$K_n=200\mu A/V^2$，$V_{TN}=-4V$，则用半电路法求出放大器的 Q 点、差模增益、共模增益和差模输入电阻；(c)证明晶体管 Q_1 和 Q_2 工作在有源区。

6.51 (a)绘制图 P6.19 所示差分放大器的差模和共模半电路；(b)如果 $K_n=1000\mu A/V^2$，$V_{TN}=0.75V$，$K_p=500\mu A/V^2$，$V_{TP}=-0.75V$，$I_1=200\mu A$，$I_2=100\mu A$，$V_{DD}=7.5V$，$V_{SS}=7.5V$，$R_D=30k\Omega$，用半电路法求出放大器出 Q 点、差模增益、共模增益和差模输入电阻。

6.52 (a)如果 $V_{DD}=2.5V$，$-V_{SS}=-2.5V$，$R_D=10k\Omega$，则重复习题 6.51 的计算；(b)此放大器的共模输入范围为多少？

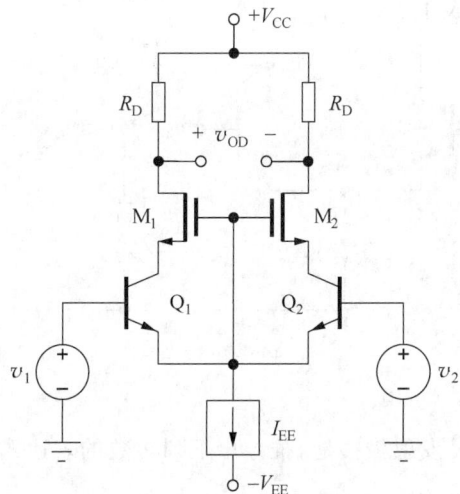

图 P6.18

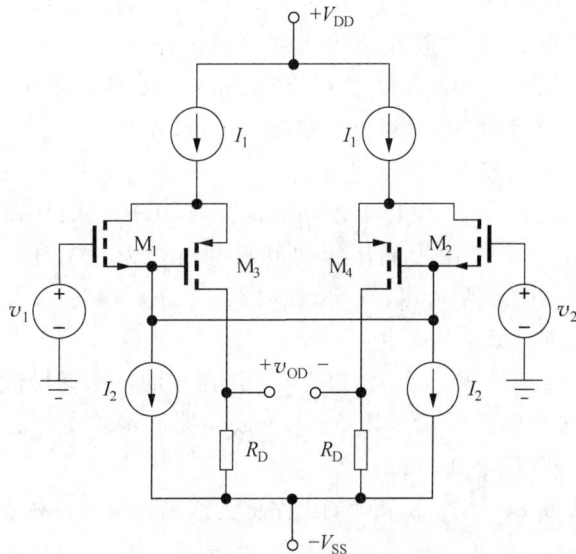

图 P6.19

6.53 (a)绘制图 P6.20 所示差分放大器的差模和共模半电路；(b)如果 $V_{CC}=12V, V_{EE}=12V, I_{EE}=100\mu A, R_D=75k\Omega, R_{EE}=600k\Omega, \beta_o=100, I_{DSS}=200\mu A, V_P=-4V$，用半电路法求出放大器的 Q 点、差模增益、共模增益和差模输入电阻；(c)证明晶体管 Q_1 和 Q_2 工作在有源区。

§6.2 基本运算放大器的演进

6.54 (a)如果 $V_{CC}=18V, V_{EE}=18V, I_1=50\mu A, R=24k\Omega, \beta_o=100, V_A=60V$，则图 P6.21 所示放大器中各晶体管的 Q 点是多少？(b)此放大器的差模电压增益和输入电阻为多少？(c)放大器的输出电阻是多少？(d)放大器的共模输入电阻为多少？(e)哪一端为同相输入端？

6.55 习题 6.54 中晶体管 Q_3 的最小集电极击穿电压是多少？假设由于存在一个大的输入信号，差分对用作电流开关。

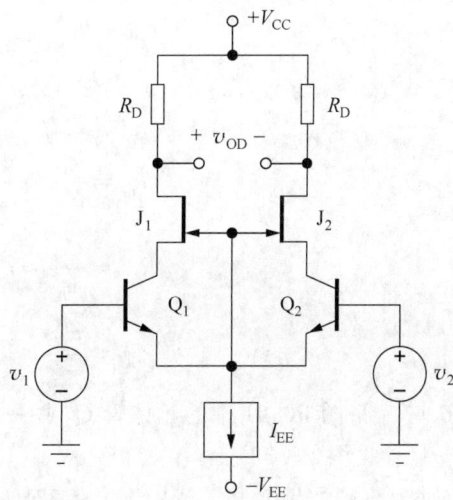

图 P6.20

6.56 利用 2.12.6 节电子应用中的技术资料，借助 SPICE 求出习题 6.54 中放大器的偏置电压、共模抑制比和 PSRR。

6.57 如果电流源 I_1 被电子电流源替换，则习题 6.54 中放大器的共模输入范围是多少，才能保证电流源有 0.75V？

6.58 用 SPICE 在 1kHz 时，对习题 6.54 中的放大器进行仿真，确定差模增益、共模增益、共模抑制比、差模输入电阻和输出电阻。

6.59 (a)当 $V_{CC}=V_{EE}=12V$，重复习题 6.54 的问题；(b)在习题 6.57 中新的共模输入范围是多少？

6.60 如果将 I_1、R 和 R_C 重新设计,使电流增加 5 倍,重复习题 6.54 中相关参数的计算。

6.61 绘制图 6.26(a)所示 npn 达林顿对中包含晶体管的小信号模型的双端口表示,并导出 6.2.3 节中 R_{iB} 和 R_{iC} 的表达式。

6.62 如果 $I_C = 100\mu A$,$\beta_{F1} = 40$,$\beta_{F2} = 110$,$V_{CE} = 6V$,且两个晶体管的厄利电压均为 60V,则图 6.26(a)所示 npn 达林顿对的 β_F、I_B、I_{C1}、I_{C2}、R_{iB}、R_{iC} 分别是多少?

6.63 利用 2.12.6 节电子应用中的技术资料,借助 SPICE 求出习题 6.65 中放大器的偏置电压、共模抑制比和 PSRR。

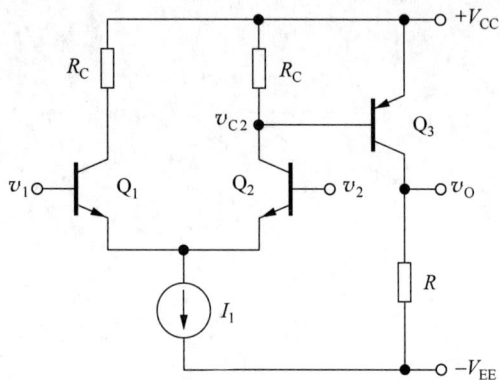

图 P6.21

6.64 6.2.3 节中的电路称为两晶体管达林顿连接。假设发射极接地,推导出下列参数的表达式:

$$I_{C1} = \beta_{F1} I_B \quad I_{C2} = \beta_{F2}(\beta_{F1} + 1) I_B$$

$$I_C \approx \beta_{F1}\beta_{F2} I_B$$

$$g_{m2} = \beta_{o1} g_{m1} \quad r_{\pi 1} = \beta_{o1} r_{\pi 2}$$

$$r_{o1} = \beta_{o1} r_{o2}$$

$$\beta_o = \frac{i_c}{i_B} \approx \beta_{o1}\beta_{o2}$$

$$G_m = \frac{i_c}{v_{be}} = \frac{g_{m1}}{2} + \frac{g_{m2}}{2} \approx \frac{g_{m2}}{2}$$

$$R_{iB} = \frac{v_{be}}{i_b} = r_{\pi 1} + (\beta_{o1} + 1) r_{\pi 2} \approx 2\beta_{o1} r_{\pi 2}$$

$$R_{iC} = \frac{v_{ce2}}{i_c} \approx r_{o2} \parallel 2\frac{r_{o1}}{\beta_{o2}} \approx \frac{2}{3} r_{o2}$$

6.65 将图 P6.21 中的晶体管 Q_3 用一个 pnp 达林顿电路代替。画出新的放大器电路,并重做习题 6.54(参见图 P6.32)。

6.66 (a)如果 $V_{CC} = 22V$,$V_{EE} = 22V$,$I_1 = 200\mu A$,$R_E = 2.4k\Omega$,$R = 50k\Omega$,$\beta_o = 80$,$V_A = 70V$,则图 P6.22 中晶体管的 Q 点是多少? (b)此电路的电压增益和输入电阻是多少? (c)放大器的输出电阻为多少? (d)共模输入电阻是多少? (e)哪一端是同相输入端? (f)如果电流源 I_1 被电子电流源替换,则放大器的共模输入范围是多少,才能保证电流源有 0.75V?

6.67 (a)如果 $V_{CC} = 18V$,$V_{EE} = 18V$,$I_1 = 200\mu A$,$R_E = 0$,$R = 50k\Omega$,则图 P6.22 中晶体管的 Q 点是多少? 取 $\beta_o = 80$,$V_A = 70V$;(b)差模电压增益和输入电阻是多少? (c)共模输入电阻是多少?

6.68 绘制习题 6.67 中放大器的差模电压增益与电阻 R_E 的关系图(计算机可能是一个有用的工具)。

6.69 利用图 P6.21 所示的电路设计一个放大器,使 $R_{out} = 1k\Omega$,$A_{dm} = 2000$。取 $V_{CC} = V_{EE} = 9V$,$\beta_F = 100$。

6.70 (a)如果 $V_{CC} = 16V$,$V_{EE} = 16V$,$I_1 = 200\mu A$,$I_2 = 300\mu A$,$R_E = 2.4k\Omega$,$\beta_o = 80$,$V_A = 70V$,则

图 P6.21 所示电路中各晶体管的 Q 点是多少？(b)差模电压增益、输入电阻和输出电阻为多少？

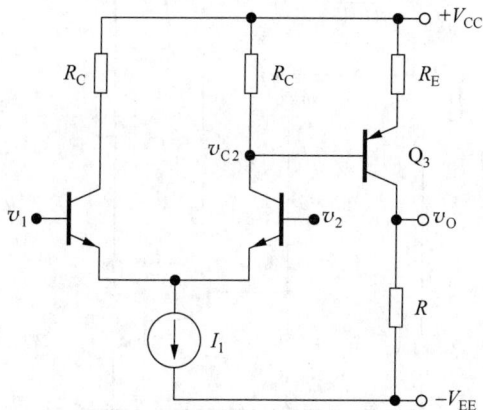

图 P6.22

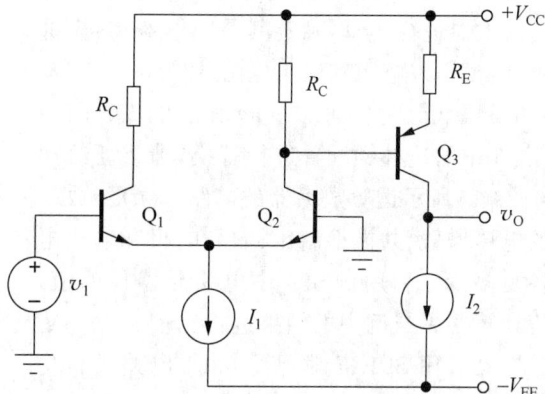

图 P6.23

6.71 用 SPICE 仿真习题 6.70 中的放大器，并将结果与手工计算的结果进行比较。

6.72 如果 $V_{CC}=V_{EE}=18V$，$I_1=200\mu A$，$I_2=300\mu A$，$R_E=0$，$\beta_o=100$，$V_A=70V$，则图 P6.23 所示放大器中各晶体管的 Q 点是多少？

6.73 绘制习题 6.70 中放大器的差模电压增益与电阻 R_E 的关系图(计算机可能是一个有用的工具)。

6.74 (a)如果 $V_{CC}=V_{EE}=15V$，$I_1=500\mu A$，$R_1=2M\Omega$，$I_2=500\mu A$，$R_2=2M\Omega$，$\beta_o=80$，$V_A=75V$，$K_p=5mA/V^2$，$V_{TP}=-1V$，则图 P6.24 所示的放大器中各晶体管的 Q 点是多少？(b)此放大器的差模电压增益、输入电阻和输出电阻分别为多少？(c)哪一端是同相输入端？(d)哪一端为反相输入端？

6.75 用 SPICE 在 1kHz 时，对习题 6.74 中的放大器进行仿真，确定其差模增益、共模抑制比、差模输入电阻和输出电阻的值。

6.76 习题 6.74 中放大器的晶体管 Q_3，其最小集电极-基极击穿电压为是多少？假设存在一个大输入信号，差分对用作电流开关。

6.77 如果 $V_{CC}=V_{EE}=5V$，$I_1=500\mu A$，$R_1=20M\Omega$，$I_2=100\mu A$，$R_2=10M\Omega$，$\beta_o=80$，$V_A=75V$，$K_p=5mA/V^2$，$V_{TP}=-1V$，那么图 P6.24 所示放大器的电压增益是多少？

6.78 在习题 6.77 中，如果电流源 I_1 有 0.75V 的电压降，则放大器的共模输入电压范围是多少时，电流源才能正常工作？

6.79 (a)如果 $I_1=500\mu A$，$R_1=1M\Omega$，$I_2=500\mu A$，$R_2=1M\Omega$，$V_{CC}=V_{EE}=7.5V$，$\beta_o=80$，$V_A=75V$，$K_p=5mA/V^2$，$V_{TP}=-1V$，则图 P6.25 所示放大器中各晶体管的 Q 点是多少？(b)放大器的差模电压增益、输入电阻、

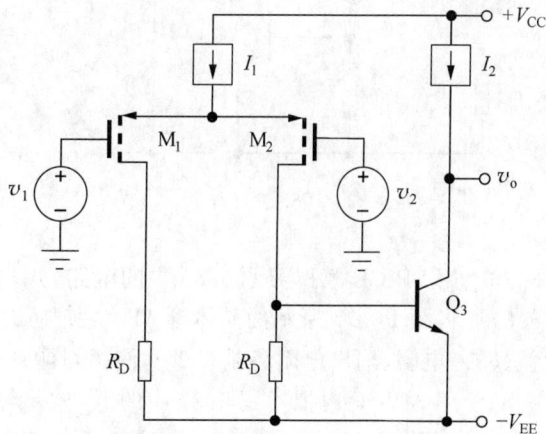

图 P6.24

输出电阻是多少？（参见 6.2.3 节）

6.80 用 SPICE 在 1kHz 时，对习题 6.79 中的放大器进行仿真，确定其差模增益、共模抑制比、差模输入电阻和输出电阻的值。

6.81 （a）将图 6.27（a）所示的 Q_4 用习题 6.56 中的达林顿配置进行替换，请重新绘制图 6.27(a) 所示运算放大器的电路；(b)新放大器的电压增益、共模抑制比、输入电阻和输出电阻各是多少？利用例 6.4 中电路元器件的值，并将计算结果与例中的结果进行比较。

6.82 用 SPICE 对习题 6.81 电路进行仿真，并对两题的结果进行比较。

6.83 （a）如果 $V_{CC} = 22V$, $V_{EE} = 22V$, $I_1 = 100\mu A$, $I_2 = 350\mu A$, $I_3 = 1mA$, $\beta_F = 100$,

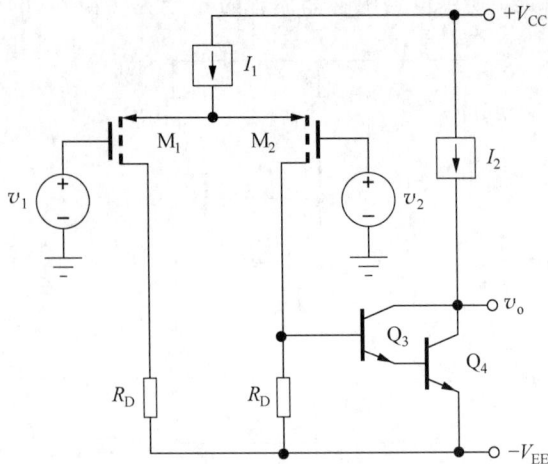

图 P6.25

$V_A = 50V$，则图 P6.26 所示放大器中各晶体管的 Q 点是多少？（b)差模电压增益和输入电阻是多少？(c)放大器的输出电阻是多少？（d)共模输入电阻是多少？(e)哪一端是同相输入端？

6.84 用 SPICE 在 1kHz 时，对习题 6.83 中的放大器进行仿真，确定差模增益、共模抑制比、差模输入电阻和输出电阻的值。

6.85 （a）如果 $V_{DD} = 6V$, $V_{SS} = 6V$, $I_1 = 600\mu A$, $I_2 = 500\mu A$, $I_3 = 2mA$, $K_n = 5mA/V^2$, $V_{TN} = 0.70V$, $\lambda_n = 0.02V^{-1}$, $K_p = 2mA/V^2$, $V_{TP} = -0.7V$, $\lambda_p = 0.015V^{-1}$，则图 P6.27 所示放大器中各晶体管的 Q 点是多少？（b)此放大器的差模电压增益、输入电阻和输出电阻为多少？

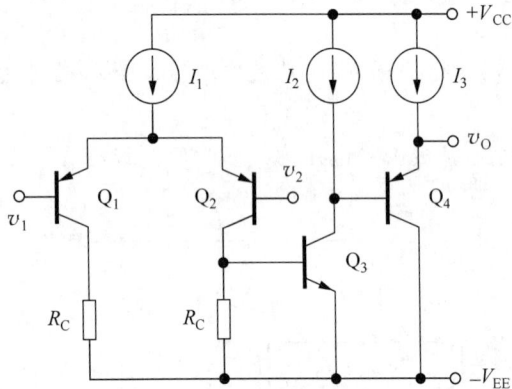

图 P6.26

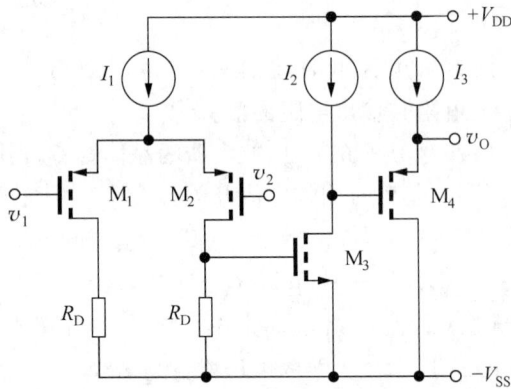

图 P6.27

6.86 用 SPICE 模拟习题 6.85 中的电路，并与手工计算的结果进行比较。

6.87 将图 P6.27 所示的晶体管 M_3 替换为 $\beta_o = 150$, $V_A = 70V$ 的 npn 器件。新放大器的差模电压增益、输入电阻、输出电阻各是多少？使用习题 6.85 中的电路元器件值。

6.88 用 SPICE 模拟习题 6.87 中的电路，并与手工计算的结果进行比较。

6.89 （a）如果 $V_{DD} = 12V$, $V_{SS} = 12V$, $I_1 = 750\mu A$, $I_2 = 2mA$, $I_3 = 5mA$, $K_n = 0.5mA/V^2$, $V_{TN} = 0.75V$, $\lambda_n = 0.02V^{-1}$, $K_p = 2mA/V^2$, $V_{TP} = -0.75V$, $\lambda_p = 0.015V^{-1}$，则图 P6.28 所示放大器中各晶

体管的 Q 点是多少? (b)此放大器的差模电压增益、输入电阻和输出电阻为多少? (c)用 SPICE 在 1kHz 时,对放大器进行仿真,确定差模增益、共模抑制比、差模输入电阻和输出电阻的值。

6.90　利用统一模型,假设 $V_{SAT}=1V$。重复习题 6.89(a)和(b)部分的计算。

6.91　参考 2.12.6 节电子应用中的技术资料,借助 SPICE 求出习题 6.89 中放大器的失调移电压、共模抑制比和 PSRR 的值。

6.92　(a)如果 $V_{CC}=5V$,$V_{EE}=5V$,$I_1=200\mu A$,$I_2=500\mu A$,$I_3=2mA$,$R_L=2k\Omega$,$\beta_o=100$,$V_A=50V$,$K_n=5mA/V^2$,$V_{TN}=0.7V$,则图 P6.29 所示放大器中各晶体管的 Q 点是多少? (b)此放大器的差模电压增益、输入电阻和输出电阻为多少? (c)用 SPICE 在 2kHz 时,对放大器进行仿真,确定差模增益、共模抑制比、差模输入电阻和输出电阻的值。

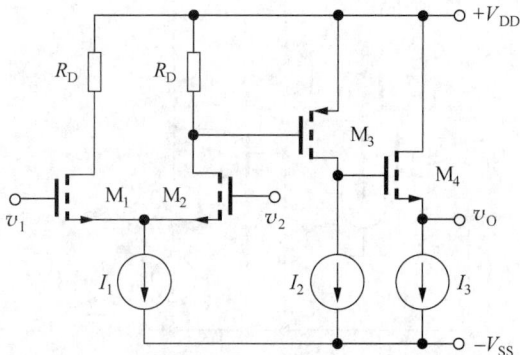

图　P6.28

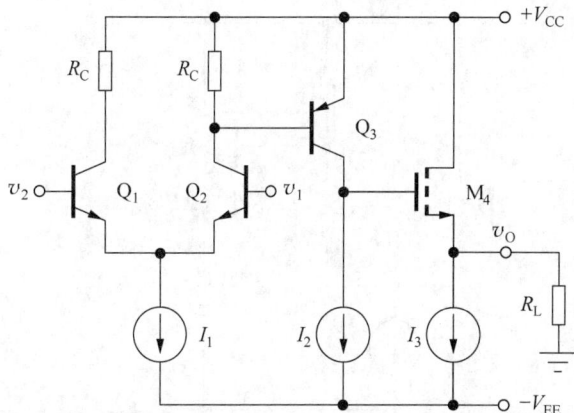

图　P6.29

6.93　(a)如果 $V_{CC}=3V$,$V_{EE}=3V$,$I_1=10\mu A$,$I_2=50\mu A$,$I_3=250\mu A$,$R_{C1}=300k\Omega$,$R_{C2}=78k\Omega$,$R_L=5k\Omega$,$\beta_{on}=100$,$V_{AN}=50V$,$\beta_{op}=50$,$V_{AP}=70V$,则图 P6.30 所示放大器中各晶体管的 Q 点是多少? (b)此放大器的差模电压增益、输入电阻和输出电阻为多少? (c)哪一端是同相输入端? (d)经验估计所预测的增益是多少? 造成差异的原因是什么?

6.94　(a)如果 $V_{CC}=V_{EE}=15V$,$I_1=100\mu A$,$I_2=200\mu A$,$I_3=750\mu A$,$R_{C1}=120k\Omega$,$R_{C2}=170k\Omega$,$R_L=2k\Omega$,$\beta_{on}=100$,$V_{AN}=50V$,$\beta_{op}=50$,$V_{AP}=70V$,则图 P6.30 所示放大器中各晶体管的 Q 点是多少? (b)此放大器的差模电压增益、输入电阻和输出电阻为多少? (c)共模输入范围是多少? (d)估算该放大器的失调电压。

6.95　(a)如果 $V_{CC}=V_{EE}=18V$,$I_1=200\mu A$,$R=12k\Omega$,$\beta_F=100$,$V_A=70V$,则图 P6.31 所示放大器中各晶体管的 Q 点是什么? (b)此放大器的差模电压增益、输入电阻和输出电阻为多少?

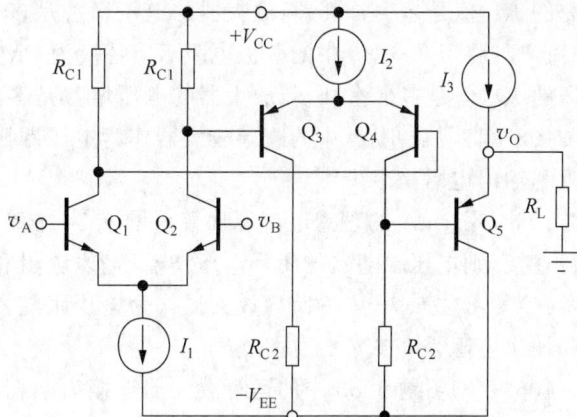

图　P6.30

6.96 用图 P6.31 所示电路的拓扑结构设计一个放大器,使其输入电阻为 $250k\Omega$,输出电阻为 100Ω。如果 $V_{CC}=V_{EE}=12V$,$\beta_{F0}=100$,$V_A=60V$,则这些参数的要求能被满足吗? 如果能,则 I_1、R_C、R 及电压增益的值各为多少? 如果不能,需要进行哪些修改?

6.97 用图 P6.31 所示电路的拓扑结构设计一个放大器,使其输入电阻为 $1M\Omega$,输出电阻小于或等于 2Ω。如果 $V_{CC}=V_{EE}=9V$,$\beta_{F0}=100$,$V_A=60V$,这些参数的要求能被满足吗? 如果能,则 I_1、R_C、R 及电压增益的值各为多少? 如果不能,需要进行哪些修改?

6.98 (a)如果 $V_{CC}=V_{EE}=20V$,$I_1=50\mu A$,$I_2=500\mu A$,$I_3=5mA$,$\beta_{on}=100$,$V_{AN}=50V$,$\beta_{op}=50$,$V_{AP}=70V$,则图 P6.32 所示放大器中各晶体管的 Q 点是多少? (b)此放大器的差模电压增益、输入电阻和输出电阻为多少?

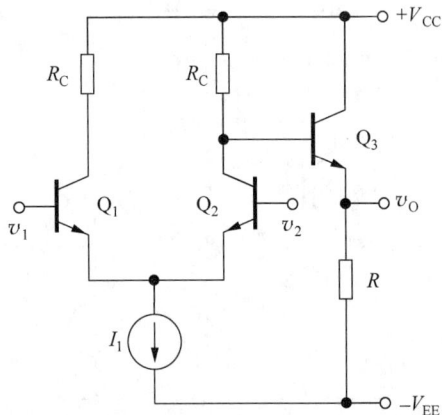

图 P6.31

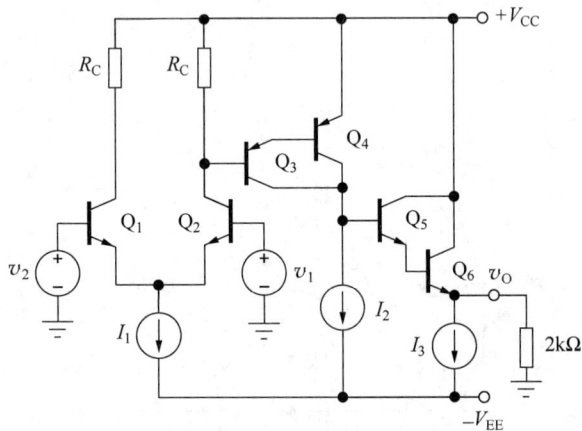

图 P6.32

6.99 (a)如果 $V_{CC}=V_{EE}=22V$,$I_1=50\mu A$,$I_2=500\mu A$,$I_3=5mA$,$\beta_{on}=100$,$V_{AN}=50V$,$\beta_{op}=50$,$V_{AP}=70V$,则图 P6.32 所示放大器中各晶体管的 Q 点是多少? (b)此放大器的差模电压增益、输入电阻和输出电阻为多少?

6.100 将习题 6.89 中的漏极电阻 R_D 替换为 PMOS 晶体管,如图 6.31(a)所示。(a)这些转换电阻所需的 K_p 值是多少? (b)新放大器的电压增益是多少? (c)原始电压增益是多少?

6.101 将习题 6.86 中的漏极电阻 R_D 替换为 PMOS 晶体管,如图 6.31(b)所示。(a)这些转换电阻所需的 K_n 值是多少? (b)新放大器的电压增益是多少? (c)原始电压增益是多少?

6.102 将习题 6.54 中的跨导放大器作为电压跟随器进行连接。电压跟随器的闭环电压增益、输入电阻和输出电阻是多少?

6.103 用 $1mA$ 的理想电流源代替习题 6.54 中跨导放大器的电阻 R。如果放大器作为电压跟随器进行连接,则电压跟随器的闭环电压增益、输入电阻和输出电阻是多少?

6.104 习题 6.70 中的跨导放大器作为电压跟随器进行连接。电压跟随器的闭环电压增益、输入电阻和输出电阻是多少?

6.105 (a)习题 6.83 中的运算放大器连接为同相放大器,增益为 10。放大器的闭环电压增益、输入电阻和输出电阻是多少? (b)运算放大器作为电压跟随器进行连接,重复上述计算。

6.106 (a)习题 6.89 中的运算放大器连接成一个增益为 5 的同相放大器。放大器的闭环电压增益、输入电阻和输出电阻是多少? (b)作为电压跟随器进行连接,重复上述计算。

§6.3　输出级

6.107　图 P6.33 所示电路中，当 $K_p = K_n = 500\mu A/V^2$，$V_{TN} = -V_{TP} = 0.75V$ 时，AB 类级的静态电流是多少？

6.108　图 P6.33 所示电路中，$K_p = 400\mu A/V^2$，$K_n = 600\mu A/V^2$，$V_{TN} = 0.7V$，$V_{TP} = -0.8V$ 时，AB 类级的静态电流是多少？

6.109　在图 P6.34 中，如果两个晶体管的 $I_S = 3 \times 10^{-15}A$，则 AB 类级的静态电流是多少？

6.110　在图 P6.34 中，如果 pnp 晶体管的 $I_S = 10^{-15}A$，并且 npn 晶体管的 $I_S = 5 \times 10^{-15}A$，则 AB 类级的静态电流是多少？

6.111　画出图 P6.35 所示电路中电压转移特性的示意图，并在特性曲线上标出重要的电压。

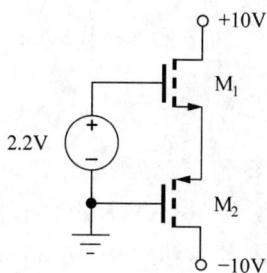
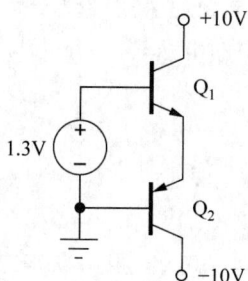
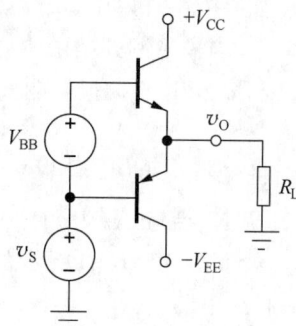

图　P6.33　　　　图　P6.34　　　　图　P6.35

6.112　利用 SPICE 绘制图 P6.35 所示 AB 类级的电压转移特性。已知 pnp 晶体管的 $I_S = 10^{-15}A$，$\beta_F = 60$，且 npn 晶体管的 $V_{BB} = 1.3V$，$R_L = 1k\Omega$。

6.113　在图 P6.36 中，如果 npn 晶体管的 $I_S = 10^{-15}A$，pnp 晶体管的 $I_S = 2 \times 10^{-16}A$，$I_B = 250\mu A$，$R_B = 5k\Omega$，则 AB 类级的静态电流是多少？假设 $\beta_F = \infty$，$v_o = 0$。

6.114　如果 $V_{TN} = 0.75V$，$V_{TP} = -0.75V$，$K_n = 400\mu A/V^2$，$K_p = 200\mu A/V^2$，$I_G = 500\mu A$，$R_G = 4k\Omega$，则图 P6.37 中，AB 类级的静态电流是多少？

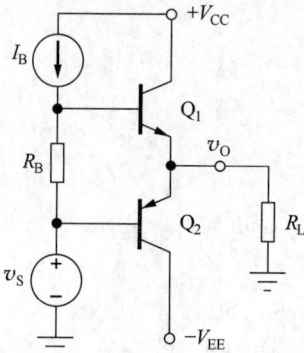
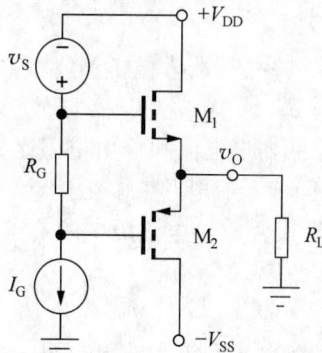

图　P6.36　　　　图　P6.37

6.115　已知图 6.33 中的源极跟随器有 $V_{DD} = V_{SS} = 10V$，$R_L = 1k\Omega$。如果放大器的输出电压是 $4\sin 2000\pi t\, V$，则其 I_{SS} 的最小值为多少？当信号摆动时，源极电流 i_S 的最大值和最小值分别是多少？

效率是多少？

6.116 理想的互补 B 类输出级工作于 $\pm 10V$ 的电源之间，在 $50k\Omega$ 负载电阻上产生一个峰值为 $10V$ 的三角形输出信号。放大器的效率是多少？

6.117 理想的互补 B 类输出级的工作电源为 $\pm 5V$，并产生一个穿过 $5k\Omega$ 负载电阻的方波输出信号，峰值为 $5V$。放大器的效率是多少？

6.118 (a)如果 $V_{BB}=0$，$V_{CC}=V_{EE}=5V$，$v_S=4\sin2000\pi t$，$R_L=2k\Omega$，试利用 SPICE 的傅里叶分析模块，计算由图 P6.36 所示 B 类放大器的交叉区域引入的输入信号的第 1、第 2、第 3、第 4 及第 5 级谐波的幅度；(b)当 $V_{BB}=1.3V$ 时，重复上述分析。

短路保护

6.119 如果 $R=15k\Omega$，$R_1=1k\Omega$，$R_L=250\Omega$，当电流刚开始限制时($V_{BE2}=0.7V$)，图 6.40 中 R_L 的电流是多少？当输出刚开始限制电流时，v_I 的值是多少？

6.120 利用 SPICE 模拟习题 6.119 中的电路，并将结果与手工计算的结果进行比较，讨论产生差异的原因。

6.121 图 6.39(a)中，如果 $V_{DD}=V_{SS}=16V$，$I_2=250\mu A$，$R_G=7k\Omega$，$R_L=2k\Omega$，$V_{TN}=0.75V$，$V_{TP}=-0.75V$，$K_n=5mA/V^2$，$K_p=2mA/V^2$，则放大器中 M_4、M_5 的 Q 点电流为多少？

6.122 对于图 6.39(b)所示的放大器，如果 $V_{CC}=V_{EE}=16V$，$I_2=500\mu A$，$R_B=2.7k\Omega$，$R_L=2k\Omega$。饱和时 Q_3 由 $V_{CESAT}=0.2V$ 的电压与 50Ω 电阻串联来进行建模，则放大器中 Q_4 和 Q_5 的电流为多少？

变压器耦合

6.123 如果 $n=10$，$I_S=10mA$，计算图 6.42(a) 所示跟随器电路输出电阻的阻值(在 R_L 处获得的电阻)。

6.124 对于图 P6.38 所示的电路有 $v_I=\sin2000\pi t$，$R_E=82k\Omega$，$R_B=200k\Omega$，$V_{CC}=V_{EE}=9V$。如果 $R_L=10\Omega$，n 值为多少时传送给 R_L 的功率最大？功耗为多少？假设 $C_1=C_2=\infty$。

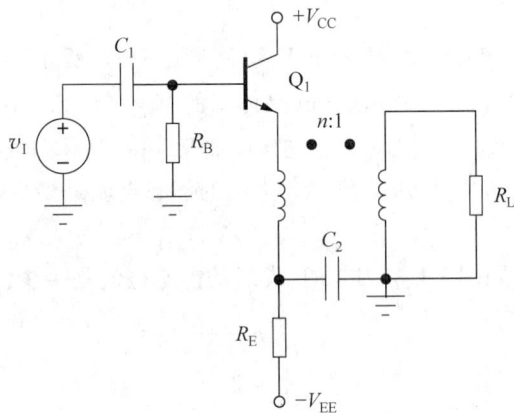

图　P6.38

§6.4 电子电流源

6.125 (a)如果 $V_{EE}=12V$，$R_1=2M\Omega$，$R_2=2M\Omega$，$R_E=270k\Omega$，$\beta_o=100$，$V_A=50V$，则图 P6.39(a)中电流源的输出电流和输出电阻是多少？(b)对图 P6.39(b)所示的电路重复上述计算。

6.126 如果习题 6.125(a)电流源中的节点 V_B 通过一个电容旁路至地，则电流源的输出电流和输出电阻为多少？

6.127 (a)如果 $-V_{EE}=-5V$，$R_1=100k\Omega$，$R_2=200k\Omega$，$R_E=16k\Omega$，$\beta_o=100$，$V_A=75V$，则图 P6.39(a)中电流源的输出电流和输出电阻为多少？(b)对图 P6.39(b)所示的电路重复上述计算。

6.128 (a)如果 $-V_{EE}=-9V$，$R_1=270k\Omega$，$R_2=470k\Omega$，$R_E=18k\Omega$，$\beta_o=150$，$V_A=75V$，则图 P6.39(a)中电流源的输出电流和输出电阻为多少？(b)对图 P6.39(b)所示的电路重复上述计算。

6.129 (a)利用图 P6.39(a)所示的电路拓扑结构来设计一个电流源，使其输出电流为 1mA。电流源所用电流不超过 1.2mA，且输出电阻至少为 $500k\Omega$。假设 $V_{EE}=12V$。(b)利用图 6.39(b)所示的电路拓扑结构重新进行设计。

6.130 如果 $V_O = V_{DD} = 12V, R_4 = 680k\Omega, R_3 = 330k\Omega, R_3 = 330k\Omega, R_S = 3k\Omega, K_n = 500\mu A/V^2, V_{TN} = 0.7V, \lambda = 0.01V^{-1}$,则图 P6.40 中电流源的输出电流和输出电阻为多少?

6.131 使用统一模型重复习题 6.130 的相关计算,假设 $V_{SAT} = 1V$。

6.132 如果 $V_O = V_{DD} = 5V, R_4 = 200k\Omega, R_3 = 100k\Omega, R_S = 16k\Omega$,则图 P6.40 中电流源的输出电流和输出电阻为多少?

6.133 如果 $V_O = V_{DD} = 2.5V, R_4 = 200k\Omega, R_3 = 68k\Omega, R_S = 56k\Omega$,则图 6.40 中电流源的输出电流和输出电阻为多少?

6.134 如果 $V_{CC} = 12V, R_1 = 100k\Omega, R_2 = 200k\Omega, R_E = 47k\Omega, \beta_o = 75, V_A = 50V$,则图 P6.41 中电流源的输出电流和输出电阻为多少?

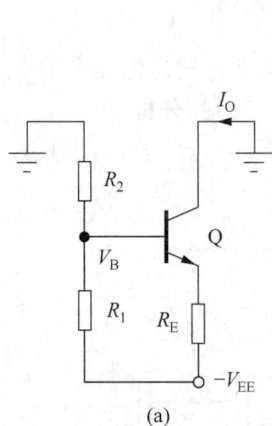
(a)

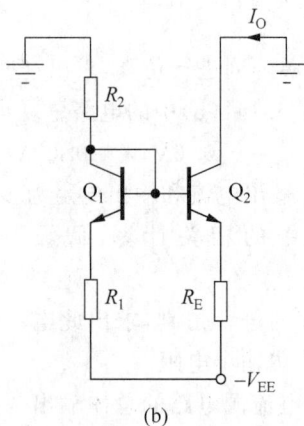
(b)

图 P6.39

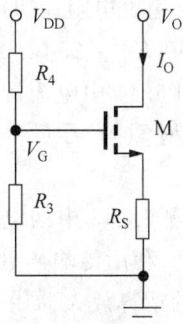

图 P6.40

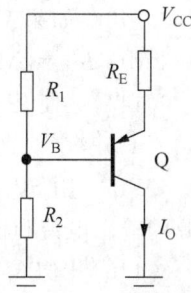

图 P6.41

6.135 如果 $V_{CC} = 9V, R_1 = 100k\Omega, R_2 = 300k\Omega, R_E = 14k\Omega, \beta_o = 90, V_A = 75V$,则图 P6.41 中电流源的输出电流和输出电阻为多少?

6.136 如果 $V_{CC} = 3V, R_1 = 10k\Omega, R_2 = 39k\Omega, R_E = 1.5k\Omega, \beta_o = 75, V_A = 60V$,则图 P6.41 中电流源的输出电流和输出电阻为多少?

6.137 如果 $V_{DD} = 10V, R_4 = 2M\Omega, R_3 = 1M\Omega, R_S = 120k\Omega, K_p = 750\mu A/V^2, V_{TP} = -0.75V, \lambda = 0.01V^{-1}$,则图 P6.42 中电流源的输出电流和输出电阻为多少?

6.138 如果 $V_{DD} = 4V, R_4 = 200k\Omega, R_3 = 100k\Omega, R_S = 16k\Omega$,则图 P6.42 中电流源的输出电流和输出电阻为多少?利用习题 6.137 中的器件参数。

6.139 如果 $V_{DD} = 6V, R_4 = 200k\Omega, R_3 = 62k\Omega, R_S = 43k\Omega$,则图 P6.42 中电流源的输出电流和输出电阻为多少?利用习题 6.137 中的器件参数。

6.140 用图 P6.42 所示的电路拓扑结构来设计一个电流源,使其输出电流为 $175\mu A$。电流源所用电流不超过 $200\mu A$,且输出电阻至少为 $2.5M\Omega$。假设 $V_{DD} = 12V, K_p = 200\mu A/V^2, V_{TP} = -0.75V, \lambda = 0.02V^{-1}$。

6.141 (a)如果 $V_{EE} = 12V, \beta_o = 125, V_A = 50V, R_1 = 33k\Omega, R_2 = 68k\Omega, R_3 = 20k\Omega, R_4 = 100k\Omega$,则图 P6.43(a)中电流源的两个输出电流和输出电阻为多少? (b)对图 P6.43(b)所示的电路重复上述计算。

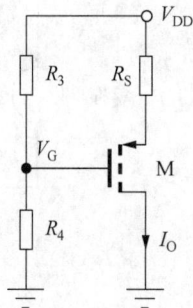

图 P6.42

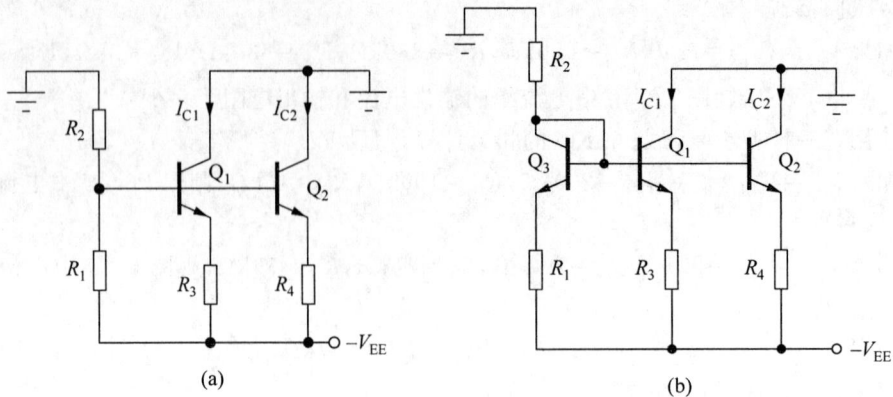

图　P6.43

6.142　(a)用 SPICE 对图 P6.43(a)中的电流源阵列进行仿真,求出这些电流源的输出电流和输出电阻,利用传输函数分析求出输出电阻;(b)对习题 6.141(b)中的电路重复步骤(a)中的分析。

6.143　如果 $V_{DD} = 10V$, $K_p = 250\mu A/V^2$, $V_{TP} = -0.6V$, $\lambda = 0.02V^{-1}$, $R_1 = 5k\Omega$, $R_2 = 24k\Omega$, $R_3 = 2M\Omega$, $R_4 = 2M\Omega$, 则图 P6.44 中电流源的两个输出电流和输出电阻为多少?

6.144　使用统一模型重复习题 6.143 中的相关计算,假设 $V_{SAT} = 1V$。

6.145　用 SPICE 对习题 6.143 中的电流源阵列进行仿真,求出此电流源的输出电流和输出电阻。利用传输函数分析求出输出电阻。

6.146　图 P6.45 所示的运算放大器用于增大电流源电路的总体输出电阻。如果 $V_{REF} = 5V$, $V_{CC} = 0V$, $V_{EE} = 15V$, $R = 50k\Omega$, $\beta_o = 120$, $V_A = 70V$, $A = 50000$, 那么电流源的输出电流 I_O 和输出电阻为多少? 运算放大器是否有助于增加输出电阻? 解释原因。

6.147　图 P6.46 所示的运算放大器用于增大电流源 M_1 电路的总体输出电阻。如果 $V_{REF} = 5V$, $V_{DD} = 0V$, $V_{SS} = 15V$, $R = 50k\Omega$, $K_n = 800\mu A/V^2$, $V_{TN} = 0.8V$, $\lambda = 0.02V^{-1}$, $A = 50000$, 那么电流源的输出电流 I_O 和输出电阻为多少?

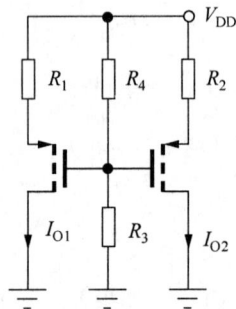

图　P6.44

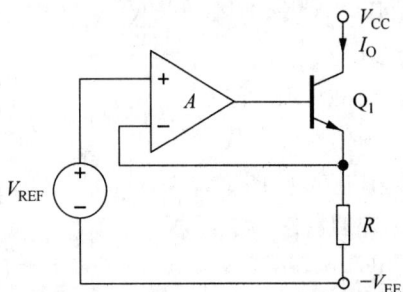

图　P6.45

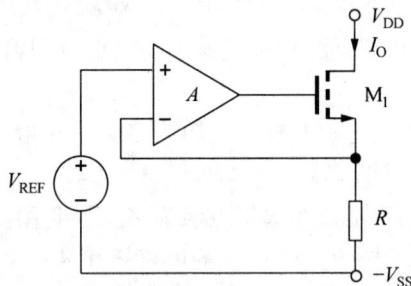

图　P6.46

6.148　(a)如果 $\beta_o = 85$，$V_A = 70\text{V}$，图 P6.47(a)所示放大器中晶体管的 Q 点是多少？(b)放大器的差模增益和共模抑制比是多少？(c)对图 P6.47(b)重复上述分析。

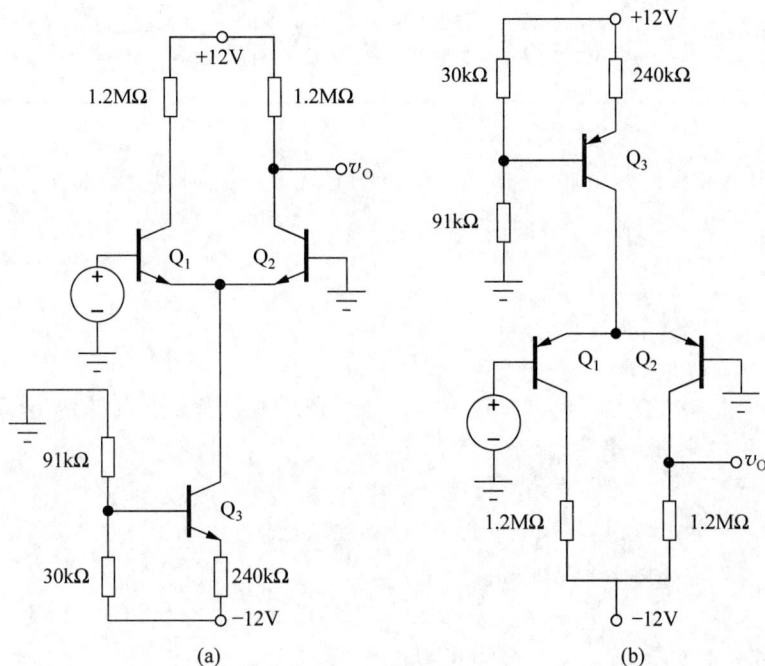

图　P6.47

6.149　(a)如果 $K_n = 400\mu\text{A/V}^2$，$V_{TN} = 1\text{V}$，$\lambda = 0.02\text{V}^{-1}$，$R_1 = 51\text{k}\Omega$，$R_2 = 100\text{k}\Omega$，$R_5 = 7.5\text{k}\Omega$，$R_D = 36\text{k}\Omega$，则图 P6.48 所示放大器的 Q 点是多少？(b)此放大器的差模增益、共模抑制比各为多少？

6.150　图 P6.48 中 MOS 电流源的输出电阻为 $R_{out} = \mu_f R_S$。如果 $K_n = 500\mu\text{A/V}^2$，$\lambda = 0.02\text{V}^{-1}$，则在电流为 $100\mu\text{A}$ 时需要在 R_S 上产生多大的电压才能使输出电阻达到 $5\text{M}\Omega$？

6.151　用一个输出电阻为 $R_{out} = \beta_o r_o$ 的电流源为一个标准双极型差分放大器提供偏置，写出单端输出时此放大器的共模抑制比表达式。

6.152　用 SPICE 对图 6.51 所示的电路进行蒙特卡洛分析，求出 I_O 和 R_{out} 上的额定值和 3σ 限制值。假设电阻和电源都具有 5% 容限。

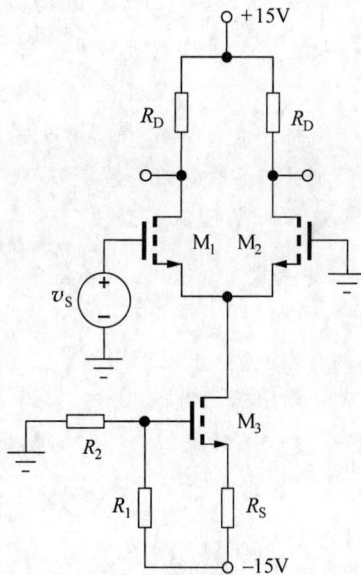

图　P6.48

<table>
<tr><td>第 7 章</td><td rowspan="2">模拟集成电路设计技术</td></tr>
<tr><td>CHAPTER 7</td></tr>
</table>

本章目标

在第 7 章中,主要目标是了解基于紧密匹配元器件特性的集成电路设计技术,并掌握运算放大器和其他 IC 中一些关键构建模块。具体内容如下:

- 理解双极型和 MOS 电流镜工作原理和镜像比例错误。
- 分析高输出电阻电流源,包括级联和 Wilson 电流源电路。
- 学习用于分立和集成电路的电流源设计方法。
- 将参考电流电路技术添加到电路构建模块中,这些电路产生的电流与电源电压具有很大程度的独立性,包括基于 V_{BE} 的参考电压和 Widlar 电流。
- 研究带隙基准电路的工作原理和设计,该电路用于提供精确的参考电压(不依赖于电源和温度),是一类重要的电路。
- 用电流做差分放大器的有源负载,可以将单级放大器的电压增益提高到放大系数 μ_f。
- 学习如何将元器件失配的影响,如共模抑制比(CMRR),纳入放大器特性的计算中。
- 分析经典 $\mu A741$ 运算放大器的设计。
- 学习实现大输入信号范围的四象限模拟器乘法设计技巧。
- 继续研究 SPICE 仿真。

本章将学习一些设计精巧且令人振奋的电路结构,这些结构是由两位著名的集成电路设计师——Robert Widlar 和 Barrie Gilbert 设计的。Widlar 设计了 $\mu A702$ 运算放大器,之后开发了 LM101 运算放大器和其他一些重要的电路,也正是基于这些电路的设计最后发明了 $\mu A741$ 运算放大器。Widlar 也是 $\mu A723$ 稳压器和带隙基准的设计者。Gilbert 发明了四象限模拟乘法器,也就是现今的 Gilbert 乘法器。$\mu A741$ 电路技术包含了许多沿用至今的设计技巧。Brokaw 的带隙参考电路版本被广泛使用,他也受到许多模拟电路设计人员的高度尊重。带隙参考和电压调节器电路,也用作数字测温中的温度传感器。

集成电路(IC)技术能够集成更多参数相同的晶体管。虽然这些元器件的绝对参数容差较差,但是元器件参数的匹配度可达 1% 甚至更小,而这种构建具有几乎相同的特性,推动了利用元器件特性紧密匹配的特殊电路技术的开发。

本章首先探讨在 MOS 和双极技术中使用匹配的晶体管来设计电流源,称为电流镜,它们都属于高输出电阻电流源电路,然后将探讨用于实现独立功率电压偏置的技术。

本章还将学习带隙基准电路,这种电路主要采用 pn 结特性,它能够产生准确的输出电压,而与电源

| (a) Paul Brokaw | (b) Robert Widlar | (c) Barrie Gilbert |

模拟元器件的传奇人物

((a)由 Paul Brokaw 提供；(b)由 Texas Instruments 提供；(c)由 Courtesy of Analog Devices 提供)

和温度无关。带隙基准电路广泛用于参考电压源和稳压器中。

电流镜通常用于偏置模拟电路中，或在差分和运算放大器中代替负载。这种有源负载电路能够显著增大放大器的电压增益，本章给出了一些 MOS 和双极型电路的实例。本章还将讨论 IC 运算放大器中使用的电路技术，包括经典的 $\mu A741$ 放大器。这种设计提供了一种高性能、通用的运算放大器，具有输入级的击穿电压保护和输出级的短路保护。最后一节着眼于 Gilbert 的精密四象限模拟乘法器设计。

7.1　电路元器件匹配

集成电路(IC)工艺可制造出大量几乎完全相同的晶体管。虽然这些器件整件的绝对参数容限相对较差，但是器件参数间的匹配可以达到 1% 的误差甚至更小。正因具有参数精确匹配的优势，开发了利用器件特性紧密匹配的特殊电路技术。当晶体管具有相同的器件参数组时，称为匹配(Matched)：对于双极型晶体管为(I_S, β_{FO}, V_A)，对于 MOSFET 为(V_{TN}, K', λ)，对于 JFET 为(I_{DSS}, V_P, λ)。在集成电路设计中可以容易地改变器件的平面几何形状，因此 BJT 的发射极面积 A_E 和 MOSFET 的宽长比 W/L 就成为了电路设计的重要参数。

在集成电路中，制造工艺中不同步骤造成的绝对参数值可能会相差很大，有 $\pm 25\% \sim \pm 30\%$ 的误差并不罕见(参见表 7.1)。然而，在一个给定的集成电路芯片上，相邻电路元器件之间匹配的误差率只有不到 1%。因此，IC 设计技术实质上非常依赖于匹配器件的特性和电阻比值，而不是绝对参数值。在正

表 7.1　IC 容限与匹配[1]

	绝对误差(%)	不匹配(%)
扩散电阻	30	$\leqslant 2$
离子注入电阻	5	$\leqslant 1$
V_{BE}	10	$\leqslant 1$
I_S, β_F, V_A	30	$\leqslant 1$
V_{TN}, V_{TP}	15	$\leqslant 1$
V_{TN}, K', λ	30	$\leqslant 1$

确操作的情况下,本章所描述的电路取决于可通过 IC 制造工艺实现的元器件匹配程度,并且如果使用不匹配的分立元器件,则许多元器件将无法正常工作;但如果在搭建时采用集成晶体管阵列,这些电路中的很多电路是可以用在分离电路设计中的。

图 7.1 所示是利用 4 个匹配的晶体管来改善第 6 章所学的差分放大器的性能。4 个元器件交叉连接,以进一步提升总的参数匹配和电路的温度跟踪。在 7.2 节中,将研究双极型和 MOS 晶体管在被称为电流镜(Current Mirrors)的 IC 电流源设计中的应用。

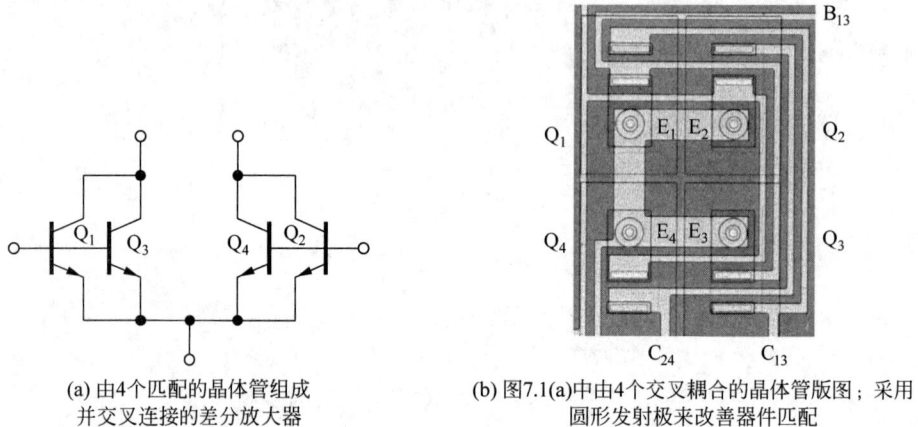

(a) 由4个匹配的晶体管组成
并交叉连接的差分放大器

(b) 图7.1(a)中由4个交叉耦合的晶体管版图;采用
圆形发射极来改善器件匹配

图 7.1

> **练习**:一个集成电阻的标称值为 $10k\Omega$,具有 30% 容限。某一特定制造工艺所制作电阻的平均值要比标准值高 20%,且发现电阻的匹配误差在 2% 以内。那么这种工艺下电阻的阻值范围为多少?
>
> **答案**:$11.88k\Omega \leqslant R \leqslant 12.12k\Omega$。

7.2 电流镜

在集成电路设计中,电流镜偏置是一项非常重要的技术,它不仅常用于模拟应用中,也常出现在数字电路设计中。基本的 MOS 和双极型晶体管电流镜电路如图 7.2 所示。在图 7.2(a)中,假设 MOSFET M_1 和 M_2 有完全相同的参数(V_{TN}, K'_n, λ)和宽长比(W/L);在图 7.2(b)中,假设 Q_1 和 Q_2 的参数(I_S, β_{FO}, V_A)完全相同。在两个电路中,参考电流 I_{REF} 为电流镜提供工作偏置,输出电流用 I_o 表示。这些基本电路被设计成具有 $I_o = I_{REF}$,即输出电流是参考电流的镜像,因此被称为电流镜。需指出的是,电流镜电路并不像第 6 章所研究的电流源那样需要电阻,这一特性非常适合于集成电路的实现。

7.2.1 MOS 晶体管电流镜的直流分析

在图 7.2(a)所示的 MOS 电流镜中,参考电流 I_{REF} 通过连接成二极管形式的晶体管 M_1,建立了栅-源电压 V_{GS}。V_{GS} 作用在晶体管 M_2 上,产生了一个相同的漏极电流 $I_O = I_{D2} = I_{REF}$。在下文中将具体分析电流镜的工作机理。

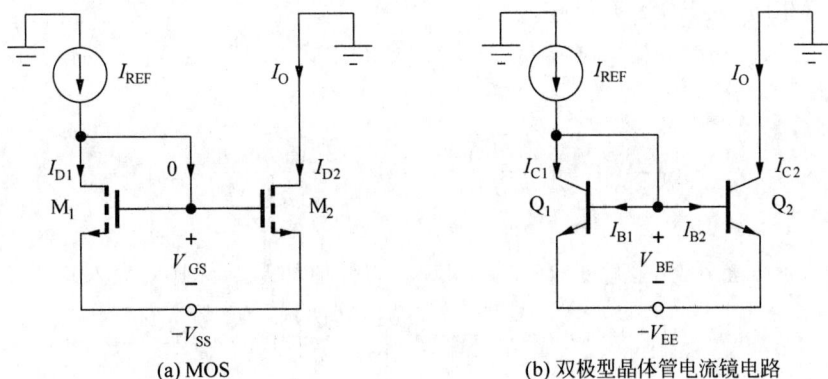

图 7.2

由于 MOSFET 的栅极电流为零,参考电流必须流入 M_1 的漏极。由于特殊的连接方式 $V_{DS1} = V_{GS1} = V_{GS}$,因此 M_1 被迫工作在饱和区(沟道夹断区)。V_{GS} 的值必须满足 $I_{D1} = I_{REF}$。假设元器件匹配[①],则

$$I_{REF} = \frac{K_n}{2}(V_{GS1} - V_{TN})^2(1 + \lambda V_{DS1}) \quad \text{或} \quad V_{GS1} = V_{TN} + \sqrt{\frac{2I_{REF}}{K_{n1}(1 + \lambda V_{DS1})}} \tag{7.1}$$

电流 I_o 等于 M_2 的漏极电流

$$I_O = I_{D2} = \frac{K_n}{2}(V_{GS2} - V_{TN})^2(1 + \lambda V_{DS2}) \tag{7.2}$$

然而,电路连接使得 $V_{GS1} = V_{GS2}$,$V_{DS1} = V_{GS1}$。将式(7.1)代入式(7.2)得

$$I_O = I_{REF}\frac{(1 + \lambda V_{DS2})}{(1 + \lambda V_{DS1})} \approx I_{REF} \tag{7.3}$$

由于 V_{DS} 的值相等,输出电流等于参考电流,即输出电流是参考电流的镜像。但在绝大多数应用中,$V_{DS1} \neq V_{DS2}$,输出电流与参考电流之间多少会存在一些差异,例 7.1 将对此问题进行说明。

为方便起见,将 I_O 与 I_{REF} 的比值定义为镜像比 MR,即

$$MR = \frac{I_O}{I_{REF}} = \frac{(1 + \lambda V_{DS2})}{(1 + \lambda V_{DS1})} \tag{7.4}$$

例 7.1 MOS 电流镜的输出电流。

本例将对标准电流镜结构的输出电流进行求解。

问题:如果 $V_{SS} = 10V$,$K_n = 250\mu A/V^2$,$V_{TN} = 1V$,$\lambda = 0.0133V^{-1}$,$I_{REF} = 150\mu A$,计算图 7.2(a)中 MOS 电流镜的输出电流 I_O。

解:

已知量:图 7.2(a)所示的电流镜电路,其相关数据为 $V_{SS} = 10V$,$K_n = 250\mu A/V^2$,$V_{TN} = 1V$,$\lambda = 0.0133V^{-1}$,$I_{REF} = 150\mu A$。

未知量:输出电流 I_O。

---

① 电流镜中的元器件匹配十分重要,这种情况下,在直流计算及交流计算中都要考虑 $1 + \lambda V_{DS}$ 项。

求解方案：求出 V_{GS1} 和 V_{DS1}，然后通过式(7.3)计算输出电流。

假设：晶体管相同，且工作在有源区。

分析：在利用式(7.3)计算输出电流 I_O 时，首先要利用式(7.1)求出 V_{GS1} 的值。由于 $V_{GS1}=V_{DS1}$，于是可写出

$$V_{DS1}=V_{TN}+\sqrt{\frac{2I_{REF}}{K_n}}=1+\sqrt{\frac{2(150\mu A)}{250\frac{\mu A}{V^2}}}=2.1V$$

其中为简化直流偏置计算，忽略了 $1+\lambda V_{DS1}$ 项。将此值和 $V_{DS2}=10V$ 代入式(7.3)可得

$$I_O=(150\mu A)\frac{[1+0.0133(10)]}{[1+0.0133(2.1)]}=165\mu A$$

理想输出电流应为 $150\mu A$，而实际电流约有 10% 的误差。

结果检查：再次检查表明计算结果是正确的。连接关系使得 M_1 处于饱和区，只要源-漏极电压大于 $V_{GS1}-V_{TN}$，M_2 工作在有源区，因为 $V_{DS2}=10V$，所以这一点在图 7.2(a) 中很容易满足。

讨论：在计算 V_{GS1} 时，可以考虑利用 $1+\lambda V_{DS1}$ 项来提高答案的精确度。这一求解过程需要进行多次分析，每次分析所得到的 I_O 值变化不大。

计算机辅助分析：可直接借助 SPICE 来检查分析得到的结果，设 MOSFET 的参数为 $K_p=250\mu A/V^2$，VTO=1V，LEVEL=1，LAMBDA=0。当 V_{GS} 等于 2.095V 时，SPICE 产生的输出电流为 $150\mu A$。当 λ 为非零值，且 LAMBDA=0.0133V^{-1} 时，在 $V_{GS}=2.081V$ 时，SPICE 产生的输出电流为 $I_O=165\mu A$。这些值与手工计算的结果相符。

练习：假设在计算 V_{GS1} 时，考虑了 $1+\lambda V_{DS1}$ 项。证明方程求解得到的答案为

$$V_{DS1}=V_{TN}+\sqrt{\frac{2I_{REF}}{K_n(1+\lambda V_{DS1})}}$$

利用例 7.1 中的数据求出新的 V_{DS1} 值。新的 I_O 值为多少？

答案：2.08V；$165\mu A$。

练习：基于例 7.1 中的数据，为了使图 7.2(a) 中的 M_2 维持在饱和区，则最小的漏极电压为多少？

答案：$-8.9V$。

7.2.2 改变 MOS 镜像比

如果可将电流镜的镜像比改成不等于 1 的值，那么电流镜的功率将大大增加。对于 MOS 电流镜，当改变构成电流镜的两个晶体管的宽长比(W/L)时，就可方便地改变这个比率。例如，在图 7.3 中，有 $K_n=K_n'(W/L)$，则两个晶体管的 K_n 值为

$$K_{n1}=K_n'\left(\frac{W}{L}\right)_1 \quad 和 \quad K_{n2}=K_n'\left(\frac{W}{L}\right)_2 \tag{7.5}$$

将这两个不同的 K_n 值代入式(7.1)和式(7.2)，可得到镜像比为

$$\mathrm{MR} = \frac{\left(\dfrac{W}{L}\right)_2}{\left(\dfrac{W}{L}\right)_1} \frac{(1 + \lambda V_{\mathrm{DS2}})}{(1 + \lambda V_{\mathrm{DS1}})} \qquad (7.6)$$

在理想状况($\lambda = 0$)或 $V_{\mathrm{DS2}} = V_{\mathrm{DS1}}$ 时,镜像比的值由两个晶体管的 W/L 值决定。对于图 7.3 中的特定值,镜像比的设计值应为 5,此时输出电流 $I_{\mathrm{O}} = I_{\mathrm{REF}}$。然而,$V_{\mathrm{DS}}$ 的差异将再次导致镜像比的误差。

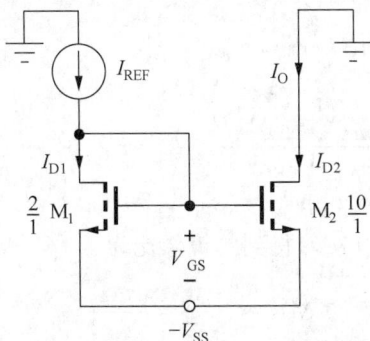

图 7.3 具有不相等宽长比(W/L)的 MOS 电流镜

练习:(a)下图中,设 $\lambda = 0$,试计算图中 MOS 电流镜的镜像比;(b)如果 $V_{\mathrm{TN}} = 1\mathrm{V}$,$K'_{\mathrm{n}} = 25\mu\mathrm{A}/\mathrm{V}^2$,$I_{\mathrm{REF}} = 50\mu\mathrm{A}$,则当 $\lambda = 0.02\ \mathrm{V}^{-1}$ 时,求出下图中 MOS 镜像电路的镜像比。

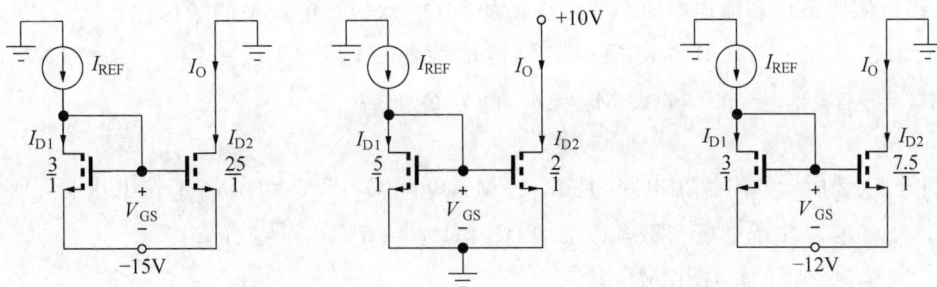

答案:8.33,0.4;10.4,0.462;2.50,2.97。

7.2.3 双极型晶体管电流镜的直流分析

图 7.2(b)所示双极型电流镜的工作原理类似于 MOS 电流镜。参考电流 I_{REF} 流过连接成二极管形式的晶体管 Q_1 后,产生了基极-发射极电压 V_{BE}。V_{BE} 还偏置了晶体管 Q_2,在其输出端产生几乎相同的集电极电流,即 $I_{\mathrm{O}} = I_{\mathrm{C2}} = I_{\mathrm{REF}}$。在下文中将详细分析这一电流镜的工作原理。

图 7.2(b)中 BJT 电流镜的分析与 FET 似。在连接成二极管形式的晶体管 Q_1 的集电极端运用 KCL,可得到

$$I_{\mathrm{REF}} = I_{\mathrm{C1}} + I_{\mathrm{B1}} + I_{\mathrm{B2}} \qquad \text{和} \qquad I_{\mathrm{O}} = I_{\mathrm{C2}} \qquad (7.7)$$

使用传输模型可以得到将 I_{O} 和 I_{REF} 联系起来所需的电流,电路的连接方式迫使两个晶体管的基极-发射极电压 V_{BE} 相等,有

$$I_{C1} = I_S \exp\left(\frac{V_{BE}}{V_T}\right)\left(1 + \frac{V_{CE1}}{V_A}\right) \qquad I_{C2} = I_S \exp\left(\frac{V_{BE}}{V_T}\right)\left(1 + \frac{V_{CE2}}{V_A}\right)$$

$$\beta_{F1} = \beta_{FO}\left(1 + \frac{V_{CE1}}{V_A}\right) \qquad\qquad \beta_{F2} = \beta_{FO}\left(1 + \frac{V_{CE2}}{V_A}\right) \tag{7.8}$$

$$I_{B1} = \frac{I_S}{\beta_{FO}}\exp\left(\frac{V_{BE}}{V_T}\right) \qquad\qquad I_{B2} = \frac{I_S}{\beta_{FO}}\exp\left(\frac{V_{BE}}{V_T}\right)$$

将式(7.8)代入式(7.7)，求解 $I_O = I_{C2}$，得

$$I_O = I_{REF}\frac{\left(1 + \frac{V_{CE2}}{V_A}\right)}{\left(1 + \frac{V_{CE1}}{V_A} + \frac{2}{\beta_{FO}}\right)} = I_{REF}\frac{\left(1 + \frac{V_{CE2}}{V_A}\right)}{\left(1 + \frac{V_{BE}}{V_A} + \frac{2}{\beta_{FO}}\right)} \tag{7.9}$$

如果厄利电压为无限大，则由式(7.9)得到的镜像比为

$$MR = \frac{I_O}{I_{REF}} = \frac{1}{1 + \frac{2}{\beta_{FO}}} \tag{7.10}$$

除了由双极型晶体管的有限增益所引起的细微误差，输出电流与参考电流相等。例如，如果 $\beta_{FO} = 100$，电流匹配误差在 2% 以内。但对于 FET，在式(7.9)中的集电极-发射极电压不匹配度通常要远大于电流增益缺陷(Current Gain Defect)项，如例 7.2 所述。

例 7.2 镜像比计算。

比较有相似偏置条件和输出电阻($V_A = 1/\lambda$)的 MOS 双极型电流镜的镜像比。

问题：计算图 7.2 中 MOS 和双极型电流镜的镜像比，其中 $V_{CS} = 2V$，$V_{DS2} = 10V = V_{CE2}$，$\lambda = 0.02\,V^{-1}$，$V_A = 50V$，$\beta_{FO} = 100$。假设 $M_1 = M_2$，$Q_1 = Q_2$。

解：

已知量：图 7.2 所示的电流镜电路，且 $M_1 = M_2$，$Q_1 = Q_2$；$V_{SS} = 10V$，工作电压 $V_{CS} = 2V$，$V_{DS2} = 10V = V_{CE2}$，$V_{BE} = 0.7V$；晶体管参数：$\lambda = 0.02V^{-1}$，$V_A = 50V$，$\beta_{FO} = 100$。

未知量：每个电流镜的镜像比 MR。

求解方法：利用式(7.6)和式(7.9)确定镜像比。

假设：双极型晶体管和 MOSFET 分别工作在各自的有源区。对于双极型晶体管而言假设 $V_{BE} = 0.7V$，MOSFET 为增强型器件。

分析：对于 MOS 电流镜，有

$$MR = \frac{(1 + \lambda V_{DS2})}{(1 + \lambda V_{DS1})} = \frac{\left[1 + \frac{0.02}{V}(10V)\right]}{1 + \frac{0.02}{V}(2V)} = 1.15$$

对于双极型晶体管电流镜有

$$MR = \frac{\left(1 + \frac{V_{CE2}}{V_A}\right)}{\left(1 + \frac{2}{\beta_{FO}} + \frac{V_{CE1}}{V_A}\right)} = \frac{\left[1 + \frac{10V}{50V}(10V)\right]}{\left(1 + \frac{2}{100} + \frac{0.7V}{50V}\right)} = 1.16$$

结果检查：双重检查表明以上计算是正确的。M_1 被迫工作在有源区，M_2 具有 $V_{DS2} > V_{GS2}$，并且对于 $V_{TN} > 0$（增强模式晶体管）将被钳位。Q_1 具有 $V_{CE} = V_{BE}$，因此被迫工作在有源区。Q_2 具有 $V_{CE2} > V_{BE2}$，因此也工作于有源区。假定的操作区域是有效的。

讨论：FET 和 BJT 的不匹配十分相似，分别为 15% 和 16%。在 BJT 电流镜镜像比的总体误差中，电流增益误差只占其中很小一部分。

计算机辅助分析：用 SPICE 即可轻松地对电流镜电路进行分析，这一部分内容将在例 7.3 中进行分析。

练习：如果 $I_S = 0.1\text{fA}$，$I_{REF} = 100\mu\text{A}$，则例 7.2 中双极型电流镜的 V_{BE} 实际值为多少？图 7.2(b) 中的 Q_2 保持在有源区的最小集电极电压为多少？

答案：0.691V；$-V_{EE} + 0.691\text{V}$。

7.2.4　改变 BJT 电流镜的镜像比

在双极型集成电路工艺中，像在 MOS 设计中选择 W/L 值一样，设计者可以任意改变晶体管的发射极面积。为了改变 BJT 电流镜的镜像比，可利用双极型晶体管的饱和电流与其发射极面积 A_E 呈正比关系，即

$$I_S = I_{SO} \frac{A_E}{A} \tag{7.11}$$

式中，I_{SO} 代表具有单位面积发射极的双极型晶体管的饱和电流，$A_E = 1 \times A$。实际的 A 的几何尺寸与具体工艺有关。

改变电流镜中双极型晶体管发射极的相对大小（发射极面积比例），集成电路设计者可以改变镜像比。修改后的电流镜如图 7.4 所示，有

$$I_{C1} = I_{SO} \frac{A_{E1}}{A} \exp\left(\frac{V_{BE}}{V_T}\right)\left(1 + \frac{V_{CE1}}{V_A}\right) \quad I_{C2} = I_{SO} \frac{A_{E2}}{A} \exp\left(\frac{V_{BE}}{V_T}\right)\left(1 + \frac{V_{CE2}}{V_A}\right)$$

$$I_{B1} = \frac{I_{SO}}{\beta_{FO}} \frac{A_{E1}}{A} \exp\left(\frac{V_{BE}}{V_T}\right) \qquad\qquad I_{B2} = \frac{I_{SO}}{\beta_{FO}} \frac{A_{E2}}{A} \exp\left(\frac{V_{BE}}{V_T}\right) \tag{7.12}$$

将这些等式代入式(7.7)，可解得 I_O 为

$$I_O = nI_{REF} \frac{1 + \dfrac{V_{CE2}}{V_A}}{1 + \dfrac{V_{BE}}{V_A} + \dfrac{1+n}{\beta_{FO}}} \quad \text{其中} \quad n = \frac{A_{E2}}{A_{E1}} \tag{7.13}$$

在电流增益无限大且具有理想集电极-发射极电压的理想情况下，镜像比仅由两个晶体管的发射极面积之比 MR = n 决定。但对于有限的电流增益，则有

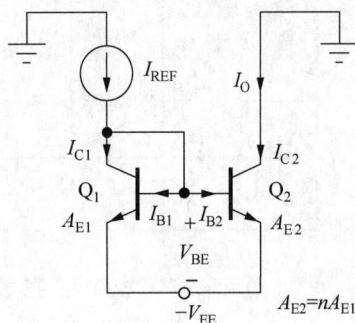

图 7.4　发射极面积不相等的 BJT 电流镜

$$MR = \frac{n}{1 + \frac{1+n}{\beta_{FO}}} \quad 其中 \quad n = \frac{A_{E2}}{A_{E1}} \tag{7.14}$$

例如，假设 $A_{E2}/A_{E1} = 10$，且 $\beta_O = 100$，得到镜像比为 9.01。尽管忽略了集电极-发射极电压的不匹配，但还是存在一个相对较大的误差（10%）。为了获得较高的镜像比，电流增益误差项就显得十分重要，因为总的集电极电流会随着镜像比的增加而增加。

练习： 当 (a) $V_A = \infty$，$\beta_{FO} = \infty$；(b) $V_A = \infty$，$\beta_{FO} = 75$；(c) $V_A = 60V$，$\beta_{FO} = 75$ 且 $V_{BE} = 0.7V$ 时，分别计算下图中 BJT 电流镜的理想镜像比。

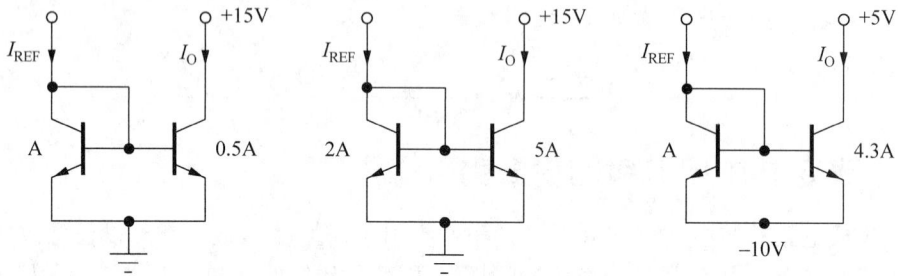

答案： 0.5, 2.5, 4.3; 0.49, 2.39, 4.02; 0.606, 2.95, 4.97。

7.2.5 多级电流源

模拟电路通常需要许多不同的电流源来偏置设计的各个阶段。利用图 7.5 所示的电路，采用一个单独的参考晶体管，M_1 或者 Q_1，可以产生多个输出电流。在图 7.5(a) 中，栅极端通过 MOSFET 的一种称为"简易连接"的非常规连接方法，将所有栅极连接在一起。这一电路的工作原理类似于基本电流镜的操作。参考电流进入"二极管连接"晶体管，在此为 MOSFET 的 M_1，建立栅极-源极电压 V_{GS}，然后用于偏置晶体管 $M_2 \sim M_5$，每个晶体管具有不同的 W/L 值。由于 MOS 技术中没有电流增益缺陷，因此一个参考晶体管可以驱动大量输出晶体管。

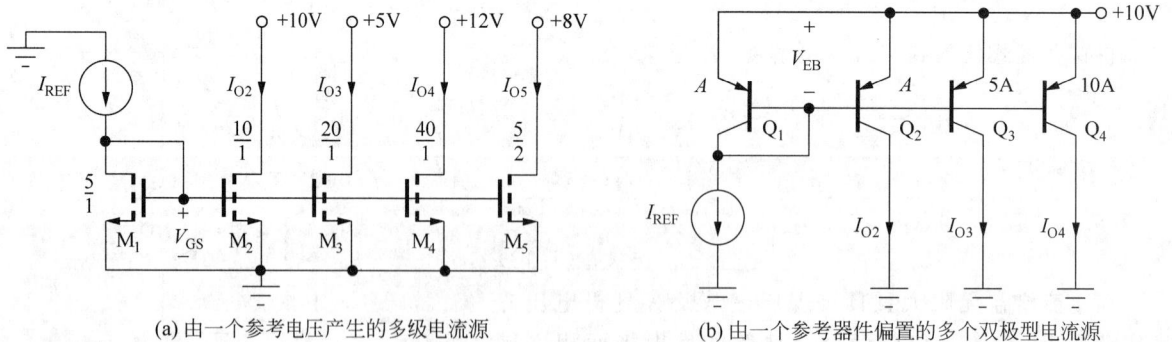

(a) 由一个参考电压产生的多级电流源   (b) 由一个参考器件偏置的多个双极型电流源

图 7.5

与图 7.5(b)中 pnp 双极型电流镜的情形十分类似。在该电路中，所有 BJT 的基极同样是穿过晶体管进行连接的，以简化电路。在电路中，参考电流 I_{REF} 由双极型晶体管 Q_1 提供，以建立基极-发射极电压为 V_{EB}，然后用 V_{EB} 为晶体管 $Q_2 \sim Q_4$ 提供偏置，各晶体管的发射极面积相对于参考晶体管而言都不相同。因为随着输出晶体管的增加，总的基极电流也增加，输出晶体管越多，则基极电流误差越大，这就限制了在基本双极型电流镜中可采用的输出晶体管个数。7.2.6 节提出的缓冲电流镜就是为了解决这一问题。

按照式(7.13)的步骤可以推导出给定集电极的输出电流表达式为

$$I_{Oi}=n_i I_{REF}\frac{1+\dfrac{V_{ECi}}{V_A}}{1+\dfrac{V_{EB}}{V_A}+\dfrac{1+\sum\limits_{i=2}^{m}n_i}{\beta_{FO}}}, \quad \text{其中} \quad n_i=\frac{A_{Ei}}{A_{E1}} \tag{7.15}$$

7.2.6 缓冲电流镜

如果采用大的镜像比或从一个参考晶体管产生许多源电流，双极型电流镜中的电流增益缺陷就会十分显著。利用图 7.6 所示的缓冲电流镜(Buffered Current Mirror)可大大减小这一缺陷。晶体管 Q_3 的电流增益就是用来减小从参考电流中分出的基极电流。在 Q_1 的集电极端运用 KCL，且为了简化起见，假设 $V_A=\infty$，I_C 可表示为

$$I_{C1}=I_{REF}-I_{B3}=I_{REF}-\frac{(1+n)\dfrac{I_{C1}}{\beta_{FO1}}}{\beta_{FO3}+1} \tag{7.16}$$

求解集电极电流可得

$$I_O=nI_{C1}=nI_{REF}\frac{1}{1+\dfrac{(1+n)}{\beta_{FO1}(\beta_{FO3}+1)}} \tag{7.17}$$

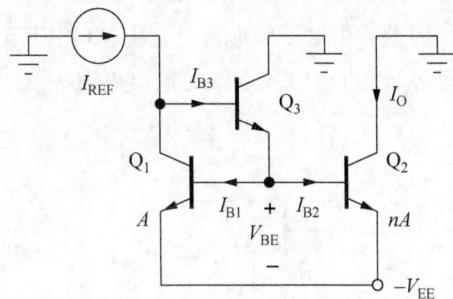

图 7.6 缓冲电流镜

相对于式(7.13)，式(7.17)分母中的电流增益误差项减小成了原来的 $1/(\beta_{FO3}+1)$。

练习：(a)在图 7.6 中，如果所有的双极型晶体管都有 $\beta_{FO}=50$，$n=10$，$V_A\to\infty$，那么此缓冲电流镜的镜像比和误差率为多少？(b)如果 $\beta_{FO}\to\infty$，则为了平衡电流镜，所需的 V_{CE2} 值为多少？

答案：9.96，0.43%；$1.4\mathrm{V}$。

7.2.7　电流镜像的输出阻抗

现在已经求出了电流镜的直流输出电流，接下来关注描述电子电流源特性的第 2 个重要参数——输出电阻。参考图 7.7 所示的交流模型可以得到基本电流镜的输出电阻。二极管连接的双极型晶体管 Q_1 代表一个简单的双端器件，利用图 7.8 所示的节点分析很容易找到它的小信号模型：

$$i = g_\pi v + g_m v + g_o v = (g_m + g_\pi + g_o)\,v \tag{7.18}$$

提出因子 g_m，则二极管电导的近似结果为

$$g_D = \frac{i}{v} = g_m\left[1 + \frac{1}{\beta_o} + \frac{1}{\mu_f}\right] \approx g_m \quad \text{和} \quad r_D \approx \frac{1}{g_m} \tag{7.19}$$

二极管连接的双极型晶体管的小信号模型就是一个阻值为 $1/g_m$ 的电阻。需指出的是，这一结果与在 4.4 节中推导出的真正二极管的小信号电阻 r_{o2} 是一致的。

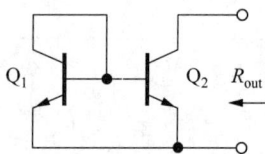

图 7.7　双极型电流镜输出电阻的交流模型　　　　图 7.8　"二极管接法"的晶体管模型

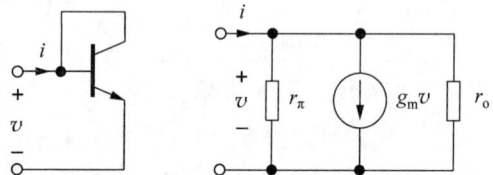

图 7.9 所示的二极管模型简化了电流镜的交流模型。该电路可看作一个共发射极晶体管，其基极连接戴维南等效电阻 $R_{th}=1/g_m$；输出电阻恰好等于晶体管 Q_2 的输出电阻 r_{o2}。

除了电流增益为无限大之外，描述二端"二极管接法"的 MOSFET 小信号模型的等式与式(7.19)相似。因此，如图 7.10 所示，二端 MOSFET 也可用一个阻值为 $1/g_m$ 的电阻代替；MOS 电流镜的输出电阻等于 MOSFET M_2 的输出电阻 r_{o2}。

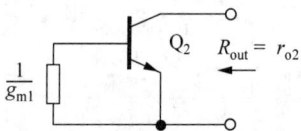

图 7.9　双极型电流镜的简化小信号模型　　　　图 7.10　MOS 电流镜的输出电阻

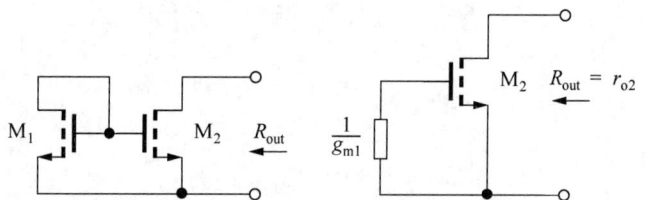

因此，基本电流镜的输出电阻和品质因数 V_{CS}（参见 6.4.2 节）由输出晶体管 Q_2 和 M_2 决定，即

$$R_{out} = r_{o2} \quad \text{和} \quad V_{CS} \approx V_{A2} \quad \text{或} \quad V_{CS} = \frac{1}{\lambda_2} \tag{7.20}$$

练习: 如果 $V_A = 1/\lambda = 50\text{V}, \beta_F = 100$,则在图 7.5(a)中 $I_{REF} = 100\mu\text{A}$,图 7.5(b)中 $I_{REF} = 10\mu\text{A}$ 两种情况下,源 I_{o2} 和 I_{o3} 的输出电阻为多少?

答案: $260\text{k}\Omega, 130\text{k}\Omega; 5.94\text{M}\Omega, 1.19\text{M}\Omega$。

7.2.8 电流镜的二端口模型

电流镜不仅可以用作直流电流源,还可在更为复杂的电路中用作电流放大器和有源负载,因此理解电流镜的小信号特性非常重要。图 7.11 中将电流镜电路重新绘制成了一个二端口模型。

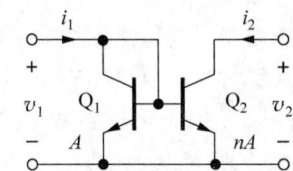

图 7.11 电流镜的二端口表示

电流镜的小信号模型如图 7.12 所示,图中二极管接法的晶体管 Q_1 由它的简化形式 $1/g_{m1}$ 表示。由图 7.12(a)可得

$$R_{in} = \frac{v_1}{i_1}\bigg|_{v_2=0} = \frac{1}{(g_{m1} + g_{\pi 2})} = \frac{1}{g_{m1}\left(1 + \dfrac{n}{\beta_{o2}}\right)} \approx \frac{1}{g_{m1}}$$

$$n = \frac{i_2}{i_1}\bigg|_{v_2=0} = \frac{g_{m2}r_{\pi 2}}{1 + g_{m1}r_{\pi 2}} \approx \frac{g_{m2}}{g_{m1}} = \frac{I_{C2}}{I_{C1}} = \frac{A_{E2}}{A_{E1}}$$

$$R_{out} = \frac{v_2}{i_2}\bigg|_{i_1=0} = r_{o2} \tag{7.21}$$

最终的二端口模型如图 7.12(b)所示。双极型电流镜的输入电阻由 Q_1 决定,为 $1/g_{m1}$,输出电阻等于 Q_2 的 r_{o2},电流增益主要由发射极面积之比 $n = A_{E2}/A_{E1}$ 决定。需要注意的是,在计算小信号模型参数时,必须确保 I_{C1} 和 I_{C2} 的值正确。

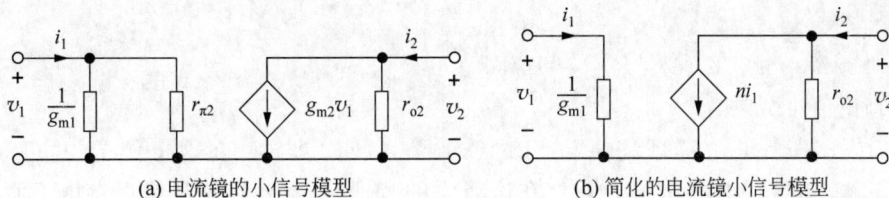

(a)电流镜的小信号模型　　(b)简化的电流镜小信号模型

图　7.12

对 MOS 电流镜进行分析可得到类似结果,或简单地在式(7.21)中设 $r_{\pi 2} \to \infty$:

$$R_{in} = \frac{1}{g_{m1}} \qquad \beta = \frac{g_{m2}}{g_{m1}} \approx \frac{\left(\dfrac{W}{L}\right)_2}{\left(\dfrac{W}{L}\right)_1} \approx n \qquad R_{out} = r_{o2} \tag{7.22}$$

在这种情况下,电流增益 n 由两个 FET 的 W/L 值决定,而不由双极型器件发射极的面积比决定。

练习: 如果 $I_{REF} = 100\mu\text{A}, \beta_{FO} = 50, V_A = 50\text{V}, V_{BE} = 0.7\text{V}, V_{CE_2} = 10\text{V}, n = 5$,则图 7.4 中电流镜的源 I_{C1} 和 I_{C2} 的值和小信号参数为多少?

答案: $89.4\mu\text{A}; 529\mu\text{A}; 280\Omega; 0; 5.92; 113\text{k}\Omega$。

例 7.3 用 SPICE 计算电流的二端口参数。

用传输函数分析计算 BJT 电流镜的二端口参数。

问题：用 SPICE 的传输函数功能计算由 $100\mu A$ 参考电流和 $10V$ 电源电压提供偏置的 BJT 电流镜的二端口参数。

解：

已知量：一个用双极型晶体管实现的电流镜，其 $I_{REF}=100\mu A$，$V_{CC}=10V$。

未知量：电流镜像的输出电流 I_O、V_{BE}、R_{in}、n、R_{out}。

求解方法：用 SPICE 中的电路图编辑器构建电路，用传输函数分析并查找从 I_{REF} 到 $I(V_{CC})$ 的正向传递函数和从 V_{CC} 到节点①的反向传递函数。SPICE 的传输函数会自动分析并计算出 3 个值：所需的传输函数、输入源节点的电阻和输出源节点的电阻。但是，由于输出节点与 V_{CC} 连接，因此在该节点计算的输出电阻为零，且需要分析两次才能找到二端口参数。

假设：采用一个由电源流 I_{REF} 偏置，由单电源 V_{CC} 供电的电流镜，如下图所示。$V_A=50V$，$\beta_{FO}=100$，$I_S=0.1fA$。

分析：首先必须将双极型晶体管的参数设置成所需的值，即 $BF=100$，$VAF=50V$，$IS=0.1fA$。本例运用了一个工作点和两个传输函数来进行分析。第 1 个需要求解的量是从 I_{REF} 到输出变量 $I(V_{CC})$ 的传输函数。工作点分析得到 $V(1)=0.719V$，$I_O=116\mu A$。传输函数分析得出输入电阻为 $R_{in}=259\Omega$，电流增益为 $n=1.16$。第 2 个分析需要求出从 V_{CC} 到节点①的传输函数。SPICE 给出的结果为 $R_{out}=510k\Omega$。

结果检查：基于式(7.21)中的方程组和工作点结果，可推测：

$$R_{in}=250\Omega, \quad n=1.16, \quad R_{out}=517k\Omega$$

可看到结果与理论值十分吻合。

讨论：我们应该理解并解释理论值与 SPICE 结果之间的差异。在这个例子中，可以利用 $V_T=25.9mV$ 来解释输入电阻之间的差异。注意在诠释 n 的数据时，不要有符号错误。由于假定的 V_{CC} 和 $I(V_{CC})$ 极性的原因，SPICE 的输入结果中会出现一个负号。最终，SPICE 模型采用 $r_o=(V_A+V_{CB})/I_C=511k\Omega$，造成了 R_{out} 之间的微小差异。

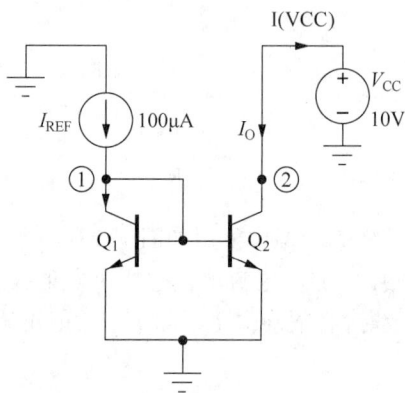

练习：用 SPICE 的传输函数功能求出 MOS 电流镜的二端口参数，电流镜的参考电流为 $100\mu A$，电源为 $10V$。假设 $K_n=1mA/V^2$，$V_{TN}=0.75V$，$\lambda=0.02/V$。

答案：$I_O=117\mu A$，$V_{GS}=1.19V$；$220\Omega,1.17,512k\Omega$。

练习：将上题结果与手工计算的结果相比较。

答案：当 $V_{GS}=1.20V$ 时，$I_O=117\mu A$；$2.24k\Omega,1.17,513k\Omega$。

7.2.9　Wildar 电流源

图 7.13 所示 Wildar[①] 电流源电路中的电阻 R 为电路设计者调节电流镜的镜像比提供了另一个自由度。在该电路中,晶体管 Q_1 和 Q_2 的基极-发射极电压的差异出现在电阻 R 两端,并且这个差异确定了输出电流 I_O。图 7.13(b) 中的晶体管 Q_3 为电流镜参考晶体管提供缓冲,使有限电流增益的影响最小化。

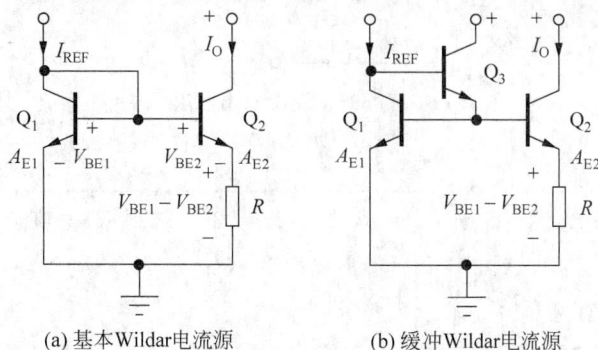

(a) 基本 Wildar 电流源　　　　　(b) 缓冲 Wildar 电流源

图　7.13

输出电流的表达式可以由两个双极型晶体管的基极-发射极电压的标准表达式推导出来。在推导过程中,必须准确地计算出 V_{BE1} 和 V_{BE2} 的值,因为这两个电压之间的差值决定了电路的特性。

假设电流增益很高,则有

$$V_{BE1} = V_T \ln\left(1 + \frac{I_{REF}}{I_{S1}}\right) \approx V_T \ln\frac{I_{REF}}{I_{S1}} \quad \text{和} \quad V_{BE2} = V_T \ln\left(1 + \frac{I_O}{I_{S2}}\right) \approx V_T \ln\frac{I_O}{I_{S2}} \tag{7.23}$$

电阻 R 的电流等于

$$I_{E2} = \frac{V_{BE1} - V_{BE2}}{R} = \frac{V_T}{R} \ln\left(\frac{I_{REF}}{I_O} \frac{I_{S2}}{I_{S1}}\right) \tag{7.24}$$

如果晶体管匹配,则有 $I_{S1} = (A_{E1}/A)I_{SO}$,$I_{S2} = (A_{E2}/A)I_{SO}$,式 (7.24) 可改写成

$$I_O = \alpha_F I_{E2} \approx \frac{V_T}{R} \ln\left(\frac{I_{REF}}{I_O} \frac{A_{E2}}{A_{E1}}\right) \tag{7.25}$$

如果 I_{REF}、R 和发射极面积已知,则式 (7.25) 必定是一个能求得 I_O 的超越方程。这个方程的解可以通过反复试凑法或计算器中的求解程序得到。

Wildar 电流源的输出电阻

图 7.13(a) 所示 Wildar 电流源的交流模型为一个具有发射极电阻 R 的共射极晶体管,它的基极还有一个来自二极管连接的 Q_1 的小值电阻 $R_{th}(1/g_{m1})$,如图 7.14 所示。在正常工作中,电阻 R 上的电压通常比较小($\leqslant 10V_T$)。在这种情况下,简化式 (6.114),可将电流源的输出电阻简化成如下形式

$$R_{out} \approx r_{o2}[1 + g_{m2}R] = r_{o2}\left[1 + \frac{I_O R}{V_T}\right] \tag{7.26}$$

上式中,$I_O R$ 可由式 (7.25) 求出

$$R_{out} \approx r_{o2}\left[1 + \ln\frac{I_{REF}}{I_O} \frac{A_{E2}}{A_{E1}}\right] = Kr_{o2} \quad \text{和} \quad V_{CS} \approx KV_{A2} \tag{7.27}$$

---

① Robert Wildar 是著名的集成电路设计专家,为模拟集成电路设计做出很多贡献。参见参考文献[3,4]。

其中，$K = \left[1 + \ln \dfrac{I_{\mathrm{REF}}}{I_{\mathrm{O}}} \dfrac{A_{\mathrm{E2}}}{A_{\mathrm{E1}}}\right]$，其典型值为 $1 < K < 10$。

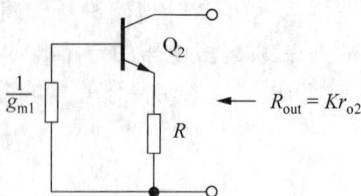

图 7.14　Wildar 电流源输出电阻 — $K = 1 + \ln\left[(I_{\mathrm{REF}}/I_{\mathrm{C2}})(A_{\mathrm{E2}}/A_{\mathrm{E1}})\right]$

> **练习**：如果 $I_{\mathrm{REF}} = 100\mu\mathrm{A}$，$A_{\mathrm{E2}}/A_{\mathrm{E1}} = 5$，要求 $I_{\mathrm{O}} = 25\mu\mathrm{A}$，则 R 的值应设为多少？如果 $V_{\mathrm{A}} + V_{\mathrm{CE}} = 75\mathrm{V}$，则此电流源对应式（7.27）中的输出电阻和 K 的值为多少？
>
> **答案**：3000Ω；$12\mathrm{M}\Omega$，4。
>
> **练习**：如果 $I_{\mathrm{REF}} = 100\mu\mathrm{A}$，$R = 100\Omega$，$A_{\mathrm{E2}} = 10A_{\mathrm{E1}}$，求 Wildar 电流源的输出电流。如果 $V_{\mathrm{A}} + V_{\mathrm{CE}} = 75\mathrm{V}$，则此电流源对应式（7.27）中的输出电阻和 K 的值为多少
>
> **答案**：$301\mu\mathrm{A}$；$551\mathrm{k}\Omega$，2.2。

电 子 应 用

PTAT 电压

在图 7.13 中，R 上的电压是一个非常有用的量，它与热力学温度成正比（Proportional To Absolue Temperature，PTAT）。V_{PTAT} 等于式（7.23）所描述的两个发射极电压之差，即

$$V_{\mathrm{PTAT}} = V_{\mathrm{BE1}} - V_{\mathrm{BE2}} = V_{\mathrm{T}} \ln\left(\frac{I_{\mathrm{C1}}}{I_{\mathrm{C2}}} \frac{A_{\mathrm{E2}}}{A_{\mathrm{E1}}}\right) = \frac{kT}{q} \ln\left(\frac{I_{\mathrm{C1}}}{I_{\mathrm{C2}}} \frac{A_{\mathrm{E2}}}{A_{\mathrm{E1}}}\right)$$

并且，V_{PTAT} 随温度变化的关系为

$$\frac{\partial V_{\mathrm{PTAT}}}{\partial T} = \frac{k}{q} \ln\left(\frac{I_{\mathrm{C1}}}{I_{\mathrm{C2}}} \frac{A_{\mathrm{E2}}}{A_{\mathrm{E1}}}\right) = \frac{V_{\mathrm{PTAT}}}{T}$$

例如，假设 $T = 300\mathrm{K}$，$I_{\mathrm{C1}} = I_{\mathrm{C2}}$，$A_{\mathrm{E2}} = 10A_{\mathrm{E1}}$。当温度系数稍小于 $0.2\mathrm{mV/K}$ 时，$V_{\mathrm{PTAT}} = 59.6\mathrm{mV}$。

PTAT 电压产生于 Widlar 单元中，结合一个模/数转换器，组成了今天高精度温度计的核心。

基于数字测温的 PTAT 电压

PTAT 发生器产生明确定义的输出电压，可用于许多数字温度计中。下面的框图展示了一个例子，该图是作为奥本大学高级设计项目的一部分而制作的。LM34DM 参考 IC 的 PTAT 输出电压直接调整到华氏度。该电压通过 ICL7136CMM 中的 A/D 转换器转换为数字形式，ICL7136CMM 还包含自己的参考发生器和电路，可直接与液晶数字显示器连接。

7.2.10　MOS 版本的 Wildar 电流源

Widlar 电流源的 MOS 版本如图 7.15 所示。在该电路中，晶体管 M_1 和 M_2 栅极电压之间的差异

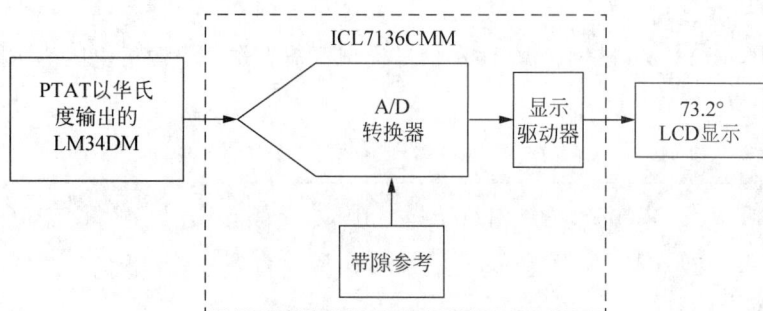

数字温度计框图

无线数字温度计

出现在 R 上,并且 I_O 可以表示为

$$I_O = \frac{V_{GS1} - V_{GS2}}{R} = \frac{\sqrt{\dfrac{2I_{REF}}{K_{n1}}} - \sqrt{\dfrac{2I_O}{K_{n2}}}}{R} = \frac{1}{R}\sqrt{\frac{2I_{REF}}{K_{n1}}}\left(1 - \sqrt{\frac{I_O}{I_{REF}}\frac{(W/L)_1}{(W/L)_2}}\right) \tag{7.28}$$

如果 I_O 已知,则根据式(7.28)可直接计算出 I_{REF}。如果 I_{REF}、R 和 W/L 值都已知,那么式(7.28)可以写成用 $\sqrt{I_O/I_{REF}}$ 表示的二次方程,即

$$\left(\sqrt{\frac{I_O}{I_{REF}}}\right)^2 + \frac{1}{R}\sqrt{\frac{2}{K_{n1}I_{REF}}}\sqrt{\frac{(W/L)_1}{(W/L)_2}}\left(\sqrt{\frac{I_O}{I_{REF}}}\right) - \frac{1}{R}\sqrt{\frac{2}{K_{n1}I_{REF}}} = 0 \tag{7.29}$$

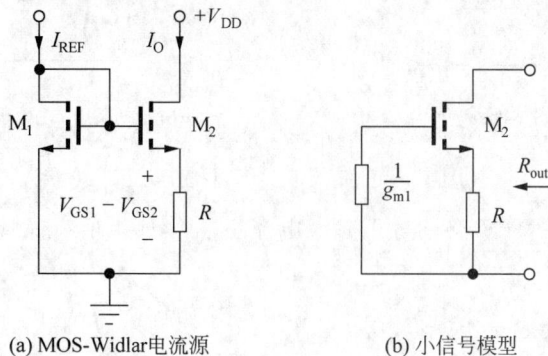

(a) MOS-Widlar电流源   (b) 小信号模型

图 7.15

MOS Wildar 电流源输出电阻

在图 7.15(b)中,MOS Wildar 电流源的小信号模型可被当作一个源极电阻为 R 的共源极放大器。因此,根据表 5.9 可得

$$R_{out} = r_{o2}(1 + g_{m2}R) \approx \mu_{f2}R \tag{7.30}$$

练习：(a)如果 $I_{REF} = 200\mu A, R = 2k\Omega, K_{n2} = 10K_{n1} = 250\mu A/V^2$,求图 7.15(a)所示电路的输出电流；(b)如果 $\lambda = 0.02/V, V_{DS} = 10V$,则输出电阻 R_{out} 为多少？

答案：$764\mu A$；$176k\Omega$。

7.3　高输出电阻电流镜

在 6.2 节对差分放大器的引导性讨论中发现,为了获得良好的 CMRR,需要具有很高输出电阻的电流源。前面几节中讨论的基本电流镜的品质因数 V_{CS} 等于 V_A 或者 $1/\lambda$；对于 Wildar 源而言这一参数值要高几倍。本节将继续介绍电流源,讨论另外两个新电路,其中 Wildar 电源流可将 V_{CS} 增大到 $\beta_o V_A$ 或者 μ_f/λ 的数量级,而可调 Cascode 电流源可获得更高的 V_{CS} 值。

7.3.1　Wilson 电流源

图 7.16 所示的 Wilson 电流源[5]采用了与缓冲电流镜相等的晶体管个数,但其输出电阻高出许多；该电流源常用于需要精确匹配电流源的应用中。在 MOS Wilson 电流源中,输出电流由 M_3 的漏极提供,M_1 和 M_2 组成了一个电流镜。在电路工作过程中,3 个晶体管都处于沟道夹断区,即所在有源区。

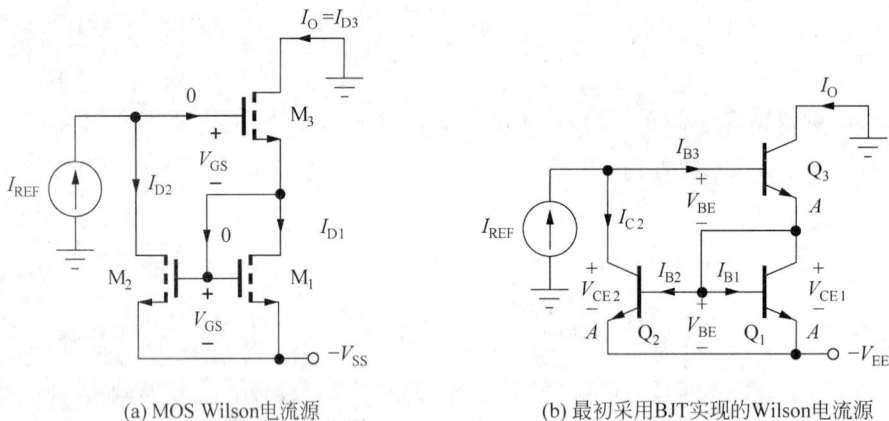

(a) MOS Wilson电流源　　　　(b) 最初采用BJT实现的Wilson电流源

图　7.16

因为 M_3 的栅极电流为零,I_{D2} 必须等于参考电流 I_{REF}。如果所有晶体管都具有相同的 W/L 值,则有

$$V_{GS3} = V_{GS1} = V_{GS}, \quad 因为 I_{D3} = I_{D1}$$

电流镜要求

$$I_{D2} = I_{D1} \frac{1 + 2\lambda V_{GS}}{1 + \lambda V_{GS}}$$

且由于 $I_O = I_{D3}$，$I_{D3} = I_{D1}$，于是输出电流可以写为

$$I_O = I_{REF} \frac{1 + \lambda V_{GS}}{1 + 2\lambda V_{GS}} \quad \text{其中，} \quad V_{GS} \approx V_{TN} + \sqrt{\frac{2 I_{REF}}{K_n}} \tag{7.31}$$

当 λ 较小时，$I_O \approx I_{REF}$。例如，如果 $\lambda = 0.02/V$，$V_{GS} = 2V$，则 I_O 和 I_{REF} 相差 3.7%。

实际上，Wilson 电流源最初以双极型晶体管形式出现，如图 7.16(b) 所示。该电路的工作方式类似于 MOS 源，但在从 I_{REF} 到 Q_3 基极的电流损失以及由 Q_1 和 Q_2 形在的电流增益误差方面存在差异。在 Q_3 的基极端运用 KCL，可得 $I_{REF} = I_{C2} + I_{B3}$，其中 I_{C2} 和 I_{B3} 通过 Q_1 和 Q_2 组成的电流镜相互联系起来。

$$I_{C2} = \frac{1 + \dfrac{2V_{BE}}{V_A}}{1 + \dfrac{V_{BE}}{V_A} + \dfrac{2}{\beta_{FO}}} I_{E3} = \frac{1 + \dfrac{2V_{BE}}{V_A}}{1 + \dfrac{V_{BE}}{V_A} + \dfrac{2}{\beta_{FO}}} (\beta_{FO} + 1) I_{B3} \tag{7.32}$$

注意，在图 7.16(b) 中有 $V_{CE1} = V_{BE}$，$V_{CE2} = 2V_{BE}$。

直接求解 $I_{C3} = \beta_f I_{B3}$ 会得到一个很凌乱的表达式，难以解释。但是，如果假设误差项非常小，则可将表达式简化（要付出很大努力）成如下近似结果：

$$I_O \approx I_{REF} \frac{1 + \dfrac{V_{BE}}{V_A}}{1 + \dfrac{2}{\beta_{FO}(\beta_{FO} + 2)} + \dfrac{2V_{BE}}{V_A}} \tag{7.33}$$

当 $\beta_{FO} = 50V$，$V_A = 60V$，$V_{BE} = 0.7V$ 时，镜像比为 0.988，主要的误差源来自晶体管 Q_1 和 Q_2 集电极-发射极电压之间的不匹配。基极电流误差已被减小到 I_{REF} 的 0.1% 以下。

对于精确电路，由图 7.16(a) 中的源-漏电压不匹配或者图 7.16(b) 中的集电极-发射级电压不匹配造成的误差可能还是太大。这个问题可以通过加入一个晶体管，以平衡电路来解决，如图 7.17 所示，晶体管 Q_4 使 Q_2 的集电极-发射极电压降低了一个 V_{BE} 的大小，平衡了 Q_1 和 Q_2 的集电极-发射极电压，即

$$V_{CE2} = V_{BE1} + V_{BE3} - V_{BE4} \approx V_{BE}$$

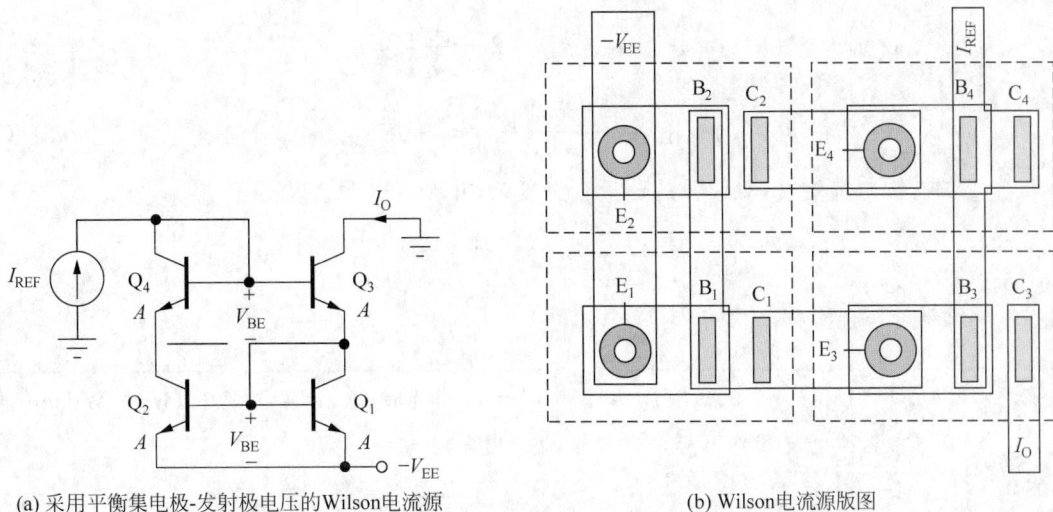

(a) 采用平衡集电极-发射极电压的Wilson电流源　　　　(b) Wilson电流源版图

图　7.17

4个晶体管工作的集电极电流基本相等,并且如果器件的发射极面积一样大,则所有的 V_{BE} 值也相等。

练习：往图 7.16(a)中增加一个晶体管,画出一个电压平衡的 MOS Wilson 电流源电路。

答案：参见图 P7.10。

7.3.2 Wilson 电流源的输出电阻

相对于标准电流镜,Wilson 电流源的主要优势是大大提高了输出电阻。MOS Wilson 电流源的小信号模型如图 7.18 所示,其中用测试电流 i_x 来确定输出电阻的值。

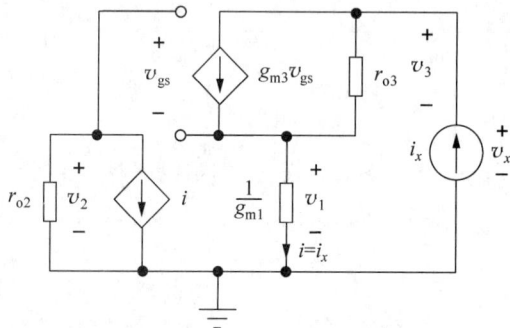

图 7.18　MOS Wilson 电流源的小信号模型

晶体管 M_1 和 M_2 组成的电流镜由其简化的二端口模型表示,其中 $n=1$。电压 v_x 由下式确定：

$$v_x = v_3 + v_1 = \left[i_x - g_{m3} v_{gs}\right] r_{o3} + v_1 \tag{7.34}$$

其中

$$v_{gs} = v_2 - v_1 \quad \text{且} \quad v_1 = \frac{i_x}{g_{m1}} \quad \text{和} \quad v_2 = -\mu_{f2} v_1$$

结合这些等式,且 $n=1$ 时 $g_{m1} = g_{m2}$,可得

$$R_{out} = \frac{v_x}{i_x} = r_{o3}\left[\mu_{f2} + 2 + \frac{1}{\mu_{f2}}\right] \approx \mu_{f2} r_{o3} \tag{7.35}$$

$$V_{CS} = I_{D3} \mu_{f2} \frac{1 + \lambda_3 V_{DS3}}{\lambda_3 I_{D3}} \approx \frac{\mu_{f2}}{\lambda_3} \tag{7.36}$$

由于 BJT 的有限电流增益,双极源的分析有点复杂,并产生以下结果：

$$R_{out} \approx \frac{\beta_{o3} r_{o3}}{2} \quad \text{和} \quad V_{CS} \approx \frac{\beta_o V_A}{2} \tag{7.37}$$

这个公式的推导留给习题 7.39。

练习：如果 $\beta_F = 150$, $V_A = 50V$, $V_{EE} = 15V$, $I_O = I_{REF} = 50\mu A$,计算图 7.16(b)中 Wilson 电流源的 R_{out}。工作在相同电流条件下标准电流镜的输出电阻为多少?

答案：96.6MΩ; 1.3MΩ。

> **练习**：用 SPICE 求出上面练习中 Wilson 电流源的输出电流和输出电阻。
> **答案**：$I_O = 49.5\mu A$；118MΩ。

7.3.3 Cascode 电流源

在本节中，我们将了解到两个晶体管的 Cascode 连接（C-E/C-B Cascode）的输出电阻非常高，对于 FET 电路可达接近 $\mu_f r_o$，对 BJT 电路接近 $\beta_o r_o/2$。分别用 MOS 和 BJT 电流镜实现的 Cascode 电流源（Cascode Current Source）如图 7.19 所示。

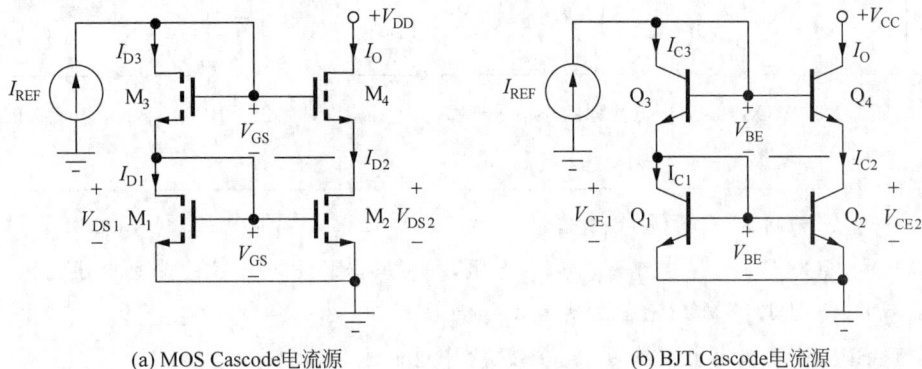

(a) MOS Cascode电流源　　　　　(b) BJT Cascode电流源

图　7.19

在 MOS 电路中，$I_{D1} = I_{D3} = I_{REF}$。由于 $I_O = I_{D4} = I_{D2}$，由 M_1 和 M_2 组成的电流镜迫使输出电流近似等于参考电流。

晶体管 M_3 采用二极管接法，它为 M_4 的栅极提供了一个直流偏置电压，并平衡了 V_{DS1} 和 V_{DS2}。如果所有的晶体管有同样的 W/L 值，则所有的 V_{GS} 都一样，且 V_{DS1} 等于 V_{DS2}。

$$V_{DS2} = V_{GS1} + V_{GS3} - V_{GS4} = V_{GS} \quad \text{且} \quad V_{DS1} = V_{GS}$$

因此，M_1-M_2 电流镜是精确平衡的，且 $I_o = I_{REF}$。

图 7.19(b)所示的 BJT 电流源具有相同的工作原理。由于 $\beta_F = \infty$，故在电流源参考侧有 $R_{REF} = I_{C3} = I_{C1}$。$Q_1$ 和 Q_2 构成了一个电流镜，使得 $I_O = I_{C4} = I_{C2} = I_{C1} = I_{REF}$。二极管 Q_3 和 Q_4 的基极提供了一个直流偏置电压，保持 Q_4 工作在有源区，并平衡了电流镜的集电极-发射极电压。

$$V_{CE2} = V_{BE1} + V_{BE3} - V_{BE4} = 2V_{BE} - V_{BE} = V_{BE} = V_{CE1}$$

7.3.4 Cascode 电流源的输出电阻

MOS Cascode 电流源的小信号模型如图 7.20 所示，由 M_1 和 M_2 组成的电流镜用其二端口模型表示。由于电流 i 为 M_4 的基极电流，其值为零，因此电路可以被简化成如图 7.20 右图所示，可将其看作具有电源极电阻 r_{o2} 的共源极放大器，因此它的输出电阻为

$$R_{out} = r_{o4}(1 + g_{m4}r_{o2}) \approx \mu_{f4}r_{o2} \quad \text{和} \quad V_{CS} \approx \frac{\mu_{f4}}{\lambda_2} \approx \frac{\mu_{f4}}{\lambda_4} \tag{7.38}$$

由于 BJT 的有限电流增益，图 7.21 中双极电流源输出电阻的分析同样较为复杂。如果 Q_4 的基极接地，则输出电阻恰好等于 Cascode 放大器的输出电阻，即 $\beta_o r_o$。然而 Q_4 的基极电流 r_b 流入了电流

镜中,使得输出电流加倍,导致总的输出电阻减半,即

$$R_{ou} \approx \frac{\beta_{o4} r_{o4}}{2} \quad \text{和} \quad V_{CS} \approx \frac{\beta_{o4} V_{A4}}{2} \tag{7.39}$$

这一结果的详细计算过程留给习题 7.74。

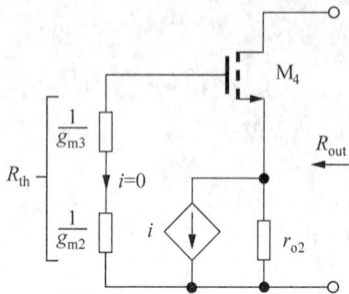

图 7.20 MOS Cascode 电流源的小信号模型

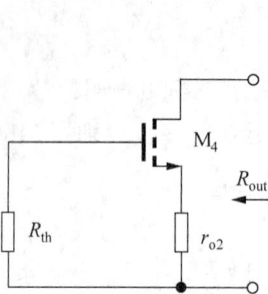

图 7.21 BJT Cascode 电流源的小信号模型

练习：如果 $I_O = I_{REF} = 50\mu A$, $V_{DD} = 15V$, $K_n = 250\mu A/V^2$, $V_{TN} = 0.8V$, $\lambda = 0.015V^{-1}$,计算图 7.19(a)所示 MOS Cascode 电流源的输出电阻,并将其与标准电流镜的输出电阻相比较。

答案：379MΩ 与 1.63MΩ,包含了所有 λV_{DS} 项。

练习：用 SPICE 计算出上面练习中电流源的输出电流和输出电阻。

答案：$I_O = 50\mu A$; 382MΩ。

练习：如果 $I_O = I_{REF} = 50\mu A$, $V_{CC} = 15V$, $\beta_o = 100$, $V_A = 67V$。计算图 7.19(b)所示 BJT Cascode 电流源的输出电阻,并将其与标准电流镜的输出电阻相比较。

答案：81.3Ω 与 1.63MΩ。

7.3.5 可调 Cascode 电流源

另一个提升电流镜输出电阻的方法是通过图 7.22 所示的可调 Cascode 电流源实现,其中运算放大器 A 的反馈用于进一步增加输出电阻。输出电流 I_O 由 M_1 和 M_2 形成的基本电流镜设定。在直流时,运算放大器 A 强制晶体管 M_2 的电压等于 V_{REF},而源极电压的变化则通过增加的环路增益 A 减小,从而增加输出电阻。

运用 Blackman 理论(参见 2.4.2 节)可快速求出可调 Cascode 电流源(Regulated Cascode Current Source)的输出电阻为

$$R_{out} = R_D \frac{1 + |T_{SC}|}{1 + |T_{OC}|} \tag{7.40}$$

其中 R_D 为断开反馈回路的电阻, T_{OC} 和 T_{SC} 分别为输出端开路和短接地时的回路增益。如图 7.22(b)所示,将运算放大器的增益 A 设为零可得 $R_D = \mu_{f3} r_{o2}$。当输出端开路时, M_2 的漏-源信号电流为零,因此 $T_{OC} = 0$。当输出端接交流时, T_{SC} 等于 A 和 M_3 增益的乘积,此时 M_3 为一个源极跟随器,即

$$T_{SC} = A \frac{g_{m3}(r_{o2} \| r_{o3})}{1 + g_{m3}(r_{o2} \| r_{o3})} \approx A \frac{\mu_{f3}/2}{1 + (\mu_{f3}/2)} \approx A \quad \text{和} \quad R_{out} \approx A\mu_{f3} r_{o2} \tag{7.41}$$

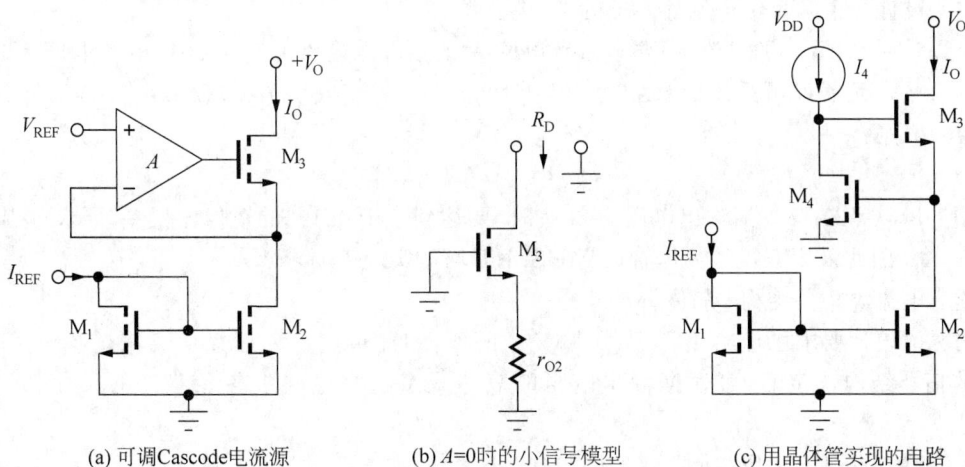

(a) 可调Cascode电流源　　　(b) A=0时的小信号模型　　　(c) 用晶体管实现的电路

图　7.22

其中 $A \gg 1$。放大器的增益 A 增大了输出电阻。

常见的实现方式如图 7.22(c)所示,其中放大器的功能由带有电流源负载 I_4 的共源极晶体管 M_4 实现。在这种情况下,$A = \mu_{f4}$,$R_{out} = \mu_{f4} r_{o2}$,$V_{cs} \approx \mu_f^2 \lambda$。

7.3.6　电流镜小结

表 7.2 对本节所讨论的电流镜进行了对比总结。Cascode 电流源和 Wilson 电流源可以获得很高的 V_{CS} 值,经常用于差模放大器和运算放大器的设计及许多其他模拟电路中。对于 MOS 电流源,还可将 Cascode 晶体管堆叠(在图 7.19(a)所示电路中增加 M_5 和 M_6)来进一步增加电流源的输出电阻。例如,3 个 MOS 堆叠可获得的输出电阻为 $R_{out} = \mu_{f3} \mu_{f2} r_{o1}$。在 BJT 电路中这样做并不可行,因为在主要晶体管中基极电流缺陷始终存在。可调 Cascode 电流源采用附加反馈将输出电阻增大至 $\mu_f^2 r_o$。

表 7.2　基本电流镜对比

电流源类型	R_{out}	V_{CS}	V_{CS} 典型值/V
电阻	R	V_{EE}	15
双晶体管电流镜	r_o	V_A 或 $\dfrac{1}{\lambda}$	75
BJT Cascode 电流源	$\dfrac{\beta_o r_o}{2}$	$\dfrac{\beta_o V_A}{2}$	3750
FET Cascode 电流源	$\mu_f r_o$	$\dfrac{\mu_f}{\lambda}$	10000
BJT Wilson 电流源	$\dfrac{\beta_o r_o}{2}$	$\dfrac{\beta_o V_A}{2}$	3750
FET Willson 电流源	$\mu_f r_o$	$\dfrac{\mu_f}{\lambda}$	10000
可调 Cascode 电流源	$\mu_f^2 r_o$	$\dfrac{\mu_f^2}{\lambda}$	1000000

例 7.4　设计一个满足给定设计要求的 IC 电流源。

问题：设计一个 1:1 的电流镜，要求参考电流为 $25\mu A$，当输出工作在 20V 电源电压下时，镜像比误差小于 0.1%。元器件可采用的参数为 $\beta_{FO}=100$，$V_A=75V$，$I_{SO}=0.5fA$；$K'_n=50\mu A/V^2$，$V_{TN}=0.75V$，$\lambda=0.02/V$。

解：

已知量：$I_{REF}=25\mu A$。当输出电压为 20V 时，要达到小于 0.1% 的镜像比误差，要求输出的电流为 $25\mu A\pm25nA$。因此采用双极型晶体管或 MOSFET 均可实现该要求。

未知量：电流源拓扑结构；晶体管尺寸。

求解方法：设计要求已经给出了 R_{out} 和 V_{CS} 的值，因此可用这一已知信息来选择电路的拓扑结构。电路的拓扑结构选定后，可根据输出电阻的表达式来选择电路中各元器件的尺寸，并最终完成设计。

假设：电路在室温下工作；元器件工作在有源区。

分析：电流源的输出电阻必须足够大，从而保证输出端电压为 20V 时，电流的变化不超过 $25\mu A$。因此输出电阻必须满足 $R_{out}\geq20V/25nA=800M\Omega$。设计时可选择 $R_{out}=1G\Omega$，以提供一定的安全余量。于是有效电流源电压为 $V_{CS}=25\mu A(1G\Omega)=25000V$。从表 7.2 可知，需采用 Cascode 电流源或 Wilson 电流源来满足 V_{CS} 的要求。事实上，这个电流源必须采用 MOSFET 实现，因为双极电路最多可以达到 $V_{CS}=100(75V)/2=3750V$。

在此，选择 Wilson 电流源或 Cascode 电流源皆可。本例选择 Cascode 电流源，因为这种电流源中不含内部反馈回路。为了达到较小的镜像比误差，需要一个电压平衡电路。因此最终选择的电路如图 7.19(a) 所示。接下来要选择元器件的尺寸，在本例中，由于要求 MR=1，因此所有晶体管的 W/L 值都一样。

再次参考表 7.2，所需晶体管的放大系数为

$$\mu_f=\lambda V_{CS}=\left(\frac{0.02}{V}\right)(25000V)=500$$

MOSFET 的放大系数近似为

$$\mu_f=g_m r_o\approx\sqrt{2K_n I_D}\frac{1}{\lambda I_D}$$

代入 $\mu_f=500$，$\lambda=0.02/V$，$I_D=25\mu A$，可得 $K_n=1.25mS/V$。由于 $K_n=K'_n(W/L)$，对于给定工艺，要求 W/L 值为 25/1（在集成电路中，这一 W/L 值是比较容易实现的）。在这个电路里，所有晶体管的工作电流都是一样的，因此为了维持电压平衡，所有晶体管的 W/L 值必须相同。

结果检查：可直接计算电流源的输出电阻，以检查结果的正确性。

$$R_{out}\approx g_{m4}r_{o4}r_{o2}\qquad g_{m4}=\sqrt{2K_n I_D(1+\lambda V_{DS4})}\qquad r_o=\frac{(1/\lambda)+V_{DS}}{I_D}$$

或者忽略式中的 V_{DS} 值，也可以将其计算出来。为了更好地与仿真结果比较，需要求出 V_{DS}，并与对应的 g_m 和 r_o 值比较。

$$V_{DS2}=V_{GS2}=V_{TN}+\sqrt{\frac{2I_D}{K_n}}=0.75+\sqrt{\frac{50\mu A}{1.25mS}}=0.95V$$

$$V_{DS4}=20-V_{DS2}=19V$$

$$g_{m4}=\sqrt{2K_n I_D(1+\lambda V_{DS4})}=\sqrt{2(1.25mA/V^2)(25\mu A)[1+0.02(19)]}=0.294mS$$

$$r_{o2} = \frac{(1/\lambda) + V_{DS2}}{I_D} = \frac{51V}{25\mu A} = 2.04M\Omega$$

$$r_{o4} = \frac{(1/\lambda) + V_{DS4}}{I_D} = \frac{69}{25\mu A} = 2.76M\Omega$$

将小信号模型参数相乘得出输出电阻约为 1.65GΩ,超出了最初根据设计要求计算出的输出电阻。

讨论:需指出的是,能否准确设置晶体管的放大系数,对于实现设计目标是十分重要的。在本例中,$\mu_{f4} = 811$。该 Cascode 电流源可能的版图如下图所示。4 个 25/1 的 MOSFET 竖直堆叠。G_1 和 G_2 为电流镜晶体管的栅极,并直接与其对应的漏极相连。M_1 的漏极和 M_3 的源极合并,M_2 的漏极和 M_4 的源极合并。不过 M_2 的漏极与 M_4 的源极之间并不需要连接。

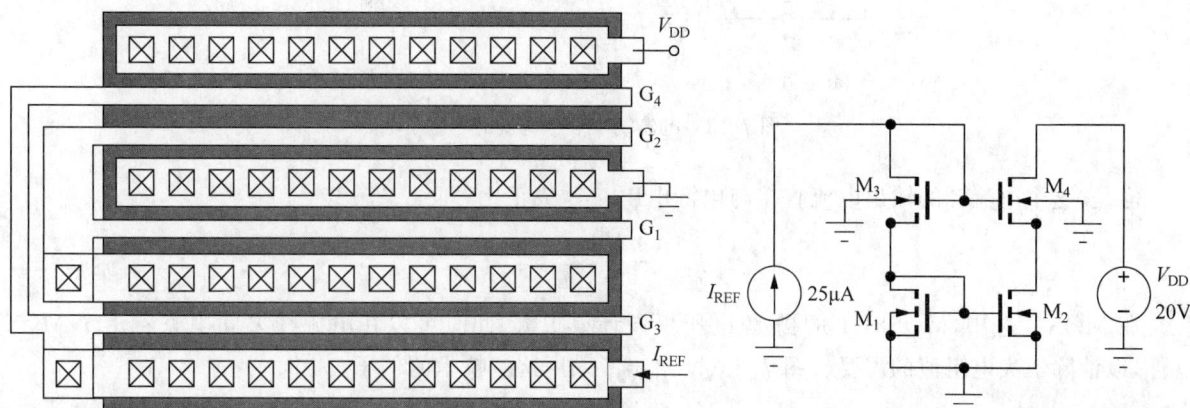

计算机辅助分析:SPICE 是对结果进行再次检查的好方法。首先为 MOS 器件设置如下参数:$K_p = 50\mu A/V^2$,VTO=0.75V,LAMBDA=0.02/V,$W = 25\mu m$,$L = 1\mu m$。用已知的元器件参数对最终电路(如上图所示)进行直流仿真,得到输出电流为 25.014μA。另外,M_1 和 M_2 的漏极电压分别为 0.948V 和 0.976V,说明结果正如预期,电压平衡起了作用。

从电源 V_{DD} 到输出节点的传输函数分析可以看出,当输出电阻为 1.66GΩ 时,可轻松达到设计要求,并留有足够的安全余量。同时 R_{out} 的值也与手工计算所得的值十分吻合。

练习:在例 7.4 的 SPICE 计算结果中,当 $V_{DD} = 20V$ 时,$I_o = 25.014\mu A$。如果 $R_{out} = 1.66G\Omega$,则当 $V_{DD} = 10V$ 时,输出电流为多少?

答案:25.008μA。

练习:为了使 M_4 维持在有源区,V_{DD} 的最小值为多少?

答案:1.15V。

练习:当镜像比为 2±0.1% 时,再次完成例 7.4 中的设计。

答案:$(W/L)_3 = (W/L)_1 = 25/1$;$(W/L)_4 = (W/L)_2 = 50/1$。

7.4　参考电流的产生

参考电流是所有讨论过的电流镜所必需的,产生参考电流最简单的方法就是使用电阻 R,如图 7.23(a)所示。

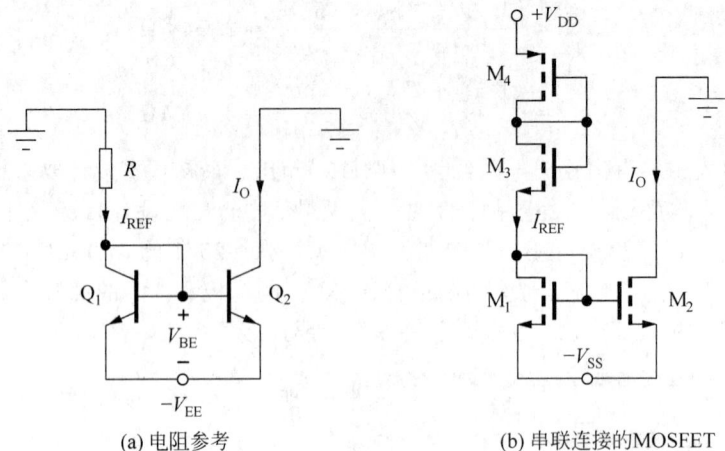

(a) 电阻参考　　　　　　　(b) 串联连接的MOSFET

图 7.23　电流镜中参考电流的产生

但是,这个电流源的输出电流直接与电源电压 V_{EE} 成正比,即

$$I_{REF} = \frac{V_{EE} - V_{BE}}{R} \tag{7.42}$$

在 MOS 工艺中,MOSFET 的栅-源电压可设计得很大,此时可以在电源线之间串联若干个 MOS 器件,以消除对大电阻值的需要。图 7.23(b) 给出了采用这一技术的例子,其中

$$V_{DD} + V_{SS} = V_{SG4} + V_{GS3} + V_{GS1}$$

漏电流必须满足 $I_{D1} = I_{D3} = I_{D4}$。然而,电源电压的任何变动都会直接改变 3 个 MOSFET 的栅-源电压,并会再次改变参考电流。需指出的是,双极工艺中无法采用串联器件技术,这是因为在每个二极管上都固定了小电压(约为 0.7V),同时二极管的电压与电流呈指数关系。

> **练习**:(a)如果 $R = 43k\Omega$,$V_{EE} = -5V$,则图 7.23(a) 中的参考电流为多少? (b)如果 $V_{EE} = -7.5V$ 呢?
>
> **答案**:$100\mu A$;$158\mu A$。
>
> **练习**:(a)如果 $K_n = K_p = 400\mu A/V^2$,$V_{TN} = -V_{TP} = 1V$,$V_{DD} = 0$,且 $V_{SS} = -5V$,则图 7.23(b) 中的参考电流为多少? 如果 $V_{SS} = -7.5V$ 呢?
>
> **答案**:$88.9\mu A$;$450\mu A$(注意:由于 MOSFET 的平方律特性,这一变化要比电阻偏置情况更差)。

7.5　与电源电压无关的偏置

在大多数情况下,并不希望 I_{REF} 与电源电压相关。例如,一般情况下,通用运算放大器中的元器件都具有固定的偏置点,即使它们工作的电源电压从 ±3V 至 ±22V 不等。另外,式(7.42)指出,为了获得一个较小的工作电流,需要一个相对较大的电阻,这些电阻在集成电路中占据很大的面积。因此,人们发明了一系列用于产生电流的相对独立的电源供电技术。

7.5.1 基于 V_{BE} 的参考源

一种可能性是基于 V_{BE} 参考源,如图 7.24 所示,其中,输出电流由 Q_1 的基极－发射极电压决定。当电流增益较高时,Q_1 的集电极电流等于流过电阻 R_1 的电流,即

$$I_{C1} = \frac{V_{EE} - V_{BE1} - V_{BE2}}{R_1} \approx \frac{V_{EE} - 1.4V}{R_1} \tag{7.43}$$

输出电流 I_O 近似等于流过电阻 R_2 的电流,即

$$I_O = \alpha_{F2} I_{E2} = \alpha_{F2} \left(\frac{V_{BE1}}{R_2} + I_{B1} \right) \approx \frac{V_{BE1}}{R_2} \approx \frac{0.7V}{R_2} \tag{7.44}$$

用 V_{EE} 重新写出 V_{BE1} 表达式,得

$$I_O \approx \frac{V_T}{R_2} \ln \frac{V_{EE} - 1.4V}{I_{S1} R_1} \tag{7.45}$$

由于输出电流现在只是与电源电压呈对数关系,所以基本达到了独立于电源电压的目的。但是,由于 V_{BE} 与电阻 R 温度系数的影响,输出电流依然与温度相关。

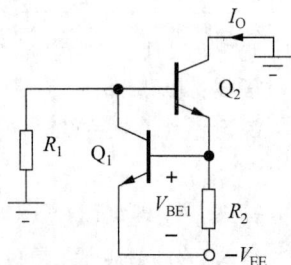

图 7.24 基于 V_{BE} 的电流源

> **练习**:(a)当 $I_S = 10^{-16}$A,$R_1 = 39$kΩ,$R_2 = 6.8$kΩ,$V_{EE} = -5$V 时,计算图 7.24 中的 I_O。假设电流增益为无穷大;(b)当 $V_{EE} = -7.5$V 时,重复上述计算。
>
> **答案**:101μA;103μA;0.009。

7.5.2 Wildar 电流源

事实上,我们已经对另一种类似的、可以达到与电压源变化无关的电流源进行过讨论。在图 7.13 和式(7.25)中描述的 Wildar 电流源的输出电流表达式为

$$I_O = \alpha_F I_{E2} \approx \frac{V_T}{R} \ln \left(\frac{I_{REF}}{I_O} \frac{A_{E2}}{A_{E1}} \right) \tag{7.46}$$

同样,输出电流只与参考电流 I_{REF}(它可能与 V_{CC} 成正比)呈对数关系。

7.5.3 与电源电压无关的偏置单元

将 Wildar 电流源与标准电流镜像结合起来,可得到一个更好的、与电源电压无关的偏置电路,如图 7.25 所示。假设电流增益较高,pnp 电流镜迫使参考单元两边的电流相等,即 $I_{C1} = I_{C2}$。此外,图 7.25 中 Wildar 电流源的发射极面积比等于 20。

在这些约束条件下,式(7.46)可通过如下工作点来满足

$$I_{C2} \approx \frac{V_T}{R} \ln(20) = \frac{0.0749V}{R} \tag{7.47}$$

在这个例子中,电阻 R 两端产生大约 75mV 的固定电压,并且该电压与电源电压无关,可以选择电阻 R 以产生所需的工作

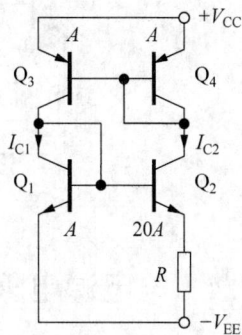

图 7.25 使用 Wildar 电流源和电流镜,并与电源无关的偏置电路

电流。

显然，在图 7.25 所示的电路设计中，可以采用变化范围比较大的镜像比和发射极面积比。尽管电流 I_C 在确定之后就与电源电压无关，但实际的 I_C 值依然会随温度变化，R 的绝对值因此也随温度及工艺步骤的不同而变化。

遗憾的是，$I_{C1}=I_{C2}=0$ 也是图 7.25 所示电路的一个稳态工作点。在用集成电路实现这一参考电路时必须包含启动电路，以保证电路能够达到所需的工作点。

> **练习**：如果 $A_{E3}=10A_{E4}$，$A_{E2}=10A_{E1}$，且 $R=1\mathrm{k\Omega}$，请计算图 7.25 中电流源的输出电流。
>
> **答案**：$115\mu\mathrm{A}$。
>
> **练习**：为了使图 7.25 所示与电源电压无关的偏置电路能够正常工作，电源的最小电压应为多少？
>
> **答案**：$2V_{BE}\approx1.4\mathrm{V}$。
>
> **练习**：(a)假设式(7.47)中电阻 R 的值恒定，则该电路中电流 A_{C2} 的温度系数（TC）是多少？(b)如果电阻的 TC 为 $-2000\mathrm{ppm/℃}$，则重复上述计算。
>
> **答案**：$3300\mathrm{ppm/℃}$；$5300\mathrm{ppm/℃}$。

在图 7.25 中，由 $Q_1\sim Q_4$ 组成的参考单元的电流一旦产生，Q_1 和 Q_4 的基极-发射极电压就可用作其他电流镜参考电压，如图 7.26 所示。在此电路中，参考单元电路中采用了缓冲电流镜，以最大限度地减小由 npn 和 pnp 晶体管上有限电流增益引起的误差。如图 7.26 所示，输出电流产生于基极电流镜晶体管 Q_5 和 Q_7，以及 Wildar 电流源即 Q_6 和 Q_8 上。

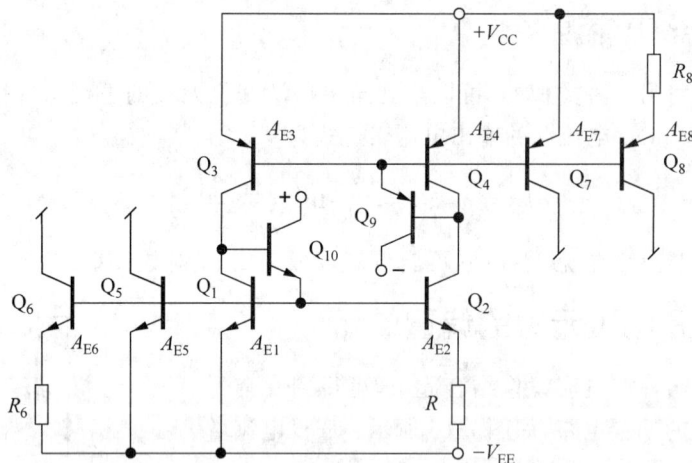

图 7.26　由与电源电压无关的偏置单元产生的多个源电流

7.5.4　与电源电压无关的 MOS 偏置单元

图 7.25 所示电路采用 MOS 实现如图 7.27 所示。在该电路中，PMOS 电流镜强制漏极电流 I_{D3} 和 I_{D4} 之间的固定关系。图 7.27 中的特殊情况是 $I_{D3}=I_{D4}$，因此 $I_{D1}=I_{D2}$。将该约束代入式(7.28)，可得到用于建立给定电流 I_{D2} 所需的 R 值的等式为

$$R = \sqrt{\frac{2}{K_{n1} I_{D2}}} \left(1 - \sqrt{\frac{(W/L)_1}{(W/L)_2}}\right) \qquad (7.48)$$

从式(7.48)可看到,MOS 电流源与电源电压无关,但它是 R 和 K_n' 的绝对值函数。

练习:在图 7.27 所示电流源中,如果要使 I_{D2} 为 $100\mu A$,且 $K_n' = 25\mu A/V^2$,则 R 的值为多少?

答案:$8.65k\Omega$。

设计实例

例 7.5 参考电流源的设计。

用双极技术设计一个与电源电压无关的电流源。

问题:用图 7.25 所示电路的拓扑结构设计一个与电源电压无关的电流源,采用一个对称的 5V 电源,在温度为 $T = 300K$ 时所提供的输出电流为 $45\mu A$。电路中所采用的电阻不得超过 $1k\Omega$,或总电流不超过 $60\mu A$。用 SPICE 确定所设计的电流对电源电压的敏感度。假设单位面积的 BJT 参数如下:对于 npn 和 pnp 晶体管都有 $\beta_{FO} = 100$,$V_A = 75V$,$I_{SO} = 0.1fA$。

解:

已知量:电路拓扑结构如图 7.26 所示,$\beta_{FO} = 100$,$V_A = 75V$,$I_{SO} = 0.1fA$,总电流 $\leqslant 60\mu A$。

未知量:R 及 Q_1 与 Q_2 的面积比,电源电压的敏感度。

求解方法:电路中的电流如式(7.46)所示。用最大电阻值来选择面积比,在参考源的两侧选择合适的电流比以满足总电源电流的要求。

假设:晶体管工作在有源区,$I_{C2} = 45\mu A$。

分析:当 $T = 300K$,且 $V_T = 25.88mV$ 时,式(7.46)可得

$$\ln\left(\frac{I_{C1}}{I_{C2}}\frac{A_{E2}}{A_{E1}}\right) = \frac{I_{C2}R}{V_T} \leqslant \frac{(45\mu A)(1k\Omega)}{25.88mV} = 1.739 \quad \text{或} \quad \frac{I_{C1}}{I_{C2}}\frac{A_{E2}}{A_{E1}} \leqslant 5.69$$

此外,最大电流的设计要求需满足

$$\frac{I_{C2}}{I_{C1}} \geqslant \frac{45\mu A}{15\mu A} = \frac{3}{1}$$

选择 $I_{C2} = 5I_{C1}$,则 $A_{E2}/A_{E1} \leqslant 28.45$;选择 $A_{E2}/A_{E1} \leqslant 20$,则

$$R = \frac{25.88mV\ln(4)}{45\mu A} = 797\Omega$$

最终设计为 $R = 797\Omega$,$A_{E1} = A$,$A_{E2} = 20A$,$A_{E3} = A$,$A_{E4} = 5A$,电阻 R 上的电压为 $35.88mV$。

结果检查:因为要用 SPICE 求出电源电压的敏感度,所以也用 SPICE 来进行结果检查。

计算机辅助分析:下图所示电路图采用电路图编辑器绘制而成。零值电压源 V_{IC2} 和 V_{IC3} 充当电流表,以测量晶体管 Q_2 和 Q_3 的集电极电流。首先必须将 npn 和 pnp 的参数设置为 BF = 100,VAF = 75V,IS = 0.1fA,TEMP = 27C。同时还需分别为 $Q_1 \sim Q_4$ 设定:AREA = 1,AREA = 20,AREA = 1,AREA = 5。SPICE 给出结果为 $I_{C2} = 49.6\mu A$,$I_{C3} = 10.49\mu A$,同时 R 上的电压为 $39.89mV$。电流与电压比预计的值略高,引起误差的原因是忽略了 V_{EC4} 和 V_{EC3} 的不同,因而引起了镜像比率误差(之后

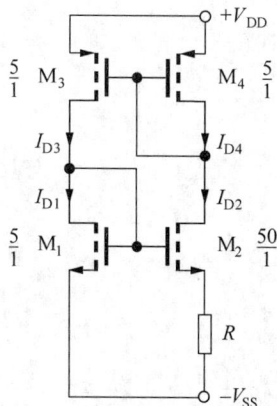

图 7.27 采用 MOS 实现的与电源电压无关的电流源

可尝试进行练习)，这个误差可通过修改发射极面积比来进行修正。

$$A_{E4} = 5\left(1 + \frac{V_{EC3} - V_{EC4}}{V_A}\right) = 5\left(1 + \frac{9.34 - 0.65}{75}\right) = 5.58$$

采用 SPICE 可得：$I_{C2} = 45.9\mu A$，$I_{C3} = 9.08\mu A$，$V_{E2} = 36.9mV$。从 V_{CC} 到 V_{IC2} 的传输函数分析给出电流源的总输出电阻为 $928k\Omega$，I_{C2} 对 V_{CC} 的敏感度为 $0.808\mu A/V$。

讨论：电流源达到了设计要求。

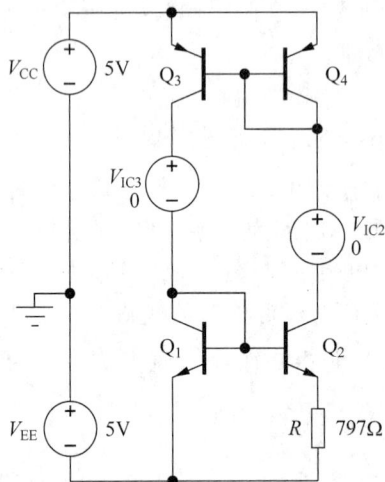

练习：通过电路仿真，探讨由于有限电流增益和厄利电压引起的误差。当 BF=10000，VAF=10000V 时，I_{C2} 和 I_{C3} 上的值及 R 上的电压值为多少？

答案：$45\mu A$；$9.01\mu A$；$35.88mV$。

练习：如果选择 $A_{E2}/A_{E1} = 25$，则新的设计值为多少？

答案：$R = 925\Omega$，$A_{E1} = A$，$A_{E2} = 25A$，$A_{E3} = A$，$A_{E4} = 5.58A$。

7.6 带隙基准源

精准的电压基准源(Voltage Reference)不仅要独立于电源电压，同时也要独立于温度。尽管 7.5 节中所描述电路可以实现持续独立于电源电压的电流和电压，但是它们仍然会随温度变化。Robert Widlar 利用其所发明的带隙基准源电路解决了这一问题，且直至今天，带隙基准源依然是产生精准电压最常用的技术。在大多数应用中已取代了 Zener 参考二极管。

Widlar 基于其对双极型晶体管特性的详细了解，注意到与基极-发射极结相关的负温度系数可通过与绝对温度成正比(Proportional to Absolute Temperature，PTAT)[①]的电压的正温度相互抵消，如图 7.28 所示，并可通过两个基极-发射极电压之间的差异来获得 PTAT 电压为

$$V_{PTAT} = V_{BE1} - V_{BE2} = V_T \ln\left(\frac{I_{C1}}{I_{C2}}\frac{A_{E2}}{A_{E1}}\right) = \frac{kT}{q}\ln\left(\frac{I_{C1}}{I_{C2}}\frac{A_{E2}}{A_{E1}}\right) \tag{7.49}$$

---

① 参见 7.2.9 节电子应用(PTAT 电压)部分。

图 7.28 中所示电路的输出电压可写成

$$V_{BG} = V_{BE} + GV_{PTAT} \tag{7.50}$$

同时要求这一输出电压具有零温度系数,即

$$\frac{\partial V_{BG}}{\partial T} = \frac{\partial V_{BE}}{\partial T} + G\frac{\partial V_{PTAT}}{\partial T} = 0 \tag{7.51}$$

V_{BE} 对温度的依赖关系已经在《深入理解微电子电路设计——电子元器件原理及应用(原书第 5 版)》式(3.14)和式(3.15)中给出,且有 $\frac{\partial V_{PTAT}}{\partial T} = V_{PTAT}/T$。将这些值代入式(7.51)中可得

$$\frac{\partial V_{BG}}{\partial T} = \frac{V_{BE} - V_{GO} - 3V_T}{T} + G\frac{V_{PTAT}}{T} = 0 \quad \text{或}$$

$$GV_{PTAT} = V_{GO} + 3V_T - V_{BE} \tag{7.52}$$

其中,V_{GO} 为温度为 0K 时硅的带隙电压(1.12V)。将这一结果代入式(7.50)可将输出电压简化成如下形式

$$V_{BG} = V_{GO} + 3V_T \tag{7.53}$$

所得具有零温度系数的输出电压的值略高于硅的带隙电压。因此,这个电路称为带隙基准源(Bandgap Reference)。在室温下,输出电压近似为 1.2V。

实现带隙基准源的电路如图 7.29 所示。这一电路是 Analog Devices 公司的天才设计者 Paul Brokaw 发明的,该电路比最初的 Widlar 电路更易于理解。在这个电路中,输出电压等于 Q_1 基极-发射极电压与电阻 R_2 上的电压之和,它与 R_1 上的 PTAT 电压呈比例关系。比例缩放系数由放大器和电阻 R_2 控制。

理想运算放大器迫使两个匹配的集电极电阻上的电压相等,于是有 $I_{C1} = I_{C2}$,$I_{E1} = I_{E2}$。因此 PTAT 电压就等于 $V_T\ln(A_{E2}/A_{E1})$,Q_2 的发射极电流等于 V_{PTAT}/R_1。由于 $I_{E1} = I_{E2}$,因此 R_2 中的电流是 R_1 中电流的两倍。结合这些结果可以得出输出电压 V_{BC} 的表达式为

$$V_{BG} = V_{BE1} + 2\frac{R_2}{R_1}V_T\ln\frac{A_{E2}}{A_{E1}} \tag{7.54}$$

对于这一电路,增益 $G = 2R_2/R_1$,基于式(7.52),可以得到电阻比值为

$$\frac{R_2}{R_1} = -\frac{1}{2}\frac{\frac{\partial V_{BE1}}{\partial T}}{\frac{\partial V_{PTAT}}{\partial T}} = \frac{V_{GO} + 3V_T - V_{BE1}}{2V_{PTAT}} \tag{7.55}$$

通常我们所期望的输出电压并不等于 1.2V,通过在 Brokaw 所提出的电路中增加一个由两个电阻组成的分压器便可轻易得到其他的电压值,如图 7.30 所示。在这种情况下,放大器的输出电压为

$$V_O = \left(1 + \frac{R_4}{R_3}\right)V_{BG} \tag{7.56}$$

这一期望输出电压也可以取其他值(如 2.5V 或 5V)。

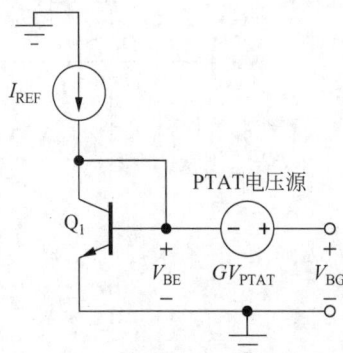

图 7.28 带隙基准源的概念

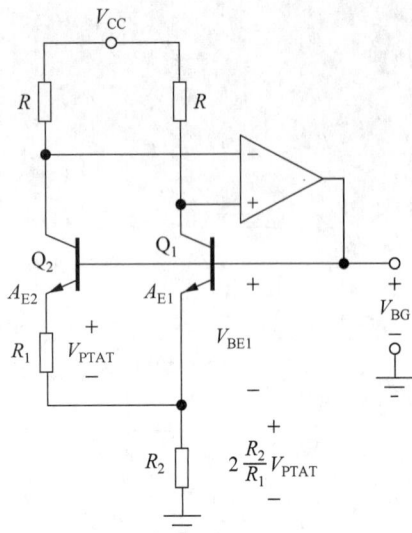

图 7.29 Brokaw 带隙基准源

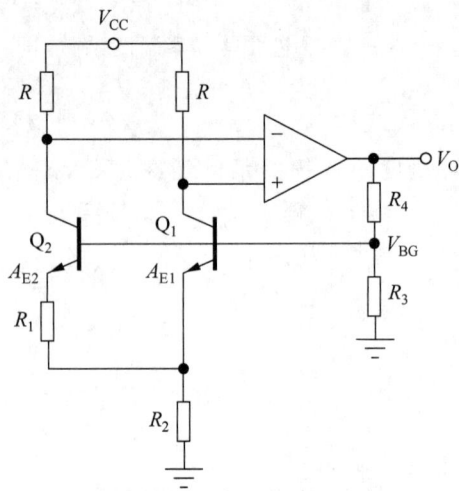

图 7.30 当 $V_O > V_{BG}$ 时的带隙基准源

在此需注意,在很多带隙基准源设计中,零输出电压是一个有效的工作点,必须增加另外一部分电路来确保电路可以"启动"并达到所需要的工作点。在许多简单的电路实例中,利用 SPICE 是很难达到所需要的工作点的。

设计实例

例 7.6 带隙基准源设计。

带隙基准源设计所需的九三步骤与一个设计实例中的分析相比稍有不同。

问题：设计一个如图 7.30 所示的带隙基准源,在 47℃ 条件下产生具有零度系数的 5V 输出电压。集电极电流为 $25\mu A$,晶体管饱和电流为 0.5fA。

解：

已知量：图 7.30 所示的电路是具有放大输出的 Brokaw 带隙基准源电路。当 $T = 320K$ 时,$V_O = 5V$,且具有零温度系数(TC)。集电极电流为 $25\mu A$,晶体管饱和电流为 0.5fA。

未知量：电阻 R,R_1,R_2,R_3,R_4 的值。

求解方法：求出 V_T 和 V_{PTAT},然后利用 I_C 确定 R_1 的值。用 I_C 求出 V_{BE1}。用式(7.55)确定 R_2 的值。选择 R_4 和 R_3 的值,令 $V_O = 5V$。选择 R 的值来为运算放大器提供工作电压。

假设：双极型晶体管工作在有源区。$\beta_{FO} \to \infty$,$V_A \to \infty$。$A_{E2} = 10A_{E1}$ 是一个合适的发射极面积比。在电阻 R 上产生 2V 电压。

分析：因为考虑到精度要求,在计算中将保留 4 位有效数字。

$$V_T = \frac{kT}{q} = \frac{1.38 \times 10^{-23}(320)}{1.602 \times 10^{-19}} = 27.57 \text{mV}$$

$$V_{PTAT} = V_T \ln\left(\frac{A_{E2}}{A_{E1}}\right) = V_T \ln(10) = 63.47 \text{mV}$$

$$R_1 = \frac{V_{PTAT}}{I_E} = \frac{63.47 \text{mV}}{25\mu A} = 2.539 \text{k}\Omega$$

$$V_{BE1} = V_T \ln\left(\frac{I_{C1}}{I_{S1}}\right) = (27.57\,\text{mV}) \ln\left(\frac{25\mu A}{0.5\,\text{fA}}\right) = 0.6792\,\text{V}$$

$$\frac{R_2}{R_1} = \frac{V_{GO} + 3V_T - V_{BE1}}{2V_{PTAT}} = \frac{1.12 + 3(0.02757) - 0.6792}{2(0.06347)} = 4.124$$

$$R_2 = 4.124R_1 = 10.47\,\text{k}\Omega$$

$$V_{BG} = V_{BE1} + 2\frac{R_2}{R_1}V_{PTAT} = 0.6792 + 2(4.124)(63.47\,\text{mV}) = 1.203\,\text{V}$$

$$\frac{R_4}{R_3} = \frac{V_O}{V_{BG}} - 1 = 3.157$$

由于在设计中不应在输出电压分压器上浪费过多的电流,因此选择 $I_3 = I_4 = 50\mu A$。同时,将电阻 R 的压降设为 2V,此时有

$$R_3 = \frac{V_{BG}}{I_3} = \frac{1.203\,\text{V}}{50\mu A} = 24.0\,\text{k}\Omega$$

$$R_4 = \frac{V_O - V_{BG}}{I_3} = \frac{3.797\,\text{V}}{50\mu A} = 75.9\,\text{k}\Omega$$

$$R = \frac{2\text{V}}{25\mu A} = 80\,\text{k}\Omega$$

结果检查:V_{BG} 大约为 1.2V,检验了计算结果的正确性。分析表明,输出电压还可表示为 $V_{GO} + 3V_T = 1.203\text{V}$,同样可对计算结果进行检查。

讨论:需注意的是,集电极电阻上的压降必须足够大,以便能够将运算放大器的输入端代入其共模工作范围。在此电路中,集电极电阻上的压降为 2V。

计算机辅助分析:首先将 npn 晶体管的参数设为 BF=10000,IS=0.5fA,并且令 VAF 默认为无穷大。对于 Q_1,设 AREA=1;对于 Q_2,设 AREA=10,TEMP=47℃。在此电路中,理想放大器用 EOPAMP 来建模,其控制电压为零值电流源 IOP 上的电压,增益设为 10^6。在另外的 SPICE 版本中,也许需要采用电压源 VSTART 来帮助电路启动。另外还需要从 0~10V 对 V_{CC} 进行扫描($V_O=0$ 是一个有效工作点)。SPICE 仿真结果为 $V_{BG}=1.204\text{V}$,$V_{PTAT}=63.5\text{V}$,$V_O=5.01\text{V}$。当 BF=100V,VAF=75V 时,得到结果为 $V_{BG}=1.201\text{V}$,$V_{PTAT}=63.52\text{mV}$,$V_O=5.03\text{V}$。

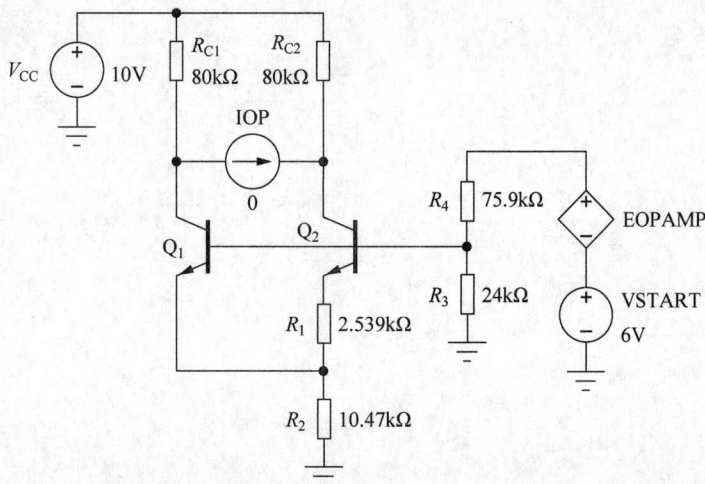

> **练习**：利用 $A_{E2}=20A_{E1}$，重新设计例 7.6 中的带隙基准源。
>
> **答案**：$3.3k\Omega, 10.5k\Omega, 24k\Omega, 75.9k\Omega, 80k\Omega$。

7.7 电流镜作为有源负载

第 5 章和第 6 章介绍了用晶体管替代负载电阻的放大器电路。本节要介绍电流镜[①]最重要的应用之一，就是替代 IC 运算放大器中差分放大器级的负载电阻。电流镜的这一巧妙应用极大地提高了放大器的电压增益，同时可实现良好的共模抑制和低失调电压所需的工作点平衡。在使用这种方法时，由于用有源晶体管电路元器件代替了无源电阻，因此电流镜也称为有源负载。

7.7.1 带有源负载的 CMOS 差分放大器

带有源负载的 CMOS 差分放大器如图 7.31 所示，负载电阻已由一个 PMOS 电流镜代替。首先来研究这个电路的静态工作点，然后再讨论它的小信号特性。

直流分析

假设放大器的电压处于平衡（事实证明它确实是平衡的）。把偏置电流 I_{SS} 平均分流给 M_1 和 M_2，I_{D1} 和 I_{D2} 均等于 $I_{SS}/2$，此时 I_{D3} 必须等于 I_{D1}，并且被 PMOS 电流镜输出端的 I_{D4} 镜像。因此，I_{D3} 和 I_{D4} 也等于 $I_{SS}/2$，则 M_4 的漏极电流正好满足 M_2 所需要的电流。

当 $V_{SD3}=V_{SD4}$ 时，由 M_3 和 M_4 所确定的镜像比恰好为 1，于是有 $V_{SD1}=V_{SD2}$。所以，使微分放大器在直流时完全平衡的静态输出电压为

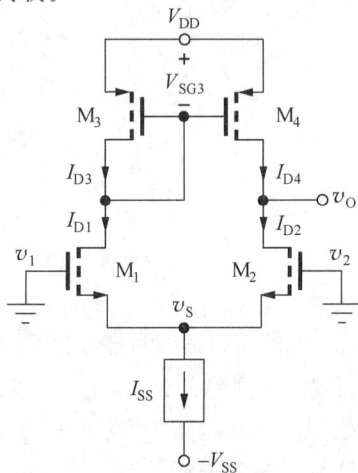

图 7.31 带有 PMOS 有源负载的 CMOS 差分放大器

$$V_O = V_{DD} - V_{SD4} = V_{DD} - V_{SG3} = V_{DD} - \left(\sqrt{\frac{I_{SS}}{K_p}} - V_{TP}\right) \tag{7.57}$$

Q 点

M_1 和 M_2 的漏-源电压为

$$V_{DS1} = V_O - V_S = V_{DD} - \left(\sqrt{\frac{I_{SS}}{K_p}} - V_{TP}\right) + \left(V_{TN} + \sqrt{\frac{I_{SS}}{K_n}}\right)$$

或

$$V_{DS1} = V_{DD} + V_{TN} + V_{TP} + \sqrt{\frac{I_{SS}}{K_n}} - \sqrt{\frac{I_{SS}}{K_p}} \approx V_{DO} \tag{7.58}$$

M_3 和 M_4 的漏-源电压为

---

① 其还可以用作电流源。

$$V_{SD3} = V_{SG3} = \sqrt{\frac{I_{SS}}{K_p}} - V_{TP} \tag{7.59}$$

（记住：对于 p 沟道增强型器件而言有 $V_{TP} < 0$）

所有晶体管的漏极电流都等于

$$I_{DS1} = I_{DS2} = I_{SD3} = I_{SD4} = \frac{I_{SS}}{2} \tag{7.60}$$

小信号分析

当获得晶体管的工作点后，接下来就可以对放大器的小信号特性进行分析，包括差模增益、差模输入电阻和输出电阻、共模增益、CMRR 及共模输入电阻和输出电阻。

差模信号分析

对差分放大器交流特性的分析始于在图 7.32 所示交流电路模型中应用的差模输入信号。对图 7.32 所示的电路进行研究后发现，这是一个二端口电路，可用由短路输出电流和戴维南等效输出电阻组成的诺顿等效电路表示。当输出端短路时，NMOS 差分对产生相等且反相的电流，在 M_1 和 M_2 的漏极处具有的幅值为 $g_{m2}v_{id}/2$。漏极电流 i_{d1} 由电流镜晶体管 M_3 提供，在 M_4 的输出端被复制。所以，总的短路输出电流为

$$i_o = 2\frac{g_{m2}v_{id}}{2} = g_{m2}v_{id} \tag{7.61}$$

电流镜提供了一个单端输出，但是有一个与共源极放大器一样大的跨导。

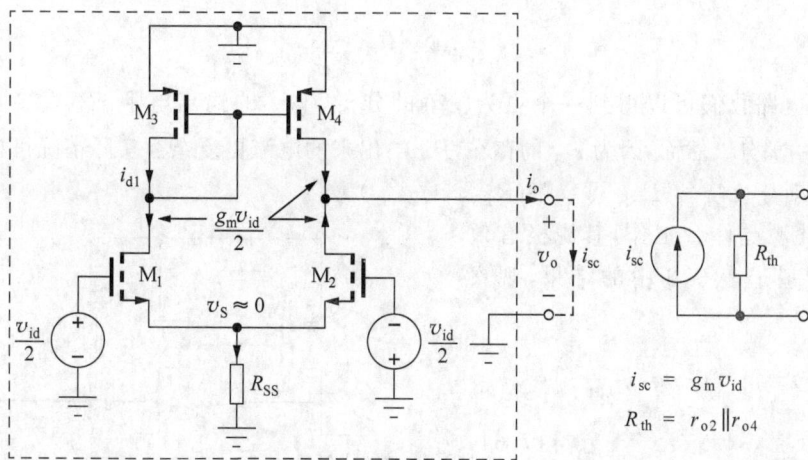

$$i_{sc} = g_m v_{id}$$
$$R_{th} = r_{o2} \| r_{o4}$$

(a) 差模输入的差分放大器　　　　　　(b) 单端电路，可用其诺顿等效电路表示

图　7.32

利用图 7.33 所示电路可得到戴维南等效输出电阻，其中 M_2 和 M_4 的内部输出电阻显示在它们各自的晶体管旁边。在 7.7.2 节中，将证明 R_{th} 等于 r_{o2} 和 r_{o4} 的并行组合。

$$R_{th} = r_{o2} \| r_{o4} \tag{7.62}$$

开路差分放大器的差模电压增益就是 i_{sc} 与 R_{th} 的乘积，即

$$A_{dm} = g_{m2}(r_{o2} \| r_{o4}) = \frac{\mu_{f2}}{1 + \frac{r_{o2}}{r_{o4}}} \approx \frac{\mu_{f2}}{2} \tag{7.63}$$

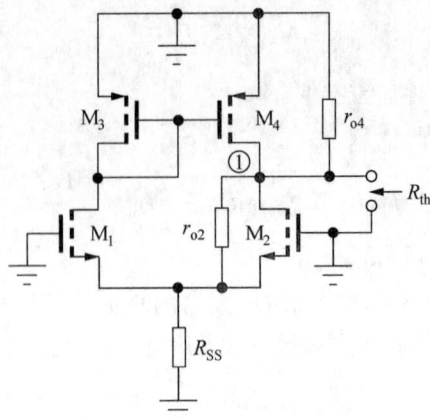

图 7.33   在第 1 级电路中带有源负载的简单 CMOS 运算放大器

式(7.63)表明放大器输入级的增益接近组成差分对晶体管固有增益的一半。现在，电压增益达到了每个晶体管理论电压增益限制值的 1/2 以上。

差分放大器的输出电阻

式(7.63)中输出电阻表达式的由来可从概念上按以下方式来理解（尽管从技术上讲并不正确）。在图 7.33 中节点①位置处，r_{o4} 直接与正电源处的交流地相连，而 r_{o2} 与 M_1 和 M_2 的源极在虚地相连，但它并不是完全正确的。因为带有有源负载的差分放大器不再是一个对称电路，M_1 和 M_2 的源极节点也并非真正的虚地。

精确分析

根据图 7.34 所示电路我们可以得到一个更为精确的分析。M_2 的输出电阻 r_{o4} 直接与交流地相连，而且是输出电阻的一部分。然而，因为 r_{o2} 的存在，从 v_x 出来的电流更复杂。实际情况可根据图 7.34 所示电路确定，其中相对于 $1/g_{m1}$，R_{SS} 可忽略（$R_{SS} \gg 1/g_{m1}$）。

晶体管 M_2 作为共源晶体管工作，其源极有效电阻为 $R_S = 1/g_{m1}$。基于表 5.3 中的结果，观察 M_2 的漏极电阻为

$$R_{o2} = r_{o2}(1 + g_{m2}R_S) = r_{o2}\left(1 + g_{m2}\frac{1}{g_{m1}}\right) = 2r_{o2}$$

$$(7.64)$$

因此，M_2 的漏极电流等于 v_x/r_{o2}。然而电流在差分对中流动，在 M_3 处进入电流镜，之后通过镜像被复制成 M_4 的漏极电流。电压源 v_x 流出的电流变成 $2(v_x/2r_{o2}) = v_x/r_{o2}$。

将此电流与流过 r_{o4} 的电流合并，得到总的电流为

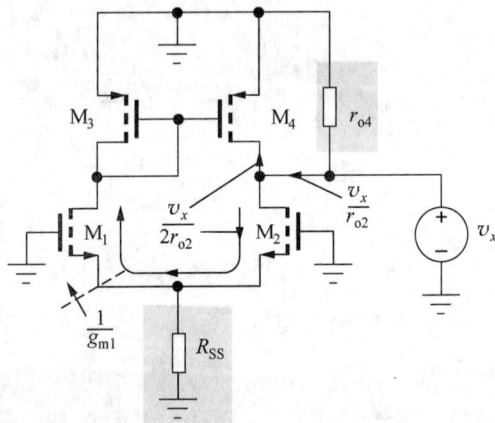

图 7.34   与 r_{o2} 相关的分输出电阻

$$i_x^T = \frac{v_x}{r_{o2}} + \frac{v_x}{r_{o4}} \quad \text{和} \quad R_{od} = r_{o2} \parallel r_{o4} \quad\quad (7.65)$$

实际上，输出节点的等效电阻恰好等于 M_2 与 M_4 的输出电阻并联之后的值。

练习：如果 $I_{SS}=250\mu A$，$K_n=250\mu A/V^2$，$K_p=200\mu A/V^2$，$V_{TN}=V_{TP}=0.75V$。$V_{DD}=V_{SS}=5V$，找出图7.31中各晶体管的 Q 点。如果 $\lambda=0.0133V^{-1}$，则放大器的跨导、输出电阻和电压增益为多少？

答案：$(125\mu A,4.88V),(125\mu A,1.87V)$；$250\mu S,314k\Omega,78.5$。

共模输入信号

图7.35所示为有共模输入信号的CMOS差分放大器。共模输入电压在由 M_1 和 M_2 组成的差分对的两侧都产生一个共模电流 i_{oc}。M_1 中的共模电流(i_{oc})在 M_4 的输出端被镜像，镜像电流稍有误差，这是因为在输出端短路的情况下，r_{o4} 上没有电流流过。此外，M_1 和 M_2 的漏极之间产生的微小电压差导致在差分输出电阻($2r_{o2}$)上产生了一个电流，之后通过电流镜作用而加倍。

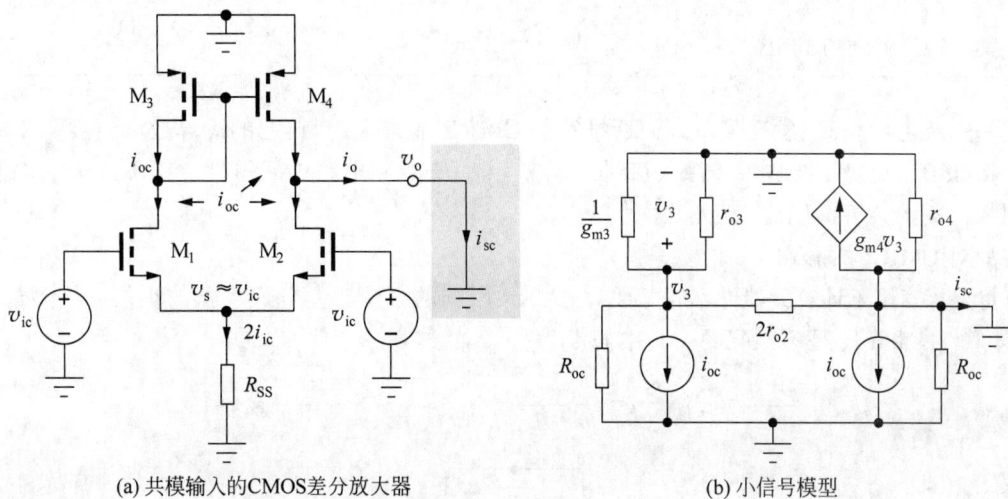

(a) 共模输入的CMOS差分放大器   (b) 小信号模型

图 7.35

利用图7.35(b)所示的电路小信号模型，可以获得短路输出电流的表达式。带有共模输入的差分对可以用6.1.15节中的二端口模型表示，即

$$i_{oc}\approx\frac{v_{ic}}{2R_{SS}} \quad R_{od}=2r_{o2} \quad R_{oc}=2\mu_f R_{SS} \tag{7.66}$$

当输出短路后便成了一个单节点问题，则 v_3 为

$$v_3=\frac{-i_{oc}}{g_{m3}+g_{o3}+\dfrac{g_{o2}}{2}+G_{oc}} \quad \text{和} \quad i_{sc}=-\left(i_{oc}+g_{m4}v_3-\frac{g_{o2}}{2}v_3\right) \tag{7.67}$$

综合式(7.66)可得

$$i_{sc}=-\frac{g_{o3}+g_{o2}}{g_{m3}+g_{o3}+\dfrac{g_{o2}}{2}+G_{oc}}i_{oc}\approx-\frac{1+\dfrac{r_{o3}}{r_{o2}}}{\mu_{f3}}\left(\frac{v_{ic}}{2R_{SS}}\right) \tag{7.68}$$

其中假设 $g_{m4}=g_{m3}$ 且 $G_{OC}\ll g_{o3}$。戴维南等效输出电阻恰好等于在7.6节中所求出的值，即 $R_{th}=$

$r_{o2} \parallel r_{o4}$。因此,共模增益为

$$A_{cm} = \frac{i_{sc} R_{th}}{v_{ic}} = -\frac{\left(1 + \dfrac{r_{o3}}{r_{o2}}\right)}{2\mu_{f3} R_{SS}} (r_{o2} \parallel r_{o4}) \tag{7.69}$$

假设 $\mu_{f3} \gg 1$,此时共模抑制比为

$$CMRR = \left| \frac{A_{dm}}{A_{cm}} \right| = \frac{2\mu_{f3} g_{m2} R_{SS}}{\left(1 + \dfrac{r_{o3}}{r_{o2}}\right)} \approx \mu_{f3} g_{m2} R_{SS} \quad 且 \quad r_{o3} \approx r_{o2} \tag{7.70}$$

与电阻负载相比,其效率提高了大约 μ_{f3} 倍。

练习:已知 $K_p = K_n = 5\text{mA/V}^2$, $\lambda = 0.0167\text{V}^{-1}$, $I_{SS} = 200\mu\text{A}$, $R_{SS} = 10\text{M}\Omega$。试估算式(7.70)的值。

答案: 6×10^6 或 136dB。

在上一个练习中,我们发现式(7.70)所推算的 CMRR 非常大,而典型的运算放大器要求 CMRR 的值为 80～100dB。我们需要进一步深入探讨。事实上,由于受到电路中元器件之间不匹配的限制,因此无法达到如此高的共模抑制比。

不匹配对 CMRR 的影响

本节将要探索用于计算元器件不匹配性对 CMRR 影响的方法。差分放大器的小信号模型如图 7.36 所示,晶体管 M_1 和 M_2 是不匹配的。其中假设

$$g_{m1} = g_m + \frac{\Delta g_m}{2} \quad g_{m2} = g_m - \frac{\Delta g_m}{2} \quad g_{o1} = g_o + \frac{\Delta g_o}{2} \quad g_{o2} = g_o - \frac{\Delta g_o}{2} \tag{7.71}$$

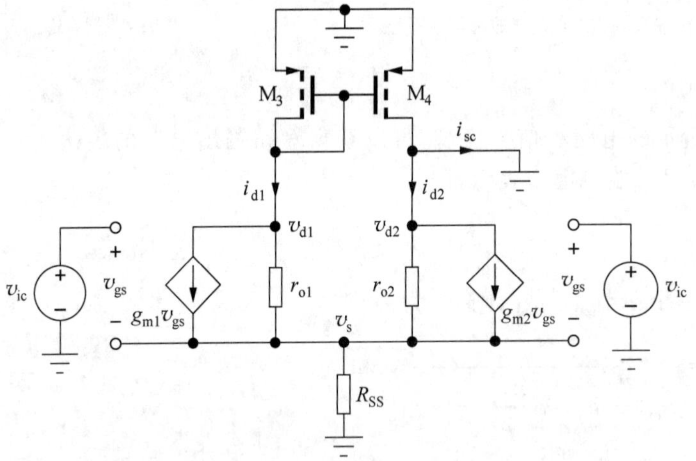

图 7.36 M_1 和 M_2 不匹配的 CMOS 差分放大器

在分析中,M_3 和 M_4 依然相同。我们希望求出短路输出电流 $i_{sc} = (i_{d1} - i_{d2})$,其中 i_{d1} 被电流镜复制。利用对电路总体特性的了解来简化分析。由于所求的是短路输出电流,故令 $i_{d2} = 0$,并且基于之前的共模分析,预计 i_{d1} 处的信号会比较小。所以假设 $i_{d1} \approx 0$。利用这一假设,且两个栅-源电压相同,因此有

$$i_{sc} = i_{d1} - i_{d2} = (g_{m1} - g_{m2}) v_{gs} - (g_{o1} - g_{o2}) v_s = \Delta g_m v_{gs} - \Delta g_o v_s \tag{7.72}$$

为估算出这一表达式,需要求出源电压 v_x 和栅-源电压 v_{g3}。写出 v_s 处的节点方程,结合 $v_{g3} = v_{ic} - v_s$,$v_{d1} = 0$ 和 $v_{d2} = 0$,得

$$\left(g_m + \frac{\Delta g_m}{2} + g_m - \frac{\Delta g_m}{2}\right)(v_{ic} - v_s) = \left(g_o + \frac{\Delta g_o}{2} + g_o - \frac{\Delta g_o}{2} + G_{SS}\right)v_s$$

从上式中可看到,所有的不匹配参数项都抵消了。因此,对于共模输入,v_s 和 v_{g3} 并不会因为晶体管不匹配而受到影响[①],即

$$v_s \approx \frac{2g_m R_{SS}}{1 + 2g_m R_{SS}}v_{ic} \approx v_{ic} \quad \text{和} \quad v_{gs} \approx \frac{1 + 2g_o R_{SS}}{1 + 2g_m R_{SS}}v_{ic} \approx \left(\frac{1}{2g_m R_{SS}} + \frac{1}{\mu_f}\right)v_{ic} \tag{7.73}$$

短路输出电流流过戴维南等效电阻 $R_{th} = r_{o2} \parallel r_{o4}$ 产生输出电压,且有

$$A_{cm} = \frac{i_{sc}R_{th}}{v_{ic}} = \left[\Delta g_m\left(\frac{1}{2g_m R_{SS}} + \frac{1}{\mu_f}\right) - \Delta g_o\right](r_{o2} \parallel r_{o4}) \tag{7.74}$$

于是 CMRR 为

$$\text{CMRR}^{-1} = \left|\frac{A_{cm}}{A_{dm}}\right| = \left|\frac{A_{cm}}{g_m(r_{o2} \parallel r_{o4})}\right| = \left[\frac{\Delta g_m}{g_m}\left(\frac{1}{2g_m R_{SS}} + \frac{1}{\mu_f}\right) - \frac{\Delta g_o}{g_o}\frac{1}{\mu_f}\right] \tag{7.75}$$

当 R_{SS} 非常大时,CMRR 受到晶体管不匹配和本征增益的限制。例如,带有 500 本征增益的一个 1‰ 的不匹配使得式(7.75)中的各项都限制在 2×10^{-5} 以下。由于无法预测 $\Delta g/g$ 项的符号,CMRR 的预期值约为 2.5×10^4 或 88dB。这与观察到的 CMRR 值更一致。

电 子 应 用

G_M-C 集成电容

在大多数主流 CMOS 工艺中,由于缺乏能良好控制的电阻,集成电路滤波器的设计变得较为复杂。使用基于运算跨导放大器(Operational Transconductance Amplifier,OTA)的 G_M-C 滤波器拓扑结构是一种有效克服该困难的方法。OTA 的特点是高输入阻抗和高输出阻抗。如图 7.31 所示,CMOS 差分放大器就是一种简单的 OTA 形式。高输出阻抗($R_{out} = r_{o2} \parallel r_{o4}$)给出的小信号电流是由差分对 g_m 和差分输入电压 v_{id} 的乘积给出的。商业 OTA 设计是其典型应用之一,主要包括用于改善输出电阻和电压摆幅的附加装置。

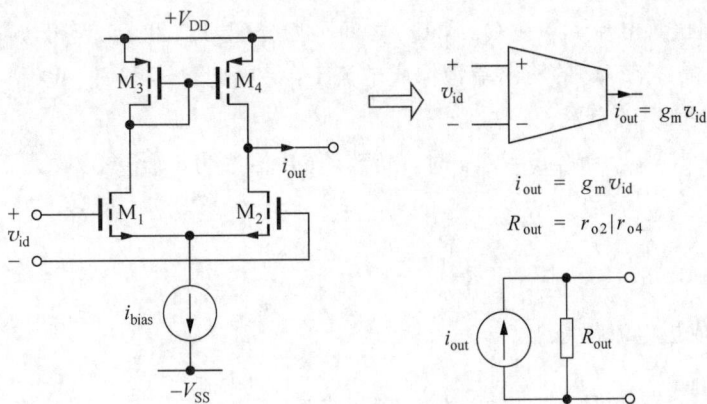

运算跨导放大器(OTA)的等效图

---

① 在没有假设 $v_{d1} = 0$ 的情况下进行精确分析,结果表明实际发生的变化很小,可以忽略。

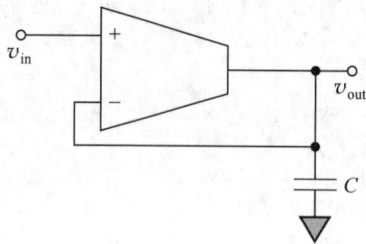

$$V_{out} = \frac{I_{out}}{sC} = (V_{out} - V_{in})\frac{g_m}{sC}$$

$$A_v(s) = \frac{V_{out}(s)}{V_{in}(s)} = \frac{1}{1 + s\dfrac{C}{g_m}}$$

单级 G_M-C 低通滤波器

一个 OTA 和一个电容可以组成上图所示的低通滤波器，其上限截止频率出现在 $f_H = g_m/2\pi C$ 处。G_M-C 滤波器最重要的特性是其方便的可调特性。由于 g_m 是差分对电流的函数，可以改变偏置电流来调整滤波器的截止频率，同时该电路是一个不需要电阻的连续时间滤波器。

二阶（双二阶拓扑（Biquad Topology））滤波器如下图所示。该电路允许以恒定 Q 来调节截止频率，也不需要电阻。高通、带通和带阻也可通过这种基本结构来实现。由于它们与标准 CMOS 工艺的兼容性和出色的能量效率，G_M-C 滤波器在很多低功率通信设备、A/D 转换器、抗混叠滤波器、噪声抑制及其他设备中得到广泛应用。

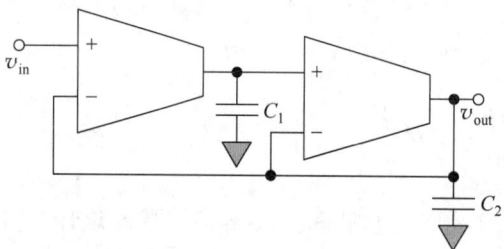

$$\frac{V_{out}(s)}{V_{in}(s)} = \frac{g_m^2}{s^2 C_1 C_2 + s C_1 g_m + g_m^2}$$

$$\omega_o = \frac{g_m}{\sqrt{C_1 C_2}} \qquad Q = \sqrt{\frac{C_2}{C_1}}$$

双极点二阶 G_M-C 低通滤波器

7.7.2　带有源负载的双极型差分放大器

由一个 pnp 电流镜构成有源负载的双极差分放大器如图 7.37 所示，且 $v_1 = 0 = v_2$。如果假定电路是平衡的，$\beta_{FO} \to \infty$，则偏置电流 I_{EE} 在 Q_1 和 Q_2 之间平均分配，I_{C1} 和 I_{C2} 等于 $I_{EE}/2$，电流 I_{C1} 由晶体管 Q_3 提供，并在 pnp 晶体管 Q_4 的输出端镜像成电流 I_{C4}。因此，I_{C3} 和 I_{C4} 也等于 $I_{EE}/2$，且 Q_4 集电极的直流电流恰好满足 Q_2 的电流。

如果 β_{FO} 很大，则当 $V_{EC4} = V_{EC3} = V_{EB}$ 时，电流镜像比恰好为 1，当差分放大器完全平衡时，静态工作电压为

$$V_O = V_{CC} - V_{EB} \tag{7.76}$$

Q 点

所有晶体管的集成极电流都等于

$$I_{C1} = I_{C2} = I_{C3} = I_{C4} = \frac{I_{EE}}{2} \tag{7.77}$$

Q_1 和 Q_2 的集电极-发射极电压为

$$V_{CE1} = V_{CE2} = V_C - V_E = (V_{CC} - V_{EB}) - (-V_{BE}) \approx V_{CC} \tag{7.78}$$

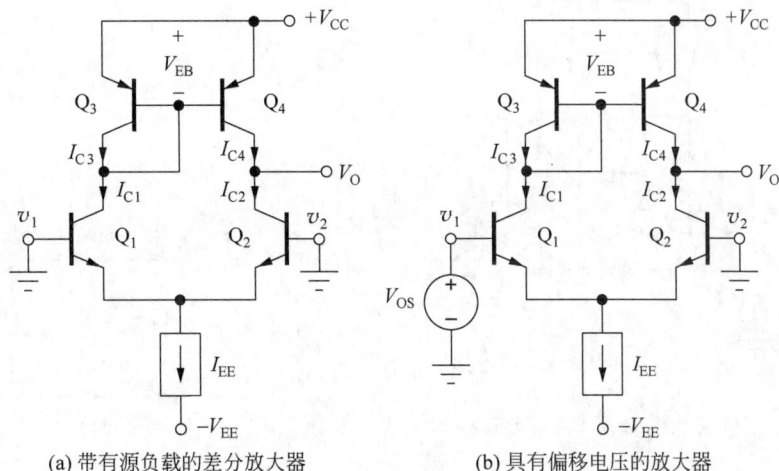

(a) 带有源负载的差分放大器 (b) 具有偏移电压的放大器

图 7.37

对于 Q_1 和 Q_4 有

$$V_{EC3} = V_{EC4} = V_{EB} \tag{7.79}$$

有限电流增益

电流镜中的电流增益缺陷干扰了电路的直流平衡。但是，Q_4 的集电极电流必须等于 Q_2 的集电极电流，输出电压 V_O 可自身调整以弥补电流镜像比误差。在图 7.38(b) 中，偏置电压施加到放大器，使放大器回到 $V_O = V_{C1}$ 的电压平衡，因此 $V_{CE2} = V_{CE1}$，$V_{CE4} = V_{CE3}$，不再存在任何由集电极-发射极电压不匹配引起的不平衡，并且偏移电压 V_{OS} 的值可以直接从 Q_1 和 Q_2 集电极电流比得出，有

$$\frac{I_{C1}}{I_{C2}} = \exp\left(\frac{V_{OS}}{V_T}\right) \quad \text{或} \quad V_{OS} = V_T \ln\left(\frac{I_{C1}}{I_{C2}}\right) \tag{7.80}$$

从图 7.38(b) 可得出 $I_{C3} = I_{C4} = I_{C2}$，因此有

$$I_{C1} = I_{C3} + I_{B3} + I_{B4} = I_{C2}\left(1 + \frac{2}{\beta_{FO3}}\right) \tag{7.81}$$

偏移电压为

$$V_{OS} = V_T \ln\left(1 + \frac{2}{\beta_{FO3}}\right) \approx V_T \frac{2}{\beta_{FO3}} \tag{7.82}$$

对于较小的 x 值可以有 $\ln(1+x) \approx x$。式(7.82)中的 V_{OS} 表示将差分输出电压 v_{OD} 设为零所需的输入电压。对于 β_{FO} 晶体管，其 $\beta_{FO} = 80$，$V_{OS} = 0.625\text{mV}$。为消除此错误，通常使用缓冲电流镜作为有源负载，如图 7.38 所示。

练习：(a)如果用缓冲电流镜代替图 7.38 中的有源负载，计算 V_{OS} 的值；(b)pnp 晶体管的 $\beta_{FO} = 80$，其 V_{OS} 值为多少？

答案：$V_{OS} \approx V_T \dfrac{2}{\beta_{FO3}(\beta_{FO11}+1)}$；$7.72\mu\text{V}$。

差模信号分析

差分放大器的交流特性分析从图 7.38 所示交流电路模型中应用的差模输入开始。差分输入对在

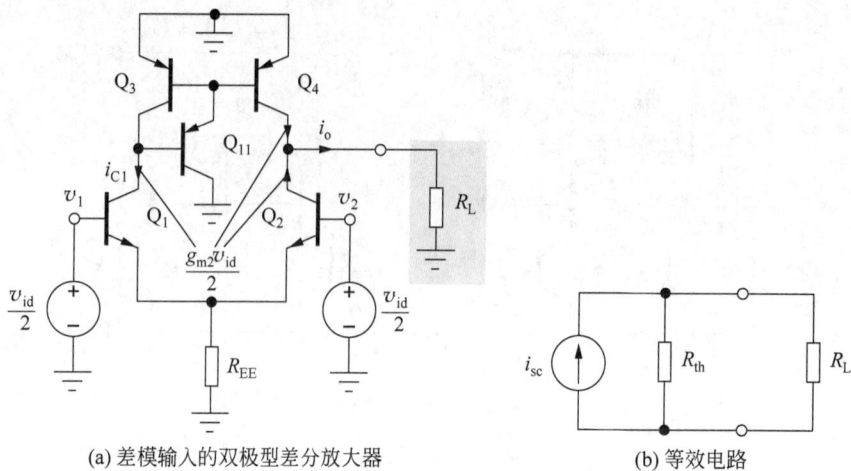

(a) 差模输入的双极型差分放大器　　　　(b) 等效电路

图　7.38

晶体管 Q_1 和 Q_2 的集电极产生大小相等、方向相反的电流，其幅度为 $g_{m2}v_{id}/2$。集电极电流 i_{c1} 由 Q_3 提供，并在输出 Q_4 处被复制。因此，总短路输出电流为

$$i_{sc} = 2\frac{g_{m2}v_{id}}{2} = g_{m2}v_{id} \tag{7.83}$$

输出电阻等于式(7.65)，即 $R_{th} = r_{o2} \parallel r_{o2}$，且有

$$A_{dd} = \frac{i_{sc}(R_L \parallel R_{th})}{v_{dm}} = g_{m2}(R_L \parallel r_{o2} \parallel r_{o4}) = -g_{m2}R_L \tag{7.84}$$

电流镜提供了一个单端输出，但是可提供与共射极放大器总增益相等的电压，与 FET 情况一样。在此已考虑了 R_L，它模拟的是多级放大器中下一级造成的负载。

在加入了后续级电路以后，图 7.39 所示的原型运算放大器中电流镜的作用再次明显。此时差分输入级，即节点①的输出端电阻等于晶体管 Q_2 和 Q_4 的输出电阻与 Q_5 的输入电阻的并联($R_L = R_{\pi5}$)，即

$$R_{eq} = r_{o2} \parallel r_{o4} \parallel r_{\pi5} \approx r_{\pi5} \tag{7.85}$$

差模输入级的增益变为

$$A_{dm} = g_{m2}R_{eq} \approx g_{m2}r_{\pi5} = \beta_{o5}\frac{I_{C2}}{I_{C5}} \tag{7.86}$$

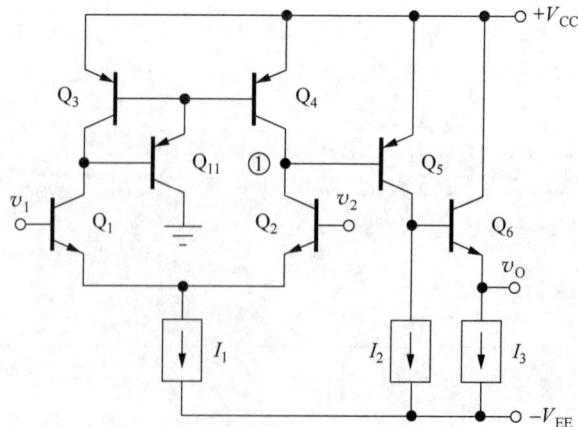

图 7.39　在第 1 级电路中带有源负载的双极型运算放大器

> **练习**：如果 $\beta_{FO}=150, V_A=75V, I_{CS}=3I_{C2}$，则图 7.39 中放大器的差分输入级的差模电压增益近似为多少？
>
> **答案**：50。

共模输入信号

图 7.40 所示为带有电流镜负载和缓冲电流镜负载的双极差分放大器。详细的分析过于复杂烦琐，特别是缓冲电流镜，因此本节只基于之前的分析，对其结果进行讨论。Q_1 和 Q_2 的共模输入电流 i_{oc} 可以借助式(6.27)求出，即

$$i_{oc}=\frac{A_{cc}v_{ic}}{R_C}=v_{ic}\left(\frac{1}{2R_{EE}}-\frac{1}{\beta_o r_o}\right) \tag{7.87}$$

Q_1 的电流在 Q_4 的输出端被复制，镜像比误差为 $2/\beta$，因此短路输出电流为

$$i_{sc}=v_{ic}\frac{2}{\beta_o}\left(\frac{1}{\beta_o r_o}-\frac{1}{2R_{EE}}\right) \tag{7.88}$$

CMRR 为

$$\text{CMRR}=\left|\frac{g_{m2}R_{th}}{i_{sc}R_{th}/v_{ic}}\right|\approx\left[\frac{2}{\beta_{o3}}\left(\frac{1}{\beta_{o2}\mu_{f2}}-\frac{1}{2g_{m2}R_{EE}}\right)\right]^{-1} \tag{7.89}$$

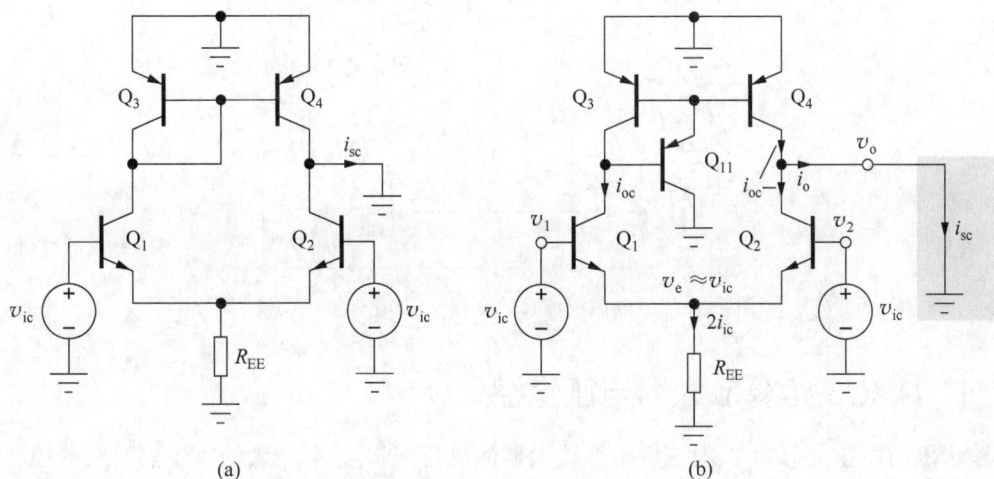

图 7.40　共模输入的双极差分放大器

> **练习**：当 $\beta_F=100V, V_A=75V, I_{EE}=200\mu A, R_{EE}=10M\Omega$ 时，计算式(7.89)的值。
>
> **答案**：5.46×10^6 或 135dB。

式(7.89)产生了一个很大的 CMRR 值，几乎无法实现。缓冲电流镜对 CMRR 的估算值会更大，因为其镜像比误差约为 $2/\beta_{o11}\beta_{o3}$。然而事实上，在这两种电路中，由于不同晶体管之间存在细微的不匹配，因此 CMRR 被限制在一个小得多的值上。

$$\text{CMRR}^{-1}=\left[\left(\frac{\Delta g_m}{g_m}+\frac{\Delta g_\pi}{g_\pi}\right)\left(\frac{1}{2g_m R_{SS}}+\frac{1}{\mu_f}\right)-\frac{\Delta g_o}{g_o}\frac{1}{\mu_f}\right] \tag{7.90}$$

式(7.90)与 FET 电路对应的表达式(7.75)类似,只是增加了 $\Delta g_\pi / g_\pi$ 项。在实际放大器中,双极型晶体管的细微不平衡和整个放大器的不对称性决定了其共模增益的值。

7.8　运算放大器中的源负载

接下来探讨在 MOS 和双极型运算放大器中有源负载的全面应用。一个完整的三级 MOS 运算放大器电路如图 7.41 所示。输入级包括具有 PMOS 电流镜负载的 NMOS 差分对 M_1 和 M_2,M_3 和 M_4,接着是由电流源 M_{10} 加载的第二共源增益级 M_5。输出级是 AB 类放大器,由晶体管 M_6 和 M_7 组成,两个增益级的偏置电流 I_1 和 I_2 由晶体管 M_8、M_9 和 M_{10} 形成的电流镜设置,输出端的 AB 类偏置由电阻 R_{GG} 上产生的电压设定。在多数情况下只需要两个低值电阻:R_{GG} 和一个电流镜参考电流的电阻。

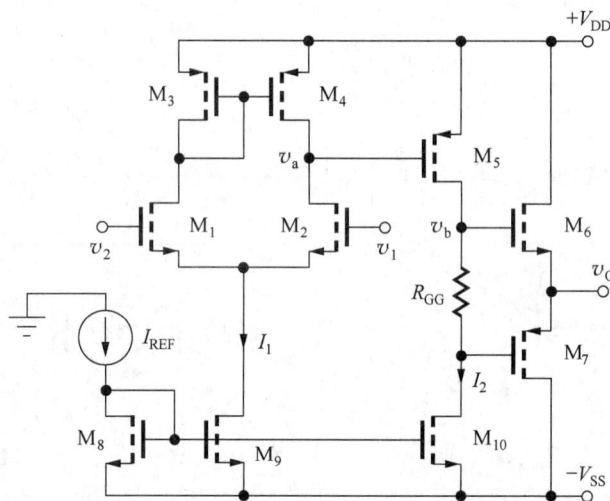

图 7.41　由电流镜偏置的完整 CMOS 运算放大器

7.8.1　CMOS 运算放大器电压增益

假设输出级的增益近似为 1,则三级运算放大器的总差模增益 A_{dm} 大约等于前两级的增益之积,即

$$A_{dm} = \frac{v_o}{v_{id}} = \frac{v_a}{v_{id}} \frac{v_b}{v_a} \frac{v_o}{v_b} = A_{vt1} A_{vt2}(1) \approx A_{vt1} A_{vt2} \qquad (7.91)$$

正如之前所讨论的,输入级提供的增益为

$$A_{vt1} = g_{m2}(r_{o2} \parallel r_{o4}) \approx \frac{\mu_{f2}}{2} \qquad (7.92)$$

第 2 级的终端增益等于

$$A_{vt2} = g_{m5}(r_{o5} \parallel (R_{GG} + r_{o10})) \approx g_{m5}(r_{o5} \parallel r_{o10}) \approx g_{m5}(r_{o5} \parallel r_{o5}) = \frac{\mu_{f5}}{2} \qquad (7.93)$$

假设 M_5 和 M_{10} 的输出电阻的值相似,且 $R_{GG} \ll r_{o10}$,结合上面 3 个等式得出

$$A_{dm} \approx \frac{\mu_{f2} \mu_{f5}}{4} \qquad (7.94)$$

增益接近为两个增益级本征增益之积的 $1/4$。

式(7.94)分母中的系数 4 可以通过改善设计而减小。如果采用 Wilson 电流源当作第 1 级的有源负载,则电流镜的输出电阻将远大于 r_{o2},并且 A_{v1} 变得与 μ_{f2} 相等。如果将电流源 M_{10} 替换为一个 Wilson 电流源或 Cascode 电流源,那么第 2 级的增益可以被提高到 M_5 的完全放大系数。如果同时采用这两个电路进行修改(参见练习题 7.126),则运算放大器的增益可以被提高到

$$A_{dm} \approx \mu_{f2}\mu_{f5} \tag{7.95}$$

本节所介绍的技术相对于用来提高 CMOS 运算放大器电路增益的技术而言只是很小一部分。本章末尾的习题给出了一些例子,进一步的讨论可查阅参考文献。

7.8.2　直流设计注意事项

当图 7.41 所示的电路以闭环运算放大器的结构工作时,M_5 的漏极电流必须等于电流源晶体管 M_{10} 的输出电流 I_2。为了使放大器具有最小偏移电压,必须仔细选择 M_5 的 W/L 值,因此 M_5 的源-栅偏置电压 $V_{SG5} = V_{SD4} = V_{SG3}$ 恰好是设置 $I_{D5} = I_2$ 的合适电压。通常考虑 M_5 和 M_{10} 之间 V_{SD} 和 λ 的差异,还可调整 M_5 的 W/L 值。R_{GG} 和 M_6、M_7 的 W/L 值决定了 AB 类输出端的静态工作电流。

图 7.42 所示的运算放大器电路甚至还去掉了 R_{GG},采用 FET 中 M_{11} 的栅-源电压为输出端提供偏置电压。AB 类输出级中的电流由输出晶体管和二极管连接的 MOSFET M_{11} 的 W/L 值决定。

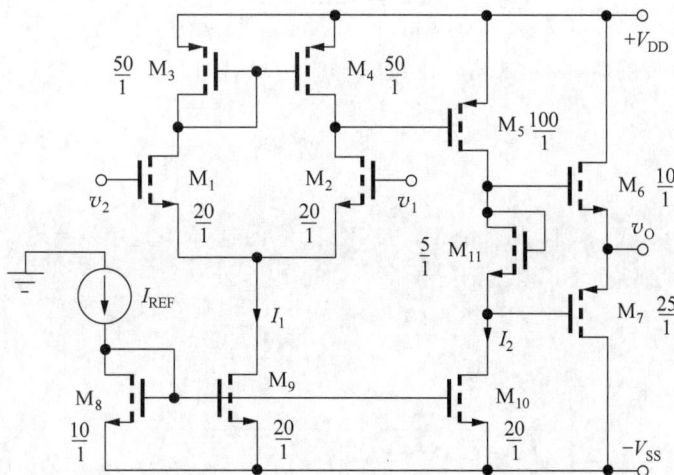

图 7.42　由电流镜偏置且带有 AB 类输出级的运算放大器

例 7.7　CMOS 运算放大器。

计算 CMOS 运算放大器的小信号参数。

问题:如果 $K'_n = 25\mu A/V^2$,$K'_p = 10\mu A/V^2$,$V_{TN} = 0.75V$,$\lambda = 0.0125V^{-1}$,$V_{DD} = V_{SS} = 5V$,且 $I_{REF} = 100\mu A$,试计算图 7.42 中放大器的电压增益、输入电阻和输出电阻。

解:

已知量:运算放大器的电路如图 7.42 所示,$V_{DD} = V_{SS} = 5V$,且 $I_{REF} = 100\mu A$;已知器件参数为 $K'_n = 25\mu A/V^2$,$K'_p = 10\mu A/V^2$,$V_{TN} = 0.75V$,$\lambda = 0.0125V^{-1}$。

未知量:Q 点、A_{dm}、R_{id} 及 R_{out}。

求解方法:求出 Q 点电流,将器件参数代入式(7.94)求出 A_{dm}。因为在输出端为 MOSFET,$R_{id} =$

$R_{ic} \to \infty$。输出电阻由 M_6 和 M_7 决定，即 $R_{out} = (1/g_{m6}) \parallel (1/g_{m7})$。

假设：MOSFET 工作在有源区。

分析：利用式(7.94)可估算出增益为

$$A_{dm} \approx \frac{\mu_{f2}\mu_{f5}}{4} = \frac{1}{4}\left(\frac{1}{\lambda_2}\sqrt{\frac{2K_{n2}}{I_{D2}}}\right)\left(\frac{1}{\lambda_5}\sqrt{\frac{2K_{p5}}{I_{D5}}}\right)$$

对于图 7.42 所示放大器,有

$$I_{D2} = \frac{I_1}{2} = \frac{2I_{REF}}{2} = 100\mu A \quad I_{DS} = I_2 = 2I_{REF} = 200\mu A$$

$$K_{n2} = 20K'_n = 500\frac{\mu A}{V^2} \qquad K_{p5} = 100K'_p = 1000\frac{\mu A}{V^2}$$

且

$$A_{dm} \approx \frac{\mu_{f2}\mu_{f5}}{4} = \frac{1}{4}\left(\frac{1}{0.0125}\right)^2 V^2 \sqrt{\frac{2\left(500\frac{\mu A}{V^2}\right)}{100\mu A}}\sqrt{\frac{2\left(1000\frac{\mu A}{V^2}\right)}{200\mu A}} = 16000$$

输入电阻为 M_1 输入电阻的两倍,为无穷大,即 $R_{id} \to \infty$。输出电阻由 M_6 和 M_7 输出电阻的并联决定,它们作为两个源在并行操作之后

$$R_{out} = \frac{1}{g_{m6}}\left\|\frac{1}{g_{m7}} = \frac{1}{\sqrt{2K_{n6}I_{D6}}}\right\|\frac{1}{\sqrt{2K_{p7}I_{D7}}}$$

为了估算这一表达式的值,必须求出输出级的电流。M_{11} 的栅-源电压为

$$V_{GS11} = V_{TN11} + \sqrt{\frac{2I_{D11}}{K_{n11}}} = 0.75V + \sqrt{\frac{2(200\mu A)}{125\left(\frac{\mu A}{V^2}\right)}} = 2.54V$$

在本设计中,$V_{TP} = -V_{TN}$,且 M_6 和 M_7 的 W/L 值的选择满足 $K_{p7} = K_{n6}$。因为 I_{D6} 必须等于 I_{D7},故 $V_{GS6} = V_{GS7}$,因此 V_{GS6} 和 V_{GS7} 都等于 V_{GS11} 的 $1/2$,且有

$$I_{D7} = I_{D6} = \frac{250}{2}\frac{\mu A}{V^2}(1.27V - 0.75V)^2 = 33.7\mu A$$

M_6 和 M_7 的跨导也相等,即

$$g_{m7} = g_{m6} = \sqrt{2\left(2.5 \times 10^{-4}\frac{\mu A}{V^2}\right)(33.7 \times 10^{-6}\mu A)} = 1.3 \times 10^{-4}S$$

Q 点的输出电阻为 $R_{out} = 3.85k\Omega$。

结果检查：再次对手工计算进行检查表明结果是正确的。由于电路较为复杂,SPICE 仿真是检查手工计算结果的最佳方法。仿真结果将在下一个练习中给出。

讨论：用 SPICE 对高增益放大器的开环特性进行仿真较为困难。开环增益会放大偏移电压,并有可能使输出饱和。有一种方法是先确定偏移电压的值,然后在放大器的输入端施加一个补偿电压使输出几乎为零。后续会对各个步骤进行简要介绍。在高增益情况下,SPICE 仍可能无法收敛,因为如同输入电压一样,仿真过程中的数值"噪声"会被放大,第 2 章讨论过的连续电压和电流法可解决这一问题。

计算机辅助分析：用电路图编辑器画完图 7.42 所示的电路后,一定要将器件参数设定为所需要的值。对于 NMOS 器件有 KP = 25μA/V², VTO = 0.75V, LAMBDA = 0.0125V⁻¹。对 PMOS 器件有 KP = 10μA/V², VTO = -0.75V, LAMBDA = 0.0125V⁻¹。每个晶体管的 W/L 值都必须单独设定。例如,对于 1/5 的器件,需设 $W = 5\mu m, L = 1\mu m$。

仿真的下一步是令运算放大器工作在电压跟随器的结构下,其中 $V_O = V_{OS}$,如图 7.43(a) 所示,以求出偏移电压,然后将 V_{OS} 用作图 7.43(b) 中放大器的差模输入,同时共模输入 $V_{IC} = 0$。如果 V_{OS} 的值正确,工作点分析会得出 V_O 的值大约为 0。从 V_{OS} 到输出端的传输函数分析会给出 A_{dm}、R_{id} 和 R_{out} 的值。在下一个练习的答案中会给出 SPICE 的结果。

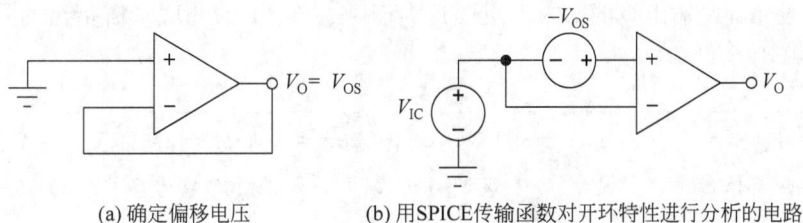

(a) 确定偏移电压   (b) 用 SPICE 传输函数对开环特性进行分析的电路

图 7.43   用于 SPICE 仿真而搭建的运算放大器电路

练习:用 SPICE 对图 7.42 所示的放大器进行仿真,并将 SPICE 结果与例 7.7 中的结果相比较。哪一端为同相输入端?偏移电压、共模增益、差模增益、CMRR、共模与差模的输入电阻和输出电阻分别为多少?

答案:64.164μV;17800;0.52;90.7dB;∞;∞;3.63kΩ。

7.8.3   双极型运算放大器

如前所述,有源负载技术同样也可以运用在双极型运算放大器中。事实上,到目前为止所讨论的技术都是先应用在双极型放大器中,然后当 NMOS 和 PMOS 工艺成熟后,才用在 MOS 电路中的。图 7.44 所示电路中,晶体管 Q_1 和 Q_4 组成了带有源负载的差分输入级。第 1 级之后紧跟着高增益的共射极放大器,该放大器由 Q_5 及其电流源负载 Q_8 组成。负载电阻 R_L 由 AB 类输出级驱动,AB 类输出级由晶体管 Q_6 和 Q_7 组成,由电流 I_2 及二极管 Q_{11} 和 Q_{12} 提供偏置(二极管事实上用 BJT 实现,它们的发射极面积是 Q_6 和 Q_7 发射极面积的 5 倍)。图 7.44 所示的电路是图 7.39 所示电路的完整实现,其中射极跟随器被 AB 类输出级替换。

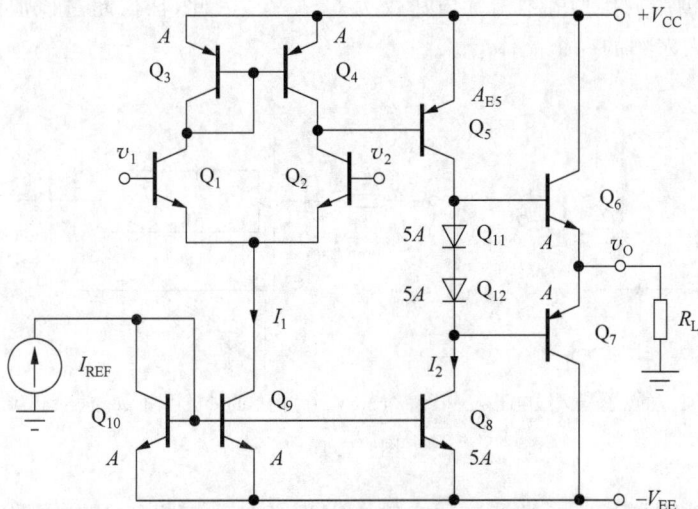

图 7.44   完整的双极型运算放大器

基于我们对多级放大器的了解,这个电路的增益约为 $A_{dm}=A_{vt1}A_{vt2}A_{vt3}$,且满足:

$$A_{dm} \approx [g_{m2}r_{\pi5}][g_{m5}(r_{o5} \| r_{o8} \| (\beta_{o6}+1)R_L)][1]$$

$$\approx \frac{g_{m2}}{g_{m5}}(g_{m5}r_{\pi5})\left(g_{m5}\frac{r_{o5}}{2}\right)=\frac{I_{C2}}{I_{C5}}\beta_{o5}\frac{\mu_{f5}}{2} \tag{7.96}$$

上式中,已假设 AB 类输出级的输入电阻要远大于 r_{o5} 和 r_{o8} 的并联。需指出的是,式(7.96)的上限由 Q_5 的乘积 $\beta_o V_A$ 来设定。

练习:如果 $R_{REF}=100\mu A$,$V_{A5}=60V$,$\beta_{o1}=150$,$\beta_{o5}=50$,$R_L=2M\Omega$,$V_{CC}=V_{EE}=15V$,试估算图 7.44 所示放大器的电压增益。第 1 级增益为多少?第 2 级增益为多少?Q_5 的发射极面积是多大?R_{ID} 的值为多少?哪一端为反相输入端?

答案:7500;5;1500;10A;150kΩ;v_1。

练习:用 SPICE 对上一练习中的放大器进行仿真,确定偏移电压、电压增益、差模输入阻抗、CMRR 和共模输入阻抗的值。

答案:3.28mV;8440;165kΩ;84.7dB;59.1MΩ。

7.8.4 输入级击穿

尽管到目前为止所讨论的双极型放大器提供了良好的电压增益、输入电阻和输出电阻,但这些放大器都有明显的缺点。输入级没有提供过电压保护(Overvoltage Protection),很容易被可能出现的、较大的输入电压差损坏,这不仅仅发生在失效条件下,在放大器的正常使用中也可能不可避免地瞬间发生,例如在受摆率限制(Slew-Rate Limited)的过载恢复(Overload Recovery)过程中,运算放大器输入端的电压会在瞬间等于电源电压的满量程值。

考虑图 7.45 中差分管上面临的最差失效情况,其中一个输入端与正电源电压相连,而另一个输入端与负电源电压相连。在图 7.45 所示的条件下,Q_1 的基极-发射极结正偏,Q_2 的基极-发射极结因电压 $(V_{CC}+V_{EE}-V_{BE1})$ 反偏。如果 $V_{CC}=V_{EE}=22V$,反偏电压就会超过 41V。由于发射极中的重掺杂,npn 晶体管基极-发射极结的典型齐纳击穿电压仅为 5～7V。因此,任何超过该值的二极管压降电压都可能至少破坏差分输入对中的一个晶体管。

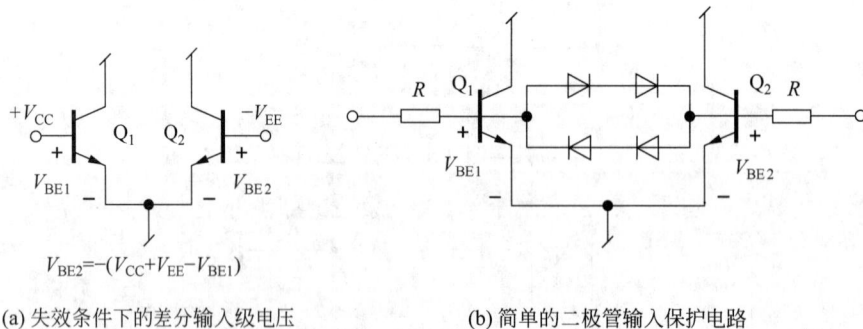

(a) 失效条件下的差分输入级电压　　(b) 简单的二极管输入保护电路

图 7.45

早期的集成运算放大器要求电路设计师在输入端额外加入二极管保护电路,如图 7.45(b)所示。

这些二极管可使差分输入电压不超过约 1.4V,但是这一技术增加了额外的电路元器件和设计成本。两个电阻限制了流过二极管的电流。7.9 节介绍的 μA741 是第 1 个解决了这一问题的商用集成运算放大器,它提供了全保护的输入级和输出级电路。

7.9 μA741 运算放大器

从应用工程师的角度来看,经典的仙童半导体公司的 μA741 运算放大器是第 1 个提供了高鲁棒性的运算放大器。这个放大器提供了优良的总体特性(高增益、高输入电阻和高 CMRR 值,低输出电阻和良好的频率响应),同时在输入级提供了过电压保护,在输出级提供了短路电流限制电路。μA741 系列放大器的设计很快成为了业界标准,并迅速扩展到许多相关设计当中。通过研究 μA741 设计,我们会发现很多新的放大器电路设计和偏置技术。

7.9.1 电路总体工作原理

μA741 运算放大器的简化电路图如图 7.46 所示。在对整个电路的描述结束后,将更详细地讨论以符号形式示出的 3 个偏置源。运算放大器具有两级电压增益,接着是一个 AB 类输出级。在第 1 级电路中,晶体管 $Q_1 \sim Q_4$ 组成一个差分放大器,其有源负载是由 $Q_5 \sim Q_7$ 组成的缓冲电流镜。

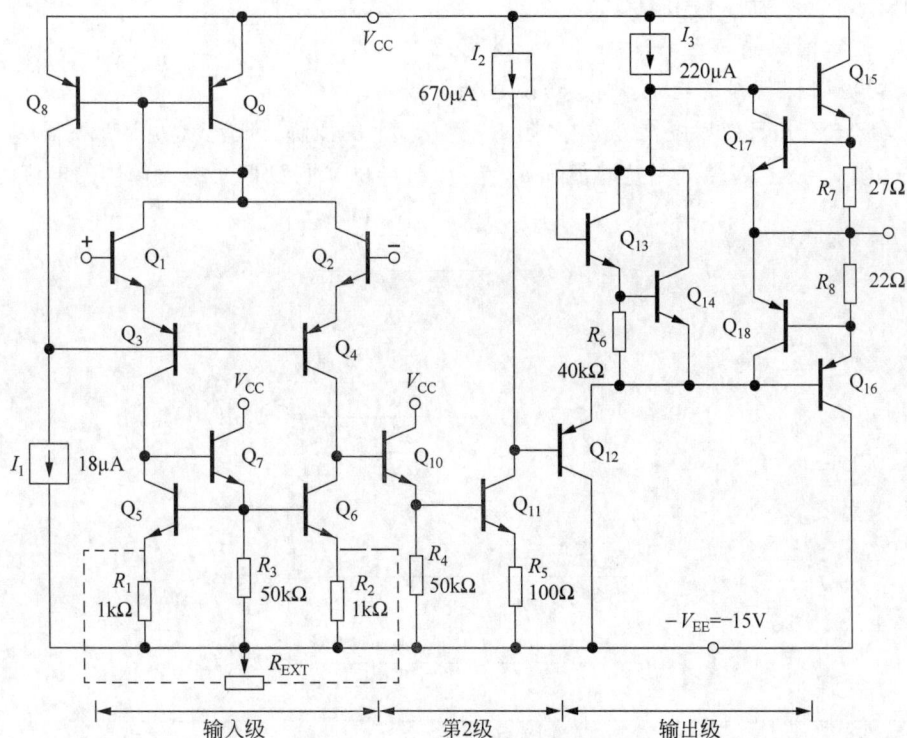

图 7.46 仙童半导体公司经典的 μA741 运算放大器总体结构图(偏置电路参见图 7.47)

第 2 级电路包括驱动共射极放大器 Q_{11} 的射极跟随器 Q_{10},其中电流源 I_2 和射极跟随器 Q_{12} 作为 Q_{11} 的负载。晶体管 $Q_{13} \sim Q_{18}$ 组成具有短路保护的 AB 类推挽输出级,输出级与第 2 级增益级之间通过 Q_{12} 缓冲。实际的运算放大器提供偏置电压调节端口,在 μA741 中通过增加 1kΩ 的电阻 R_1、R_2 及一个外部电阻 R_{EXT} 实现。

练习：认真复习本节内容,确保理解图7.46中每个晶体管的作用,并列表说明每个晶体管的作用。

7.9.2 偏置电路

图7.46中用符号表示的3个电流源由图7.47所示的偏置电路产生。两个二极管参考晶体管Q_{20}和Q_{22}中的电流由电流源电压和电阻R_5决定,即

$$I_{REF} = \frac{V_{CC} + V_{EE} - 2V_{BE}}{R_5}$$

$$= \frac{15V + 15V - 1.4V}{39k\Omega} = 0.733mA \quad (7.97)$$

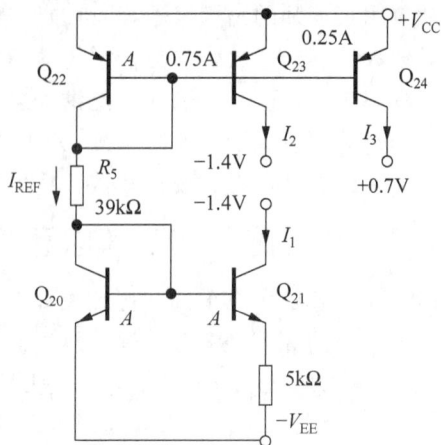

图7.47 对应$V_O = 0V$时的偏置电路

其中假设电源为±15V。电流I_1来自Q_{20}和Q_{21}组成的Wildar电流源。这一设计的输出电流为

$$I_1 = \frac{V_T}{5000} \ln\left[\frac{I_{REF}}{I_1}\right] \quad (7.98)$$

利用式(7.97)计算出来的参考电流,通过迭代运算求解(7.98)中的I_1,可得到$I_1 = 18.4\mu A$。

利用式(7.13),镜像晶体管Q_{23}和Q_{24}中的电流可以由它们的发射极面积与参考电流I_{REF}联系起来。假设$V_O = 0$, $V_{CC} = 15V$,并且忽略图7.46中电阻R_7和R_8上的压降,则有$V_{EC23} = 15V + 1.4V = 16.4V$, $V_{EC24} = 15V - 0.7V = 14.3V$。利用这些值和$\beta_F = 50$, $V_A = 60V$得到两个电流源中的电流为

$$I_2 = 0.75(733\mu A) \frac{1 + \frac{16.4V}{60V}}{1 + \frac{0.7V}{60V} + \frac{2}{50}} = 666\mu A$$

$$I_3 = 0.25(733\mu A) \frac{1 + \frac{14.4V}{60V}}{1 + \frac{0.7V}{60V} + \frac{2}{50}} = 216\mu A \quad (7.99)$$

而两个输出电阻为

$$R_2 = \frac{V_{A23} + V_{EC23}}{I_2} = \frac{60V + 16.4V}{0.666mA} = 115k\Omega$$

$$R_3 = \frac{V_{A24} + V_{EC24}}{I_3} = \frac{60V + 14.3V}{0.216mA} = 344k\Omega \quad (7.100)$$

练习：当$V_{CC} = V_{EE} = 22V$时,图7.47所示电路的I_{REF}、I_1、I_2、I_3的值各是多少?
答案：1.09mA,20.0μA,1.08mA；351μA。
练习：如果$V_A = 60V$, $V_{EE} = 15V$,图7.47所示的Wildar电流源工作在18.4μA时的输出电阻为多大?
答案：18.8MΩ。

7.9.3 μA741 输入级的直流分析

重新绘制的 μA741 放大器输入级电路如图 7.48 所示。如前所述，Q_1、Q_2、Q_3 和 Q_4 组成了一个差分放大器，其有源负载为由 Q_5、Q_6 和 Q_7 组成的缓冲电流镜。在这个输入级中，输入 v_1 和 v_2 之间有 4 个基极-发射极结，两个来自 npn 晶体管，更重要的是，另外两个来自 pnp 晶体管。于是有 $(v_1 - v_2) = (V_{EB1} - V_{EB3} - V_{EB4} - V_{EB2})$。

在标准双极型集成电路工艺中，pnp 晶体管为平面结构，其中两个结的击穿电压都与 npn 晶体管的基极-集电极结的击穿电压相同。这一击穿电压通常高于 50V。因为绝大多数通用运算放大器要求电源电压在 ±22V 以内，所以 Q_3 和 Q_4 的发射极-基极结提供了足够高的击穿电压，完全可以保护放大器的输入级，即便是在图 7.45(a)所示的最坏情况下也没问题。

***Q* 点分析**

在图 7.48 所示的 μA741 输入级中，Q_8 和 Q_9

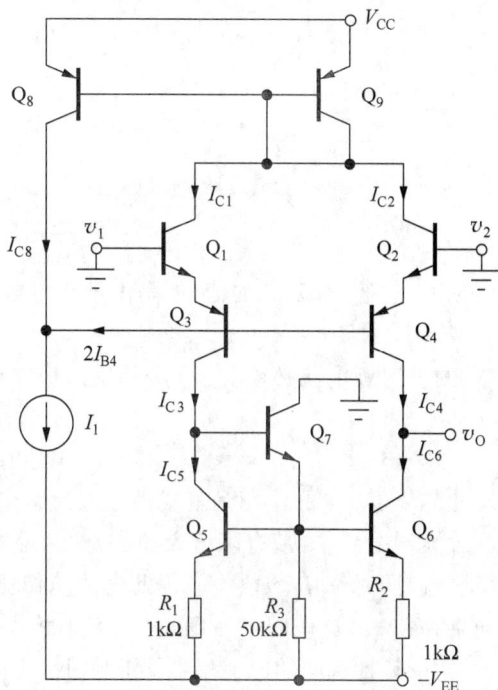

图 7.48 μA741 的输入级

组成了电流镜，它们与晶体管 $Q_1 \sim Q_4$ 一起为输入级提供偏置电流。偏置电流 I_1 为前述 Widlar 电流源的输出电流($18\mu A$)，它必须与 Q_8 的集电极电流及匹配晶体管 Q_3 和 Q_4 的基极电流之和相等，即

$$I_1 = I_{C8} + I_{B3} + I_{B4} = I_{C8} + 2I_{B4} \tag{7.101}$$

当电流增益很高时，偏置电流很小，且有 $I_{C8} \approx I_1$。

Q_8 的集电极电流镜像了 Q_1 和 Q_2 的集电极电流，在镜像参考晶体管 Q_9 中将它们汇合到一起。假设电流增益较高且忽略 Q_7 和 Q_8，则有

$$I_{C8} = I_{C1} + I_{C2} = 2I_{C2} \tag{7.102}$$

结合式(7.101)和式(7.102)，得到输入级的理想偏置关系为

$$I_{C1} = I_{C2} \approx \frac{I_1}{2} \quad \text{和} \quad I_{C3} = I_{C4} \approx \frac{I_1}{2} \tag{7.103}$$

这是因为 Q_1、Q_2、Q_3 和 Q_4 的发射极电流必须相等。Q_3 的集电极电流在镜像晶体管 Q_5 和 Q_6 中产生了一个等于 $I_1/2$ 的集电极电流。

理解了输入级偏置电路背后的基本思想之后，接下来进行更为精细的分析。用电流镜表达式(7.13)将式(7.101)展开得

$$I_1 = 2I_{C2} \frac{1 + \dfrac{V_{EC8}}{V_{A8}}}{1 + \dfrac{2}{\beta_{FO8}} + \dfrac{V_{EB8}}{V_{A8}}} \tag{7.104}$$

I_{C2} 通过 Q_2 和 Q_4 的电流增益与 I_{B4} 相关，即

$$I_{C2} = \alpha_{F2} I_{E2} = \alpha_{F2} = (\beta_{FO4} + 1) I_{B4} = \frac{\beta_{FO2}}{\beta_{FO2} + 1}(\beta_{FO4} + 1) I_{B4} \tag{7.105}$$

结合式(7.104)和式(7.105)，求解 I_{C2} 得

$$I_{C1} = \frac{I_1}{2} \times \left[\frac{1 + \dfrac{V_{EC8}}{V_{A8}}}{1 + \dfrac{2}{\beta_{FO8}} + \dfrac{V_{EB8}}{V_{A8}}} + \frac{1}{\dfrac{\beta_{FO2}}{\beta_{FO2} + 1}(\beta_{FO4} + 1)} \right]^{-1} \tag{7.106}$$

理想情况下，它等于 $I_1/2$ 的值，但是由于有限电流增益和厄利电压这两个非理想电流镜的影响，实际中的值会减小。

Q_4 的发射极电流必须等于 Q_2 的发射极电流，所以 Q_4 的集电极电流为

$$I_{C4} = \alpha_{F4} I_{E4} = \alpha_{F4} \frac{I_{C2}}{\alpha_{F2}} = \frac{\beta_{FO4}}{\beta_{FO4} + 1} \frac{\beta_{FO2} + 1}{\beta_{FO2}} I_{C2} \tag{7.107}$$

缓冲晶体管 Q_7 的作用是基本消除电流镜中的电流增益缺陷。需要注意的是，在图 7.46 所示的完整运算放大器电路中，带有阻值为 50kΩ 的发射极电阻 R_4 的晶体管 Q_{10}，设计其基极电流近似等于 Q_7 的基极电流，同时 $V_{CE6} \approx V_{CE5}$。因此电流镜像比十分准确，且 $I_{C5} = I_{C6} = I_{C3} \approx I_1/2$。

如果去掉 50kΩ 电阻 R_3，则 Q_7 的发射极电流仅等于 Q_5 和 Q_6 的基极电流之和（非常小）。由于 Q 点对 β_F 的依赖性，Q_7 的电流增益会非常小。利用 R_3 增加 Q_7 工作电流是为了提高其电流增益，同时还可以改善放大器的直流平衡和瞬态响应，而选择 R_3 的值是为了使 I_{B7} 近似等于 I_{B10}。

为了完成 Q 点分析，还必须确定不同的集电极-发射极电压。Q_1 和 Q_2 的集电极电压比正电源电压低一个 V_{EB} 的值，而其发射极电压比地电位低一个 V_{EE}。因此有

$$V_{CE1} = V_{CE2} = V_{CC} - V_{EB9} + V_{EB2} \approx V_{CC} \tag{7.108}$$

Q_3 集电极和发射极电压分别比负电源电压约高 $2V_{EB}$，比地电位约低一个 V_{BE}，即

$$V_{EC3} = V_{E3} - V_{C3} = -0.7V - (-V_{EE} + 1.4V) = V_{EE} - 2.1V \tag{7.109}$$

缓冲电流镜可有效减小由于晶体管有限电流增益而产生的误差，且 $V_{CE6} = V_{CE5} \approx 2V_{BE} = 1.4V$，其中忽略了 R_1 和 R_2 上的小压降（<10mV）。最后，Q_8 的集电极电压比零电位低 $2V_{BE}$，Q_7 的发射极电压比 $-V_{EE}$ 高一个 V_{BE}，即

$$V_{EC8} = V_{CC} + 1.4V \qquad V_{CE7} = V_{EE} - 0.7V \tag{7.110}$$

例 7.8 $\mu A741$ 输入级的偏置电流。

计算 $\mu A741$ 输入级的偏置电流。

问题：如果 $I_1 = 18\mu A$，$\beta_{FOnpn} = 150$，$V_{Anpn} = 75V$，$\beta_{FOpnp} = 60V$，$A_{Anpn} = 60V$，$V_{CC} = V_{EE} = 15V$，计算 $\mu A741$ 输入级的偏置电流。

解：

已知量：$\mu A741$ 的输入级电路如图 7.48 所示。$I_1 = 18\mu A$，$\beta_{FOnpn} = 150$，$V_{Anpn} = 75V$，$\beta_{FOpnp} = 60V$，$A_{Anpn} = 60V$，$V_{CC} = V_{EE} = 15V$。

未知量：I_{C1}、I_{C2}、I_{C3}、I_{C4}、I_{C5} 和 I_{C6}。

求解方法：用已知数据计算式(7.106)～式(7.110)。

假设：晶体管工作在有源区；I_5 取默认值。

分析：从图 7.48 中发现，Q_8 的发射极-集电极电压等于 $V_{CC} + V_{BE1} + V_{EB3} \approx 16.4V$，将已知值代入式(7.107)中得

$$I_{C1} = I_{C2} = \frac{18\mu A}{2} \cdot \cfrac{1}{\cfrac{1 + \cfrac{16.4V}{60V}}{1 + \cfrac{2}{50} + \cfrac{0.7V}{60V}} + \cfrac{1}{\cfrac{150}{150+1}(60+1)}} = 7.32\mu A$$

由式(7.107)可得

$$I_{C3} = I_{C4} = \alpha_{F4} \frac{I_{C2}}{\alpha_{F2}} = \frac{\beta_{FO4}}{\beta_{FO4}+1} \left(\frac{\beta_{FO2}+1}{\beta_{FO2}} \right) I_{C2} = \frac{60}{61} \left(\frac{151}{150} \right) I_{C2} = 7.25\mu A$$

$$I_{C5} \approx I_{C3} = 7.25\mu A \quad \text{和} \quad I_{C6} = I_{C4} = 7.25\mu A$$

结果检查：偏置电路的基本目的是将所有电流设为$18\mu A/2$，即$9\mu A$。计算结果与这个值很接近，可认为计算结果正确。

讨论：实际的偏置电流略大于$7\mu A$，而理想值应为$9\mu A$。误差主要来源于pnp电流镜中集电极与发射极的电压不匹配。

计算机辅助分析：用电路图编辑器画出电路，并设置BJT的参数。对于npn，有$\beta_F = 150$，$V_{AF} = 75V$；对于pnp，有$\beta_F = 60$，$V_{AF} = 60V$。加入电压源V_O，迫使输出电压与Q_5的集电极电压相等，从而使电路达到平衡。否则，Q_4和Q_6的集电极电压将由Q_4和Q_6的总输出电阻之差决定，这是一个浮动的值。达到平衡后，电压源V_O中的电流几乎为零。表7.3总结了基于这些计算和式(7.103)~式(7.110)的Q点，并将结果与SPICE工作点仿真结果进行了比较。

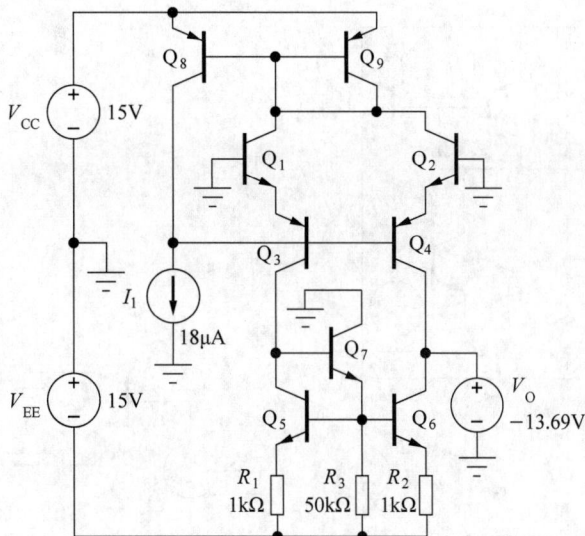

表 7.3 当 $I_1 = 18\mu A$，$V_{CC} = V_{EE} = 15V$ 时，$\mu A741$ 输入级晶体管的 Q 点

晶 体 管	Q 点	SPICE结果
Q_1 和 Q_2	$7.32\mu A$，$15V$	$7.30\mu A$，$15.0V$
Q_3 和 Q_4	$7.25\mu A$，$12.9V$	$7.24\mu A$，$13.0V$
Q_5 和 Q_6	$7.25\mu A$，$1.4V$	$7.16\mu A$，$1.30V$
Q_7	$12.2\mu A$，$14.3V$	$13.1\mu A$，$14.3V$
Q_8	$17.7\mu A$，$16.4V$	$17.8\mu A$，$16.3V$
Q_9	$14.0\mu A$，$0.7V$	$14.1\mu A$，$0.66V$

> **练习**：去掉 V_O 后，对 μA741 的输入级放大器进行仿真，试计算新的集电极电流为多少 Q_5 和 Q_6 的集电极电压为多少？
>
> **答案**：$7.31\mu A$，$7.28\mu A$，$7.25\mu A$，$7.22\mu A$，$7.18\mu A$，$7.22\mu A$，$13.1\mu A$，$17.8\mu A$，$14.1\mu A$；$-13.7V$，$-13.1V$。
>
> **练习**：假设将图 7.48 所示放大器的缓冲晶体管 Q_7 和电阻 R_3 去掉，并将 Q_5 和 Q_6 连接成标准电流镜。如果 $V_{BE6}=0.7V$，$\beta_{FO6}=100$，$V_{A6}=60V$，则 Q_6 的集电极-发射极的电压为多少？
>
> **答案**：$1.9V$。

7.9.4 μA741 输入级的交流分析

按对称形式重新绘制的 μA741 输入级电路如图 7.49 所示，其有源负载暂时由两个电阻代替。从图 7.49 中可看到，Q_1 和 Q_2 的集电极及 Q_3 和 Q_4 的基极都位于放大器的对称线上，代表差模输入信号的虚地。

图 7.50 所示的相应的差分模式半电路是共集电极放大器，其后接一个共基极放大器，即共集电极/共基极级联结构。共集电极/共基极级联放大器的特性可根据图 7.50 和我们对单级放大器的了解来确定。

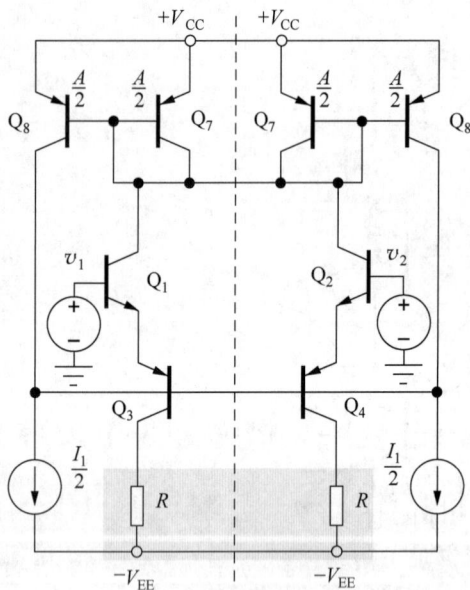

图 7.49 μA741 输入级的对称结构

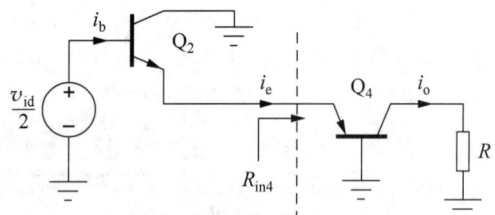

图 7.50 μA741 输入级的差模半电路

Q_2 的发射极电流等于其基极电流 i_b 与 $(\beta_{o2}+1)$ 的乘积，Q_4 的集电极电流是其发射极电流的 α_{o4} 倍。因此输出电流可以写为

$$i_o = \alpha_{o4} i_e = \alpha_{o4}(\beta_{o2}+1) i_b \approx \beta_{o2} i_b \qquad (7.111)$$

基极电流由 Q_2 的输入电阻决定，即

$$i_{\mathrm{b}} = \frac{\dfrac{v_{\mathrm{id}}}{2}}{r_{\pi 2} + (\beta_{\mathrm{o2}} + 1)\,R_{\mathrm{in4}}} = \frac{\dfrac{v_{\mathrm{id}}}{2}}{r_{\pi 2} + (\beta_{\mathrm{o2}} + 1)\left(\dfrac{r_{\pi 4}}{\beta_{\mathrm{o4}} + 1}\right)} = \frac{\dfrac{v_{\mathrm{id}}}{2}}{r_{\pi 2} + r_{\pi 4}} \approx \frac{v_{\mathrm{id}}}{4r_{\pi 2}} \tag{7.112}$$

其中，$R_{\mathrm{in4}} = r_{\pi 4}/(\beta_{\mathrm{o4}} + 1)$ 为共基极放大器的输入电阻。结合式(7.111)及式(7.112)可得

$$i_{\mathrm{o}} \approx \beta_{\mathrm{o2}} \frac{v_{\mathrm{id}}}{4r_{\pi 2}} = \frac{g_{\mathrm{m2}}}{4} v_{\mathrm{id}} \tag{7.113}$$

共集电极/共基极输入级每一侧的跨导都等于标准差分对跨导的一半。从式(7.112)中还可看出，差模输入电阻是对应共射极放大器输入电阻的 2 倍，即

$$R_{\mathrm{id}} = \frac{v_{\mathrm{id}}}{i_{\mathrm{b}}} = 4r_{\pi 2} \tag{7.114}$$

从图 7.51 中可以看到，输出电阻与一个具有阻值为 $1/g_{\mathrm{m2}}$ 的发射极电阻的共基极放大器的输出电阻相等，即

$$R_{\mathrm{out4}} \approx r_{\mathrm{o4}}(1 + g_{\mathrm{m4}} R) = r_{\mathrm{o4}}\left(1 + g_{\mathrm{m4}}\frac{1}{g_{\mathrm{m2}}}\right) = 2r_{\mathrm{o4}} \tag{7.115}$$

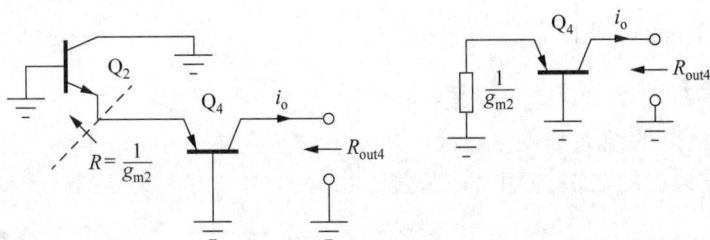

图 7.51　共集电极/共基极级联放大器的输出电阻

7.9.5　整体放大器的电压增益

现在利用 7.9.4 节的结果来分析运算放大器的整体交流特性。先求出输入级的诺顿等效电路，然后将其与第 2 级的二端口模型耦合。

输入级的诺顿等效电路

输入级简化差模的交流等效电路如图 7.52 所示。利用图 7.52(a)可求出第 1 级的短路输出电流。基于对图 7.50 的分析，差模输入信号在差分放大器的两侧产生了方向相反但大小相等的电流，其中 $i = (g_{\mathrm{m2}}/4)\,v_{\mathrm{id}}$。从 Q_3 的集电极流出的电流 i 被缓冲电流镜复制，结果在输出端的信号电流就等于 $2i$，即

$$i_{\mathrm{o}} = -2i = -\frac{g_{\mathrm{m2}} v_{\mathrm{id}}}{2} = (-20 I_{\mathrm{C2}})\,v_{\mathrm{id}} = (-1.46 \times 10^{-4}\,\mathrm{S})\,v_{\mathrm{id}} \tag{7.116}$$

利用图 7.52(b)所示的电路可求出输出端的戴维南等效电阻为

$$R_{\mathrm{th}} = R_{\mathrm{out6}} \parallel R_{\mathrm{out4}} \tag{7.117}$$

由于电阻 R_2 上只有一个很小的直流电压，所以 Q_6 的输出电阻可根据下式计算

$$R_{\mathrm{out6}} \approx r_{\mathrm{o6}}\left[1 + g_{\mathrm{m6}} R_2\right] \approx r_{\mathrm{o6}}\left[1 + \frac{I_{\mathrm{C6}} R_2}{V_{\mathrm{T}}}\right] = r_{\mathrm{o6}}\left[1 + \frac{0.0073\,\mathrm{V}}{0.025\,\mathrm{V}}\right] = 1.3r_{\mathrm{o6}} \tag{7.118}$$

在式(7.115)中已经求出 Q_4 的输出电阻为 $2r_{\mathrm{o4}}$。利用这些结果，可得

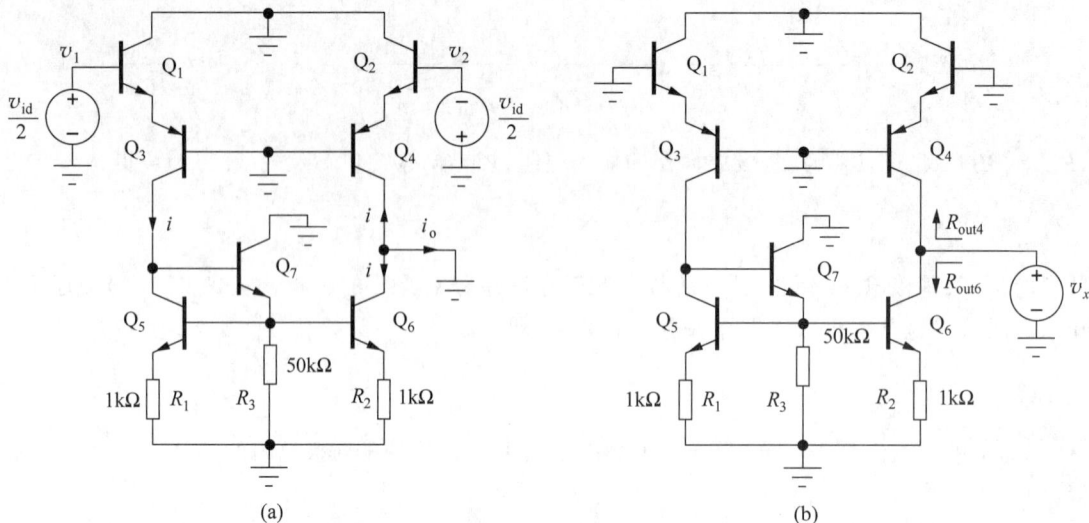

图 7.52　用于求出输入级诺顿等效电路

$$R_{th} = 2r_{o4} \parallel 1.3r_{o6} = 0.79r_{o4} \approx 0.79\frac{60\text{V}}{7.25 \times 10^{-6}\text{A}} = 6.54\text{M}\Omega \tag{7.119}$$

其中为了简化起见，假设 $r_{o4} = r_{o2}$，$V_A + V_{CE} = 60\text{V}$。

输入级诺顿等效电路的结果如图 7.53(a) 所示。基于图中的值，第 1 级电路的开路电压增益为 -955。SPICE 仿真结果与图 7.53(a) 中的值接近：$(1.40 \times 10^{-4}\text{S})v_{id}$，$6.95\text{M}\Omega$ 和 $A_{dm} = -973$。

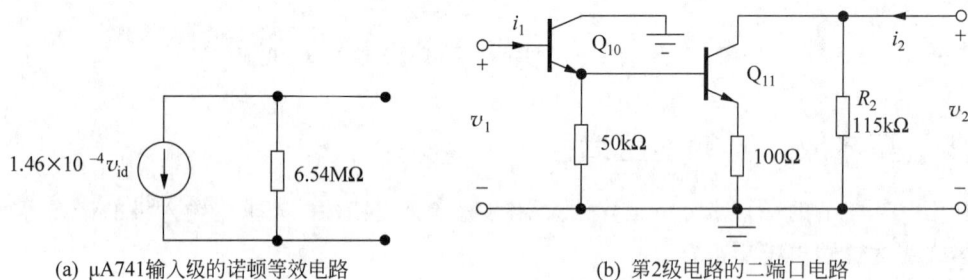

(a) µA741 输入级的诺顿等效电路　　　　(b) 第2级电路的二端口电路

图　7.53

練习：如果 $V_{CC} = V_{EE} = 15\text{V}$，$V_A = 60\text{V}$，利用实际的 V_{CE6} 和 V_{CE4} 值提升 R_{th} 值的计算精度，则 R_{out4} 和 R_{out6} 的值各为多少？

答案：$7.12\text{M}\Omega$；$20.2\text{M}\Omega$，$11\text{M}\Omega$。

第 2 级电路的模型

放大器第 2 级电路的二端口电路如图 7.53 所示。Q_{10} 是一个提供高输入阻抗的发射极跟随器，并驱动一个由 Q_{11} 及用电阻 R_2 代替的电流源负载共同组成的共射极放大器。我们为该电路构造了一个 y 参数模型。

根据图 7.46 和偏置电流分析可以看到，Q_{11} 的集电极电流约与 I_2 或 $666\mu\text{A}$ 相等。通过计算，可得

Q_{11} 的集电极电流为

$$I_{C10} \approx I_{E10} = \frac{I_{C11}}{\beta_{F11}} + \frac{V_{B11}}{50k\Omega} = \frac{666\mu A}{150} + \frac{0.7 + (0.67mA)(0.1k\Omega)}{50k\Omega} = 19.8\mu A \tag{7.120}$$

当 $\beta_{on} = 150$ 时,利用这些值计算的小信号参数为

$$r_{\pi10} = \frac{\beta_{o10}V_T}{I_{C10}} = \frac{3.75V}{19.8\mu A} = 189k\Omega \quad 和 \quad r_{\pi11} = \frac{3.75V}{0.666mA} = 5.63k\Omega \tag{7.121}$$

在输入端施加电压 v_1,并设 $v_2 = 0$ 可计算出参数 y_{11} 和 y_{12} 的值,如图 7.54 所示。Q_1 的输入电阻等于一个带有 100Ω 发射极电阻的共射极放大器的输入电阻,即

$$R_{in11} = r_{\pi11} + (\beta_{o11} + 1)100 \approx 5.63k\Omega + (151)100\Omega = 20.7k\Omega \tag{7.122}$$

用这一值来简化电路,如图 7.54(b)所示,Q_{10} 的输入电阻为

$$\begin{aligned}R_{in10} &= r_{\pi10} + (\beta_{o10} + 1)(50k\Omega \| R_{in11}) \\ &= 189k\Omega + (151)(50k\Omega \| 20.7k\Omega) = 2.4M\Omega\end{aligned} \tag{7.123}$$

发射极跟随器 Q_{10} 的增益为

$$\begin{aligned}v_e &= v_1 \frac{(\beta_{o10} + 1)(50k\Omega \| R_{in11})}{r_{\pi10} + (\beta_{o10} + 1)(50k\Omega \| R_{in11})} \\ &= \frac{(151)(50k\Omega \| 20.7k\Omega)}{189k\Omega + (151)(50k\Omega \| 20.7k\Omega)} = 0.921v_1\end{aligned} \tag{7.124}$$

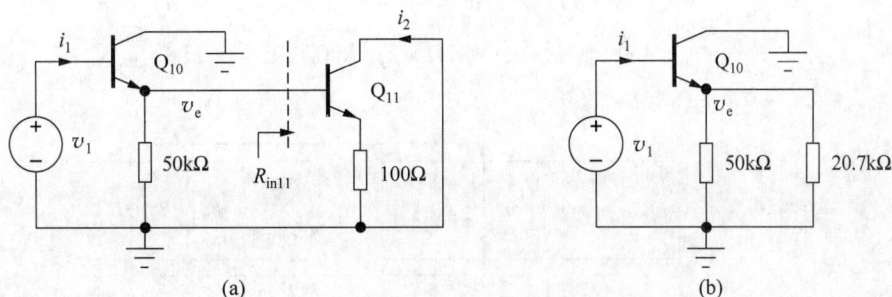

图 7.54 计算 y_{11} 和 y_{21} 的诺顿等效电路

图 7.53(a)中的输出电流 i_2 为

$$i_2 = \frac{v_e}{\frac{1}{g_{m11}} + 100\Omega} = \frac{0.921v_1}{\frac{1}{\frac{40}{V}(0.666mA)} + 100\Omega} = 0.00670v_1 \tag{7.125}$$

此时,正向跨导为

$$G_m = 6.70mS \tag{7.126}$$

参数 y_{12} 和 y_{22} 可根据图 7.55 所示的电路得到。假设反向跨导 y_{12} 可以忽略,输出电导的大小可以由图 7.55(b)确定,即

$$G_o = i_2/v_2 = [R_2 \| R_{out11}]^{-1} \tag{7.127}$$

其中,在偏置电路进行分析时可以计算出 $R_2 = 115k\Omega$。

由于 100Ω 的电阻上的压降很小,因此 Q_{11} 的输出电阻大约为

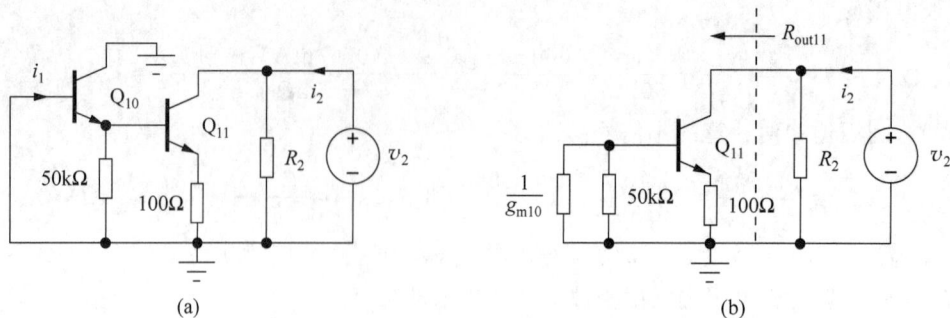

图 7.55 计算 y_{12} 和 y_{22} 的诺顿等效电路

$$R_{\text{out11}} = r_{\text{o11}} \left[1 + g_{\text{m11}} R_{\text{E}} \right] = \frac{V_{\text{A11}} + V_{\text{CE11}}}{I_{\text{C11}}} \left[1 + \frac{I_{\text{C11}} R_{\text{E}}}{V_{\text{T}}} \right]$$

$$= \frac{60\text{V} + 13.6\text{V}}{0.666\text{mA}} \left[1 + \frac{0.067\text{V}}{0.025\text{V}} \right] = 407\text{k}\Omega \tag{7.128}$$

$$R_{\text{o}} = 115\text{k}\Omega \parallel 407\text{k}\Omega = 89.1\text{k}\Omega \tag{7.129}$$

完成的第 2 级二端口电路如图 7.56 所示，该电路由第 1 级诺顿等效电路驱动。利用这个模型可得放大器前两级电路的开路电压增益分别为

$$v_2 = -0.0067(89.1\text{k}\Omega)v_1 = -597v_1$$

$$v_1 = -1.46 \times 10^{-4}(6.54\text{M}\Omega \parallel 2.4\text{M}\Omega)v_{\text{id}} = -256v_{\text{id}}$$

$$v_2 = -597(-256v_{\text{id}}) = 153000v_{\text{id}} \tag{7.130}$$

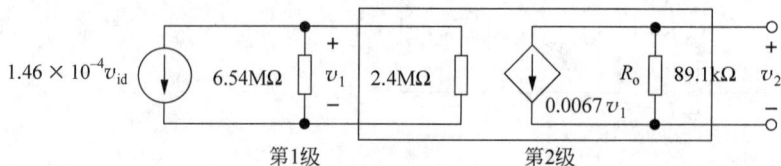

图 7.56 第 1 级与第 2 级电路的组合模型

从式(7.130)中可看到 Q_{10} 的 2.4MΩ 输入电阻使第 1 级电路的电压增益减小了将近 1/4。

练习：如果去掉 Q_{10} 及其 50kΩ 的发射极电阻，使第 1 级电路的输出直接与 Q_1 的基极相连，则此时输入级的电压增益为多少？利用已经计算出的小信号元器件值。

答案：−3。

7.9.6 μA741 的输出级

μA741 输出级的简化模型如图 7.57 所示。晶体管 Q_{12} 为射极跟随器，它使第 2 级输出节点的高阻抗得到了缓冲，并驱动 Q_{15} 和 Q_{16} 组成的推挽输出级电路。AB 类偏置由 Q_{13} 和 Q_{14} 的基极-发射极电压在图 7.57(b)中用二极管表示。40kΩ 的电阻用来增大 I_{C13} 的值。如果没有这一电阻，I_{C13} 只等于 Q_{14} 的基极电流。为了简化电路图，图 7.46 中的短路保护电路没有在图 7.57 中表示出来。

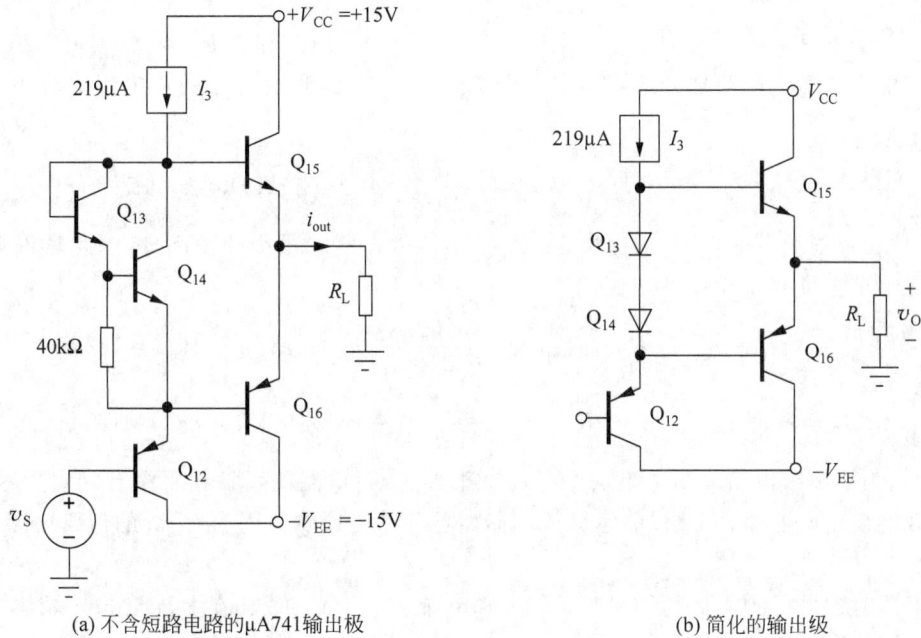

(a) 不含短路电路的μA741输出极   (b) 简化的输出级

图 7.57

AB 类输出级的输入电阻和输出电阻实际上是信号电压的复杂函数,因为 Q_{15} 和 Q_{16} 的工作电流随着输出电压的变化而剧烈变化。然而,由于在任意给定时刻,AB 类输出级中只有一个晶体管完全导通,因此可以针对正负输出信号分别采用独立的电路。正信号电压的电路如图 7.58 所示(输出负信号电压时的电路类似,只是将 npn 晶体管 Q_{15} 替换成与 Q_{12} 发射极相连的 pnp 晶体管 Q_{16})。

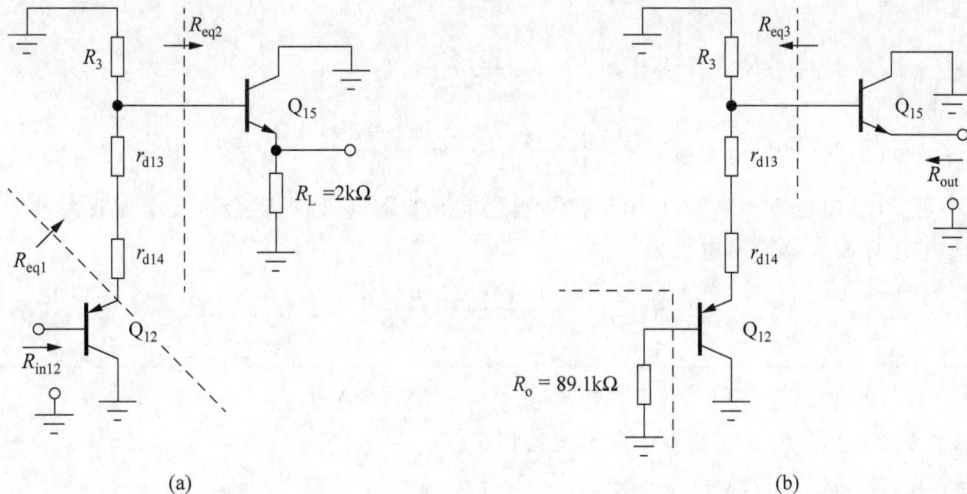

图 7.58 确定输出级输入电阻和输出电阻所用的电路

接下来确定 Q_{12} 的输入电阻。如果 R_{in12} 远大于图 7.58 所示二端口电路中的 89kΩ 输出电阻,那么它不会对放大器的整体电压增益造成很大影响。利用单级放大器理论可得

$$R_{in12} = r_{\pi12} + (\beta_{o12} + 1)R_{eq1} \tag{7.131}$$

其中

$$R_{eq1} = r_{d14} + r_{d13} + R_3 \parallel R_{eq2} \quad 和 \quad R_{eq2} = r_{\pi15} + (\beta_{o15} + 1)R_L \approx (\beta_{o15} + 1)R_L \quad (7.132)$$

$R_3(344k\Omega)$ 的值已在偏置电路部分计算出来。令 $I_{C12} = 126\mu A$，假设 Q_{15} 的集电极电流用 2mA 代替，则有

$$R_{eq2} = r_{\pi15} + (\beta_{o15} + 1)R_L = \frac{3.75V}{2mA} + (151)2k\Omega = 304k\Omega \quad (7.133)$$

注意，R_{eq2} 的值由反射负载 $\beta_{o15}R_L$ 的值决定，电阻 $r_{\pi15}$ 只是 R_{eq2} 很小的一部分，因此是否知道 I_{C15} 的确切值就显得不是很重要。

$$R_{eq1} = r_{d14} + r_{d13} + R_3 \parallel R_{eq2} = 2\frac{0.025V}{0.216mA} + 344k\Omega \parallel 304k\Omega = 162k\Omega \quad (7.134)$$

$$R_{in12} = r_{\pi12} + (\beta_{o12} + 1)R_{eq1} = \frac{0.025V}{0.216mA} + (51)162k\Omega = 8.27M\Omega \quad (7.135)$$

因为 R_{in12} 大约为第 2 级电路输出电阻 R_o 的 100 倍，R_{in12} 对电路的增益几乎没有影响。尽管 R_{in12} 的值会随着负载的变化而变化，但整体的运算放大器增益并不受影响。因为 R_{in12} 的值要比图 7.56 中 R_o 的值大得多。

负信号电压时也可得到类似的结果。但由于 pnp 晶体管 Q_{16} 的电流增益与 npn 晶体管 Q_{15} 的电流增益不同，所以结果略有不同。

7.9.7 输出阻抗

输出正电压时，放大器的输出电阻由晶体管 Q_{15} 确定，即

$$R_o = \frac{r_{\pi15} + R_{eq3}}{\beta_{o15} + 1} \quad (7.136)$$

其中

$$R_{eq3} = R_3 \parallel \left[r_{d13} + r_{d14} + \frac{r_{\pi12} + R_o}{\beta_{o12} + 1} \right]$$

$$= 304k\Omega \parallel \left[2\frac{0.025V}{0.219mA} + \frac{5.71k\Omega + 89.1k\Omega}{51} \right] = 2.08k\Omega \quad (7.137)$$

从图 7.49 中可看出，电阻 R_7 为 27Ω，用于控制短路电流的限制，该电阻会直接增加放大器的总输出电阻，因此实际的运算放大器输出电阻为

$$R_{out} = R_o + R_7 = \frac{1.88k\Omega + 2.08k\Omega}{151} + 27\Omega = 53\Omega \quad (7.138)$$

> **练习：** 如果 pnp 晶体管 Q_{15} 的电流增益为 50，$I_{C16} = 2mA$，$I_{C15} = 0$，则重新计算 R_{in12} 和 R_{out} 的值。记住要为负信号电压画出新的等效电路图。
>
> **答案：** $4.06M\Omega(\gg 89.1k\Omega)$，$51\Omega + 27\Omega = 78\Omega$。

7.9.8 短路保护电路

为简化起见，图 7.57 中没有画出输出级的短路保护电路。回顾图 7.46 所示的完整运算放大器电路可看到，短路保护电路由电阻 R_7 和 R_8 及晶体管 Q_{17} 和 Q_{18} 提供。这一电路与图 6.40(a) 所示的电

路完全相同。正常情况下,晶体管 Q_{17} 和 Q_{18} 处于截止状态,但是如果电阻 R_7 中的电流太大,则晶体管 Q_{17} 导通,使 Q_{15} 的基极电流流入其中。同样地,如果电阻 R_8 中的电流太大,则晶体管 Q_{18} 导通,使 Q_{16} 的基极电流流入其中。正负短路电流的值分别被限制在 V_{BE17}/R_7 及 $-V_{BE18}/R_8$ 以下。如前所述,电阻 R_7 和 R_8 提高了放大器的输出电阻,因为它们直接与输出端串联。

练习:估算图 7.46 所示 $\mu A741$ 运算放大器的正负短路输出电流。
答案:26mA;-32mA。

7.9.9 μA741 运算放大器特性小结

表 7.4 是对 $\mu A741$ 运算放大器特性的总结。第 2 列是计算值,第 3 列是实际商用产品中找到的典型值。

表 7.4 μA741 的特性

	计 算 值	典 型 值
电压增益	153000	200000
输入电阻/MΩ	2.05	2
输出电阻/Ω	53	75
输入偏置电流/nA	49	80
输入偏移电压/mV	—	2

典型值取决于 npn 和 pnp 晶体管的电流增益和厄利电压的确切值,且随着工艺的不同而不同。

7.10 Gilbert 模拟乘法器

在第 1~3 章中已了解了如何运用放大器对电子信号进行比例、相加、相减、积分和微分运算。然而,更为困难的一种运算是实现两个模拟信号的精确相乘。Barrie Gilbert,集成电路设计领域的传奇人物,利用双极型晶体管特性找到了一种解决该问题的方法。图 7.59 所示的基本乘法器的核心包含 3 个差分对。Q_1-Q_2 对具有明显的发射极衰减特性,所以这一差分对的跨导[①]近似为 $1/R_1$。在这一假设下,下面这一差分对的集电极电流可写为

$$i_{c1} \approx \frac{I_{BB}}{2} + \frac{v_1}{2R_1} \quad i_{c2} \approx \frac{I_{BB}}{2} - \frac{v_1}{2R_1} \quad \text{且} \quad |v_1| \leqslant I_{BB}R_1$$

$$(7.139)$$

v_1 的界限值可根据任意集电极电流都不能为负的要求而定。

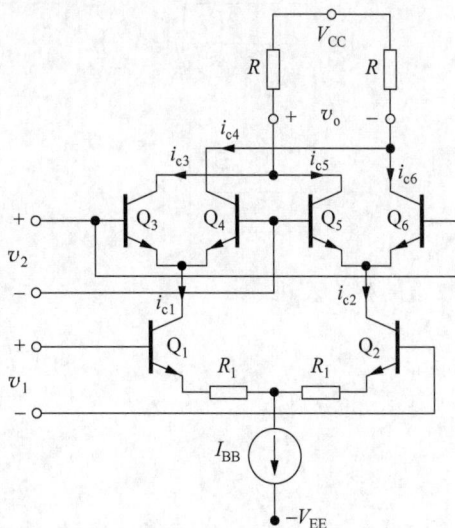

图 7.59 Gilbert 乘法器核心电路

[①] 其他更为精密的电压-电流转换器也可以使用,例如跨导放大器。

乘法器的输出电压 v_o 来自上面的两个差分对,可以写成

$$v_o = [(i_{c3} + i_{c5}) - (i_{c4} + i_{c6})]R = [(i_{c3} - i_{c4}) + (i_{c5} - i_{c6})]R \qquad (7.140)$$

利用式(6.4),可以写出这一等式中集电极电流之差为

$$i_{c3} - i_{c4} = i_{c1}\tanh\left(\frac{v_2}{2V_T}\right) \quad \text{和} \quad i_{c5} - i_{c6} = -i_{c2}\tanh\left(\frac{v_2}{2V_T}\right) \qquad (7.141)$$

运用这些等式,可将输出电压简化为

$$v_o = (i_{c1} - i_{c2})R\tanh\left(\frac{v_2}{2V_T}\right) = v_1\left(\frac{R}{R_1}\right)\tanh\left(\frac{v_2}{2V_T}\right) \qquad (7.142)$$

至此,实现两个模拟信号精确相乘的一种方法是将双曲正切项展开一个级数,然后只保留第1项

$$\tanh(x) = x - \frac{x^3}{3} + \cdots \quad \text{和} \quad v_o \approx v_1\left(\frac{R}{R_1}\right)\left(\frac{v_2}{2V_T}\right) \quad \text{且} \quad \frac{x^3}{3} \ll x \qquad (7.143)$$

其中 $x = v_1/2V_T$。然而,这种方法大大限制了 v_2 的输入信号范围只能在几十毫伏(mV)以内(参见式(6.5)的结论)。

满量程 Gilbert 乘法器的关键在于采用另一个 pn 结对来预失真输入信号,如图 7.60 所示。二极管连接的晶体管 Q_9 和 Q_{10} 由 Q_7 和 Q_8 形成的第 2 跨导级驱动,在 Q_7 和 Q_8 中有

$$i_{c7} \approx \frac{I_{EE}}{2} + \frac{v_3}{2R_3} \quad i_{c8} \approx \frac{I_{EE}}{2} - \frac{v_3}{2R_3}, \quad |v_3| \leqslant I_{EE}R_3 \qquad (7.144)$$

产生的电压 v_2 为

$$v_2 = (V_{BB} - v_{BE10}) - (V_{BB} - v_{BE9}) = v_{BE9} - v_{BE10} \qquad (7.145)$$

利用基极-发射极电压的标准表达式,并假设两个晶体管是匹配的,可得

$$
\begin{aligned}
v_2 &= V_T\ln\left(\frac{\frac{I_{EE}}{2} + \frac{v_3}{2R_3}}{I_S}\right) - V_T\ln\left(\frac{\frac{I_{EE}}{2} - \frac{v_3}{2R_3}}{I_S}\right) \\
&= V_T\ln\left(\frac{1 + \frac{v_3}{I_{EE}R_3}}{1 - \frac{v_3}{I_{EE}R_3}}\right)
\end{aligned}
\qquad (7.146)
$$

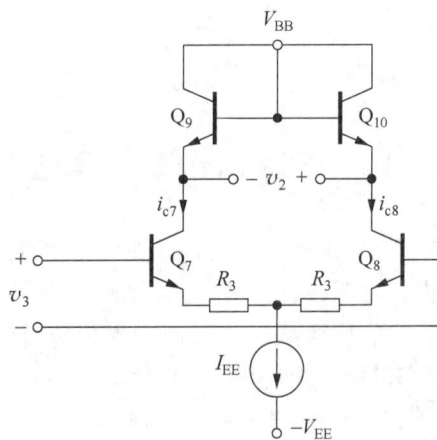

图 7.60 反双曲线正切预失真电路

利用数学的相关表达

$$\ln\left(\frac{1+x}{1-x}\right) = 2\,\mathrm{arctanh}(x)$$

则式(7.146)可改写成

$$v_2 = 2V_T\,\mathrm{arctanh}\left(\frac{v_3}{I_{EE}R_3}\right) \qquad (7.147)$$

结合式(7.147)和式(7.142),可得出模拟乘法器的最终结果为

$$v_o = \left(\frac{R}{I_{EE}R_1R_3}\right)v_1v_3 \qquad (7.148)$$

式(7.148)所描述的电路称为四象限乘法器(Four-Quadrant Multiplier),因为两个输入电压既可以

为正也可以为负。一种常见的设计是将比例系数设为0.1,这样输入信号和输出信号都有10V的变化范围。

图7.61给出了一种模拟乘法器的运算实例。输入 $v_3 = 5\sin20000\pi t\,\mathrm{V}$。信号 v_1 在 $t = 0$ 时刻为 $-5\mathrm{V}$,在 $t = 2\mathrm{ms}$ 时刻为 $+5\mathrm{V}$。图中给出了这两个波形相乘的结果。在 $t = 1\mathrm{ms}$ 时,v_1 穿过 $0\mathrm{V}$,此时乘积结果为零,同时正负符号发生改变。

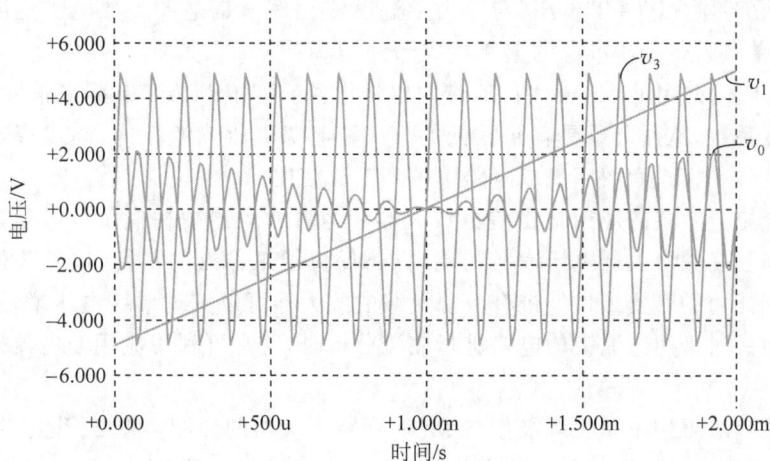

图7.61　$v_3 = 5\sin20000\pi t\,\mathrm{V}$,$v_1$ 按0.1的比例在 $-5\mathrm{V}$ 到 $+5\mathrm{V}$ 变化时,Gilbert乘法器的仿真结果

练习: 在式(7.148)中,如果所有的电压都有5V变化范围,则此时比例系数为多少? 当所有电压都有1V变化范围时呢?

答案: 0.2;1.0。

练习: 设 v_1 为5V的1kHz正弦波信号,$v_3 = 5\sin20000\pi t\,\mathrm{V}$,对全Gilbert乘法器进行仿真。

小结

集成电路(IC)工艺可制作出大量几乎完全相同的晶体管。虽然这些元器件的绝对参数容限相对较差,但是元器件参数间的匹配误差可小于1%。大量如此高度匹配的元器件的实现使特殊电路技术得到了飞速发展,这些技术利用元器件之间的相似特性来实现特殊功能。这些匹配电路设计技术应用在整个模拟电路设计中,生产出了只采用少量电阻的高性能电路。

- 最重要的集成电路技术之一就是电流镜电路,它的输出电流是输入电流的镜像。该电路可产生多个镜像电流,并且电流镜的增益可以通过调整晶体管的发射极面积比例控制,或者是FET的 W/L 值来实现。通过参数 λ、V_A、β_F,电流镜镜像比系数的误差直接与晶体管的有限输出电阻和/或电流增益相关。

- 在双极型电流镜中,BJT的有限电流增益会导致电流镜像比误差,而缓冲电流镜电路的设计就是为了最小化这一误差。在FET和BJT电路中,电流镜的理想平衡受到镜像输入和输出部分之间直流电压不匹配的干扰,失配程度由电流源的输出电阻决定。

- 基本电流镜的品质因数 V_{CS},对于BJT电路约为 V_A,对于MOS电路约为 $1/\lambda$。但是,通过采用

Cascode 电流源或者 Wilson 电流源，V_{CS} 的值可提升两个数量级。

- 电流镜还可用来产生与电源电压无关的电流。基于 V_{BE} 的参考源和 Widlar 参考源所产生的电流仅与电源电压的对数相关。将 Widlar 电流源与电流镜结合，可以实现一个独立于电源电压的一阶参考电源。唯一的变化是由于电流镜的有限输出电阻和独立供电电池中使用的 Widlar 源。

- Widlar 单元产生了 PTAT 电压（与热力学温度成比例），是绝大多数电子温度计中的基本传感器元器件，并且是带隙基准源的重要组成部分。

- 由 Widlar 开发，并由 Brokaw 优化的带隙电压电路，使用 PTAT 电路来消除 BJT 基极-发射极结的负温度系数，从而形成具有非常低的 TC 和电源电压依赖性的、高度稳定的电压基准。该电路及其变体在模拟和数字集成电路中得到广泛使用。

- 电流镜一个十分重要的应用是在差分放大器和运算放大器中替代负载电阻。这种有源负载电路在大大增强多数放大器电压增益的同时，还保持了工作点的平衡，这是获得低偏移电压和良好共模抑制能力的必要条件。带有有源负载的放大器可以实现单级电压增益，从而适应晶体管的放大系数。对采用电流镜的电路进行交流分析时，通常可利用应用于电流镜的双端口模型来简化。

- 有源电流镜负载可用来增强双极型与 MOS 运算放大器的性能。在 20 世纪 60 年代末推出的经典 μA741 运算放大器是第一个在输入级有击穿电压保护电路、在输出级有短路保护电路，且具有优异整体性能的高鲁棒性放大器。在一个具有两级增益的放大器中，采用有源负载可获得超过 100dB 的电压增益。这一放大器迅速成为业界的标准运算放大器设计。

- 利用 Gilbert 乘法器电路可以准确实现模拟信号的四象限乘法。

关键词

Active Load	有源负载
Bandgap Reference	带隙基准
Buffered Current Mirror	驱动电流镜
Cascode Current Source	Cascode 电流源
Class-AB Amplifiers	AB 类放大器
Common-Mode Gain	共模增益
Common-Mode Hall-Circuit	共模半电路
Common-Mode Input Resistance	共模输入电阻
Common-Mode Input Voltage Range	共模输入电压范围
Common-Mode Rejection Ratio(CMRR)	共模抑制比（CMRR）
Complementary Push-Pull Output Stage	互补推挽输出级
Current Gain Defect	电流增益缺陷
Current-Limiting Circuit	限流电路
Current Mirror	电流镜
Differential-Mode Gain	差模增益
Differential-Mode Half-Circuit	差模半电路

Differential-Mode Input Resistance	差模输入电阻
Differential-Mode Output Resistance	差模输出电阻
Differential-Mode Output Voltage	差模输出电压
Diode-Connected Transistor	二极管连接晶体管
Electronic Current Source	电子电流源
Emitter Area Scaling	发射极面积比
Figure Of Merit(FOM)	品质因数(FOM)
Four-Quadrant Multiplier	四象限乘法器
Gilbert Multiplier	Gilbert 乘法器
Half-Circuit Analysis	半电路分析
Matched(Devices)	(器件)匹配
Matched Transistors	匹配晶体管
μA741	μA741 运算放大器
Mirror Ratio	镜像比
Overvoltage Protection	过电压保护
Power-Supply-Independent Biasing	电源独立偏置
PTAT Voltage	PTAT 电压源
Reference Current	参考电流,基准电流
Short-Circuit Protection	短路保护
Startup Circuit	启动电路
V_{BE}-based Reference	基于 V_{BE} 的参考源
Voltage Reference	参考电压,基准电压
Widlar Current Source	Widlar 电流源
Wilson Current Source	Wilson 电流源

参考文献

1. R. D. Thornton, et al. , *Multistage Transistor Circuits*, SEEC Volume 5, Wiley, New York：1965.

2. P. R. Gray, R. J. Hurst, S. H. Lewis, and R. G. Meyer, *Analysis and Design of Analog Integrated Circuits*, 5th ed. , John Wiley and Sons, New York：2009.

3. R. J. Widlar, "Some circuit design techniques for linear integrated circuits," *IEEE Transactions on Circuit Theory*, vol. CT-12, no. 12, pp. 586-590, December 1965.

4. R. J. Widlar, "Design techniques for monolithic operational amplifiers," *IEEE Journal of Solid-State Circuits*, vol. SC-4, no. 4, pp. 184-191, August 1969.

5. G. R. Wilson, "A monolithic junction FET-NPN operational amplifier," *IEEE Journal of Solid-State Circuits*, vol. SC-3, no. 6, pp. 341-348, December 1968.

6. Robert J. Widlar, "New developments in IC voltage regulators," *IEEE Journal of Solid-State Circuits*, vol. SC-6, no. 1, pp. 2-7, January 1991.

7. A. Paul Brokaw, "A simple three-terminal IC bandgap reference," *IEEE Journal of Solid-State Circuits*, vol. SC-9, no. 6, pp. 388-393, December 1994.

8. Barrie Gilbert, "The gears of genius," *IEEE Solid-State Circuits Society News*, vol. 12, no. 4, pp. 10-27, Fall 2007.

习题

§7.1　电路元器件匹配

7.1　一个集成电路电阻的标称值为 $3.95\text{k}\Omega$。给定工艺所制作的电阻的平均值比标称值高 14%，且电阻在 2.5% 的范围内匹配。制作的电阻的最大值和最小阻值分别为多少？

7.2　(a)两个双极型晶体管的发射极面积之间有 8% 的不匹配度。当这两个晶体管的集电极电流相等时，二者之间的基极-发射极电压之差为多少（假设 $V_A = \infty$）？(b)当面积失配达 15% 时重复上述计算；(c)当基极-发射极电压之差小于 0.5mV 时，要求不匹配程度为多大？

7.3　差分对中的两个双极型晶体管不匹配。(a)如果二者电流增益的不匹配度为 5%，则偏移电压为多少？(b)如果二者的饱和电流有 5% 的不匹配度呢？(c)如果二者的厄利电压有 5% 的不匹配度呢？(d)如果二者的集电极电阻有 5% 的不匹配度呢？（记住：偏移电压是指差分输出电压为零时的输入电压）

7.4　当两个 BJT 的基极-发射极电压相差 2mV 时，其集电极电流相等。如果 $I_{S1} = I_S + \Delta I_S/2$ 且 $I_{S2} = I_S - \Delta I_S/2$，那么两个晶体管饱和电流中的不匹配度 $\Delta I_S/I_S$ 为多少？假设集电极-发射极电压和厄利电压是匹配的。如果 $\Delta\beta_{FO}/\beta_{FO} = 5\%$，在晶体管处于 Q 点（$100\mu\text{A}, 10\text{V}$）时，$I_{B1}$ 和 I_{B2} 的值各为多少？假设 $\beta_{FO} = 100$ 及 $V_A = 50\text{V}$。

7.5　如果 $K_n = 250\mu\text{A/V}^2 \pm 5\%$，$V_{TN} = 0.7\text{V} \pm 25\text{mV}$，则对于(a) $V_{GS} = 2\text{V}$ 和(b) $V_{GS} = 4\text{V}$ 时，两个 MOSFET 的漏极电流不匹配度 $\Delta I_D/I_D$ 的最差值为多少？假设 $I_{D1} = I_D + \Delta I_D/2$ 且 $I_{D2} = I_D - \Delta I_D/2$。

7.6　差分对中的两个 MOSFET 不匹配。标称值 $(V_{GS} - V_T) = 0.75\text{V}$。(a)如果二者的 W/L 值有 5% 的不匹配度，则偏移电压为多少？(b)如果二者的阈值电压有 5% 的不匹配度呢？(c)如果二者的 λ 值有 5% 的不匹配度呢？(d)如果二者的漏极电阻有 5% 的不匹配度呢？（记住：偏移电压是指差分输入电压为零时的输入电压）

7.7　(a)版图设计错误导致差分放大器中的两个 NMOSFET 的 W/L 值相差 10%。如果标称值 $(V_{GS} - V_{TN}) = 0.5\text{V}$，那么当二者的漏极电流相等时，两个晶体管的栅-源电压之差为多少（假设 $V_{TN} = 0.7\text{V}$，$\lambda = 0$，且具有相同的 K_n' 值）？(b)当要求栅-源电压差值小于 3mV 时，不匹配度需要为多少？(c)如果要求栅-源电压差值小于 1mV 呢？

§7.2　电流镜

7.8　(a)如果 $I_{REF} = 45\mu\text{A}$，$K_n' = 25\mu\text{A/V}^2$，$V_{TN} = 0.75\text{V}$，$\lambda = 0.01\text{V}^{-1}$，则图 P7.1 所示电流源的输出电流和输出电阻为多少？(b)如果 I_{REF} 变成 $50\mu\text{A}$，则电流值为多少？(c)如果 $\lambda = 0$，上述这些值为多少？

7.9　对图 P7.1 所示的电流源阵列进行仿真，并将结果与习题 7.8 中手工计算的结果进行比较。

7.10　(a)如果 M_1 的 W/L 值变成 $2.5/1$，则习题 7.8 中电路的输出电流为多少？(b)如果 $I_{REF} = 20\mu\text{A}$，且 $W/L = 5/1$ 呢？

7.11　习题 7.8 中的电流源可用来表示一个 3 比特 D/A 转换器所需的加权二进制电流。(a)3 个输出电流的理想值为多少（即 $\lambda = 0$）？(b)用最低有效位的值来表示习题 7.8 中的电流误差。

7.12　如果 $R = 30\text{k}\Omega$，$K_p' = 15\mu\text{A/V}^2$，$V_{TP} = -0.9\text{V}$，$\lambda = 0.01\text{V}^{-1}$，则图 P7.2 所示电流源的输出电流和输出电阻为多少？

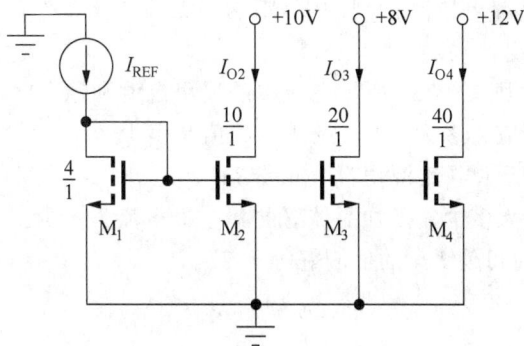
图 P7.1

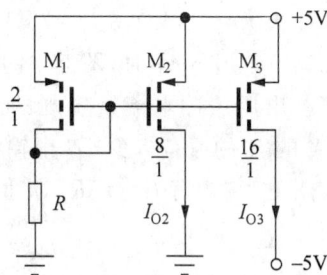
图 P7.2

7.13 对图 P7.2 所示的电流阵列进行仿真,并将结果与习题 7.12 中手工计算的结果进行比较。

7.14 (a)如果 M_1 的 W/L 值变成 3.3/1,则习题 7.12 中电路的输出电流为多少? (b)如果 $R=50\text{k}\Omega$,且 $(W/L)_1=4/1$ 呢?

7.15 R 值为多大时才能使图 P7.2 中的 $I_{O2}=47\mu\text{A}$? 利用习题 7.12 中元器件的参数。

7.16 (a)如果 $R=75\text{k}\Omega$,$\beta_{FO}=80$,$V_A=60\text{V}$,则图 P7.3(a)所示电流源的输出电流和输出电阻为多少? (b)如果所有晶体管的发射极面积均变为原来的 2 倍,则重复(a)中的计算; (c)对图 P7.3(b)所示电路重复(a)中的计算。

7.17 对图 P7.3(a)所示的电流阵列进行仿真,(a)将结果与习题 7.16 中手工计算的结果比较; (b)对图 P7.3(b)所示电路重复(a)中的工作。

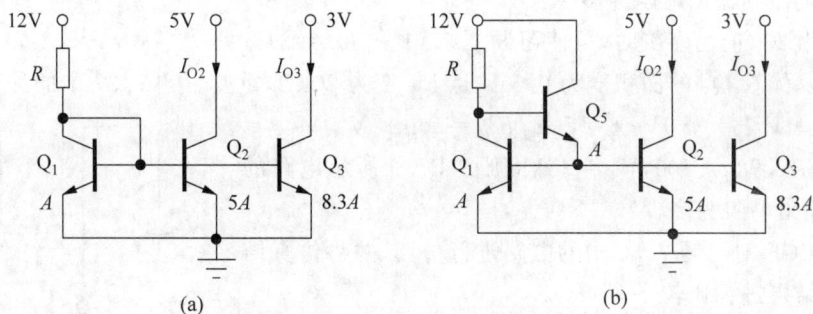

(a)   (b)

图 P7.3

7.18 (a)R 值应为多大,才会使图 P7.3(a)中的 $I_{O3}=175\mu\text{A}$? I_{O2} 的值为多少? 假设 $\beta_{FO}=75$, $V_A=60\text{V}$;(b)对图 P7.3(b)所示电路重复上述计算。

7.19 (a)在图 P7.3(a)中,如果 $R=120\text{k}\Omega$,则电路的输出电流是多少? 假设 $\beta_{FO}=110$,$V_A=75\text{V}$;(b)在图 P7.3(b)中,要达到同样的输出电流,R 的值应为多少?

7.20 (a)如果晶体管 Q_1 的面积变为 $2A$,且 $R=60\text{k}\Omega$,则图 P7.3(a)所示电路的输出电流为多少? 假设 $\beta_{FO}=120$,$V_A=75\text{V}$;(b)对图 P7.3(b)所示电路重复上述计算。

7.21 (a)如果晶体管 Q_1 的面积变为 $3A$,$R=91\text{k}\Omega$,则图 P7.3(b)所示电路的输出电流为多少? 假设 $\beta_{FO}=100$,$V_A=75\text{V}$;(b)如果 Q_5 的面积变化到 $3A$,重复上述计算。

7.22 (a)如果 $R=100\text{k}\Omega$,则图 P7.3(a)所示电路的输出电流为多少? (b)如果将 5V 电源电压提高到 6V,则输出电流为多少？(c)如果将 12V 电源电压降低到 10V,则输出电流为多少？(d)证明(b)中 I_{O2} 值的变化等于 $g_{o2}\Delta V$。

7.23   如果 $R = 110\text{k}\Omega, \beta_{FO} = 75, V_A = 60\text{V}$,则图 P7.4 所示电流源的输出电流和输出电阻为多少？

7.24   当 $I_{O3} = 75\mu\text{A}$ 时,图 P7.4 所示 R 值应为多大？ I_{O2} 及 I_{O4} 的值是多少？

7.25   画出用缓冲电流镜实现的图 P7.4 所示电流源电路,如果 $\beta_{FO} = 70, V_A = 60\text{V}$,确定能使 $I_{REF} = 15\mu\text{A}$ 的 R 的值是多少？ 3 个输出电流值为多少？ 附加晶体管的集电极电流为多少？

7.26   图 P7.5 中有 $R_2 = 5R_3$, n 值为多少时可使 I_{E3} 的值刚好等于 $5I_{E2}$？

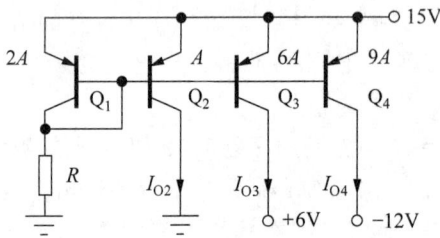

图   P7.4

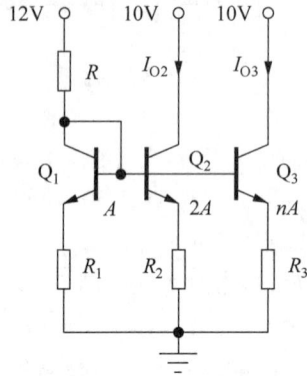

图   P7.5

7.27   如果 $R = 27\text{k}\Omega, R_1 = 10\text{k}\Omega, R_2 = 5\text{k}\Omega, R_3 = 2.5\text{k}\Omega, n = 4, \beta_{FO} = 75, V_A = 75\text{V}$,则图 P7.5 所示电流源的输出电流和输出电阻为多少？

7.28   当 n 和 R_3 值为多少时,可使习题 7.27 中有 $I_{O2} = 3I_{O3}$？

7.29   如果晶体管 Q_1 的面积变为 0.5A,且 R_1 变为 $20\text{k}\Omega$,重复习题 7.27 中的计算。

7.30   如果 $-V_{EE} = -9\text{V}, n = 7.2, K_n = 50\mu\text{A/V}^2, V_{TN} = 0.75\text{V}, I_{REF} = 18\mu\text{A}, \beta_{FO} = 100, V_A = 75\text{V}$,则图 P7.6 所示电路的输出电流 I_O 和输出电阻为多少？

7.31   用 SPICE 对习题 7.30 中的电路进行仿真,并将仿真结果与手工计算的结果进行比较。

7.32   (a)如果 $n = 1$,则图 P7.6 中晶体管 M_3 基极处参考源的输入电阻为多少？ 其他参数依据习题 7.30；(b)用 SPICE 传输函数分析功能来验证以上计算结果。

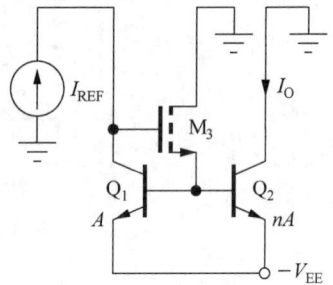

图   P7.6

Widlar 电流源

7.33   (a)如果 $R = R_2 = 15\text{k}\Omega, V_A = 60\text{V}$,则图 P7.7 所示 Widlar 电流源 I_{O2} 的输出电流和输出电阻为多少？ (b)如果 $R_3 = 5\text{k}\Omega, n = 11$,则 I_{O3} 的输出电流和输出电阻为多少？

7.34   在图 P7.7 中,为使 $I_{REF} = 40\mu\text{A}$,则 R 的值应为多少？ 如果 $I_{REF} = 40\mu\text{A}$,为使 $I_{O2} = 5\mu\text{A}$,则 R_2 的值应为多少？ 如果 $R_3 = 2\text{k}\Omega$,为使 $I_{O3} = 10\mu\text{A}$,则 n 值应为多大？

7.35   对习题 7.34 中的电路进行仿真,并且将仿真结果与手工计算的结果进行比较。

7.36   (a)如果 $R = 50\text{k}\Omega, R_2 = 5\text{k}\Omega$,则图 P7.8 所示 Widlar 电流源 I_{O2} 的输出电流和输出电阻为多少？ 已知 $V_A = 70\text{V}, \beta_F = 75$；(b)如果 $R_3 = 2.5\text{k}\Omega, n = 18$,则 I_{O3} 的输出电流和输出电阻为多少？

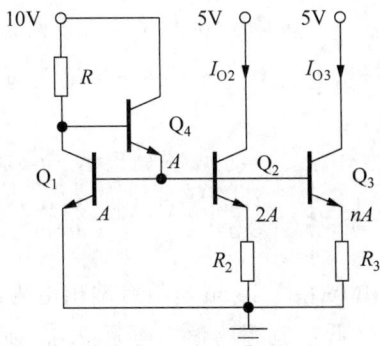

图 P7.7

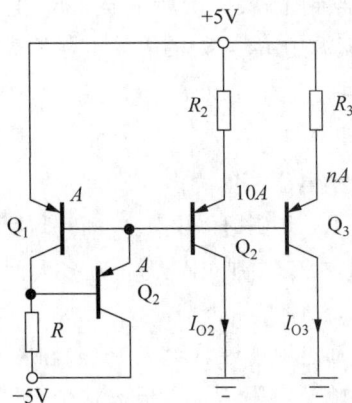

图 P7.8

7.37 为使 P7.8 中的 $I_{REF}=45\mu A$,则 R 的值应为多少? 如果 $I_{REF}=45\mu A$,为使 $I_{O2}=10\mu A$,则 R_2 的值应为多少? 如果 $R_3=2k\Omega$,要使 $I_{O3}=10\mu A$,则 n 的值应为多少?

§7.3 高输出电阻电流镜

Wilson 电流源

7.38 在图 P7.9 所示的 Wilson 电流源中,$I_{REF}=25\mu A$,$-V_{EE}=-5V$,$\beta_{FO}=110$,$V_A=60V$。(a)当 $n=1$ 时,其输出电流和输出电阻为多少? (b)当 $n=4$ 时呢? (c)(b)中电流源的 V_{CS} 值为多少? (d)V_{EE} 的最小值为多少?

7.39 推导出图 P7.9 中 BJT 型 Wilson 电流源输出电阻的表达式,并证明可将其简化成式(7.39),采用 $n=1$。在这一简化表达式中用到了哪些假设?

7.40 推导出图 P7.9 中 Wilson 电流源的输出电阻的表达式,将其作为面积比 n 的函数。当 $n=5$ 时,找出输出电阻的表达式。

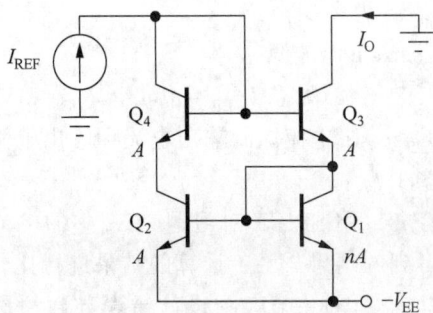

图 P7.9

7.41 如果 $I_{REF}=20\mu A$,$n=5$,$\beta_{FO}=120$,且 $I_{SO}=3fA$,为使晶体管仍然保持在有源区,则可施加在图 P7.9 中 Q_3 集电极上的最小电压是多少? 基于 I_{SO} 的值计算出精确值。

7.42 图 P7.10 中的 Wilson 电流源,$R=50k\Omega$。(a)如果 $(W/L)_1=5/1$,$(W/L)_2=20/1$,$(W/L)_3=20/1$,$K'_n=25\mu A/V^2$,$V_{TN}=0.75V$,$\lambda=0V^{-1}$,$V_{SS}=-5V$,则 $(W/L)_4$ 的值为多大时才能平衡 M_1 和 M_2 之间的漏极电压? (b)如果 $\lambda=0.015V^{-1}$,则输出电阻是多大? 利用(a)中的直流值;(c)利用 SPICE 检查(b)中的结果。

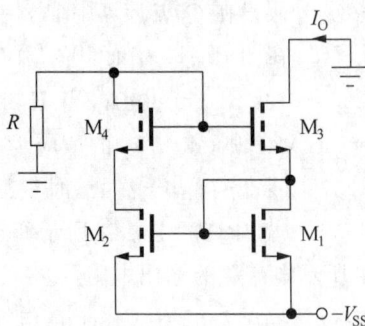

图 P7.10

7.43 推导出图 P7.10 中 Wilson 电流源的输出电阻表达式,将其作为 $(W/L)_1$,$(W/L)_2$,$(W/L)_3$,$(W/L)_4$ 及参考电流 I_{REF} 的函数。假设 R 为无穷大。

7.44 (a)推导图 P7.3(a)所示 Wilson 电流源中 I_{REF} 处等效电阻的表达式；(b)推导出 P7.3(b) 所示 Wilson 电流源中 I_{REF} 处的等效电阻的表达式。

7.45 如果 $I_{REF}=100\mu A$, $(W/L)_1=5/1$, $(W/L)_2=20/1$, $(W/L)_3=20/1$, $K'_n=25\mu A/V^2$, $V_{TN}=0.75V$, $\lambda=0V^{-1}$, $-V_{SS}=-10V$, 为使图 P7.10 所示电路中的 M_3 一起保持在沟道夹断区, 施加在其漏极上的最小电压值应为多少？

7.46 在图 P7.10 中有 $(W/L)_3=5/1$, $(W/L)_4=5/1$, $I_{REF}=60\mu A$, 如果 $K'_n=25\mu A/V^2$, $V_{TN}=0.75V$, $\lambda=0.0125V^{-1}$, 则 $(W/L)_2$ 为多大时使输出电阻 $R_{out}=300M\Omega$？假设 $(W/L)_1=(W/L)_2$, $R\to\infty$, $V_{SS}=5V$, 忽略 V_{DS}。

7.47 重新画出用于计算图 7.16(a)和图 7.18 中 MOS 型 Wilson 电流源输出电阻的等效电路, 包括参考源的有限输出电阻 R_{REF}, 根据这个电路, 为避免降低电流源的输出电阻, R_{REF} 必须为多大？可采用哪种类型的电流源来产生 I_{REF} 以满足这一要求？

7.48 利用 Blackman 理论求出图 7.16(a)中 MOS 型 Wilson 电流源的输出电阻。

7.49 利用 Blackman 理论求出习题 7.42 中 MOS 型 Wilson 电流源的输出电阻。R_D、T_{OC}、T_{SC} 和 R_{out} 各为多少？

7.50 利用 Blackman 理论求出图 7.16(b)中 BJT 型 Wilson 电流源的输出电阻。

7.51 利用 Blackman 理论求出习题 7.38 中的 BJT 型 Wilson 电流源的输出电阻。R_D、T_{OC}、T_{SC} 和 R_{out} 各为多少？

Cascode 电流源

7.52 (a)如果 $I_{REF}=40\mu A$, $V_{DD}=5V$, $K_n=75\mu A/V^2$, $V_{TN}=0.75V$, $\lambda=0.0125V^{-1}$, 则图 P7.11 所示 Cascode 电流源的输出电流和输出电阻为多少？(b)这个电流源的 V_{CS} 值为多少？(c)V_{DD} 的最小值为多少？

7.53 用 SPICE 对习题 7.52 中的电流源进行仿真, 并将所得到的结果与手工计算的结果进行比较。

7.54 (a)一个版图设计错误导致习题 7.52 中 M_2 的 (W/L) 值比 M_1 的值大 5%。则输出电流 I_O 的误差为多少？(b)如果 $M_1=M_2$, 但 M_4 的 (W/L) 值比 M_3 的值大 5%, 重复上述计算。

7.55 对于习题 7.52 中的电流源, 如果 M_3 和 M_4 的基极接地, 且 $V_{TO}=0.75V$, $\gamma=0.7V^{0.5}$, 则电流源的输出电阻为多少？假设在 Q 点计算中取 $\gamma=0$。

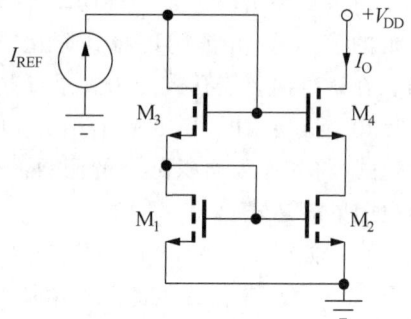

图　P7.11

7.56 在图 P7.11 中有 $(W/L)_1=5/1$, $(W/L)_2=5/1$, $(W/L)_3=5/1$, $I_{REF}=60\mu A$, 当 $K'_n=25\mu A/V^2$, $V_{TN}=0.75V$, $\lambda=0.0125V^{-1}$ 时, 为了使输出电阻 $R_{out}=250M\Omega$, 则 $(W/L)_4$ 的值应为多少？

7.57 (a)当 $I_{REF}=25\mu A$ 时重复习题 7.52; (b)当 $I_{REF}=50\mu A$ 时重复习题 7.52。

7.58 (a)计算图 P7.12 所示 Cascode 电流源的输出电阻, 采用习题 7.11(b)中的参数值; (b)图 P7.11 所示电流源的输出电阻为多少

7.59 习题 7.52 中 Cascode 电流源 I_{REF} 处的等效电阻为多少？

7.60 (a)如果 $I_{REF}=20\mu A$, $\beta_{FO}=110$, $V_A=60V$, 图 P7.13 所示 Cascode 电流源的输出电流和输

出电阻为多少？（b）这个电流源的 V_{CS} 值为多少？（c）V_{CC} 的最小值为多少？

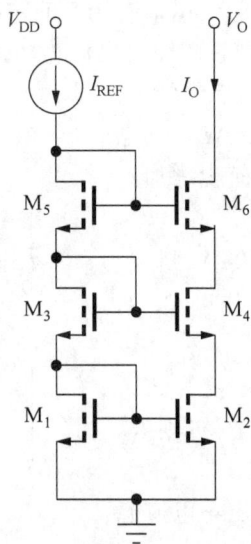

图　P7.12

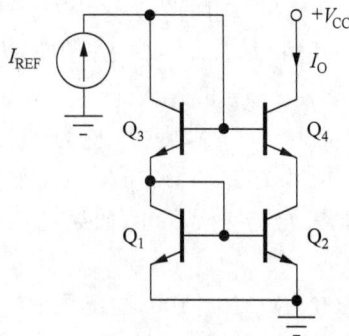

图　P7.13

7.61　对习题7.60中的电流源进行仿真，并将结果与手工计算的结果进行比较。

7.62　如果 $I_{REF} = 125\mu A$，$\beta_{FO} = 120$，$V_A = 60V$，重复习题7.60中的计算。

7.63　习题7.60中 Cascode 电流源 I_{REF} 处的等效电阻为多少？

7.64　（a）将图 P7.13 中的晶体管 Q_4 用 BJT 的 Darlington 对代替（参见6.2.3节），求出新电流源的输出电阻，假设电路电压平衡，且使用习题7.60中的值；（b）如果 Q_1、Q_2、Q_4 的面积均为 $4A$，则 Q_3 的面积为多少时可确保电路达到电压平衡？

7.65　推导图7.19（b）及图7.21中 Cascode 电流源输出电阻的表达式。

可调 Cascode 电流源

7.66　（a）如果 $I_{REF} = I_4 = 25\mu A$，$K_n = 100\mu A/V^2$，$V_{TN} = 0.75V$，$\lambda = 0.015/V$，计算图7.22（c）所示可调 Cascode 电流源的输出电阻；（b）当 $I_4 = 50\mu A$ 时重复上述计算。

7.67　如果 I_4 由一个标准的 PMOS 电流镜提供，其晶体管的 $\lambda = 0.015V^{-1}$，重复习题7.65中的相关计算。

7.68　如果电流源 I_4 的输出电阻为 R_4，求出图7.22（c）所示可调 Cascode 电流源的输出电阻表达式。为了不降低电流源的输出电阻，R_4 应为多大？

7.69　利用可调 Cascode 电流源，重新设计例7.4中的电路。

7.70　（a）用 npn 替换图7.22（a）中的 NMOS 晶体管 M_3，求出电流源输出电阻的新表达式。限制输出电阻的是哪些因素？为什么结果与 MOS 版本不同？（b）用 BJT 的 Darlington 对替换晶体管 M_3（参见6.2.3节），求出新的输出电阻。

7.71　（a）用 npn 替换图7.22（c）中的 NMOS 晶体管 M_3 和 M_4，求出电流源输出电阻的新表达式。限制输出电阻的是哪些因素？为什么结果与 MOS 版本不同？（b）用 BJT 的 Darlington 对替换晶体管 M_3（参见6.2.3节），求出新的输出电阻。

§7.4 和 §7.5　参考电流的生成和与电源电压无关的偏置

7.72　(a)如果 $I_{REF}=80\mu A$，$R_2=600\Omega$，则图 P7.14 所示 Widlar 电流源的输出电流和输出电阻为多少？(b)如果一个版图设计错误导致 Q_2 的面积偏大 5%，则新的输出电流为多少？(c)如果 Q_2 的发射极面积减小到 $14A$，则新的输出电流和输出电阻的值分别为多少？

7.73　(a)如果 $I_{REF}=40\mu A$，$R_2=935\Omega$，则图 P7.14 所示 Widlar 电流源的输出电流和输出电阻为多少？(b)如果 Q_1 的发射极面积增加到 $2A$，则新的输出电流和输出电阻的值为多少？

7.74　在图 P7.14 中有 $I_{REF}=72\mu A$。(a)为使 $I_{O2}=22\mu A$，则 R_2 应为多大？(b)如果要使 $I_{O2}=5.7\mu A$，则 R_2 应为多大？(c)如果 Q_2 的面积变为 $10A$，要使 $I_{O2}=5.7\mu A$，则 R_2 应为多大？

7.75　在图 P7.14 中有 $I_{REF}=68\mu A$。(a)如果 Q_1 的面积变为 $2A$，为使 $I_{O2}=16\mu A$，则 R_2 应为多大？(b)如果 Q_2 的面积变为 $10A$，则 R_2 应为多大？

7.76　如果 $R_2=4k\Omega$，$\beta_{FO}=100$，画出图 P7.14 所示 Widlar 电流源输出电流随 I_{REF} 的变化曲线，其中 $50\mu A \leqslant I_{REF} \leqslant 5mA$。

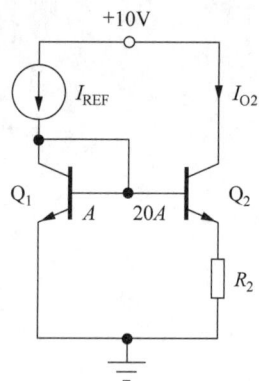

图　P7.14

7.77　(a)如果 $I_S=10^{-15}A$，$\beta_F \to \infty$，$R_1=10k\Omega$，$R_2=2.2k\Omega$，$V_{EE}=15V$，则图 P7.15(a)中基于 V_{BE} 的参考源输出电流为多少？(b)如果 $V_{EE}=3.3V$ 呢？(c)如果 $R_1=15k\Omega$，$R_2=15k\Omega$，$V_{CC}=5V$，则图 P7.15(b)中基于 V_{BE} 的参考源输出电流为多少？

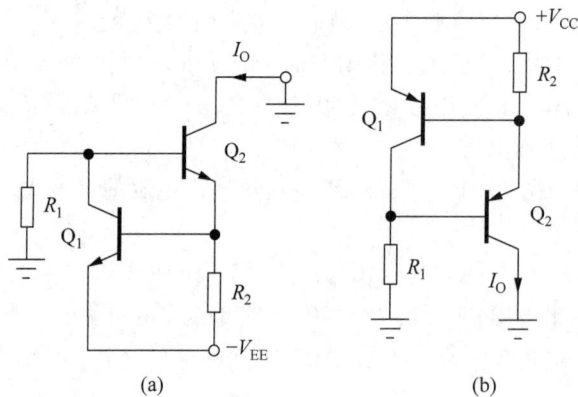

图　P7.15

7.78　(a)在图 P7.15(a)中，设计一个参考电流源，产生输出电流 $I_O=25\mu A$。假设 $-V_{EE}=-3.3V$，两个晶体管都有 $I_S=0.1fA$，$\beta_{FO}=130$；(b)如果 $V_{CC}=3.3V$，对图 P7.15(b)所示的电路重复上述设计。

7.79　如果 $R_1=10k\Omega$，$R_2=20k\Omega$，$K_n=250\mu A/V^2$，$V_{TN}=0.75V$，$\lambda=0.017V^{-1}$，$V_{DD}=10V$，则图 P7.16(a)所示 NMOS 参考源的输出电流为多少？

7.80　在图 P7.16(a)中，设计一个参考电流源，产生输出电流 $I_O=75\mu A$。假设 $V_{DD}=5V$，并利用习题 7.79 中晶体管的参数。

7.81　$R_1=10k\Omega$，$R_2=18k\Omega$，$K_p=100\mu A/V^2$，$V_{TP}=-0.75V$，$\lambda=0.02V^{-1}$，$V_{DD}=3.3V$，则图 P7.16(b)中，PMOS 参考源的输出电流为多少？

7.82 在图 P7.16(b)中,设计一个参考电流源,产生输出电流 $I_O = 125\mu A$。假设 $V_{DD} = 9V$,并利用习题 7.81 中的晶体管参数。

7.83 (a)如果 $V_{CC} = V_{EE} = 1.5V, n = 18, R = 2.7k\Omega$,则图 P7.17 所示参考源中 Q_1 和 Q_2 的集电极电流为多少?假设 $\beta_{FO} \to \infty, V_A \to \infty$;(b)如果电阻的温度系数(TC)是 $-2000ppm/℃$,则参考源中电流 I_{C2} 和 I_{C3} 的温度系数(TC)分别是多少?

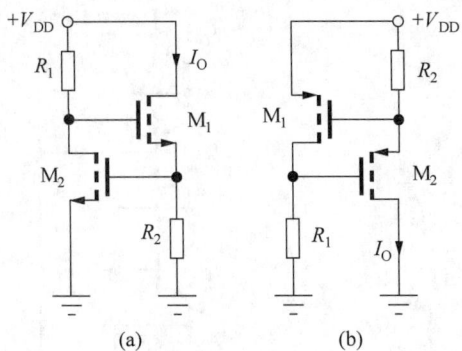

图 P7.16

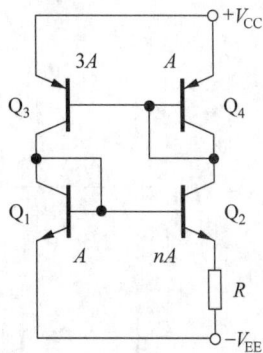

图 P7.17

7.84 用 SPICE 对习题 7.83 中的参考源进行仿真,假设 $\beta_{FO} = 100, V_A = 50V$。将仿真所得电流值与手工计算值进行比较,并讨论结果不一致的原因。用 SPICE 来确定参考电流对电源电压变化的敏感度。

7.85 如果 $V_{CC} = V_{EE} = 3.3V, n = 8, R = 3.6k\Omega$,则图 P7.17 中 4 个晶体管的集电极电流为多少?

7.86 图 P7.17 所示电路正常工作(即 $V_{PTAT} > 0$)所需的最小 n 值是多大?

7.87 (a)如果 $n = 5, T = 50℃$,为使图 P7.17 中的 $I_{C2} = 33\mu A$,则 R 的值为多少?(b)如果 $n = 10, T = 0℃$ 呢?

7.88 (a)如果 $R = 4.2k\Omega, V_{DD} = V_{SS} = 5V$,则图 P7.18 中,参考源的 M_1 和 M_2 中的漏电电流为多少?设两个晶体管的参数为 $K_n' = 25\mu A/V^2, V_{TN} = 0.75V, K_p' = 10\mu A/V^2, V_{TP} = -0.75V, \gamma = 0, \lambda = 0$;(b)当 $\lambda_m = 0.6V^{0.5}, \lambda_p = 0.5V^{0.5}$ 时,重复上述计算;(c)当 R 的 TC 是 $-2000ppm/℃$ 时,I_{D2} 按 $T^{-2.4}$ 变化,则图 7.27 中,其参考源的电流 I_{D2} 的温度系数是多少?

7.89 (a)如果 $R = 10k\Omega, V_{DD} = V_{SS} = 5V$,图 P7.18 所示参考单元两侧的电流分别是多少?设 $K_n' = 25\mu A/V^2, V_{TON} = 0.75V, K_p' = 10\mu A/V^2, V_{TOP} = -0.75V, \gamma_n = 0, \gamma_p = 0$。两种晶体管的参数为 $2\phi_F = 0.6V, \lambda = 0$;(b)当 $\gamma_n = 0.5V^{0.5}, \gamma_p = 0.7V^{0.5}$ 时,重复上述计算,并比较计算结果。

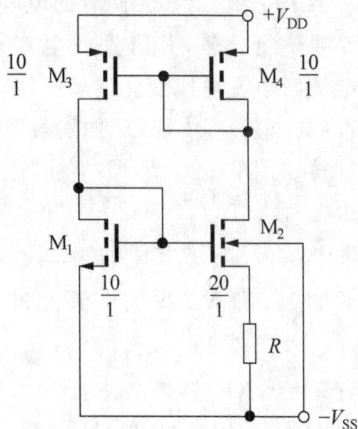

图 P7.18

7.90 用 SPICE 对习题 7.89(a)和(b)中的参考源进行仿真,取 $\lambda = 0.017V^{-1}$,将所得电流与手工计算的结果进行比较(取 $\gamma = 0, \lambda = 0$),并讨论不一致的原因。用 SPICE 确定参考电流对电源电压变化的敏感度。

7.91 如果 $V_{CC} = 0V, V_{EE} = 3.3V, R = 13k\Omega, R_6 = 3k\Omega, R_8 = 4k\Omega, A_{E2} = 5A, A_{E3} = 2A, A_{E4} = A$,

$A_{E5}=2.5A$，$A_{E6}=A$，$A_{E7}=5A$，$A_{E8}=4A$，则图 P7.19 中参考源 $Q_1 \sim Q_8$ 的集电极电流分别为多少？

7.92 如果 $A_{E2}=10A$，$A_{E3}=A$，重复计算习题 7.91 中的相关内容。

7.93 (a)如果 $V_{CC}=5V$，$R=3600\Omega$，则图 P7.20 中参考源 $Q_1 \sim Q_7$ 的集电极电流分别为多少？假设 $\beta_F=V_A \to \infty$；(b)当晶体管 Q_5、Q_6 和 Q_7 的面积均变化到 $2A$ 时，重复(a)中的计算。

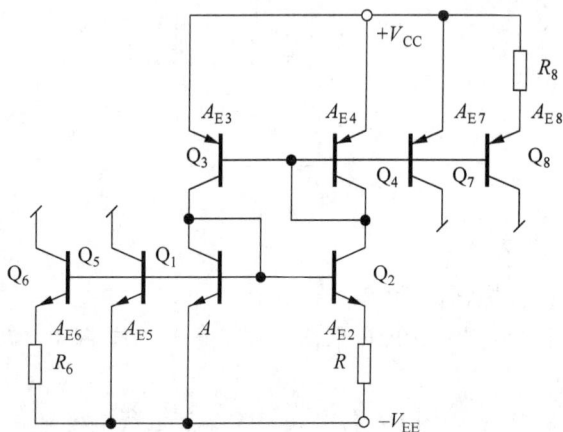

图 P7.19

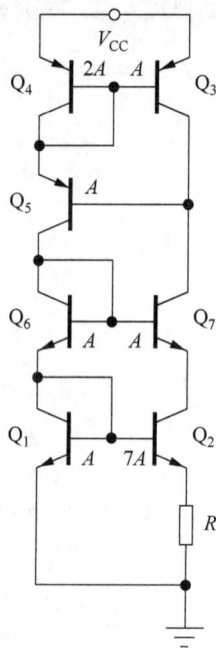

图 P7.20

7.94 用 SPICE 对习题 7.93 中的参考源进行仿真。假设 $\beta_{FOn}=100$，$\beta_{FOp}=50$，两者的厄利电压均为 50V。与手工计算的结果进行比较，并讨论产生差异的原因。用 SPICE 确定参考电流对电源电压变化的敏感度。

7.95 假设晶体管 Q_3 的发射极面积变为 $2A$，重复习题 7.93 中的计算。图 P7.20 所示电路正常工作所需的最小电源电压是多少？

7.96 (a)如果 $R=3900\Omega$，$V_{DD}=15V$，则图 P7.21 所示参考源的 M_1 和 M_2 中的电流为多少？其中 $K'_n=25\mu A/V^2$，$V_{TN}=0.75V$，$K'_p=10\mu A/V^2$，$V_{TP}=-0.75V$，两种晶体管类型都有 $\lambda=0$；(b)如果晶体管 M_5、M_6 和 M_7 的 W/L 值全部增大至 16/1，重复(a)中的计算。

7.97 用 SPICE 对习题 7.96 中的参考源进行仿真，两种晶体管都取 $\lambda=0.017V$。将所得结果与习题 7.96 中的结果进行比较，并且讨论不一致的原因。用 SPICE 确定参考电流对电源电压变化的敏感度。

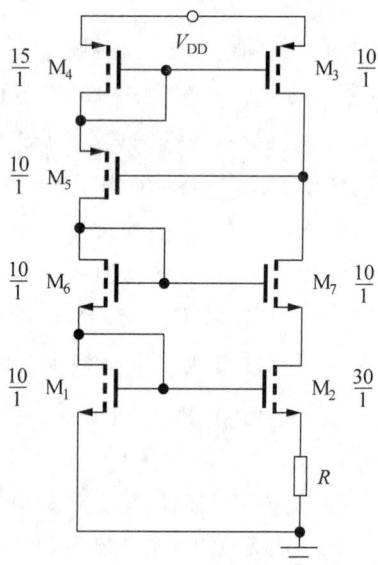

图 P7.21

7.98 假设晶体管 M_3 的 W/L 值变为 12.5/1,重复习题 7.96 中的相关计算。

§7.6 带隙基准源

7.99 如果 $R=36\text{k}\Omega$,$R_1=1\text{k}\Omega$,$R_2=4.16\text{k}\Omega$,求出图 7.29 所示带隙基准源的 I_C、V_{PTAT} 和 V_{BE} 的值。假设 $I_S=0.2\text{fA}$,$A_{E2}=10A_{E1}$,则零值 TC 对应的温度为多少?

7.100 习题 7.99 中,如果 I_S 的值变为 0.5fA,则带隙基准参考源的输出电压及温度系数分别为多少?

7.101 (a)由于工艺变化造成习题 7.99 中两个集电极电阻的值降为 30kΩ,则新的 V_{BG} 的值为多少?零值 TC 对应的温度为多少?(b)$R=25\text{k}\Omega$,重复上述计算。

7.102 如果 $R=50\text{k}\Omega$,$R_1=1\text{k}\Omega$,$R_2=4\text{k}\Omega$,求出图 7.29 所示带隙基准源的 I_C、V_{PTAT} 和 V_{BE} 的值。假设 $I_S=0.1\text{fA}$,$A_{E2}=8A_{E1}$,则零值 TC 对应的温度为多少?

7.103 由于版图错误使例 7.6 的带隙参考中 $A_{E2}=9A_{E1}$,则新的输出电压为多少?零值 TC 对应的温度为多少?

7.104 在例 7.6 中,如果 I_S 变为 0.3fA,则 $T=320\text{K}$ 时,带隙基准的输出电压和温度系数分别为多少?

7.105 由于工艺变化,例 7.6 中两个集电极电阻不匹配。如果 $R_1=82\text{k}\Omega$,$R_2=78\text{k}\Omega$,则新的 V_{BC} 的值为多少?零值 TC 对应的温度为多少?

7.106 例 7.6 中,带隙基准源被设计成在 320K 时具有零温度系数,那么在 280K 时的温度系数为多少?在 320K 时呢?

7.107 当 $A_{E2}=8A_{E1}$ 时,重新设计例 7.6 中的带隙基准源。

7.108 求出图 P7.22 中每个晶体管的集电极电流,以及带隙基准电压源中 npn 晶体管的基极电压。假设 $I_S=10\text{fA}$,npn 电流增益为 200,pnp 电流增益为 80。

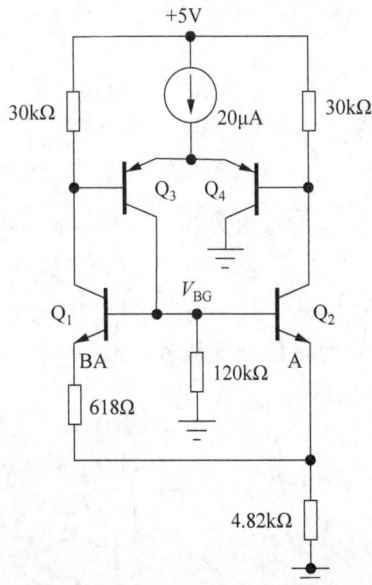

图 P7.22

§7.7 电流镜作为有源负载

7.109 如果 $I_{SS}=600\mu\text{A}$,$R_{SS}=25\text{M}\Omega$,$K_n=K_p=500\mu\text{A}/\text{V}^2$,$V_{TN}=-V_{TP}=1\text{V}$,$\lambda=0.015/\text{V}$,则图 7.31 中放大器的 A_{dd}、A_{cd} 及 CMRR 分别为多少?如果共模输入电压的范围是 ±5V,则最小的电源电压是多少?假设是对称电源电压。

7.110 用 SPICE 对习题 7.109 中的放大器进行仿真,并将所得结果与手工计算的结果进行比较。采用对称的 12V 电源电压。

7.111 如果 $I_{SS}=150\mu\text{A}$,$R_{SS}=25\text{M}\Omega$,$K_n=K_p=500\mu\text{A}/\text{V}^2$,$V_{TN}=1\text{V}$,$V_{TP}=-1\text{V}$,$\lambda=0.02\text{V}^{-1}$,则图 7.31 中放大器的 A_{dd}、A_{cd} 及 CMRR 分别为多少?

7.112 用 SPICE 对习题 7.111 中的放大器进行仿真,并将所得结果与手工计算的结果进行比较。采用 12V 对称电源电压。

7.113 (a)如果 $\beta_{op}=70$,$\beta_{on}=125$,$I_{EE}=150\mu\text{A}$,$R_{EE}=25\text{M}\Omega$,且两个晶体管的厄利电压都为 60V,则图 7.37 中双极型差分放大器($R_L\to\infty$)的 A_{dd}、A_{cd} 及 CMRR 分别为多少?(b)如果共模输入电压范围必须为 ±1.5V,则最小电源电压为多少?假设采用对称的电源电压。

7.114 用 SPICE 计算习题 7.109 中差分放大器的 A_{dd} 和 A_{cd} 值。将所得结果与手工计算的结果进行比较。

7.115　(a)如果 I_{EE} 变为 $50\mu A$，$R_{EE}=100M\Omega$，$V_A=75V$，重复计算习题 7.113 中的各参数；(b)如果 $V_A=100V$，重复(a)中的计算。

7.116　用 SPICE 对习题 7.115 中的放大器进行仿真，并将所得结果与手工计算的结果进行比较。采用 3V 的对称电源电压。

7.117　(a)如果 $V_{DD}=V_{SS}=10V$，$I_{SS}=200\mu A$，$R_{SS}=25M\Omega$，求出图 P7.23 所示 CMOS 差分放大器中所有晶体管的静态工作点。假设 $K'_n=25\mu A/V^2$，$V_{TN}=0.75V$，$K'_p=10\mu A/V^2$，$V_{TP}=-0.75V$，且对两种晶体管类型都有 $\lambda=0.017/V$；(b)放大器的电压增益 A_{dd} 为多少？(c)如果 $M_1 \sim M_4$ 的静态工作点和 W/L 值都相同，将这一结果与图 7.31 中放大器的增益进行比较；(d)放大器的偏移电压是多少？

7.118　用 SPICE 对习题 7.117(a)和(b)中的放大器进行仿真，并将所得结果与手工计算的结果进行比较。

7.119　如果 $V_{DD}=V_{SS}=5V$，$I_1=250\mu A$，$I_2=250\mu A$，对所有晶体管都有 $(W/L)=40/1$，求出图 P7.24 所示折叠式(folded)Cascode CMOS 差分放大器中所有晶体管的 Q 点。其中 $K'_n=25\mu A/V^2$，$V_{TN}=0.75V$，$K'_p=10\mu A/V^2$，$V_{TP}=-0.75V$，且对两种晶体管类型都有 $\lambda=0.017V^{-1}$。画出晶体管 $M_1 \sim M_4$ 的差模半电路，并证明该电路其实是一个 Cascode 放大器。放大器的差模电压增益为多少？放大器的偏移电压是多少？

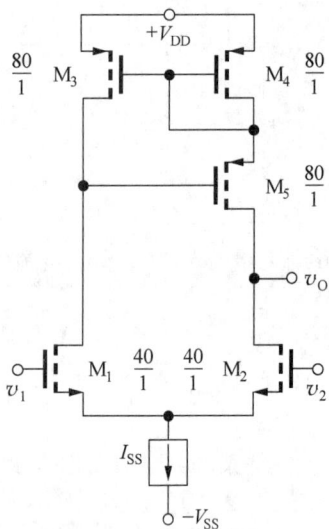

图　P7.23

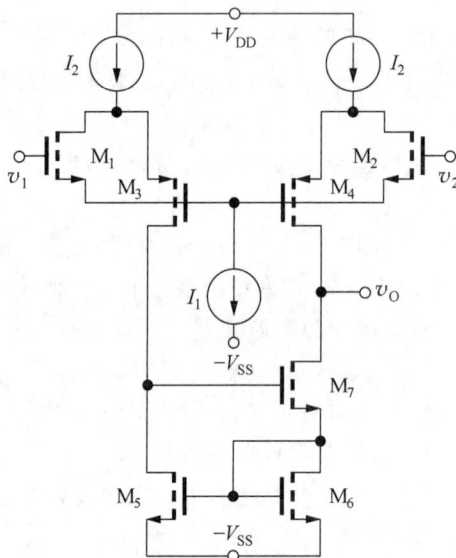

图　P7.24

7.120　用 SPICE 对习题 7.119 中的放大器进行仿真，并确定其电压增益、输出电阻和 CMRR。将所得结果与手工计算的结果进行比较。

7.121　(a)利用 EIA 的技术，结合 SPICE，求出习题 7.119 中放大器的偏移电压、CMRR 和 PSRR；(b)将晶体管添加到有源负载，创建电压平衡电路，并重复模拟。

7.122　设计一个电流镜偏置电路，为习题 7.119 中的放大器提供所需的 3 个电流。

输出级

7.123　如果 $R_1 = 20\text{k}\Omega$, $R_2 = 20\text{k}\Omega$, $I_{S4} = I_{S3} = I_{S2} = 10^{-14}\text{A}$,则图 P7.25 所示 AB 类输出级中的 Q_3 及 Q_4 的电流为多少? 假设 $\beta_F \rightarrow \infty$。

7.124　(a)证明图 P7.26 所示的 AB 类输出级中的 Q_3 和 Q_4 的电流为 $I_o = I_2 \sqrt{(A_{E3}A_{E4})/(A_{E1}A_{E2})}$; (b)如果 $A_{E1} = 3A_{E3}$, $A_{E2} = 3A_{E4}$, $I_2 = 300\mu\text{A}$, $I_{SOpnp} = 4\text{fA}$ 和 $I_{SOnpn} = 10\text{fA}$,则 Q_3 和 Q_4 中的电流为多少?

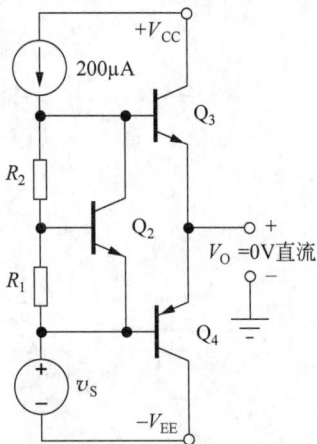 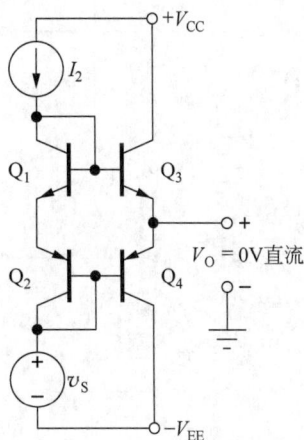

图　P7.25　　　　　　　　　　　图　P7.26

§7.8　运算放大器中的有源负载

7.125　(a)如果 $V_{DD} = V_{SS} = 5\text{V}$, $I_{REF} = 250\mu\text{A}$, $K'_n = 50\mu\text{A/V}^2$, $V_{TN} = 0.75\text{V}$, $K'_p = 20\mu\text{A/V}^2$, $V_{TP} = -0.75\text{V}$,求出图 7.42 所示 CMOS 运算放大器中各晶体管的 Q 点; (b)假设输出级具有单位增益,且对两种晶体管类型都有 $\lambda = 0.017\text{V}^{-1}$,则运算放大器的电压增益为多少? (c)如果 I_{REF} 变为 $500\mu\text{A}$,则电压增益为多少? (d)放大器的偏移电压是多大?

7.126　根据例中的计算结果及对 MOSFET 特性的了解,如果 I_{REF} 的值被设为(a)$250\mu\text{A}$; (b)$20\mu\text{A}$,则例 7.7 中运算放大器的增益分别为多少? (注意:这些应该是较为简短的计算)

7.127　如果 $V_{DD} = V_{SS} = 7.5\text{V}$, $I_{REF} = 250\mu\text{A}$, $(W/L)_{12} = 40/1$, $K'_n = 50\mu\text{A/V}^2$, $V_{TN} = 0.75\text{V}$, $K'_p = 20\mu\text{A/V}^2$, $V_{TP} = -0.75\text{V}$,求出图 P7.27 所示晶体管的 Q 点。当两种晶体管的 $\lambda = 0.017\text{V}^{-1}$ 时,则放大器的差模增益是多少? 放大器的偏移电压是多大?

7.128　如果 $V_{DD} = V_{SS} = 10\text{V}$, $I_{REF} = 100\mu\text{A}$, $K'_n = 50\mu\text{A/V}^2$, $V_{TON} = 0.75\text{V}$, $K'_p = 20\mu\text{A/V}^2$, $V_{TOP} = -0.75\text{V}$, $\gamma_n = 0$, $\gamma_p = 0$,且对两种晶体管类型都有 $\lambda = 0.017\text{V}^{-1}$,则图 P7.27 所示放大器的差模增益为多少?

7.129　(a)用 SPICE 确定习题 7.128 中放大器各晶体管的 Q 点; (b)如果 $2\phi_F = 0.8\text{V}$, $\gamma_n = 0.6\text{V}^{0.5}$, $\gamma_p = 0.75\text{V}^{0.5}$,重复上述计算,并将结果与(a)中所得结果进行比较。

7.130　(a)估算出使图 P7.27 中放大器能够正常工作所必需的 V_{DD} 和 V_{SS} 的最小值。假设 $K'_n = 25\mu\text{A/V}^2$, $V_{TN} = 0.75\text{V}$, $K'_p = 10\mu\text{A/V}^2$, $V_{TP} = -0.75\text{V}$; (b)为了使放大器至少有 ±5V 的共模输入范围,则 V_{DD} 和 V_{SS} 的最小值为多少?

7.131　(a)如果 $V_{DD} = V_{SS} = 10\text{V}$, $I_{REF} = 250\mu\text{A}$, $K'_n = 50\mu\text{A/V}^2$, $V_{TN} = 0.75\text{V}$, $K'_p = 20\mu\text{A/V}^2$,

$V_{TP} = -0.75V$，求出图 P7.28 中各晶体管的 Q 点；(b)为了使偏移电压为零，则 CMOS 运算放大器中 M_6 的 W/L 值应约为多少？如果对两种晶体管类型都有 $\lambda = 0.017V^{-1}$，则运算放大器的差模电压增益为多少？

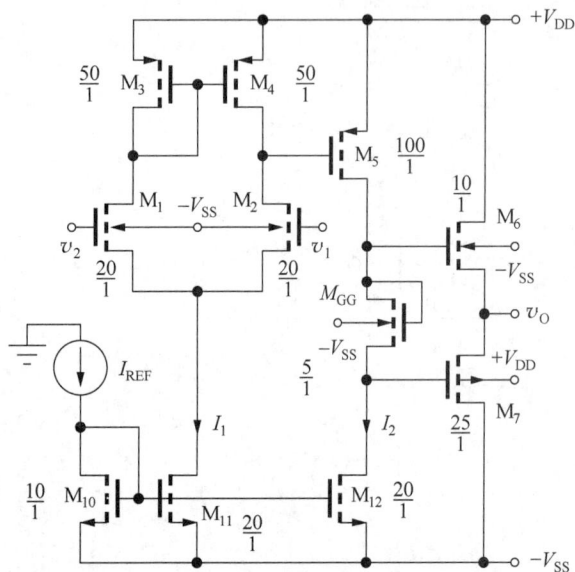

图 P7.27

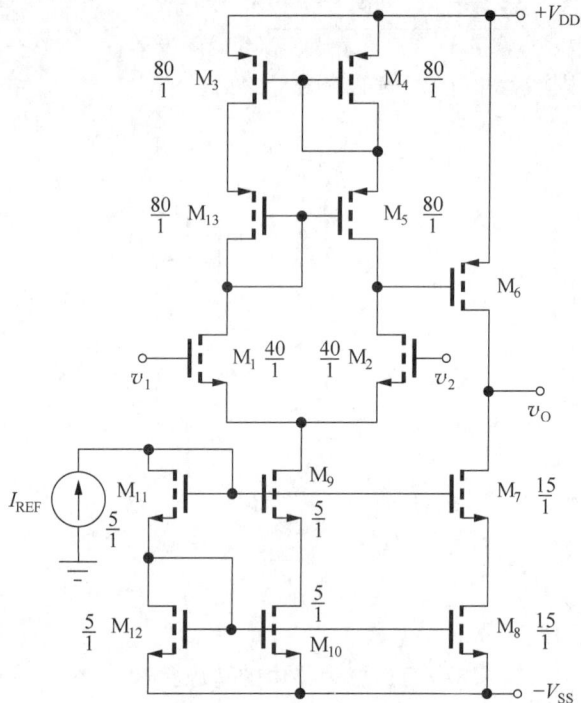

图 P7.28

7.132 (a)对习题 7.131 中的放大器进行仿真，并将其差模电压增益与习题 7.131 中手工计算的结果进行比较；(b)用 SPICE 计算出放大器的偏移电压和共模抑制比。

7.133 图 P7.28 所示电路正常工作所需的最小电源电压是多少？

7.134 交换 NMOS 和 PMOS 晶体管，画出图 7.42 所示放大器的镜像电路。选择 NMOS 和 PMOS 晶体管的 W/L 值，使新的放大器电压增益与图 7.42 所示放大器的增益一样。保持工作电流相等，并采用例 7.7 中的元器件参数值。

7.135 交换 npn 和 pnp 晶体管，画出图 7.44 所示放大器的镜像电路。如果 $\beta_{on} = 120, \beta_{op} = 60$，$V_{AN} = V_{AP} = 60V$，则两个放大器中哪个放大器的电压增益更高？为什么？

7.136 如果 $I_B = 250\mu A, V_{CC} = V_{EE} = 5V$，为使图 P7.29 所示放大器具有零偏移电压，则 Q_{16} 的发射极面积应该约为多少？为使输出级的静态电流为 $50\mu A$，则 R_{BB} 的值应为多少？这个放大器的电压增益和输出电阻为多少？假设 $\beta_{on} = 150, \beta_{op} = 60, V_{AN} = V_{AP} = 60V$，且 $I_{SOnpn} = I_{SOpnp} = 15fA$。

7.137 用 SPICE 对习题 7.136 中的放大器特性进行仿真。确定此放大器的偏移电压、电压增益、输入电阻、输出电阻和 CMRR 的值。

7.138 (a)为使图 P7.29 所示放大器能够正常工作，V_{CC} 和 V_{EE} 的最小值应为多少？(b)为使放大器至少有 $\pm 1V$ 的共模输入范围，V_{CC} 和 V_{EE} 的最小值应为多少？

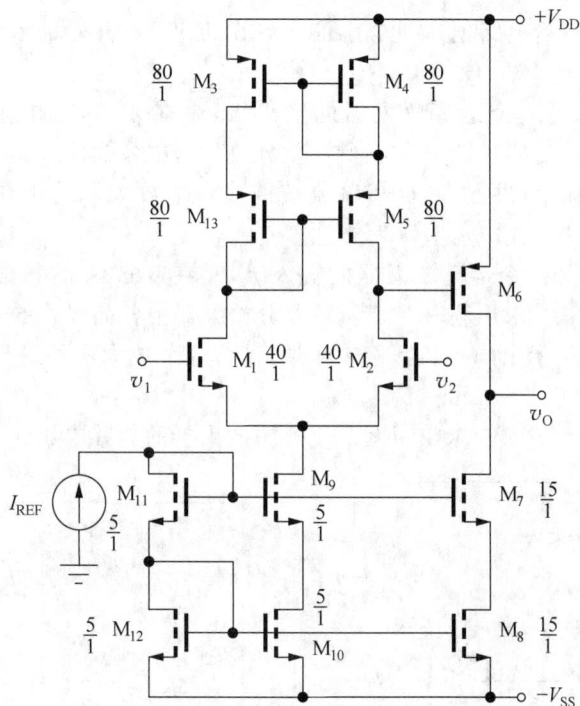

图　P7.29

§7.9　μA741 运算放大器

7.139　(a)如果 $R_1 = 100\text{k}\Omega, R_2 = 4\text{k}\Omega, V_{CC} = V_{EE} = 3\text{V}$,则图 P7.30 所示电流源的 3 个偏置电流为多少?(b)如果 $V_{CC} = V_{EE} = 22\text{V}$,重复上述计算;(c)为什么在 μA741 中 I_1 与电源电压无关非常重要,而 I_2 和 I_3 与电源电压成正比?

7.140　如果 $V_{CC} = V_{EE} = 12\text{V}$,选择图 P7.30 中 R_1 和 R_2 的值,使 $I_2 = 250\mu\text{A}, I_1 = 50\mu\text{A}$。$I_3$ 的值等于多少?

7.141　如果 $V_{CC} = V_{EE} = 15\text{V}$,选择图 P7.30 中 R_1 和 R_2 的值,使 $I_3 = 300\mu\text{A}, I_1 = 75\mu\text{A}$。$I_2$ 的值等于多少?

7.142　(a)根据图 7.46 所示电路,为使 μA741 正常工作,则 V_{CC} 和 V_{EE} 的最小值应为多少?(b)为使放大器至少有 ±1V 的共模输入范围,V_{CC} 和 V_{EE} 的最小值应为多少?

7.143　如果图 7.46 中的 I_1 增加到 $60\mu\text{A}$,则图 7.53(a)所示诺顿等效电路中各元器件的值为多少?

7.144　假设图 7.47 中的 Q_{23} 被一个 Cascode 电流源代替。(a)输出电阻 R_2 的新值为多少?(b)图 7.53(b)中 y 参数的新值为多少?(c)运算放大器 A_{dm} 的新值为多少?

7.145　画出习题 7.144 中 Cascode 电流源的电路图。

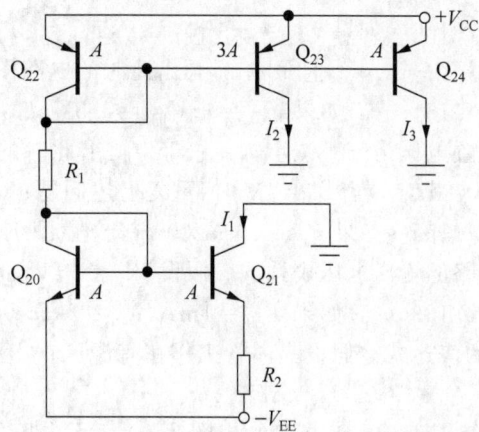

图　P7.30

7.146 为图 7.53(b)所示电路创建一个小信号 SPICE 模型，并验证 R_{in10}、G_m 和 G_o 的值。电路的 y_{12} 参数值为多少？

7.147 图 P7.31 所示是一个运算放大器的输入级，是在 μA741 的基础上演变而来。(a)如果 $V_{CC}=V_{EE}=15V$，$I_{REF}=80\mu A$，求出图 P7.31 所示差分放大器中各晶体管的 Q 点；(b)讨论这一偏置电路是如何建立 Q 点的；(c)标示出同相和反相输入端；(d)这个放大器的跨导电阻和输出电阻为多少？假设 $V_A=60V$。

7.148 图 P7.32 所示为一个运算放大器的输入级，是在 μA741 的基础上发展而来的。(a)如果 $V_{CC}=V_{EE}=15V$，$I_{REF}=75\mu A$，求出图 P7.32 所示差分放大器中各晶体管的 Q 点；(b)讨论这一偏置电路是如何建立 Q 点的；(c)标示出同相和反相输入端；(d)这个放大器的跨导电阻和输出电阻为多少？假设 $V_A=60V$。

7.149 利用 EIA，结合 SPICE，求出习题 7.148 中放大器的偏移电压、CMRR 和 PSRR。

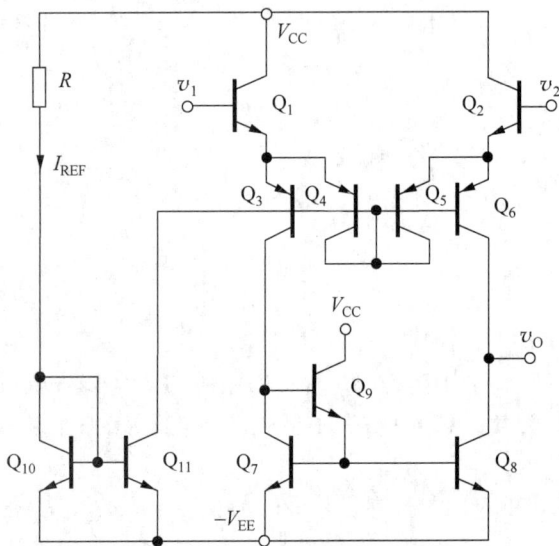

图 P7.31

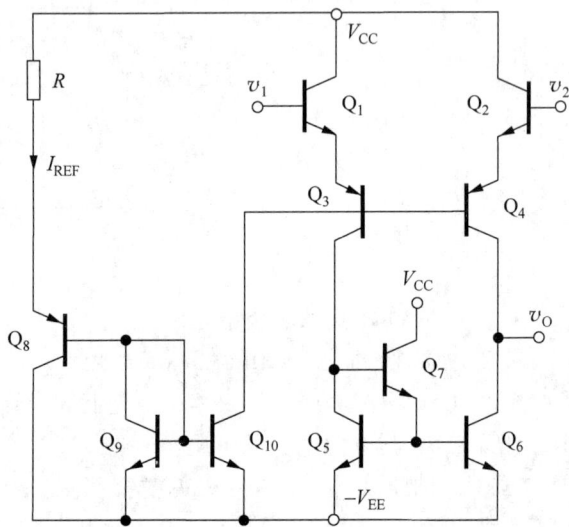

图 P7.32

§7.10 Gilbert 模拟乘法器

7.150 如果 $V_{CC}=-V_{EE}=5V$，$I_{BB}=100\mu A$，$R_1=10k\Omega$，$R=50k\Omega$，假设 Q_1 和 Q_2 的基极共模偏置电压为 $-2.5V$，且 $v_1=0$，画出此时的电路图。假设 $Q_3\sim Q_6$ 的基极共模偏置电压为 $0V$，且 $v_2=0$。

7.151 (a)如果 $V_{CC}=-V_{EE}=7.5V$，$I_{BB}=200\mu A$，$R_1=10k\Omega$，$R=50k\Omega$，假设 Q_1 和 Q_2 的基极共模偏置电压为 $-3V$，且 $v_1=0.5V$，画出此时的电路图。假设 Q_3 通过 Q_6 的基极共模偏置电压为 $0V$，且 $v_2=0$；(b)当 $v_2=1V$ 时，重复上述问题；(c)当 $v_2=-1V$ 时，重复上述问题。

7.152 如果 $v_1=0.5\sin2000\pi t$，v_2 由图 7.60 所示电路产生，其中 $v_3=0.5\sin10000\pi t$，写出图 7.59 所示电路的输出电压表达式。假设 $V_{CC}=-V_{EE}=10V$，$I_{EE}=500\mu A$，$R_1=R_3=2k\Omega$，$R=10k\Omega$。

7.153 (a)如果 $I_{EB}=1mA$，$R_1=2k\Omega$，$v_1=0.4\sin5000\pi t$ V，写出图 7.59 中总集电极电流 i_{C1} 和 i_{C2} 的表达式。假设晶体管工作在有源区；(b)由 Q_1 和 Q_2 组成的电压-电流转换器的跨导 G_m 为多少？（ $G_m=\Delta(i_{C1}-i_{C2})/\Delta v_1$ ）

7.154 用 SPICE 画出图 7.60 所示电路的 VTC 曲线，取 $V_{BB}=3V$，$-V_{EE}=-5V$，$I_{EE}=300\mu A$，$R_3=3.3k\Omega$。

第 8 章

放大器频率响应

本章目标

- 复习传输函数分析和确定截止频率。
- 理解放大器传输函数主极点的近似方法。
- 学习将交流电路分成低频和高频等效电路。
- 学习估计下限截止频率 f_L 的短路时间常数方法。
- 通过增加元器件电容,完成双极型和 MOS 晶体管小信号模型的开发。
- 理解双极型和场效应管的单位增益带宽积的限制。
- 学习用于估计上限截止频率 f_H 的开路时间常数技术。
- 推导反相、同相和跟随结构上限截止频率的表达式。
- 证明反相、同相和跟随结构增益带宽积的上限接近。
- 学习用两种时间常数方法分析多级放大器的频率响应。
- 研究包括电流镜/级联放大器和差分对在内的双晶体管电路的带宽限制。
- 理解密勒效应。
- 研究运算放大器单位增益频率和放大器转换速率之间的关系。
- 了解简单的射频电路,包括调谐放大器、混频器和振荡器。
- 理解使用调谐电路来生成宽带(并联峰值)和窄带 RF 放大器。
- 理解混频的基本概念。
- 研究单平衡和双平衡混频电路,包括 Jones 混频器。
- 验证 SPICE 在交流分析的应用。
- 验证 MATLAB 在显示频率响应信息的应用。

第 4～7 章讨论了放大器中频特性的分析和设计,以及由于耦合电容和旁路电容引起的低频限制,但是忽略了电子元器件内部电容对于高频响应的限制。本章将讨论基本放大器的设计,并介绍调整模拟电路低频和高频频率响应的方法。作为讨论的一部分,本章将研究双极型和场效应管器件的内部电容,并介绍和频率有关的晶体管小信号模型。采用小信号参数表达元器件的单位带宽增益积。

为了完成基本电路单元工具包,本章对用于单级反相、同相和跟随电路的频率响应表达式进行详细推导。需要指出的是,高增益反相和同相级的带宽是非常有限的(虽然比具有相同增益的典型运算放大器级要宽),而跟随器的带宽通常很宽。级联结构改善了反相放大器的频率响应。

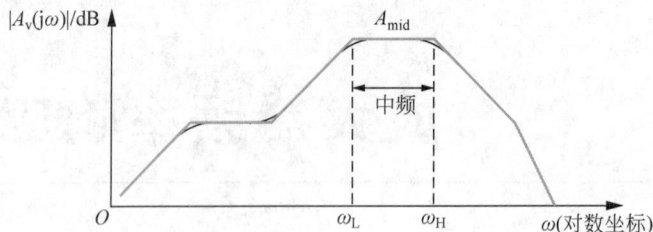

多级放大器的传递函数可能具有大量的极点和零点，直接电路分析虽然在理论上是可能的，但是复杂且难以处理。因此，人们开发出近似技术短路和开路时间常数方法来估计上限截止频率 ω_H 和下限截止频率 ω_L。

本章介绍了密勒效应（也称米勒效应，Miller Effect），并说明反相放大器相对较低的带宽是由放大器中晶体管的集电极-基极或栅极-漏极电容的密勒倍增（Miller Multiplication）引起的。

本章还简要介绍了射频放大器和混频器等射频（Radio Frequency，RF）电路。RF 电路讨论包括宽带并联峰化（Broad-Band Shunt-Peaked）和窄带（高 Q）调谐放大器（Narrow-Band Tuned Amplifier）。频率转换电路的介绍包括单平衡和双平衡混频器、无源和有源混频器电路。高频振荡器将在第 9 章讨论。

8.1　放大器频率响应

假设的放大器电压增益幅度的波特图如图 8.1 所示。无论极点和零点的数量如何，电压传递函数 $A_v(s)$ 都可以写为关于 s 的多项式之比

$$A_v(s) = \frac{N(s)}{D(s)} = \frac{a_0 + a_1 s + a_2 s^2 + \cdots + a_m s^m}{b_0 + b_1 s + b_2 s^2 + \cdots + b_n s^n} \tag{8.1}$$

原则上，式（8.1）中的分子和分母多项式可以写成因数形式，将极点和零点分成两组。将低于放大器中频区的低频响应有关项结合成为一个函数 $F_L(s)$，而将那些高于放大器中频区的高频响应有关项结合成为另一个函数 $F_H(s)$。利用 F_L 和 F_H 可以将 $A_v(s)$ 的表达式重新写为

$$A_v(s) = A_{mid} F_L(s) F_H(s) \tag{8.2}$$

在这个表达式中，A_{mid} 为放大器的中频增益，该区域处于上限截止频率（Upper-Cutoff Frequencies，ω_H）和下限截止频率（Lower-Cutoff Frequencies，ω_L）之间。为了在式（8.2）中明确 A_{mid}，必须将 $F_L(s)$ 和 $F_H(s)$ 写成式（8.3）和式（8.4）中所定义的两种特殊标准形式

$$F_L(s) = \frac{(s + \omega_{Z1}^L)(s + \omega_{Z2}^L) \cdots (s + \omega_{Zk}^L)}{(s + \omega_{P1}^L)(s + \omega_{P2}^L) \cdots (s + \omega_{Pk}^L)} \tag{8.3}$$

$$F_H(s) = \frac{\left(1 + \dfrac{s}{\omega_{Z1}^H}\right)\left(1 + \dfrac{s}{\omega_{Z2}^H}\right) \cdots \left(1 + \dfrac{s}{\omega_{Zl}^H}\right)}{\left(1 + \dfrac{s}{\omega_{P1}^H}\right)\left(1 + \dfrac{s}{\omega_{P2}^H}\right) \cdots \left(1 + \dfrac{s}{\omega_{Pl}^H}\right)} \tag{8.4}$$

在频率远低于上限截止频率 ω_H 时，$F_H(s)$ 表达式的幅值要接近为 1

$$|F_H(j\omega)| \to 1 \quad \text{当 } \omega \ll \omega_{Zi}^H, \omega_{Pi}^H \text{ 时，其中 } i = 1, \cdots, l \tag{8.5}$$

因此，在低频时，传输函数 $A_v(s)$ 变为

$$A_{\mathrm{L}}(s) \approx A_{\mathrm{mid}} F_{\mathrm{L}}(s) \tag{8.6}$$

当频率远高于下限截止频率 ω_{L} 时，$F_{\mathrm{L}}(s)$ 表达式的幅值也要接近为 1

$$|F_{\mathrm{L}}(\mathrm{j}\omega)| \to 1 \quad \text{当 } \omega \gg \omega_{Zj}^{\mathrm{L}}, \omega_{Pj}^{\mathrm{L}} \text{ 时，其中 } i = 1, \cdots, k \tag{8.7}$$

因此，在高频时，传输函数 $A_v(s)$ 近似为

$$A_{\mathrm{H}}(s) \approx A_{\mathrm{mid}} F_{\mathrm{H}}(s) \tag{8.8}$$

8.1.1 低频响应

在许多设计中，为了不影响下限截止频率 ω_{L}，$F_{\mathrm{L}}(s)$ 的零点会置于足够低的频率处。另外，图 8.1 中的一个低频极点，如 ω_{P2}，可设计为远大于其他极点的频率。针对这种情况，传输函数的低频部分可以近似为

$$F_{\mathrm{L}}(s) \approx \frac{s}{s + \omega_{P2}} \tag{8.9}$$

极点 ω_{P2} 称为低频主极点（Dominant Low-Frequency Pole），下限截止频率近似为

$$\omega_{\mathrm{L}} \approx \omega_{P2} \tag{8.10}$$

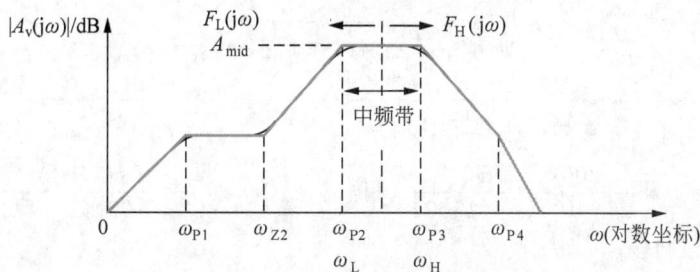

图 8.1 一般放大器的传输函数伯德图

图 8.2 所示的伯德图是一个关于传输函数及其主极点近似的例子。图中的总传输函数 $A_{\mathrm{L}}(s)$ 有两个极点和两个零点。

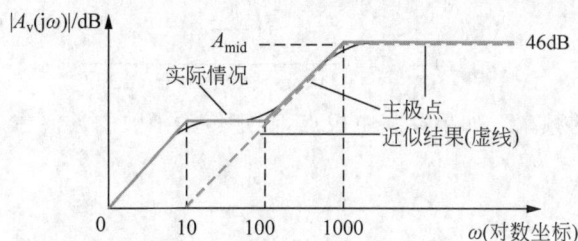

图 8.2 完整传输函数（Complete Transfer Function）的伯德图及其主极点近似

8.1.2 缺少主极点情况下估算 ω_{L}

如果在低频下不存在主极点，这时下限截止频率由极点和零点共同决定，必须采用更为复杂的分析法来确定 ω_{L}。例如，考虑一个在低频下有两个零点和两个极点的放大器

$$A_{\mathrm{L}}(s) = A_{\mathrm{mid}} F_{\mathrm{L}}(s) = A_{\mathrm{mid}} \frac{(s + \omega_{Z1})(s + \omega_{Z2})}{(s + \omega_{P1})(s + \omega_{P2})} \tag{8.11}$$

令 $s = \mathrm{j}\omega$，则有

$$|A_L(j\omega)| = A_{mid}|F_L(j\omega)| = A_{mid}\sqrt{\frac{(\omega^2 + \omega_{Z1}^2)(\omega^2 + \omega_{Z2}^2)}{(\omega^2 + \omega_{P1}^2)(\omega^2 + \omega_{P2}^2)}} \tag{8.12}$$

将 ω_L 定义为 -3dB 频率，则

$$|A(j\omega_L)| = \frac{A_{mid}}{\sqrt{2}} \quad \text{和} \quad \frac{1}{\sqrt{2}} = \sqrt{\frac{(\omega_L^2 + \omega_{Z1}^2)(\omega_L^2 + \omega_{Z2}^2)}{(\omega_L^2 + \omega_{P1}^2)(\omega_L^2 + \omega_{P2}^2)}} \tag{8.13}$$

两边平方并将式（8.13）展开

$$\frac{1}{2} = \frac{\omega_L^4 + \omega_L^2(\omega_{Z1}^2 + \omega_{Z2}^2) + \omega_{Z1}^2\omega_{Z2}^2}{\omega_L^4 + \omega_L^2(\omega_{P1}^2 + \omega_{P2}^2) + \omega_{P1}^2\omega_{P2}^2} = \frac{1 + \dfrac{(\omega_{Z1}^2 + \omega_{Z2}^2)}{\omega_L^2} + \dfrac{\omega_{Z1}^2\omega_{Z2}^2}{\omega_L^4}}{1 + \dfrac{(\omega_{P1}^2 + \omega_{P2}^2)}{\omega_L^2} + \dfrac{\omega_{P1}^2\omega_{P2}^2}{\omega_L^4}} \tag{8.14}$$

假设 ω_L 大于所有极点和零点频率，则包含 $1/\omega_L^4$ 的项都可以被忽略，下限截止频率可由下式估算

$$\omega_L \approx \sqrt{\omega_{P1}^2 + \omega_{P2}^2 - 2\omega_{Z1}^2 - 2\omega_{Z2}^2} \tag{8.15}$$

对于具有 n 个极点和 n 个零点的一般情况，通过类似分析可得

$$\omega_L \approx \sqrt{\sum_n \omega_{Pn}^2 - 2\sum_n \omega_{Zn}^2} \tag{8.16}$$

练习：使用式（8.15）估算如下传输函数的 f_L。

$$A_v(s) = \frac{200s(s+50)}{(s+10)(s+1000)} \quad \text{和} \quad A_v(s) = \frac{100s(s+500)}{(s+100)(s+1000)}$$

答案：$159\text{Hz}，114\text{Hz}$。

例 8.1 传输函数分析。

根据给定传输函数确定中频增益、极点、零点和截止频率。

问题：确定如下传输函数 $A_L(s)$ 的中频增益和下限截止频率 f_L：

$$A_L(s) = 2000\frac{s\left(\dfrac{s}{100} + 1\right)}{(0.1s + 1)(s + 1000)}$$

确定各极点和零点所对应的频率。如果存在主极点，确定传输函数的近似主极点。

解：

已知量：传输函数。

未知量：$A_{mid}，F_L(s)，f_L$，极点，零点，近似主极点。

求解方法：将 $A_L(s)$ 重新整理成式（8.6）和式（8.3）的形式，确定极点和零点频率，求出中频区域和 A_{mid}。由于极点和零点频率都可求出，运用式（8.16）可求出 f_L。如果各极点和零点相距较远，则可用主极点来表示。

假设：无。

分析：重新整理传输函数，为使所有的极点和零点写成式（8.3）所示的形式，需要将分子扩大 100 倍，将分母扩大 10 倍，可得

$$A_L(s) = 200\frac{s(s+100)}{(s+10)(s+1000)}$$

根据 $A_L(s)=A_{mid}F_L(s)$，其中 $A_{mid}=200$，则有

$$F_L(s)=\frac{s(s+100)}{(s+10)(s+1000)}$$

零点出现在使 $F_L(s)$ 的分子为零时的 s 值频率处，即 $s=0$ 和 $s=-100\text{rad/s}$。极点出现在使 $F_L(s)$ 的分母为零频率处，即 $s=-10\text{rad/s}$ 和 $s=-1000\text{rad/s}$。将这些值代入式(8.16)中得到 f_L 的估算结果为

$$f_L=\frac{1}{2\pi}\sqrt{10^2+1000^2-2(0^2+100^2)^2}=\frac{990}{2\pi}=158\text{Hz}$$

需注意的是，这些极点和零点都处于低频位置，并且彼此之间相距 10 倍频率。因此，$\omega=1000$ 处存在一个主极点，低频截止频率近似由 $f_L\approx1000/2\pi=159\text{Hz}$ 确定。当频率超过数百 rad/s 时，传输函数可近似表示为

$$\text{当 }\omega>200\text{rad/s 时，}\quad A_L(s)\approx200\frac{s}{s+1000}$$

结果检查：所需的未知量已全部求出。当 $\omega\gg1000$ 时，原来的传输函数达到了其最大值并变为常数，在中频区有

$$A_L(s)\big|_{s\gg1000}\approx200\frac{s^2}{s^2}=200$$

因此 $A_{mid}=200\text{dB}$ 或 46dB。同时我们还可以看到，通过式(8.16)得到的 f_L 值和通过主极点近似模型得到的值相同，这表明了主极点近似法的正确性。

讨论：原始传输函数及其近似主极点如图 8.2 所示。当 $\omega>1000\text{rad/s}$ 时，可以明显看出在中频区域，当频率下降至接近 200rad/s 时出现了明显的单极点滚降。

计算机辅助分析：可以借助 MATLAB 非常直观地观察到传输函数，MATLAB 语句为：bode([200 20000 0],[1 1010 10000])。生成的 $A_L(s)$ 幅值和相位图如下图所示。在幅值和相位图中都可明显看到极点和零点的交替排列，在高频时增益接近 46dB。

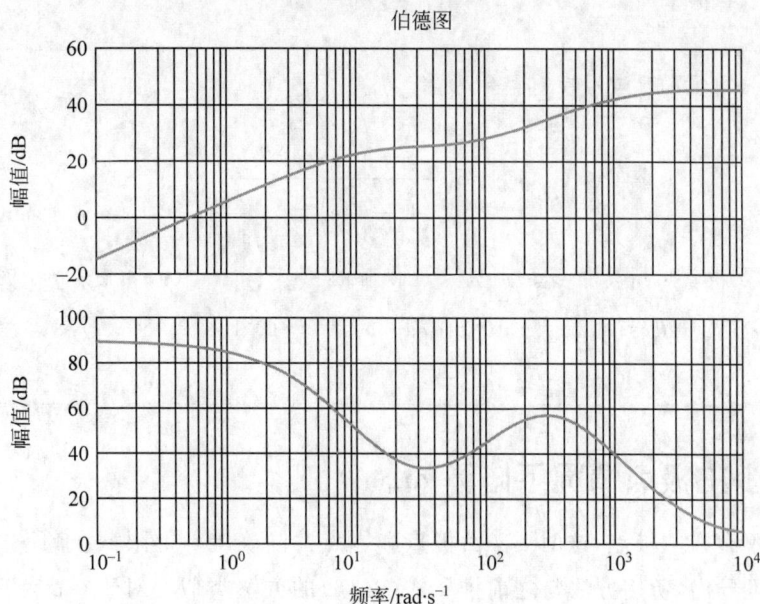

伯德图

练习： 例 8.1 中 $A_v(s)$ 的近似值在什么频率范围内比实际传输函数的值小 10%？

答案： $\omega \geqslant 205\,\mathrm{rad/s}$。

8.1.3 高频响应

在中频以上频率，$A_v(s)$ 可用其高频近似来表示：

$$A_H(s) \approx A_{mid} F_H(s) \tag{8.17}$$

$F_H(s)$ 的许多零点通常位于无限大频率或足够高的频率处，这些零点不会影响在 ω_H 附近的 $F_H(s)$ 值。此外，如果有一个极点频率远小于其他极点频率，例如图 8.1 中的 ω_{P3}，则此时在高频响应中存在一个高频主极点（Dominant high-frequency pole），$F_H(s)$ 可被近似表示为

$$F_H(s) \approx \cfrac{1}{1 + \cfrac{s}{\omega_{P3}}} \tag{8.18}$$

对于存在一个主极点的情况，上限截止频率由式 $\omega_H \approx \omega_{P3}$ 确定。一个高频传输函数及其主极点近似的伯德图如图 8.3 所示。

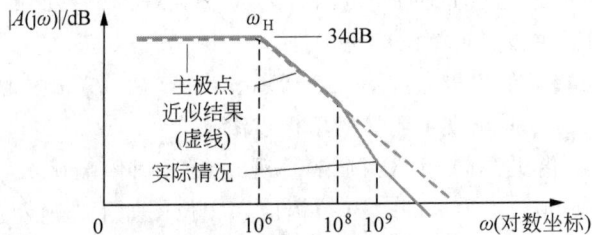

图 8.3　传输函数的伯德图及其主极点近似

练习： 图 8.3 所示放大器的传输函数如下

$$A_H(s) = 50\, \frac{\left(1 + \dfrac{s}{10^9}\right)}{\left(1 + \dfrac{s}{10^6}\right)\left(1 + \dfrac{s}{10^8}\right)}$$

求出 $A_H(s)$ 的极点和零点所处位置。主极点近似时的 A_{mid} 和 $F_H(s)$ 如何？f_H 呢？

答案： $\omega_{Z1} = -10^9\,\mathrm{rad/s}$；$\omega_{P1} = -10^6\,\mathrm{rad/s}$；$\omega_{P2} = -10^8\,\mathrm{rad/s}$；50；$F_H(s) = 1/(1 + s/10^6)$；159kHz。

8.1.4　缺少主极点情况下估算 ω_H

如果在高频下不存在主极点，这时 ω_H 由极点和零点共同确定。上限截止频率的近似表达式可以通过 F_H 的表达式推导出，所用方法与之前推导式（8.16）的方法类似。对于在高频时具有两个极点和两个零点的放大器，有

$$A_H(s) = A_{mid}F_H(s) = A_{mid}\frac{\left(1+\dfrac{s}{\omega_{Z1}}\right)\left(1+\dfrac{s}{\omega_{Z2}}\right)}{\left(1+\dfrac{s}{\omega_{P1}}\right)\left(1+\dfrac{s}{\omega_{P2}}\right)} \tag{8.19}$$

由于 $s=j\omega$，因此有

$$|A_H(j\omega)| = A_{mid}|F_H(j\omega)| = A_{mid}\sqrt{\frac{\left(1+\dfrac{\omega^2}{\omega_{Z1}^2}\right)\left(1+\dfrac{\omega^2}{\omega_{Z2}^2}\right)}{\left(1+\dfrac{\omega^2}{\omega_{P1}^2}\right)\left(1+\dfrac{\omega^2}{\omega_{P2}^2}\right)}} \tag{8.20}$$

在上限截止频率 $\omega=\omega_H$ 处，有

$$|A(j\omega_H)| = \frac{A_{mid}}{\sqrt{2}} \quad \text{和} \quad \frac{1}{\sqrt{2}} = \sqrt{\frac{\left(1+\dfrac{\omega_H^2}{\omega_{Z1}^2}\right)\left(1+\dfrac{\omega_H^2}{\omega_{Z2}^2}\right)}{\left(1+\dfrac{\omega_H^2}{\omega_{P1}^2}\right)\left(1+\dfrac{\omega_H^2}{\omega_{P2}^2}\right)}} \tag{8.21}$$

将上式两边平方并展开式(8.21)，同时假设频率 ω_H 比所有极点和零点频率都要低，此时上限截止频率可以表示为

$$\omega_H \approx \frac{1}{\sqrt{\dfrac{1}{\omega_{P1}^2}+\dfrac{1}{\omega_{P2}^2}-\dfrac{2}{\omega_{Z1}^2}-\dfrac{2}{\omega_{Z2}^2}}} \tag{8.22}$$

对于具有 n 个极点和 n 个零点的一般情况，ω_H 可通过类似于推导式(8.22)的方法得到，ω_H 的近似结果为

$$\omega_H \approx \frac{1}{\sqrt{\sum_n \dfrac{1}{\omega_{Pn}^2}-2\sum_n \dfrac{1}{\omega_{zn}^2}}} \tag{8.23}$$

练习： 写出下述 $A_H(s)$ 标准形式的表达式。各极点和零点频率为多少？求出 A_{mid}、$F_H(s)$ 和 f_H。

$$A_H(s) = \frac{2.5\times10^7(s+2\times10^5)}{(s+10^5)(s+5\times10^5)}$$

答案： $A_H(s) = 100\dfrac{\left(1+\dfrac{s}{2\times10^5}\right)}{\left(1+\dfrac{s}{10^5}\right)\left(1+\dfrac{s}{5\times10^5}\right)}$；$-10^5\,\text{rad/s}, -5\times10^5\,\text{rad/s}, -2\times10^5\,\text{rad/s}, \infty$，

$40\text{dB}, 21.7\text{kHz}$。

8.2 直接确定低频极点和零点——共源极放大器

要使用 8.1 节中的理论，需要知道所有极点和零点的位置。理论上，放大器的频率响应总是可以通过在频域内对电路进行直接分析得到，所以本节开始会给出一个对共源极放大器进行直接分析的例子。

不过，随着电路复杂程度的增加，想要做到准确而快速分析变得越发困难。尽管可以利用 SPICE 来研究具有给定参数值的放大器特性，但对于设计而言，我们需要全面了解控制放大器截止频率的因素。因为我们通常对于 ω_H 和 ω_L 的位置最感兴趣，接下来将陆续研究可用于估算 ω_H 和 ω_L 的近似方法。

一个共源放大器的电路如图 8.4(a) 所示，其交流等效电路如图 8.4(b) 所示。当放大器工作的频率低于中频区的低频段时，不能再假设电容的阻抗可被忽略，必须将它们保留在交流等效电路中。为了确定电路的低频特性，将晶体管 Q_1 用其低频小信号模型来代替，如图 8.4(c) 所示。由于具有外部负载电阻，所以在电路模型中忽略 r_o。

在频域中，输出电压 $V_o(s)$ 可以通过晶体管漏极的电流分流来确定：

$$V_o(s) = I_o(s) R_3, \quad 其中 I_o(s) = -g_m V_{gs}(s) \frac{R_D}{R_D + \dfrac{1}{sC_2} + R_3}$$

并且

$$V_o(s) = -g_m (R_3 \| R_D) \frac{s}{s + \dfrac{1}{C_2(R_D + R_3)}} V_{gs}(s) \tag{8.24}$$

接下来，必须求出 $V_{gs}(s) = V_g(s) - V_s(s)$ 的值。因为图 8.4(c) 中栅极端开路，所以可以通过分压确定 $V_g(s)$：

$$V_g(s) = V_1(s) \frac{R_G}{R_I + \dfrac{1}{sC_1} + R_G} = V_1(s) \frac{sC_1 R_G}{sC_1(R_I + R_G) + 1} \tag{8.25}$$

同时，FET 的源极电压可以通过 $V_s(s)$ 的节点方程来得到

$$g_m(V_g - V_s) - G_S V_s - sC_3 V_s = 0 \quad 或 \quad V_s = \frac{g_m}{sC_3 + g_m + G_S} V_g \tag{8.26}$$

并且

$$V_{gs}(s) = (V_g - V_s) = V_g \left[1 - \frac{g_m}{sC_3 + g_m + G_S} \right] = \frac{sC_3 + G_S}{sC_3 + g_m + G_S} V_g \tag{8.27}$$

将式 (8.27) 的分子和分母同时除以 C_3，得到

$$(V_g - V_s) = \frac{s + \dfrac{1}{C_3 R_S}}{s + \dfrac{1}{C_3 \left(\dfrac{1}{g_m} \| R_S \right)}} V_g(s) \tag{8.28}$$

最后，将式 (8.24)、式 (8.25) 和式 (8.28) 合并，可得总的电压传输函数表达式为

$$A_v(s) = \frac{V_o(s)}{V_i(s)} = A_{mid} F_L(s)$$

$$= \left[-g_m(R_3 \| R_D) \frac{R_G}{(R_I + R_G)} \right] \frac{s^2 \left[s + \dfrac{1}{C_3 R_S} \right]}{\left[s + \dfrac{1}{C_1(R_I + R_G)} \right] \left[s + \dfrac{1}{C_3 \left(\dfrac{1}{g_m} \| R_S \right)} \right] \left[s + \dfrac{1}{C_2(R_D + R_3)} \right]}$$

$$\tag{8.29}$$

在式(8.29)中，$A_v(s)$被表示成了可直接体现出中频增益和$F_L(s)$的形式：

$$A_v(s) = A_{mid} F_L(s), \quad \text{其中 } A_{mid} = -g_m(R_D \parallel R_3)\frac{R_G}{R_G + R_I} \tag{8.30}$$

A_{mid}被看作电路中所有电容都短路时的电压增益。

尽管从式(8.24)～式(8.30)的分析看起来十分乏味，我们还是得到了频率响应的一个完整表达式。在这一例子中，传输函数的极点和零点以因子的形式出现在式(8.29)中。不巧的是，这只是一个人为的特殊FET电路，实际中通常不会出现这种情况。电路中FET的输入电阻为无穷大并忽略了r_o值，解耦了节点方程中的v_g、v_s和v_o。在绝大多数情况下，数学分析会更为复杂。例如，如果电路采用的是同时包含r_o和r_π的双极型晶体管，在分析中需要对包含3个未知量的3个方程进行联立求解。

> **练习**：画出图8.2所示放大器的中频交流等效电路，并通过该电路直接推导出A_{mid}的表达式。
>
> **答案**：式(8.30)。

现在我们来研究电压传输函数的极点和零点的由来。式(8.29)中有3个极点和3个零点，电路中每一个独立电容都具有一个极点和一个零点。在$s=0$(直流情况)时有两个零点，与它们相对应的是串联电容C_1和C_2，这两个电容都阻止直流信号通过放大器。第3个零点出现的频率对应电阻R_S和C_3的并联阻抗为无穷大的时候。在这个频率下，通过MOSFET传播的信号流被阻断，输出电压必定为零。由上面的分析可知3个零点处的频率为

$$s = 0, 0, -\frac{1}{R_S C_3} \tag{8.31}$$

观察式(8.29)的分母可知3个极点处的频率为

$$s = -\frac{1}{(R_I + R_G)C_1}, \ -\frac{1}{(R_D + R_3)C_2}, \ -\frac{1}{\left(R_S \parallel \dfrac{1}{g_m}\right)C_3} \tag{8.32}$$

这些极点的频率由3个独立电容相关的时间常数决定。因为FET的输入电阻为无穷大，在电容C_1两端呈现出的电阻仅为电阻R_I和R_G的串联组合，并且由于忽略了FET的输出电阻r_o，因此与电容C_2相关的电阻是电阻R_3和R_D的串联组合。与电容C_3并联的有效电阻是呈现在FET源极端的等效电阻，这一等效电阻等于电阻R_S和$1/g_m$的并联。在8.3节中将对这些电阻的表达式进行更为详细的讲解。

设计提示

每个独立电容(或电感)都会为电路的传输函数贡献一个极点和一个零点(有些极点或零点的频率可能为零或为无穷大)。

例8.2　直接计算共源极放大器的极点和零点。

分析共源极放大器的低频特性，要求考虑耦合电容和旁路电容的影响。

问题：求出图8.4所示共源极放大器的中频增益、极点、零点和截止频率。假设$g_m = 1.23\text{mS}$，写出放大器传输函数的完整表达式，并写出放大器传输函数的一个主极点近似表达式。

解：

已知量：电路图及各元器件的值参见图8.4，$g_m = 1.23\text{mS}$。A_{mid}、各个极点和零点表达式由式(8.29)

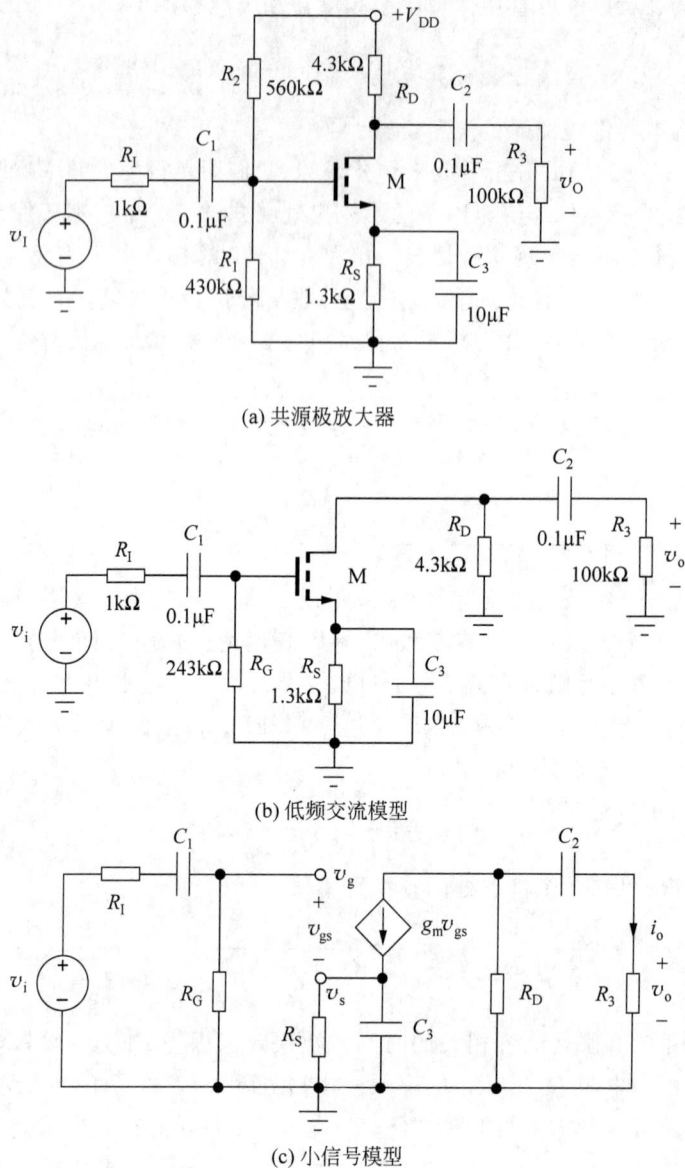

(a) 共源极放大器

(b) 低频交流模型

(c) 小信号模型

图 8.4

和式(8.30)给出。

未知量： A_{mid} 极点，零点，f_L，主极点近似，传输函数。

求解方法： 根据式(8.31)和式(8.32)，利用电路中各元器件值求出 A_{mid}、极点和零点，并将求得的极点和零点值代入式(8.15)来计算 f_L。

假设： 提供小信号工作条件；输出电阻 r_o 可被忽略。

分析： 首先，需求出 A_{mid}

$$A_{mid} = -(1.23\text{mS})(4.3\text{k}\Omega \parallel 100\text{k}\Omega)\frac{243\text{k}\Omega}{1\text{k}\Omega + 243\text{k}\Omega} = -5.05 \quad 或 \quad 14.1\text{dB}$$

然后，根据式(8.29)得到3个零点的频率为

$$\omega_{Z1}=0 \quad \omega_{Z2}=0 \quad \omega_{Z3}=-\frac{1}{(10\mu F)(1.3k\Omega)}=-76.9rad/s$$

3个极点的频率为

$$\omega_{P1}=-\frac{1}{(0.1\mu F)(1k\Omega+243k\Omega)}=-41rad/s$$

$$\omega_{P2}=-\frac{1}{(0.1\mu F)(4.3k\Omega+100k\Omega)}=-95.9rad/s$$

$$\omega_{P3}=-\frac{1}{(10\mu F)\left(1.3k\Omega\left\|\dfrac{1}{1.23mS}\right.\right)}=-200rad/s$$

下限截止频率为

$$f_L=\frac{1}{2\pi}\sqrt{41.0^2+95.9^2+200^2-2(0^2+0^2+76.9^2)}=\frac{197}{2\pi}=31.5Hz$$

完整传输函数为

$$A_v(s)=-5.05\frac{s^2(s+76.9)}{(s+41)(s+95.9)(s+200)}$$

利用计算出的 f_L 值或最高频率的极点值,可以写出主极点近似表达式为

$$A_v(s)\approx-5.05\frac{s}{s+197} \quad 或 \quad A_v(s)\approx-5.05\frac{s}{s+200}$$

结果检查:再次检查上面的数学运算表明计算结果是正确的。我们看到 A_{mid} 的值比较小,因此忽略电阻 r_o 是合理的。

讨论:虽然各极点和零点并非彼此相距较远,但下限截止频率接近 ω_{P3} 的确令人惊奇。这种情况产生的原因是在 ω_{Z3} 和 ω_{P2} 之间出现了近似的零极相消(Zero-Pole Cancellation)现象。

计算机辅助分析:共源极放大器的 SPICE 仿真结果如下图所示。仿真采用 $V_{DD}=12V$,FSTART=0.01Hz,FSTOP=10kHz,每十倍频程取 10 个频率采样点。A_{mid} 和 f_L 的值与手工计算的结果相符。存在的细微差异与在计算中忽略电阻 r_o 有关。通过将分子和分母相乘,然后用 MATLAB:bode($-5.05*[1\ 76.9\ 0\ 0],[1\ 336.9\ 31311.9\ 786380]$),或者用卷积函数实现多项式相乘:bode($-5.05*[1\ 76.9\ 0\ 0],[conv([1\ 41],conv([1\ 95.9],[1\ 200]))]$),我们还可以画出 $A_v(s)$ 的图。

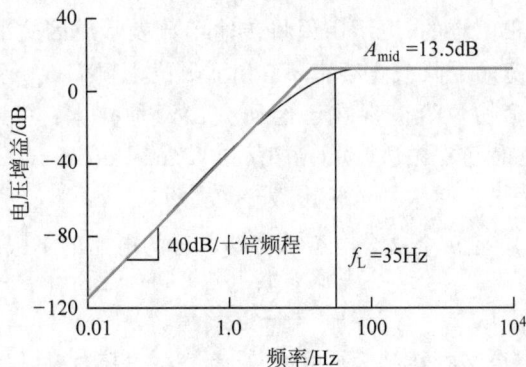

图 8.4 所示的共源极放大器的 SPICE 仿真结果($V_{DD}=12V$)

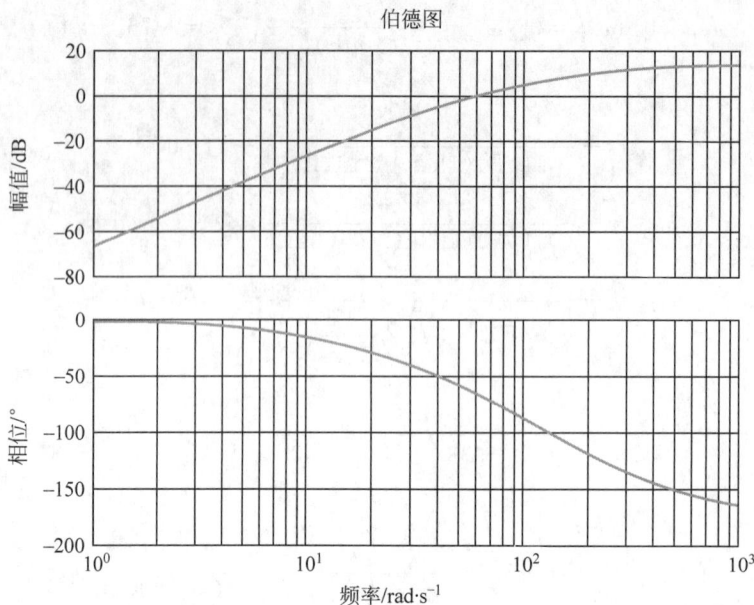

伯德图

练习：如果上述电路中的 C_3 值降低到 $2\mu\mathrm{F}$，重新计算 A_{mid}、极点、零点和 f_{L} 的值。

答案：-5.05；0；0；$-385\mathrm{rad/s}$；$-41\mathrm{rad/s}$；$-95.9\mathrm{rad/s}$；$-1000\mathrm{rad/s}$；$135\mathrm{Hz}$。

练习：当输出电阻 r_o 的值为多大时，会导致手工计算的 A_{mid} 值与 SPICE 的仿真结果不同？

答案：$57.5\mathrm{k\Omega}$。

练习：假设之前练习中的输出电阻与 ω_{P2} 表达式中的 R_{D} 并联，重新计算 ω_{P2} 和 f_{L} 的值。

答案：$96.2\mathrm{rad/s}$，$31.5\mathrm{Hz}$。

8.3　用短路时间常数法估算 ω_{L} 的值

如要运用式(8.16)或式(8.23)，必须知道放大器的所有极点和零点处的频率。但是在绝大多数情况下，得到完整的传输函数是很困难的，更不用说将传输函数表示成因式的形式。幸运的是，我们通常对 A_{mid} 的值及决定放大器带宽的上限截止频率 ω_{H} 和下限截止频率 ω_{L} 感兴趣，如图 8.5 所示，而没有必要了解所有极点和零点的确切位置。现在已经研究出两种技术：短路时间常数法（Short-Circuit Time-Constant，SCTC）和开路时间常数法（Open-Circuit Time-Constant，OCTC），利用它们可很好地分别估算 ω_{H} 和 ω_{L} 的值，而无须求出完整的传输函数。

理论上可以证明[1]，一个具有 n 个耦合电容和旁路电容的电路的下限截止频率可由下式估算出来

$$\omega_{\mathrm{L}} \approx \sum_{i=1}^{n} \frac{1}{R_{iS}C_i} \tag{8.33}$$

其中 R_{iS} 表示所有其余电容都短路时在第 i 个电容 C_i 两端的电阻。$R_{iS}C_i$ 乘积代表与电容 C_i 相关的短路时间常数。下面我们将运用短路时间常数法来计算 3 种典型单级放大器的 ω_{L}。

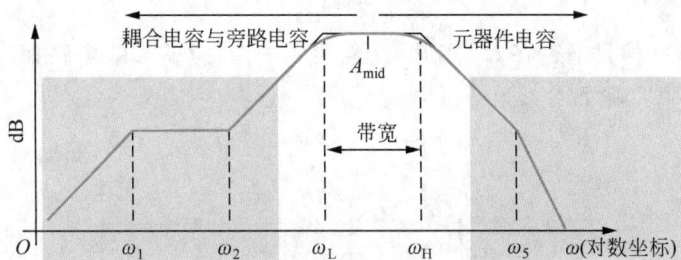

图 8.5 绝大多数放大器传输函数中最感兴趣的中频区域

8.3.1 估算共射极放大器的 ω_L

图 8.6 所示为包含有限电容值的共射极放大器,我们将其作为短路时间常数法(SCTC)的第 1 个例子。由于在双极模型中存在 r_π,传输函数的直接计算会比较复杂,再加上电阻 r_o 会进一步增加计算的复杂程度。因此该电路将是一个很好的、运用短路时间常数法分析电路的例子。

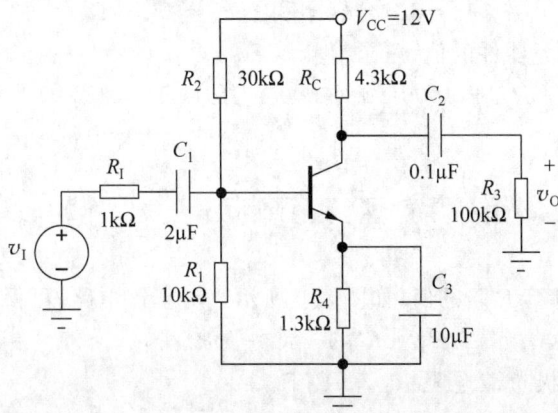

图 8.6 包含有限电容值的共射极放大器

共射极放大器的交流模型如图 8.7 所示,该交流模型中包含 3 个电容,为了运用式(8.33),必须确定 3 个短路时间常数。这 3 个分析需借助表 5.9 中双极型放大器的中频输入电阻和输出电阻的表达式。

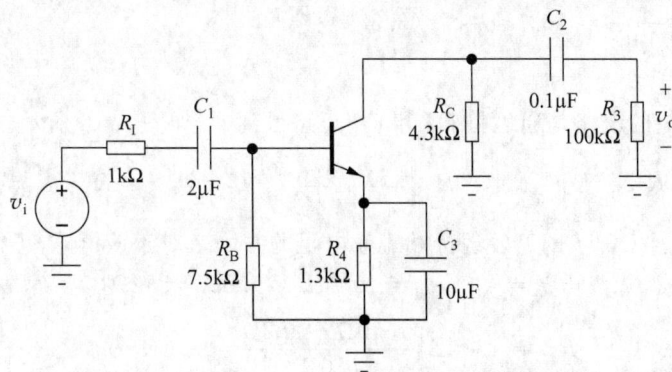

图 8.7 图 8.6 所示共射极放大器的交流模型

计算 R_{1S}：

对于 C_1 而言，R_{1S} 的值是通过将 C_2 和 C_3 短路得到的，对应的等效电路如图 8.8 所示。R_{1S} 表示电容 C_1 两端的等效电阻。基于图 8.8 可写出

$$R_{1S} = R_I + (R_B \parallel R_{iB}) = R_I + (R_B \parallel r_\pi) \tag{8.34}$$

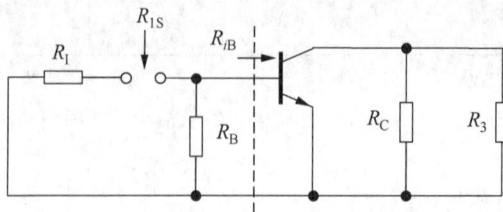

图 8.8　用来计算 R_{1S} 的电路

R_{1S} 的值等于电源电阻 R_I 与基极偏置电阻 R_B 和 BJT 输入电阻 r_π 并联后串联得到的阻值。

当 $\beta_o = 100$、$V_A = 75\text{V}$ 时，可求出这个放大器的 Q 点为 $(1.66\text{mA}, 2.70\text{V})$，且有

$$r_\pi = 1.51\text{k}\Omega \quad \text{和} \quad r_o = 46.8\text{k}\Omega$$

使用以上所给的值和其电路元器件的值，可求得

$$R_{1S} = 1000\Omega + (7500\Omega \parallel 1510\Omega) = 2260\Omega$$

和

$$\frac{1}{R_{1S}C_1} = \frac{1}{(2.26\text{k}\Omega)(2\mu\text{F})} = 222\text{rad/s} \tag{8.35}$$

计算 R_{2S}：

将 C_1 和 C_3 短路可以计算 R_{2S} 的值，如图 8.9 所示。对于该电路，可得

$$R_{2S} = R_3 + (R_C \parallel R_{iC}) = R_3 + (R_C \parallel r_o) \approx R_3 + R_C \tag{8.36}$$

R_{2S} 为负载电阻 R_3 与集电极负载电阻 R_C 和 BJT 集电极电阻 r_o 并联后进行串联得到的阻值。对于这一电路，可以计算 R_{2S} 值为

$$R_{2S} = 100\text{k}\Omega + (4.30\text{k}\Omega \parallel 46.8\text{k}\Omega) = 104\text{k}\Omega \tag{8.37}$$

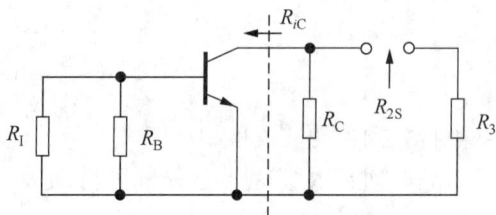

图 8.9　用来计算 R_{2S} 的电路

和

$$\frac{1}{R_{2S}C_2} = \frac{1}{(104\text{k}\Omega)(0.1\mu\text{F})} = 96.1\text{rad/s} \tag{8.38}$$

计算 R_{3S}：

最后，用于计算 R_{3S} 的电路是通过将 C_1 和 C_2 短路得到的，如图 8.10 所示。对于这一电路，可得

$$R_{3S} = R_4 \parallel R_{iE} = R_4 \left\| \frac{r_\pi + R_{th}}{\beta_o + 1} \right., \quad \text{其中，} R_{th} = R_I \parallel R_B \tag{8.39}$$

R_{3S} 表示发射极电阻 R_4 与 BJT 发射极端等效电阻的并联。对于该电路，可得

$$R_{th} = R_I \parallel R_B = 1000\Omega \parallel 7500\Omega = 882\Omega$$

$$R_{3S} = 1300\Omega \left\| \frac{1510\Omega + 882\Omega}{101} \right. = 23.3\Omega$$

和

$$\frac{1}{R_{3S}C_3} = \frac{1}{(23.3\Omega)(10\mu F)} = 4300 \text{rad/s} \tag{8.40}$$

估算 ω_L：

利用式(8.35)、式(8.38)和式(8.40)中 3 个
时间常数的值可估算出 ω_L 和 f_L 的值为

$$\omega_L \approx \sum_{i=1}^{3} \frac{1}{R_{iS}C_i} = 222 + 96.1 + 4300 = 4620 \text{rad/s}$$

$$\tag{8.41}$$

和

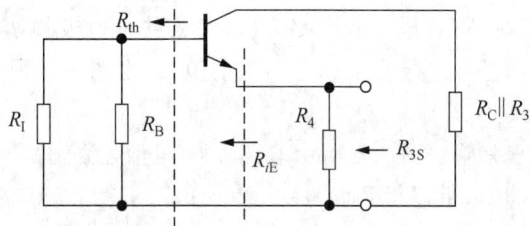

图 8.10 用于计算 R_{3S} 的电路

$$f_L = \frac{\omega_L}{2\pi} = 735 \text{Hz}$$

放大器的下限截止频率近似为 735Hz。

在这个例子中需要注意的是，与发射极旁路电容 C_3 相关的时间常数是最重要的。也就是说，$R_{3S}C_3$ 的值比其他两个时间常数约大一个数量级，因此 $\omega_L \approx 1/R_{3S}C_3$（$f_L \approx 4300/2\pi = 685$Hz）。这是一种常见的情况，是 ω_L 设计较为实用的方法。因为晶体管的发射极或源极电阻值比较小，所以与发射极和源极旁路电容相关的时间常数通常最为重要，可以用来设定 ω_L。而其他的两个时间常数的设计较为容易，可设为较大的数值。

练习： 用 SPICE 对图 8.6 所示电路的频率响应进行仿真，确定中频增益和下限截止频率。取 $\beta_o = 100$，$I_S = 1$fA，$V_A = 75$V，并确定 Q 点的值。

答案： 135，635Hz，(1.64mA，2.79V)。

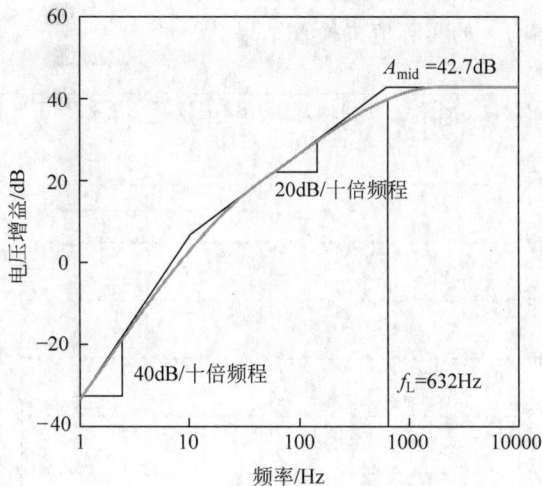

SPICE 仿真结果

练习： 如果 $R_B = 75\text{k}\Omega$，$R_4 = 13\text{k}\Omega$，$R_C = 43\text{k}\Omega$，$I_C = 175\mu\text{A}$，求图 8.7 所示共射极放大器的短路时间常数和 f_L。假设 $\beta_o = 140$，$V_A = 80$V，其他值保持不变。

答案： 33.6ms；1.47ms；14.3ms；124Hz。

设计实例

例 8.3　共射极放大器的下限截止频率设计。

选择耦合电容和旁路电容，将公共发射极的 f_L 值设置为指定值。

问题：选择 C_1、C_2 和 C_3 的值，设定图 8.6 所示放大器的 $f_L = 2000\,\text{Hz}$。

解：

已知量：图 8.6 所示电路及电阻值，且有 $\beta_o = 100, r_\pi = 1.51\,\text{k}\Omega, r_o = 46.8\,\text{k}\Omega$。利用式（8.34）～式（8.40），可以得到 $R_{1S} = 2.26\,\text{k}\Omega, R_{2S} = 23.3\,\text{k}\Omega, R_{3S} = 104\,\Omega$。

未知量：C_1、C_2 和 C_3。

求解方法：因为 R_{3S} 比其他两个电阻小很多，因此可容易地将与之相关的时间常数设计为确定 ω_L 的主导值，如式（8.41）所示。因此，此处所用的方法是用 C_3 来设定 f_L 的值，并选择合适的 C_1 和 C_2，使它们在计算中的影响可忽略不计。

假设：应用小信号工作条件，$V_T = 25\,\text{mV}$。

分析：选择 C_3 来设定 f_L 的值，可得

$$C_3 \approx \frac{1}{R_{3S}\omega_L} = \frac{1}{23.3\,\Omega(2\pi)(2000\,\text{Hz})} = 3.42\,\mu\text{F}$$

接下来选择 C_1 和 C_2 的值，使它们各自的时间常数值为 C_3 所对应时间常数值的 100 倍，也就是说，这两个电容中每个电容会为 f_L 带来 1% 的误差。

$$C_1 = 100 \times \frac{R_{3S}C_3}{R_{1S}} = 100 \times \frac{(23.2\,\Omega)(3.42\,\mu\text{F})}{2.26\,\text{k}\Omega} = 3.51\,\mu\text{F}$$

$$C_2 = 100 \times \frac{R_{3S}C_3}{R_{2S}} = 100 \times \frac{(23.2\,\Omega)(3.42\,\mu\text{F})}{104\,\text{k}\Omega} = 0.0763\,\mu\text{F}$$

在附录 A 的电容值表格中挑出最接近的值，可以得到 $C_1 = 3.3\,\mu\text{F}, C_2 = 0.082\,\mu\text{F}, C_3 = 3.3\,\mu\text{F}$。

结果检查：可以通过计算 f_L 的实际值来检查结果。

$$f_L = \frac{1}{2\pi}\left[\frac{1}{2.26\,\text{k}\Omega(3.3\,\mu\text{F})} + \frac{1}{104\,\text{k}\Omega(0.082\,\mu\text{F})} + \frac{1}{23.2\,\Omega(3.3\,\mu\text{F})}\right] = 2120\,\text{Hz}$$

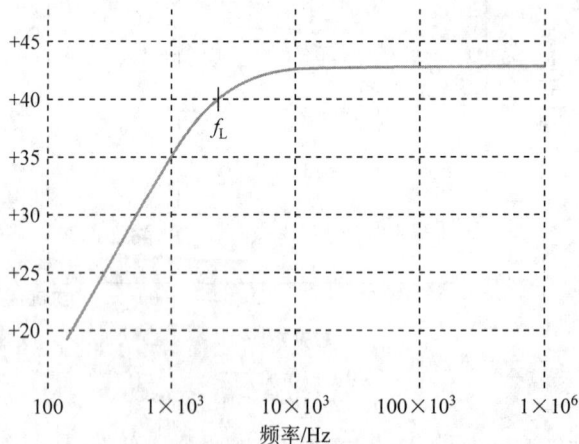

讨论：由于用到了 $3.3\,\mu\text{F}$ 的电容，再加上来自 C_1 和 C_2 的细微影响，截止频率稍微比设计值高一些。不考虑成本，可以采用两个电容来得到期望的电容值。然而典型电容的容限相对较大，如果希望得

到更为精确的 f_L 值,就需要采用精密电容。

计算机辅助分析:可以用 SPICE 的交流分析对赋予新电容值后的电路的频率响应进行仿真,其中参数设置为 FSTART=100Hz,FSTOP=1MHz,在每十倍频程中取 20 个频率采样点。晶体管参数设置如下:IS=3fA,BF=100,VAF=75V。新的共射极设计的仿真结果为 $A_{mid}=-138$(42.8dB)、$f_L=2120Hz$。f_L 的值比设计值约大 5%。这一偏差是由于 V_T 和 Q 点电流的差异及所取 C_3 电容值偏小造成的。

练习:估算图 8.6 所示电路的中频增益。估算值和 SPICE 仿真值之间的偏差由什么引起?

答案:-157;绝大多数差异是由忽略 r_o 引起。

8.3.2 估算共源极放大器的 ω_L

将晶体管的输入电阻和电流增益的值替换为无穷大,式(8.34)、式(8.36)和式(8.39)可以直接用于图 8.11 所示的共源极放大器。这些等式可直接简化为

$$R_{1S}=R_I+(R_G \parallel R_{iG})=R_I+R_G$$

$$R_{2S}=R_3+(R_D \parallel R_{iD})=R_3+(R_D \parallel r_o)\approx R_3+R_D$$

$$R_{3S}=R_S \parallel R_{iS}=R_S \left\| \frac{1}{g_m} \right. \tag{8.42}$$

式(8.42)中的 3 个表达式代表与电路中 3 个电容相关的短路电阻,如图 8.12 的交流等效电路所示。值得注意的是,这 3 个时间常数与推导式(8.29)时所采用的直接方法所得到的结果相同。

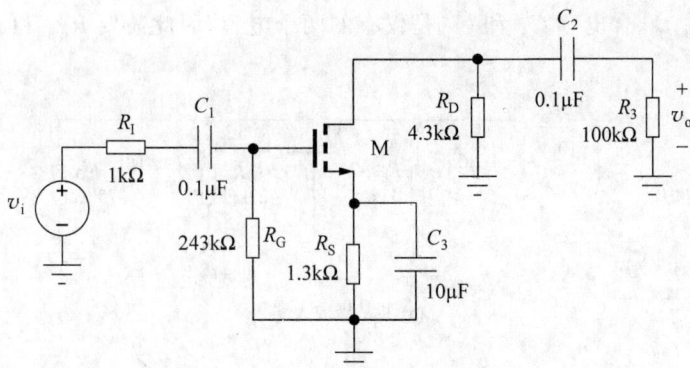

图 8.11 共源极放大器的交流模型

练习:如果 $I_D=1.5mA$,$V_{GS}-V_{TN}=0.5V$,求出图 8.11 所示共源极放大器的短路时间常数和 f_L。假设 $\lambda=0.015/V$,其他参数保持不变。

答案:24.4ms;10.4ms;1.48ms;129Hz。

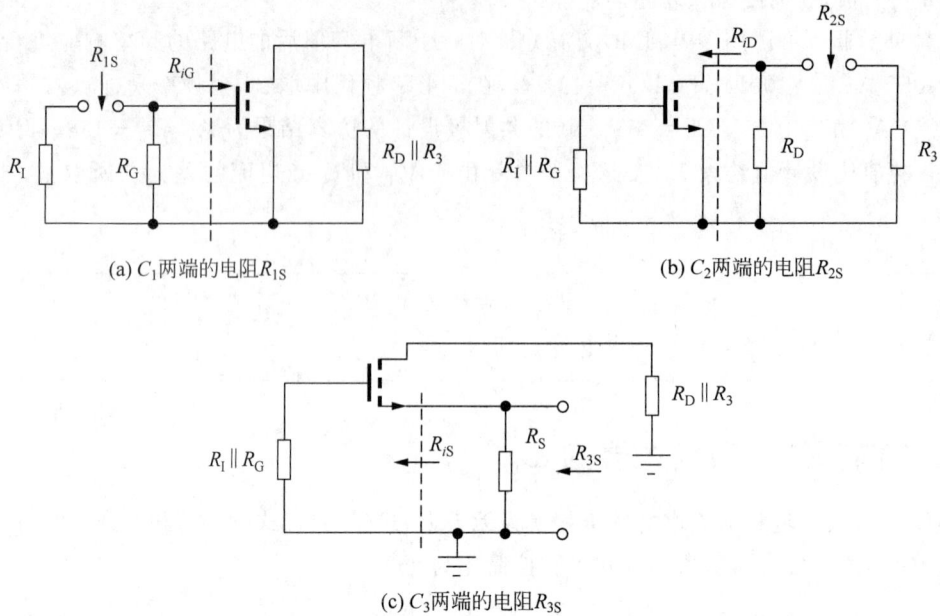

(a) C_1 两端的电阻R_{1S}

(b) C_2 两端的电阻R_{2S}

(c) C_3 两端的电阻R_{3S}

图 8.12

8.3.3 估算共基极放大器的 ω_L

接下来，对图 8.13(a)所示的共基极放大器运用短路时间常数法。如果将 β_o 和 r_π 的值设为无穷大，那么其结果同样可直接应用于共栅极放大器。图 8.13(b)所示为共基极放大器的低频交流等效电路。在这一特定电路中，耦合电容 C_1 和 C_2 是仅有的两个电容，因此需要 R_{1S} 和 R_{2S} 的表达试。

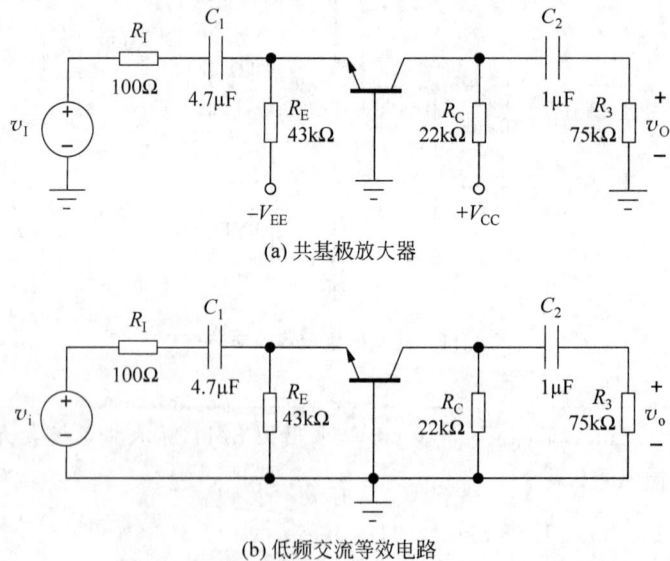

(a) 共基极放大器

(b) 低频交流等效电路

图 8.13

计算 R_{1S}：

R_{1S} 的值可以通过短路电容 C_2 来求得，如图 8.14 所示。由图 8.14 可得

$$R_{1S} = R_I + (R_E \parallel R_{iE}) \approx R_I + \left(R_E \parallel \frac{1}{g_m}\right) \tag{8.43}$$

计算 R_{2S}：

短路电容 C_1 可得图 8.15 所示电路，R_{2S} 的表达式如下：

$$R_{2S} = R_3 + (R_C \parallel R_{iC}) \approx R_3 + R_C \tag{8.44}$$

主要因为 $R_{iC} \approx r_o(1 + g_m R_{th})$，所以该值比较大。

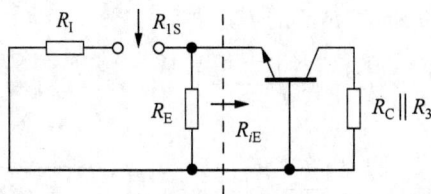

图 8.14　用于确定 R_{1S} 的等效电路　　　图 8.15　用于确定 R_{2S} 的等效电路

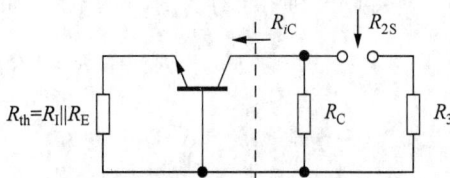

练习：如果 $\beta_o = 100$，$V_A = 70V$，Q 点为 $(0.1\text{mA}, 5V)$，求出图 8.13 所示共基极放大器的短路时间常数和 f_L。A_{mid} 的值为多少？

答案：1.64ms；97.0ms；98.7Hz；48.6。

8.3.4　估算共栅极放大器的 ω_L

图 8.16 所示共栅极放大器的 R_{1S} 和 R_{2S} 的表达式与共基极放大器的相应表达式基本一样

$$R_{1S} = R_I + (R_S \parallel R_{iS}) = R_I + \left(R_S \parallel \frac{1}{g_m}\right)$$

$$R_{2S} = R_3 + (R_D \parallel R_{iD}) \approx R_3 + R_D \qquad 因为 \qquad R_{iD} \approx \mu_f(R_S \parallel R_I) \tag{8.45}$$

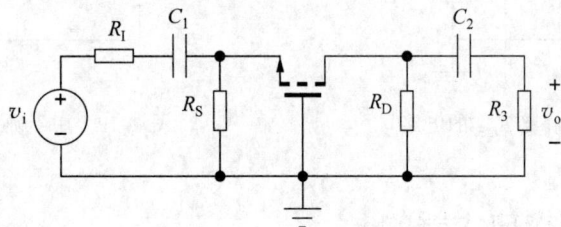

图 8.16　共栅极放大器的交流电路

练习：画出用来确定图 8.16 所示共栅极放大器的 R_{1S} 和 R_{2S} 的表达式的电路图，并且验证式(8.45)中结果的正确性。

练习：如果 $R_I = 100\Omega$，$R_S = 1.3\text{k}\Omega$，$R_D = 4.3\text{k}\Omega$，$R_3 = 75\text{k}\Omega$，$C_1 = 1\mu\text{F}$，$C_2 = 0.1\mu\text{F}$，$I_D = 1.5\text{mA}$，$V_{GS} - V_{TN} = 0.5V$，计算图 8.16 所示共栅极放大器的短路时间常数和 f_L，假设 $\lambda = 0$。

答案：0.248ms；7.93ms；663Hz。

8.3.5 估算共集电极放大器的 ω_L

图 8.17(a)和(b)所示为一个射极跟随器及其低频交流模型电路图。该电路有两个耦合电容，即 C_1 和 C_2。图 8.18 所示用于求出 R_1 的电路是通过电短路 C_2 而得，R_{1S} 的表达式为

$$R_{1S} = R_I + (R_B \parallel R_{iB}) = R_I + (R_B \parallel [r_\pi + (\beta_o + 1)(R_E \parallel R_3)]) \tag{8.46}$$

同样，短路 C_1 可以得到用于计算 R_{2S} 的电路，如图 8.19 所示，R_{2S} 的表达式为

$$R_{2S} = R_3 + (R_E \parallel R_{iE}) = R_3 + \left(R_E \parallel \frac{R_{th} + r_\pi}{\beta_o + 1}\right) \tag{8.47}$$

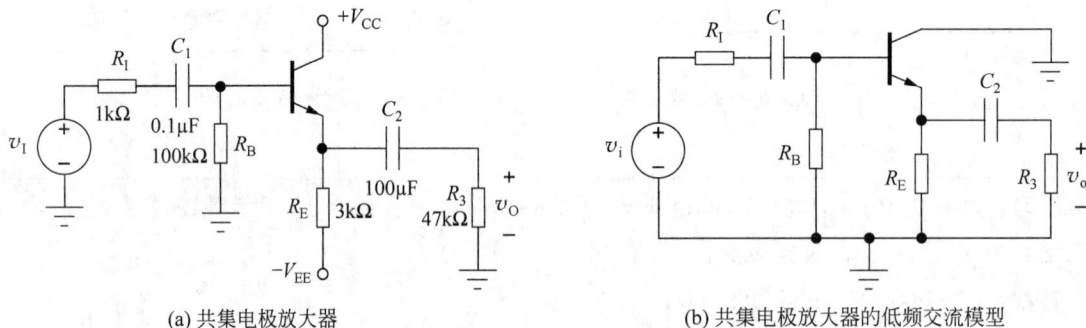

(a) 共集电极放大器　　　　　　　　　　　　(b) 共集电极放大器的低频交流模型

图　8.17

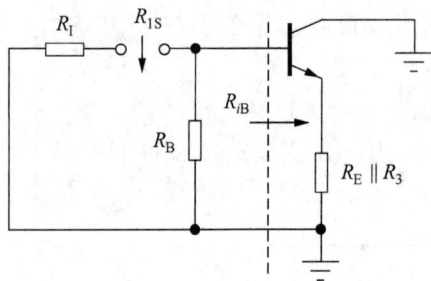　　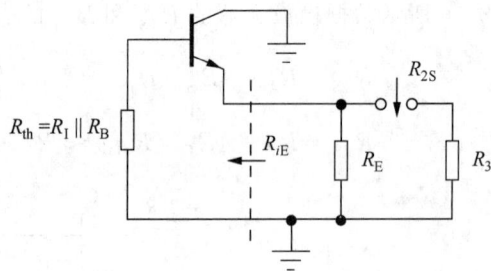

图 8.18　用于确定 R_{1S} 的电路　　　　　图 8.19　用于确定 R_{2S} 的电路

8.3.6 估算共漏极放大器的 ω_L

图 8.20 所示为与共漏放大器对应的低频交流模型。当 β_o 和 r_π 的值接近无穷大时取极限，式(8.46)和式(8.47)变为

$$R_{1S} = R_I + (R_G \parallel R_{iG}) = R_I + R_G \tag{8.48}$$

因为 $R_{iG} \to \infty$ 和 $R_{2S} = R_3 + (R_S \parallel R_{iS}) = R_3 + \left(R_S \parallel \dfrac{1}{g_m}\right)$。

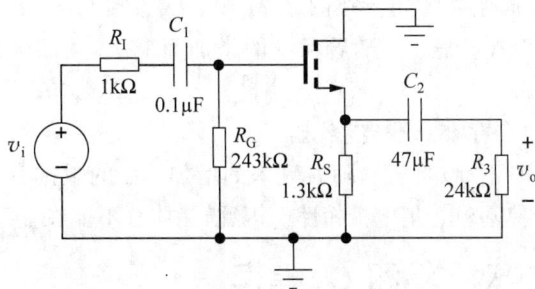

图 8.20 共漏极放大器的低频交流等效电路

> **练习**：如果 $\beta_o = 100, V_A = 70V, Q$ 点 $=(1mA, 5V)$，计算图 8.17(a)所示共集电极放大器的短路时间常数和 f_L。A_{mid} 的值为多少？
>
> **答案**：$7.52ms, 4.7s, 21.2Hz$；0.978。
>
> **练习**：如果 $g_m = 1mS$，计算图 8.20 所示共漏放大器的短路时间常数和 f_L。A_{mid} 的值为多少？
>
> **答案**：$24.4ms, 1.16ms, 6.66Hz$；0.55。

8.4 高频晶体管模型

为了探索放大器频率响应的上限，必须考虑至今为止忽略了的晶体管高频极限。所有的电子元器件在其不同终端间都存在电容，这些电容可以限制元器件提供有用的电压、电流或功率增益的频率。本节将介绍双极型晶体管与频率相关的混合 π 模型，以及场效应管的类似模型。

8.4.1 双极型晶体管与频率相关的混合 π 模型

在双极型晶体管中，晶体管的基极-发射极之间存在电容，图 8.21 所示的小信号混合 π 模型中就包含了这些电容。基极和集电极之间的电容用 C_μ 表示，该电容表示双极型晶体管反向偏置集电极-基极结的电容，它与 Q 点之间的关系为

$$C_\mu = \frac{C_{\mu o}}{\sqrt{1 + \frac{V_{CB}}{\phi_{jc}}}} \tag{8.49}$$

在式(8.49)中，$C_{\mu o}$ 表示零偏置时整个集电极-基极结电容，ϕ_{jc} 为集电极-基极结的内建电势，其值一般为 $0.6 \sim 1.0V$。

发射极和基极之间的内部电容用 C_π 表示，该电容代表晶体管基极-发射极结正偏时的扩散电容。C_π 与 Q 点的关系为

$$C_\pi = g_m \tau_F \tag{8.50}$$

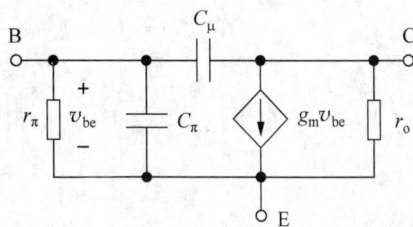

图 8.21 双极型晶体管的混合 π 模型中的电容

其中，τ_F 为双极型晶体管的正向渡越时间。在图 8.21 中，C_π 直接与 r_π 并联。对于一个给定的输入信号电流，C_π 的阻抗使基极-发射极电压 v_{be} 随着频率的增加而减小，从而降低了晶体管输出端受控源的电流。

在电子元器件和电路中总会存在并联电容，如 C_π。低频时，这些电容的阻抗通常会非常大，因此对电阻 r_π 造成的相关影响可忽略不计。然而，随着频率的增加，C_π 的阻抗变得越来越小，并且 v_{be} 最终接近于零。在很高频率下，C_π 会使基极与集电极短路。因此，晶体管不能在任意高的频率下提供放大功能。

8.4.2　在 SPICE 中对 C_π 和 C_μ 建模

在 SPICE 中，C_π 的值由正向渡越时间 TF 决定，而 C_μ 的值取决于集电极结电容（CJC）的零偏值、集电极-基极结的内建电势（VJC）及集电极-基极结的分级系数（MJC）。在 SPICE 中，C_π 和 C_μ 分别指代 C_{BE} 和 C_{BC}。

$$C_{BE} = g_m \cdot TF \quad \text{和} \quad C_{BC} = \frac{CJC}{\left(1 + \dfrac{VCB}{VJC}\right)^{MJC}} \tag{8.51}$$

VJC 的默认值为 0.75V，MJC 的默认值为 0.33。

8.4.3　单位增益频率 f_T

晶体管高频特性的定量描述可以通过计算图 8.22 所示电路与频率相关的短路电流增益 $\beta(s)$ 来确定。当有电流 $I_b(s)$ 注入基极时，集电极电流 $I_c(s)$ 包括两个分量

$$I_c(s) = g_m V_{be}(s) - I_\mu(s) \tag{8.52}$$

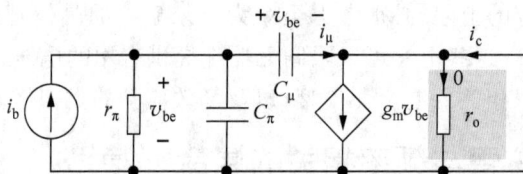

图 8.22　计算双极型晶体管的短路电流增益 β

由于集电极电压为 0，v_{be} 直接加载在 C_μ 两端，且有 $I_\mu(s) = sC_\mu V_{be}(s)$。因此有

$$I_c(s) = (g_m - sC_\mu) V_{be}(s) \tag{8.53}$$

由于集电极直接接地，C_π 和 C_μ 在此电路中为并联关系，基极电流流过并联的 r_π 和 $(C_\pi + C_\mu)$，产生的基极-发射极电压为

$$V_{be}(s) = I_b(s) \frac{r_\pi \dfrac{1}{s(C_\pi + C_\mu)}}{r_\pi + \dfrac{1}{s(C_\pi + C_\mu)}} = I_b(s) \frac{r_\pi}{s(C_\pi + C_\mu) r_\pi + 1} \tag{8.54}$$

将式（8.53）和式（8.54）合并，可以得到与频率相关的电流增益表达式为

$$\beta(s) = \frac{I_c(s)}{I_b(s)} = \frac{\beta_o \left(1 - \dfrac{sC_\mu}{g_m}\right)}{s(C_\pi + C_\mu) r_\pi + 1} \tag{8.55}$$

当频率很高时，电流增益出现一个右半平面的传输零点，即当 $\omega_Z = g_m/C_\mu$ 时，该零点在绝大多数

情况下可以忽略。因此忽略 ω_Z,可得到 $\beta(s)$ 的简化表达式为

$$\beta(s) \approx \frac{\beta_\text{o}}{s(C_\pi + C_\mu)r_\pi + 1} = \frac{\beta_\text{o}}{\dfrac{s}{\omega_\beta} + 1} \tag{8.56}$$

其中 ω_β 代表 β 截止频率(Beta-Cutoff Frequency),被定义为

$$\omega_\beta = \frac{1}{r_\pi(C_\pi + C_\mu)} \quad \text{和} \quad f_\beta = \frac{\omega_\beta}{2\pi} \tag{8.57}$$

式(8.56)的伯德图如图 8.23 所示。从式(8.56)及其伯德图中可以发现,在低频时电流增益为 $\beta_\text{o} = g_\text{m}r_\pi$,当频率超过 f_β 时出现单极点滚降特性,下降速率为 20dB/十倍频程,在 $f = f_\text{T}$ 处穿过单位增益点。在低于 β 截止频率 f_β 的低频处,电流增益的幅值为 3dB。

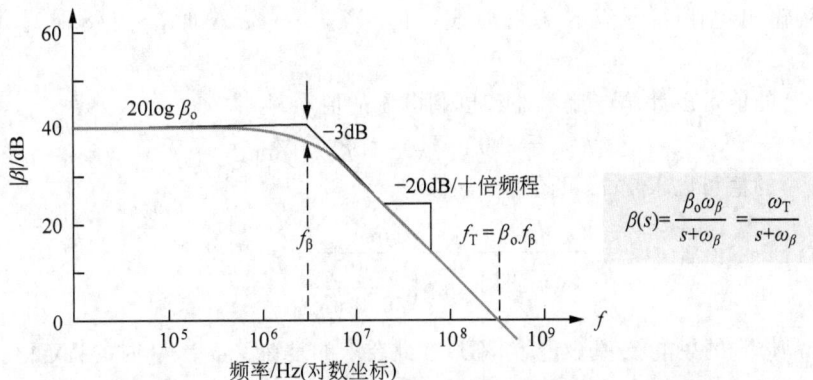

图 8.23 双极型晶体管的共射极电流增益与频率的关系曲线

可以用 $\omega_\text{T} = \beta_\text{o}\omega_\beta$ 将式(8.56)重新写为

$$\beta(s) = \frac{\beta_\text{o}\omega_\beta}{s + \omega_\beta} = \frac{\omega_\text{T}}{s + \omega_\beta} \tag{8.58}$$

其中 $\omega_\text{T} = 2\pi f_\text{T}$,参数 f_T 称为晶体管的单位增益带宽积(Unity Gain-Bandwidth Product),被看作晶体管的基本频率限制之一。当频率大于 f_T 时,晶体管不再提供任何电流增益,无法作为放大器使用。

由式(8.57)和式(8.58)可以得到单位增益带宽积和小信号参数之间关系为

$$\omega_\text{T} = \beta_\text{o}\omega_\beta = \frac{\beta_\text{o}}{r_\pi(C_\pi + C_\mu)} = \frac{g_\text{m}}{C_\pi + C_\mu} \tag{8.59}$$

需注意的是,传输零点出现的频率大于 ω_T,即

$$\omega_Z = \frac{g_\text{m}}{C_\mu} > \frac{g_\text{m}}{C_\pi + C_\mu} = \omega_\text{T} \tag{8.60}$$

为进行计算,可以根据晶体管的规格表确定 f_T 和 C_μ 的值,然后重新整理式(8.59)来计算 C_π

$$C_\pi = \frac{g_\text{m}}{\omega_\text{T}} - C_\mu \tag{8.61}$$

从式(8.49)中可以看出,C_μ 对工作点的影响很微弱,但是如果在式(8.61)中重新改写 g_m,则 C_π 直接与集电极电流呈正比关系

$$C_\pi = \frac{40 I_\text{C}}{\omega_\text{T}} - C_\mu \tag{8.62}$$

例 8.4 双极型晶体管的模型参数。

根据双极型晶体管的规格表确定一系列模型参数。

问题：确定工作在 1mA 集电极电流下的 CA-3096 npn 晶体管的 β_o、I_S、V_A、f_T、C_π 和 C_μ。

解：

已知量：CA-3096 规格表，$I_c = 1\text{mA}$。

未知量：β_o、I_S、V_A、f_T、C_π 和 C_μ。

求解方法：利用大信号参数和小信号参数的定义及二者之间的关系来确定未知量的值。

假设：$T = 25^\circ\text{C}$ 且 $V_{CE} = 5\text{V}$ 对应的规格表；晶体管工作在线性放大区；$\beta_o \approx \beta_F$；集电极-基极结的内建电势为 0.75V。

分析：基于规格表中的典型值，可知 $\beta_F = h_{FE} = 390$，$V_{BE} = 0.69\text{V}$，$f_T = 280\text{MHz}$，当 $V_{CB} = 3\text{V}$ 时 $C_{CB} = 0.46\text{pF}$。从输出电阻和电流的关系曲线，可知当 $I_C = 1\text{mA}$ 时，$r_o = 80\text{k}\Omega$。已知 $T = 25^\circ\text{C}$，$V_T = 26\text{mV}$。

根据 h_{FE} 和 r_o 的值可以计算电流增益和厄利电压的值

$$\beta_o \approx h_{FE} = 390 \quad V_A = I_C r_o - V_{CE} = 75\text{V}$$

基于 I_C、V_{BE} 和 V_T 的值可以求出 I_S 的值

$$I_S = \frac{I_C}{\exp\left(\frac{V_{BE}}{V_T}\right)} \frac{1\text{mA}}{\exp\left(\frac{0.69\text{V}}{26.0\text{mV}}\right)} = 2.98\text{fA}$$

电容 C_μ 等于晶体管的集电极-基极电容，不过在此要求的是在 $V_{CB} = 3\text{V}$ 时的特定值。利用式（8.49），可求出 $C_{\mu o}$ 的值，然后计算 $V_{CB} = 5\text{V} - 0.69\text{V} = 4.31\text{V}$ 时 C_μ 的值

$$C_{\mu o} \approx C_{CB}\sqrt{1 + \frac{V_{CB}}{\phi_{jc}}} = 0.46\text{pF}\sqrt{1 + \frac{3}{0.75}} = 1.03\text{pF}$$

$$C_\mu \approx \frac{C_{\mu o}}{\sqrt{1 + \frac{V_{CB}}{\phi_{jc}}}} = \frac{1.03\text{pF}}{\sqrt{1 + \frac{4.31}{0.75}}} = 0.397\text{pF}$$

现在可计算 C_π 的值

$$C_\pi = \frac{g_m}{\omega_T} - C_\mu = \frac{1\text{mA}}{26\text{mV}} \frac{1}{2\pi(280\text{MHz})} - 0.4\text{pF} = 21.5\text{pF}$$

结果检查：已经求出了所需的 β_o、I_S、V_A、f_T、C_π 和 C_μ。从得到的结果上看，计算结果正确且合理，其中 C_μ 的计算值与规格表（Specification Sheet）中 C_{CB} 与 V_{CB} 的关系曲线吻合得很好。

讨论：我们经常会从规格表中找到所需的参数，但规格表中提供的数据往往不够完整。有些数据以表格的形式提供，而其他数据则必须从图形中获得。值得注意的是，电流增益的峰值出现在集电极电流近似为 1mA 的时候，而 f_T 的峰值出现在集电极电流近似为 4mA 的时候。

计算机辅助分析：现在我们来尝试创建一个包含这些参数的 SPICE 模型，所需设定的参数为 IS = 2.98fA，BF = 390，VAF = 75V。利用式（8.51），还要设定 TF = 559ps，CJC = 1.03pF，VJC = 0.75V 以及 MJC = 0.5。按照下图所示电路偏置晶体管，并在工作点分析中将这些元器件参数设为输出。仿真得到的结

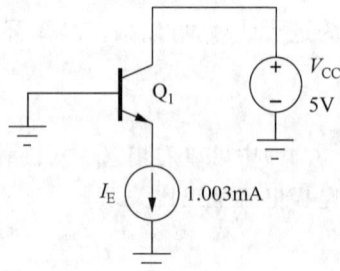

果为 $I_C=1\text{mA}, V_{BE}=0.685\text{V}, V_{BC}=-5\text{V}, g_m=38.7\text{mS}, \beta_o=g_m/g_\pi=416, r_o=1/g_o=79.9\text{k}\Omega, C_\pi=21.6\text{pF}, C_\mu=0.372\text{pF}$。由此可以看出,结果与之前得到的参数值是一致的。需要指出的是 $\beta_o=\text{BF}(1+\text{VCB}/\text{VAF})=416$。

练习:对于一个给定的双极型晶体管,已知 $f_T=500\text{MHz}, C_{\mu o}=2\text{pF}$。当 Q 点为下述值时,计算 C_μ 和 C_π 的值:$(100\mu\text{A}, 8\text{V}), (2\text{mA}, 5\text{V})$ 和 $(50\text{mA}, 8\text{V})$。假设 $V_{BE}=\phi_{jc}=0.6\text{V}$。

答案:$0.551\text{pF}, 0.722\text{pF}; 0.7\text{pF}, 24.8\text{pF}, 0.551\text{pF}, 636\text{pF}$。

8.4.4 FET 的高频模型

为建立高频时的 FET 模型,需在小信号模型的基础上增加栅-漏电容 C_{GD} 和栅-源电容 C_{GS},如图 8.24 所示。对于 MOSFET,这两个电容就是栅氧化层电容和交叠电容。在高频下,这两个电容的电流合并形成栅极电流,此时信号电流 i_g 不能再假设为零。因此,即使在高频下 FET 也具有一定的电流增益。

如图 8.25 所示,FET 的短路电流增益可以用与双极型晶体管类似的方法来计算。

$$I_d(s)=(g_m-sC_{GD})V_{gs}(s)=I_g(s)\frac{(g_m-sC_{GD})}{s(C_{GS}+C_{GD})} \tag{8.63}$$

$$\beta(s)=\frac{I_d(s)}{I_g(s)}=\frac{g_m\left(1-\dfrac{sC_{GD}}{g_m}\right)}{s(C_{GS}+C_{GD})}=\frac{\omega_T}{s}\left(1-\frac{s}{\omega_T\left(1+\dfrac{C_{GS}}{C_{GD}}\right)}\right) \tag{8.64}$$

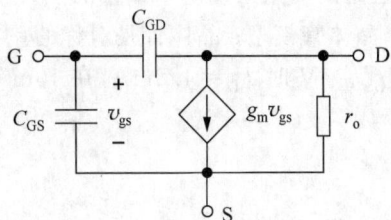

图 8.24 FET 的 π 模型   图 8.25 用于计算 FET 短路电流增益的电路

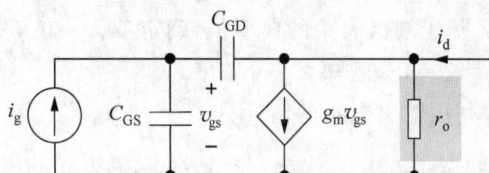

在直流情况下,电流增益为无穷大,但是随着频率的增加会以 20dB/十倍频程的速率减小。对于 FET,其单位增益带宽积 ω_T 的定义与双极型晶体管相同

$$\omega_T=\frac{g_m}{C_{GS}+C_{GD}} \tag{8.65}$$

并且当频率超过 ω_T 时,FET 的电流增益将降到 1 以下,这与双极型晶体管的情况相同。此时的传输零点出现在 $\omega_Z=\omega_T(1+C_{GS}/C_{GD})$ 处,该频率要高于 ω_T。

8.4.5 运用 SPICE 为 C_{GS} 和 C_{GD} 建模

有源区(沟道夹断区)的栅-源和栅-漏电容的表达式为

$$C_{GS} = C'_{OL}W + \frac{2}{3}C''_{ox}WL \quad C_{GD} = C'_{OL}W \quad C''_{OX} = \frac{\varepsilon_{ox}}{T_{ox}} \tag{8.66}$$

对应的 SPICE 参数为氧化层厚度 TOX、栅宽 W、栅长 L、单位长度的栅-源交叠电容 CGSO 及单位长度的栅-漏交叠电容 CGDO。需注意的是，SPICE 允许将晶体管源区和漏区的交叠电容定义为不同的值。

8.4.6　f_T 与沟道长度的关系

MOSFET 的单位增益带宽积很大程度上取决于沟道长度，这一现象也解释了为什么要不断更新技术以获得更小的工艺尺寸。可以用工艺参数来表示 MOSFET 的本征 $f_T(C'_{OL} = 0)$，如式（8.65）和式（8.66）所示。我们还记得 $g_m = K_n(V_{GS} - V_{TN})$，假设 $C'_{OL} = 0$，则可得

$$f_T = \frac{\mu_n C''_{ox}\dfrac{W}{L}(V_{GS} - V_{TN})}{\dfrac{2}{3}C''_{ox}WL} = \frac{3}{2}\frac{\mu_n(V_{GS} - V_{TN})}{L^2} \tag{8.67}$$

f_T 的值与晶体管的迁移率成正比，并与沟道长度的平方成反比。因此，对于给定的沟道长度和偏置条件，NMOS 晶体管相比 PMOS 晶体管具有更高的截止频率。根据上面的式子可以看出，将沟道长度减小为 1/10 就能使 f_T 提高 100 倍。

例 8.5　MOSFET 的模型参数。

根据 MOSFET 的规格表确定一系列模型参数。

问题：确定工作于 10mA 漏电流下的 ALD-1116 NMOS 晶体管的 V_{TN}、K_p、λ、C_{GS} 和 C_{GD}。

解：

已知量：ALD-1116 规格表；$I_D = 10\text{mA}$。

未知量：V_{TN}，K_n，λ，C_{GS} 和 C_{GD}。

求解方法：利用大信号参数和小信号参数的定义及二者之间的关系来确定未知量的值。

假设：对应的规格表中，$T = 25\text{℃}$，$V_{DS} = 5\text{V}$；应用平方律晶体管模型；晶体管是对称的。

分析：基于规格表中的典型值，确定 $V_{TN} = 0.7\text{V}$，且当 $V_{GS} = 5\text{V}$ 时 $I_D = 4.8\text{mA}$，在 10mA 时的输出电导 $g_o = 200\mu\text{S}$，已知 $C_{ISS} = 1\text{pF}$。

首先，利用输出电导的值计算 λ

$$\lambda = \left(\frac{I_D}{g_o} - V_{DS}\right)^{-1} = \left(\frac{10\text{mA}}{0.2\text{mS}} - 5\text{V}\right)^{-1} = 0.0222\text{V}^{-1}$$

接下来，利用 MOS 有源区的漏极电流表达式计算 K_n

$$K_n = \frac{2I_D}{(V_{GS} - V_{TN})^2(1 + \lambda V_{DS})} = \frac{2(4.8\text{mA})}{(5\text{V} - 0.7\text{V})^2\left(1 + \dfrac{5\text{V}}{45\text{V}}\right)} = 467\frac{\mu\text{A}}{\text{V}^2}$$

根据这些结果，可将 SPICE 参数设为 VTO = 0.7V，KP = 467μA/V^2 和 LAMBDA = 0.0222/V^{-1}。

C_{ISS} 为晶体管共源连接时的短路输入电容，其值等于 C_{GS} 和 C_{GD} 之和。不巧的是，例中没有给出明确的测试条件，无法确定在测量时该晶管是工作在有源区还是线性放大区。假定晶体管工作在有源区并利用式（8.66），有

$$C_{GS} + C_{GD} = \frac{2}{3}C''_{ox}WL + 2C'_{OL}W = 1\text{pF}$$

然而，我们无法直接在 C_{GS} 和 C_{GD} 之间划分 1pF 的电容值。一种近似方法是假设氧化层电容占主

导地位,于是可以得到 $C_{GS} \approx 1\text{pF}$ 和 $C_{GD} \approx 0$。然而正如下面将要看到的那样,忽略 C_{GD} 会在放大器的高频响应计算中造成很大的误差。

结果检查: 我们已经求得了需要计算的结果,V_{TN} 和 λ 的值看起来是合理的。现在来看一下放大系数和 f_T 的值是否合理

$$g_m = \sqrt{2K_n I_D (1 + \lambda V_{DS})} = \sqrt{2(467\mu\text{A/V}^2)(10\text{mA})(1 + 5/45)} = 3.22\text{mS}$$

$$f_T = \frac{1}{2\pi} \frac{g_m}{C_{GS} + C_{GD}} = \frac{1}{2\pi} \frac{3.22\text{mS}}{1\text{pF}} = 513\text{MHz}$$

$$\mu_f = \frac{g_m}{g_o} = \frac{3.22}{0.2\text{mS}} = 16.1$$

可以看出,f_T 的值是合理的,由于漏极电流只有 10mA,μ_f 的值相对较小。虽然 g_m 的值比表格中所给的典型值要大,但仍与输出特性曲线的值吻合得较好:$g_m = \Delta I_D / \Delta V_{GS} = 4.5\text{mA}/2\text{V} = 2.25\text{mS}$。

讨论: 可以肯定的是,大家会经常从规格表中查找所需的参数,而规格表中提供的数据往往不够完整,且不一定前后一致。一般来说,我们还要联系生产厂家以获得更详尽的信息。厂商可能会提供元器件的 SPICE 模型。如果实在没办法时,也可以自己测量参数值,或者选择其他的元器件。

练习: 如果例 8.5 中的 C_{ISS} 值是在线性区测得的,则 C_{GS} 和 C_{GD} 的值为多少?
答案: $0.5\text{pF},0.5\text{pF}$。
练习: 已知 NMOSFET 的参数为 $f_T = 200\text{MHz}$,$K_n = 10\text{mA/V}^2$,漏电流为 10mA。假设 $C_{GS} = 5C_{GD}$,求出这两个电容的值。
答案: $C_{GS} = 9.38\text{pF}$,$C_{GD} = 1.88\text{pF}$。

8.4.7 高频模型的局限性

图 8.21 和图 8.25 中的晶体管 π 模型很好地体现了频率高至接近 $0.3f_T$ 时的晶体管特性。当频率高于这一值时,简单 π 模型所体现出的特性与实际元器件特性会出现明显的偏差。此外,在讨论中默认 ω_T 为常数,然而这仅仅是一个近似,在实际的双极型晶体管中,ω_T 的值与工作电流有关,如图 8.26 所示。

对一个给定的双极型晶体管,一定会存在一个集电极电流 I_{CM},在该电流下可以达到 f_T 的最大值,即 $f_T = f_{T_{MAX}}$。对于工作在饱和区的 FET,其 C_{GS} 和 C_{GD} 与 Q 点电流无关,从而有 $\omega_T \propto g_m \propto \sqrt{I_D}$。在接下来的讨论中,我们假设指定的 f_T 值对应的就是所用的工作点。

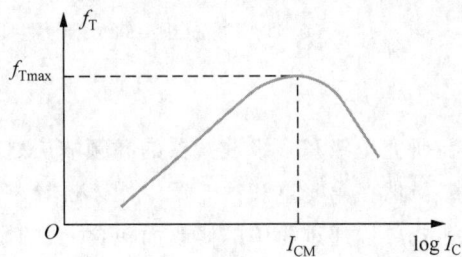

图 8.26 f_T 与电流的关系

练习: 研究晶体管的 f_T 取常数所带来的问题,重新计算 Q 点为 $(20\mu\text{A}, 8\text{V})$ 时 C_μ 和 C_π 的值,假设 $f_T = 500\text{MHz}$,$C_{\mu o} = 2\text{pF}$,$\phi_{jc} = 0.6\text{V}$。
答案: 0.551pF,-0.296pF。(该 C_π 值不可思议,C_π 不能为负值)

8.5 混合 π 模型中的基区电阻

基区电阻 r_x 是构成双极型晶体管完整混合 π 模型的最后一个电路元件。图 8.27 所示为双极型晶体管的剖面图，基极电流 i_b 通过外部的基区接触孔进入晶体管，在真正进入晶体管有源区之前先流过了一段电阻率相对较高的区域。电路元件 r_x 用来为基区接触孔和晶体管有源区之间的压降建模，并处于外基极节点 B 和内基极节点 B′ 之间的区域，如图 8.28 所示。正如在 8.5.1 节中将要讨论的，在低频时基区电阻通常会被忽略。然而，在低电源电阻应用中电阻会对晶体管的高频响应有重要影响。在低噪声放大器设计中的热噪声也是一个重要的限制因素。r_x 的典型值在几欧姆到 1000Ω 间浮动。在 SPICE 中，双极型晶体管的基区电阻用参数 RB 表示。

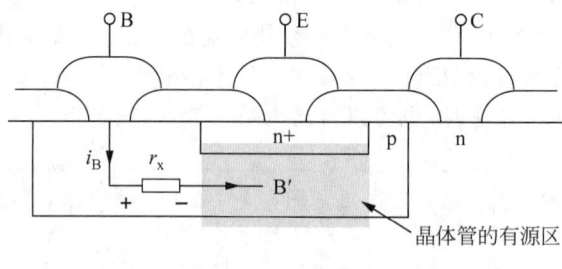

图 8.27　双极型晶体管中基极电流的流动

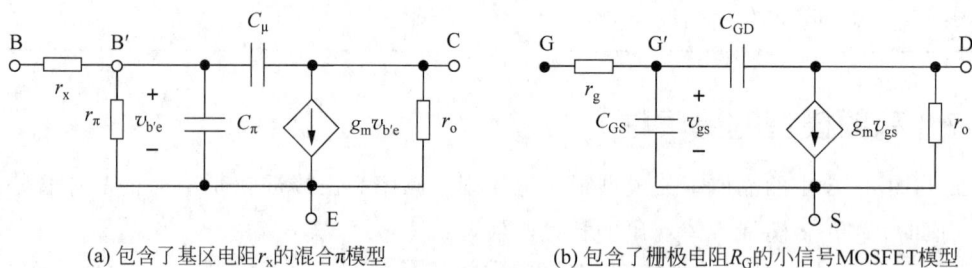

(a) 包含了基区电阻 r_x 的混合π模型　　　　　　(b) 包含了栅极电阻 R_G 的小信号MOSFET模型

图　8.28

在研究单级和多级放大器的高频响应之前，我们先研究基区电阻对单级放大器中频增益表达式的影响。虽然在第 4 章和第 5 章中用来推导中频电压增益的模型中并没有包含基区电阻的影响，但是这些表达式可以通过简单的修改而包含 r_x 的影响。一个简单的方法就是采用图 8.29 所示的修改之后的电路，在该电路中 r_x 被合并到了一个等效的 π 模型中。图 8.29(a) 所示模型中的电流发生器由两端的电压控制，这一电压通过总的基极-发射极电压分压而来，分压公式为

$$v = v_{be}\frac{r_\pi}{r_x + r_\pi} = \frac{v_{be}}{1 + (r_x/r_\pi)} \tag{8.68}$$

同时受控源中的电流为

$$i = g_m v = g_m\frac{r_\pi}{r_x + r_\pi}v_{be} = g_m'v_{be}, \quad 其中 \quad g_m' = \frac{\beta_o}{r_x + r_\pi} \tag{8.69}$$

由式(8.68)和式(8.69)可以导出图 8.29(b) 所示的模型，在该模型中基区电阻被并入一个等效晶

体管 Q' 的 r'_π 和 g'_m 中,相关表达式为

$$g'_m = g_m \frac{r_\pi}{r_x + r_\pi} = \frac{\beta_o}{r_x + r_\pi} \quad \text{和} \quad r'_\pi = r_x + r_\pi \qquad (8.70)$$

需注意的是,在转换过程中电流增益保持不变, $\beta'_o = \beta_o$ 。

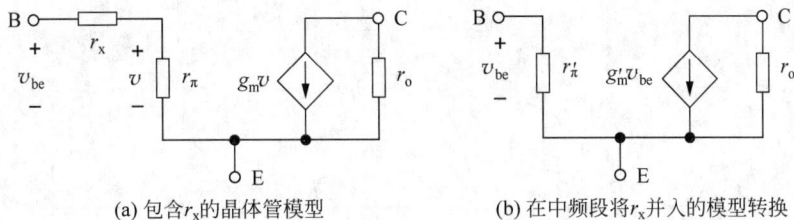

(a) 包含 r_x 的晶体管模型　　　　　(b) 在中频段将 r_x 并入的模型转换

图　8.29

基于式(8.70),表5.9中的原始表达式可以通过简单地将 g_m 替换为 g'_m , r_π 替换为 r'_π 而变为表8.1中的表达式,这些表达式分别对应图8.30所示的3种放大器类型。在许多情况下,尤其是在偏置点低于几百微安时, $r_\pi \gg r_x$,式(8.70)中的表达式可简化为 $g'_m \approx g_m$ 和 $r'_\pi \approx r_\pi$ 。这样,表8.1中的表达式也变得与表5.9中的对应项相同。

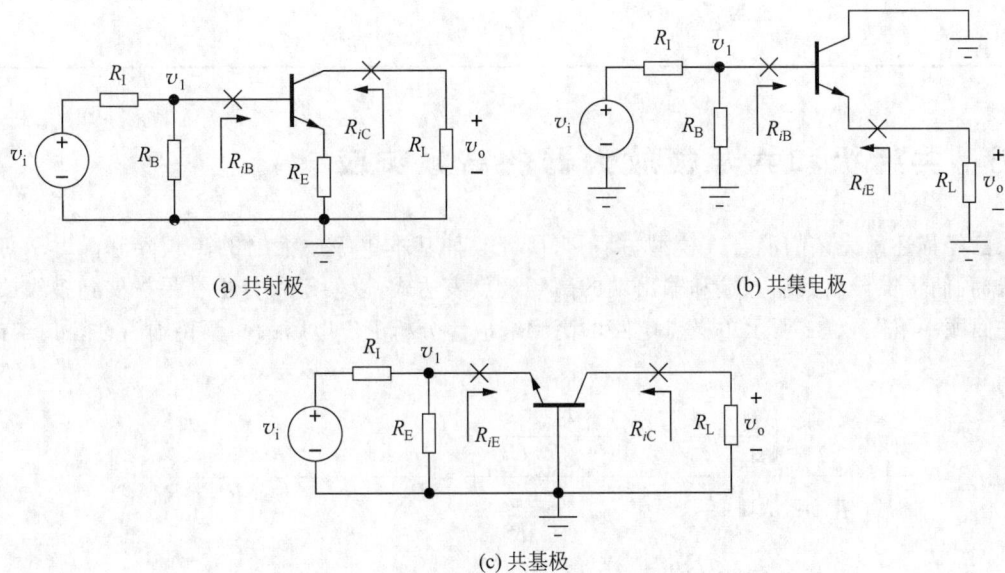

(a) 共射极

(b) 共集电极

(c) 共基极

图 8.30　3种双极型晶体管放大器结构

练习:重新计算图8.6所示电路的中频增益,其中基极电阻 $r_x = 250\Omega$ 。当 $r_x = 0$ 时, A_{mid} 的值为多少?

答案:-139;-157。

表 8.1　单级双极型晶体管放大器，包含基极电阻（参见图 8.30）

	共射极放大器	共集电极放大器	共基极放大器
端电压增益 $A_{vt}=\dfrac{v_o}{v_1}$	$-\dfrac{\beta_o R_L}{r'_\pi+(\beta_o+1)R_E}$	$\dfrac{\beta_o R_L}{r'_\pi+(\beta_o+1)R_L}$	$g'_m R_L$
$r'_\pi=r_x+r_\pi$ $g'_m=\dfrac{\beta_o}{r'_\pi}$	$\approx -\dfrac{g'_m R_L}{1+g'_m R_E}$	$\approx \dfrac{g'_m R_L}{1+g'_m R_L}\approx 1$	
信号源电压增益 $A_v=\dfrac{v_o}{v_i}$	$-\dfrac{g'_m R_L}{1+g'_m R_E}\left(\dfrac{R_B\parallel R_{iB}}{R_1+R_B\parallel R_{iB}}\right)$	$\dfrac{g'_m R_L}{1+g'_m R_L}\left(\dfrac{R_B\parallel R_{iE}}{R_1+R_B\parallel R_{iE}}\right)\approx 1$	$\dfrac{g'_m R_L}{1+g'_m(R_1\parallel R_E)}\left(\dfrac{R_E}{R_1+R_E}\right)$
输入电阻	$r'_\pi+(\beta_o+1)R_E$	$r'_\pi+(\beta_o+1)R_L$	$\dfrac{1}{g'_m}$
输出电阻	$r_o(1+g'_m R_E)$	$\dfrac{1}{g'_m}+\dfrac{R_{th}}{\beta_o+1}$	$r_o[1+g'_m(R_1\parallel R_E)]$
输入信号范围	$\approx 0.005(1+g'_m R_E)$	$\approx 0.005(1+g'_m R_L)$	$\approx 0.005[1+g'_m(R_1\parallel R_E)]$
电流增益	$-\beta_o$	β_o+1	$\alpha_o\approx 1$

8.6　共射极和共源极放大器的高频响应

现在已经描述了完整的混合 π 模型，接下来研究 3 种基本单级放大器的高频限制。对于每一种基本放大器，我们将推导出其输入端和输出端的高频极点表达式，以便于将分析结果扩展到多级放大器。

首先回顾一下图 8.31 所示单极点电路的高频响应。分析 RC 电路的高频传输特性，可推导出如下表达式

$$\frac{V_x}{V_i}=\frac{R_2\left\|\dfrac{1}{sC_1}\right.}{R_1+R_2\left\|\dfrac{1}{sC_1}\right.}=\frac{\dfrac{R_2}{1+sR_2C_1}}{R_1+\dfrac{R_2}{1+sR_2C_1}}=\frac{R_2}{R_1+R_2}\frac{1}{1+s(R_1\parallel R_2)C_1} \tag{8.71}$$

将 $s=j\omega$ 代入，并利用 $\omega_p=1/(R_1\parallel R_2)C_1$ 可得

$$\frac{V_x}{V_i}=\frac{R_2}{R_1+R_2}\frac{1}{\left(1+j\dfrac{\omega}{\omega_p}\right)}=A_{mid}F_H(s) \tag{8.72}$$

这一表达式由两部分构成，即中频增益 $R_2/(R_2+R_1)$ 和高频特性 $1/(1+j\omega/\omega_p)$。需要注意的是，$R_1\parallel R_2$ 并联电阻是样本电路中输出端到地的总等效电阻。如果还存在其他分支连接，则每个分支的等效小信号电阻将并联接入。电容 C_1 是输出端到小信号地的总等效电容。如果还存在其

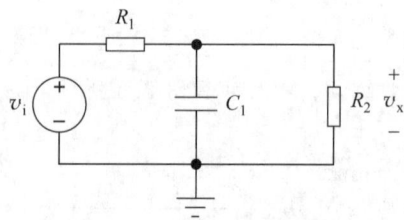

图 8.31　由两个电阻和一个电容构成的电路

他电容,也需要一并加入并计算总电容。该电路单极点特性的相位和幅值如图 8.32 所示。

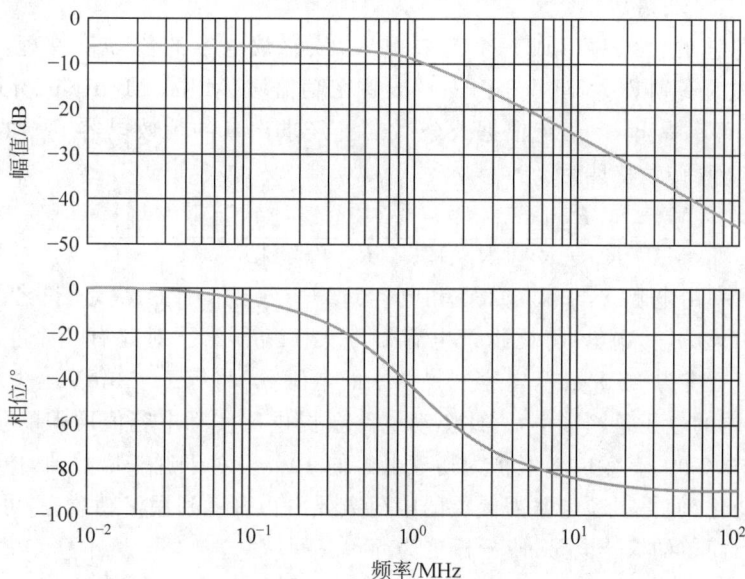

图 8.32 具有单一高频极点传输特性的幅值和相位,其中 $R_1 = R_2$ 且 $f_P = 1\text{MHz}$

8.6.1 密勒效应

图 8.31 所示简单电路的一种经典修改电路如图 8.33(a)所示。在此,连接在节点 X 上的电容跨接在一个增益为 A_{xy} 的放大器两端的 X、Y 节点上。

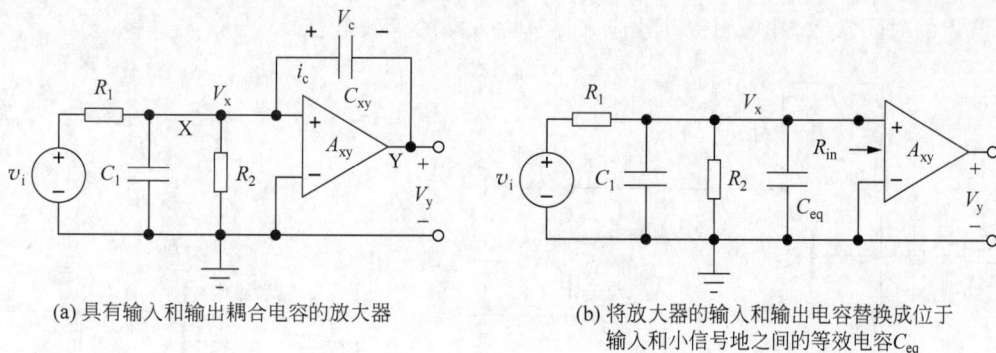

(a) 具有输入和输出耦合电容的放大器

(b) 将放大器的输入和输出电容替换成位于输入和小信号地之间的等效电容 C_{eq}

图 8.33

我们想要找到一种方法来将跨接在放大器上的物理电容 C_{xy} 变换为一个到小信号地的等效电容 C_{eq},如图 8.33(b)所示。

求解 X 节点进入电容 C_{xy} 的电流可以计算等效输入电容。在频域内有

$$I_c(s) = sC_{xy}\left[V_x(s) - V_y(s)\right] \tag{8.73}$$

其中,$V_x(s) - V_y(s)$ 为电容两端的电压,放大器输出端的电压与其输入端电压成比例

$$V_y(s) = A_{xy}V_x(s) \tag{8.74}$$

将上面两个公式合并,可以得到电容 C_{xy} 在节点 X 处的输入导纳(Input Admittance)的表达式

$$Y_s = \frac{I_c(s)}{V_x(s)} = sC_{xy}(1 - A_{xy}) = sC_{eq} \quad \text{和} \quad C_{eq} = C_{xy}(1 - A_{xy}) \tag{8.75}$$

放大器增益会在它的输入端形成一个有效电容，该有效电容的值等于物理电容乘以系数$(1 - A_{xy})$。这种现象被称为密勒效应（Miller Effect）或者密勒倍增（Miller Multiplication），该效应由 John M. Miller 在 1920 年首次提出[①]。假定根据式(8.70)已经求出新的等效电容 C_{eq} 的值，现在可以写出图 8.33 所示电路的高频传输特性为

$$\frac{V_x}{V_i} = \frac{R_2 \parallel R_{in}}{R_1 + R_2 \parallel R_{in}} \frac{1}{1 + s(R_1 \parallel R_2 \parallel R_{in})(C_1 + C_{eq})} \tag{8.76}$$

可以发现极点频率由电阻 $R_1 \parallel R_2 \parallel R_{in}$ 和电容 $C_1 + C_{xy}(1 - A_{xy})$ 决定，试考虑增益为 -10 的情况。由于电容 C_{xy} 引起的输入电容将比物理电容 C_{xy} 大 11 倍，为了对此有一个直观了解，假设 $v_x = 10\text{mV}$，增益为 -10，v_y 将为 -100mV，电容 C_{xy} 两端的电压 v_C 将等于 110mV。一方面，随着电容输入端电压的增加，另一端的电压急剧减小，因此驱动电路要提供比实际电容值所需的预期值更多的电荷；另一方面，当增益为 0.9 时，有效电容值将为物理电容的 10%。对于这一增益值，电容的另一端近似地跟随电容的输入端变化，使得驱动电路需提供的电荷数要少得多。利用密勒效应，可以将电路中的电容耦合部分分割成更为简单的 RC 电路，使分析更为简单。

在后面章节中，我们会对这一方法进行归纳来研究放大器的高频响应，将其表示成在先前的章节中已经研究过的中频增益的乘积，以及用高频传输函数表示在信号路径上每一节点处的高频时间常数影响。

8.6.2 共射极和共源极放大器的高频响应

图 8.34 所示为一个共射极放大器，该放大器具有低频耦合电容和旁路电容 C_1、C_2 和 C_3。本节关注高频响应，因此在直流时将低频电容看作开路，在中频和高频时将其看作短路。C_L 为高频负载电容。在此将采用一个简易分析方法，该方法与 8.5 节所介绍的方法类似。先计算中频增益，然后计算输入和输出信号节点的时间常数，并采用密勒效应来计算输入端的等效电容。

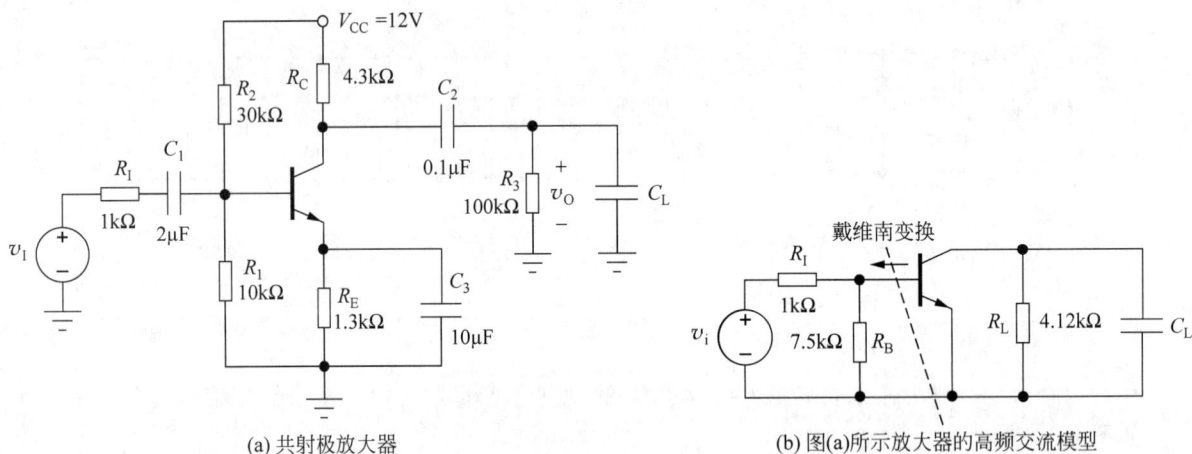

(a) 共射极放大器　　　　　　　　　　　(b) 图(a)所示放大器的高频交流模型

图　8.34

---

① J. M. Miller，Dependence of the input impedance of a three-electrode vacuum tube upon the load in the plate circuit，Scientific Papers of the Bureau of Standards，15(351)：367-385，1920。

图 8.35(a)所示为共射极放大器的交流小信号等效电路。电源已由小信号接地代替,同时低频耦合电容和旁路电容被短路处理。电路进一步简化为如图 8.35(c)所示,则中频输入增益为

$$A_i = \frac{v_b}{v_i} = \frac{R_{in}}{R_I + R_{in}} \cdot \frac{r_\pi}{r_x + r_\pi} = \frac{R_B \parallel (r_x + r_\pi)}{R_I + R_B \parallel (r_x + r_\pi)} \cdot \frac{r_\pi}{r_x + r_\pi} \quad (8.77)$$

其中 R_{in} 为 R_1、R_2 和 $(r_\pi + r_x)$ 的并联,同时 R_L 为 r_o、R_C 和 R_3 的并联。

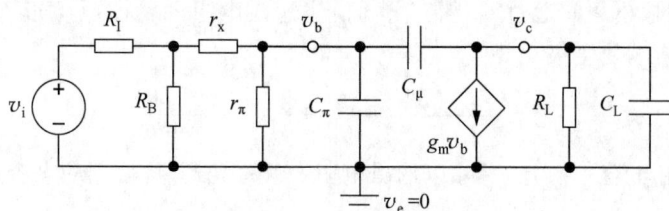

(a) 共射极放大器的高频模型

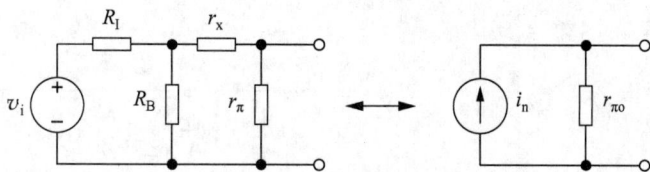

(b) 用于确定共射极放大器的诺顿变换的模型,电阻 $r_{\pi o}$ 代表基极节点的等效电阻

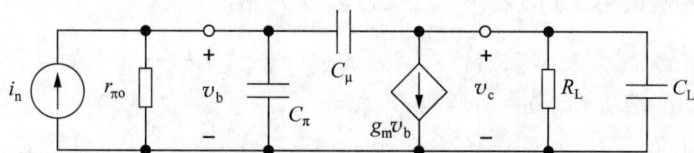

(c) 高频共射极放大器的简化小信号模型

图 8.35

可求出共射极放大器的端增益(在 A_i 中考虑了 r_x 的影响)为

$$A_{vt} = \frac{v_c}{v_b} = -g_m R_L \approx -g_m (R_C \parallel R_3) \quad (8.78)$$

根据密勒效应,基于图 8.35(a)所示电路来计算位于基极的输入高频极点

$$C_{eqB} = C_\mu(1 - A_{bc}) + C_\pi(1 - A_{be}) = C_\mu[1 - (-g_m R_L)] + C_\pi(1 - 0)$$
$$= C_\pi + C_\mu(1 + g_m R_L) \quad (8.79)$$

其中,$A_{bc}(=-g_m R_L)$ 是从基极到集电极的增益,$A_{bc}(=0)$ 是从基极到发射极的增益。位于基极节点 v_b 的、到地的等效小信号电阻为

$$R_{eqB} = r_\pi \parallel (r_x + R_B \parallel R_I) = r_{\pi o} \quad (8.80)$$

需要记住的是,电压源 v_i 的小信号阻抗为零,得到输入端的时间常数为

$$\tau_B = R_{eqB} C_{eqB} \quad (8.81)$$

在集电极输出节点处,求得 R_{eqC} 为

$$R_{eqC} = R_L = r_o \parallel R_C \parallel R_3 \approx R_C \parallel R_3 \quad (8.82)$$

现在必须确定集电极等效电容 C_{eqC}。我们首先想到的可能是运用密勒效应来为由 C_μ 引起的输出端等效电容建模。然而,晶体管无法反向工作,在集电极输入一个信号无法在基极节点得到显著的输出

信号。因此，输出端的等效电容只包括物理电容 C_μ，以及所有附加的负载电容 C_L

$$C_{eqC} = C_\mu + C_L \tag{8.83}$$

于是可以得到输出节点的时间常数为

$$\tau_C = R_{eqC} C_{eqC} \tag{8.84}$$

如果输入和输出节点很好地隔离开，则可能计算出输入和输出时间常数对应的独立极点频率。然而在当前情况中，输入和输出之间通过 C_μ 耦合。而且，输入电阻和输出电阻很大，因此两个时间常数会相互影响。这种相互影响使主极点等于：

$$\omega_{P1} = \frac{1}{R_{eqB} C_{eqB}} = \frac{1}{r_{\pi o}[C_\pi + C_\mu(1 + g_m R_L)] + R_L[C_\mu + C_L]} \tag{8.85}$$

将上式改写成电阻和电容相乘，然后除以输出电阻 $r_{\pi o}$ 的形式，将得到的电容用 C_T 来表示

$$C_T = [C_\pi + C_\mu(1 + g_m R_L)] + \frac{R_L}{r_{\pi o}}[C_\mu + C_L] \tag{8.86}$$

替换之后可将共射极放大器的主极点频率表示为

$$\omega_{P1} = \frac{1}{r_{\pi o} C_T} = \frac{1}{r_{\pi o}\left([C_\pi + C_\mu(1 + g_m R_L)] + \dfrac{R_L}{r_{\pi o}}[C_\mu + C_L]\right)} \tag{8.87}$$

8.6.3 共射极放大器传输特性的直接分析

至此，我们希望通过对共射极放大器传输函数的直接分析来检查如上简易分析法是否正确。写出并化简图 8.35(c) 所示电路的频域节点方程可得

$$\begin{bmatrix} I_n(s) \\ 0 \end{bmatrix} = \begin{bmatrix} s(C_\pi + C_\mu) + g_{\pi o} & -sC_\mu \\ -(sC_\mu - g_m) & s(C_\mu + C_L) + g_L \end{bmatrix} \begin{bmatrix} V_b(s) \\ V_c(s) \end{bmatrix} \tag{8.88}$$

输出电压也就是节点电压 $V_C(s)$，其表达式可以利用克拉默法则求出：

$$V_C(s) = I_n(s) \frac{(sC_\mu - g_m)}{\Delta} \tag{8.89}$$

其中 Δ 代表由下式给出的方程组的行列式

$$\Delta = s^2[C_\pi(C_\mu + C_L) + C_\mu C_L] + s[C_\pi g_L + C_\mu(g_m + g_{\pi o} + g_L) + C_L g_{\pi o}] + g_L g_{\pi o} \tag{8.90}$$

由式(8.89)和式(8.90)可知，高频响应特性可由两个极点、一个有限零点和一个无限零点来描述。其中有限零点出现在 s 平面的右半平面，相应频率为

$$\omega_Z = \frac{g_m}{C_\mu} > \omega_T \tag{8.91}$$

式(8.91)给出的零点通常会被忽略，因为该零点出现的频率高于 ω_T（在该频率下模型本身的有效性有待考察）。然而，分母不是以多项式的形式出现，极点的位置更加难以确定。但是通过采用下文所述的近似因式分解法可准确估算出两个极点的位置。需注意的是，尽管在此有 3 个电容，但电路只有两个极点。3 个电容以 π 结构形式相连，只有两个电容电压是独立的。我们只需知道其中两个电压值，就可以确定第 3 个电压。

近似多项式因式分解基于多项式的近似因式分解法，可估算出极点的位置。假设多项式存在两个实根 a 和 b

$$(s + a)(s + b) = s^2 + (a + b)s + ab = s^2 + A_1 s + A_0 \tag{8.92}$$

如果假设有一个主根存在,也就是 $a \gg b$,那么此时两个根可以通过两次近似直接从系数 A_0 和 A_1 估算出来。

$$A_1 = a + b \approx a \quad 和 \quad \frac{A_0}{A_1} = \frac{ab}{a+b} \approx \frac{ab}{a} = b \tag{8.93}$$

因此有

$$a \approx A_1 \quad 和 \quad b \approx \frac{A_0}{A_1}$$

需要注意两个方面,一方面在式(8.92)中 s^2 项被规一化为具有单位系数 1;另一方面近似因式分解法可以扩展应用到具有任意数量广域实根的因式中。

8.6.4　共射极放大器的极点

对于共射极放大器,最小根是最重要的,因为正是它限制了放大器的高频响应。从式(8.93)中可发现,较小根由系数 A_1 和 A_0 的比值给出,因此得出下面关于第 1 个极点的表达式为

$$\omega_{P1} = \frac{1}{r_{\pi o} C_T} = \frac{1}{r_{\pi o}([C_\pi + C_\mu(1 + g_m R_L)] + \frac{R_L}{r_{\pi o}}[C_\mu + C_L])} \tag{8.94}$$

这一结果与式(8.87)相同。主极点通过输入和输出时间常数的组合来控制,而输入和输出时间常数由输入和输出端的总等效电容和电阻决定。需要注意如果驱动电阻 R_1 为零,那么 $r_{\pi o}$ 会降至接近 r_x,同时带宽主要由 r_x 限制。

根据归一化的系数 A_1,还存在一个第 2 极点

$$\omega_{P2} = \frac{C_\pi g_L + C_\mu(g_m + g_{\pi o} + g_L) + C_L g_{\pi o}}{C_\pi(C_\mu + C_L) + C_\mu C_L} \tag{8.95}$$

或

$$\omega_{P2} \approx \frac{g_m}{C_\pi\left(1 + \frac{C_L}{C_\mu}\right) + C_L} \approx \frac{g_m}{C_\pi + C_L} \tag{8.96}$$

其中 $C_\mu g_m$ 项被假设为分子中最大的项,这是具有高增益的共射极放大器中最常见的情况。我们可以用这种方式来解释式(8.96)中的最后一个近似,该解释尤其适用于 C_μ 很大时的情况。在高频时,电容 C_μ 可有效地将晶体管的集电极和基极短接在一起,这样 C_L 和 C_π 就成了并联关系,同时晶体管的工作方式可看作一个具有小信号电阻 $1/g_m$ 的二极管。此外我们还记得有一个右半平面的零点等于 $+g_m/C_\mu$。不过这一零点通常位于很高的频率处,可以将其忽略,在第 9 章中我们可以看到,在 FET 放大器中这一零点将成为负反馈放大器稳定性分析中的一个重要方面。

例 8.6　共射极放大器的高频分析。

求出共射极放大器的中频增益和上限截止频率。

问题:利用 C_T 近似确定图 8.34 所示共射极放大器的中频增益和上限截止频率,假设 $\beta_o = 100$,$f_T = 500\text{MHz}$,$C_\mu = 0.5\text{pF}$,$r_x = 250\Omega$,Q 点为 $(1.6\text{mA}, 3\text{V})$。找出共射极放大器另外的极点和零点。假设 $C_L = 0$,$C_1 = C_3 = 3.9\mu\text{F}$,$C_2 = 0.082\mu\text{F}$。

解:

已知量:图 8.34 所示的共射极放大器电路图;Q 点为 $(1.6\text{mA}, 3\text{V})$;$\beta_o = 100$;$f_T = 500\text{MHz}$;

$C_\mu = 0.5\mathrm{pF}$；$r_x = 250\Omega$；增益、零点和极点的表达式如式（8.77）～式（8.96）所示。

未知量：A_{mid}，f_H，ω_{Z1}，ω_{P1} 和 ω_{P2}。

求解方法：确定晶体管的小信号参数。可将已知条件和求出的值代入前文所推出的表达式进行求解。

假设：小信号工作在有源区：$V_T = 25\mathrm{mV}$；$C_L = 0$。

分析：根据式（8.77）、式（8.78）和式（8.87）描述的共射极放大器的特性，有

$$A_{mid} = A_i A_{vt} \quad A_i = \frac{R_{in}}{R_I + R_{in}}\left(\frac{r_\pi}{r_x + r_\pi}\right) \quad A_{vt} = -g_m R_L$$

$$\omega_{P1} = \frac{1}{r_{\pi o} C_T} \quad \omega_{P2} = \frac{g_m}{C_\pi + C_L} \quad \omega_Z = \frac{g_m}{C_\mu}$$

$$r_{\pi o} = r_\pi \parallel (R_B \parallel R_I + r_x) \quad C_T = C_\pi + C_\mu\left(1 + g_m R_L + \frac{R_L}{r_{\pi o}}\right)$$

需要求出不同小信号参数的值：

$$g_m = 40 I_C = 40(0.0016) = 64\mathrm{mS} \quad r_\pi = \frac{\beta_o}{g_m} = \frac{100}{0.064} = 1.56\mathrm{k\Omega}$$

$$C_\pi = \frac{g_m}{2\pi f_T} - C_\mu = \frac{0.064}{2\pi(5\times10^8)} - 0.5\times10^{-12} = 19.9\mathrm{pF}$$

$$R_{in} = 10\mathrm{k\Omega} \parallel 30\mathrm{k\Omega} \parallel 1.81\mathrm{k\Omega} = 1.46\mathrm{k\Omega}$$

$$R_L = R_C \parallel R_3 = 4.3\mathrm{k\Omega} \parallel 100\mathrm{k\Omega} = 4.12\mathrm{k\Omega}$$

$$R_{th} = R_B \parallel R_I = 7.5\mathrm{k\Omega} \parallel 1\mathrm{k\Omega} = 882\Omega$$

$$r_{\pi o} = r_\pi \parallel (R_{th} + r_x) = 1.56\mathrm{k\Omega} \parallel (882\Omega + 250\Omega) = 656\Omega$$

将这些值代入 C_T（$C_L = 0$）的表达式中，可得

$$C_T = C_\pi + C_\mu\left(1 + g_m R_L + \frac{R_L}{r_{\pi o}}\right) = 19.9\mathrm{pF} + 0.5\mathrm{pF}\left[1 + 0.064(4120) + \frac{4120}{656}\right]$$

$$= 19.9\mathrm{pF} + 0.5\mathrm{pF}(1 + \underline{264} + 6.28) = 156\mathrm{pF}$$

和

$$f_{P1} = \frac{1}{2\pi r_{\pi o} C_T} = \frac{1}{2\pi(656\Omega)(156\mathrm{pF})} = 1.56\mathrm{MHz}$$

$$\omega_{P2} \approx \frac{g_m}{C_\pi + C_L} = \frac{0.064}{19.9\mathrm{pF}} = 3.22\times10^9\mathrm{rad/sec}$$

$$f_{P2} = \frac{\omega_{P2}}{2\pi} = 512\mathrm{MHz}$$

$$f_z = \frac{g_m}{2\pi C_\mu} = \frac{0.064}{2\pi(0.5\mathrm{pF})} = 20.4\mathrm{GHz}$$

$$A_i = \frac{1.46\mathrm{k\Omega}}{1\mathrm{k\Omega} + 1.46\mathrm{k\Omega}}\left(\frac{1.56\mathrm{k\Omega}}{250\Omega + 1.56\mathrm{k\Omega}}\right) = 0.512 \quad A_{vt} = -(0.064\mathrm{S})(4.12\mathrm{k\Omega}) = -264$$

$$A_{mid} = 0.512(-264) = -135$$

结果检查：所需信息已经求出，再次检查确认了计算结果的正确性。现在将增益带宽乘积作为一

个附加检查，$|A_{mid}f_{P1}|=211\text{MHz}$，并没有超过 f_T 的值。

讨论：主极点位于频率 $f_{P1}=1.56\text{MHz}$ 处，而估算出的 f_{P2} 和 f_Z 的值要高于 f_T（500MHz）。因此，这个放大器的上限截止频率 f_H 完全由 f_{P1} 确定：$f_H\approx1.56\text{MHz}$。值得注意的是，这一 f_H 值比晶体管 f_T 值小 1%，与 GBW 乘积一致。我们希望对于该放大器来说 f_H 不超过 $f_T/A_{mid}=3.3\text{MHz}$。同时还需注意的是，$f_{P1}$ 和 f_{P2} 相差了将近 1000 倍，明显满足近似因式分解所用的广域空间根要求。

重要的一点是，决定 C_T 值的最重要因式是 C_μ 乘以 g_mR_L 的那一项。为了提高这一放大器的无限截止频率 f_H，必须减小 (g_mR_L) 增益，在放大器的增益和带宽之间进行直接权衡。

计算机辅助分析：可以用 SPICE 来检查手工分析结果，但是必须定义与分析相匹配的元器件参数。设 BF=100 和 IS=5fA，令 VFA 取默认值，即为无穷大。设置 SPICE 参数 RB=250Ω 将基极电阻 r_x 添加进来。在 SPICE 中 C_μ 通过零偏置集电极结电容 CJC 的值和内建电势 Φ_{jc} 的值来确定。SPICE 得出的 Q 点为 $V_{CE}=2.7\text{V}$，与 $V_{BE}=0.7\text{V}$ 时 $V_{BC}=2\text{V}$ 相对应。在 SPICE 中，VJC 的默认值为 0.75V，MJC 默认值为 0.33（参见 8.4 节）。因此，为了实现 $C_\mu=0.5\text{pF}$，CJC 被设定为

$$CJC=0.5\text{pF}\left(1+\frac{20\text{V}}{0.75\text{V}}\right)^{0.33}=0.768\text{pF}$$

C_π 由 SPICE 正向渡越时间参数 TF 确定，如式（8.50）所定义

$$TF=\frac{C_\pi}{g_m}=\frac{19.9\text{pF}}{64\text{mS}}=0.311\text{ns}$$

将这些值加入晶体管模型中，然后进行交流分析，取 FSTRAT=100Hz 和 FSTOP=10MHz，每十倍频中取 20 个频率采样点。在下图所示的 SPICE 仿真结果中，得到 $A_{mid}=-135$（42.6dB）和 $f_H\approx1.56\text{MHz}$，与手工计算的结果十分吻合。检查 SPICE 中的元器件参数，同样发现 r_x（RB）=250Ω，C_π（CBE）=19.9pF 和 C_μ（CBC）=0.499pF，与期望值相同。

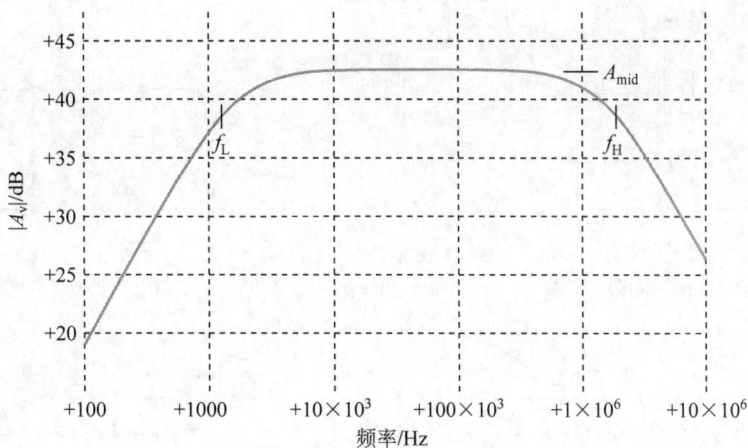

练习：用 SPICE 重新计算出 $V_A=75\text{V}$ 时 f_H 的值。当 $V_A=75\text{V}$ 且 $r_x=0$ 时呢？

答案：1.67MHz；1.96MHz。

练习：如果在电路中加入负载电容 $C_L=3\text{pF}$，重复例 8.6 中的计算。

答案：1.39MHz；445MHz。

练习：如果晶体管有 $f_T = 500\text{MHz}$ 和 $C_\mu = 1\text{pF}$，求出例 8.6 中共射极放大器的中频增益及极点和零点频率。

答案：$-135, 837\text{kHz}, 525\text{MHz}, 10.2\text{GHz}$。

练习：根据式（8.90）所示的直接数字评价方法，计算共射极放大器两个极点的确切位置。

答案：$C_L = 0, 602\text{MHz}, 1.57\text{MHz}; C_L = 3\text{pF}, 93.2\text{MHz}, 1.41\text{MHz}$。

8.6.5 共源极放大器的主极点

图 8.36 所示共源极放大器的分析方法可以与共射极放大器的分析方法相比较。除了没有 r_x 和 r_π 这个区别外，其小信号模型与共射极放大器的小信号模型基本相似。对于图 8.36(b)，有

$$R_{GO} = r_g + R_G \parallel R_I \quad R_L = R_D \parallel R_3 \quad v_{th} = v_i \frac{R_G}{R_I + R_G} \tag{8.97}$$

共源极放大器的有限极点和零点的表达式可以通过比较图 8.36(b) 和图 8.35 来确定

$$\omega_{P1} = \frac{1}{R_{GO} C_T} \quad 和 \quad C_T = C_{GS} + C_{GD}\left(1 + g_m R_L + \frac{R_L}{R_{GO}}\right) + C_L \frac{R_L}{R_{GO}}$$

$$\omega_{P2} = \frac{g_m}{C_{GS} + C_L} \qquad \omega_Z = \frac{g_m}{C_{GD}} \tag{8.98}$$

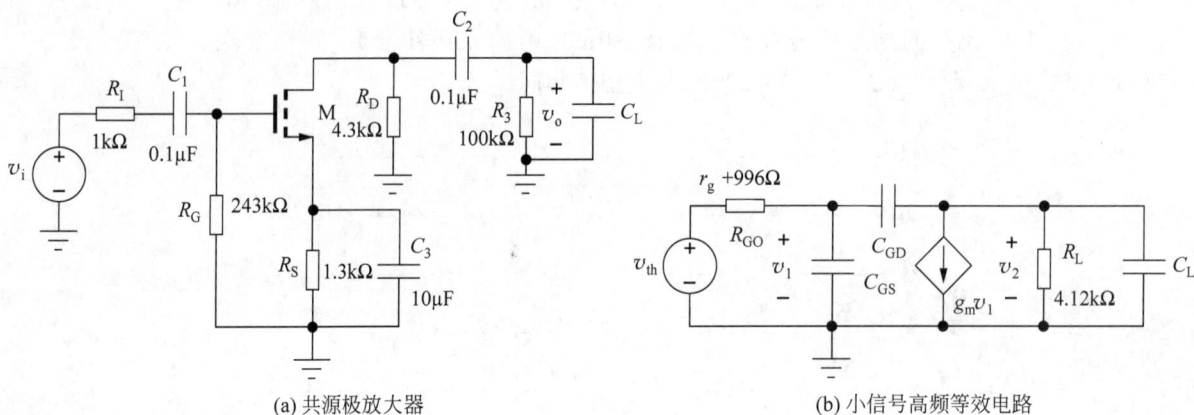

(a) 共源极放大器　　　　　　(b) 小信号高频等效电路

图 8.36

练习：(a) 如果 $r_g = 0, C_{GS} = 10\text{pF}, C_{GD} = 2\text{pF}, C_L = 0\text{pF}, g_m = 1.23\text{mS}$，那么图 8.36 所示放大器的上截止频率是多少？第二极点和零点可能的位置是什么？这个晶体管的 f_T 是多少？(b) 如果 $r_g = 300\Omega$，重复以上问题。

答案：(a) $5.26\text{MHz}; 19.6\text{MHz}, 97.9\text{MHz}; 16.3\text{MHz}; (b) 4.04\text{MHz}$，无变化。

电子应用

图形均衡器（Graphic Equalizer）

图形均衡器可以调整音频系统的频率响应,所以在音频方面有着广泛的应用。均衡器的运用有很多,例如可用于补偿房间的频变吸收特性,也可以改善低质量的录音效果,甚至仅仅是用来迎合听众的喜好。下图是均衡器的一个实例,这是 Ten/Series 2 型标准模拟均衡器,该均衡器是 Audio Control 公司于 1983 年推出的一款产品,标榜只有 0.005% 的谐波畸变。该产品售价 220 美元,大约重 1.8kg,具有一组滑动控制杆,可以在音频范围内用来提高或降低 10 种不同的频率。均衡器滑动控制杆的物理位置可以代表对于不同频率提高或降低的程度,因而称为图形均衡器。

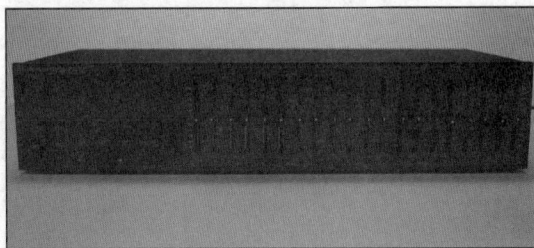

Audio Control 公司的 Ten Series 2,McGraw-Hill 公司 Mark Dierker 摄像师版权所有

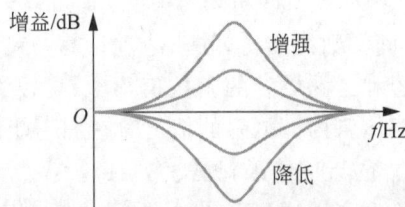

典型图形均衡器对于提高/降低设置的单带频率响应

下面所示的是一种图形均衡器的简化电路图,电路包括两个加法放大器和一串带通滤波器。带通滤波器可以选通频带。电阻 R_3 将滤波器的输出分为两个信号,一个信号接到放大器 A_1 的输入端用来提供频率的衰减;另一个信号接到放大器 A_2 的输入端来提供特定频率的提高。

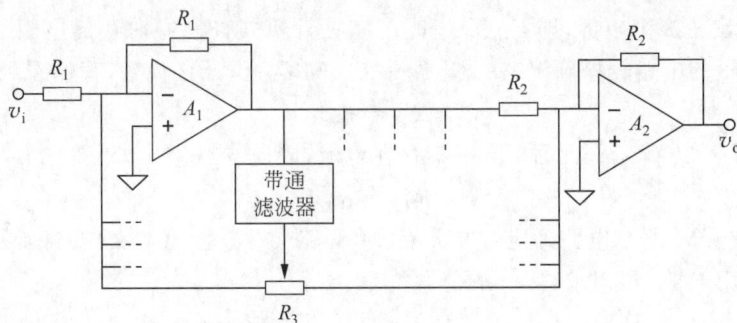

典型的图形均衡器电路[1]

---

[1] Dennis A. Bohn,Constant-Q graphic equalizers. J. Audio Eng. Soc. ,vol. 34,no. 9,September 1986.

如果分压电阻 R_3 设置在中点处,增益信号和增强信号相平衡,在输出端不存在净信号。上图中的滑动控制杆对应电路图中的 R_3。

图形均衡器自从 20 世纪 70 年代诞生以来,已逐渐完成了小型化。其工作原理则没有太大的变化,直至今日仍与上面介绍的机型相近。但是随着高精确度、低消耗的 A/D 转换器和低消耗、高功效的数字信号处理(DSP)的出现,图形均衡器已向数字领域转移。基于均衡器的 DSP 现在已经成为可能,该类型 DSP 有极高的精确度和可控性。这种新型均衡器具有 A/D 转换器及 DSP 电路,输出端带有 D/A 转换器,可将数字信号转换成模拟信号。DSP 允许设计人员生成复杂的传递函数,以解决一些不理想的操作,例如通道间的相互作用。DSP 均衡器通常存在于 MP3 音乐播放器中。随着集成电路工艺技术的发展,重新评估模拟和数字信号处理之间的适当边界始终是我们非常重要的工作。

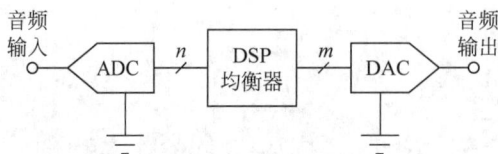

基于数字信号处理的图形均衡器

8.6.6 用开路时间常数法估算 ω_H

还存在一种估算 ω_H 的方法,与用短路时间常数法求 ω_L 的方法类似。不过,确定上限截止频率 ω_H 是计算与不同元器件相关的开路时间常数而求得,并非通过计算与耦合电容和旁路电容相关的短路时间常数来求得。在高频时,耦合电容和旁路电容的阻抗值很小,可以忽略,可表示成短路。而此时元器件电容的阻抗变得足够大,在考虑晶体管内部电阻的情况时它们不能再被忽略。稍后将会发现,在采用开路时间常数法时同样可以利用 C_T 的近似结果,见式(8.94)。

虽然超出了本书的范围,在理论上可以证明[1],一个具有 m 个电容的电路的 ω_H 数学估算式为

$$\omega_H \approx \frac{1}{\sum_{i=1}^{m} R_{io} C_i} \tag{8.99}$$

其中,R_{io} 代表在其余电容开路的情况下,电容 C_i 两端测出的电阻值。由于已经得到共射极放大器的结果,接下来尝试将类似方法运用于图 8.35(c)所示共射极放大器的高频模型中。

图 8.35(c)中给出了 3 个电容,即 C_π、C_μ 和 C_L。在计算式(8.99)时还需电阻 $R_{\pi o}$、$R_{\mu o}$、R_{Lo}。$R_{\pi o}$ 可以通过图 8.37 所示的电路轻松确定,在此电路中 C_μ 和 C_L 由开路代替,我们看到

$$R_{\pi o} = r_{\pi o} \tag{8.100}$$

R_{Lo} 可以根据图 8.38 确定。此时 $r_{\pi o}$ 中不存在电流,因此 $g_m v$ 为 0,则有

$$R_{Lo} = R_L \tag{8.101}$$

$R_{\mu o}$ 可以通过图 8.39 所示电路确定。在此 C_π 由开路代替。测试源 i_x 被施加到图 8.39(b)所示电路中,围绕外回路运用 KVL 可以求得 v_x 的值

$$v_x = i_x r_{\pi o} + i_L R_L = i_x r_{\pi o} + (i_x + g_m v) R_L \tag{8.102}$$

然而电压 v 等于 $i_x r_{\pi o}$,将这一结果代入式(8.102)中可得

---

① 参见参考文献[1]。OCTC 方法和 SCTC 方法与式(8.92)具有相似的主要根分解。

$$R_{\mu o} = \frac{v_x}{i_x} = r_{\pi o} + (1 + g_m r_{\pi o}) R_L = r_{\pi o} \left(1 + g_m R_L + \frac{R_L}{r_{\pi o}}\right) \tag{8.103}$$

这个表达式看起来应该比较熟悉(参见式(8.86))。将式(8.100)、式(8.101)和式(8.103)代入式(8.99)中,可以得到 ω_H 的估算表达式为

$$\omega_H \approx \frac{1}{R_{\pi o} C_\pi + R_{\mu o} C_\mu + R_{Lo} C_L}$$

$$= \frac{1}{r_{\pi o} C_\pi + r_{\pi o} C_\mu \left(1 + g_m R_L + \dfrac{R_L}{r_{\pi o}}\right) + R_L C_L} = \frac{1}{r_{\pi o} C_T} \tag{8.104}$$

该表达式恰好与式(8.94)所得结果完全相同,但是花费的精力要小得多(不过要记住,这个方法并不能用估算电路的第2极点和零点)。

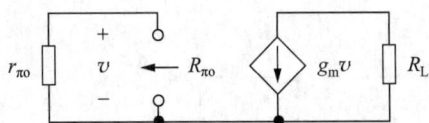

图 8.37 用于确定 $R_{\pi o}$ 的电路

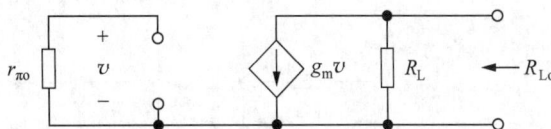

图 8.38 用于确定 R_{Lo} 的电路

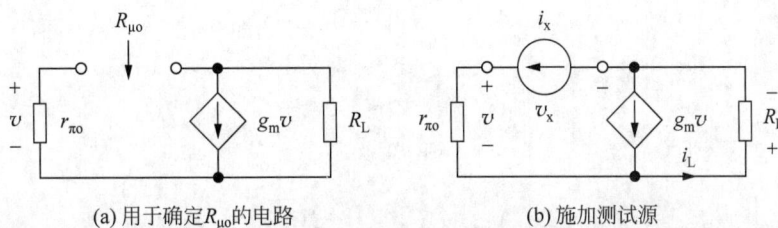

(a) 用于确定 $R_{\mu o}$ 的电路

(b) 施加测试源

图 8.39

8.6.7 包含源极衰减电阻的共源极放大器

图 8.40(a)所示为包含未加旁路源极电阻 R_S 的共源极放大器,图 8.40(b)所示为其小信号等效电路。可以发现输入等效电容和电阻与共射极放大器电路中所用到的相同。与之前一样,首先分两部分计算中频增益。输入增益表达式除了不包括 r_π 之外与共射极放大器电路的情况相似,不包括 r_π 是因为从栅极"看进去"的阻抗为无穷大。

$$A_i = \frac{v_g}{v_i} = \frac{R_G}{R_I + R_G} = \frac{R_1 \parallel R_2}{R_I + (R_1 \parallel R_2)} \tag{8.105}$$

可求出共源极放大器的中频端增益为

$$A_{gd} = \frac{v_d}{v_g} = \frac{-g_m R_L}{1 + g_m R_S} = \frac{-g_m (R_{iD} \parallel R_D \parallel R_3)}{1 + g_m R_S} \approx \frac{-g_m (R_D \parallel R_3)}{1 + g_m R_S} \tag{8.106}$$

其中

$$R_{iD} = r_o(1 + g_m R_S) \tag{8.107}$$

正如式(8.107)所示,R_{iD} 的值通常非常大,可以忽略,且有 $R_L \approx R_D \parallel R_3$。再次用密勒效应来计算输入高频时间常数

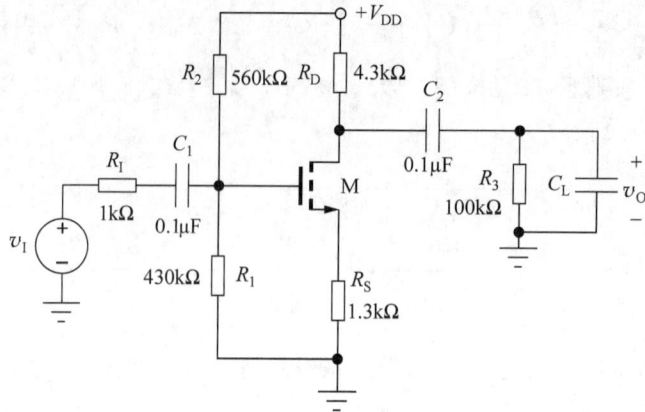

(a) 未加旁路源极电阻的共源极放大器

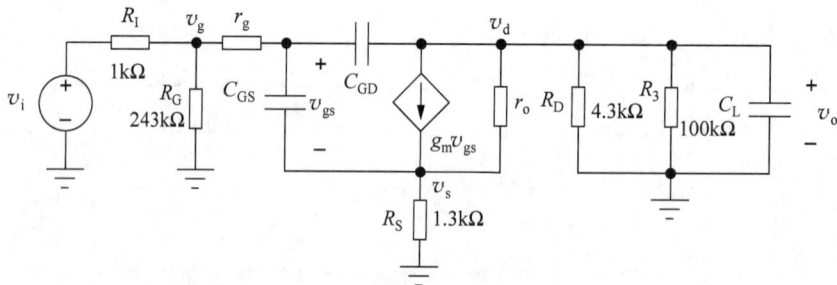

(b) 小信号高频等效电路

图 8.40

$$C_{eqG} = C_{GD}(1 - A_{gd}) + C_{GS}(1 - A_{gs})$$

$$= C_{GD}\left(1 - \frac{[-g_m R_L]}{1 + g_m R_S}\right) + C_{GS}\left(1 - \frac{g_m R_S}{1 + g_m R_S}\right)$$

$$= C_{GD}\left(1 + \frac{g_m(R_D \parallel R_3)}{1 + g_m R_S}\right) + \frac{C_{GS}}{1 + g_m R_S} \tag{8.108}$$

需指出的是，我们已经采用共漏极放大器的增益表达式计算过 C_{GS} 的密勒倍增值。不同于 C_{GD} 的密勒效应，C_{GS} 的有效电容值减小了，这是因为 A_{gs} 总是为正并且小于 1。无旁路源极电阻同样有减小 C_{GD} 的作用，这是因为栅极-漏极的增益同样由于 $(1 + g_m R_S)$ 项而减小。栅极节点到地的等效小信号电阻为

$$R_{eqG} = r_g + R_G \parallel R_I = R_{GO} \tag{8.109}$$

输出端的等效电容和电阻与共源极放大器的情况相似。

$$R_{eqD} = R_{iD} \parallel R_D \parallel R_3 \approx R_D \parallel R_3 \quad 和 \quad C_{eqD} = C_{GD} + C_L \tag{8.110}$$

结合这些结果，并运用式(8.98)，便可得到如下所示关于极点和右半平面零点的一般表达式

$$\omega_{P1} = \frac{1}{R_{GO}\left[\dfrac{C_{GS}}{1 + g_m R_S} + C_{GD}\left(1 + \dfrac{g_m R_L}{1 + g_m R_S}\right) + \dfrac{R_L}{R_{GO}}(C_{GD} + C_L)\right]} \tag{8.111}$$

$$\omega_{P2} = \frac{g_m}{(1 + g_m R_S)(C_{GS} + C_L)} \tag{8.112}$$

$$\omega_z = \frac{g_m}{(1 + g_m R_S)(C_{GD})} \tag{8.113}$$

应注意权衡式(8.106)和式(8.111)所示的增益带宽。$(1 + g_m R_S)$项在减小增益的同时提高了主极点ω_{P1}的频率。在运算放大器的学习过程中可发现,增益和带宽二者需要进行折中,通常在晶体管电路中这种关系依然存在。由于$(1 + g_m R_S)$项对增益和带宽的影响刚好相反,因此增益和带宽的乘积为一个相对恒定的值,这与我们在学习以放大器为基础的运算放大器的增益带宽特性时所发现的结果类似。

为了说明源极电阻对有效g_m的减小作用,可修改第2极点和零点的等式。需要注意的是,尽管主极点的频率增加了,但第2极点和零点的频率减小了。随着放大器增益的增加,ω_{P1}和ω_{P2}间的频率差距越来越大,导致出现所谓的极点分化(Pole-Splitting)现象。降低增益会使两个极点在频率上更相近,这一点可以用来补偿反馈放大器的相位容限。

如果源极的小信号电阻R_S减小到零,共源极放大器的极点等式将变成之前所得到的、更为简单的共源极放大器的极点等式。类似地,如果在共射极放大器中包含一个未加旁路的发射极电阻,那么其极点等式可以通过与上述包含源极衰减电阻的共源极放大器类似的方式进行修改,在8.6.8节中将会对此进行讨论。

8.6.8　包含发射极衰减电阻的共射极放大器的极点

包含未加旁路的发射极电阻的共射极放大器的等式可以通过与8.6.7节讲述的共源极放大器情况相似的方式求出。在图8.41中,发射极电阻R_E的一部分未被旁路,由于从基极"看过去"的电阻增加,输入级增益A_i的表达式可以修改为

$$A_i = \frac{v_b}{v_i} = \frac{(R_B \parallel R_{iB})}{R_I + (R_B \parallel R_{iB})} \cdot \frac{r_\pi + (\beta_o + 1)R_E}{r_x + r_\pi + (\beta_o + 1)R_E} \approx \frac{R_B \parallel R_{iB}}{R_I + R_B \parallel R_{iB}} \tag{8.114}$$

从基极"看进去"得到的电阻表达式为

$$R_{iB} = r_x + r_\pi + (\beta_o + 1)R_E \tag{8.115}$$

可求出包含未加旁路的发射极电阻的共射极放大器的端增益表达式为

$$A_{bc} = \frac{v_c}{v_b} \approx \frac{-g_m(R_C \parallel R_3)}{1 + g_m R_E} \approx \frac{-g_m R_L}{1 + g_m R_E} \tag{8.116}$$

考虑发射极衰减电阻R_E的影响,极点和零点的等式修改为

$$\omega_{P1} = \frac{1}{r_{\pi o} C_T} = \frac{1}{r_{\pi o}\left(\left[\dfrac{C_\pi}{1 + g_m R_E} + C_\mu\left(1 + \dfrac{g_m R_L}{1 + g_m R_E}\right)\right] + \dfrac{R_L}{r_{\pi o}}[C_\mu + C_L]\right)} \tag{8.117}$$

其中

$$r_{\pi o} = R_{eqB} = (R_{th} + r_x) \parallel [r_\pi + (\beta_o + 1)R_E],\text{其中}\quad R_{th} = R_B \parallel R_I \tag{8.118}$$

$$\omega_{P2} \approx \frac{g_m}{(1 + g_m R_E)(C_\pi + C_L)} \tag{8.119}$$

$$\omega_z = \frac{g_m}{(1 + g_m R_E)(C_\mu)} \tag{8.120}$$

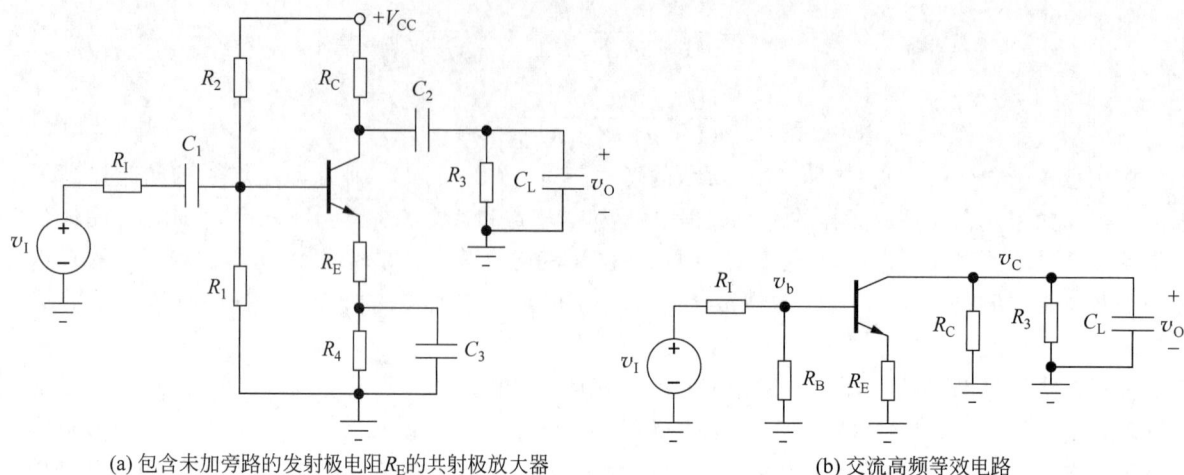

(a) 包含未加旁路的发射极电阻 R_E 的共射极放大器　　(b) 交流高频等效电路

图　8.41

与共源极放大器的情况相同,衰减电阻使增益减小,主极点频率升高。放大器可令我们直接在增益和带宽之间权衡,近似保持一个恒定的增益带宽积。

例 8.7 具有发射极退化的共射极放大器。

本例将研究通过在例 8.6 的共射极放大器中加入一个未加旁路的发射极电阻来权衡放大器的增益和带宽。

问题：对于图 8.34 所示的共射极放大器,如果其发射极电阻中 300Ω 部分未被旁路,假设 $\beta_o = 100$,$f_T = 500\text{MHz}$,$C_\mu = 0.5\text{pF}$,$r_x = 250\Omega$；Q 点为 $(1.6\text{mA}, 3\text{V})$。计算共射极放大器的中频增益、上限截止频率和增益带宽积。

解：

已知量：图 8.34 所示的共射极放大器,旁路电容放置了一个 1000Ω 发射极电阻,已知 $\beta_o = 100$,$f_T = 500\text{MHz}$,$C_\mu = 0.5\text{pF}$,$r_x = 250\Omega$；Q 点 $= (1.6\text{mA}, 3\text{V})$。

未知量：A_{mid},f_H 和 GBW。

求解方法：用式(8.114)～式(8.118)计算 A_{mid} 和 f_H。GBW $= A_{\text{mid}} \times f_H$。

假设：$V_T = 25\text{mV}$,在有源区进行小信号工作。

分析：利用图 8.34 分析的结果,已知参数 $g_m = 40I_C = 64\text{mS}$：

$$r_\pi = \frac{\beta_o}{g_m} = \frac{100}{0.064} = 1.56\text{k}\Omega \quad R_{\text{th}} + r_x = 882\Omega + 250\Omega = 1130\Omega$$

$$R_{\text{iB}} = r_x + r_\pi + (\beta_o + 1)R_E = 250\Omega + 1560\Omega + (101)300\Omega = 32.1\text{k}\Omega$$

$$r_{\pi o} = R_{\text{iB}} \parallel (R_{\text{th}} + r_x) = 1.09\text{k}\Omega \quad 1 + g_m R_E = 1 + 0.064(300) = 20.2$$

$$\omega_H \approx \frac{1}{r_{\pi o}\left[\dfrac{C_\pi}{1 + g_m R_E} + C_\mu\left(1 + \dfrac{g_m R_L}{1 + g_m R_E} + \dfrac{R_L}{r_{\pi o}}\right)\right]}$$

$$\approx \frac{1}{1090\left[\dfrac{19.9\text{pF}}{20.2} + 0.5\text{pF}\left(1 + \dfrac{264}{20.2} + \dfrac{4120}{1090}\right)\right]}$$

$$f_{\rm H} \approx \frac{1}{2\pi} \frac{1}{1090\Omega(9.91{\rm pF})} = 14.7{\rm MHz}$$

$$A_{\rm i} = \frac{R_1 \| R_2 \| R_{\rm iB}}{R_1 + R_1 \| R_2 \| R_{\rm iB}} = \frac{10{\rm k}\Omega \| 30{\rm k}\Omega \| 32.1{\rm k}\Omega}{1{\rm k}\Omega + 10{\rm k}\Omega \| 30{\rm k}\Omega \| 32.1{\rm k}\Omega} = 0.859$$

$$A_{\rm bc} = -\frac{g_{\rm m}R_{\rm L}}{1 + g_{\rm m}R_{\rm E}} = -\frac{0.064(4120\Omega)}{1 + 0.064(300\Omega)} = -13 \quad 或 \quad 22.3{\rm dB}$$

$$A_{\rm mid} = A_{\rm i}A_{\rm bc} = 0.859(-13) = -11.2 \quad {\rm GBW} = 11.2 \times 14.7{\rm MHz} = 165{\rm MHz}$$

结果检查：$A_{\rm mid}$ 的快速估算结果为 $-R_{\rm L}/R_{\rm E} = -13.7$。精确计算后得到的结果比这个值略小一些,看来是正确的。放大器的 GBW 为 165MHz,这个值近似为 $f_{\rm T}$ 的 1/3,也是一个合理的结果。

讨论：需要记住的是,原始的无发射极电阻的共射极放大器具有如下参数：$A_{\rm mid} = -153$, $f_{\rm H} = 1.56{\rm MHz}$ 和 GBW$=239{\rm MHz}$。当 $R_{\rm E} = 300\Omega$ 时,增益会减小为 1/14,带宽增加 8.9 倍。在 $\omega_{\rm H}$ 的表达式中增益带宽之间的权衡关系并不明确,这是因为时间常数中的有效电阻只是从 882Ω 增大到 1130Ω,同时 $R_{\rm L}C_\mu$ 项并未按 $(1 + g_{\rm m}R_{\rm E})$ 这一系数缩减。

计算机辅助分析：可用 SPICE 来检查手工分析结果,但必须将参数设置成与分析对象相匹配的值。在例 8.6 中已计算出基极电阻、集电极-基极电容及正向渡越时间的值为 RB$=250\Omega$,CJC$=0.768{\rm pF}$,TF$=0.311{\rm ns}$。将这些值加入晶体管模型中以后进行交流分析,对应参数为 FSTART$=10{\rm Hz}$,FSTOP$=100{\rm MHz}$,每十倍频程取 20 个频率采样点。SPICE 得出结果为 $A_{\rm mid} = -11.0$, $f_{\rm H} \approx 15{\rm MHz}$,这与手工计算的结果十分吻合。需注意的是,下限截止频率已变成 158Hz。仿真中采用的电容值为 $C_1 = C_2 = 3.9\mu{\rm F}$, $C_3 = 0.082\mu{\rm F}$。

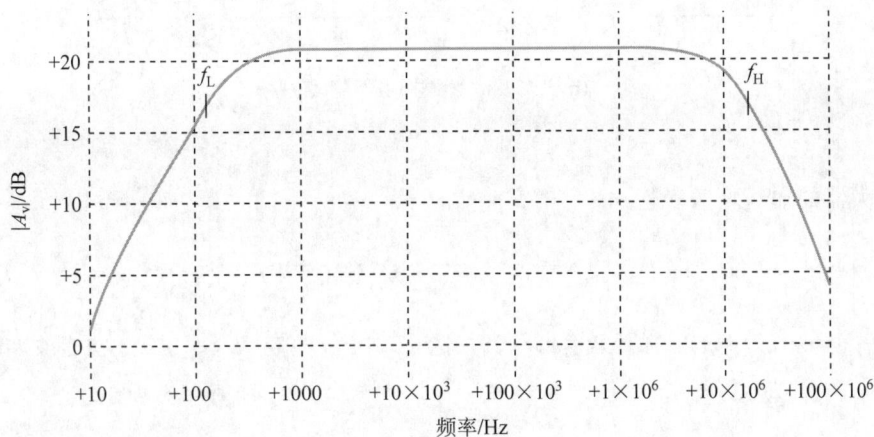

练习：用 SPICE 重新计算当 $V_{\rm A} = 75{\rm V}$ 时 $f_{\rm H}$ 的值。当 $V_{\rm A} = 75{\rm V}$ 且 $r_{\rm x} = 0$ 时结果又如何?

答案：14.8MHz；17.8MHz。

练习：如果发射极电阻中未被旁路部分降低至 100Ω,用公式计算出中频增益、$f_{\rm H}$ 和 GBW 的值。

答案：-29.3；6.7MHz；196MHz。

8.7 共基极和共栅极放大器的高频响应

用与 8.6.8 节相同的方式分析其他两种单级放大器的高频响应。在沿着信号路径的每一个节点上，确定了一个对地的小信号等效电阻和一个对地的小信号等效电容，所得的 RC 电路产生一个高频极点。将这一方法运用到图 8.42(a)所示的共基极放大器中，其高频交流等效电路如图 8.42(b)所示。为简化分析，忽略基极电阻 r_x，输出电阻 r_o 也一并忽略。

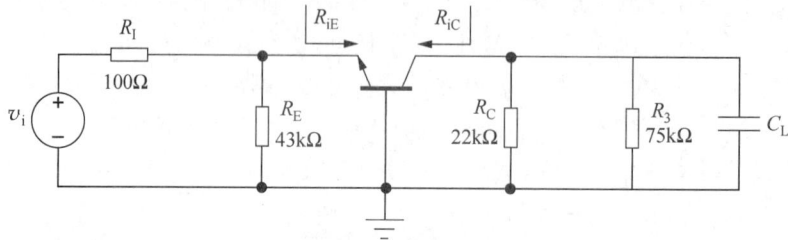

(a) 共基极放大器的高频交流等效电路

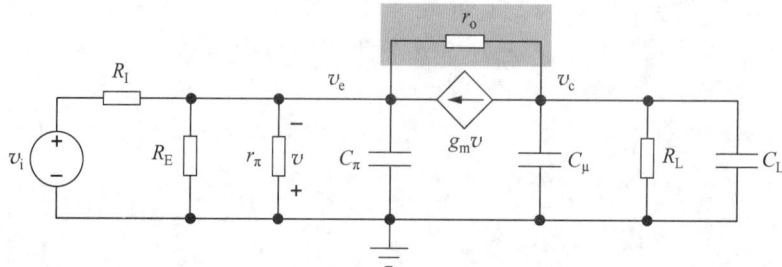

(b) 共基极放大器的小信号等效电路

图 8.42

共基极放大器的输入增益表达式为

$$A_i = \frac{v_e}{v_i} = \frac{R_{in}}{R_I + R_{in}} = \frac{R_E \parallel R_{iE}}{R_i + R_E \parallel R_{iE}} \tag{8.121}$$

其中，$R_{iE} = \dfrac{r_\pi}{\beta_o + 1} \approx \dfrac{1}{g_m}$（为考虑 r_x 的影响，可将其加入 r_π 中）。假定 $R_{iE} \approx 1/g_m$，并且如果 $1/g_m \ll R_E$，则输入增益变为

$$A_i \approx \frac{1}{1 + g_m R_I} \tag{8.122}$$

可以求出共基极放大器的端增益为

$$A_{ec} = \frac{v_c}{v_e} = g_m(R_{iC} \parallel R_L) \approx g_m R_L \tag{8.123}$$

其中

$$R_{iC} = r_o[1 + g_m(r_\pi \parallel R_{th})], \quad 其中 \quad R_{th} = R_E \parallel R_I \tag{8.124}$$

R_{iC} 的表达式与式(5.90)相同。同样，R_{iC} 通常要远大于位于集电极的其他电阻，因此可被忽略。可求出输入端的等效电容为

$$C_{eqE} = C_\pi \tag{8.125}$$

与驱动级相关的输出电容可加入 C_π 中。为计算出发射节点的等效电阻,可以回想一下,由于从属电源的影响,从发射极"看过去"的电阻为 $R_{iE} \approx 1/g_m$。对于图 8.42 所示电路,则有

$$R_{eqE} = \frac{1}{g_m} \parallel R_E \parallel R_I \tag{8.126}$$

在输出端,我们求得等效电容和等效电阻为

$$C_{eqC} = C_\mu + C_L \quad \text{和} \quad R_{eqC} = R_{iC} \parallel R_L \approx R_L \tag{8.127}$$

由于输入与输出之间有很好的隔离,可以求出共基极放大器的两个极点为

$$\omega_{P1} = \frac{1}{\left(\frac{1}{g_m} \parallel R_E \parallel R_I \right) C_\pi} \approx \frac{g_m}{C_\pi} \tag{8.128}$$

$$\omega_{P2} = \frac{1}{(R_{out} \parallel R_L)(C_\mu + C_L)} \approx \frac{1}{R_L(C_\mu + C_L)} \tag{8.129}$$

应该能注意到,放大器的输入极点没有密勒倍增项,其等效电阻由较小的 $1/g_m$ 项决定。基于此,共基极放大器输入极点的频率通常非常高,要超过 f_T。放大器的带宽由负载电阻和电容决定,可由 ω_{P2} 模拟。

练习：利用式(8.129)求出图 8.42 所示共基极放大器的中频增益和 f_H。假设晶体管参数为 $\beta_o = 100$,$f_T = 500\text{MHz}$,$r_x = 250\Omega$,$C_\mu = 0.5\text{pF}$,Q 点为 $(0.1\text{mA}, 3.5\text{V})$。放大器的增益带宽积为多少?

答案：48.2；18.7MHz；903MHz。

图 8.43(a)和(b)所示为一个共栅极放大器的高频交流和小信号等效电路,共栅极放大器响应的分析与共基极放大器响应的分析类似,只是将 R_E、C_π、C_μ 替换为 R_4、C_{GS}、C_{GD},其中 $r_g = 0$。

$$\omega_{P1} = \frac{1}{\left(\frac{1}{g_m} \parallel R_4 \parallel R_I \right) C_{GS}} \approx \frac{g_m}{C_{GS}} \tag{8.130}$$

$$\omega_{P2} = \frac{1}{[R_{out} \parallel R_L][C_{GD} + C_L]} \approx \frac{1}{R_L[C_{GD} + C_L]} \tag{8.131}$$

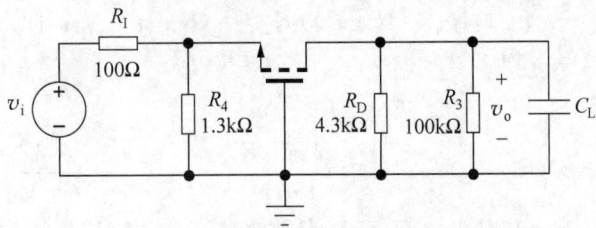

(a) 共基极放大器的高频交流等效电路

图　8.43

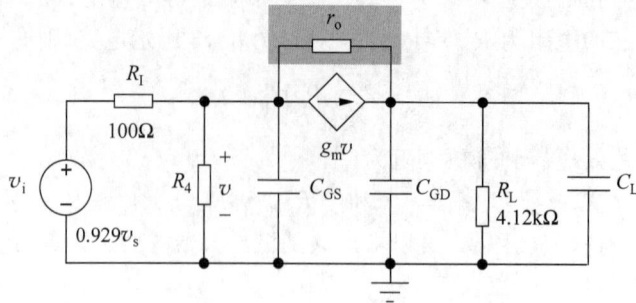

(b) 共基极放大器的小信号等效电路($r_g=0$)

图 8.43 （续）

> **练习**：求出图 8.43 所示共栅极放大器的中频增益和 f_H。假设晶体管参数为 $C_{GS}=10\text{pF}$，$C_{GD}=1\text{pF}$，$g_m=3\text{mS}$，$C_L=3\text{pF}$，则放大器的增益带宽积和 f_T 为多少？
>
> **答案**：$8.98,9.65\text{MHz}$；86.7MHz；43.4MHz。

8.8 共集电极和共漏极放大器的高频响应

共集电极和共漏极放大器的高频响应研究方法与其他单级放大器相似。典型共集电极放大器及其相应的小信号等效电路如图 8.44 所示（注意 r_o 包含在 R_L 之中）。

中频输入增益看上去与共射极放大器的中频输入增益十分相似。

$$A_i=\frac{v_b}{v_i}=\frac{R_{in}}{R_I+R_{in}}=\frac{R_B\parallel R_{iB}}{R_I+R_B\parallel R_{iB}}=\frac{R_B\parallel[r_x+r_\pi+(\beta_o+1)R_L]}{R_I+R_B\parallel[r_x+r_\pi+(\beta_o+1)R_L]} \quad (8.132)$$

基极到发射极的端电压增益为

$$A_{be}=\frac{v_e}{v_b}=\frac{g_m R_L}{1+g_m R_L} \quad (8.133)$$

极点估算：ω_{P1}

为计算出高频极点，首先要估算出到地的等效小信号电阻，即节点 v_B 的 R_{eqB}

$$R_{eqB}=[(R_I\parallel R_B)+r_x]\parallel[r_\pi+(\beta_o+1)R_L]=(R_{th}+r_x)\parallel[r_\pi+(\beta_o+1)R_L] \quad (8.134)$$

用密勒倍增求出的等效电容为

$$C_{eqB}=C_\mu(1-A_{bc})+C_\pi(1-A_{be})$$

$$=C_\mu(1-0)+C_\pi\left(1-\frac{g_m R_L}{1+g_m R_L}\right)=C_\mu+\frac{C_\pi}{1+g_m R_L} \quad (8.135)$$

注意，C_μ 实际上直接位于地和基极之间，所以密勒效应不会改变该值。另外，晶体管基极和发射极之间近似为单位 1 的增益大大降低了有效的 C_π 值。

极点估算 ω_{P2}

可以求出发射极处的等效小信号电阻为

$$R_{eqE}=R_{iE}\parallel R_L=\left(\frac{r_\pi+R_{th}+r_x}{\beta_o+1}\right)\parallel R_L\approx\frac{1}{g_m}+\frac{R_{th}+r_x}{\beta_o+1} \quad (8.136)$$

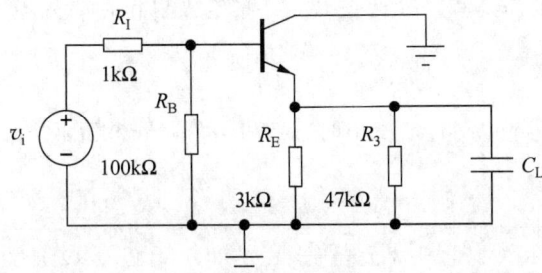

(a) 共集电极放大器

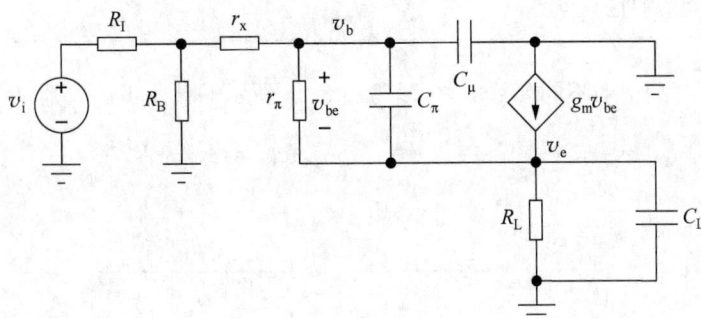

(b) 共集电极放大器的小信号模型

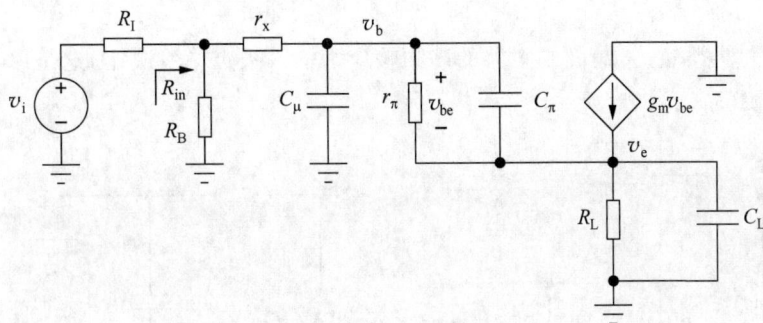

(c) 用于计算输入和输出高频极点的简化小信号电路。注意: $R_L = R_E \| R_3 \| r_o$

图 8.44

其中,$R_{th} = R_B \| R_I$。等效电容是负载电容和基极-发射极电容的并联,为

$$C_{eqE} = C_\pi + C_L \tag{8.137}$$

由于输出端的电阻较小,输入和输出时间常数相对隔离得较好,从而使共集电极放大器有两个极点

$$\omega_{P1} = \frac{1}{([R_{th} + r_x] \| [r_\pi + (\beta_o + 1)R_L]) \left(C_\mu + \dfrac{C_\pi}{1 + g_m R_L}\right)} \tag{8.138}$$

$$\omega_{P2} = \frac{1}{[R_{iE} \| R_L][C_\pi + C_L]} \approx \frac{1}{\left[\left(\dfrac{1}{g_m} + \dfrac{R_{th} + r_x}{\beta_o + 1}\right) \| R_L\right][C_\pi + C_L]} \tag{8.139}$$

注意,该级的输出极点由典型的 $1/g_m$ 项主导。因此,共集电极放大器的输出极点通常具有非常高的频率,接近 f_T。该级的带宽由 f_{p1} 主导,是与输入部分等效电阻和电容相关的极点。我们通常忽略

发射极上的高频极点。由于前馈高频路径通过 C_π，共集电极也包括高频零点。

$$\omega_z \approx \frac{g_m}{C_\pi} \tag{8.140}$$

这个零点位于左半平面，当负载电容较小时，ω_z 和 ω_{P2} 趋于相互抵消。因此当考虑 ω_z 时，只考虑 ω_{P2} 的影响。

> **练习**：计算图 8.44 所示共集电极放大器的 A_{mid} 和 f_H，假设 Q 点为 $(1.5\,\text{mA}, 5\text{V})$，$\beta_o = 100$，$r_x = 150\Omega$，$C_\mu = 0.5\text{pF}$，$f_T = 500\text{MHz}$。
>
> **答案**：0.980，229MHz。

修改 FET 小信号模型中的不同参数值，可以为图 8.45 所示的共漏极放大器推导出一组类似的公式

$$\omega_{P1} = \frac{1}{R_{GO}\left(C_{GD} + \dfrac{C_{GS}}{1 + g_m R_L}\right)} \qquad R_{GO} = R_G \parallel R_I + r_g \tag{8.141}$$

$$\omega_{P2} = \frac{1}{[R_{iS} \parallel R_L]\,[C_{GS} + C_L]} \approx \frac{1}{\left[\dfrac{1}{g_m} \parallel R_L\right][C_{GS} + C_L]} \tag{8.142}$$

$$\omega_z \approx \frac{g_m}{C_{GS}} \tag{8.143}$$

与共集电极放大器类似，共漏极放大器的高频响应由输入极点 f_{p1} 决定，这是由与输出端极点和零点相关的小电阻决定的。

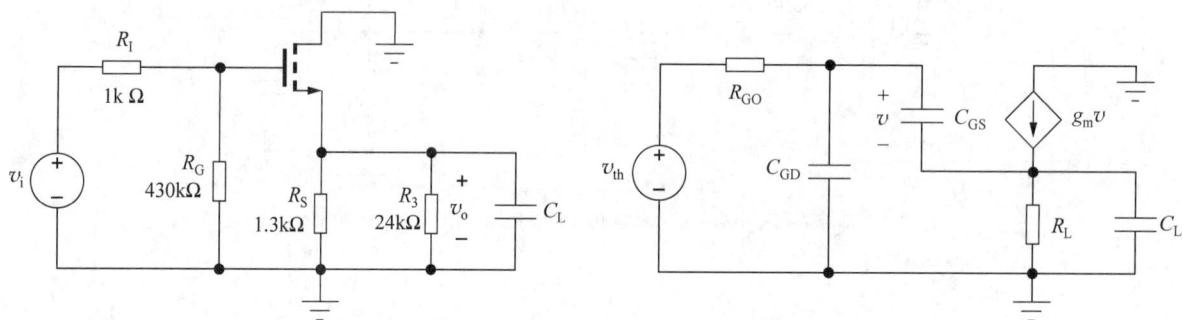

(a) 源极跟随器的高频交流等效电路　　　　(b) 相应的高频小信号等效电路(注意：$R_L = R_S \parallel R_3 \parallel r_o$)

图　8.45

> **练习**：计算图 8.45 所示共漏极放大器的 A_{mid} 和 f_H。假设晶体管参数为 $r_g = 0$，$C_{GS} = 10\text{pF}$，$C_{GD} = 1\text{pF}$，$g_m = 3\text{mS}$；(b) 如果 $r_g = 250\Omega$，重复该计算。
>
> **答案**：0.785，51.0MHz；0.785，40.8MHz。

共集电极的结果可以扩展到互补对缓冲级。图 8.46 所示为一个基本的双极型 AB 级输出级。试着计算 R_{in}，很快就会遇到一个问题：R_{inB1} 取决于从 Q_1 的发射极向外"看过去"的阻抗，依赖于从 Q_2 的基极向外"看过去"的阻抗，而这是一个输入节点。该问题将对直接分析形成阻碍。

乍一看感觉很清晰,穿过 Q_1 和 Q_2 有两条平行的阻抗路径,会平分总的阻抗。然而,对于小信号来说,由于 Q_2 "协助"向负载提供电流,Q_1 认为 Q_2 有效地增加了负载阻抗。同样,当考虑从 Q_2 基极往里"看过去"的阻抗时,Q_1 "协助"Q_2 向负载提供所需的电流,因此它的基极电流减小了,因此从基极往里"看过去"的有效阻抗增加了。这种效应被称为自举(Bootstrapping),其阻抗约为从基极往里"看过去"阻抗的两倍。

相反,对于大信号来说,Q_1 为正输出电压提供电流,Q_2 吸收为负输出电压提供的电流。在任何时候,这两个器件实际上只有一个在传导信号电流。

对于 Q 点处的电路,假设 npn 和 pnp 晶体管相同,我们可以使用 6.1.8 节中介绍的半电路分析来研究频率响应。电路以对称的形式重新

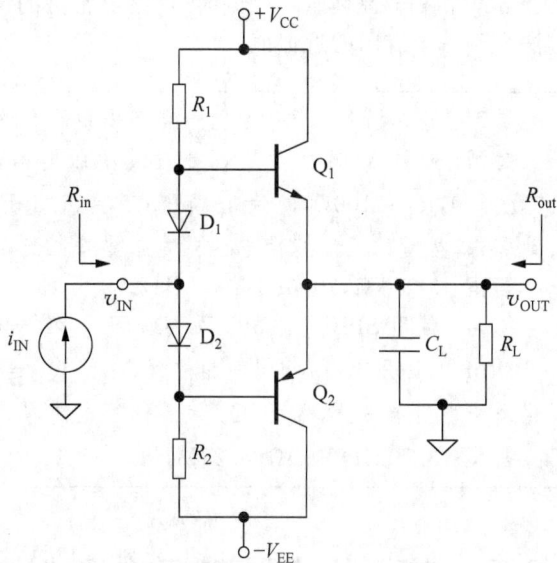

图 8.46 互补对 AB 类输出级

绘制,如图 8.47(a)所示对于小的交流信号是有效的。负载电阻和电容被分成两个相等的并联部分,并且电路由一对相同的电流源共模驱动。因此,任何越过对称线的电路连接都可以打开,而不影响电路的交流小信号行为[①],得到图 8.47(b)所示的共模半电路。这样,半电路立即被识别为由电流源驱动的共集电极,从而具有式(8.138)～式(8.140)表征的频率响应。R_{in} 和 R_{out} 的值也可以直接从共模电路中计算出来。

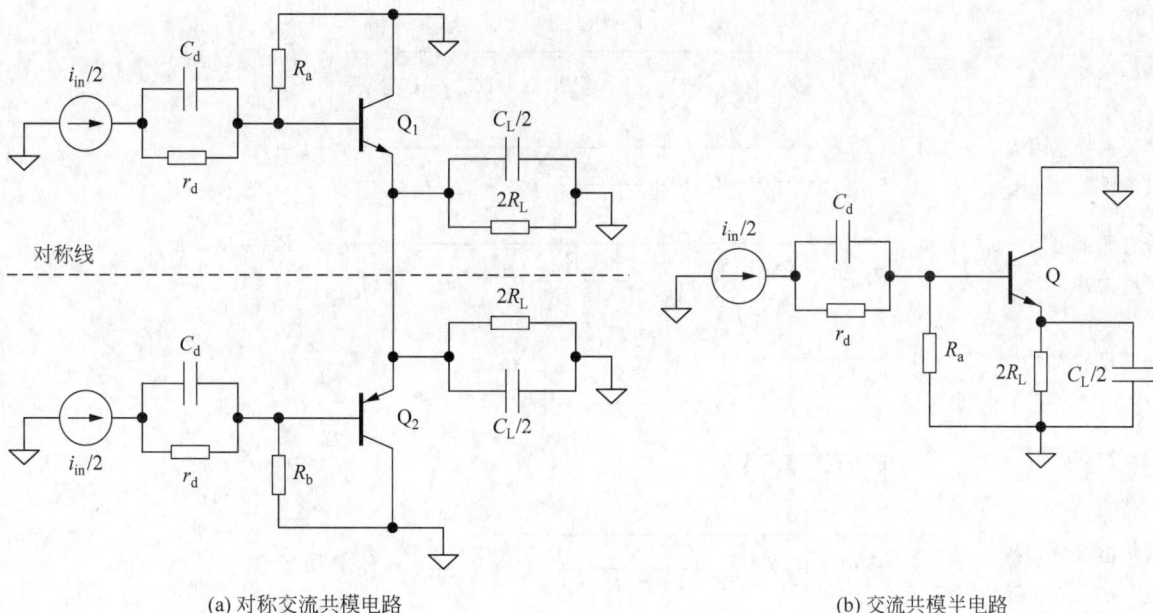

(a) 对称交流共模电路   (b) 交流共模半电路

图 8.47

---

① 但是该电路对于支流来说不是对称的。

当 npn 和 pnp 晶体管不相同时（这是最常见的情况），就会遇到麻烦，但可以将两个器件用参数平均的方法得到一个有用的近似值。

练习：绘制插入晶体管小信号高频模型的完整对称交流电路，确认小信号交流模型为对称结构。

练习：对图 8.46 所示的互补对缓冲级电路，已知 $R_1=R_2=9.3\mathrm{k}\Omega$，$V_{CC}=V_{EE}=10\mathrm{V}$，$\beta_o=150$，$r_x=0$，$R_L=100\Omega$，$C_\mu=1.7\mathrm{pF}$，$C_\pi=15.5\mathrm{pF}$，计算 R_{in}、R_{out} 和 f_{p1}。假设二极管的小信号阻抗为零，二极管的直流特性与各自的晶体管匹配，因此其直流电流也是匹配的。

答案：$3.66\mathrm{k}\Omega$，30.6Ω，$6.37\mathrm{MHz}$。

练习：使用 SPICE 仿真前面的练习。其中，$B_F=150$，$V_{AF}=200$，$I_S=10\mathrm{fA}$，$T_F=3.9\mathrm{e}-10$，$C_{JC}=4\mathrm{pF}$。使用与 Q_1 相同的晶体管，并将 Q_2 连接为 D_1 的二极管（集电极连接到基极），D_2 为 Q_1 提供适当的直流偏置，因此，Q_2 使晶体管电流与二极管电流匹配。

答案：$3.70\mathrm{k}\Omega$，29.5Ω，$6.27\mathrm{MHz}$。

8.9 单级放大器高频响应小结

表 8.2 汇总了 3 种典型单级放大器的主极点表达式。反相放大器可提供较高的电压增益，但是带宽十分有限。在具有类似电压增益的情况下，同相放大器相比反相放大器能够提供更好的带宽。需要注意的是，同相放大器的输入电阻相对较小。跟随器可在很宽的宽带内提供单位增益。

表 8.2 单级放大器的上限截止频率估算

共射极放大器	$\dfrac{1}{r_{\pi o}C_T}=\dfrac{1}{r_{\pi o}\left[C_\pi+C_\mu(1+g_mR_L)+(C_u+C_L)\dfrac{R_L}{r_{\pi o}}\right]}$	$r_{\pi o}=r_\pi\,\|\,[r_x+(R_I\|R_B)]$
共源极放大器	$\dfrac{1}{R_{th}C_T}=\dfrac{1}{R_{th}\left[C_{GS}+C_{GD}(1+g_mR_L)+(C_{GD}+C_L)\dfrac{R_L}{R_{th}}\right]}$	$R_{th}=R_I\|R_G$
带发射极电阻 R_E 的共射极放大器	$\dfrac{1}{r_{\pi o}\left[\dfrac{C_\pi}{1+g_mR_E}+C_\mu\left(1+\dfrac{g_mR_L}{1+g_mR_E}\right)+(C_u+C_L)\dfrac{R_L}{r_{\pi o}}\right]}$	$r_{\pi o}=r_\pi\,\|\,[r_x+(R_I\|R_B)]$
带有源极电阻 R_S 的共源极放大器	$\dfrac{1}{R_{th}\left[\dfrac{C_{GS}}{1+g_mR_S}+C_{GD}\left(1+\dfrac{g_mR_L}{1+g_mR_S}\right)+(C_{GD}+C_L)\dfrac{R_L}{R_{th}}\right]}$	$R_{th}=R_I\|R_G$
共基极放大器	$\dfrac{1}{R_L(C_\mu+C_L)}$	
共栅极放大器	$\dfrac{1}{R_L(C_{GD}+C_L)}$	
共集电极放大器	$\dfrac{1}{[(R_I\|R_B)+r_x]\left(\dfrac{C_\pi}{1+g_mR_L}+C_\mu\right)}$	
共漏极放大器	$\dfrac{1}{(R_I\|R_G)\left(\dfrac{C_{GS}}{1+g_mR_L}+C_{GD}\right)}$	

在此,另外值得一提的是,无论共射极或共基极(或者共源极和共栅极)放大器,其带宽总是小于由输出节点的时间常数 R_L 和 $(C_\mu + C_L)$(或 $C_{GD} + C_L$ 和 R_L)所设定的带宽。

$$\omega_H < \frac{1}{R_L(C_\mu + C_L)} \quad \text{或} \quad \omega_H < \frac{1}{R_L(C_{GD} + C_L)}$$

基极电阻 r_x(或高频 FET 中的栅极电阻)对放大器频率响应的最终限制很重要,这一点不容忽视。首先考虑表 8.2 所描述的共射极放大器。如果为了增加带宽而将戴维南等效源电阻 R_I 减小到零,那么此时 $r_{\pi o}$ 就不会为零,但是会近似限制在 r_x 处。如果假设增益较大,$g_m R_L C_\mu$ 项在决定 ω_H 时起主要作用,那么此时共射极放大器的增益带宽积将变为

$$\text{GBW} = A_{mid}\omega_H \leqslant \frac{g_m R_L}{r_x(C_\mu g_m R_L)} \quad \text{和} \quad \text{GBW} \leqslant \frac{1}{r_x C_\mu} \tag{8.144}$$

对于共集电极放大器,增益近似为 1,且由于 $R_I = 0$ 和 $g_m R_L$ 较大,带宽变为 $1/r_x C_\mu$。在此我们再次发现 $\text{GBW} \leqslant 1/r_x C_\mu$。如果忽略图 8.44 中的 C_π,可以很轻松地发现带宽由 r_x 和 C_μ 决定,这是由于从 r_π "看过去"的输入电阻相对 r_x 而言非常大。

这样,我们已经知道放大器增益带宽积受晶体管特性影响的两个重要限制。第 1 个限制是晶体管电流增益为单位 1 时所对应的频率,即 $f_T = g_m/(C_\pi + C_\mu)$;第 2 个限制由 $\text{GBW} \leqslant 1/r_x C_\mu$ 决定。然而,在典型的放大器设计中,GBW 积只能达到这些极限值的 60%。

为了对工作于频率非常高区域的晶体管进行设计,选择器件的物理结构和掺杂特性的一个主要依据是将 $r_x C_\mu$ 乘积值达到最小。在工程中通常需要作出权衡,选择减小 r_x 会增大 C_μ,反之亦然,为使乘积 $r_x C_\mu$ 的值更为优化,可以运用更为复杂的设计。

8.10 多级放大器的频率响应

开路和短路时间常数法并不仅限于单级晶体管放大器,还可直接运用到多级放大器中;随着电路复杂程度的增加,越发显示出该技术的优势。本节将采用前面章节中所得出的方法来估算若干重要的两级直流耦合放大器的频率响应,其中包括差分放大器、Cascode 放大器和电流镜放大器。因为这些放大器是直接耦合的,因此具有低通特性,所以只需确定 f_H。之后会对一个普通三级放大器进行分析,并求出放大器的 f_H 和 f_L。

8.10.1 差分放大器

正如之前数次提到的那样,差分放大器是模拟电路的一个重要电路结构模块,因此理解差分对的频率响应是十分重要的。图 8.48(a)所示的差分放大器电路中加入了一个重要元器件 C_{EE}。C_{EE} 代表位于差分对发射极节点的所有电容。借助于图 8.48(b)和(c)所示的半电路,图 8.48(a)所示对称放大器的频率响应分析可大大简化。

差模信号

图 8.46(b)所示的差模半电路(Differential-Modehalf-Circuit)可以看作标准的共射极放大器电路。因此,差模信号的带宽由乘积项 $r_{\pi o} C_T$ 决定,正如 8.6 节中所得,同时我们预计放大器的增益带宽积占据晶体管 f_T 的很大一部分。由于发射极节点为虚地,因此 C_{EE} 对差模信号没有影响。

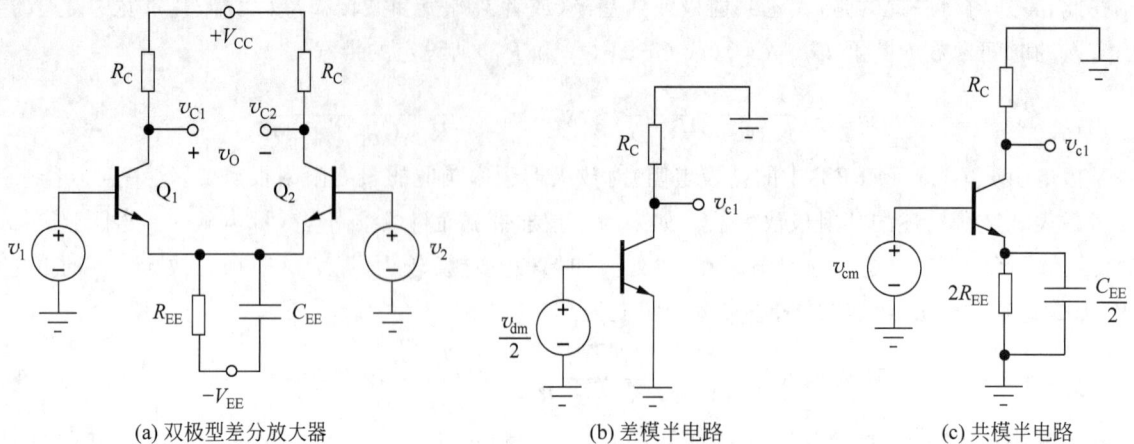

(a) 双极型差分放大器   (b) 差模半电路   (c) 共模半电路

图 8.48

共模频率响应

共模频率响应的伯德图如图 8.49 所示，伯德图重要的断点可以通过分析图 8.48(c) 所示的共模半电路来确定。在非常低的频率下，任何一个集电极的共模增益都比较小，近似为

$$|A_{cc}(0)| \approx \frac{R_C}{2R_{EE}} \ll 1 \tag{8.145}$$

然而，与发射极电阻 R_{EE} 并联的电容 C_{EE} 在特定频率下的共模频率响应中产生了一个传输零点，在这一特定频率下 C_{EE} 和 R_{EE} 的并联电阻为无穷大。对应的零点为

$$s = -\omega_z = -\frac{1}{R_{EE}C_{EE}} \tag{8.146}$$

这种情况通常发生在频率相对较低的时候。尽管 C_{EE} 可能比较小，但电阻 R_{EE} 一般设计得比较大，通常为一个超高阻抗电流源的输出电阻。该零点的存在导致共模增益在频率大于 ω_Z 时以 20dB/十倍频程的速度增加。共模增益持续增加，直至在相对较高频率下达到主极点位置。

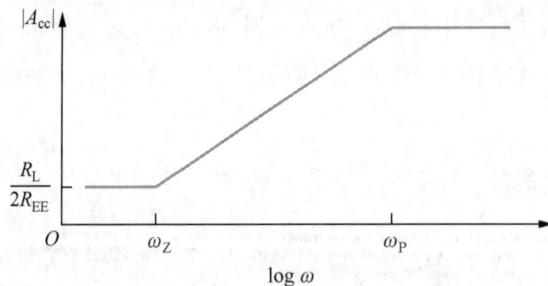

图 8.49 差分对共模增益的伯德图

共模半电路等效为一个发射极电阻为 $2R_{EE}$ 的共射极放大器。如果忽略基极电阻 r_x，可发现 C_π 和 $C_{EE}/2$ 呈并联关系，同时用 OCTC 法可导出

$$\omega_P = -\frac{1}{\left(C_\pi + \dfrac{C_{EE}}{2}\right)R_{EEO}} \tag{8.147}$$

其中，R_{EEO} 为 $C_{EE}/2$ 两端的电阻

$$R_{EEO} = \frac{1}{g_m} \parallel 2R_{EE} \parallel r_\pi \approx \frac{1}{g_m} \tag{8.148}$$

得到极点位置和共模增益为

$$\omega_P = -\frac{g_m}{C_\pi + \dfrac{C_{EE}}{2}} \quad \text{和} \quad A_{cc} = -\frac{g_m R_L}{1 + \dfrac{2C_\pi}{C_{EE}}} \tag{8.149}$$

> **练习**：对于图 8.45 所示的差分放大器，已知参数为 $r_x = 250\Omega$，$C_\mu = 0.5\text{pF}$，$R_{EE} = 25\text{M}\Omega$，$C_{EE} = 1\text{pF}$，$R_C = 50\text{k}\Omega$，计算共模响应时的 f_Z 和 f_P。
>
> **答案**：6.37kHz，6.34MHz。

8.10.2 共集电极/共基极串联

图 8.50(a)所示为不平衡的差分放大器电路。这个电路也可表示为一个共集电极放大器和一个共基极放大器的串联，如图 8.50(b)所示。这个两级放大器的极点可利用之前单级放大器的分析结果来确定。

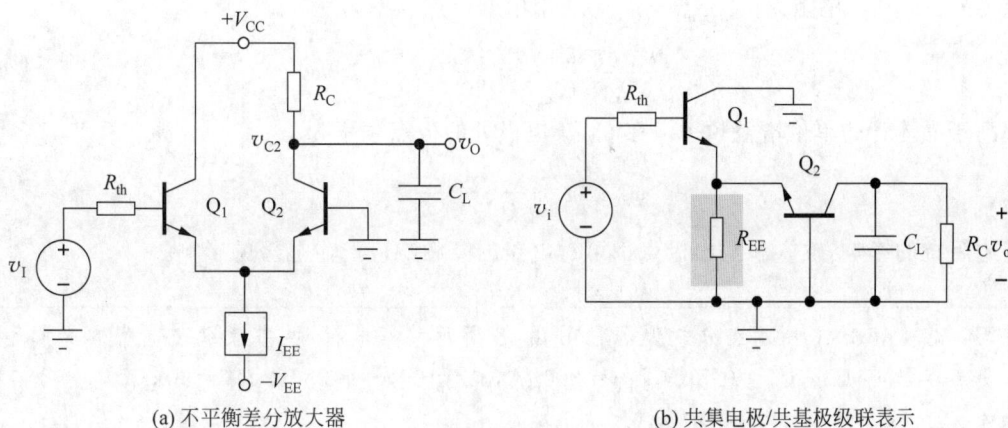

(a) 不平衡差分放大器   (b) 共集电极/共基极级联表示

图 8.50

假设电流源的输出电阻 R_{EE} 非常大，在分析中将其忽略，因为图 8.51 中 Q_1 和 Q_2 发射极处的电阻都很小，因此有

$$R_{iE}^{CC1} = \frac{r_{x1} + r_{\pi1}}{\beta_{o1} + 1} \approx \frac{1}{g_{m1}} \quad \text{和} \quad R_{iE}^{CB2} = \frac{r_{x2} + r_{\pi2}}{\beta_{o2} + 1} \approx \frac{1}{g_{m2}} \tag{8.150}$$

图 8.51 所示电路的高频响应可以利用共集电极和共基极情况下得到的结论进行求解，我们需要对电路中 3 个节点处的极点进行估算，即 Q_1 的基极、Q_1 的发射极和 Q_2 的集电极。

输入端的极点就是当 $R_L = 1/g_{m2}$ 时共集电极放大器的极点。

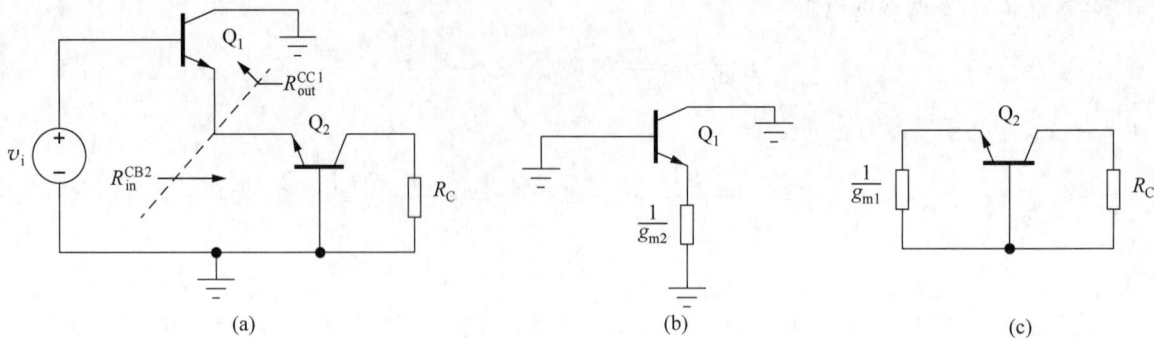

图 8.51 用于分析 Q_1 和 Q_2 极点的等效电路

$$\omega_{PB1} = \cfrac{1}{\left([R_{th} + r_x] \parallel [r_{\pi 1} + (\beta_{o1} + 1) R_L]\right) \left(C_\mu + \cfrac{C_\pi}{1 + g_{m1} R_L}\right)}$$

$$= \cfrac{1}{\left([R_{th} + r_{x1}] \parallel [2r_{\pi 1}]\right) \left(C_{\mu 1} + \cfrac{C_{\pi 1}}{2}\right)} \tag{8.151}$$

需指出的是，如果源阻抗等于零，则输入极点响应由 r_x 决定。第 2 极点出现在 Q_1 和 Q_2 的发射极，该处的电容为 $C_{\pi 1} + C_{\pi 2}$，电阻为 $1/(g_{m1} + g_{m2})$。求出的极点频率为

$$\omega_{PE} = \frac{g_{m1} + g_{m2}}{C_{\pi 1} + C_{\pi 2}} \approx \frac{2g_m}{2C_\pi} = \frac{g_m}{C_\pi} > \omega_T \tag{8.152}$$

极点频率高于晶体管的单位增益频率。在 C_2 集电极处的极点频率为

$$\omega_{PC2} \approx \frac{1}{R_C (C_{\mu 2} + C_L)} \tag{8.153}$$

由于电路中阻抗的影响，输入和输出极点都可对电路的高频响应产生显著的影响。

> **练习**：比较图 8.46 所示差分放大器和图 8.48 所示共集电极/共基极级联电路的中频增益和 f_H，假设 $f_T = 500\text{MHz}$，$C_\mu = 0.5\text{pF}$，$I_{EE} = 200\mu A$，$\beta_o = 100$，$r_x = 250\Omega$，$R_C = 50\text{k}\Omega$。
> **答案**：$-198, 3.16\text{MHz}, 99, 6.27\text{MHz}$。

8.10.3 Cascode 放大器的高频响应

图 8.52 所示的共射极放大器和共基极放大器的串联被称为 Cascode 放大器（Cascode Amplifier）。Cascode 放大器可以提供与共射极放大器相同的中频增益和输入电阻，同时还能提供更好的上限截止频率 f_H，在接下来的分析中将会证明这一点。

利用图 8.53 所示模型并遵循共射极放大器和共基极放大器的分析，可以求出 Cascode 放大器的极点。在放大器的输入端，利用之前对这一放大器的分析，可知其极点为

$$\omega_{PB1} = \frac{1}{r_{\pi o} C_T} = \cfrac{1}{r_{\pi o} \left([C_\pi + C_\mu (1 + g_{m1} R_L)] + \cfrac{R_L}{r_{\pi o}} [C_\mu + C_L]\right)} \tag{8.154}$$

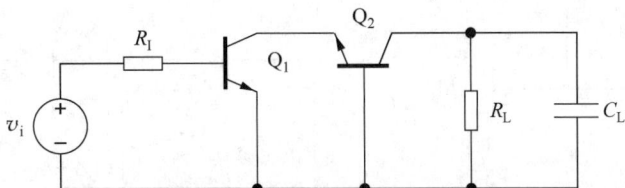

图 8.52 直接耦合 Cascode 放大器的交流等效电路

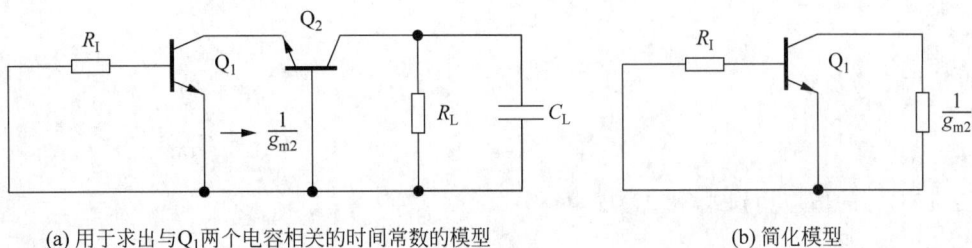

(a) 用于求出与 Q_1 两个电容相关的时间常数的模型   (b) 简化模型

图 8.53

由于第 1 级放大器的负载较小($1/g_m$),我们认为该表达式中的第 2 个电容项可忽略不计,因此可以进一步将表达式简化。两个晶体管的偏置电流相等,所以两个晶体管的 g_m 值也相等,则有

$$\omega_{PB1} = \frac{1}{r_{\pi o1}\left(\left[C_{\pi 1} + C_{\mu 1}\left(1 + \dfrac{g_{m1}}{g_{m2}}\right)\right] + \dfrac{1/g_{m2}}{r_{\pi o1}}\left[C_{\mu 1} + C_{\pi 2}\right]\right)} \approx \frac{1}{r_{\pi o1}(C_{\pi 1} + 2C_{\mu 1})} \quad (8.155)$$

其中,C_μ 的密勒倍增项系数已经从一个很大的值(在例 8.6 中为 264)降到 2,同时 $R_L/r_{\pi O}$ 项也基本被消除了。这些缩减是 Cascode 放大器最显著的优势,可大大提高整个放大器的带宽。

与之前的电路类似,中间节点的抗阻非常小,在高频时大致等于 $1/g_{m2}$(回想由于 C_μ 造成的 Q_1 高频分流)。正因为如此,我们预计中间节点的频率会非常高,近似为 $g_{m2}/(C_{\pi 2} + C_{\mu 1})$。

输出端的极点与共基极放大器的极点相同

$$\omega_{PC2} \approx \frac{1}{R_L(C_{\mu 2} + C_L)} \quad (8.156)$$

同样,由于电阻中的抗阻的影响,ω_{PB1}、ω_{PC2} 对电路的整个高频响应都具有显著的影响。

> **练习**:求出图 8.50 所示 Cascode 放大器的中频值 A_V 和极点,已知 $\beta_0 = 100$,$f_T = 500\text{MHz}$,$C_\mu = 0.5\text{pF}$,$r_x = 250\Omega$,$R_I = 882\Omega$,$R_L = 4.12\text{k}\Omega$,$C_L = 5\text{pF}$,Q_2 的 Q 点为 $(1.6\text{mA}, 3\text{V})$。
> **答案**:$-151, 11.6\text{MHz}, 7.02\text{MHz}$。

8.10.4 电流镜的截止频率

图 8.54 所示的电流镜电路为直接耦合放大器分析的最后一个例子。图 8.54(b) 所示的小信号模型是在 7.2 节中得到的二端口模型加上 M_1 和 M_2 的栅-源电容得到。两个晶体管的栅-源电容并联,而 M_1 的栅-漏电容被短接。估算电流镜带宽的最坏情况之一时输出端的开路负载情况。

可以将图 8.54(b) 所示的电路与图 8.35 所示共射极放大器的简化模型视为相同,代换后 C_T 的近

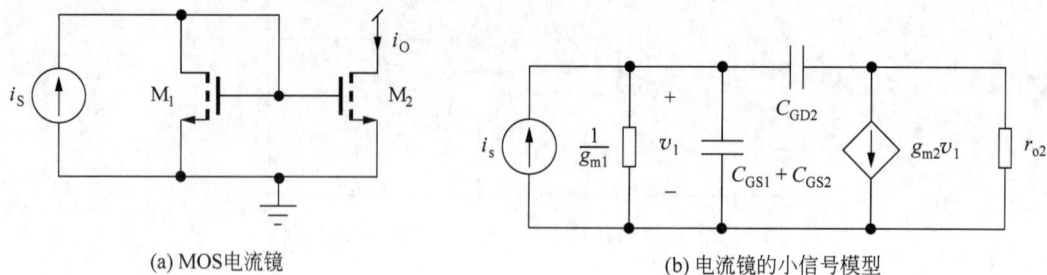

(a) MOS电流镜　　　　　　　　　　(b) 电流镜的小信号模型

图　8.54

似结果可直接用于电流镜电路：

$$r_{\pi o} \rightarrow \frac{1}{g_{m1}} \quad R_L \rightarrow r_{o2} \quad C_\pi \rightarrow C_{GS1} + C_{GS2} \quad C_\mu \rightarrow C_{GD2} \tag{8.157}$$

将式(8.157)中的值应用到式(8.94)中,可得

$$\omega_{P1} \approx \frac{1}{r_{\pi o} C_T} = \frac{1}{\dfrac{1}{g_{m1}} \left[C_{GS1} + C_{GS2} + C_{GD2} \left(1 + g_{m2} r_{o2} + \dfrac{r_{o2}}{\dfrac{1}{g_{m1}}} \right) \right]} \tag{8.158}$$

对于具有相同 W/L 值的匹配晶体管,则有

$$\omega_{P1} \approx \frac{1}{\dfrac{2 C_{GS1}}{g_{m1}} + 2 C_{GD2} r_{o2}} \approx \frac{1}{2 C_{GD2} r_{o2}} \tag{8.159}$$

可用式(8.95)来估算第 2 极点

$$\omega_{P2} \approx \frac{g_L C_\pi + 2 g_m C_\mu}{C_\pi C_\mu} = \frac{1}{R_L C_\mu} + \frac{2 g_m}{C_\pi} > \omega_T \tag{8.160}$$

该极点同样大于 ω_T。

　　式(8.158)的结果表明,电流镜的带宽是由电流输出端的时间常数控制,而这一时间常数由输出电阻和 M_2 的栅-漏电容决定。需注意的是,由于电阻 r_{o2} 的作用,式(8.159)的值直接与 Q 点电流成正比。

　　练习：(a)求出图 8.52 中电流镜的带宽,假设：$I_1 = 100\mu A$,$C_{GD} = 1pF$,$\lambda = 0.02 V^{-1}$;(b)如果 $I_1 = 25\mu A$ 呢?

　　答案：159kHz；39.8kHz。

8.10.5　三级放大器实例

　　接下来介绍一个更复杂的分析实例,估算图 8.55 中多级放大器的上限和下限截止频率,在第 5 章中已经对这一多级放大器进行了介绍。我们将用短路时间常数法来估算其下限截止频率,在第 9 章中需要知道特定极点的位置来精确估算反馈放大器的稳定性,在此以多级放大器为例来介绍高频极点的计算方法。

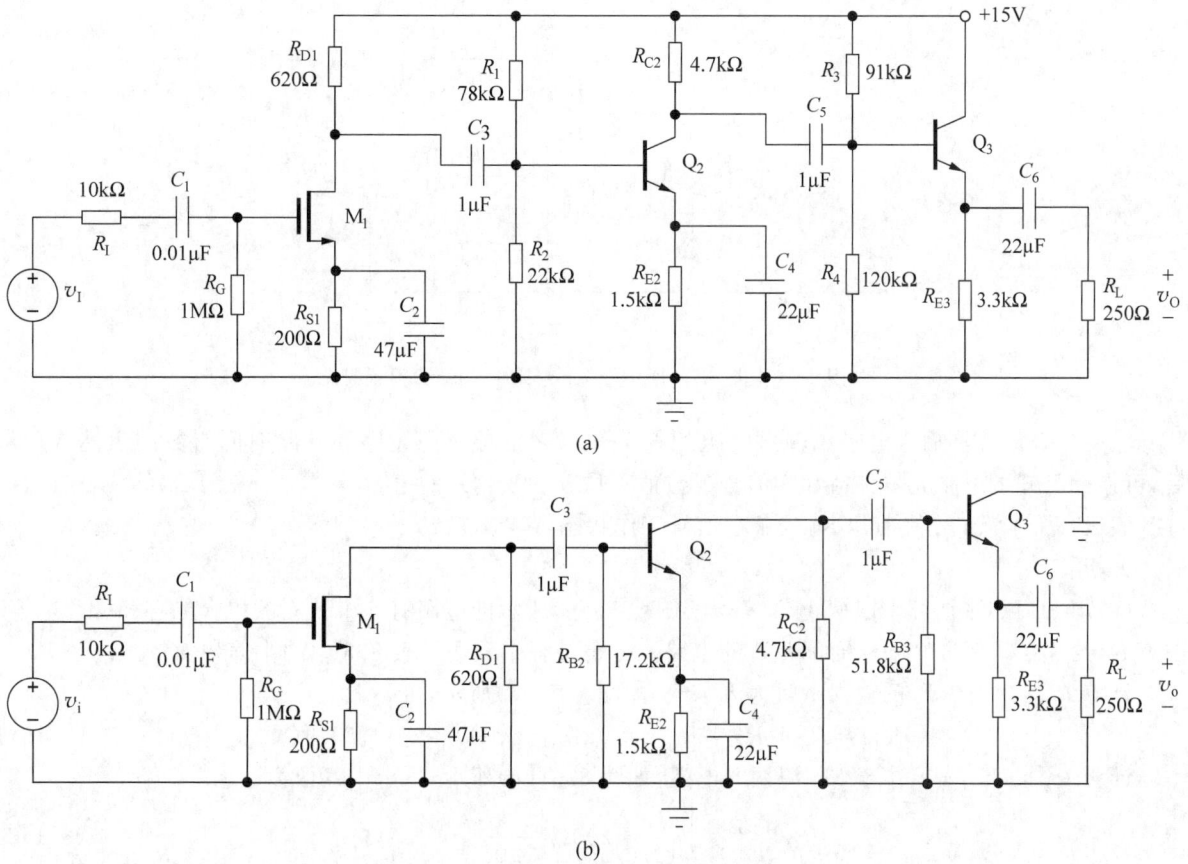

图 8.55 三级放大器及其交流等效电路

例 8.8 多级放大器的频率响应。

用时间常数法来确定多级放大器的上限截止频率和下限截止频率。

问题：用直接计算和短路时间常数法来估算多级放大器的上限截止频率和下限截止频率。

解：

已知量：图 8.55 所示的三级放大器电路；Q 点信息和小信号参数由表 5.19 和表 8.3 给出。

表 8.3 晶体管参数

	g_m/mS	r_π/kΩ	r_o/kΩ	β_o	C_{GS}/C_π/pF	C_{GD}/C_μ/pF	r_x/Ω
M_1	10	∞	12.2	∞	5	1	0
Q_2	67.8	2.39	54.2	150	39	1	250
Q_3	79.6	1	34.4	80	50	1	250

未知量：f_H、f_L 和带宽。

求解方法：耦合电容和旁路电容决定低频响应，而元器件电容决定高频响应。在低频时，内部元器件电容的阻抗很大，可以忽略。在图 8.55(b) 所示的低频交流等效电路中保留了耦合电容和旁路电容，可以用 SCTC 法来实现对 ω_L 的估算。使用单级分析对单个高频极点进行计算，从而实现对上限截止频率的估算。在高频时，耦合电容和旁路电容的抗阻非常小，可以忽略。将耦合电容和旁路电容短路可构建出如图 8.56 所示的电路。

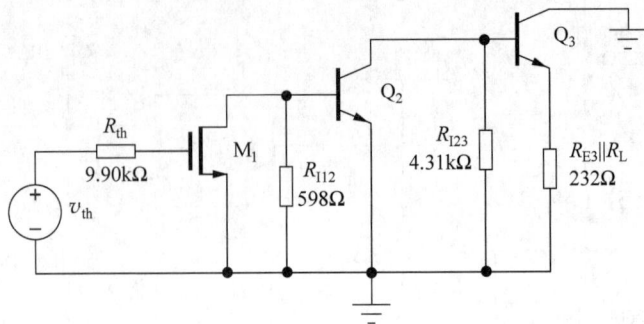

图 8.56　图 8.55 所示三级放大器的高频交流模型

运用单级放大器输入电阻和输出电阻的相关知识来推导不同短路和开路时间常数的表达式。最后，可借助已知的电路元器件值和小信号参数值来估算各表达式的值。

假设：晶体管工作在有源区，处于小信号工作状态，$V_T = 25\text{mV}$。

分析：

(a)用 SCTC 法估算下限截止频率 ω_L：图 8.55(b)所示的电路有 6 个独立的耦合电容和旁路电容；图 8.57 给出了求解 6 个短路时间常数的电路。分析过程中利用了表 8.3 中的小信号参数。

计算 R_{1S}：由于 M_1 的输入电阻为无穷大，如图 8.57(a)所示，可得 R_{1S}

$$R_{1S} = R_I + R_G \parallel R_{iG} = 10\text{k}\Omega + 1\text{M}\Omega \parallel \infty = 1.01\text{M}\Omega \tag{8.161}$$

计算 R_{2S}：R_{2S} 表示位于 M_1 源端的电阻，如图 8.57(b)所示，可求出其值为

$$R_{2S} = R_{S1} \parallel \frac{1}{g_{m1}} = 200\Omega \parallel \frac{1}{0.01\text{S}} = 66.7\Omega \tag{8.162}$$

计算 R_{3S}：电阻 R_{3S} 由 4 个元器件组成，如图 8.57(c)所示。在左侧，M_1 的输出电阻并联了一个阻值为 620Ω 的电阻 R_{D1}；在右侧，Q_2 的输入电阻与一个阻值为 $17.2\text{k}\Omega$ 的电阻 R_{B2} 并联。则 R_{3S} 为

$$R_{3S} = (R_{D1} \parallel R_{iD1}) + (R_{B2} \parallel R_{iB2}) = (R_{D1} \parallel r_{o1}) + (R_{B2} \parallel r_{\pi2})$$
$$= (620\Omega \parallel 12.2\text{k}\Omega) + (17.2\text{k}\Omega \parallel 2.39\text{k}\Omega) = 2.69\text{k}\Omega \tag{8.163}$$

计算 R_{4S}：R_{4S} 表示位于 Q_2 发射极端的电阻，如图 8.57(d)所示，其值等于

$$R_{4S} = R_{E2} \left\Vert \frac{R_{th2} + r_{\pi2}}{(\beta_{o2} + 1)} \right. \quad \text{其中，} \quad R_{th2} = R_{B2} \parallel R_{D1} \parallel R_{iD1} = R_{B2} \parallel R_{D1} \parallel r_{o1}$$

$$R_{th2} = R_{B2} \parallel R_{D1} \parallel r_{o1} = 17.2\text{k}\Omega \parallel 620\Omega \parallel 12.2\text{k}\Omega = 571\Omega \tag{8.164}$$

$$R_{4S} = 1500\Omega \left\Vert \frac{571\Omega + 2390\Omega}{(150 + 1)} \right. = 19.4\Omega$$

计算 R_{5S}：电阻 R_{5S} 也是由 4 个元器件组成的，如图 8.57(e)所示。在左侧，Q_2 的输出电阻与一个 $4.7\text{k}\Omega$ 的电阻 R_{C2} 并联；在右侧，Q_3 的输入电阻与一个阻值为 $51.8\text{k}\Omega$ 的电阻 R_{B3} 并联，则 R_{5S} 为

$$R_{5S} = (R_{C2} \parallel R_{iC2}) + (R_{B3} \parallel R_{iB3}) = (R_{C2} \parallel r_{o2}) + (R_{B3} \parallel [r_{\pi3} + (\beta_{o3} + 1)(R_{E3} \parallel R_L)])$$
$$= (4.7\text{k}\Omega \parallel 54.2) + 51.8\text{k}\Omega \parallel [1.00\text{k}\Omega + (80 + 1)(3.3\text{k}\Omega \parallel 250\Omega)]$$
$$= 18.4\text{k}\Omega \tag{8.165}$$

计算 R_{6S}：最后，R_{6S} 为 C_6 两端的电阻，如图 8.57(f)所示，R_{6S} 为

$$R_{6S} = R_L + \left(R_{E3} \left\Vert \frac{R_{th3} + r_{\pi3}}{\beta_{o3} + 1} \right. \right) \quad \text{其中，} \quad R_{th3} = R_{B3} \parallel R_{C2} \parallel R_{iC2} = R_{B3} \parallel R_{C2} \parallel r_{o2}$$

$$R_{th3} = 51.8k\Omega \parallel 4.7\Omega \parallel 54.2k\Omega = 3.99k\Omega$$

$$R_{6S} = 250\Omega + \left(3.3k\Omega \parallel \frac{3.39k\Omega + 1k\Omega}{80+1}\right) = 311\Omega \tag{8.166}$$

现在可利用式(8.33)和式(8.161)～式(8.166)中计算得到的电阻值来构建 ω_L 的估算表达式：

$$\omega_L \approx \sum_{i=1}^{n} \frac{1}{R_{iS}C_i} = \frac{1}{R_{1S}C_1} + \frac{1}{R_{2S}C_2} + \frac{1}{R_{3S}C_3} + \frac{1}{R_{4S}C_4} + \frac{1}{R_{5S}C_5} + \frac{1}{R_{6S}C_6}$$

$$\approx \frac{1}{(1.01M\Omega)(0.01\mu F)} + \frac{1}{(66.7\Omega)(47\mu F)} + \frac{1}{(2.69k\Omega)(1\mu F)} +$$

$$\frac{1}{(19.4\Omega)(22\mu F)} + \frac{1}{(18.4k\Omega)(1\mu F)} + \frac{1}{(311\Omega)(22\mu F)}$$

$$\approx 99 + 319 + 372 + \underline{2340} + 54.4 + 146 = 3330 \text{rad/s} \tag{8.167}$$

$$f_L = \frac{\omega_L}{2\pi} = 530 \text{Hz}$$

估算出下限截止频率的值为 530Hz，其中起主导作用的是第 4 项，这是与发射极旁路电容 C_4 相关的时间常数项（需要记住例 8.3 中所用到的设计方法）。

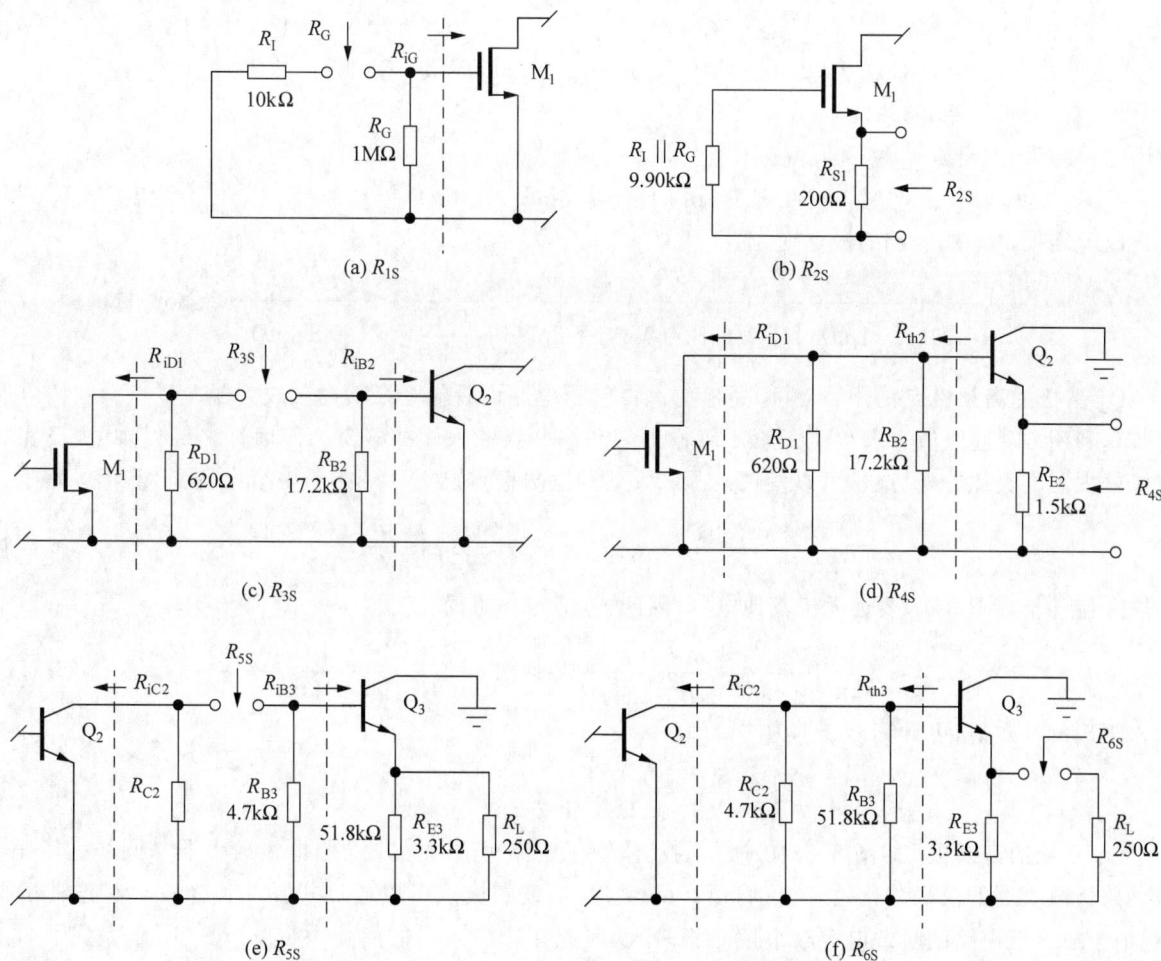

图 8.57 用于求解短路电流时间常数的子电路

（b）计算上限截止频率 f_H：通过计算图 8.55 所示放大器交流模型中每个节点的高频极点，然后运用式（8.22）可求出上限截止频率。在高频时，耦合电容和旁路电容的阻抗很小，可以忽略，将耦合电容和旁路电容短路可构建出图 8.56 所示电路。每个电路节点的高频极点可以借助表 8.2 中对单级放大器的分析结果来计算。

M_1 栅极的高频极点：图 8.58（a）所示的晶体管电路可看作一个共源极放大器。利用表 8.2 中的 C_T 近似，有

$$f_{p1} = \left(\frac{1}{2\pi}\right) \frac{1}{R_{th1}\left[C_{GS1} + C_{GD1}(1 + g_{m1}R_{L1}) + \dfrac{R_{L1}}{R_{th1}}(C_{GD1} + C_{L1})\right]} \tag{8.168}$$

对于该电路，未加旁路的源极电阻为零，因此采用了一个更为简单的输入极点频率等式。在式（8.168）中，戴维南源电阻为 9.9kΩ，负载电容为电阻 R_{I2}、$(r_{x2} + r_{\pi2})$ 和 r_{o1} 的并联，有

$$R_{L1} = R_{I12} \| r_{\pi2} + r_x \| r_{o1} = 598\Omega \| (2.39k\Omega + 250\Omega) \| 12.2k\Omega = 469\Omega \tag{8.169}$$

运用密勒效应来估算 C_{L1}，该电容为从第 2 级共射极放大器"看进去"的电容

$$C_{L1} = C_{\pi2} + C_{\mu2}(1 + g_{m2}R_{L2}) \tag{8.170}$$

从图 8.58（b）中，可以估算出 R_{L2} 为

$$\begin{aligned}R_{L2} &= R_{I23} \| R_{iB3} \| r_{o2} = R_{I23} \| [r_{x3} + r_{\pi3} + (\beta_{o3} + 1)(R_{E3} \| R_L)] \| r_{o2} \\ &= 4.31k\Omega \| [250 + 1k\Omega + (80+1)(3.3k\Omega \| 250\Omega) \| 54.2k\Omega] \\ &= 3.33k\Omega \end{aligned} \tag{8.171}$$

利用这一结果，求出 C_{L1} 为

$$C_{L1} = 39pF + 1pF[1 + 67.8mS(3.33k\Omega)] = 266pF \tag{8.172}$$

结合以上结果，M_1 输入端的极点变为

$$f_{p1} = \left(\frac{1}{2\pi}\right) \frac{1}{(9.9k\Omega)\left\{1pF[(1 + 0.01S(469\Omega)] + 5pF + \dfrac{469\Omega}{9.9k\Omega}(1pF + 266pF)\right\}} = 689kHz \tag{8.173}$$

Q_2 基极的高频极点：图 8.58（b）所示的晶体管子电路可看作一个共射极放大器。乍一看我们可能会打算利用 C_T 近似值来求得位于第 1 级输出端和第 2 级输入端的极点。然而，如果回想共源极和共基极放大器的具体分析方法，可以发现共源放大器的输出极点已在式（8.95）中给出，在此重新写为

$$f_{p2} = \left(\frac{1}{2\pi}\right) \frac{C_{GS1}g_{L1} + C_{GD1}(g_{m1} + g_{th1} + g_{L1}) + C_{L1}g_{th1}}{[C_{GS1}(C_{GD1} + C_{L1}) + C_{GD1}C_{L1}]} \tag{8.174}$$

在这一特殊情况下，C_{L1} 要远大于其他电容，因此式（8.174）可简化为

$$f_{p2} \approx \left(\frac{1}{2\pi}\right) \frac{C_{L1}g_{th1}}{[C_{GS1}C_{L1} + C_{GD1}C_{L1}]} \approx \left(\frac{1}{2\pi}\right) \frac{1}{R_{th1}(C_{GS1} + C_{GD1})} \tag{8.175}$$

代入正确的参数值，可计算出 f_{p2} 为

$$f_{p2} = \left(\frac{1}{2\pi}\right) \frac{1}{(9.9k\Omega)(5pF + 1pF)} = 2.68MHz \tag{8.176}$$

Q_3 基极的高频极点：图 8.58（c）所示的晶体管子电路可看作一个共集电极放大器。同样由于第 2 级共射极放大器的极点分化效应，我们预计位于 Q_3 基极的极点可以通过式（8.95）计算。在这种情况下，由于第 2 级电路的负载电容较小且 g_{m2} 较大，因此在式（8.95）的简化中将 $g_{m2}C_\mu$ 项作为分子的主导项，式（8.95）的形式保持不变。因此，我们预计位于 Q_2 和 Q_3 之间的级间节点的极点由下式决定

$$f_{p3} \approx \left(\frac{1}{2\pi}\right) \frac{g_{m2}}{\left[C_{\pi 2}\left(1+\frac{C_{L2}}{C_{\mu 2}}\right)+C_{L2}\right]} \tag{8.177}$$

Q_2 的负载电容为共集电极放大器输出级的输入电容。这一电容可按下式进行计算

$$C_{L2}=C_{\mu 3}+\frac{C_{\pi 3}}{1+g_{m3}\left(R_{E3}\parallel R_L\right)}=1\text{pF}+\frac{50\text{pF}}{1+79.6\text{mS}(3.3\text{k}\Omega\parallel 250\Omega)}=3.55\text{pF} \tag{8.178}$$

为考虑 r_{x2} 的影响,可在计算 f_{p3} 时采用式(8.70)所定义的 g_m,因此有

$$f_{p3} \approx \left(\frac{1}{2\pi}\right)\frac{67.8\text{mS}[1\text{k}\Omega/(1\text{k}\Omega+250\Omega)]}{\left[39\text{pF}\left(1+\frac{3.55\text{pF}}{1\text{pF}}\right)+3.55\text{pF}\right]}=47.7\text{MHz} \tag{8.179}$$

在 Q_3 的发射极还存在另外一个极点,但是其频率非常高,这是因为输出端的等效电阻和电容相对较小。现在可以写出从中频到高频响应的表达式为

$$A(f) \approx \frac{A_{mid}}{\left(1+j\dfrac{f}{f_{p1}}\right)\left(1+j\dfrac{f}{f_{p2}}\right)\left(1+j\dfrac{f}{f_{p3}}\right)}$$

$$\approx \frac{998\text{V/V}}{\left(1+j\dfrac{f}{689\text{kHz}}\right)\left(1+j\dfrac{f}{2.68\text{MHz}}\right)\left(1+j\dfrac{f}{47.7\text{MHz}}\right)} \tag{8.180}$$

运用式(8.23),可估算出 f_H 为

$$f_H=\frac{1}{\sqrt{\dfrac{1}{f_{p1}^2}+\dfrac{1}{f_{p2}^2}+\dfrac{1}{f_{p3}^2}}}=667\text{kHz} \tag{8.181}$$

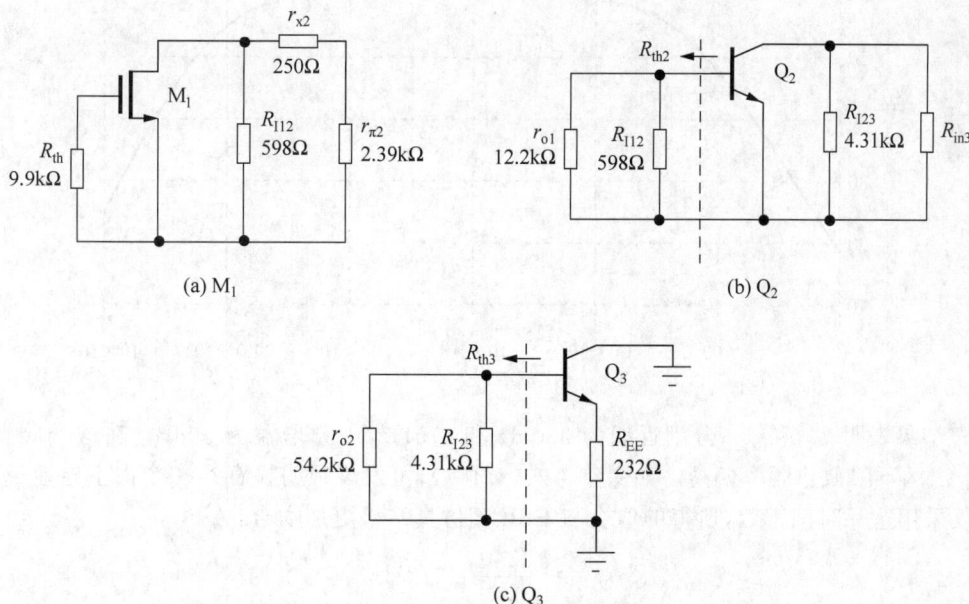

图 8.58 用于计算各晶体管 OCTC 的子电路

结果检查:对于这种复杂的分析,SPICE 仿真是一种很好的检验方法。利用图形编辑器画出电路

后，需要设置 MOSFET 和双极型晶体管的参数。可以参考表 5.18、表 5.19 和表 8.3 来设置元器件参数。对于耗尽型 MOSFET，有 $KP=10mA/V^2$，$VTO=-2V$，$LAMDA=0.02V^{-1}$。本例中的仿真，可以很容易地添加与 MOSFET 并联的外部电容来表示 C_{GS} 和 C_{GD}，其值分别为 5pF 和 1pF。

对于双极型晶体管，有 $RB=250\Omega$，$BF=150$，$VAF=80V$，令 IS 取其默认值 0.1fA。TF 的值还可通过表 8.3 中的数据求得。

$$TF_2 = \frac{C_{\pi 2}}{g_{m2}} = \frac{39pF}{67.8mS} = 0.575ns \quad 和 \quad TF_3 = \frac{50pF}{79.6mS} = 0.628ns$$

表 5.19 中的集电极-发射极电压为 $V_{CE2}=5.09V$，$V_{CE3}=8.36V$。为了使每个 C_μ 的值达到 1pF，我们必须正确设置 CJC 的值：

$$CJC2 = (1pF)\left(1 + \frac{5.09-0.7}{0.75}\right)^{0.33} = 1.89pF$$

和

$$CJC3 = (1pF)\left(1 + \frac{8.36-0.7}{0.75}\right)^{0.33} = 2.22pF$$

一旦设定了参数，就可以进行交流分析，其中 $FSTART=10Hz$，$FSTOP=10MHz$，每十倍频取 20 个频率采样点。所得幅频伯德图如下图所示。我们也可以检查元器件参数，发现 C_μ 和 C_π 的值近似正确。

讨论：需指出的是，共源极放大器 M_1 和共射极放大器 Q_2 都对 f_H 有很大贡献，而射极跟随器 Q_3 对 f_H 几乎没有贡献。基于前面的计算结果，放大器的中频段从 $f_L=530Hz$ 扩展到 $f_H=677kHz$，带宽为 $BW=666kHz$。

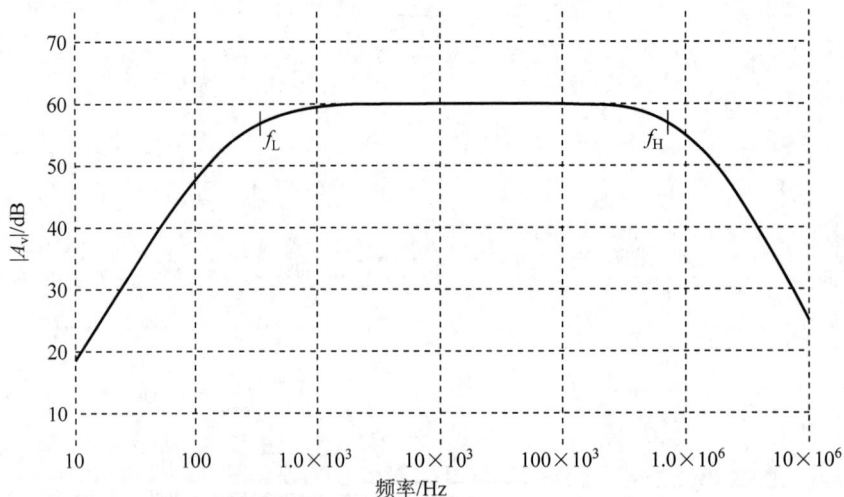

SPICE 结果表明 f_L 和 f_H 分别近似为 350Hz 和 675Hz，中频增益为 60dB。在这个放大器中，用 SCTC 法求出的下限截止频率偏高。如果参考式(8.167)，可发现很明显存在一个占主导地位的时间常数。如果仅采用这一时间常数，所得的值会与 SPICE 仿真结果更加吻合：

$$f_L \approx \frac{2340}{2\pi} = 372Hz$$

另外，估算的 f_H 与仿真结果吻合得很好。计算时要十分谨慎，需将共射极和共源极放大器的极点分化现象考虑进去。如果没有考虑这一因素，单纯基于每一级的主极点进行计算，那么所得的值将小于 550kHz。在本例中还对高于 f_H 频率的相频和幅频特性进行了准确的分析，这对反馈放大器的设计更为重要。

练习：计算频率为 f_L 时 $C_{\pi2}$ 的电抗，并将其与 $r_{\pi2}$ 的值进行比较。计算 $C_{\mu3}$ 的电抗，并将其与图 8.57(e) 中 $R_{B3} \parallel R_{in3}$ 的值进行比较。

答案：$7.7M\Omega \gg 2.39k\Omega$；$300M\Omega \gg 14.3k\Omega$。

练习：当 $f = f_H$ 时，计算图 8.53(b) 中 C_1、C_2 和 C_3 的电抗，并将所求值同电路中电容端的中频电阻进行比较。

答案：$23.9\Omega \ll 1.01M\Omega$；$5.08m\Omega \ll 66.7\Omega$；$239m\Omega \ll 2.69k\Omega$。

8.11 射频电路介绍

从射频电路产生之日起，射频通信就对人们的日常生活和彼此交流产生了极为广泛的影响。在诸如移动电话、收音机、电视机等射频设备中，都能见到几个重要电路的身影，例如低噪声放大器、混频器和振荡器等。

图 8.59 所示为一个理想收发器架构[①]，根据设计所选用的特定频率，这一架构可以是一个无线局域网设备的射频部分，也可以是一个移动电话的收发器。在此所给出的 5GHz 数字无线电系统中，从无线接收到的信号进入低噪声放大器(LNA)放大，之后进入两个混频器中，其中一个用作同相(I)数据通道，另一个用于两个正交(Q)数据通道：两个正交[②] 5GHz 本地振荡器(LOI 和 LOQ)用于对输入信号进行降频转换以得到低频基带信号，然后经可变增益放大器进一步放大，并通过 ADC 转换成数字信号，此后数据可通过 CME 数字信号处理(DSP)进行恢复。在发射端，数据通过 DAC 转化为模拟信号，并通过额外的混频器和振荡器进行升频处理至发射频率。信号在送入天线之前需要通过功率放大器来提升信号电平。在接下来的几节中将对射频收发器的基本构建模块进行介绍，其中包括射频放大器和混频器。高频晶体管振荡将在第 9 章进行讨论。

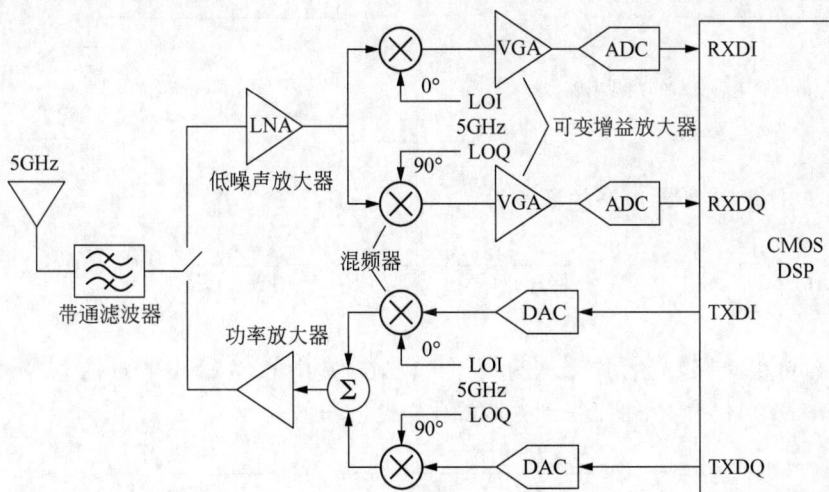

图 8.59 RF 收发器架构举例

---

① 即"直接转换"架构。

② 也就是正弦和余弦。

8.11.1 射频放大器

有的时候需要一个带宽可扩展的宽带放大器，带宽可以从直流或超低频率直至射频范围。有一种方法称作并联峰化（Shunt Peaking），该方法采用一个电感来增加带有容性负载的反相放大器的带宽。然而在窄带应用中，最为需要的是射频放大器，它可以从众多信号（如来自天线的信号）中选择一个有用信号。所关注的频率通常要大于运算放大器的单位增益频率，因此无法采用 RC 有源滤波器。这些放大器通常具有很高的 Q 值，也就是说 f_H 和 f_L 相对于放大器的中频带或者中心频率十分接近。例如，在调幅收音机应用中，1MHz 时可能需要 20kHz 的带宽（$Q=50$）；或者在调频收音机应用中，100MHz时可能需要 200kHz 的带宽（$Q=500$）。这些应用经常采用 RLC 谐振电路来构成选频调谐放大器。

8.11.2 并联峰化放大器

在并联峰化电路中，需要加入一个电感与漏极电阻串联，如图 8.60(b) 所示。电感 L 与电路电容构成了一个低 Q 谐振电路，同时如果选择适当的 L 值，还可起到增强带宽的作用。随着频率的升高，电感的阻抗也随之增加，使增益增加。

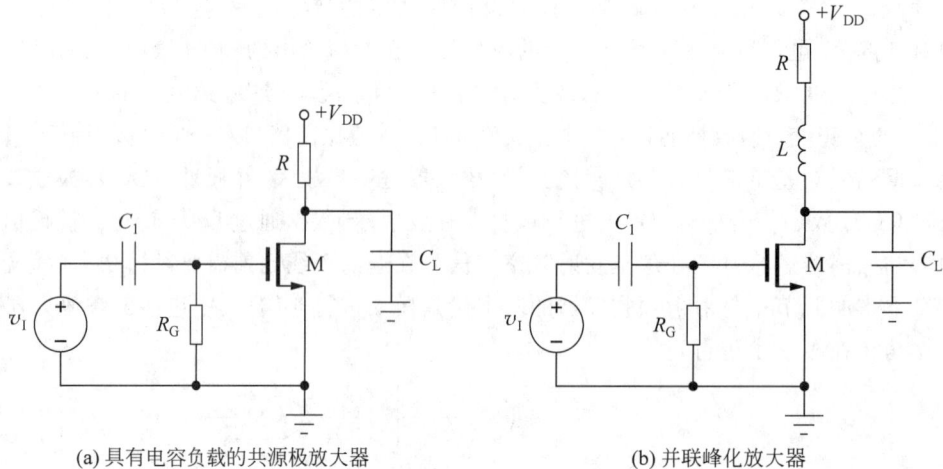

(a) 具有电容负载的共源极放大器   (b) 并联峰化放大器

图 8.60

可逐步求出图 8.60(a) 所示电路的增益为

$$A_v(s)=\frac{V_o(s)}{V_i(s)}=-g_m Z_L=-g_m\frac{R}{1+s(C_L+C_{GD})R}=-\frac{g_m R}{1+sCR},\text{其中}\quad C=C_L+C_{GD}$$

(8.182)

该电路表现出单极滚降特性，其带宽为 $w_H=1/RC$，其中 C 为输出节点的总等效负载电容。在式(8.182)中用 $(R+sL)$ 代替 R，可以得到并联峰化电路的增益为

$$A_{vsp}=-g_m\frac{R+sL}{1+sCR+s^2LC}=-g_m R\frac{1+sL/R}{1+sRC+s^2LC}$$

(8.183)

式(8.183)分子中的零点随着频率的升高趋向于使增益提高，而最终分母中的两个极点又使增益回落。分母中的极点可以为实数或虚数，这取决于各元器件的值，但通常为了拓展带宽都为虚数。

电 子 应 用

射频电路的转换

下图提供了一组非常有用的串并联转换和并串联转换电路。电路的阻抗或导纳在计算转换频率时相等。

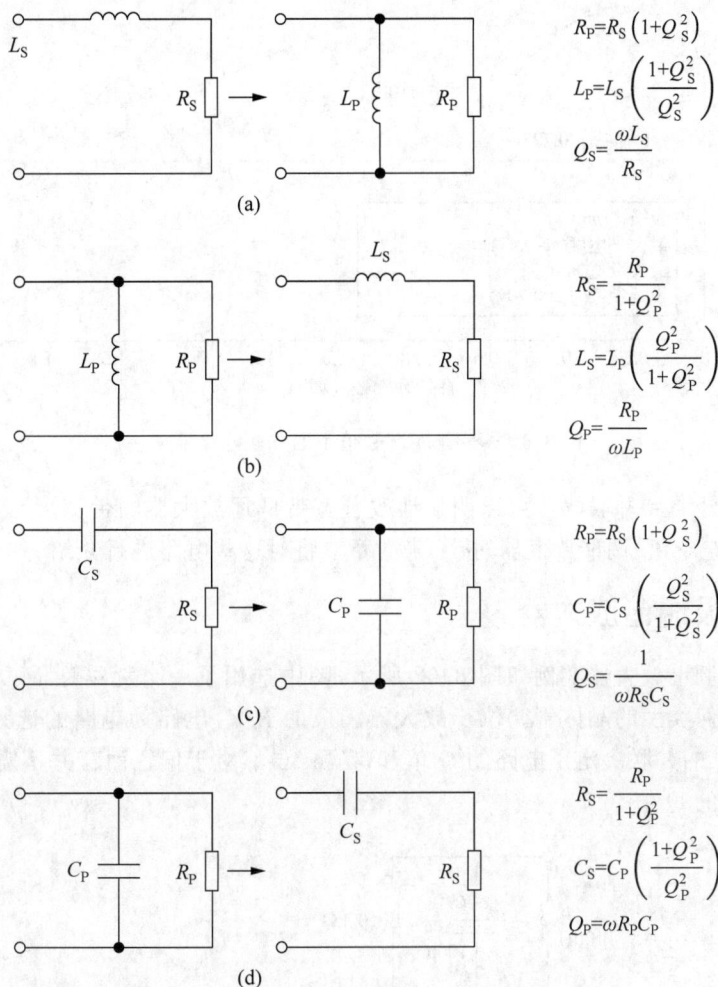

$$R_P = R_S\left(1 + Q_S^2\right)$$

$$L_P = L_S\left(\frac{1 + Q_S^2}{Q_S^2}\right)$$

$$Q_S = \frac{\omega L_S}{R_S}$$

(a)

$$R_S = \frac{R_P}{1 + Q_P^2}$$

$$L_S = L_P\left(\frac{Q_P^2}{1 + Q_P^2}\right)$$

$$Q_P = \frac{R_P}{\omega L_P}$$

(b)

$$R_P = R_S\left(1 + Q_S^2\right)$$

$$C_P = C_S\left(\frac{Q_S^2}{1 + Q_S^2}\right)$$

$$Q_S = \frac{1}{\omega R_S C_S}$$

(c)

$$R_S = \frac{R_P}{1 + Q_P^2}$$

$$C_S = C_P\left(\frac{1 + Q_P^2}{Q_P^2}\right)$$

$$Q_P = \omega R_P C_P$$

(d)

归一化 A_{vsp} 表达式,研究如何通过并联峰化来获得带宽的改善。设 $w_H = 1/RC = 1$,同时定义参数 m 为 L/R 和 RC 时间常数的比值 $m = (L/R)/(RC)$,则式(8.183)可以重新写为

$$A_{vn} = \left|\frac{A_{vsp}}{(-g_m R)}\right| = \frac{1 + ms}{1 + s + ms^2}, \text{其中} \quad L = mR^2 C \tag{8.184}$$

图 8.61 所示为不同 m 值时式(8.184)所对应的曲线。当 $m=0$ 时对应无并联峰化时的情况,正如所预计的那样,带宽($|A_{vn}| = 0.707$)出现在 $\omega/\omega_H = 1$ 位置处;当 $m=0.41$ 时出现最平坦响应或巴特沃思响应,带宽增加的系数为 1.72;当 $m=0.71$ 时获得最大带宽,其大小为 $1.85\omega_H$,但是在图 8.61 中可以观察到明显的增益尖峰。

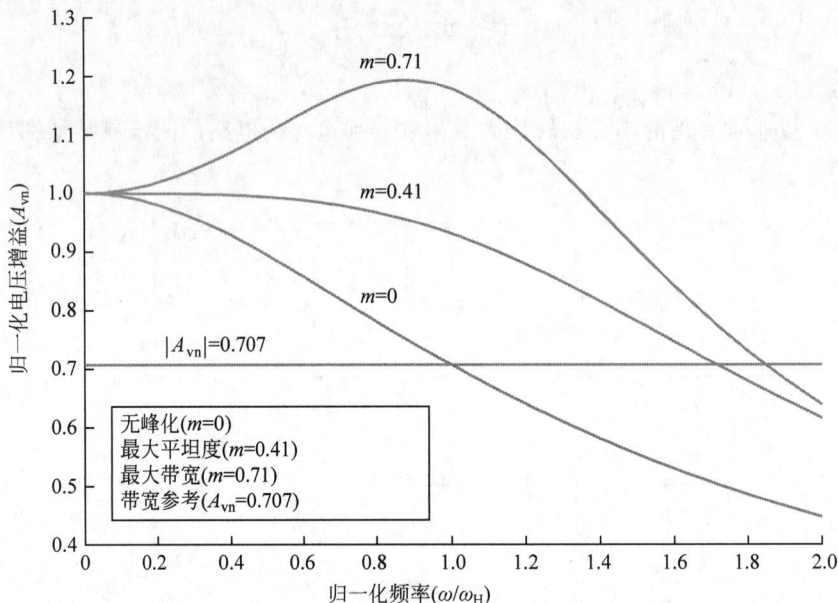

图 8.61　不同 m 参数值下的并联峰化带宽

在本节中我们已经看到并联峰化可以明显地改善宽带低通放大器的带宽。然而，在许多实际运用中还需要用到窄带（高 Q 值）调谐放大器，接下来的章节将对这些电路进行介绍。

8.11.3　单级调谐放大器

一个简单的窄带调谐放大器实例如图 8.62 所示，图中选用了一个耗尽型 MOSFET 来简化偏置，在实际中可以选用任何类型的晶体管。位于放大器漏极的 RLC 电路为电路的选频部分，电阻 R_D、R_3 和晶体管输出电阻 r_o 的并联决定了电路的 Q 值和带宽。虽然对于偏置而言并不需要电阻 R_D，但通常会加上它来控制电路的 Q 值。

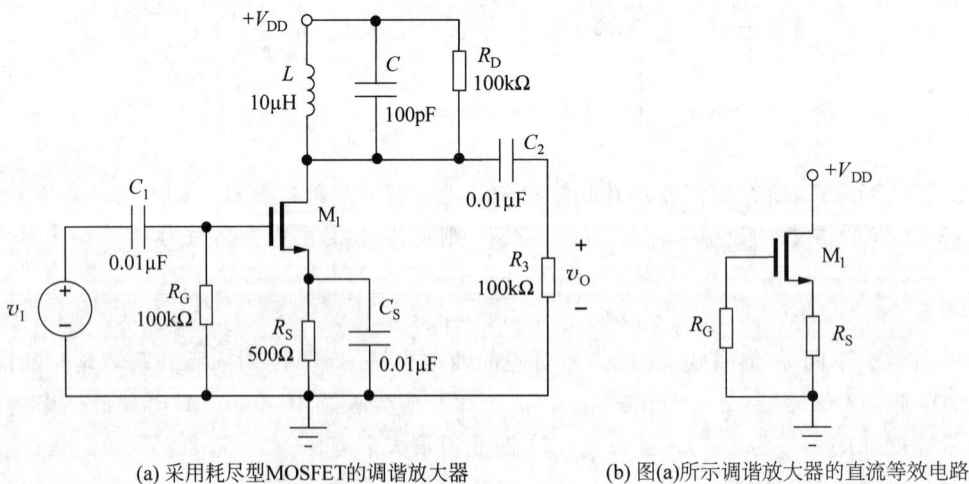

(a) 采用耗尽型MOSFET的调谐放大器　　　(b) 图(a)所示调谐放大器的直流等效电路

图　8.62

晶体管的工作点可以通过分析图 8.62(b)所示的直流等效电路来得到。偏置电流由电感提供,直流时电感相当于短路,漏极和 V_{DD} 直接短路连接,电容 C_1 和 C_2,C_S 和 C 由开路代替。运用前几章中学到的方法可以较为容易地得到实际的 Q 点。所以,在这里只关注怎样利用图 8.63 所示的交流等效电路研究调谐放大器的交流特性。

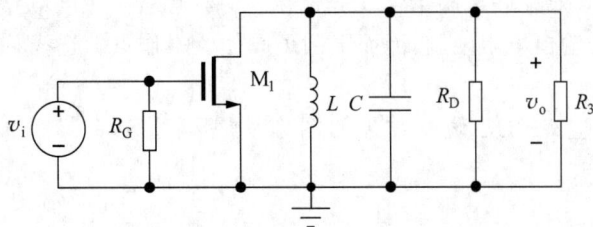

(a) 图8.62所示调谐放大器的高频交流等效电路

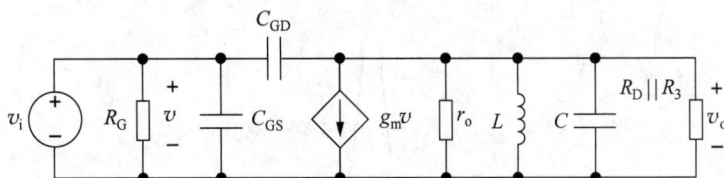

(b) 该电路对应的小信号模型

图 8.63

写出图 8.63(b)所示电路输出节点 v_o 处的单一节点方程,并观察到 $v = v_i$,有

$$(sC_{GD} - g_m)V_i(s) = V_o(s)\left[g_o + G_D + G_3 + s(C + C_{GD}) + \frac{1}{sL}\right] \tag{8.185}$$

替换 $G_P = g_o + G_D + G_3$,可以求解电压传输函数为

$$A_v(s) = \frac{V_o(s)}{V_i(s)} = (sC_{GD} - g_m)R_P \frac{\dfrac{s}{R_P(C + C_{GD})}}{s^2 + \dfrac{s}{R_P(C + C_{GD})} + \dfrac{1}{L(C + C_{GD})}} \tag{8.186}$$

如果忽略右半平面零点,则式(8.186)可以重新写为

$$A_v(s) \approx A_{mid} \frac{s\dfrac{\omega_o}{Q}}{s^2 + s\dfrac{\omega_o}{Q} + \omega_o^2} \quad \text{其中,} \quad \omega_o = \frac{1}{\sqrt{L(C + C_{GD})}} \tag{8.187}$$

在式(8.186)中,ω_o 为放大器的中心频率(Center Frequency),则 Q 值的表达式为

$$Q = \omega_o R_P(C + C_{GD}) = \frac{R_P}{\omega_o L}$$

放大器的中心频率或中频频率等于 LC 电路的谐振频率 ω_o。在中心频率处,$s = j\omega_o$,此时式(8.187)可简化为

$$A_v(j\omega_o) = A_{mid} \frac{j\omega_o \dfrac{\omega_o}{Q}}{(j\omega_o)^2 + j\omega_o \dfrac{\omega_o}{Q} + \omega_o^2} = A_{mid} \frac{j\omega_o \dfrac{\omega_o}{Q}}{-\omega_o^2 + j\omega_o \dfrac{\omega_o}{Q} + \omega_o^2} = A_{mid}$$

$$A_{\text{mid}} = -g_m R_P = -g_m (r_o \| R_D \| R_3)$$ (8.188)

对于窄带电路，即高 Q 值电路而言，其带宽等于

$$BW = \frac{\omega_o}{Q} = \frac{1}{R_P (C + C_{GD})} = \frac{\omega_o^2 L}{R_P}$$ (8.189)

要获得窄带宽需要大等效并联电阻 R_P、大电容和/或小电感。在该电路中，R_P 的最大值为 $R_P = r_o$。此时，Q 值由晶体管的输出电阻限制，因而限制了晶体管工作点的选择，中频增益 A_{mid} 等于本征增益（Intrinsic Gain）μ_f。

调频放大器的频率响应 SPICE 仿真结果如图 8.64 所示。这一特殊放大器设计的中心频率为 4.91MHz，其 Q 值近似为 50。

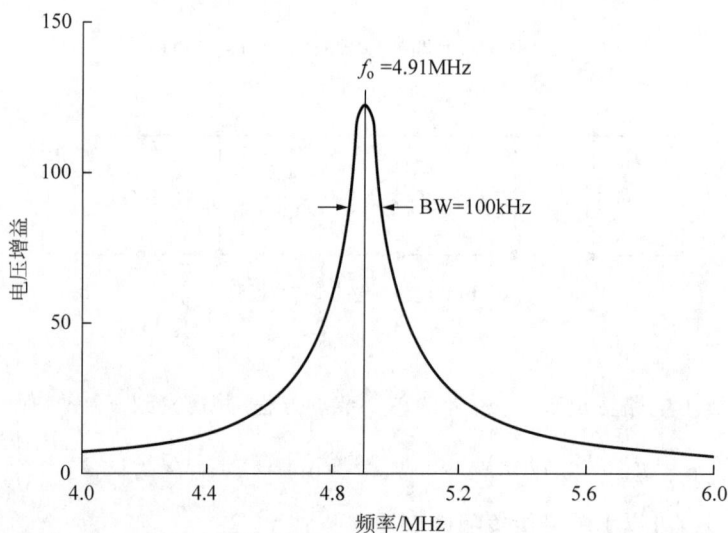

图 8.64 图 8.62 所示放大器的频率响应仿真结果，其中 $C_{GS} = 50\text{pF}$，$C_{GD} = 20\text{pF}$，$V_{DD} = 15\text{V}$，$K_n = 5\text{mA/V}^2$，$V_{TN} = -2\text{V}$，$\lambda = 0.02\text{V}^{-1}$，$R_3 = R_D \to \infty$

练习：在 5MHz 频率下，图 8.62 中 0.01μF 耦合电容和旁路电容的阻抗为多少？

答案：$-j3.18\Omega$（注意：$X_C \ll R_G$，且 $X_C \ll R_3$）。

练习：利用图 8.64 中的参数，计算图 8.62 所示放大器的中心频率、带宽、Q 和中频增益，假设 $I_D = 3.20\text{mA}$。

答案：4.59MHz；94.3kHz，49.2，-80.3。

练习：如果 V_{DD} 降低到 10V，中心频率和 Q 的新值是多少？

答案：4.59MHz；46.4。

8.11.4 抽头电感的运用——自耦变压器

晶体管的栅-漏电容 C_{GD} 和输出电阻 r_o 的阻抗幅值通常非常小，会降低调谐放大器的性能。这个问题可以通过将晶体管与电感的抽头相接来解决，而不是之前的连接整个电感，如图 8.65 所示。在这种情况下，电感起到自耦变压的作用，改变反射进入谐振电路的有效阻抗。

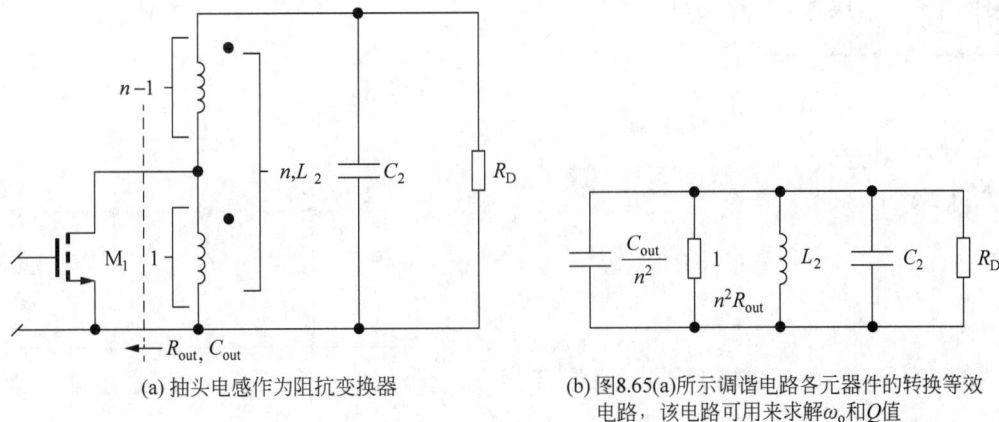

(a) 抽头电感作为阻抗变换器

(b) 图8.65(a)所示调谐电路各元器件的转换等效
电路，该电路可用来求解ω_o和Q值

图　8.65

n 匝自耦变压器可由其总磁化电感 L_2 与匝比为 $(n-1)\!:\!1$ 的理想变压器并联建模。理想变压器的初级绕组和次级绕组相互连接，如图8.66(b)所示。理想的变压器配置可将阻抗增加 n^2 倍，则有

$$V_o(s) = V_2(s) + V_1(s) = (n-1)V_1(s) + V_1(s) = nV_1(s)$$

$$I_s(s) = I_1(s) + I_2(s) = (n-1)I_2(s) + I_2(s) = nI_2(s) \qquad (8.190)$$

和

$$\frac{V_o(s)}{I_2(s)} = \frac{nV_1(s)}{\dfrac{I_s(s)}{n}} = n^2 \frac{V_1(s)}{I_s(s)} \qquad Z_s(s) = n^2 Z_p(s) \qquad (8.191)$$

因此，反射到变压器次级线圈的阻抗 $Z_s(s)$ 比连接到变压器初级线圈的 $Z_p(s)$ 增加 n^2 倍。

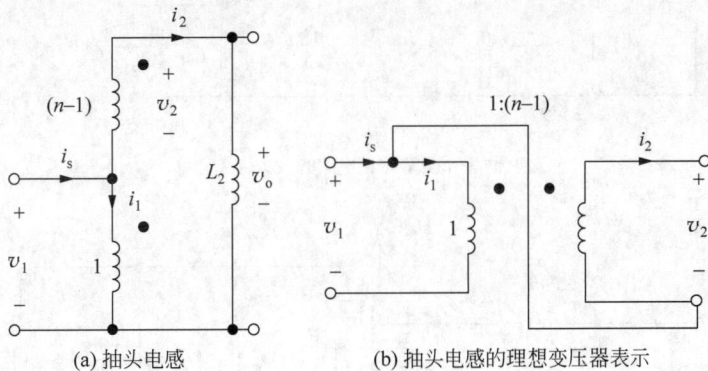

(a) 抽头电感

(b) 抽头电感的理想变压器表示

图　8.66

利用式(8.191)中的结果，图8.65(a)所示的谐振电路可以转换为图8.65(b)所示的电路。L_2 为变压器的总电感，晶体管的等效输出电容减小到原来的 $1/n^2$，输出电阻增加 n^2 倍。这样可以获得更高的 Q 值，而中心频率并不因为 C_{GD} 的改变而出现明显的波动(去谐)。

如果调谐电路被置于放大器的输入端而不是输出端，如图8.67所示，则通常会出现类似的问题。对于双极型晶体管来说，这一问题显得尤为突出，Q_1 的等效输入阻抗可由 R_{in} 和 C_{in} 表示，由于 r_π 和密勒效应导致的较大输入电容的影响，这一阻抗的值可以非常小。抽头电感可将阻抗增加图8.68所示

的值,此时图中的 L_1 代表变压器的总电感。

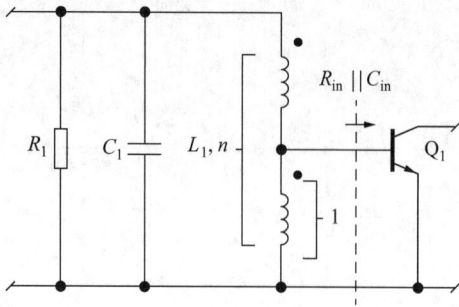

图 8.67 在晶体管 Q_1 的输入端采用一个自耦变压器

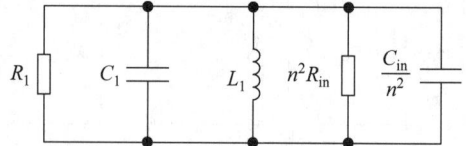

图 8.68 图 8.67 所示调谐电路的转换电路

8.11.5 多级调谐电路——同步调谐和参差调谐

在对调谐放大器的频率响应进行调节时经常需要用到多级 RLC 电路,如图 8.69 所示,在放大器的输入端和输出端都有调谐电路。双调谐电路的高频交流等效电路如图 8.69(b)所示。源电阻由电容 C_S 旁路,C_C 为耦合电容。射频扼流圈(RFC)用来提供偏置,被设计成在放大器的工作频率下具有非常高的阻抗(开路)。

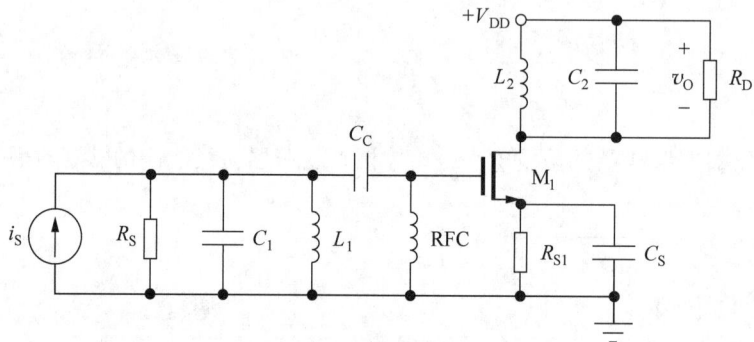

(a) 采用两个调谐电路的放大器

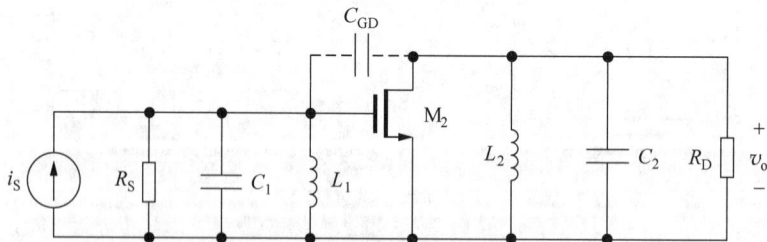

(b) 采用两个调谐电路的放大器的高频交流模型

图 8.69

双调谐电路相对于一个单级 LC 电路而言可获得更高的 Q 值,当两个调谐的中心频率相同时(同步调谐),或者当电路调谐的中心频率略有不同时(参差调谐(Stagger Tuning)),此时双调谐电路可以实现带宽放大器,如图 8.70 所示。同步调谐可以通过在第 3 章中介绍过的带宽缩减因子来计算总带宽:

$$\mathrm{BW}_n = \mathrm{BW}_1 \sqrt{2^{\frac{1}{n}} - 1} \tag{8.192}$$

其中,n 为同步调谐电路的个数,BW_1 为单调谐电路情况的带宽。

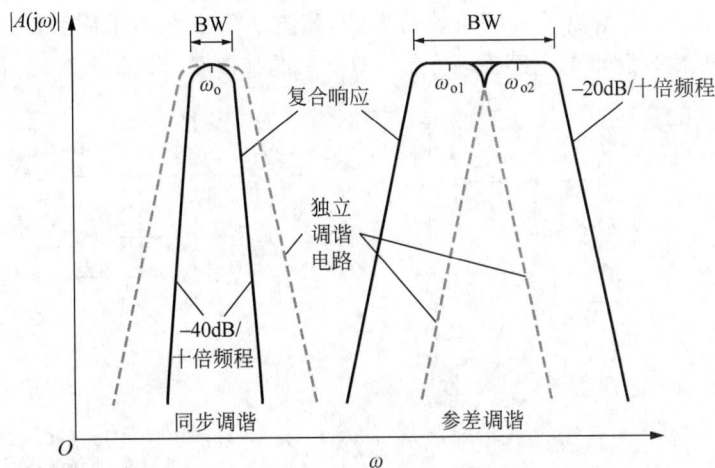

图 8.70 分别采用两个同步调谐和参差调谐电路的调谐放大器实例

然而,图 8.69 所示的放大器中可能会出现两个问题,尤其是同步调谐。首先,C_{GD} 密勒倍增会引起两个调谐电路之间存在交叉影响,使两个调谐电路的校准较为困难;其次,由于信号能量会通过 C_{GD} 从放大器输出端耦合回输入端,使放大器很容易变成振荡器。

可以采用一种称为中和(Neutralization)的技术来解决这一反馈问题,不过这超出了本次讨论的范围。图 8.71 中给出了两种消除反馈路径的方法。图 8.71(a)采用了一个共基极放大器。共基极晶体管 Q_2 有效消除了密勒倍增效应,并为两个调谐电路提供了很好的隔离。在图 8.71(b)中,采用共集电极/共基极级联来使输入和输出间的耦合降至最低。

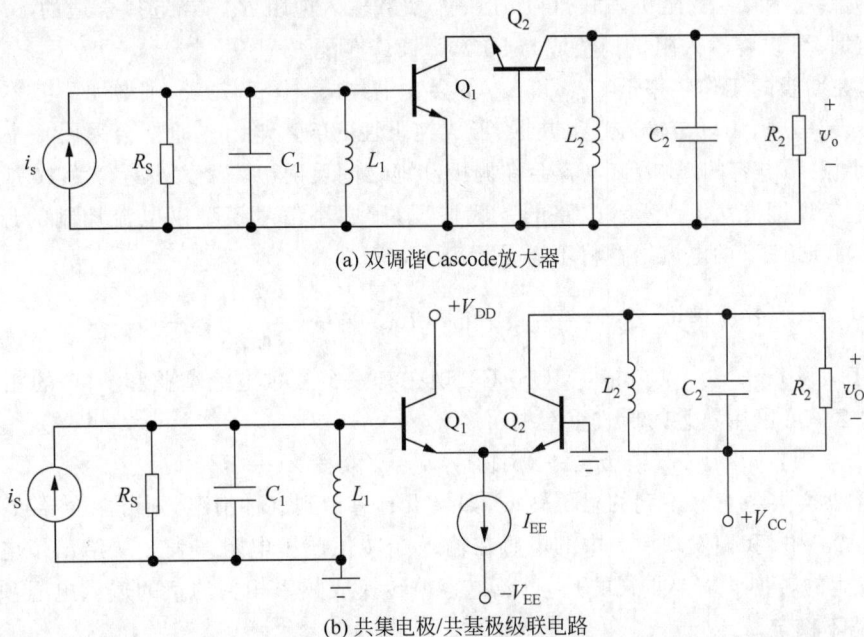

(a) 双调谐Cascode放大器

(b) 共集电极/共基极级联电路

图 8.71 在输入和输出之间提供固有隔离的电路

8.11.6 包含衰减电感的共源极放大器

在绝大多数射频系统中,我们希望将 LNA 的输入电阻与天线电阻进行匹配,其典型值为 50Ω 或 75Ω。在集成电路中,图 8.72 给出了一种巧妙的方法,该方法可以在不采用影响放大器噪声特性的电阻的前提下提供输入匹配。新增的电感 L_S 与晶体管 M_1 源级串联,形成了 Z_{in} 的正实部。

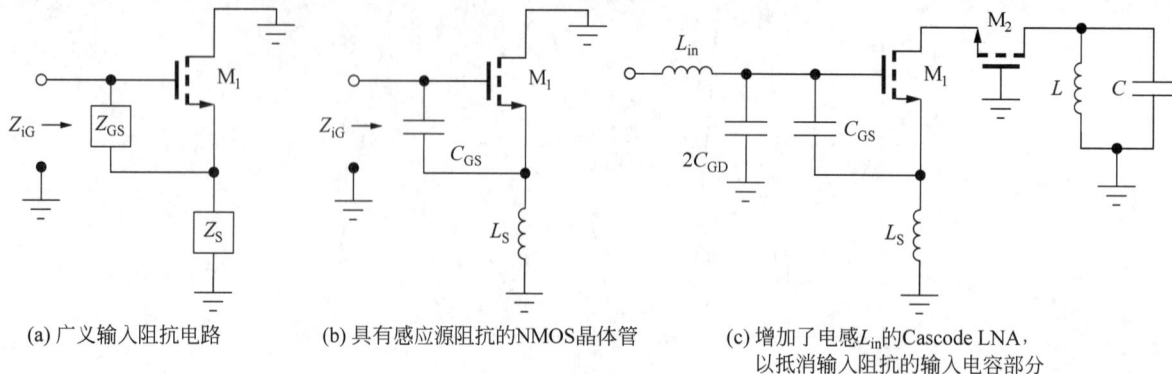

(a) 广义输入阻抗电路　　(b) 具有感应源阻抗的NMOS晶体管　　(c) 增加了电感L_{in}的Cascode LNA,
以抵消输入阻抗的输入电容部分

图　8.72

利用对共集电极和共漏极放大器输入电阻的相关知识,可以求出输入阻抗 Z_{in}。暂时不考虑晶体管的栅-漏电容。通过下面的分析,放大器的输入阻抗可以表示为阻抗 Z_{GS} 与 Z_S 的和再加上 Z_S 的放大部分,可得

$$Z_{iG}(s) = Z_{GS} + Z_S + (g_m Z_{GS})Z_S = \frac{1}{sC_{GS}} + sL_S + g_m \frac{L_S}{C_{GS}}$$

$$Z_{iG}(s) = \frac{1}{sC_{GS}} + sL_S + R_{eq}, \quad 其中 \quad R_{eq} = g_m \frac{L_S}{C_{GS}} \tag{8.193}$$

输入阻抗为 C_{GS} 和 L_S 的阻抗串联,再加上一个实数输入电阻 R_{eq},当选择合适的 L_S 值、晶体管的 W/L 值及 Q 点时,可以将输入阻抗调整成与 50Ω 或 75Ω 匹配。

一般而言,在期望的工作频率下 C_{GS} 和 L_S 不会发生共振。图8.72(c)中增加了第2个电感 L_{in},它与放大器的输入端串联,用以与输入产生共振,形成纯阻性的输入电阻。通常会采用一个 Cascode 级来最大限度地减小栅-漏电容的影响,该电容会在栅极和地之间反射出一个大小近似为 $2C_{GD}$ 的等效电容。

现在让我们考虑图 8.73(a) 所示电路的一般情况,其中小信号模型以电流控制的形式重新绘制。如果不是直流,MOSFET 的电流增益将不再是无穷大,有

$$\beta(s) = g_m Z_{gs} = \frac{g_m}{sC_{GS}} \quad 和 \quad \beta(j\omega) = -j\frac{g_m}{\omega C_{GS}} \approx -j\frac{\omega_T}{\omega} \tag{8.194}$$

这个近似于假设 $C_{GS} \gg C_{GD}$。虽然 MOSFET 现在有一个复数电流增益和 $-90°$ 的相移,但使用 β,式(8.193)中的 Z_{iG} 可以用熟悉的形式重新书写。

$$Z_{iG} = Z_{GS} + (\beta+1)Z_S = Z_{GS} + Z_S + \beta Z_S \tag{8.195}$$

复数电流增益会导致意想不到的阻抗转换,如果没有意识到这种情况,则可能会导致某些电路的不稳定。在式(8.193)中,我们发现源极中的电感在输入端转化成了电阻。表 8.4 给出了电阻、电感或电容代替 Z_S 所发生的转换。需要重视的是,负载电容被转换成频率相关的负的输入电阻项,这个电阻项有可能引起电路不稳定。

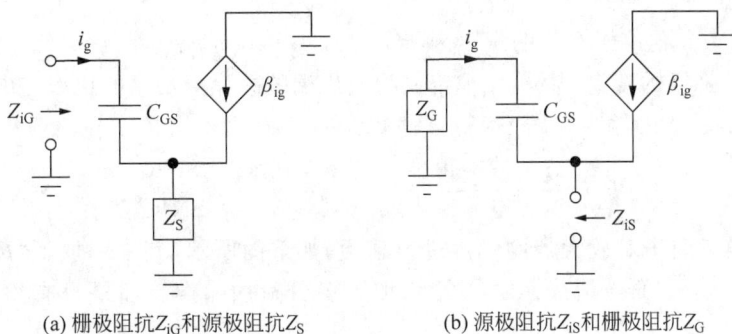

(a) 栅极阻抗Z_{iG}和源极阻抗Z_S　　　　(b) 源极阻抗Z_{iS}和栅极阻抗Z_G

图 8.73

在图 8.73(b)中,阻抗 Z_{iS} 是由晶体管源极"看进去"的阻抗,Z_G 为栅极处的阻抗,看不出来有什么异常的转换。假设 $\beta\gg1$,则有

$$Z_{iS}=\frac{\frac{1}{sC_{GS}}+Z_G}{\beta+1}\approx\frac{\frac{1}{sC_{GS}}+Z_G}{\beta}=\frac{1}{g_m}+\frac{Z_G}{\beta}=\frac{1}{g_m}+j\frac{\omega}{\omega_T}Z_G \tag{8.196}$$

现在,复数电流增益引起了$+90°$的相移,由式(8.196)第 2 项得到的阻抗如表 8.4 所示。在这种情况下,栅极处的电感被转换成在晶体管源极与频率相关的负电阻。

表 8.4　复数电流增益和栅极阻抗转换$\left(\omega_T=\dfrac{g_m}{C_{GS}}\right)$

源极跟随器输入阻抗		源极跟随器输出阻抗	
Z_S	总阻抗	Z_G	总阻抗
R	$C_{EQ}=\dfrac{1}{\omega_T R}$	R	$L_{EQ}=\dfrac{R}{\omega_T}$
L	$R_{EQ}=\omega_T L$	L	$R_{EQ}=-\dfrac{\omega^2}{\omega_T}L$!
C	$R_{EQ}=-\dfrac{\omega_T}{\omega^2 C}$!	C	$R_{EQ}=\dfrac{1}{\omega_T C}$

重要的是要认识到类似的情况也会发生在双极型晶体管上。对于 ω_β 以上的频率,C_π 变得比 r_π 更为重要,BJT 的电流增益变成

$$\beta(s)\approx\frac{g_m}{sC_\pi}\quad 和\quad \beta(j\omega)=-j\frac{g_m}{\omega C_\pi}\approx-j\frac{\omega_T}{\omega},当\quad \omega>\omega_\beta 时 \tag{8.197}$$

> **练习**:已知一个 NMOS 晶体管的参数:$\mu_n=400\text{cm}^2/\text{V}\cdot\text{s}$,$L=0.5\mu\text{m}$,具有超过阈值电压 0.25V 的偏压。为使图 8.70(b)所示电路的输入电阻达到 75Ω,则 L_S 的值应为多少?
> **答案**:1.88nH。

电 子 应 用

噪声系数、噪声指数及最小可探测信号
放大器工作时,电阻和晶体管产生热噪声(Thermal Noise)和散粒噪声(Shot Noise),这些噪声会叠

加到信号上。放大器或其他电子系统的噪声因子 F（Noise Factor）是这些噪声元器件对信噪比（Signal-to-Noise Ratio，SNR）降级的度量，其中 F 被定义为输出端的总噪声功率的比率与电源端输出噪声功率的比值，也可以表示为放大器输入端的 SNR 与输出端的 SNR 之比。

$$F = \frac{\text{放大器输出端的总噪声功率}}{\text{电源输出噪声功率}} = \frac{\text{SNR}_{in}}{\text{SNR}_{out}}$$

我们可以根据噪声因子对放大器的噪声进行建模，如下图所示，其中添加了"$F-1$"噪声源来模拟放大器的内部噪声。$F-1$ 的数值表示放大器增加了多少附加噪声。如果没有添加噪声，则 F 为 1，$F-1$ 为零。

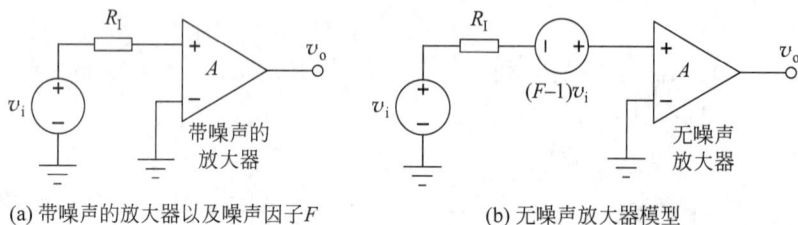

(a) 带噪声的放大器以及噪声因子F (b) 无噪声放大器模型

如果把放大器输入端的噪声源加起来，结果是

$$\overline{v_{tot}^2} = \overline{v_i^2} + (F-1)\overline{v_i^2} = F\overline{v_i^2} \quad \text{和} \quad F = \frac{\overline{v_{tot}^2}}{\overline{v_i^2}}$$

其中 $\overline{v_i^2} = 4kTR_1B$ 为源极电阻在带宽为 B 时的热噪声。在实际应用中，会经常用到噪声系数（Noise Figure，NF），它将噪声因子转换为 dB 的形式，即 $\text{NF} = 10\log F$。需要注意的是，上述放大器通常会在输入端连接 BJT 或 FET，使 r_x 或 r_g 直接与 R_1 串联，因此成为放大器噪声系数的主要来源。

最小可测信号（Minimum Detectable Signal，MDS）被定义为功率等于放大器的等效输入噪声功率的信号。匹配系统中噪声源可用的总噪声功率为

$$S_{mds} = \frac{\overline{v_{tot}^2}}{4R_1} = kTBF$$

通常最小可测信号的功率用 dBm 表示（$10\log S_{mds}/10^{-3}$），当 $T = 290K$ 时，

$$S_{mds} = -174\text{dBm} + 10\log B + 10\log F$$

8.12 混频器和平衡调制器

在射频应用中，经常需要将信号从一个频率转换到另一个频率。这个过程包括混频和调制，并且一般需要对两个信号进行一定形式的非线性相乘，以便在输出频谱中实现不同频率信号的求和与求差。单平衡混频器（Single-Balanced Mixers）会在输出中去除两个输入信号中的一个，而双平衡电路（Double-Balanced Circuits）的输出频谱中不包含任何输入频率成分。

8.12.1 混频器工作原理简介

为了实现混频，需要将两个信号相乘，混频器符号如图 8.74 所示。假设将位于频率 ω_1 和 ω_2 的两个正弦波相乘，并且用标准三角恒等式将结果展开，则有

$$s_o = s_2 \cdot s_1 = \sin\omega_2 t \cdot \sin\omega_1 t = \frac{\cos(\omega_2 - \omega_1)t - \cos(\omega_2 + \omega_1)t}{2} \tag{8.198}$$

理想混频器的输出中包含频率 $\omega_2 - \omega_1$ 和 $\omega_2 + \omega_1$ 的信号成分。一般而言，根据应用的需要进行上变频($\omega_2 + \omega_1$)或下变频($\omega_2 - \omega_1$)，利用滤波器选择求和或者求差输出。

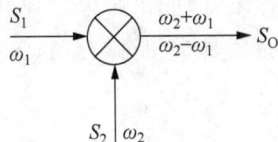

图 8.74　用于表示信号 S_1 和 S_2 相乘的基本混频器符号

图 8.75 所示为一个调频接收器的应用，其中频率为 100MHz 的窄带 VHF 信号与频率为 89.3MHz 的本地振荡器(Local Oscillator,LO)信号进行混频。窄带 VHF 频谱同时被转换为 10.7MHz 和 189.3MHz，通过一个带通滤波器选择 10.7MHz 信号，同时将 189.3MHz 信号滤除。

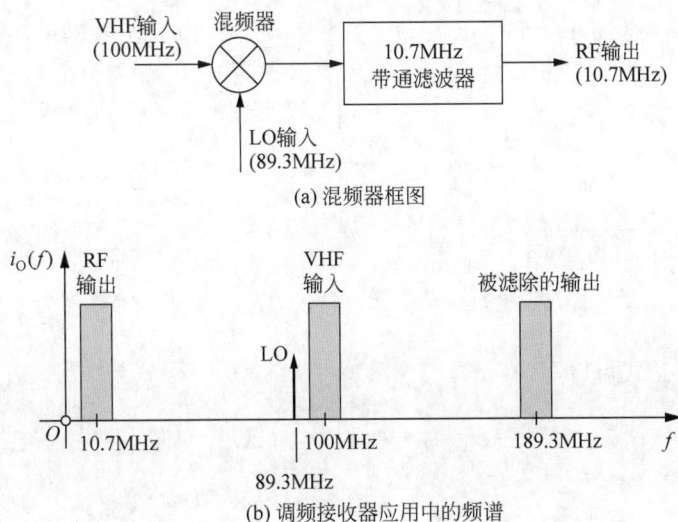

(a) 混频器框图

(b) 调频接收器应用中的频谱

图　8.75

练习：图 8.75 中的 LO 信号也可以位于 VHF 频率之上。求此时的本地振荡频率和非所需输出频率信号的中心频率。

答案：110.7MHz；210.7MHz。

练习：(a) 调谐 FM 接收器来接收 104.7MHz 的电台，将输出的滤波器频率设置为 10.7MHz，则本地振荡器频率必须为多少？(b) 当输入频率为 88.1MHz 时，重复上面的问题。

答案：94MHz 或 115.4MHz；77.4MHz 或 98.8MHz。

变频增益(Conversion Gain)

到目前为止，本书中所设计的放大器，增益表达式中一般涉及的是相同频率的信号。我们已假设放大器为线性的，且输入信号和输出信号的频率相同。但事实上，任何其他频率的信号分量都被视为不希望见到的失真结果(回想 THD 的定义，即总谐波失真定义)。

相反，混频器是一种非线性元器件，其输出信号的频率与输入信号的频率不同。混频器的变频增益被定义为输出信号与输入信号的矢量之比，完全不考虑两个信号具有不同频率的这一事实。例如，对于任意输出频率而言，式（8.193）所示的混频器的变频增益均为 0.5dB 或 −6dB。

绝大多数非线性元器件可用于混频。例如，二极管、双极型晶体管和场效应管的 $i\text{-}v$ 特性在其数学表达式中都包含二次（以及更高次）非线性项，因此可产生具有更大范围的乘积项。但是，在后面的章节中，我们将重点关注开关混频器，这类混频器具有相对较高的变频增益（即其变频损耗较小）。

8.12.2　单平衡混频器

实际上，图 8.74 所示混频器的两个信号没有必要均为正弦波。当其中一个输入信号为开关波形时将会变得十分便利，如果采用方波，其变频增益实际上会更大。最简单的开关混频器中包含一个信号源、一个开关和一个负载，如图 8.76（a）所示。当开关闭合时，输出信号等于输入信号，当开关断开时，输出信号为零。因此，输出电压等于输入电压 v_I 乘以图 8.76（b）所示的方波开关函数 $s_S(t)$。如果假设输入信号为一个正弦波，并且将方波用其傅里叶级数表示，则有

$$v_I(t) = A\sin\omega_1 t \quad \text{和} \quad s_S(t) = \frac{1}{2} + \frac{2}{\pi}\sum_{n\,\text{odd}} \frac{1}{n}\sin n\omega_2 t \quad \text{其中，} \omega_2 = \frac{2\pi}{T} \tag{8.199}$$

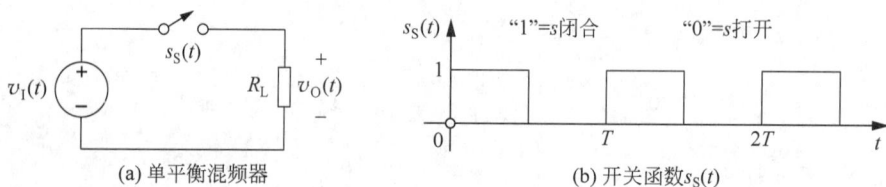

(a) 单平衡混频器　　　　　　　(b) 开关函数 $s_S(t)$

图　8.76

于是输出电压的表达式可以写为

$$v_O(t) = v_I \times s_S = \frac{A}{2}\sin\omega_1 t + \frac{2A}{\pi}\sum_{n\,\text{odd}}\frac{1}{n}\sin n\omega_2 t\sin\omega_1 t$$

或

$$v_O(t) = \frac{A}{2}\sin\omega_1 t + \frac{A}{\pi}\sum_{n\,\text{odd}}\frac{\cos(n\omega_2 - \omega_1)t - \cos(n\omega_2 + \omega_1)t}{n} \tag{8.200}$$

作为混频操作的结果，输出信号的频谱中有一个位于原始输入信号频率 ω_1 的分量，以及若干输入信号与开关频率 ω_2 的奇数倍变换所得的分量，如图 8.77（c）所示。经常会用到的项是对应 $n=1$ 的项，该项具有最高的变频增益。

应注意的是，输出中不存在开关频率 ω_2 的谐波分量，然而确有频率为 ω_1 的分量。这一输出被称为单平衡输出，因为在输出中只有一个基础输入频率被消除了；对于 s_S 而言，图 8.77 所示的混频器是平衡的。

练习：图 8.76 所示的单平衡混频器的变频增益为多少？

答案：$1/\pi$ 或 −9.94dB。

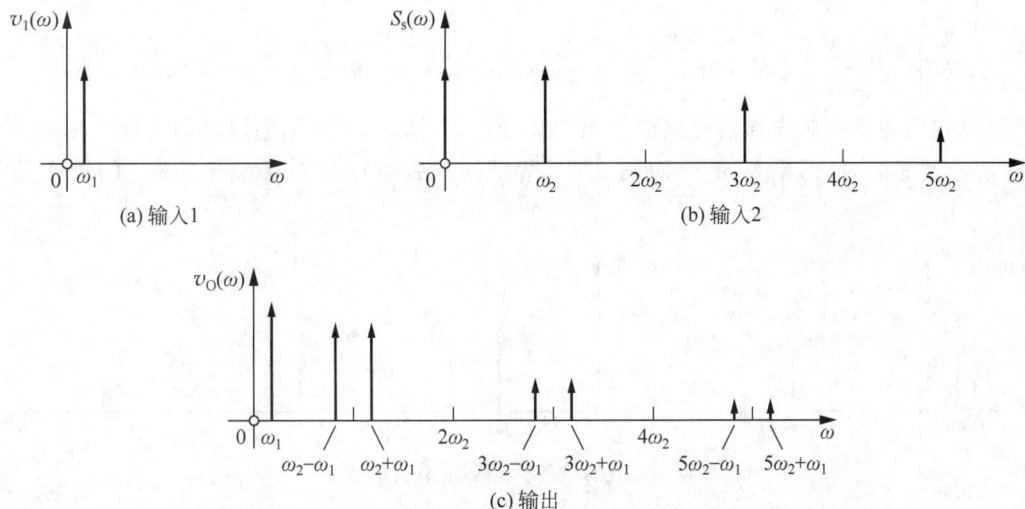

(a) 输入1

(b) 输入2

(c) 输出

图 8.77 单平衡混频器的频谱

8.12.3 差分对实现的单平衡混频器

一种单平衡混频器如图 8.78(a)所示,该混频器的开关在图 8.78(b)中改用差分实现。频率为 ω_1 的信号 v_1 用来改变提供给差分对中两个发射极的电流:

$$i_{EE} = I_{EE} + I_1 \sin\omega_1 t \tag{8.201}$$

第 2 个输入由频率为 ω_2 的大信号方波驱动,该信号负责在两个集电极之间切换电流 i_{EE},可以选择将差分输出电压乘以 1 或 -1。这一乘法可以通过一个具有单位振幅方波的傅里叶级数来表示:

$$v_2(t) = \sum_{n\,\text{odd}} \frac{4}{n\pi} \sin n\omega_2 t \tag{8.202}$$

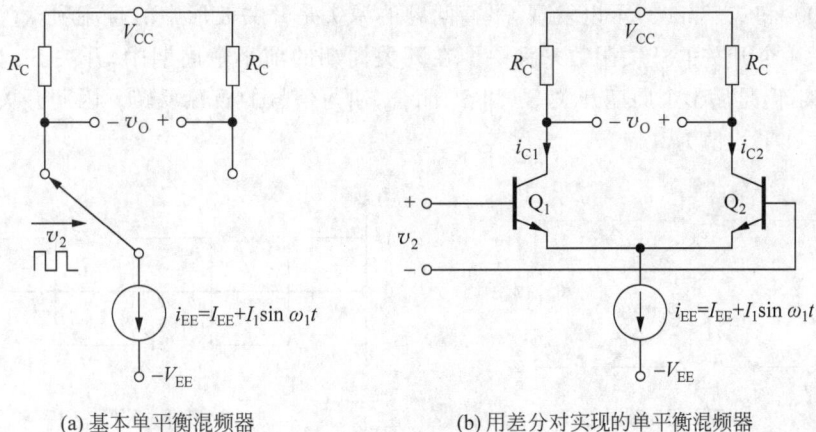

(a) 基本单平衡混频器

(b) 用差分对实现的单平衡混频器

图 8.78

利用式(8.201)和式(8.202)可得

$$v_O(t) = [i_{C2}(t) - i_{C1}(t)] R_C = (I_{EE} + I_1\sin\omega_1 t) R_C \sum_{n\,\text{odd}} \frac{4}{n\pi}\sin n\omega_2 t \tag{8.203}$$

或

$$V_O(t) = \sum_{n \text{ odd}} \frac{4}{n\pi} \left[I_{EE}R_C \sin n\omega_2 t + \frac{I_1 R_C}{2}\cos(n\omega_2 - \omega_1)t - \frac{I_1 R_C}{2}\cos(n\omega_2 + \omega_1)t \right]$$

差分对混频器的输入频谱和输出频谱如图 8.79 所示。图 8.78 所示的混频器实际上相对于频率为 ω_1 的输入信号是平衡的，而不是 ω_2。而图 8.76 所示的混频器则相对于频率为 ω_2 的输入信号是平衡的。

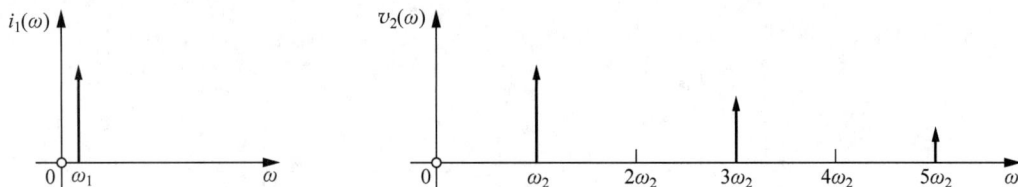

(a) 图8.78所示混频器的输入频谱

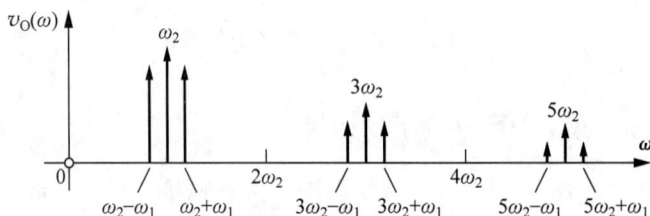

(b) 图8.78所示混频器的输出频谱

图　8.79

8.12.4　双平衡混频器

在很多情况下，我们更希望在输出中能同时将两个输入信号消除，双平衡混频器就解决了这一问题。研究式(8.200)和式(8.203)可以发现，平衡问题的源头是开关波形中的直流项，直流分量可以通过修改图 8.80 所示 4 个开关的开关函数来消除。在开关周期的前半个周期中，开关 S_1 和 S_4 闭合，输入源直接与输出相接，但是后半个周期开关 S_2 和 S_3 闭合，输入信号的极性反转。因此开关波形在 1 和 -1 之间交替变换，而其平均值为 0。

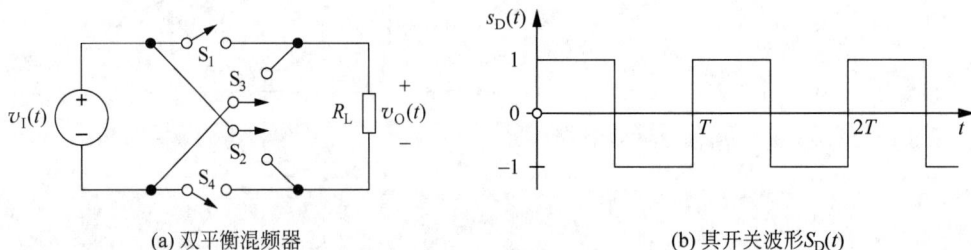

(a) 双平衡混频器

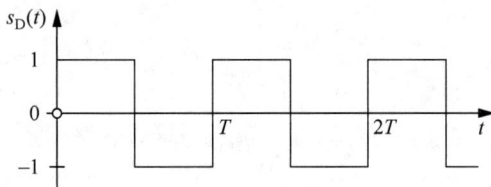

(b) 其开关波形 $s_D(t)$

图　8.80

此时开关波形的傅里叶级数为

$$s_D(t) = \frac{4}{\pi} \sum_{n \text{ odd}} \frac{1}{n} \sin n\omega_2 t \quad \text{其中，} \omega_o = \frac{2\pi}{T} \tag{8.204}$$

同时输出信号变为

$$v_O(t) = \frac{2A}{\pi} \sum_{n\,odd} \frac{\cos(n\omega_2 - \omega_1)t - \cos(n\omega_2 + \omega_1)t}{n} \qquad (8.205)$$

在图 8.81 所示的输出结果中，两个输入信号的基础分量均未出现。然而需要注意的是，平衡的程度取决于方波的对称性，两个半周期之间的任何不对称都会产生一个直流项，而直流项会影响滤除不需要信号的效果。

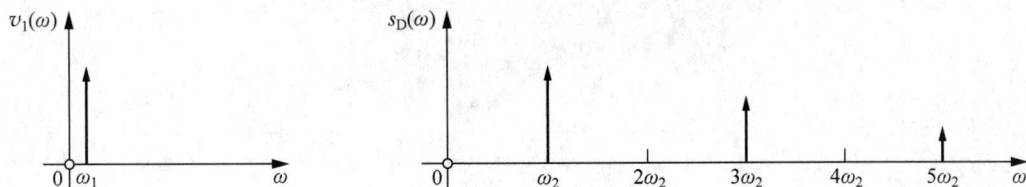

(a) 图8.80所示混频器的输入频谱

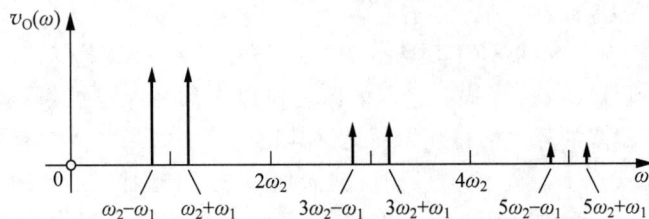

(b) 图8.80所示混频器的输出频谱

图 8.81

练习：图 8.80 所示双平衡混频器的变频增益为多少？
答案：$2/\pi$ 或 -3.92dB。

电 子 应 用

无源二极管混频器

下图给出了另一种常见的无源双平衡混频器形式，其中开关由 4 个二极管组成的电桥构成，由高电平 (10dBm) 本地振荡器信号驱动。LO 和 RF 输入信号通过变压器耦合到二极管电桥，输出信号呈现在 IF 端口上。采用匹配良好的二极管及精心设计的变压器，可以使混频器实现良好的平衡性。

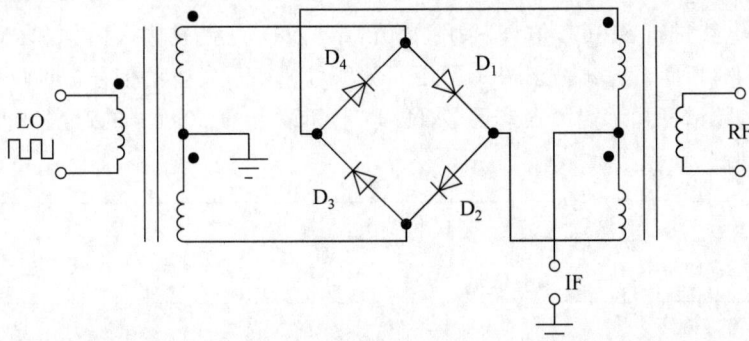

Mini-Circuits 公司制造的一种混频器产品如下图所示,该混频器具有工作频带宽,开关信号强度广的特点。

Mini-Circuits ZP-3LH＋混频器:0.15～400MHz,4.8dB 变频损耗,10dBm LO,50dB LO-RF 隔离,45dB LO-IF 隔离

(2014 Scientific Components 公司 Mini-circuit。授权引用)

无源 MOS 双平衡混频器

图 8.82 所示电路是将 4 个 MOSFET 用作开关实现图 8.80 所示双平衡混频器的电路,在图中采用 4 个 MOSFET 开关重新设计成桥接形式。这一电路之所以被称为无源混频器,是因为除了输入信号 v_I 和施加在各 MOSFET 栅级的开关信号外无须提供其他电源。如果各 MOSFET 的导通电阻被设计成远小于负载电阻 R_L,那么当 M_1 和 M_3 导通时,输入信号 v_I 将施加在 R_L 两端;当 M_2 和 M_4 导通时,v_I 的负值将会施加在 R_L 两端。利用集成电路实现的高匹配晶体管,可以实现很好的频率抑制功能。

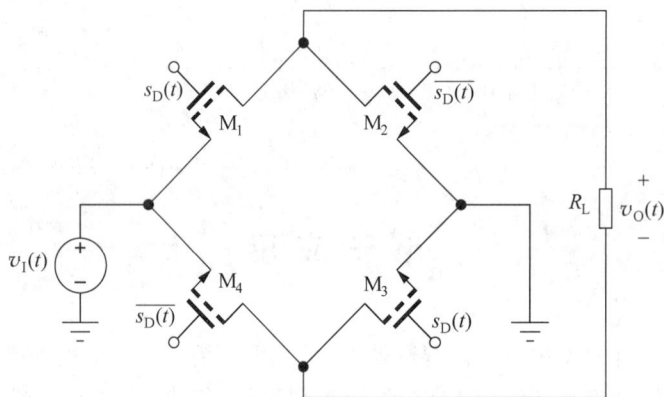

图 8.82　无源 NMOS 双平衡混合器

将图 8.82 所示电路进行 SPICE 仿真,采用 100mV、4kHz 正弦波输入信号和 ±5V、50kHz 开关信号,仿真结果如图 8.83 所示。输出波形显示了在开关信号速率下发生的信号极性反转及开关的导通电阻引起的幅度损失。频谱图显示混频器产品 4kHz 以上和以下的 50kHz 的奇次谐波,而 4kHz 分量和 50kHz 偶次谐波被抑制。

练习:图 8.83 所示双平衡混频器的实际转换增益是多少?

答案:$0.7 \times 2/\pi$ 或 -7.02dB。

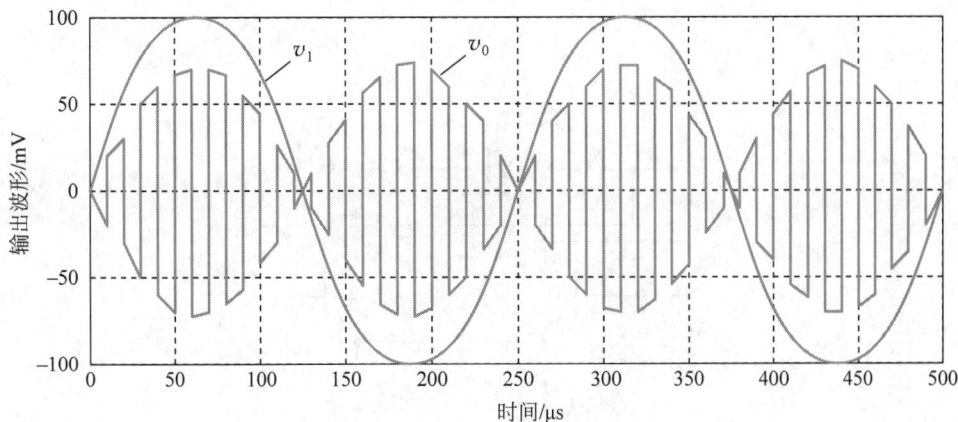

(a) SPICE输出波形

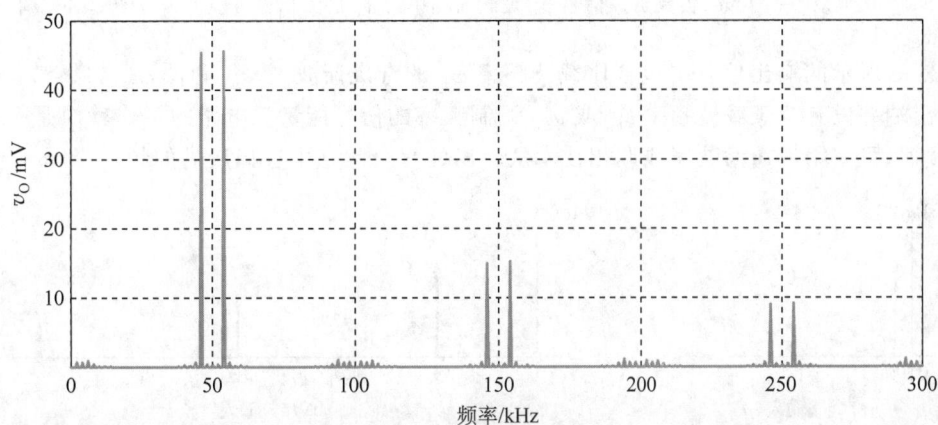

(b) 频谱

图 8.83   NMOS 无源混频器

8.12.5 Jones 混频器——双平衡混频器/调制器

如果图 8.84 所示的 Jones 混频器以双平衡调制器或混合器的方式工作,则在 v_2 输入端上需采用载波频率为 ω_c 的方波信号来驱动晶体管 $Q_3 \sim Q_6$。在 v_1 输入端上第 2 个信号加载的调制频率为 ω_m,施加在跨导级上。对于图 8.84 所示电路,有

$$i_{C1} = I_{BB} + \frac{V_m}{2R_1}\sin\omega_m t \quad \text{和} \quad i_{C2} = I_{BB} - \frac{V_m}{2R_1}\sin\omega_m t \tag{8.206}$$

如果选用差分输出,直流电流分量会被消除,但是位于频率 ω_m 的信号电流会被方波输入信号来回切换,变为交替与 1 和 -1 相乘。利用式(8.204)和式(8.206),两集电极间的输出信号可表示成

$$v_O(t) = V_m \frac{R_C}{R_1} \sum_{n\,\text{odd}} \frac{4}{n\pi}\sin n\omega_c t \sin\omega_m t$$

或

$$v_O(t) = V_m \frac{R_C}{R_1} \sum_{n\,\text{odd}} \frac{2}{n\pi}\left[\cos(n\omega_c - \omega_m)t - \cos(n\omega_c + \omega_m)t\right] \tag{8.207}$$

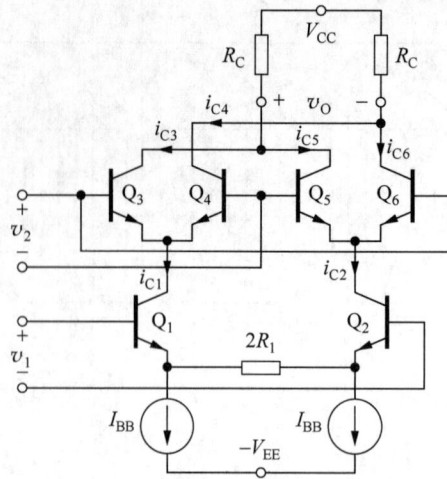

图 8.84　经典双平衡 Jones 混频器。信号 v_2 是载波频率为 ω_c 的大信号方波。v_1 为频率 ω_m 调制信号

在图 8.85 所示的输出信号中包含比载波频率 ω_c 的奇次谐波高 ω_m 和低 ω_m 的频谱分量。需注意的是，在输出端并没有位于载波频率 ω_c 或 ω_m 调制频率的信号能量。电路的工作就像是一个双平衡调制器或混频器，可采用带通滤波器或调相技术从输出的复合频谱中选择所需的频率。

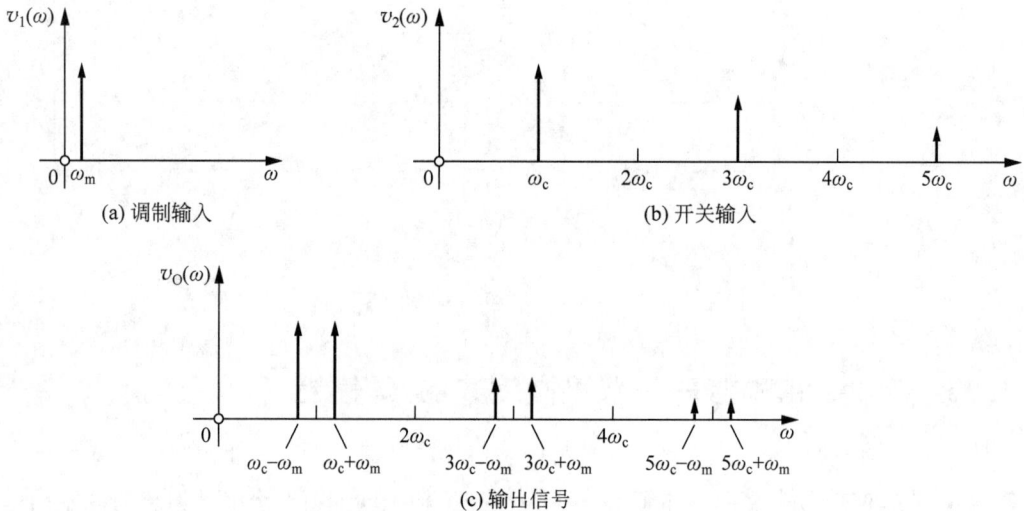

(a) 调制输入

(b) 开关输入

(c) 输出信号

图 8.85　双平衡调制的波谱

在调制器运用中，刚刚介绍的电路产生了一个双边带抑制载波（Double-Sideband Suppressed Carrier，DSBSC）的输出信号。在调制信号中加入直流分量还可以产生一个调幅信号（具有调制指数 M，且 $0 \leqslant M \leqslant 1$）：

$$v_1 = V_m(1 + M\sin\omega_m t) \tag{8.208}$$

直流项打破了电路相对于载波频率的平衡，因此在输出中注入了一个在载波频率分量（注意，由于晶体管失配造成的失调电压也会造成同样的影响）。输出电压变为

$$v_O(t) = V_m \frac{R_C}{R_1} \sum_{n\,odd} \frac{4}{n\pi}\left[\sin n\omega_c t + \frac{M}{2}\cos(n\omega_c - \omega_m)t - \frac{M}{2}\cos(n\omega_c + \omega_m)t\right] \tag{8.209}$$

在此情况下，调制信号电路仍然保持平衡，并作为一个单平衡调制器工作。

练习：利用图8.84和图8.85所示的双平衡调制器，对采用20MHz载波的10kHz信号进行调制。则图8.85(c)所示频谱分量的频率为多少？

答案：19.99MHz；20.01MHz；59.99MHz；60.01MHz；99.99MHz；100.01MHz。

练习：在之前的练习中，频率为19.99MHz的信号的幅值为3V。则其他分量的幅值为多少？

答案：3V；1V；1V；0.6V；0.6V。

电 子 应 用

Jones 混合器

经典 Jones 混频器专利的电路[1][2]，该专利于1963年提交申请，对晶体管电路设计来说算是最早进行研究的，这个电路在今天仍广泛应用，尤其是在通信应用领域的 IC 设计中（参见 IEEE 期刊固态电路的近期论文）。这一电路常见于移动电话、卫星射频通信、通信接收器及射频软件等。然而，该电路经常错误地归入 Barrie Gilbert，主要是因为它与7.10节介绍的模拟乘法器十分相似。

在 Jones 专利的电路中，晶体管121、139、83、165、157和103与图8.84中的$Q_1 \sim Q_6$相对应。晶体管179和191提供共模反馈来稳定电路中晶体管的工作点。

Jones 混合器电路（来自美国专利，专利号：3241078）

---

[1] H. E. Jones. Dual output synchronous detector utilizing differential amplifiers. US Patent ♯3241078, Filed June 18, 1963, Issued March 15, 1966。

[2] 感谢斯坦福大学的 Tom Lee 教授向作者提供原始专利文档。

小结

- 放大器的频率响应可通过将电路拆分成两个模型来确定，一个模型在低频下有效，其中耦合电容和旁路电容最为重要；另一个模型在高频下有效，由元器件电容控制电路的频率特性。

- 尽管对于单级晶体管放大器而言，直接分析电路的频域特性通常是可行的，但对于多级放大器而言，直接分析法就显得不太现实了。在绝大多数情况下，我们主要关注的是放大器的中频增益及上限和下限截止频率，f_H 和 f_L 的估算可利用开路和短路时间常数法来实现。利用 SPICE 电路仿真可以获得更为精确的结果。

- 在混合 π 模型中加入基极-发射极电容 C_π、基极-集电极电容 C_μ 和基极电阻 r_x，可以建立用于研究双极型晶体管频率特性的模型。C_π 的值与集电极电流 I_C 成正比，而 C_μ 则与集电极-基极电压有微弱的联系。$r_x C_\mu$ 的乘积是双极型晶体管频率限制的一个重要参数。

- 在 FET 的 π 模型中加入栅-源电容 C_{GS}、栅-漏电容 C_{GD} 和栅极电阻 r_g，可以建立用于研究 FET 频率特性的模型。当 FET 工作在有源区时，C_{GS} 和 C_{GD} 的值与工作点无关。$r_g C_{GD}$ 的乘积是 FET 十分重要的参数。

- 在高频下，BJT 和 FET 都具有有限电流增益，两种器件的单位增益带宽积都由元器件电容和晶体管的跨导决定。在双极型晶体管中，β 截止频率 f_β 代表电流增益低于其低频值 3dB 时所对应的频率。

- 在 SPICE 中，双极型晶体管的基本高频特性由以下参数来建模：正向渡越时间 TF，零偏集电极-基极结电容 CJC、集电极结内建电势 VJC、集电极结分级系数 MJC 和基极电阻 RB。

- 在 SPICE 中，MOSFET 的高频特性通过栅-源电容和栅-漏电容及 TOX、W、L 和 RG 来建模，其中栅-源电容和栅-漏电容分别由栅-源交叠电容 CGSO 和栅-漏交叠电容 CGDO 决定。

- 如果传输函数的所有极点和零点都可通过低频和高频等效电路求得，那么 f_H 和 f_L 的值可利用式（8.16）和式（8.23）进行精确计算。在很多情况下，在低频和/或高频响应中存在一个主极点，该主极点控制着 f_H 和 f_L。遗憾的是，除非采用数值方法，否则绝大多数放大器的复杂度使我们无法求出所有极点和零点的确切位置。

- 出于设计目的，我们需要理解元器件和电路参数与 f_H 和 f_L 之间的关系。短路时间常数（SCTC）和开路时间常数（OCTC）法及密勒效应可提供所需的信息，利用它们来为 3 种典型单级反相放大器、同相放大器和跟随器求出 f_H 和 f_L 的具体表达式。

- 由于密勒倍增效应的作用，反相放大器的输入阻抗降低了，反相放大器的主极点表达式可利用密勒效应改写。

- 相反，密勒效应使得跟随器的输入阻抗增加，跟随器主极点的表达式也可利用密勒倍增效应改写。

- 已知反相放大器可提供高增益，但其带宽最受限制。对于给定的电压增益，同相放大器可提供更好的带宽，但需要记住的重要一点是，这些放大器具有低得多的输入电阻。跟随器电路可在相当宽的带宽范围内提供单位增益。在这 3 种基本的放大器类型中都体现了电压增益与带宽之间的权衡关系。

- 运用 SCTC 法可估算多级放大器中下限截止频率的值，而对信号路径上的节点运用 OCTC 法、密勒效应和等效时间常数法可求出上限截止频率。本章对差分对、Cascode 放大器、共集电极/

共基极级联放大器及电流镜进行了研究,同时还给出了一个三级放大器的计算实例。在第9章中将计算另一种多级放大器的频率响应。

- 并联峰化采用一个电感来大大拓宽反相放大器的带宽。

- RLC 电路的调谐放大器可被用来实现射频中的窄带放大器。设计中可采用单调谐或多级调谐电路。如果一个多级调谐放大器中的所有调谐电路都设计成具有相同的中心频率,那么这一电路就称为同步调谐;如果调谐电路设计成具有不同的中心频率,那么该电路就称为参差调谐。必须确保调谐放大器不会变成振荡器,采用 Cascode 和共集电极/共基极级联结构可以改进多级调谐电路之间的隔离性能。

- 混频器在通信电子电路中被广泛采用,用以转换信号的频率频谱。混频器要求对两个信号进行某种形式的相乘,从而产生两个输入频率的求和与求差。单平衡和双平衡架构可以从输出频谱中消除其中一个或两个输入信号。单平衡混频器可被设计成采用差分对来实现。双平衡混频器通常采用基于无源开关类型的混频器实现的电路,这些无源开关类型混频器采用 FET 或二极管。

- 经典的 Jones 混频器是十分重要的电路,广泛应用于当今的通信集成电路中。

关键词

Amplitude Stabilization	幅度稳定性
Base Resistance	基极电阻
Beta-Cutoff Frequency	截止频率 β
Cascode Amplifier	Cascode 放大器
Center Frequency	中心频率
Dominant High-Frequency Pole	主高频极点
Dominant Low-Frequency Pole	主低频极点
Dominant Pole	主极点
Double-Balanced Mixers	双平衡混频器
Down-Conversion	下变频
Jones Mixer	Jones 混频器
Lower-Cutoff Frequency	下限截止频率
Midband Gain	中频增益
Miller Compensation	密勒补偿
Miller Effect	密勒效应
Miller Integrator	密勒积分
Miller Multiplication	密勒倍增
Mixer Neutralization	混频中和
Open-Circuit Time-Constant (OCTC) Method	开路时域方法(OCTC)
Passive Mixers	无源混频器
Pole Frequencies	极点频率
Radio Frequency Choke(RFC)	射频阻塞(RFC)

参考文献

1. P. E. Gray and C. L. Searle, *Electronic Principles*, Wiley, New York：1969.

2. S. S. Mohan, M. del Mar Hershenson, S. P. Boyd and T. H. Lee, "Bandwidth extension in CMOS with optimized on-chip inductors," *IEEE Journal of Solid-State Circuits*, vol. 35, no. 3, pp. 346-355, March 2000.

习题

§8.1　放大器频率响应

8.1　求出如下传输函数的 A_{mid} 和 $F_L(s)$。是否存在主极点？如果存在，$A_v(s)$ 的主极点近似为多少？主极点近似的截止频率 f_L 为多少？利用完整的传输函数，求出确切的截止频率。

$$A_v(s) = \frac{50s^2}{(s+3)(s+40)}$$

8.2　求出如下传输函数的 A_{mid} 和 $F_L(s)$。是否存在主极点？如果存在，$A_v(s)$ 的主极点近似为多少？主极点近似的截止频率 f_L 为多少？利用完整的传输函数，求出确切的截止频率。

$$A_v(s) = \frac{200s^2}{2s^2 + 1400s + 100000}$$

8.3　求出如下传输函数的 A_{mid} 和 $F_L(s)$。是否存在主极点？利用式(8.16)来估算 f_L。并用计算机求出确切的截止频率 f_L。

$$A_v(s) = \frac{150s(s+14)}{-(s+11)(s+19)}$$

8.4　求出如下传输函数的 A_{mid} 和 $F_H(s)$，是否存在主极点？如果存在，$A_v(s)$ 的主极点近似为多少？主极点近似的截止频率 f_H 为多少？利用完整的传输函数，求出确切的截止频率。

$$A_v(s) = \frac{6 \times 10^{11}}{3s^2 + 3.3 \times 10^5 s + 3 \times 10^9}$$

8.5　求出如下传输函数的 A_{mid} 和 $F_H(s)$。是否存在主极点？如果存在，$A_v(s)$ 的主极点近似为多少？主极点近似的截止频率 f_H 为多少？利用完整的传输函数，求出确切的截止频率。

$$A_v(s) = \frac{(s + 2 \times 10^9)}{(s + 10^7)\left(1 + \dfrac{s}{7 \times 10^8}\right)}$$

8.6　求出如下传输函数的 A_{mid} 和 $F_H(s)$。是否存在主极点？利用式(8.16)估算 f_H，并用计算机来计算确切的截止频率 f_H。

$$A_v(s) = \frac{4 \times 10^9 (s + 5 \times 10^5)}{(s + 1.3 \times 10^5)(s + 2 \times 10^6)}$$

8.7 求出如下传输函数的 A_{mid}、$F_L(s)$ 和 $F_H(s)$。在低频时是否存在主极点？在高频时呢？利用式(8.16)和式(8.23)来估算 f_L 和 f_H 的值，并用计算机求出确切的截止频率，将其与估算值进行比较。

$$A_v(s) = \frac{2 \times 10^8 s^2}{-(s+1)(s+2)(s+1000)(s+500)}$$

8.8 求出如下传输函数的 A_{mid}、$F_L(s)$ 和 $F_H(s)$。在低频时是否存在主极点？在高频时呢？利用式(8.16)和式(8.23)来估算 f_L 和 f_H 的值，并用计算机求出确切的截止频率，将其与估算值进行比较。

$$A_v(s) = \frac{2 \times 10^{10} s^2 (s+1)(s+200)}{(s+3)(s+5)(s+7)(s+100)^2(s+300)}$$

§8.2 直接确定低频极点和零点——共源极放大器

8.9 (a)如果 $R_I = 5k\Omega$, $R_1 = 430k\Omega$, $R_2 = 560k\Omega$, $R_S = 13k\Omega$, $R_D = 43k\Omega$, $R_3 = 240k\Omega$。画出图 P8.1 所示共源极放大器的低频和中频等效电路；(b)如果该电路的 Q 点为$(0.2mA, 5V)$，且 $V_{GS} - V_{TN} = 0.7V$，则放大器的下限截止频率和中频增益为多少？(c)V_{DD} 的值为多少？

8.10 (a)如果 $R_I = 2k\Omega$, $R_1 = 4.3k\Omega$, $R_2 = 5.6M\Omega$, $R_S = 13k\Omega$, $R_D = 43k\Omega$, $R_3 = 430k\Omega$。画出图 P8.1 所示共源极放大器的低频和中频等效电路；(b)如果 Q 点为$(0.2mA, 5V)$，且 $V_{GS} - V_{TN} = 0.7V$，则放大器的下限截止频率和中频增益为多少？(c)V_{DD} 的值为多少？

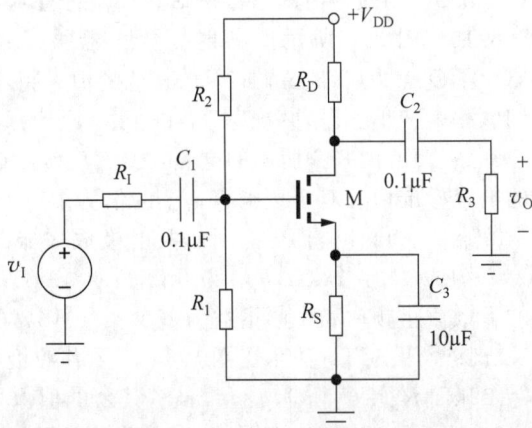

图 P8.1

8.11 (a)对于习题 8.9 中的电路，为使 f_L 为 50Hz，C_3 的值应为多少？(b)在附录 A 中选择最接近的电容标准值。对于该电容，f_L 的值为多少？(c)对习题 8.10 中的电路重复上述问题。

8.12 (a)画出图 P8.2 所示共栅极放大器的低频等效电路；(b)写出放大器的传输函数表达式，并确认两个极点和两个零点的位置，假设 $r_o \to \infty$, $g_m = 4mS$；(c)放大器的下限截止频率和中频增益为多少？

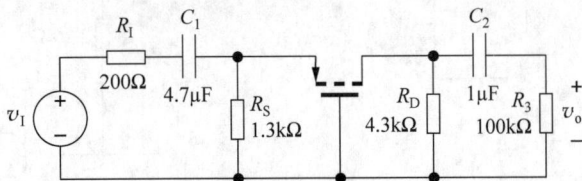

图 P8.2

8.13 (a)对于习题 8.12 中的电路，为使 f_L 为 2000Hz，则 C_1 的值应为多少？(b)在附录 A 中选择最接近的电容标准值。对于该电容，f_L 的值为多少？

8.14 (a)画出图 P8.3 所示共基极放大器的低频交流和中频等效电路，假设 $R_I = 75\Omega$, $R_E = 4.3k\Omega$, $R_C = 2.2k\Omega$, $R_3 = 51k\Omega$, $\beta_o = 100$；(b)写出放大器的传输函数表达式，并确认两个极点和两个

零点的位置,假设 $r_o \to \infty$,Q 点为(1.5mA,5V);(c)放大器的中频增益和下限截止频率为多少? (d)$-V_{EE}$ 和 V_{CC} 的值为多少? (e)如果 $R_E=430\mathrm{k}\Omega$,$R_C=220\mathrm{k}\Omega$,$R_3=510\mathrm{k}\Omega$,且 Q 点为(15μA,5V),则放大器 的中频增益和下限截止频率为多少? (f)本题(e)中的 $-V_{EE}$ 和 V_{CC} 的值为多少?

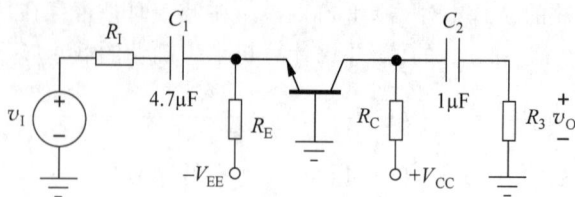

图 P8.3

8.15 (a)对于习题 8.14(a)中的电路,为使 f_L 为 500Hz,则 C_1 的值应为多少? (b)在附录 A 中 选择接近的电容标准值。对于该电容,f_L 的值为多少? (c)对习题 8.14(e)中的电路重复上述计算。

§8.3 用短路时间常数法估算 ω_L 的值

8.16 图 8.6 所示的共射极放大器被设计成具有 $R_1=100\mathrm{k}\Omega$,$R_2=300\mathrm{k}\Omega$,$R_E=15\mathrm{k}\Omega$,$R_C=43\mathrm{k}\Omega$,且 Q 点为(175μA,2.3V),其他的值保持不变。(a)用 SCTC 法求出 f_L;(b)用 SPICE 生成放大 器的频率响应伯德图,并确定 f_L 的值;(c)计算晶体管的 Q 点。

8.17 (a)图 8.6 所示的电路,为使 f_L 为 1000Hz,则 C_3 的值应为多少? (b)在附录 A 中选择最接 近的电容标准值。对于该电容,f_L 的值为多少?

8.18 (a)画出图 P8.4 所示共射极放大器的低频和中频等效电路。假设 $R_I=2\mathrm{k}\Omega$,$R_1=110\mathrm{k}\Omega$, $R_2=330\mathrm{k}\Omega$,$R_E=13\mathrm{k}\Omega$,$R_C=43\mathrm{k}\Omega$,$R_3=43\mathrm{k}\Omega$;(b)假设 Q 点为(0.164mA,2.79V),$\beta_o=100$,则放大 器的下限截止频率和中频增益为多少? (c)V_{CC} 的值为多少?

8.19 用 SCTC 法求出图 8.11 所示共源极放大器的下限截止频率。假设 $R_G=1\mathrm{M}\Omega$,$R_3=68\mathrm{k}\Omega$, $R_D=22\mathrm{k}\Omega$,$R_S=6.8\mathrm{k}\Omega$,$g_m=2\mathrm{mS}$,其余的值保持不变。

8.20 用 SCTC 法求图 8.11 所示共源极放大器的下限截止频率。假设 $R_G=500\mathrm{k}\Omega$,$R_3=10\mathrm{k}\Omega$, $R_D=43\mathrm{k}\Omega$,$R_S=10\mathrm{k}\Omega$,$g_m=0.6\mathrm{mS}$,其余的值保持不变。

8.21 (a)画出图 P8.5 所示共栅极放大器的低频和中频等效电路;(b)如果 Q 点等于(0.1mA, 8.6V),$V_{GS}-V_{TN}=0.7\mathrm{V}$,$C_1=4.7\mathrm{μF}$,$C_2=0.2\mathrm{μF}$,$C_3=0.1\mathrm{μF}$,则放大器下限截止频率和中频增益为多少?

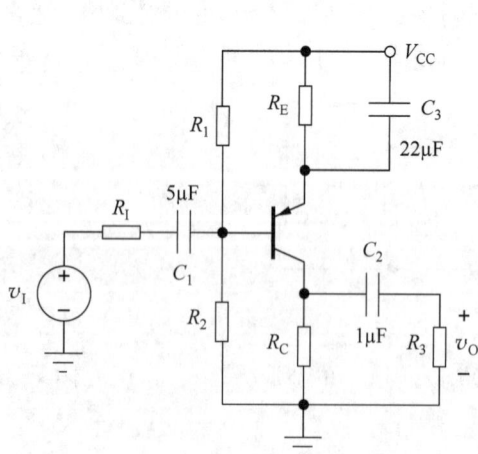

图 P8.4

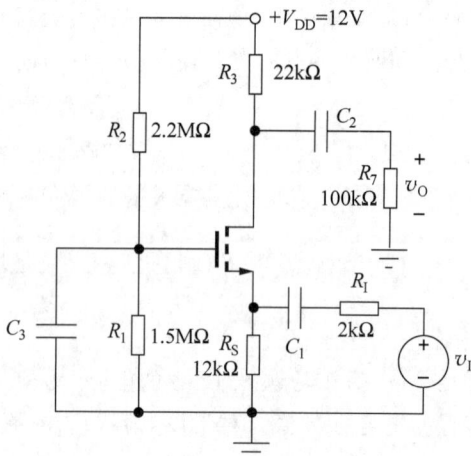

图 P8.5

8.22 (a)画出图 P8.6 所示射极跟随器的低频和中频等效电路；(b)如果 Q 点为$(0.25\mathrm{mA},10\mathrm{V})$，$\beta_\mathrm{o}=100,C_1=4.7\mu\mathrm{F},C_2=8.2\mu\mathrm{F}$，则放大器的下限截止频率和中频增益为多少？

8.23 (a)画出图 P8.7 所示源极跟随器的低频和中频等效电路；(b)如果晶体管的偏置电压为比阈值电压高 $0.75\mathrm{V}$，且 Q 点为$(0.1\mathrm{mA},6.3\mathrm{V})$，$C_1=4.7\mu\mathrm{F},C_2=0.13\mu\mathrm{F}$，则放大器的下限截止频率和中频增益为多少？(c)$V_\mathrm{DD}$ 的值为多少？

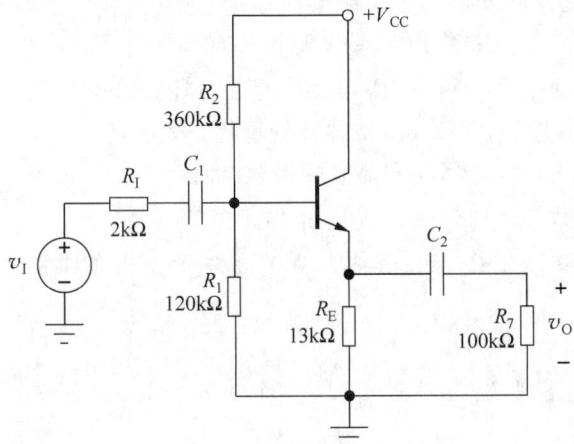

图 P8.6

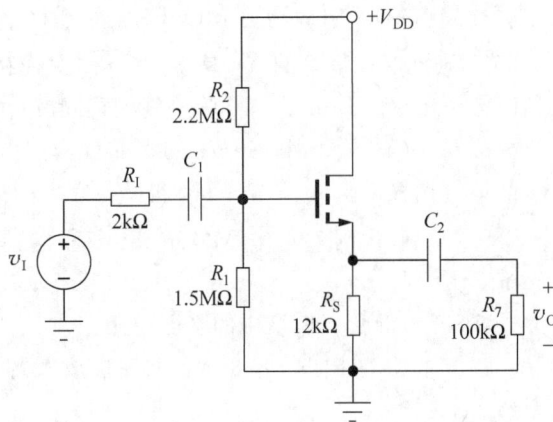

图 P8.7

8.24 重新设计习题 8.9 中共源极放大器的 C_3 值，使 $f_\mathrm{L}=750\mathrm{Hz}$。

8.25 重新设计习题 8.12 中共共栅极放大器的 C_1 值，使 $f_\mathrm{L}=100\mathrm{Hz}$。

8.26 重新设计习题 8.18 中共射极放大器的 C_3 值，使 $f_\mathrm{L}=20\mathrm{Hz}$。

8.27 重新设计习题 8.21 中共栅级放大器的 C_1 值，使 $f_\mathrm{L}=50\mathrm{Hz}$。

8.28 重新设计习题 8.22 中共集电极放大器的 C_2 值，使 $f_\mathrm{L}=100\mathrm{Hz}$。

8.29 重新设计习题 8.23 中共漏极放大器的 C_2 值，使 $f_\mathrm{L}=5\mathrm{Hz}$。

§8.4 高频晶体管模型

8.30 一个双极型晶体管，其中 $f_\mathrm{T}=50\mathrm{MHz},C_{\mu\mathrm{o}}=2\mathrm{pF}$，偏置在 Q 点$(2\mathrm{mA},5\mathrm{V})$。如果 $\phi_\mathrm{jc}=0.9\mathrm{V}$，则其正向渡越时间为多少？

8.31 填充下表中空缺的双极型晶体管参数，设 $r_\pi=250\Omega$。

I_c	f_T	C_π	C_μ	$\dfrac{1}{2\pi r_\mathrm{x}C_\mu}$
$10\mu\mathrm{A}$	$50\mathrm{MHz}$		$0.50\mathrm{pF}$	
$100\mu\mathrm{A}$	$300\mathrm{MHz}$	$0.75\mathrm{pF}$		
$500\mu\mathrm{A}$	$1\mathrm{GHz}$		$0.25\mathrm{pF}$	
$10\mathrm{mA}$		$10\mathrm{pF}$		$1.59\mathrm{GHz}$
$1\mu\mathrm{A}$		$1\mathrm{pF}$	$1\mathrm{pF}$	
	$5\mathrm{GHz}$	$0.75\mathrm{pF}$	$0.25\mathrm{pF}$	

8.32 填充下表中空缺的 MOSFET 参数,已知 $K_n = 2\text{mA/V}^2$, $r_\pi = 250\Omega$。

I_D	f_T	C_{GS}	C_{GD}	$\dfrac{1}{2\pi r_g C_{GD}}$
$10\mu\text{A}$		1.5pF	0.5pF	
$250\mu\text{A}$		1.5pF	0.5pF	
	250MHz	1.25pF	0.25pF	

8.33 (a)一个 n 沟道 MOSFET 的迁移率为 $600\text{cm}^2/\text{V·s}$,沟道长度为 $1\mu\text{m}$。如果 $V_{GS} - V_{TN} = 0.25\text{V}$,则此时晶体管的 f_T 是多少? (b)对迁移率为 $250\text{cm}^2/\text{V·s}$ 的 PMOS 管,重复上述计算;(c)对新工艺下 $L = 0.1\mu\text{m}$ 的晶体管重复上述问题;(d)对新工艺下 $L = 25\text{nm}$ 的晶体管重复上述问题。

8.34 (a)假设 MOSFET 的多晶硅薄层电阻为 $25\Omega/\text{m}^2$,金属与多晶硅的接触电阻为 10Ω。估算该晶体管栅极电阻 r_g 的值;(b)假设在底端的栅极处进行第 2 次接触。新的 r_g 值是多少?

8.35 假设例 7.4 中 MOSFET 多晶硅薄层的电阻为 $30\Omega/\text{m}^2$,试估算 4 个晶体管栅极条纹的 r_g 值。

§8.5 混合 π 模型中的基区电阻

8.36 (a)求出图 P8.8 所示共射极放大器的中频增益,假设 $r_x = 500\Omega$, $I_C = 1\text{mA}$, $\beta_o = 110$;(b)如果 $r_x = 0$ 呢?

8.37 (a)求出图 P8.9 所示共集电极放大器的中频增益,假设 $r_x = 350\Omega$, $I_C = 0.75\text{mA}$, $\beta_o = 165$;(b)如果 $r_x = 0$ 呢?

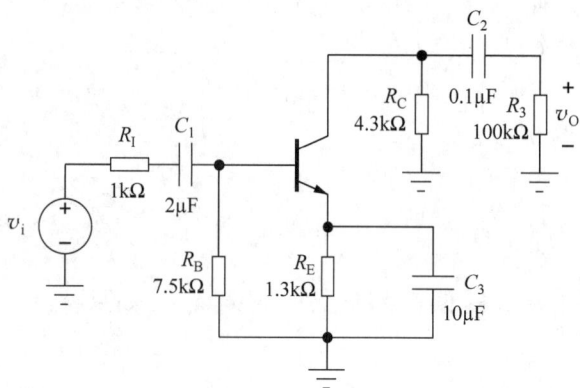

图 P8.8

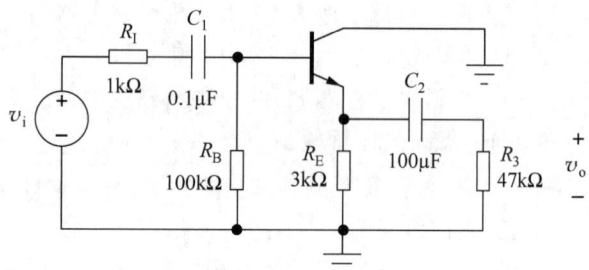

图 P8.9

8.38 (a)求出图 P8.10 所示共基极放大器的中频增益,假设 $r_x = 200\Omega$, $I_C = 0.125\text{mA}$, $\beta_o = 125$;(b)如果 $r_x = 0$ 呢?

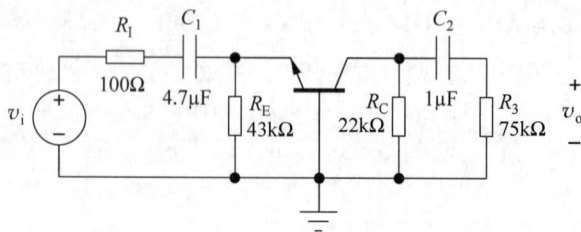

图 P8.10

§8.6　共射极和共源极放大器的高频响应

8.39　(a)一个 BJT 的 $r_x=250\Omega$, $f_T=400\text{MHz}$, $C_\mu=0.5\text{pF}$, $\beta_0=100$, $I_C=1.25\text{mA}$, 当其频率为 50MHz 时短路电流增益(幅值及相位)是多少？(b)如果 $g_m R_L=-20$, 那么使用该晶体管在 50MHz 共射极放大器基极处的输入阻抗 Z_{iB} 是多少？

8.40　(a)一个 MOSFET 的 $r_g=250\Omega$, $C_{GS}=1.25\text{pF}$, $C_{GD}=0.25\text{pF}$, $g_m=50\text{mS}$, 当其频率为 100MHz 时短路电流增益(幅值及相位)是多少？(b)如果 $g_m R_L=-20$, 那么使用该晶体管在 20MHz 共源极放大器基极处的输入阻抗 Z_{iG} 是多少？

因式分解

8.41　利用主根因式分解法来估算下列方程的根, 并将所得结果与准确的根进行比较: (a) $s^2+5000s+500000$; (b) $2s^2+500s+30000$; (c) $3s^2+3300s+300000$; (d) $1.5s^2+300s+40000$。

8.42　(a)利用主根因式分解法来估算下面方程的根; (b)将所得结果与准确的根进行比较

$$s^3+1110s^2+111000s+1000000$$

8.43　用牛顿法来帮助求解以下多项式的根(提示: 一次求解一个根, 一旦求得一个根, 可以将此根分解到多项式中来化简多项式; 利用近似分解来找到每次迭代的起点)。

$$s^6+142s^5+4757s^4+58230s^3+256950s^2+398000s+300000$$

习题 8.44～习题 8.52, 取 $f_T=500\text{MHz}$, $r_x=300\Omega$, $C_\mu=0.75\text{pF}$, $C_{GS}=C_{GD}=2.5\text{pF}$。

8.44　(a)求出习题 8.36(a)中共射极放大器的中频增益和上限截止频率, 假设 $I_C=1\text{mA}$, $\beta_0=100$; (b)放大器的增益带宽积为多少？(c)当 $f=f_H$ 时, 该晶体管的电流增益是多少？利用 C_T 近似。

8.45　图 8.6 所示共射极放大器中电阻 R_1, R_2, R_E, R_C 的值均减半。(a)画出放大器的直流等效电路, 并求出晶体管的新 Q 点; (b)画出放大器的交流小信号等效电路, 并求出放大器的中频增益和上限截止频率; (c)放大器的增益带宽积为多少？

8.46　图 8.6 所示共射极放大器中的所有电阻值都增大为原来的 50 倍。(a)画出放大器的直流等效电路, 并求出晶体管的新 Q 点; (b)画出放大器的交流小信号等效电路, 并求出放大器的中频增益和上限截止频率; (c)放大器的增益带宽积为多少？(d)当 $f=f_H$ 时, 晶体管的输入阻抗 Z_{iB} 和电流增益是多少？

8.47　(a)习题 8.9 中共源极放大器的中频增益及上截止频率是多少？(b)当 $f=f_H$ 时, 该晶体管的输入阻抗 Z_{iG} 及电流增益是多少？

8.48　对习题 8.9 中放大器的频率响应进行仿真, 并确定 A_{mid}、f_L 和 f_H 的值。

8.49　图 8.4 所示的共源极放大器, R_S 的值变为 3.9kΩ, R_D 的值变为 10kΩ。对于 MOSFET 有 $K_n=500\mu\text{A/V}^2$, $V_{TN}=1\text{V}$。(a)画出放大器的直流等效电路, 并求出 $V_{DD}=15\text{V}$ 时晶体管的新 Q 点; (b)画出放大器的交流小信号等效电路, 并求出放大器的中频增益和上限截止频率; (c)此放大器的增益带宽积为多少？

8.50　(a)求出习题 8.18 中共射极放大器的中频增益和上限截止频率; (b)当 $f=f_H$ 时, 该晶体管的输入阻抗 Z_{iB} 及电流增益是多少？

8.51　对习题 8.18 中放大器的频率响应进行仿真, 并确定 A_{mid}、f_L 和 f_H 的值。

8.52　图 P8.11 所示为一个共射极放大器电路, 该电路具有一个与 R_L 并列的负载电容。(a)写出两个节点方程, 并求出图 P8.11 所示电路的行列式; (b)利用主根因式分解法求出两个极点; (c)电路中有 3 个电容, 但是为什么只有两个极点？

密勒效应

8.53　(a)求出图 8.35(c)所示电路的总输入电容, 假设 $C_\pi=20\text{pF}$, $C_\mu=1\text{pF}$, $I_C=5\text{mA}$, $R_L=$

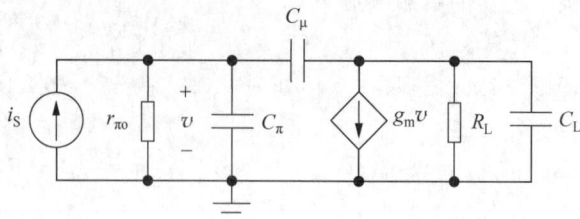

图 P8.11

$1k\Omega$。晶体管的 f_T 为多少？(b)当 $I_C=4mA$，$R_L=2k\Omega$ 时，重复上述计算。

8.54 (a)对于图 P8.12 所示电路，当 Z 为一个 $100pF$ 电容，且放大器为 $A=-100000$ 的运算放大器，则该电路的输入电容为多少？(b)如果图 P8.12 中，元器件 Z 为一个 $100k\Omega$ 的电阻，且有 $A(s)=-10^6/(s+20)$，则在 $f=1kHz$ 时，电路的输入阻抗为多少？(c)在 $50kHz$ 时呢？(d)在 $1MHz$ 时呢？

8.55 在图 P8.12 中，如果放大器增益 $A=0.994$，$Z=50pF$，则电路的输入电容是多少？

8.56 (a)如果 $A(s)=20A_o/(s+50)$，求出图 1.34 中密勒积分器的传输函数。如果传输函数实际上实现的是低通放大器的功能，则 $A_o=10^5$ 时电路的截止频率为多少？(b)如果 $A_o=10^6$，重复(a)中的计算。证明当 $A_o \to \infty$ 时，传输函数近似为理想积分器的传输函数。

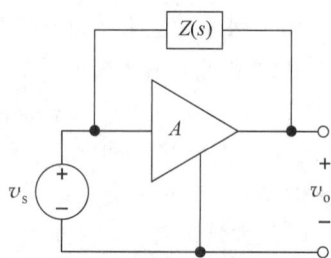

图 P8.12

8.57 (a)在图 P8.13 中，如果 $r_x=200\Omega$，$r_\pi=2.5k\Omega$，$g_m=0.04S$，$R_L=2.5k\Omega$，$C_\pi=12pF$，$C_\mu=1pF$，用密勒倍增法计算 $f=1kHz$ 电路的处所呈现的阻抗；(b)在 $50kHz$ 时的情况如何？(c)在 $1MHz$ 时的情况如何？(d)将所得结果与 SPICE 结果进行比较。

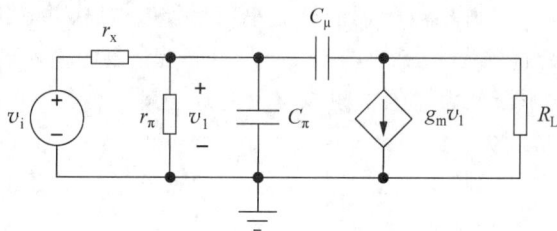

图 P8.13

8.58 用 SPICE 求出习题 8.57 中放大器的中频增益、上限和下限截止频率。

8.59 (a)估算习题 8.36(a)中共射极放大器的上限截止频率，其中 $f_T=600MHz$，$C_\mu=0.65pF$；(b)对习题 8.36(b)中的电路重复上述计算。

8.60 图 P8.8 所示共射极放大器的电阻 R_1、R_2、R_E 和 R_C 均增大为原来的 10 倍，且集电极电流降为 $100\mu A$。(a)画出放大器的交流小信号等效电路，并求放大器中频增益和上限截止频率 $\beta_o=100$，$r_x=250\Omega$，$C_\mu=0.65pF$，$f_T=500MHz$；(b)放大器的增益带宽积为多少？计算对于给定的 $r_x C_\mu$，GBW 乘积值所能达到的上限值。

8.61 估算习题 8.9 中共源极放大器的上限截止频率，设此时的 $C_{GS}=4pF$，$C_{GD}=2pF$。放大器的增益带宽积为多少？

估算反相放大器的 ω_H 和 ω_L

8.62 (a)求出图 P8.14 所示共射极放大器 A_{mid}、f_L 和 f_H 的值。设电路中 $C_1=1\mu F$，$C_2=0.1\mu F$，$C_3=2.2\mu F$，$R_3=100k\Omega$，$\beta_0=100$，$f_T=300MHz$，$r_x=300\Omega$，$V_{CC}=15V$，$C_\mu=0.5pF$；(b)增益带宽积为多少？

8.63 改变集电极电阻 R_C 的值，重新设计图 8.34 所示共射极放大器，使上限截止频率为 4MHz。新的中频电压增益值为多少？增益带宽积的值为多少？

8.64 改变电阻 R_E 和 R_6 的值，并同时维持 $R_E+R_6=13k\Omega$，重新设计图 P8.14 所示共射极放大器，使上限截止频率为 8MHz，新的中频电压增益值为多少？增益带宽积的值为多少？

8.65 求出图 P8.15 所示放大器的(a)A_{mid}；(b)f_L；(c)f_H，其中 $\beta_O=100$，$f_T=200MHz$，$C_\mu=1pF$，$r_x=200\Omega$。

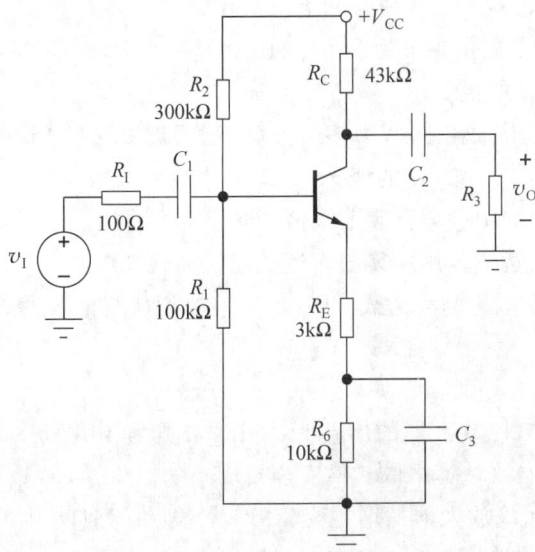

图 P8.14

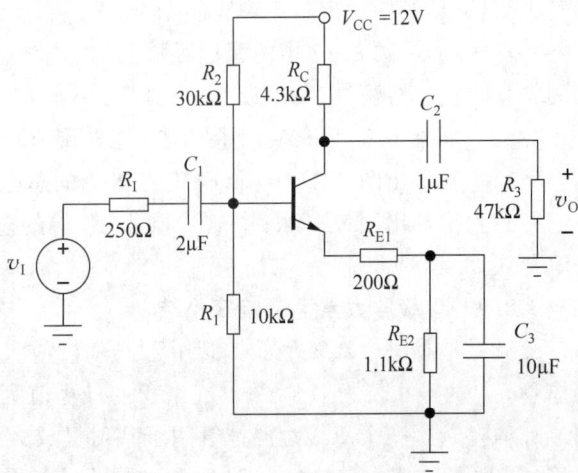

图 P8.15

8.66 重新设计习题 8.65 中放大器的电阻 R_{E1} 和 R_{E2} 的值，以此获得 $f_H=12MHz$。注意不能改变 Q 点。

8.67 图 P8.16 所示电路有两个极点。(a)用短路时间常数法来估算较低极点的频率，已知 $C_1=1\mu F$，$C_2=10\mu F$，$R_1=10k\Omega$，$R_2=1k\Omega$，$R_3=1k\Omega$；(b)估算较高级点的频率；(c)为什么这两个极点的位置看起来滞后了？(d)求出系统的行列式，其准确根的值与(a)和(b)中的结果进行比较。

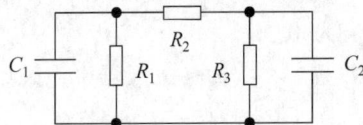

图 P8.16

习题 8.68～习题 8.82，对 BJT，取 $f_T=500MHz$，$r_x=300\Omega$，$C_\mu=0.6pF$；对 FET，取 $C_{GS}=3pF$，$C_{GD}=0.6pF$。

§8.7 共基极及共栅极放大器的高频响应

8.68 习题 8.12 中共栅极放大器的中频增益和上限截止频率为多少？

8.69 对习题 8.12 中的放大器进行频率响应仿真，并确定 A_{mid}、f_L 和 f_H 的值。

8.70 习题 8.14(e)中共基极放大器的中频增益和上限截止频率为多少？

8.71 对习题 8.14 中的放大器进行频率响应仿真，其中 $V_{CC}=V_{EE}=5V$，并确定 A_{mid}、f_L 和 f_H 的值。

8.72 如果 $V_{CC}=-V_{EE}=10V$，则习题 8.14 中共基极放大器的中频增益和上限截止频率为多少？

8.73 习题 8.21 中放大器的中频增益和上限截止频为多少？

8.74 如果 V_{DD} 增大到 18V，则习题 8.21 中放大器的中频增益、上限和下限截止频率为多少？

8.75 假设源电阻 $R_1=0$，R_E 和 r_π 非常大，试求出包含了基极电阻 r_x 的开路时间常数的表达式和共基极的 ω_H，并证明增益带宽积小于或等于 $1/r_xC_\mu$。达到此限制需要什么条件？

8.76 假设 $R_1=0$，R_4 可忽略，试求出包含 r_G 的开路时间常数的表达式和共栅极的 ω_H，并证明增益带宽积小于或等于 $1/r_GC_{GD}$。达到此限制需要什么条件？

§8.8 共集电极和共漏极放大器的高频响应

8.77 如果 $V_{CC}=12V$，则图 P8.6 所示共集电极放大器的中频增益和上限截止频率为多少？

8.78 (a)习题 8.22 中射极跟随器的中频增益和上限截止频率为多少？(b)对习题 8.22 中的频率响应进行仿真，其中设 $V_{CC}=10V$，并确定 A_{mid}、f_L 和 f_H 的值。

8.79 (a)习题 8.23 中的源极跟随器，其频增益和上限截止频率为多少？(b)对习题 8.23 中放大器的频率响应进行仿真，其中设 $V_{DD}=10V$，并确定 A_{mid}、f_L 和 f_H 的值。

8.80 如果 V_{DD} 为 18V，则图 8.23 中共漏极放大器的中频增益和上限截止频率为多少？

8.81 推导出图 8.45(b)中 FET 栅极侧的总电容表达式。用所得的表达式来解释式(8.141)。

8.82 推导出图 8.44(c)中 BJT 节点 v_d 侧的总输入电容的表达式。假设 $C_L=0$，用所得的表达式来解释式(8.138)。

§8.9 单级放大器高频响应小结

8.83 选择一个双极型晶体管用于共基极放大器中，该放大器的增益为 40dB，带宽为 40MHz，则晶体管 f_T 的最小值为多少？r_xC_μ 乘积的最小值为多少？（计算中取 5 倍安全裕度）

8.84 选择一个双极型晶体管用于共射极放大器中，该放大器的增益为 43dB，带宽为 6MHz，则晶体管 f_T 的最小值为多少？r_xC_μ 乘积的最小值为多少？（计算中取 5 倍安全裕度）

8.85 在一个负载电阻为 100kΩ 的差分放大器中放置一个双极型晶体管。如果增益和带宽分别为 100 和 1.8MHz，则最大的 r_x 和 C_μ 值各为多少？

8.86 在共源极放大器中将采用一个 $C_{GS}=12pF$、$C_{GD}=5pF$ 的 FET，该放大器的负载电阻为 100Ω，带宽为 25MHz，如果 $K_n=25mA/V^2$，且 $V_{GS}-V_{TN}\geqslant0.25V$，试估算满足这一带宽所需的最小 Q 点电流为多少？

8.87 在共栅极放大器中将采用一个 $C_{GS}=7.5pF$，$C_{CD}=3pF$ 的 FET，该放大器的源负载电阻为 100Ω，$A_{mid}=20$，带宽为 25MHz。如果 $K_n=20mA/V^2$ 且 $V_{DD}=15V$，试估算满足这一带宽所需的最小 Q 点电流为多少？

8.88 如果 $R_C=12kΩ$，$R_3=47kΩ$，$C_\mu=1.5pF$，则图 P8.3 所示电路的带宽上限为多少？

8.89 (a)估算图 P8.17(a)所示共集电极/共射极级联放大器的截止频率；(b)估算图 P8.17(b)所示达林顿电路的截止频率，假设 $I_{C1}=0.1mA$，$I_{C2}=1mA$，$\beta_o=100$，$f_T=300MHz$，$C_\mu=0.5pF$，$V_A=50V$，$r_x=300Ω$，$R_L\to\infty$；(c)哪种结构能够提供更好的带宽？(d)在第 7 章中 $\mu A741$ 放大器的第 2 级采用的是哪一种结构？为什么采用该结构？

8.90 画出图 8.48 所示差分放大器共模抑制比的伯德图，设此时的 $I_C=100\mu A$，$R_{EE}=10MΩ$，

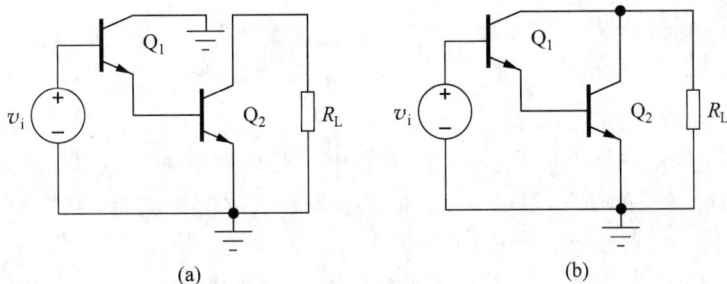

图 P8.17

$R_{\mathrm{C}}=6\mathrm{k}\Omega,C_{\mathrm{EE}}=1\mathrm{pF},\beta_{\mathrm{o}}=100,V_{\mathrm{A}}=50\mathrm{V},f_{\mathrm{T}}=200\mathrm{MHz},C_{\mu}=0.3\mathrm{pF},r_{\mathrm{x}}=175\Omega,R_{\mathrm{L}}=100\mathrm{k}\Omega,R_{\mathrm{L}}$ 为晶体管 Q_1 和 Q_2 集电极之间的电阻。

8.91 用 SPICE 画出习题 8.90 中的曲线。

§8.10 多级放大器的频率响应

8.92 图 P8.18 所示的电路中,如果 $I_{\mathrm{S}}=250\mu\mathrm{A},K'_{\mathrm{n}}=25\mu\mathrm{A/V^2},\lambda=0.02\mathrm{V^{-1}},C_{\mathrm{GS1}}=3\mathrm{pF},$ $C_{\mathrm{GD1}}=1\mathrm{pF},(W/L)_1=5/1,(W/L)_2=25/1,$则图中 MOS 电流镜的最小带宽为多少?

8.93 如果 $I_{\mathrm{S}}=150\mu\mathrm{A},K'_{\mathrm{n}}=25\mu\mathrm{A/V^2},\lambda=0.02\mathrm{V^{-1}},C_{\mathrm{GS1}}=3\mathrm{pF},C_{\mathrm{GD1}}=0.5\mathrm{pF},(W/L)_1=5/1=$ $(W/L)_2,$则图 P8.18 所示 NMOS 电流镜的最小带宽为多少?

8.94 如果 $I_{\mathrm{S}}=200\mu\mathrm{A},\beta_{\mathrm{o}}=100,V_{\mathrm{A}}=50\mathrm{V},f_{\mathrm{T}}=500\mathrm{MHz},C_{\mu}=0.3\mathrm{pF},r_{\mathrm{x}}=175\Omega,A_{\mathrm{E2}}=4A_{\mathrm{E1}},$则图 P8.19 所示双极型电流镜的最小带宽为多少?

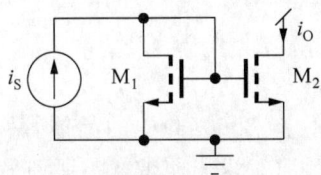

图 P8.18

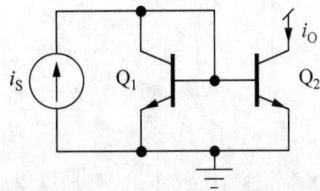

图 P8.19

8.95 如果 $I_{\mathrm{S}}=75\mu\mathrm{A},\beta_{\mathrm{o}}=100,V_{\mathrm{A}}=60\mathrm{V},f_{\mathrm{T}}=600\mathrm{MHz},C_{\mu}=0.5\mathrm{pF},A_{\mathrm{E2}}=10A_{\mathrm{E1}},$则图 P8.19 所示 npn 电流镜的最小带宽为多少?

8.96 如果 $I_{\mathrm{S}}=80\mu\mathrm{A},\beta_{\mathrm{o}}=50,V_{\mathrm{A}}=60\mathrm{V},f_{\mathrm{T}}=50\mathrm{MHz},C_{\mu}=2.5\mathrm{pF},A_{\mathrm{E2}}=A_{\mathrm{E1}},$则图 P8.20 所示 pnp 电流镜的最小带宽为多少?

8.97 如果 $I_{\mathrm{REF}}=275\mu\mathrm{A},K_{\mathrm{n}}=250\mu\mathrm{A/V^2},V_{\mathrm{TN}}=0.75\mathrm{V},\lambda=0.02\mathrm{V^{-1}},C_{\mathrm{GS}}=3\mathrm{pF},C_{\mathrm{GD}}=1\mathrm{pF},$则图 P8.21 所示 Wilson 电流镜的最小宽度为多少?

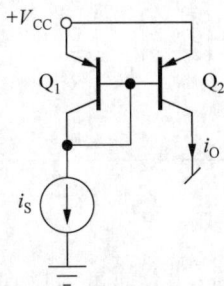

图 P8.20

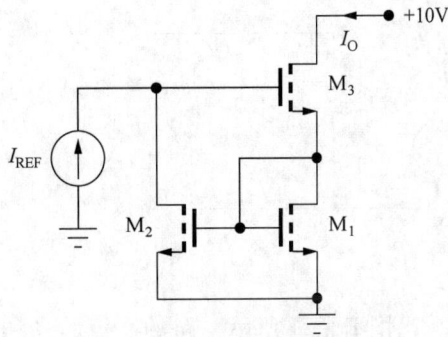

图 P8.21

8.98 (a)图 8.48 所示差分放大器中的晶体管被偏置成具有 $18\mu A$ 的集电极电流,且 $R_C = 430k\Omega$。晶体管有 $f_T = 75MHz, C_\mu = 0.5pF, r_x = 500\Omega$,则差分放大器的带宽为多少? (b)如果集电极电流增大到 $50\mu A$,电阻减小到 $140k\Omega$,重复上述计算。

8.99 (a)图 8.50 所示共集电极/共基极放大器中的晶体管被偏置成具有 $I_{EE} = 225\mu A$,且 $R_C = 75k\Omega$。晶体管有 $f_T = 100MHz, C_\mu = 1pF, r_x = 500\Omega$。则放大器的带宽为多少? (b)如果电流源增大到 $2mA$ 且电阻减小到 $7.5k\Omega$,重复上述计算。

8.100 (a)图 8.52 所示 Cascode 放大器的晶体管被偏置成具有 $140\mu A$ 的集电极电流,且 $R_L = 75k\Omega$,晶体管有 $f_T = 100MHz, C_\mu = 1pF, r_x = 500\Omega$。如果 $R_{th} = 0$,则放大器的带宽为多少? (b)如果集电极电流增大到 $1mA$ 且电阻 R_C 减小到 $7.5k\Omega$,重复上述计算。

8.101 将 R_3、R_4 和 R_{E3} 的值减半,使图 8.55(a)中晶体管 Q_3 的偏置电流得以增倍。则新的中频增益、上限截止频率和下限截止频率的值为多少?

8.102 将 R_1、R_2、R_{C2} 和 R_{E2} 的值翻倍,使图 8.55(a)中晶体管 Q_2 的偏置电流得以减小。则新的中频增益、上限截止频率和下限截止频率的值为多少?

§8.11 射频电路介绍

并联峰化放大器

8.103 图 8.60(a)所示电路有 $C_L = 10pF, R = 7.5k\Omega$,且晶体管参数为 $C_{GS} = 8pF, C_{GD} = 3pF, g_m = 3mS$。 (a)放大器的带宽为多少? (b)求出使带宽扩展到最大平坦限制所需的 L 值。新的带宽为多少?

8.104 为将习题 8.103 中放大器的带宽增大 50%,所需的 L 值为多少?

8.105 图 8.61 中每个 m 值对应的带宽频率相移为多少?

8.106 (a)用一个工作在 $1mA$ 下的双极型晶体管替代图 8.60(a)中的晶体管。如果 $C_L = 5pF, R = 10k\Omega, f_T = 200MHz, C_\mu = 2pF$,则放大器的带宽为多少? (b)求出使带宽扩展到最大平坦限制所需的 L 值。新的带宽为多少?

调谐放大器

8.107 求出图 P8.22 所示放大器的中心频率、Q 点和中频增益的值,其中 FET 的参数为 $C_{GS} = 40pF, \lambda = 0.0167V^{-1}, C_{GD} = 5pF$,且偏置电压比阈值电压高 $2V, I_D = 10mA, V_{DS} = 10V$。

8.108 (a)对于图 P8.23 所示电路,如果 $I_C = 10mA, V_{CE} = 10V, \beta_o = 100, C_\mu = 1.75pF, f_T = 500MHz, V_A = 75V$,为使 $f_o = 10.7MHz$,则 C 的值应为多少? (b)放大器的 Q 值为多少? (c)为获得 100 的 Q 值,则电感的抽头应处于什么位置? (d)为使 $f_o = 10.7MHz$,则所需新的 C 值应为多少?

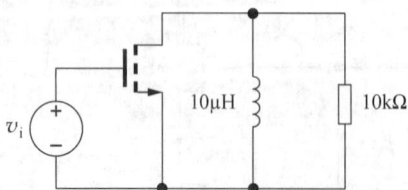

图 P8.22

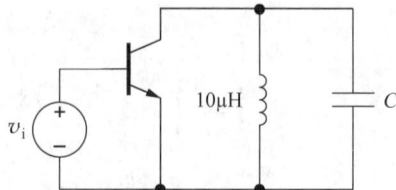

图 P8.23

8.109 (a)画出图 P8.24 所示电路的直流和高频交流等效电路；(b)如果二极管由 $C_{jo} = 18pF, \phi_j = 0.9V$ 建模,那么 $V_C = 10V$ 时电路的谐振频率是多少?

8.110 (a)图 P8.25 所示电路,如果 $L_1 = 5\mu H, C_1 = 10pF, C_2 = 10pF, I_C = 1.2mA, C_\pi = 5pF,$ $C_\mu = 1pF, R_L = 5k\Omega, r_\pi = 2.5k\Omega, r_x = 0\Omega$,则该调谐放大器的中心频率、$Q$ 点、中频增益各为多少? (b)如果晶体管的基极端连接到电感器的顶部,重复(a)中的计算。

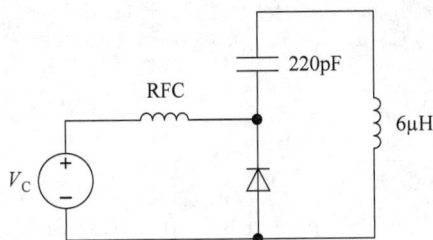

图 P8.24

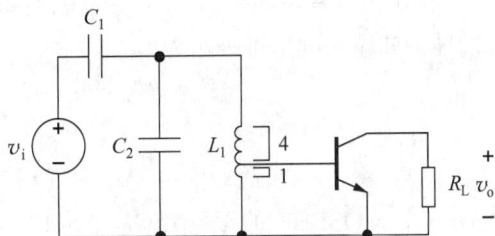

图 P8.25

8.111 (a)图 P8.26(a)所示电路,如果有 $I_D = 22.5mA, \lambda = 0.02V^{-1}, C_{GD} = 5pF, K_n = 5mA/V^2$,则该电路的中频增益、中心频率、带宽及 Q 点分别是多少? (b)对图 P8.26(b)所示电路重复上述计算。

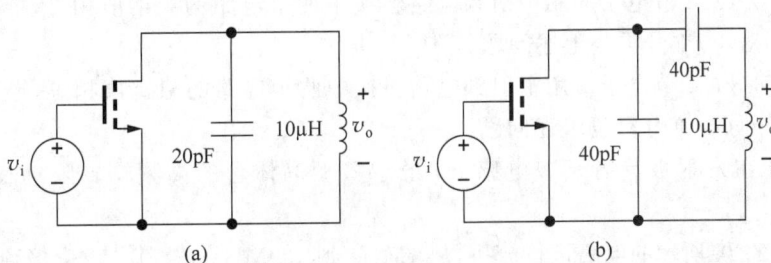

(a)   (b)

图 P8.26

8.112 改变图 P8.26(b)所示电路中两个电容的值,使该电路的中心频率与图 P8.26(a)所示电路相同。新电路的 Q 点及中频增益是多少?

8.113 (a)对习题 8.111(a)中的电路进行仿真,并将结果与习题 8.111 中手工计算的结果相比较; (b)对习题 8.111(b)中的电路进行仿真,并将结果与习题 8.111 中手工计算的结果相比较; (c)对习题 8.112 中的电路进行仿真,并将结果与习题 8.112 中手工计算的结果相比较。

8.114 实现图 8.27 所示电路同步调谐所需的 C_2 值应为多少?其中 $L_1 = L_2 = 10\mu H, C_1 = C_3 = 20pF, C_{GS} = 20pF, C_{GD} = 5pF, V_{TN1} = -1V, K_{n1} = 10mA/V^2, V_{TN2} = -4V, K_{n2} = 10mA/V^2, R_G = R_D = 100k\Omega$;所设计电路的 Q 值、中频增益和带宽值各为多少?

8.115 对习题 8.114 中的电路进行频率响应仿真,并求出电路的中频增益、中心频率、Q 值和带宽的值。所设计的电路能满足同步调谐吗?

8.116 如果 $L_1 = L_2 = 10\mu H, C_1 = C_3 = 20pF, C_{GS} = 20pF, C_{GD} = 5pF, V_{TN1} = -1V, K_{n1} = 10mA/V^2, V_{TN2} = -4V, K_{n2} = 10mA/V^2, R_G = 100k\Omega$,则将连接到 M_2 漏极的调谐电路的谐振频率调整为比图 P8.27 中 M_1 栅极连接的频率高

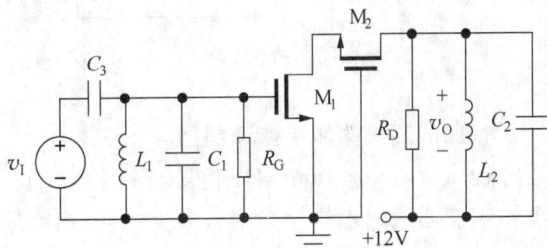

图 P8.27

2%的频率,则 C_2 值应为多少? 所设计电路的 Q 值、中频增益和带宽值各为多少?

8.117 对习题8.116中电路的频率响应进行仿真,并找到其中频增益、中心频率、Q 点及带宽和电路的 Q 点。

8.118 (a) 推导出图 8.34(b)所示共射极电路基极的高频输入导纳的表达式,并证明当 $\omega C_\mu R_L \ll 1$ 时,输入导纳和输入电阻可表达为

$$C_{in} = C_\pi + C_\mu (1 + g_m R_L)$$

$$R_{in} = r_\pi \left\| \frac{R_L}{(1 + g_m R_L)(\omega C_\mu R_L)^2} \right.$$

(b) 一个 MOSFET 的参数为 $C_{GS} = 6pF$,$C_{GD} = 2pF$,$g_m = 5mS$,$R_L = 10k\Omega$,在 5MHz 时 C_{in} 和 R_{in} 的值各为多少?

8.119 (a)求出图 8.72(b)所示电路的等效输入电容和电阻,其中设 $L_S = 10nH$,$C_{GS} = 100pF$,$g_m = 1mS$；(b)对图 8.73 所示电路重复上述问题,其中 $C_{GD} = 5pF$,$L_{in} = 0$,$f = 1GHz$(可能会用到8.11.2 节电子应用中所提及的射频电路的转换)。

8.120 (a)令 8.11.2 节电子应用中射频电路转换中两个电路的导纳值相等,推导出(a)部分的电路转换表达式；(b)对(c)部分重复上述问题。

8.121 (a)令 8.11.2 节电子应用中射频电路转换中两个电路的阻抗值相等,推导出(b)部分的电路转换表达式；(b)对(d)部分重复上述问题。

8.122 推导出在发射极具有衰减电感 L_E 的双极型晶体管的高频输入阻抗表达式。假设 $r_\pi \gg 1/\omega C_\pi$。

8.123 对图 P8.28 所示的电路进行分析,从 1MHz 到 100MHz,按 101 点/十倍频程进行扫描,画出通过 C_L 的电压,并讨论所得结果。计算低频和高频渐近线及峰值频率。射极跟随器的最大增益是多少?

8.124 对图 P8.29 所示电路进行分析,从 1MHz 到 100MHz,按 101 点/十倍频程进行扫描,画出通过 C_L 的电压,并讨论所得结果。计算低频和高频渐近线及峰值频率。射极跟随器的最大增益是多少?

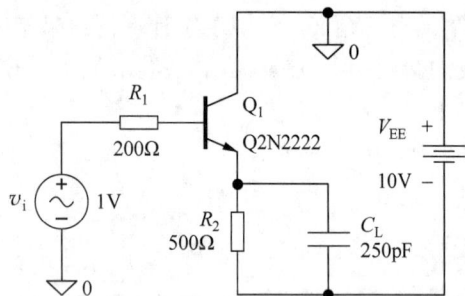

图 P8.28

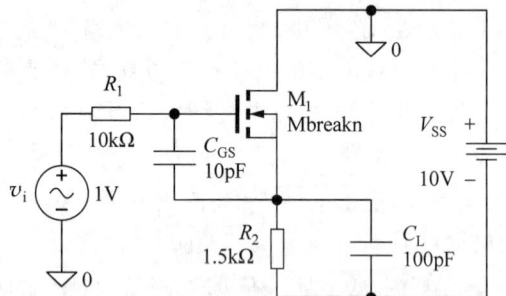

图 P8.29

§8.12 混频器和平衡调制器

8.125 (a)一个 900MHz 信号与一个 1GHz 的本地振荡信号混频,则 VHF 下的输出信号频率为多少? 不需要的输出信号频率为多少? (b)当本地振荡信号频率为 0.8GHz 时重复上述问题。

8.126 采用一个 Q 值为 60 的并联 LC 电路来选择习题 8.125(a)中 VHF 的输出信号。电路对不需要的输出信号频率的抑制作用如何?

8.127 采用一个 Q 值为 75 的并联 LC 电路在 10.7MHz 来选择图 8.84 所示的射频输出信号。

(a)画出一个可能的电路图；(b)电路对不需要的输出信号频率的抑制作用如何？

8.128 (a)将位于 $1.8\sim2.0\mathrm{GHz}$ 的移动电话信号与一个本地振荡器混频,产生一个 $70\mathrm{MHz}$ 的输出信号。如果本地振荡器(LO)的频率低于移动电话信号的频率,则所需的 LO 的频率应为多少？不需要的信号频率范围是多少？(b)如果本地振荡频率高于移动频率,重复上述分析；(c)哪一种本地振荡器频率的选择方案更加合理？

8.129 (a)求出图 8.76 所示单平衡混频器的变频增益,设此时的输出频率以 $3f_2$ 为中心；(b)当输出频率以 $5f_2$ 为中心时重复上述分析。

8.130 如果输入 $v_1=\mathrm{A}\cos\omega_1 t$,为图 8.76 所示混频器的输出电压推导出一个与式(8.200)类似的表达式。

8.131 假设图 8.76 所示驱动开关的信号 $s_\mathrm{S}(t)$ 不是一个理想方波。相反,该开关有 60% 的时间处于闭合状态,40% 的时间处于断开状态。则频率为 f_1 时输出信号的幅值为多少？

8.132 假设图 8.78 所示混频器中的开关信号 v_2 以 f_1 的频率工作,频率与 i_EE 的信号部分相同。如果 $I_\mathrm{EE}=2.5\mathrm{mA}$,$I_1=0.5\mathrm{mA}$,$R_\mathrm{C}=2\mathrm{k\Omega}$,输出电压的前 5 个频谱分量的幅度和频率是多少？

8.133 (a)求出图 8.80 所示双平衡混频器的变频增益,设此时的输出频率以 $3f_2$ 为中心；(b)当输出频率以 $5f_2$ 为中心时重复上述分析。

8.134 如果输入 $v_1=A\cos\omega_1 t$,为图 8.80 所示混频器的输出电压推导出一个与式(8.205)类似的表达式。

8.135 假设图 8.80 中驱动开关的信号 $s_\mathrm{D}(t)$ 不是一个理想方波。相反,该开关有 45% 的时间处于闭合状态,55% 的时间处于断开状态。则频率为 f_1 时输出信号的幅值为多少？

8.136 使用 SPICE 模拟图 8.82 所示的无源混频器,并将结果重现在图 8.83 中。使用默认的 NMOS 晶体管模型,其中 $W/L=10/1$,$V_\mathrm{TN}=0.75\mathrm{V}$。

8.137 假设使用 Jones 混频器生成 $M=1$ 的 AM 信号,比较载波的幅度及两个边带的分量。

8.138 (a)当 $I_\mathrm{BB}=2\mathrm{mA}$,$V_\mathrm{m}=10\mathrm{mV}$,$R_\mathrm{C}=5\mathrm{k\Omega}$,$2R_1=1\mathrm{k\Omega}$,$f_\mathrm{c}=90\mathrm{MHz}$,$f_\mathrm{m}=10\mathrm{MHz}$ 时,写出图 8.84 所示 Jones 混频器输出电压的表达式,包含 $n=1$ 和 $n=2$ 的项；(b)满足小信号假设的 V_1 的最大值是多少？

8.139 如果 $I_\mathrm{BB}=5\mathrm{mA}$,$R_\mathrm{C}=1\mathrm{k\Omega}$,$2R_1=200\Omega$,图 8.84 所示双平衡混频器的变频增益($n=1$)是多少？满足小信号假设的 V_m 最大值是多少？

8.140 图 P8.30 所示电路为图 8.78(b)所示的混频器提供电流 i_EE,其中 $v_1=V_1\sin\omega_1 t$。(a)当 $V_1=0.25\mathrm{V}$,$R_\mathrm{C}=6.2\mathrm{k\Omega}$,$f_1=2000\mathrm{Hz}$,$f_2=1\mathrm{MHz}$ 时,I_EE 和 I_1 的值是多少？(b)输出信号中前 5 个频谱分量的幅度是多少？(c)满足小信号假设的 V_1 和 I_1 的最大值是多少？

8.141 假设图 8.84 中驱动开关信号 v_2 不是完美的矩形波。开关信号左侧占比 55% 的时间,右侧占比 45% 的时间,则载波抑制(dB)是多少(即载波频率 f_C 的增益是多少)？

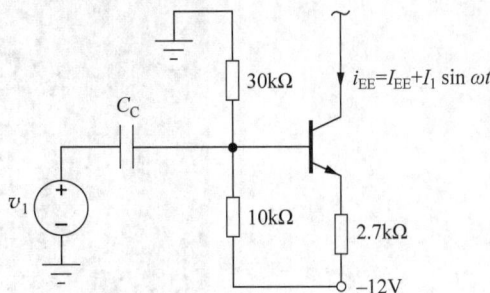
图 P8.30

8.142 假设图 8.78 中驱动开关信号 v_2 不是完美的矩形波。相反,开关信号左侧占比 40% 的时间,右侧占比 60% 的时间,则在频率 f_1 处输出信号的幅值是多少？

第 9 章
CHAPTER 9

晶体管反馈放大器与振荡器

本章目标

- 复习正反馈和负反馈的概念。
- 复习反馈传输回路分析技术。
- 复习反馈放大器的 Blackman 定理。
- 理解串-并、并-并、并-串和串-串反馈电路的结构和特性。
- 用传输理论和 Blackman 定理分析各种反馈设置的中频特性。
- 理解反馈对频率响应和反馈放大器稳定性的影响。
- 学习用奈奎斯特理论和伯德图分析反馈放大器的稳定性。
- 采用 SPICE AC 分析法和传输函数分析法来分析反馈放大器的特性。
- 采用 SPICE 仿真或测量技术确定闭环放大器的环路增益。
- 学习采用密勒倍增设计运算放大器的频率补偿。
- 研究运算放大器单位增益频率和电压转换速率(Slew Rate)之间的关系。
- 讨论振荡器的 Barkhausen 准则。
- 理解高频 LC 和晶体振荡器电路。
- 研究振荡电路中的负阻。
- 石英晶体的 LCR 模型。

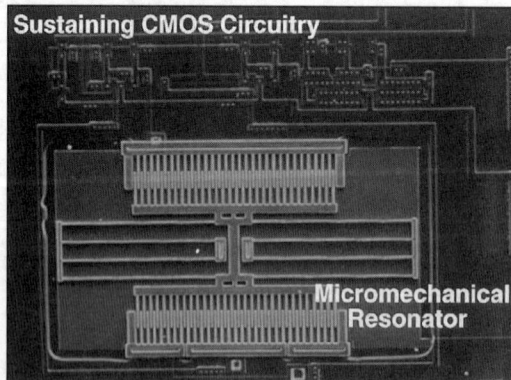

采用 MEMS[①] 频率选择谐振器的振荡器(IEEE 1999 版权所有并许可引用)

---

① Micro-Electro-Mechanical System. C. T.-C. Nguyen and R. T. Howe, An integrated micromechanical resonator high-Q oscillator, IEEE J. Solid-State Circuits, vol. 34, no. 4, pp. 440-445, April 1999.

反馈系统的例子在日常生活中比比皆是。能够感应房间温度并控制空调系统开关的恒温器、用来选台和调节音量的遥控系统都是反馈系统的应用实例。加热和冷却系统采用一个简单的温度传感器与设定温度进行比较。但在电视遥控的过程中,人也可以看成电视遥控反馈系统的一部分,我们操作控制器,感官确定已得到了想要的音频和视频信息。

电子系统的负反馈理论最初是由贝尔电话系统公司的 Harold black 提出的。1928 年,他发明了反馈放大器,以稳定早期电话中继电器的增益。今天,绝大多数电子系统使用某种形式的反馈。本章将回顾反馈的概念,这是电子系统设计一个非常有用的工具。重新从反馈的角度认识电路,可对许多普通电子电路有更加深入的理解。

我们已经学习了很多形式的负反馈(Negative Feedback)。四电阻偏置电路使用负反馈来实现与元器件特性变化无关的工作点。源极或发射极电阻能用于调节反相放大器控制级的增益和带宽。在讨论运算放大器设计时并未涉及负反馈放大器的优点。通常,反馈能够实现放大器增益与许多其他特性之间的权衡:

- 稳定增益(Gain Stability):反馈降低了增益对晶体管参数和电路元器件值变化的灵敏度。
- 输入和输出阻抗(Input and Output Impedance):反馈能够增加或减小放大器的输入和输出电阻。
- 带宽(Bandwidth):反馈可以扩展放大器的带宽。
- 非线性失真(Nonlinear Distortion):反馈能减少非线性失真效应(例如,反馈可用于最小化 B 类放大器级中死区的影响)。

反馈也可以是正反馈,本章将研究正反馈在正弦波振荡器中的应用。第 3 章讲解 RC 有源滤波器和多稳态电路时用到了组合使用正反馈和负反馈的电路。正弦波振荡器使用正反馈生成所需要的振频率,使用负反馈稳定振荡的幅度。

在放大器中,通常不希望出现正反馈。反馈放大器中的过度相移可能导致正反馈并引起反馈放大器进入振荡状态。第 8 章中已经指出,正反馈是调谐放大器中振荡问题的潜在根源。

9.1 基本反馈系统回顾

首先回顾一下在第 2 章介绍过的反馈系统。一个简单的反馈放大器框图如图 9.1 所示,它包含了一个传输函数为 $A(s)$ 的放大器、一个传输函数为 $\beta(s)$ 的反馈电路(Feedback Network)和一个标记为 Σ 的求和模块,其中传输函数为 $A(s)$ 的放大器被称为开环放大器(Open-Loop Amplifier)。

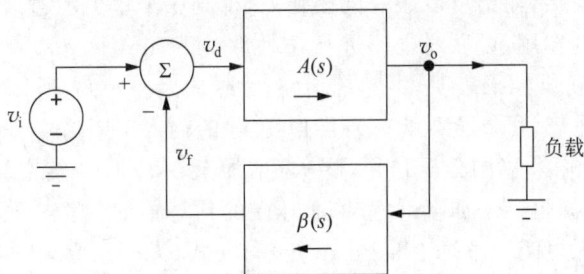

图 9.1 反馈系统的典型框图

9.1.1 闭环增益

在图 9.1 中,开环放大器 A 的输入信号由求和模块提供,它实际上等于输入信号 v_i 和反馈信号 v_f 的差:

$$v_d = v_i - v_f \tag{9.1}$$

输出信号等于放大器开环增益与放大器输入信号之积,即

$$v_o = A v_d \tag{9.2}$$

反馈回输入端的信号为

$$v_f = \beta v_o \tag{9.3}$$

如第 2 章所述,综合上述等式可得到描述负反馈放大器闭环增益(Closed-loop gain)的公式为

$$A_v = \frac{v_o}{v_i} = \frac{A}{1+A\beta} = \frac{1}{\beta}\left(\frac{A\beta}{1+A\beta}\right) = A_v^{\text{Ideal}} \frac{T}{1+T} \tag{9.4}$$

其中 A_v 为闭环增益,A 为放大器的开环增益(Open-Loop Gain),乘积项 $T = A\beta$ 被定义为回路增益(Loop Gain 或 Loop Transmission)。当放大器为理想放大器时,可以得到理想增益(Ideal Gain) A_v^{Ideal}。β 为反馈系数,描述了有多少输出被反馈回放大器的输入端。正如第 2 章所述,需要确保反馈连接成了负反馈形式,符合图 9.1 所示的基本拓扑结构,确保电路的稳定性。此外,如果式(9.4)中的每个项都是与频率相关的复数项,而不仅是简单的中频带小信号项,该式仍然成立。

9.1.2 闭环阻抗

回顾第 2 章,利用 Blackman 定理来计算从负反馈放大器任意两端"看过去"的电阻(或阻抗)为

$$R_x = R_x^D \frac{1+|T_{SC}|}{1+|T_{OC}|} \tag{9.5}$$

其中 R_x^D 为反馈断开时的电阻,T_{SC} 为所选两个端口间小信号短接时的回路增益,T_{OC} 为所选两个端口间开路时的回路增益。

9.1.3 反馈的作用

下面用一个负反馈电路的例子开启对反馈电路的分析。图 9.2 所示是一个带有电流镜负载的差分放大器电路,该电路与之前分析的电路唯一不同之处就是输出与差分对的反相输入端之间采用负反馈连接。正如在运算放大器电路分析中了解的一样,负反馈可以最大限度地减小输入之间的差异。通过从输出到反相输入的直接连接,输出可以跟踪同相输入,得到一个单位增益放大器。

为了清楚地说明反馈的作用,可以对电路进行仿真。对于 npn 和 pnp 晶体管模型选取 BF = 100,VAF = 50V 和 IS = 1fA。仿真结果表明,中频带增益为 $v_o/v_i = 0.996$,所以电路确实为单位增益放大器。如果对反馈没有任何了解,可能会认为呈现给电源 v_i 的输入电阻为 $2r_\pi + R_i$,或者约为 $5.1\text{k}\Omega$。如果这一数值正确,那么由于输入端的分压作用,将 R_i 增加至 $5\text{k}\Omega$ 时会使增益降低至 0.5 左右。然而,表 9.1 中的数据表明,当电源阻抗增加至远远超过 $5\text{k}\Omega$ 的估算值时,增益只降低了不到 4%。因此,反馈可以大幅度增加有效输入电阻。根据 Blackman 定理,如式(9.5)所示,当同相输入为左开路电路时,T_{OC} 项为零[1]。

---

① 实际上,由于 r_o 的导通关系,T_{OC} 值非常小,可以忽略。

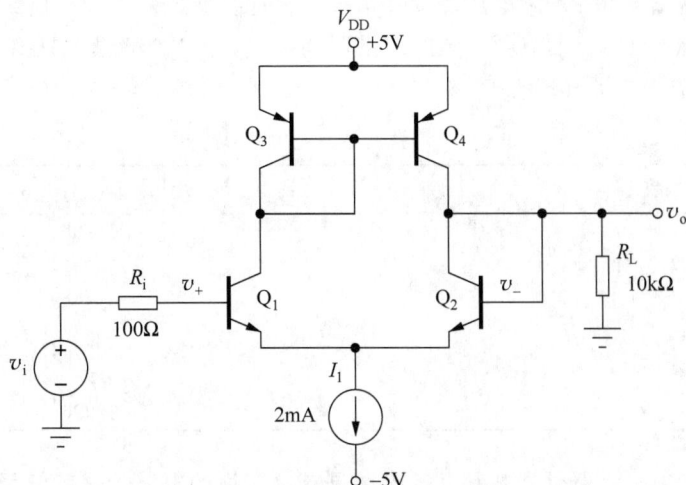

图 9.2　单级差分反馈放大器($g_m = 0.04\text{S}, r_\pi = 2.5\text{k}\Omega, r_o = 55\text{k}\Omega$)

表 9.1　增益对电源电阻变化的敏感度

$R_i / \text{k}\Omega$	v_o / v_i
0.1	0.996
0.5	0.996
1	0.996
5	0.993
10	0.990
50	0.964

在输出一侧,如果不用 Blackman 定理,则输出电阻可以用如下公式计算[①]:

$$R_{\text{out}} = R_{\text{iB2}} \parallel R_{\text{iC2}} \parallel R_{\text{iC4}} \approx 2r_\pi \parallel r_{o2} \parallel r_{o4} \approx 4.2\text{k}\Omega \tag{9.6}$$

需要注意的是,本次计算忽略了小电阻 R_i。根据计算结果,我们希望当负载电阻 R_L 减小时增益会随之减小。表 9.2 给出了增益随负载电阻变化情况的仿真结果,然而当负载电阻已经降至 500Ω 时,增益仅减少了 5%。这表明放大器的输出电阻肯定比之前估算的 4.2kΩ 要小。在此,我们再次看到了负反馈可以显著改变电路的特性。在上个例子中,反馈减少了输出电阻。

表 9.2　增益对负载电阻变化的敏感度

$R_L / \text{k}\Omega$	v_o / v_i
10	0.996
5	0.994
1	0.974
0.5	0.950

负反馈放大器的另一个重要特性是降低了对电路参数变化的敏感度。例如,表 9.3 给出了电路增

---

① $R_{\text{iB2}} = r_{\pi 2} + (\beta_{o2} + 1)\dfrac{r_{\pi 1} + R_i}{\beta_{o1} + 1} = r_{\pi 2} + r_{\pi 1} + R_i \approx R_i + 2r_\pi = 5.1\text{k}\Omega$

益随着晶体管正向电流增益和 Early 电压的变化情况。将这些参数值增加一倍或减小为 1/2，仿真得到的闭环增益变化还不到 0.1%。本节所得到的结果可利用式（9.4）来解释。只要 T 足够大，$T/(1+T)$ 近似等于 1，增益就会依然接近其理想值。

表 9.3　增益对参数变化的敏感度

参　　数	v_o/v_i
BF＝100	0.996
BF＝200	0.997
BF＝50	0.996
VAF＝50	0.996
VAF＝100	0.997
VAF＝25	0.996

利用反馈可以设计出对元器件参数和其他参数具有鲁棒性的电路。这就解释了为什么构成系统的各个元器件的许多参数可能由于制造原因存在很大差异，但整个电子系统的特性依旧能够保持稳定。对于放大器的重复制造和精确度而言，负反馈起着非常重要的作用。

> **练习**：计算图 9.2 所示放大器中 4 个晶体管的 Q 点。当输出电压为 v_o 时的 Q 点值为多少？
> **答案**：$(1\text{mA},5\text{V}),(1\text{mA},0.7\text{V}),(1\text{mA},0.7\text{V}),(1\text{mA},5\text{V})$；0V。

9.2　反馈放大器的中频分析

参考第 2 章中的内容可知，图 9.2 所示放大器为串-并（Series-Shunt）结构。反馈的连接能够直接对输出电压采样，因此与输出并联。反馈信号是与输入信号串联（跨接在差分对之间）的电压值。

9.2.1　闭环增益

对于图 9.3 所示的交流等效电路，可以利用反馈方程计算闭环增益。理想反馈系数 β 为 1，所以理想增益 A_v^{Ideal} 为 1。回路增益 T 的计算需要考虑与输出端相连的反馈电路的有效负载。如果在晶体管 Q_2 基极处的信号电压为 v_o，那么输出电压值等于输出节点的电阻与 $(i_{c2}+i_{c4})$ 的乘积：

$$v_o = (i_{c2}+i_{c4})R_{\text{out}} = -\left(g_{m2}\frac{v_{b2}}{2}+g_{m2}\frac{v_{b2}}{2}\right)(r_{o2}\parallel r_{o4}\parallel R_{iB2}\parallel R_L) \tag{9.7}$$

由于输出直接与 Q_2 的基极相连，因此回路增益为

$$T = -\frac{v_o}{v_{b2}} = A\beta = g_{m2}(r_{o2}\parallel r_{o4}\parallel R_{iB2}\parallel R_L) = (0.04\text{S})(55\parallel 55\parallel 5.1\parallel 10)\text{k}\Omega = 120 \tag{9.8}$$

其中

$$R_{iB2} = r_{\pi2}+(\beta_{o2}+1)\frac{r_{\pi1}+R_i}{\beta_{o1}+1} = r_{\pi2}+r_{\pi1}+R_i \approx R_i+2r_\pi = 5.1\text{k}\Omega \tag{9.9}$$

因此，不考虑源衰减的闭环增益为

$$A_v = (1)\left(\frac{120}{1+120}\right) = 0.992 \tag{9.10}$$

之前回路增益的仿真结果为 0.996，这与计算值非常接近。

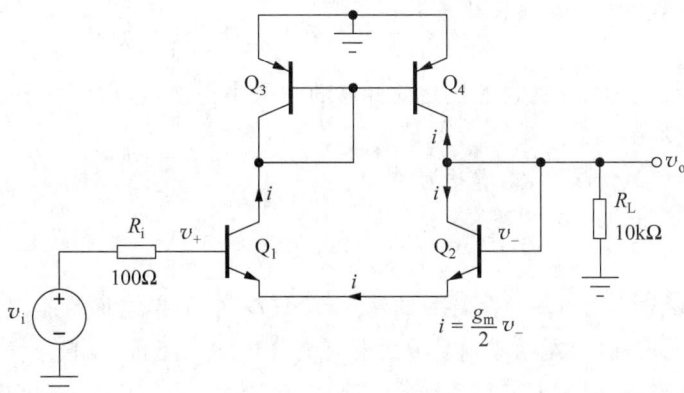

图 9.3 用于计算回路增益的交流等效电路

9.2.2 输入电阻

输入电阻可以根据 Blackman 定理计算。为了计算式 (9.5)，需要先求出 T_{SC}、T_{OC} 和 R_{in}^D 的值。为计算 T_{SC}，需要将输入 v_i 接地，与在计算闭环增益时所得的回路增益相同。为计算 T_{OC}，需将 Q_1 的基极开路。由于 Q_1 的基极交流开路，没有电流流过 Q_1 或 Q_2（忽略晶体管的输出电阻），放大器增益（对 Q_2 基极处的输入而言）为零，因此 T_{OC} 也近似为零。此时，相当于用了一个无穷大电阻与差分对的等效电阻串联。

最后，需要计算断开反馈时的输入电阻 R_{in}^D。如果忽略反馈的存在，考虑 Q_2 的基极等效电阻影响，输入电阻 R_{in}^D 可以计算为 $R_{in}^D = R_i + r_{\pi1} + r_{\pi2} + (r_{o4} \| r_{o2} \| R_L) = 12.2\text{k}\Omega$。根据 Blackman 定理，可以直接用这些值计算输入电阻：

$$R_{in} = R_{in}^D \frac{1 + |T_{SC}|}{1 + |T_{OC}|} = 12.2\text{k}\Omega \left(\frac{1 + 120}{1 + 0}\right) = 1.48\text{M}\Omega \tag{9.11}$$

在之前的仿真中，R_{in} 的仿真结果为 $1.43\text{M}\Omega$。需要注意的是，该反馈结构较为简单，闭环输入电阻因反馈而增加，并直接与负载电阻成正比，所以该反馈结构不能用作小负载电阻的缓冲器。需要意识到的重要一点是，当我们为了计算开环 R_{in} 而忽略反馈时并不是真正断开反馈电路的连接，而是仍然包含与反馈连接相关联元器件的加载效果。

9.2.3 输出电阻

Blackman 定理还可用来计算闭环输出电阻。在此需要求出将输出断开和输出对地短接时的回路增益。对于这种情况，T_{OC} 就是之前计算电压增益时所求得的回路增益，只是没有考虑 R_L 的影响，因为现在是从负载端来看放大器。将这一变化应用到式 (9.7) 中，可得 $T_{OC} = 171$。由于当输出对小信号地短接时放大器增益为零，故 T_{SC} 为零。无反馈时的输出阻抗为 R_{out}^D，该阻抗是忽略反馈影响时向放大器输出端"看过去"的电阻，可以求得该电阻的值为

$$R_{out}^D = R_{iB2} \| r_{o2} \| r_{o4} = \left[r_{\pi2} + (\beta_{o2} + 1)\left(\frac{r_{\pi1} + R_i}{\beta_{o1} + 1}\right) \right] \| r_{o2} \| r_{o4}$$

$$= (r_{\pi2} + r_{\pi1} + R_i) \| r_{o2} \| r_{o4} = 4.30\text{k}\Omega \tag{9.12}$$

现在可以计算出 R_{out} 为

$$R_{out} = R_{out}^{D} \frac{1 + T_{SC}}{1 + T_{OC}} = 4.3\text{k}\Omega \left(\frac{1+0}{1+171} \right) = 25\Omega \tag{9.13}$$

R_{out} 的仿真结果为 25.6Ω，该值显然比之前计算的结果小得多，这也解释了仿真中，为什么放大器增益对负载电阻的变化不敏感。

考虑源衰减和输出负载情况时，总增益为

$$A = \left(\frac{R_{in}}{R_{in} + R_i} \right) A_v = 0.992\text{V/V} \tag{9.14}$$

由于闭环输入电阻很大，由电源电阻导致的输入衰减较小。值得注意的是，上式中在计算闭环增益和输入电阻时，均需考虑 R_L。这是由于这种放大器有高开环输出阻抗，且输出负载会对增益和输入阻抗的计算结果造成直接影响，因此为了得到精确结果，需要考虑 R_L。后续还会看到，在分析开环输出电阻较低或回路增益特别高的放大器时，不考虑 R_L，对分析结果的精度几乎没有影响。

> **练习**：计算输出电阻时，为什么当输出短路时有 $T_{SC} = 0$？
>
> **练习**：计算输入电阻时，为什么当输入开路时有 $T_{OC} = 0$？
>
> **练习**：根据输出电阻计算的要求计算 T_{OC}，并验证其值为 171。

由于 pnp 电流镜中的基极电流误差，以及晶体管对集电极-发射极电压的不平衡，图 9.2 所示的放大器产生了偏移电压。由于这两个错误都很小，因此可以通过单独处理每个误差的方法来简化计算。假设 Early 电压是无限大的，因此不会产生电压不匹配误差，此时有 $I_{C4} = I_{C3}$，则

$$I_{C1} = I_{C3} + I_{B3} + I_{B4} = I_{C3} \left(1 + \frac{2}{\beta_{Fp}} \right) \quad \text{和} \quad I_{C2} = I_{C4} - I_{B2} \text{ 产生 } I_{C2} = \frac{I_{C3}}{1 + \frac{2}{\beta_{Fn}}}$$

$$V_{OS}^{\beta} = V_T \ln \frac{I_{C2}}{I_{C1}} = -V_T \ln \left[\left(1 + \frac{2}{\beta_{Fp}} \right) \left(1 + \frac{1}{\beta_{Fn}} \right) \right] \approx -V_T \left(\frac{2}{\beta_{Fp}} + \frac{1}{\beta_{Fn}} \right) \tag{9.15}$$

当 x 很小时，$\ln(1+x) \approx x$。现在假设 Early 电压是有限的，而 β_F 为无限大，则电流的不匹配由集电极-发射极电压差引起。对于该电路，有 $V_{EC3} = V_{EC2} = 0.7\text{V}$ 和 $V_{EC1} = V_{EC4} = 5\text{V}$，电路强制 $I_{C1} = I_{C3}$ 和 $I_{C2} = I_{C4}$。因此有

$$I_S^n \exp\left(\frac{V_{BE1}}{V_T} \right) \left(1 + \frac{V_{CE1}}{V_{An}} \right) = I_{C3} \quad \text{和} \quad I_S^n \exp\left(\frac{V_{BE2}}{V_T} \right) \left(1 + \frac{V_{CE2}}{V_{An}} \right) = I_{C4}$$

$$\exp\left(\frac{V_{BE2} - V_{BE1}}{V_T} \right) \frac{\left(1 + \frac{V_{CE2}}{V_{An}} \right)}{\left(1 + \frac{V_{CE1}}{V_{An}} \right)} = \frac{I_{C4}}{I_{C3}} \quad \text{和} \quad \frac{I_{C4}}{I_{C3}} = \frac{\left(1 + \frac{V_{CE4}}{V_{Ap}} \right)}{\left(1 + \frac{V_{CE3}}{V_{Ap}} \right)}$$

$$V_{OS}^{VA} = (V_{BE2} - V_{BE1}) = V_T \ln \left[\frac{\left(1 + \frac{V_{CE4}}{V_{Ap}} \right)}{\left(1 + \frac{V_{CE3}}{V_{Ap}} \right)} \frac{\left(1 + \frac{V_{CE1}}{V_{An}} \right)}{\left(1 + \frac{V_{CE2}}{V_{An}} \right)} \right]$$

$$\approx V_{\text{T}} \left[\frac{V_{\text{CE4}}}{V_{\text{Ap}}} + \frac{V_{\text{CE1}}}{V_{\text{An}}} - \frac{V_{\text{CE3}}}{V_{\text{Ap}}} - \frac{V_{\text{CE2}}}{V_{\text{An}}} \right] \tag{9.16}$$

令 $\beta_{\text{Fn}} = \beta_{\text{Fp}} = 100, V_{\text{An}} = V_{\text{Ap}} = 50\text{V}$，则偏移电压为

$$V_{\text{OS}} = V_{\text{OS}}^{\beta} + V_{\text{OS}}^{\text{VA}} \approx -0.025 \left(\frac{3}{100} \right) + 0.025 \left[\frac{5}{50} + \frac{5}{50} - \frac{0.7}{50} - \frac{0.7}{50} \right]$$

$$V_{\text{OS}} = -0.75\text{mV} + 4.3\text{mV} = 3.55\text{mV} \tag{9.17}$$

> **练习**：使用上述参数模拟图 9.2 所示的电路，并验证偏移电压计算的正确性。

9.3 反馈放大器电路举例

在接下来的几节中，我们将采用同样的方法计算不同反馈结构的中频带闭环增益、闭环输入阻抗和闭环输出阻抗。采用如下步骤对中频带进行分析：

（1）判定反馈的输出连接是串联还是并联。如果是并联连接，则反馈电路感测的是输出电压；如果是串联连接，则反馈电路感测的是输出电流。

（2）判定反馈的输入连接是串联还是并联。如果是并联连接，则有电流反馈到电路输入端；如果是串联连接，则有电压反馈到电路输入端。

（3）如果已知反馈连接的类型，则反馈系数 β 的单位可确定，并且根据表 9.4 确定放大器的类型。

表 9.4 根据反馈连接来判定放大器类型

反馈连接	感测信号	反馈回来的信号	反馈系数 β	增益比	放大器增益
串联-并联	电压	电压	V/V	V/V	电流
并联-并联	电压	电流	I/V	V/I	跨阻
串联-串联	电流	电压	V/I	I/V	跨导
并联-串联	电流	电流	I/I	I/I	电流

（4）计算理想化放大器的反馈系数 β。例如，对于串-并反馈结构（电压串联反馈），理想放大器的输入阻抗为无穷大，输出阻抗假设为零。因此可计算出理想增益为理想反馈系数的倒数。

（5）考虑放大器和反馈电路负载效应时，计算电路增益。

（6）利用式（9.4）计算放大器的闭环增益。

（7）利用 Blackman 定理计算放大器的输入阻抗和输出阻抗，或电路中所需的、其他的任意阻抗值，同时计算包含非理想负载的开路和短路闭环增益。

（8）计算包含输入负载和输出负载影响的总体增益。

接下来我们将应用这些步骤对多个不同拓扑结构的放大器进行中频带分析。

9.3.1 串-并反馈（电压串联反馈）——电压放大器

图 9.4 所示为一个两级反馈放大器，被称为串-并反馈对。乍看上去它的拓扑结构有一点混乱，从输入到输出似乎存在两条路径，一条经过 Q_1 的集电极；另一条经过 Q_1 的发射极。尽管如此，但主导前进的是通过 Q_1 和 Q_2 两个共发射极的高增益路径。在这种情况下，反馈路径显然是从输出端经过 R_2 返回到 Q_1 的发射极。由于反馈直接连接到输出端，因此是并联连接，且反馈电路对电压信号采样。

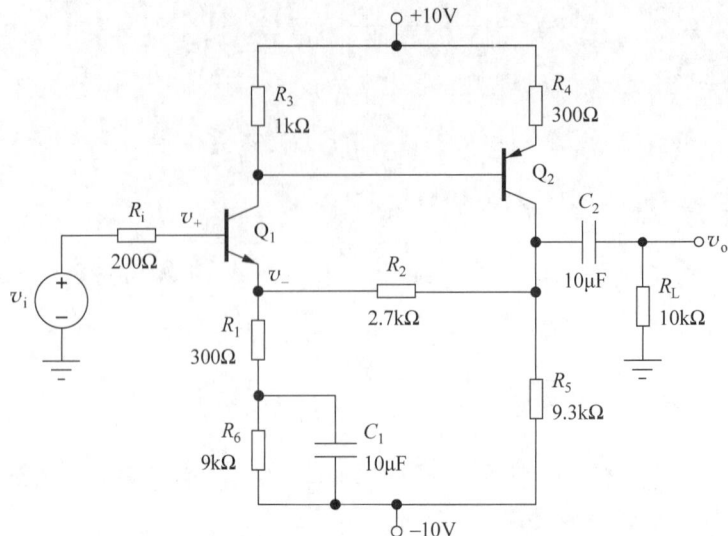

图 9.4 两级反馈电压放大器——串-并反馈对

反馈电路似乎并没有将电流汇总到输入电路中，因此它显然是输出端的串联连接。由于晶体管集电极的小信号输出电流为 $g_m v_{be} = g(v_b - v_e)$，因此，晶体管可充当一个差分放大器，产生的输出信号与基极的小信号输入电压和反馈到发射极的小信号电压之差成比例。由此可绘出图 9.5，此图为图 9.4 所示串-并电压放大器的简化小信号等效电路。现在可以进行例 9.1 中的中频增益、输入阻抗及输出阻抗的计算。

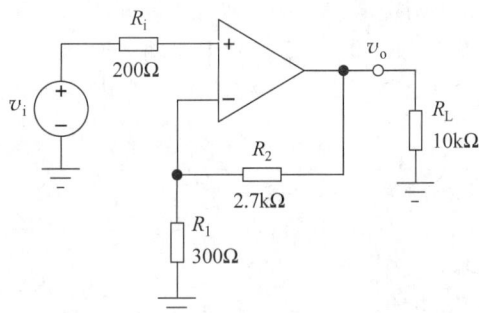

图 9.5 图 9.4 所示放大器的理想小信号电路

例 9.1 两级串-并反馈放大器。

分析一个两级串-并反馈（电压串联）放大器。

问题：构建一个图 9.4 所示的放大器。求出其小信号增益、输入电阻和输出电阻。假设基极直流电流可忽略，$V_A \to \infty$，$\beta_o = 100$。

解：

已知量：图 9.4 所示的电路中，$\beta_o = 100$，晶体管输出电阻为无穷大。

未知量：理想增益、开环增益、回路增益、输入阻抗和输出阻抗的 Blackman 项。

求解方法：利用之前章节所学的放大器增益分析方法分析图 9.5 的理想小信号电路，反馈分析步骤和 Blackman 定理。

假设：$V_{BC} = 0.7\text{V}$，$V_T = 25\text{mV}$，满足小信号中频工作条件；基极直流电流可忽略，r_o 为无穷大。

分析：首先必须画出如图(a)所示的直流等效电路，然后求出直流值。忽略基极直流电流，即 $V_{B_1} = 0\text{V}$，故有 $V_{EI} = -0.7\text{V}$。如果假设通过 R_2 的直流电流可忽略，则有

$$I_{E1} \approx \frac{-0.7V - (-10V)}{9.3k\Omega} = 1mA \quad V_{C1} = 10V - I_{C1}R_3 = 9V$$

$$I_{E2} = \frac{10V - (9V - V_{BE2})}{R_4} = 1mA \quad V_{C2} = I_{C2}R_5 + (-10V) = -0.7V$$

现在需要对经过 R_2 的直流电流为零的假设进行验证：

$$I_{R2} = \frac{V_{C2} - V_{E1}}{R_2} = 0V$$

接下来画出交流等效电路，将所有电容短路，并将两个电源处换成交流地，如图(b)所示。得到小信号参数为

$$g_{m1} = g_{m2} = 40(0.001) = 0.04S, \quad r_\pi = 100/g_m = 2500\Omega, \quad r_o \to \infty$$

现在开始反馈分析步骤。

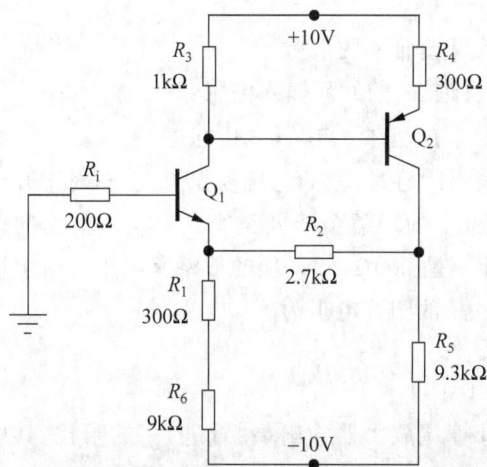

(a) 直流等效电路　　　　　　　　(b) 交流等效电路

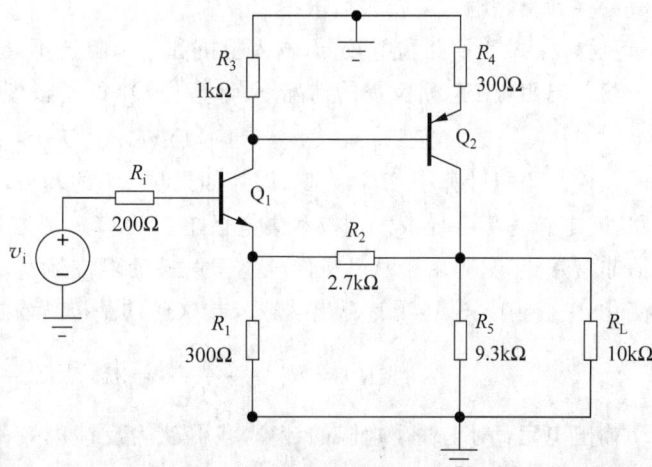

步骤 1：如上所述，反馈电路由 R_1 和 R_2 组成。R_2 直接对输出电压采样，所以为并联连接。

步骤 2：反馈信号为 Q_1 发射极的小信号电压，它与 Q_1 基极的输入电压串联，因此为串联反馈连接。

步骤 3：由于对电压采样并且反馈到输入端的为电压信号，反馈系数的单位为 V/V，放大器为串-并反馈放大器。

步骤 4：如图 9.5 所示，放大器为串-并结构，因此理想反馈系数正好为反馈电路的分压，即 $\beta = R_1/(R_1 + R_2)$，理想增益为

$$A_v^{\text{Ideal}} = \frac{R_2 + R_1}{R_1} = 10$$

步骤 5：一种方法是回路增益可通过在电路中的某一节点加载一个信号，并计算反馈路径有多少信号返回该节点来求得；另一种方法是计算围绕回路的增益，但要确保将所有的负载效应均考虑在内。从 Q_1 的发射极开始，计算围绕整个回路回到同一节点的增益。这需要计算 Q_1 的共基极增益、Q_2 的共射极增益，最后计算反馈电路的非理想分压。

$$T = [g_{m1}(R_3 \| R_{iB2})]\left[-\frac{g_{m2}}{1 + g_{m2}R_4}([R_2 + R_1 \| R_{iE1}] \| R_5 \| R_L)\right]\left(\frac{R_{iE1} \| R_1}{R_{iE1} \| R_1 + R_2}\right)$$

$$R_{\mathrm{iB2}} = r_{\pi2} + (\beta_{\mathrm{o}} + 1)R_4 = 32.8\mathrm{k}\Omega \qquad R_{\mathrm{iE1}} = \frac{r_{\pi1} + R_{\mathrm{i}}}{(\beta_{\mathrm{o}1} + 1)} = \frac{200 + 2500}{101}\Omega = 26.7\Omega$$

$$T = 0.04\mathrm{S}(970\Omega)\left[-\frac{0.04\mathrm{S}(1720\Omega)}{1 + 0.04\mathrm{S}(300\Omega)}\right]\left(\frac{26.7\Omega}{26.7\Omega + 2700\Omega}\right) = -2.01$$

注意 T 的值很小，从而导致增益的误差较大。同时还应看到 T 是负值。切记在构建反馈放大器时，必须确保反馈为负反馈。

步骤 6：根据式（9.4）计算反馈放大器的闭环增益。不过，在图 9.1 所示的高层次反馈电路中已经包含了 T 的负号，因此在用式（9.4）进行计算时，T 为正值

$$A_{\mathrm{v}} = A_{\mathrm{v}}^{\mathrm{Ideal}}\frac{T}{1 + T} = 10\frac{2.01}{1 + 2.01} = 6.68$$

这一表达式并未考虑输入端由于分压造成的衰减。由于电源阻抗很低，因此预计这一影响非常小。实际值可在计算完输入阻抗之后求得。

步骤 7：由于回路增益较低，输入阻抗和输出阻抗不会因反馈而改变很多。

输入电阻：在忽略反馈的情况下，计算从 Q_1 的基极端"看进去"的开环输入电阻：

$$R_{\mathrm{in}}^{\mathrm{D}} = R_{\mathrm{inB1}} = r_{\pi1} + (\beta_{\mathrm{o}} + 1)(R_1 \parallel [R_2 + R_5 \parallel R_{\mathrm{L}} \parallel R_{\mathrm{iC2}}]) \approx 31.7\mathrm{k}\Omega$$

在输入阻抗计算中 T_{OC} 为零，因为如果从 Q_1 的基极端往外"看过去"的阻抗为无限大（即对于开路电路，基电流为零会导致发射极和集电极电流为零），则通过 Q_1 的增益会降低至零。T_{SC} 与上面的计算值非常接近，只是由于从基极向外"看过去"的阻抗是零，而不是 200Ω，R_{iE1} 项的值略有减小。由于这一变化，$T_{\mathrm{SC}} = 1.86$，还可计算出从输入端（Q_1 的基极）"看进去"的闭环电阻为

$$R_{\mathrm{in}} = R_{\mathrm{in}}^{\mathrm{D}}\frac{1 + T_{\mathrm{SC}}}{1 + T_{\mathrm{OC}}} = 31.7\mathrm{k}\Omega\left(\frac{1 + 1.86}{1 + 0}\right) = 90.7\mathrm{k}\Omega$$

输出电阻：对于输出电阻的计算，我们认为反馈失效，计算从放大器输出端"看进去"的阻扰，其中不包含负载电阻。

$$R_{\mathrm{out}}^{\mathrm{D}} = R_{\mathrm{iC2}} \parallel R_5 \parallel (R_2 + R_{\mathrm{iE1}} \parallel R_1) \approx 2.11\mathrm{k}\Omega$$

其中，$R_{\mathrm{ic2}} = r_{\mathrm{o}2}(1 + g_{\mathrm{m}2}R_4)$ 可忽略不计。此时 T_{SC} 为零，因为当输出与小信号地短接时，放大器增益为零。除了不包含 R_{L}，T_{OC} 与之前计算的回路增益几乎完全一样，即

$$T_{\mathrm{OC}} = [g_{\mathrm{m}1}(R_3 \parallel R_{\mathrm{iB2}})]\left(-\frac{g_{\mathrm{m}2}}{1 + g_{\mathrm{m}2}R_4}[(R_2 + R_1 \parallel R_{\mathrm{inE1}}) \parallel R_5]\right)\left(\frac{R_{\mathrm{iE1}} \parallel R_1}{R_{\mathrm{iE1}} \parallel R_1 + R_2}\right)$$

$$|T_{\mathrm{OC}}| = 0.04\mathrm{S}(970\Omega)\left[\frac{0.04\mathrm{S}(2107\Omega)}{1 + 0.04\mathrm{S}(300\Omega)}\right]\left(\frac{26.7\Omega}{26.7\Omega + 2.7\mathrm{k}\Omega}\right) = 2.46$$

现在可利用 Blackman 定理计算出输出电阻为

$$R_{\mathrm{out}} = R_{\mathrm{out}}^{\mathrm{D}}\frac{1 + |T_{\mathrm{SC}}|}{1 + |T_{\mathrm{OC}}|} = 2.11\mathrm{k}\Omega\left(\frac{1 + 0}{1 + 2.46}\right) = 610\Omega$$

步骤 8：当考虑源衰减和输出负载时，可求得整体增益为

$$A = \left(\frac{R_{\mathrm{in}}}{R_{\mathrm{in}} + R_{\mathrm{i}}}\right)A_{\mathrm{v}} = \frac{90.7\mathrm{k}\Omega}{90.7\mathrm{k}\Omega + 200\Omega}6.68 = 6.67$$

在此我们再次看到，由于源电阻相对于输入电阻较小，因此整体增益与放大器增益几乎一样。同时还应注意，在放大器增益的计算中直接包含了 R_{L}，因此在这一等式中考虑了从输出电阻到负载电阻的信号衰减。

下面采用略为不同的方法来计算,其中将 R_i 和 R_L 当作放大器的一部分,在所有计算过程中都将其包括在内。现在的闭环增益表示的是从源 v_i 到输出端的增益,输入电阻为源的总电阻,输出电阻包括 R_L 的并联。如果需要,在结束计算时可轻易地去除 R_i 和 R_L 的影响。

闭环增益:最初的回路增益计算包括了 R_i 和 R_L,因此有 $T = -2.01$,并且有

$$A_v = A_v^{\text{Ideal}} \frac{T}{1+T} = 10 \frac{2.01}{1+2.01} = 6.68$$

包括 R_i 的无反馈输入电阻为

$$R_{\text{in}}^D = R_i + R_{iB1} = 31.9\text{k}\Omega$$

v_i 开路时的回路增益 T_{OC} 为零,v_i 设置为零时的环路增益为 $T_{\text{SC}} = T$。因此有

$$R_{\text{in}} = 31.9\text{k}\Omega \frac{1+2.01}{1+0} = 96\text{k}\Omega$$

Q_1 基极端的输入电阻为 $R_{\text{inB1}} = R_{\text{in}} - 200\Omega = 95.8\text{k}\Omega$。

此时的输出电阻中包含 R_L,即

$$R_{\text{out}}^D = R_L \parallel R_{iC2} \parallel R_5 \parallel (R_2 + R_{iE1} \parallel R_1) \approx 1.74\text{k}\Omega$$

输出端开路时的环路增益 T_{OC} 等于 T,输出端短路时的环路增益为零。因此有

$$R_{\text{out}} = 1.74\text{k}\Omega \left(\frac{1+0}{1+2.01} \right) = 578\Omega$$

从输出电阻中删除 R_L 可得

$$R_{\text{out}}' = \left(\frac{1}{R_{\text{out}}} - \frac{1}{R_L} \right)^{-1} = 614\Omega$$

讨论:从分析中得到的结论是,这并不是一个非常好的放大器设计。其回路增益非常低,因此无法充分利用负反馈的诸多优良特性。特别是增益误差($1+T$ 的倒数)会很高,并且输入阻抗和输出阻抗并没有因负反馈而出现显著增长。

更通俗地讲,从上述等式中可看到,输出负载直接影响了输入阻抗,因此这一放大器设计没有在晶体管反馈放大器与振荡器之间实现较好的缓冲。增加回路增益会提高输入阻抗和输出阻抗的比率,因此,同样可以改善放大器的这一特性。

计算机辅助分析:对放大器进行仿真,其中 $\text{BF} = 100$,$\text{VAF} = 1000$,$\text{IS} = 1\text{fA}$,得到增益为 6.52,输入电阻为 $87\text{k}\Omega$,输出阻抗为 644Ω。这些结果进一步肯定了手工计算的结果。二者之间的差异是由于在 SPICE 中采用了不同的 T、g_m 和 r_π 值引起的。需注意的是,由于旁路电容和耦合电容的存在,不能采用 SPICE 的传输函数分析来求解这一问题。

练习:如果将一个 $10\mu\text{F}$ 的旁路电容跨接在 R_4 两端,试计算之前电路的中频增益、R_{in}、R_{out} 和整体增益。
答案:$-19.2, 596\text{k}\Omega, 86.8\Omega, 9.50$;SPICE 结果:$-16.5, 533\text{k}\Omega, 105\Omega, 9.43$。

9.3.2 差分输入串-并电压放大器

图 9.6 所示是一个更典型的串-并电压放大器。这是一个简单的运算放大器结构,包括一个 FET 差分输入级、一个共源极增益级和一个共漏极输出缓冲级。反馈电路由 R_1 和 R_2 组成。在接下来的例

子中将分析这一负反馈放大器的特性。注意，如果不做修改，该放大器性能会不太稳定。之后将学习如何预判和补偿反馈的稳定性。

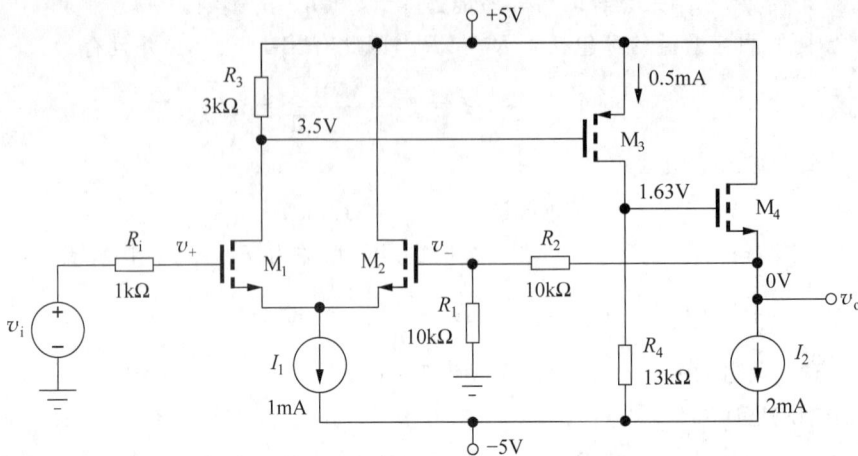

图 9.6　带有负反馈的三级 MOS 负反馈放大器（$K_n = 10\text{mA/V}^2$，$K_p = 4\text{mA/V}^2$，$V_{TN} = 1\text{V}$，$V_{TP} = -1\text{V}$）

例 9.2　差分输入串联-并联反馈放大器。

对图 9.6 所示的三级差分输入串-并反馈（电压串联反馈）放大器进行分析。

问题：已设计好的放大器如图 9.6 所示。计算小信号增益、输入电阻和输出电阻。其中 $K_n = 10\text{mA/V}^2$，$K_p = 4\text{mA/V}^2$，$V_{TN} = 1\text{V}$，$V_{TP} = -1\text{V}$。直流偏置电流和电压如下图所示。

解：

已知量：图 9.6 所示电路，直流偏置值如下图所示。

未知量：理想增益、开环增益、回路增益、输入阻抗和输出阻抗的 Blackman 项。

求解方法：采用前述放大器增益的分析方法，反馈分析步骤和 Blackman 定理进行相关参数的分析。

假设：由于未定义 λ，因此假设晶体管输出阻抗 r_o 为无穷大，满足小信号中频工作条件。$T = 300\text{K}$。

分析：由于已知直流偏置电流为（0.5mA，0.5mA，0.5mA，2mA），因此小信号参数可以直接求出，即

$$g_{m1} = g_{m2} = \sqrt{2K_n I_D} = 3.16\text{mS}$$

$$g_{m3} = 2\text{mS}, \quad g_{m4} = 6.33\text{mS}, \quad r_o = \infty$$

接下来开始按反馈步骤进行分析。首先画出交流等效电路。

步骤 1：如上所述，反馈电路由电阻 R_1 和 R_2 组成。输出电压直接由 R_2 采样，因此为并联结构。

步骤 2：反馈信号为 M_2 栅极的小信号电压，这个电压与 M_1 栅极处的输入电压（跨接在差分对两端）串联，因此是串联反馈连接。

步骤 3：由于采样信号为电压，且有电压信号反馈到输入端，因此反馈系数的单位为 V/V，放大器为串-并反馈放大器。

步骤 4：放大器为串-并类型，所以理想反馈系数恰好为反馈电路的电压分压，即 $\beta = R_1/(R_1 + R_2)$。于是理想增益为

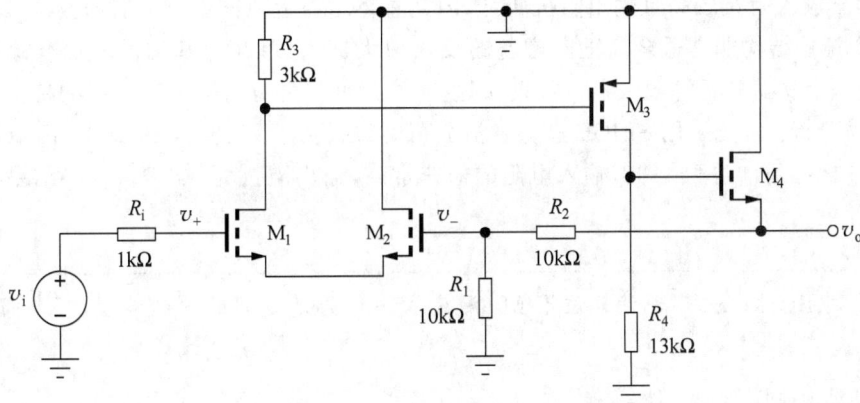

交流等效电路

$$A_v^{\text{Ideal}} = \frac{1}{\beta} = \frac{R_2 + R_1}{R_1} = 2$$

步骤 5：从 M_2 栅极开始沿着回路直至回到起始点来计算回路增益。这一过程需要计算差分对增益、共源极增益和共漏极增益，最后还有反馈电路分压的衰减。记得 R_{iG} 和理想电流源的小信号电阻在中频带为无穷大，且对于这个问题可假设 $r_o \to \infty$。这些条件可使得相关等式大为简化。

$$T = \left(\frac{g_{m2}}{2}R_3\right)(-g_{m3}R_4)\left[\frac{g_{m4}(R_2 + R_1)}{1 + g_{m4}(R_2 + R_1)}\right]\left(\frac{R_1}{R_1 + R_2}\right)$$

$$T = (4.74)(-26)(0.992)(0.5) = -61.1$$

注意，对于这个三级拓扑结构的放大器而言 T 要大得多。同时我们还看到 T 也为负值，满足负反馈要求。

步骤 6：反馈放大器闭环增益可用式(9.4)计算。在图9.1所示的高层次反馈电路图中，已经包含了 T 的负号，因此在用式(9.4)进行计算时，T 为正值，有

$$A_v = A_v^{\text{Ideal}}\frac{T}{1 + T} = 2\frac{61.1}{1 + 61.1} = 1.97$$

由于从 M_1 栅极开始的中频电阻很大，因此在输入端不会因源电阻造成信号损失。

步骤 7：

输入电阻：

对这个拓扑结构而言，输入电阻很简单，因为进入 M_1 栅极的开环电阻近似为无穷大。如果需要计算输入电阻，则会发现 $T_{OC} = 0$，T_{SC} 等于计算闭环增益时的回路增益。

输出电阻：对于输出电阻，则认为反馈失效，计算放大器输出端的阻抗，其中不包含负载电阻，该阻抗为

$$R_{out}^D = R_{iS4} \parallel (R_2 + R_1) = (1/g_{m4}) \parallel (R_2 + R_1) = 157\Omega$$

T_{SC} 为零，因为当输出端与小信号地短接时，放大器增益为零。T_{OC} 与之前计算的闭环增益相等，因为在此问题中无 R_L，因此有

$$T_{OC} = T(\text{环路增益}) = 61.1$$

用 Blackman 定理计算输出电阻为

$$R_{out} = R_{out}^D\frac{1 + |T_{SC}|}{1 + |T_{OC}|} = 157\Omega\left(\frac{1 + 0}{1 + 61.1}\right) = 2.53\Omega$$

步骤 8：由于输入阻抗较高且输出阻抗较低，因此总体增益近似等于放大器增益。

讨论：这个拓扑结构非常适合高正向增益的反馈放大器，也可在此基础上增加有源负载和更有效的输出级，构成一个真正的运算放大器。如前所述，本章后面的部分将会处理反馈的稳定性问题。

计算机辅助分析：首先采用 SPICE 进行直流分析，然后再进行从输入 v_i 到 I_2 两端电压的传递函数分析。经过分析得到增益为 1.98，输入电阻的值非常高，输出阻抗为 2.5Ω。这些结果与手工计算的结果十分吻合。

练习：利用 Blackman 定理计算位于 M_1 漏极和小信号地之间的中频电阻。R_x^D、T_{SC}、T_{OC} 和 R_X 各为多大？

答案：$3k\Omega, 0, 61.1, 48.3\Omega$。

练习：图 9.6 所示放大器中，其 4 个晶体管的 Q 点各为多少？

答案：$(0.5mA, 4.82V), (0.5mA, 6.32V), (0.5mA, 3.37V), (2mA, 5V)$。

9.3.3 并联-并联反馈（电压并联反馈）——跨阻放大器

图 9.7 所示为一个简单单级晶体管并联-并联反馈（电压并联反馈）放大器实例。放大器本身从 Q_1 的基极到集电极，电阻 R_i 和电路源 i_x 代表信号源的诺顿等效电路。放大器将输入电流 i_x 转换为输出端的电压输出。从电路图中还看到，反馈使得电路对源网络呈低阻抗，成为一个有效的电流沉，并在输出端产生电压输出。增益表示为电压/电流比，导致放大器，因此放大器为跨阻放大器。反馈网络仅由 R_F 组成，且对输出电压进行采样，并将电流反馈到 Q_1 基极端的输入节点。输入源还往 Q_1 的基极提供电流，因此输入电流和反馈流在 Q_1 的基极汇合。

例 9.3 并联-并联反馈（电压并联反馈）放大器分析。

利用反馈分析步骤来理解单级晶体管跨阻放大器的工作原理。

问题：计算图 9.7 所示放大器在 $R_i \to \infty$ 的理想情况下的小信号增益、输入电阻和输出电阻。取 $\beta_F = 150, V_A = 50V$。

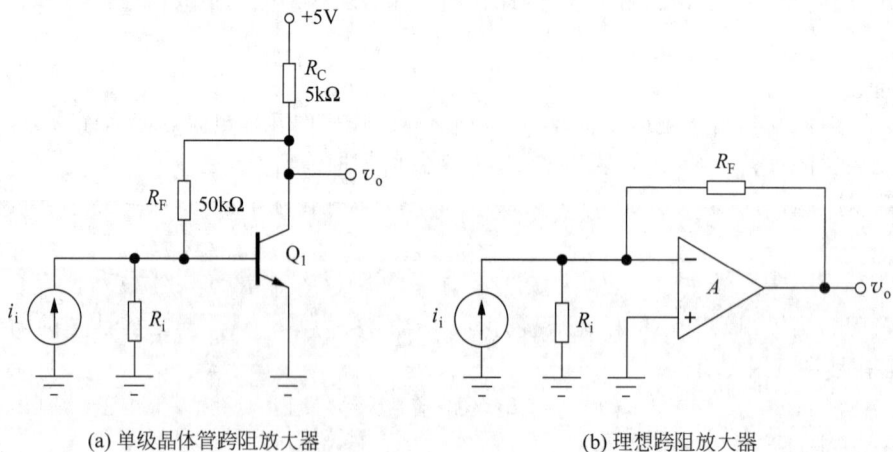

(a) 单级晶体管跨阻放大器　　(b) 理想跨阻放大器

图 9.7

解：

已知量： 电路图如图 9.7 所示，晶体管参数为 $\beta_F = 150$，$V_A = 50\text{V}$。

未知量： 理想增益、开环增益、回路增益、输入阻抗和输出阻抗的 Blackman 项。

求解方法： 求取直流工作点；采用前述的放大器增益分析法、反馈分析步骤和 Blackman 定理进行相关参数的分析。

假设： $V_{BE} = 0.7\text{V}$，$V_T = 25\text{mV}$，中频小信号条件。

分析： 首先根据直流等效电路计算出直流工作点。已知基极电流和集电极电流之间的关系（$I_B = I_C/\beta_F$），因此可写出电压的回路方程为

$$5\text{V} = (I_C + I_B)R_C + I_B R_F + V_{BE} \quad \text{或} \quad 5\text{V} - V_{BE} = I_C\left(R_C + \frac{R_C}{\beta_F} + \frac{R_F}{\beta_F}\right)$$

求解集电极电流可得

$$I_C = \frac{5\text{V} - V_{BE}}{R_C + \dfrac{R_C + R_F}{\beta_F}} = 0.801\text{mA}$$

集电极-发射极电压为

$$V_{CE} = 5\text{V} - (I_C + I_B)R_C = I_C\left(1 + \frac{1}{\beta_F}\right)R_C = 0.968\text{V}$$

对应的小信号参数为

$$g_m = 40(0.801) = 32.0\text{mS} \quad r_\pi = \frac{150}{g_m} = 4.69\text{k}\Omega \quad r_o \approx \frac{50\text{V}}{0.801\text{mA}} = 62.4\text{k}\Omega$$

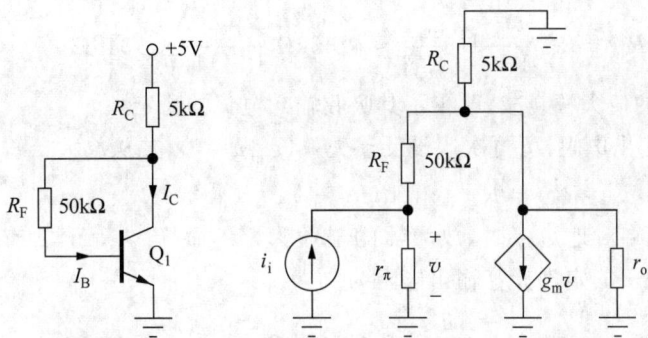

(a) 直流等效电路　　(b) 交流等效电路（$g_m = 32.0\text{mS}$，$r_\pi = 4.69\text{k}\Omega$，$r_o = 62.4\text{k}\Omega$）

然后按照反馈分析步骤进行分析。

步骤 1： 如上所述，反馈电路为电阻 R_F，R_F 直接对输出电压采样，所以为并联结构。

步骤 2： 反馈信号为进入 Q_1 基极的电流，且该电流直接与输入电流 i_i 相加。因此这是一个并联连接。

步骤 3： 由于采样信号为电压，且有电流信号反馈到输入端，因此反馈系数的单位为 A/V，放大器为并-并跨阻放大器。

步骤 4： 放大器为并-并结构，因此理想反馈系数就是反馈电路电阻的倒数。于是理想增益为

$$A_{tr}^{Ideal} = -\frac{1}{\beta} = -R_F = -50000\Omega(V/A)$$

若 i_i 为正，则 R_F 的压降极性为负。

步骤 5：从交流等效电路中 Q_1 的基极开始，沿着回路一直返回到起始点，计算回路增益。这一过程需要计算共射极电压增益和反馈电路的衰减。

$$T = \left[-g_m(R_C \parallel (R_F + r_\pi) \parallel r_o)\right]\left(\frac{r_\pi}{r_\pi + R_F}\right)$$

$$T = -0.032S(5k\Omega \parallel (50k\Omega + 4.69k\Omega) \parallel 62.4k\Omega)\left(\frac{4.69k\Omega}{4.69k\Omega + 50k\Omega}\right) = -11.7$$

可看到 T 为负数，满足负反馈要求。

步骤 6：反馈放大器闭环增益用式(9.4)计算。在图 9.1 所示的高层次反馈电路中已经包含了 T 的负号，因此在用式(9.4)进行计算时，T 为正值，有

$$A_{tr} = A_{tr}^{Ideal}\frac{T}{1+T} = -50k\Omega\frac{11.7}{1+11.7} = -46.1k\Omega$$

相对较低的环路传输导致电路的增益比理想值显著降低(8%)。

步骤 7：

输入电阻：为了计算输入电阻，首先计算反馈失效(如设 $g_m v = 0$)时的开环电阻，则有

$$R_{in}^D = r_\pi \parallel (R_F + R_C \parallel r_o) = 4.32k\Omega$$

T_{SC} 为零，因为当 Q_1 基极对地短路时，信号增益为零。而 T_{OC} 的值与所计算的增益值相同，即 $T_{OC} = 11.7$。综合这些结果可得中频输入电阻为

$$R_{in} = R_{in}^D\frac{1+|T_{SC}|}{1+|T_{OC}|} = 4.32k\Omega\frac{1+0}{1+11.7} = 340\Omega$$

负反馈使得输入电阻的值大幅衰减，改善了其吸收输入电流的稳定性。

输出电阻：为了计算输出电阻，可再次假设反馈失效($g_m v = 0$)，并从放大器输出端计算阻抗。

$$R_{out}^D = R_C \parallel r_o \parallel (R_F + r_\pi) = 4.27k\Omega$$

T_{SC} 为零，因为当输出端对地短接时，放大器的增益为零。而 T_{OC} 等于之前计算的回路增益，即 $T_{OC} = 11.7$。现利用 Blackman 定理计算输出电阻为

$$R_{out} = R_{out}^D\frac{1+|T_{SC}|}{1+|T_{OC}|} = 4.27k\Omega\frac{1+0}{1+11.7} = 336\Omega$$

步骤 8：由于信号源为一个理想电流源，且电路中没有外部负载，因此整体跨阻增益如之前所计算的一样，即

$$A_{tr} = \frac{v_{out}}{i_i} = -46.1k\Omega$$

讨论：跨阻放大器广泛应用于来自电流模式探测器(如光电二极管)的信号放大器中。低输入阻抗分流了探测器的杂散电容，以维持探测器快速的响应时间。Q_1 的基极节点相当于之前研究过的运算放大器电路的虚地。但是，要将 R_{in} 降低到与运算放大器等级相应的水平，必须大幅提升回路增益的值。

计算机辅助分析：在此我们可采用 SPICE 进行直流分析，之后再进行从输入 i_i 到输出电压的传输函数分析。结果得到跨阻增益为 $-46k\Omega$，输入电阻为 352Ω，输出阻抗为 335Ω，这些结果与手工计算的结果十分吻合。

练习：假设 $R_1 = 10\Omega$，重复上例中的计算。新的 T、R_{in} 和 R_{out} 的值为多少？

答案：8.17，329Ω，464Ω。

源电阻和负载电阻的影响

了解了基础单级晶体管跨阻放大器的特性后，接下来要学习源电阻和负载电阻对放大器性能的影响，如图 9.8 所示。在此，利用之前例子中的结果来创建放大器模型。

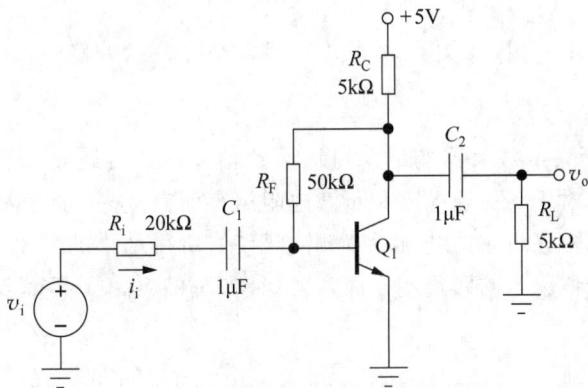

图 9.8　带有源电阻和负载电阻的跨阻放大器

例 9.4　带源电阻和负载阻抗的并-并反馈放大器。

理解不同源电阻和负载电阻与跨阻放大器之间的相互关系，同时还将研究反相电压放大器和跨阻放大器之间的关系。

问题：计算图 9.8 所示放大器的小信号增益。取 $\beta_F = 150$，$V_A = 50\text{V}$，并使用例 9.3 中得到的结果。

解：

已知量：电路图如图 9.8 所示，晶体管参数为 $\beta_F = 150$，$V_A = 50\text{V}$，并利用例 9.3 中得到的结果。

未知量：基于前面练习中的结果计算增益。

求解方法：考虑输入端和输出端的负载影响，调整之前的结果，得到新的源阻抗和负载阻抗。这是一个近似结果，因此我们的目的是了解这一方法的正确性。

假设：$V_{BE} = 0.7\text{V}$，$V_T = 25\text{mV}$，满足小信号中频工作条件。

分析：之前已计算出图 9.7 所示电路的输入阻抗、输出阻抗和跨阻。

$$A_{tr} = -46.1\text{k}\Omega \quad R_{in} = 340\Omega \quad R_{out} = 336\Omega$$

图 9.9 为图 9.8 所示放大器的等效电路，用于计算放大器的增益。利用例 9.3 的结果来创建跨阻放大器模型，放大器本身的模型为一个理想运算放大器，外接计算所得的输入电阻和输出电阻，不考虑负载影响。

注意，当电路由电压源驱动时，该电路等效于一个反相放大器。

现在可利用基于运算放大器的反相放大器和电压分压的有关知识来计算 v_o/v_i。

$$A_v = \frac{v_o}{v_i} = \left(\frac{-R_F}{R_i + R_{in}}\right)\left(\frac{R_L}{R_{out} + R_L}\right) = \left(\frac{-45.1\text{k}\Omega}{20\text{k}\Omega + 340\Omega}\right)\left(\frac{5\text{k}\Omega}{336 + 5\text{k}\Omega}\right) = -2.08$$

式中第 1 项为基本反相放大器的等式，第 2 项反映了图 9.9 所示电路输出阻抗造成的电压分压。

计算机辅助分析：对放大器进行仿真，得到小信号增益为 -2.09V/V，与手工计算的结果非常

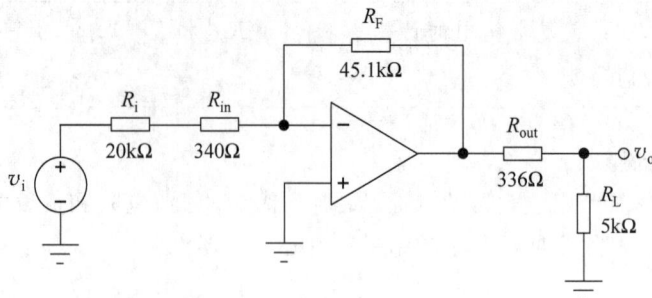

图 9.9　图 9.8 所示放大器的小信号等效电路

接近。

　　讨论：我们发现利用无负载放大器的结果可以大致估算出有负载放大器的响应。对于本例,这种方法所得结果比较精确,但对于其他源电阻和负载电阻组合而言,这种方法的精确度要低一些。正如所期望的,当源电阻和负载电阻接近输入电阻和输出电阻时,所得结果的精确度会降低。尽管为近似结果,但相比于重新计算每种情况下的回路增益而言,这种方法的效率要高得多,因此应把这种方法作为解决设计问题的有力工具之一。

　　练习：对于图 9.8 所示电路,当 $R_i=2k\Omega, R_L=10k\Omega, R_i=10k\Omega$ 及 $R_L=2k\Omega$ 时,比较两种情况下增益的计算结果和仿真结果。求出两种情况下的误差。

　　答案：手工计算结果：$-18.6, -3.73$；仿真结果：$-17.9, -3.6$；误差：$4.2\%, 3.6\%$。

　　练习：对下面"电子应用"中图(b)所示的 TIA 电路进行仿真,得到 $A_{tr}=-48.5k\Omega, R_{out}=12\Omega$,则 T、g_{m3} 和 R_{in} 的值分别为多少？

　　答案：$32.3, 2.5mS, 1.51k\Omega$。

电 子 应 用

跨阻放大器的补偿

　　跨阻放大器将光电二极管电流 i_{ph} 转换成输出电压 $v_o=-i_{ph}R_F$,如图(a)所示。我们常采用分流反馈放大器实现跨阻放大器,图(b)是一种基本的 CMOS 实现电路。M_1 和 M_2 构成的高增益 CMOS 反相器与晶体管的源极跟随器 M_3 相连。由晶体管的偏置电流 I_{bias} 及 W/L 值来确定 3 个晶体管的 Q 点。M_1 的栅-源电压为光电二极管 D_1 提供反向偏置。

　　利用 9.2 节中讲到的知识,可以求得并-并反馈放大器的跨导、输入电阻和输出电阻为

$$A_{tr}=-R_F\left(\frac{T}{1+T}\right) \quad R_{in}=\left(R_F+\frac{1}{g_{m3}}\right)\left(\frac{1}{1+T}\right) \quad R_{out}=\left(\frac{1}{g_{m3}}\right)\left(\frac{1}{1+T}\right)$$

（假设反向偏置二极管的输出电阻无限大。）

9.3.4　串联-串联反馈（电流串联反馈）——跨导放大器

　　跨导放大器的增益单位为 A/V。负反馈跨导放大器的反馈电路对输出电流采样,并将电压信号反馈回输入端。跨导放大器可用于建立高阻抗电流源或动态压控电流源,或其他需要通过电压信号对电

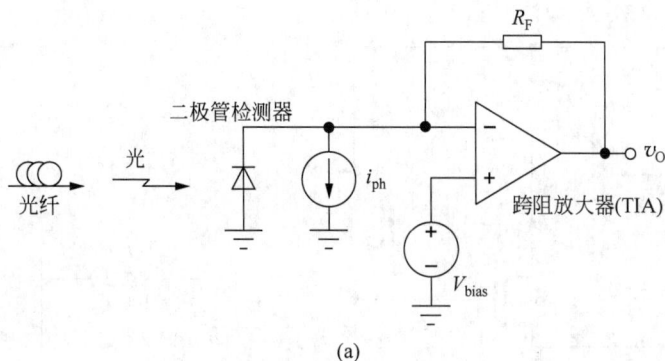

(a)

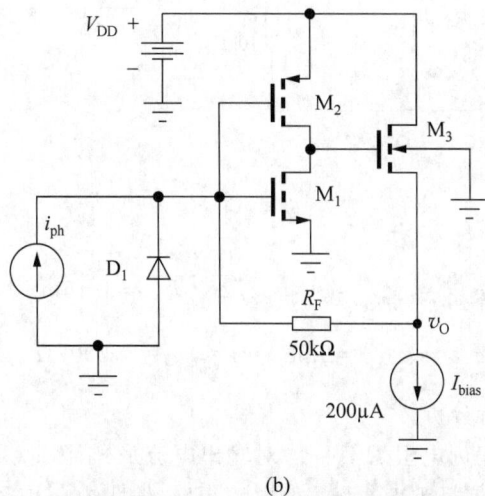

(b)

流进行精确控制的应用中。图 9.10 所示为一个两级跨导放大器的电路实例。电阻 R_F 对 M_5 的输出电流采样，并产生一个电压，此电压与跨接在差分输入对 M_1 和 M_2 两端的电压串联求和。这是串联-串联反馈连接结构。

例 9.5　串联-串联反馈（电流串联反馈）放大器分析。

利用反馈分析步骤，研究并理解跨导放大器的工作原理。

问题：计算图 9.10 所示放大器的小信号增益、输入电阻和输出电阻。其中 $K_n = 10\mathrm{mA/V^2}$，$K_p = 4\mathrm{mA/V^2}$，$\lambda = 0.01/\mathrm{V}$。

解：

已知量：电路图如图 9.10 所示，晶体管参数为 $K_n = 10\mathrm{mA/V^2}$，$K_p = 4\mathrm{mA/V^2}$，$\lambda = 0.01/\mathrm{V}$。在典型应用中，$M_5$ 的漏极将连接到接收输出电流的某个功能电路上。

未知量：理想增益、开环增益、回路增益、输入阻抗和输出阻抗的 Blackman 项。

求解方法：计算直流工作点；采用前述的放大器增益分析法、反馈分析步骤和 Blackman 定理进行相关参数的分析。

假设：电路满足小信号中频工作条件。

分析：首先画出图（a）所示的直流等效电路，并计算出直流工作点。通过检查发现，$M_1 \sim M_4$ 都偏置在 0.5mA。负反馈的存在使 v_- 等于 v_+，因此 M_5 的沟道电流为 $[0\mathrm{V} - (-5\mathrm{V})]/10\mathrm{k\Omega} = 0.5\mathrm{mA}$。相关的小信号参数为

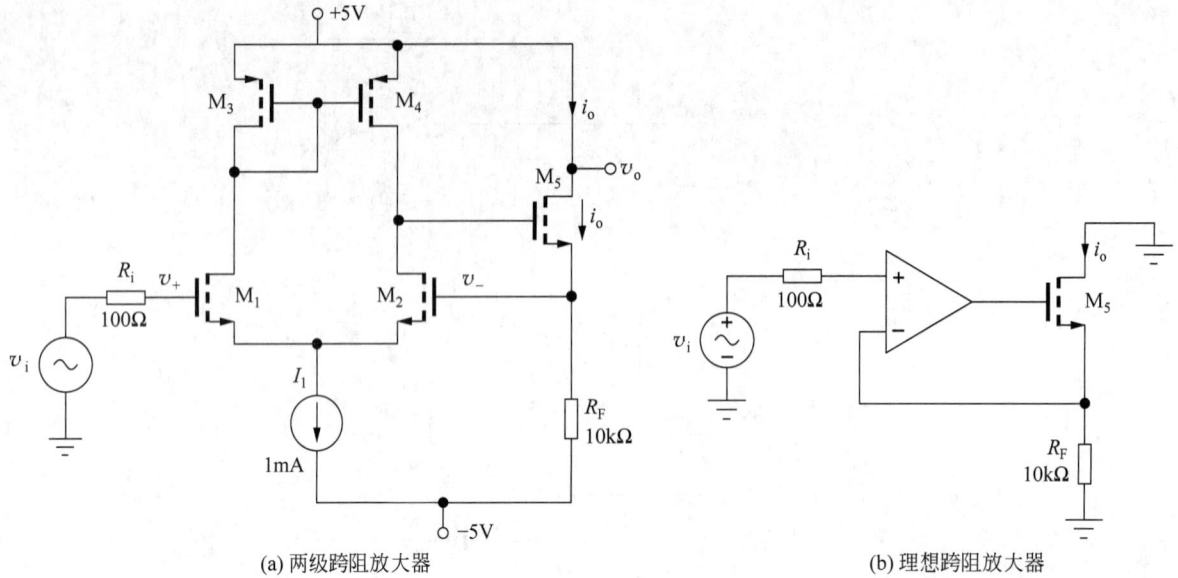

(a) 两级跨阻放大器　　　　　　　　(b) 理想跨阻放大器

图　9.10

$$g_{m1} = g_{m2} = g_{m5} = \sqrt{2K_n I_D} = 3.16\,\text{mS}$$

$$g_{m3} = g_{m4} = 2\,\text{mS} \quad r_o \approx \frac{1}{\lambda I_D} = 200\,\text{k}\Omega$$

然后按照反馈分析步骤进行分析。

步骤 1：如上所述，反馈电路为电阻 R_F。R_F 对输出电流采样，因此为串联连接。

步骤 2：反馈回 M_2 栅极的信号为 R_F 两端的电压，且与输入电压信号串联求和。因此为串联反馈连接。

步骤 3：由于采样信号为电流，且反馈到输入端的为电压信号，因此反馈系数的单位为 V/A，放大器为串-串跨导放大器。

步骤 4：放大器使用串-串反馈结构迫使 v_- 等于 v_i，于是输出信号电流为 $i_o = v_i / R_F$。因此理想反馈系数就是反馈电路的电阻值 R_F，理想增益为

$$A_{tc}^{\text{Ideal}} = \frac{1}{\beta} = \frac{1}{R_F} = 100\,\mu\text{A/V}$$

步骤 5：从图(b)中 M_2 的栅极开始，沿着回路一直返回到起始点，计算回路增益。这一过程需要计算差分对增益和 M_5 的共漏极增益为

$$T = -g_{m2}(r_{o2} \parallel r_{o4})\left(\frac{g_{m5} R_F}{1 + g_{m5} R_F}\right)$$

$$T = -3.16\,\text{mS}(100\,\text{k}\Omega)(0.969) = -306$$

可得到 T 为负数，需再次指出的是，在构建负反馈放大器时必须确保为负反馈。

步骤 6：反馈放大器闭环增益用式(9.4)计算。图 9.1 所示的高层次反馈电路图中已经包含了 T 的负号，因此在用式(9.4)进行计算时，T 为正值，即

$$A_{tc} = A_{tc}^{\text{Ideal}} \frac{T}{1+T} = 100\,\mu\text{A/V}\frac{306}{1+306} = 99.7\,\mu\text{A/V}$$

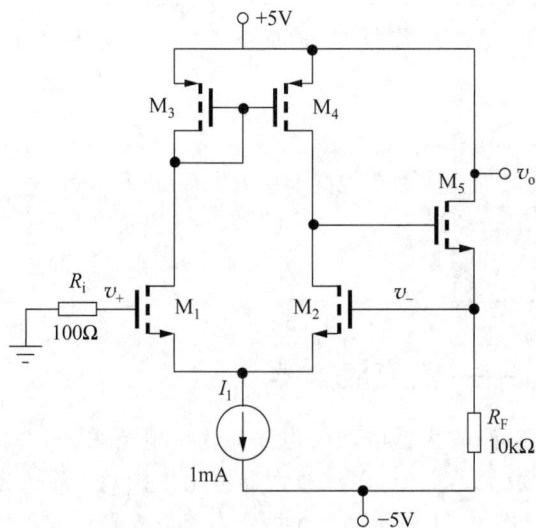

(a) 直流等效电路　　　　　　　　　　　(b) 交流等效电路

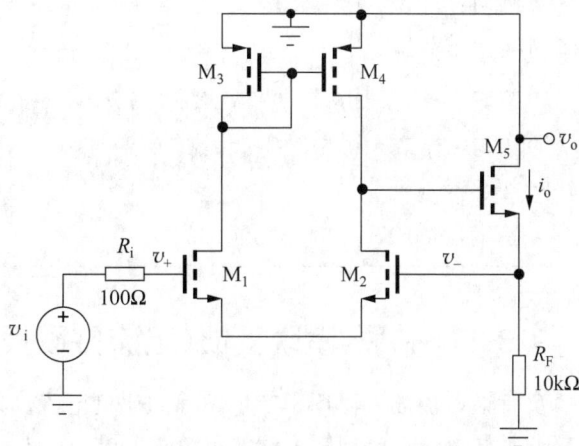

较高的回路增益使得增益误差减小。

步骤 7：为计算 M_1 栅极侧的输入电阻，首先需计算反馈失效时的回环电阻，即

$$R_{in}^D = R_{iG1} \approx \infty$$

显然，闭环输入电阻近似于无穷大，但出于完整性考虑还需进一步进行计算。因为当 M_1 的栅极开路时，回路增益为零，因此 T_{OC} 为零。M_1 栅极侧的无限大电阻会阻止信号经过差分对。当 M_1 的栅极接地时，T_{SC} 与之前计算的结果相同，即 $T_{SC} = -306$。综合这些结果，得到中频输入电阻为

$$R_{in} = R_{in}^D \frac{1 + |T_{SC}|}{1 + |T_{OC}|} = \infty\left(\frac{1 + 0}{1 + 306}\right) = \infty\,\Omega$$

输出电阻的计算同样要令反馈失效，并计算放大器输出端侧的电阻为

$$R_{out}^D = r_{o5}(1 + g_{m5}R_F) = 6.52\,\text{M}\Omega$$

当 M_5 的漏极开路时（M_5 中漏-源极电流为零），放大器的增益为零，因此 T_{OC} 为零。为计算 T_{SC}，将 M_5 的漏极连接到交流地，T_{SC} 等于之前计算的回路增益，$T_{SC} = -306$。现在利用 Blackman 定理可计算出输出电阻为

$$R_{out} = R_{out}^D \frac{1 + |T_{SC}|}{1 + |T_{OC}|} = 6.52\,\text{M}\Omega\,\frac{1 + 306}{1 + 0} = 2000\,\text{M}\Omega$$

步骤 8：由于在较低源电阻上没有较为明显的信号损失，因此整体跨导值等于之前的计算结果。

$$\frac{i_o}{v_i} = 99.7\,\mu\text{A/V}$$

讨论：这个电路的高输出阻抗确认了跨导放大器可用来构建一个近似理想的电流源。需注意的是，如果将 M_5 的源极作为输出，得到的是一个单位增益电压放大器。

计算机辅助分析：在此可采用 SPICE 进行直流分析，然后再进行从源 v_i 到 M_5 漏极电流的传输函数分析。传输函数分析结果显示跨导增益为 $99.7\,\mu\text{A/V}$，输入电阻非常高，输出阻抗为 $2250\,\text{M}\Omega$。这些结果与手工计算的结果十分吻合。

练习：从 M_5 的源极引出输出电压，计算闭环增益。A_v^{Ideal}、T 和 A_v 的值各为多少？闭环输出电阻为多少？计算 R_{out}^D、T_{SC}、T_{OC} 和 R_{out} 的值。

答案：1V/V，306，0.997V/V；307Ω，0，−306，1Ω。

练习：计算例9.5图(b)中 M_1 的漏极和小信号地之间的中频带电阻值。R_x^D、T_{SC}、T_{OC} 和 R_x 的值各为多少？

答案：500Ω，−204，−306，334Ω。

9.3.5　并联-串联反馈（电流并联反馈）——电流放大器

负反馈电流放大器用于产生精确的比例电流。这类电流放大器的反馈电路对输出电流采样，并将一部分采样电流反馈到输入端的电流求和节点。与跨导放大器类似，电流放大器可用于构建一个高阻抗电流源，但在这种拓扑结构中电流源由输入电流控制。图9.11所示为一个两级电流放大器电路的实例。反馈电阻 R_2 和 R_1 对 M_5 的输出电流采样，并作为分流器将部分输出电流反馈到输入求和节点。这是并联-串联反馈连接。

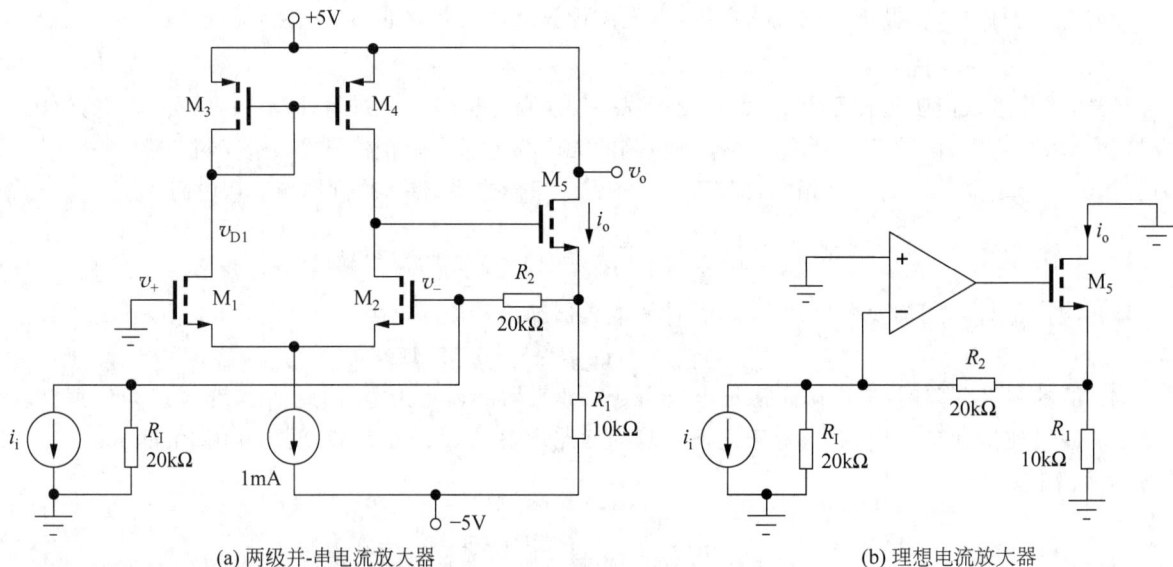

(a) 两级并-串电流放大器　　　　　　(b) 理想电流放大器

图　9.11

例 9.6　并联-串联反馈（电流并联反馈）放大器分析。

使用反馈分析过程研究并理解电流放大器工作原理。

问题：计算图9.11所示放大器的小信号增益、输入电阻和输出电阻。其中 $K_n = 10\text{mA/V}^2$，$K_p = 4\text{mA/V}^2$，$\lambda = 0.01/\text{V}$。

解：

已知量：电路图如图9.11所示，晶体管参数为 $K_n = 10\text{mA/V}^2$，$K_p = 4\text{mA/V}$，$\lambda = 0.01/\text{V}$。在典型应用中，功能电路与 M_6 的漏极相连。

未知量：理想增益、开环增益、回路增益、输入阻抗和输出阻抗的 Blackman 项。

求解方法：计算直流工作点；采用前述的放大器增益分析法、反馈分析步骤和 Blackman 定理进行相关参数的分析。

假设：电路满足小信号中频工作条件。

分析：首先画出图(a)所示的直流等效电路，并计算出直流工作点。通过检查可发现，$M_1 \sim M_4$ 都偏置在 0.5mA。负反馈的使 v_- 等于 v_+，因此没有直流电通过 R_2，M_5 的沟道电流为 $[0V-(-5V)]/10k\Omega=0.5mA$。相关的小信号参数为

$$g_{m1}=g_{m2}=g_{m5}=\sqrt{2K_n I_D}=3.16mS$$

$$g_{m3}=g_{m4}=2mS, \quad r_o\approx\frac{1}{\lambda I_D}=200k\Omega$$

然后按照反馈分析步骤来分析电流放大器的性能。

步骤 1：如上所述，反馈电路由 R_1 和 R_2 组成。在理想的情况下，反馈使 v_- 等于 v_+，所以 R_1 和 R_2 可当作分流器，将 i_o 的一部分反馈回输入端。由于采样的是电流信号而非电压信号，因此这是串联连接。

步骤 2：反馈到 M_2 栅极求和节点的信号为输出电流的一部分，由 R_1 和 R_2 构成的分流器采样而得。反馈回来的信号为并联连接。

步骤 3：由于采样的是电流信号，且反馈到输入端的也为电流信号，因此反馈系数的单位为 A/A，放大器为并-串电流放大器。

步骤 4：放大器采用并-串反馈结构迫使电流 i_i 经过 R_2。输出电流变为 i_i 加上经过 R_1 的电流，即 $i_i/R_2/R_1$。

因此，总的电流和理想增益为

$$i_o=i_i\left(1+\frac{R_2}{R_1}\right) \quad \text{和} \quad A_C^{\text{Ideal}}=\frac{i_o}{i_i}=\frac{1}{\beta}=\frac{R_2+R_1}{R_1}=3$$

如果输入的符号发生改变，则需要改变增益的符号。对于很多电流放大器，这一点常常会让人混淆。

步骤 5：从图(b)中 M_2 的栅极开始，沿着回路一直返回到起始点，计算回路增益。这一过程需要计算差分对增益、M_5 的共漏极增益和经过 R_1 和 R_2 的衰减。

$$T=-g_{m2}(r_{o2}\parallel r_{o4})\left(\frac{g_{m5}[R_1\parallel(R_2+R_1)]}{1+g_{m5}[R_1\parallel(R_2+R_1)]}\right)\left(\frac{R_1}{R_1+R_2}\right)$$

$$T=-3.16mS(100k\Omega)(0.962)(0.5)=-152$$

在建立负反馈放大器时，必须对反馈进行检查，以确保为负反馈而不是正反馈，我们看到 T 为负值。

步骤 6：反馈放大器闭环增益用式(9.4)计算。图 9.1 所示的高层次反馈电路中已经包含了 T 的负号，因此在用式(9.4)进行计算时，T 为正值，即

$$A_C=A_C^{\text{Ideal}}\frac{T}{1+T}=3\left(\frac{152}{1+152}\right)=2.98$$

较高的回路增益使增益误差较低。

步骤 7：为计算 M_2 栅极侧的输入电阻，首先要计算反馈失效时的开环电阻，即

$$R_{in}^D=R_{iG2}\parallel\left(R_2+R_1\parallel\frac{1}{g_{m5}}\right)=20.3k\Omega$$

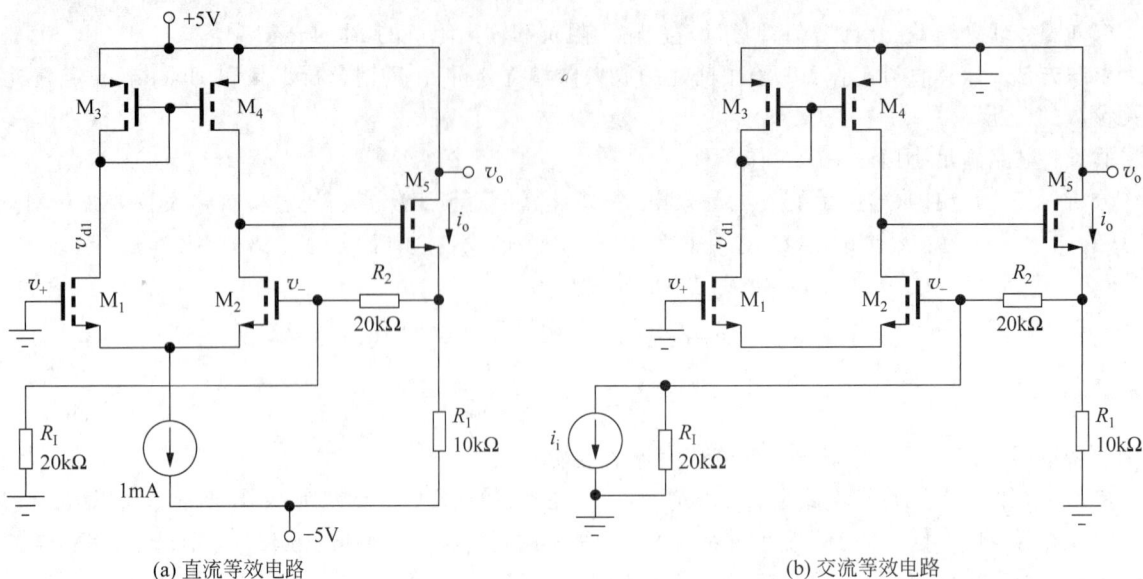

(a) 直流等效电路　　　　　　　　　　　　　(b) 交流等效电路

为计算回路增益 T_{SC}，将 v_- 对交流地短路，得到 $T_{SC}=0$。将输入开路，回路增益将与上面的计算结果相同，$T_{OC}=-152$。

$$R_{in} = R_{in}^D \frac{1+|T_{SC}|}{1+|T_{OC}|} = 20.3\text{k}\Omega\left(\frac{1+0}{1+152}\right) = 133\Omega$$

为计算输出电阻，同样需要零反馈失效，并计算放大器输出端侧的阻抗，即

$$R_{out}^D = r_{o5}(1+g_{m5}[R_1\parallel R_2 + R_1]) = 5.26\text{M}\Omega$$

当 M_5 漏极输出端开路时，放大器增益为零，因此 T_{OC} 为零。同样，T_{SC} 等于之前计算的回路增益结果，即 $T_{SC}=152$。现在可利用 Blackman 定理计算输出电阻为

$$R_{out} = R_{out}^D \frac{1+|T_{SC}|}{1+|T_{OC}|} = 5.26\text{M}\Omega\left(\frac{1+152}{1+0}\right) = 805\text{M}\Omega$$

步骤 8：由于在之前的增益分析中考虑了源电阻，因此整体增益为

$$A = A_c = 2.98$$

讨论：与跨导放大器类似，这一电路的高输出阻抗确认了电流放大器可用来建立一个近似理想的电流源。同时还可看到，在输出端对电流采样使输出阻抗与 $1+T$ 成比例。

计算机辅助分析：利用 SPICE 的传输函数进行仿真，得到从源 i_i 到通过 M_5 的电流产生的 2.98 电流增益，极高的输入电阻和 903MΩ 的输出阻抗。尽管对 r_o 采用了近似计算，致使输出阻抗偏低，但这些结果与手工计算的结果很吻合。

练习：如果从 M_5 的源极输出电压，并用串联 20kΩ 电阻的电压源代替输入电源，计算闭环增益的值。A_v^{Ideal}、T 和 A_v 的值各为多少？闭环输出电阻为多少？计算 R_{out}^D、T_{SC}、T_{OC} 和 R_{out} 的值。

答案：$-1\text{V/V}, 152, -0.994\text{V/V}; 304, 0, 152, 1.99\Omega$。

电子应用

全差分设计

由于采用了高频时钟电路,很多设计采用混合信号集成电路的电子设备,如 A/D 和 D/A 转换器、开关电容滤波器等,都处于相对嘈杂的环境中,因此这些系统经常在整个电路中使用全差分设计,利用差分电路的共模抑制能力。图 6.20 所示为具有差分输入和差分输出(DI-DO)的简单放大器的示例,并且左侧出现了 DI-DO 放大器的典型符号。类似的符号用于差分跨导放大器。

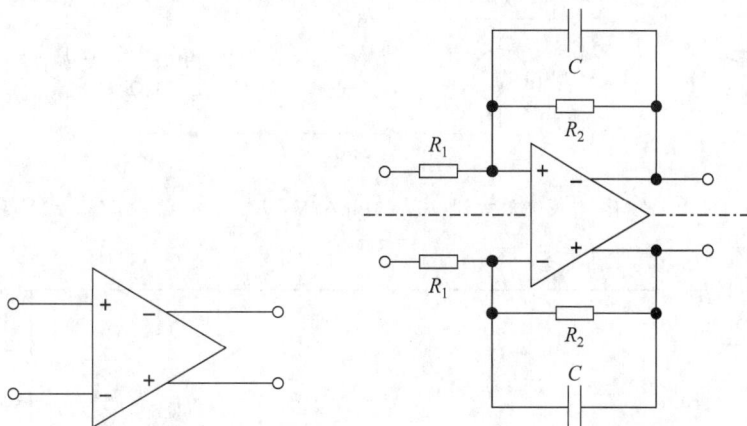

右侧是在有源低通滤波器中使用的全差分放大器实例。注意,通过滤波器的两条路径都采用了负反馈,虚线表示差分信号的对称线。因此,1.10.5 节中讨论的有源低通滤波器代表差分滤波器的差模半电路。

6.1.15 节的电子应用和图 P6.30 的前两个阶段中可得到完整差分设计的示例。为了完成图 P6.30 所示的差分电路,将第 2 个发射极跟随器添加到 Q_3 的集电极。

9.4　反馈放大器稳定性回顾

本节在回顾负反馈稳定性设计问题的基础上,分析如何成功地设计和实现反馈放大器。本节还将讨论反馈放大器稳定性的分析方法,并回顾一些重要的控制方程。

9.4.1　未补偿放大器的闭环响应

图 9.12 所示为例题 9.2 中对中频进行分析时的串-并联三级放大器。在对该电路的中频分析中,提到由于没有解决稳定性问题,因此这个放大器的设计并不完整。图 9.13 所示为在每个元器件模型中加入 $C_{GS}=5\text{pF}$ 和 $C_{GD}=1\text{pF}$ 的电容后,在宽频率范围内小信号增益 $v_{out}/v_i=A_v$ 的仿真结果,以便将分析扩展到高频。注意,20MHz 附近响应有一过渡峰值。这一特征表明该反馈放大器的相位裕度较差,这也是无补偿放大器的主要特征,而其设计者也未调整设计以解决无补偿的问题。一个良好的补偿放大器应具有较好的相位裕度,其在中频响应时应平滑下降。

回顾式(9.4),闭环增益的反馈方程为

$$A_v = \frac{v_o}{v_i} = A_v^{\text{Ideal}} \frac{T}{1+T}$$

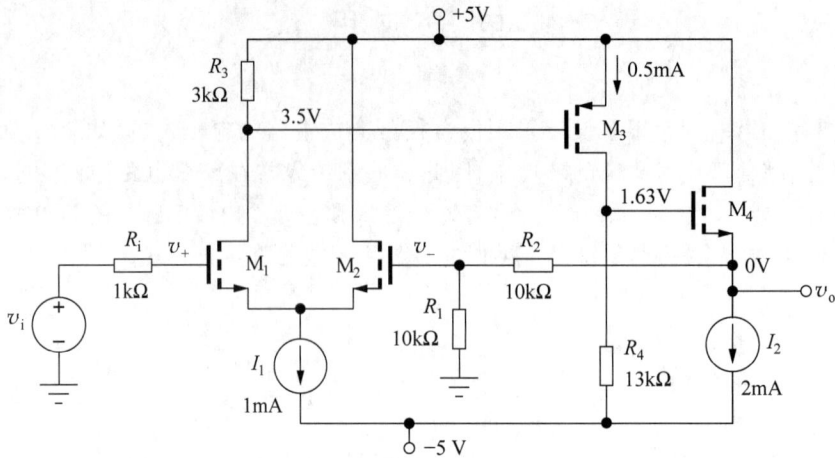

图 9.12　三级 MOSFET 串-并反馈放大器$(K_n = 10\text{mA/V}^2, K_p = 4\text{mA/V}^2, V_{TN} = 1\text{V}, V_{TP} = -1\text{V})$

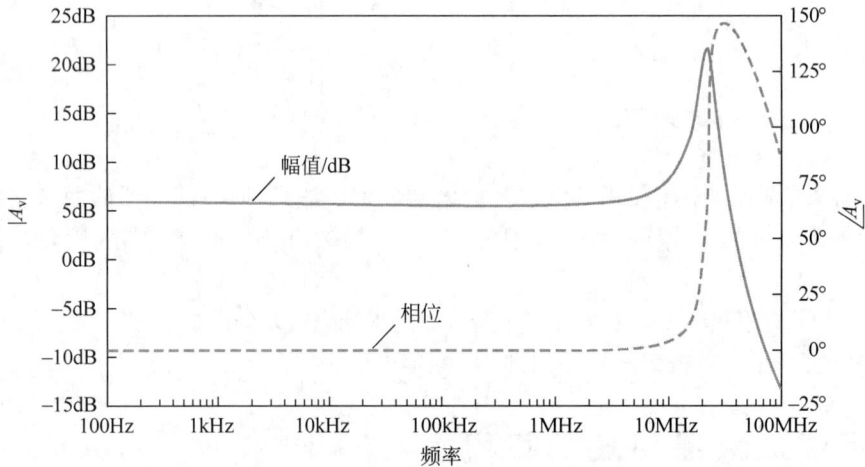

图 9.13　未补偿三级放大器的小信号增益与频率关系曲线

回路增益 T 具有多个极点，也可能为零。图 9.13 中的曲线表示 $T/(1+T)$ 的比值。该比值使得闭环放大器的增益与相位之间的关系较为复杂，并且没有任何工具可以直接将这个比值的响应与稳定性联系起来，以便改进回路的设计。因此有必要对回路增益 T 进行深入分析，以便深入了解放大器的稳定性。

图 9.14 所示为放大器阶跃响应的瞬态仿真结果。图 9.14(a)所示为输入信号，图 9.14(b)所示为放大器的输出。这里会出现什么情况呢？记得在第 2 章中描述过，具有零相位容限的放大器会产生振荡。在环路增益值到达 0dB 之前，在某一频率上，若回路的总相移达到 360°便会产生振荡。从放大器反相输入端的回路增益将得到 180°的相移，而由于与晶体管寄生电容相关的极点的存在，随着频率的增加，相移会随之增加。由于实际电路的结构和互连线的存在，实际电路中也会存在旁路电容，还有可能存在电感。在原始信号进入电路的瞬间，系统中会注入足够的能量，从而激发振荡。在实际电路中，热噪声和其他信号会在原始信号进入电路的瞬间之前激发振荡，一旦振荡开始，回路增益和回路中较大的相移会使振荡一直维持下去。显然，我们必须对设计进行修改，以使这一电路变成一个有用的放大器电路。

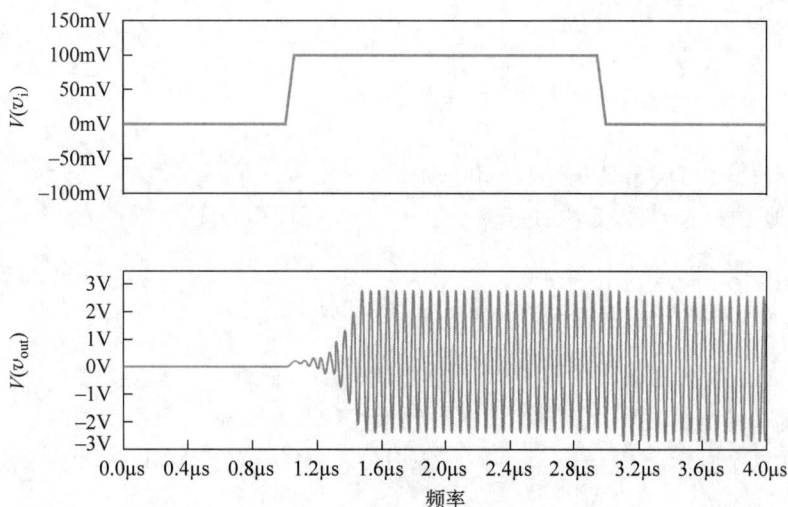

图 9.14　无补偿放大器的输入及输出

练习：试估算图 9.14 所示振荡的频率。

答案：17.5MHz(注意这一频率与图 9.13 中的峰值点频率很接近)。

练习：如果 $C_{GS}=5\text{pF}$，$C_{GD}=1\text{pF}$，则图 9.12 中 4 个晶体管的 f_T 值各为多少?

答案：83.8MHz，83.8MHz，53.1MHz，168MHz。

9.4.2　相位裕度

为了对我们的设计进行优化,必须研究回路增益的相频响应和幅频响应。基于第 8 章中的公式,可以求出回路中每个节点的极点频率。在 M_2 的栅极节点,电阻为 R_1 与通过 R_2 "往回看"所得到电阻的并联,电容为 C_{GD2} 和 C_{GS2} 经密勒倍增之后的电容值相加。综合上述结果可得

$$f_{P1}=\frac{1}{2\pi\left[R_1\,\middle\|\,\left(R_2+\dfrac{1}{g_{m4}}\right)\right]\left[C_{GD2}+C_{GDS}(1-A_{vgs2})\right]}$$

$$f_{P1}=\frac{1}{2\pi\left[10\text{k}\Omega\,\middle\|\,\left(10\text{k}\Omega+\dfrac{1}{3.16\text{mS}}\right)\right]\left[1\text{pF}+5\text{pF}(1-0.5)\right]}=8.96\text{MHz}$$

在 M_2 的源极节点处,电阻为 $1/g_{m1}$ 与 $1/g_{m2}$ 并联,电容为 $C_{GS1}+C_{GS2}$,则有

$$f_{P2}=\frac{1}{2\pi}\left(\frac{g_{m1}+g_{m2}}{C_{GS1}+C_{GS2}}\right)=\frac{1}{2\pi}\frac{g_{m2}}{C_{GS2}}=\frac{1}{2\pi}\frac{3.16\text{mS}}{5\text{pF}}=101\text{MHz}$$

在 M_3 的栅极节点处,可用 C_T 近似来估算共源极放大器的主极点,其中包含了 M_4 的负载电容,因此有

$$f_{P3}=\frac{1}{2\pi}\frac{1}{R_3\left[C_{GD1}+C_{GS3}+C_{GD3}(1-A_{vgd3})\right]+R_4\left[C_{GD3}+C_{GS4}(1-A_{vgs4})+C_{GD4}\right]}$$

$$f_{P3}=\frac{1}{2\pi}\frac{1}{3\text{k}\Omega\left[1\text{pF}+5\text{pF}+1\text{pF}(1+26)\right]+13\text{k}\Omega\left[1\text{pF}+5\text{pF}(1-0.992)+1\text{pF}\right]}=1.27\text{MHz}$$

在 M_3 的漏极节点，共源极的第 2 主极点为

$$f_{P4} = \frac{1}{2\pi}\left(\frac{g_{m3}}{C_{GS3} + C_{L3}}\right) = \frac{1}{2\pi}\left(\frac{g_{m3}}{C_{GS3} + C_{GD4} + C_{GS4}(1 - A_{vgs4})}\right)$$

$$f_{P4} = \frac{1}{2\pi}\left(\frac{2\text{mS}}{5\text{pF} + 1\text{pF} + 5\text{pF}(1 - 0.992)}\right) = 52.7\text{MHz}$$

最后估算出 M_4 源极节点的频率为

$$f_{P5} = \frac{1}{2\pi\left[\frac{1}{g_{m4}} \middle\| (R_1 + R_2)\right] C_{GS4}} = \frac{1}{2\pi\left(\frac{1}{6.33\text{mS}} \middle\| 20\text{k}\Omega\right)5\text{pF}} = 203\text{MHz}$$

由于经过 M_3 的密勒倍增效应的影响，M_3 的栅极节点为最低频率极点。为了产生单极点响应，最低频率极点和中频回路增益之积的值应低于次高频极点的频率。这一乘积值同时还是 f_T，即单极点响应的 0dB 频率。在这个放大器中，$f_{P3} \times T = 1.27\text{MHz} \times 61.1 = 77.6\text{MHz}$。如果已知 f_T，便可计算出相位裕度为

$$\theta_m = 360 - 180(\text{反相输入}) - \arctan\left(\frac{f_T}{f_{P1}}\right) - \arctan\left(\frac{f_T}{f_{P2}}\right) - \cdots \tag{9.18}$$

然而，对于这个电路，我们估算出的 f_T 值比多个极点的频率要高，因此式(9.18)不能使用，因为这样无法准确地估算出 f_T 的值。为此我们预计相位裕度的值为零或者更糟。对于这种情况，可采用仿真或估算的方法求出相位裕度的值。

为进行相位裕度仿真而修改后的电路如图 9.15 所示。这个电路在直流条件下可提供负反馈，而在中频和高频下则没有。电感 L_1 阻断了中高频信号，从而在中高频时可有效断开反馈回路。电容 C_1 阻断了直流信号，因此交流测试电压仅在中高频时接入回路中。C_1 和 L_1 被设置为高值，因此在非常低的频率处就实现了从直流响应到中频响应的转换。分量 R_{x1}、R_{x2} 和 C_{xin} 用于模拟由放大器反馈电路和反相输入端引起的输出负载。需注意的是，由于输出偏置通常为 0V，电阻对工作点几乎没有影响。如果放大器偏置电压不为 0V，可增加一个与 R_{x2} 串联的隔值电容。为什么不能简单地将反馈电路断开，在没有 L_1 和 C_1 的情况下直接运行仿真？因为负反馈可用于修正偏置误差并设置合适的工作点，当放大器的增益较高时，即使是很小的偏置误差都会导致输出直流电压出现很大变化，从而引起放大器中晶体管工作点的变化。这种方法能使我们利用反馈在直流下可稳定工作点的优点，同时还能在中高频下有效断开放大器的反馈连接。

图 9.15 所示电路的仿真结果如图 9.16 所示，即未补偿放大器回路增益 T 的相位响应和幅值响应的结果。相位裕度为 360° 和回路增益为 0dB 时所对应频率（即 f_T）点的回路增益相位之差。回顾第 2 章，理想单点回路增益有 90° 的相应裕度，即

$$\theta_m = 90 = 360 - 180(\text{反相输入}) - 90(\text{单极点最大相移})$$

遗憾的是，该放大器相位裕度为 $-9°$，所以之前见到的振荡就不足为奇了。为获得稳定的性能，需要相位裕度至少为 45°，但一般都要大于 60°。

既然了解了相位裕度的要求，现在需要对相位裕度进行修正，目的是让该设计成为一个有用的放大器。基本方法是在放大器的某一个节点上增加一个电容，目的是创建一个主极点，以迫使在更低的频率处得到 0dB 的幅值响应，从而减小由于放大器较高频率处的极点引起的 0dB 相移。假设现在要将 0dB 频率从目前的约 22MHz 移动到 2MHz，如果成功地创建了一个主极点，那么幅值响应就接近一个单极点响应，可求出 0dB 频率为

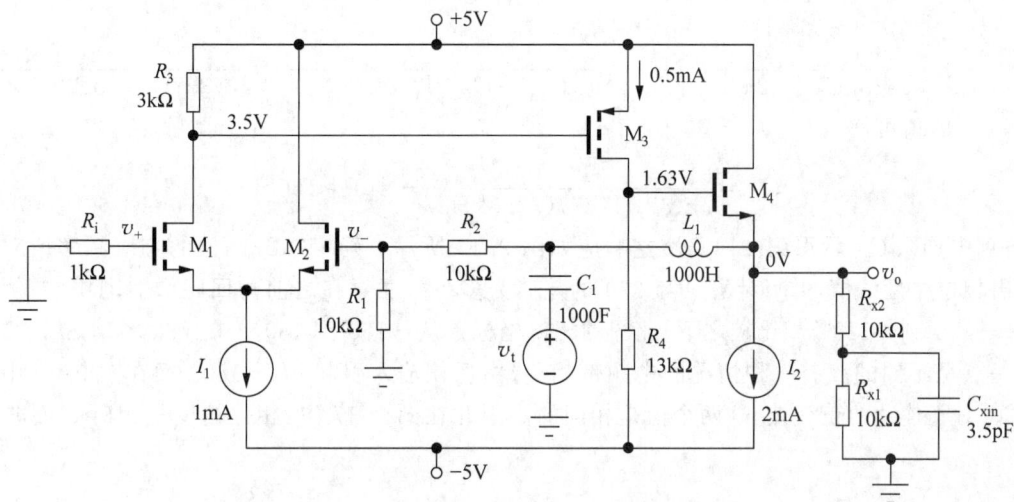

图 9.15　小信号环路增益特性的仿真电路

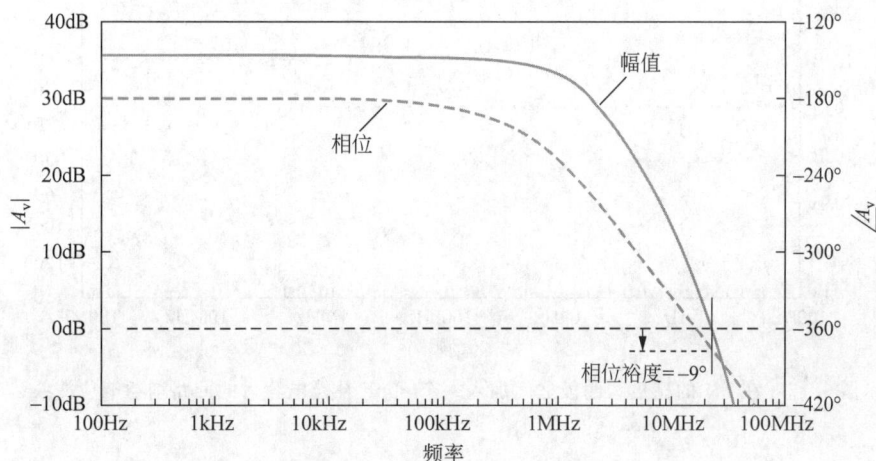

图 9.16　三级放大器的回路增益幅值和相位响应曲线

$$f_T = 2\text{MHz} = Tf_B = A_0\beta f_B$$

从例 9.2 中可知，T（中频）$=61.1$，因此需将主极点设置为

$$f_B = f_T/T = f_T/A_0\beta = 32.8\text{kHz}$$

由于从 M_3 栅极到漏极的较高增益影响，M_3 栅极处的等效电容由密勒电容决定。这使得这一节点变成了设置主极点很好的备选，因为密勒倍增可在使用一个相对较小的实际电容的情况下，产生一个较大的等效电容，从而可在较低频率处设置一个主极点。用 32.8kHz 取代栅极处的极点频率，利用式(9.14)计算出所期望的相位裕度值为

$$\theta_M = 360 - 180 - \arctan\left(\frac{2}{8.96}\right) - \arctan\left(\frac{2}{101}\right) - \arctan\left(\frac{2}{0.0328}\right) - \arctan\left(\frac{2}{52.7}\right) - \arctan\left(\frac{2}{203}\right)$$

$$\theta_M = 360 - 180 - 12.6 - 1.13 - 89.1 - 2.17 - 0.564 = 74.4°$$

这是一个较为合理的相位裕度值，可继续完成放大器的设计。为了获得这一相位裕度值，可在 M_3 的栅极和漏极之间添加一个电容 C_C。如果假设这一节点处的响应由密勒电容决定，则主极点的频率可

近似为

$$f_{\mathrm{B}} = 32.8\text{kHz} = \frac{1}{2\pi R_{\text{eq}} C_{\text{eq}}} = \frac{1}{2\pi(R_3 \parallel R_{\text{iD1}})([C_{\text{gd}} + C_{\text{C}}][1 - A_{\text{vt3}}])} = \frac{1}{2\pi(3\text{k}\Omega)([1\text{pF} + C_{\text{C}}][27])}$$

求解 C_{C} 的值可得

$$C_{\mathrm{C}} = \frac{1}{2\pi(3\text{k}\Omega)(27)(32.8\text{kHz})} - 1\text{pF} \approx 60\text{pF}$$

在仿真中加入 C_{C} 后得到的回路增益响应如图 9.17 所示。确定 0dB 幅值的响应频率所对应的相位，以求出相位裕度的值，并可计算其与 360° 的差值为多少。注意在之前的回路增益图中，右侧的相位坐标是从 −420° 到 −120°，相比较之下，此图的相位坐标是从 −150° 到 180°。在绝大多数 SPICE 电路仿真中，这一点是不同的。有一种情况的中频带相移（由反相输入引起）为 −180°，而在图 9.20 中这一值为 +180°。对于连续的正弦波，这两个值是相同的。因此在图 9.17 中，相位裕度是相对 0° 而非 360° 来测量的。

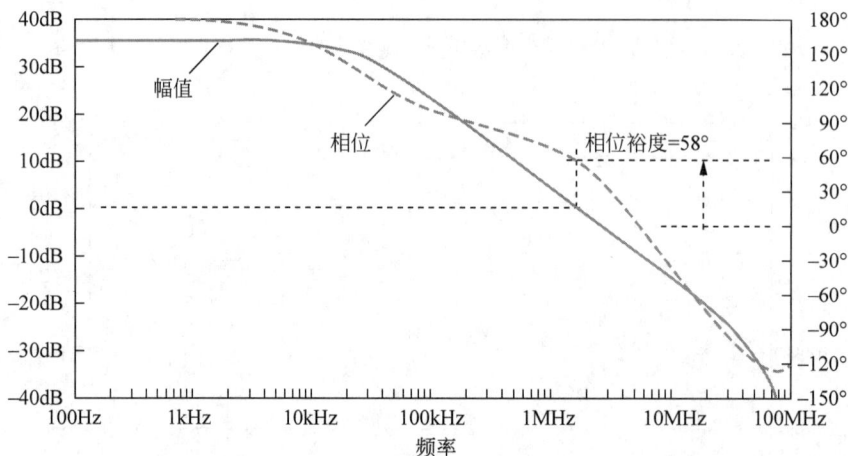

图 9.17　在 M₃ 的栅极和漏极之间加入一个 60pF 补偿电容后的回路增益响应曲线

9.4.3　高阶效应

仿真结果得到的相位容限为 58°，而不是预料中的 74°。这是由于图 9.17 所示的在 2MHz 和 20MHz 之间的特殊响应引起的。幅值响应曲线向上弯曲，而相移响应却出现锐减。这种情况的出现出乎意料，因为传输函数中关乎极点的项为 $1/(1 + i_{\text{f}}/f_{\text{p}})$，随着频率的增高相位应向负方向移动，同时幅值响应应朝负方向变化。传输函数分子中关乎零点的项通常为 $1/(1 + i_{\text{f}}/f_{\text{z}})$，随着频率的增加应会使得幅值响应和相位响应朝正方向变化。

从图 9.17 中可看到一个位于右半平面的零点，或者说零点对应的项为 $1/(1 - i_{\text{f}}/f_{\text{z}})$。在之前章节中介绍过，在共射极和共源放大器中会出现这种情况。在这种情况下，会有负的相位响应和正的幅值响应。稍后我们会更为详细地了解到，这是由于在 M₃ 附近添加了大补偿电容的前馈通路。高频信号能够通过 C_{c} 而不是 M₃ 进行传输。由于幅值响应曲线的正向弯曲和相对的相位负向位移，右半平面零点可大大减小相位裕度的值。在这一特例中，影响并不显著（ϕ_{M} 减少了 14°），但在很多情况下会对稳定性造成很大影响。

对应的时域响应曲线如图 9.18 所示。输入脉冲图在上，输出脉冲图在下。这个响应诠释了第 2 章所述的过冲和相位裕度之间的关系。从图中可看到,输出曲线上升沿顶部的过冲超出约 7%。从表 2.5 可以看出,超过 7% 的相位裕度为 62°。由于表 2.5 是根据二阶系统生成的,同时电路是高阶的,因此与 58° 的图形估计的较为一致。同时还应该注意到每个脉冲转换开始时的小瞬态,这也是通过补偿电容而产生的前馈信号路径,输入信号的前沿通过补偿电容能够比晶体管 M_3 响应更快地进行耦合(记得在快速转换中包含明显的高频频谱),经过短暂的延迟后,经过晶体管的信号通路迅速打通,并再次主导输出响应。

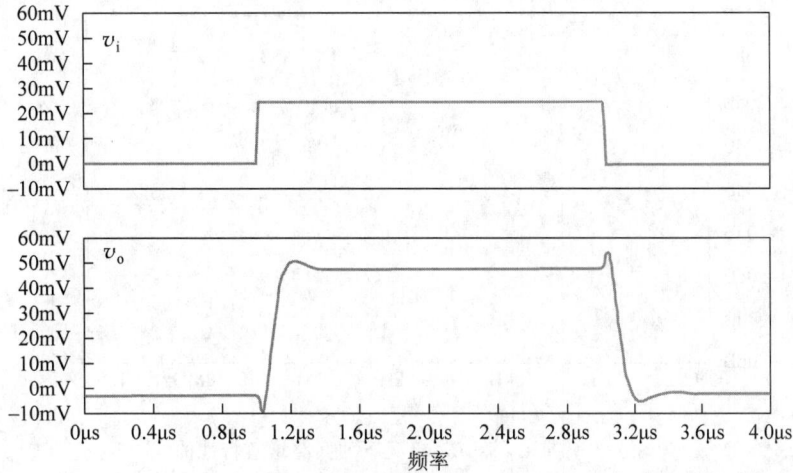

图 9.18 补偿放大器的阶跃响应曲线

正如 9.4.4 节将要介绍的,增加一个阻值恰当的电阻与补偿电容串联,可削弱前馈通路的影响。在下面的几节中将讨论电阻值 R_z 的计算。带有补偿电容 C_C 和前馈通路消除电阻 R_z 的完整电路图如图 9.19 所示。

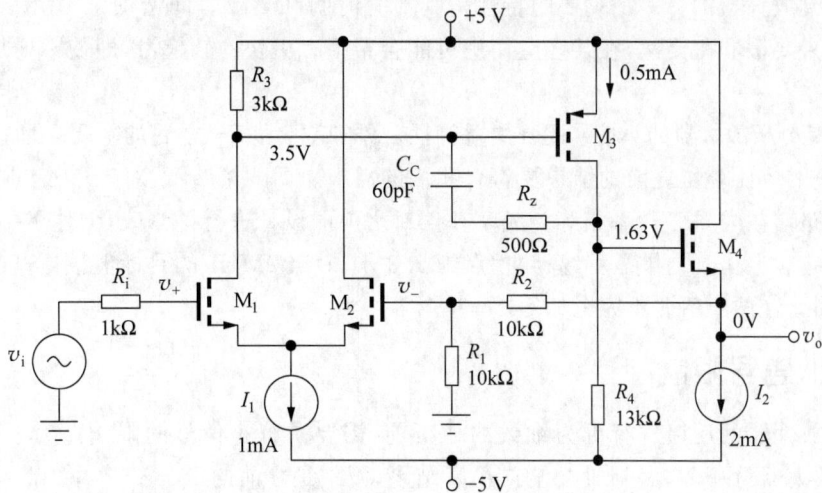

图 9.19 三级放大器的频率补偿电路

9.4.4　补偿放大器响应

图 9.19 所示补偿放大器的回路增益仿真结果如图 9.20 所示。当添加的电阻 R_Z 后，去除了右半平面零点的影响，并增加了 20° 的相位裕度。这是典型的 MOSFET 反馈放大器，因为它们与 BJF 放大器相比具有较低的 g_m。在 3MHz 频率时幅值响应曲线不再出现正向弯曲，相移不再像图 9.17 所示那样下降得那么快，改善之后的相位裕度与计算所得的 74.5° 十分相近。

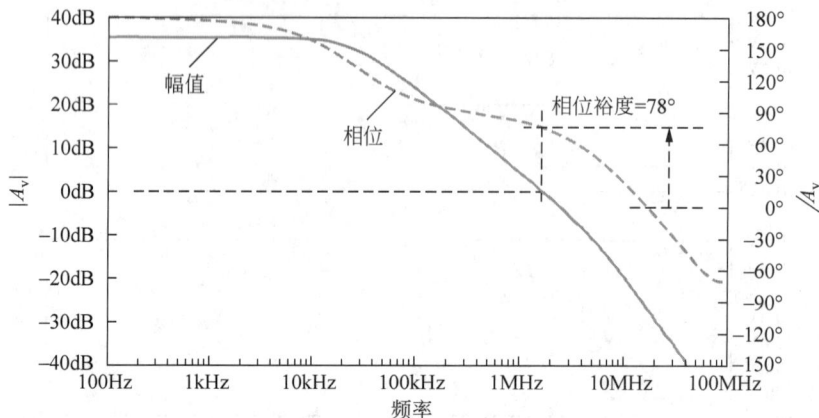

图 9.20　带 C_C 和 R_Z 情况下的回路增益特性曲线

改善相位裕度之后，预计在脉冲响应的仿真结果中过冲会有所减小。根据表 2.5，相位裕度为 78° 应该对应于没有过冲的脉冲响应，这在图 9.21 所示的完全补偿放大器的仿真结果中得到了证实。另外还应注意，由于前馈路径导致的每次转换初始时刻的瞬变电压也被消除了。增加 R_Z 增大了通过前馈路径的高频阻抗，从而减少了前馈信号。增加 R_Z 对这一现象的削弱程度将随特定放大器的具体情况而变化。最终得到放大器的另一个重要的特性是其上升时间和下降时间增加了，在图 9.21 中，转换沿比之前的仿真结果要缓和。当然，在某些应用中可能会希望有更快的转换沿，即使以增加过冲为代价也在所不惜。

本节的伊始是分析放大器的小信号闭环增益特性。添加 C_C 和 R_Z 之后的新闭环增益特性如图 9.22 所示。显然，这一响应比补偿之前的结果更符合我们的需求。回顾第 2 章，对于单极点响应而言高频拐点 f_{-3db} 点与回路增益的 0dB 频率相等。频率补偿对之前的设计进行了修改，创建了一个主极点，并使其近似于单极点响应。仿真结果显示，高频拐点为 2.3MHz，与 2MHz 的目标值接近。由于我们只近似了单极点响应，因此这两个值并不完全相等。

9.4.5　小信号限制

在对晶体管放大器的反馈进行更为细致的分析前，需要了解小信号的限制。为了说明这一问题，图 9.23 给出了放大器对一个 2V 脉冲的响应仿真结果，而不是之前的 25mV 脉冲。此时输出脉冲的上升时间和下降时间比小信号时慢得多，并且受到放大器摆率的限制。正如 9.5 节将介绍的一样，摆率通常受限于可用于为相对较大的补偿电容充电的电流量。从图 9.23 中可以看到，当放大器发生翻转时，脉冲边缘从指数 RC 稳定特性偏离到纯线性充电特性，这是反馈放大器的一个大信号非理想特性，在仿真或实验室中测试小信号特性时，必须要清楚地认识到这一点。简而言之，如果我们想要测量一个小信

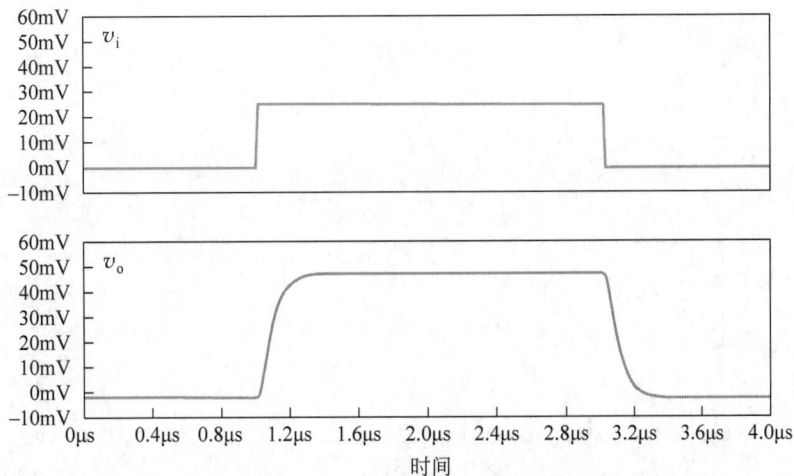

图 9.21　带 C_C 和 R_Z 情况下的放大器瞬态响应曲线

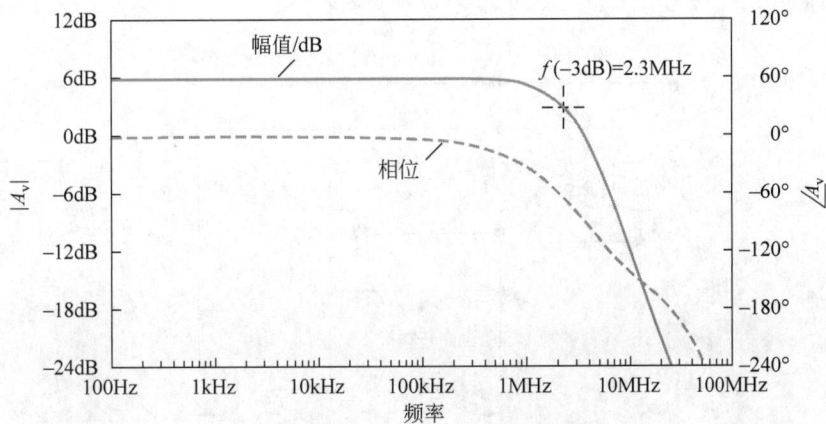

图 9.22　添加 C_C 和 R_Z 后闭环增益特性曲线

号参数,并观察大信号翻转特性,就必须减小输入信号的幅值,以确保电路工作在小信号模式下。

在接下来的几节中,我们将针对稳定性对若干放大器进行分析和设计。本节给出的例子,其闭环增益为 2,$\beta=0.5$,而通常情况下我们是为最差情况时的单位增益放大器,即增益为 1,$\beta=1$ 的放大器进行补偿设计。除非有特殊说明,否则我们将假设这就是设计目标。

9.5　单极点运算放大器补偿

正如 9.4 节和第 2 章中所讨论的,反馈放大器利用内部频率补偿来迫使放大器具有单极点频率响应。对于普通的运算放大器而言,我们将对单位增益缓冲器的稳定工作进行补偿,这也是放大器最差的稳定性状况。这类放大器的电压传输函数可用式(9.19)来表示,即

$$A_v(s) = \frac{A_o \omega_B}{s + \omega_B} = \frac{\omega_T}{s + \omega_B} \tag{9.19}$$

这种形式的传输函数可通过在基本运算放大器的第 2 级,即增益级上连接一个补偿电容 C 来得

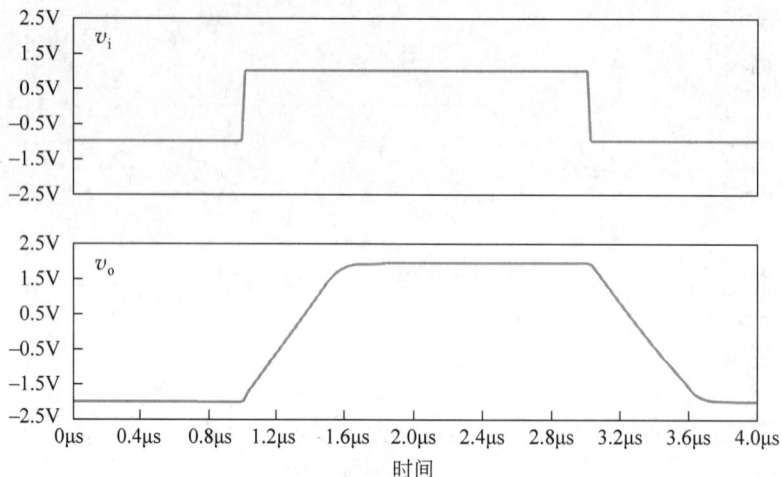

图 9.23　补偿放大器的信号响应

到，如图 9.24 所示。

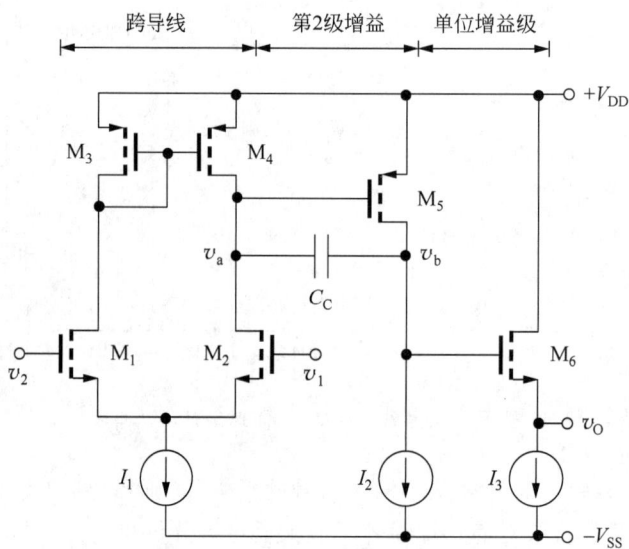

图 9.24　单极点运算放大器的频率补偿技术

9.5.1　三级运算放大器分析

一个三级运算放大器的简化形式如图 9.25 所示。输入级由其诺顿等效电路建模，用电流源 $G_m v_{dm}$ 和输出电阻 R_o 表示。第 2 级提供电压增益 $A_{v2}=g_{m5}r_{o5}=\mu_{f5}$，接下来的输出级为一个单位增益缓冲器。

利用密勒效应关系可对图 9.25 所示电路进行进一步简化。将反馈电容 C_C 乘以系数 $(1+A_{v2})$ 后，与第 2 级放大器的输入并联，如图 9.26 所示，可以得到输出电压的表达式由于输出缓冲器的增益为 1，因此输出电压 $V_o(s)$ 必须等于 $V_b(s)$。同时，$V_b(s)$ 等于 $-A_{v2}V_a(s)$。

令电流 $i=0$，写出关于 $V_a(s)$ 的节点方程为

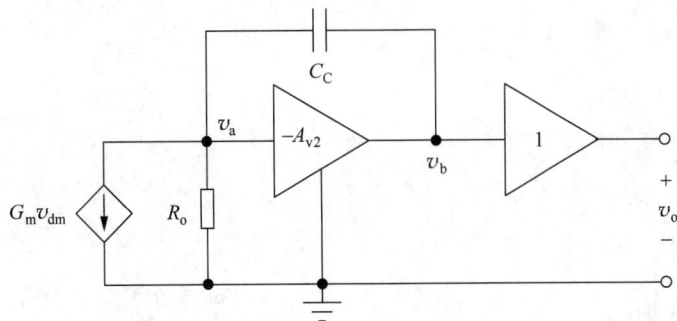

图 9.25 三级运算放大器的简化模型

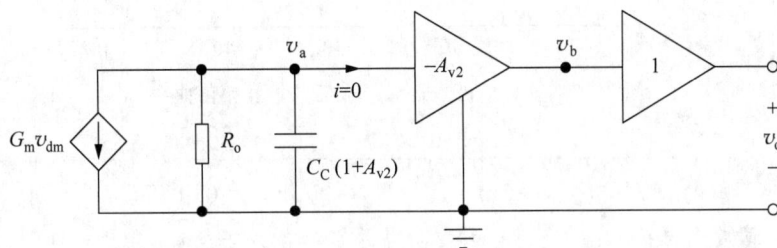

图 9.26 基于密勒倍增效应的等效电路

$$-G_m V_{dm}(s) = V_a(s) \left[sC_C(1+A_{v2}) + G_o \right] \tag{9.20}$$

$$\frac{V_a(s)}{V_{dm}(s)} = \frac{-G_m R_o}{sR_o C_C(1+A_{v2}) + 1} \tag{9.21}$$

联立上式,得到运算放大器的总增益为

$$A_v(s) = \frac{V_o(s)}{V_{dm}(s)} = \frac{V_b(s)}{V_{dm}(s)} = \frac{-A_{v2}V_a(s)}{V_{dm}(s)} = \frac{G_m R_o A_{v2}}{1 + sR_o C_C(1+A_{v2})} \tag{9.22}$$

将式(9.21)整理为式(9.19)的形式,得到

$$A_v(s) = \frac{\dfrac{G_m A_{v2}}{C_C(1+A_{v2})}}{s + \dfrac{1}{R_o C_C(1+A_{v2})}} = \frac{\omega_T}{s+\omega_B} = \frac{A_o \omega_B}{s+\omega_B} \tag{9.23}$$

图 9.27 所示为这一传输函数的伯德图。在低频处运算放大器的增益 $A_o = G_m R_o A_{v2}$,当频率高于 ω_B 时,增益按频程的速率衰减。比较式(9.22)和式(9.19),可得

$$\omega_B = \frac{1}{R_o C_C(1+A_{v2})} \quad \omega_T = \frac{G_m A_{v2}}{C_C(1+A_{v2})} \tag{9.24}$$

当 A_{v2} 较大时,有

$$\omega_T \approx \frac{G_m}{C_C} \tag{9.25}$$

式(9.24)是一个非常有用的结果。设计者可通过选择输入级跨导和补偿电容 C_C 来设定运算放大器的单位增益率。

由于第 1 级的输出电阻及第 2 级的密勒输入等效电容均较大,故放大器的单极点处于相对较低的

频率。

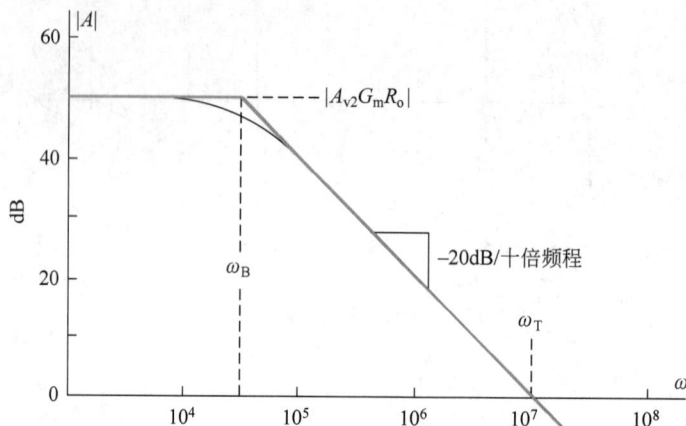

图 9.27　理想单极点运算放大器的增益幅值曲线

练习：如果 $K_{n2}=1\text{mA/V}^2$，$K_{p5}=1\text{mA/V}^2$，$C_C=20\text{pF}$，$\lambda=0.02/\text{V}$，$I_1=100\mu\text{A}$，$I_2=500\mu\text{A}$，则图 9.24 所示运算放大器的 G_m、R_o、f_T 和 f_B 的近似值各为多少？

答案：0.316mS，$500\text{k}\Omega$，2.52MHz，158Hz。

9.5.2　场效应管运算放大器的传输零点

式(9.24)提供了一种很好的控制策略，用于控制具有两级增益的运算放大器的频率响应。然而遗憾的是我们在分析这类运算放大器时，忽视了一个潜在的问题，即在简化的密勒法中并没有考虑第 2 级放大器的有限跨导。

结合图 9.28 所示晶体管 M_5 的完整小信号模型来理解该问题。之前的分析忽视了由 g_{m5} 产生的零点及 M_5 栅-漏极之间的反馈电容。图 9.28 所示的电路并不陌生，它与简化的共射极放大器的拓扑结构相同，因此可以在对式(9.25)进行适当的符号替代后，直接利用式(8.94)的分析结果，因此有

$$r_{\pi o}\rightarrow R_o \quad R_L\rightarrow r_{o5} \quad C_\pi\rightarrow C_{GS5} \quad C_\mu\rightarrow C_C+C_{GD5} \tag{9.26}$$

通过上述变换，传输函数为

$$A_{vth}(s)=(-g_{m5}r_{o5})\frac{\left(1-\dfrac{s}{\omega_Z}\right)}{\left(1+\dfrac{s}{\omega_{P1}}\right)}$$

其中 $\omega_Z=\dfrac{g_{m5}}{C_C+C_{GD5}}=\omega_T\dfrac{g_{m5}}{g_{m2}}$，并且

$$\omega_{P1}=\frac{1}{R_o C_T} \tag{9.27}$$

其中 $C_T=C_{GS5}+(C_C+C_{GD5})\left(1+\mu_{f5}+\dfrac{r_{o5}}{R_o}\right)$

在许多场效应管放大器的设计中，由于 M_2 和 M_5 之间的跨导之比相对较小，故 ω_Z 不能忽略；在双

极型放大器设计中,对于给定的静态工作点(Q 点)电流,所得到的跨导要高得多,因此可以忽略 ω_Z。然而在具有发射极电阻的共射极放大器中,由于发射极电阻降低了放大器的总跨导,因此 ω_Z 依然需要考虑。

对于 FET 放大器,一种方法是通过再添加一个电阻 R_Z 来解决这一问题,如图 9.29(a)所示。所添加的电阻 R_Z 可以消除式(9.26)中的零点。如果 $C_C \gg C_{GD}$,则式(9.26)分子中 ω_Z 的位置变为

$$\omega_Z = \frac{\left(\dfrac{1}{g_{m5}}\right) - R_Z}{C_C} \qquad (9.28)$$

令 $R_Z = 1/g_{m5}$ 即可消除零点。

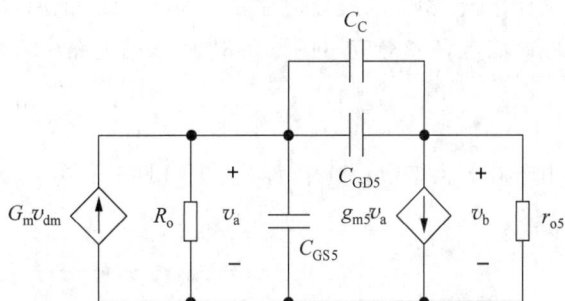

图 9.28 更为完整的运算放大器补偿模型

另一种方法如图 9.29(b)所示。源极跟随器 M_7 复制 M_5 漏极的电压并驱动补偿电容 C_C 提供所需的负反馈。但在高频时,前馈电流通过 M_7 转移到电源(交流接地),从而消除了有问题的右半平面的零点。然而,M_7 确实在 $-g_{m7}/C_C$ 处引入了高频左半平面零点,选择适当的 I_4 和 g_{m7} 可以控制其相移的影响。

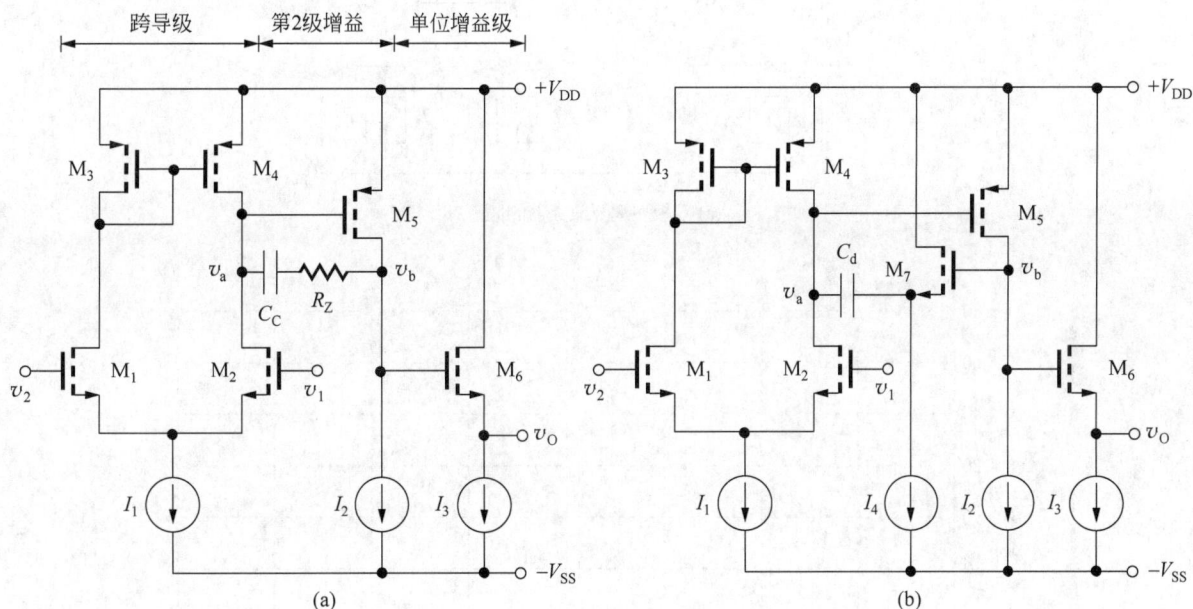

图 9.29 利用电阻 R_Z 消除零点

练习:利用之前练习中的参数求出图 9.29 所示运算放大器的 f_Z 的近似值。如果要消除 f_Z,则需要的 R_Z 的值为多大?

答案:7.96MHz;1kΩ。

9.5.3 双极型放大器补偿

双极型放大器所采用的补偿方式与 MOS 放大器的补偿方式相同,如图 9.30 所示。然而,对于给定的工作电流,BJT 的跨导通常要远大于 FET 的跨导,因而在如此高频率下出现的零点通常不会有什么问题。将式(9.28)应用在图 9.30 所示的电路中,得到双极型两级放大器的单位增益频率表达式为

$$\omega_{\mathrm{T}} = \frac{g_{\mathrm{m2}}}{C_{\mathrm{C}}} = \frac{40 I_{\mathrm{C2}}}{C_{\mathrm{C}}} = \frac{20 I_1}{C_{\mathrm{C}}} \quad \omega_{\mathrm{Z}} = \frac{g_{\mathrm{m5}}}{C_{\mathrm{C}}} = \omega_{\mathrm{T}} \left(\frac{I_{\mathrm{C5}}}{I_{\mathrm{C2}}} \right) \tag{9.29}$$

由于在绝大多数设计中 I_{C5} 为 I_{C2} 的 5~10 倍,因此 ω_{Z} 对应的频率通常也是单位增益频率 ω_{T} 的 5~10 倍。

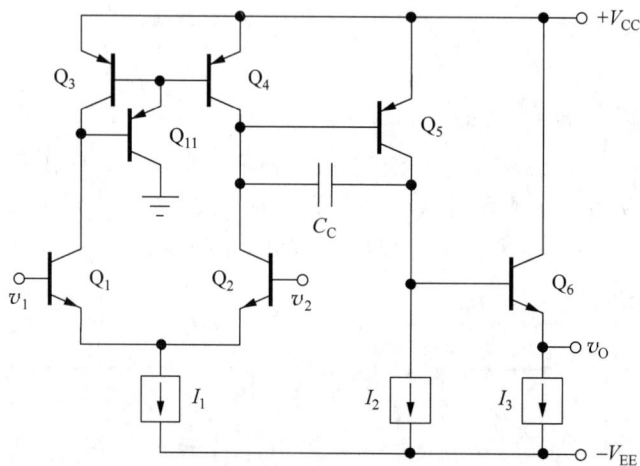

(a) 双极型运算放大器的频率补偿

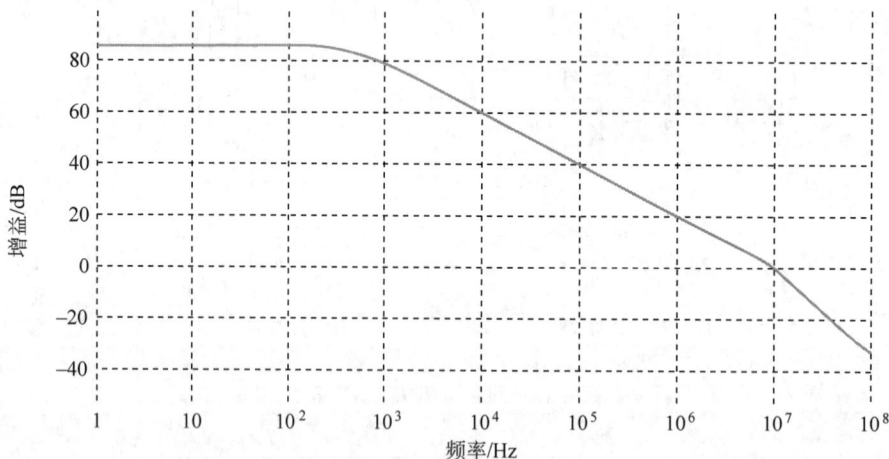

(b) 练习中所述放大器的伯德图

图 9.30

基于下面练习中的值,对图 9.30(a)所示的放大器进行频率响应仿真,得到的结果如图 9.30(b)所示。由 Q_5 基区的高电阻产生的主极点大约为 565Hz,单位增益的交叉点出现在 10MHz。由 pnp 电流镜产生的第 2 主极点将导致在高于 10MHz 处增益的进一步衰减。

> **练习**：如果 $C_C = 30\text{pF}$，$V_A = 50$，$I_1 = 100\mu\text{A}$，$I_2 = 500\mu\text{A}$，$I_3 = 5\text{mA}$。求出图9.30所示双极型
> 运算放大器的 f_T、f_Z 和 f_B 的近似值。
>
> **答案**：10.6MHz，106MHz，565Hz。

9.5.4　运算放大器的摆率

在第2章中已经讨论过由于放大器输出电压摆率限制所引起的误差。之所以会产生摆率限制，是因为可用于放大器内部电容充电放电的电流大小有限。对于一个内部补偿放大器，C_C 的大小往往决定了摆率（Slew Rate）。下面来分析图9.31所示具有大信号输入（不再是小信号）的CMOS放大器实例。在这一例子中，施加在差分输入级上的电压使得电流 I_1 全部流入差分对中的某一边。

图9.32给出了这一情况下放大器的简化模型。由于输出级单位增益缓冲器的作用，输出电压 v_B 变化。电流 I_1 必须流经补偿电容 C_C，v_B 的变化速率及 v_O 的变化速率必须满足

$$I_1 = C_C \frac{\mathrm{d}(v_B(t) - v_A(t))}{\mathrm{d}t} = C_C \frac{\mathrm{d}\left(v_B(t) + \dfrac{v_B(t)}{A_{v2}}\right)}{\mathrm{d}t} \tag{9.30}$$

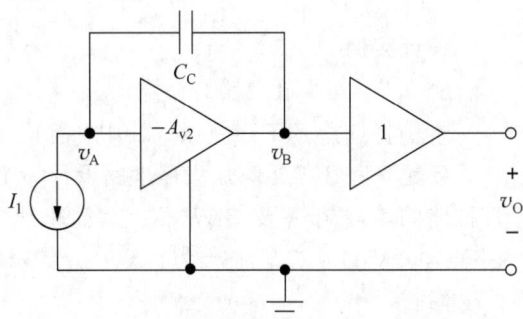

在图9.32给出的三级运算放大器的简化模型中，假设 A_{v2} 非常大，那么放大器的工作将类似于一个理想积分器；也就是说，节点电压 v_A 为虚地，式(9.26)变为

$$I_1 \approx C_C \frac{\mathrm{d}v_B(t)}{\mathrm{d}t} = C_C \frac{\mathrm{d}v_O(t)}{\mathrm{d}t} \tag{9.31}$$

摆率是输出信号的最大变化率，有

$$SR = \frac{\mathrm{d}v_O(t)}{\mathrm{d}t}\bigg|_{\max} = \frac{I_1}{C_C} \tag{9.32}$$

摆率由总输入级偏置电流和补偿电容 C_C 的值决定。（很少有人意识到该推导过程实际上暗含了一项重要的假设条件，也就是放大器的输出 A_{v2} 能够获取或吸取电流 I_1。只要放大器的设计满足 $I_2 \geqslant I_1$，这一要求就能得到满足。）

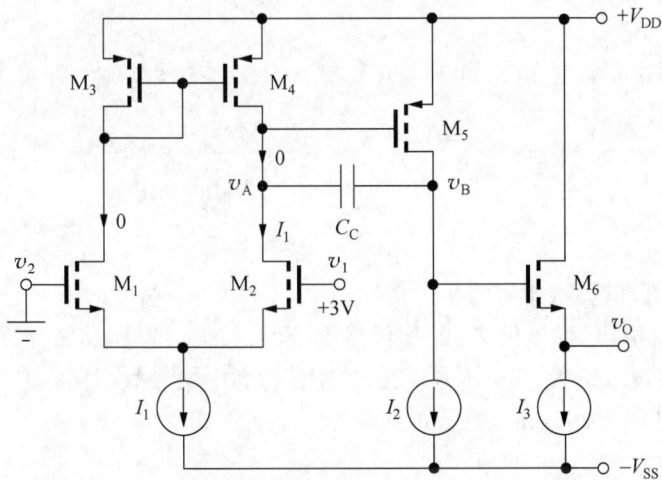

图 9.31　输入级过载的运算放大器　　　　图 9.32　三级运算放大器的简化模型

练习：证明图 9.31 所示的 CMOS 放大器摆率具有对称性；当 $v_1 = 0\mathrm{V}$，$v_2 = 3\mathrm{V}$ 时，电容 C_C 上的电流为多少？

答案：I_1。

9.5.5 摆率与增益带宽积之间的关系

利用式(9.25)可将式(9.31)与放大器的单位增益带宽直接联系起来，即

$$\mathrm{SR} = \frac{I_1}{C_\mathrm{C}} = \frac{I_1}{\left(\dfrac{G_\mathrm{m}}{\omega_\mathrm{T}}\right)} = \frac{\omega_\mathrm{T}}{\left(\dfrac{G_\mathrm{m}}{I_1}\right)} \tag{9.33}$$

对于图 9.24 所示的简单 CMOS 放大器，其输入级跨导等于晶体管 M_1 和 M_2 的跨导

$$\left(\frac{G_\mathrm{m}}{I_1}\right) = \frac{1}{I_1}\sqrt{2K_{n2}\frac{I_1}{2}} = \sqrt{\frac{2K_{n2}}{I_1}}$$

$$\mathrm{SR} = \omega_\mathrm{T}\sqrt{\frac{I_1}{K_{n2}}} \tag{9.34}$$

对于给定的 ω_T 期望值，摆率增加的速率为输入级偏置电流的平方根。

对于图 9.30 所示的双极型放大器，则有

$$\left(\frac{G_\mathrm{m}}{I_1}\right) = \left(\frac{40\dfrac{I_1}{2}}{I_1}\right) = 20 \quad \text{和} \quad \mathrm{SR} = \frac{\omega_\mathrm{T}}{20} \tag{9.35}$$

在这种情况下，摆率与具有固定系数的单位增益频率的选择有关。

练习：如果 $K_{n2} = 1\mathrm{mA/V^2}$，$K_{p5} = 1\mathrm{mA/V^2}$，$C_\mathrm{C} = 20\mathrm{pF}$，$\lambda = 0.02\mathrm{V^{-1}}$，$I_1 = 100\mu\mathrm{A}$，$I_2 = 500\mu\mathrm{A}$，则图 9.24 所示 CMOS 放大器的摆率为多少？

答案：$5\mathrm{V}/\mu\mathrm{S}$。

练习：如果 $C_\mathrm{C} = 20\mathrm{pF}$，$I_1 = 100\mu\mathrm{A}$，$I_2 = 500\mu\mathrm{A}$，则图 9.30 所示双极型放大器的摆率为多少？

答案：$5\mathrm{V}/\mu\mathrm{S}$。

设计实例

例 9.7 运算放大器的补偿。

本例将选择 BJT 运算放大器中补偿电容的值，以提供所需的相位裕度。

问题：为 BJT 运算放大器电路设计一个补偿电容，以提供 75° 的相位裕度，求出补偿运算放大器开环回路的增益、带宽及 GBW 积。为简化计算，假设 npn 及 pnp 晶体管在 SPICE 仿真中的参数相同，即 BF = 100，VAF = 75V，IS = 0.1fA，RB = 250Ω，TF = 0.75ns，CJC = 2pF。

解：

已知量：三级运算放大器电路如下图所示，该运算放大器是由一个 npn 差分输入级驱动一个共射极的 pnp 增益级构成。$R_{C1} = 3.3\mathrm{k\Omega}$，$R_{C1} = 12\mathrm{k\Omega}$。输出级是互补的 npn-pnp 射极跟随器。晶体管参数

为 BF＝100，VAF＝75V，IS＝0.1fA，RB＝250Ω，TF＝0.75ns，CJC＝2pF，ϕ_M＝75°。

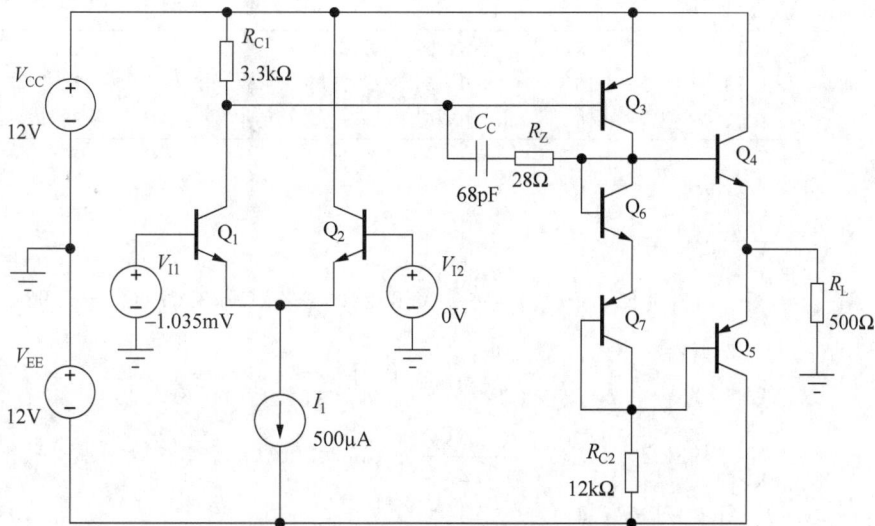

未知量：75°相位裕度所需的 C_C 电容值；最终的开环增益、带宽和单位增益频率值；非主极点的位置。

求解方法：求出各晶体管的静态工作点（Q 点）和小信号参数，假设放大器的主极点由 pnp 共射极增益级上的补偿带电容 C_C 决定。确定由差分输入级和射极跟随器产生的非主极点位置。然后选择 C_C 的值，以确定单位增益频率，从而得到期望的相位裕度。

假设：放大运算器的主极点由补偿电容 C_C 和 pnp 共射极电路共同确定；R_Z 用来去除由 C_C 产生的零点；$T＝27℃$；pnp 和 npn 晶体管有相同的电路特性；$V_{BE}＝V_{EB}＝0.75V$。静态输出电压 $V_O＝0$。在分析静态工作点时，忽略所有的基极电流。VJC＝0.75V 且 MJC＝0.33。晶体管 Q_4 和 Q_5 并联。二极管连接的晶体管 Q_6 和 Q_7 的小信号电阻可以忽略。

分析：

Q 点：偏置电流 I_1 平均分配给 Q_1 和 Q_2，因此 $I_{C1}＝I_{C2}＝250\mu A$。当 $V_O＝0$ 时，R_{C2} 上的压降为 $12V-0.7V＝11.3V$，Q_3 中的电流 $I_{C3}＝11.3V/12k\Omega＝938\mu A$。$Q_4$ 和 Q_5 镜像 Q_7 和 Q_8 中的电流，所以 $I_{C4}＝I_{C5}＝938\mu A$。由于 $V_O＝0$，$V_{CE4}＝12V$，所以 $V_{EC5}＝12V$，$V_{EC3}＝11.3V$。由于 $V_I＝0$，$V_{CE2}＝12.8V$，所以 $V_{CE1}＝12V-3300\Omega(0.25mA)+0.75V＝11.9V$。

小信号参数：小信号参数可以利用下列 SPICE 参数形式的等式求得

$$\beta_o＝BF\left(1+\frac{V_{CE}}{VAF}\right)＝100\left(1+\frac{V_{CE}}{75}\right) \quad g_m＝40I_C \quad r_\pi＝\frac{\beta_o}{g_m}$$

$$r_o＝\frac{VAF+V_{CE}}{I_C}＝\frac{75+V_{CE}}{I_C}$$

$$C_\pi＝g_m TF＝g_m(0.75\times10^{-9}) \quad C_\mu＝\frac{CJC}{\left(1+\dfrac{V_{CB}}{VJC}\right)^{MJC}}＝\frac{2pF}{\left(1+\dfrac{V_{CB}}{0.75}\right)^{0.33}}$$

	$I_C/\mu A$	V_{CE}/V	β_o	g_m/S	$r_\pi/k\Omega$	$r_o/k\Omega$	C_π/pF	C_μ/pF
Q_1	250	11.9	116	0.01	11.6	348	7.50	0.803
Q_2	250	12.8	117	0.01	11.7	351	7.50	0.784

	$I_C/\mu A$	V_{CE}/V	β_o	g_m/S	$r_\pi/k\Omega$	$r_o/k\Omega$	C_π/pF	C_μ/pF
Q_3	938	11.3	115	0.0375	3.07	92.0	28.1	0.818
Q_4	938	12.0	116	0.0375	3.09	92.8	28.1	0.801
Q_5	938	12.0	116	0.0375	3.09	92.8	28.1	0.801

开环增益：

$$A_o = A_{vt1} A_{vt2} A_{vt3}$$

$$A_{vt1} = \frac{g_{m1}}{2}(2r_{o1} \parallel R_{C1} \parallel r_{\pi3}) = \frac{0.01}{2}(696k\Omega \parallel 3.3k\Omega \parallel 3.07k\Omega) = 7.93$$

$$A_{vt2} = g_{m3}\left[r_{o3} \parallel R_{C2} \parallel \left(\frac{r_{\pi4}}{2} + (\beta_{o4}+1)R_L\right)\right]$$

$$= 0.0375\left[92k\Omega \parallel 12k\Omega \parallel \left(\frac{3.09k\Omega}{2} + (117)500\Omega\right)\right] = 338$$

$$A_{vt3} = \frac{(\beta_o+1)R_L}{\dfrac{r_{\pi4}}{2} + (\beta_o+1)R_L} = \frac{(117)500}{\dfrac{3090}{2} + (117)500} = 0.974$$

$$A_o = 2610$$

补偿电容设计： 在单位增益频率 f_T 处，由补偿电容 C_C 产生的主极点将贡献 90°的相移，相位裕度则由另外两极的主极点决定。对于 75°的相移裕度，其他极点只能提供 15°的相移。设计时希望这些极点都大于单位增益频率，一般都在 50～200MHz。

输入级极点：

现在来关注回路增益的传输函数。在反馈路径上，输入级是共集电极/共基极的级联。因此，利用表 8.2 中关于共集电极输入端极点的计算公式，其中 $R_{L2} = 1/g_{m1}$，有

$$f_{pB2} = \left(\frac{1}{2\pi}\right)\frac{1}{([R_{th2}+r_{x2}] \parallel [r_{\pi2}+(\beta_o+1)R_{L2}])\left(C_{\mu2} + \dfrac{C_{\pi2}}{1+g_{m2}R_{L2}}\right)}$$

$$= \left(\frac{1}{2\pi}\right)\frac{1}{([R_{th2}+r_{x2}] \parallel 2r_{\pi2})\left(C_{\mu2} + \dfrac{C_{\pi2}}{2}\right)}$$

$$= \left(\frac{1}{2\pi}\right)\frac{1}{(250\Omega \parallel 2 \cdot 11.7k\Omega)\left(0.784pF + \dfrac{7.5pF}{2}\right)} = 142MHz$$

增益级极点：

该极点将由与补偿电容相关的米勒效应电容支配，极点的实际位置基于期望的相位裕度来计算。

射极跟随器极点：

射极跟随器输入端的极点位置会受到跨接在增益级两端补偿电容的极点分化作用的影响。假设横跨在增益级上的补偿电容比电路中的其他电容都大得多，那么射极跟随器输入端的极点可表示为

$$f_{pB4} \approx \frac{g'_{m3}}{2\pi(C_{\pi3}+C_{L3})}$$

如要考虑 r_x 的影响，可采用式(8.70)中定义的 g'_{m3}，其中，C_π 项代表增益级输入端到小信号地的

总等效电容,包括差分对的输出电容。C_{L3} 是互补对跟随级侧的电容。假设在任意时刻互补对中只有一个补对中的两晶体管带有信号,那么该互补对电路即可用单个具有相同 g_m 的元器件来等效,该元器件的电流增益等于互补对中两个晶体管电流增益的平均值,TF 大约等于平均 TF 值。由于存在结寄生电容 C_μ,因此可得到由两个晶体管的 C_μ 产生的累积电容。给定以上条件,可以得到极点为

$$f_{pB4} \approx \left(\frac{1}{2\pi}\right) \frac{0.0375\text{mS}(3.07\text{k}\Omega/3.32\text{k}\Omega)}{\left(0.8\text{pF} + 28.1\text{pF} + 2 \cdot 0.8\text{pF} + \dfrac{28.1\text{pF}}{1 + 0.0375\text{mS}(500\Omega)}\right)} = 173\text{MHz}$$

除了上述项外,由于没有额外的输出负载电容,因此可预估在差分对的发射结和输出节点还会有一个近似等于 f_T 的极点 $\left[1/2\pi\left(\text{TF} + \dfrac{C_\mu}{g_m}\right)\right]$。$Q_1$ 和 Q_4 的 f_T 值分别为 192MHz 和 206MHz。

现在可以选取运算放大器的单位增益频率 f_T,以此来获得所需的相位裕度。在单位增益频率下,运算放大器的主极点会产生大约 90° 的相移。为获得 75° 的相位裕度,余下的 4 个极点还可以产生 15° 的相移,据此便可求出所需的 f_T 值

$$15° = \arctan\left(\frac{f_T}{142\text{MHz}}\right) + \arctan\left(\frac{f_T}{173\text{MHz}}\right) + \arctan\left(\frac{f_T}{192\text{MHz}}\right) + \arctan\left(\frac{f_T}{206\text{MHz}}\right)$$

由此解得单位增益频率 $f_T = 11.5\text{MHz}$。

由于 $C_{\mu3}$ 和 C_C 近似为并联关系,利用之前运算放大器分析得到的式(9.25),有

$$(C_C + C_{\mu3}) = \frac{G_{m1}}{\omega_T} = \left(\frac{g_{m1}}{2}\right)\left(\frac{1}{2\pi f_T}\right)$$

$$= \frac{0.005}{2\pi(11.5 \times 10^6)} = 69\text{pF}$$

为了去除由 C_C 产生的、但不希望出现的零点,选择 $R_Z = 1/g_{m3} = 27.5\Omega$。现在还可以求出运算放大器的开环带宽为

$$f_B = \frac{f_T}{A_o} = \frac{11.5\text{MHz}}{2610} = 4.41\text{kHz}$$

因此,最终的设计结果为 $A_o = 68.3\text{dB}$,$f_T = 11.5\text{MHz}$,$f_B = 4.41\text{kHz}$,$\phi_M = 75°$。

结果检查:下面我们将用下述 SPICE 方法对上述分析结果进行验证。

计算机辅助分析:为了仿真反馈回路开路时的增益,必须先确定放大器的偏置电压。将放大器按电压跟随器方式进行连接,得到其偏置电压为 1.035mV。晶体管 $Q_1 \sim Q_7$ 的集电极静态工作电流分别为 242μA、254μA、936μA、1.05mA、917μA 和 917μA。

然后在开环放大器的输入端施加偏置电压,使输出电压等于 0,并在 1Hz～100MHz 的频率范围内进行每十倍频程、20 个仿真点的交流扫描仿真。开环增益的仿真结果如下图所示。从图中可看到,该运算放大器的开环增益为 67.2dB,开环带宽 4.52kHz,单位增益频率为 10.7MHz,相位裕度为 74°,这些值都与设计分析结果十分吻合。相位裕度受零点的影响,在大于 30MHz 的幅值响应图中可看到,但这不在我们的分析范围之内。

> **练习**:利用 8.8.3 节和例 8.6 中的分析方法验证例 9.7 中的回路增益曲线。
>
> **练习**:如果 C_C 降到 50pF,计算例 9.7 中放大器的单位增益频率和相位裕度。
>
> **答案**:15.9MHz,69.5°。

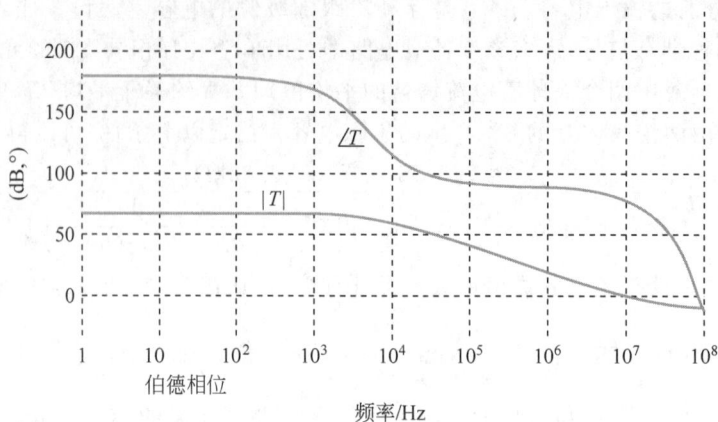

设计实例

例 9.8 MOS 运算放大器补偿。

本例将选择 FET 运算放大器中补偿电容的值，用于单位增益配置产生所需的相位裕度。

问题：针对下图所示的 FET 运算放大器电路，设计补偿电容，使该运算放大器具有 70°的相位裕度，并求出该补偿运算放大器的开环增益、带宽及增益带宽积。所有 NMOS 管的 SPICE 参数为 KP＝10mS/V，VTO＝1V，LAMBDA＝0.01V^{-1}；所有 PMOS 管的 SPICE 参数为 KP＝4mS/V，VTO＝－1V，LAMBDA＝0.01V^{-1}。C_{GS} 和 C_{GD} 分别为 5pF 和 1pF，并可手动将其加入 SPICE 电路图中。将 M_5 视为两个 PMOS FET 的并联组合，其 SPICE 参数为 KP＝8mS/V，C_{GS}＝10pF，C_{GD}＝2pF。

解：

已知量：三级运算放大器的电路如下图所示，输入级采用带有 PMOS 电流镜负载的 NMOS 差分对结构。第 2 级为 PMOS 共源增益级。输出级为一个 NMOS 源极跟随器。晶体管的元器件参数为 KP＝10mS/V(NMOS)，KP＝4mS/V(PMOS)，VTO＝－1V，C_{GD}＝1pF，C_{GS}＝5pF。M_5 的宽度为其他 PMOS 管宽度的两倍，因此其 KP、C_{GS} 和 C_{GD} 也翻倍。ϕ_M＝70°。

未知量：70°相位裕度所需的补偿电容 C_C；最终的开环增益、带宽和单位增益频率；非主极点的位置。

求解方法：计算各晶体管的 Q 点和小信号参数。首先假设运算放大器的主极点由 PMOS 增益级的补偿电容 C_C 设置。计算放大器中其他节点处非主极点的大小，用以计算达到所期望相位裕度的单位增益频率。

假设：主极点由补偿电容 C_C 和共源极设定。我们将选择适当的 R_Z 值，以消除与共源极增益级相关的右半平面零点。该电路在室温下工作，电路将被偏置，以产生 0V 的标称输出电压。在计算工作点时，忽略有限输出阻抗对元器件电流的影响。

分析：

Q 点：电流镜偏置电路和有源负载的使用极大地简化了元器件工作电流的计算。已知参考电流为 1mA，则 $M_1 \sim M_4$ 的偏置电流均为 0.5mA，M_6 和 M_8 理论上将抽取 1mA 的电流。M_5 的 V_{GS} 是一个有趣的参数。由于场电流中存在 λ 项，为了使 I_{D3} 和 I_{D4} 匹配，则 M_3 和 M_4 需要有相等的 V_{DS}。因此，理论上 M_5 的 V_{GS} 与 M_3 和 M_4 的 V_{DS} 相等。如果 M_5 和 M_4 相同，则它们的电流也近似相等。然而 M_6 被偏置成吸入两倍的 M_4 电流，因此在 M_4 与 M_5 相同的情况下，输出电压将达到饱和，并接近 V_{SS}，这就是将 M_5 的宽长比设计成 M_4 的宽长比的两倍的原因，这样它所提供的电流也是 M_4 的两倍，从而

与 M_6 的电流相匹配。

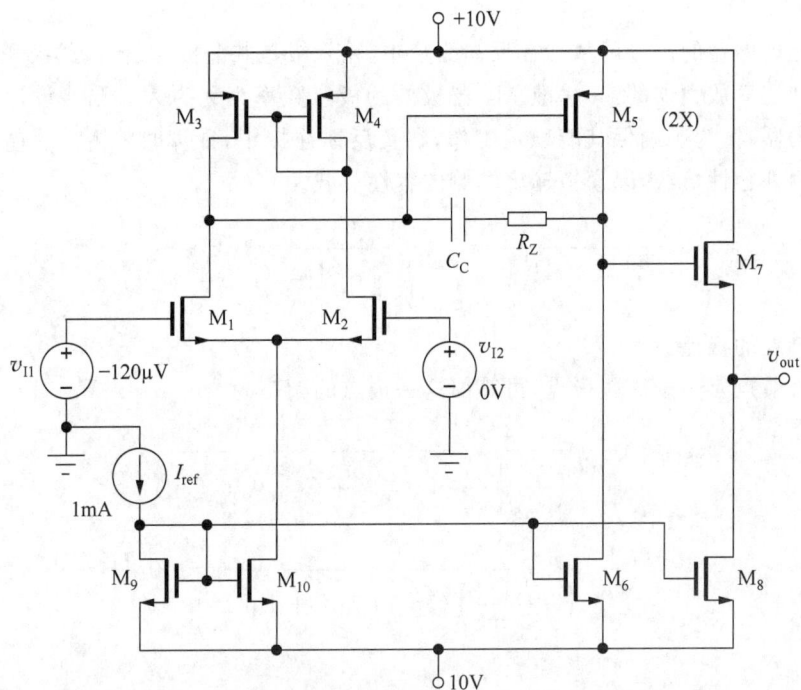

小信号参数：利用下面的公式可以得到小信号参数：

$$r_o \approx \frac{1/\lambda + V_{DS}}{I_D} \qquad g_m = \sqrt{2K_n I_D(1 + \lambda V_{DS})}$$

	I_D/mA	V_{DS}/V	g_m/mS	$r_o/\text{k}\Omega$	C_{GD}/pF	C_{GS}/pF
M1, M2	0.5	9.8	3.46	120	1	5
M3, M4	0.5	1.5	2.03	103	1	5
M5	1	8.6	4.33	58.6	2	10
M6	1	11.4	4.96	61.4	1	5
M7	1	10	4.90	60	1	5
M8	1	10	4.90	60	1	5
M9	1	1.45	4.50	101	1	5
M10	1	8.55	4.66	109	1	5

开环增益：$A_o = A_{vt1} A_{vt2} A_{vt3}$

$A_{vt1} = g_{m1,2}(r_{o1} \parallel r_{o3}) = 3.46\text{mS}(120\text{k}\Omega \parallel 103\text{k}\Omega) = 192\text{V/V}$

$A_{vt2} = -g_{m5}(r_{o5} \parallel r_{o6}) = 4.33\text{mS}(58.6\text{k}\Omega \parallel 61.4\text{k}\Omega) = -130\text{V/V}$

$A_{vt3} = \dfrac{g_{m7}R_{S7}}{1 + g_{m7}R_{S7}} = \dfrac{g_{m7}(r_{o7} \parallel r_{o8})}{1 + g_{m7}(r_{o7} \parallel r_{o8})} = \dfrac{4.9\text{mS}(60\text{k}\Omega \parallel 60\text{k}\Omega)}{1 + 4.9\text{mS}(60\text{k}\Omega \parallel 60\text{k}\Omega)} = 0.993\text{V/V}$

$A_o = -24800\text{V/V} = 87.9\text{dB}$

补偿电容设计：在 f_T 处，回路增益达到 0dB，主极点将提供约 90°的相移。为了获得 70°的相对裕度，可选取补偿电容来设置单位增益频率，使非主极点总共产生 90°−70°=20°的相移(反向输入将贡献

另外 $180°$的相移）。

输入级极点：

现在来关注开环增益的传输函数。在反馈路径中，输入级是共漏极/共栅极的级联。由于采用理想的零阻抗源来驱动运算放大器的输入，故 M_2 栅极处的极点频率为无穷大。当所设计的运算放大器连接单位增益的放大器时，为了确保其能稳定工作，在负反馈连接中，计算时将 M_2 的输入电容作为运算放大器输出端的额外容性负载，以模拟输出端侧的容性负载。

$$C_{in} = C_{GD} + \frac{C_{GS}}{1 + g_{m2}R_{S2}} = C_{GD} + \frac{C_{GS}}{1 + \frac{g_{m2}}{g_{m1}}} = 1\text{pF} + \frac{5\text{pF}}{2} = 3.5\text{pF}$$

差分对源极节点的极点：

差分对的源极节点有一个高频极点，可算出这一极点的频率为

$$f_{pS1} \approx \left(\frac{1}{2\pi}\right)\frac{1}{\left(\frac{1}{g_{m1}} \middle\| \frac{1}{g_{m2}}\right)(C_{GS1} + C_{GS2} + C_{GD10})}$$

$$= \left(\frac{1}{2\pi}\right)\frac{1}{\left(\frac{0.5}{3.46\text{mS}}\right)(5\text{pF} + 5\text{pF} + 1\text{pF})} = 100\text{MHz}$$

增益级极点：

该极点主要由增益级输入端的密勒等效电容决定，与补偿电容 C_C 有关。该极点的实际位置将根据所期望的相位裕度求得。

源极跟随器输入极点：

位于射极跟随器输入端的极点将受到跨接在增益级上的补偿电容极点分化效应的影响。假设跨接在增益级上的补偿电容比电路中的其他电容大很多，那么源极跟随器输入端的极点可表示为

$$f_{pD5} \approx \frac{g_{m5}}{2\pi(C_{i5} + C_{L5})}$$

与双极型运算放大器例子中相关参数相同，上式中的 C_{GS} 表示增益级输入端小信号地的总等效电容，该电容包括差分对的输出电容。

$$C_{i5} = C_{GD1} + C_{GD3} + C_{GS5} = (1 + 1 + 10)\text{pF} = 12\text{pF}$$

C_{L3} 是共漏极输出级侧的电容与电流源侧电容的和，即

$$C_{L5} = C_{GD6} + C_{GD7} + \frac{C_{GS7}}{1 + g_{m7}(r_{o7} \| r_{o8})} = 1 + 1 + \frac{5}{1 + 4.9\text{mS}(30\text{k}\Omega)} = 2.03\text{pF}$$

根据以上结果，可求得这一极点为

$$f_{pD5} \approx \left(\frac{1}{2\pi}\right)\frac{4.33\text{mS}}{(12\text{pF} + 2.03\text{pF})} = 49.2\text{MHz}$$

输出极点：

输出极点将由输出端的等效电容和等效电阻决定。如前所述，在将输出反馈回输入端时，要将 M_2 栅极的电容包括到运算放大器输出端的容性负载中。

$$C_{eqS7} = C_{GS7} + C_{GD8} + C_{in} = 5\text{pF} + 1\text{pF} + 3.5\text{pF} = 9.5\text{pF}$$

$$R_{eqS7} \approx 1/g_{m7} = 204\Omega$$

$$f_{pS7} \approx \left(\frac{1}{2\pi}\right) \frac{1}{(204)(9.5pF)} = 82.1MHz$$

现在为所期望的相位裕度选择恰当的单位增益频率 f_T。在单位增益频率处,运算放大器的主极点将提供约 $90°$ 的相移。对于 $70°$ 的相位裕度,另外两个极点将提供余下的 $20°$ 相移,由此可求出所需的 f_T 为

$$20° = \arctan\left(\frac{f_T}{49.2MHz}\right) + \arctan\left(\frac{f_T}{82.1MHz}\right) + \arctan\left(\frac{f_T}{100MHz}\right) \rightarrow f_T \approx 8.5MHz$$

利用关于单极点运算放大器补偿的结论,可计算出补偿电容的值为

$$(C_C + C_{GD5}) = \frac{g_{m1}}{2\pi f_T} \rightarrow C_C = \frac{3.46mS}{2\pi(8.5MHz)} - 2pF = 63pF$$

由于设计中不希望出现由电容 C_C 产生的右半平面零点,为了消除这一零点,选择电阻 $R_Z = 1/g_{m5} = 230\Omega$。则开环带宽可表示为中频增益和单位增益频率的函数,即

$$f_B = \frac{f_T}{A_o} = \frac{8.5MHz}{24800} = 343Hz$$

最终的设计结果为 $A_o = 87.9dB$,$f_T = 8.5MHz$,$f_B = 343Hz$,$\phi_M = 70°$。

结果检查:在本例中,将利用 SPICE 仿真对设计结果进行验证。

仿真:对于这种高增益放大器,当其在开环状态工作时,我们预计其输出电压会有一个比较大的偏移。输入级的任何偏置误差都会经放大器的增益放大。与之前的双极型运算放大器一样,将该放大器连接成跟随器结构,然后在其输入端施加反相偏置电压,以消除输出偏移,并允许执行开环交流仿真,同时在输出处保持 $0V$ 偏置。

施加适当的偏置电压之后,在 $1Hz \sim 100MHz$ 的频率范围内对放大器进行交流扫描仿真。第 1 次仿真所采用的电路图中没有 R_Z,以说明 FET 放大器的右半平面零点所引发的稳定性问题,如下图所示。

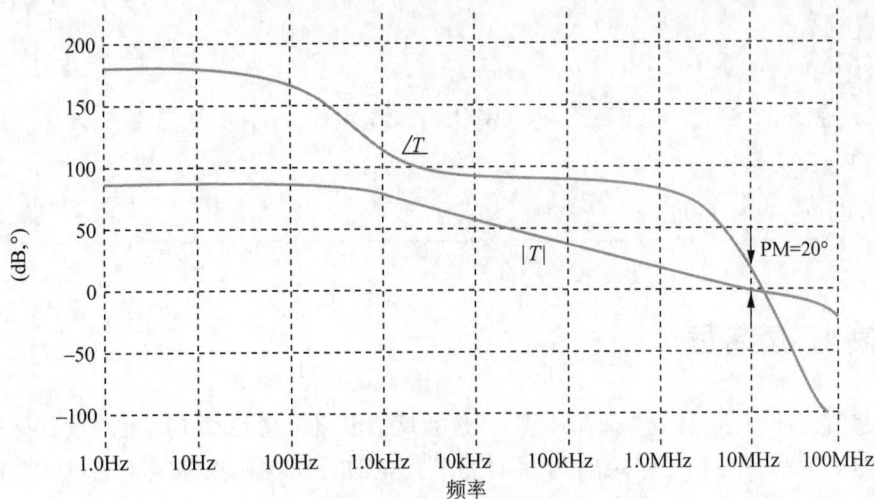

没有 R_Z 时的回路增益

从第 1 次仿真结果可见,运算放大器的单位增益频率为 $11MHz$,而相位裕度仅有 $20°$。右半平面零点将会引发严重的稳定性问题,同时它还将导致幅值响应曲线的斜率下降(增大 $0dB$ 交叉点的频率),并增加负的相移。加入 R_Z 后再次仿真,得到下图所示的回路增益响应。

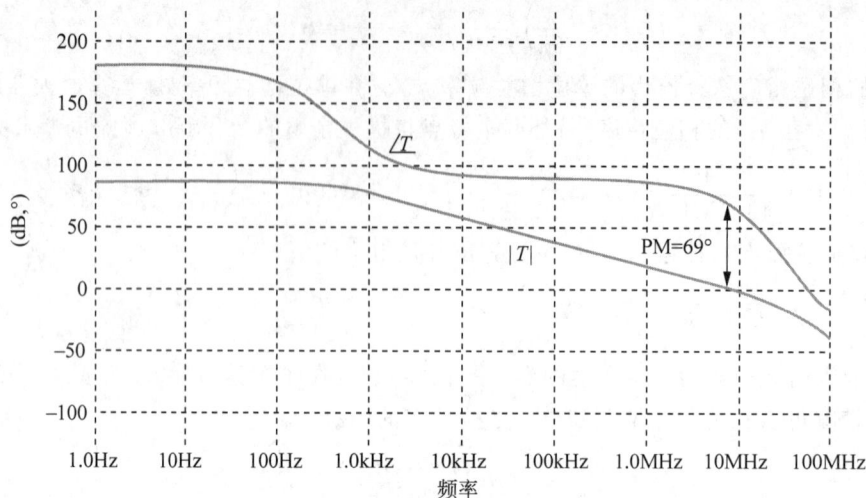

增加 R_Z 以消除 RHP 零点的回路增益

可以看到，R_Z 消除了右半平面零点，仿真结果与设计预期非常接近。单位增益频率为 8.4MHz，相位裕度为 $69°$。如果想要增加相位裕度，可以增大 R_Z 的值，使零点移动到左半平面，从而引入正的相位移。开环增益 A_o 为 86.5dB，开环带宽 f_B 近似为 410Hz。这些结果都在实际可以允许的误差范围之内。

练习：计算例 9.8 中运算放大器的摆率。

答案：$15.4\text{V}/\mu\text{s}$。

练习：(a)求出例 9.8 中的放大器相位裕度为 $60°$ 时所需的补偿电容大小；(b)用 SPICE 仿真验证设计结果。

答案：31.3pF。

练习：(a)在例 9.8 中，当 $(W/L)_5 = (W/L)_4$ 时，其放大器的偏置电压是多大？(b)如果 $(W/L)_5 = 3(W/L)_4$ 呢？

答案：0.96mV，-0.60mV。

9.6 高频振荡器

在高频振荡器设计中，采用了特殊晶体管，其选频反馈电路由高 Q 值 LC 电路或石英晶体谐振元组成。在此将介绍两种典型的 LC 振荡结构：一种是利用电容分压控制反馈的 Colpitts 振荡器；另一种是用电感分压的 Hartley 振荡器。本节主要介绍集成振荡器，它是利用基于晶体管差分对的负 C_m 单元来实现振荡的。晶体振荡器将在 9.6.6 节中讨论。

9.6.1 Colpitts 振荡器

图 9.33 所示为基本的 Colpitts 振荡器结构。电感 L 和 C_1、C_2 串联，组合成谐振电路；C_1、C_2 及

L 均采用可变元器件以调节振荡频率。该电路的直流等效电路图如图 9.33(b) 所示。FET 的栅极通过电感 L 直流接地,静态工作点 Q 可以通过标准方法确定。图 9.33(c) 所示是电路的小信号模型,栅-源电容 C_{GS} 与 C_2 并联,栅-漏电容 C_{GD} 与电感并联。

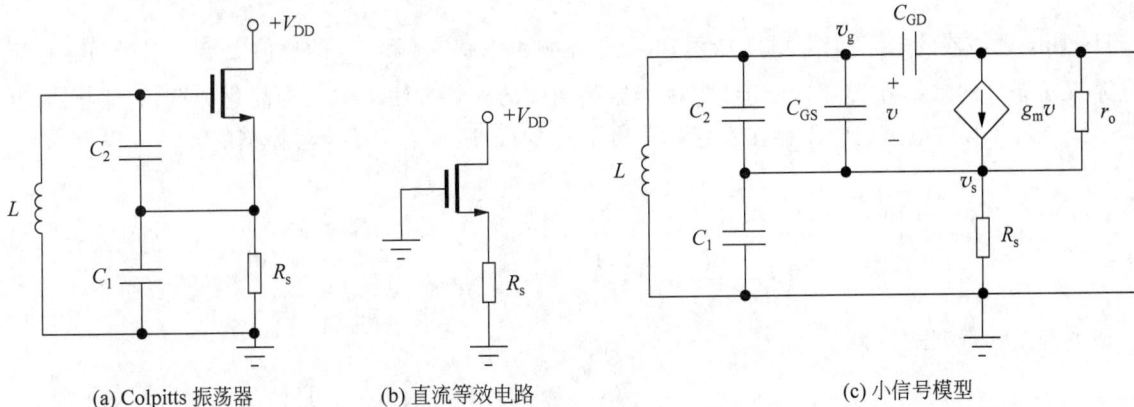

(a) Colpitts 振荡器　　　(b) 直流等效电路　　　(c) 小信号模型

图　9.33

　　该电路为找到在第 3 章中讨论的振荡条件提供了另一种方法。为简化分析时的代数运算,分别令 $(G=1/(R_s \| r_o)$ 及 $C_3=C_2+C_{GS}$。写出 $V_g(s)$ 和 $V_s(s)$ 的节点方程为

$$
\begin{bmatrix} 0 \\ 0 \end{bmatrix} = \begin{bmatrix} \left(s(C_3+C_{GD})+\dfrac{1}{sL}\right) & -sC_3 \\ -(sC_3+g_m) & (s(C_1+C_3)+g_m+G) \end{bmatrix} \begin{bmatrix} V_g(s) \\ V_s(s) \end{bmatrix} \tag{9.36}
$$

该方程组的行列式值为

$$
\Delta = s^2 \left[C_1 C_3 + C_{GD}(C_1+C_3) \right] + s \left[(C_3+C_{GD})G + GC_3 \right] + \frac{(g_m+G)}{sL} + \frac{(C_1+C_3)}{L} \tag{9.37}
$$

由于振荡器电路没有外部激励,因此为了使输出电压为非零值,则必须满足 $\Delta=0$。将 $s=\mathrm{j}\omega$ 代入上式,整理实部和虚部,行列式值变成

$$
\Delta = \left(\frac{(C_1+C_3)}{L} - \omega^2 \left[C_1 C_3 + C_{GD}(C_1+C_3) \right] \right) + \mathrm{j}\left(\omega \left[(g_m+G)C_{GD}+GC_3 \right] - \frac{(g_m+G)}{\omega L} \right) = 0 \tag{9.38}
$$

令实部等于零,可定义振荡频率 ω_o 为

$$
\omega_o = \frac{1}{\sqrt{L\left(C_{GD}+\dfrac{C_1 C_3}{C_1+C_3}\right)}} = \frac{1}{\sqrt{LC_{TC}}}, \text{其中} \quad C_{TC}=C_{GD}+\frac{C_1 C_3}{C_1+C_3} \tag{9.39}
$$

令虚部等于零,得到 FET 电路的增益约束为

$$
\omega^2 L \left[C_{GD}+\frac{G}{(g_m+G)}C_3 \right] = 1 \tag{9.40}
$$

当 $\omega=\omega_o$ 时,式(9.37)表示的增益需求可以简化为

$$
g_m R = \frac{C_3}{C_1} \quad \left(g_m R \geqslant \frac{C_3}{C_1} \right) \tag{9.41}
$$

从式(9.39)可以看出,振荡频率由电感 L 的谐振频率和与电感并联的总电容 C_{TC} 决定。反馈由电

容比设定,必须满足式(9.41)中的条件。满足等式要求的增益将振荡极点精确地置于 $j\omega$ 轴上。不过, 一般情况下会选用更大的增益值来确保振荡,同时还会用到一些稳定幅值的方法。

9.6.2 Hartley 振荡器

Hartley 振荡器的电路如图 9.34 所示,其反馈系数由电感 L_1 和 L_2 的比值决定。该振荡器直流等效电路振荡条件的求解方法与 Colpitts 振荡器振荡条件的求解方法类似。为简化计算,忽略栅-源电容和栅-漏电容,并假定电感之间不存在互感。写出图 9.34(c)所示电路小信号模型的节点方程为

$$
\begin{bmatrix} 0 \\ 0 \end{bmatrix} = \begin{bmatrix} sC + \dfrac{1}{sL_2} & -\dfrac{1}{sL_2} \\ -\left(\dfrac{1}{sL_2} + g_m\right) & \dfrac{1}{sL_1} + \dfrac{1}{sL_2} + g_m + g_o \end{bmatrix} \begin{bmatrix} V_g(s) \\ V_s(s) \end{bmatrix} \tag{9.42}
$$

该方程组的行列式值为

$$
\Delta = sC(g_m + g_o) + \frac{g_o}{sL_2} + \frac{1}{s^2 L_1 L_2} + C\left(\frac{1}{L_1} + \frac{1}{L_2}\right) \tag{9.43}
$$

为达到振荡,要求 $\Delta = 0$。代入 $s = j\omega$,并整理实部和虚部,行列式变为

$$
\Delta = \left[C\left(\frac{1}{L_1} + \frac{1}{L_2}\right) - \frac{1}{\omega^2 L_1 L_2}\right] + j\left(\omega C(g_m + g_o) - \frac{g_o}{\omega L_2}\right) = 0 \tag{9.44}
$$

令行列式的实部为零,可定义振荡频率 ω_o 为

$$
\omega_o = \frac{1}{\sqrt{C(L_1 + L_2)}} \tag{9.45}
$$

令虚部等于零,得到 FET 的放大系数约为

$$
1 + g_m r_o = \frac{1}{\omega C L_2} \tag{9.46}
$$

当 $\omega = \omega_o$ 时,式(9.42)所描述的增益要求可以简化为

$$
\mu_f = \frac{L_1}{L_2} \quad \left(\mu_f \geqslant \frac{L_1}{L_2}\right) \tag{9.47}
$$

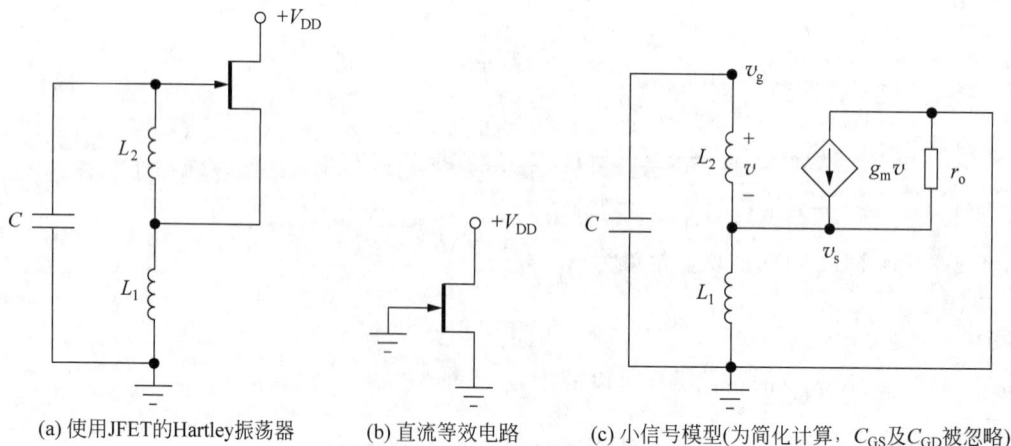

(a) 使用JFET的Hartley振荡器　　(b) 直流等效电路　　(c) 小信号模型(为简化计算, C_{GS} 及 C_{GD} 被忽略)

图 9.34

振荡频率由电感 L 的谐振频率和与电感并联的总电容 C_{TC} 决定。反馈由电容比设定,必须满足式(9.41)中的条件。满足等式要求的增益将振荡极点精确地置于 $j\omega$ 轴上。不过,一般情况下会选用更大的增益值来确保振荡,同时还会用到一些稳定幅值的方法。

振荡频率由总电感 $L_1 + L_2$ 与电容的谐振频率决定,反馈系数由两个电感之比决定,且必须满足式(9.47)所描述的振荡条件。为使振荡器极点位于 $j\omega$ 轴上,增益必须足够大,以满足等式关系。一般情况下会选用更大的增益来确保振荡,同时还会用到一些稳定幅值的方法。

9.6.3　*LC* 振荡器的幅值稳定

晶体管所固有的非线性特性经常被用来限制振荡器的幅值。例如在 JFET 电路中,二极管可用来构成限幅的峰值探测器(如图 9.34 所示),在双极型电路中,基极-发射极二极管的整流通常实现相同的功能。在图 9.35 所示的 Colpitts 振荡器中,增加了一个二极管和电阻来提供限幅功能,二极管和电阻 R_G 构成的整流器为栅极提供一个负的直流偏置,电路中的电容起整流器滤波的作用。在实际电路中,由于振荡会调整自身的工作点,以实现限幅功能,故在振荡器起振时,伴随有静态工作点(Q 点)的略微偏移。

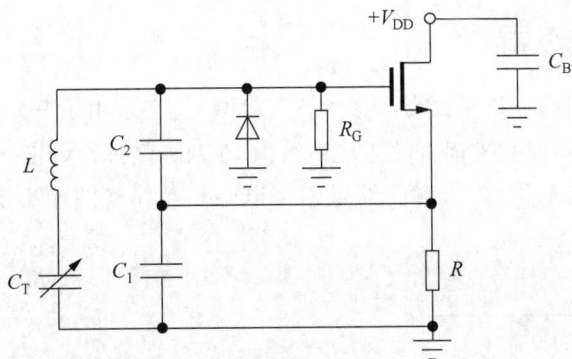

图 9.35　利用二极管整流器限幅的 MOSFET Colpitts 可调振荡器

9.6.4　振荡器中的负电阻

为了产生振荡,所有振荡器都需要有一个负的输入电阻,因此必须正确地选择负电阻的大小,这样至少能够抵消电路中包括偏置电阻、晶体管输出电阻及电感串联电阻等在内的电路元器件的阻性损耗。

下面以图 9.36 所示的等效电路为例,计算 Colpitts 振荡器中电感两端的等效电阻。利用分析带源极负反馈的共源极放大器的分析方法,计算该电路的输入电阻。基于共集电极放大器及共漏极放大器输入电阻的原理,可以得到

$$Z_{in}(s) = Z_{gs}(1 + g_m Z_s) + Z_s = \frac{1}{sC_1}\left(1 + g_m \frac{1}{sC_2}\right) + \frac{1}{sC_2} = \frac{1}{sC_1} + \frac{1}{sC_2} + \frac{g_m}{s^2 C_1 C_2} \quad (9.48)$$

$$Z_{in}(j\omega) = \frac{1}{j\omega}\left(\frac{1}{C_1} + \frac{1}{C_2}\right) + R_{eq} \quad \text{其中} \quad R_{eq} = -\frac{g_m}{\omega^2 C_1 C_2}$$

输入阻抗是 C_1 和 C_2 的阻抗加上实际输入负电阻 R_{eq} 的串联组合。

练习：采用与上述类似的方法证明 Hartley 振荡器具有负的输入电阻。

答案：$j\omega(L_1+L_2)-\omega^2 g_m L_1 L_2$。

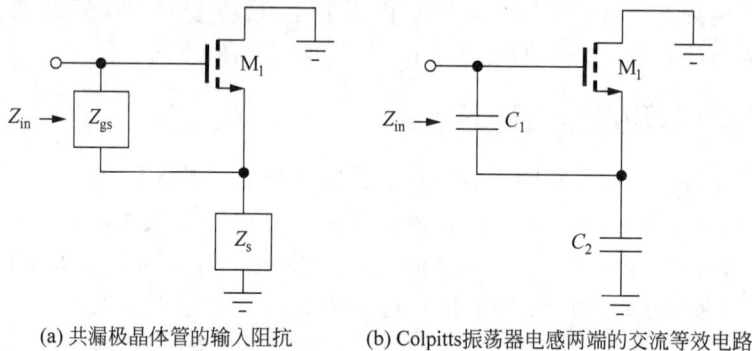

(a) 共漏极晶体管的输入阻抗   (b) Colpitts振荡器电感两端的交流等效电路

图　9.36

9.6.5　负 G_M 振荡器

在集成电路中广泛采用的一种振荡器如图 9.37(a) 所示，它采用了一对由电流源 I_{EE} 偏置的发射极耦合晶体管，该晶体管对构成交叉耦合的正反馈结构，在两个晶体管漏极之间产生了一个负电阻。只要交叉耦合晶体管对的负电阻足够大，就能够抵消由电感和晶体管的输出电阻引起的阻性损耗，产生振荡。

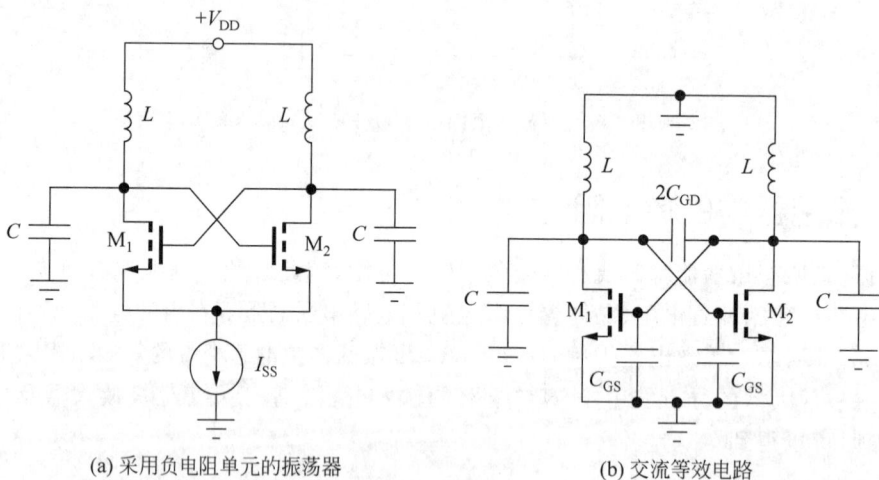

(a) 采用负电阻单元的振荡器   (b) 交流等效电路

图　9.37

假设电路对称，则交叉耦合对中每个晶体管的偏置电流均为 $I_{EE}/2$。振荡信号的幅值就是两个晶体管漏极电压 $(v_{d2}=-v_{d1})$ 之差，振荡频率可通过图 9.37(b) 所示的等效电路计算得出。电路的谐振频率由电感两端的等效电容决定，即

$$\omega_{o} = \frac{1}{\sqrt{2L\left(2C_{GD} + \dfrac{C+C_{GS}}{2}\right)}} = \frac{1}{\sqrt{LC_{eq}}} \tag{9.49}$$

其中，$C_{eq} = C + C_{GS} + 4C_{GD}$。外部电容 C 一般可以用一个可变的二极管电容代替，其值通常远远超过元器件电容的值，这样做的目的是能够调节振荡器的频率。需注意的是，图 9.37 中所用到的电流源对共模信号呈现出很高的阻抗，防止了共模振荡（$v_{d2} = v_{d1}$）的发生。

可以借助图 9.38 所示电路来计算负 G_M 单元的等效输入电阻 R_{in}，在该电路中使用了小信号测试电流 i_x，$R_{in} = v_x/i_x$。将 KVL 应用于电路，可发现 v_x 等于转换器 M_2 和 M_1 的栅极-源极电压的差，并且基尔霍夫电流定律表明电流 i_x 必须进入 M_1 的漏极，并从 M_2 的漏极离开。

$$v_x = v_{gs2} - v_{gs1}, \text{其中 } i_{d1} = i_x, i_{d2} = -i_x \tag{9.50}$$

FET 的漏极电流和栅-源电压之间的关系用 $i_d = g_m v_{gs}$ 表示，由此可得

$$v_{gs1} = \frac{i_{d1}}{g_m} = \frac{i_x}{g_m} \quad \text{及} \quad v_{gs2} = \frac{i_{d2}}{g_m} = -\frac{i_x}{g_m} \tag{9.51}$$

可以看到，正反馈回路产生了负的输入电阻，为

$$v_x = -\frac{i_x}{g_m} - \frac{i_x}{g_m} \quad \text{及} \quad R_{in} = -\frac{2}{g_m} \tag{9.52}$$

振荡要求图 9.39 中晶体管漏极[①]之间的整体电导为负，即

$$-\frac{g_m}{2} + \frac{g_o + G_P}{2} \leqslant 0 \quad \text{或当 } r_o \gg R_P \text{ 时，} \quad g_m R_P \geqslant 1 \tag{9.53}$$

其中 R_P 为与电感并联的等效电阻 $R_P = (1 + Q_S^2)R_S \approx Q_S^2 R_S$，则振荡条件可写为

$$\text{当 } Q_s = \frac{\omega L}{R_S} \text{ 时，} \quad g_m > \frac{1}{Q_S^2 R_S} \tag{9.54}$$

式(9.53)利用电感特性给出了晶体管的跨导下限值。

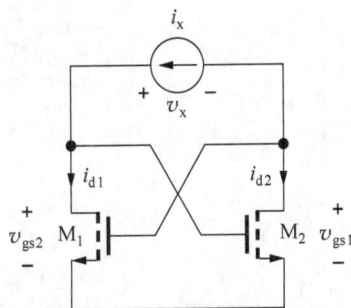

图 9.38　用于找到交叉耦合晶体管对电阻的电路

> **练习：** 画出图 9.37(b)所示振荡器电路的对称结构。假设该结构对称轴上的点为虚地，说明振荡频率由 L 和 C_{eq} 决定，其中 C_{eq} 的定义类似于式(9.49)中的 R_{eq}。

9.6.6　晶体振荡器

以石英晶体为频率基准的振荡器（晶体振荡器，简称晶振）可以用来实现超高频率精度和高稳定性的振荡器。石英晶体是在电激励作用下能够产生振动的压电元器件。尽管晶体的振荡频率由其力学特性决定，不过，晶体的电学性能可以通过图 9.40 所示的超高 Q 值（>10000）的谐振电路来建模。

L、C_S 和 R 表征通过晶体元器件本身的固有串联谐振路径，而并联电容 C_P 由包含石英元器件的封装电容组成。该电路的等效阻抗表现出 C_S 与 L 谐振的串联谐振频率 ω_S，以及由 L 与 C_S 和 C_P 的串联组合谐振所确定的并联谐振频率 ω_P。

---

① 或者任何其他电路端口。

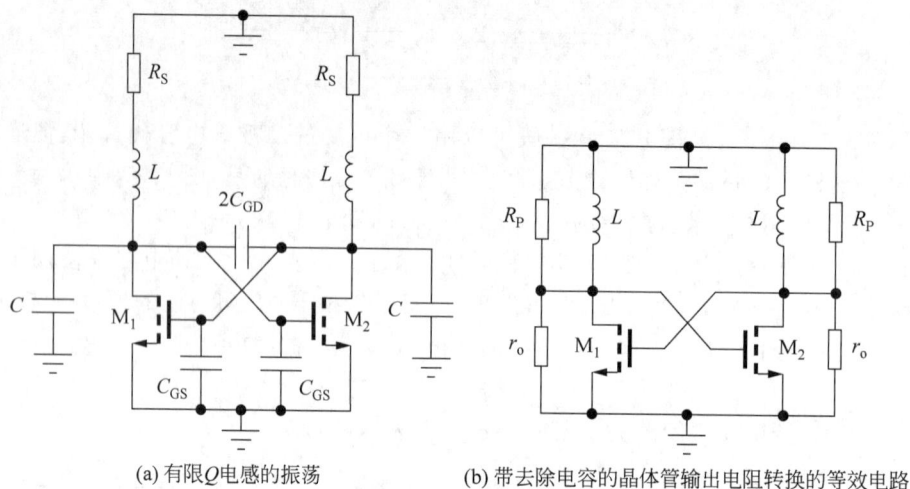

(a) 有限Q电感的振荡   (b) 带去除电容的晶体管输出电阻转换的等效电路

图   9.39

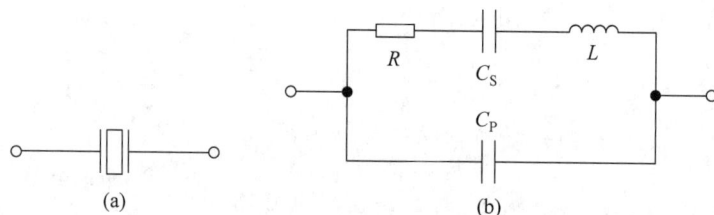

图 9.40   石英晶体的符号和电气等效电路

利用图 9.40 所示的电路模型，可以轻松地计算出晶体阻抗和频率的关系为

$$Z_{\mathrm{C}} = \frac{Z_{\mathrm{P}} Z_{\mathrm{S}}}{Z_{\mathrm{P}} + Z_{\mathrm{S}}} = \frac{\dfrac{1}{sC_{\mathrm{P}}}\left(sL + R + \dfrac{1}{sC_{\mathrm{S}}}\right)}{\dfrac{1}{sC_{\mathrm{P}}} + \left(sL + R + \dfrac{1}{sC_{\mathrm{S}}}\right)} = \frac{1}{sC_{\mathrm{P}}}\left(\frac{s^2 + s\,\dfrac{R}{L} + \dfrac{1}{LC_{\mathrm{S}}}}{s^2 + s\,\dfrac{R}{L} + \dfrac{1}{LC_{\mathrm{T}}}}\right) \tag{9.55}$$

其中，$C_{\mathrm{T}} = \dfrac{C_{\mathrm{S}} C_{\mathrm{P}}}{C_{\mathrm{S}} + C_{\mathrm{P}}}$。

例 9.9 中的电路图给出了一个晶体阻抗随频率变化的实例。当频率低于 ω_{S} 或高于 ω_{P} 时，晶体表现出电容性；当频率在 ω_{S} 和 ω_{P} 之间时，晶体表现出电感性。从图中可以发现，ω_{S} 和 ω_{P} 之间的区域非常狭窄。如果用晶体来取代 Colpitts 振荡器中的电感，就能得到优良的振荡频率。在大多数晶体振荡器中，晶体都是在两个谐振点间的频率范围内工作，表现为电感性电抗，从而取代电路中的电感。

例 9.9   石英晶体等效电路。

由于晶体具有非常高的 Q 值，故用来表征晶体特性的电感 L 和电容 C_{S} 的值都很特别。

问题：晶体参数为 $f_{\mathrm{S}} = 5\mathrm{MHz}$，$Q = 20000$，$R = 50\Omega$，$C_{\mathrm{P}} = 5\mathrm{pF}$，计算该晶体等效电路中各元器件的大小，并求出其并联谐振频率。

解：

已知量：晶体参数定义为 $f_{\mathrm{S}} = 5\mathrm{MHz}$，$Q = 20000$，$R = 50\Omega$，$C_{\mathrm{P}} = 5\mathrm{pF}$。

未知量：L 和 C_{S}。

求解方法：利用 Q 值和串联谐振频率的定义求出未知量。

假设：图 9.40 所示的等效电路足以对晶体建模。

分析：将已知的 Q、R 及 f_S 代入串联谐振电路的基本关系式中，可得

$$L = \frac{RQ}{\omega_S} = \frac{50(20000)}{2\pi(5 \times 10^6)} = 31.8\text{mH} \quad C_S = \frac{1}{\omega_S^2 L} = \frac{1}{(10^7 \pi)^2 (0.0318)} = 31.8\text{fF}$$

典型的 C_P 值在 5～20pF 时。当 $C_P = 5\text{pF}$ 时，并联谐振频率为

$$f_P = \frac{1}{2\pi \sqrt{L \dfrac{C_S C_P}{C_S + C_P}}} = \frac{1}{2\pi \sqrt{(31.8\text{mH})(31.6\text{fF})}} = 5.02\text{MHz}$$

$$f_S = 5.00\text{MHz}$$

结果检查：利用计算机得到的 L 和 C_S 值反推 f_S 得到

$$f_S = \frac{1}{2\pi \sqrt{31.8\text{mH}(31.8\text{fF})}} = 5.00\text{MHz}$$

讨论：注意两个谐振频率只相差 0.4%，且晶体的 Q 值很高，这会导致 L 相对大而 C_S 相对较小。

计算机辅助分析：下图显示了使用例 9.9 中求得的参数，晶体电抗与频率的计算机仿真结果。

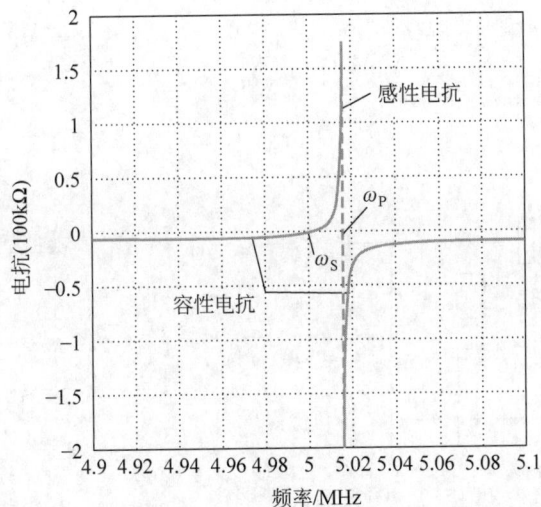

针对例 9.9 中所求得的晶体参数得到的晶体电抗和频率的关系

从图中可以看到，在低于串联谐振频率或高于并联谐振频率时，晶体表现出容性电抗；当谐振频率处于 f_S 和 f_P 之间时，晶体表现出感性电抗。在很多振荡器电路中，晶体表现为电感，并与外部电容产生谐振。故其谐振频率在 f_S 和 f_P 之间。

练习：用一个 2pF 电容与晶体并联，计算该晶体的并联谐振频率。如换用 20pF 的电容，重复上述计算。

答案：5.016MHz；5.008MHz。

图 9.41～图 9.44 给出了几个晶振的例子。此外，还存在多种不同类型的晶振，但大部分是

Colpitts 振荡器和 Hartley 振荡器拓扑结构的变形。例如，图 9.41(a) 所示电路为一个以源极为参考地的 Colpitts 振荡器，该电路可用图 9.41(b) 所示的形式表现出来。图 9.42 和图 9.43 所示为用双极型晶体管和 JFET 器件构建的 Colpitts 振荡器。

在此要介绍的最后一种晶振如图 9.44 所示，这一电路通常采用 CMOS 逻辑反相器来实现。不过该电路为另一种 Colpitts 振荡器，与图 9.41(b) 类似。反馈电阻 R_F 最初将反相器偏置在其工作区域的中间区域，以确保静态工作点具有很高的增益。

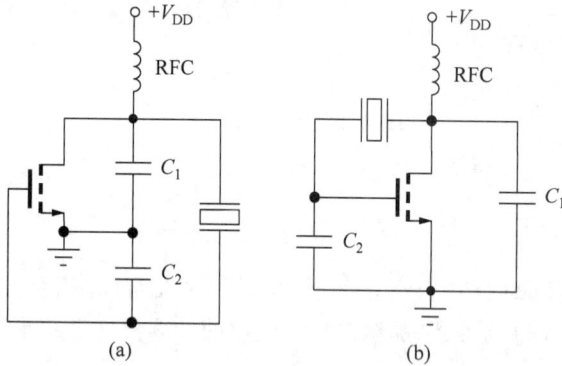

图 9.41　同一种 Colpitts 晶振的两种表现形式

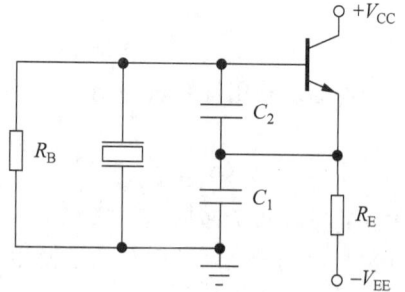

图 9.42　用双极型晶体管构建的晶振

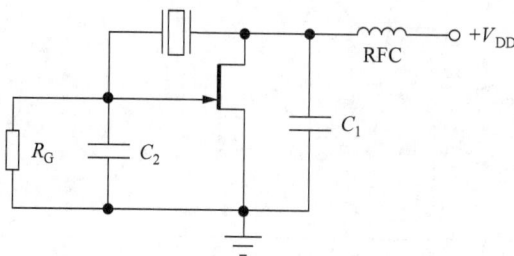

图 9.43　用 JFET 构建的晶振

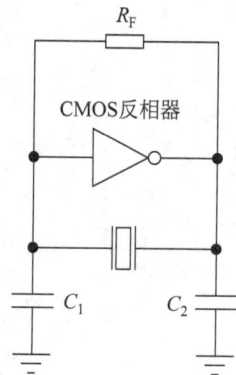

图 9.44　反相器作为增益元器件的晶振

电子应用

MEMS 振荡器

由于晶体管振荡器可以产生精确稳定的时钟信号，所以一直以来，手表和计算机系统中的时钟信号主要由晶体管振荡器产生。与集成电感和电容不同，晶体管振荡器的等效串联电阻小，使其具有低功耗高 Q 值的特点。但是，传统的晶体管振荡器体积大，无法与 CMOS 工艺集成。为了解决这一问题，研究人员以谐振结构为基础，研究出可以直接与 CMOS 电路集成的微机电系统（Microelectromechanical System，MEMS）。

下图所示是一个 MEMS 微机电谐振器，该谐振器于 1999 年由 Clark Nguyen 和 Roger Howe 共同研制成功。下图所示为其显微照片，多晶硅材料形成静电流状结构，下图还给出了 MEMS 的后端工艺截面图。多晶硅结构为谐振器常用结构,通过淀积多晶硅层形成电学接触。此处值得注意的是,图中左侧水平悬浮梁的衬底上方水平方向有一定长度。预先淀积的磷玻璃牺牲层上淀积一层多晶硅,然后将PSG腐蚀掉,就形成了多晶硅横梁。

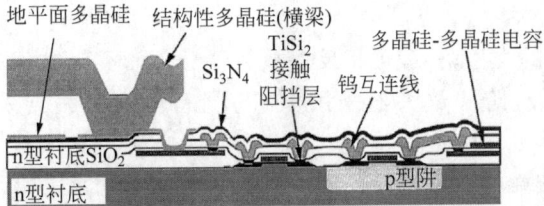

下图所示为梳状驱动的物理结构。对最左侧的指状结构施加电压,中间的横梁被拉至左端。当去掉电压时,横梁又被拉回右端。当驱动电压的频率接近整体谐振频率时,开始持续振荡。与石英振荡器类似,微机电振荡器可以用串联 RLC 和并联电容模型来表示。中心结构前后振荡时,梳齿进出引起电容变化,这样就在输出端产生位移电流,并被跨阻放大器检测到。在谐振频率时,满足 Barkhausen 条件,振荡可以持续一段时间。

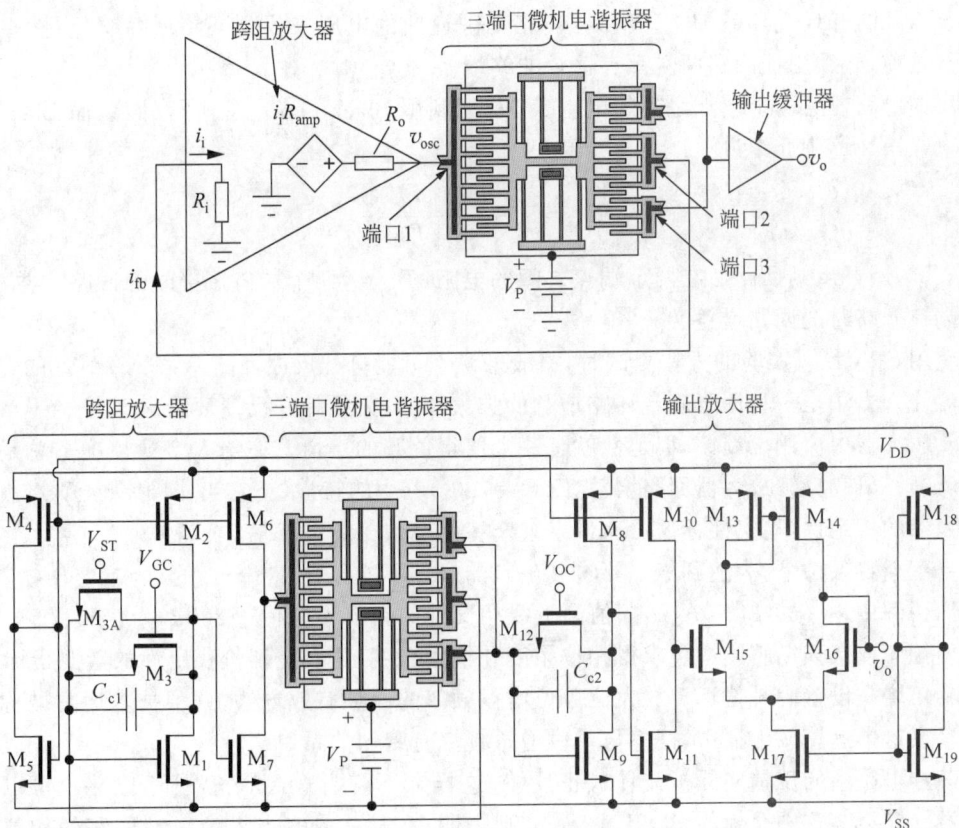

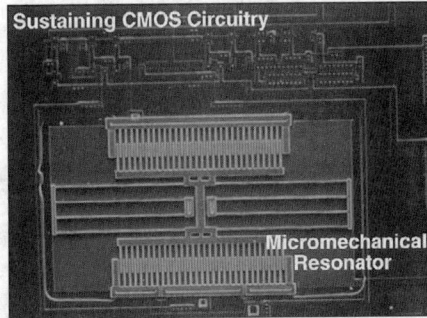

MEMS 器件可以用作全集成混频器、滤波器及其他谐振器件。MEMS 器件一般由多晶硅制作而成，因此可以与传统 CMOS 集成电路工艺兼容。上图所示结构的谐振频率有数千赫兹，现在研究人员正在开发其他的谐振器，力求可以在吉赫兹频段工作。MEMS 与 CMOS 工艺的结合，有望产生单芯片射频收发器，摆脱当前使用的大功耗集成电容和电感的困境。

小结

- 根据放大器输入端和输出端所采用反馈的类型，一般可将反馈放大器分为 4 类。电压放大器采用串-并反馈，跨阻放大器采用并-并反馈，跨导放大器采用串-串反馈，电流放大器采用并-串反馈。

- 串联反馈放置串联端口，并增加串联连接端的总阻抗值；并联反馈放置并联端口，并减小并联连接端口的总阻抗值。

- 反馈放大器的闭环增益可表示为

$$A_{cl} = A_{cl}^{Ideal} \frac{T(s)}{1 + T(s)}$$

其中 A_{cl}^{Ideal} 是理想闭环增益，T_S 是与频率相关的回路增益或回路传输。

- 回路增益 T_S 对确定反馈放大器特性有着重要的作用。在理论计算中，设计者可以通过在某个任意点处断开反馈环路，并直接计算环路周围返回的电压来找到环路增益。但是，在计算循环增益之前，必须保证回路两侧都有适合的终端。

- 在反馈电路任意两个端点之间的电阻 R_x 都可利用 Blackman 定理进行计算，而 Blackman 定理最早在第 2 章中介绍过

$$R_x = R_x^D \frac{1 + |T_{SC}|}{1 + |T_{OC}|}$$

其中 R_x^D 为断开反馈回路后在两个端点之间的电阻，T_{SC} 为两个端口短接时的回路增益，T_{OC} 为两个端口开路时的回路增益。

- 当使用 SPICE 或实验的方法测试时，一般来说不可能打开反馈环路。第 2 章讨论的连续电压和电流注入方法是一种用于确定环路增益的强大技术，无须打开反馈环路。

- 只要放大器中应用了反馈，稳定性就是一个值得关心的事情。在绝大多数情况下总是希望得到负反馈。研究反馈放大器回路增益 $T(s)=A(s)\beta(s)$ 的特性，把它当作频率的函数，就可以确定放大器的稳定性，稳定性标准可通过奈奎斯特图或伯德图来评估。

- 在奈奎斯特条件下，为达到稳定要求 $T(j\omega)$ 的极点不能包含 $T=-1$ 的点。

- 在伯德图中，$A(j\omega)$ 和 $1/\beta(j\omega)$ 幅值渐进线相交处的斜率不能超过 20dB/十倍频程。

- 在伯德图或奈奎斯特图中可求得相位裕度和幅度裕度，这些是评价稳定性的重要指标。

- 密勒倍增是设置内补偿运算放大器单位增益频率的一种有效方法，这种技术通常被称为密勒补偿。在这类运算放大器中，摆率与单位增益频率有密切关系。

- 振荡器电路中的反馈实际被设计成正反馈，这样在不需要输入的情况下，电路也可以产生输出信号。在第 3 章中介绍的 Barkhausen 准则表明，在某一频率点上沿反馈回路的相位位移必须是 360° 的偶数倍，并且在此频率点的回路增益必须为 1。

- 振荡器使用某种形式的选频反馈电路来确定振荡频率；在高频下采用 LC 电路或石英晶体来设

置振荡频率。

- 绝大多数 LC 振荡器为 Colpitts 或 Hartley 振荡器。在 Colpitts 振荡器中,反馈系数由两个电容比决定;在 Hartley 振荡器中,由一对电感来决定反馈系数。集成振荡器中常用负 G_m 单元。
- 晶体管振荡器采用石英晶体来代替 LC 振荡器中的电感。晶体在电学上可用一个超高 Q 值的谐振电路来建模,当将其用于振荡器时,晶体能准确地控制振荡频率。
- 为了引发振荡,电路中必须引入负电阻来弥补电路在偏置电阻、晶体管输出电阻上的损耗,以及构成谐振电路的电感和电容上的损耗。
- 为产生真正的正弦振荡,振荡器的极点必须严格位于 s 平面的 $j\omega$ 轴上,否则会产生失真。为了实现正弦振荡,通常需要某种形式的幅值稳定技术。这种稳定技术可在电路中使用的晶体管的固有非线性特性来实现,也可增加增益控制电路来实现。

关键词

Amplitude Stabilization	幅度稳定性
Barkhausen Criteria For Oscillation	振荡器的 Barkhausen 准则
Blackman's Theorem	Blackman 定律
Bode Plot	伯德图
Closed-Loop Gain	闭环增益
Closed-Loop Input Resistance	闭环输入电阻
Closed-Loop Output Resistance	闭环输出电阻
Colpitts Oscillator	Colpitts 振荡器
Crystal Oscillator	晶体振荡器
Current Amplifier	电流放大器
Degenerative Feedback	负反馈
Feedback Amplifier Stability	反馈放大器稳态
Feedback Network	反馈电路
Gain Margin(GM)	增益裕度(GM)
Hartley Oscillator	Hartley 振荡器
LC Oscillator	LC 振荡器
Loop Gain	环路增益
−1 Point	−1 点
Negative Feedback	负反馈
Negative G_m Oscillator	负增益 G_m 振荡器
Negative Resistance	负电阻
Nyquist Plot	奈奎斯特图
Open-Loop Amplifier	开环放大器
Open-Loop Gain	开环增益
Oscillator Circuit	振荡电路
Oscillator	振荡器

参考文献

1. R. D. Middlebrook,"Measurement of loop gain in feedback systems,"*International Journal of Electronics*, vol. 38,no. 4,pp. 485-512,April 1975. Middlebrook credits a 1965 Hewlett-Packard Application Note as the original source of this technique.

2. R. C. Jaeger, S. W. Director, and A. J. Brodersen, "Computer-aided characterization of differential amplifiers," *IEEE JSSC*,vol. SC-12,pp. 83-86,February 1977.

3. R. B. Blackman,"Effect of feedback on impedance,"*Bell System Technical Journal*, vol. 22,no. 3,1943.

4. P. J. Hurst,"A comparison of two approaches to feedback circuit analysis,"*IEEE Transaction on Education*, vol. 35,pp. 253-261,August 1992.

5. F. Corsi,C. Marzocca, and G. Matarrese,"On impedance evaluation in feedback circuits,"*IEEE Transaction on Education*, vol. 45,no. 4,pp. 371-379,November 2002.

习题

§9.1 基本反馈系统回顾

9.1 图 9.1 所示为经典的反馈放大器,其 $\beta=0.25$。求出以下 3 种情况的回路增益 T,闭环增益 A_v 和分数增益误差 FGE(参见 2.1.2 节):(a)$A=120$dB;(b)$A=60$dB;(c)$A=15$。

9.2 图 P9.1(a)所示的反馈放大器,其中 $R_1=1$kΩ,$R_2=39$kΩ,$R_1=0$,$R_L=4.7$kΩ,(a)β 为多少? (b)如果 $A=80$dB,则回路增益 T 和闭环增益 A_v 各为多少?

9.3 图 P9.2 所示的反相放大器由具有有限增益 $A=84$dB 的运算放大器实现。如果 $R_1=2$kΩ, $R_2=78$kΩ,则 β、T、A_v 各为多少?

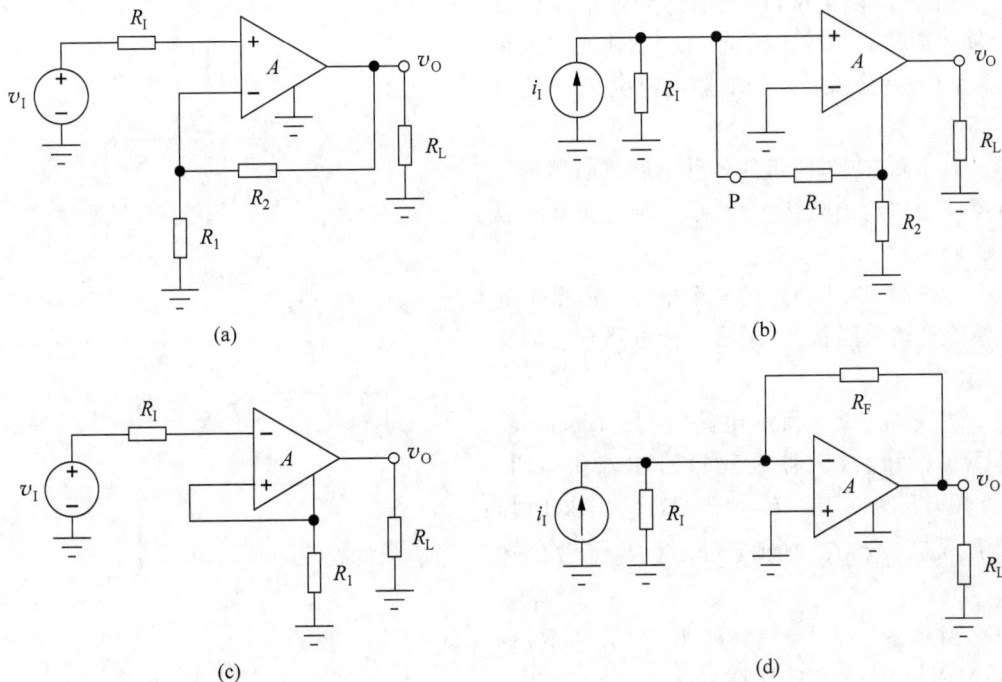

图 P9.1 对于每个放大器 A 有：$A=5000,R_{id}=25\text{k}\Omega,R_o=500\Omega$

9.4 放大器的闭环电压增益 A_v 由式(9.4)给出。如果要求将其连接成电压跟随器(当 $\beta=1$ 时 $A_v\approx1$)时的增益误差小于 0.05%，则所需开环增益的最小值为多少？

9.5 放大器的闭环电压增益 A_v 由式(9.4)给出。如果理想增益为 150 时的增益误差小于 0.2%，则所需开环增益的最小值为多少？

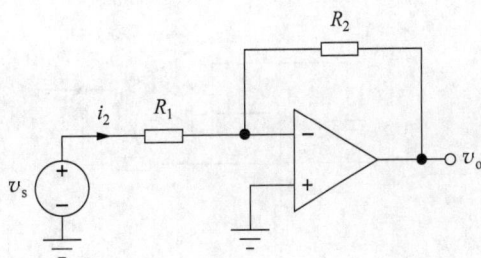

图 P9.2

9.6 如果运算放大器参数为 $A_o=2500,R_{id}=150\text{k}\Omega,R_o=150\Omega$，则利用 SPICE 对图 P9.3 所示的两种 B 类输出级进行仿真，并对二者的传输特性进行比较(假设 $V_1=0$)。

9.7 (a)使用式(9.4)计算闭环增益 A_v 对开环增益 A 变化的灵敏度 $S_A^{A_v}$，灵敏度的定义在第 3 章中给出

$$S_A^{A_v}=\frac{A}{A_v}\frac{\partial A_v}{\partial A}$$

(b)利用这个公式估算，当放大器的开环增益 A 改变 20% 时，闭环增益变化的百分比，其中放大器参数为 $A=80\text{dB},\beta=0.02$。

§9.2 和 §9.3 反馈放大器的中频分析和反馈放大器电路举例

放大器分析

9.8 确定图 P9.1 所示 4 个电路中使用的反馈类型。

9.9　判定负反馈类型,以便能达到如下设计目标：(a)高输入阻抗和高输出阻抗；(b)低输入阻抗和低输出阻抗；(c)高输入阻抗和低输出阻抗；(d)低输入阻抗和高输出阻抗。

9.10　对于图 P9.1 所示的 4 种电路,(a)哪一种电路用负反馈增加输出阻抗？(b)哪一种电路有降低输出阻抗的倾向？

9.11　对于图 P9.1 所示的 4 个电路,(a)哪个电路用负反馈降低输入阻抗？(b)哪一种电路有增加输入阻抗的倾向？

9.12　对于图 P9.4 所示电路,利用 Blackman 定理计算 R_x。假设放大器是理想的输入和输出。(a)当 $A=400$, $R_1=750\Omega$, $R_2=2k\Omega$, $R_3=2k\Omega$ 时,计算 R_x^D、T_{SC}、T_{OC} 和 R_x 的值；(b)对 R_y 重复上述计算。

9.13　当 $A=200$, $R_1=1k\Omega$, $R_2=5k\Omega$, $R_3=1k\Omega$ 时,重复习题 9.12 中的计算。

9.14　对于图 9.2 所示电路,利用 Blackman 定理计算小信号电阻,R_x、Q_1 和 Q_3 集电极节点侧的电阻。计算 R_x^D、T_{SC}、T_{OC} 和 R_x 的值。

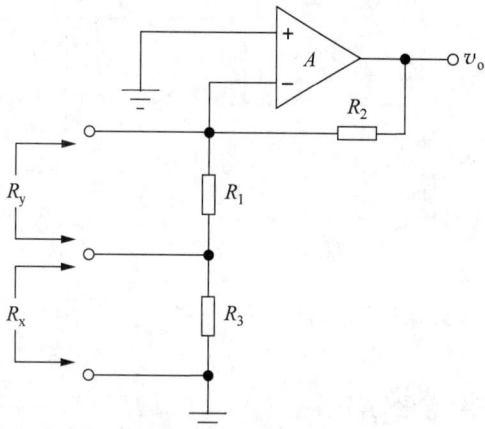

图　P9.3

图　P9.4

9.15　对于图 9.2 所示电路,利用 Blackman 定理计算小信号电阻,R_x、Q_1 和 Q_3 发射极节点侧的电阻。计算 R_x^D、T_{SC}、T_{OC} 和 R_x 的值。

9.16　已知一个放大器的开环增益为 86dB,$R_{id}=75k\Omega$,$R_o=1400\Omega$。将其用于具有电阻反馈电路的反馈放大器配置中。(a)反馈放大器能得到的最大输入阻抗为多少？(b)输入阻抗能达到的最小值为多少？(c)反馈放大器能达到的输出阻抗最大值为多少？(d)输出阻抗能达到的最小值为多少？

9.17　已知一个放大器开环增益为 92dB,$R_{id}=75k\Omega$,$R_o=1400\Omega$。将其用于具有电阻反馈电路的反馈放大器配置中。(a)反馈放大器能得到的最大电流增益为多少？(b)反馈放大器能达到的最大跨导值为多少？

9.18　(a)计算图 9.2 所示放大器的偏置电压的值。假设 $\beta_{Fn}=180$, $\beta_{Fp}=80$, $V_{An}=70V$, $V_{Ap}=60V$；(b)利用 SPICE 验证以上计算。

9.19　(a)如果用缓冲电流镜替换电流镜,试推导图 9.2 所示放大器偏置电压的表达式；(b)当 $\beta_F=100$, $V_A=50V$ 时,偏置电压是多少？(c)利用 SPICE 验证以上计算。

串-并反馈——电压放大器

9.20　计算图 9.2(a)所示电路的闭环电压增益、输入电阻和输出电阻。假设 $R_I=1k\Omega$, $R_1=$

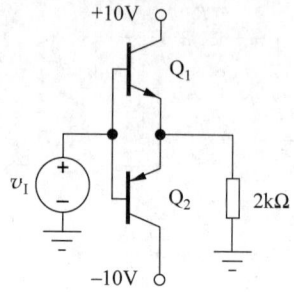

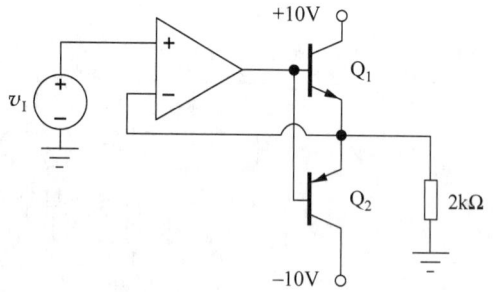

$5.6k\Omega, R_2 = 56k\Omega, R_L = 5k\Omega$。

9.21 计算图 P9.2(a)所示电路的闭环电压增益、输入电阻和输出。假设 $R_I = 1k\Omega, R_1 = 3.9k\Omega,$ $R_2 = 47k\Omega, R_L = 5.6k\Omega$。

9.22 计算图 P9.5 所示电路的闭环增益、输入电阻和输出电阻。假设 $R_1 = 2k\Omega, R_2 = 10k\Omega, \beta_o =$ $150, V_A = 75V, I = 100\mu A, V_{CC} = 7.5V, A = 40dB, R_{id} = 75k\Omega, R_o = 600\Omega$。

9.23 对于图 9.4 所示电路,利用 Blackman 定理计算小信号电阻 R_x,即 Q_2 发射极节点侧的电阻。计算 R_x^D、T_{SC}、T_{OC} 和 R_x 的值。

9.24 在电阻 R_4 两端增加一个旁路电容,重复例 9.1 中的计算。

9.25 图 P9.6 所示的电路图是在图 9.4 所示的反馈电路中加入一个射极跟随器(Q_3)后所得电路。利用反馈分析步骤计算小信号中频增益 v_o/v_i、Q_2 基极节点侧的输入电阻 R_{in} 和输出电阻 R_{out}。假设电源电

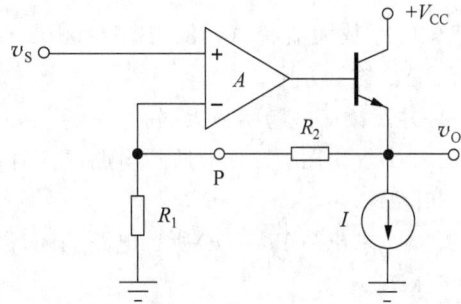

图 P9.5

压为 $\pm 10V, R_i = 100\Omega, R_1 = 200\Omega, R_2 = 2k\Omega, R_3 = 2k\Omega, R_4 = 300\Omega, R_5 = 8k\Omega, R_6 = 14.4k\Omega, R_7 =$ $10k\Omega, R_L = 10k\Omega, C_1 = 10\mu F$。不要将 Q_1 和 Q_3 看作差分对,可以假设 $V_O = V_1$,忽略直流基极电流,且利用 $r_o = \infty$。

9.26 用 SPICE 对习题 9.25 中的电路进行仿真,并将所得结果与习题 9.25 所得结果进行比较。

9.27 利用 Blackman 理论,计算图 P9.6 所示电路中 Q_1 发射极节点侧的小信号电阻。

9.28 当 $R_2 = 18k\Omega, I_1 = 200\mu A, R_3 = 15k\Omega$ 时,重复例 9.2 中的计算。

9.29 利用 Blackman 定理,计算习题 9.28 中 M_3 漏极节点侧的小信号阻抗。

9.30 利用反馈分析步骤求出图 P9.7 所示电路的电压增益 v_o/v_{ref}、输入电阻和输出电阻。利用计算所得的结果求出跨导 $A_{tc} = i_o/V_{ref}$。假设 $\beta_o = 150, V_a = 75V, I = 100\mu A, V_{ref} = 0V, R = 7.5k\Omega$。

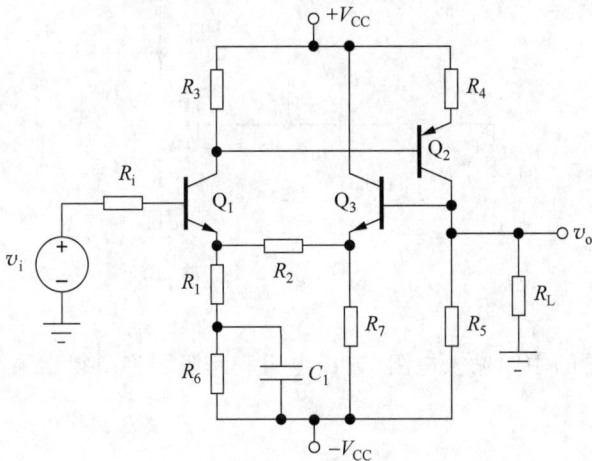

图 P9.6

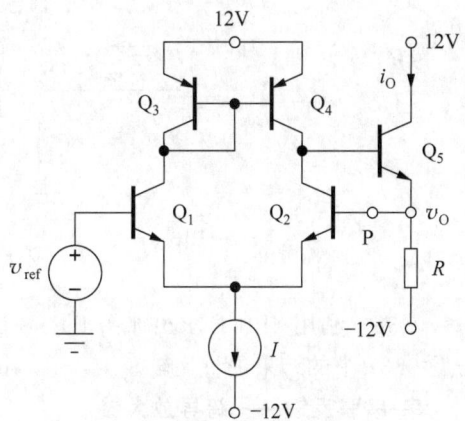

图 P9.7

9.31 用 SPICE 对习题 9.30 中的电路进行仿真,并将所得结果与习题 9.30 所得结果进行比较。

9.32 (a)计算串-并反馈放大器的闭环输出电阻相对于开环增益 A 的变化的灵敏度:

$$S_A^{R_{out}} = \frac{A}{R_{out}} \frac{\partial R_{out}}{\partial A}$$

(b)如果 $A=80\text{dB}$，$\beta=0.02$ 的放大器的开环增益 A 变化了 5%，则使用此公式估算闭环输出电阻变化的百分比；(c)计算串-并反馈放大器的闭环输入电阻对开环增益 A 变化的灵敏度：

$$S_A^{R_{in}} = \frac{A}{R_{in}} \frac{\partial R_{in}}{\partial A}$$

(d)已知一个放大器有 $A=80\text{dB}$，$\beta=0.02$，如果开环增益 A 变化了 10%，则使用上述公式计算闭环输入电阻变化的百分比。

并-并反馈——跨阻放大器

9.33 求出图 P9.1(d)所示电路的闭环跨导、输入电阻和输出电阻。假设 $R_I=200\text{k}\Omega$，$R_L=12\text{k}\Omega$，$R_F=36\text{k}\Omega$。

9.34 求出图 P9.1(d)所示电路的闭环跨阻、输入电阻和输出电阻。假设 $R_I=62\text{k}\Omega$，$R_L=12\text{k}\Omega$，$R_F=62\text{k}\Omega$。

9.35 图 P9.8 所示电路为一个并-并反馈放大器。使用反馈分析步骤求出放大器的中频输入电阻、输出电阻和跨阻，其中 $R_I=500\Omega$，$R_E=2\text{k}\Omega$，$\beta_o=100$，$V_A=50\text{V}$，$R_L=5.6\text{k}\Omega$，$R_F=47\text{k}\Omega$，并将 v_i 和 R_I 用其诺顿等效电路来代替。电路的电压增益为多少？

9.36 利用 SPICE 求出图 P9.8 所示放大器的中频输入电阻、输出电阻和跨阻。将所得结果与习题 9.33 中的结果进行比较。假设 $C_1=82\mu\text{F}$，$C_2=47\mu\text{F}$。

9.37 若 $g_m=4\text{mS}$，$r_o=60\text{k}\Omega$，用反馈分析步骤求出图 P9.9 所示放大器的中频输入电阻、输出电阻和跨阻。

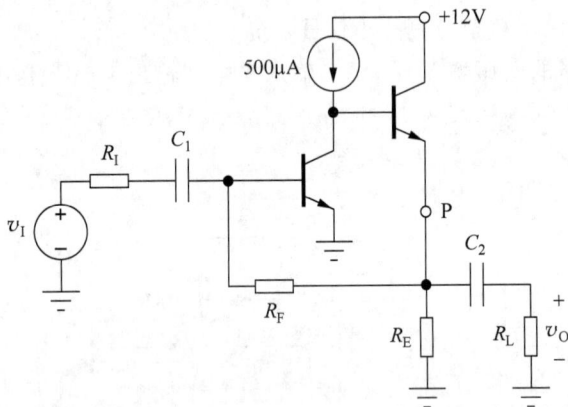

图 P9.8

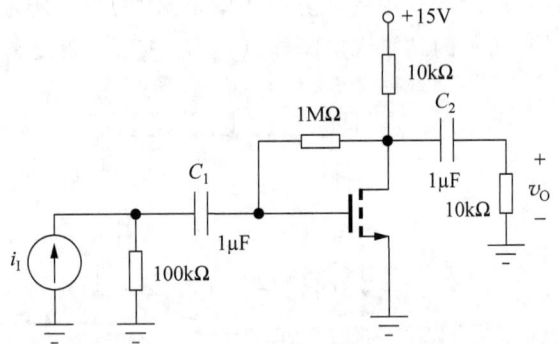

图 P9.9

9.38 利用 SPICE 求出如图 P9.9 所示放大器的中频输入电阻、输出电阻和跨阻。将所得结果与习题 9.37 中的结果进行比较。

串-串联反馈——跨导放大器

9.39 求出图 P9.1(c)所示电路的闭环跨导、输入电阻和输出电阻。假设 $R_I=2.4\text{k}\Omega$，$R_L=7.5\text{k}\Omega$，$R_1=7.5\text{k}\Omega$。

9.40 对于图 P9.7 所示的电路，其输出作为 Q_5 集电极上的小信号电流 i_o，计算中频输入电阻、Q_5 集电极侧的输出电阻和跨导。假设 $\beta_o=150$，$V_A=75\text{V}$，$I=100\mu\text{A}$，$V_{ref}=0\text{V}$，$R=10\text{k}\Omega$。

9.41 用 SPICE 重做习题 9.40。将所得结果与习题 9.40 中的结果进行比较。

9.42 对于图 P9.10 所示的小信号等效电路,计算中频跨导 i_o/v_i、输入电阻和 Q_3 集电极侧的输出电阻。设 $R_{L1} = R_{L2} = R_{L3} = 4k\Omega$,$R_{E1} = R_{E2} = 1k\Omega$,$R_F = 10k\Omega$,$R_1 = 200\Omega$,且 $\beta_o = 100$,$V_A = 50V$,$g_m = 50mS$,$V_{CC} \ll V_A$。

9.43 将习题 9.22 中电路的输出作为流入输出晶体管集电极的小信号电流,计算跨导和从输出晶体管集电极"看进去"的输出电阻。

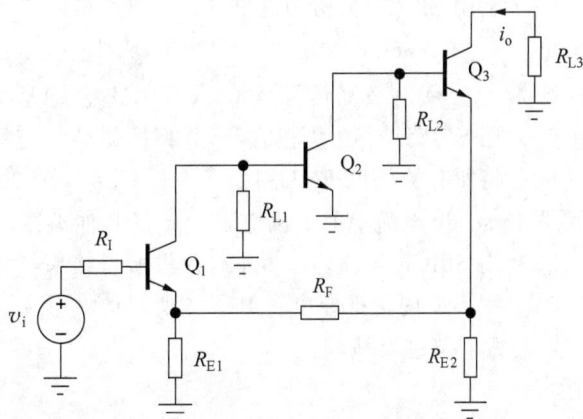

图 P9.10

并-串反馈——电流放大器

9.44 计算图 P9.1(b)所示电路的闭环电流增益、输入电阻和输出电阻。假设 $R_I = 100k\Omega$,$R_L = 7.5k\Omega$,$R_1 = 9.1k\Omega$,$R_2 = 1k\Omega$。

9.45 求出图 P9.11 所示 Wilson 电流源的输入电阻,M_3 漏极侧的输出电阻和电流增益 i_o/i_{ref}。利用图 P9.11(b)所示电流镜的小信号二端口模型。假设 $g_m = 4mS$,$r_o = 60k\Omega$。

9.46 利用中频反馈分析步骤计算图 P9.12 所示 Wilson 双极型电流源的电流增益 i_o/i_{ref}、输入电阻和输出电阻。设所有晶体管有相同的发射极面积,且 $\beta_o = 150$,$V_A = 75V$,$g_m = 40mS$,$V_{CC} \ll V_A$。

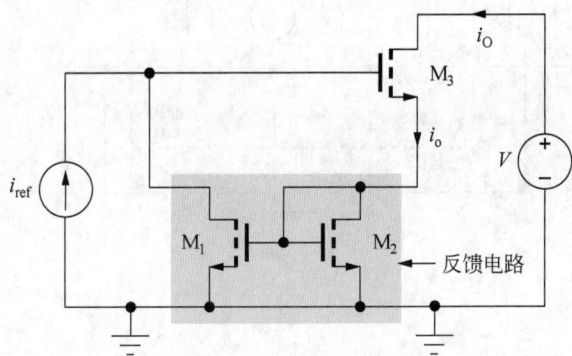

(a)

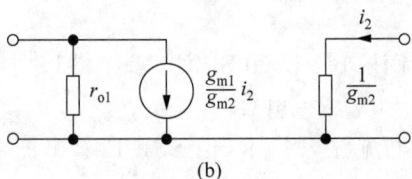

(b)

图 P9.11

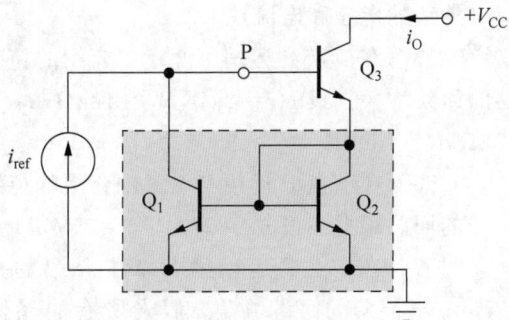

图 P9.12

9.47 用 SPICE 对图 P9.12 所示 Wilson 双极型电流源进行仿真,求出输出电阻。令 $I_{REF} = 200\mu A$,$V_{CC} = 6V$,$V_A = 50V$,电流增益分别为 10^2、10^4 和 10^6。请演示出 R_{out} 如何从有限的 $\beta_o r_o/2$ 变化到 $\mu_f r_o$。

9.48 将所有的 MOSFET 用 $\beta_o = 150$,$V_A = 75V$ 的双极型晶体管代替,重复例 9.6 中的手工

计算。

9.49 利用 SPICE 分析习题 9.48，并将所得结果与习题 9.48 中的结果进行比较。

9.50 利用 Blackman 定理，求出图 P9.13 所示可调 Cascode 电流源中 M_4 漏极侧的输出电阻 R_{out}。设 $I_1 = I_2 = 200\mu A, K_n = 500\mu A/V^2, V_{TN} = 1V, V_{DD} = 10V, \lambda = 0.01/V$。

9.51 用 SPICE 重做习题 9.51，并将所得结果与习题 9.51 中的结果进行比较。

9.52 将所有的 MOSFET 用 $\beta_F = 100, V_A = 75V$ 的 BJT 代替，利用 Blackman 定理，求出如图 P9.13 所示可调 Cascode 电流源的输出电阻 R_{out}。其他参数同习题 9.50。

9.53 用 SPICE 重做习题 9.52，并将所得结果与习题 9.52 中的结果进行比较。

9.54 用反馈理论推导出图 P9.14 所示的并-并反馈放大器的输入阻抗表达式，并将结果与 8.6.2 节中 C_T 的近似值进行比较。

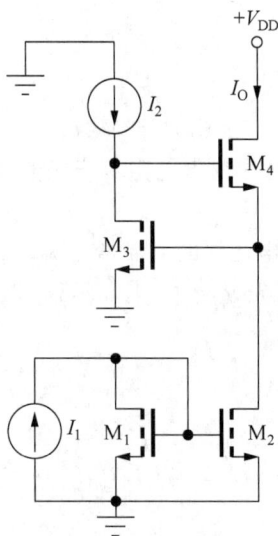

图 P9.13

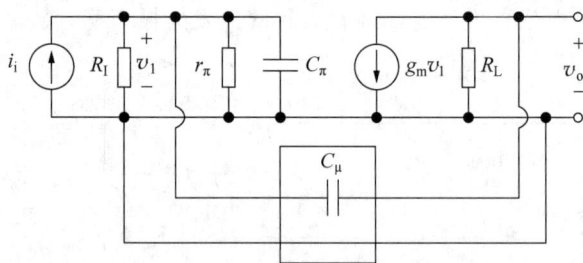

图 P9.14

持续的电压和电流注入

9.55 在节点 P 运用第 2 章中介绍的持续电压和电流注入技术，用 SPICE 求出图 P9.5 所示放大器的回路增益。设 $R_1 = 2k\Omega, R_2 = 12k\Omega, \beta_F = 180, V_A = 75V, I = 100\mu A, V_{CC} = 7.5V, A = 40dB, R_{id} = 60k\Omega, R_o = 500\Omega$。

9.56 在节点 P 运用第 2 章中介绍的持续电压和电流注入技术，用 SPICE 求出图 P9.30 中所示放大器的回路增益。设 $\beta_F = 180, V_A = 75V, I = 100\mu A, V_{ref} = 0V, R = 6k\Omega$。

9.57 在节点 P 运用第 2 章中介绍的持续电压和电流注入技术，用 SPICE 求出图 P9.7 所示 Wilson 电流源的回路增益。假设所有的晶体管有相同的发射极面积，且 $\beta_o = 160, V_A = 75V, g_m = 60mS, V_{CC} \ll V_A$。

9.58 在节点 P 运用第 2 章中介绍的持续电压和电流注入技术，用 SPICE 求出图 P9.8 所示放大器的回路增益。设所有的晶体管有相同的发射极面积，且 $R_I = 500\Omega, R_E = 3k\Omega, \beta_F = 100, V_A = 50V, R_L = 5.6k\Omega, R_F = 39k\Omega$。

§9.4 反馈放大器稳定性回顾

9.59 重新计算习题 2.120。

9.60 重新计算习题 2.121。

9.61 在图 P9.15 所示电压跟随器电路中,如果相位裕度为 55°,则可以连接到电路的最大负载电容为多少? 设运算放大器的输出电阻为 300Ω,$A(s)$ 定义为

$$A(s) = \frac{10^7}{s + 50}$$

9.62 若晶体管参数为 $f_T = 300\text{MHz}, C_\mu = 1\text{pF}$,用 SPICE 求出例 9.1 中并-串反馈对的相位裕度。

9.63 对于图 P9.16 所示的具有如下增益特性的电路,如果放大器具有理想输入和输出,求出电路的 β、T、A 和相位裕度。放大器是否会出现过冲? 如果是,过冲为多少? 假设 $R_1 = R_2 = 5\text{k}\Omega$。

$$A = \frac{500}{\left(1 + \text{j}\,\dfrac{f}{10\text{kHz}}\right)\left(1 + \text{j}\,\dfrac{f}{10\text{MHz}}\right)}$$

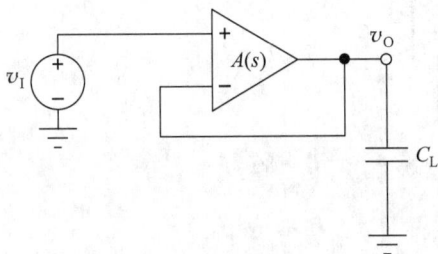

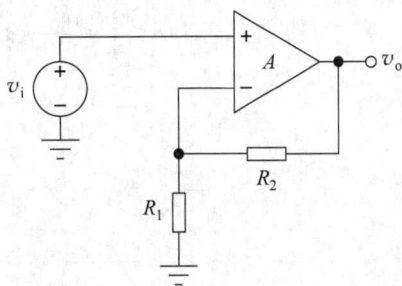

图 P9.15　　　　　　　　　　　　　图 P9.16

9.64 重新计算习题 9.63,其中 $R_2 = 0, R_1 = \infty$,且放大器电压增益为

$$A = \frac{20000}{\left(1 + \text{j}\,\dfrac{f}{100\text{Hz}}\right)\left(1 + \text{j}\,\dfrac{f}{10\text{MHz}}\right)}$$

9.65 重新计算习题 9.61,其中 $R_2 = 0, R_1 = \infty$,且放大器电压增益为

$$A = \frac{20000\left(1 - \text{j}\,\dfrac{f}{4\text{MHz}}\right)}{\left(1 + \text{j}\,\dfrac{f}{100\text{Hz}}\right)\left(1 + \text{j}\,\dfrac{f}{10\text{MHz}}\right)}$$

9.66 如果图 9.63 所示放大器的输出电阻为 $R_o = 200\Omega$,若要维持相位裕度为 60°,那么可连接到放大器输出端的最大负载电容为多少?

9.67 如果 $R_1 = 5\text{k}\Omega$,则在习题 9.65 中,若要将相位裕度改为 70°,则 R_2 的值必须为多少? 对于此 R_2 值,电路的闭环增益为多少?

§9.5 单极点运算放大器补偿

9.68 (a)对于图 9.24 所示的 CMOS 放大器,若 $I_1 = 500\mu\text{A}, I_2 = 600\mu\text{A}, K_{n1} = 1\text{mA/V}^2, C_C = 10\text{pF}$,其单位增益频率和正负摆率为多少? (b)若 $I_1 = 400\mu\text{A}, I_2 = 400\mu\text{A}, K_{n1} = 1\text{mA/V}^2, C_C = 5\text{pF}$ 为多少?

9.69 若 $I_1 = 250\mu\text{A}, I_2 = 2\text{mA}, C_C = 12\text{pF}$,重新计算习题 9.68。

9.70　当 $R_Z=0$ 及 $R_Z=1.5\text{k}\Omega$ 时,对图 9.29(a)所示 CMOS 放大器的回路增益频率响应进行仿真,并比较两种情况下的单位增益频率和该频率下的放大器相移。令 $I_1=200\mu\text{A}$, $I_2=500\mu\text{A}$, $I_3=2\text{mA}$, $(W/L)_1=30/1$, $(W/L)_3=40/1$, $(W/L)_5=80/1$, $(W/L)_6=60/1$, $C_C=10\text{pF}$, $V_{DD}=V_{SS}=10\text{V}$。使用附录 B 中的 CMOS 模型。

9.71　对图 9.29(b)所示电路重复习题 9.70 中的相关计算。当 $g_{m7}=1/1500$ 时,选择 M_7 和 I_4 的值。

9.72　(a)对于图 9.30 所示的双级放大器,若 $I_1=100\mu\text{A}$, $I_2=400\mu\text{A}$, $C_C=10\text{pF}$,则其单位增益频率和摆率为多少?　(b)若 $I_1=300\mu\text{A}$, $I_2=350\mu\text{A}$, $C_C=10\text{pF}$ 呢?

9.73　当 $I_1=400\mu\text{A}$, $I_2=2\text{mA}$, $C_C=12\text{pF}$ 时,重新计算习题 9.68(a)。

9.74　(a)对于图 P9.17 所示放大器,若 $I_1=60\mu\text{A}$, $I_2=350\mu\text{A}$, $I_3=600\mu\text{A}$, $V_{CC}=V_{EE}=10\text{V}$, $C_C=7\text{pF}$,当输入 V_2 上施加一个 1V 的阶跃函数之后,放大器的正负摆率为多少?设 V_1 接地;(b)用 SPICE 验证所得答案。

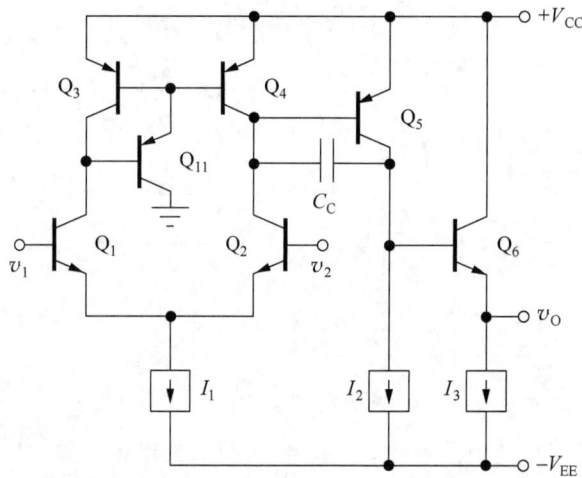

图　P9.17

9.75　若 $I_1=200\mu\text{A}$, $I_2=500\mu\text{A}$, $I_3=1\text{mA}$, $C_C=10\text{pF}$,重新计算习题 9.71。

9.76　(a)当 $C_C=0$ 时,计算习题 9.74(a)中放大器 Q_2 的基极、Q_5 的基极、Q_5 的集电极、Q_6 的发射极的极点,利用习题 9.84 中的偏置参数,并且令 $f_T=300\text{MHz}$, $C_\mu=1\text{pF}$;(b)计算放大器的增益,其中 $V_A=50\text{V}$, $\beta_o=100$;(c)假设放大器连接成单位增益反馈形式,计算此时放大器的相位裕度;(d)为使相位裕度达到 75°, C_C 值应为多少?

9.77　使用 SPICE 验证习题 9.76 的结果($\beta_F=100$, $V_{AF}=50$, $T_F=530\text{PS}$, CJC=1pF)。讨论存在差异的原因。

9.78　对于图 9.12 所示电路,求出合适的 R_3 值,使其在 $V_{DD}=V_{SS}=10\text{V}$ 时, $I_{d3}=0.8\text{mA}$, $I_{d4}=4\text{mA}$。计算新的 R_4 值以维持 $V_O=0\text{V}$。计算放大器的极点并计算 R_Z 以取消右半平面零点。求出可以使相位裕度为 70°的单位增益频率。为计算相位裕度,假设主极点在单位增益频率时的相移为 90°。计算出可达到期望的单位增益频率和相位裕度要求的 C_C 值。

9.79　利用 SPICE 对习题 9.78 中的结果进行仿真。讨论差异存在的原因。NMOS 的参数为 $K_p=0.01\text{A}/\text{V}^2$, VTO=1V; PMOS 的参数为 $K_p=0.004\text{A}/\text{V}^2$, VTO=−1V, LAMBDA=0.01/V, $C_{GS}=5\text{pF}$, $C_{GD}=1\text{pF}$(可能需要在电路的简化模型中手动加入 C_{GS} 和 C_{GD})。

9.80 (a)对于9.4节中讨论的电路,重复计算连接成单位增益反馈形式时的相位裕度;(b)当反馈系数 β 为 0.5 时,重新计算 C_C,使相位裕度值满足文中要求。

9.81 用 SPICE 对习题 9.80 中的结果进行仿真。讨论差异存在的原因。NMOS 的参数为 $K_p = 0.01 \text{A/V}^2$,VTO=1V;PMOS 的参数为 $K_p = 0.004 \text{A/V}^2$,VTO$=-1$V,LAMBDA$=0.01$/V,$C_{GS} = 5$pF,$C_{GD} = 1$pF(可能需要在电路的简化模型中手动加入 C_{GS} 和 C_{GD})。

9.82 对于例 9.1 中电路的补偿,为了在 Q_2 的基极创建一个主极点,在 Q_2 的基极和集电极之间增加一个补偿电容 C_C。在这一问题中,假设电阻 R_4 上跨接一个 50μF 的旁路电容。(a)为使电路单位增益频率为 5MHz,计算所需的 C_C 值;(b)计算回路增益中位于 Q_1 发射极和 Q_2 集电极节点的其他极点;(c)计算电路的相位裕度。其中 $V_A = \infty$,$\beta_F = 100$,$f_T = 300$MHz,$C_\mu = 1$pF。

9.83 用 SPICE 对习题 9.82 中的结果进行仿真($\beta_F = 100$,VAF $= 50$,TF $= 505$PS,CJC $= 2.32$pF)。讨论存在差异的原因。

9.84 图 P9.18 给出了另一种使用输入端 Cascode 放大器来最小化 RHF 零效应的技术。使用 SPICE 模拟放大器的环路增益,找到放大器相位裕度。使用习题 9.70 中的 W/L 值。假设 $M_{11} = M_{12} = M_1$,且 $M_6 = M_9 = M_{10} = M_1$。

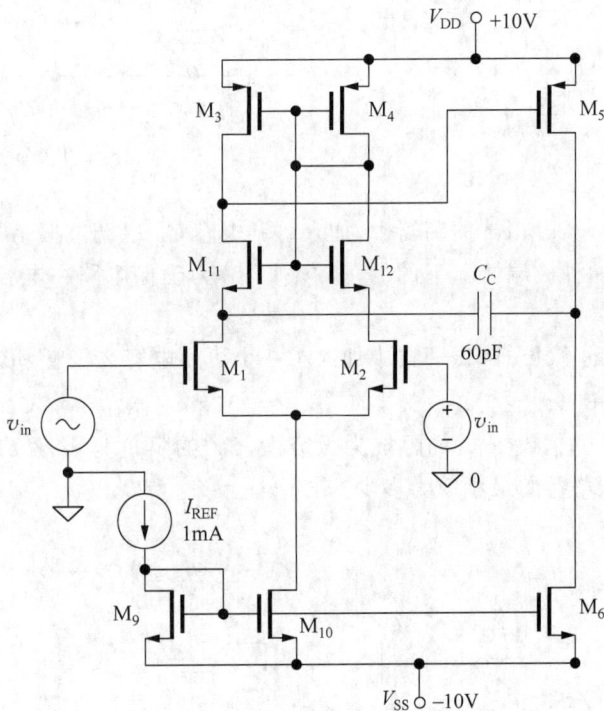

图 P9.18

§9.6 高频振荡器

Colpitts 振荡器

9.85 图 P9.19 给出了 Colpitts 振荡器的等效交流电路图。(a)如果 $g_m = 10$mS,$\beta_0 = 100$,$R_E = 1$kΩ,$L = 6\mu$H,$C_1 = 20$pF,$C_2 = 100$pF,$C_3 \to \infty$,则振荡器的振荡频率为多少?假设晶体管电容可忽略(参见习题 9.86);(b)在电路中加入可变电容 C_3,其变化范围在 $5 \sim 50$pF,则振荡器的振荡频率能达到

什么范围？(c)为确保(a)中的振荡频率,所需跨导的最小值为多少？(d)晶体管所需的最小集电极电流为多少？

9.86 图 P9.19 所示为 Colpitts 振荡器的等效交流电路图。(a)如果 $L=18\mu H$,$C_1=20pF$,$C_2=100pF$,$C_3\to\infty$,$f_T=500MHz$,$r_\pi=\infty$,$V_A=50V$,$r_x=0$,$R_E=1k\Omega$,$C_\mu=3pF$,则振荡器的振荡频率为多少？晶体管工作在 Q 点(5mA,5V)；(b)如果 Q 点电流加倍,则振荡器的振荡频率为多少？

9.87 用图 9.33(a)所示电路设计一个 Colpitts 振荡器,要求振荡频率为 25MHz。假设 $L=3\mu H$,$K_n=1.25mA/V^2$,$V_{TN}=-4V$,忽略元器件电容。

9.88 如果 $L=8\mu H$,$C_1=55pF$,$C_2=55pF$,$C_3=0pF$,$C_{GS}=10pF$,$C_{GD}=4pF$ 则图 P9.20 所示 MOSFET 的 Colpitts 振荡器的振荡频率为多少？晶体管的最小放大系数为多少？

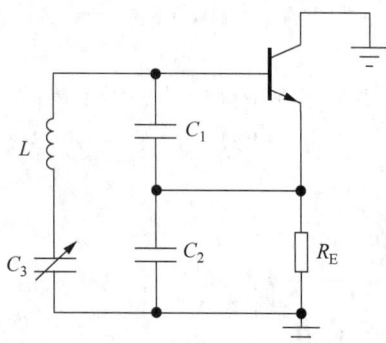 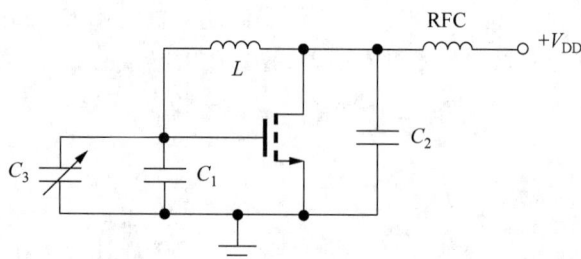

图 P9.19　　　　　　　　　　　　　图 P9.20

9.89 在图 P9.20 所示 Colpitts 振荡器中,加入可调电容 C_3 以调节振荡频率。(a)设 C_3 可从 5pF 变至 50pF,计算振荡器在两种极端情况下的振荡频率；(b)为确保电路在电容的满量程范围内都能振荡,放大系数的最小值应为多少？

9.90 图 P9.21 所示的 Colpitts 振荡器中加入了一个可变电容二极管,形成一个可调电压振荡器。(a)二极管参数为 $C_{jo}=20pF$,$\phi_j=0.8V$,计算 $V_{TUNE}=2V$ 和 $V_{TUNE}=20V$ 时的振荡频率,其中 $L=10\mu H$,$C_1=75pF$,$C_2=75pF$,假设 R_{FC} 的阻抗为无穷大,C_C 的阻抗为零；(b)为确保在整个电压范围内电路都能振荡,所需电压增益的最小值为多少？

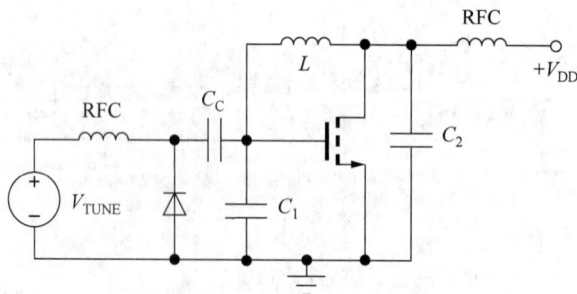

图 P9.21

9.91 (a)对图 9.33 所示的 Colpitts 振荡器进行 SPICE 瞬态仿真,将所得的振荡频率与手工计算的振荡频率相比较,其中 $V_{DD}=10V$,$K_n=1.25mA/V^2$,$V_{TN}=-4V$,$R_S=820\Omega$,$C_2=220pF$,$C_1=470pF$,$L=10\mu H$；(b)若 $C_2=470pF$,$C_1=220pF$,重复(a)中的计算。

9.92 如果 $L = 10\mu H$，$C_1 = 50pF$，$C_2 = 50pF$，$C_3 = 0pF$，RFC $= 20mH$，$V_{DD} = 12V$，$K_n = 10mA/V^2$，$V_{TN} = 1V$，$C_{GS} = 10pF$，$C_{GD} = 4pF$，对图 P9.20 所示的 Colpitts 振荡器进行 SPICE 瞬态仿真。振荡的频率和幅值各为多少？

Hartley 振荡器

9.93 对于图 P9.22 所示 Hartley 振荡器，若将二极管短路，且 $L_1 = 10\mu H$，$L_2 = 10\mu H$，$C = 20pF$，则振荡频率为多少？忽略 C_{GS} 和 C_{GD}。

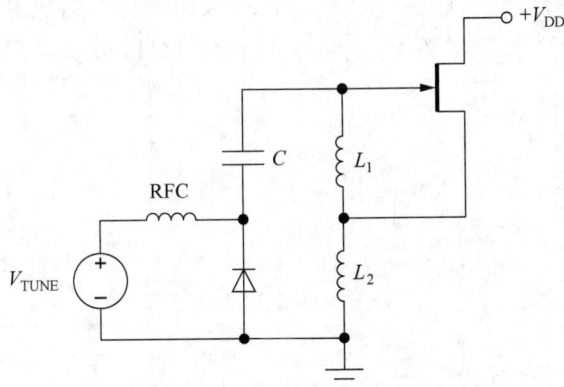

图 P9.22

9.94 在习题 9.89 的 Colpitts 振荡器中加入一个可变电容二极管，形成一个可调电压振荡器，电容 C 的值变为 220pF。(a)若二极管参数为 $C_{jo} = 20pF$，$\phi_j = 0.8V$，计算 $V_{TUNE} = 2V$ 及 $V_{TUNE} = 20V$ 时的振荡频率。假设 RFC 的阻抗为无穷大；(b)为确保在整个电压范围内电路都能振荡，所需 FET 放大系数的最小值为多少？

9.95 利用图 9.34 所示的电路，当 $Z_{gs} = L_1$，$Z_s = L_2$ 时，求出 Hartley 振荡器的输入阻抗表达式，且证明实部为负数。

9.96 用耗尽型 NMOS 晶体管代替 JFET，重新绘制图 9.34 所示的 Hartley 振荡器电路。

9.97 如果电感具有相互耦合 M，找到图 9.34 所示 Hartley 振荡器振荡频率的表达式。

9.98 如果 FET 的 C_{GS} 和 C_{GD} 包含在电路中，那么图 9.34 所示 Hartley 振荡器振荡频率的表达式是什么？

负 G_m 振荡器

9.99 写出图 9.37(b)所示负 G_m 振荡器电路的节点方程，直接推导出振荡频率及维持振荡所需的增益值。假设为一差模振荡。

9.100 若 $V_{DD} = 3.3V$，$I_{EE} = 2mA$，$V_{TN} = 0.75V$，$K_n = 2.5mA/V^2$，则图 9.37(a)所示振荡器中各晶体管的 Q 点值为多少？

9.101 图 9.37 所示振荡器有 $L = 10nH$，其中的晶体管有 $C_{GS} = 3pF$ 和 $C_{GD} = 0.5pF$。(a)为实现 450MHz 的振荡，则要求 C 值为多少？(b)振荡频率为 1GHz 时呢？

9.102 图 9.39 所示振荡器有 $L = 4nH$，其中的晶体管有 $C_{GS} = 1pF$，$C_{GD} = 0.25pF$。(a)为实现 1GHz 的振荡，则要求 C 值为多少？(b)若其中的晶体管有 $K_n = 2.5mA/V^2$，$\lambda = 0$，达到振荡所需的 I_{SS} 的最小值为多少？(c)当 $\lambda = 0.08$ 时重复(b)中的计算；(d)估算振荡器差分输出信号的幅值。

9.103 画出图 P9.23 所示振荡器的交流等效电路图，并求出振荡频率的表达式。考虑 FET 的电

容 C_{GS} 和 C_{GD}。

晶体振荡器

9.104 某晶体具有串联谐振频率 10MHz，串联电阻为 40Ω，Q 点为 25000，并联电容为 10pF。(a)该晶体的 L 和 C_S 值各为多少？(b)该晶体的并联谐振频率为多少？(c)将该晶体放置于振荡电路中，与 22pF 的总电容并联，则此振荡器的振荡频率为多少？

9.105 图 P9.24 所示振荡器的参数如下：$L=15\text{mH}$，$C_S=20\text{fF}$，$R=50\Omega$。(a)若 $R_E=1\text{k}\Omega$，$R_B=100\text{k}\Omega$，$V_{CC}=V_{EE}=5\text{V}$，$C_1=100\text{pF}$，$C_2=470\text{pF}$，$C_3\rightarrow\infty$，则振荡器的振荡频率为多少？设晶体管有 $\beta_F=100$，$V_A=50\text{V}$，f_T 为无穷大；(b)若 $C_\mu=5\text{pF}$，$f_T=250\text{MHz}$，重复上述计算。

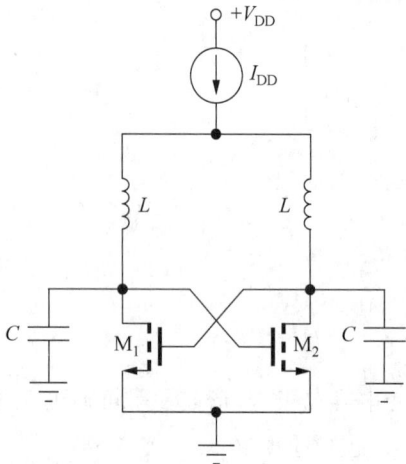

图 P9.23

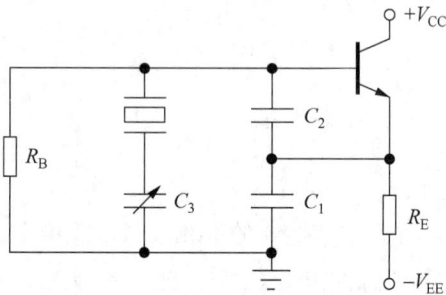

图 P9.24

9.106 在习题 9.105(a)的晶振上串联一个可调电容 C_3，以提供校准功能。假设 C_3 可从 1pF 变化至 50pF，求出两种可调极值情况下的振荡频率。

9.107 对图 P9.24 所示的晶体振荡器进行仿真，求出其振荡频率。其中 $R_E=1\text{k}\Omega$，$R_B=100\text{k}\Omega$，$V_{CC}=V_{EE}=5\text{V}$，$C_1=100\text{pF}$，$C_2=470\text{pF}$，$C_3\rightarrow\infty$。晶体参数为 $L=15\mu\text{H}$，$C_S=20\text{fF}$，$R=50\Omega$，$C_P=20\text{pF}$。设晶体管参数为 $\beta_F=100$，$V_A=50\text{V}$，$C_\mu=5\text{pF}$，$\tau_F=1\text{ns}$。

附加习题

9.108 (a)使用 SPICE 和连续电压和电流注入的方法，找到环路增益 T，使其作为图 9.12 所示放大器频率的函数；(b)对图 9.19 重复上述分析(不要忽视 2.9.1 节中的简化)。

9.109 使用 SPICE 和连续电压和电流注入的方法，找到环路增益 T，使其作为例 9.7 中放大器频率的函数(不要忽视 2.9.1 节中的简化)。

9.110 使用 SPICE 和连续电压和电流注入的方法，找到环路增益 T，使其作为例 9.8 中放大器频率的函数(不要忽视 2.9.1 节中的简化)。

9.111 使用 SPICE 和连续电压和电流注入的方法，找到环路增益 T，使其作为图 9.85(a)所示放大器频率的函数。振荡的频率是多少？(仅模拟 SPICE 中的交流等效电路)

标准离散元器件参数

A.1 电阻

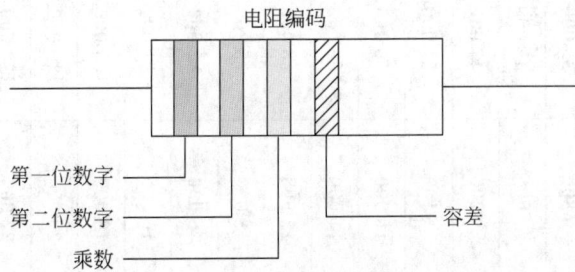

表 A.1 电阻颜色编码

颜 色	数 字	乘 数	容差/%
银色	···	0.01	10
金色	···	0.1	5
黑色	0	1	
褐色	1	10	
红色	2	10^2	
橙色	3	10^3	
黄色	4	10^4	
绿色	5	10^5	
蓝色	6	10^6	
紫色	7	10^7	
灰色	8	10^8	
白色	9	10^9	

表 A.2 标准电阻值（所有电阻值都具有 5% 容差。加粗标示的值具有 10% 的容差）

Ω								MΩ	
1.0	**5.6**	**33**	**180**	**1000**	**5600**	**33 000**	**180 000**	**1.0**	**5.6**
1.1	6.2	36	200	1100	6200	36 000	200 000	1.1	6.2
1.2	**6.8**	**39**	**220**	**1200**	**6800**	**39 000**	**220 000**	**1.2**	**6.8**
1.3	7.5	43	240	1300	7500	43 000	240 000	1.3	7.5
1.5	**8.2**	**47**	**270**	**1500**	**8200**	**47 000**	**270 000**	**1.5**	**8.2**
1.6	9.1	51	300	1600	9100	51 000	300 000	1.6	9.1
1.8	**10**	**56**	**330**	**1800**	**10 000**	**56 000**	**330 000**	**1.8**	**10**
2.0	11	62	360	2000	11 000	62 000	360 000	2.0	11
2.2	**12**	**68**	**390**	**2200**	**12 000**	**68 000**	**390 000**	**2.2**	**12**
2.4	13	75	430	2400	13 000	75 000	430 000	2.4	13
2.7	**15**	**82**	**470**	**2700**	**15 000**	**82 000**	**470 000**	**2.7**	**15**
3.0	16	91	510	3000	16 000	91 000	510 000	3.0	16
3.3	**18**	**100**	**560**	**3300**	**18 000**	**100 000**	**560 000**	**3.3**	**18**
3.6	20	110	620	3600	20 000	110 000	620 000	3.6	20
3.9	**22**	**120**	**680**	**3900**	**22 000**	**120 000**	**680 000**	**3.9**	**22**
4.3	24	130	750	4300	24 000	130 000	750 000	4.3	
4.7	**27**	**150**	**820**	**4700**	**27 000**	**150 000**	**820 000**	**4.7**	
5.1	30	160	910	5100	30 000	160 000	910 000	5.1	

表 A.3 高精度（1%）电阻值

Ω

10.0	19.1	36.5	69.8	133	255	487	931	1.78k	3.40k	6.49k	12.4k	23.7k	45.3k	84.5k	158k	294k	549k
10.2	19.6	37.4	71.5	137	261	499	953	1.82k	3.48k	6.65k	12.7k	24.3k	46.4k	86.6k	162k	301k	562k
10.5	20.0	38.3	73.2	140	267	511	976	1.87k	3.57k	6.81k	13.0k	24.9k	47.5k	88.7k	165k	309k	576k
10.7	20.5	39.2	75.0	143	274	523	1.00k	1.91k	3.65k	6.98k	13.3k	25.5k	48.7k	90.9k	169k	316k	590k
11.0	21.0	40.2	76.8	147	280	536	1.02k	1.96k	3.74k	7.15k	13.7k	26.1k	49.9k	93.1k	174k	324k	604k
11.3	21.5	41.2	78.7	150	287	549	1.05k	2.00k	3.83k	7.32k	14.0k	26.7k	51.1k	95.3k	178k	332k	619k
11.5	22.1	42.2	80.6	154	294	562	1.07k	2.05k	3.92k	7.50k	14.3k	27.4k	52.3k	97.6k	182k	340k	634k
11.8	22.6	43.2	82.5	158	301	576	1.10k	2.10k	4.02k	7.68k	14.7k	28.0k	53.6k	100k	187k	348k	649k
12.1	23.2	44.2	84.5	162	309	590	1.13k	2.15k	4.12k	7.87k	15.0k	28.7k	54.9k	102k	191k	357k	665k
12.4	23.7	45.3	86.6	165	316	604	1.15k	2.21k	4.22k	8.06k	15.4k	29.4k	56.2k	105k	196k	365k	681k
12.7	24.3	46.4	88.7	169	324	619	1.18k	2.26k	4.32k	8.25k	15.8k	30.1k	57.6k	107k	200k	374k	698k
13.0	24.9	47.5	90.9	174	332	634	1.21k	2.32k	4.42k	8.45k	16.2k	30.9k	59.0k	110k	205k	383k	715k
13.3	25.5	48.7	93.1	178	340	649	1.24k	2.37k	4.53k	8.66k	16.5k	31.6k	60.4k	113k	210k	392k	732k
13.7	26.1	49.9	95.3	182	348	665	1.27k	2.43k	4.64k	8.87k	16.9k	32.4k	61.9k	115k	215k	402k	750k
14.0	26.7	51.1	97.6	187	357	681	1.30k	2.49k	4.75k	9.09k	17.4k	33.2k	63.4k	118k	221k	412k	768k
14.3	27.4	52.3	100	191	365	698	1.33k	2.55k	4.87k	9.31k	17.8k	34.0k	64.9k	121k	226k	422k	787k
14.7	28.0	53.6	102	196	374	715	1.37k	2.61k	4.99k	9.53k	18.2k	34.8k	66.5k	124k	232k	432k	806k
15.0	28.7	54.9	105	200	383	732	1.40k	2.67k	5.11k	9.76k	18.7k	35.7k	68.1k	127k	237k	442k	825k
15.4	29.4	56.2	107	205	392	750	1.43k	2.74k	5.23k	10.0k	19.1k	36.5k	69.8k	130k	243k	453k	845k
15.8	30.1	57.6	110	210	402	768	1.47k	2.80k	5.36k	10.2k	19.6k	37.4k	71.5k	133k	249k	464k	866k
16.2	30.9	59.0	113	215	412	787	1.50k	2.87k	5.49k	10.5k	20.0k	38.3k	73.2k	137k	255k	475k	887k
16.5	31.6	60.4	115	221	422	806	1.54k	2.94k	5.62k	10.7k	20.5k	39.2k	75.0k	140k	261k	487k	909k
16.9	32.4	61.9	118	226	432	825	1.58k	3.01k	5.76k	11.0k	21.0k	40.2k	76.8k	143k	267k	499k	931k
17.4	33.2	63.4	121	232	443	845	1.62k	3.09k	5.90k	11.3k	21.5k	41.2k	78.7k	147k	274k	511k	953k
17.8	34.0	64.9	124	237	453	866	1.65k	3.16k	6.04k	11.5k	22.1k	42.2k	80.6k	150k	280k	523k	976k
18.2	34.8	66.5	127	243	464	887	1.69k	3.24k	6.19k	11.8k	22.6k	43.2k	82.5k	154k	287k	536k	1.00M
18.7	35.7	68.1	130	249	475	909	1.74k	3.32k	6.34k	12.1k	23.2k	44.2k					

A.2 电容

表 A.4 标准电容值（也有比较大的值）

pF	pF	pF	pF	μF	μF	μF	μF	μF	μF	μF
1	10	100	1000	0.01	0.1	1	10	100	1000	10 000
	12	120	1200	0.012	0.12	1.2	12	120	1200	12 000
1.5	15	150	1500	0.015	0.15	1.5	15	150	1500	15 000
	18	180	1800	0.018	0.18	1.8	18	180	1800	
	20	200	2000	0.020	0.20				2000	20 000
2.2	22	220	2200	0.022	0.22	2.2	22	220	2200	22 000
	27	270	2700	0.027	0.27	2.7	27	270	2700	
3.3	33	330	3300	0.033	0.33	3.3	33	330	3300	33 000
	39	390	3900	0.039	0.39	3.9	39	390	3900	
4.7	47	470	4700	0.047	0.47	4.7	47	470	4700	47 000
5.0	50	500	5000	0.050	0.50					50 000
5.6	56	560	5600	0.056	0.56	5.6	56	560	5600	
6.8	68	680	6800	0.068	0.68	6.8	68	680	6800	68 000
8.2	82	820	8200	0.082	0.82	8.2	82	820	8200	

A.3 电感

表 A.5 标准电感值

μH	μH	μH	μH	mH	mH	mH
0.10	1.0	10	100	1.0	10	100
	1.1	11	110			
	1.2	12	120	1.2	12	120
0.15	1.5	15	150	1.5	15	
0.18	1.8	18	180	1.8	18	
	2.0	20	200			
0.22	2.2	22	220	2.2	22	
	2.4	24	240			
0.27	2.7	27	270	2.7	27	
0.33	3.3	33	330	3.3	33	
0.39	3.9	39	390	3.9	39	
	4.3	43	430			
0.47	4.7	47	470	4.7	47	
0.56	5.6	56	560	5.6	56	
	6.2	62	620			
0.68	6.8	68	680	6.8	68	
	7.5	75	750			
0.82	8.2	82	820	8.2	82	
	9.1	91	910			

固态器件模型及 SPICE 仿真参数

B.1 pn 结二极管

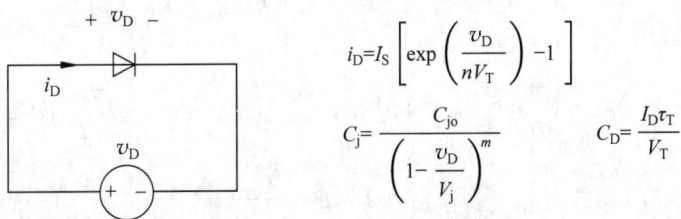

$$i_D = I_S \left[\exp\left(\frac{v_D}{nV_T} \right) - 1 \right]$$

$$C_j = \frac{C_{jo}}{\left(1 - \dfrac{v_D}{V_j} \right)^m} \qquad C_D = \frac{I_D \tau_T}{V_T}$$

图 B.1　施加电压 v_D 的二极管

表 B.1　用于电路仿真的二极管参数

参　数	名　称	默　认　值	典　型　值
饱和电流	IS	1×10^{-14} A	3×10^{-17} A
扩散系数(理想因子为 n)	N	1	1
渡越时间(τT)	TT	0	0.15ns
串联电阻	RS	0	10Ω
结电容	CJO	0	1.0pF
结电势(V_j)	VJ	1V	0.8V
等级系数(m)	M	0.5	0.5

B.2 MOS 场效应管

端电压和电流的定义详见表 B.2。

表 B.2　MOSFET 的类型

	NMOS 器件	PMOS 器件
增强型	$V_{TN} > 0$	$V_{TP} < 0$
耗尽型	$V_{TN} \leqslant 0$	$V_{TP} \geqslant 0$

NMOS 和 PMOS 晶体管的数学模型总结如下：

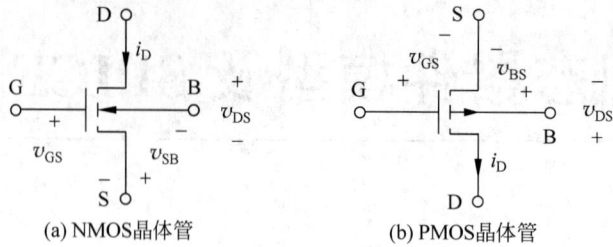

(a) NMOS晶体管　　　　　(b) PMOS晶体管

图　B.2

NMOS 晶体管模型小结

对所有区域　　　$K_n = K_n' \dfrac{W}{L} = \mu_n C_{ox}'' \dfrac{W}{L}$　　$i_G = 0$　　$i_B = 0$

阈值电压　　　　$V_{TN} = V_{TO} + \gamma(\sqrt{v_{SB} + 2\phi_F} - \sqrt{2\phi_F})$

截止区　　　　　当 $v_{GS} \leqslant V_{TN}$ 时，$i_D = 0$

线性区　　　　　当 $v_{GS} - V_{TN} \geqslant v_{DS} \geqslant 0$ 时，$i_D = K_n \left(v_{GS} - V_{TN} - \dfrac{v_{DS}}{2} \right) v_{DS}$

饱和区　　　　　当 $v_{DS} \geqslant (v_{GS} - V_{TN}) \geqslant 0$ 时，$i_D = \dfrac{K_n}{2}(v_{GS} - V_{TN})^2 (1 + \lambda v_{DS})$

统一模型　　　　当 $v_{GS} > v_{TN}$ 时，$i_D = K_n \left(v_{GS} - V_{TN} - \dfrac{V_{MIN}}{2} \right) V_{MIN}(1 + \lambda V_{DS})$

　　　　　　　　$V_{MIN} = \min\{(V_{GS} - V_{TN}), V_{DS}, V_{SAT}\}$

PMOS 晶体管模型小结

对所有区域　　　$K_P = K_P' \dfrac{W}{L} = \mu_P C_{ox}'' \dfrac{W}{L}$　　$i_G = 0$　　$i_B = 0$

阈值电压　　　　$V_{TP} = V_{TO} - \gamma(\sqrt{v_{BS} + 2\phi_F} - \sqrt{2\phi_F})$

截止区　　　　　当 $v_{GS} \geqslant V_{TP}$ 时，$i_D = 0$

线性区　　　　　当 $v_{GS} - V_{TP} \leqslant v_{DS} \leqslant 0$ 时，$i_D = K_P \left(v_{GS} - V_{TP} - \dfrac{v_{DS}}{2} \right) v_{DS}$

饱和区　　　　　当 $v_{DS} \leqslant (v_{GS} - V_{TP}) \leqslant 0$ 时，$i_D = \dfrac{K_P}{2}(v_{GS} - V_{TP})^2 (1 + \lambda |v_{DS}|)$

统一模型　　　　当 $V_{GS} < V_{TP}$ 时，$i_D = K_P \left(v_{GS} - V_{TP} - \dfrac{V_{MIN}}{2} \right) V_{MIN}(1 + \lambda V_{DS})$

　　　　　　　　$V_{MIN} = \max\{(V_{GS} - V_{TP}), V_{DS}, V_{SAT}\}$

电路仿真中的 MOS 晶体管参数

为进行仿真，在 SPICE 中采用 LEVEL = 1 的模型，对应 NMOS 和 PMOS 器件的 SPICE 参数如表 B.3 所示。

表 B.3　在 SPICE 仿真中所用的代表性 MOS 器件参数（MOSIS 0.5μm p 阱工艺）

参　　数	符　　号	NMOS 管	PMOS 管
阈值电压	VTO	0.91V	-0.77V
跨导	KP	$50\mu\text{A}/\text{V}^2$	$20\mu\text{A}/\text{V}^2$
体效应	GAMMA	$0.99\sqrt{\text{V}}$	$0.53\sqrt{\text{V}}$
表面势	PHI	0.7V	0.7V
沟道长度调制	LAMBDA	$0.02/\text{V}$	$0.05/\text{V}$
迁移率	UO	615cm^2	$235\text{cm}^2/\text{s}$
沟道长度	L	$0.5\mu\text{m}$	$0.5\mu\text{m}$
沟道宽度	W	$0.5\mu\text{m}$	$0.5\mu\text{m}$
漏极欧姆电阻	RD	0	0
源极欧姆电阻	RS	0	0
结饱和电流	IS	0	0
内建电势	PB	0	0
每单位长度的栅-漏电容	CGDO	$330\text{pF}/\text{m}$	$315\text{pF}/\text{m}$
每单位长度的栅-源电容	CGSO	$330\text{pF}/\text{m}$	$315\text{pF}/\text{m}$
单位长度栅体电容	CGBO	$395\text{pF}/\text{m}$	$415\text{pF}/\text{m}$
单位面积结底面积电容	CJ	$3.9\times10^{-4}\text{F}/\text{m}^2$	$2\times10^{-4}\text{F}/\text{m}^2$
等级系数	MJ	0.45	0.47
侧壁电容	CJSW	$510\text{pF}/\text{m}$	$180\text{pF}/\text{m}$
侧壁等级系数	MJSW	0.36	0.09
源-漏方块电阻	RSH	$22\Omega/\square$	$70\Omega/\square$
氧化层厚度	TOX	$4.15\times10^{-6}\text{cm}$	$4.15\times10^{-6}\text{cm}$
结深	XJ	$0.23\mu\text{m}$	$0.23\mu\text{m}$
横向扩散	LD	$0.26\mu\text{m}$	$0.25\mu\text{m}$
衬底掺杂	NSUB	$2.1\times10^{16}/\text{cm}^3$	$5.9\times10^{16}/\text{cm}^3$
临界场	UCRIT	$9.6\times10^{5}\text{V}/\text{cm}$	$6\times10^{5}\text{V}/\text{cm}$
临界场指数	UEXP	0.18	0.28
饱和速度	VMAX	$7.6\times10^{7}\text{cm}/\text{s}$	$6.5\times10^{7}\text{cm}/\text{s}$
快表面态密度	NFS	$9\times10^{11}/\text{cm}^2$	$3\times10^{11}/\text{cm}^2$
表面态密度	NSS	$1\times10^{10}/\text{cm}^2$	$1\times10^{10}/\text{cm}^2$

B.3　结型场效应管

电路符号的结型场效应晶体管模型小结

图 B.3 给出了 n 沟道及 p 沟道结型场效应管的电路符号及端电压、端电流的定义。

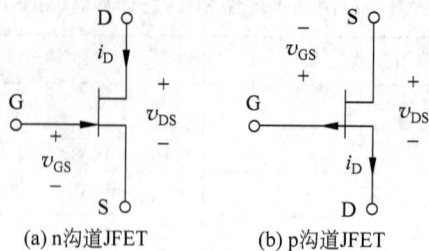

(a) n沟道JFET   (b) p沟道JFET

图 B.3

n 沟道结型场效应管

当 $v_{GS} \leqslant 0$; $V_P < 0$ 时, $i_G \approx 0$

截止区   当 $v_{GS} \leqslant V_P$ 时, $i_D = 0$

线性区   当 $v_{GS} - V_P \geqslant v_{DS} \geqslant 0$ 时, $i_D = \dfrac{2I_{DSS}}{V_P^2}\left(v_{GS} - V_P - \dfrac{v_{DS}}{2}\right)v_{DS}$

饱和区   当 $v_{DS} \geqslant v_{GS} - V_P \geqslant 0$ 时, $i_D = I_{DSS}\left(1 - \dfrac{v_{GS}}{V_P}\right)^2 (1 + \lambda v_{DS})$

p 沟道结型效应管

当 $v_{GS} \geqslant 0$; $V_P > 0$ 时, $i_G \approx 0$

截止区   当 $v_{GS} \geqslant V_P$ 时, $i_D = 0$

线性区   当 $v_{GS} - V_P \leqslant v_{DS} \leqslant 0$ 时, $i_D = \dfrac{2I_{DSS}}{V_P^2}\left(v_{SG} - V_P - \dfrac{v_{DS}}{2}\right)v_{DS}$

饱和区   当 $v_{DS} \leqslant v_{GS} - V_P \leqslant 0$ 时, $i_D = I_{DSS}\left(1 - \dfrac{v_{GS}}{V_P}\right)^2 (1 + \lambda |v_{DS}|)$

表 B.4   SPICE 仿真中所用的结型场效应管器件参数（NJF/PJF）

参 数	符 号	NJF 默认值	NJF 举例
夹断电压(V_P)	VTO	$-2V$	$-2V$(PJF 为$+2V$)
跨导参数	BETA$=\left(\dfrac{2I_{DSS}}{V_P^2}\right)$	$100\mu A/V^2$	$250\mu A/V^2$
沟道长度调制	LAMBDA	0/V	0.02/V
漏极欧姆电阻	RD	0	100Ω
源极欧姆电阻	RS	0	100Ω
零偏置栅源电容	CGS	0	10pF
零偏置栅漏电容	CGD	0	5pF
栅内建电势	PB	1V	0.75V
栅饱和电流	IS	10^{-14}A	10^{-14}A

B.4　双极型晶体管

表 B.5　双极型晶体管的工作区域

基极-发射极结	基极-集电极结	
	正偏	反偏
正偏	饱和区（开关闭合）	正向有源区（放大器性能差）
反偏	反向有源区（放大器性能好）	截止区（开关断开）

npn 传输模型方程

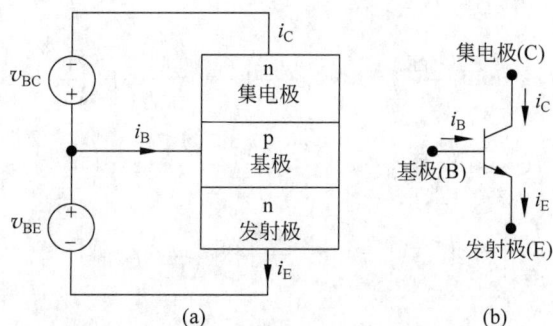

图 B.4　npn 晶体管

$$i_E = I_S \left[\exp\left(\frac{v_{BE}}{V_T}\right) - \exp\left(\frac{v_{BC}}{V_T}\right) \right] + \frac{I_S}{\beta_F} \left[\exp\left(\frac{v_{BE}}{V_T}\right) - 1 \right]$$

$$i_C = I_S \left[\exp\left(\frac{v_{BE}}{V_T}\right) - \exp\left(\frac{v_{BC}}{V_T}\right) \right] - \frac{I_S}{\beta_R} \left[\exp\left(\frac{v_{BC}}{V_T}\right) - 1 \right]$$

$$i_B = \frac{I_S}{\beta_F} \left[\exp\left(\frac{v_{BE}}{V_T}\right) - 1 \right] + \frac{I_S}{\beta_R} \left[\exp\left(\frac{v_{BC}}{V_T}\right) - 1 \right]$$

$$\beta_F = \frac{\alpha_F}{1 - \alpha_F} \quad \text{和} \quad \beta_R = \frac{\alpha_R}{1 - \alpha_R}$$

npn 正向有源区，包含厄利效应

$$i_C = I_S \left[\exp\left(\frac{v_{BE}}{V_T}\right) \right] \left[1 + \frac{v_{CE}}{V_A} \right]$$

$$\beta_F = \beta_{FO} \left[1 + \frac{v_{CE}}{V_A} \right]$$

$$i_B = \frac{I_S}{\beta_{FO}} \left[\exp\left(\frac{v_{BE}}{V_T}\right) \right]$$

pnp 传输模型方程

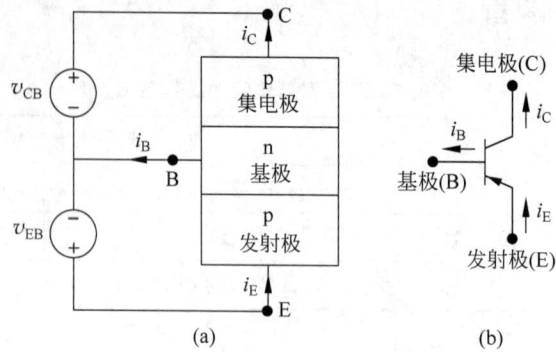

图 B.5 pnp 晶体管

$$i_E = I_S \left[\exp\left(\frac{v_{EB}}{V_T}\right) - \exp\left(\frac{v_{CB}}{V_T}\right) \right] + \frac{I_S}{\beta_F} \left[\exp\left(\frac{v_{EB}}{V_T}\right) - 1 \right]$$

$$i_C = I_S \left[\exp\left(\frac{v_{EB}}{V_T}\right) - \exp\left(\frac{v_{CB}}{V_T}\right) \right] - \frac{I_S}{\beta_R} \left[\exp\left(\frac{v_{CB}}{V_T}\right) - 1 \right]$$

$$i_B = \frac{I_S}{\beta_F} \left[\exp\left(\frac{v_{EB}}{V_T}\right) - 1 \right] + \frac{I_S}{\beta_R} \left[\exp\left(\frac{v_{CB}}{V_T}\right) - 1 \right]$$

$$\beta_F = \frac{\alpha_F}{1 - \alpha_F} \quad 和 \quad \beta_R = \frac{\alpha_R}{1 - \alpha_R}$$

pnp 正向有源区，包含 Early 效应

$$i_C = I_S \left[\exp\left(\frac{v_{EB}}{V_T}\right) \right] \left[1 + \frac{v_{EC}}{V_A} \right]$$

$$\beta_F = \beta_{FO} \left[1 + \frac{v_{EC}}{V_A} \right]$$

$$i_B = \frac{I_S}{\beta_{FO}} \left[\exp\left(\frac{v_{EB}}{V_T}\right) \right]$$

表 B.6 电路仿真中的双极型晶体管器件参数（npn/pnp）

参 数	名 称	默认值	典型 npn 值
饱和电流	IS	10^{-16} A	3×10^{-17} A
正向电流增益	BF	100	100
正向扩散系数	NF	1	1.03
正向厄利电压	VAF	∞	75V
反向电流增益	BR	1	0.5
基区电阻	RB	0	100Ω
集电极电阻	RC	0	10Ω
发射极电阻	RE	0	1Ω
正向渡越时间	TF	0	0.15ns

续表

参　　数	名　　称	默认值	典型 npn 值
反向渡越时间	TR	0	15ns
基极-发射极结电容	CJE	0	0.5pF
基极-发射极结电势	PHIE	0.75V	0.8V
基极-发射极等级系数	ME	0.5	0.5
基极-集电极结电容	CJC	0	1pF
基极-集电极结电势	PHIC	0.75V	0.7V
基极-集电极等级系数	MC	0.33	0.33
集电极-衬底结电容	CJS	0	3pF